Hesse

Grundlagen der Handhabungstechnik

KR 60
KUKA
B

Stefan Hesse

Grundlagen der Handhabungstechnik

4., überarbeitete und erweiterte Auflage

Mit 760 Bildern, 34 Tabellen
sowie 23 Übungsaufgaben und 123 Kontrollfragen
Mit einer CD-ROM mit Zusatzmaterialien, Videos
und Wörterbüchern Deutsch – Englisch und
Englisch – Deutsch

HANSER

Autor:
Dr.-Ing. habil. Stefan Hesse, Plauen

MIX
Papier aus verantwortungsvollen Quellen
FSC® C014889
www.fsc.org

Bibliografische Information der Deutschen Bibliothek
Die Deutsche Bibliothek verzeichnet diese Publikation in der Deutschen Nationalbibliografie; detaillierte bibliografische Daten sind im Internet über http://dnb.ddb.de abrufbar.

ISBN: 978-3-446-44432-4
E-Book-ISBN: 978-3-446-44855-1

Einbandbild: KUKA Roboter GmbH Augsburg

www.hanser-fachbuch.de
Lektorat: Ute Eckardt
Herstellung: Katrin Wulst
Zeichnungen: Dr.-Ing. habil. Stefan Hesse
Satz: Kösel Media GmbH, Krugzell
Druck und Bindung: Friedrich Pustet, Regensburg
Printed in Germany

Vorwort

Die Handhabungstechnik ist ein interdisziplinäres Gebiet, das Fachgebiete wie Zuführsysteme, Maschinenverkettung, Pick-and-Place-Geräte, Greifer, Industrieroboter und Montagetransferanlagen unter einem Dach vereint. Dieses Buch stellt die wichtigsten Grundlagen zusammen. Es entstand aus der Vorlesungsreihe „Angewandte Robotik und Handhabungstechnik", die durch Dr.-Ing. habil. Stefan Hesse an der Fachhochschule Technikum Wien im Studiengang Mechatronik/Robotik seit einiger Zeit gehalten wird. Auch aus der Lehrveranstaltung „End effectors" des Autors sind zusätzlich wichtige Grundlagen eingeflossen.

Dr.-Ing. habil. Stefan Hesse war bei der Entwicklung des Curriculums für den Bachelor-Studiengang Mechatronik/Robotik am Technikum Wien beteiligt, und dieses Buch ist vollinhaltlich auf das neue Hochschulsystem abgestimmt.

Dieses Werk enthält nicht nur den Lehrstoff, sondern auch vertiefende Beispiele, Übungen und Kontrollfragen. Das versetzt die Studierenden in die Lage, schon zeitig auch neue Aufgaben selbstständig lösen zu können. Praktische Anwendungen der Automatisierung mit konventioneller Handhabungstechnik werden in einer Vielzahl abstrahierter konstruktiver Lösungen vorgestellt, die das Wirkprinzip und wichtige Funktionsträger rasch erkennen lassen. Industrieroboter und Geräte mit elektrischem Direktantrieb gehören dazu. Es erschließt sich die Vielfalt spezifischer Anforderungen, Möglichkeiten und praktisch Erprobtes. Das gelingt dem Autor dank seiner Erfahrung aus langjähriger Tätigkeit als Konstrukteur, Hochschullehrer, Fachbuchautor zahlreicher Bücher und Mitarbeiter der Zeitschrift HANDLING sowie seiner leichten Hand beim Illustrieren handhabungstechnischer Verfahren und Geräte.

Das Buch gewährt einen schnellen Einstieg ins Fachgebiet. Die dargelegten Grundlagen werden längerfristig Bestand haben. Dem Leser wird vermittelt, dass praxisgerechte Lösungen nicht zufällig entstehen. Handhabungstechnik kann systematisch entwickelt werden. Alles in allem wird den Studierenden ein bewährter und guter Leitfaden in die Hand gegeben, der in verständlicher Form Grundlagen, Prinzipe, Funktionsträger und Lösungen aufzeigt.

Wien, im August 2006

Viktorio Malisa,
Technikum Wien

Vorwort zur 4. Auflage

In der weiteren Automatisierung der Produktionssysteme spielt die Handhabungstechnik eine zunehmend wichtigere Rolle. Das lässt sich an den Studienplänen für die Ingenieurausbildung ablesen und auch an der praktischen Umsetzung erkennen. Die freundliche Aufnahme die das Buch bisher in Lehre und Beruf erfahren hat, macht eine weitere Auflage erforderlich. Neben wenigen Korrekturen wurde vor allem der Inhalt erweitert. Die Antworten und Lösungen zu den Kontrollfragen und Übungen werden auf CD-ROM dem Leser übergeben. Zum besseren Verständnis sind in der eBook-Ausgabe nunmehr alle Bilder farbig ausgeführt. Frau *Ute Eckardt* und Frau *Katrin Wulst* danke ich für die professionelle Betreuung der 4. Auflage, ebenso Herrn *Jochen Horn,* der bisher maßgeblich die Entwicklung des Buches begleitet hat.

Plauen und Wien, im August 2016 *Stefan Hesse*

Inhalt

Übungsaufgaben, Kontrollfragen sowie Literatur und Quellen finden sich am Ende des jeweiligen Hauptkapitels.

Auf der CD vorhandene Kapitel und Ergänzungen

1 Bedeutung und Entwicklung

Die Handhabungstechnik ist eine Querschnittsdisziplin, die sich mit der automatischen Manipulation von Gegenständen vornehmlich im Bereich industrieller Arbeitsplätze befasst. Der Begriff „Handhaben" ist von der menschlichen Hand abgeleitet, von der wir wissen, dass sie außerordentlich vielseitig ist. Der Begriff taucht bereits in der Antike auf. Der einstige Sklave EPIKTET (50 bis 125 unserer Zeitrechnung) sagte, durch praktische Tätigkeit erleuchtet:

„Alles hat zwei Handhaben. An der einen ist es tragbar, an der anderen nicht. Fasse die Dinge an, wo sie tragbar sind."

Vor Jahren wurden fast ausschließlich Werkstücke automatisch manipuliert, wofür sich auch der Begriff „Werkstückhandhabung" eingebürgert hat. Mit der Entwicklung der Industrierobotertechnik waren dann auch Werkzeuge per Programm bewegbar. Heute ist **„Handhabung"** zum Pauschalbegriff geworden. Der Umfang an Handhabungsoperationen ist in der Montage am größten, weil stets mehrere Bauteile und oft auch Werkzeuge nacheinander zu handhaben sind.

Handhabung *(handling)*

Schaffen, definiertes Verändern oder vorübergehendes Aufrechterhalten einer vorgegebenen räumlichen Anordnung von geometrisch bestimmten Körpern in einem Bezugskoordinatensystem, ohne beabsichtigte Veränderungen am Objekt selbst. Handhabung ist ein Vorgang im Aktionsbereich von Arbeitsplätzen und Fertigungseinrichtungen. Es können weitere Bedingungen vorgegeben sein, wie z. B. Zeit, Menge und Bewegungsbahn.

Bei den Handhabungsgeräten kann es sich um spezielle oder universelle Geräte handeln. Die universellen können manuell oder maschinell gesteuert werden und feste oder programmierbare Abläufe ausführen. Letztere sind für moderne automatisierte Fertigungsprozesse unerlässlich. Dazu gehören die Roboter, aber auch einfachere Geräte, die z. B. Greifer oder Werkzeuge führen können. Oft sind Sensoren integriert, die Wege, Positionen, Geschwindigkeiten, Sequenzen u. a. messen. Immer mehr geht es auch um die Erkennung von Form, Identität und Lage (Position, Orientierung) von Werkstücken. Das Ziel besteht darin, mit Handhabungstechnik den Menschen in der Produktion von monotoner, gesundheitsgefährdender sowie physisch und psychisch anstrengender Tätigkeit zu entlasten.

Es gibt aber auch andere Aspekte: Eine Analyse von rein manuell ausgeführten Montagearbeiten hat eine menschliche **Fehlerrate** von $1{,}8 \cdot 10^{-4}$ bis $1{,}8 \cdot 10^{-3}$ ergeben. Nur eine Automatisierung kann hier zu deutlichen Verbesserungen führen.

1.1 Einführung

Handhaben ist als Teilfunktion des **Materialflusses** *(flow of materials)* neben dem Fördern und Lagern integraler Bestandteil aller Abschnitte der Fertigung eines Produkts. Eine erste Zuordnung der Teilfunktionen des Handhabens nach VDI (Verein Deutscher Ingenieure) geht aus Bild 1.1 hervor.

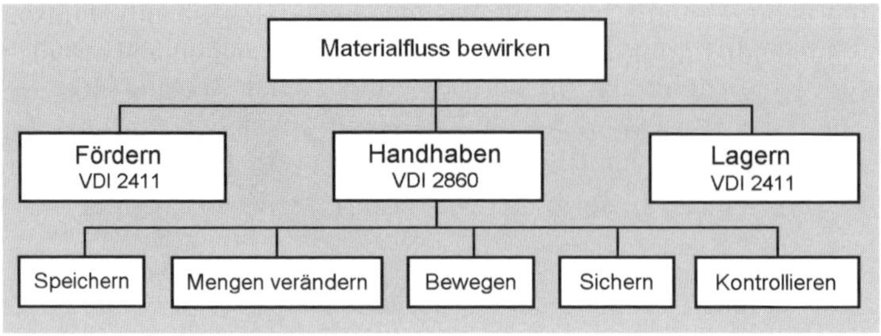

Bild 1.1 Teilfunktionen des Handhabens

Aus dieser prozessübergeordneten und teilprozessverbindenden Stellung im Produktionsablauf erwächst dem Handhaben eine zentrale Bedeutung bei der Entwicklung moderner **Fabrikstrukturen**. Diese Erkenntnis ist nicht neu. Bereits 1951 schreibt J. DIEBOLD in seinem Buch *„Automation - The Advent of the automatic Factory“:*

„Zusätzlich zur Entwicklung flexibler, vollautomatischer Fertigungsmaschinen und von automatischen Materialzuführungsgeräten ist es notwendig, einen Weg zu finden, wie das Produkt automatisch von Maschine zu Maschine gebracht werden kann. Dies ist offensichtlich, dass für vollautomatische Fabriken irgendein Typ von beweglichen und universell einsetzbaren Einrichtungen für die Materialhandhabung notwendig ist.“

Zehn Jahre später (1961) wurde erstmals freiprogrammierbare Handhabungstechnik industriell eingesetzt. Es war ein Industrieroboter der US-Firma Unimation (U.S.-Patent 2988237), der Druckgussteile in Mehrmaschinenbedienung zu bewegen hatte (Bild 1.2).

Dieser erste Einsatzfall war durchaus überzeugend: Ein Zinkdruckgussteil aus der Maschine übernehmen, in Kühlwasser eintauchen und in die **Entgratepresse** einlegen (500 Stück je Stunde). Oft reicht in solchen Anwendungsfällen die Kapazität des Industrieroboters, um noch eine zweite Druckgießmaschine zu bedienen.

Die Industrieautomation lässt sich ganz allgemein in drei Klassen einteilen:

- Automation mit unveränderbarem Funktionsinhalt: Diese ist für die Massenproduktion typisch. Die Produkte erfahren über längere Zeit keine Veränderung.
- Automation mit programmierbaren Automaten: Kleine und mittlere Stückzahlen lassen sich wirtschaftlich fertigen. Die Automaten arbeiten mit einem Programm, das sich veränderten Produkten anpassen lässt. Der Automationsaufwand verteilt sich auf somit auf viele Produkte
- Flexible Fertigungssysteme gruppieren mehrere flexible Maschinen, mit denen eine

Komplettbearbeitung von Teilefamilien in beliebiger Losgröße und Reihenfolge ohne manuelle Eingriffe möglich ist. Typisch ist der Einsatz von Robotern für den Werkstückfluss.

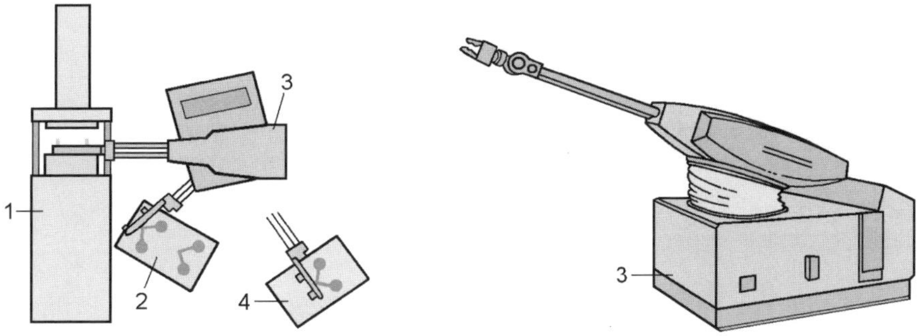

Bild 1.2 Aufstellplan eines Roboters an einer Druckgießmaschine (Draufsicht), nach UNIMATION [1.1]. 1 Druckgießmaschine, 2 Kühlwasserbecken, 3 Industrieroboter UNIMATE, 4 Entgratepresse

In Schweden entwickelte man eine Baureihe mit den Traglastbereichen 6, 60 und 90 kg Nutzlast (Bild 1.3). Von KUKA wurde 2007 der Schwerlastroboter „TITAN" entwickelt, der unglaubliche 1000 kg (plus 50 kg Zusatzlast) stemmen kann.

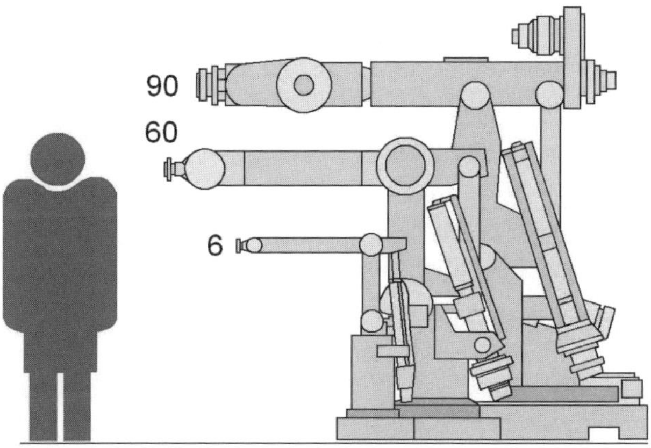

Bild 1.3 Größenvergleich von Robotern für die Werkstückhandhabung (ASEA/ABB ab 1974)

Der Werkstückfluss lässt sich auch in einen Makro- und einen Mikrobereich einteilen (Bild 1.4). Danach erhält man folgende Zuordnung:

- **Makrobereich:** Innerbetriebliche Bewegung (Fördern) von Arbeitsgut.
- **Mikrobereich:** Handhabung von Arbeitsgut im Bereich eines Arbeitsplatzes.

In der industriellen Fertigungstechnik verschmelzen Fertigungsverfahren, automatische Werkstückhandhabung und Steuerungstechnik letztlich zu einem effizienten Produktionssystem. Das ist das Ziel.

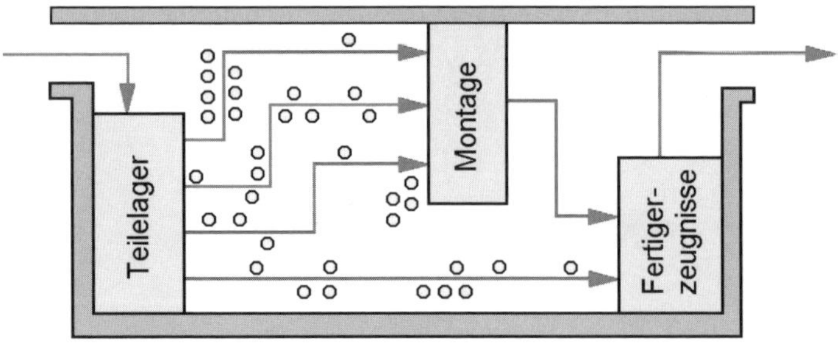

Bild 1.4 Automatische Werkstückhandhabung (**o**) im Mikrobereich des Arbeitsplatzes, eingeordnet in den Materialfluss der Produktionseinheit (Makrobereich)

Eine Automatisierung der Werkstückhandhabung ist vor allem aus folgenden Gründen erforderlich:

- Das Zuführen von Werkstücken im Takt einer Maschine ist keine schöpferische Tätigkeit und menschenunwürdig.
- Bei empfindlichen Mikroteilen ist händisches Manipulieren wegen einer Kontaminierung der Teile meist nicht mehr zulässig (Reinraumtechnologie).
- Die Leistungen der Maschinen sind derart gestiegen, dass manuelles Beschicken aus Gründen der Leistung und Daueraufmerksamkeit nicht mehr realisierbar ist.
- Verschiedene Prozesse (Vakuum, Radioaktivität, Dämpfe in einer Galvanik u. a.) erlauben keine direkte Anwesenheit des Menschen.
- **Handhabungsobjekte** mit extremen Abmessungen (sehr groß, sehr lang, sehr klein) lassen sich nicht ohne Hilfsmittel manuell manipulieren.

Werkstückhandhabung *(workpiece handling)* beschreibt somit den Materialfluss im Mikrobereich eines Arbeitsplatzes, während der Materialfluss in einem Produktionsbereich, gleichsam im Makrobereich, zum innerbetrieblichen Transport gehört.

Automatisches Handhaben hat ihren Ursprung in der Massenfertigung, dringt aber nun auch in den Bereich der mittleren und kleinen Stückzahlen vor. Moderne Fertigungsanlagen sind heute ohne selbsttätigen Werkstückfluss nicht mehr denkbar. Viele Geräte sind allerdings nicht flexibel und nur für einen einzigen Anwendungsfall verwendbar. Die Entwicklung von Mikroelektronik, Sensorik und Bildverarbeitung führte allmählich zu einer Verschiebung der Teilfunktionen von der Hardware zur Software und damit zu einer gewissen Flexibilität. Aktuelle Beispiele sind Roboteranwendungen in den unterschiedlichsten Branchen. Der Einsatz von Industrierobotern hat allerdings nicht die Ablösung einiger konventioneller **Zubringeeinrichtungen** zur Folge. Diese werden in der Massenproduktion und häufig in der Peripherie eines Roboterarbeitsplatzes benötigt.

Werden Werkzeuge gehandhabt, dann gehört der Ablauf zum wertschaffenden Hauptprozess. Beschicken und Zuführen kann dagegen nur als Hilfsprozess betrachtet werden. Die Handhabungsvorgänge wirken in diesem Fall nicht werterhöhend. Sie sind daher auf das geringste mögliche Maß zu beschränken, insbesondere dort, wo die menschliche Arbeitskraft noch in Anspruch genommen werden muss [1.2].

Im Rahmen dieses Buches wird die Handhabung von Schüttgut und als Ausnahme auch die Zu- bzw. Abführung von Stoffen (Späne, pneumatische Förderung von Produktionsresten u. a.) und Medien, kurzgefasst behandelt.

Arbeitsgut *(goods, working material)*

Alle Stoffe, Halbzeuge, Roh- und Fertigteile, die im Be- oder Verarbeitungsprozess vorkommen, bearbeitet, verarbeitet, montiert und kontrolliert werden. In der Handhabungstechnik geht es um definiert geformtes, also geometrisch bestimmtes Gut, für das ein körpereigenes Koordinatensystem definiert werden kann.

Man kann die Werkstückhandhabung an industriellen Arbeitsplätzen in verschiedene **Technisierungsstufen** einteilen. Welche Stufe man wählen soll, hängt von wirtschaftlichen, qualitativen und quantitativen Forderungen ab [1.3, 1.4].

Stufe 1

Alle notwendigen Funktionen werden von Hand ausgeführt. Eingesetzte Hilfsgeräte, z. B. ein Hubtisch, führen keine Zubringefunktionen im Sinne der Definition aus.

Stufe 2

Die Handhabung wird durch einfache technische Mittel erleichtert. Beispiel: Das Eingeben von Blechteilen in eine Presse erfolgt mit einem handbetätigten Wechselschieber für die Ein- und Ausgabe der Blechzuschnitte.

Stufe 3

Eingeben und Ausgeben der Werkstücke geschehen automatisch. Das Ordnen und Zuteilen aus einem gebunkerten Vorrat wird noch von Hand ausgeführt. Die Arbeitskraft ist an den Takt der Maschine gebunden.

Stufe 4

Zuteilen und Eingeben von Teilen in eine Maschine erfolgen automatisch. Das Ordnen und das Füllen von Magazinen verbleiben noch als Handarbeit. Das Ausgeben geschieht ebenfalls automatisch. Die Bedienungsperson ist jedoch unabhängig vom Arbeitstakt der Maschine.

Stufe 5

Alle notwendigen Zubringefunktionen (siehe dazu Kap. 3) werden von Zubringeeinrichtungen maschinell ausgeführt. Die Funktionen werden automatisch überwacht. Die Werkstücke werden in der Regel automatisch geordnet, wenn sie nicht extrem kompliziert oder empfindlich sind.

Stufe 6

Das Zubringegut liegt als Fließgut (Band, Draht, Materialbahnen, u. a.) bzw. Quasifließgut (Stangen, Rohre, Trägerband mit aufgeklebten Einzelteilen und Transportlochung, Materialstreifen) vor. Das erübrigt das Ordnen und erfordert im Allgemeinen weniger **Zubringefunktionen** als bei Stückgut.

Stufe 7

Mehrere Bearbeitungs- bzw. Montagestationen sind miteinander verkettet, wie z. B. ein Stufenwerkzeug in einem Stufenumformautomaten. Es werden Band- und Flachgreifer-Vorschubeinrichtungen eingesetzt. Die starre (feste) Verkettung ergibt kurze Transportwege. Der Ablauf ist vollautomatisiert. Fortentwicklungen führen zunehmend zu flexiblen Teilsystemen.

Zur Abgrenzung von Zuführeinrichtungen gegenüber Fördermitteln kann man auch eine Einteilung in 4 Stufen vornehmen [1.5]. Zubringe- bzw. Zuführeinrichtungen bewirken danach den Materialfluss innerhalb einer Produktionseinrichtung in der vierten Stufe. Die erste Stufe beinhaltet den außerbetrieblichen Materialfluss. In der zweiten Stufe wird das Material zwischen einzelnen Betriebsbereichen transportiert. Unter der dritten Stufe versteht man die **Verkettung** einzelner Produktionseinrichtungen zu Arbeitslinien.

Die Aufgabe der Werkstückhandhabung besteht zusammengefasst darin, Handhabungsobjekte meistens in sehr kurzen Zykluszeiten in vorgegebener Anzahl, in definierter Orientierung, an einer vorbestimmten Position und in einer festgelegten Zeitfolge zur Verfügung zu stellen und meistens auch aus der Maschine wieder zu entfernen. Dafür sind auch die Begriffe „Zuführprozess“, „Zubringen“ oder „Beschicken“ in Gebrauch.

Beschicken: Vorgang, um Arbeitsgut zeit- und mengengerecht in die Wirkzone einer Bearbeitungsmaschine zu bringen und die Fertigteile wieder zu entnehmen. Das kann mit einem spezialisierten Handhabungsgerät erfolgen oder mit einem programmierbaren Gerät, z. B. mit einem Beschickungsroboter.

Wirkzone *(limits of reach)*: Ort, an dem Stoff-, Energie- und Informationsfluss zusammengeführt werden, um einem Stoff mit Hilfe von Energie eine Information „aufzuprägen“.

In der sprachlich-kommunikativen Tätigkeit und in Fachtexten werden viele Begriffe für das Handhaben und für angelagerte ähnliche Funktionen verwendet. Besonders für Einsteiger ist die Begriffsvielfalt verwirrend, noch dazu, wenn fremdsprachige Literatur ausgewertet wird. In Bild 1.5 wird gezeigt, wie man fachlexikalische Einheiten zur Benennung des Handhabens hierarchisch gliedern kann [1.5]. Man sieht, dass *to pick* und *to place* als Komplementärpaar die Endstellen einer **Bewegungssequenz** kennzeichnen. *To pick* impliziert ein Organ zum Aufnehmen und Hochheben eines Objekts und *to place* bedeutet gezieltes Ablegen an einem festgelegten Ort.

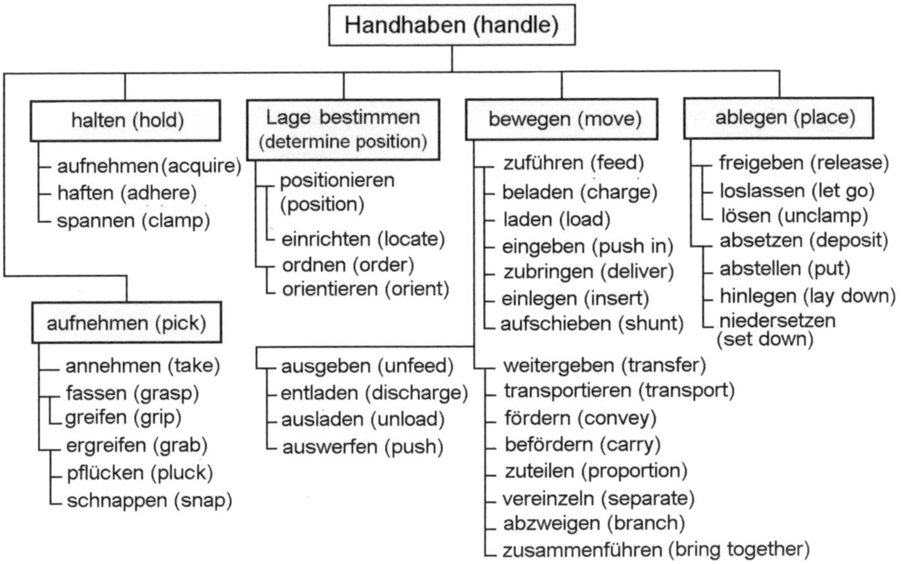

Bild 1.5 Lexemparadigma „Handhabungsoperationen"

■ 1.2 Geschichtlicher Rückblick

Bereits vor 4400 Jahren hatten die Chaldäer recht moderne Vorstellungen vom Sternenhimmel. Im Sternbild APIN, das der astronomischen Keilschriftserie MUL.APIN den Namen gegeben hat, ist auch ein Saattrichter dargestellt, genannt UR.BAR.RA (Bild 1.6 links). Das ist die wohl älteste Zuführeinrichtung. Sie wurde an einen hölzernen Pflug angebaut, der von einem Ochsen gezogen wurde. Diese Entwicklung orientierte sich am Bedarf einer verbesserten Saatgutausbringung.

Im Mittelalter beschreibt der Kriegsingenieur des Königs Heinrich III. von Frankreich, Agostino Ramelli (um 1531–1608), in einem großen Maschinenbau-Buch (1588) die Zuführung *(feed)* von Getreidekörnern zum Mahlstein. Dieser Vorgang war bereits auf rein mechanische Art in einen **Regelkreis** eingebunden: Je schneller sich der Mahlstein dreht, desto kräftiger läuft der Körnerstrom (Bild 1.6 rechts), weil die Schwingfrequenz ansteigt.

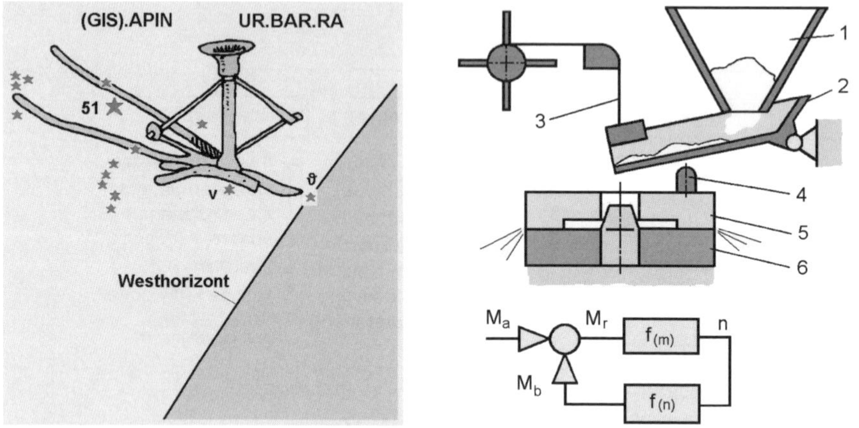

Bild 1.6 Saattrichter und Mühlenhüpfer als historische Zuführgeräte.
1 Bunker, 2 Rüttelschuh, 3 Halteseil, 4 umlaufender Nocken, 5 rotierender Mahlstein, 6 feststehender Mahlstein, M_a Antriebsmoment, M_b Bremsmoment, M_r Reibmoment, *n* Drehzahl

Das selbsttätige Zuteilen von Saatkörnern ist auch heute keine leichte Aufgabe. Der Bunker soll sich vollständig entleeren lassen. Bei teuren Feinsämereien dürfen keine Restmengen zurückbleiben und dann soll alles auch in Hanglage funktionieren. Das Bild 1.6 zeigt eine moderne Zuführeinrichtung für Saatgut im Querschnitt. Der Säradeinschub beeinflusst die Ausbringleistung und am Särad sind mehrere Reihen mit Kavitäten („Nocken") nebeneinander angeordnet, um eine bestimmte Arbeitsbreite zu bekommen.

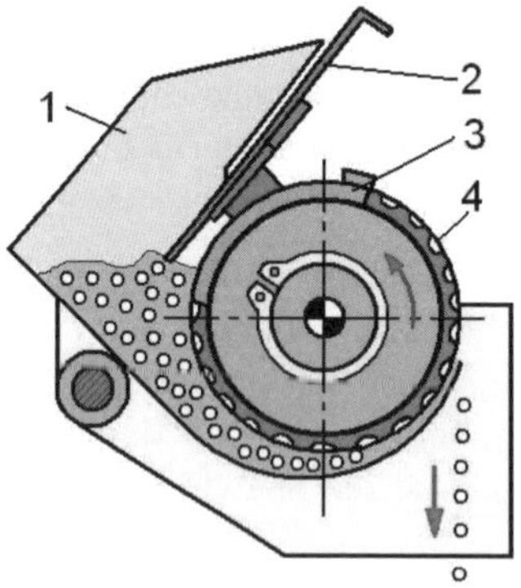

Bild 1.7 Saatgutzuführeinrichtung.
1 Bunker, 2 Spaltschieber, 3 Säradeinschub,
4 Särad mit Kavitäten

In der Mitte des 19. Jahrhunderts findet man bereits an Drehautomaten zur Herstellung von Holzschrauben Zuführeinrichtungen (1865). Viele Zubringeeinrichtungen wurden zuerst für **Massenprodukte**, wie z.B. Nähnadeln, Knöpfe, Patronenhülsen, Schrauben, Münzen, Glühlampen und Bleistifte entwickelt. Stellvertretend zeigt das Bild 1.8 eine Nadelprägevorrichtung (Prägen von Rille und Öhr) mit selbsttätiger Zuführung (1871). Weitere Beispiele sind:

1786 Handling von Ronden an Münzprägepressen (J. P. Droz)

1871 Spann- und Vorschubeinrichtung an Drehautomaten von Parkhurst

1873 Spencer (USA) baut Drehautomaten mit Magazinzuführung

1880 Worley fertigt Revolverdrehautomaten mit Stangenzuführung

1923 Morris Motors (England) nimmt mechanisch gesteuerte Taktstraße in Betrieb

1924 Rundtaktmaschinen mit automatischer Teilezuführung (Glühlampenfertigung in Deutschland)

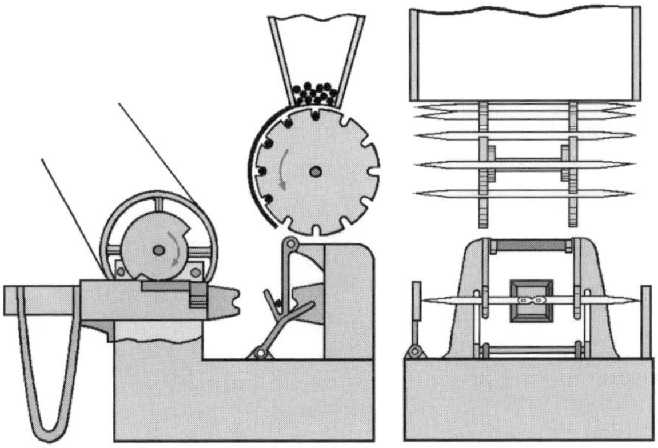

Bild 1.8 Nadelprägemaschine mit automatischer Teilezuführung vom Mechaniker Kaiser aus Iserlohn (1871)

Automatisches Fertigen und Handhaben wurde beträchtlich durch die Entwicklung von **Transferstraßen** in der Automobilindustrie vorangebracht. Allein die Firma Renault hat in Frankreich in den Jahren von 1946 bis 1954 über 600 Taktstraßen gebaut. Fließfertigung erfordert auch die arbeitsorganisatorische Bewältigung der Arbeitsteilung, eine wesentliche Voraussetzung für eine Automatisierung in der Fertigungstechnik.

Ein weiteres Beispiel ist die Zuführung von Hohlnieten in der Schuh- und Lederwarenindustrie. Das Bild 1.9 zeigt dazu eine **Bunkerzuführeinrichtung**. Das gebunkerte Gut fällt in die eingefrästen Gleitrinnen eines Drehtellers. Teile in falscher Orientierung werden von einer Flachfeder abgestreift und fallen wieder in den Bunker zurück. Richtiglagenteile gelangen bis zur Auslaufschiene und gleiten ab. Man erreichte damit bei einer Belegung der Nuten mit 80% und zwei Teilen je Nut sowie einer Drehzahl des Drehtellers von etwa n = 1,5 Umdrehungen je Minute eine Ausbringung von 8600 Teilen je Stunde.

Mit steigenden Produktionszahlen wuchs auch im Maschinenbau das Interesse an automatisierten Werkstückzuführungen. Bereits in den 1930er Jahren hat man sich Gedanken gemacht, mit welchen technischen Hilfen die Teilezuführung in der Massenfertigung erledigt werden kann (Bild 1.10) und welche Details den Vorgang begünstigen könnten oder den Vorgang unsicher machen (Bild 1.11).

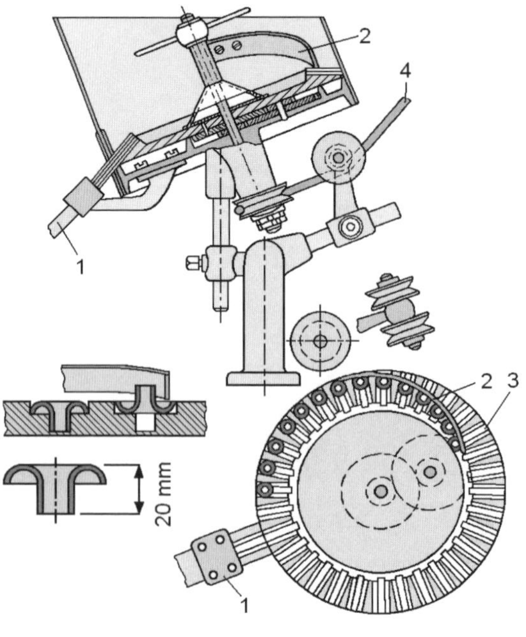

Bild 1.9 Zuführeinrichtung für Hohlniete in der Lederwarenbranche (um 1940).
1 Auslaufschiene, 2 Abstreiffeder für falsch liegende Teile, 3 Drehteller mit 60 Nuten, 4 Antriebsriemen, Rundriemen

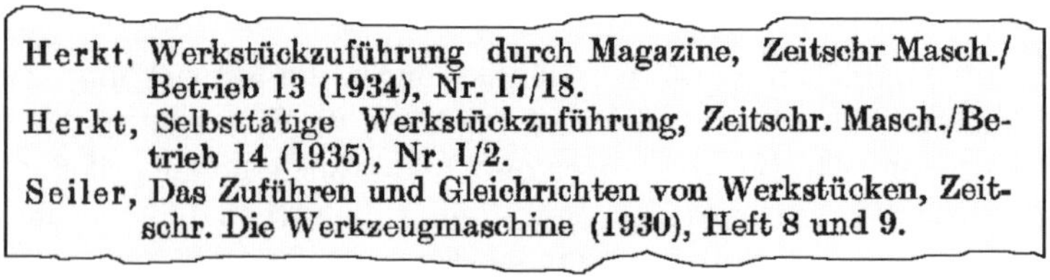
Herkt, Werkstückzuführung durch Magazine, Zeitschr Masch./Betrieb 13 (1934), Nr. 17/18.
Herkt, Selbsttätige Werkstückzuführung, Zeitschr. Masch./Betrieb 14 (1935), Nr. 1/2.
Seiler, Das Zuführen und Gleichrichten von Werkstücken, Zeitschr. Die Werkzeugmaschine (1930), Heft 8 und 9.

Bild 1.10 Fachaufsätze dokumentieren die Beschäftigung mit der Handhabungstechnik schon in den 1930er Jahren

Man gliederte z.B. das technische **Wirkprinzip** für das Zuteilen wie folgt:

- Teilezuführung (Vereinzeln) mit Schieber
- Teilezuführung durch Drehteller
- Teilezuführung durch Drehtrommel
- Teilezuführung nach dem Schöpfprinzip
- Teilezuführung mit Saugluft
- Teilezuführung mit Elektromagnet

Damit waren die Anfänge einer **Verhaltenslehre** für Werkstücke begründet.

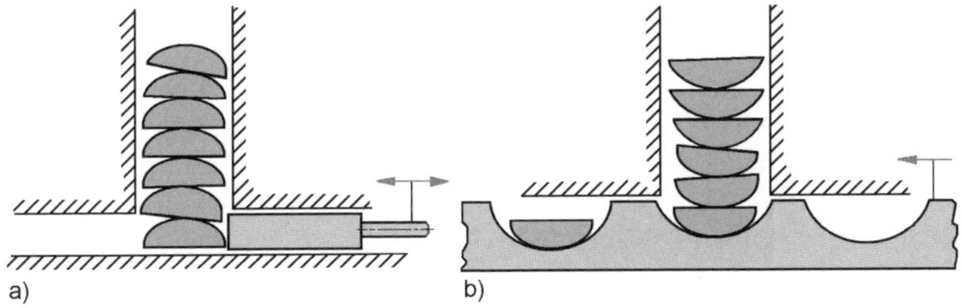

Bild 1.11 Entstörung eines Vereinzlers durch richtige Wahl des Zuteilelements.
a) Störungen durch ungünstige Teileform, b) Nachteile behoben durch endlose Muldenkette

Um den komplexen Vorgang unterschiedlicher Handhabungsabläufe besser transparent zu machen und rationeller gestalten zu können, wurden in den 1950er Jahren Teilfunktionen abgegrenzt und Symbole dafür entworfen, mit denen besser geplant und das Projekt durchdacht werden konnte. In Bild 1.12 wird das Ordnen von Kleinteilen im Vibrationswendelbunker mit Hilfe von Symbolen als Beispiel dargestellt. Als Kleinteile sollen hier Objekte mit umhüllenden Quaderkantenlängen 50 mm × 100 mm × 250 mm verstanden werden. Während des Hochförderns durch Schwingungen berühren die Teile **Ordnungselemente** (Schikanen) und richten sich selbsttätig aus. Das geschieht in mehreren Schritten. Werden alle Teile zwangsweise ausgerichtet, dann liegt **aktives** Ordnen vor; werden Falschlagenteile lediglich ausgesondert, so spricht man vom **passiven** Ordnen. Diese Technik und die eingesetzten Geräte werden in den Kap. 4.4.3 und 4.4.6 ausführlich behandelt.

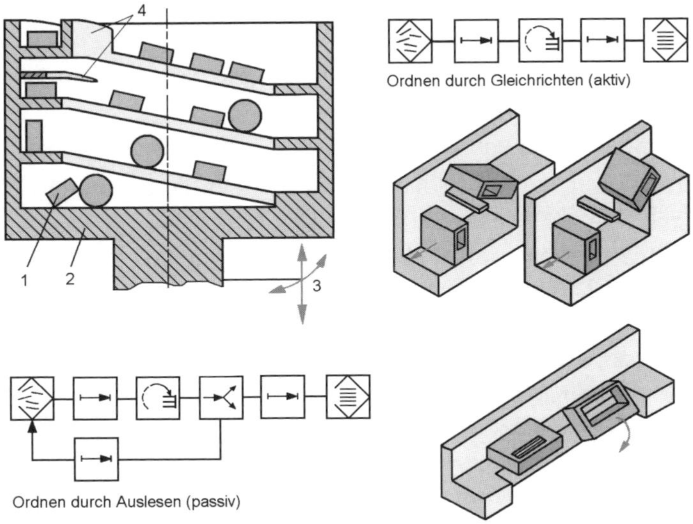

Bild 1.12 Die Hauptprinzipe des Ordnens von Kleinteilen im Vibrationswendelförderer.
1 Werkstück, 2 schwingender Wendelaufsatz, 3 Hub-Dreh-Schwingungen, 4 Ordnungselement

Aus den 1970er Jahren stammt die in Bild 1.13 gezeigte Orientierungseinrichtung, bei der ein periodischer **Druckölstrahl** Werkstücke hochreißt, die im günstigen Fall das Auffangrohr finden und somit geordnet sind. Der Ölstrahl geht über den Ölbadspiegel hinaus. Im Auffangrohr werden die Teile - kleine und einfache Zylinderteile - durch Schwerkraftwirkung abgeführt. Es gibt auch Lösungen auf der Basis von Druckluftdüsen mit periodisch zugeführter Luft. Heute hat man leistungsfähigere Ordnungseinrichtungen zur Verfügung. Überdies ist die Benetzung mit Öl in der Regel unerwünscht.

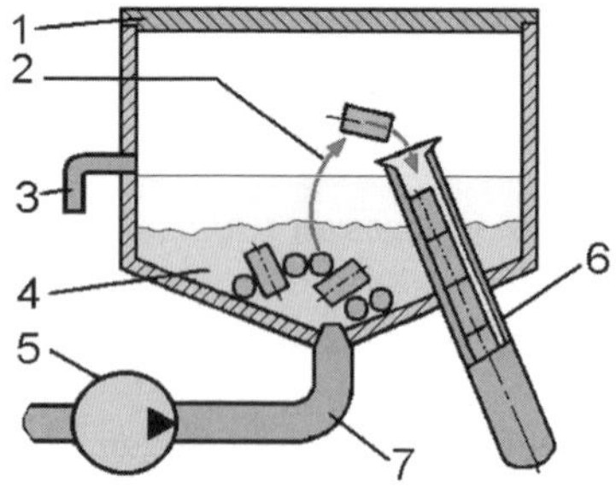

Bild 1.13 Ordnen kleiner Zylinder aus einem Ölbad (nach Boothroyd und Lund 1979).
1 Bunker, 2 Flugbahn der Teile, 3 Ölüberlauf, 4 Ölsumpf, 5 Druckölpumpe, 6 Auffangrohr, 7 Ölleitung mit Düse

Für das flexible Handhaben wurden die Industrieroboter entwickelt. Flexibel und programmierbar ist allerdings nur der Bewegungsablauf des Effektorführungsgetriebes (Manipulator-, Roboterarm), nicht aber die Greiftechnik. Wichtige Etappen dieser Entwicklung waren:

1945 Entwicklung von **Master-Slave-Manipulatoren** (Fernhantierungstechnik) für den Einsatz in der Kerntechnik

1954 G.C. Devol (USA) entwirft eine Maschine zum „Programmierten Transport von Gegenständen" (Industrieroboter) und erhält 1961 das Patent

1957 Patenterteilung zur Robotertechnik an den Briten C.W. Kenward

1959 Erster kommerzieller Roboter von Planet Corporation (gesteuert über Kurvenscheiben und Endtaster)

1961 Einsatz des freiprogrammierbaren Roboters „Unimate" bei der Ford Company

1966 Die norwegische Firma Trallfa baut und installiert den ersten Farbspritzroboter für die Farbgebung von Schubkarren.

1966 D.A. Stewart stellt eine Plattform mit Freiheitsgrad 6 vor, die später auch als Basiskonstruktion für Parallelroboter Verwendung finden wird.

1968 Erster mobiler Roboter *(„Shakey")* mit Bilderkennung der Umgebung und Tastsensoren für Forschungszwecke (Stanford Research Institute). *Shakey* gilt als der Anfang der modernen Robotik und der automatischen Planung von komplexen Aufgaben.

1969 K. Scheinman vom Stanford Research Institute (USA) entwickelt einen Sechsachsen-**Gelenkarmroboter** von hoher Präzision, mit elektrischen Antrieben und Computersteuerung. Der Stanfordarm bzw. Scheinmanarm (5 kg Tragkraft) mit Freiheitsgrad 6 (RRT/RRR; R Rotation, T Translation) wird in Bild 1.14 gezeigt.

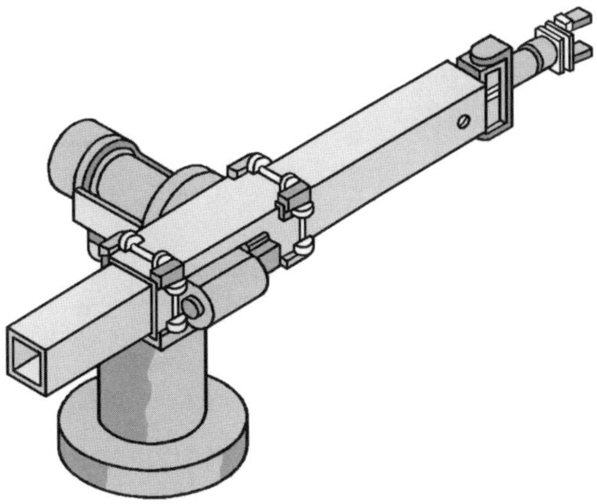

Bild 1.14 Stanfordarm, entwickelt von VICTOR SCHEINMAN (1969)

1969 Kawasaki Heavy Industries entwickelt den ersten japanischen Industrieroboter

1970 Die ersten Industrieroboter arbeiten in Europa.

1970 - Entwicklung des **SCARA-Roboters** durch H. MAKINO (Japan) und erste
1985 Installation in der japanischen Elektroindustrie (um 1985)

1974 Die Firma ASEA stellt einen vollständig elektrisch angetriebenen Roboter her.

1975 Olivetti-Roboter „Sigma“ (Italien); erste Anwendungen in der Montage (Bild 1.15).

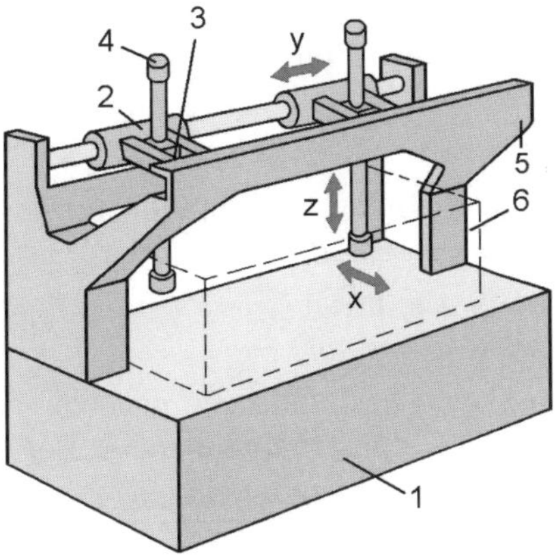

Bild 1.15 Aufbau eines Montageroboters mit kartesischem Arbeitsraum *(SIGMA, Olivetti, Italien).* 1 Gestell, 2 Linearachse, 3 Querachse, 4 Hubachse, 5 Portal, 6 Arbeitsraum

Bereits 1969 wurde ein **anthropomorph**-tradierter Handhabungsautomat von Prof. KLEINWÄCHTER aus Lörrach (Bild 1.16) entwickelt. Das zweiarmige Gerät sollte später anstelle des Radfahrwerks noch Beine bekommen. Man dachte an einen Einsatz in der Montage nach Stereosicht und mit sensorisierten Händen. Werden die auf Magnetband gespeicherten programmierten Weginformationen der Maschine mit Freiheitsgrad 9 immer wieder vorgespielt, dann wird aus dem **Telemanipulator** ein menschenähnlicher Industrieroboter. Die Konstruktion war der Zeit weit voraus und hatte noch keine Chance, zu einem freiprogrammierbaren und industrietauglichen Arbeitsmittel aufzusteigen.

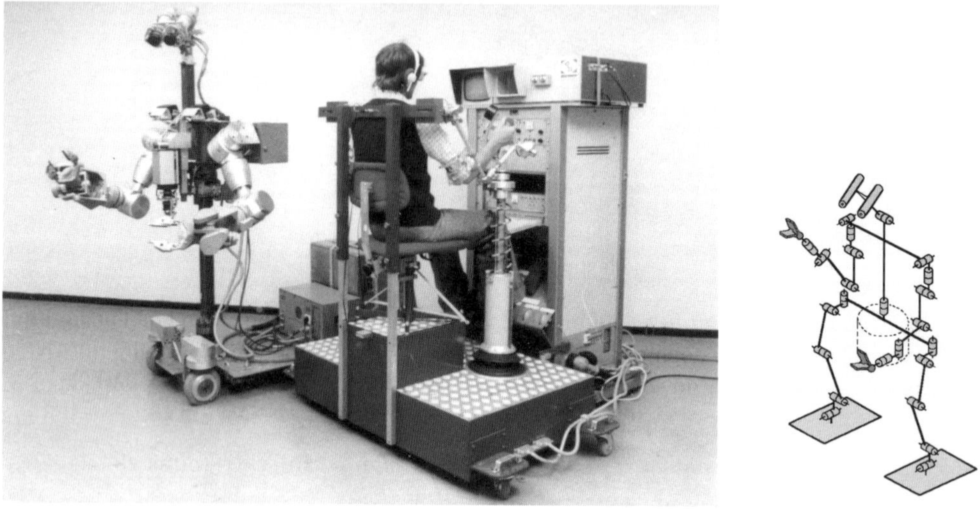

Bild 1.16 Anthropomorpher Teleoperator „Syntelmann" (1969) mit Bedienstand und Skelettaufbau (KLEINWÄCHTER)

Telemanipulator *(telemanipulator)*

Vom Menschen ferngesteuertes Gerät (Manipulator) mit Arm und Hand (Greifer) zur Manipulation von Objekten an einem entfernten Ort, an dem direktes menschliches Handhaben schwierig, unerwünscht oder gefährlich ist.

Manipulator *(manipulator, workpiece manipulator)*

Handgesteuerte mechanische Bewegungseinrichtung, vornehmlich für Handhabungsaufgaben. Auch ein segmentierter und automatisch gesteuerter Roboterarm wird als Manipulator bezeichnet.

Teleoperator, anthropomorpher *(anthropomorphic teleoperator)*

Mobile ferngesteuerte Bewegungsmaschine, die dem Skelett des Menschen nachempfunden ist. Einzelne Bewegungssequenzen können auch vorprogrammiert sein. Der Bediener ist rückkoppelnd in den Bewegungsablauf eingebunden.

Der Roboter selbst stellt allein noch keine wirtschaftliche Prozesslösung dar, d. h. eine dem Bedarfsfall angepasste **Peripherie** ergibt erst den wirtschaftlichen Arbeitsplatz. Ein wichtiger Bestandteil insbesondere beim Einsatz von Schweißrobotern sind die Positionierer. Das sind mit ein bis drei Achsen ausgestattete Handlingeinheiten, die eine Schweißbaugruppe jeweils in eine optimale prozessgünstige Position und Orientierung bringen. Die Schweißteile werden mit Spannmitteln auf Drehtellern befestigt. Die Bewegungen laufen hochdynamisch automatisch ab. Es gibt Baugrößen bis z. B. 4000 kg Traglast, außerdem auch Wechseltische, sodass gleichzeitig während des Schweißens das Entspannen und Aufspannen der Schweißteile zeitparallel erfolgen kann. Das Bild 1.17 zeigt einige typische Ausführungen. Hierfür kommen meist modulare Antriebseinheiten aus dem Roboterbau zum Einsatz.

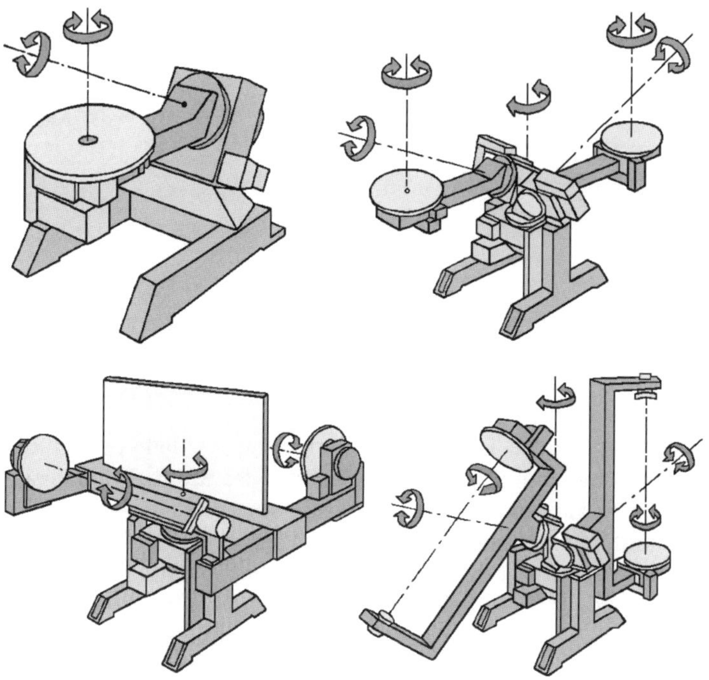

Bild 1.17 Gestaltungsbeispiele für die Peripherie an Schweißroboterarbeitsplätzen in Form von Kipp- und Drehtischen *(positioner)*

1.3 Handhabungstechnik im Produktionssystem

Prozessorientiertes Handhaben von Objekten ist ein wesentlicher Bestandteil der meisten Industrieprozesse. Die Handhabungstechnik hat somit technische Einrichtungen zum Gegenstand, die unter anderem Bewegungen in mehreren Raumachsen ähnlich den Arm-Hand-Bewegungen des Menschen ausführen können. Mit dem technischen Fortschritt kommt es zu einer allmählichen Ablösung des Menschen aus manuellen Handhabungen. Aus der Analyse typischer Handhabungsvorgänge (Bild 1.18) fand man schließlich eine Einteilung in Funktionen und Teilfunktionen und die Zuordnung zu Funktionsträgern. Danach kann man die **Handhabungsgeräte** nach VDI 2860 einteilen in:

- manuell gesteuerte Bewegungseinrichtungen, wie Manipulatoren, Tele- und Master-Slave-Manipulatoren *(master-slave-manipulators)* sowie
- programmgesteuerte Bewegungsautomaten, wie festprogrammierte Einlegegeräte *(pick & place unit, pick & place robot)* und frei programmierbare Industrieroboter *(industrial robot)*.

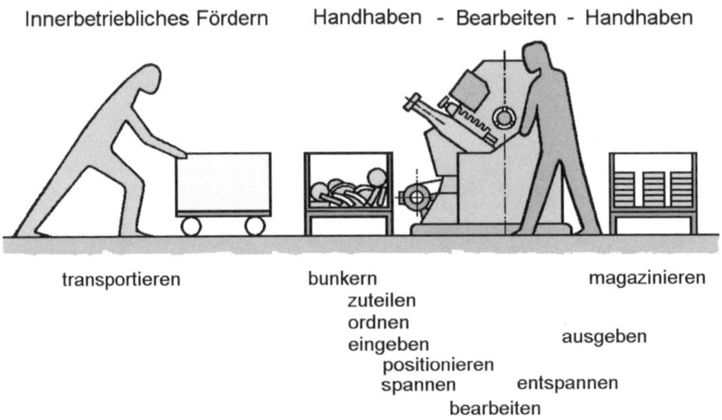

Bild 1.18 Typische Handhabungsvorgänge in der Teilefertigung [1.7]

Aus der Sicht sozialer Aspekte sind solche Tätigkeiten interessant, bei denen durch den technischen Fortschritt (Maschinenleistung) auch die Belastung des Menschen ansteigt. Dadurch werden die Grenzen der Verfahren und Prozesse durch die Arbeitskraft bestimmt. Das betrifft vor allem die Handfertigkeit sowie seine physische Leistungsfähigkeit im Hinblick auf Arbeitsgeschwindigkeit, Tragfähigkeit, Arbeitsdauer, Gleichmäßigkeit und Arbeitsgenauigkeit. Solche Grenzen lassen sich mit automatischen Handhabungseinrichtungen überwinden. Daraus ergibt sich natürlich auch, dass die Handhabungsmaschinen sehr unterschiedlich sein müssen. Sie reichen vom **Balancer** (manuell geführter Manipulator) bis zum autonomen mobilen Roboter. Stellt man Mensch, Sondermaschine (Automat) und Industrieroboter in ihren Leistungsgrenzen gegenüber, so erhält man das in Bild 1.19 gezeigte Tendenzdiagramm. Handhabungsmaschinen füllen die Lücke zwischen Mensch und Sondermaschine, wie man sieht.

In der Produktion werden für jeden Fertigungs- und Montageprozess Halbzeuge, Materialien, Bauteile oder Baugruppen für eine weitere Verarbeitung benötigt. Viele Produkte werden aus mehreren Komponenten sequentiell zusammengesetzt. Die müssen für den jeweiligen Prozess bereitgestellt werden und zwar in einer definierten Orientierung und Position an geplanten Arbeitsstellen.

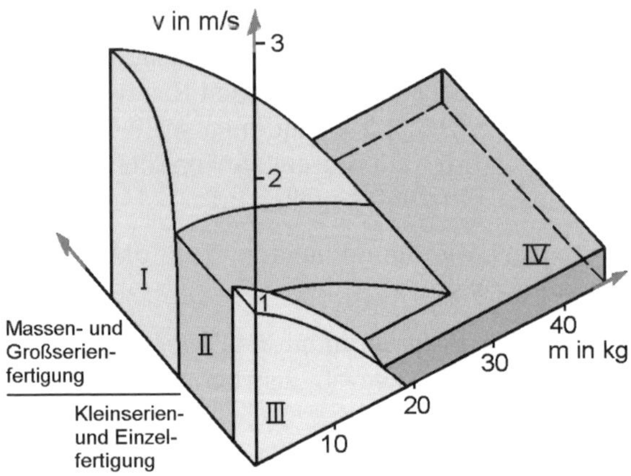

Bild 1.19 Leistungsgrenzen von Mensch, Industrieroboter und Sondermaschine (siehe auch Kap. 4.13). I Sondermaschinen, II Roboter, außer Deltaroboter, III Handarbeit, IV Handarbeit mit Unterstützung von Hilfsvorrichtungen, *m* Werkstückmasse, *v* Arbeitsgeschwindigkeit

Zur Verbesserung der Werkstückhandhabung kann man einen **Kriterienplan** mit den zu fordernden Zielen zusammenstellen, aus denen man dann abgeleitete Ziele generieren kann (Tabelle 1.1).

Tabelle 1.1 Kriterienplan zur Verbesserung des Werkstückhandlings

Hauptziel	abgeleitete Einzelziele
geringer Handlingaufwand	Vereinheitlichung des Werkstückdesigns; Standardisierung der Aufnahme- und Spannflächen; Beibehaltung der Werkstückordnung; Zusammenfassung mehrerer Werkstücke in einem Ganzen
Flexibilität der Zubringeeinrichtungen	Vermeidung werkstückspezifischer Zubringeeinrichtungen; Verwirklichung des Zubringens aus Baukastenelementen
exakter Materialfluss	geordnete Speicherung; zeitlich und örtlich genaues Weitergeben
maximale Maschinenauslastung	Ausführung der Zubringefunktionen während der Maschinennutzungszeit
Möglichkeit zur Verkettung der Maschinen	Standardisierung der Aufnahme- und Spannmittel; Beibehaltung einer relativen Werkstückordnung

Die Leistungsfähigkeit verschiedener technischer Konzepte für die Montage wird in Bild 1.20 veranschaulicht. Ein wesentliches Kriterium bei der Auswahl ist auch die spätere Ausbaufähigkeit. Sie ist bei Rundtaktanlagen nicht möglich, bei Lineartaktanlagen sind zusätzliche Stationen eher einsetzbar. Als **Servozelle** bezeichnet man eine einzelne halbautomatische Montagezelle.

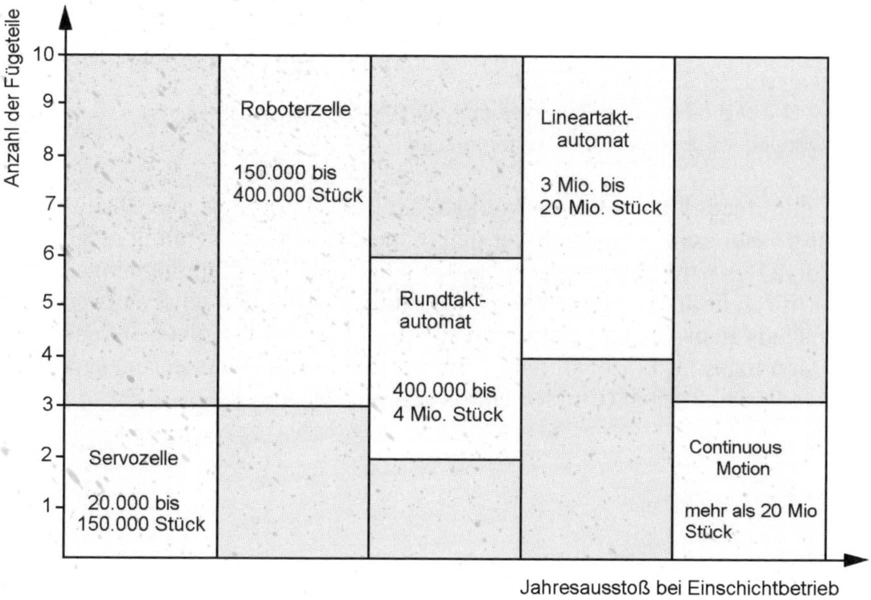

Bild 1.20 Leistungsbereiche verschiedener Montageanlagen

In Bild 1.21 wird eine **Montagezelle** gezeigt, die in den Materialfluss über ein fahrerlos laufendes Flurförderzeug eingebunden ist. Die Übergabe der Palettenstapel mit den Fertigbaugruppen oder der Leerpaletten erfolgt selbsttätig. Interne Hubsysteme bewegen die Palettenstapel.

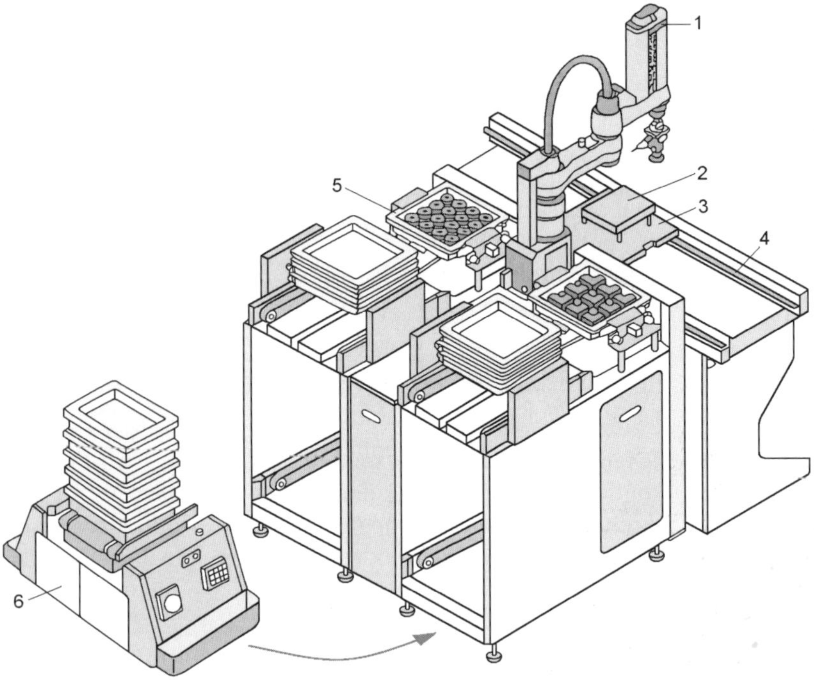

Bild 1.21 Robotergestützte Montagezelle *(Hirata)*.
1 Scara-Roboter, 2 Montagebaugruppe, 3 Werkstückträger, 4 Doppelgurtförderer, 5 Trays für Montageteile, 6 selbstfahrendes Flurförderzeug

Zum Zeitpunkt der Herstellung sind die Werkstücke in Orientierung und Position fast immer bestimmt. Dieser Zustand sollte unter dem Aspekt der Wertschöpfung nicht mehr aufgegeben werden. Das wird aber trotzdem aus Kostengründen nicht immer eingehalten, weil die Logistik für Teile in Magazinen sowie Leertransporte neben einer aufwendigen Entnahmetechnik aus dem Fertigungsprozess oft wesentlich aufwendiger als das Neuorientieren ist. Man muss im Einzelfall herausfinden, welcher Automatisierungsgrad aus technischen und wirtschaftlichen Gründen erstrebenswert ist (Bild 1.22).

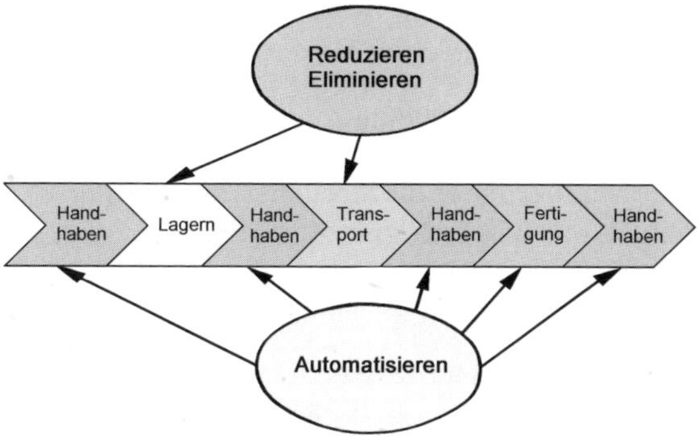

Bild 1.22 Ziele bei der Handhabung von Material und Gegenständen im Prozessablauf

Generell hat zu gelten: Erst Abläufe vereinfachen und dann automatisieren! Was wegfallen kann, muss nicht aufwändig automatisiert werden. Außerdem muss die noch zu installierende Zuführtechnik derart sicher sein, dass gewonnene Arbeitszeit nicht wieder in die Entstörung der Zuführgeräte eingesetzt werden muss. Ein weiteres übergeordnetes Ziel ist die Prozessgeschwindigkeit. Zuführtechnik muss den erhöhten Geschwindigkeiten entsprechen und ausfallsicher funktionieren.

Weiterhin hat die Art des Prozesses Einfluss auf das handhabungstechnische Equipment. Nach dem Charakter des zu bearbeitenden Stoffes unterscheidet man **Fließ- und Stückprozesse**. Das Bild 1.23 zeigt dazu eine Gliederung der Ver- bzw. Bearbeitungsprozesse. Zur Automatisierung eignet sich Fließ- bzw. Quasifließgut z.B. Stangen, Drähte, Rohre, Trägermaterial mit aufgeklebten Einzelteilen, Bänder, aber auch flüssige, pulverförmige oder gasförmige Stoffe weitaus besser als Stückgut.

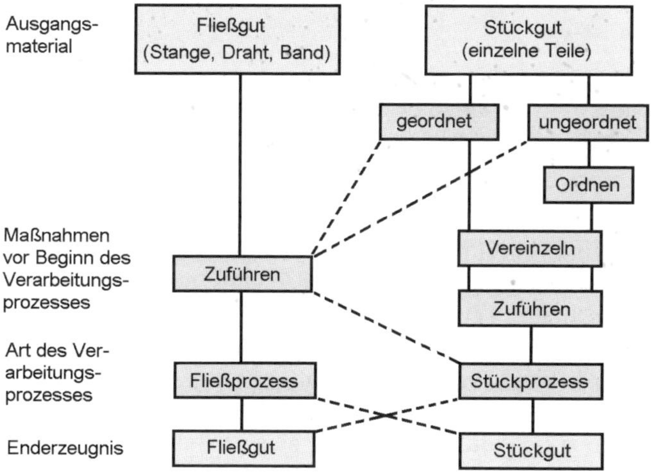

Bild 1.23 Gliederung der Be- und Verarbeitungsprozesse

Stückgut *(piece goods)* muss zu einem bestimmten, auf die periodisch bewegten Werkzeuge abgestimmten Zeitpunkt an einer bestimmten Stelle der Maschine sein. Ein Stückprozess stellt deshalb an die Einrichtungen für die Werkstückbewegung viel größere

Anforderungen als ein Fließprozess. Außerdem muss das zu verarbeitende Stückgut geordnet und vereinzelt werden, bevor es in die Wirkzone eingeführt werden kann.

Wird Fließgut *(flow material)* in einem Fließprozess verarbeitet, so kann das Endergebnis Fließ- oder Stückgut sein. So ist z. B. beim Drahtziehen der Ausgangsstoff **Fließgut** und auch das Enderzeugnis ist Fließgut. Demgegenüber ist beim Streifenschneiden mit umlaufenden Messern der Ausgangsstoff Fließgut, das Enderzeugnis aber Stückgut. Stückgut kann ebenfalls in einem Fließprozess verarbeitet werden, z. B. in einem Härteofen mit durchlaufendem Förderband. Das Enderzeugnis bleibt dann meistens **Stückgut**.

Obwohl das Handhaben eine wichtige Phase in Industrieprozessen darstellt, darf sich ihr Kostenanteil nicht zu stark auf das Endprodukt auswirken. Kriterien sind die Geschwindigkeit der Arbeitsschritte, Präzision der Produkte, kurze Ansprechzeiten, Langlebigkeit der Komponenten, Flexibilität bei der Arbeitsschrittumstellung und kostengünstige Systemlösungen.

Die Automatisierung von Handhabungsvorgängen hat zuerst in der Erzeugung von Massengütern eingesetzt. Man hat Vorrichtungen mit einer speziellen Kinematik entwickelt, die im Takt der Arbeitsmaschine tätig sind. Ein Beispiel wird in Bild 1.24 gezeigt. Die Getriebetechnik dominiert bei dieser Lösung. Die Teile werden aus einem Rollbahnmagazin abgenommen und in kontinuierlich vorbeilaufenden Werkstückträgern abgelegt. Der Anwendungsbereich solcher Mechanismen ist die Teilezuführung und z. B. auch das Handling an Verpackungsautomaten.

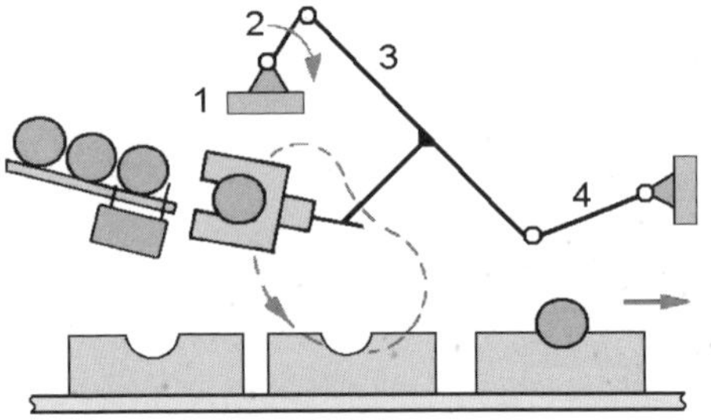

Bild 1.24 Getriebetechnische Lösung für eine Teilezuführung.
1 bis 4 Getriebeglieder

Ähnliche Handhabetechnik findet sich an z. B. Drehautomaten. In Bild 1.25 ist ein Doppelspindel-Drehautomat zu sehen. Zu- und Abführung der Teile werden von Beschickungsarmen mit Greifern durchgeführt. Ist der erste Drehvorgang erledigt, wird das Teil zur zweiten Spindel zum Fertigdrehen gebracht. Vorher muss das Teil gewendet werden. Dazu befindet sich auf der Maschine eine Wendestation. Die sechs Bedienpositionen (Spannfutter, Aufnahme-, Wende-, Ablageposition) liegen unverrückbar fest und der Bewegungsablauf ist rein mechanisch darauf abgestimmt. Weil die Vorgänge zeitlich parallel ablaufen, ist das Konzept effektiver als bei einem **Drehautomat** mit nur einer Arbeitsspindel.

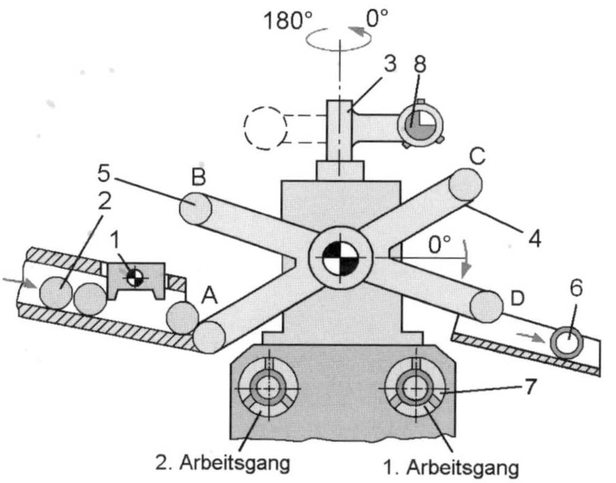

Bild 1.25 Doppelspindel-Drehautomat mit Handhabungssystem. 1 Zuteiler, 2 Rohteil, 3 Wendeeinrichtung, 4 Vierfach-Schwenkarm, 5 Greifer, 6 Fertigteil, 7 Drehfutter, 8 Halbfertigteil

Neben der Einzelplatzautomatisierung sind Handhabungseinrichtungen bei der Verkettung von Be- und Verarbeitungsmaschinen zu Arbeitslinien *(transfer lines)* ein wichtiger Bestandteil (Bild 1.26). Eine Verkettung ist mit einem entsprechenden Aufwand an Mechanismen verbunden, um den Ortswechsel und die richtige Arbeitslage automatisch sicherzustellen. Sie setzt ausreichend große Stückzahlen voraus, wenn die Maßnahme wirtschaftlich tragbar sein soll. Deshalb beschränkt sich die Anwendung auf die Massenfertigung z. B. in der Herstellung von Elektromotoren oder im Automobilbau.

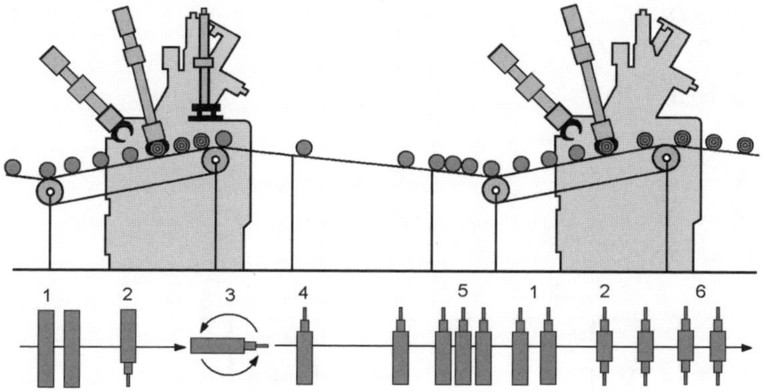

Bild 1.26 Bewegungsfolge bei der Wellenfertigung auf verketteten Drehautomaten.
1 Heranbringen von Teilen, 2 Eingeben - Bearbeiten - Ausgeben, 3 Wenden, 4 Weitergeben, 5 Zwischenspeicherung, 6 Abführen der Fertigteile

Für das Handhaben der Werkstücke und die Verkettung von Maschinen zu Arbeitslinien werden heute in der Teilefertigung und bei der Verkettung von Pressen häufig **Linienportalroboter** *(linear portal robot)* eingesetzt. Ein Beispiel wird in Bild 1.27 dargestellt. Die Anlage besteht aus Drehautomaten und stellt eine Kombination von Werkstückbereitstellung, Zuführung und Weitergabeeinrichtung im Sinne einer Maschinenverkettung dar.

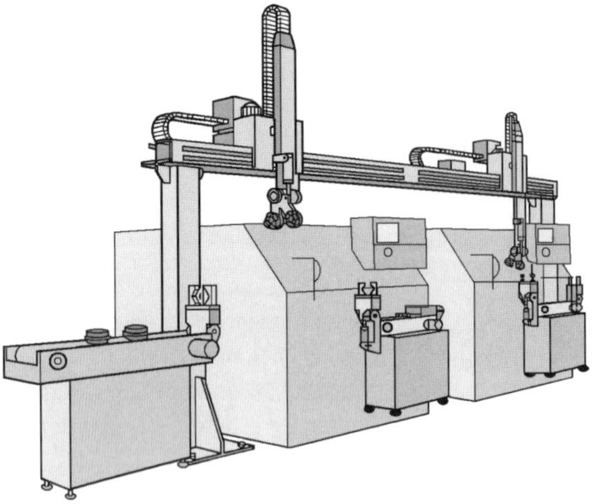

Bild 1.27 Verkettung von Drehautomaten mit Hilfe von Linienportalrobotern

Es werden Doppelgreifeinheiten eingesetzt, die oft auch das Wenden von Werkstücken mit erledigen. Mitunter werden die Wendeeinrichtungen auch als Extravorrichtung im Arbeitsraum der **Portalroboter** angeordnet. NC-Drehautomaten und die Handhabungstechnik sind frei programmierbar und damit flexibel einsetzbar. Doppelgreifer *(double gripper)* ermöglichen, beim Abholen eines bearbeiteten Teiles bereits das neue Rohteil mitzubringen. Das erspart Roboterleerfahrten und führt zu kürzeren Span-zu-Span-Zeiten.

In Bild 1.28 wird die Last an einem **Linienportalroboter** definiert. Die Gewichtskraft G enthält die Masse des Greifers, des Adapters und des Werkstücks sowie andere notwendige Anbauten wie z. B. einen Sensor.

Das Lastmoment M ist nach Gl. 1.1:

$$M = G \cdot (a_1 + a_2) \tag{1.1}$$

Kernarbeitsbereich in der y-Achse = $2a_1$

Erweiterter Arbeitsbereich in der y-Achse = $2(a_1 + a_2)$

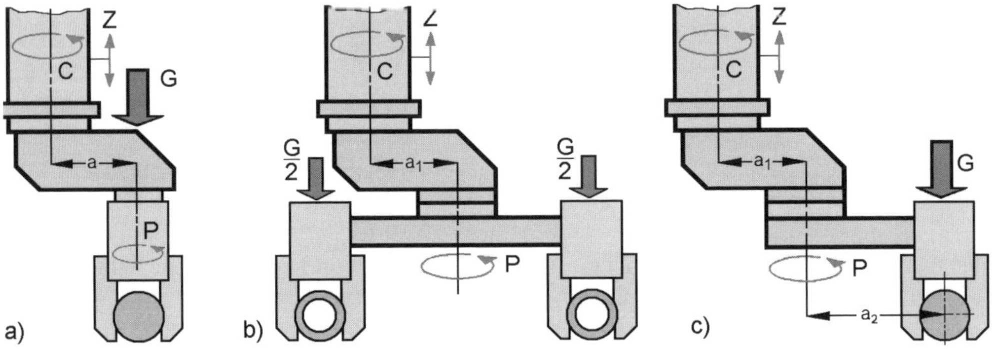

Bild 1.28 Handgelenkgestaltung bei Portalrobotern. a) Gewichtskraft G wirkt senkrecht zur Roboterachse P, b) Doppelgreifsystem zentrisch zur Achse P, c) exzentrisches Lastmoment

Noch ein weiteres Beispiel: Die Zuführung von auf Format geschnittenen Platten wird in Bild 1.29 skizziert. Die Teile werden vom Stapel abgenommen. Der Stapel wird von einem Hubtisch in der Höhe nachgeführt. Sauger heben das oberste Teil ab und übergeben es an einen Kettenförderer, der mit Saugern besetzt ist. Dann erfolgt die Ablage auf eine der rotierenden gabelförmigen Ableger. Die Gabel taucht nun zwischen die Walzen einer Förderstrecke (in die Bildtiefe führend), wobei die Platten auf den Walzenförderer zurückbleiben. Um Leerlauf zu vermeiden, kann die Abnahme auf einen zweiten Stapel umgeschaltet werden. Für eine **Stapelzuführung** bleibt genügend Zeit. Im Prinzip lässt sich eine solche Anlage auch im umgekehrten Ablauf einsetzen, also das Aufstapeln der vom Prozess ankommender einzelnen Platten.

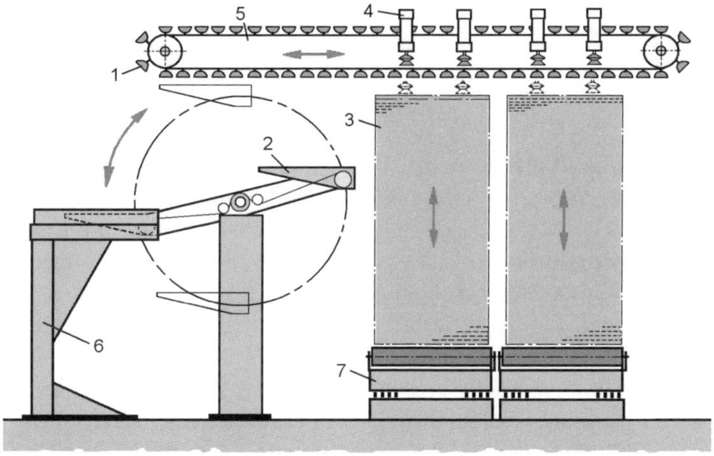

Bild 1.29 Zuführen von Platten vom Stapel.
1 Scheibensauger, 2 Ablagegabel, 3 Plattenstapel, 4 Hubzylinder mit Sauger, 5 Kettenförderer, 6 Walzenförderer, 7 Hubtisch

Mit den Fortschritten in der automatischen **Bildverarbeitung** konnte ein weiterer wichtiger Schritt in der Flexibilisierung von Arbeitsmitteln erreicht werden. Es wurde möglich, Werkstücke in einem ungeordneten Zustand zu erkennen, d. h. Position und Orientierung anzugeben. Damit lässt sich dann ein Roboter beauftragen, Teil für Teil zu greifen und einem Prozess zuzuführen. Die Probleme, die ursprünglich mit der Kameratechnik, Beleuchtung und Geschwindigkeit bestanden, konnten inzwischen weitgehend gelöst werden. Das Bild 1.30 zeigt ein aktuelles Beispiel für die Teilebereitstellung.

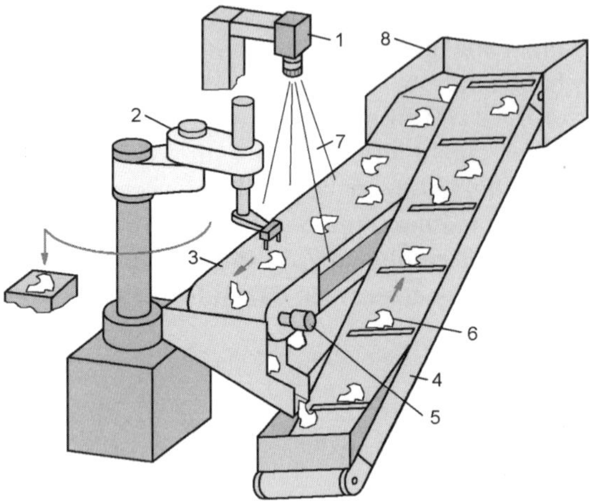

Bild 1.30 Kamera unterstützter Robotergriff vom laufenden Förderband. 1 Kamera, 2 Scara-Roboter, 3 Förderband, 4 Teilerücklauf, 5 Tachometer, 6 Werkstück, 7 Kamera-Sichtfeld, 8 Aufgabebunker

Zusammenfassend lassen sich einige typische Bereitstellvarianten für automatische Fertigungssysteme aus der Sicht der Werkstückhandhabung formulieren (Bild 1.31). Man kann die Teile magaziniert, paketiert oder gegurtet anliefern (A). Plattenmagazine lassen sich z. B. mit Hilfe eines Geradschwingförderers automatisch füllen (B). Das leere Magazin wird aufgesetzt, dann wandern viele Werkstücke von Schwingungen getrieben über das Magazin. Nach und nach füllen sich die Formnester. Die Teile sind nun geordnet und magaziniert (siehe dazu auch Bild 4.298). Man kann die Teile auch unmittelbar am Montageplatz mit geeigneten Handhabungsgeräten ordnen (C). Das geht beispielsweise in Kombination von Sichtsystem (Kamera, Beleuchtung), Bildverarbeitung und Robotergreiftechnik. Die Greifkoordinaten werden der Robotersteuerung für einen gezielten Griff übergeben (D).

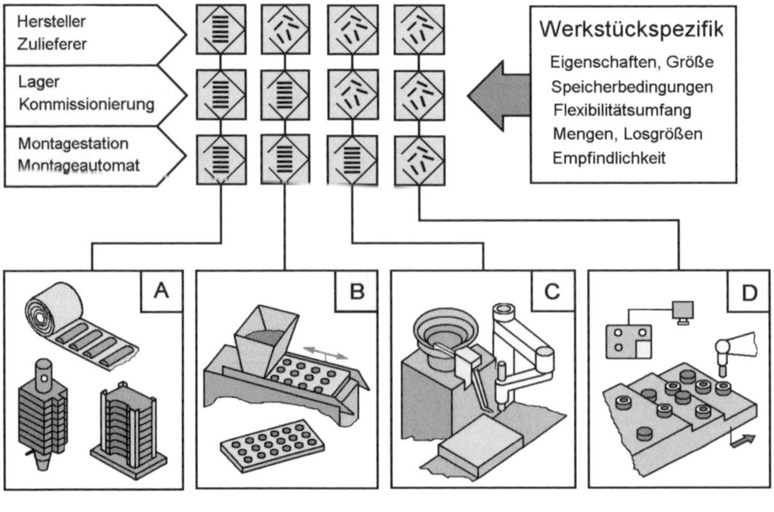

Bild 1.31 Bereitstellvarianten unter dem Aspekt des Ordnungsgrades der Teile. A magazinierte, paketierte oder gegurtete Teilebereitstellung, B Füllen von Werkstückträgern mit Hilfe von Schwingungen, C robotisiertes Füllen von Magazinen, D kameragestütztes Ordnen von Kleinteilen mit gezieltem Griff

Schüttgut ist die billigste Anlieferungsform für Kleinteile, aber nur für solche, die sich nicht miteinander verhaken. Wie auch in Bild 4.298 ersichtlich, müssen dann z. B. an der Montagemaschine Ordnungsvorgänge durchgeführt werden. In der Elektronik sind die Bestückungsautomaten überwiegend mit Magazinzuführungen ausgerüstet. Die Teilezufuhr geschieht, auch wegen der Verhakungsgefahr bedrahteter Bauelemente, weitgehend mit Gurt, Stangenmagazin, Stanzstreifen, Flächenmagazin, Linearmagazin und Stapelmagazin.

In Bild 1.32 wird ein Bereitstellplatz für Montageteile gezeigt. Als Basis dienen Plattenbandketten. Die Teile befinden sich bis zur Entnahme in Werkstückträgern. Diese werden dann zur Rücklaufstrecke verschoben. Die offene Bauweise ermöglicht eine gute Sicht auf das System.

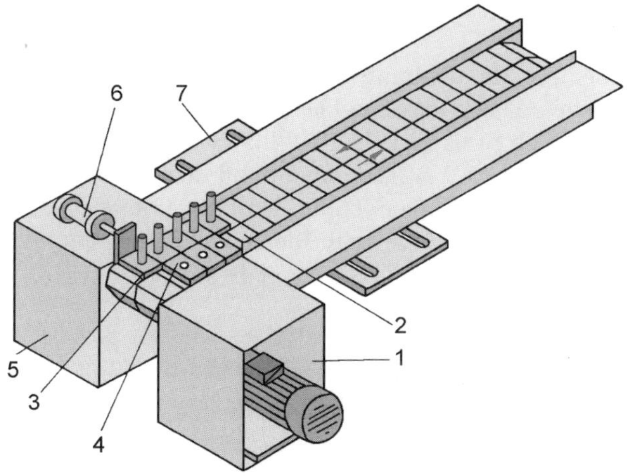

Bild 1.32 Plattenbandspeicher mit Werkstückträgerrücklauf.
1 Antrieb, 2 Förderer, 3 Entnahmestelle, 4 Werkstückträgerrücklaufstrecke, 5 Einheit für Drehrichtungsumkehr, 6 Querhubzylinder, 7 Ständer

Die Bereitstelltechnik ändert sich wesentlich, wenn z. B. Langgut (siehe Kap. 4.12) oder Möbelplatten zuzuführen sind. So zeigt das Bild 1.33 eine Schwenkeinrichtung, die ankommende Spanplatten mit einem Drehkreuz erfasst und diese auf einem Kugelrolltisch ruhend (siehe Bild 6.55) in eine neue Orientierung schwenken. Ein **Bandförderer** übernimmt dann den Abtransport zum nächsten Prozessabschnitt. Der Schwenkvorgang setzt ein, wenn ein Anwesenheitssensor die Ankunft einer Platte festgestellt hat. Während des Schwenkens muss außerdem der Werkstückeinlauf kurzzeitig gesperrt werden.

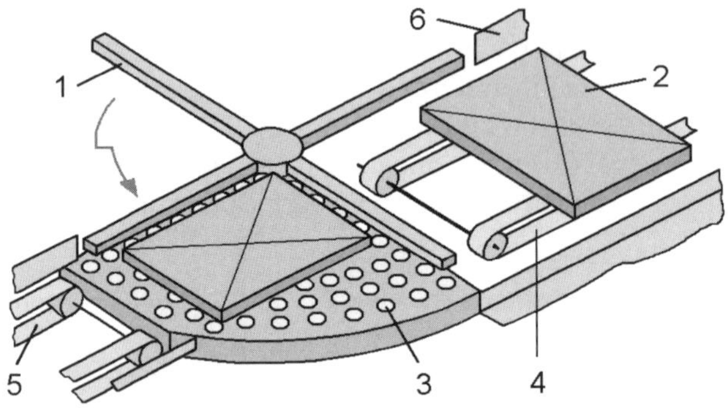

Bild 1.33 Schwenken von Möbelplatten (Sensorik nicht mit dargestellt).
1 Drehkreuz, 2 Werkstück, 3 Kugelrolltisch, 4 Förderband, 5 Zuführkanal, 6 Seitenführung

Bei allen Bemühungen möglichst flexible Handhabungstechnik verfügbar zu haben, braucht man für Massenprozesse auch heute noch Pick-and-Place Geräte. Diese sind nicht oder kaum umprogrammierbar und deshalb preiswert. In Bild 1.34 wird eine einfache Montage gezeigt. In der Peripherie werden Deckel aufgenommen und dem Basisteil aufgesetzt. Es werden pneumatische **Standardmodule** verwendet, um eine Montagestation zu konfigurieren. Die Basisteile werden im Takt bereitgestellt. Die Endpositionen der aktiven Elemente lassen sich einstellen und behalten zuverlässig ihre Position.

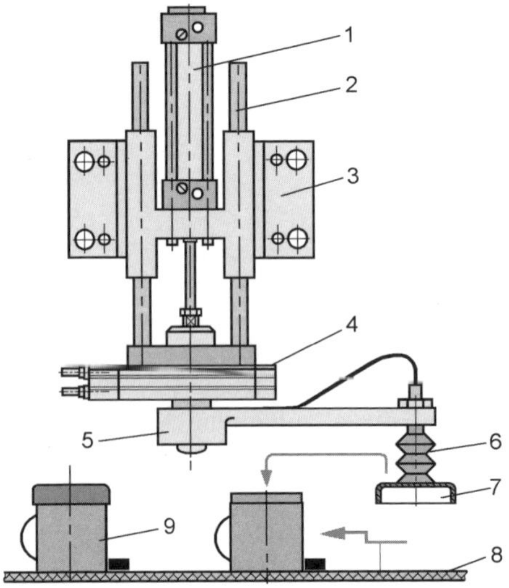

Bild 1.34 Deckelmontage mit Pick-and-Place Gerät.
1 Pneumatikzylinder, 2 Linearführung, 3 Befestigungsleiste, 4 pneumatische Schwenkeinheit, 5 Schwenkarm, 6 Faltenbalgsauger, 7 Werkstück, Deckel, 8 Förderband, 9 Henkelgefäß

Zur Montage zählt auch das Verschrauben. Die in Bild 1.35 gezeigte Vorrichtung, ein historisches Beispiel, war für das Setzen von Holzschrauben im Einsatz. Das Gerät hat man in die Spindel einer Ständerbohrmaschine eingesetzt. In gewissen Zeitabständen ist der Bunker mit Schrauben aufzufüllen. Diese geraten in Schwingungen, hängen sich aus und sind somit geordnet. Pro Abwärtshub der Maschinenspindel wird je eine Schraube zugeteilt. Sie fällt in das Schraubermundstück. Ist der Schraubhub beendet, wird bereits die nächste Schraube in den Zuführkopf geleitet. Das Drehmoment beim Schrauben konnte eingestellt werden, der Schraubhub wurde meistens manuell an der Maschinenspindel aufgebracht. Die Lösung, bereits Ende der 1920er Jahre auf den Markt gebracht, konnte sich etwa 40 Jahre als Zusatzeinrichtung für mechanisiertes Schrauben vor allem in der Möbelindustrie am Markt behaupten [1.8]. Heute sind Zuführsystem und Schrauber getrennt. Die vereinzelten Schrauben werden über einen Schlauch zum Schraubermundstück geblasen; im Fachjargon auch als „Schraubenschießer" bezeichnet.

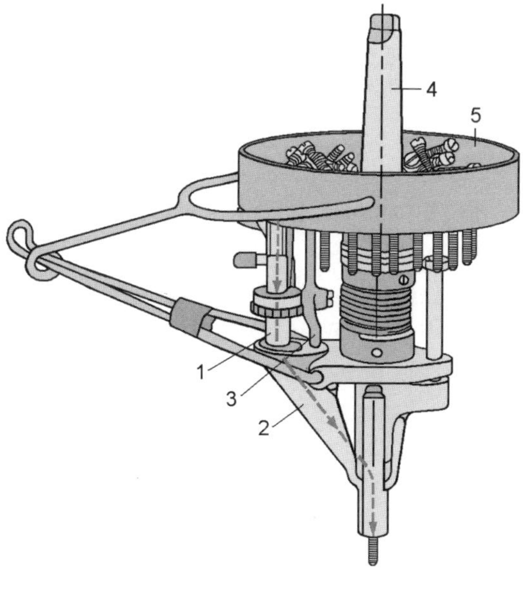

Bild 1.35 Magazinschraubkopf um 1930.
1 Zuführkopf, 2 Fallkanal, 3 Zuteilhebel, 4 Morsekegel, 5 Schraubenbunker

Es geht in der Handhabungstechnik nicht nur um die Zuführung von Werkstücken. Auch das **Auflösen** von Flächen- und Volumenordnungen, die aus gestapelten Flachpaletten bestehen kann, ist eine automatisierungswürdige Aufgabe. Das Bild 1.36 zeigt dazu eine klassische Lösung. Die Teile oder Produkte werden entnommen und einzeln zum Förderband gebracht. Leere Paletten können ebenfalls abgenommen und dahinter ausgegliedert werden. Meistens wird noch ein Hubtisch für das Anheben des Palettenstapels benötigt. Es sind mechanische, magnetische und vakuumtechnische Greifer einsetzbar.

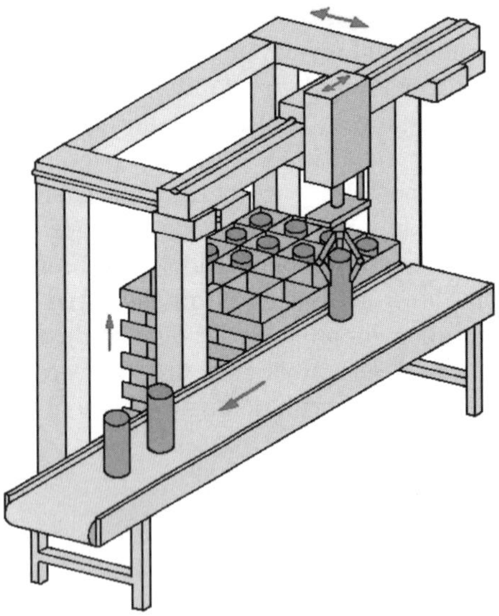

Bild 1.36 Auflösung einer regulären Raumanordnung von Objekten mit dreiachsigem Flächenportalroboter *(Cantas)*

Kontrollfragen

1.1 „Handhabung“ und „Transportieren“ haben vieles gemeinsam. In welchen Punkten unterscheiden sie sich aber? Wie kann man das „Fördern“ einordnen?

1.2 Welche Vorteile hat in der Fertigung der Einsatz von Fließgut? Definieren Sie die Begriffe Stückgut, Fließgut und Quasifließgut! Nennen Sie einige typische Beispiele.

1.3 Der Vorgang „Handhaben“ lässt sich in fünf Teilfunktionen gliedern. Welche sind es?

1.4 Nennen Sie wichtige Gründe für die Verlagerung von Handhabungsoperationen vom Menschen auf die Maschine!

1.5 Wie kann man die Leistungsgrenzen von Mensch, Industrieroboter und Sondermaschine sinnvoll abstecken?

1.6 Welche Voraussetzungen müssen erfüllt sein, damit eine Maschine Werkstücke und auch Werkzeuge, z. B. einen Schrauber, automatisch handhaben kann?

1.7 Was ist ein Telemanipulator und wofür werden solche Geräte zur Anwendung gebracht?

1.8 Was bewirkt eine Verkettung von Maschinen zu einer Arbeitslinie? Welchen Nutzen kann man erwarten?

1.9 Wann könnte man eine Fertigung als hochautomatisiert betrachten?

Literatur und Quellen

[1.1] *Engelberger, J. F.:* Industrieroboter in der praktischen Anwendung. Carl Hanser Verlag München, Wien 1981

[1.2] *Hesse, S.:* Fertigungsautomatisierung. Vieweg Verlag Wiesbaden 2000

[1.3] Werkstückhandhabung in der automatisierten Fertigung – Ein Leitfaden zur Lehrschau. VDI Württemberg Stuttgart 1968

[1.4] *Hesse, S.:* Handhabungstechnik von A bis Z. Hoppenstedt Publishing Darmstadt 2008

[1.5] *Naumann, I.:* Der englische Fachwortschatz der Robotertechnik – Spezifik, Stratifikation und semantische Relationen. Diss. TU Dresden 1988

[1.6] Werkstückhandhabung in der automatisierten Fertigung. Heft 244, Haus der Technik Essen 1970

2 Handhabungsobjekte

Handhabungsobjekte sind geometrisch bestimmte Gegenstände, die von einer Handhabungseinrichtung bewegt oder gehalten werden. Dazu zählen Bauteile, Werkzeuge, Prüfmittel, Vorrichtungen u. a. Es können auch Steine, Betonteile, Schlachtkörper und landwirtschaftliche Produkte sein, soweit man sie wenigstens angenähert als „geometrisch bestimmt“ ansehen kann. Handhabungsobjekte besitzen ein körpereigenes Koordinatensystem (x_K, y_K, z_K). Um das Körpersystem in das Bezugskoordinatensystem zu überführen, sind drei Drehungen (*A*, *B*, *C*) und drei Verschiebungen (*X*, *Y*, *Z*) erforderlich. Der maximale **Freiheitsgrad** *f* eines Körpers im Raum ergibt sich somit zu $f = 6$ (Bild 2.1).

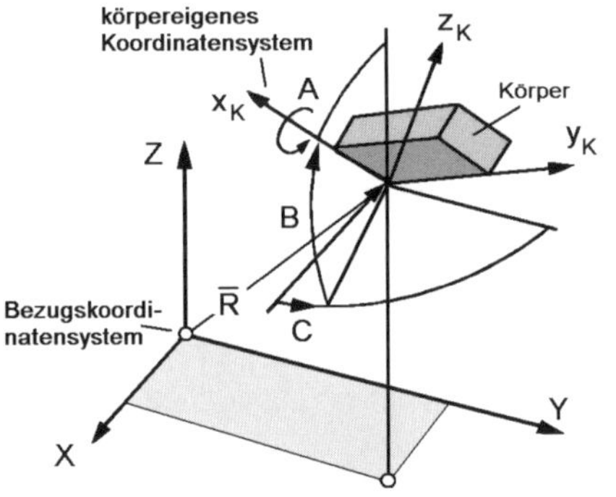

Bild 2.1 Koordinatensystem beim Handhaben von Gegenständen im dreidimensionalen Raum.
$\overline{R}$ Ortsvektor mit (*x*, *y*, *z*)

Im Gegensatz zu den Handhabungsobjekten kann ein Roboterarm als bewegliches kinematisches System auch mehr (Getriebe-)Freiheitsgrade *F* als $F = 6$ besitzen. Die Freiheitsgrade *f (degree of freedom)* des dreidimensionalen Raumes und die eines kinematischen Systems *F* darf man nicht verwechseln. Eine Handhabungseinrichtung, mit weniger als $F = 6$ kann nicht alle Positionen und Orientierungen in einem Raum erreichen. Ist *F* kleiner als die Anzahl an Gelenkachsen, dann spricht man vom redundanten Roboter.

2.1 Gliederung und Merkmale

Um möglichst viele industrielle Prozesse erfassen zu können, ist es vorteilhaft, wenn man vom Begriff des Arbeitsgutes (Bild 2.2) ausgeht. Das sind Halbzeuge, Roh- und Fertigteile, die im Produktionsprozess bearbeitet, verarbeitet, montiert und geprüft werden. Wesentlich ist die schon in Bild 1.19 erwähnte Unterteilung in Stück- und Fließgut.

Für die Handhabungstechnik sind die geometrischen Formen der Teile sehr bedeutungsvoll, weil davon die Schwierigkeit des Handhabens abhängt, z. B. Wirrteile *(tangling parts)*, die sich im Haufwerk zu einem Knäuel verhaken und dann nicht mehr einzeln zuführbar sind. Das Ziel besteht auch darin, Handhabungseinrichtungen unter Ausnutzung des **Werkstückverhaltens** zu gestalten. Das trifft besonders auf freie Werkstückbewegungen zu, die vorwiegend unter Schwerkrafteinfluss ablaufen.

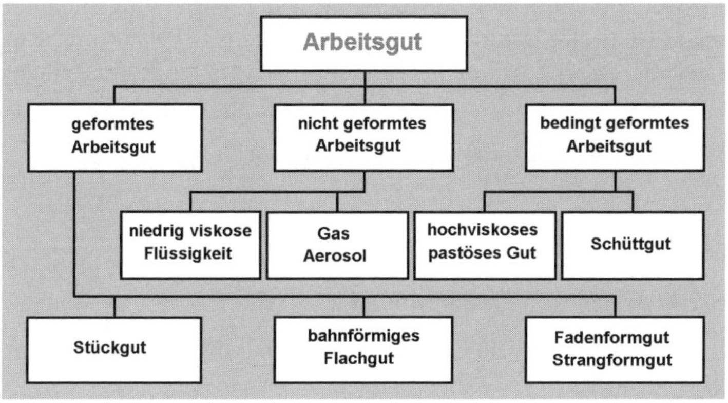

Bild 2.2 Allgemeine Gliederung von Arbeitsgut

Das Bild 2.3 zeigt ausgewählte Werkstückbeispiele. Die Schwierigkeit für das Handhaben nimmt in dieser tabellarischen Anordnung nach rechts unten zu. Konstrukteur und Fertigungsplaner interessieren sich natürlich auch dafür, welche typischen Merkmale ein Objekt aufweist und welche Verhaltenseigenschaften, positive wie negative, damit verbunden sind.

Werkstückgrundformen (Beispiele)					
Formelemente	Kugel	Stange	Flachteil	Pilzteil	Wirrteil
Teile mit glatter Außenform					
Merkmale in der Innen- und Außenkontur					
Werkstücke mit exzentrischen Elementen					
unregelmäßig zusammengesetzte Formen					

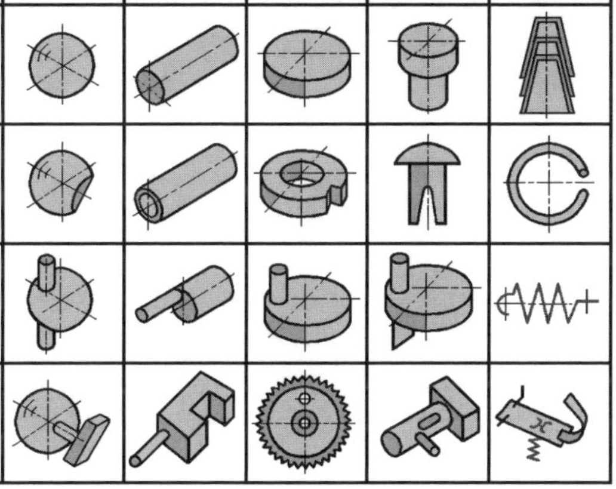

Bild 2.3 Beispiele für typische Werkstückgrundformen mit verschiedener Handhabungsschwierigkeit

Problematisch ist die Zuführung von **Wirrteilen**. Sie lassen sich in Hakenwirrteile (formschlüssige Verbindung), Klemmwirrteile (kraftschlüssige Verbindung) und Klebewirrteile (stoffschlüssige Verbindung) einteilen. Entwirrgeräte sind fast nur für die Zuführung von Hakenwirrteilen bekannt, die auch als „Heuteile" bezeichnet werden. Der Entwirrprozess unterliegt den statistischen Gesetzmäßigkeiten und hängt von der Verhakungsneigung der Teile und ihrer Deformierbarkeit ab. Dadurch entstehen stärkere Schwankungen in der Gleichmäßigkeit der Lieferung entwirrter und geordneter Teile. Als Funktionsprinzip werden eingesetzt:

- Verwirbeln im getakteten Luftstrom (Blasförderer mit Führungsrillen)
- elektrisches Wanderfeld
- oszillierende Entwirrbürsten
- Schwingplatten mit Ausricht-, Prall- und Trennelementen
- Kombinationen von mehreren Prinzipen wie z. B. Trommel plus Luftstromimpulse

Das Bild 2.4 zeigt das **Entwirren** von kleinen Drahtfedern mit Druckluftstößen. Das durchwirbelte Drahtknäuel gibt einige Federn frei, die dann über mehrere Röhren ausgegeben werden. Es werden Leistungen bei mehrkanaligen Systemen bis 1000 Stück je Minute erreicht, bei einem Federndurchmesser von 3 mm bis 10 mm, einer Federlänge bis 50 mm und einer Drahtstärke von 0,3 mm.

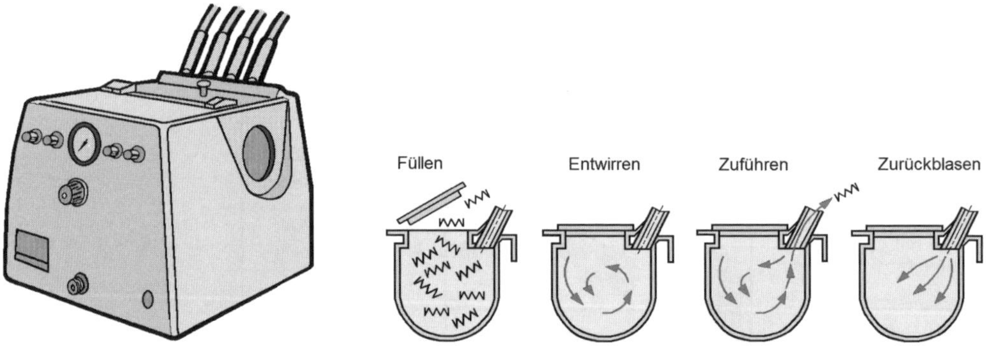

Bild 2.4 Entwirr- und Zuführgerät für kleine Schraubenfedern (Colombi Speedfeeder)

Für eine Analyse der Werkstückmerkmale und Eigenschaften kann die Übersicht nach Bild 2.5 herangezogen werden. Sie ist ein Beitrag zu einer allgemeinen Verhaltenslehre der Werkstücke. Sind die Eigenschaften eines Werkstücks erkundet, dann lassen sich für die einzelnen Handhabungsfunktionen viel besser Funktionsträger auswählen. Einem **Werkstückmodell** werden dann verschiedene Gerätemodelle gegenübergestellt.

Für die Planung des erforderlichen Umfangs an Handhabungsoperationen ist der Anlieferzustand wichtig, und zwar bezüglich der Orientierung *(orientation)* und der Position eines Körpers.

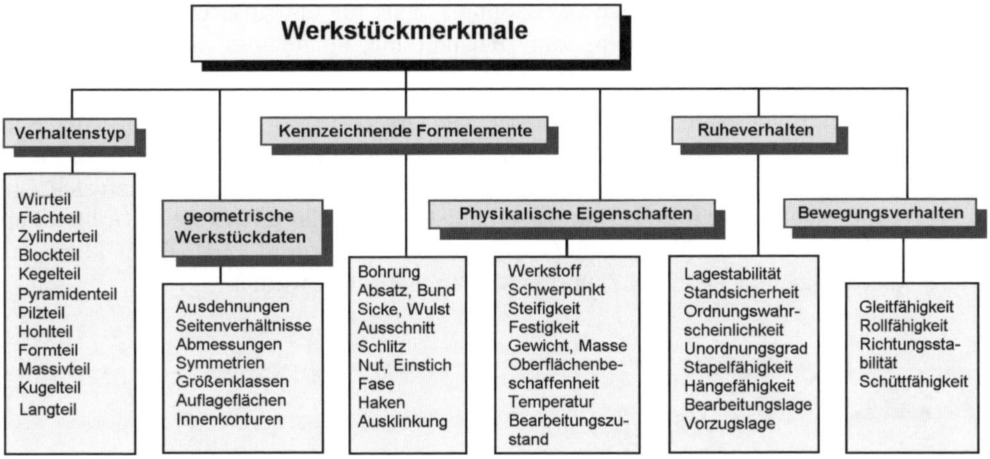

Bild 2.5 Beschreibungsgrößen für Handhabungsobjekte (Merkmale, Verhalten, Eigenschaften)

Werkstücke lassen sich, wie man sieht, auch nach **Verhaltenstypen** einteilen. Das kann man in Bild 2.6 sehen. Dort sind jeweils Typenvertreter als Beispiel skizziert. Probleme einer Systematik werden in [2.2] aufgezeigt.

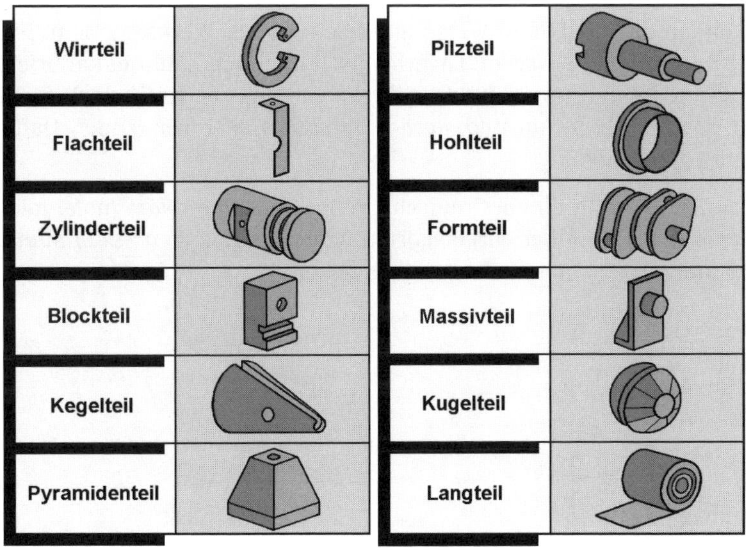

Bild 2.6 Einteilung von Werkstücken nach Verhaltenstypen [2.3]

Der Sinn einer solchen Werkstücksystematik besteht in den folgenden Aspekten:

- Den Verhaltenstypen lassen sich unter Verwendung rechnergestützter Auswahlsysteme in der Art von „Wenn-Dann-Beziehungen“ (Entscheidungstabellen; *decision table*) geeignete Handhabungsgeräte zuordnen.

- Verhaltenstypen *(types of behaviour)* können Basis für die Ausarbeitung typisierter Handhabungstechnologien sein, zum Beispiel die Auslegung von Orientierungsschikanen mit Expertensystem, CAD-Modellen für die Schikanen u. a.

Die Handhabung biegeweicher Bauteile ist besonders schwierig, weil sie bei jeder Einwirkung (Kraft, Schwerkraft, Druck) ihre Form verändern. Manchmal kann man die Teile durch starke Unterkühlung vorübergehend versteifen. Für textile Gebilde lassen sich z. B. Gefrier- oder Nadelgreifer für das Handhaben einsetzen. In Bild 2.7 wird eine Greifeinheit gezeigt, die das Material baggert (aufwälzt), faltet und klemmt [2.4]. Dann kann das erfasste Flächengebilde an einen Zielort bewegt und abgelegt werden.

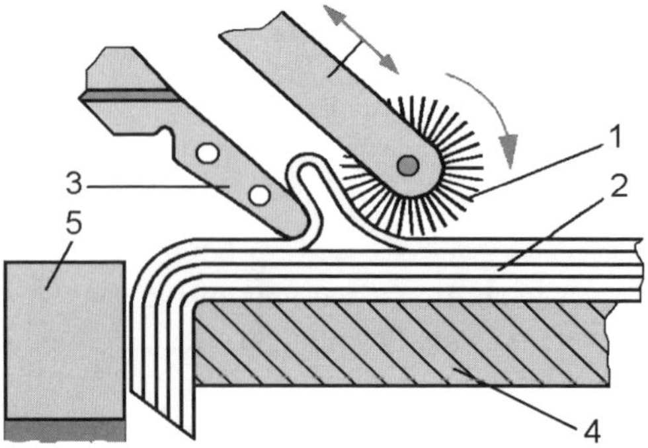

Bild 2.7 Anfassen textiler Flächengebilde vom Stapel.
1 Rundbürste, 2 gestapelte textile Lagen, 3 Aufwälzfinger, 4 Auflagetisch, 5 Anlageplatte

Handhabungsobjekte können auf vielfältige Weise gleichzeitig auch Werkzeug sein. Ein Beispiel wird in Bild 2.8 vorgestellt. Es werden Lagerbuchsen in einem Zahnrad kalibriert (Buchse auf ein genaues Innenmaß bringen und Oberfläche glätten). Die **Kalibrierkugeln** laufen ständig im Takt der Maschine um und werden immer wieder verwendet. Dafür wurde ein Rücklaufkanal vorgesehen.

Das zu bearbeitende Zahnrad wird in einem Rundschaltteller *(indexing rotary table)* taktweise zugeführt und positioniert. In einer vorgelagerten Arbeitsstation *(process of manufacture)* wird die Buchse auf der gleichen Maschine eingepresst.

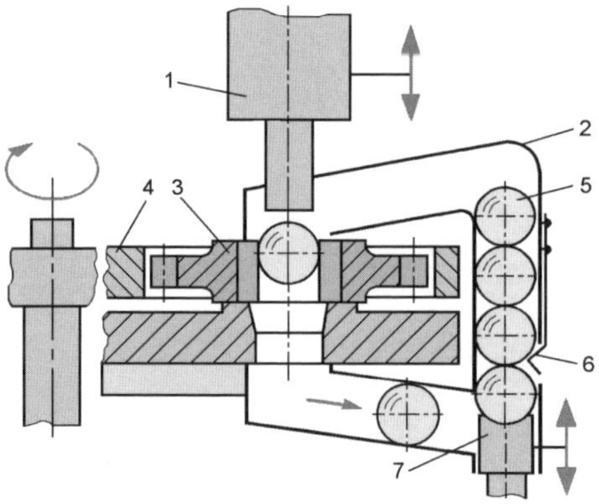

Bild 2.8 Kugelkalibrierung von Lagerbuchsen in Zahnrädern.
1 Pressstempel, 2 Kugelumlauf, 3 Werkstück, 4 Rundschaltteller, 5 Kalibrierkugel, 6 Rückhalter, 7 Zuteilerstößel

2.2 Werkstückordnungen

Ordnungen existieren vielfältig in der Natur und können auch Vorbild für ingenieurmäßiges Denken sein. Man könnte so etwas wie **„Urordnungen"** formulieren. Der Techniker interessiert sich für die Platzierung von Körpern, die die einfachste, dichteste und damit auch die raumsparendste Ordnung darstellt. Für eine Demonstration lassen sich Kugeln gut verwenden. Die dichteste Packung kann mit einem gleichseitigem Dreieck umhüllt werden. Auch Zylinder bilden ein gleichseitiges Dreieck, wenn man sie „auf Lücke" platziert. Legt man einer dichten Kugellage eine Lage obenauf, dann lassen sich jeweils vier Kugeln von vier gleichseitigen Dreiecken umhüllen. Das ergibt ein Oktaeder. Der Winkel von 60° spielt hier die entscheidende Rolle. Somit erhält man eine Mischpackung von Tetraedern und Oktaedern (Bild 2.9).

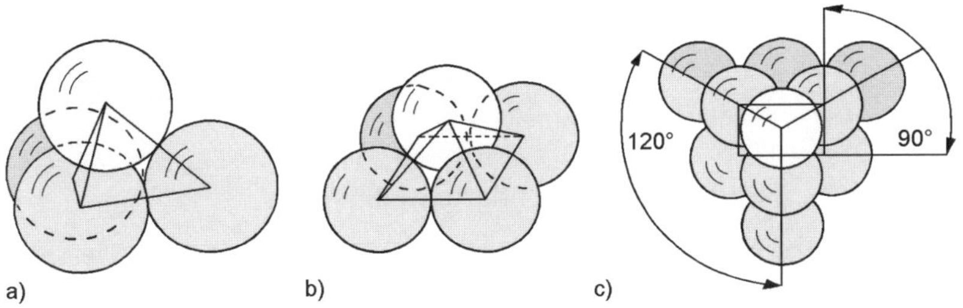

Bild 2.9 Elementare Ordnungen am Beispiel dicht gepackter Kugeln.
a) tetraedrische dichteste Packung, b) oktaedrische dichteste Packung, c) dichteste Kugelpackung; Sie kann als „Urordnung" verstanden werden.

Durch einfache Teilung von Kanten und Umhüllungen über die Ecken sind die regulären Körper ineinander überführbar. Die Stapelung von Kugeln zeigt, dass Tetraeder mit sich selbst nicht stapelbar sind, sondern nur im Wechsel mit Oktaedern. Es gibt übrigens nur wenige reguläre Körper, die mit sich stapelbar sind. Am bekanntesten ist der Kubus.

Eine Packung von Kugeln ist der Idealfall. In der Fertigungstechnik hat man es dagegen oft mit recht komplizierten Werkstückformen zu tun. Geometrische Details können die Stapelfähigkeit, die Standsicherheit, die Reihungsfähigkeit und die Anordnung zu flächendeckenden **Mustern** im Vergleich zu einem Idealfall beträchtlich verschlechtern (flächendeckende Muster werden auch als „Reguläre Parkettierungen" bezeichnet, für die eine spezielle Mathematik zur Verfügung steht; so z.B. die anwendungsorientierte Literatur [2.5]). Reihungsfähig sind solche Werkstücke, bei denen die sich berührenden Kanten und die Flächen aneinander liegender Teile so beschaffen sind, dass sie eigenständig in einer positions- und orientierungssicheren Lage verharren. Das Bild 2.10 zeigt typische Werkstückanordnungen, wie man sie in der Industrie häufig vorfindet. Die Vielfalt vergrößert sich in dem Maße, wie man noch weitere und komplexere Formen in die Betrachtung einbezieht. Automatisierte Handhabungstechnik muss mit solchen Mustern zurechtkommen.

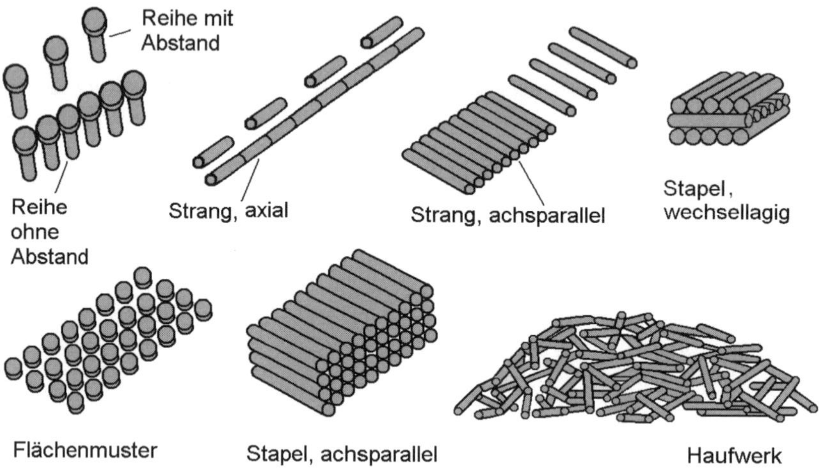

Bild 2.10 Anordnungsbeispiele von industriellem Arbeitsgut

Wie werden nun die Begriffe „Position" und „Orientierung" definiert?

Sind **Orientierung** und **Position** eines Körpers nicht vollständig bekannt, dann lässt sich das mit dem Orientierungs- und/oder Positionierungsgrad (OG, PG), also mit einer Kennzahl, ausdrücken (Bild 2.11).

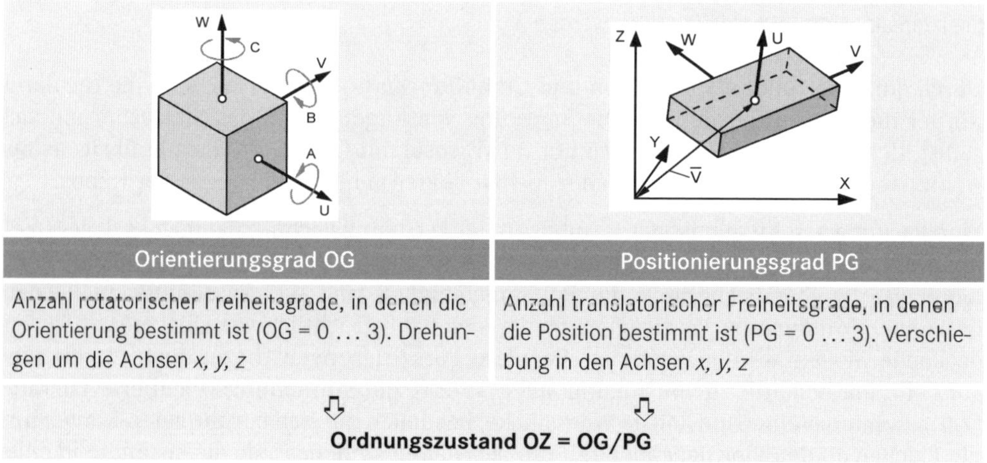

Bild 2.11 Definition des Ordnungszustandes mit Ordnungskennzahlen (nach der Richtlinie VDI 2860, Montage- und Handhabungstechnik; Handhabungsfunktionen, Handhabungseinrichtungen. Begriffe, Symbole, Definitionen)

> Die **Orientierung** eines Körpers ist durch die Angaben bezüglich aller drei rotatorischen Freiheitsgrade *(degree of freedom)* vollständig bestimmt.
>
> Die **Position** eines Körpers ist nur durch Angaben bezüglich aller drei translatorischen Freiheitsgrade bestimmt.

Daraus leitet sich für den Ordnungszustand OZ ab:

- OZ = 0/0 Objekte völlig ungeordnet
- 0/0 < OZ < 3/3 Objekte teilgeordnet
- OZ = 3/3 Objekte völlig geordnet

Beispiel 2.1 Ordnungszustände von Objekten

In welchen Ordnungszuständen OZ kann sich ein kleiner Vollzylinder, der keine besonderen äußeren und inneren Merkmale aufweist, befinden?

Grundsätzlich hängt der erforderliche Aufwand für das **Ordnen** vom vorgefundenen Anfangszustand und dem gewünschten Endzustand ab. Der Ausgangszustand kann eine Speicherung im 3D-Raum (Kasten), auf einer Ablagefläche (Förderband) oder in einer Rinne (Gleit-, Rollbahn) sein. Das wird in Bild 2.12 visualisiert.

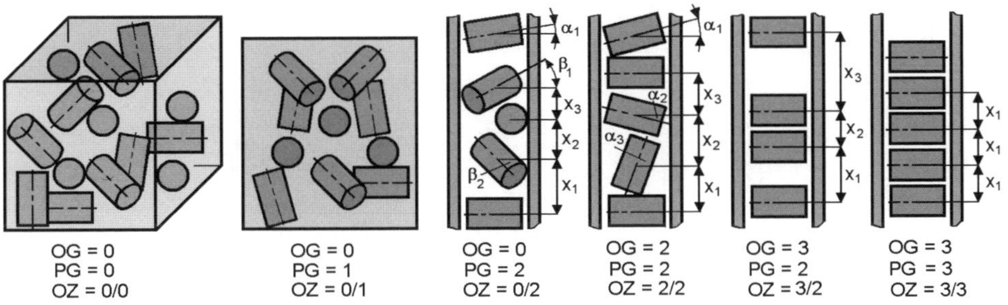

Bild 2.12 Darstellung des Ordnungszustandes *OZ* bei Stückgut.
OG Ordnungsgrad, *PG* Positionierungsgrad

Die Reduzierung der Unordnung ist eine Aufgabe der Bunkerzuführsysteme, neben der zeitweiligen Speicherung von Arbeitsgut. Der Maximalfall besteht im vollständigen Ordnen der Teile, also von OZ = 0/0 bis zu OZ = 3/3. Das geschieht meistens schrittweise in mehreren **Ablaufstufen**, wie es auch aus dem Bild 2.13 hervorgeht. Es gibt aber auch Fälle, bei denen die Teile nicht unbedingt bis zu OZ = 3/3 behandelt werden müssen.

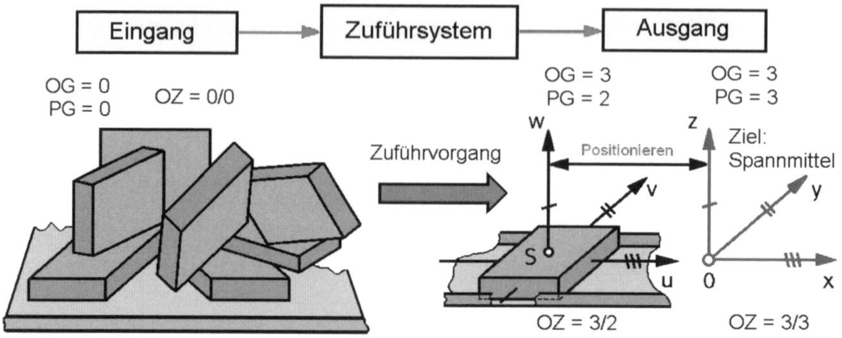

Bild 2.13 Prinzipieller Ablauf beim stufenweisen Ordnen eines Körpers aus einem Haufwerk

Werkstücke mit besonderen Merkmalen sind jedoch schwieriger zu orientieren und können im **Haufwerk** viel mehr verschiedene Orientierungen einnehmen als die geometrisch einfachen Teile. Berücksichtigt man nur die um 90° versetzten Orientierungen, dann sind es 24, wie man aus dem Bild 2.14 ersehen kann. Ziffern mit Stern sind die um 180° gedrehten Orientierungen. Die Aufgabe besteht darin, die für den Prozess erforderliche Wunschlage mit möglichst wenigen gesteuerten Drehungen um die Achsen ± *x*, ± *y* und ± *z* zu erreichen. Bei nicht würfelartigen Teilen können diese im chaotischen Zustand Vorzugsorientierungen einnehmen, deren Kenntnis für die Gestaltung einer Orientierungseinrichtung *(orientation device)* und gegebenenfalls einer Steuerung außerdem bedeutsam ist (siehe dazu Bild 4.209).

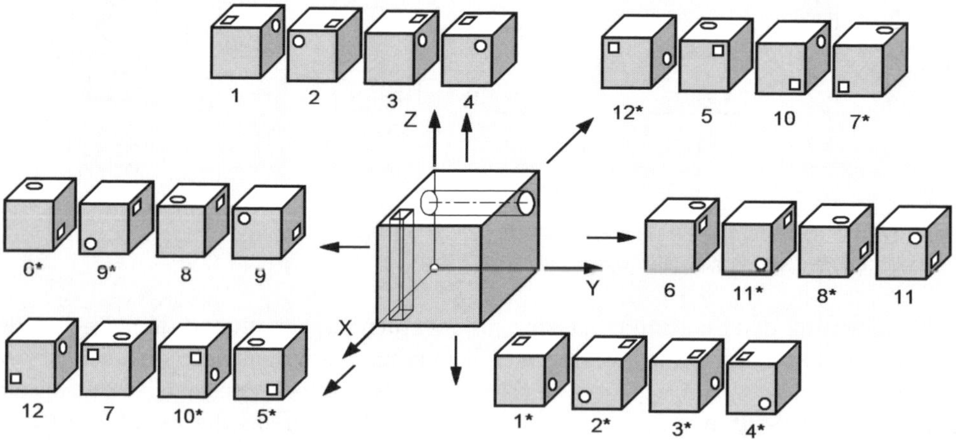

Bild 2.14 Orientierungsvarianten eines Kubus mit inneren (geometrischen) Merkmalen

Aus den möglichen Werkstückanordnungen leiten sich auch die theoretisch möglichen Magazinformen ab. Für ein Zylinderteil werden in Bild 2.15 die verschiedenen Möglichkeiten in den drei Raumkoordinaten gezeigt. Es lassen sich folgende **Magazintypen** ableiten:

- achsparalleler Werkstückverband: Schachtmagazin, Rollbahnmagazin, Gleitrinne
- koaxialer Werkstückverband: Gleitrinne, Kanalmagazin, Rohrmagazin

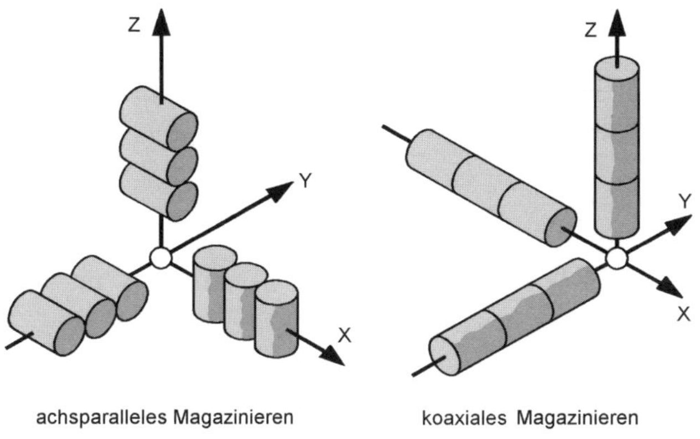

Bild 2.15 Magazinierungsmöglichkeiten von zylindrischen Werkstücken in Linienanordnung

Erweitert man die Betrachtung auf flächenhafte und räumliche Anordnungen, so erhält man weitere typische Werkstückordnungen wie flächenhaft-einlagige Ordnungen, achsparallel-mehrlagige Ordnungen und musterversetzte mehrlagige Ordnungen. Jedes Muster stellt hierbei besondere Anforderungen an den Platzbedarf, die technischen Mittel für das Sichern der Orientierung (Werkstückaufnahmen) und die **Greiftechnik** für das Handhaben der Teile. So wird beim Außengriff mit dem Klemmbackengreifer stets ein Freiraum für die Greiferfinger benötigt. Bei Innengreifern und Saugern ist das nicht der Fall.

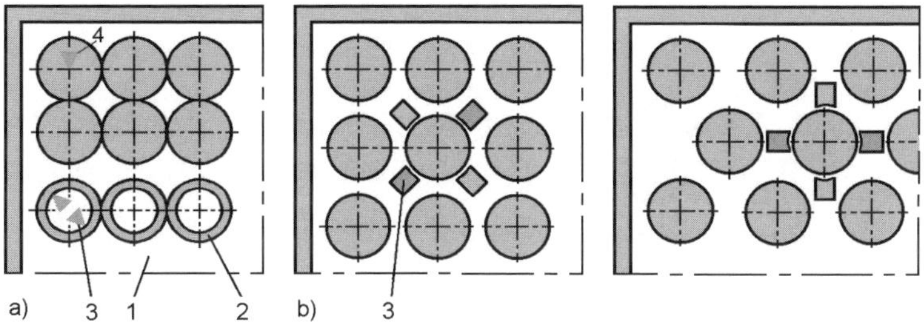

Bild 2.16 Werkstückanordnung und Greifprinzip sind stets im Zusammenhang zu sehen.
a) Sauger- bzw. Innengreifer, b) Greifen mit Zwei- oder Vierfingergreifer,
1 Flachpalette, 2 Werkstück, 3 Greifbacke, 4 Sauger

Für ein orthogonales Ablagemuster eignet sich z. B. ein Vierfingergreifer. Das wird in Bild 2.16 am Beispiel gezeigt. Manchmal genügt dafür auch ein Zweibackengreifer, der das Werkstück allerdings nur mit Prismabacken exakt auf Greifermitte ausrichten kann.

Lassen sich die Werkstücke mit Sauger, Magnet- oder Innengreifer anfassen, dann erreicht man eine hohe Speicherdichte D_S.

$$D_S = \frac{n}{A} \text{ (in Stück je m}^2\text{)} \tag{2.1}$$

n Anzahl von Speicherobjekten

A Speicherfläche

Die **Speicherdichte** ist eine Flächendichte. Für Vergleiche von unterschiedlichen Speicherlösungen muss man natürlich vom gleichen Werkstück ausgehen. Die Speicherdichte D_S hängt von folgenden Gegebenheiten ab:

- Form und Größe des Werkstücks
- Form (rechteckig, rund) und Größe der Speicherfläche
- Werkstückanordnung und Werkstückabstände (Zwischenräume)
- Abmessungsverhältnisse von Werkstück und Speicher (Randfreiräume)

Oft kann man die Werkstücke nicht einfach in Palettenböden mit Lochraster einsetzen. Dann sind Werkstückaufnahmen nötig, die mitunter sogar Vorrichtungscharakter annehmen können (Bild 2.17). Die Wahl solcher Vorrichtungselemente und das Anordnungsmuster der Werkstücke unterliegen Einschränkungen durch die Bewegungsmöglichkeiten der Handhabungs- und Magazineinrichtungen.

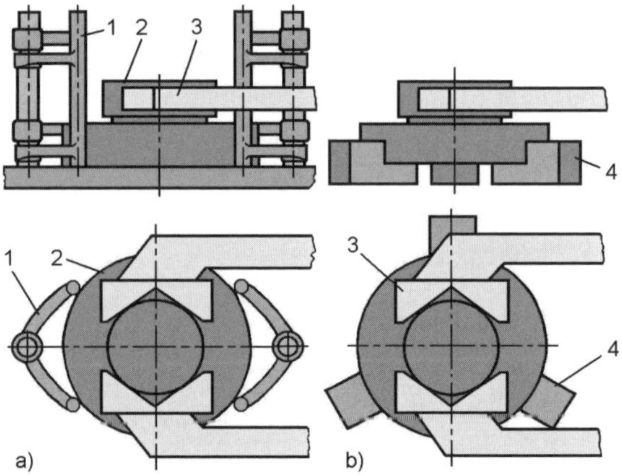

Bild 2.17 Zugänglichkeit für den Werkstückgreifer zum Magazinplatz (Durchmesser einstellbar). a) Vierpunktaufnahme mit Stapelbildung, b) Dreipunktaufnahme für Einzelwerkstücke, 1 Schachtmagazin-Element, 2 Werkstück, 3 Greifbacke, 4 Werkstückaufnahme-Element

Das ist auch im Zusammenhang mit der Ein- und Ausgaberichtung sowie mit dem für ein sicheres Greifen erforderlichen freien Zugang des Greifers zu einem Werkstück bei gegebener Größe und bei gegebener Wirk-Kinematik zu sehen. Magazine sollen sich übrigens immer auch manuell füllen oder leeren und reinigen lassen.

Das vorangegangene Bild zeigt beispielhaft die Bedingungen für eine Vierpunktaufnahme mit Stapelmöglichkeit und eine Dreipunktaufnahme für die Einzelablage. Die Untersuchung der **Werkstückablage** setzt deshalb eine parallel dazu durchzuführende Ermittlung der Werkstückgreifmöglichkeiten voraus (siehe dazu auch Bild 2.16).

Schließlich möchte man noch eine möglichst günstige Auslastung der Speicherflächen. Der ungenutzte Freiraum (Freifläche) soll zu einem Minimum werden. Wenn man Belegungsmuster plant, nimmt man nicht die oft komplizierte Feinform der Werkstücke, sondern eine vergröbernde **Hüllform**. In diese kann man die Form der Werkstückaufnahmen mit einbeziehen. Beim automatischen Abgreifen können auch Freiräume, die für den Greifer nötig sind (Handhabungskanal), berücksichtigt werden. Eine Gegenüberstellung von realer und „umhüllter" Form zeigt das Bild 2.18 an einigen Beispielen.

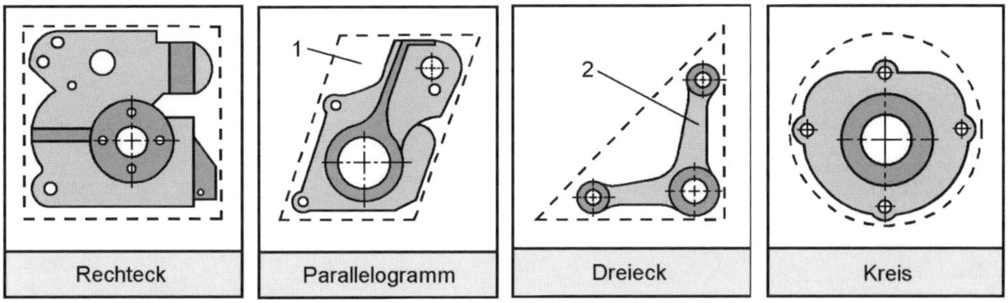

Bild 2.18 Komplexe Werkstückformen und ihre minimale Hüllkontur für Planungszwecke. 1 Hüllform, 2 Werkstück

In Bild 2.19 wird ein anderes Beispiel vorgestellt. Die Anordnung der Teile auf einer Flachpalette ist sowohl platzsparend (gute Speicherdichte) als auch „greiferfreundlich", weil die Abstände der Teile eine gute Greiffreiheit ergeben. Ob die **Stapelfähigkeit** jeweils gegeben ist, wäre zu untersuchen. Möglicherweise müsste man noch Stapelhilfen vorsehen, im Beispielfall könnten das eventuell Stapelbolzen sein, die man einsetzt.

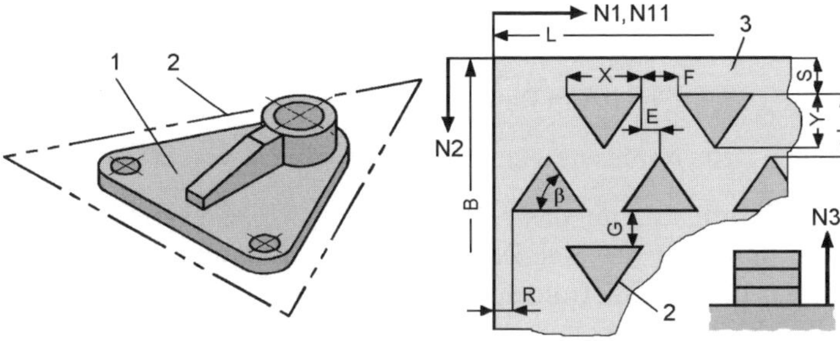

Bild 2.19 Entwurf eines Parkettiermusters für das Werkstück „Lagerplatte". 1 Werkstück, 2 Hüllform, 3 Flachpalette

Die Speichermengen N ergeben sich bei vorgegebenen Speicherflächen ($L \cdot B$) für die einzelnen Zeilen des dargestellten Anordnungsmusters wie folgt:

Erste Reihe

$$N1 = \text{INT}\left[\frac{L - 2 \cdot R - X}{X + F}\right] + 1 \qquad (2.2)$$

Zweite Reihe

$$N11 = \mathrm{INT}\left[\frac{L - 2\cdot R - X - \cot\beta \cdot Y - 0{,}5\cdot F}{X + F}\right] + 1 \qquad (2.3)$$

$$N22 = 2\cdot \mathrm{INT}\left[\frac{B - 2\cdot S - Y - I}{Y + I + G}\right] + 2 \qquad (2.4)$$

$$N222 = 2\cdot \mathrm{INT}\left[\frac{B - 2\cdot S - Y}{Y + I + G}\right] + 1 \qquad (2.5)$$

$N2 = N22,$ wenn $N22 > N222$

$N2 = N222,$ wenn $N22 < N222$

$N3 = 1 \ldots K$

Die **Gesamtspeichermenge** Q erhält man schließlich aus den folgenden Gleichungen:

$$Q = N3\left[0{,}5\cdot N2\left(N1 + N11\right)\right] \quad \text{Wenn } N2 \text{ geradzahlig} \qquad (2.6)$$

$$Q = N3\left[\left(0{,}5\cdot N2 + 0{,}5\right)N1 + \left(0{,}5\cdot N2 - 0{,}5\right)N11\right] \quad \text{Wenn } N2 \text{ ungeradzahlig} \qquad (2.7)$$

Es bedeuten in den Gleichungen:

F, G Werkstückzwischenraum, oft als Freiraum für die Greiferfinger nötig

INT Abkürzung für INTEGER, ganzzahliger Teil eines Rechenwertes

N Teilmenge

Q Gesamtspeichermenge

R, S Abstand der Werkstückaußenfläche zum Rand des Speichers

X, Y Werkstückabmessungen bzw. Abmessungen einer Hüllkontur

In vielen Fällen werden die **Formnester** für das Speichergut in die Magazinfläche eingearbeitet. Das Bild 2.20 zeigt dafür ein Beispiel. Das Muster ist zeilenweise versetzt, die Kanten der Formnester sind gratfrei und gerundet. Das Werkstück-Trägermagazin muss sich leicht reinigen lassen (Dreistern-Löcher je Werkstückaufnahme) und es wird oft aus rostfreiem Blech oder Aluminium gefertigt. Bei Bauteilen aus Materialkombinationen darf es nicht zu einer statischen Aufladung *(static electricity)* kommen.

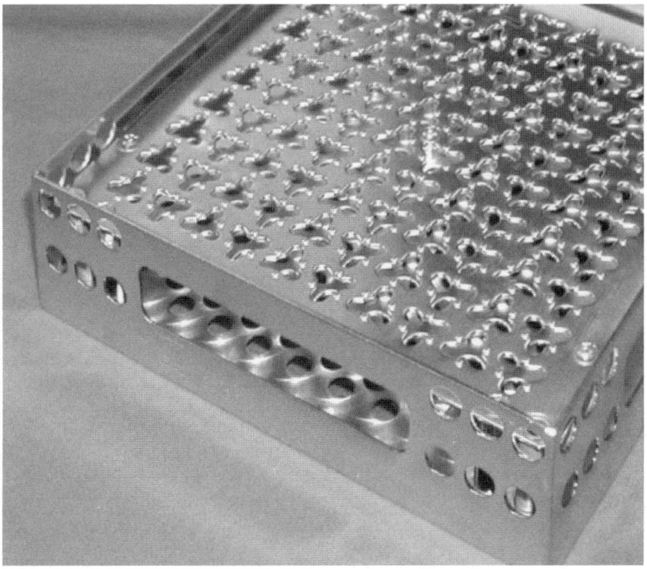

Bild 2.20 Werkstück-Trägermagazin mit eingearbeiteten Formnestern (LK Mechanik; www.lk-mechanik.de)

Aus der Logistik sind vielfältige Paletten-(Pack-)Muster bekannt, wobei aus Stabilitätsgründen möglichst ein eigenstabiler **Ladungsverbund** erreicht werden soll. Bei Variation der drei Parameter Breite, Höhe und Tiefe der Objekte und Anordnungsmuster ergeben sich sehr viele Greif- und Ablegepositionen. Das Bild 2.21 zeigt typische Palettiermuster, die sich außerdem von Lage zu Lage verändern.

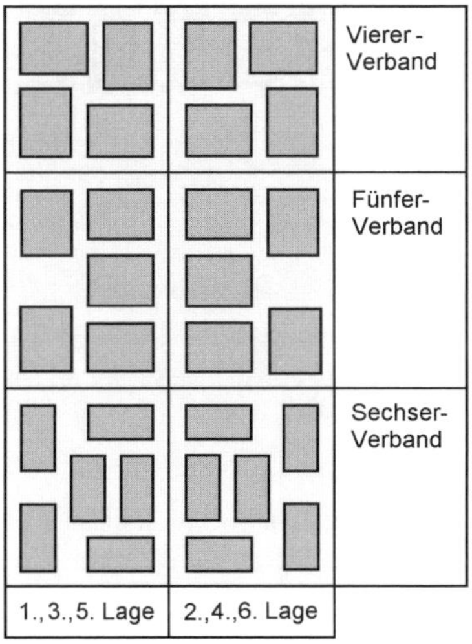

Bild 2.21 Packmuster (Draufsicht) bei einheitlich großen Objekten

Bei bestimmten Halbzeugformen lassen sich Vorteile beim Stapeln erreichen, wenn die Objekte verschachtelt magaziniert werden, wie es in Bild 2.22 zu sehen ist. Allerdings kann es auch zu Nachteilen (Verlagern) beim Transport führen.

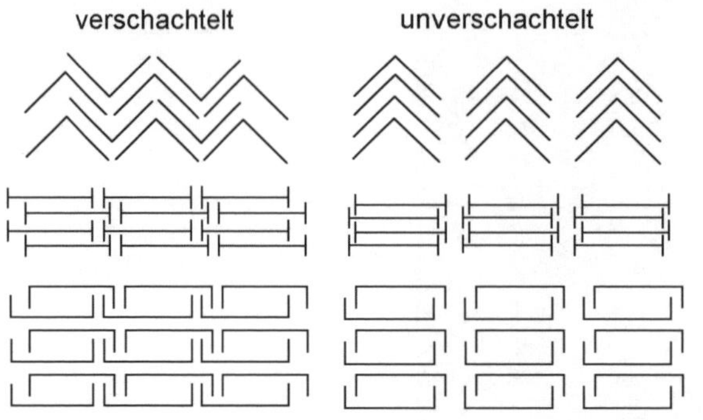

Bild 2.22 Verschachtelte Magazinierung von Langgut (meistens Halbzeuge)

Stapelfähigkeit *(stackability)*
Aussage darüber, dass Objekte, Paletten u. a. ohne oder mit Stapelhilfsmittel übereinandergestellt (gestapelt) werden können, meist in drei bis vier Ebenen [2.6].

Gelegentlich taucht der Begriff der **Drehstapelung** auf. Als „drehstapelbar" werden Behälter bezeichnet, die durch entsprechende Auflageelemente geschachtelt („genestet") werden können. Das dient zur Volumenreduzierung, eventuell auch erst nach einer erfolgten 180°-Horizontaldrehung. Das Bild 2.23 erläutert die Begriffe an Prinzipbeispielen.

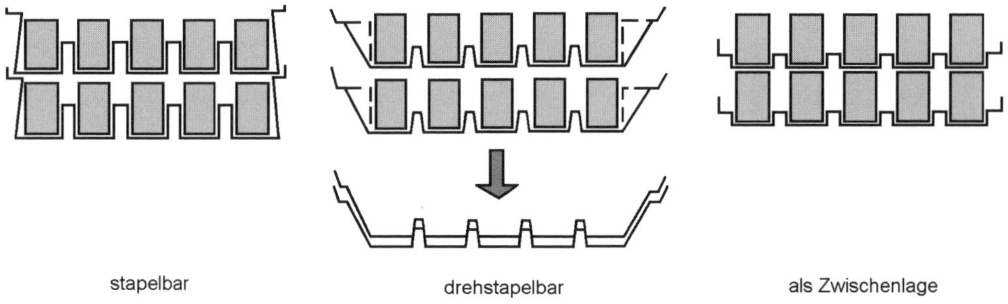

Bild 2.23 Stapelung von Werkstückträgern

■ 2.3 Werkstückverhalten

Es gibt typische Zustände, in denen sich ein Werkstück oder ganz allgemein ein Handhabungsobjekt oder mehrere im Herstellungsprozess oder in Logistikbereichen (Lagerung, Kommissionierung) befinden kann. Sie kennzeichnen das Werkstückverhalten *(workpiece behaviour)*. Man unterscheidet das Verhalten einzelner Teile und solcher im Verband (Werkstückschlange), das Ruhe- und Bewegungsverhalten (siehe dazu Bild 2.4) sowie freie und erzwungene Bewegungen. Welche Arten von Bewegungen bei der Handhabung auftreten, geht aus der Tabelle 2.1 hervor.

Tabelle 2.1 Ursache und Wirkung bei Objektbewegungen

Objektbewegungen	
nach der ursächlichen Kraft	nach der Bewegungsart
freie Bewegung durch Schwerkraft	Fallen, meist geführt zum Erdmittelpunkt
erzwungene Bewegung durch zusätzliche Hilfskräfte	Rollen gerade oder im Bogen
	Gleiten ohne Rotationsanteil
impulsive Bewegung, bei der ein ständiger Wechsel zwischen freier und erzwungener Bewegung stattfindet, z. B. Schwingförderer	Wälz-Gleiten mit Rotationsanteil
	Kippen als freie Bewegung oder geführt
	Wenden als Bewegung um 180°

Was heißt Werkstückverhalten?

Werkstückverhalten *(workpiece behaviour)*

Es ist die Summe der aufeinander folgenden Zustände eines oder mehrerer Werkstücke im Verband, hervorgerufen durch äußere Kräfte, wobei Werkstückeigenschaften und Werkstückverteilung entscheidend mit einwirken. Man unterscheidet zwischen Ruhe- (Standsicherheit, Lagestabilität) und Bewegungsverhalten (Gleit-, Roll-, Hängefähigkeit, Richtungsstabilität beim Gleiten oder Rollen) und Verhalten im Haufwerk (Verhakungsneigung) u. a.

In bestimmten Fällen lassen sich die Werkstückeigenschaften derart ausnutzen, dass es zu einer **Selbstpositionierung** oder Selbstorientierung während der Handhabung kommt (Bild 2.24; siehe auch Bild 2.26).

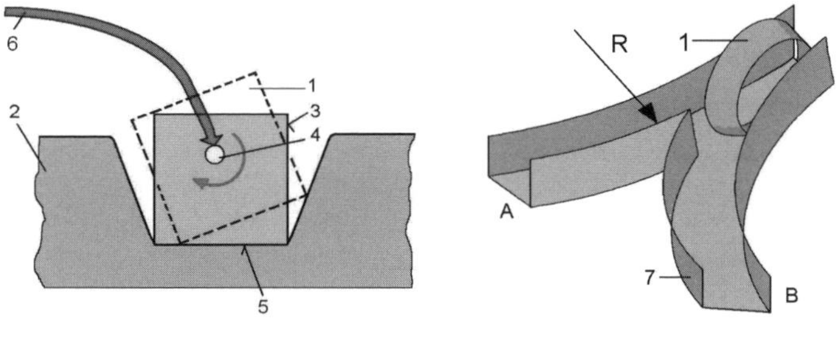

Bild 2.24 Geometrisch implizierte Eigenbewegung von Werkstücken.
1 Werkstück, 2 Montagebasisteil, 3 Fügeteil-Endposition, 4 Masseschwerpunkt, 5 Auflagefläche, 6 rotatorische Einlegebewegung, 7 Sortierkanal (A oder B), *R* Rinnenradius

Der Quader erreicht beim Einlegen von selbst in der letzten Bewegungsphase die gewünschte flächige Bodenauflage. Der Ring in Kegelform sortiert sich selbst in den A- oder B-Kanal, weil der Kegel eine bogenförmige Rollkurve erzeugt. In Bild 2.25 wird die Berechnung des Rinnenradius *L* abhängig von den Teileabmessungen angegeben.

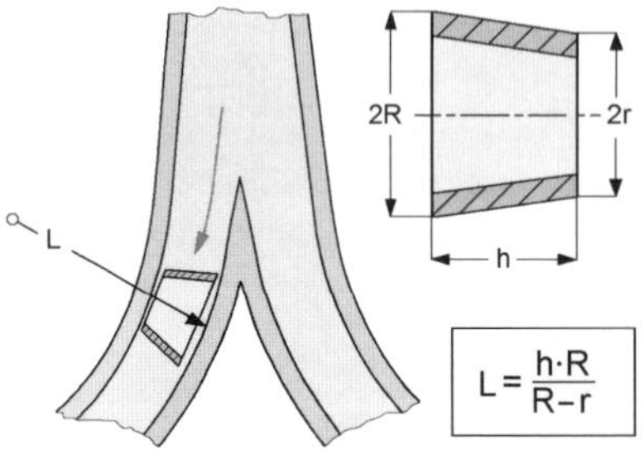

Bild 2.25 Ordnen kegeliger Blechringe z. B. für die Pinselfertigung

Ein Beispiel aus der Montageautomatisierung soll die Bedeutung der Werkstückauslegung noch einmal unterstreichen. Das Bild 2.26 zeigt das Einlegen einer Druckfeder in ein Kunststoffteil. Die Einführschrägen lassen die Druckfeder von selbst in die Endposition gleiten.

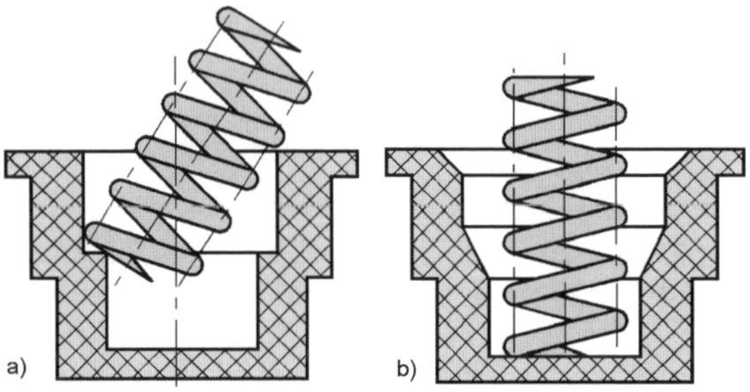

Bild 2.26 Selbstpositionierung einer Druckfeder.
a) ursprüngliche Konstruktion mit Störkanten,
b) überarbeitetes Design

Die Herstellung der schrägen Geometrieelemente ist nicht mit einem Mehraufwand in der Herstellung verbunden und deshalb ein gutes Design. Die Selbstpositionierung lässt sich manchmal bei Montagebaugruppen positiv beeinflussen, wenn man geometrische Elemente einbezieht. Das Bild 2.27 zeigt abschließend zwei Beispiele in der Vorher-Nachher-Darstellung.

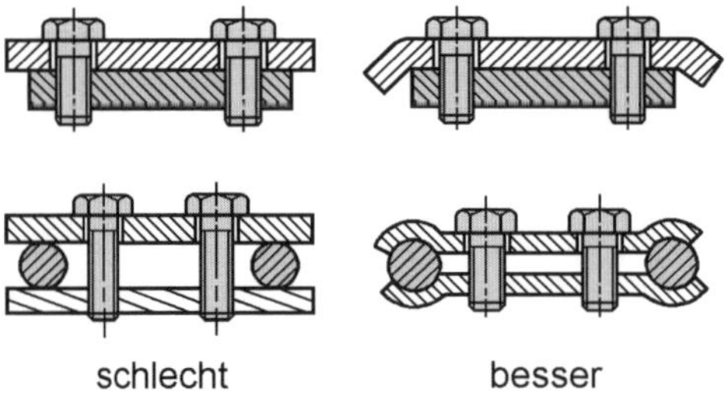

Bild 2.27 Sich selbst positionierende Bauteile sind besser als indifferente Zustände!

In mehr als 60 % aller Fälle ist allerdings, grob gesagt, keine Selbstpositionierung erreichbar. Das kann als Automatisierungshemmnis gelten.

Die Geometrie eines Objekts beeinflusst auch die **Stapelfähigkeit** *(stackability)* bzw. die Aufnahmekapazität von Schachtmagazinen. Mit der Gestaltanpassung können Lagervolumina wesentlich besser genutzt werden. Das soll in Bild 2.28 an zwei Beispielen erläutert werden. Nach der Formanpassung darf es natürlich nicht zu Handhabungsschwierigkeiten kommen, wie z. B. gegenseitiges Verklemmen der Objekte.

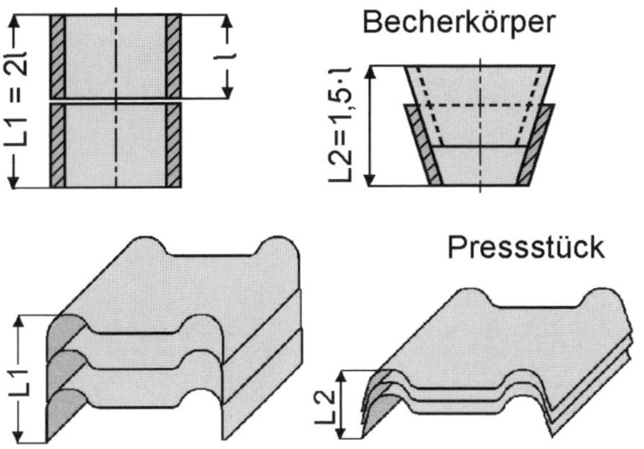

Bild 2.28 Gestaltänderung verringert den Raumbedarf in Lager und Magazin

2.3.1 Fallbewegung

Fallen, Rollen und Gleiten sind meistens freie Bewegungen. Geführte Fallbewegungen kommen in der Handhabungstechnik beispielsweise bei den Schachtmagazinen *(gravity-feed magazine)* vor. Die Breite *B* solcher Kanäle ist so zu wählen, dass beim Fallen die Orientierung der Teile erhalten bleibt und diese sich nicht überschlagen, aber auch nicht verklemmen. Momente und Seitenkräfte sollen möglichst klein sein, damit keine unerwünschten Reibungskräfte entstehen. Die wirkenden Kräfte werden in Bild 2.29 dargestellt.

Ausschlaggebend ist die Richtung der Geraden durch den Angriffspunkt der Kraft *F* und den Berührpunkt *x* zwischen Werkstück und Magazinwand. Führt die Gerade durch den Reibungskegel, dann liegt **Selbsthemmung** vor. Ist der Reibungskoeffizient μ für die Gleitreibung bekannt, so ist auch der Winkel ρ für den **Reibungskegel** bekannt, denn es gilt die Beziehung $\rho = \arctan \mu$.

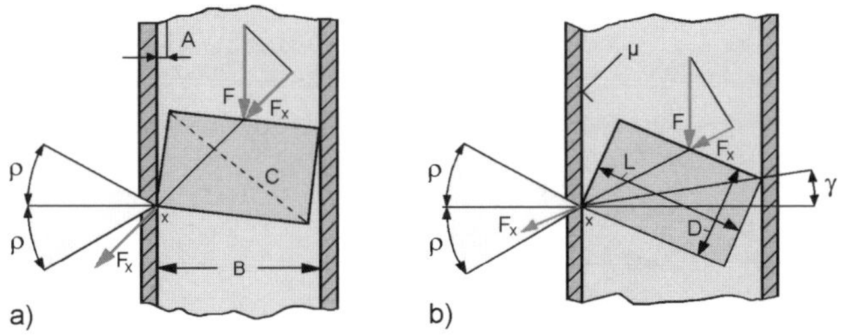

Bild 2.29 Zusammenhang zwischen Führungslänge und Führungsspiel. a) keine Selbsthemmung im Zuführkanal, Kraft F_x befindet sich außerhalb des Reibungskegels, b) Werkstück verklemmt sich und bleibt hängen, Kraft F_x befindet sich innerhalb des Reibungskegels, *A* Spiel, *B* Kanalbreite, *C* Werkstückdiagonale, *F* Schiebe- oder Werkstückgewichtskraft, ρ Reibungswinkel

Wie groß sollte das Spiel *A* unter Beachtung der Maßtoleranzen sein? Für das Spiel *A* ergeben sich gemäß Bild 2.29 [2.7] die Gln. 2.8 bis 2.12:

$$A = B - L \tag{2.8}$$

$$B = \cos\gamma \cdot C \tag{2.9}$$

$$C = \sqrt{D^2 + L^2} \tag{2.10}$$

$$\mu = \tan\gamma \tag{2.11}$$

$$\cos\gamma = \frac{1}{\sqrt{1 + \tan^2\gamma}} \tag{2.12}$$

Eingesetzt in die Gleichung (2.8) erhält man nun für das Spiel A

$$A \leq \sqrt{\frac{D^2 + L^2}{1 + \mu^2}} - L \tag{2.13}$$

Beispiel 2.2 Berechnung der Fallschachtbreite

Für das in Bild 2.30 dargestellte Teil soll dessen Spiel A in einem Fallschacht festgestellt werden. Als geometrische Besonderheiten sind die abgerundete Kopfform des Teiles und das angefaste Ende des Gewindes zu beachten. Das Teil soll sich im Fallschacht nicht verklemmen und nicht überschlagen.

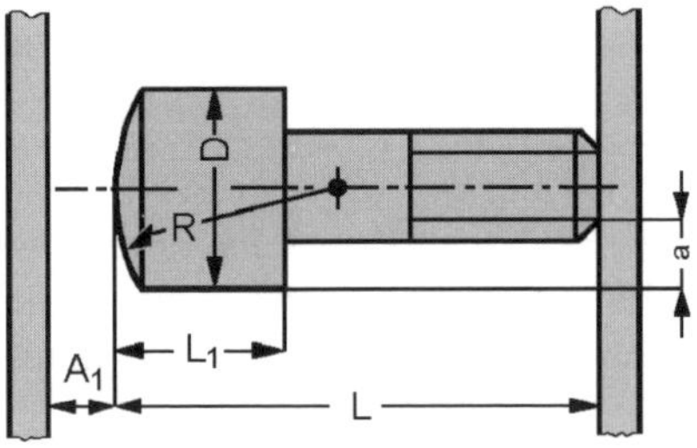

Bild 2.30 Beispielwerkstück im Fallschacht.
L = 120 mm, L_1 = 40 mm, D = 40 mm, R = 30 mm, a = 3,5 mm, μ = 0,1

Zunächst sollen allgemein Teile mit abgerundeten Seitenflächen etwas näher betrachtet werden. Nach den Darstellungen in Bild 2.31 ergeben sich die Gleichungen 2.14 bis 2.19.

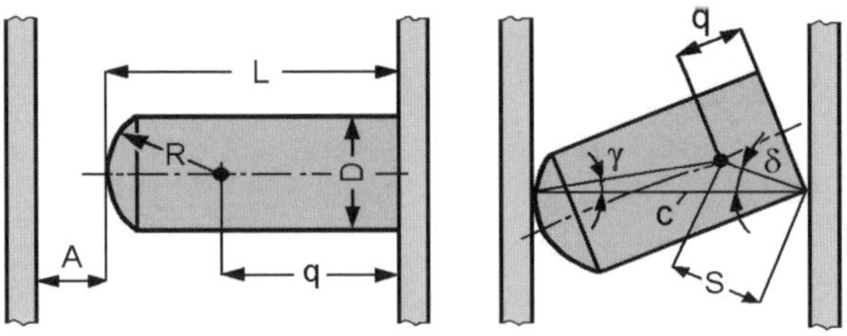

Bild 2.31 Führungsverhältnisse bei einem Werkstück mit einer abgerundeten Seitenfläche.
S Abstand Werkstückkante bis Radius-Mittelpunkt, R Werkstück-Abrundungsradius, q Radiusabstand

$$S = \sqrt{q^2 + (D/2)^2} \tag{2.14}$$

$$q = L - R \tag{2.15}$$

$$\sin\delta = \frac{R \cdot \sin\gamma}{S} \tag{2.16}$$

$$\gamma = \arctan \mu \tag{2.17}$$

$$C = \frac{S \cdot \sin(\gamma + \delta)}{\sin \gamma} \tag{2.18}$$

$$\sin\delta = \frac{\mu \cdot R}{\sqrt{(1+\mu^2)[(L-R)^2 + (D/2)^2]}} \tag{2.19}$$

Damit wird mit Gl. 2.20 das zulässige Spiel:

$$A \le \frac{S \cdot \sin(\gamma + \delta)}{\mu} - L \tag{2.20}$$

Für den Beispielfall nach Bild 2.30 kommt man nun auf folgende Rechenbeziehung, wenn man Gleichung (2.14) und (2.15) in (2.20) einsetzt (Abstand a siehe Bild 2.30). Es gilt Gl. 2.21:

$$A \le \frac{\sqrt{(L-R)^2 + (D/2-a)^2} \cdot \sin(\gamma + \delta)}{\mu} - L \tag{2.21}$$

Somit ergibt sich das Spiel A bei Verwendung des Beispielwerkstücks nach Bild 2.30 zu

$$\gamma = \text{arc}\tan\mu = \text{arc}\tan 0{,}1 = 5{,}71$$

$$\sin\delta = \frac{0{,}1 \cdot 30}{\sqrt{(1+0{,}1^2)[(120-30)^2 + (40/2-3{,}5)^2]}} = 0{,}0326 \rightarrow 1{,}85°$$

$$A \le \frac{\sqrt{(120-30)^2 + (40/2-3{,}5)^2} \cdot \sin(5{,}71+1{,}85)}{0{,}1} - 120 \le 0{,}38 \text{ mm}$$

Die **Führung** ist sehr ungünstig, eingedenk weiterer Herstellungstoleranzen des Magazins. Deshalb ist eine Führung nach Bild 2.32 vorzunehmen. In diesem Fall errechnet sich mit (2.13) für das Spiel A ein Wert von 11,7 mm. Man würde ein Spiel von A = 5 mm wählen. Die Kanal- bzw. Schachtbreite wird damit $B = L_1 + A$ = 40 + 5 = 45 mm.

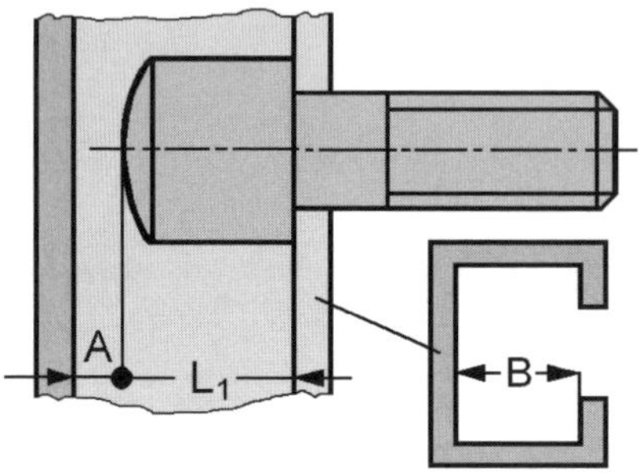

Bild 2.32 Führung eines abgesetzten Bolzens in einem Schachtmagazin

Ein verklemmtes Werkstück kann übrigens durch ein nachfolgendes Teil wieder gelöst werden, wenn die Kraft F des Impulses des auflaufenden Werkstücks zwischen Berührungspunkt und Schwerpunkt des Teils ein ausreichend großes Moment $M = F \cdot x$ erzeugt. Darauf wird man sich natürlich bei der Projektierung von Handhabungseinrichtungen nicht verlassen.

Das **Führungsverhalten** von Werkstücken in Rinnen und Schächten wird durch Abmessungsverhältnisse bezüglich Werkstückdurchmesser und Länge beeinflusst. Durch Berechnung einer Führungskennziffer k_F kann man kritische Fälle erkennen. Die Kennziffer berechnet man mit Gl. 2.22 wie folgt [2.8]:

$$k_F = \frac{c_F - \Delta c_F}{b_F + \Delta b_F} \tag{2.22}$$

Es bedeuten:

b_F geführte Breite

c_F Diagonale bezüglich geführter Breite

Δb_F; Δc_F Werkstücktoleranzen

Man kann folgende Fälle unterscheiden:

$k_F < 1$ keine Führung vorhanden; instabil

$k_F - 1$ Grenzfall; vermeiden weil indifferent

$k_F > 1$ Führung vorhanden; stabil

Beispiel 2.3 Berechnung der Führungskennziffer

Welche Führungskennziffer k_F ergibt sich bei der **Magazinierung** *(magazining)* der in Bild 2.33 dargestellten Fälle?

Fall 1: $c_F = \sqrt{\left(\frac{60+45}{2}\right)^2 + 89{,}8^2} = 104\ \text{mm}$; $k_F = \frac{104}{90{,}2} = 1{,}15 > 1$

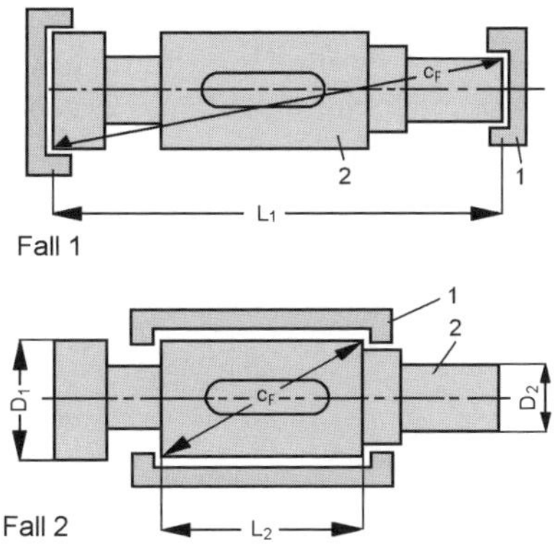

Bild 2.33 Führung einer Maschinenwelle an verschiedenen Stellen der Kontur in einem Schachtmagazin.
L_1 = 90 ± 0,2 mm, L_2 = 40 ± 0,1 mm, D_1 = 60 + 0,1 mm, D_2 = 45 + 0,1 mm, 1 Schachtmagazin, 2 Werkstück

Fall 2: $c_F = \sqrt{39{,}9^2 + 60^2} = 72\,\text{mm}$; $k_F = \dfrac{72}{40{,}1} = 1{,}8 > 1$

Im Fall 2 ist eine bessere Führung als im Fall 1 gegeben. Sie ist stabil und sollte bevorzugt werden. Überlege, welche weiteren Führungsfälle außerdem möglich wären und in die engere Wahl kommen könnten.

Damit Werkstücke in Führungsschienen problemlos gleiten können, müssen weitere geometrische Bedingungen eingehalten werden. Zur Erklärung dient das Bild 2.34. Als Bedingung gilt mit Gl. 2.23:

$$d_S + A_S + A_b < b < \frac{1}{2}(d_K + d_S) - A_K - A_b \tag{2.23}$$

Außerdem gilt, um das Einstecken des Werkstücks zu ermöglichen, die Gl. 2.24:

$$b > d_m \tag{2.24}$$

Es bedeuten:

A_S Abmaß des Werkstückschafts

A_K Abmaß des Werkstückkopfs

A_b Abmaß Spaltenbreite

Als **Abmaß** bezeichnet man die fertigungsbedingten Maßdifferenzen zwischen Ist- und Sollmaß eines Werkstücks.

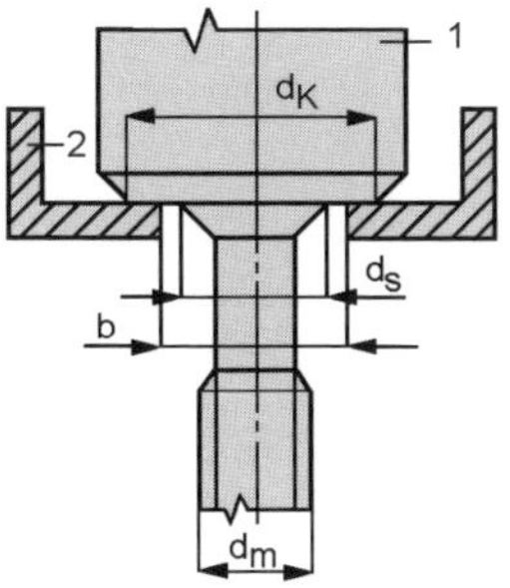

Bild 2.34 Gleiten von Rundteilen in Nut-Führungsschienen.
1 Werkstück, 2 Führungsschiene

Ganz anders verhält es sich beim geführten Fallen, um einen Höhenunterschied zu überwinden. Bei der in Bild 2.35 dargestellten Abwärtsfördereinheit ist eine **wendelförmige** Gleitbahn vorgesehen, um die Geschwindigkeit zu senken. Im Sammelbehälter treffen dann die Teile etwas sanfter auf das schon gespeicherte Gut, ehe es schließlich per Förderband wieder abfließen kann.

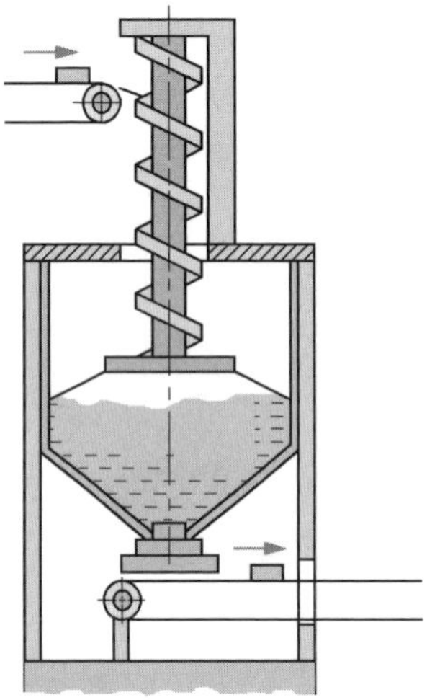

Bild 2.35 Abwärtsförderer

2.3.2 Rollbewegung

Beim reinen Rollen eines Vollzylinders auf einer geneigten Bahn wirken die in Bild 2.36 eingezeichneten Kräfte [2.3].

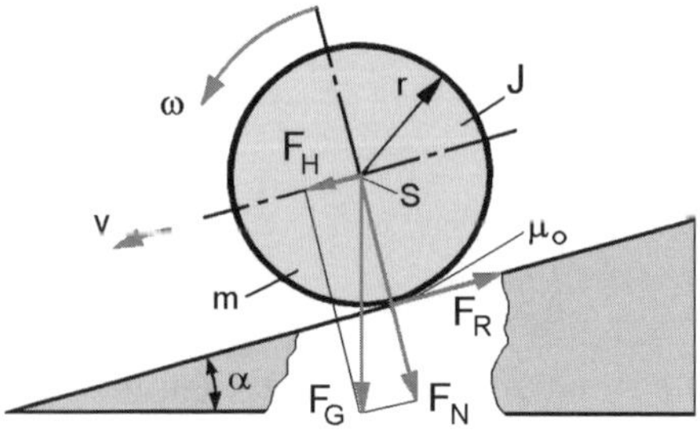

Bild 2.36 Abrollen eines Vollzylinders auf der schiefen Ebene. F_G Werkstückgewichtskraft, F_N Normalkraft, F_R Reibungskraft, F_H Hangabtriebskraft, S Masseschwerpunkt, J Trägheitsmoment, m Masse, v Geschwindigkeit, α Neigungswinkel, μ_0 Haftreibungskoeffizient, ω Winkelgeschwindigkeit

Es gilt mit Gl. 2.25:

$$m \cdot (\mathrm{d}v/\mathrm{d}t) = F_H - F_R \tag{2.25}$$

$$(F_G/g) \cdot (\mathrm{d}v/\mathrm{d}t) = F_G(\sin\alpha - \mu_0 \cdot \cos\alpha) \quad \text{oder Gl. 2.26}$$

$$(\mathrm{d}v/\mathrm{d}t) = g \cdot (\sin\alpha - \mu_0 \cdot \cos\alpha) \tag{2.26}$$

Ferner gilt Gl. 2.27 (g Erdbeschleunigung, L Länge des Zylinders, γ Dichte):

$$J \cdot (\mathrm{d}\omega/\mathrm{d}t) = r \cdot F_R \leq r \cdot \mu_0 \cdot F_G \cdot \cos\alpha \quad \text{worin} \tag{2.27}$$

$J = (\gamma/g) \cdot L \cdot \pi \cdot (r^4/2)$ und

$F_G = \gamma \cdot \pi \cdot r^2 \cdot L$

durch Einsetzen in Gl. 2.27 ergibt sich jetzt Gl. 2.28

$$(\mathrm{d}\omega/\mathrm{d}t) \leq \mu \cdot (2 \cdot g/r) \cdot \cos\alpha \quad \text{oder mit} \tag{2.28}$$

$(\mathrm{d}\omega/\mathrm{d}t) = (1/r) \cdot (\mathrm{d}v/\mathrm{d}t)$ wird es mit Gl. 2.29

$$(\mathrm{d}v/\mathrm{d}t) \leq 2 \cdot \mu \cdot g \cdot \cos\alpha \tag{2.29}$$

Durch Gleichsetzen von Gleichung (2.29) und (2.26) erhält man für reines Rollen beim Vollzylinder für den Zusammenhang zwischen Neigungswinkel *(angle of inclination)* und Haftreibungszahl μ_0 *(statical friction coefficient)* die folgende Beziehung Gl. 2.30:

$$\tan\alpha \leq 3 \cdot \mu_0 \tag{2.30}$$

Demnach gilt für:	reines Rollen:	$\mu_0 \geq ⅓ \cdot \tan\alpha$
	Roll-Gleit-Bewegung:	$\mu_0 \leq ⅓ \cdot \tan\alpha$
	reines Gleiten:	$\mu_0 = 0$

Rotationsteile ohne sonstige geometrische Merkmale rollen ab einem *L/D*-Verhältnis größer als 0,5 ohne besondere Führung rechtwinklig zur Rotationsachse. Einfach abgesetzte Werkstücke und kegelförmige Werkstücke rollen dagegen im Kreis. Scheibenförmige Werkstücke mit *L/D*-Verhältnissen kleiner 0,5 rollen nur mit seitlicher Führung, während kugelige Werkstücke beim Rollen ständig ihre Achsrichtung verlieren und deshalb ebenfalls geführt werden müssen. Mehrfach abgesetzte Wellen und Wellen mit zwei Wellenzapfen lässt man meist auf Doppelschienen rollen. Um reines Rollen zu erreichen, muss die Rollbahn einen **Mindestneigungswinkel α_{min}** besitzen, darf aber einen Höchstwinkel α_{max} nicht übersteigen, weil sonst das rollfähige Werkstück in eine unerwünschte Roll-Gleitbewegung übergeht. Rollgleiten setzt unnötig potentielle Energie frei und führt zum Verschleiß an der Ablaufstrecke und zum Abrieb am Werkstück. Die zulässigen Winkelbereiche für reines Rollen werden in Bild 2.37 in Abhängigkeit von μ_0 für Vollzylinder, Hohlzylinder und Kugel dargestellt.

Die Bordhöhe *H* von Rollkanälen (siehe Bild 2.37) soll man wie folgt wählen:

- Kugel $H = (0{,}3 \text{ bis } 0{,}35) \cdot D$
- Zylinderkörper $H = (0{,}27 \text{ bis } 0{,}3) \cdot D$
- Ring, Scheibe $H \geq 0{,}3 \cdot D$

Das Abrollen von wellenförmigen Teilen muss auf gleichen Durchmessern und nahezu symmetrischer Lage des Wellenschwerpunktes zu den Abrollschienen erfolgen.

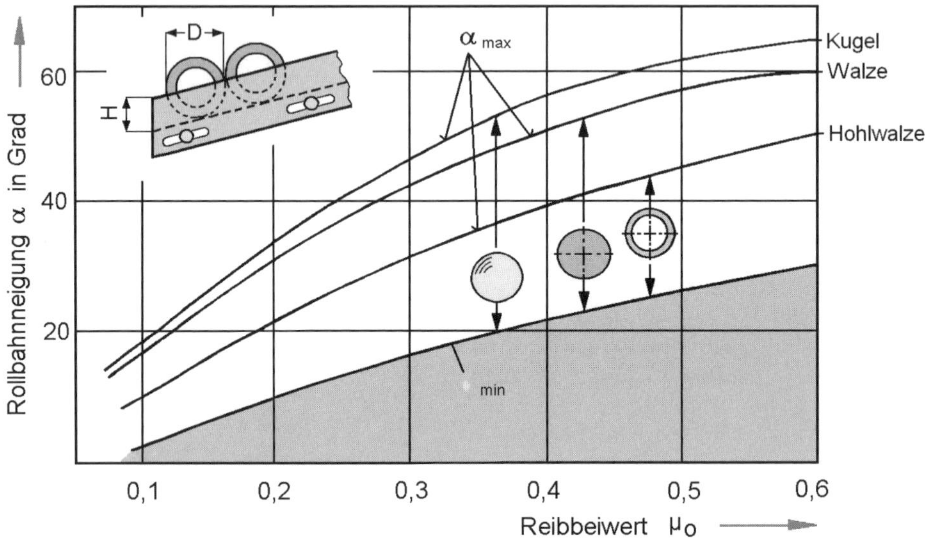

Bild 2.37 Diagramm zur Ermittlung des Winkelbereiches für reines Rollen

Beim geführten Rollen kegeliger bzw. abgesetzter Werkstücke auf Schienen können Probleme beim Geradeaus-Lauf auftreten. Sie müssen deshalb am gleichen Durchmesser unterstützt werden. Bedingt durch Werkstücktoleranzen sind auch zylindrische Teile genau genommen immer minimal kegelig (Bild 2.38).

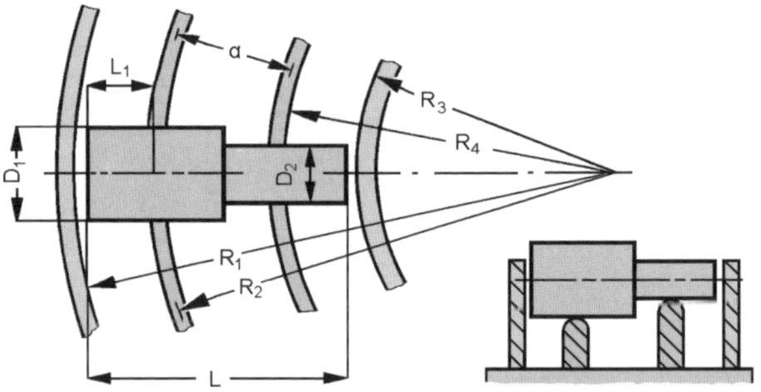

Bild 2.38 Rollen abgesetzter Teile auf Schienen (links Draufsicht). *a* Rollschienenabstand, Δc zu wählendes Spiel zwischen Teil und Führung, $D_1 = D_{max}$ = Plustoleranz, $D_2 = D_{min}$ = Minustoleranz, R_i Bahnradius, *L* Werkstücklänge, L_1 Abstand zwischen Schiene und Stirnseite

Die Außenführung und die Stützschienenradien berechnen sich nach Bild 2.38 gemäß der Gln. 2.31 bis 2.34:

$$R_1 = \sqrt{(R_2 + L_1)^2 + (D_1/2)^2} + \Delta c \tag{2.31}$$

$$R_2 = (a \cdot D_1)/(D_1 - D_2) \tag{2.32}$$

$$R_3 = R_2 + L_1 - L \tag{2.33}$$

$$R_4 = (a \cdot D_2)/(D_1 - D_2) \tag{2.34}$$

Die Radien R_1 und R_3 sind von der Teilelänge L und dem Durchmesser D_1 abhängig.

Werden längere Stangen, Wellen oder Rohre durch Abrollen weitergegeben, so empfiehlt sich wegen der abbremsenden und die Richtung stabilisierenden Wirkung der Einsatz einer **Stufenrollbahn**, wie in Bild 2.39 gezeigt.

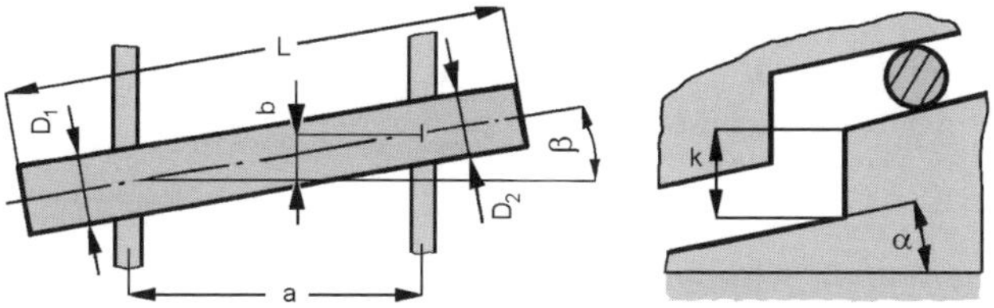

Bild 2.39 Rollen von Wellenteilen auf einer Stufenrollbahn (links Draufsicht). a Rollschienenabstand, $a = L/2$, b Versatz durch schräges Auflegen im Winkel β, $\tan\beta = b/a$, k Stufenhöhe ($> D/2$), α Bahnwinkel (3° bis 6°), D_1 Wellendurchmesser mit Plustoleranz, D_2 Wellendurchmesser mit Minustoleranz

Die Notwendigkeit einer **Richtungsstabilisierung** kann sich ergeben,

- wenn das Werkstück nicht rechtwinklig zur Rollbahn aufgelegt wird, sondern im Winkel β,
- wenn durch Fertigungstoleranzen Durchmesserunterschiede auftreten und sich das Teil auf einem mittleren Rollradius bewegt und
- wenn unterschiedliche Reibungsverhältnisse das Abrollen einseitig beeinflussen.

Damit eine Richtungsstabilisierung eintritt, muss das Werkstück eine **Mindestgeschwindigkeit** v_{min} erreichen. Sie errechnet sich nach Gln. 2.35 bis 2.38 wie folgt:

$$\frac{m}{2}v^2 - b \cdot F_R = 0 \tag{2.35}$$

$$F_R = \mu_0 \cdot m \cdot g \tag{2.36}$$

$$b = a \cdot \tan\beta \tag{2.37}$$

$$v_{min} \geq \sqrt{\mu_0 \cdot g \cdot L \cdot \tan\beta} \tag{2.38}$$

g Erdbeschleunigung

m Werkstückmasse

F_R Reibungskraft

μ_0 Gleitreibungskoeffizient Werkstück/Schiene

Ohne Rollhilfen kann man eine Rollbahn nur bis zu einer Länge l verwenden. Berücksichtigt man eine Schrägauflage des Teiles um den Winkel β und zusätzlich einen seitlichen Versatz y beim Auflegen, dann ergibt sich mit den Gln. 2.39 und 2.40:

$$R = \frac{L}{2}\left(\frac{D_1 + D_2}{D_1 - D_2}\right) \tag{2.39}$$

$$l = \sqrt{R^2 - (R \cdot \cos\beta + y)^2} - R \cdot \sin\beta \tag{2.40}$$

Abrollende Werkstücke können bei großer Masse und langen Rollwegen durch die innewohnende kinetische Energie auch Schäden verursachen. Dann muss man gegebenenfalls **Abrollbremsen** anbringen oder die Energie an Anschlägen mit Stoßdämpfern aufzehren. Einige Beispiele werden in den Bildern 8.5 und 8.6 gezeigt.

Übungsaufgabe 2.1 Berechnung der Verschiebekraft

Eine Vorrichtung mit 400 kg Masse soll in der Ebene verschoben werden. Wie viel Prozent Verschiebekraft F weniger wird benötigt, wenn anstelle einer Gleitführung eine Rollenschienenführung mit vier Laufwagen eingesetzt wird (Bild 2.40)?

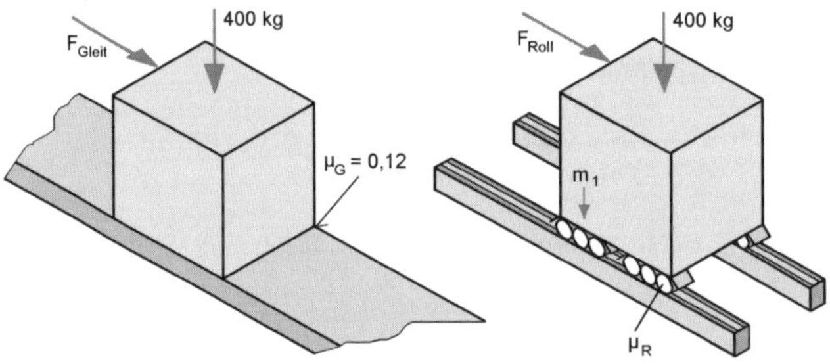

Bild 2.40 Berechnungsbeispiel

Die Reibung für einen der vier Laufwagen entnimmt man aus einem Katalog des Herstellers. Danach ist bei einer Belastung eines Wagens mit einer Masse von 100 kg für die Rollenreibung $\mu_r = 0{,}005$, die Reibung der Schmutzabstreifer 0,00076 und die Reibung an den Längsdichtelementen 0,0019 anzusetzen. Der Gesamtreibungskoeffizient ergibt sich somit zu $\mu_R = 0{,}00766$.

2.3.3 Gleitbewegung

Damit ein Werkstück auf einer schrägen Ebene überhaupt gleitet, bedarf es einiger Voraussetzungen:

- Selbstständiges Gleiten tritt nur ein, wenn die Hangabtriebskraft F_H größer als die entgegen wirkende Reibungskraft F_R ist.
- Gleiten erfordert einen sicheren Stand des Teiles auf der Gleitbahn, um ein Kippen auszuschließen.
- Die **Gleitbewegung** darf bei empfindlichen Werkstücken keine Oberflächenschäden an den Auflageflächen hervorrufen.

- Reibung erzeugt Abriebpartikel. Das ist bei einem Einsatz in Reinräumen ein entscheidender Nachteil. Weitergeben durch Gleiten verbietet sich dann meistens.

Die wirksamen Kräfte sind aus Bild 2.41 entnehmbar. Bedingung für die Zustände Gleiten und Kippen sind:

Gleiten: $\alpha > \rho$ das entspricht $F_H > F_R$ ($\mu = \tan \rho$)

Kippen: $\alpha > \chi$

Um die Standfestigkeit von Teilen auf einer schiefen Ebene unter Berücksichtigung des Gleitens zu gewährleisten, muss folgende Bedingung erfüllt sein: $\rho < \alpha < \chi$

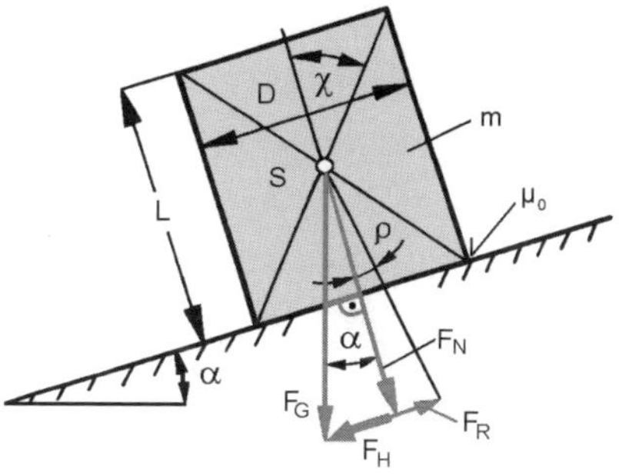

Bild 2.41 Gleiten eines Werkstücks. F_G Gewichtskraft $F_G = m \cdot g$, F_H Hangabtriebskraft $F_H = F_G \cdot \sin\alpha$, F_N Normalkraft $F_N = F_G \cdot \cos\alpha$, F_R Reibkraft $F_R = \mu \cdot F_N$, χ Kippwinkel $\tan \chi = D/L$, S Masseschwerpunkt, g Erdbeschleunigung, m Werkstückmasse, α Neigungswinkel, μ Gleitreibungskoeffizient, ρ Reibungswinkel

Werkstücke mit hoher Empfindlichkeit und feinstbearbeiteten Flächen eignen sich oft nicht für das freie oder geführte Gleiten.

Werkstücke können auch in Rinnen, auf Schienen liegend oder hängend gleiten. In solchen Fällen, wie in Bild 2.42 dargestellt, handelt es sich um **Keilnutreibung**, die beim Gleiten zu überwinden ist. Die Keilnutreibung ist größer als die auf ebenen Gleitflächen entstehende Reibung. Der Neigungswinkel β sollte bei Rundstäben (m Werkstückmasse) folgende Werte annehmen:

Rundstäbe: $m < 5\ \text{kg} \rightarrow \beta = 45°$

$m > 5\ \text{kg} \rightarrow \beta = 60°$

$s_{min} = 1{,}1 \cdot d;\ s_{max} = 0{,}8 \cdot D$

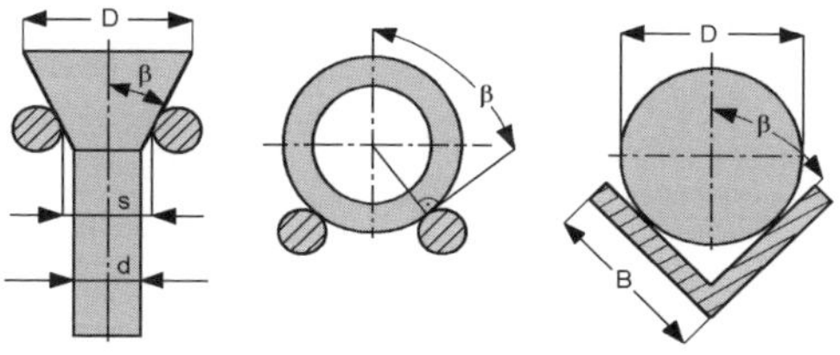

Bild 2.42 Gleiten auf Schienen und in einer V-Winkelrinne

Die zu überwindende Reibungskraft F_R beträgt (F_N auf Schiene wirkende Normalkraft) nach Gl. 2.41:

$$F_R = \mu_0 \cdot \frac{1}{\sin\beta} \cdot F_N \tag{2.41}$$

Gleiten Werkstücke in gekrümmten Kanälen, dann muss die Kanalbreite im Bogen größer gewählt werden. Die Mindestbreite *B* hängt vom Krümmungsradius *R* sowie der Werkstücklänge *L* ab. Der zulässige Größtradius *R* des Kanals orientiert sich auch an der Werkstückbreite bzw. dem Werkstückdurchmesser *D*. Diese Situation wird in Bild 2.43 dargestellt.

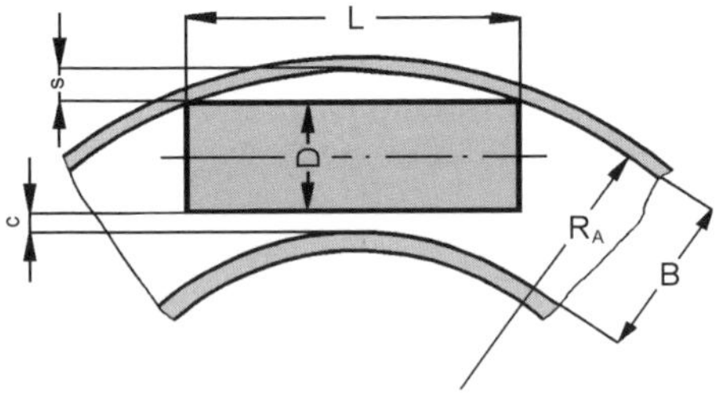

Bild 2.43 Berechnung der Kanalmindestbreite. *c* Spiel Werkstück/Kanalwand, *s* Bogenhöhe, *B* Mindestbreite des Gleitkanals, *D* Werkstückdurchmesser, *L* Werkstücklänge, R_A Außenbahnradius

Die Kanalmindestbreite *B* ergibt sich mit Gl. 2.42 zu

$$B = D + s + c \tag{2.42}$$

$$s = R_A - \frac{1}{2}\sqrt{4 \cdot R_A^{\,2} - L^2} \tag{2.43}$$

Aber auch die Höchstbreite B_2 bedarf der Nachprüfung, damit sich auflaufende Teile in der Krümmung nicht verklemmen. Das wird in Bild 2.44 gezeigt.

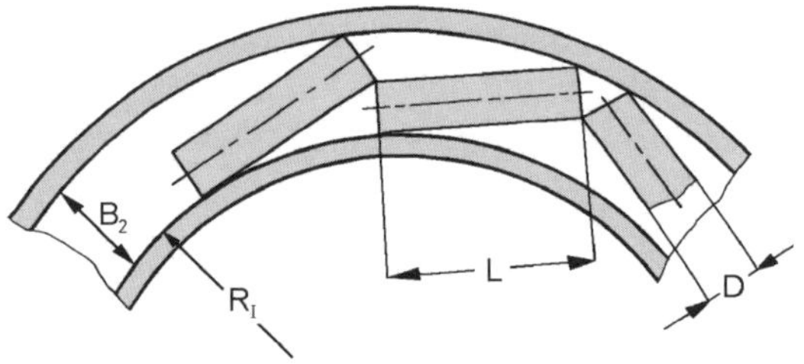

Bild 2.44 Definition der Gleitkanal-Höchstbreite. B_2 Bahn-Höchstbreite, *D* Werkstückbreite oder -durchmesser, *L* Werkstücklänge, R_I Innenbahnradius

In diesem Fall gilt mit Gl. 2.44

$$B_2 = D \cdot \left(2 + \frac{D^2 - L^2}{2 \cdot R_I^{\,2} + 2 \cdot R_I \cdot D}\right) \tag{2.44}$$

Die Bahnbreite *B* muss also in folgendem Bahnbreitenbereich liegen (Gl. 2.45):

$$R_A - \sqrt{R_A^{\,2} - \frac{L^2}{4}} + D + c \; < \; B < \; D\left(2 + \frac{D^2 - L^2}{2 \cdot R_I^{\,2} + 2 \cdot R_I \cdot D}\right) \tag{2.45}$$

Natürlich können sich auch in geraden Rinnen im Verband laufende Werkstücke verklemmen (Bild 2.45). Man muss deshalb genügend Spiel einplanen, ohne dass sich die Teile allerdings überschlagen können.

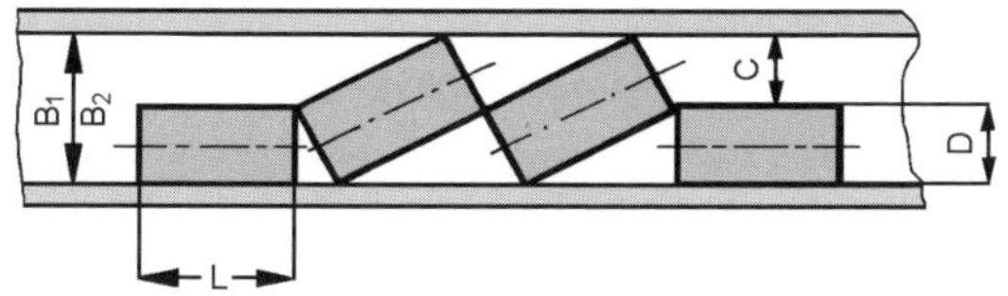

Bild 2.45 Berechnung der Geradkanal-Breite. B_1 Mindestbreite, B_2 Höchstbreite, c Spiel

Für die Breite B_1 gilt mit Gl. 2.46:

$$B_1 = D + C \quad \text{und} \quad B_2 < \frac{2 \cdot D \cdot L}{\sqrt{L^2 + D^2}} \tag{2.46}$$

Die Höchstbreite B_2 hängt von Länge und Durchmesser D des Werkstücks ab und sie ist kleiner als $2D$.

Beim Weiterschieben von Teilen im Verband mit der Kraft F können sich Teile mit besonderer Kontur im Führungsprofil verklemmen oder verkeilen. Das wird in Bild 2.46 dargestellt. Entweder verändert man die Werkstückform oder wählt eine andere Anordnung (Magazinier-Richtung) der Teile im Magazin. Zum Verklemmen kommt es, wenn die Schiebekraft durch ungünstige Einleitung auf Grund von Hebel- oder Keileffekten zur Führung umgelenkt wird. Auf diese Weise entsteht eine Reibungskraft, die in der Schiebekraft F ihre Ursache hat.

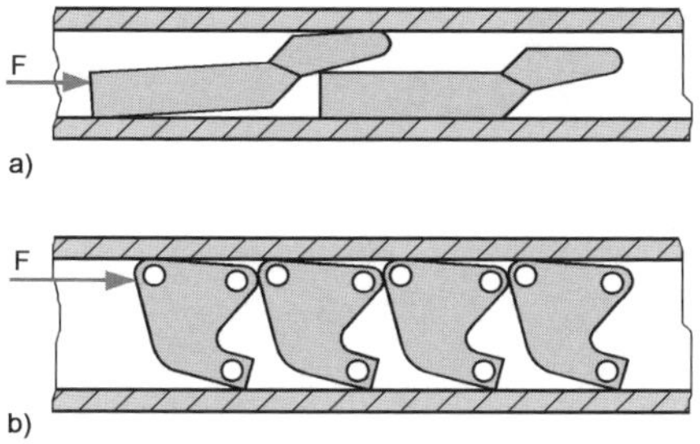

Bild 2.46 Verklemmen und Verkeilen von Werkstücken in einem Führungsprofil. a) Teil verkeilt sich, b) Teil verklemmt sich nicht, F Verschiebekraft

Das Gleitverhalten von Werkstücken ist vor allem vom Reibungskoeffizienten abhängig. In der Tabelle 2.2 werden für verschiedene Werkstoffpaarungen die **Reibbeiwerte** aufgeführt. Sie können aber im Einzelfall dennoch sehr schwanken, z. B. durch verschiedene Umgebungseinflüsse (Luftfeuchte, Staub, Ölniederschlag, Ziehfett, Bohremulsion, Vibration). Deshalb liefern eigene Versuche oft aussagekräftigere Werte.

Tabelle 2.2 Gleitreibungskoeffizienten μ bei verschiedenen Werkstoffpaarungen

Werkstückwerkstoff	Gleitbahnwerkstoff			
	Stahl	Aluminium	Gummi	Kaprolon
Stahl	0,21 ... 0,32	0,11 ... 0,33	0,23 ... 0,43	0,12 ... 0,30
Messing	0,28 ... 0,30	0,18 ... 0,24	0,30 ... 0,37	0,16 ... 0,24
Aluminium	0,28 ... 0,33	0,14 ... 0,30	0,30 ... 0,38	0,14 ... 0,28
Kupfer	0,28	0,22	0,30 ... 0,40	0,18 ... 0,25
Keramik	0,22 ... 0,46		0,42 ... 0,52	0,38 ... 0,44

Beispiel 2.4 Gleitendes Werkstück auf Schrägstrecke

Werkstücke werden, wie in Bild 2.47 skizziert, mit einem Förderband gebracht. Die Teile kippen dann auf eine schräge Gleitbahn. Diese geht dann in eine horizontale Strecke über. Die Endposition des Werkstücks kann dann z. B. eine Greifposition für einen Roboter sein. Welche Strecke s_{max} gleitet das Teil bis zum Stillstand? Die durch den Übergang in die Horizontale entstehenden Energieverluste sind zu vernachlässigen.

Kräftegleichgewicht liegt auf der schiefen Ebene vor, wenn mit Gl. 2.47 und 2.48 gilt:

$$F_N - m \cdot g \cdot \cos\beta = 0 \tag{2.47}$$

$$m \cdot g \cdot \sin\beta - \mu \cdot F_N - m \cdot \ddot{x} = 0 \tag{2.48}$$

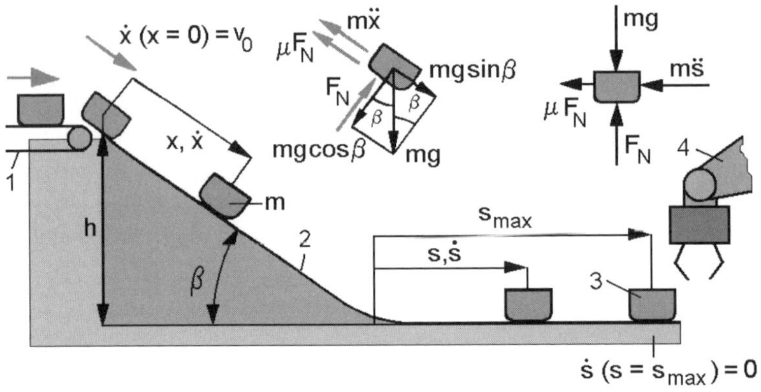

Bild 2.47 Werkstückausgabe auf eine horizontale Gleitbahn. m Werkstückmasse, $m \cdot g$ Gewichtskraft, F_N Normalkraft, $\dot{x}$ Geschwindigkeit, $\ddot{x}$ D'ALEMBERT'sche Kraft, $m \cdot F_N$ Reibungskraft, β Neigungswinkel, μ Reibungskoeffizient, 1 Förderband, 2 schiefe Ebene, 3 Werkstück, 4 Roboterarm

Damit kann durch Umstellung von Gl. 2.47 die Normalkraft bestimmt werden zu

$$F_N = m \cdot g \cdot \cos\beta \tag{2.49}$$

Wird F_N in Gl. 2.48 eingesetzt, so erhält man Gl. 2.50

$$\ddot{x} = g(\sin\beta - \mu \cdot \cos\beta) \tag{2.50}$$

Die Geschwindigkeit des Werkstücks am Ende der Schrägstrecke x kann mit dem **Arbeitssatz** (Arbeit W) ermittelt werden. Die Anfangsgeschwindigkeit an der Abkippstelle am Förderband wird mit $\dot{x} = 0$ angenommen. Damit gilt Gl. 2.51

$$W = \int_0^x F_x \cdot dx \tag{2.51}$$

Für die resultierende Kraft F_x in Wegrichtung ($m\ddot{x}$ bleibt unberücksichtigt) erhält man mit Gl. 2.48 nunmehr Gl. 2.52

$$F_x = m \cdot g\,(\sin\beta - \mu\cos\beta) \tag{2.52}$$

Wegen F_x = konst wird die Arbeit W mit Gl. 2.53

$$W = F_x \cdot x = m \cdot g\left(\sin\beta - \mu \cdot \cos\beta\right) \cdot x \tag{2.53}$$

Der Arbeitssatz lautet jetzt mit Gl. 2.54

$$m \cdot g\left(\sin\beta - \mu \cdot \cos\beta\right) \cdot x = \frac{m}{2}x^2 - \frac{m}{2}v_o^2 \tag{2.54}$$

Die Geschwindigkeit $\dot{x}$ ergibt sich als Funktion des Weges x mit Gl. 2.55

$$\dot{x}(x) = \sqrt{v_0^2 + 2 \cdot g \cdot \left(\sin\beta - \mu \cdot \cos\beta\right) \cdot x} \tag{2.55}$$

Wenn die Höhe h durch das Werkstück absolviert wurde, hat es folgende Endgeschwindigkeit erreicht:

$$v_h = \dot{x}\left(x = \frac{h}{\sin\beta}\right)$$

Mit Gl. 2.55 erhält man die Gl. 2.56

$$v_h = \sqrt{v_0^2 + 2 \cdot g \cdot h \cdot \left(1 - \mu \cdot \cot\beta\right)} \tag{2.56}$$

Jetzt kann die sich ergebende horizontale Gleitstrecke s_{max} ermittelt werden, wiederum mit dem Arbeitssatz, wobei v_h als Anfangsgeschwindigkeit eingeht.

$$W = W_{kin} - W_{kin0} \quad \rightarrow \quad -\mu \cdot m \cdot g \cdot s_{max} = 0 - \frac{m}{2}v_h^2 \tag{2.57}$$

Aufgelöst nach dem Weg s_{max} erhält man mit Gl. 2.56 folgende Gl. 2.58 für die sich ergebende horizontale Gleitstrecke

$$s_{max} = \frac{1}{2 \cdot \mu \cdot g}\left[\, v_0^2 + 2 \cdot g \cdot h\left(1 - \mu \cdot \cot\beta\right)\right] \tag{2.58}$$

Weil der Reibungskoeffizient μ starken Schwankungen unterliegen kann, sollte man die Greifposition für den Roboter besser bei s_{max} minus 20 % vorsehen. Für das Beispiel wäre auch ein Endanschlag in Prismaform günstig, sofern das Werkstück rund ist. Damit wird das Objekt zusätzlich in Querrichtung zentriert.

In die Gleitbahnstrecke kann eine Weiche eingebaut sein (Bild 2.48), um ankommende Teile in verschiedene Zielkanäle zu lenken. Anstelle geneigter Gleitflächen können auch Schwingsysteme zur Vorwärtsbewegung der Teile Verwendung finden.

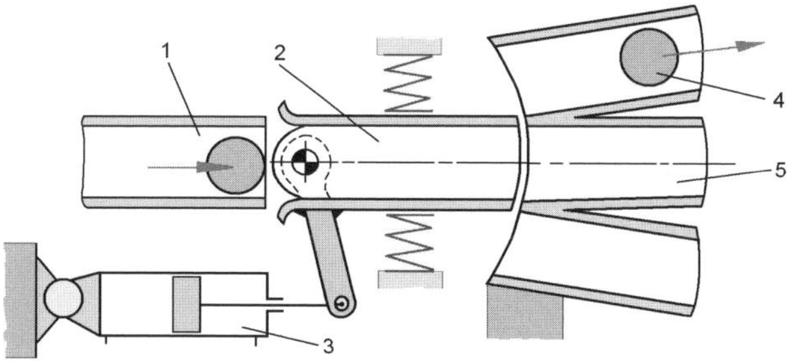

Bild 2.48 Verzweigen von Rundteilen in drei Zielkanäle (Draufsicht).
1 geneigte Zuführrinne, 2 Verteiler, 3 Verteileraktor, 4 Werkstück, 5 geneigter Zielkanal

Das Gleitverhalten wird bei einer **„Luftschmierung"** besonders günstig. Die Teile schweben auf einem Luftpolster. Das Prinzip wird in Bild 2.49 an Beispielen vorgestellt.

Einige Reibungskoeffizienten μ im Vergleich:

- Luftreibung $\approx 10^{-4}$
- Rollreibung (Wälzkörper) $\approx 10^{-3}$
- Flüssigkeitsreibung (Schmierstofffilm) $< 10^{-2}$
- Festkörperreibung $> 10^{-1}$
- Mischreibung (partieller Schmierstofffilm) 10^{-2} bis 10^{-1}

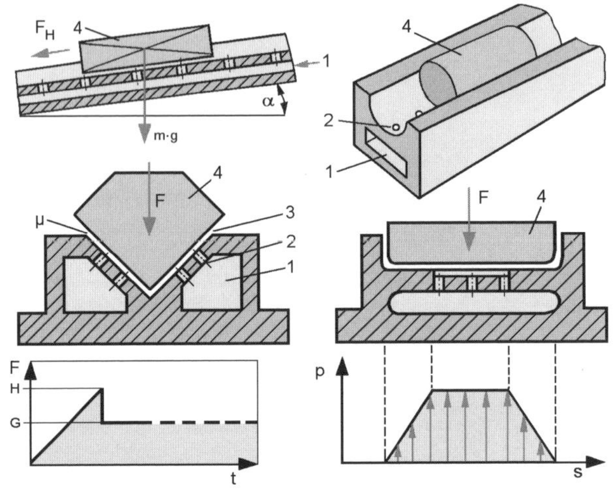

Bild 2.49 Gleiten in einer Rinne auf Luftfilm.
1 Druckluftzufuhr, 2 Luftdüse, 3 Luftfilm, 4 Werkstück, F Gewichtskraft, F_H Hangabtriebskraft, G Gleitreibungskraft, H Haftreibungskraft, p Druck, s Gleitkanalbreite, t Zeit, α Neigung 1° bis 3°, μ Luftreibung; $\mu \approx 0{,}0001$

Es genügt bereits eine geringe Neigung der Förderrinne, um einen Transport durch Schwerkraftwirkung zu erreichen. Das Druckluftpolster lässt sich örtlich begrenzt erzeugen, wenn man Ventile in die Gleitbahn einsetzt, die sich entweder druckabhängig selbst öffnen wenn sich ein Objekt annähert oder die durch Berührung eines Luftpolsterventils (Bild 2.50) Druckluft entweichen lassen. Der Ventilabstand ist ein Beispiel aus einer Buchbindereimaschine. Abstand und Anordnung richten sich nach Größe und Masse der zu verschiebenden Objekte. Es gibt auch Luftlagerschienen für das berührungslose Substrathandling (Festo). Die Gleitfläche besteht in diesem Fall aus mikroporösem Aluminium.

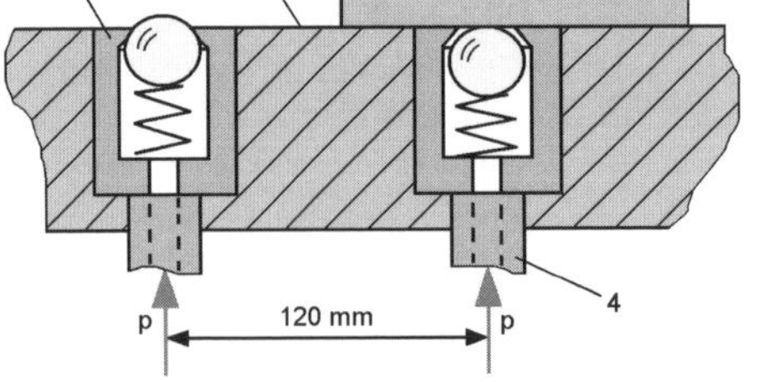

Bild 2.50 Luftpolsterventil für die Selbstzuschaltung von Druckluft auf einer Gleitbahn.
1 Werkstück, Objekt, 2 Gleitbahn, 3 Luftventil, 4 Druckluftleitung, F Verschiebekraft, p Druckluft

Zwischen tragendem Luftfilm *(air cushion)* und Objekt bildet sich ein Gleitspalt von 0,05 bis 0,1 mm aus. Die Gleitfläche muss allerdings genügend eben sein. Dehnungsfugen in der Gleitfläche müssen mit elastischer Masse gefüllt werden. Die Fugenmasse soll etwas nach oben gewölbt sein. Für den Luftfilmtransport gelten Ebenheitstoleranzen für die Beschaffenheit der Gleitfläche, die in der DIN 18202 niedergeschrieben sind.

Man kann mit Druckluft beträchtliche Lasten in den Schwebezustand bringen. Zwischen einer Gummimembran und dem Fußboden wird ein Luftfilm aufgebaut. Die Luft entweicht seitlich an der Membran. Die Last lässt sich leicht horizontal verschieben. Mit dem **Lufttragekissen** (Bild 2.51) lässt sich sogar ein handgesteuerter Flurtransporter aufbauen. Für die Fortbewegung ist eine angetriebene und lenkbare Reibrolle eingebaut. Die Last kann am tragbaren Bedienpult per Joystick vorwärtsbewegt und zentimetergenau geführt werden. Die Druckluftleitung bleibt angeschlossen.

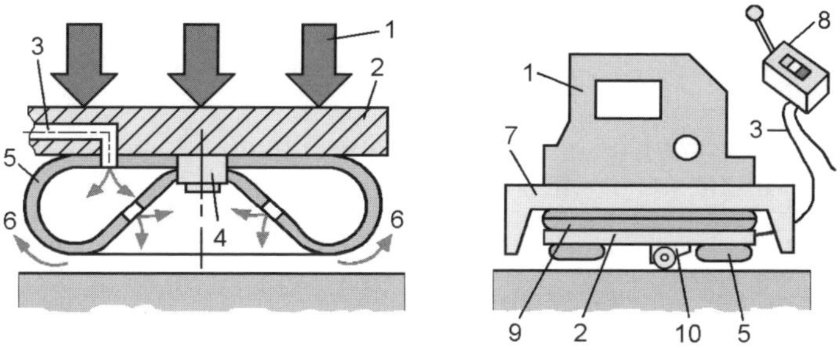

Bild 2.51 Luftkissen-Flurtransporter.
1 Belastung, 2 Tragplatte, 3 Druckluftzufuhr, 4 Stützelement, 5 Lufttragekissen, 6 Luftfilm, 7 unterfahrbare Transportpalette, 8 Bedienhandpult, 9 pneumatisches Hubkissen, 10 Reibradantrieb

2.3.4 Kippbewegung

Beim Ordnen von Teilen wird oft das freie Kippen der Objekte ausgenutzt, um diese in eine neue Orientierung zu bringen. Das erfordert eine Rampe als Ordnungselement. Für die Funktion ist die Bestimmung der Rampenhöhe in Abhängigkeit von Werkstückparametern wichtig. Dabei sind zwei **Bewegungsphasen** zu beachten: Drehung um den Punkt A und Ablösung davon mit freier Bewegung des Teils bis in die gedrehte Lage. Der Kippvorgang wird in Bild 2.52 gezeigt.

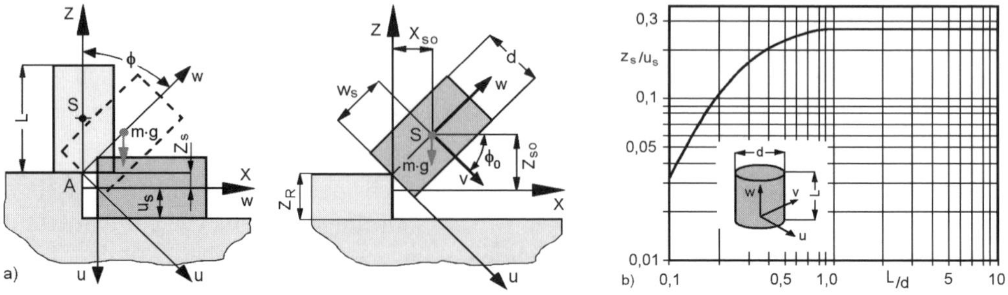

Bild 2.52 Berechnung von Kipprampen.
a) Bewegungsablauf an der Rampe für einen Vollzylinder, b) Verlauf von Z_s in Abhängigkeit von Werkstückparametern, *m* Masse, *S* Masseschwerpunkt, *Φ* Drehwinkel

Nach den Darstellungen ergibt sich die Rampenhöhe aus Gl. 2.59

$$Z_R = Z_S + u_S \tag{2.59}$$

Aus dem **Drallsatz** lässt sich der Drehwinkel Φ_0 zum Ablösezeitpunkt t_0 bestimmen (J_A Trägheitsmoment, *s* Schwerpunktabstand vom Drehpunkt A):

$$\cos \Phi_0 = (2 \cdot m \cdot s^2)/(J_A + 2 \cdot m \cdot s^2) \tag{2.60}$$

Für die freie Bewegung gilt bei den Anfangsbedingungen $t = t_0 = 0$:

$$x_{s0} = s \cdot \sin \Phi_0 = s \cdot \sqrt{1 - \cos^2 \Phi_0}$$

$$z_{s0} = s \cdot \cos \Phi_0$$

Die Bahnkurve $Z_s(\Phi)$ ergibt sich mit Gl. 2.61

$$\frac{Z_s(\Phi)}{s} = \cos \Phi_0 - \sqrt{1 - \cos^2 \Phi_0} \cdot (\Phi - \Phi_0) - \frac{g}{2 \cdot \Phi_0^2 \cdot s} (\Phi - \Phi_0)^2 \tag{2.61}$$

Die Rampenhöhe Z_R erhält man aus der Gl. 2.62

$$Z_R = Z_s(\Phi) + u_s \tag{2.62}$$

In Bild 2.53 wird ein Beispiel für geführtes Kippen gezeigt. Für die anschließend stattfindende Verpackung müssen die in Flachlage ankommenden Gegenstände umorientiert werden. Die Objekte setzen beim Abkippen auf einen Drehteller auf. Damit werden sie zum Abförderband stehend bewegt. Eine Seitenführung verhindert das Abgleiten der Objekte vom Drehteller nach außen. Außerdem wurde mit der Lösung eine Änderung der Förderrichtung erreicht. Die Objekte gelangen zu einer Etikettieranlage und anschließend zur Umverpackungs- und Palettiermaschine.

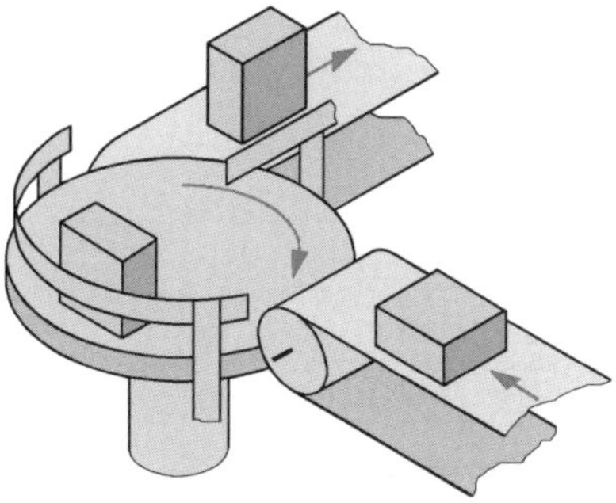

Bild 2.53 Umorientierung eines Packstückes durch geführtes Kippen

Eine Kippstufe für das **Umorientieren** liegender Zylinderteile wird in Bild 2.54 gezeigt. Die Teile werden aus der Mantellage in die Stirnlage gebracht. Vorteilhaft ist, dass das Teil beim Kippen auch seitlich noch geführt wird.

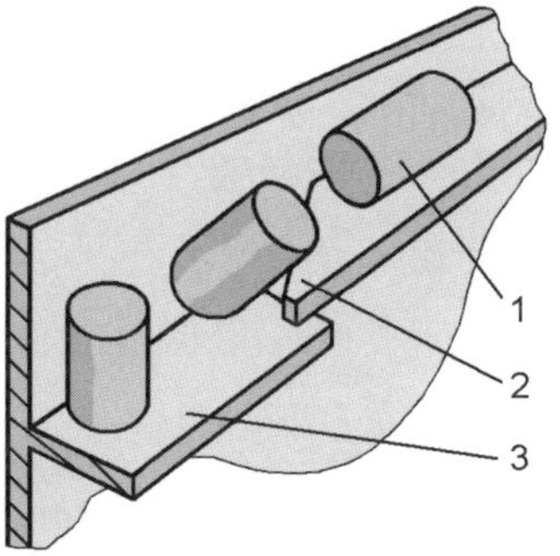

Bild 2.54 Kippstufe für Zylinderteile im Vibrationsförderer. 1 Werkstück, 2 Kippkante, 3 Vibrationsstrecke

Ein Beispiel für freies Kippen an einer Gussputzmaschine wird in Bild 2.55 vorgestellt. Nach dem Putzen einer Seite lässt man das Gussstück abkippen. Es wird von einer Gabel aufgefangen und mit einer Transportkette zur zweiten Putzmaschine gebracht. Jetzt wird die Rückseite im Durchlaufverfahren geputzt.

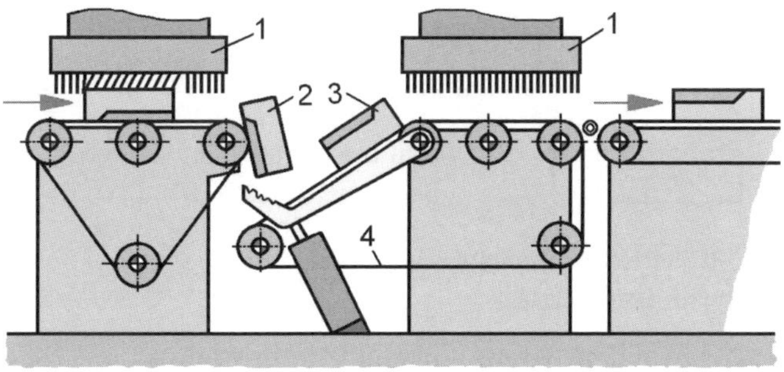

Bild 2.55 Kippvorgang an einer Gussputzmaschine. 1 Bürstwerkzeug, 2 Gussstück, 3 gewendetes Teil, 4 Förderkette

Kippen und Standsicherheit von Objekten stehen in direktem Zusammenhang zur Ordnungswahrscheinlichkeit. So ist beispielsweise die Objektorientierung mit dem größten Kippwinkel χ_1 nicht nur die standsicherste, sondern zugleich auch die Vorzugsorientierung (Bild 2.56). Mit zunehmender Verkleinerung des Kippwinkels nimmt auch die **Standsicherheit** ab.

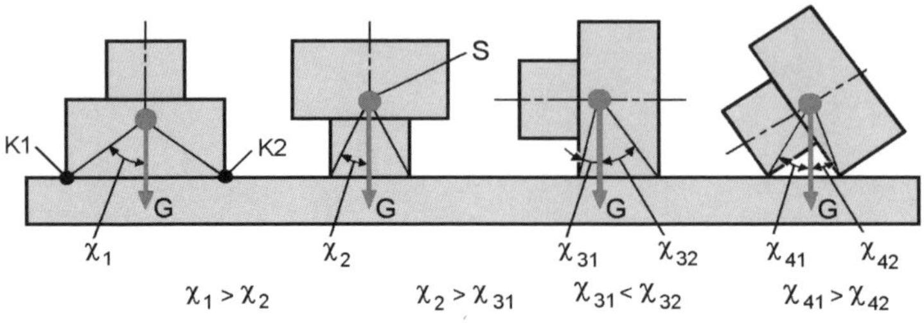

Bild 2.56 Standsicherheit eines Werkstücks in verschiedenen Orientierungen.
K Kippkante, *G* Gewichtskraft, *S* Schwerpunkt, χ Kippwinkel

Was versteht man unter dem Begriff „**Vorzugsorientierung**" bei Werkstücken oder allgemein bei Handhabungsobjekten?

> **Vorzugsorientierung** *(preferred orientation)*
> Stabile Werkstückorientierung, die ein Werkstück auf Grund seiner Geometrie und der Schwerpunktlage auf einer ebenen Fläche bzw. schwingenden Bahn mehrheitlich einnimmt. Sie ist durch Versuche und Berechnung bestimmbar.

2.3.5 Wendebewegung

Wenden ist ein Vorgang, bei dem die Oberseite (Vorderseite) eines Werkstücks zur Unterseite (Hinterseite) wird. Das kann sowohl durch Drehen als auch durch Schwenken erreicht werden. Die Begriffe Drehen, Schwenken und Wenden werden in Bild 2.57 definiert.

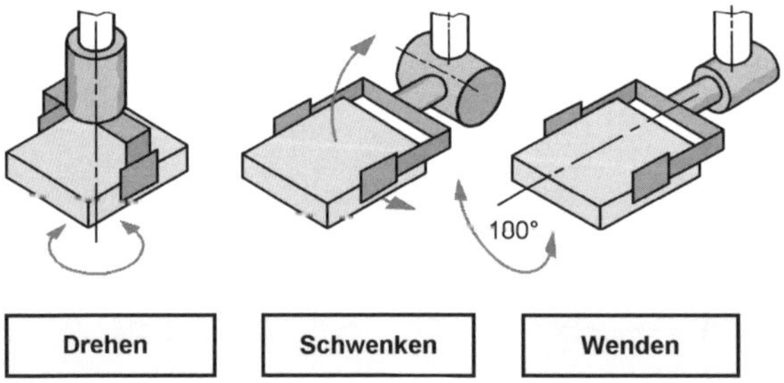

Bild 2.57 Definition rotativer Bewegungen von Werkstücken

Beim Drehen und Wenden durchstößt die Rotationsachse das Objekt. Beim Schwenken erfolgt die Bewegung um eine körperferne Drehachse.

In einfachen Fällen genügen für das Wenden bereits unkomplizierte Gleitbahnen (Bild 2.58). Bei schwierigen Teilen mit komplizierter Kontur und bei großen schweren Gegenständen werden motorbetriebene Wendevorrichtungen *(roll-over fixtures)* eingesetzt.

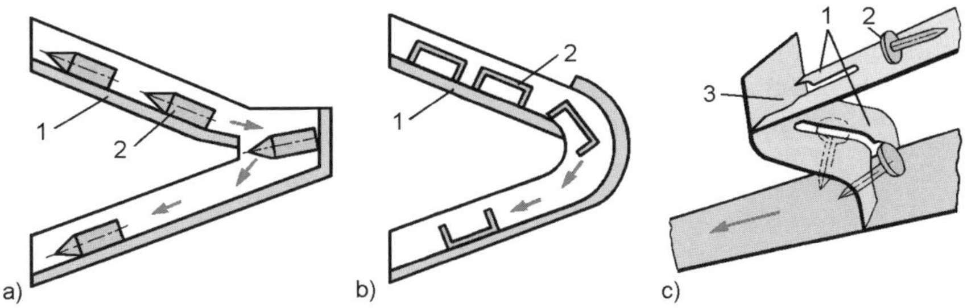

Bild 2.58 Einrichtungen zum Wenden von Werkstücken.
a) geteilte Gleitbahn, b) Kurvengleitbahn, oft auch als „Saltoschiene" bezeichnet, c) Formöffnung in der Gleitbahn, 1 Gleitbahn, 2 Werkstück, 3 Formöffnung

Ein Beispiel für eine angetriebene kleine Wendestation ist in Bild 2.59 zu sehen. Das Wenden erfolgt hier innerhalb einer **Rundschalttischmaschine**. Die plattenförmigen Teile gelangen beim Takten in den gabelförmigen Wenderotor. Dort werden sie mit Federkraft gehalten und innerhalb der Taktzeit um 180° gedreht. Beim Weitertakten wird das Teil aus der Klemmung wieder herausgeschoben. Beim Beschicken von Werkzeugmaschinen kann das Wenden (Umdrehen des Teils) auch einem Beschickungsroboter *(load-and-unload robot)* zusätzlich übertragen werden.

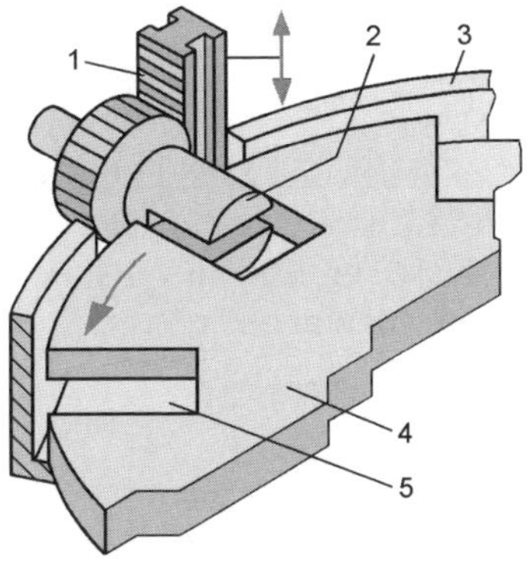

Bild 2.59 Wenden von Flachteilen im Schaltteller eines Rundtaktautomaten.
1 Ritzel-Zahnstangen-Getriebe, 2 Wenderotor, 3 Außenbord, 4 Schaltteller, 5 Werkstückaufnahme

Die Verbindung von Übergeben und Wenden kann auch durch eine Vorrichtung mit **Wendemechanik** erfolgen. Ein Beispiel ist in Bild 2.60 zu sehen. Eine feststehende Kette bewirkt beim Schwenken des Armes eine Wendebewegung zwangsweise um 180° auf dem Weg von Position A nach Position B.

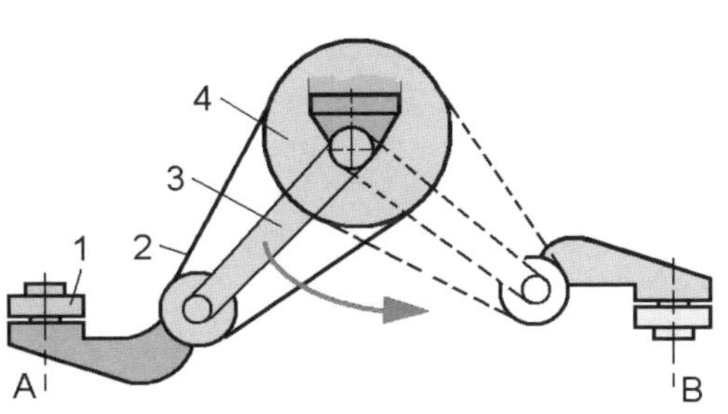

Bild 2.60 Wendearm.
1 Werkstück, 2 feststehende Kette,
3 Schwenkarm, 4 feststehendes Kettenrad

Das Wenden von z.B. Dosengebinden *(packing unit)* während des Durchlaufs kommt in der Massenproduktion öfters vor. Das Bild 2.61 zeigt hierzu einen „Inline-Wender". Er besteht aus in sich gewundenen Förderstrecken. Die dargestellte Einheit bewältigt eine 90°-Drehung. Um eine 180°-Drehung zu erreichen, muss eine zweite Inline-Einheit nachgeschaltet werden.

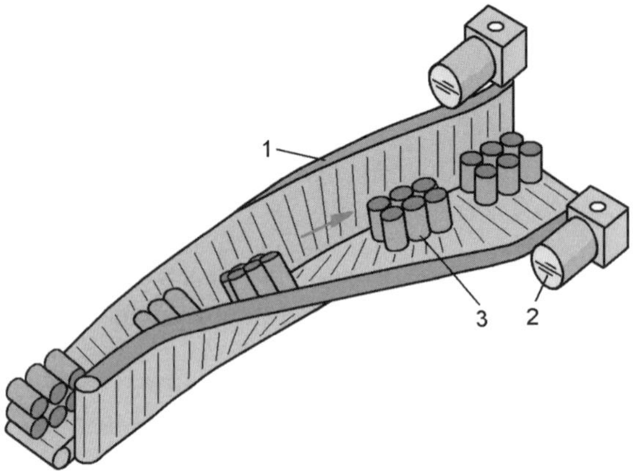

Bild 2.61 Aufbau eines Inline-Wende-Moduls.
1 Förderband, 2 Antriebsmotor,
3 Produkt, Six-Pack, Gebinde

Gebinde *(bundle)*: Allgemeiner Begriff für eine handhabbare Einheit; oft branchenbezogen benutzt, z.B. in der Getränkeindustrie

Eine ungewöhnliche Lösung für das Wenden im „Freien Fall" zeigt das Bild 2.62. Ein Blechbiegeteil wird mit einem Saugergreifer aus dem Biegewerkzeug entnommen und gegen ein ausgespanntes Seil geworfen. Der entstehende **Drehimpuls** reicht aus, um ein vollständiges Wenden zu bekommen. Das Teil gelangt dann in Rückenlage auf einen Förderer.

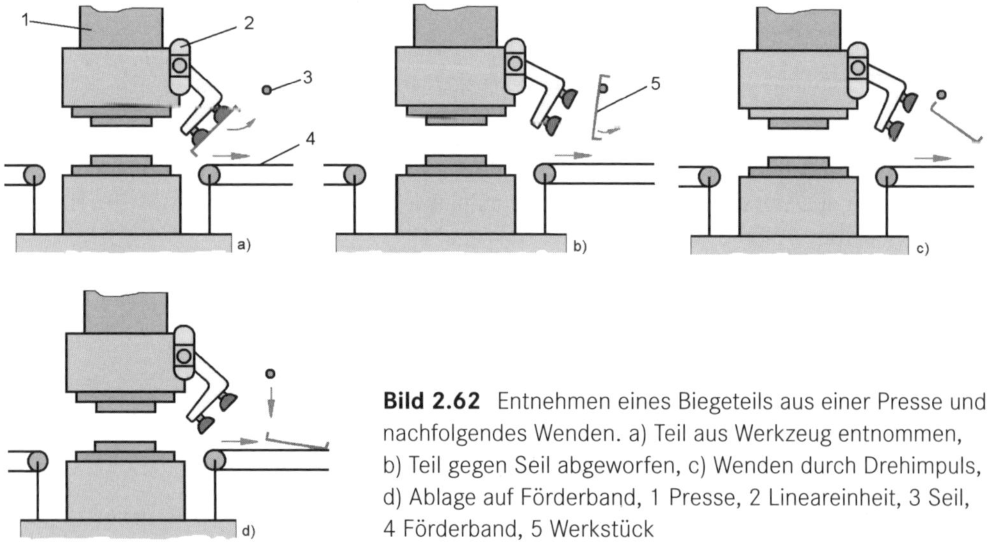

Bild 2.62 Entnehmen eines Biegeteils aus einer Presse und nachfolgendes Wenden. a) Teil aus Werkzeug entnommen, b) Teil gegen Seil abgeworfen, c) Wenden durch Drehimpuls, d) Ablage auf Förderband, 1 Presse, 2 Lineareinheit, 3 Seil, 4 Förderband, 5 Werkstück

2.3.6 Hängefähigkeit

Die Hängefähigkeit von Werkstücken kann eine wertvolle Eigenschaft beim selbsttätigen Zuführen von Werkstücken sein, weil sie den technischen Aufwand für Einrichtungen zur Werkstückhandhabung positiv beeinflusst. Alle pilzartigen Teile sind hängefähig und können gut auf einer Doppelschiene gleiten. Aber auch Teile mit Öffnungen und solche mit gabelförmiger Ausprägung sind hängefähig. Bei ersteren hat die Form aber nur Bedeutung für das Greifen und für das Magazinieren auf Stäben u. ä. Man kann unterscheiden:

- Hängen an einer Schiene
- Hängen in einer Doppelschiene
- Hängen am Haken

In Bild 2.63 werden dazu Beispiele gezeigt. Hängefähige Teile lassen sich auch mit Hubsegmentzuführgeräten gut handhaben (siehe Bild 4.7).

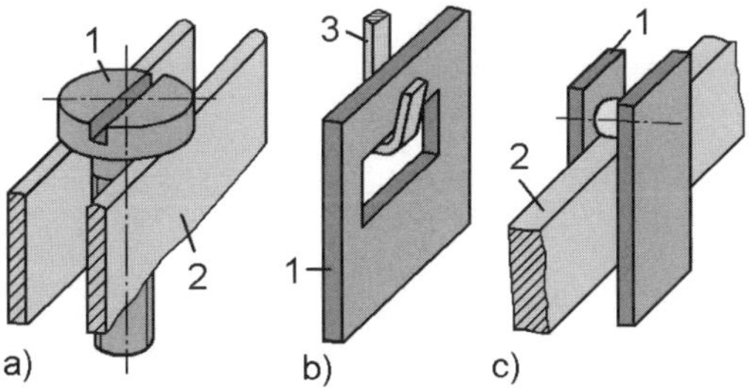

Bild 2.63 Werkstückmerkmal „Hängefähigkeit". a) Doppelschiene, b) Plattendurchbruch, c) Monoschiene, 1 Werkstück, 2 Gleitschiene, 3 Hakengreifer

Die Eigenschaften „Hängefähigkeit und Gleiten" können durch passende Werkstückgeometrie gefördert werden. Für das Gleiten auf Doppelschienen müssen die dafür in Frage kommenden Flächen am Teil geeignet sein oder gezielt als Auflagefläche ausgebildet werden. Schräge Flächen am Werkstück, die eine **Keilnutwirkung** provozieren und außerdem zum Pendeln des hängenden Teiles neigen, sind zu vermeiden. Dabei genügen schon kleine Auflageflächen, wie das Beispiel in Bild 2.64 demonstriert. Der Masseschwerpunkt *(centre of gravity)* sollte ausreichend unterhalb der Stützstelle liegen, also schaftlastig sein. Das wird im Beispiel durch ein hohlgepresstes werkstoffsparendes Kopfstück erreicht.

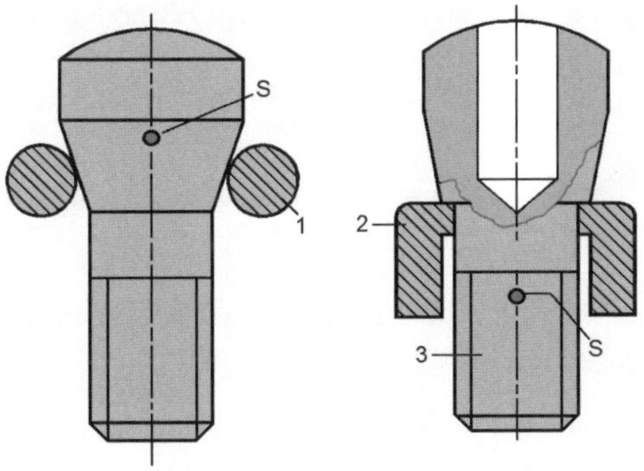

Bild 2.64 Die Hänge- und Gleitfähigkeit auf Schienen wird durch tiefer gelegten Masseschwerpunkt und die Verwendung von Flachschienen verbessert.
1 Rundschiene, 2 Flachschiene, 3 Werkstück, *S* Masseschwerpunkt

Wie das „Aushängen“ für das automatische Ordnen genutzt werden kann, wird an einem Beispiel in Bild 2.65 dargestellt. Die Kurzkegelteile werden in eine einheitliche Orientierung gebracht. Die Teile gelangen auf ein **Doppelscheibensystem**, hängen sich aus und gleiten mit fortschreitender Drehung des Doppelscheibenrades in ein Schachtmagazin ab.

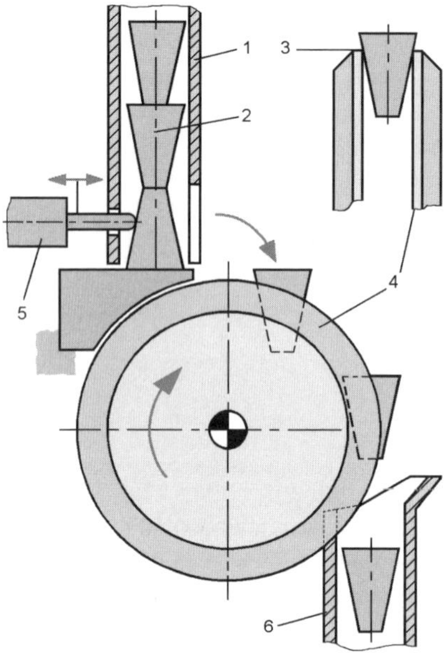

Bild 2.65 Orientierungseinrichtung für Kegelteile. 1 Schachtmagazin, 2 Werkstück, 3 Auffangkante, 4 Doppelscheibenrad, 5 Vereinzler, 6 Abführrohr

2.3.7 Posenstabilität

Werkstücke weisen stabile und instabile Posen („Lagen“) auf. Teile in einem instabilen Zustand können nur automatisch bewegt werden, bei Erhaltung ihrer Orientierung, wenn sie in einer Vorrichtung fixiert sind. Am Beispiel des in Bild 2.66 gezeigten Werkstücks soll gezeigt werden, welche Orientierungen stabil und welche instabil sind. Betrachtet man die um 90° versetzten Posen, so zeigen sich die Orientierungen 5 bis 8 und 21 bis 24 als instabil. Wäre das Teil ein einfacher Würfel mit einer Kantenlänge a × a × a erhielte man 24 stabile Posen. Will man die jeweilige Schwierigkeit für das Ordnen in eine Wunschorientierung beurteilen, so kann man einen **Posenquotient** (früher auch als „Lagenquotient“ bezeichnet) als Kennziffer formulieren. Der Posenquotient P_q ergibt sich mit Gl. 2.63 zu:

$$P_q = \frac{i_s}{i_z} = \frac{\text{stabile Orientierungen vorliegender Objekte}}{\text{zulässige Orientierungen beim Ordnen}} \tag{2.63}$$

Für den erwähnten Würfel gleicher Seitenlänge ergäben sich 24 stabile Orientierungen. Der Posenquotient P_q wird damit $P_q = 1$. Im Beispiel nach Bild 2.66 erhält man

$$P_q = \frac{i_s}{i_z} = \frac{16}{1} = 16$$

Um das Ordnen zu erleichtern, wird man nun untersuchen, welche Wege beschreitbar sind, um zu einer Verringerung des Posenquotienten P_q zu kommen. Das können Veränderungen an der Werkstückgeometrie sein, insbesondere die **Verstärkung** von Symmetrieeigenschaften.

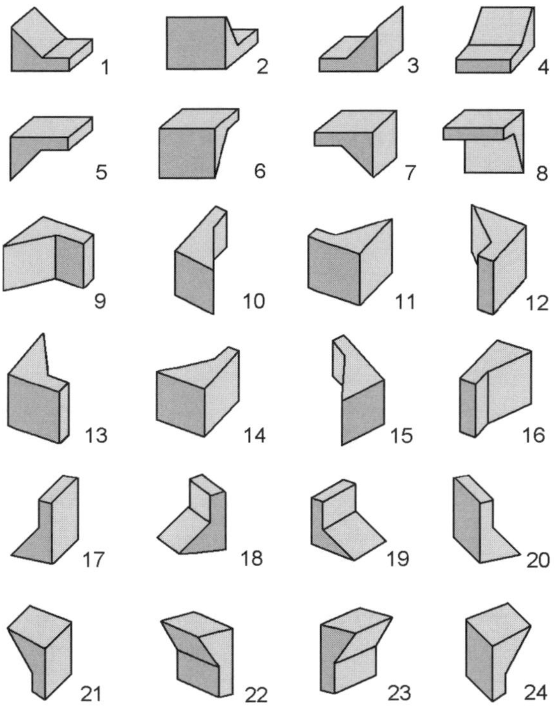

Bild 2.66 Die 24 Orientierungen eines Werkstücks – ein Beispiel

2.4 Handhabungsgerechte Werkstückgestaltung

Einzelteile, Baugruppen und Produkte sollen so gestaltet werden, dass sie sich problemlos handhaben lassen. Das betrifft vor allem die automatische Ausführung solcher Funktionen wie Greifen, Halten, Ordnen, Weitergeben und Magazinieren sowie die automatisierte Montage. Bei einer Befragung von 355 Firmen zu **Automatisierungshemmnissen** hinsichtlich montagegerechter Produktgestaltung meinten 40 %, dass diese nicht vorhanden sei, und 36 % sahen eine schlechte Handhabung der Einzelteile als Hindernis an (nach BÄSSLER). Die handhabungsgerechte Werkstückgestaltung bleibt deshalb weiterhin ein Schwerpunkt im Produktdesign.

Für die handhabungstechnische Gestaltung gibt es zwei Zielrichtungen:

- Einsparung von Handhabungsvorgängen durch eine optimierte Gestaltung der Einzelteile und Baugruppen
- Handhabungsvorgänge erleichtern und sicherer machen, z. B. durch eine Vormagazinierung von Kleinteilen. Die Handhabbarkeit ist zu verbessern.

Handhabbarkeit: Eigenschaft von Werkstücken, die deren Eignung zur manuellen oder automatischen Handhabung zusammenfasst. Sie ist ein wesentliches Kriterium der Automatisierung von Stückgutprozessen. Oftmals sind zusätzliche Flächen oder Formelemente am Werkstück erforderlich. Wichtig ist auch die Oberflächenbeschaffenheit.

Um beliebig geformte Werkstücke, vor allem solche mit bizzarer Außenform automatisch anfassen und magazinieren zu können hat man in seltenen Fällen auch schon **Handhabungsadapter** eingesetzt. Das sind einschraubbare oder anklebbare, wiederverwendbare Bolzen (Adapter), die zeitweilig angebaut werden. Der Schraubbolzen kann einen ISO-Werkzeugkegel als Merkmalsausprägung enthalten, wie es Bild 2.67 zeigt.

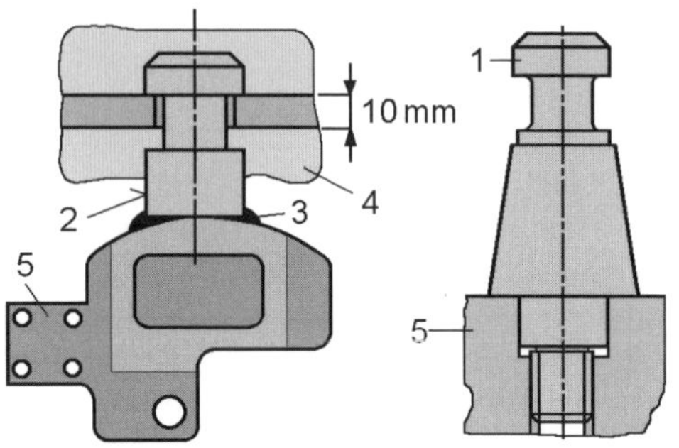

Bild 2.67 Beispiele für Handhabungsadapter. 1 Schraubadapter, 2 Greifdurchmesser, 3 Klebstoff, 4 Drehtellermagazin, 5 Werkstück, z. B. Vergasergehäuse

Nach der Fertigbearbeitung sind die Handhabungsadapter wieder zu entfernen. Das verursacht zusätzliche Arbeitsgänge. Es ist immer besser, wenn man durch gute vorausschauende Werkstückgestaltung auf Adapter verzichten kann. Dazu sollen die nachfolgenden Regeln dienen.

Einige wichtige Regeln für die Werkstückgestaltung sind [2.9]:

1. Minimiere die Anzahl von Einzelteilen, von unterschiedlichen Abmessungen und vermeide spiegelbildliche Teile.
2. Vermeide Teile, die sich im Haufwerk oder im Verband (Werkstückreihe) verhaken, verschrauben oder verschachteln.
3. Vermeide biegeweiche Teile, die unter verschiedenen Lagen unterschiedliche, nicht vorhersagbare Formen annehmen können.
4. Bilde bewusst Formelemente aus, die sich als Ordnungsmerkmal leicht erkennen lassen, z. B. eindeutig symmetrische oder eindeutig asymmetrische Gestaltung. Die Teile sollen möglichst symmetrische Formen haben oder aber deutliche Asymmetrie aufweisen.
5. Verwende im Fertigungsprozess möglichst Fließgut über viele Prozessstufen hinweg, ehe letztlich daraus Stückgut wird.
6. Sichere bei geeigneten Teilen deren Roll-, Gleit- oder Hängefähigkeit und erleichtere so das automatische Zubringen von Teilen. Schaffe mechanische Positionierhilfen. Strebe stabile Bereitstelllagen an.

7. Bilde parallele Flächen an Werkstücken aus, die als Grifffläche beim Greifen mit dem Industrieroboter dienen können. Sorge für gleiche Griffstellen bei Variantenteilen.
8. Zugelieferte Bauteile sollen eine hohe Qualität und Reinheit aufweisen, damit keine Störungen durch beigemengte Falsch- oder Defektteile auftreten.
9. Gestalte die Bauteile so, dass sie sich raumsparend magazinieren, gut zuteilen und problemlos weitergeben lassen.
10. Wähle Werkstoffe, die beim automatischen Handhaben nicht abbröckeln, sich nicht elastisch verformen, stark abreiben oder zum Beispiel an Glanz verlieren:

Einige ausgewählte Beispiele werden in Bild 2.68 bildlich wiedergegeben. Links im Bildpaar sind die ungünstigen Gestaltungen zu sehen und rechts die Teile nach einer Merkmalsausprägung, die das automatische Ordnen erleichtert bzw. Ordnungsvorgänge überhaupt einspart. Außerdem gilt, dass Außenmerkmale leichter zu lokalisieren sind als Innenkonturen. Um bestimmte Merkmalsausprägungen zu vermeiden, muss man die Funktion des Teiles in einer Baugruppe bzw. einem Produkt kennen. Findet man freie Flächen vor, die also keine funktionellen Flächen sind, dann lässt sich deren Geometrie am ehesten verändern.

Bild 2.68 Beispiele für die handhabungsgerechte Einzelteilgestaltung durch Verstärkung von geometrischen Merkmalen

Geometrisches Anpassen wird in Bild 2.69 an einem Beispiel gezeigt. Es handelt sich um eine Schraubklemme. Ob nun die Außenform der Gewindeplatte symmetrisch *(symmetric)* oder asymmetrisch *(asymmetrical)* ist, hat auf die Funktion des Produkts keinen Einfluss. Eine Verstärkung der Symmetrie führt zu einer Vereinfachung in der Montage.

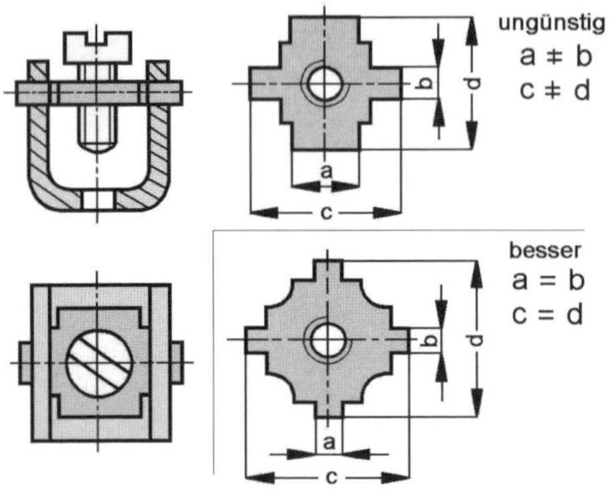

Bild 2.69 Bewusst symmetrisch gestalten vermeidet oft teure Ordnungsvorgänge!

Ein weiteres Beispiel zur Erreichung eines in mehreren Ebenen symmetrischen Bauteils zeigt das Bild 2.70. Natürlich ist es kaum möglich an schon fertigen Baugruppen solch einschneidende Geometrieveränderungen vorzunehmen. Beim Entwurf ist es allerdings machbar, auf handhabungstechnische Verbesserungen zu achten, die wie im Beispiel das Ordnen vereinfachen oder gar erübrigen. Dafür wurden die Bohrungen sogar zweimal eingebracht, obwohl nur einmal benötigt. Das fällt bei Stanzteilen kaum ins Gewicht.

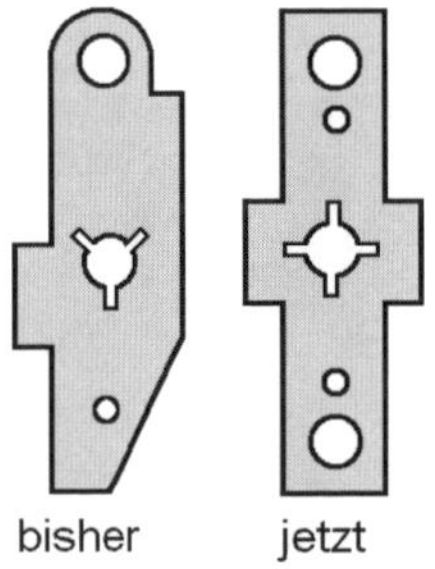

Bild 2.70 Verstärkung der geometrischen Symmetrie eines Bauteils zur Vereinfachung des Ordnens

Die Form der Teile kann das Weitergeben von Werkstücken in Zuführkanälen behindern, wenn z. B. die Enden des Werkstücks ein Aufsteigen und Verklemmen begünstigen (Bild 2.71). Auch der Geradlauf kann beeinträchtigt sein. Dann gilt: Form der Teile ändern oder eine andere Achslage im Zuführkanal wählen.

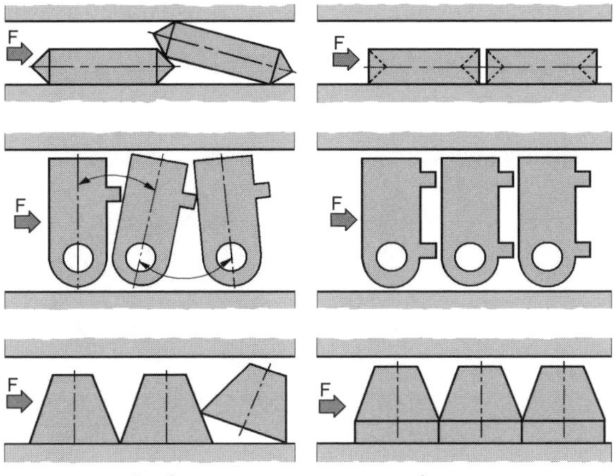

Bild 2.71 Aufstoßflächen dürfen die geführte Werkstückbewegung nicht negativ beeinflussen!
F Verschiebekraft

Ungünstig zeigt sich auch im folgenden Beispiel die Objektgeometrie. Keilförmige Leisten lassen sich nur bogenförmig in einem **Schachtmagazin** speichern und da ist die Speicherkapazität schnell erschöpft. Andererseits ist ein solches Magazin gut geeignet, um einen Zuteiler anzubauen. Eine trotzdem mögliche Lösung wird in Bild 2.72 gezeigt.

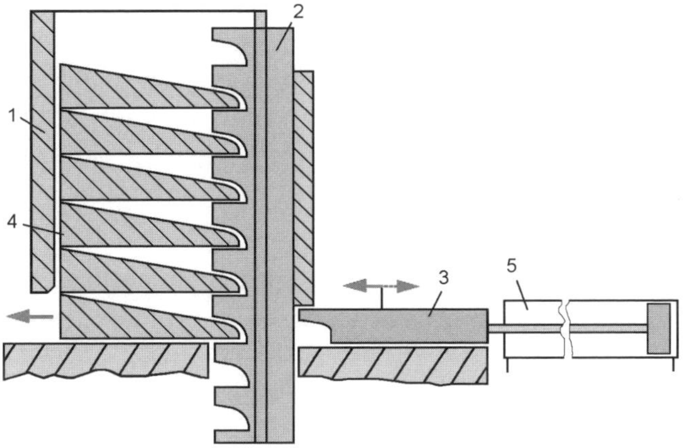

Bild 2.72 Das Zuteilen von keilförmigen Leisten aus einem Magazin.
1 Schachtmagazin, 2 Abstandsleiste, 3 Zuteilschieber, 4 Werkstück, 5 Pneumatikzylinder

Die Werksstücke werden am dünnen Ende durch eine Leiste auf Abstand gehalten. Ist das Magazin leer, dann ist auch die Abstandsleiste durchgelaufen. Für kurzzyklische Produktionsprozesse wäre die Lösung eher ungeeignet, weil beim Nachfüllen des Magazins stets eine neue Abstandsleiste hinzugegeben werden muss. Auch eine spezielle Kette wäre alternativ möglich.

Die Ausnutzung von Rolleigenschaften kann die konstruktive Ausführung einfacher Zuführeinrichtungen begünstigen. **Rollfähigkeit** ist ein handhabetechnischer Vorteil. Das Bild 2.73 zeigt einen Sicherungskörper, dessen angepresster Schriftzug zurückgesetzt wurde, damit er rollt. Auch ein nach innen vertiefter Schriftzug wäre günstig, verteuert aber die Werkzeugherstellung. Außerdem wird eine kleine Flachfeder aus der Uhrenindustrie gezeigt. In der ursprünglichen Form war sie nicht rollfähig. Das Rollen konnte erreicht werden, indem man Randsegmente vorsah, die keinen Einfluss auf die Federwirkung haben.

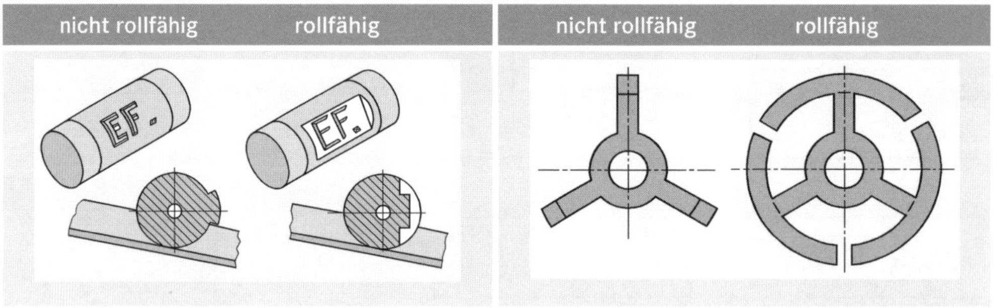

Bild 2.73 Die Rollfähigkeit von Werkstücken vereinfacht ihre automatisierte Zuführung!

Ein besonderes Problem stellt die Zuführung von Drahtfedern dar, wenn sie als Schüttgut bereitgestellt werden. Zwar gibt es automatische Entwirrgeräte, die durchaus leistungsfähig sind, aber besser ist es, wenn es gelingt, insbesondere die Federenden richtig zu gestalten. Das Bild 2.74 zeigt zwei Beispiele.

Eng gewickelte Federenden können das Verhaken vermeiden. Manchmal lassen sich auch Drahtfedern durch andere Federelemente, z. B. Systemfedern aus elastomerem Material mit anvulkanisiertem Befestigungsgewinde, ersetzen. Das sind dann kompakte und starre Körper, die man gut automatisch zuführen kann. Ob sich eine bestimmte Sorte von Schraubenfedern zum automatischen **Entwirren** und Zuführen eignet, kann man mit einem einfachen Versuch feststellen.

Test

Man lässt eine Handvoll Schraubenfedern *(helical spring, coil spring)* aus einer Höhe von etwa 20 cm auf eine flache Platte fallen. Springen mehr als 90 % der Schraubenfedern auseinander, dann sind die Federn automatisch entwirrbar. Man kann auch versuchen, zwei Federn mit den Händen ineinander zu schieben. Geht das nicht oder nur mit Kraft, dann ist eine automatische Entwirrung und Zuführung ebenfalls möglich.

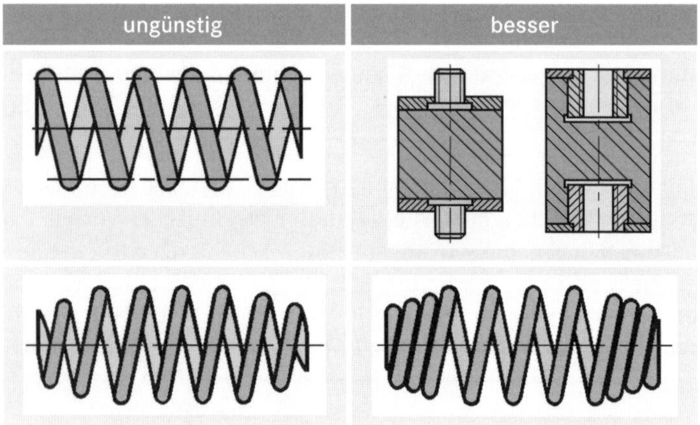

Bild 2.74 Offene Federenden führen zum Verhaken im Haufwerk.

In Bild 2.75 werden einige Beispiele von Werkstücken gezeigt, die sich im Haufwerk ineinander verhängen und zum unentwirrbaren Knäuel werden können. Meistens lässt sich die Konstruktion verändern, so dass automatisches Vereinzeln und Zuführen störungsarm erreichbar ist.

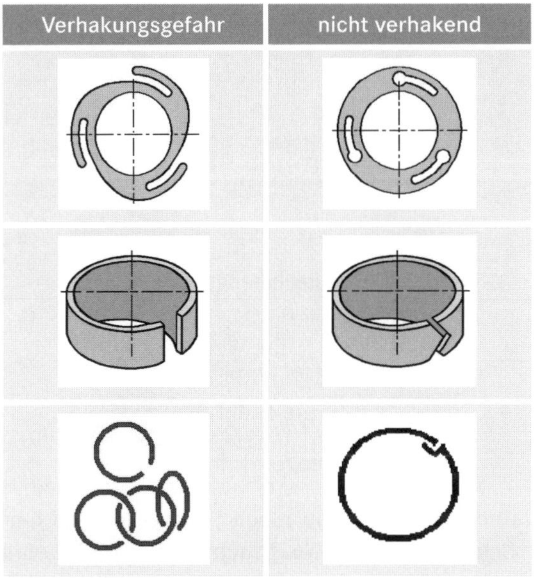

Bild 2.75 Die Verhakungsgefahr lässt sich oft durch geschickte Konstruktion vermeiden!

Für die Zuführung kleiner Werkstücke kann die Herstellung von **Quasifließgut** als Vorstufe für den Zuführprozess günstig sein. Ein typisches Beispiel sind gegurtete Bauteile z. B. in der Elektronik, wie man in Bild 2.76 sehen kann. Beim Fügen werden die Bauteile aus dem automatisch getakteten und perforierten Gurt herausgeschnitten.

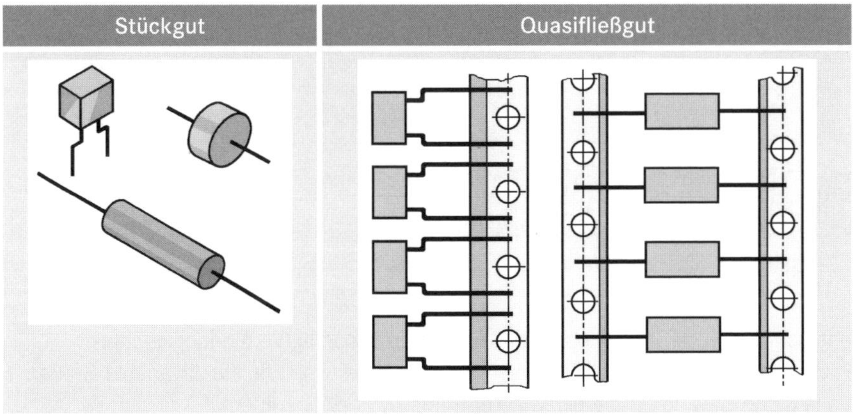

Bild 2.76 Quasifließgut lässt sich besser automatisch zuführen, als bedrahtete Einzelstücke!

Eine andere Version dieses Prinzips ist die Magazinierung in Blistergurten (Bild 2.77). Die Teile ruhen in tiefgezogenen Formnestern. Der Gurt ist hier ebenfalls mit einer Transportperforation versehen und wird taktweise bewegt. Von Vorteil ist, dass die Bauteile auch längere Zeit staubgeschützt gelagert werden können. Die Entnahme der Bauteile, z. B. Elektronikkomponenten, kann mit einem Pick-and-Place-Gerät oder Bestückungsroboter erfolgen.

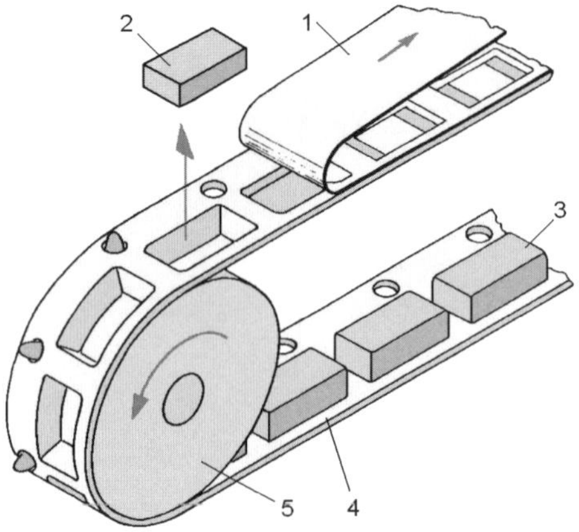

Bild 2.77 Bauteilbereitstellung mit einem Blistergurtmagazin.
1 Deckband, 2 Werkstück, Bauteil, 3 Formnest, 4 Blistergurt, bis etwa 4000 Teile je Gurtrolle, 5 Transportrad, standardisierte Gurtbreiten: 8/12/16/24/32/44/56 mm; Gurt: Papier, Pappe, Blister

Quasifließgut entsteht auch, wenn man kleine Maschinenschrauben in Stangenform herstellt. Beim Einschrauben schert sich die Schraube an der Sollbruchstelle zur nächsten Schraube am Kopf ab. Damit hat man auch die Gewähr, dass ein definiertes Anzugsmoment erreicht wurde. Die etwa 30 cm langen Stangen (Bild 2.78) können in einen Druckluftschrauber eingesteckt werden. Das schwierige Ordnen von sehr kleinen Schraubteilen (Schraube M1) wird mit dieser Lösung eingespart. Die Schraubteile können in verschiedenen Materialien und Ausführungen hergestellt werden. Schrauben in Stangenform verwendet man in erster Linie bei der manuellen Montage von Geräten und Baugruppen in der Feinmechanik/Optik und beim Bau elektrischer bzw. elektronischer Geräte. Es müssen auch nicht unbedingt Schrauben sein. Man kann auch Abstandsbolzen und ähnliche Schraubteile als Quasifließgut (Bild 2.79) herstellen. Die **Schraubenstränge** werden auf Radial-Profilwalzmaschinen hergestellt.

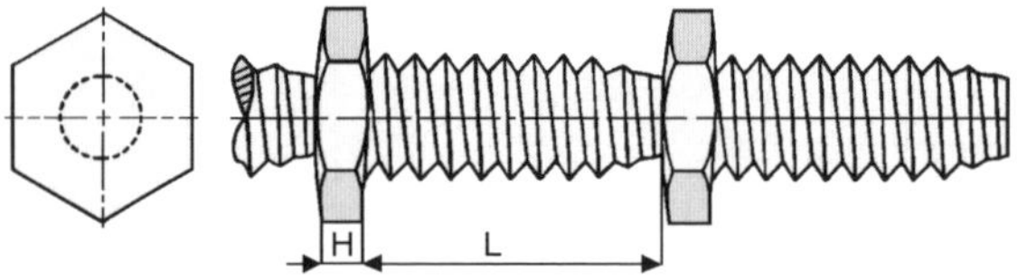

Bild 2.78 Kleinstschrauben als Quasifließgut in Stangenform (Koenig Verbindungstechnik; www.kvt-koenig.de; www.pemnet.com). Materialarten: Stahl, Messing, Edelstahl; variable Größen sind Gewindelänge *L* und Gewindegröße bis M4, Kopfhöhe *H*, Anzugsmoment

Es müssen auch nicht zwingend Schrauben sein. Man kann auch Abstandsbolzen und ähnliche Schraub-, Stütz- oder Verbindungsteile als Quasifließgut (Bild 2.79) herstellen.

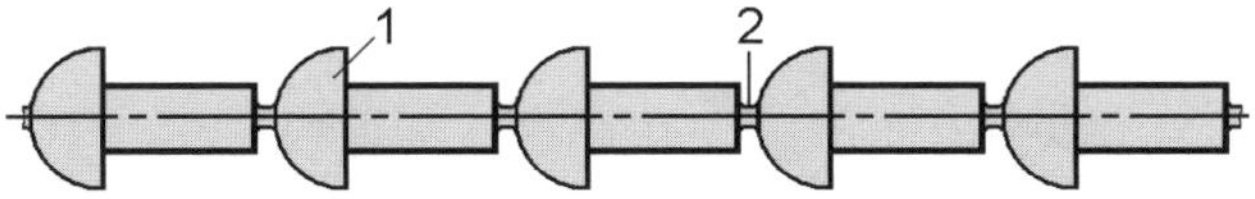

Bild 2.79 Kleine Bolzen als Quasifließgut zur Stange zusammengefasst.
1 Bolzen, 2 Abscherkerbung

Für sicheres Weitergeben von Teilen müssen diese einen relativ sicheren Stand aufweisen. Sie dürfen nicht zufallsabhängig indifferente Orientierungen einnehmen oder beim Verschieben kippen. Was damit gemeint ist, geht aus dem Bild 2.80 hervor. Eine hohlgepresste Verschlussschraube hat einen **Masseschwerpunkt**, der außerhalb der geometrischen Mitte liegt. Die Vorzugsorientierung ist eindeutig vorhersehbar. Ebene Auflageflächen sind im zweiten Beispiel vorteilhafter als gewölbte Flächen am Teil. Die Teile lassen sich stehend verschieben.

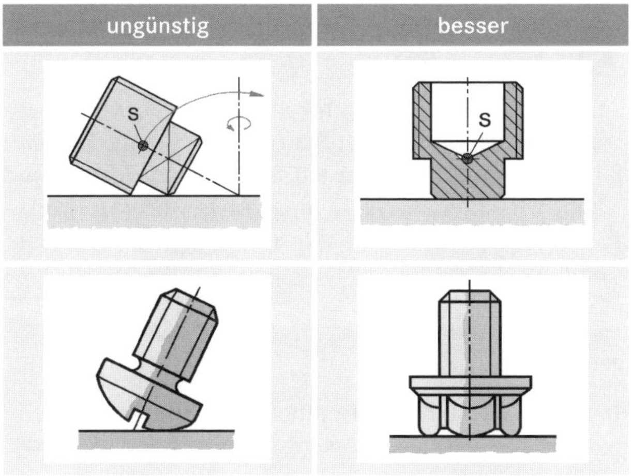

Bild 2.80 Stabiles Werkstückverhalten ist für das Weitergeben von Teilen wichtig!

Abschließend wird in Bild 2.81 gezeigt, wie man die Teileanzahl und -vielfalt verringern kann, indem man **Multifunktionsteile** gestaltet. Eine Analyse natürlicher Strukturen und Systeme macht übrigens deutlich, dass in diesem Bereich multifunktionale Konstruktionen die Regel sind. In der Technik ist das besonders bei den Verbindungsmitteln ein großes Einsparpotential, weil z. B. Schraubverbindungen sehr häufig vorkommen. Im Beispiel hat die Mutter eine integrierte Scheibe mit Sicherungsverzahnung erhalten.

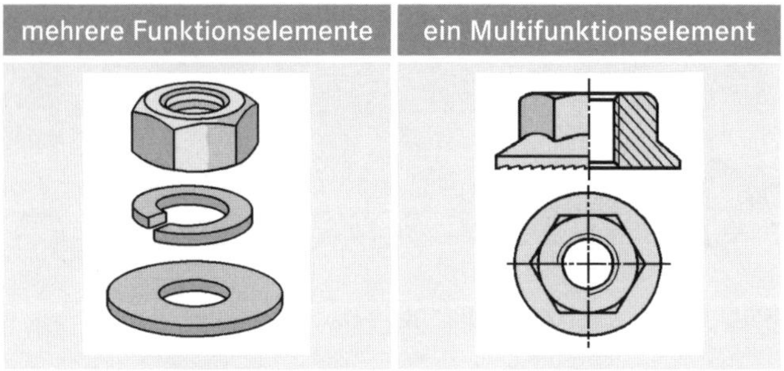

Bild 2.81 Multifunktionalität reduziert die Anzahl der Verbindungselemente

2.5 Montagegerechte Gestaltung

Die hohe Schule der Handhabungstechnik findet sich in der Montage, weil dort bei meist wenig Freiraum viele Bauteile im engen Zeitraster positionsgenau zugeführt werden müssen. Die Vorgänge lassen sich vorteilhafter gestalten, wenn man den Grundsätzen zur montagegerechten Gestaltung folgt.

Montagegerechte Gestaltung *(design for assembly)*
Systematische Vorgehensweise, um eine günstige Lösung für eine Montageaufgabe zu erreichen, indem ganzheitlich die drei Faktoren Produktaufbau, Teilefertigung und Zusammenbau nach Regeln und Erfahrungen optimiert werden. Es soll der kleinstmögliche Aufwand erreicht werden. Es gibt verschiedene Methoden zur Bewertung [2.11], wie z. B. DFMA *(Design for Manufacture and Assembly)*. Moderne Methoden schließen heute die Teilefertigung unbedingt mit ein.

Folgenden Hauptzielen ist zu genügen:

- Schaffen von Montagevoraussetzungen; z. B. Beachtung automatisierungstechnischer Belange
- Produkt montagegerecht strukturieren; z. B. mit Baukastenkomponenten
- Baugruppen montagegerecht gestalten; z. B. Vormontierbarkeit der einzelnen Baugruppen
- Basisteile montagefreundlich ausführen; z. B. konzentrierte Anordnung von Verbindungsstellen
- Fügevorgänge erleichtern; z. B. Fügehilfen für eine Selbstpositionierung oder Selbstorientierung ausnutzen
- Verbindungstechnik vereinfachen; z. B. Schnappverbindungen anstelle von Schraubverbindungen oder Klebeverbindungen
- Handhabungsvorgänge erleichtern; z. B. exakte Ausbildung von Greifflächen am Fügeteil
- Montagefremde Arbeiten vermeiden; z. B. Bohren oder allgemein Zerspanen

Ein wesentlicher Vorteil wird mit **Fügehilfen** erreicht. Die Fügeteile bekommen geometrische Details, die beim Zusammenbau die erforderliche Genauigkeit beim Positionieren reduziert und damit auch die Ansprüche an die einzusetzenden Funktionsträger senkt. Das Bild 2.82 zeigt die geometrischen Merkmale.

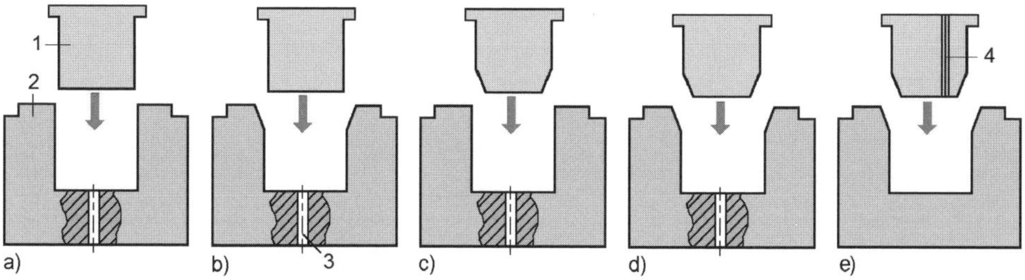

Bild 2.82 Ausprägung des Merkmals „Fügehilfe".
a) ohne Fügehilfe, b) Einführschräge am Basisteil, c) Fügehilfe am Fügeteil, d) doppelseitige Fügehilfe, e) Längsrille, 1 Fügeteil, 2 Montagebasisteil, 3 Entlüftungsbohrung (wenn erforderlich), 4 Entlüftungsrille

Gleichzeitig mehrere Kontaktstellen beim Fügen zu erreichen, ist zu vermeiden. Die Berührungspunkte bzw. -kanten sollen nacheinander kontaktieren. Das Bild 2.83 erläutert diese Forderung. Gleichzeitiges Anschnäbeln ist unsicher.

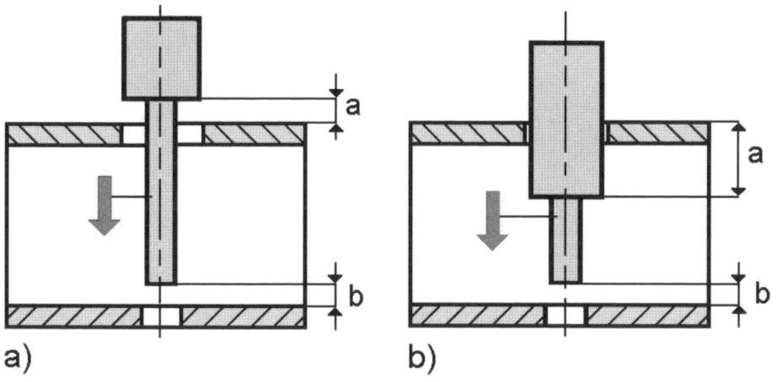

Bild 2.83 Gleichzeitiger Kontakt an mehreren Stellen ist beim Fügen zu vermeiden! a) Abstand, *a* = *b*; schlecht, b) Abstand *a* # *b*; gut

Beim Fügen durch **Zusammenstecken** ist es günstig, wenn das Fügeteil gegen einen Anschlag geschoben wird. Das erübrigt einen Funktionsträger, der über eine Tiefenmessung verfügen muss und eine Positioniersteuerung erfordern würde. Das Beispiel in Bild 2.84 erläutert den Zusammenhang.

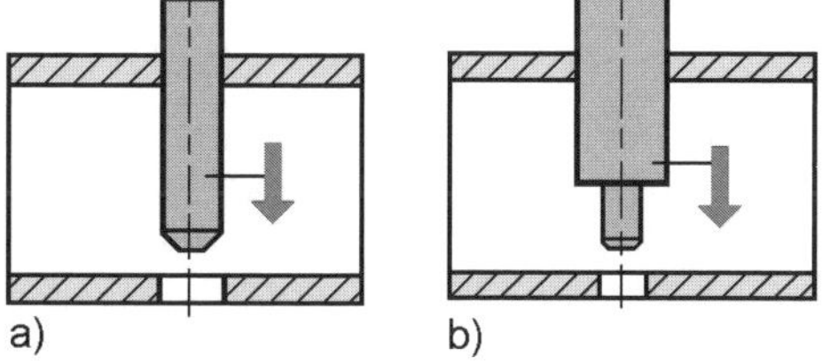

Bild 2.84 Zusammenstecken gegen Anschlag vereinfacht die Hardware.
a) genaue Tiefenposition nötig; schlecht,
b) Schieben gegen Anschlag; gut

Ein Konstruktionsziel besteht darin, mit möglichst wenigen Bauteilen auszukommen. Ein Weg ist die Ausbildung von Multifunktionsteilen. Damit werden mehrere Funktionen in einem Komplexteil vereinigt. Das Bild 2.85 illustriert diesen Zusammenhang an einem Anschauungsbeispiel. Jedes eingesparte Bauteil erübrigt in der Montage eine Bereitstell- und Fügeeinheit sowie eine Kontrolleinheit. Die Schraubenfeder wird eingespart, die Federwirkung von einem **Materialgelenk** übernommen.

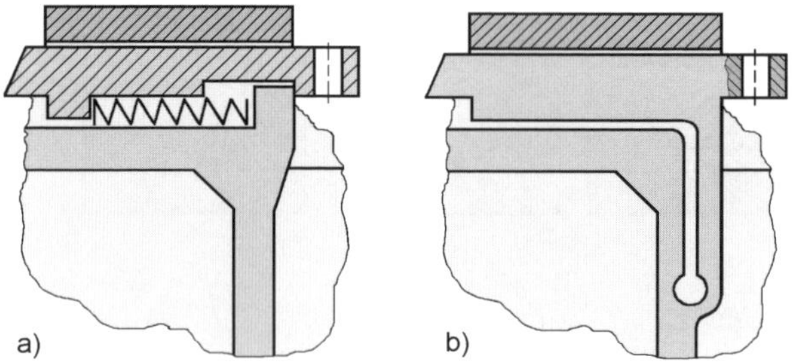

Bild 2.85 Funktionsintegration eines Rastschiebers.
a) Schieber als Einzelteil,
b) Schieber als integraler Bestandteil mit Materialgelenk

Schnappverbindungen sind schneller ausführbar als Schraubverbindungen. Sie werden häufig im Bereich von Massenprodukten eingesetzt. Für das Verbinden genügt eine einfache geradlinige Bewegung. In Bild 2.86 wird ein Beispiel gezeigt. Der Hebelarm eines Drehschalters mit Rastung wird nicht mehr angeschraubt, sondern als Kunststoffteil mit integrierter Schnappachse ausgebildet. Auch zwei Konstruktionsteile (Raststift, Flachbandfeder) werden in diesem Fall außerdem eingespart.

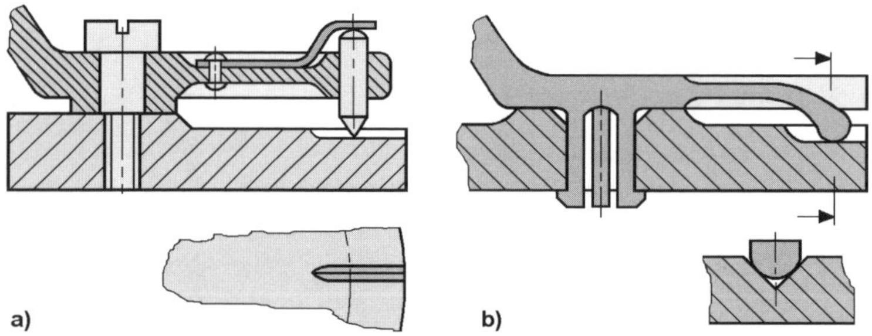

Bild 2.86 Rasthebel eines Drehschalters.
a) Befestigung mit Bundschraube, b) Schnappverbindung

Die Montage von Bauteilen soll möglichst nur aus einer Richtung erfolgen und da wiederum senkrecht von oben. Anderenfalls wird die Montagestation unübersichtlich und sperrig. Mitunter lässt sich dadurch auch die Anzahl von Bewegungseinheiten reduzieren. Ein Konstruktionsbeispiel wird in Bild 2.87 gezeigt. Wie man sieht, sind die Veränderungen am Design gar nicht so groß.

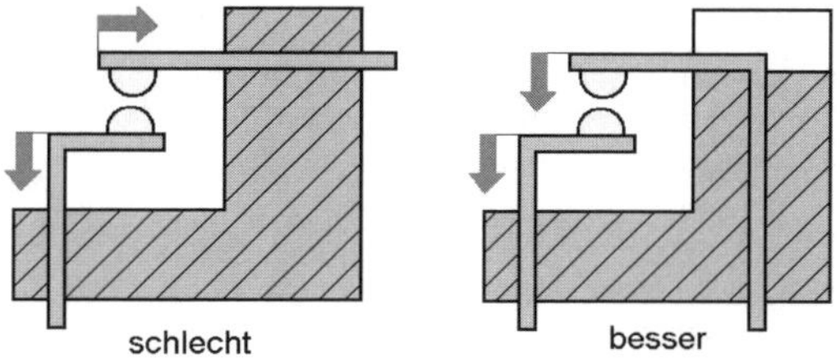

Bild 2.87 Eine Fügerichtung ist besser als zwei!

Eine umfassende Auflistung von Regeln und Gestaltungsbeispielen findet sich in [2.9] bis [2.11].

Das Gegenstück zur montagegerechten Gestaltung ist die demontagegerechte Gestaltung. Ziel ist, den Zusammenhalt einer Baugruppe oder eines Produkts aufzulösen. Bei Alt-Erzeugnissen ist das oft schwierig, wie die Praxis zeigt:

- Die Lösbarkeit von Verbindungsmitteln und der Zugang ist oft eingeschränkt.
- Verschmutzungen und Engstellen behindern das Ansetzen von Werkzeugen.
- Ort und Art mechanischer Verbindungen sind oft nur ungenau bekannt.
- Die Demontage- und Fügerichtungen der Baugruppe sind nicht einheitlich.
- Übliche Standardwerkzeuge sind oft nicht einsetzbar.
- Die Verbindungsvielfalt wurde nicht reduziert und erhöht den Zeitaufwand.

Das kann durch eine geeignete konstruktive Ausbildung unterstützt werden. Das Zerlegen kann zerstörungsfrei oder zerstörend sein. Das wird in Bild 2.88 am Beispiel von **Schnappverbindungen** gezeigt [2.12].

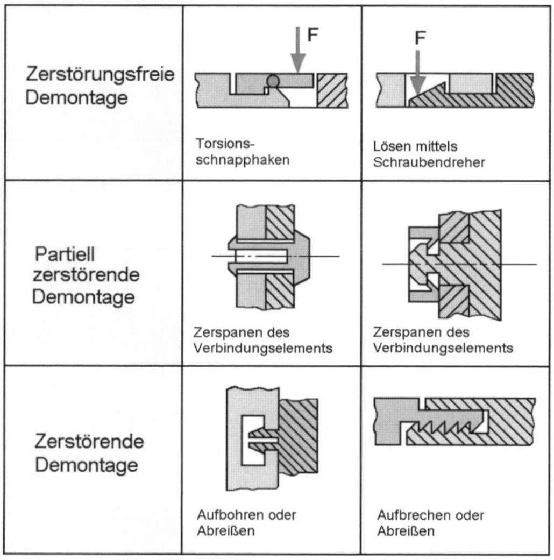

Bild 2.88 Lösbarkeit von Schnappverbindungen

Oft genügen schon kleine geometrische Details oder Maßabstimmungen, um eine Demontage zu erleichtern. Das Bild 2.89 links zeigt, dass man die Passfeder erst entfernen muss, ehe die Demontage des Lagers vorgenommen werden kann. Wird das Wellenende abgesetzt, dann kann die Passfeder verbleiben. Das spart einen Demontagevorgang.

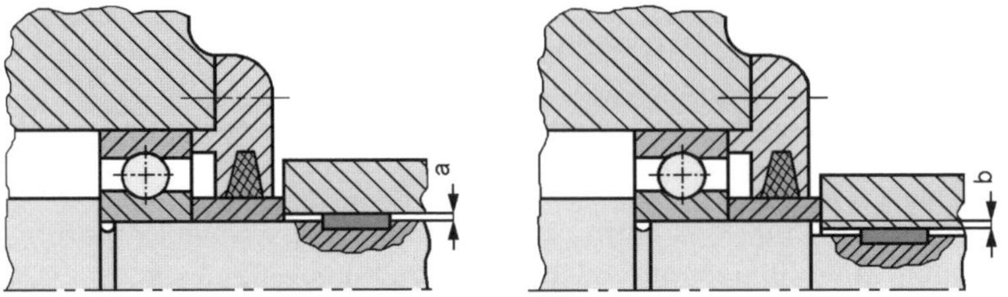

Bild 2.89 Demontagefreundliche Lagerbaugruppe.
a Überstand der Passfeder, *b* Freiraum über der Passfeder

Übungsaufgabe 2.2 Montagefreundliche Baugruppengestaltung

Die in Bild 2.90 dargestellten Baugruppen sind nicht montagefreundlich gestaltet, weil während des Fügens der Teile Halte- und Positionieraufgaben gelöst werden müssen. Das verteuert die Montage. Schlagen Sie Verbesserungen für die Teilegestaltung vor!

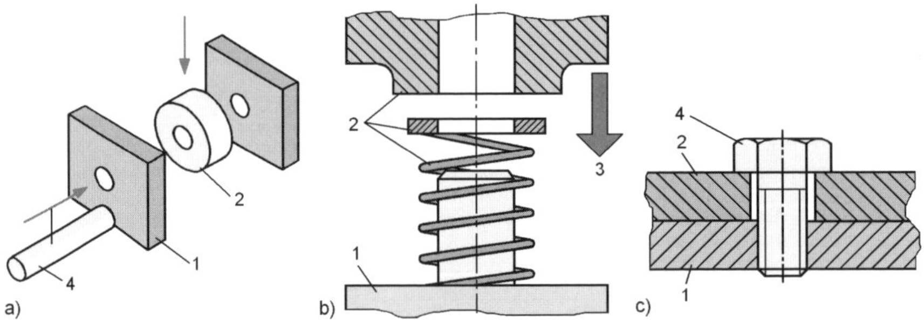

Bild 2.90 Baugruppen mit montageunfreundlicher Gestaltung.
a) Fügen von Achsbolzen in Rolle, b) Fügen von Scheibe und Feder, c) Verschrauben einer Platte,1 Montagebasisteil, 2 Fügeteil, 3 Fügebewegung, 4 Verbindungsmittel

Im Fall Bild 2.90a müssen mehrere Teile in den Bohrungsachsen genau zueinander ausgerichtet sein, damit der Achsstift eingesetzt werden kann. In Bild 2.90b ist davon auszugehen, dass sich das Montagebasisteil auf einem Rundschalttisch befindet. Beim Weitertakten müsste man die Scheibe gegen Abgleiten sichern, d. h. festhalten. In Bild 2.90c geht es ebenfalls um eine genaue Positionierung des Fügeteils zum Montagebasisteil. Nur bei genauer Übereinstimmung von Bohrungs- und Gewindelochachse kann die Schraube eingedreht werden.

Übungsaufgabe 2.3 Erkennungsgerechte Einzelteilgestaltung

In Bild 2.91 wird ein Zahnrad aus Kunststoff gezeigt. Welche Merkmale lassen sich zusätzlich anbringen, um beim automatischen Fügen zu einem Getriebe die Erkennung der Zahnradstellung (Zahnkopf oder Zahnfuß) eindeutig und sicher zu machen?

Bild 2.91 Zahnrad ohne Erkennungshilfen bezüglich Zahnfuß oder Zahn.

Ein speziell ausgerüsteter Greifer soll dann bereits beim Aufnehmen des Fügeteils dasselbe winkelgenau ohne den Einsatz von Sensoren greifen können.

Übungsaufgabe 2.4 Anzahl unterschiedlicher Werkstückzustände

Wie viele stabile Zustände (nur die um 90° versetzten) kann das in Bild 2.92 dargestellte Werkstück auf einer ebenen Speicherfläche einnehmen? Es sollen folgende Abmessungsvarianten in die Bewertung eingehen [2.7]:

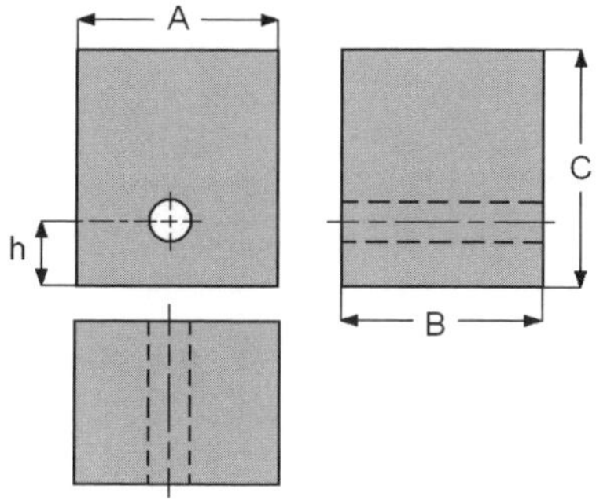

Bild 2.92 Beispielwerkstück mit Bohrung. C = B, C # B, h = C/2, h # C/2

Kontrollfragen

2.1 Man kann Werkstücke und Halbzeuge in 12 Verhaltenstypen einteilen. Was nützt uns eine solche Gliederung?

2.2 Welche Werkstückeigenschaften können automatisches Handhaben empfindlich stören und welche sind dafür besonders vorteilhaft?

2.3 Werkstücke sollen in ihrer geometrischen Form symmetrisch oder deutlich asymmetrisch gestaltet sein. Warum eigentlich?

2.4 Was versteht man unter den Begriffen Positionierungsgrad, Orientierungsgrad und Lage?

2.5 Bei einer Stufenrollbahn wird das Rollschienenpaar durch eine Stufe unterbrochen (Bild 2.35). Worin liegt der Sinn dieser Maßnahme?

2.6 Definieren Sie die Bewegungsarten Drehen, Schwenken und Wenden! Nennen Sie Beispiele, wo diese Bewegungen im Fertigungsprozess anfallen.

2.7 Warum sollen wellenförmige Werkstücke auf Rollschienen so aufgelegt werden, dass sie an gleichen Durchmessern aufliegen und sich der Masseschwerpunkt etwa in der Mitte der Rollschienen befindet?

2.8 Unter welchen Bedingungen kann ein fallendes oder in einem Kanal gleitendes Werkstück in den Zustand der Selbsthemmung geraten?

2.9 Bei welcher Rollbahnneigung geht das Rollen eines Rohres vom Rollen in eine unerwünschte Roll-Gleitbewegung (Wälzgleiten) über?

2.10 Mit welcher Kennziffer kann man das Führungsverhalten von Werkstücken in Rinnen und Schächten beschreiben?

2.11 Fügeteile sind so zu gestalten, dass sie aus einer Fügerichtung (möglichst senkrecht von oben) montiert werden können. Warum sollte man das fordern?

2.12 Nennen Sie fünf Regeln für handhabungsgerechtes Gestalten von Einzelteilen und Baugruppen!

2.13 Nennen Sie fünf Regeln für montagegerechtes Gestalten von Baugruppen und Produkten!

Literatur und Quellen

[2.1] *Hütter, D.; Kettner, H.:* Handhabung von Wirrteilen. VDI-Berichte Nr. 323, Montage 78; Diss. 1978

[2.2] *Deuring, K.:* Probleme einer Systematik der Werkstücke bei der mechanischen Handhabung. VDI-Berichte Nr. 43; VDI Verlag Düsseldorf 1960, S. 36 – 40

[2.3] *Frank, K.-E.:* Handhabungseinrichtungen. Mainz Krauskopfverlag 1975

[2.4] *Cardaun, U.:* Technische Arbeitshilfen für industrielle Arbeitsplätze. VDI Verlag Düsseldorf 1983

[2.5] *Bigalke, H.-G.; Wipperman, H.:* Reguläre Parkettierungen. BI Wissenschaftsverlag, Mannheim, Leipzig, Wien, Zürich 1994

[2.6] *ten Hompel, M.; Heidenblut, V.:* Taschenlexikon Logistik. Springer Verlag, Berlin/Heidelberg/New York 2006

[2.7] *Sandler, Ben-Zion:* Robotics – Designing the Mechanisms for Automated Machinery. Academic Press, San Diego, London 1999

[2.8] *Hesse, S.:* Atlas der modernen Handhabungstechnik. Hoppenstedt Technik Tabellen Verlag Darmstadt 1991 – 1994

[2.9] *Hesse, S.:* Montage-Atlas; Montage- und automatisierungsgerecht konstruieren. Hoppenstedt Technik Tabellen Verlag Darmstadt 1994

[2.10] *Redford, A.; Chal, J.:* Design for Assembly. McGraw-Hill Book Company, London, New York 1994

[2.11] *Boothroyd, G.:* Product Design for Manufacture and Assembly, 3. Aufl. CRC Press, Boca Raton Florida, 2010

[2.12] *Kahmeyer, M.; Rupprecht, R.:* Recyclinggerechte Produktgestaltung. Vogel Buchverlag, Würzburg 1996

3 Handhabungsvorgänge

Eine wichtige Vorarbeit für die Planung von Handhabungsabläufen ist die eindeutige Formulierung und Darstellung dessen, was mit den Handhabungsobjekten in welcher Abfolge passieren soll. Das geschieht zunächst in lösungsneutralen Funktionen. Diese werden in der VDI-Richtlinie 2860 ausführlich beschrieben. Das Denken in Funktionen ist als analytische Betrachtung der erste Schritt zur Lösung jeder Handhabungsaufgabe. Dabei kann der Detaillierungsgrad durchaus unterschiedlich sein. Auch kann es sich um beliebige Handhabungsaufgaben handeln. Funktionen und Symbolik sind nicht an bestimmte Branchen gebunden, solange es sich um definierbares Stückgut handelt. Funktionsfolgen lassen sich in grafischen Funktionsplänen niederlegen, was die Übersicht erleichtert,

- zur Beschreibung und Überprüfung der Aktionen bei bestehenden Fertigungsanlagen,
- bei der Kennzeichnung und beim Vergleich von Zubringeeinrichtungen
- und als Arbeitsgrundlage für die Lösung von Zubringe- und Verkettungsaufgaben Verwendung findet.

3.1 Funktionen und Sinnbilder

Um die beim Anwender anfallenden Funktionen zu definieren, genügt eine Einteilung in fünf Funktionsbereiche. Das sind:

- Speichern (geordnet, teilgeordnet, ungeordnet)
- Menge verändern (Teilen, Vereinigen, Abteilen, Zuteilen, Sortieren, Verzweigen, Zusammenführen)
- Bewegen (Drehen, Verschieben, Schwenken, Positionieren, Orientieren, Führen, Weitergeben)
- Sichern (Halten, Lösen, Spannen, Entspannen)
- Kontrollieren (Prüfen auf Eigenschaften, Anwesenheit, Identität, Form, Größe)

Die weitere Untergliederung ergibt Elementarfunktionen und zusammengesetzte Funktionen.

Elementarfunktionen *(elementary functions)*

Das sind kleinste, sinnvoll nicht weiter unterteilbare Funktionen. Zusammengesetzte Funktionen können stets in Elementarfunktionen aufgelöst werden.

Elementarfunktionen sind Teilen, Vereinigen, Drehen, Verschieben, Halten, Lösen und Prüfen. So lässt sich der Vorgang „Ordnen" in Elementarfunktionen auflösen, wie in Bild 3.1 gezeigt.

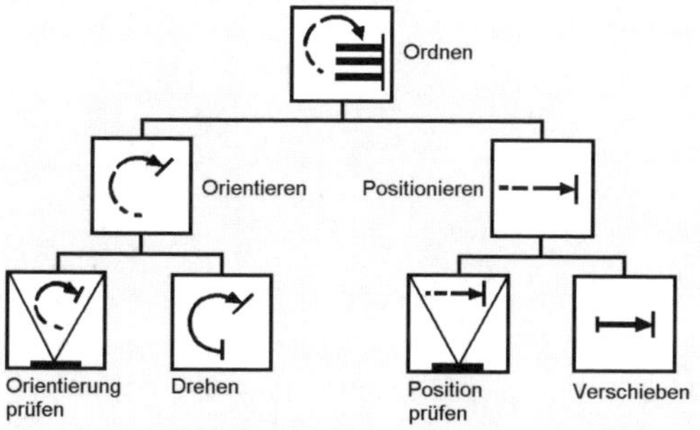

Bild 3.1 Auflösung des Vorganges „Aktives Ordnen" in Elementarfunktionen

Eine Aufeinanderfolge von Vorgängen wird durch **Symbole** kenntlich gemacht, die mit Pfeillinien verbunden sind (Bild 3.2a). Gleichzeitig ablaufende Funktionen werden ohne Pfeillinie dargestellt (Bild 3.2b). Gerätetechnisch zusammengefasste Funktionen rahmt man mit einer Strichpunktlinie ein. Man kann noch Bemerkungen anbringen, wie Zeit, Menge oder die Art der Fertigungsoperation. Die sinnbildliche Darstellung repräsentiert das funktionelle Grundgerüst einer zu schaffenden Zubringeeinrichtung *(feed equipment)* und erlaubt eine formalisierte Darstellung.

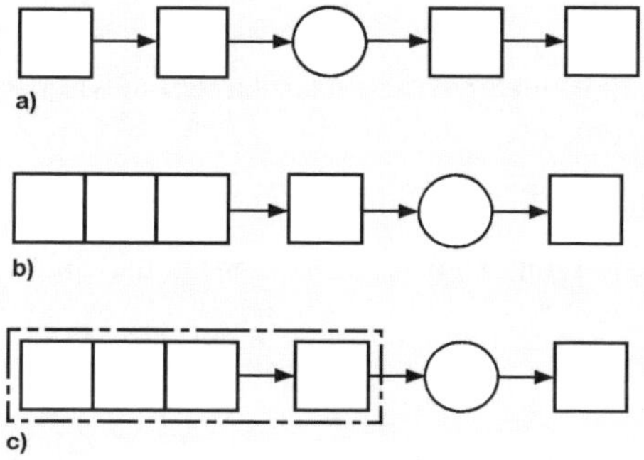

Bild 3.2 Verknüpfung von Funktionen zu Funktionsfolgen.
a) ablaufbedingte Folge,
b) ein Teil der Folge läuft gleichzeitig ab,
c) gerätetechnische Zusammenfassung

Ein Beispiel (Bild 3.3) soll zeigen, wie man die in einer Bunkerzuführeinrichtung *(bunker feeding system)* installierten Funktionen darstellen kann. Die im Bunker ungeordnet gespeicherten „Pilzteile" können in eine Nut einfallen und sich dort aushängen. Mitnehmer an einer Schleppkette schieben die Teile dann entlang der Führungsschienen bis zur Ausgabegleitbahn. Teile, die sich nicht in die Bodennut einordnen, fallen in den Bunker zurück und erreichen die Führungsschienen nicht.

Was versteht man unter installierten und kennzeichnenden Funktionen?

Installierte Funktionen sind solche, die tatsächlich ausgeführt werden. Sie zeigen, welchen Vorgängen das Zubringegut nacheinander unterworfen ist.

Kennzeichnende Funktionen liefern eine Aussage zur funktionellen Verwendbarkeit eines Gerätes, z. B. für das Bunkern oder Ordnen. Nur das Hauptmerkmal wird benannt.

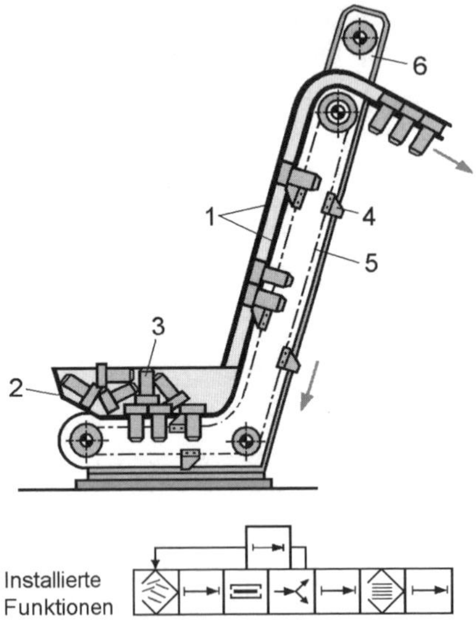

Bild 3.3 Bunkerzuführeinrichtung für Pilzteile und die installierten Handhabungsfunktionen.
1 Führungsschiene, 2 Bunker, 3 Werkstück, 4 Mitnehmer, 5 Schleppkette, 6 Antrieb, Einfüllhöhe 600 mm, Auslaufhöhe 1300 mm

Die wichtigsten Funktionen lassen sich, wie in Bild 3.4 gezeigt, erklären:

1. **Geordnetes Speichern** *(arranged storage)* = Aufbewahren von Körpern, wobei Orientierung und Position in allen Achsen definiert sind.
2. **Speichern** *(unarranged storage)* = Aufbewahren von Körpern, wobei Orientierung und Position in allen Freiheitsgraden beliebig sind.
3. **Zuteilen** *(allocate)* = Bilden von Teilmengen definierter Größe und Anzahl sowie das Bewegen der Teilmengen zu definierten Zielorten.
4. **Verzweigen** *(branch)* = Auflösen eines Mengenstromes in Teilmengenströme
5. **Zusammenführen** *(combine)* = Bilden eines Mengenstromes aus Teilmengenströmen

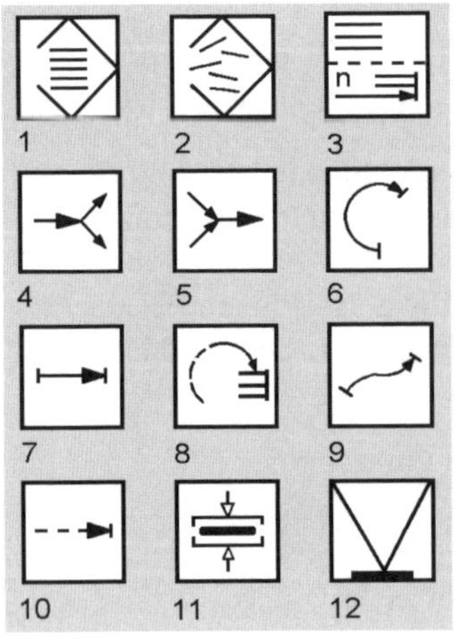

Bild 3.4 Wichtige Funktionen in sinnbildlicher Darstellung (Auszug aus VDI 2860).
1 geordnetes Speichern, 2 ungeordnetes Speichern, 3 Zuteilen, 4 Verzweigen, 5 Zusammenführen, 6 Drehen, 7 Verschieben, 8 Ordnen, 9 Weitergeben, 10 Positionieren, 11 Spannen, 12 Prüfen, *n* Anzahl zuzuteilender Stücke

6. **Drehen** *(turn)* = Bewegen eines Körpers aus einer bestimmten Orientierung um eine durch einen körpereigenen Bezugspunkt verlaufenden Achse

7. **Verschieben** *(displace)* = Bewegen eines Körpers aus einer vorgegebenen Position in eine andere vorgegebene Position durch Translation entlang einer Geraden. Die Orientierung des Körpers bleibt dabei unverändert.

8. **Ordnen** *(arrange)* = Bewegen von Körpern aus einer unbestimmten in eine vorgegebene Orientierung und Position (oft als „Lage" bezeichnet) bzw. Bewegungsrichtung

9. **Weitergeben** *(transfer)* = Bewegen von Körpern aus einer vorgegebenen in eine andere vorgegebene Position entlang einer nicht definierten Bahn. Der Orientierungsgrad der Körper bleibt dabei unverändert.

10. **Positionieren** *(position)* = Bewegen eines Körpers aus einer unbestimmten in eine vorgegebene Position. Die Orientierung des Körpers bleibt dabei außer Betracht.

11. **Spannen** *(clamp)* = Vorübergehendes Sichern eines Körpers in einer bestimmten Orientierung und Position unter Beteiligung von Kraftschluss

12. **Prüfen** *(test)* = Feststellen, ob Körper vorgegebene Bedingungen erfüllen

Eine vollständige Aufstellung der Symbole nach der VDI-Richtlinie 2860 findet der Leser im Anhang I.

Für das Zusammenführen von Werkstückströmen sind verschiedene Lösungen möglich, wie man in Bild 3.5 sehen kann. Die Störungssicherheit für diesen Vorgang hängt stark von der geometrischen Beschaffenheit der Werkstücke und der Stückleistung je Zeiteinheit ab. Verhakungskanten können den Vorgang negativ beeinflussen. Notfalls muss man ein gesteuertes Einfügen in den Hauptstrom planen.

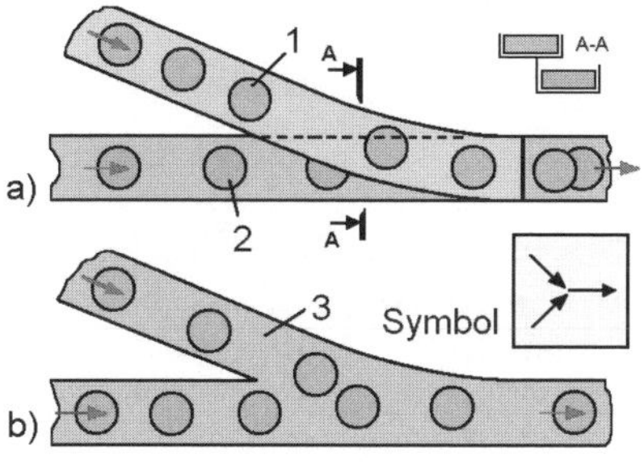

Bild 3.5 Ungesteuertes Zusammenführen. a) überdeckend einspeisen, b) seitwärts einspeisen.
1 Werkstück Sorte A, 2 Werkstück Sorte B, 3 Führungsrinnen

Übungsaufgabe 3.1 Unterscheide Elementar- und Teilfunktionen

Ordne der Liste von Elementarfunktionen die richtigen Teilfunktionen zu! Kreuze die entsprechenden Felder an!

Elementarfunktionen	Teilfunktionen				
	Speichern	Menge verändern	Bewegen	Sichern	Kontrollieren
Teilen					
Prüfen					
Vereinigen					
Drehen					
Lösen					
Verschieben					
Halten					

Eine grafische Darstellung in Funktionen gibt noch keine Auskunft über einzusetzende Vorrichtungen und Geräte. Die Funktionen sind zunächst geräteneutral. Umgekehrt lässt sich dagegen für ein Handhabungsgerät der funktionelle Inhalt exakt angeben. Das wird in einem Beispiel in Bild 3.6 gezeigt. Es handelt sich um einen **Rücklaufspeicher** *(recirculating buffer).* Er wird innerhalb einer Fertigungslinie nur dann aktiv, wenn an einer Maschine davor oder danach eine Störung im Werkstückfluss eintritt. Dann nimmt er zeitweise überschüssige Werkstücke auf (Störung ist stromabwärts) oder gibt fehlende Werkstücke ab (Störung ist stromaufwärts). Es handelt sich also um einen **Störungsspeicher** *(emergency buffer).* Er wird nur bei Bedarf wirksam. Es ist ein aktiver Speicher.

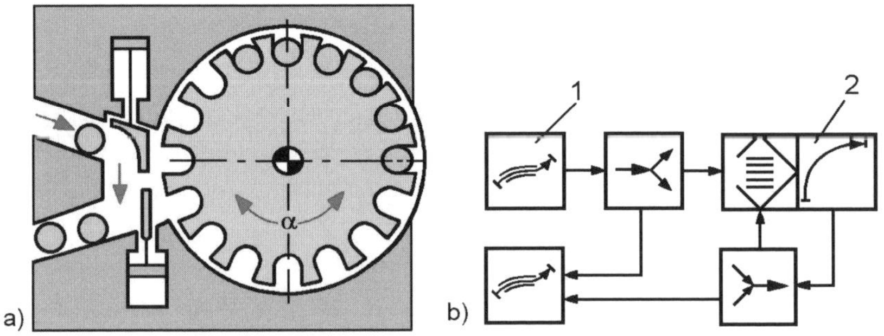

Bild 3.6 Rücklaufspeicher in der Funktion eines Störungsspeichers.
a) Aufbau (Seitenansicht), b) installierte Funktionen, 1 Führen, 2 Schwenken

Das **Verzweigen** (Teilen) von Objekten wird oft durch das Ausschleusen von Einzelstücken nach individuellen Vorgaben realisiert. Das Bild 3.7 zeigt einen Schieber, der die Packstücke in einen Ausschleuskanal abweist.

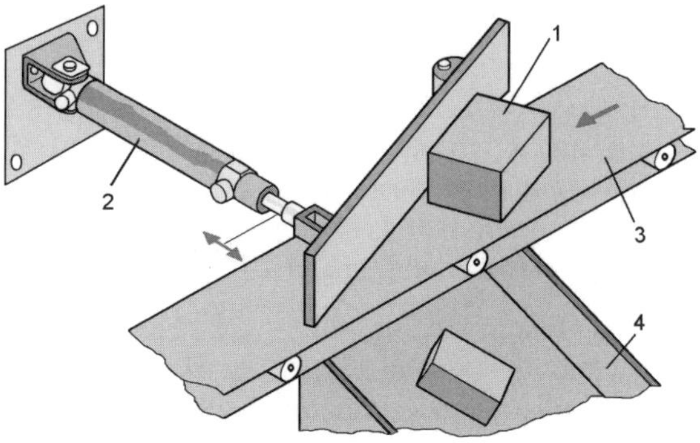

Bild 3.7 Verzweigen von Werkstückströmen durch Ausschleusen.
1 Fördergut, 2 Pneumatikzylinder,
3 Förderband, 4 Ausschleuskanal

Oftmals besteht die Notwendigkeit, z.B. vor dem Verpacken, Magazinieren oder Stapeln, die ankommenden Teile in eine neue Orientierung zu bringen. Dafür werden in Bild 3.8 zwei Beispiele mit modular aufgebauten Vorrichtungen gezeigt. Ein **Radialgreifer**, der sich auf 180° öffnen kann, packt fest zu und dreht die Teile um 90°. Dafür sorgt ein pneumatischer Drehmodul. Der Bewegungsablauf wird durch ein Signal vom Lichtreflextaster gestartet. Bandgeschwindigkeit und Belegungsdichte des Förderers müssen so abgestimmt sein, dass der Vorgang kollisionsfrei ablaufen kann. Im anderen Beispiel wird eine Hub-Dreh-Einheit eingesetzt. Die Verschiebebewegung wird durch zwei Rollen übertragen.

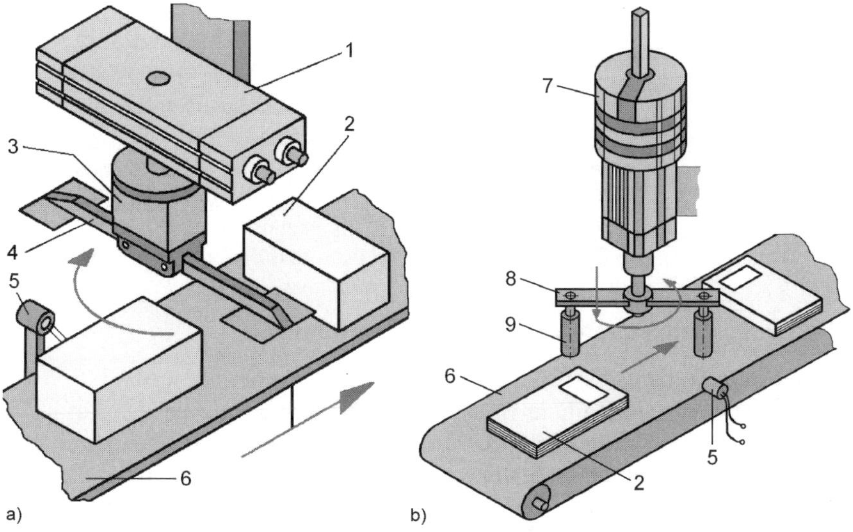

Bild 3.8 Dreheinheit 90°. a) mit Klemmgreifer, b) mit Hub-Dreh-Modul.
1 pneumatischer Drehmodul, 2 Objekt, 3 Radialgreifer, 4 Greiferfinger, 5 Lichtreflextaster, 6 Förderband, 7 pneumatischer Hub-Dreh-Modul, 8 Schwenkarm, 9 Kunststoffrolle

3.2 Aufstellen von Funktionsplänen

Soll nun ein Funktionsplan aufgestellt werden, man könnte das auch „Handhabungstechnologie" nennen, muss zuerst die Fertigungsaufgabe mit allen Randbedingungen präzise bekannt sein. Wenn möglich, sollte man die automatisch geforderte Tätigkeit einmal selbst von Hand ausführen, besonders beim Montieren. Als Beispiel für eine Handhabungstechnologie ist in Bild 3.9 das Fügen von Kappen auf Flaschen dargestellt.

Während die Kunststoffflaschen von einer vorgelagerten Maschine, z. B. Flaschenblasmaschine, geordnet übernommen werden, liegen die Schraubkappen als Haufwerk *(randomly ordered parts)* vor. Der Bunker *(bin)* wird von Zeit zu Zeit manuell aufgefüllt. Bei der **Kappenzuführung** wird die Orientierung der Kappen nochmals geprüft. Auch das fertige Produkt wird kontrolliert, beispielsweise durch Wiegen. Ausschuss wird jeweils ausgegliedert und ungeordnet gesammelt. Der grafische Gesamtüberblick erleichtert das Auffinden von Vereinfachungen und eventuell das Zusammenfassen von Funktionen.

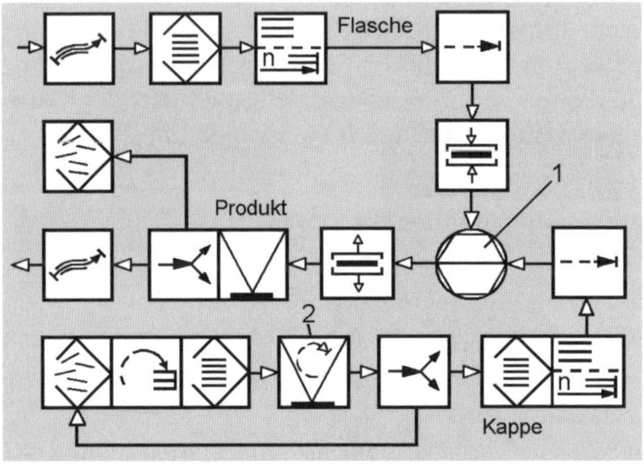

Bild 3.9 Handhabungstechnologie für eine Kappenaufsetz- und Füllmaschine.
1 Fügestation Flaschenfüllen,
2 Prüfen der Kappenorientierung nach dem Ordnen

Übungsaufgabe 3.2 Funktionsplan für einen Schrägförderer

Das Bild 3.10 zeigt den Aufbau eines Schrägförderers *(elevator hopper feeder, steep-belt conveyor)*. Er fördert Kleinteile aus einem Bunker. Zufällig in Richtung der Förderleisten liegende Teile werden mitgenommen und verlassen an der U-förmigen Ausgaberinne seitlich abgleitend das Gerät in geordnetem Zustand. In der Grobauflistung laufen die Funktionen Bunkern (ungeordnetes Speichern) → Ordnen (Orientieren) → Führen nacheinander ab.

Stelle die Funktionsfolge ausführlich, also in den Elementarfunktionen, in einem Funktionsplan dar.

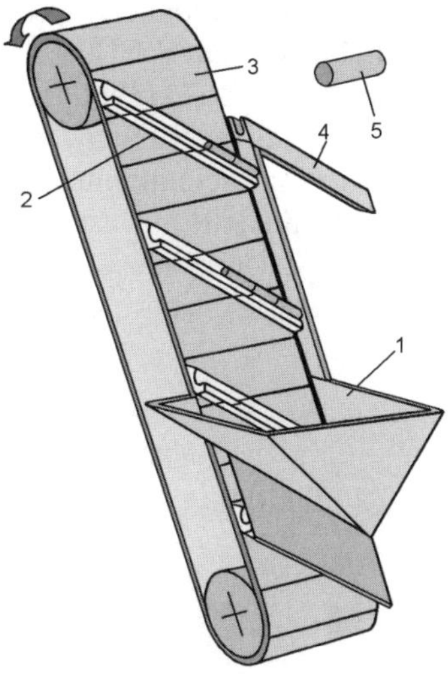

Bild 3.10 Prinzip eines Schrägförderers.
1 Bunkerbehälter, 2 Mitnehmerleiste, 3 Plattenbandkette,
4 Abführrinne, 5 Werkstück

Übungsaufgabe 3.3 Funktionsplan für einen Portallader

Ein automatisches Portalladegerät nach Bild 3.11 mit hochgelegtem Magazin und Zuteiler bringt Rohteile zur Spannstelle. Nach der Bearbeitung werden die Fertigteile nach oben aus der Spannstelle des Drehautomaten gehoben und in einer Abführrinne, die zur nächsten Maschine oder zu einem Speicher führt, abgelegt. Der Greifer führt beim Ablegen des Teils zusätzlich noch eine Schwenkbewegung aus. Alle Bewegungen sind rein mechanisch miteinander verkoppelt. Magazin und Ladearm sind hintereinander geschaltet [3.1]. Stelle die Funktionsfolge grafisch dar!

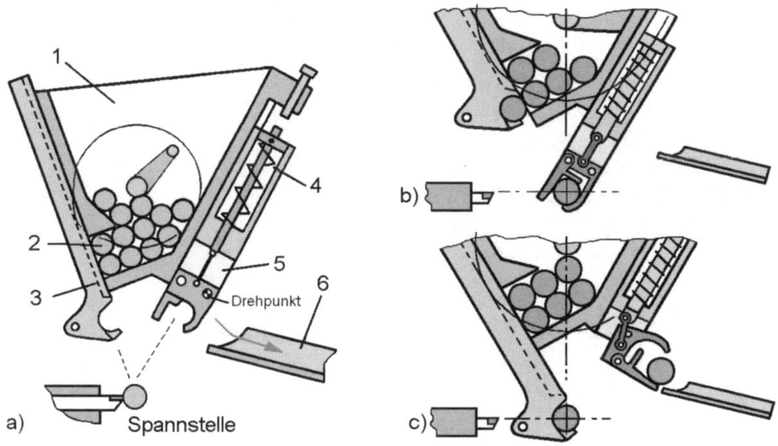

Bild 3.11 Portallader zur Beschickung eines Drehautomaten.
a) Startposition, b) Abholen Fertigteil, c) Zuführen des Rohteils und Ablegen des Fertigteils,
1 Stapelmagazin, 2 Werkstück, 3 Ladearm und Zuteiler, 4 Druckfeder, 5 Entnahmegreifer,
6 Abführrinne

In der Automatisierung nimmt der Anteil an optischen Oberflächeninspektionen zu. Ein Beispiel ist das Prüfen von Dichtringen. Es soll abschließend als Beispiel dienen. In Bild 3.12 wird die Abfolge notwendiger Funktionen gezeigt. Die Kanten des Objekts müssen rundum begutachtet werden und ebenso die Flächen. Dann ist das Teil zu wenden und die zweite Seite ist zu prüfen. Schlechtteile sind auszusondern und extra zu sammeln. Die **Inspektion** erfolgt in 12 Drehschritten zu je 30°-Drehwinkel. Es sind somit je Dichtring 12 Bilder von mehreren Kameras auszuwerten, gleiches noch mal von der Rückseite. Ist die Inspektion positiv ausgefallen, werden die Teile aus dem Werkstückträger entnommen und zum Verpacken weitergegeben.

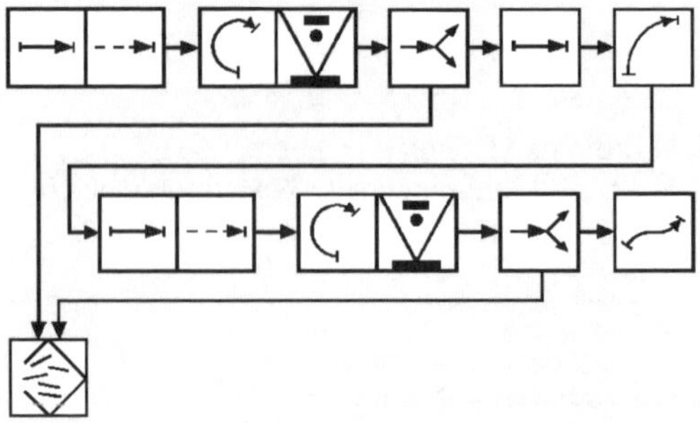

Bild 3.12 Funktionsplan für einen Prüfablauf

In der Umsetzung zur Prüfeinrichtung müssen einige Bewegungsfunktionen ausgeführt werden. Dazu wird ein Werkstückträger mit integrierter Drehfunktion eingesetzt. Sie werden von einem Förderer getaktet bewegt. Das Prinzip der **Prüfeinrichtung** wird in Bild 3.13 vereinfacht vorgestellt.

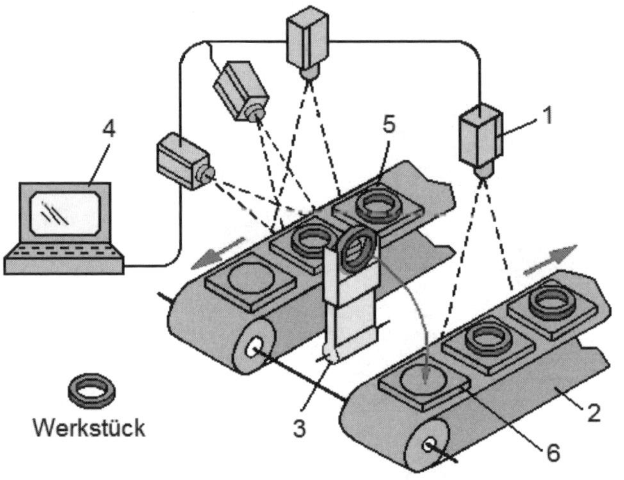

Bild 3.13 Optische Prüfung von Dichtringen (nach Omron). 1 CCD-Kamera, 2 Förderband, 3 Wendearm, 4 Auswertesystem, 5 Drehplatte, 6 Werkstückträger

Mitunter wird eine Planung anschaulicher, wenn man einen Orts- und Lagewechselplan voranstellt. Das ist eine einfache räumliche Darstellung der Positionen und Orientierungen, die die Objekte beim Handhaben nacheinander durchlaufen. Hieraus erkennt man, ob sich Bewegungen einsparen lassen, wenn man die beteiligten Komponenten anders konfiguriert. Man kann Längen, Zeiten und Winkel hinzuschreiben. Es ist eine einfache ergänzende Planungshilfe.

Funktionsplan *(function chart for workpiece manipulation)*
Grafische Beschreibung von Funktionen in Handhabungsabläufen als gut überschaubare Symbolfolge. Damit lassen sich Mängel bei der Handhabung, unnötige Wiederholungen und die Abgrenzung zu anderen Einrichtungen erkennen und gegebenenfalls bereits in der Planung verändern.

3.3 Zeitmanagement

Im Allgemeinen will man wissen, wie schnell eine geplante Werkstückhandhabung beim Beschicken einer Maschine ablaufen wird. Diese Zeitdauer wird als Bedienzeit bezeichnet.

Bedienzeit *(time for servicing) ist* Maschinenstillstandszeit, in der kein Bearbeitungsfortschritt am Werkstück erzielt werden kann, weil der Werkstückwechsel abläuft.

Diese Zeit hängt von der zu bewegenden Masse, den Entfernungen und dem Grad der notwendigen Feinpositionierung an der Spannstelle ab. Man kann das Bedienproblem auch ablauforganisatorisch durchdenken, indem man sich eine **Ablaufgrafik** (Bewegungsplan) anfertigt. Das wird in Bild 3.14 gezeigt. Bei den Abläufen wurde unterstellt, dass sich das Rohteil nach der Bearbeitung mit dem gleichen Greifer wieder anpacken lässt. Ist das nicht gewährleistet, dann müssen evtl. noch Greiferwechselzeiten eingeplant werden [3.2].

Handhabungszyklus	Ablaufgraphik	Zeitbedarf
❶ Einfachgreifer nimmt Rohteil, Zwischenablage in W, Ablage Fertigteile in Fertigteilpalette 1L-2F-3R-4L-5F-6L-7R	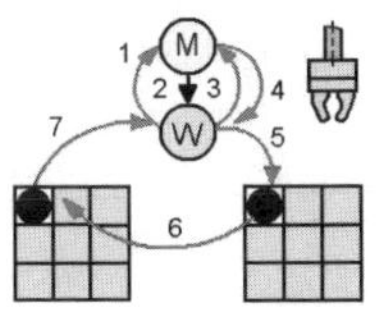	$t_B = \sum_{i=1}^{4} t_i$ $t_H \mathrel{\hat{=}} \sum_{i=1}^{7} t_i$
❷ Einfachgreifer nimmt Rohteil, Fertigteile werden sofort in Fertigteilpalette abgelegt 1L-2F- 3L- 4R-5L	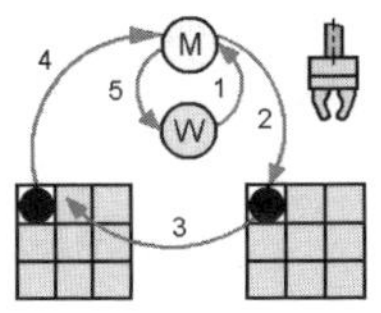	$t_B = \sum_{i=1}^{5} t_i$
❸ Greifen mit Einfachgreifer, Zurücklegen der Fertigteile in die Rohteilpalette 1L-2F-3L-4R-5L	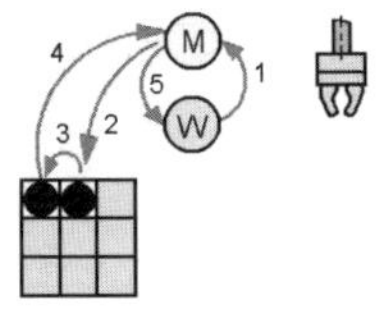	$t_H \mathrel{\hat{=}} t_B$

Bild 3.14 Darstellung des Einflusses von Greifer, Speicher und Bewegungsablauf auf die Maschinenbedien(beschickungs-)zeit t_B und die Werkstückhandhabungs(zyklus)zeit t_H. *F* Fertigteilhandhabung, *L* Roboterleerfahrt, *M* zu bedienende Maschine, *R* Rohteilhandhabung, *W* Warteposition des Roboters, *t* Zeit, t_i Zeit für die i-te Teilbewegung

❹ Greifen mit Doppel-Greifer und Verwendung getrennter Roh- und Fertigteilpaletten 1L-2FR-3F-4L-5R	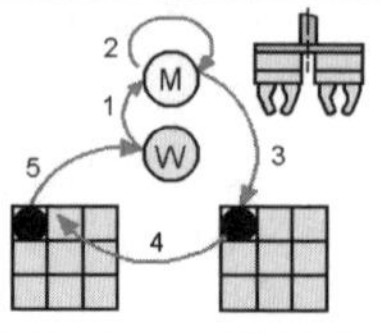	$t_B = 2 \cdot t_1 + t_2$ $t_H = \sum_{i=1}^{5} t_i$
❺ Greifen mit Doppelgreifer und Zurücklegen der Fertigteile in die Rohteilpalette 1R-2FR-3F-4L-5R	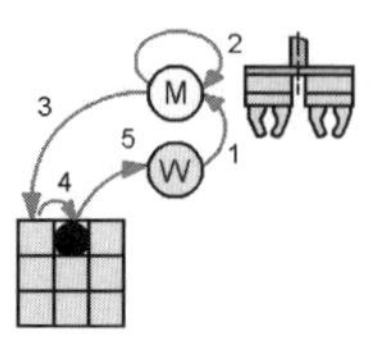	

Bild 3.14 *(Fortsetzung)* Darstellung des Einflusses von Greifer, Speicher und Bewegungsablauf auf die Maschinenbedien(beschickungs-)zeit t_B und die Werkstückhandhabungs(zyklus)zeit t_H. *F* Fertigteilhandhabung, *L* Roboterleerfahrt, *M* zu bedienende Maschine, *R* Rohteilhandhabung, *W* Warteposition des Roboters, *t* Zeit, t_i Zeit für die i-te Teilbewegung

Kontrollfragen

3.1 Handhabungsabläufe lassen sich sehr anschaulich mit Sinnbildern darstellen. Welche Vorteile erhofft man sich von einem derartigen Funktionsplan?

3.2 Wie lassen sich Funktionen sinnbildlich darstellen, die unmittelbar ineinander übergehen oder gleichzeitig ausgeführt werden?

3.3 Welche Unterschiede bestehen zwischen installierten und kennzeichnenden Funktionen?

3.4 Nennen Sie einige Elementarfunktionen und definieren Sie diese!

3.5 In welche Elementarfunktionen lässt sich der Vorgang „aktives“ Ordnen auflösen und darstellen?

3.6 Was versteht man unter einem Rücklaufspeicher? Wozu braucht man in einer Fertigungskette solche Vorrichtungen?

Literatur und Quellen

[3.1] *Hesse, S.:* Automatisieren mit Know-how – Handhabung, Robotik, Montage. Hoppenstedt Bonnier Zeitschriften Darmstadt 2002

[3.2] *Hesse, S.; Schmidt, H.; Schmidt, U.:* Manipulatorpraxis. Vieweg Verlag Braunschweig Wiesbaden 2001

4 Funktionsträger und Zuführeinrichtungen

Ein Funktionsträger ist die hardwareseitige Realisierung einer Funktion, also die konstruktive Lösung bezogen auf ein reales Bauelement oder gar ein konkretes Gerät. Handhabungsgeräte können auch mehrere Funktionen in sich vereinen, wie die Bunkerzuführeinrichtungen, die Speichern → Ordnen → Ausgeben eines Teiles ausführen können.

Funktion *(function)*

Qualitative und bzw. oder quantitative (gesetzmäßige) Beschreibung eines Zusammenhangs zwischen Eingangs- und Ausgangsgrößen technischer Systeme.

Der Spannbogen der Funktionsträger ist seit Jahren immer weiter angewachsen und reicht vom einfachen Werkstückauswerfer über Hubsysteme (sogar auf fahrerlosen Flurförderzeugen wie in Bild 4.1 gezeigt) bis zum hochsensorisierten, vielteiligen Manipulatorarm. Mit **Spezialkonstruktionen** werden Lücken geschlossen und damit ebenfalls schwieriges Handhaben auf die Maschine übertragen, z.B. der wegprogrammierbare Transport von Automobil-Rohkarossen

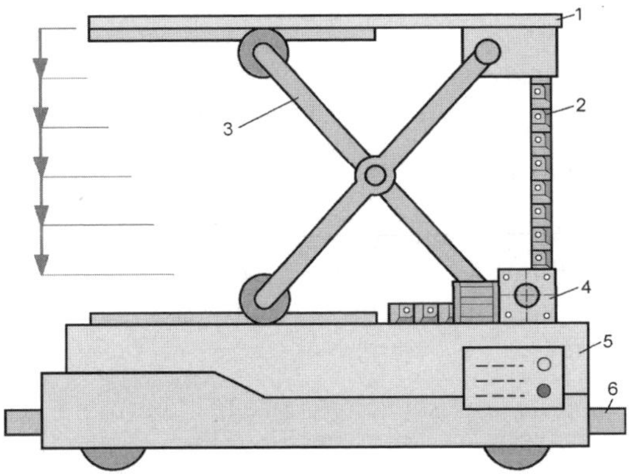

Bild 4.1 Mobiler Roboter mit Hubplattform.
1 Hubtischplatte, 2 Schubkette, 3 Scherenhubmechanik, 4 Getriebemotor, 5 Flurförderzeug, fahrerlos, 6 Bumper

4.1 Gliederung und Lösungswege

Zuführsysteme *(feed systems)* stellen die Kopplung vom innerbetrieblichen Materialfluss zu einem Bearbeitungs- oder Montagesystem her. Sie können eigenständig oder maschinenintegriert ausgeführt sein, ebenso werkstückspezifisch oder flexibel. Die wahrzunehmenden Aufgaben umfassen alle Vorgänge im maschinennahen Bereich, die die Funktionen Teilebereitstellung (Zubringen), Zuteilen (meist Vereinzeln), Bewegen, Ein- und Ausgeben, Weitergeben und Ablegen betreffen (Bild 4.2).

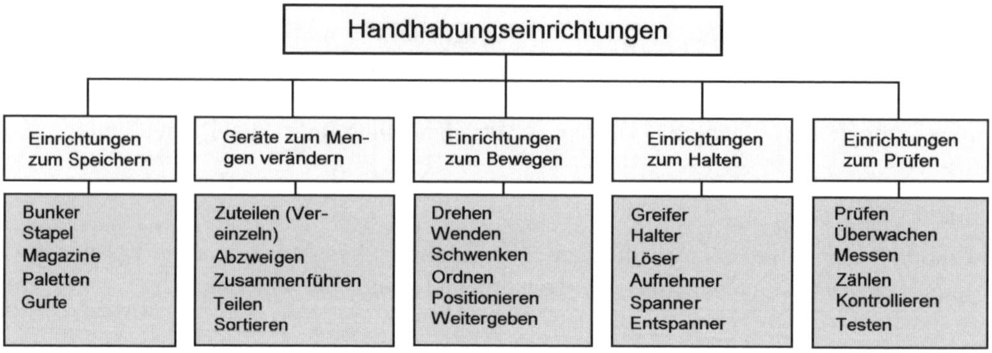

Bild 4.2 Gliederung der Handhabungseinrichtungen nach ihrer Hauptfunktion

Konzentriert man sich auf die automatische Teilebereitstellung *(automatic part feeding)* in der Fertigungstechnik *(production engineering)*, dann sind folgende Zuführbedingungen unterscheidbar (siehe auch Bild 1.31):

- Integrierte Teilebereitstellung an der Maschine (erfordert eine Fließgut- oder Quasifließgutzuführung)
- Bereitstellung geordnet im Magazin oder teilgeordnet im Stapel, insbesondere bei plattenförmigem Arbeitsgut
- Bereitstellung ungeordnet als Schüttgut (Haufwerk) in Bunker, Boxpalette oder Kasten

Diese Bedingungen bestimmen dann auch die **Grundkonzeption** für ein Zuführsystem. Erschwerend wirken Forderungen nach Flexibilität, die dann einen Wandel von mechanisch-konventionellen Lösungen hin zu Systemen mit Sensorausstattung, Bildverarbeitung und Computereinsatz erforderlich machen.

Ebenfalls komplizierend wirken sehr hohe Leistungsanforderungen wie bei kontinuierlich laufenden Arbeitsmitteln *(continuous motion)*, weil dann oft Zuführsysteme parallel oder seriell zu einer Einheit zusammengefasst werden müssen, beispielsweise bei der kontinuierlichen Montage relativ einfacher Massenprodukte. In solchen Systemen sind dann auch die Störungsbeseitigung und der Wiederanlauf nach einem NOT-AUS schwieriger durchführbar als bei Einheiten mit weniger hohem Leistungsvermögen.

4.2 Speichereinrichtungen

Das Speichern von Fertigungsgut ist aus verschiedenen Gründen und an verschiedenen Stellen im Produktionsprozess erforderlich. Dabei müssen viele Anforderungen und die **Randbedingungen** berücksichtigt werden. Sie lassen sich unterteilen in

- werkstückbezogene Anforderungen (Form, Eigenschaften)
- Anforderungen durch die Fertigungseinrichtung (Ausgabetakt, Pufferzeit)
- Anforderungen an die Speicherung (Positionsgenauigkeit, Kapazität)

Speicher sind auch aus systemtheoretischer Sicht für das Überleben eines Systems wichtig. Ein System ohne Reserven an der richtigen Stelle kann schon bei kleinen Störungen instabil werden. Das bedeutet letztlich Systemausfall. Weil viele Störungen kurzzeitiger Natur sind, kann man bereits mit relativ kleinen Störungsspeichern die Effektivität eines Fertigungssystems anheben (siehe Kap. 6.1).

Die Aufgaben der Werkstückspeicher *(component store, workpiece store)* in Arbeitssystemen lassen sich nach ihrer Funktion differenzieren in:

- **Beschickungsspeicher** *(loading store)*
  Sie dienen zur Versorgung einer Einzelmaschine oder der ersten Maschine einer Arbeitslinie. Durch automatisches Beschicken wird eine Bedienperson eingespart. Die Kapazität Q_{Be} des Speichers richtet sich nach der bedienerfreien Zeit t_{Be}, die man erreichen will. Es gilt (t_S mittlere Stückzeit):

  $$Q_{Be} = \frac{t_{Be}}{t_S} \tag{4.1}$$

- **Ausgleichsspeicher** *(buffer store)*
  Diese Speicher dienen innerhalb einer Arbeitslinie zum zeitweiligen Ausgleich von Taktzeitschwankungen. Das trifft auch zu, wenn eine Abstimmung der Arbeitsgangzeiten nicht oder nur ungenügend erreichbar ist. Die Leistungsunterschiede sind also voraussehbar. Die Ausgleichsspeicher müssen aber zum Beispiel in einer dritten Schicht wieder aufgefüllt werden. Dazu werden nur einzelne Abschnitte der Arbeitslinie herangezogen.

- **Störungsspeicher** *(emergency buffer)*
  Ihr Einsatz führt in Arbeitslinien zur losen Verkettung und damit zur Auflösung starrer Determiniertheit. Störungen an einzelnen Maschinen führen nicht zur Abschaltung der gesamten Linie. Bei kurzzeitigen Störungen laufen wenigstens die intakten Maschinen weiter (siehe Bild 6.4).

- **Zwischenspeicher** *(temporary buffer)*
  Das sind jene technologisch bedingten Werkstückansammlungen, in denen zum Beispiel Trocknungsvorgänge ablaufen müssen, ehe der nächste Arbeitsgang ausgeführt wird. Auch manuelle Arbeitsplätze in Fertigungslinien sind über Zwischenspeicher zu entkoppeln.

- **Sammelspeicher** *(collecting buffer)*
  So bezeichnet man Speicher zur Vorratsbildung von meist fertigen Teilen bzw. Produkten für den Abtransport zum nächsten Fertigungsabschnitt.

Gliedert man die Speicher nach dem **Ordnungszustand** des Arbeitsgutes im Speicher, dann unterscheidet man in

- Bunker (Werkstücke ungeordnet)
- Stapelmagazine (Werkstücke teilgeordnet)
- Magazine (Werkstücke geordnet)

In Bild 4.3 wird die Bereitstellung von rotationssymmetrischen Werkstücken in den verschiedenen Varianten als Beispiel gezeigt.

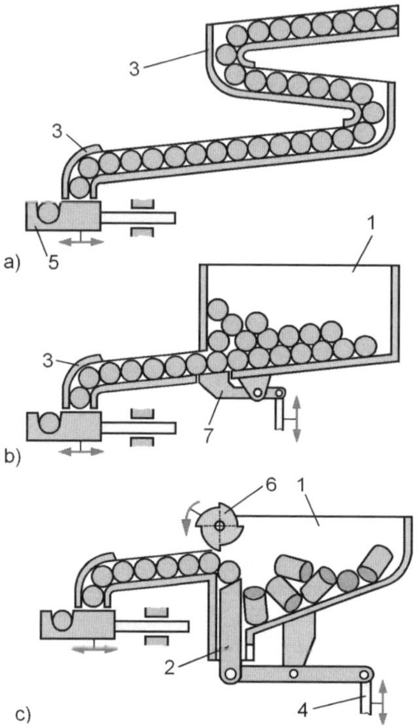

Bild 4.3 Varianten für die Teilebereitstellung aus verschiedenen Werkstückspeichern.
a) manuell gefülltes Rinnenmagazin, b) Zuführen aus dem Stapelmagazin, c) Zuführen aus dem Schüttgutbunker.
1 Speicher, 2 Schöpfelement, 3 Zuführrinne, 4 Schöpfelementantrieb, 5 Zuteiler und Eingeber, 6 Richt- und Abstreifrad, 7 Rüttelelement

Wie man sieht, sind immer mehrere Technisierungsvarianten für das Speichern möglich. Das Rinnenmagazin in Bild 4.3a wird manuell nachgefüllt. Diese Lösung ist nur für langzyklische Arbeitsprozesse sinnvoll. Beim Stapelmagazin *(stack magazine)* nach Bild 4.3b müssen die Teile bündelweise und axial ausgerichtet eingelegt werden. Am Auslauf des Magazins müssen Vorkehrungen gegen eine Brückenbildung *(bridge formation)* getroffen werden. Stehen die Teile nur als Haufwerk in einem Bunker bereit, muss das Ordnen der Teile mit maschinellen Mitteln erfolgen, wie es Bild 4.3c zeigt. Dafür gibt es natürlich noch viele andere technische Lösungen [4.1].

4.2.1 Bunker

In Bunkern werden die Werkstücke völlig ungeordnet aufbewahrt. In der automatischen Werkstückhandhabung ist es richtiger, von **Bunkerzuführeinrichtungen** zu sprechen, wenn sie z. B. mechanische Entnahmeelemente besitzen, mit denen sie die Teile geordnet ausgeben können. Bunker mit Ordnungsfunktion hat man früher auch als „Richtbunker" bezeichnet. Vor allem um solche Bunker soll es in diesem Kapitel gehen.

Bunkern ist zweckmäßig bei

- großen Stückzahlen von eher kleinen Teilen,
- kurzem Bearbeitungsrhythmus und bei
- Zuführung von zugleich mehreren Werkstücken an eine Maschine.

Eine grobe Einteilung wird in Bild 4.4 vorgenommen.

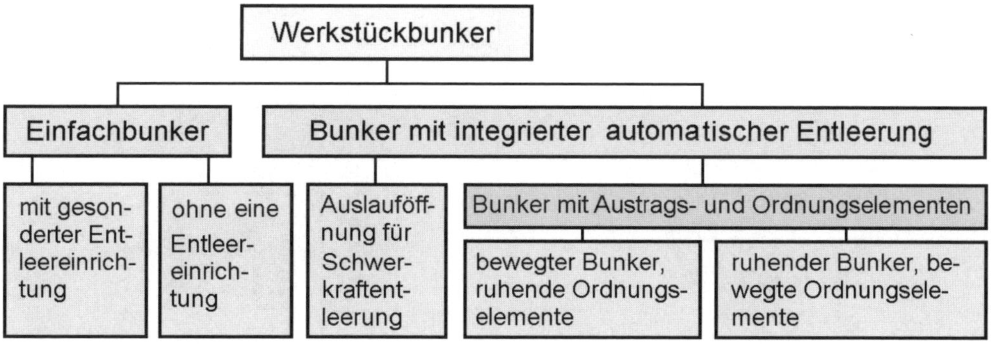

Bild 4.4 Einteilung der Bunker nach der automatischen Zuführbarkeit der Objekte

Für das Entnehmen von Teilen aus der ungeordneten Menge werden folgende Arbeitsprinzipe ausgenutzt:

- Schöpfen mit Schwenksegmenten, Stößeln, Flügelschienen oder Rohren
- Gleiten entlang von Richtkanten und Anschlägen, um ein Orientieren zu erreichen
- Fallen in Profilöffnungen und Passieren von Formdurchlässen
- Einleiten von Schwingungen in Kombination mit Ausrichtelementen
- Ausnutzen von Fliehkraftwirkungen
- Entnehmen von Teilen mit Hilfe von Greifern oder Magnethaftkräften

Das Bild 4.5 zeigt den prinzipiellen Aufbau einiger Handhabungseinrichtungen. Die Teile berühren sich im Haufwerk und die Elemente zur Erzielung einer Wunschorientierung der Teile arbeiten ebenfalls berührend.

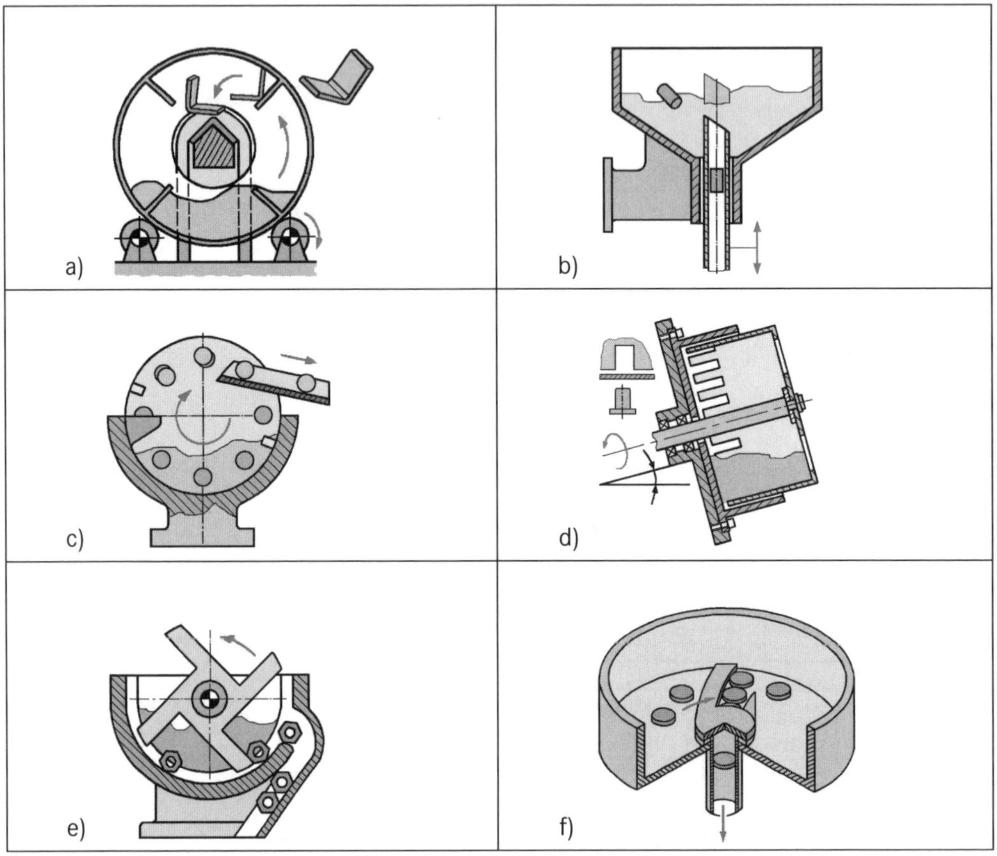

Bild 4.5 Einige Beispiele für Bunkerzuführ- und Ordnungseinrichtungen.
a) Trommelbunker bzw. Ringsystem, b) Schöpfrohrbunker, c) Magnetrotorbunker, d) Trommelbunker mit Formdurchlass, e) Schöpfradbunker, f) Drehhakenbunker

Das kann mit Nachteilen für die Werkstücke verbunden sein. Insbesondere können folgende Schäden auftreten:

- Raue Stellen am Teil bzw. Glanzverlust durch Reibung
- Schlagstellen durch herabfallende Werkstücke
- Aufsammeln von Schmutz und Abrieb durch elektrostatische Wirkungen, insbesondere bei Teilen aus Kunststoff

Es gibt natürlich verschiedene konstruktive Varianten für die in Bild 4.5 gezeigten Geräte. Als Beispiel soll in Bild 4.6 eine „schmale" Ausführung eines Trommelbunkers gezeigt werden. Die geringere Breite wird allerdings durch eine aufwendigere Mechanik erkauft. Das Wirkprinzip bleibt davon aber unbeeinflusst.

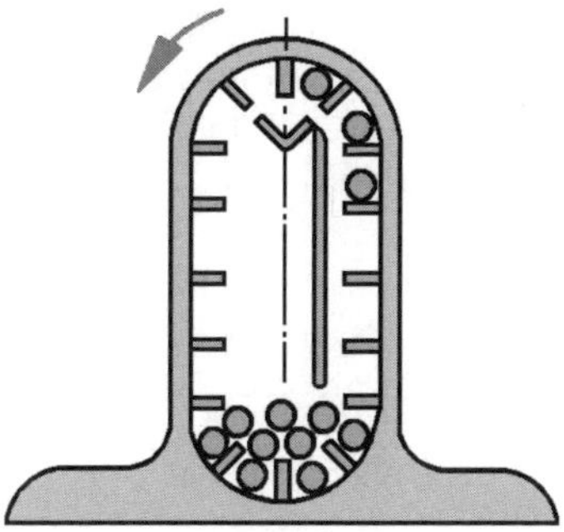

Bild 4.6 Ordnungseinrichtung mit oval umlaufender Förderkette

Während einige Prinzipe etwas an Marktpräsenz zugunsten von Vibrationswendelförderern, Stufen- und Zentrifugalförderern verloren haben, hat sich das **Schöpfprinzip** bis heute erhalten. Es steckt auch in den Bauformen a), b) und e) des Bildes 4.5. Schöpfsegmentbunker eignen sich sehr gut für gleit-, roll- und hängefähige Kleinteile wie zum Beispiel Schrauben mit Kopf, Niete oder Passstifte.

Das Bild 4.7 zeigt zwei Ausführungen von Schöpfsegmentbunkern *(scoop-segment hopper)* etwas älterer Bauart, die aber das Prinzip gut sichtbar machen. Das Segment kann sich auf und ab bewegen oder wie es das Bild 4.7b zeigt, auch ein umlaufendes Rad sein. In diesem Fall tauchen ständig Segmente (Schöpfrad) ein, ohne dass ein Leerhub (Rückhub) in Kauf genommen werden muss. In Vorzugsorientierung vorliegende Teile werden in der Aufwärtsbewegung erfasst und in der oberen Stellung des Hubsegmentes an einen Abführkanal *(delivery chute, outlet channel)* übergeben. Auffällig sind die schrägen Bunkerwände hin zum Schöpfsegment. Die Teile bewegen sich infolge der Schwerkraft allein zum Schöpforgan.

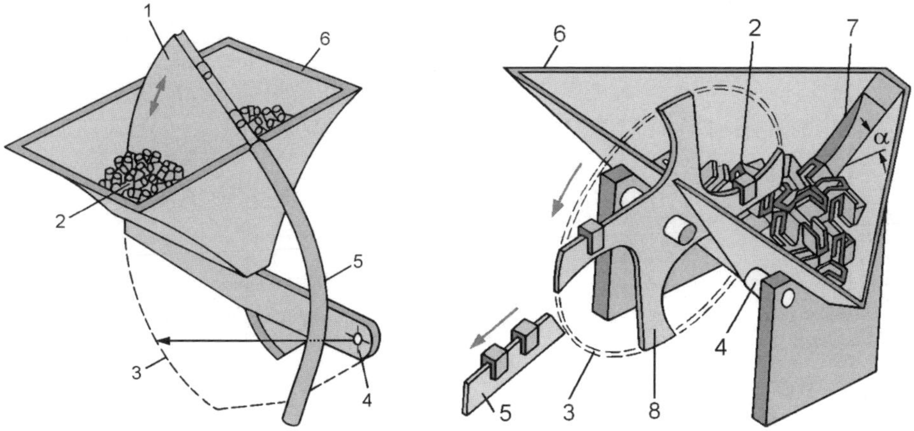

Bild 4.7 Bauformen von Schöpfsegmentbunkern.
1 Schöpfsegment, 2 Arbeitsgut, Werkstück, 3 Schwenkkontur, 4 Drehachse, 5 Abführkanal, 6 Bunker, 7 Bodennut, 8 Schöpfrad

Das schöpfende Organ soll etwa 4 bis 10 mal Werkstücklänge L sein, die Bunkerbreite B im Bereich $B \geq 10$ mal Werkstücklänge. Die Förderleistung der Schöpfsegmentbunker ist von der Anzahl der Doppelhübe je Minute, der wahrscheinlichen und möglichen Belegung des Segments sowie den Reibungsverhältnissen zwischen Segment und Werkstück abhängig. Aus Versuchsdaten ergibt sich für die Förderleistung Q folgender Zusammenhang (Gl. 4.2):

$$Q = (0{,}2\, bis\, 0{,}4) \cdot n \cdot k \qquad (4.2)$$

n Hubzahl (Doppelhübe) in min^{-1}

k durchschnittliche Belegung des Schöpforgans je Hub

Die Anzahl der Doppelhübe kann im Bereich von 20 bis 60 Doppelhüben liegen. Die Belegung des Segments mit erfassten Teilen hängt u. a. auch vom Füllstand des Bunkers ab. Der Faktor k kann im Bereich von 0,5 bis 0,9 liegen. Das **Schöpforgan** (Segment oder Rad) wird der Werkstückkontur angepasst. Dazu zeigt das Bild 4.7 einige Ausführungsbeispiele.

Für runde Teile soll das Werkstück ein Verhältnis von $L/d > 2$ bis 5 haben. Es lassen sich auch empfindliche Teile zuführen, wie z. B. kleine Glaskolben oder Glasstäbchen. Werkstücke mit Kanten, die zum Abbröckeln neigen, sind nicht geeignet, weil abgewiesene Teile in den Bunker zurückfallen und dabei Stoßenergie frei wird.

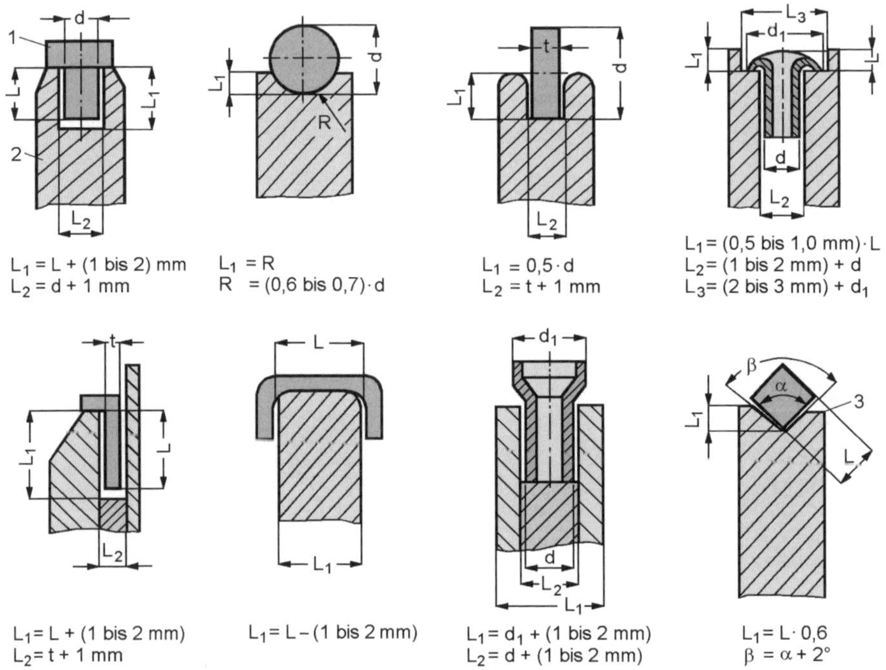

Bild 4.8 Gestaltung der Schöpfsegmente von Bunkerzuführeinrichtungen.
1 Werkstück, 2 Schöpfsegment, 3 einseitig tiefer liegende Führungskante, damit quer aufsitzende Teile seitlich abkippen können

Schöpfsegmente *(scoop segments)* können auch mehrfach parallel zu einem Wirkorgan zusammengesetzt werden. Dann erhöht sich die Liefermenge entsprechend. Ebenso sind bogenförmige Schöpforgane möglich, die an einem bogenförmigen Bunkerboden gleiten. Das Bild 4.9 zeigt einige Ausführungsbeispiele. In allen Beispielen liegen die Werkstücke teilgeordnet (gestapelt) vor. Handelt es sich beim Arbeitsgut zum Beispiel um gebündelte Rohre oder Stangen, dann ist das aktive Element gleichzeitig als **Zuteiler** zu betrachten. Die Schöpfsegmente sollten oberflächengehärtet sein, weil es ständig zur Reibung mit dem Bunkerinhalt kommt.

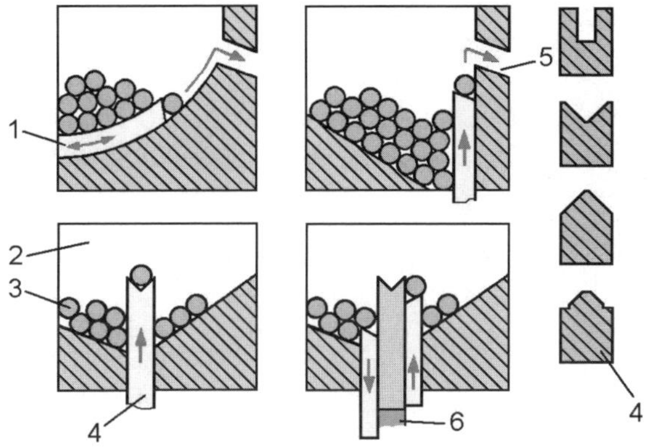

Bild 4.9 Zuteilen durch Schöpfen mit Rundsegment und Schöpfschwert.
1 bogenförmiges Segment, 2 Bunker, 3 Werkstückstapel, 4 Hubsegment, 5 Werkstückauslauf, 6 feststehendes Segment mit schräger Abgleitrinne

Das Bild 4.10 zeigt zum Thema „Schöpfsegment" noch einmal eine konstruktive Variante. Das Prinzip ist mit anderen Lösungen vergleichbar. In der oberen Position des Hubsegmentes werden die Teile abgeschoben und gelangen in eine Montagemaschine. Ungewöhnlich ist im Beispiel der pneumatische Schwenkantrieb zur Erzeugung der vertikalen Bewegung. Die Hubbewegung bekommt so einen sinusförmigen Verlauf, was für das Fördern und die Beanspruchung der Geräteteile von Vorteil ist.

Damit sich die Werkstücke selbsttätig an den Schöpforganen ausrichten können, ist nur ein eingeschränkter Füllstand des Bunkers zulässig. Ein randvoller Bunker behindert den Ordnungsvorgang. Deshalb ist es sinnvoll, einen **Vorbunker** (Förderbandbunker oder Schwingfördersystem) einzusetzen, der selbsttätig von Zeit zu Zeit Werkstücke nachfüllt.

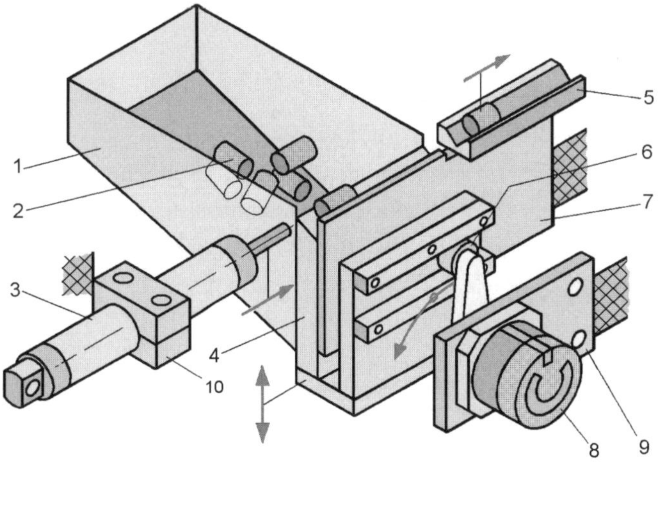

Bild 4.10 Aufbau eines Hubsegmentbunkers.
1 Bunker, 2 Zuführteil, Fügeteil, 3 Abschiebezylinder, 4 Hubsegment, 5 Abführrinne, 6 Rolle, 7 gestellfeste Anlageplatte, 8 pneumatischer Schwenkmodul (Festo), 9 Aufbauplatte, 10 Zylinderbefestigung

Diese Kombination wird in Bild 4.11 gezeigt. Derartige Einrichtungen sind in verschiedenen Baugrößen als komplette Einheit, also einschließlich Steuerung, zu bekommen. Es gibt nach Größe gestufte Ausführungen von 3,5 bis 200 Liter Speichervolumen.

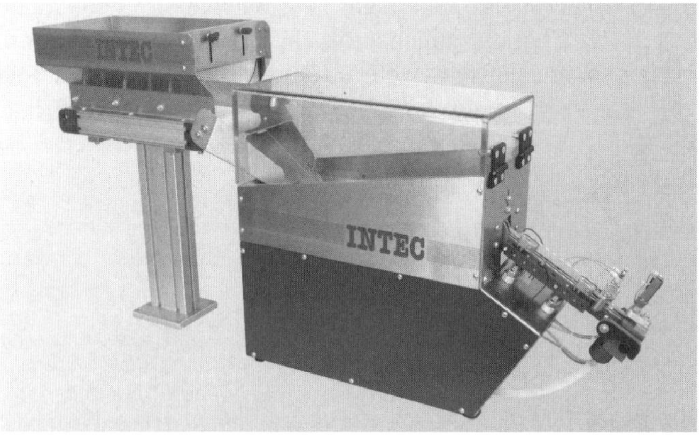

Bild 4.11 Schöpfsegmentbunker mit Vorbunker für den automatisierten Teilenachschub (Intec; www.intec-ger.de)

Werden Schöpforgane auf einem umlaufenden Band oder einer Kette befestigt, so erhält man einen Schräg- (Steil-)Förderbunker (Bild 4.12). Ein schräger Bunkerboden führt dazu, dass sich das Arbeitsgut allmählich zum Förderband hin bewegt. Die Bunkerbodenschräge ist einstellbar. Einige Teile werden dann von den Schöpfleisten erfasst und seitlich ausgegeben. Die Ausgabe der Teile kann aber auch oben als Abwurf auf eine Ordnungseinrichtung erfolgen.

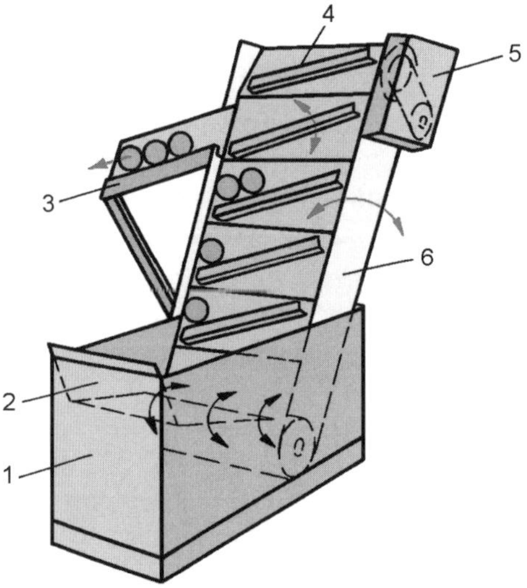

Bild 4.12 Prinzipaufbau eines Schrägförderbunkers. 1 Bunker, 2 einstellbarer Bunkerboden, 3 Rollkanal, 4 Schöpfleiste, 5 Antriebsaggregat, 6 Seitenwange, im Winkel einstellbar

Einige Richtwerte für Schrägförderbunker sind:

- Werkstückmasse 0,1 bis 0,5 kg
- Förderbandgeschwindigkeit 3 bis 20 m/min

- Leistung 20 bis 160 Stück je Minute
- Antriebsleistung 700 bis 1000 Watt
- Leistenneigungswinkel 20 bis 35 Grad

Bei den in Bild 4.13 gezeigten **Steilförderern** *(steep-belt conveyors)* geht es nur darum, die Teile aus dem Chaos in eine Einzellage zu bringen. Die Werkstücke werden gefördert und oben an ein Förder- und Orientierungssystem, welches mit Ordnungsschikanen ausgestattet ist, übergeben. Falschlagenteile und mengenmäßig überzählige Teile werden dort ausgesondert und gelangen über ein seitlich angebautes Gleitblech wieder zurück in den Bunker. In diese Rücklaufstrecke können Bremsstege eingebaut sein, um die Aufprallgeschwindigkeit beim Zurückweisen zu senken.

Bild 4.13 Zuführsysteme für Gummi-Metall-Buchsen (Quelle: Gössling Maschinenbau)
Förderbandbreite: 140 bis 420 mm, Bunkergröße: 100 bis 400 Liter, Übergabehöhe: 1,7 bis 2,7 m

Bunker mit rotierender Kegelscheibe (Bild 4.14) sind nur für geometrisch kleine und einfache Teile wie Stifte, Scheiben, Nadeln, Bolzen und ähnliche Werkstücke mit $l \gg d$ geeignet. Infolge der Fliehkraft werden die Teile zur Bunkerinnenwand gedrängt, richten sich dort aus und treten orientiert aus. Die verschiedenen Bauformen sind der Form und Größe der zuzuführenden Teile und ihrer Oberfläche (Reibungskoeffizient) angepasst. Die Kegelformen in Bild 4.14b und c sind für bearbeitete Teile günstig, die anderen Formen Bild 4.14d und e eher für noch unbearbeitete Teile. Durch die Ausbildung der Bunkerwand B über der Auslaufzone A werden die Gewichtskräfte darüber liegender Teile ferngehalten. Dadurch wird das **Auslaufverhalten** verbessert und einer Brückenbildung entgegengewirkt.

Einige charakteristische Richtwerte sind:

$d = 0{,}75 \cdot d^*$

$D = (10 \ldots 12) \cdot d^*$

$\alpha = 20° \ldots 40°$

$s = (1{,}5 \ldots 2{,}0) \cdot d^*$

$Q = 60 \ldots 150\ (\ldots 900)$ Stück/min.

Bei vorgegebener Stückzahl lässt sich die Drehzahl n mit Gl. 4.3 berechnen:

$$n = \frac{c \cdot d^*}{\eta_0 \cdot D \cdot \pi} \text{ in min}^{-1} \tag{4.3}$$

c Anzahl zuzuführender Teile je Zeiteinheit

d^* Werkstückdurchmesser bzw. größte Abmessung

D Durchmesser der rotierenden Scheibe bzw. des Kegelteiles

η_0 Koeffizient für Lieferunregelmäßigkeiten $\eta_0 = (8 - a)/(10 + a)$

a Anzahl vom am Auslauf übereinander liegender Werkstückschichten

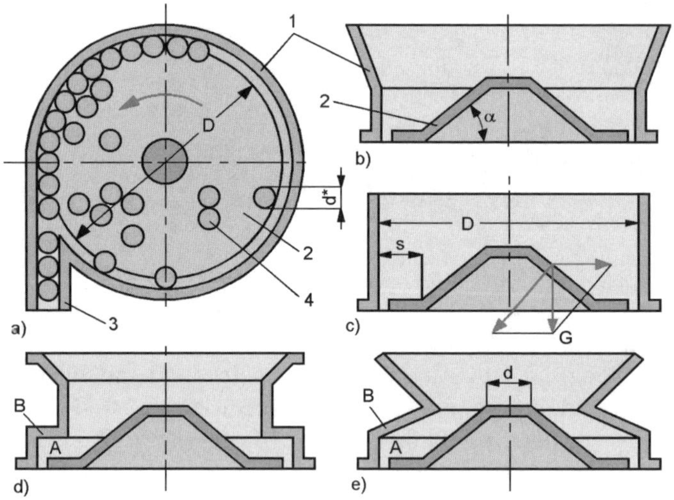

Bild 4.14 Bunkerzuführeinrichtung mit rotierendem Kegelboden (Bauvarianten). a) Draufsicht, b) und c) Kegelform für bearbeitete Werkstücke, d) und e) Ausführung für noch unbearbeitete Werkstücke. 1 feststehender Bunker, 2 rotierender Kegel, 3 Bunkerauslauf, 4 Werkstück, *G* Gewichtskraft

In der einfachsten Form kann ein Drehtisch für die Bereitstellung von Werkstücken eingesetzt werden. Ein Beispiel wird in Bild 4.15 gezeigt. Die Beladung geschieht von Hand. Durch **Leitelemente** werden die Teile zum Ausgang gedrängt. Die Eignung ist nicht für alle Werkstückformen gegeben. Teile aus der Massenfertigung mit Rückständen aus Schneidöl oder Bohremulsion lassen sich auflegen, wobei dann die Drehscheibe feuchtdurchlässig ausgeführt sein muss.

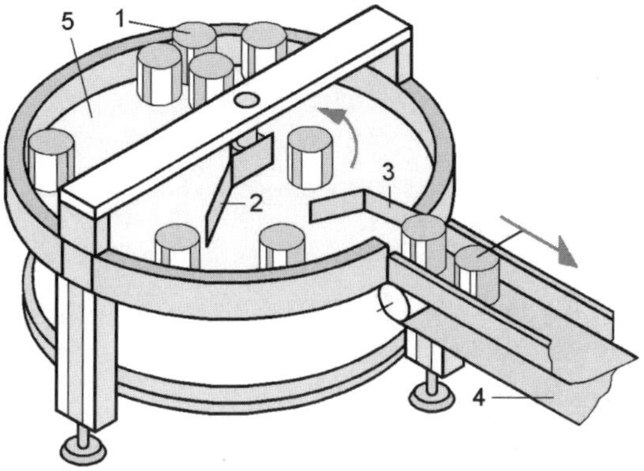

Bild 4.15 Drehtischzuführung für Kleinteile (Krups).
1 Werkstück, 2 flexibles Ausschleuselement, 3 starres Leitblech, 4 Förderband, 5 Drehteller

Zellenradbunker *(bucket-type bunker)* sind Einzweckvorrichtungen für die Massenproduktion, zum Beispiel für das Zuführen von Verschlusskappen, Kettenlaschen, Nieten, Knöpfen, Zylinderstiften und ähnlichen Kleinteilen. Bei dieser Art von Bunkerzuführeinrichtungen rotiert am Boden eines feststehenden Behälters ein Zellenrad (Bild 4.16), welches der Werkstückform angepasste Aussparungen besitzt. Zufällig in Vorzugsorientierung befindliche Teile geraten in die ausgesparten „Zellen" und werden dann geordnet in eine angeschlossene Magazinrinne geleitet. Beim Ausgeben muss das **Fallgesetz** beachtet werden, damit genügend Zeit für das Fallen verbleibt. Es muss auch berücksichtigt werden, dass sich Teile im Bunker an der Bunkerwand und am Scheibenboden ausrichten. Solche **Vorzugsorientierungen** treten im Haufwerk öfters auf, als andere. Deshalb sollen die Aussparungen im Zellenrad, die Zellen, nach den Vorzugsorientierungen *(preferred orientations)* angelegt werden.

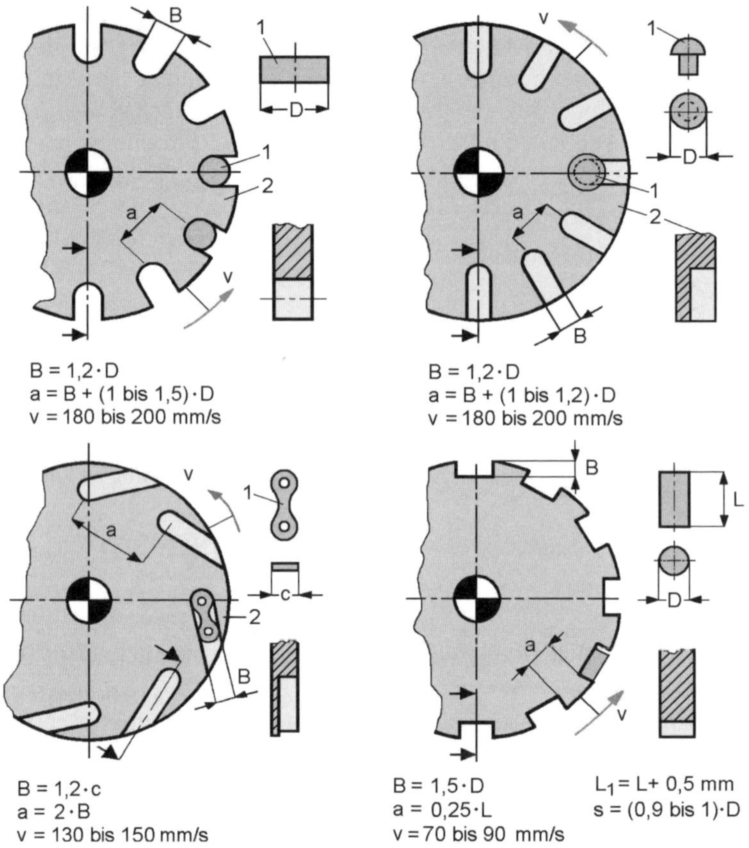

Bild 4.16 Ausführungsbeispiele für Zellenräder und wichtige Abmessungsverhältnisse. *a* Teilungsabstand, *B* Zellenbreite, *D* Werkstückdurchmesser, *L* Werkstücklänge, *s* Zellenraddicke, *v* Umfangsgeschwindigkeit. 1 Werkstück, 2 Zellenrad

Der Aufbau des Zellenradbunkers geht aus Bild 4.17 hervor. Es gibt verschiedene konstruktive Lösungen. So können die Teile an verschiedenen Stellen nach dem Orientieren den Bunker verlassen. Am Auslaufkanal kann die Ausgabe durch einen Sperrhebel unterbunden werden. Das erfolgt selbsttätig, ohne Steuerung. Die Zellenräder (Radius *R*) können geteilt sein, damit man sie schnell auf einfache Art wechseln kann. Damit erreicht man etwas Flexibilität. Sie werden heute nicht mehr so häufig eingesetzt wie früher. Die **Zuführleistung** *Q* (etwa 60 bis 200 Stück/min.) kann mit Gl. 4.4 berechnet werden (Richtwerte siehe Tabelle 4.1):

$$Q = (10\ bis\ 18)\ z \cdot k \cdot \frac{v}{2 \cdot R} \qquad (4.4)$$

k Koeffizient für die Füllung der Zellen (Füllfaktor 0,5 bis 0,9)

n Drehzahl in min^{-1}

v Umfangsgeschwindigkeit (0,18 bis 0,2) m/s; 4 bis 12 m/min

z Anzahl der Formnester (Zellen)

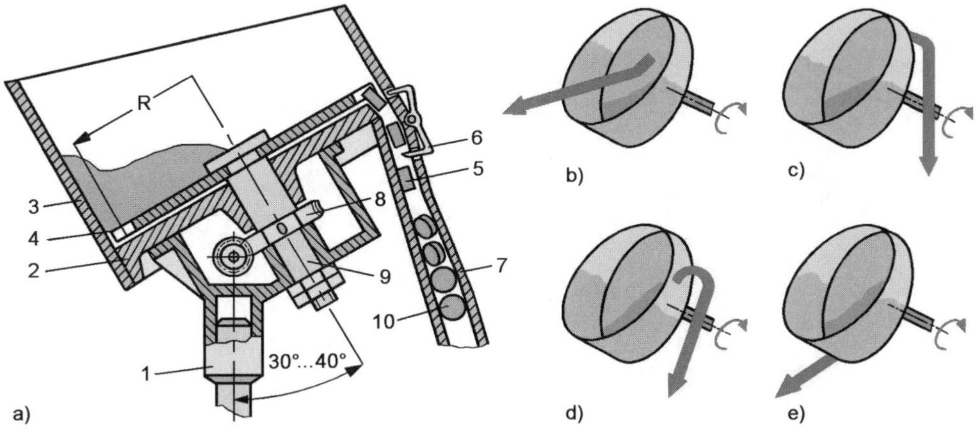

Bild 4.17 Aufbau eines Zellenradbunkers.
a) Schnittdarstellung, b) axiale Ausgabe durch die Behälteröffnung, c) axiale Ausgabe durch den Bunkerboden, d) tangentiale Ausgabe, e) radiale Ausgabe,
1 Befestigungselement, 2 Bunkerboden, 3 Behälterwand, 4 Zellenrad, 5 Werkstück, 6 Sperre, 7 Gleitbahn- bzw. Rollbahnmagazin, 8 Schneckentrieb, 9 Achse, 10 umorientiertes Werkstück

Tabelle 4.1 Richtwerte für die Zellenradanwendung

Richtwerte	*k*	*R* (mm)	*z*
waagerechte Scheibe	0,5 ... 0,9	150 ... 200	12 ... 18
schräge Scheibe	0,6 ... 0,96	180 ... 250	24 ... 36

Die kleinen Werte gelten für einen schon stark entleerten Bunker. Einen Anhaltspunkt für die erforderliche maximale Antriebsleistung N der Zellenradbunker gibt die folgende Gl. 4.5:

$$N \approx 0{,}005 \cdot 2 \cdot R \quad \text{in kW} \tag{4.5}$$

Diese Zellenradsysteme verlieren aus Leistungsgründen nach und nach an Bedeutung, zugunsten anderer Bunkerzuführeinrichtungen wie Schwingfördersysteme, Zentrifugalförderer und Stufenhubförderer *(step feeder)*.

Beim **Stufenhubförderer** wird das Arbeitsgut mit gegenläufigen Schiebern aus dem Bunker gefördert, oft vororientiert, und dann an einen Linearförderer (Schwingrinne, Förderband) übergeben. Das Bild 4.18 zeigt ein Ausführungsbeispiel. Breite L und Dicke B der Schieber werden dem jeweiligen Arbeitsgut angepasst. Das unterstützt den Effekt des Vororientierens und begrenzt die Fördermenge. Die Schieber werden auf rollengelagerten Schlitten bewegt. Der Linearförderer kann mit Ordnungshilfen ausgerüstet sein, um Teile in Falschlage abzuweisen. Sie können sofort wieder in den Bunker abgleiten und werden erneut gefördert, wie auch überzählige Teile.

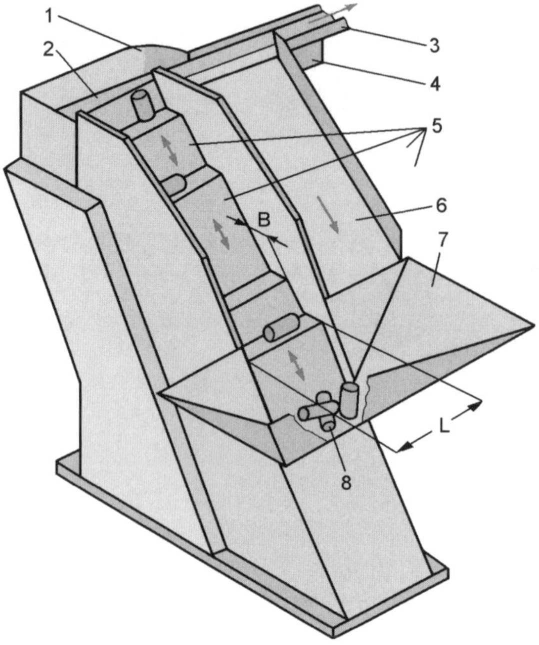

Bild 4.18 Platten(Stufen-)hubförderer. 1 Abwurfbereich, 2 Linearförderer, 3 Förderrinne, 4 Schwingantrieb, 5 Hubschieber, 6 Rückgabebahn, 7 Bunker, 8 Werkstück, *B* Plattendicke, *L* Plattenbreite

Ein Vorteil dieser Zuführtechnik *(feed technique)* ist die sehr schonende Behandlung (Lärmpegel < 78 dB(A)) der zu fördernden Teile und die relativ geringe Abhängigkeit der Förderleistung vom Bunkerfüllstand. Das erleichtert die Arbeit der Bedienperson. Das Arbeitsgut kann aus Metall, Kunststoff, Keramik, Holz und Schrauben bis M 30 bei Teilelängen von 2,5 bis 300 mm bestehen. Es werden je nach Art, Geometrie und Abmessung der Teile Leistungen bis 500 Stück/min. erreicht, bei Hüben bis 60 je Minute. Man kann auch einen Vorbunker, z. B. mit 300 Liter Speichervolumen, anbauen, der selbsttätig von Zeit zu Zeit Arbeitsgut (Kleinteile, Stäbe, Rohre) nachlädt.

Bei dem in Bild 4.19 gezeigten Stufenhubförderer werden die geförderten Teile in ein Rinnenmagazin ausgegeben. Überschüssige und falsch orientierte Teile wandern in den Bunkerbehälter zurück. Diese Rücklaufbahn (linkes Gerät) ist als Zick-Zack-Strecke ausgeführt, um die **Fallgeschwindigkeit** zu vermindern. Damit verhindert man Stoßschäden an den Werkstücken.

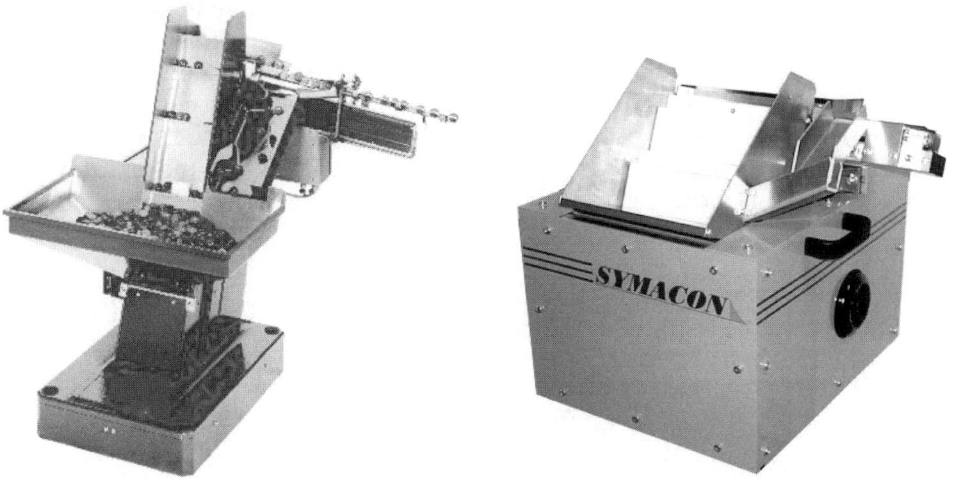

Bild 4.19 Stufenhubförderer (Köberlein Seigert und Symacon www.koeberlein-seigert.com; www.symacon.de)

Ein Zentrifugalförderer *(centrifugal hopper feeder)* besitzt als Hauptbestandteile eine geneigte Drehscheibe, die den Werkstücken Fliehkraft verleiht, einen Austragsring, der die Teile an der obersten Stelle der Drehscheibe übernimmt und sie zum Auslaufkanal drängt und Ordnungselemente am Auslauf, die die Orientierung der ankommenden Teile wunschgemäß beeinflussen (Bild 4.20). Diese Schikanen können mechanisch, fluidisch oder optisch arbeiten. Falsch ankommende Teile werden in den Behälter des **Zentrifugalförderers** zurückgeführt. Drehscheibe und Austragsring können in ihrer Drehzahl unabhängig voneinander eingestellt werden. Für jeden Antrieb ist ein Getriebemotor mit Frequenzumrichter *(frequency converter)* vorgesehen. Das Gerät läuft geräuscharm und schont die Werkstücke. Bei typischen Massen-Kleinteilen werden Förderleistungen von mehr als 1000 Teile je Minute erreicht (werkstückschonend, niedriger Geräuschpegel, hohe Zuführleistung). Besonders geeignet sind die Zentrifugalförderer für leichte Kunststoffteile, Werkstücke mit einfacher Geometrie oder rotationssymmetrische Teile (Verschlusskappen, Hülsen, Verpackungsbehälter, Kleinflaschen u. a.).

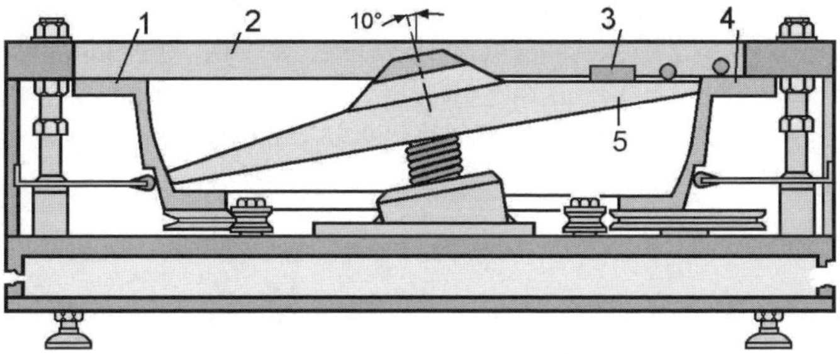

Bild 4.20 Schnitt durch einen Zentrifugalförderer (60 bis 2000 Stück/min, Fördergeschwindigkeit 25 bis 60 m/min, Scheibendurchmesser 500 bis 1200 mm).
1 Austragsring, 2 Gestell, 3 Werkstück am höchsten Punkt der Scheibe, 4 Übergang zum Austragsring, 5 Zentrifugenteller

Ansprechende Zuführleistungen werden auch mit dem **Vibrationswendelförderer** *(vibratory spiral conveyor)* erreicht. In Bild 4.21 wird eine Zuführeinheit gezeigt. Dem eigentlichen Wendelbunker ist noch ein Vorbunker vorgesetzt, der sich von Zeit zu Zeit auf ein Sensorsignal hin einschaltet und Werkstücke nachlädt. Damit erreicht man eine größere Autonomiezeit. Wendelbunker dürfen übrigens nur zu einem Drittel gefüllt sein, wenn sie schwingungstechnisch einwandfrei arbeiten sollen. Anstelle eines Tastfühlers zur Füllhöhenüberwachung setzt man heute auch **Ultraschallsensoren** ein.

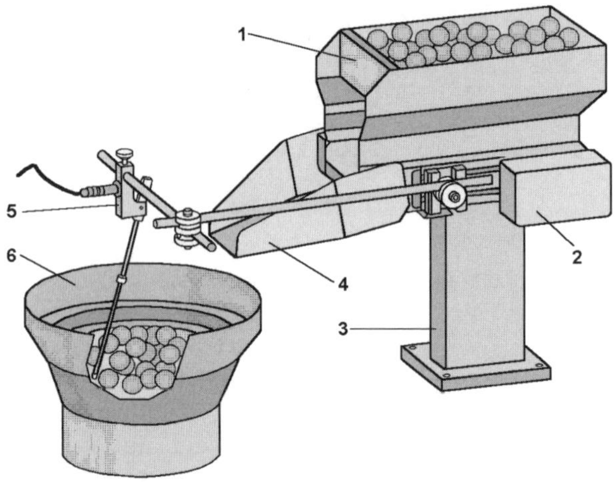

Bild 4.21 Schwingfördereinheit mit vorgesetztem Bandbunker zur Verlängerung von Nachfüllintervallen.
1 Bandbunker, 2 Steuerung, 3 Ständer, 4 Schüttrinne, 5 Tastfühler für Füllstand, 6 Vibrationswendelförderer

Schwingungen werden auch mit Erfolg für das Entwirren von Drahtfedern eingesetzt, meistens in der Bauform von Schwingplatten. Die in Bild 4.22 im Prinzip und in der Draufsicht dargestellte Einrichtung entwirrt beispielsweise 20 Kegelfedern je Minute und gibt sie geordnet an ein Montagesystem aus.

Es wird in mehreren Stufen gearbeitet. Aus einem Vorratsbunker befördert ein Schwingantrieb die Federn in eine füllstandsgesteuerte **Entwirrstation**. Ein Zuführ- und Umlaufsystem versorgt die Vereinzelungsstrecke, überwacht von Sensoren. Ein Übergabearm greift schließlich die geordnete Feder und platziert sie auf einem Werkstückträger. Es gibt auch andere Entwirrtechniken, die z. B. mit Bürsten, getakteten Luftimpulsen, mechanischen Rippen, Trommeln mit Mantelschlitzen und Blasförderung arbeiten.

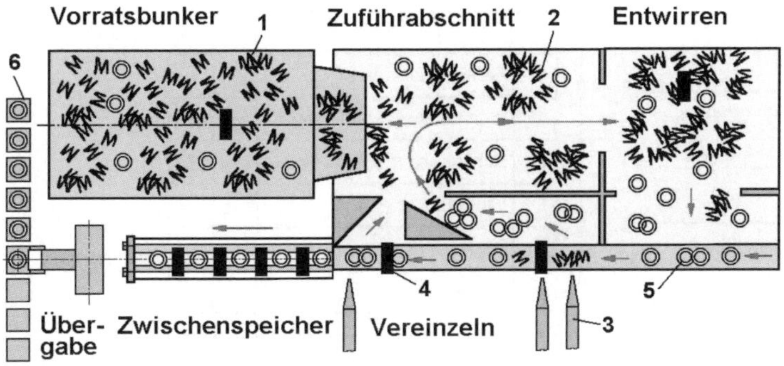

Bild 4.22 Entwirr- und Zuführsystem für Kegelfedern (www.mafu.de).
1 Bunker, 2 Schwingplatte, 3 Blasdüse, 4 Vereinzler, 5 stehende Feder, 6 Werkstückträger

Entwirrgeräte können auch mehrbahnig ausgeführt werden, um mehrere Fügestellen gleichzeitig mit Teilen versorgen zu können. Man hat schon Zuführsysteme mit z. B. 30 Zuführbahnen hergestellt. Die Teile kommen über den Einfülltrichter in die Trommel. Eingebaute Mechanismen entwirren das Schüttgut und bewegen die Teile auf die Förderschiene. Hier werden sie über **Schikanen** in die gewünschte Orientierung gebracht und je nach Teilegeometrie über Schläuche oder Formschienen der Vereinzelung zugeführt.

Zuführen und Entwirren kleiner Druckfedern gewährleistet die in Bild 4.23 skizzierte Einheit. Die Zuführleistung liegt bei maximal 250 Federn je Minute. Die Teile wandern in den Entwirrer. Die vereinzelten Teile gelangen in den Zuführschlauch. Doppelte Federn und nicht entwirrbare Federn werden schließlich in einen Extrabehälter ausgeschleust und dort gesammelt.

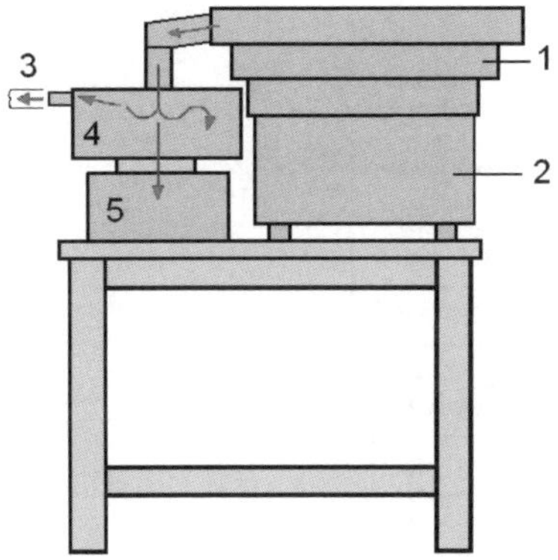

Bild 4.23 Federnentwirr- und Zuführgerät (OKU).
1 Wendelaufsatz, 2 Schwingantrieb, 3 Federauslauf, 4 Entwirrer, 5 Behälter für unentwirrbare Knäuel

Schwingfördersysteme werden im Kap. 4.4.10 ausführlich behandelt.

Die Auswahl von Bunkerzuführgeräten hängt auch davon ab, welche Geräte bereits im Unternehmen erfolgreich im Einsatz sind. Ein einheitlicher Gerätepark erleichtert die Wartung und Ersatzteilhaltung. In welchen Arbeitsschritten man Bunkerzuführeinrichtungen und Magazine auswählt, wird im Ablaufplan des Bildes 4.24 aufgeführt.

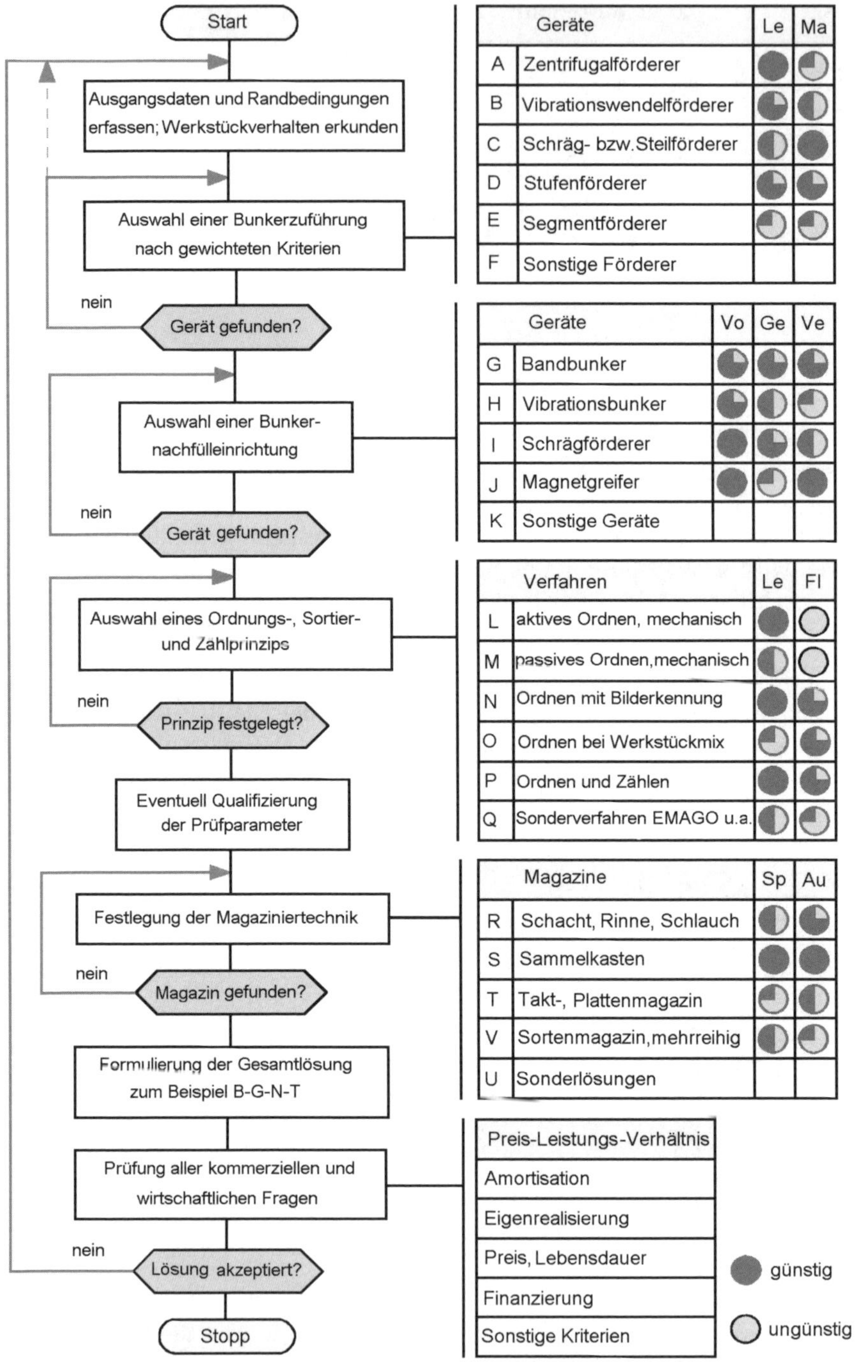

Bild 4.24 Grobschritte für die Auswahl von Bunkerzuführungseinrichtungen und Magazinen. *Au* Aufwand, *Fl* Flexibilität, *Ge* Geräuschbildung, *Le* Leistung, *Ma* Einzelstückmasse, *Sp* Speichermenge, *Ve* Verhakungsneigung, *Vo* maximaler Speichervorrat

Beispiel 4.1 Entwurf einer Bunkerzuführeinrichtung

Es geht im Beispiel um die Zuführung von Zylinderstiften. Sie sind aus einer ungeordneten Menge zuzuführen und in die Montageposition zu bringen. Als aktive Elemente für das Ordnen, Magazinieren und Weitergeben wurde bei dieser Lösung ein **Trichterbunker** mit angeschlossenem Magnethaftrad ausgewählt. Nach dem Magazinieren werden die geordneten Stifte von einem Zuteiler bis zur Montagestelle bewegt. Die Vorrichtung wird in Bild 4.25 gezeigt.

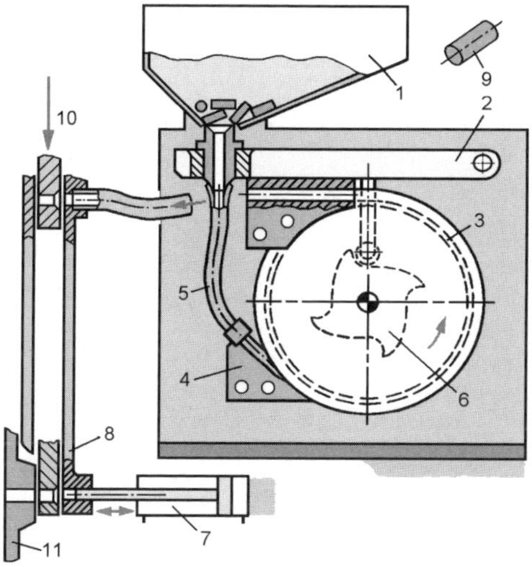

Bild 4.25 Stiftzuführ- und Eindrückvorrichtung.
1 Bunker, 2 Schwinghebel, 3 dauermagnetisches Haftrad, 4 Einlauf, 5 Kunststoffschlauch, 6 Kurvenscheibe, 7 Einpresszylinder, 8 Zuteilschieberführung, 9 Werkstück, 10 Zuteilerbewegung, 11 Montagebasisteil

Die in den Bunker (1) ungeordnet eingegebenen Werkstücke (9) werden durch ein Hubrohr geordnet. Dieses sitzt auf einem Schwinghebel (2) und wird durch eine Kurvenscheibe (6) in Bewegung gesetzt. Die teilgeordneten Werkstücke gelangen dann durch den Schlauch (5) zum Einlauf (4) und haften am Haftrad (3). Antimagnetische **Leithilfen** hindern das Teil, die Lage zu verändern. Das sich ständig drehende Haftrad erzeugt eine Schubwirkung, die ausreicht, das letzte Werkstück der austretenden Werkstückschlange in den Zuteiler zu drücken. Der Schieberzuteiler bringt dann das Werkstück zur Montagestelle, an der der Zylinder (7) das Einpressen in das Montagebasisteil (11) vornimmt.

Wichtige Vorteile dieser Gesamtlösung:

- Die Hubbewegung für das Schöpfrohr wird von der Drehbewegung abgeleitet.
- Der Kunststoffschlauch schafft eine einfache und unproblematische Verbindung.
- Das Haftrad ist überlastungssicher, eine besondere Abschaltung entfällt.
- Das Haftrad erzeugt die Einschiebebewegung in den Zuteiler.
- Der Zuteiler ist gleichzeitig Eingeber und Haltevorrichtung an der Montagestelle.

Wenn nicht schon in Verbindung mit den Lösungselementen untersucht, sollten nun auch die physikalisch-technischen Grundlagen bzw. Berechnungs- und Bemessungsmöglichkeiten mit ausgearbeitet werden, da sich daraus gegebenenfalls weitere Restriktionen ergeben können. Ebenso aber auch Ansätze für eine weitere Optimierung.

Für die Festlegung eines Haftscheibendurchmessers und der Abdeckung kann man von folgenden Annahmen ausgehen:

$d : L \leq 1 : 15$ und $a \leq 10°$

Der Haftraddurchmesser ergibt sich aus der folgenden Gl. 4.6:

$$D_1 = L \cdot \cot\alpha - 2 \cdot d \tag{4.6}$$

d Werkstückdurchmesser

L Werkstücklänge

D_1 Haftrad-Innendurchmesser

Der Außenrand der Magnetscheibe sollte nach Bild 4.26 zwischen $D_2/2 > C$ und $D_2/2 < C_1$ festgelegt werden. Es gilt Gl. 4.7:

$$C = \sqrt{\left(\frac{D_1}{2} + d\right)^2 + \left(\frac{L}{2}\right)^2} \tag{4.7}$$

$$C_1 = \sqrt{\left(\frac{D_1}{2}\right)^2 + L^2} \tag{4.8}$$

Somit ergibt sich der Außendurchmesser D_2 der permanentmagnetischen Haftscheibe mit Gl. 4.9 zu

$$D_2 = \frac{C + C_1}{2} \tag{4.9}$$

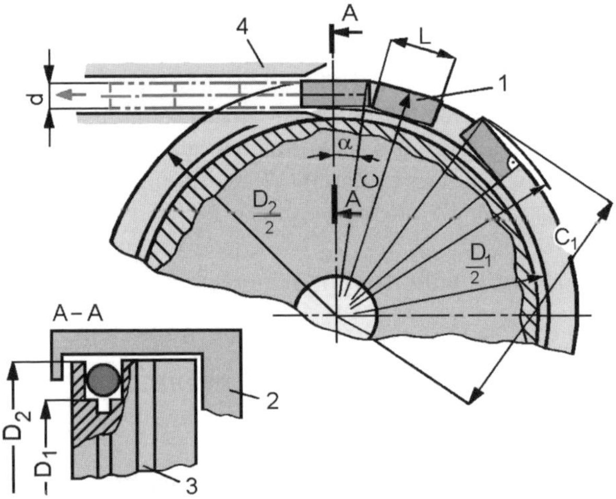

Bild 4.26 Beziehungen innerhalb eines Teileförderers mit dauermagnetischem Haftrad (Seitenansicht).
1 Werkstück, 2 Abdeckung, 3 Permanentmagnet, 4 Abnahmevorrichtung

4.2.2 Stapeleinrichtungen

Unter „Stapeln“ versteht man das teilgeordnete Speichern von Arbeitsgut für die nachfolgende Gebrauchslage oder das Lagern. Orientierung und Position der Körper sind nur in einem Teil ihrer Freiheitsgrade definiert. Für den Ordnungszustand OZ gilt dann $0/0 < OZ < 3/3$ (siehe Kap. 2.2).

Im Fertigungsfluss kann als Aktion das Herstellen eines Stapels, das „Aufstapeln“, erforderlich sein, aber auch das Auflösen eines Stapels, das „Abstapeln“. Plattenförmiges Arbeitsgut muss am Ende von Bearbeitungslinien meistens gestapelt werden. Dabei dürfen z. B. starke Kantenpressungen und Kratzspuren am Arbeitsgut nicht auftreten. In Bild 4.27 werden zwei Beispiele gezeigt. Mitunter müssen beim Stetigförderer Schwarzgummiriemen abgelehnt werden, weil sich z. B. auf Möbelplatten beim Maschinendurchlauf und Weitergeben dunkle Streifen markieren können.

Bei der Lösung nach Bild 4.27a lässt man die Flachteile in die Palette fallen, wobei eine Gegenhalterolle das Teil möglichst lang in der Waagerechten hält. Das Teil fällt dadurch relativ waagerecht. Damit wird kratzfreies Abstapeln der Zuschnitte erreicht. Im Falle der Konstruktion nach Bild 4.27b stellt sich das Ablageförderband selbstständig auf die jeweils aktuelle Stapelhöhe ein. Dazu wird die Stapelhöhe mit optischen Sensoren abgetastet.

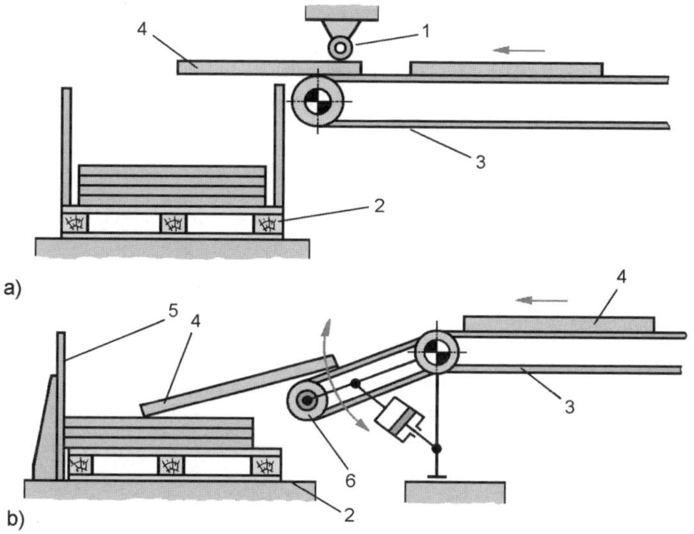

Bild 4.27 Stapeln von Platten am Ende einer Fertigungslinie in der Holzverarbeitung.
a) Gegenhalten mit Stützrolle, b) Stapeln gegen eine Stapelwand.
1 Gegenhalterolle, 2 Transportpalette, 3 Förderband, Riemen, 4 Werkstück, Platte, 5 stationäre Stapelwand, 6 Ablageband mit automatischer Höheneinstellung

Das Auflösen eines Stapels kann bei plattenförmigem Arbeitsgut durch Abheben von oben mit Vakuumsauger und Industrieroboter erfolgen, aber auch durch Abschieben mit einem einachsigen Handhabungsgerät. Der Stapel muss in der Höhe auf ein Sensorsignal hin nach jedem Zuführvorgang nachgeführt werden. Ein Beispiel wird in Bild 4.28 gezeigt. Es gibt viele weitere technische Lösungsmöglichkeiten.

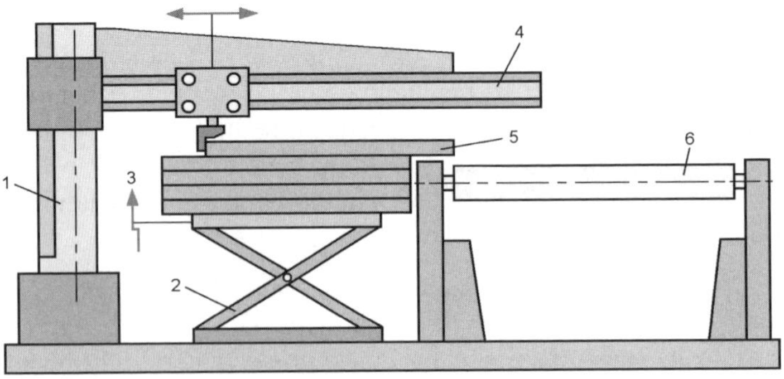

Bild 4.28 Auflösen eines Plattenstapels durch Übergabe an einen Rollenförderer.
1 Standsäule mit Höheneinstellung, 2 Scherenhubtisch, 3 Hubschritt, 4 Linearachse, 5 Werkstück, Platte, 6 Rollengang

Das Umladen von Platten wird häufig auch mit Saugergreifern ausgeführt. Wie das Bild 4.29 zeigt, muss auch hier der Stapel in der Höhe nachgeführt werden.

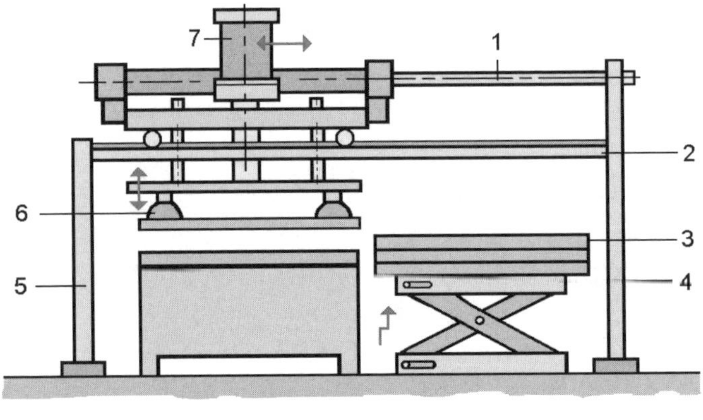

Bild 4.29 Beschicken einer Arbeitslinie mit Platten.
1 Kolbenstange, 2 Laufschiene, 3 Arbeitsgut, 4 Hubtisch, 5 Gestell, 6 Sauger, 7 Pneumatikzylinder

Die gleiche Aufgabenstellung wird mit der in Bild 4.30 dargestellten Zuführeinheit gelöst. Ein einfacher Doppelarm-Manipulator nimmt die Platte vom Stapel ab und bringt sie in einer 180°-Drehung zum Förderband.

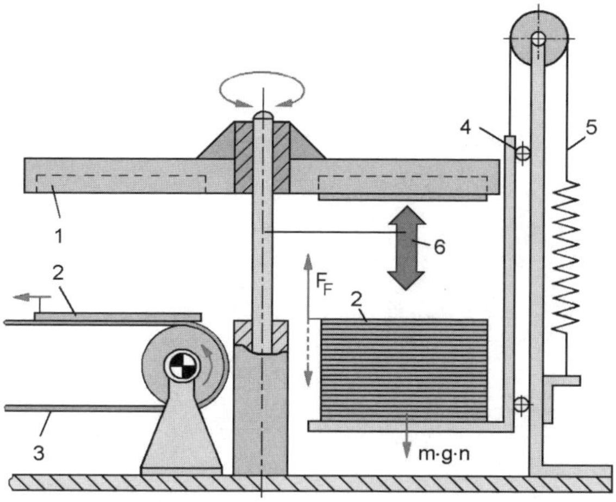

Bild 4.30 Abnehmen von plattenförmigem Arbeitsgut vom Stapel.
1 Haftgreifsystem, 2 Arbeitsgut „Platte“, 3 Förderband, 4 Linearführung, 5 Zugfeder-Masseausgleich, 6 Abhubbewegung

Der Manipulatorhub ist fest eingestellt und der Stapel fährt in der Höhe von selbst nach. Die jeweilige Größe der Last ist mit der Kennlinie der Zugfeder abgestimmt. Die Stapelplattform läuft in einer leichtgängigen Führung. Prinzipiell könnte auf diese Weise auch ein Aufstapelvorgang realisiert werden.

In Bild 4.31 wird gezeigt, wie stetig ankommende Flachteile (beispielsweise Schokoladenkekse) abkippen und in eine platzsparende **Stapelordnung** gebracht werden. Die Geschwindigkeiten beider Förderbänder sind genau aufeinander abzustimmen. Eine Bürstenwalze vermittelt dem Objekt einen Kraftimpuls beim Übergang in eine neue Orientierung, ohne dass die Gefahr einer Überlastung im Kraftfluss besteht oder das Werkstück Schaden erleidet.

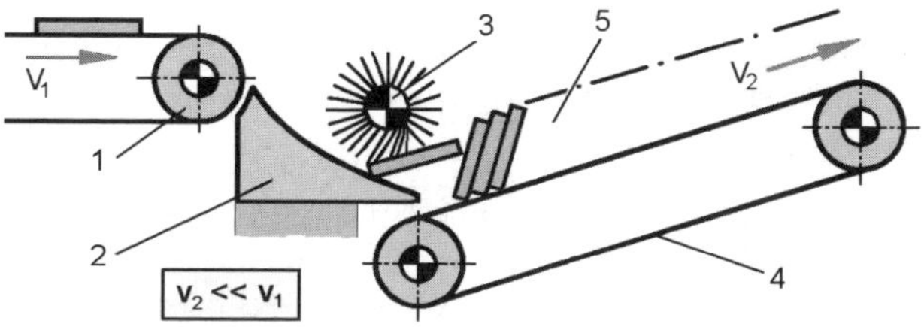

Bild 4.31 Stapelbildung.
1 Förderband, 2 Gleitbahn, 3 Bürstenwalze, 4 Abförderband, 5 Werkstückstapel

Ein weiteres Beispiel zeigt skizzenhaft ein „intelligentes“ Stapelsystem. Vom Bandmaterial werden Zuschnitte unterschiedlicher Länge im automatisierten Prozess hergestellt. Um diese sortengerecht abzulegen, wird ein teleskopierbarer Röllchenförderer eingesetzt, dessen Ende immer gerade bis zur jeweiligen Stapelbox reicht. Mit der Längeneinstellung für das Abschneiden wird gleichzeitig auch das Ablagesystem eingestellt. Damit gelangt jeder Zuschnitt auf den richtigen Stapel. Das Bild 4.32 gibt einen Überblick über das System.

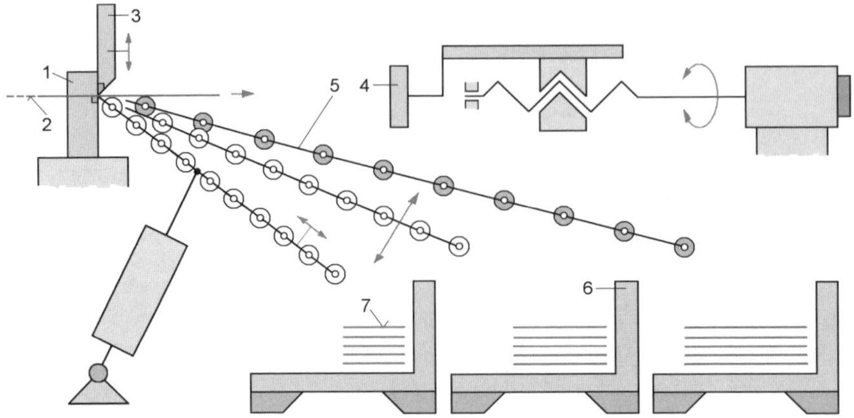

Bild 4.32 Stapelsystem für Blechabschnitte.
1 Klemmplatte, 2 Bandzufuhr, 3 Schneidmesser, 4 Verstellanschlag, 5 Teleskop-Röllchengang, 6 Stapelbox, 7 Stapel

Im Paketumschlag ist das chaotische Stapeln (heterogene **Packmuster**) auf Transportpaletten von Interesse, also das Stapeln im Sortenmix. Ein Beispiel für die Stapelbildung wird in Bild 4.33 gezeigt. Die Positionen der Entnahme- und Setzplätze für ein dreidimensionales Palettiermuster werden vom Rechner ermittelt. Das ist an zwei Voraussetzungen gebunden:

- ein Vorrat an vorher vermessenen Packstücken, auf die der Roboter Zugriff hat (Pufferspeicherplätze, Bildverarbeitungssystem, Robotersteuerung, Palettierrechner)
- eine übergeordnete Strategie für die Stapelreihenfolge

Eine Teilung in Grob- und Feinpositionierung halbiert das Problem, was zur Senkung der Rechenzeit beiträgt. Die Algorithmen müssen zu einem verträglichen Palettenfüllungsgrad führen und zeitlich das Stapeln von Hand übertreffen.

Stapelmagazine speichern Werkstücke mit markanter Längsausdehnung in meist trichterförmigen Behältern teilgeordnet. Die Teile müssen von selbst bis zum Magazinauslauf gelangen. Dort werden sie von einem Zuteiler (meistens ein „Vereinzler“) übernommen. Stapelmagazine neigen am Auslauf immer zur Brückenbildung *(arching in magazine outlet)* im Werkstückvorrat.

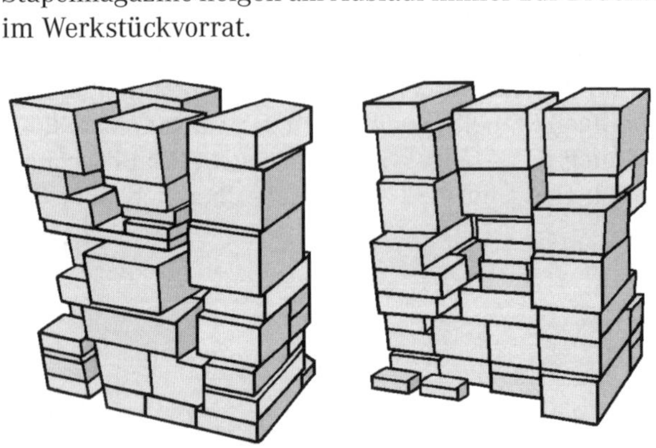

Bild 4.33 Beispiel für die Bildung von Ladeeinheiten durch chaotisches Stapeln

Das bedeutet, dass sich ein Stützgewölbe (siehe dazu auch Bild 7.14) von selbst ausbildet und den Nachlauf der Teile blockiert. In Bild 4.34 werden zwei Lösungen gezeigt, mit denen man einer solchen Störung entgegenwirken kann. Beide Konstruktionen enthalten integriert auch die Entnahmetechnik, also Vereinzeln und Weitergeben. Der Unterschied besteht darin, dass einmal die Teile nach unten auslaufen und im zweiten Fall nach oben ausgetragen werden. Die leichte Schrägstellung des Hochförderers soll verhindern, dass sich mehrere Teile je Mitnehmerplatz halten können.

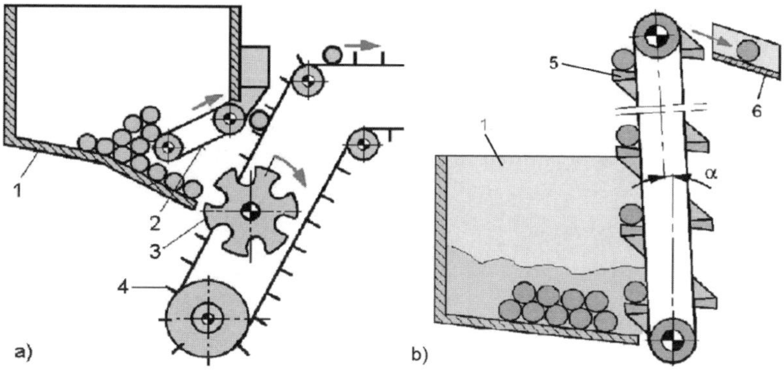

Bild 4.34 Teilezuführung aus dem Stapelbunker.
a) Magazinaustrag, b) Elevatorförderer,
1 Stapelmagazin, 2 Rückweisband, 3 Zuteilrotor, 4 Fächerkette, 5 Zuteilerkette, 6 Auslaufbahn,
α Neigungswinkel der Zuteilerkette

Wie kommt die Brückenbildung zustande?

Das gegenseitige Halten von geometrisch bestimmten Körpern kann man am „Bierfass-Versuch" erklären. Stapelt man drei Fässer gemäß Bild 4.35, so rollen sie nicht weg, wenn bestimmte Randbedingungen vorliegen. Die Ausbildung von Stützgewölben bei trichterähnlichem Magazinaufbau hat mit diesem Versuch viel Ähnlichkeit. Problem: Welche physikalischen Verhältnisse müssen gegeben sein, damit die Fässer sich gegenseitig halten oder voneinander wegrollen?

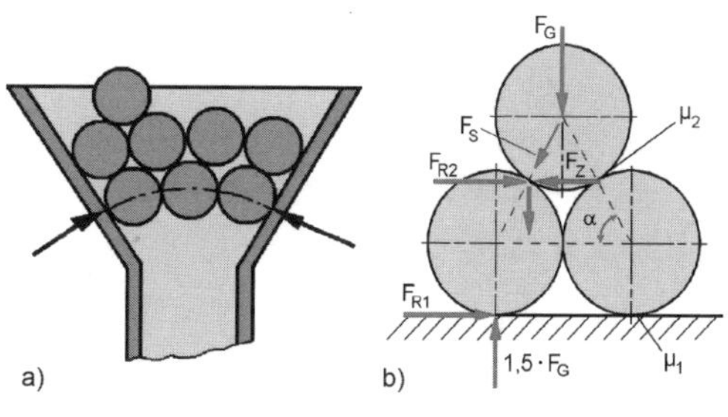

Bild 4.35 Wann rollen die Fässer auseinander?
a) Ausbildung eines Stützgewölbes im Magazin, b) Stapeln von Walzen wie z. B. Bierfässer

Für das Gleichgewicht *(balance)* der Kräfte F_i lässt sich Gl. 4.10 angeben:

$$F_S = \frac{F_G}{2 \cdot \cos\frac{\alpha}{2}} \tag{4.10}$$

Für die Reibungskräfte *(frictional forces)* F_{R1} und F_{R2} erhält man mit Gl. 4.11:

$$F_{R1} = \left(F_G + \frac{1}{2} F_G\right) \cdot \mu_1 \tag{4.11}$$

$$F_{R2} = \frac{1}{2} F_G \cdot \mu_2 \tag{4.12}$$

Die am Zylinder wirkende Kraft F_Z wird mit Gl. 4.13:

$$F_Z = \frac{1}{2} \cdot F_G \cdot \tan\left(\frac{\alpha}{2}\right) \tag{4.13}$$

Da $F_Z - F_{R1} - F_{R2} = 0$ ist, erhält man folgende Gl. 4.14:

$$\frac{1}{2} \cdot F_G \cdot \tan\left(\frac{\alpha}{2}\right) - \frac{3}{2} \cdot F_G \cdot \mu_1 - \frac{1}{2} F_G \cdot \mu_2 = 0 \tag{4.14}$$

und daraus ergibt sich Gl. 4.15:

$$\mu_2 = \tan\left(\frac{\alpha}{2}\right) - 3 \cdot \mu_1 \tag{4.15}$$

Bei gleichen Werkstückdurchmessern ist $½\ \alpha = 30°$ und $\tan(½\ \alpha) = 0{,}577$. Als Bedingung für das Abgleiten dreier Zylinder ergibt sich somit bei dieser vereinfachten Darstellung Gl. 4.16:

$$\mu_2 < 0{,}577 - 3\mu_1 \tag{4.16}$$

Man strebt z. B. Ausläufe von Bunkern, wie in Bild 4.36 gezeigt, an. Bei Auslaufweiten bis $6 \times d$ muss mit Rüttelvorrichtungen gearbeitet werden. Deshalb sind Breiten von $n > 6$ anzustreben.

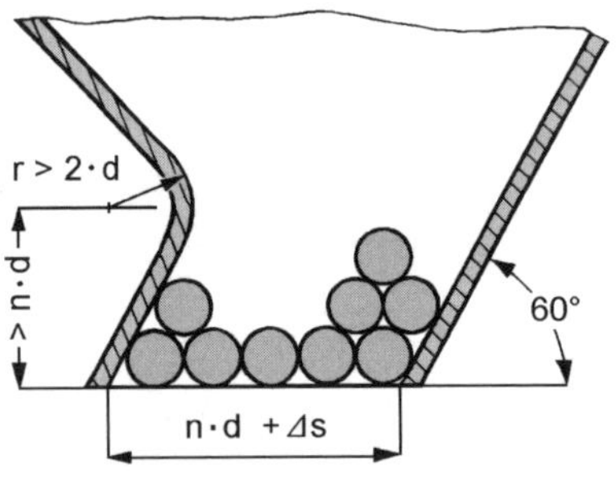

Bild 4.36 Auslaufgestaltung an einem Stapelmagazin für Rundteile
d Werkstückdurchmesser, *n* Werkstückanzahl, Δ*s* Spiel zwischen Werkstückreihe und Magazinwand

Die Ausbildung von **Stützgewölben** hängt in erster Linie von diesen Faktoren ab:

- Gleitwiderstand zwischen Speichergut und Bunkerwand
- Neigung der Bunkerwände bzw. Behälterform
- Querschnitt und Größe der Auslauföffnung
- Form und Verhakungsneigung des Gutes
- Innere Reibung des Schüttgutes, auch Feuchtigkeit
- Korn- bzw. Gutgröße
- Größenverhältnis zwischen Auslauföffnung und Gutgröße

Nachlaufstörung durch Brückenbildung kann sich auch ergeben, wenn in der Fläche per Förderband ein Auslaufkanal befüllt werden soll. Das wird in Bild 4.37 in der Draufsicht dargestellt. Überzählige Teile finden keine Kanten zum Aufbau einer Brücke, sondern werden durch ein gegenläufiges Förderband zurückgebracht. Die Querverschiebung der zurückgelaufenen Objekte wird durch eine Leitkante (Kulisse) bewirkt. Die Teile (Metall, Holz, Kunststoff) starten dann einen neuen Versuch, den Ausgang zu erreichen. Man kann eine solche Einheit als Puffer zwischen zwei Maschinen nutzen. Es ist eine vollständige Entleerung gesichert. Die Schiebekraft kann durch Wahl der Förderbandoberfläche (Reibungskoeffizient) beeinflusst werden.

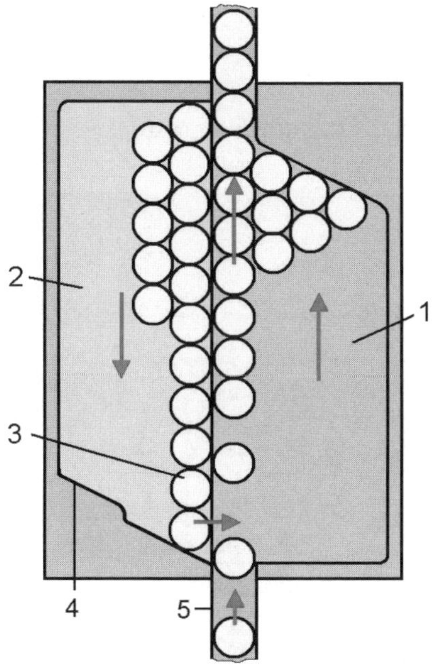

Bild 4.37 Förderbandzuführung mit Rückführung (Draufsicht).
1 Förderband, 2 Rückführband, 3 Fördergut, 4 Leitkante, 5 Zulauf

Das Bild 4.38 zeigt ein Stapelmagazin mit einer Teileausgabe mit **Friktionsband**. In Bild 4.38a läuft eine Rolle auf einem kleinen mit Querstegen versehenem Band, um einen Rütteleffekt zu erreichen. Der Boden hat eine Neigung von 6° bis 8°.

Bei der Anordnung nach Bild 4.38b können bei zu großen Bandzugkräften F_Z die Werkstücke auf die leichte Bodenschräge ausweichen. Ein Rechenansatz wird in Bild 4.38c aufgezeigt. Die um den Punkt B wirksamen Momente sind mit Gl. 4.17:

$$F \cdot L = G \cdot l \tag{4.17}$$

G Gewichtskraft der Teile, die auf das Band wirkt

Weil die Teile im Winkel von 60° auf Lücke gestapelt sind, gilt Gl. 4.18:

$$L = R + 0{,}866 \cdot R \tag{4.18}$$

$$l = 0{,}5 \cdot R \tag{4.19}$$

Damit wird

$$F(R + 0{,}866 \cdot R) = G(0{,}5 \cdot R) \quad \text{oder} \tag{4.20}$$

$$F = \frac{0{,}5 \cdot G}{1{,}866} = 0{,}268 \cdot G \tag{4.20a}$$

F Kraft für die Mitnahme des auf dem Band am Auslauf liegenden Teiles

Außerdem muss die Reibungskraft F_R berücksichtigt werden. Sie wirkt zwischen Transportband und Auflage (Gl. 4.21).

$$F_R = G \cdot \mu \tag{4.21}$$

Die Gesamtzugkraft F_Z am Förderband wird mit Gl. 4.22:

$$F_Z = F + F_R = G(0{,}268 + \mu) \tag{4.22}$$

Bezieht man die Betrachtung auf den Beispielfall nach Bild 4.38c (drei Werkstücke), dann muss man Gl. 4.23 schreiben:

$$F_Z = 3 \cdot G(0{,}268 + \mu) \tag{4.23}$$

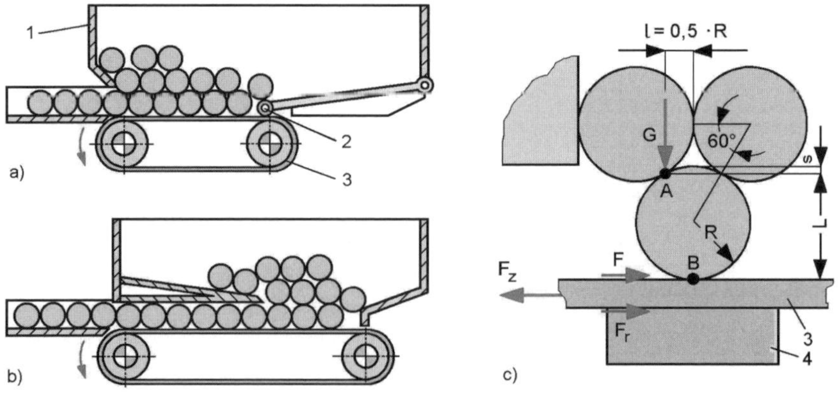

Bild 4.38 Auslaufgestaltung an einem Stapelmagazin.
a) Stapelmagazin mit Rüttelboden, b) Stapelmagazin mit flach geneigtem Boden, c) Berechnungsansatz, 1 Stapelmagazin, 2 aufliegende Rolle, 3 genopptes Förderband, 4 Bandauflage, F_Z Bandzugkraft

Um einer Brückenbildung entgegenzuwirken, wird bei dem in Bild 4.39 gezeigten Stapelmagazin am Auslauf durch zwei Maßnahmen entgegengewirkt:

- Entlastung des Auslaufs von Gewichtskräften darüberliegender Werkstücke durch einen halben Zwischenboden
- Einbringung von Schwingungen durch einen Schwingarm

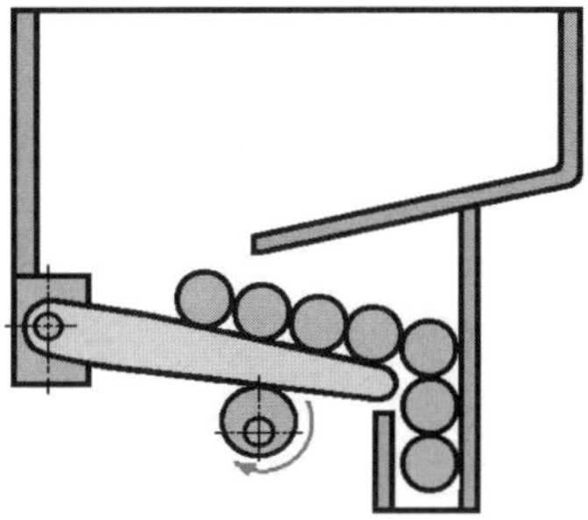

Bild 4.39 Schwingarm verhindert die Brückenbildung

Langgut liegt ebenfalls in Stapelordnungen vor. In modernen Anlagen zum Drehen von der Stange oder zum Trennen von Rohren ist die Zuführtechnik integraler Bestandteil. Das reicht vom Stangenmagazin und der Vereinzelung bis zum Materialvorschub in die Wirkzone. Die Stangen werden als Bündel angeliefert und in einer **Gurtmulde** abgelegt (Bild 4.40). Wird der Gurt allmählich aufgerollt, dann hebt sich der Vorrat und von den obenauf liegenden Teilen können von einer Schleppkette gezogene Nocken einzelne Stangen bis zur Abrollbahn *(inclined track, unrolling device)* bewegen. Dort übernimmt dann ein Rotorzuteiler das Vereinzeln im Rhythmus der nachfolgenden Arbeitsmaschine.

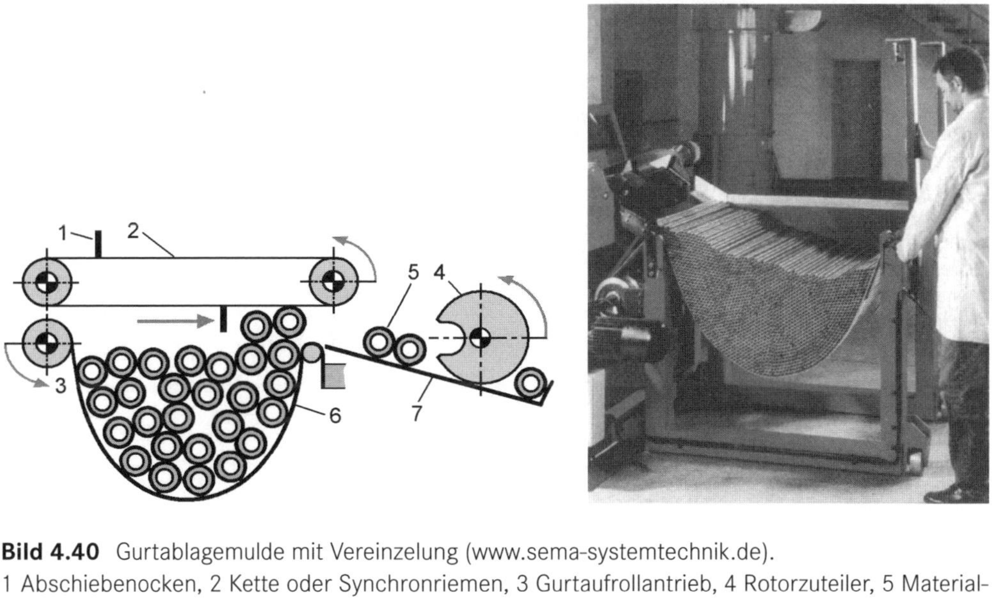

Bild 4.40 Gurtablagemulde mit Vereinzelung (www.sema-systemtechnik.de).
1 Abschiebenocken, 2 Kette oder Synchronriemen, 3 Gurtaufrollantrieb, 4 Rotorzuteiler, 5 Materialstange, 6 Gurt, 7 Abrollbahn

Von solchen Zuführmodulen wird außerdem verlangt, dass sie gut zugänglich, leicht umstellbar und problemlos zu bestücken sind. Man bezeichnet die Gurtablagemulden auch als „Sackspeicher“ *(sack buffer)* oder „Schlingenaufgeber“.

Ein besonderes Problem kann die Abnahme von dünnen Blechen von einem Stapel darstellen. Feinbleche haften oft durch einen Ölfilm aneinander, so dass die Gefahr der Doppelblechabnahme besteht. Abhilfe schafft das fächerartige magnetische Aufspreizen oben liegender Bleche vor dem Abnehmen. Seitlich angebrachte Magnete bewirken durch gleiche magnetische Induktion ein fächerartiges Aufspreizen übereinanderliegender Bleche. Die Aufspreizung kommt zustande, weil die einzelnen Bleche gleichpolig magnetisiert werden und gleiche Pole stoßen sich bekanntlich ab. Das Bild 4.41 zeigt ein Anwendungsbeispiel.

Bild 4.41 Spreizmagnete heben die obersten Bleche an (Goudsmit; www.magnetconveyor.nl)

Die Spreizmagnete können rein elektromagnetisch oder rein dauermagnetisch arbeiten. Als Faustregel gilt, dass die Differenz zwischen der Höhe des Magneten und der Stapelhöhe etwa ein Zehntel bis ein Fünftel der Höhe des Magneten betragen soll. Die Spreizmagnete können symmetrisch, umlaufend, einseitig oder zentrierend am Rand des Blechstapels angeordnet werden. Die Wahl der passenden Größe eines Spreizmagneten richtet sich nach folgenden Parametern:

- Blechstärke
- Abmessungen der Bleche
- Höhe des Blechstapels
- Oberflächenbeschaffenheit der Bleche (Feuchte, Öl, Staub, u. ä.)
- Oberflächenqualität

Die maximale Plattenfläche, die durch Spreizmagnete getrennt werden, sind:

- normale Bleche bis zu 0,3 m^2
- ölbehaftete Bleche bis zu 0,15 m^2

Interessante Lösungen ergeben sich auch durch die Verwendung von Magnetrollen, z. B. auch für das Fördern von Eisenprofilen (Vierkantstangen, Rohre). Der Aufbau solcher Magnetrollen wird in Bild 4.42 gezeigt.

Die Polplatten der Magnetrollen werden in ihrer Form der Werkstückkontur angepasst. Es ist hängendes wie aufliegendes Fördern möglich. Die Funktionsweise ist einfach: Der Magnetfluss läuft über die Polplatten und schließlich über das eiserne Werkstück. Nachfolgend sollen zwei Anwendungen gezeigt werden.

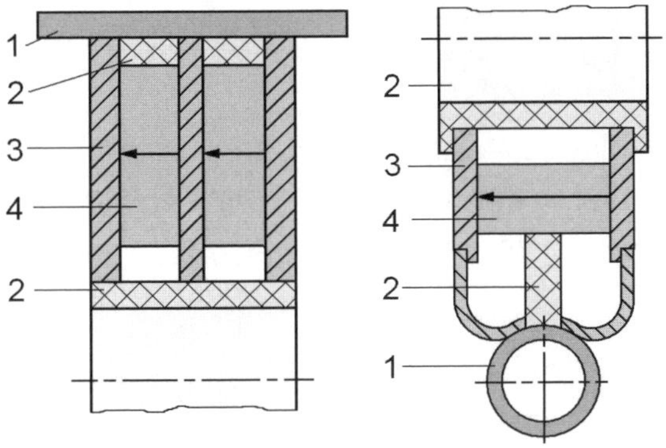

Bild 4.42 Aufbauschema von Magnetrollen.
1 ferromagnetisches Förderobjekt, 2 Messingbuchse, -ring, 3 eiserne Polscheibe, 4 Permanentmagnetring

Bei der Zuführung von Eisenblechplatinen in eine Presse wird der Blechstapel mit einem Hubtisch nachgeführt und mit Spreizmagneten werden die oberen Bleche aufgeblättert (Bild 4.43). Sauger greifen dann durch eine Rollenbahn, die mit Magnetrollen ausgerüstet ist. Die Platinen haften dann hängend an den Rollen. Eine leichte Neigung der Rollenbahn bewirkt, dass die Platinen von selbst abrollen.

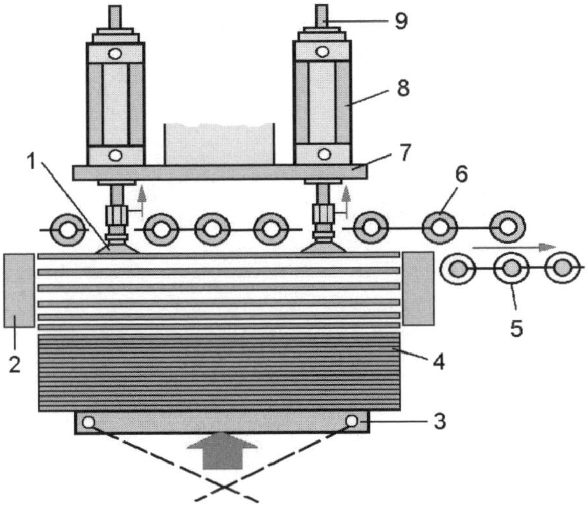

Bild 4.43 Zuführen von Eisenblechplatinen.
1 Vakuumsauger, 2 Blechspreizmagnet, 3 Hubtisch, 4 Blechstapel, 5 Rollengang, 6 Magnetrolle, 7 Gestell, 8 Pneumatikzylinder, 9 doppelseitige, hohle Kolbenstange

Am Ende der Rollstrecke erfolgt die Übergabe auf eine normale angetriebene Rollenbahn. An deren Stelle könnte auch ein permanentmagnetischer Gurtbandförderer folgen, der die Zuschnitte bis in den Werkzeugraum der Presse fördert.

Bei der Zuführeinrichtung nach Bild 4.44 wird der Blechzuschnitt an einer Seite mit einem Vakuumsauger angehoben und von einer **Magnetrolle** übernommen. Diese bringt das Teil bis zum Gurtbandförderer. Auch hier sorgt der Spreizmagnet dafür, dass sich die oberen Bleche auffächern, auch wenn sie durch Öl oder Fett aneinander haften.

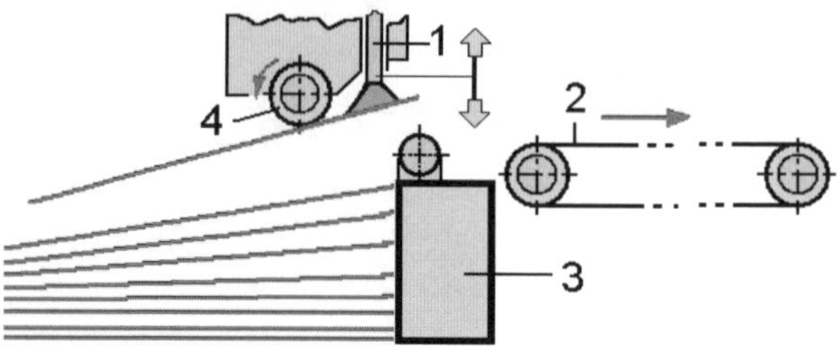

Bild 4.44 Abstapeln von Eisenblechen (www.neuhaeuser.com).
1 Vakuumsauger, 2 permanentmagnetischer Gurtbandförderer, 3 Blechspreizmagnet, 4 Magnetrolle

4.2.3 Magazine

Magazine bewahren Werkstücke und Fügeteile geordnet auf. Die Teile berühren sich dabei gegenseitig oder sie nehmen einzeln abgegrenzte Speicherplätze ein, wenn es sich um empfindliche Teile handelt. Das Entnehmen der Teile besorgt eine Handhabungseinrichtung oder ein bereits angebauter Zuteiler, oft zugleich als **Eingeber** gestaltet. Einige Randbedingungen für die Funktion „Speichern" werden in Bild 4.45 aufgeführt.

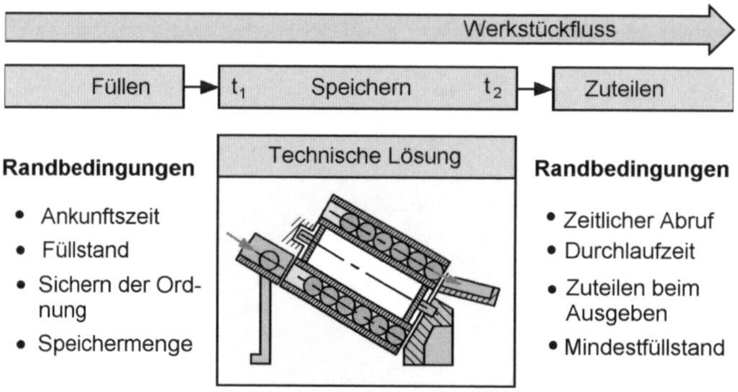

Bild 4.45 Speichern als Werkstückflussfunktion
t_1 Füllzeitpunkt, t_2 Abgabezeitpunkt

Magazine kann man nach der Bewegbarkeit der Werkstücke im Speicher und nach der Bewegbarkeit des Speichers in der Fertigung einteilen in

- Ruhende Werkstücke (passiver bzw. statischer Speicher)
- Bewegte Werkstücke (aktiver bzw. dynamischer Speicher) jeweils gegliedert in ortsfest, transportabel, fahrbar, selbstfahrend

Nach der **Bauform** der Magazine lässt sich gliedern in

- Magazine mit freier bzw. geführter Teilebewegung durch Fallen, Rollen und Gleiten infolge Schwerkraftwirkung (Kanal-, Stufen-, Schacht-, Stapelmagazine)

- Magazine mit ruhenden Werkstücken; Die Teile ruhen infolge Schwerkraft, Magnet-, Feder-, Adhäsionskraft oder Vakuum (Paletten, Trays, Kästen)
- Magazine mit erzwungener Werkstückbewegung durch Antriebe, Feder- oder Gewichtskräfte, (Förderband-, Hub-, Hubbalken-, Ketten-, Rundtaktmagazine)

Außerdem kann es auch Kombinationen geben, wie z. B. mehrere Dornmagazine auf einem Rundschalttisch, wie es in Bild 4.46 gezeigt wird. Die konstruktive Ausführung von Magazinen richtet sich nach der Größe und Masse der Teile, nach Randbedingungen aus dem Prozess wie z. B. die Orientierung der Hauptachse des Objekts, der erforderlichen Speicherkapazität, den geometrischen Details der Werkstücke und der **Bewegbarkeit** der Magazine innerhalb der Fertigungsstätte.

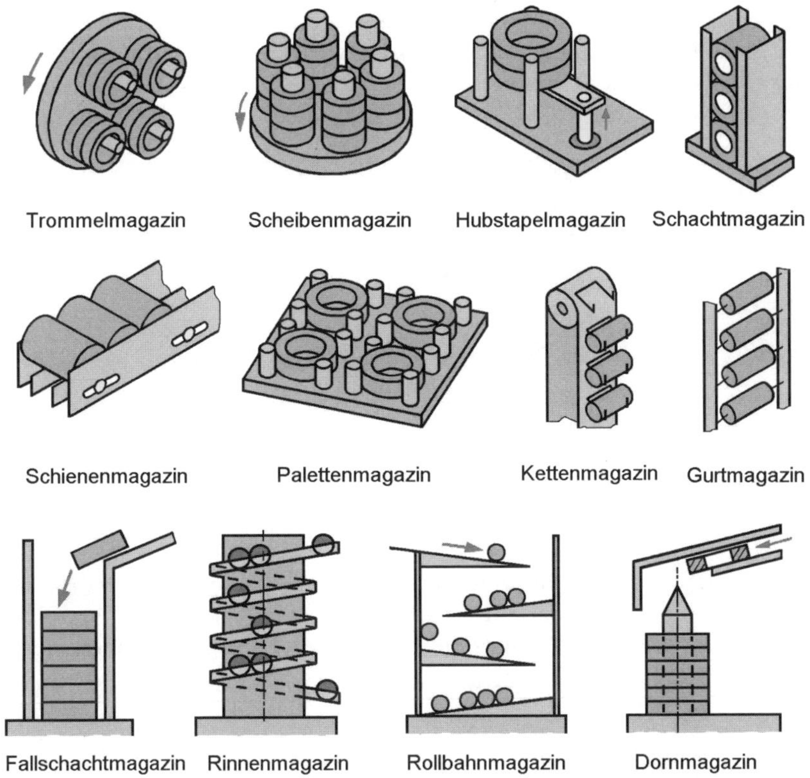

Bild 4.46 Prinzipbeispiele für die Magazinierung von Werkstücken

Viele Speicher dienen der Beschickung *(feeding; loading)* von Maschinen. Einige werden auch als **Zwischenspeicher** *(temporary storage)* bei verketteten Maschinen eingesetzt. Dazu zeigt das Bild 4.47 ein Zwischenmagazin für Wälzlagerringe. Der Schwenkantrieb sorgt dafür, dass der Teiledurchlauf in kleinen „Portionen" absolviert wird.

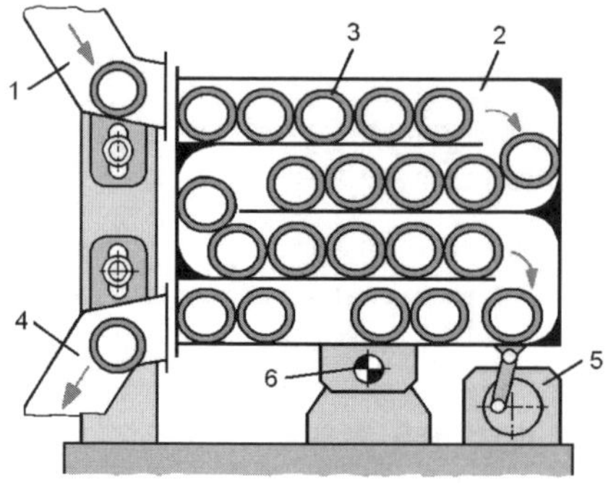

Bild 4.47 Zwischenmagazin bei der Zuführung von Wälzlagerringen.
1 Zulaufstrecke, 2 Magazin, 3 Werkstück, 4 Ablaufstrecke, 5 Pendelantrieb, 6 Pendelachse

Das Abgreifen von Werkstücken am Ende von z. B. Schachtmagazinen kann eingeschränkt sein, wenn bestimmte geometrische Merkmale, z. B. **hinterschnittene** Teile, die Freizügigkeit behindern. Was gemeint ist, kann man in Bild 4.48 sehen. Bei der Konstruktion handhabungstechnischer Geräte ist dies zu beachten.

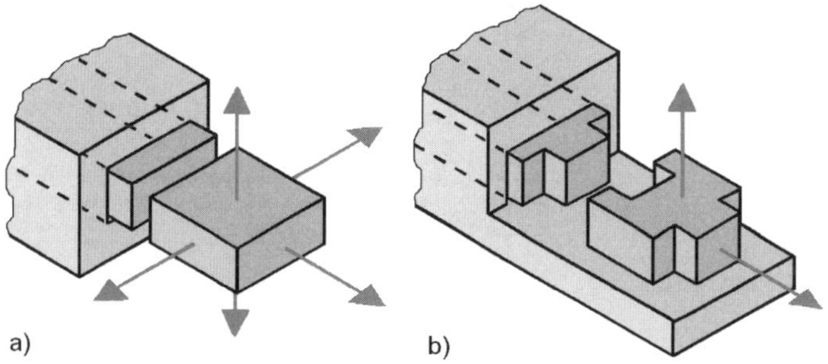

Bild 4.48 Entnahmebewegungen aus Schachtmagazinen (nach BARTHELMESS).
a) kollisionsfrei in allen Richtungen, b) Hinterschneidung schränkt die Handhabung ein

Rollbahnmagazine sind konstruktiv sehr einfach aufgebaut. Will man sie etwas flexibler machen, dann müssen die führenden und unterstützenden Elemente in möglichst weiten Grenzen einstellbar sein. Das Bild 4.49 zeigt eine Lösung. Die Einstellung erfolgt werkstückbezogen manuell.

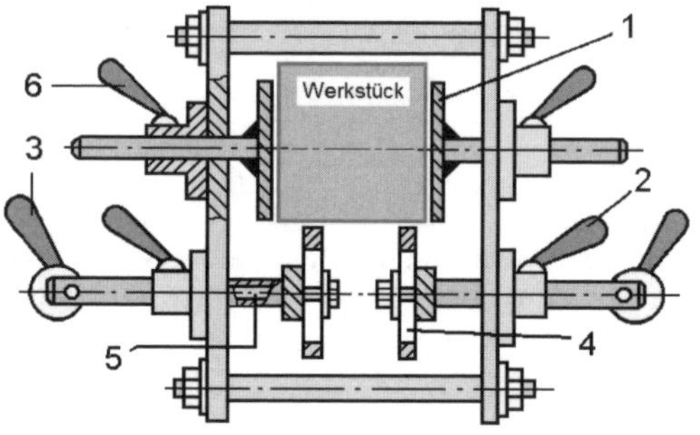

Bild 4.49 Rollbahnmagazin mit einstellbaren Leitelementen.
1 Seitenführung, 2 Schienenklemmung, 3 Klemmhebel, 4 Abroll-/Abgleitschiene, 5 Zugklemmstange, 6 Breiteneinstellung

Auch einzelne Konstruktionselemente für den Aufbau von Schachtmagazinen sind nützliche Hilfsmittel. Das Bild 4.50 zeigt Ausführungsbeispiele für solche Elemente. Damit lassen sich **Schachtmagazine** auf Flachpaletten oder Maschinentischen aufbauen. Für die Magazinstangen kann Stabmaterial verwendet werden, etwa für die Durchmesserbereiche 45 bis 80 mm (links), 75 bis 160 mm (mitte) und Durchmesser 155 bis 300 mm. Das Grundelement kann mit einer Leiste versehen sein, um eine Anordnung der Magazinelemente in T-Nuten zu erleichtern.

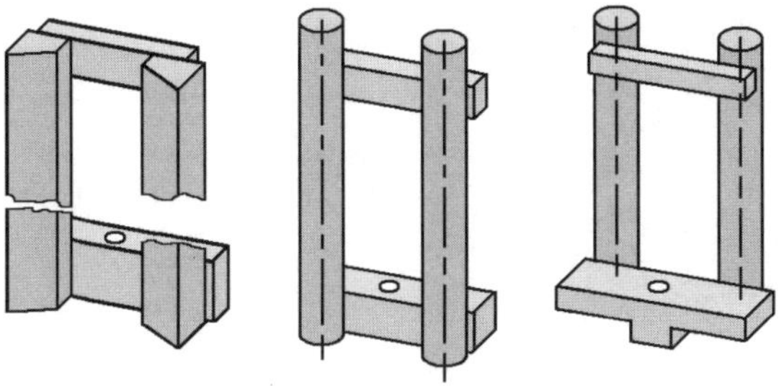

Bild 4.50 Konstruktionselemente zum Aufbau von Schachtmagazinen für Rundteile, Scheiben und Flanschteile

Eine interessante Möglichkeit für die Herstellung von Magazinen bietet die Abformung realer Werkstücke in Kunststofffolie. Das Bild 4.51 zeigt die Herstellung mit dem **Vakuumformverfahren**. Solche Magazine haben natürlich nur eine sehr begrenzte Haltbarkeit. Für einen Einsatz sind also die Randbedingungen entscheidend.

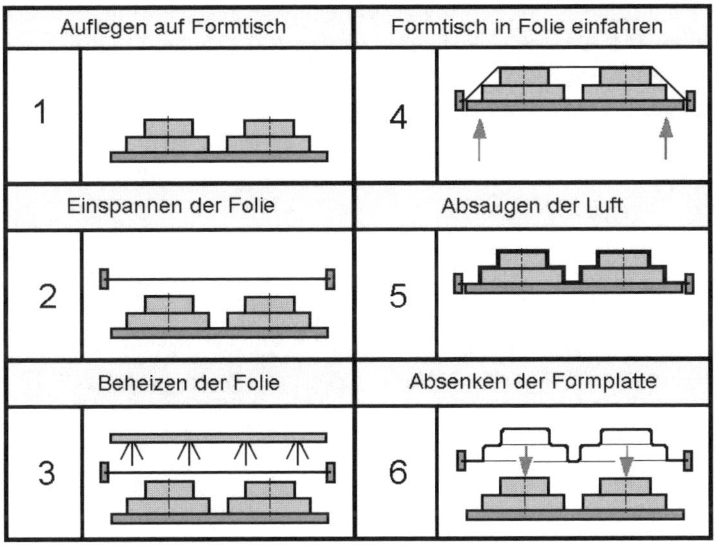

Bild 4.51 Herstellungsablauf für Folienmagazine mit Originalwerkstücken zur Abformung der Konturen

Magazine für empfindliche **Mikrobauteile** machen die Magazingestaltung wegen der Kleinheit und der geringen Masse schwierig. In Bild 4.52 werden zwei Beispiele für im Viertelkreis gebogene Stahlfedern gezeigt [4.2]. Die Teile haben an den Enden eine Spitze und ein gerades Schaftstück (Länge 1,5 mm). Der Krümmungsradius beträgt 5,2 mm.

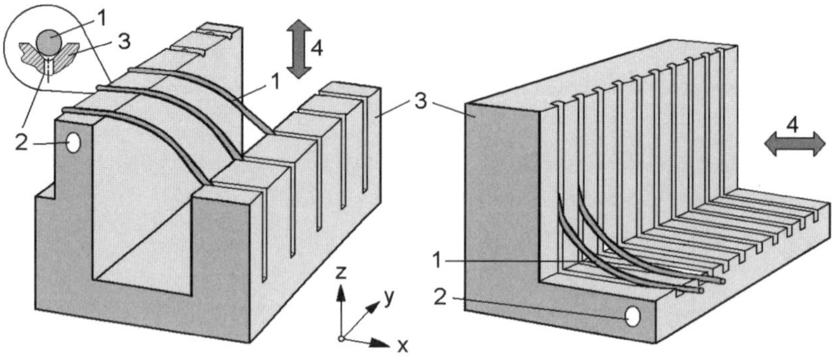

Bild 4.52 Magazine für spezielle Mikrobauteile (Beispiel).
1 Werkstück, 2 Vakuumanschluss, 3 Magazinkörper, 4 Ablage- bzw. Entnahmerichtung

Die Auflageflächen im Magazin sind als „Mini-Prisma“ ausgebildet, damit ein **Ausrichteffekt** in der y-Richtung entsteht und die Position präzise sichert. Unter den V-Nut-Auflagestellen wirkt Vakuum, um die sehr leichten Teile am Speicherplatz zu halten. Schlitze im Magazinkörper sichern die Teile gegen seitliches Verschieben. Das Entnehmen der Mikrobauteile kann mit einem Vakuumgreifer erfolgen. Ist das Teil angefasst, dann muss das Vakuum am jeweiligen Magazinplatz abgeschaltet werden. Das bedeutet, dass für jeden Magazinplatz ein schaltbarer Anschluss für die Vakuumleitung vorhanden sein muss. Aus Gründen der Fertigungsmöglichkeit (beispielsweise Tiefe der V-Nuten 150 µm) wird das Magazin entgegen der Darstellung aus mehreren einzeln hergestellten Teilen zusammengesetzt.

Zu den Kleinteilen gehören auch elektronische Bauteile, die in Magazinen bereitzustellen sind. Die auf Modulbreite hergestellten **Stangenmagazine** werden auf ein Geradschwingsystem aufgesetzt. Die Schwingungen bewirken das Nachlaufen der Teile aus dem System. Das Bild 4.53 zeigt Schwingsystem und Magazine. Solche Magazine werden bevorzugt für die Zuführung von Bauelementen mit geringem Mengenverbrauch eingesetzt, z. B. 150 Bauelemente je Stange.

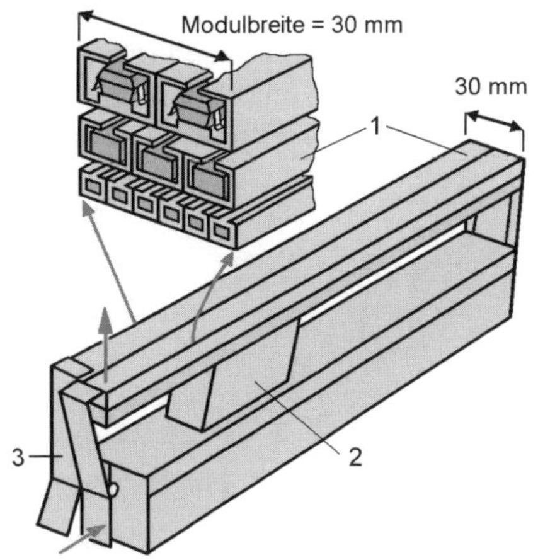

Bild 4.53 Bereitstellung elektronischer Bauteile aus Stangenmagazinen.
1 Stangenmagazin, 2 Schwingförderer, 3 Rastfederzuhaltung

Als aktive Magazine kann man solche bezeichnen, die im Bereich einer Maschine die Werkstücke immer an eine definierte Position bewegen. Im Gegensatz z. B. zu Flachpaletten verfügen sie über einen eigenen gesteuerten Antrieb und sind ortsfest. Dadurch vereinfacht sich der kinematische Aufbau einer Beschickungseinrichtung. Sie muss stets nur eine Position am Magazin anfahren und ist oft ein maschinenintegrierter Anbau. Das Bild 4.54 zeigt ein Ausführungsbeispiel.

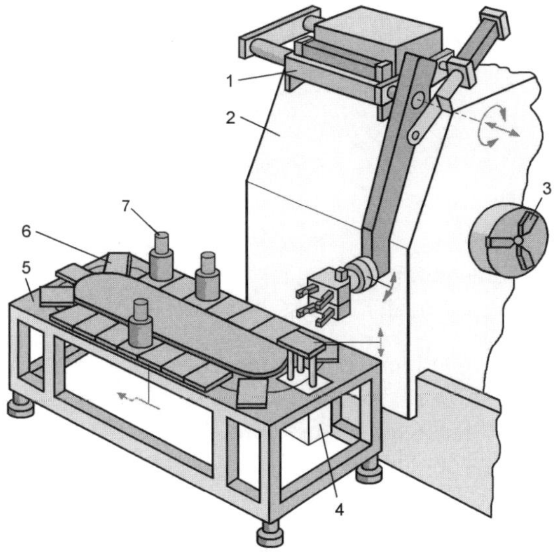

Bild 4.54 Maschinenbeschickung aus einem beigestellten Umlaufmagazin.
1 Handhabungseinrichtung, 2 Werkzeugmaschine, 3 Spannmittel, 4 Hubeinrichtung, 5 Umlaufmagazin, 6 Werkstückträger, 7 Werkstück

Bei dieser Lösung werden die Teile durch eine Hubeinrichtung aus dem Werkstückträger gehoben. Je nach Anforderungsbild kann es fertigungstechnisch aber auch besser sein, einen vielachsigen Roboter zu planen, der mehr Flexibilität bietet und z. B. auch Wendevorgänge erledigen kann.

Werden mehrere Arbeitsoperationen an verschiedenen Maschinen erforderlich, dann können auch mobile Magazine eingesetzt werden, wenn die Produktionsmengen im unteren

Stückzahlbereich angesiedelt sind. Ein Beispiel wird in Bild 4.55 vorgestellt. Der Wagen besitzt keinen eigenen Antrieb. Vor Ort muss eine Verbindung zu einer Zapfwelle hergestellt werden. Entnehmen und Zurücklegen der Werkstücke kann mit einem Beschickungsroboter erfolgen. Es handelt sich um einen aktiven Speicher, der die Teile taktweise in eine obere Abnahmeposition bringt.

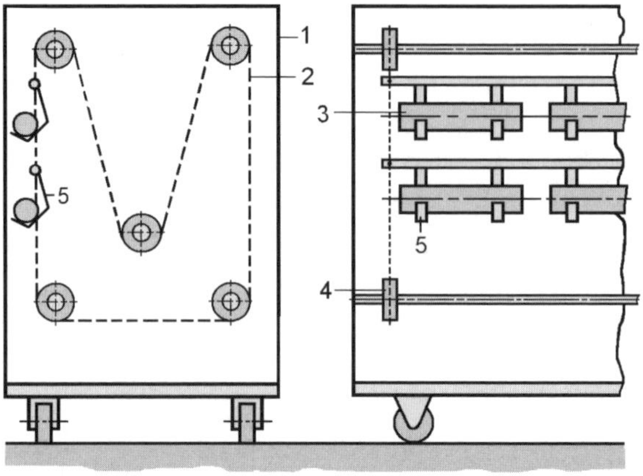

Bild 4.55 Mobiles Magazin mit Kettenumlaufsystem.
1 Wagengestell, 2 Kette, 3 Werkstück, 4 Kettenumlaufwerk, 5 Gehänge

Das Bild 4.56 zeigt ebenfalls ein aktives Magazin aus prismatisch angeordneten Förderbändern. Die Teile werden im Paket aufgelegt und durch Friktion bewegt. Der Vorgang ist sehr werkstückschonend. Als Zuführteile kommen vorzugsweise Ringe und Scheiben infrage, deren Oberflächen bereits feinbearbeitet sind. Der Einzeldurchlauf von Objekten ist meistens nicht möglich.

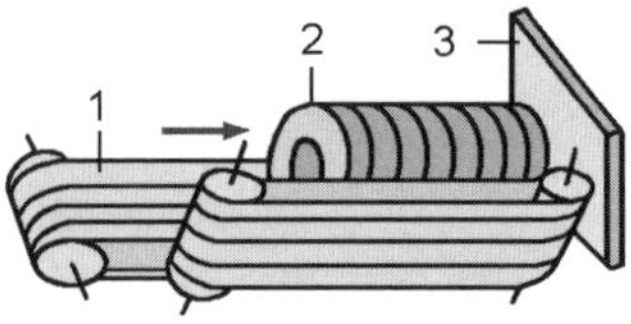

Bild 4.56 Fördergurtmagazin.
1 Gurtförderer, 2 Werkstück, 3 Anschlagplatte

Besonders für langzyklische Bearbeitungsvorgänge können auch mehretagige **Scheibenmagazine** (Bild 4.57) eine gute Lösung sein. Die Werkstückaufnahmen sind höhengestuft aufgebaut und auf die Geometrie von Roh- und Fertigteil abgestimmt. Das Fertigteil wird also in das Magazin zurückgelegt. Es ist auch aus der Ferne vom Bediener gut beobachtbar. Die Beladung kann manuell erfolgen.

Das automatisierte Füllen von Plattenmagazinen wird dagegen in Bild 4.57b) gezeigt. Die vom Prozess kommenden Teile werden über ein flexibles Rohr zu den Magazinplätzen der Rechteckpalette geführt. Diese wird zeilenweise getaktet und das flexible Rohr wird von einer Lineareinheit positioniert. Der Zulauf von Werkstücken wird optoelektronisch kontrolliert.

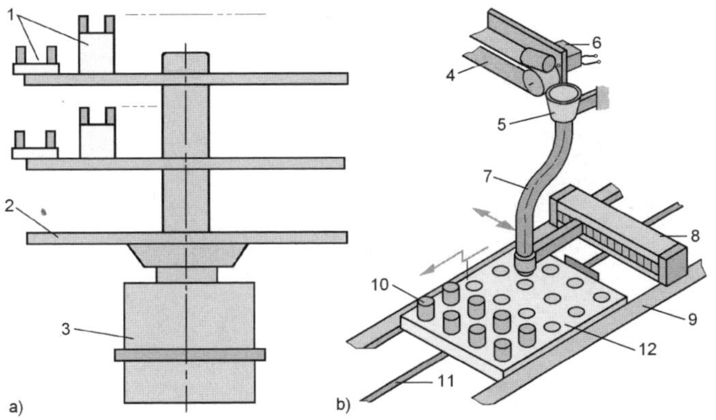

Bild 4.57 Magazin und Magazinierung. a) Mehretagen-Scheibenmagazin mit höhengestuften Werkstückaufnahmen, b) Magazinbeladung mit verteilten Bewegungsachsen.
1 Werkstückaufnahme, 2 Drehscheibe, 3 Rundtaktantrieb, 4 Zuführstrecke, 5 Fangtrichter, 6 Reflexlichttaster, 7 flexibles Rohr, 8 Lineareinheit, 9 Magazinführung, 10 Werkstück, 11 Taktkette, 12 Plattenmagazin

Zwischenmagazine dienen zur Entkopplung von Maschinen oder Arbeitsstationen. In dieser Funktion wirken sie immer auch als Störungsspeicher (siehe dazu Kap.6.1).

Eine andere Bauform *(type of construction)* sind Trommelspeicher *(drum storage)*, die man ebenfalls zur Maschinenverkettung und als Störungsspeicher einsetzt. In Bild 4.58 wird ein solches Magazin dargestellt, das in der Fertigung von Kugellagerringen als Speicher dient. Es kann Teile aufnehmen, wenn die nachfolgende Maschine gestört ist, aber auch Teile abgeben, wenn stromaufwärts eine Störung vorliegt und der Zulauf von Werkstücken unterbleibt. Die Trommel ist rundum (radial) mit Schachtmagazinen ausgestattet.

Typische Bauformen von Werkstückspeichern stimmen übrigens mit Grundlösungen aus der Natur überein. Das zeigt die Gegenüberstellung von Speichern in Bild 4.59, wie z.B. Flachpalette, Mehretagen-Scheibenspeicher, Förderband und Regalspeicher. Danach kann man hexagonale, triagonale und orthogonale Speichermuster unterscheiden. Die hexagonale Form, wie sie Bienen als „Speicherbauwerke" hervorbringen, ist allgemein bekannt. Der Korb der Sonnenblume ist das Ergebnis der dichtesten Packung seiner Körner. Auch das schraubenförmige Prinzip in Anlehnung an die Doppelhelix findet sich in der Werkstückspeichertechnik wieder.

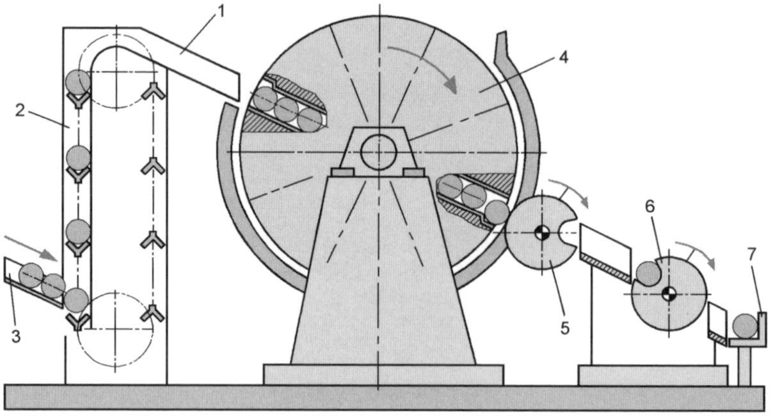

Bild 4.58 Trommelmagazin als Zwischenspeicher.
1 Zuführrinne, 2 Elevator, 3 Rinne, 4 Trommelsammler, 5 Zuteiler, 6 Übergaberotor, 7 Abführrinne oder Stetigförderer zur nächsten Maschine oder Station

Da auch für speicherungünstige Teile Lösungen gefunden werden müssen, ergeben sich in der Kombination mit den jeweils möglichen Ablagemustern viele Varianten. Für die Auswahl praktisch geeigneter Muster (siehe auch Kap. 2.2) können folgende Kriterien in Ansatz gebracht werden:

- Verwendbarkeit von mobilen Magazinen über mehrere Arbeitsstufen hinweg
- hoher Raumnutzungsgrad (entspricht großer Speicherdichte)
- Eignung für den maschinellen Zugriff

Außerdem kann alles an Lösungen für eine Werkstückmagazinierung als vorteilhaft angesehen werden,

- was eine maximale Auslastung der Speicherfläche ergibt, also „Parkettiermuster" idealerweise ohne Leerflächen ermöglicht,
- was sich vom Bediener gut beobachten, entstören, leicht nachfüllen und reinigen lässt,
- was durch einfache Algorithmen mit wenigen Parametern beschreibbar ist und
- was einen einfachen Werkstücktransfer vom Werkstück-Trägermagazin zur Spann- oder Fügestelle ohne Umwege erlaubt und umgekehrt.

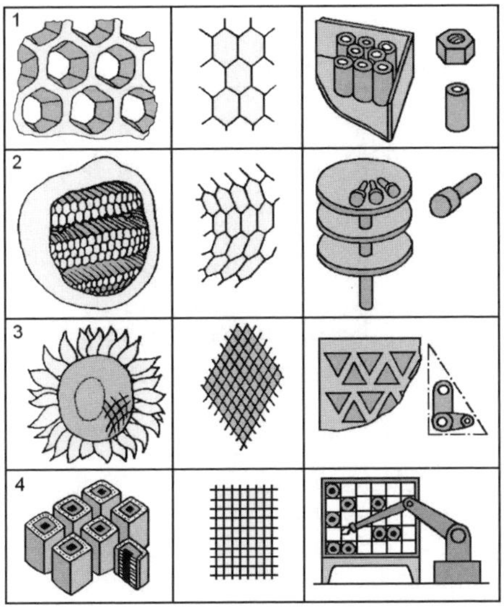

1 Honigwabe; maximal 100 000 Speicherplätze; flächiges hexagonales Netz; Werkstücke in Flachpalette
2 Nest der sächsischen Wespe; bis zu 10 Etagen; räumliches hexagonales Netz; Mehretagen-Scheibenspeicher
3 Fruchtstand einer Sonnenblume; triagonales Netz; Förderband oder Flachpalette
4 Holzzellen im Zellverband; orthogonales Netz; Werkzeug- oder Werkstückspeicher

Bild 4.59 Gegenüberstellung von natürlich entstandenen und technischen Ordnungen für die Werkstückspeichertechnik.

Beispiel 4.2 Spiralspeicherung auf einer Scheibenfläche

Der Vorteil solcher Magazine besteht im eingeschränkten Bedarf an überdeckter Grundfläche. Als Speicherkassette mit Spiralkanal haben sie Anwendung an modernen Montageautomaten im Bereich der Elektronik gefunden. Das Bild 4.60a zeigt das Prinzip einer solchen **Kassette** für integrierte Schaltkreise. In der Größe 114 × 112,5 × 7 mm (TDK Disk Pack) fasst das Magazin 5000 Bauelemente und braucht dafür 25 % weniger Raum als ein Gurt. Die Teile werden mit Hilfe von Saugluft, die im Ursprung der Spirale angelegt wird, eingesaugt. Das Ausgeben geschieht dagegen mit Druckluft. So können alle Teile wieder von innen nach außen gebracht werden.

In Bild 4.60b und 4.60c wird ein Vergleich zwischen einem Spiralscheibenmagazin und einem in *x*-*y*-Richtung taktenden Magazin vorgenommen. In beiden Fällen kommt man mit nur einer Antriebsbewegung aus, um einen Punktzugriff durch die Handhabungseinrichtung zum Werkstück zu ermöglichen. Beim Flachpalettenmagazin ist eine Schiebung in der *x*-*y*-Richtung notwendig. Beim **Spiralscheibenmagazin** wird aus der Drehtaktbewegung eine Verschiebebewegung abgeleitet (überlagert), bis der letzte Speicherplatz erreicht ist.

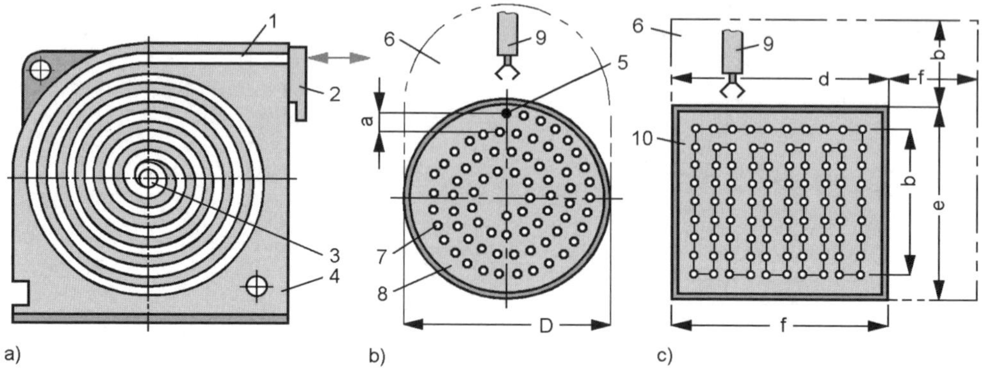

Bild 4.60 Kleinteilemagazine. a) luftdichte Kassette mit spiraligem Magazinschacht (Seitenansicht), b) Spiralscheibenmagazin (Draufsicht), c) Flachpalette mit Mäanderumlauf in der Draufsicht
1 Spiralkanal, 2 Ein- und Ausgabeanschluss, 3 Luftanschluss, 4 Gehäuse, 5 Greifposition (Festpunktabnahme), 6 Bewegungsraum beim Verschieben des Magazins, 7 Speicherplatz, 8 auswechselbares Scheibenmagazin, 9 Handhabungseinrichtung, 10 Flachpalette, *a* Spiralsteigung, *D* Magazinscheibendurchmesser, *n* Anzahl von Spiralumläufen

Bei der Flachpalette hat man die Unterseite besonders präpariert. Es wurde eine mäanderförmige Leitkurve (Schiene) mit Querstegen angebracht. Ein einfacher Drehnocken greift in diese Querstege ein und bewegt die Palette je Nockenumdrehung um einen Magazinplatz weiter. Die Leitkurve übernimmt dabei die Führung. Vergleicht man die einschließlich notwendiger Verfahrlängen beanspruchten Flächen *A*, dann braucht das Spiralscheibenmagazin weniger als die Hälfte an Produktionsfläche gegenüber der Rechtecktaktlösung. Es gelten die Gln. 4.24 und 4.25:

Spiralscheibenmagazin

$$A = (0{,}25 \cdot 3{,}14 \cdot D^2) + a \cdot n \cdot D \qquad (4.24)$$

n Anzahl von Spiralumläufen

Rechtecktaktmagazin

$$A = (b + e) \cdot (d + f) \qquad (4.25)$$

Sehr verbreitet sind **Schachtmagazine** *(gravity-feed magazine; shaft magazine)*, weil sie einfach aufgebaut sind, der Werkstückkontur relativ einfach angepasst werden können und die Werkstücke von allein durch Schwerkraft nachrücken. Sie sollten mit Sehschlitzen durchbrochen sein, damit sich der Füllstand gut beobachten lässt und Störungen leicht durch einen Eingriff von außen behoben werden können. Bei unsymmetrischen Teilen müssen Vorkehrungen gegen falsches Einlegen getroffen werden. Das Bild 4.61 zeigt einige Schachtformen, deren Profil der Werkstückkontur angeglichen wurde. Die Werkstücke werden jeweils an der Magazinunterseite durch Abschieben (Zuteiler) vom Stapel entnommen.

Bild 4.61 Schachtmagazine mit umschließender Formanpassung.
1 Werkstück, 2 Zick-Zack-Magazin, 3 Entstör- und Sichtschlitz, 4 Magazinkörper

Statt einer unveränderlich festen Form der Magazinelemente ist eine gewisse Einstellbarkeit oft ein wünschenswerter Vorteil. In bescheidenem Maße können dann Größen- und Formänderungen der Teile verkraftet werden. Das wird an zwei Beispielen in Bild 4.62 gezeigt.

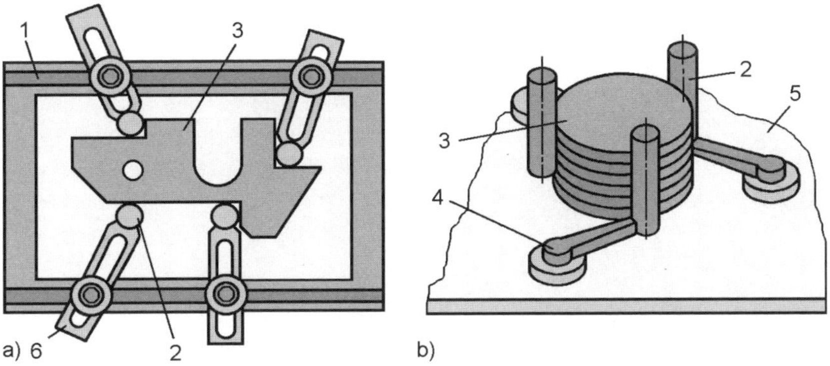

Bild 4.62 Einstellbare Schachtmagazine.
a) Magazin mit zweiachsig einstellbaren Magazinstäben, b) Magazin mit Drehsegmenten und gleichmäßiger, zentraler, manueller Verstellmöglichkeit der Segmente,
1 Grundrahmen, 2 Magazinstab, 3 Werkstück, 4 Drehsegment, 5 Flachpalette, 6 Klemmfuß

Die Elemente, die das Magazin entsprechend der Werkstückkontur bilden und die Führungseigenschaften haben müssen, sollten so ausgeführt werden, dass Schmutz, Grat und z. B. Abstechbutzen an Drehteilen die Magazinierung und das selbsttätige Nachrücken der Teile durch Schwerkraft nicht behindern. Das bedeutet, dass eine Freisparung an den entsprechenden Stellen und eventuell Schmutz(abstreif)nuten vorzusehen sind. Das Bild 4.63 zeigt dazu zwei einfache Beispiele für den Fall, dass eine engtolerierte konstruktive Ausführung vorliegt.

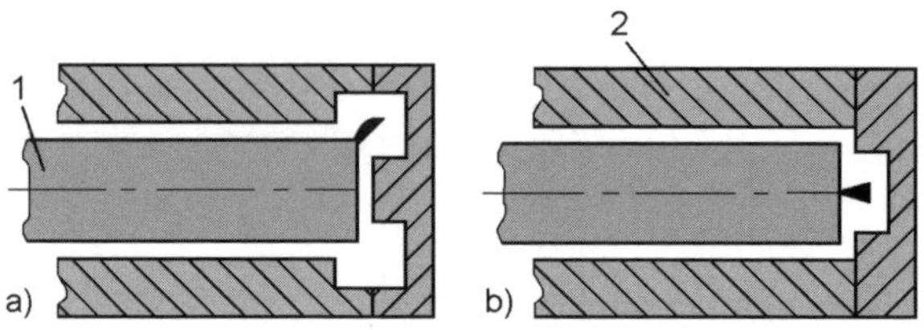

Bild 4.63 Schachtmagazine in der Draufsicht mit freigesparten Führungsflächen. a) Drehgrat am Teil, b) Abstechbutzen bleiben am Werkstück zurück. 1 Werkstück, Drehteil, 2 Magazinelement

Beispiel 4.2 Speichern in mäanderartig geführtem Zahnriemen

Mit einem entsprechend geführten Zahnriemen lässt sich, wie in Bild 4.64 gezeigt, ein **Flächenspeicher** ausbilden. Es ist ein aktiver Speicher, der jedes magazinierte Objekt an eine definierte feste Position bringen kann. Das ermöglicht den Einsatz einfacher Pick-and-Place Geräte für die Werkstückhandhabung.

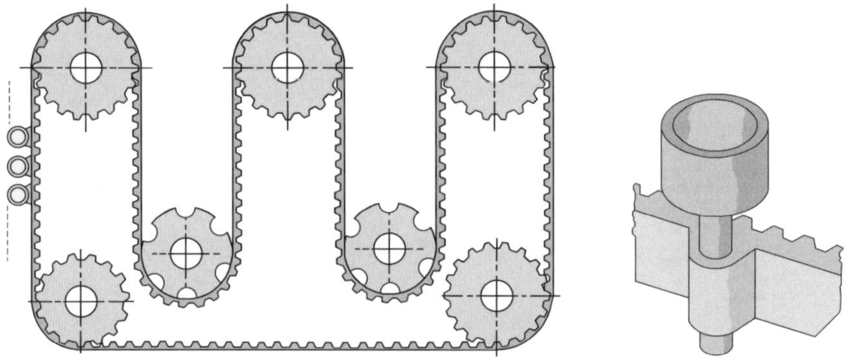

Bild 4.64 Flächenspeicher auf Basis einer Zahnriemenkonstruktion.
links: Draufsicht; rechts: einzelnes spezielles, riemengebundenes Aufnahmeelement für Kleinteile

Der Zahnriemen ist durchgängig mit speziellen, angespritzten Werkstückaufnahmen ausgerüstet. Der Riemen ist durchgängig mit angespritzten Aufnahmen versehen. Ein Flächenspeicher in der gezeigten Bauart könnte auch mobil sein. Dann befindet sich der Zahnriemenantrieb stationär an einer Fertigungseinrichtung. Die Kupplung zur Antriebs-Keilwelle geschieht beim Auf- bzw. Ansetzen des Speichers.

In Bild 4.65 wird eine Magazinzuführeinrichtung gezeigt, die fester Bestandteil der Werkzeugmaschine ist. Die Teile rücken im Magazin durch Schwerkraft nach. Während der Schwenkbewegung des Zuteilers wird das Werkstück durch Federkraft gehalten. In der Zielposition wird die Haltekraft durch Auflaufen des Haltearmes gegen eine Anschlagschraube gelöst. Bei der Übernahme aus dem Magazin geschieht das ebenfalls durch Anschlagen, jetzt am Magazin. Das zugeführte Teil wird in der Zielposition durch einen senkrecht zur Bildebene wirkenden Schieber in das Spannmittel bewegt. Das Fertigteil wird ausgestoßen und ungeordnet in einem Sammelspeicher aufgenommen.

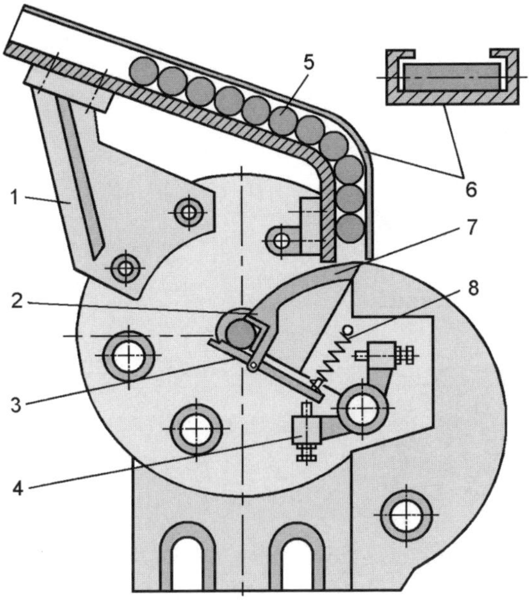

Bild 4.65 Maschinenintegrierte Beschickungseinrichtung für Rundteile. 1 Stützkonsole, 2 Schwenkzuteiler, 3 Spannfinger, 4 Anschlagwinkel, 5 Werkstück, 6 Magazin, 7 Schwenksegment, 8 Druckfeder

---

Übungsaufgabe 4.1 Mehrmaschinenversorgung

Rohrabschnitte von 140 mm Länge und 30 mm Durchmesser liegen als lückenlose Werkstückschlange in achsparalleler Ausrichtung vor. Mit diesen Teilen sind drei Werkzeugmaschinen zu versorgen. Jede Maschine verfügt bereits über ein Schachtmagazin, das nachzufüllen wäre. Wie kann die Zuführung der Teile aussehen?

Darzustellen ist der Ablauf von der Werkstückschlange bis zum Schachtmagazin. Zu beachten ist ferner, dass einzelne Maschinen wegen einer Störung oder wegen des Werkzeugwechsels stillstehen können. Die Lösung muss also überlastungssicher sein.

Viele Schachtmagazine werden manuell nachgefüllt. Daraus ergibt sich eine Begrenzung der Bauhöhe *H*, weil sonst die Einfüllöffnungen durch den Bediener nicht mehr erreichbar sind. Man hilft sich dann mit z. B. karussellartiger Anordnung von Schachtmagazinen *(buffer carousel, turret storage of magazines)*, wie es in Bild 4.66 zu sehen ist. Damit erreicht man eine größere bedienerfreie Zeit. Das Weiterschalten der Magazine auf dem Ringtisch erfolgt automatisch, wenn ein Sensor einen leeren Magazinschacht in der **Entnahmeposition** festgestellt hat. Ein im Innenraum des Karussells gestellfest angeordneter Stößel bewegt ein magaziniertes Teil in den Eingeber, der es dann bis zur Spannstelle bringt (Bild 4.66a).

Bei der Magazineinheit nach Bild 4.66b gibt es eine Hubeinheit, die die Teile hochfördert, damit sie von oben abgenommen werden können. Fertigteile werden in ein anderes Magazin gelegt, bei dem eine elektromechanische Absenkeinheit den Stapel schrittweise um eine Werkstückdicke abwärts bewegt. Beim Start des Systems muss ein Magazin leer sein. Die Magazinstäbe kann man auch auf verschiedene Durchmesser einstellbar auslegen. Die

Lösung eignet sich besonders für langzyklische Bearbeitungsvorgänge, wie sie z. B. bei der Zahnradfertigung vorkommen. Das Be- und Entladen des Magazins geschieht manuell.

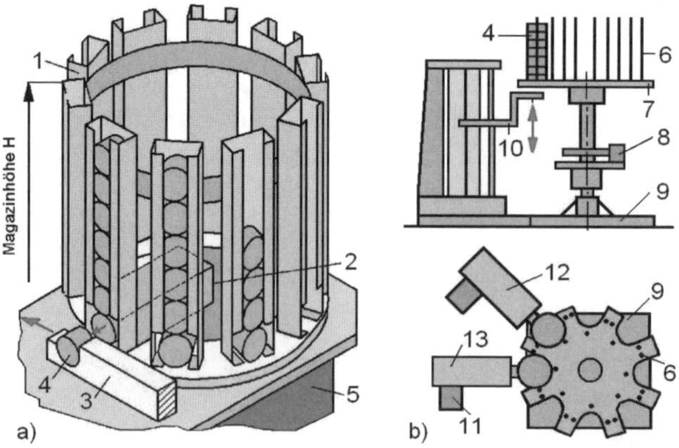

Bild 4.66 Schachtmagazine in Karussellausführung. a) Schwerkraftnutzung, b) Hubsystem, 1 Magazinschacht, 2 Antrieb für Zuteilerstößel, gestellfest, 3 Eingeber, 4 Werkstück, 5 Unterbau mit Drehtischantrieb, 6 Magazinstab, 7 Drehteller, 8 Drehantrieb, 9 Standfuß, 10 Hub-/Senkgabel, 11 Elektroantrieb, 12 Senkeinheit, 13 Hubeinheit

Ein Karussellspeicher wird technisch einfacher, wenn die aufwendigen Aktionen, nämlich die Beschickung und das Entnehmen von Objekten, einem Roboter übertragen werden kann. Ein Beispiel ist in Bild 4.67 zu sehen. Speichergut sind hier Transportkästen. Der Greifer des Roboters muss auf die Geometrie der Griffstellen am Transportkasten abgestimmt sein. Der **Turmaufbau** steht auf einem Rundschalttisch.

Sehr bewährt haben sich Palettiersysteme für die Werkstückbereitstellung, weil ein ganzer Stapel von Systempaletten abgearbeitet werden kann. Dazu sind zwei Manipulationssysteme erforderlich:

- Bewegen und Umsetzen der Palette
- Greifen und Bewegen der Werkstücke

Bild 4.67 Roboterbedienter Karussellspeicher für Transportkästen (Quelle: Gössling)

Beide Teilsysteme sind in einer autarken Einheit zusammengefasst (Bild 4.68). Die gerade zur Abarbeitung bereitgestellte Palette wird bei diesem Beispiel zeilenweise getaktet. Der Antransport der vollen Palette sowie das Abführen der Leerpalettenstapel lässt sich ebenfalls automatisieren und in den Stofffluss des Werkes einbinden.

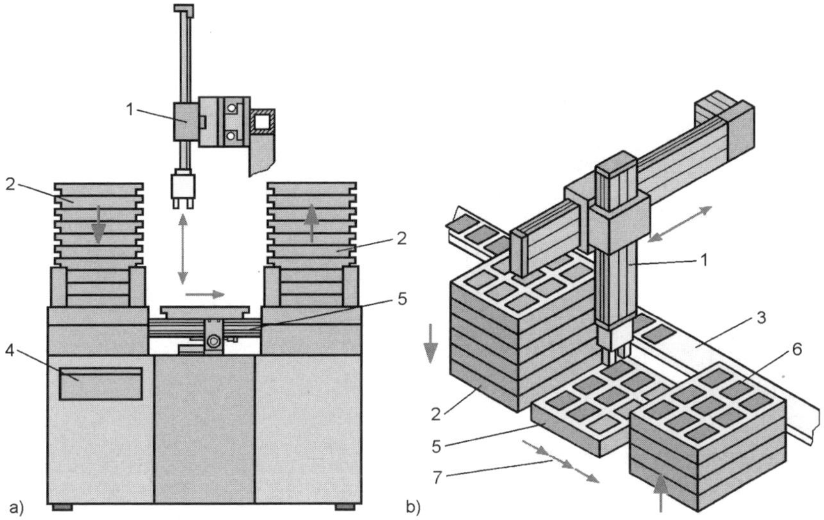

Bild 4.68 Werkstückhandhabung mit Palettier- bzw. Depalettiersystem (www.IEF-Werner.de).
a) Frontansicht eines Depalettiermoduls, b) Funktionsprinzip einer Palettierstation
1 Handhabungseinrichtung aus dem Baukasten, 2 Palettenstapel, 3 Transfersystem, Förderband, Plattenbandkette, 4 Steuerung, 5 Vertakteinrichtung für Palette in der Arbeitsposition, 6 beladene Palette, 7 Reihentaktung

Eine Addition von Schachtmagazinen stellt auch die in Bild 4.69 gezeigte Vorrichtung dar. Eine Drehscheibe wird über eine **Überlastkupplung** angetrieben und nach jedem Winkelschritt indexiert. Ein zweiter Drehteller übernimmt die Funktion des Zuteilers (Vereinzlung). Dafür wird ein zweiter Drehantrieb gebraucht. Dieser Drehteller bringt die Teile auch weit genug vom Magazin weg, so dass genügend Freiraum für den Zugriff durch einen Endeffektor vorhanden ist, der das Werkstück abholt und an den Prozess übergibt.

Nicht immer lassen sich Teile von unten aus dem Magazin abschieben, weil z. B. höhenvariable Oberflächenmerkmale beschädigt werden könnten. Dann muss man das Werkstück von oben abnehmen. Ein Weg wäre der Einsatz eines Hubmagazins, wie es das Bild 4.70 zeigt. Der Werkstückstapel wird schrittweise angehoben. Dazu dient im Beispiel ein **„Elektrozylinder“**. Diese Lösung ist aber für kurzzyklische Prozesse ungeeignet oder man hat ein zweites Magazin aufgebaut, auf das dann umgeschaltet werden kann.

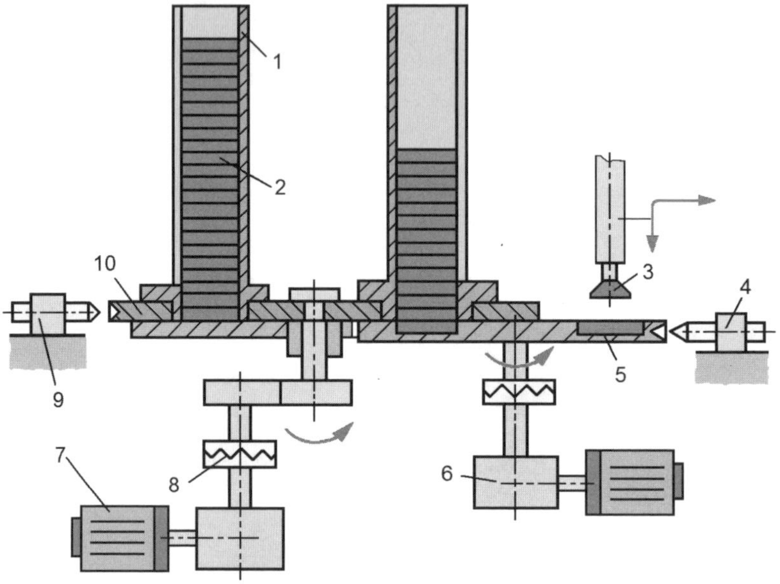

Bild 4.69 Karussellmagazim mit Zuteilerscheibe.
1 Schachtmagazin, 2 Werkstück, 3 Sauger, 4 Getriebe, 5 Zuteilerscheibe, 6 Schneckengetriebe, 7 Elektromotor, 8 Überlastkupplung, 9 Indexiereinheit für Drehscheibe, 10 Drehscheibe

Ein kritischer Punkt ist bei allen Magazinen der Zeitbedarf für den Magazinwechsel oder das meist manuelle Nachfüllen. Es darf jedenfalls nicht zu Stillständen im Produktionsprozess kommen. Deshalb sind Magazine bei taktzeitkritischen Prozessabläufen oft aus Leistungsgründen nicht empfehlenswert.

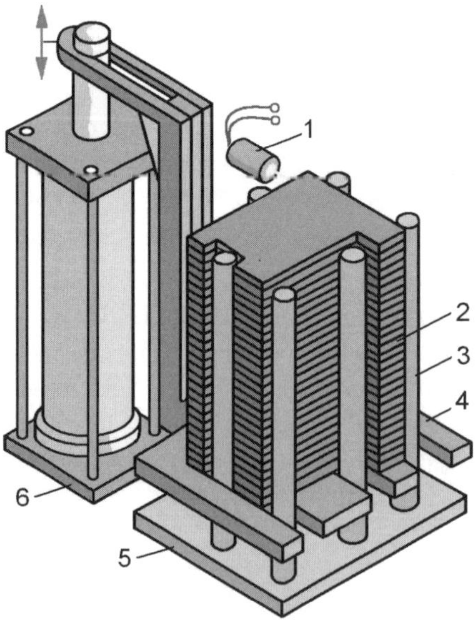

Bild 4.70 Hubmagazin für konturierte Flachteile.
1 Näherungssensor, 2 Werkstück, 3 Magazinstange, 4 Hubgabel, 5 Magazineinheit, 6 Hubantrieb

Schrägschachtmagazine (Bild 4.71) werden z. B. an Pressen zur Rondenzuführung verwendet, weil sie sich mit den räumlichen Gegebenheiten an Werkzeug und Presse besser vertragen. Man kann diese Bauform auch verwenden, um die Gewichtskräfte auf das untere Werkstück zu mindern. Bei Teilen, die leicht aneinanderhaften (Gratkanten), führt die **Schrägspeicherung** unter Umständen dazu, dass sich die Teile leichter voneinander lösen. Das ist ein Vorteil.

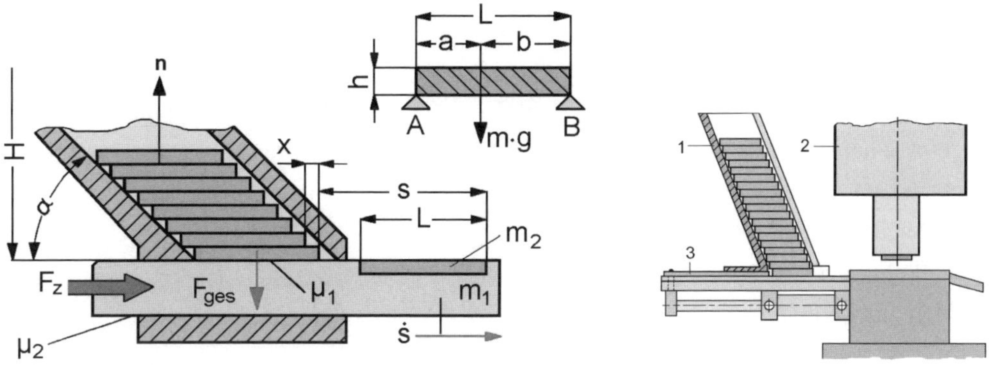

Bild 4.71 Schrägschachtmagazin für Blechzuschnitte.
1 Magazin, 2 Exzenterpresse, 3 Zuteilschieber

Befindet sich ein Teil im Magazin, dann ist $F_{ges} = F_G$. Bei zwei Teilen ergibt sich für das zweite Teil das Momentengleichgewicht um den Punkt A zu $a \times F_G - b \times F_{B2} = 0$ und es wird $F_B = F_G \times (a/L)$. Im Punkt A stützt sich das Teil an der Magazinwand ab. Damit ergibt sich bei zwei Teilen folgende Gleichung:

$$F_{ges} = F_G + F_{B2} \cdot \frac{L - x}{a} \tag{4.26}$$

a, b	Stützabstände
F_G	Werkstückgewichtskraft, $F_G = m_2 \cdot g$
F_{ges}	auf den Zuteiler wirkende Gewichtskraft
g	Erdbeschleunigung
h	Werkstückdicke
L	Werkstücklänge
m_1	Masse des Zuteilschiebers
m_2	Werkstückmasse
s	Zuteilerweg
t	Zeit
x	Werkstückkantenversatz, $x = h/\tan\alpha$
α	Magazinneigungswinkel

μ_1 Reibungskoeffizient Werkstück/Schieber

μ_2 Reibungskoeffizient der Schieberführung

Führt man diese Betrachtungsweise für weitere gespeicherte Teile fort, so erhält man als allgemeine Gl. 4.27:

$$F_{\text{ges}} = \sum_{n=1}^{i} F_{\text{g}} (k)^{n-1} \tag{4.27}$$

oder

$$F_{\text{ges}} = g \cdot m_2 \cdot \frac{1-k^n}{1-k} \tag{4.27a}$$

k Koeffizient, $k = 1 - (x/L)$

n Füllmenge, $n = H/h$

H Magazinhöhe

Unter Berücksichtigung der Reibung zwischen Teilestapel und Zuteiler, der Reibung zwischen Zuteiler und Führung sowie der Kraft, die für das eigentliche Zuteilen nötig ist, ergibt sich die aufzubringende Zuteilerantriebskraft F_Z mit Gl. 4.28 zu:

$$F_Z = (\mu_1 + \mu_2)\left[g \cdot m_2 \cdot \frac{1-k^n}{1-k}\right] + (m_1 + m_2) \cdot 2 \cdot \frac{s}{t^2} \tag{4.28}$$

Wird die Zuteilerkraft F_Z vorgegeben, dann kann die zulässige **Speichermenge** n mit Gl. 4.29 ermittelt werden (lg = dekadischer Logarithmus, Basis 10):

$$n = \frac{\lg\left\{1 - \left[\frac{F_z - (m_1 + m_2) \cdot 2 \cdot \frac{s}{t^2}}{(\mu_1 + \mu_2) \cdot m_2 \cdot g} \cdot (1-k)\right]\right\}}{\lg k} \tag{4.29}$$

Halboffene Schrägschachtmagazine (Bild 4.72) lassen sich übrigens manuell leichter nachfüllen als geschlossene Senkrecht-Schachtmagazine.

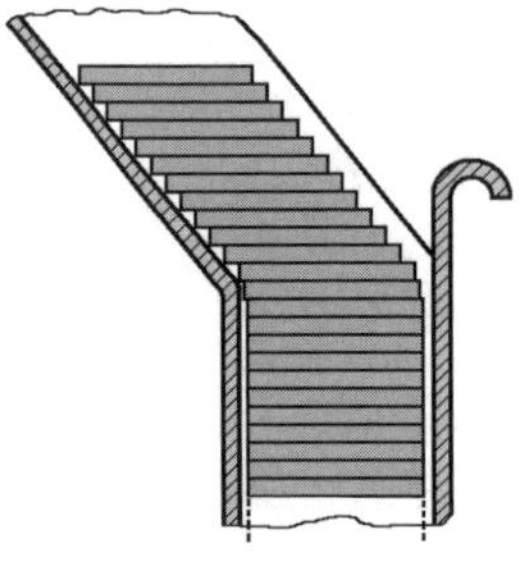

Bild 4.72 Halboffenes Schrägschachtmagazin im Schnitt

Beim Stapelmagazin nach Bild 4.73 werden die Gewichtskräfte der Werkstückreihe nur teilweise auf das nächste Werkstück übertragen, weil eine Abstützung gegen das Magazin erfolgt. Das senkt die Belastung des Zuteilschiebers.

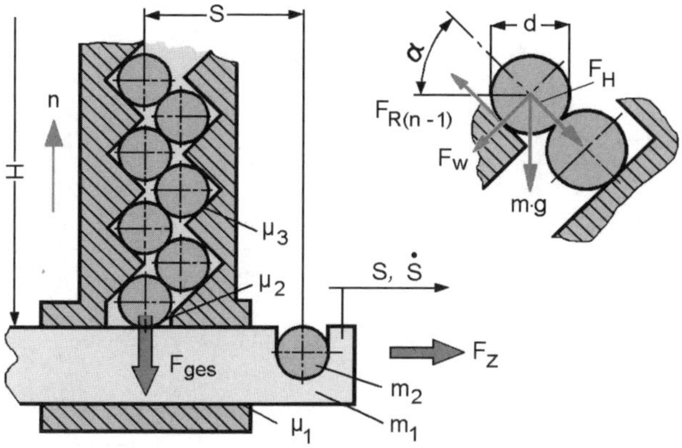

Bild 4.73 Stufenmagazin (Zick-Zack-Magazin)

Welche Zuteilerantriebskraft F_Z ist für die Bewegung des Schiebers erforderlich? Bei einem Neigungswinkel von $\alpha = 45°$ ergibt sich die Hangabtriebskraft F_H wie folgt (Gl. 4.30):

$$F_H = (1 - \mu_3) \cdot m_2 \cdot g \cdot \sin\alpha \tag{4.30}$$

Die Hangabtriebskraft des $(n - 1)$-ten Werkstücks unterstützt die Kraftwirkung der Normalkraft auf die Magazinwand F_W. Es gilt Gl. 4.31:

$$F_{W(n-1)} = m_2 \cdot g \cdot \sin\alpha + (1 - \mu_3) \cdot m_2 \cdot g \cdot \sin\alpha \tag{4.31}$$

Die Reibungskraft $F_{R(n-1)}$, die der Hangabtriebskraft des $(n - 1)$-ten Teils entgegenwirkt, erhält man mit Gl. 4.32 zu

$$F_{R(n-1)} = (2 \cdot \mu_3 - \mu_3^2) \cdot m_2 \cdot g \cdot \sin\alpha \tag{4.32}$$

Damit lässt sich eine allgemeine Gleichung für die auf den Zuteiler wirkende Kraft angeben (Gl. 4.33):

$$F_{ges} = m_2 \cdot g \cdot \sum_{n=1}^{i} (1 - \mu_3)^{n-1} \tag{4.33}$$

oder

$$F_{ges} = m_2 \cdot g \cdot \frac{1 - (1 - \mu_3)^n}{1 - (1 - \mu_3)} \tag{4.33a}$$

Unter Berücksichtigung der Reibung zwischen Teilestapel und Zuteiler, der Reibung zwischen Zuteiler und Führung sowie der Kraft, die für das eigentliche Zuteilen notwendig ist, ergibt sich für die aufzubringende Zuteilerantriebskraft nach Gl. 4.34:

$$F_Z = (\mu_1 + \mu_2)\left[m_2 \cdot g \cdot \frac{1-(1-\mu_3)^n}{1-(1-\mu_3)}\right] + (m_1 + m_2)\frac{2 \cdot s}{t^2} \tag{4.34}$$

Wird die Kraft F_Z vorgegeben, dann ergibt sich die zulässige Speicherkapazität n aus der folgenden Gl. 4.35:

$$n = \frac{\lg\left\{1 - \left[\dfrac{F_Z - (m_1 + m_2)\cdot 2 \cdot \dfrac{s}{t^2}}{(\mu_1 + \mu_2)\cdot m_2 \cdot g} \cdot (1 - [1-\mu_3]\ )\right]\right\}}{\lg(1-\mu_3)} \tag{4.35}$$

Bei einer vorgegebenen Höhe H des Magazins ergibt sich für n die Gl. 4.36:

$$n = 1 + 1{,}41 \cdot \left(\frac{H-d}{d}\right) \tag{4.36}$$

Es bedeuten:

i Laufvariable

m Masse

s Zuteilhub

t Zuteilzeit

α Stufenwinkel

Das Bild 4.74 zeigt ein **Kassettenmagazin**, bei dem durch einen Federboden der gesamte Magazininhalt angehoben wird. Das Magazin lässt sich als auswechselbare Kassette gestalten. Unmittelbar vor dem Aufsetzen des Saugers wird ein Rast- oder Klemmmechanismus gelöst, der den Federboden freigibt.

Betrachtet man alle wirkenden Momente um den Drehpunkt A, so ergibt sich für die Federzugkraft F_1, um eine reine Klemmung zu bewirken, die Gl. 4.37:

$$\sum M_A = F_2 \cdot l_2 + F_3 \cdot l_3 - F_{R1} \cdot l + F_N \cdot l \cdot \tan\alpha - F_1' \cdot l_1 = 0 \tag{4.37}$$

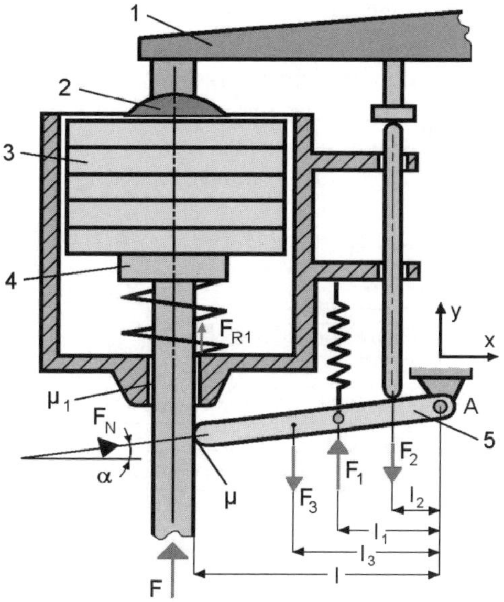

Bild 4.74 Kassettenmagazin mit selbstanhebendem Federboden.
1 Handhabungseinrichtung, Pick-and-Place-Gerät, 2 Sauger, 3 Werkstück, 4 Hubboden, 5 Klemmhebel

Die Kraft F_N erhält man aus einer Betrachtung des Hubtellers. Es müssen sich im Gleichgewicht befinden (Gl. 4.38)

$$\sum F_y = F - F_N \cdot \mu - F_N \cdot \mu_1 = 0 \tag{4.38}$$

Weiterhin ist die Reibungskraft

$$F_{R1} = F_N \cdot \mu \tag{4.39}$$

Werden die Gln. 4.38 und 4.39 in die Gl. 4.37 eingesetzt und letztere nach F_1 umgestellt, so ergibt sich Gl. 4.40:

$$F_1 = \frac{F \cdot l \cdot \dfrac{\tan\alpha - \mu}{\mu + \mu_1} + F_2 \cdot l_2 + F_3 \cdot l_3}{l_1} \tag{4.40}$$

Die Hubfederkraft F setzt sich mit Gl. 4.41 wie folgt zusammen

$$F = F_{G1} + F_{G2} \cdot x + \Delta F \tag{4.41}$$

F_{G1} Gewichtskraft des Hubtellers

F_{G2} Gewichtskraft eines Werkstücks

x Speichermenge

ΔF Hubkraft zur Überwindung der Reibkraft von Teilen mit der Magazinwand

Bei gespeicherten Stahlblechzuschnitten und einer Kassette aus Aluminium ergibt sich für ΔF folgender Erfahrungswert (Gl. 4.42):

$$\Delta F \approx (0{,}2 \text{ bis } 0{,}3) \cdot F_{G2} \cdot x \tag{4.42}$$

Eine flächige Anordnung von Werkstücken führt zu einer anderen Bauform von Magazinen, den Werkstück-Trägermagazinen (Magazinpalette aus Metall DIN 24 602). Sie zeichnen sich dadurch aus, dass die Teile auf jeweils eigenen Speicherplätzen untergebracht sind und sich in der Regel nicht gegenseitig berühren. Die Magazinierung kann auch in mehreren Schichten erfolgen, wenn man geeignete **Zwischenlagen** verwendet oder eine Stapelfähigkeit der Teile gegeben ist. Das wird in Bild 4.75 an Beispielen gezeigt.

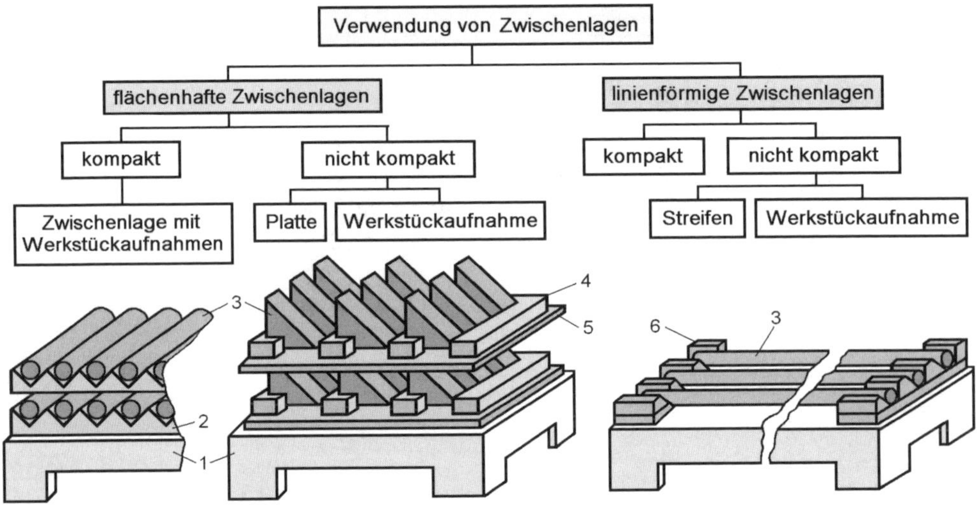

Bild 4.75 Verwendung von Zwischenlagen beim Magazinieren auf Paletten.
1 Transportpalette, 2 Gummi-Prismaleiste, 3 Arbeitsgut, 4 Werkstückhalteelement, 5 Auflageplatte, 6 Fixierelemente

Der Vorgang „Palettieren“ wird immer häufiger mit Hilfe maschineller Einrichtungen erledigt. Das Bild 4.76 zeigt einen typischen robotisierten Aufbau. Von der Handhabungstechnik wird erwartet:

- Hohe Geschwindigkeit
- Bewältigung unterschiedlicher Packmuster und Stapelschemata
- Handdrehachse mit Greifsystem (Sauger, Klemmgreifer, Haken u. a.)
- Rollen-, Röllchen-, Bandfördersysteme für die Objektzuführung
- Palettentransportsysteme für die Zu- und Abführung von Ladehilfsmitteln

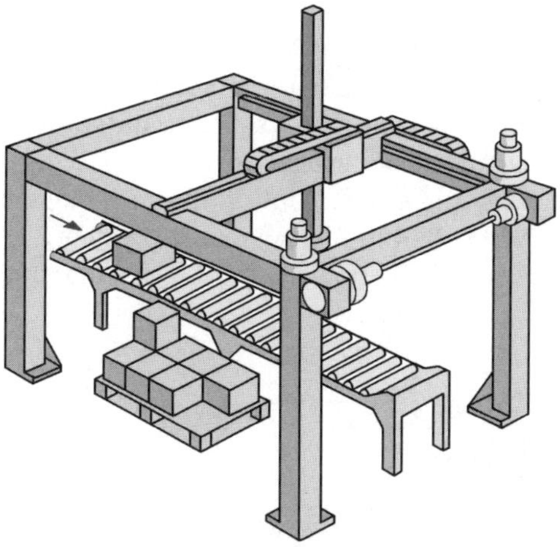

Bild 4.76 Palettiersystem mit Flächenportalroboter

Die kinematischen Anforderungen an **Palettierroboter** *(palleting robot)* werden in Bild 4.77 im Vergleich mit den Vorgängen Kommissionieren und Beschicken von Arbeitsmaschinen als Nutzwert gegenübergestellt.

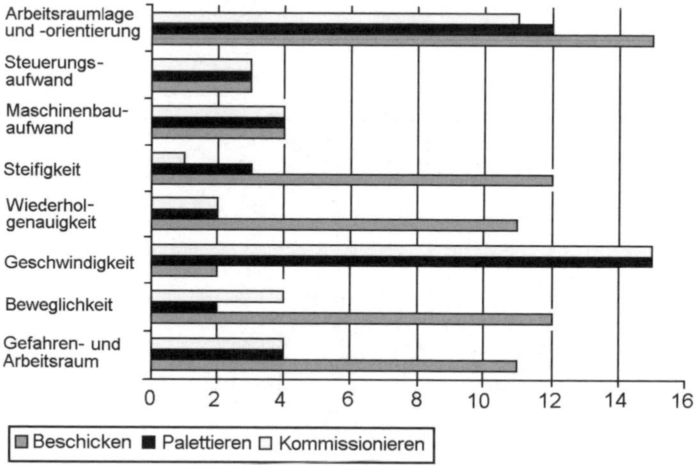

Bild 4.77 Bewertung der Kinematik von Handhabungseinrichtungen als Nutzwert von 0 bis 16

Moderne Robotertechnik ist heute in der Lage, Produkte von mehreren sortenreinen Paletten zu entnehmen und damit eine neue Palette gemischt mit verschiedenen Sorten wieder aufzubauen. Das entspricht als Aufgabenstellung dem Kommissionieren.

Der vielfältige Einsatz von **Werkstück-Trägermagazinen** in der Art von Flachpaletten hat auch zu vielen unterschiedlichen Werkstückaufnahmen geführt, die die Teile in der Orientierung und Position fixieren. Das Bild 4.78 zeigt einige Beispiele. Die Werkstücke müssen trotzdem ohne Behinderung automatisch mit Greifern entnehmbar bzw. magazinierbar sein. Mit z. B. gerasterten Schienen und Steckelementen wird versucht, eine gewisse Flexibilität zu erreichen.

Flachpaletten aus Stahl-, Aluminium oder Edelstahlblech können sehr genau gefertigt werden und auch Informationen mitführen. Ein reibungsloser Materialfluss in der automatisierten Fertigung kann so durch eindeutige Identifizierung der Werkstück-Trägermagazine sichergestellt werden, wobei auch werkstückbezogene Prozessdaten mitgegeben werden können. Da nicht jedes Bauteil mit einem eigenen Datenträger ausgestattet werden kann, muss die Datenerfassung werkstücknestbezogen über ein Identifikationssystem am Werkstück-Trägermagazin erfolgen, z. B. mit dem BIS (Balluff-Identifikations-System). Es besteht aus robusten Datenträgern in Miniaturbauweise, einem Schreib-Lesekopf und einer Auswerteeinheit.

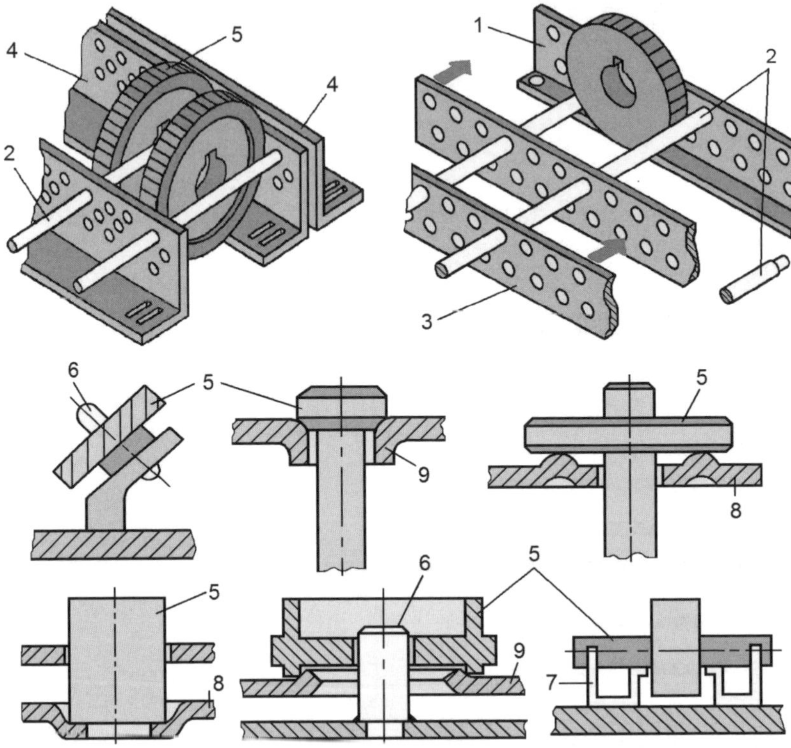

Bild 4.78 Werkstückaufnahmen für Werkstück-Trägermagazine (LK Mechanik; www.lk-mechanik.de; Bloksma; www.bloksma.de).
1 Lochschiene, 2 Trennstab, 3 bewegliche Lochrasterschiene, 4 Winkelschiene, 5 Werkstück, 6 Dorn, 7 Prismaauflage, 8 profilierter Palettenboden, 9 Blechdurchzug

Werkstück-Trägermagazine mit hoher Genauigkeit sind besonders für Präzisionsteile in der Elektronik, der Medizin- und Fahrzeugtechnik gut verwendbar, wobei die Positionsfehler über alle Speicherplätze (Werkstücknester) beispielsweise nur ± 0,02 mm betragen (Bild 4.79). Deshalb werden beim Hersteller die **Werkstücknester** mit einer Genauigkeit von 0,14 µm vermessen. Die Messdaten dienen aber nicht allein der Qualitätssicherung bei der Herstellung der Magazine, sondern helfen auch der Robotersteuerung beim Anwender anhand der Korrekturdaten die Greifpräzision zu steigern. Daher sind die Werkstück-

Trägermagazine mit einem Datenchip ausgestattet, der die exakten Geometriedaten und Koordinaten zu jedem Werkstücknest bereitstellt.

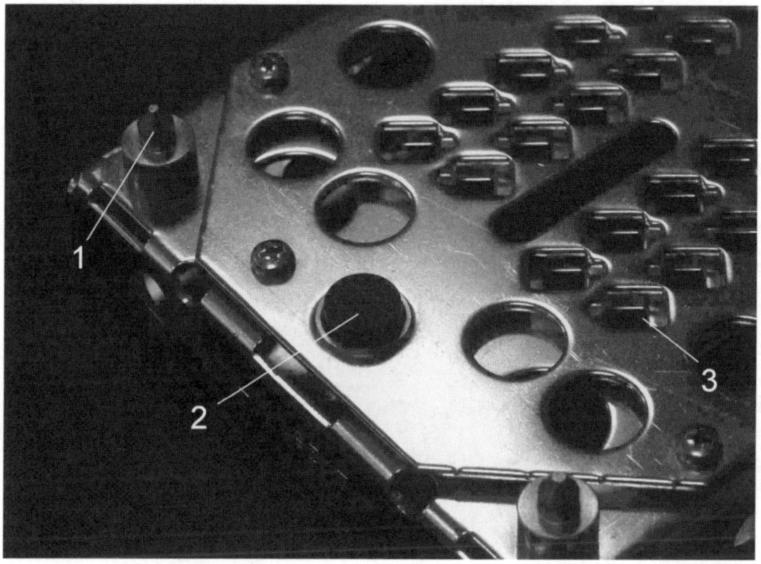

Bild 4.79 Werkstück-Trägermagazin für kleine Präzisionsteile (LK Mechanik.de; Balluff; www.balluff.de).
1 Stapelstift, 2 Datenchip, 3 Speicherplatz

Übungsaufgabe 4.2 Magazin für Geradstirnzahnräder

Für das in Bild 4.80 dargestellte geradverzahnte Rad (D = 100 mm, d = 46 mm, Dicke mit Bund 42 mm) ist eine Magazinlösung zu finden, die gewährleistet, dass das Rad nach Zahnkopf oder Zahnlücke orientiert ist. Das ist nötig, damit beim Fügen mit dem Industrieroboter zu einem Getriebe das Zwischenrad ohne Sensoreinsatz eingesetzt werden kann.

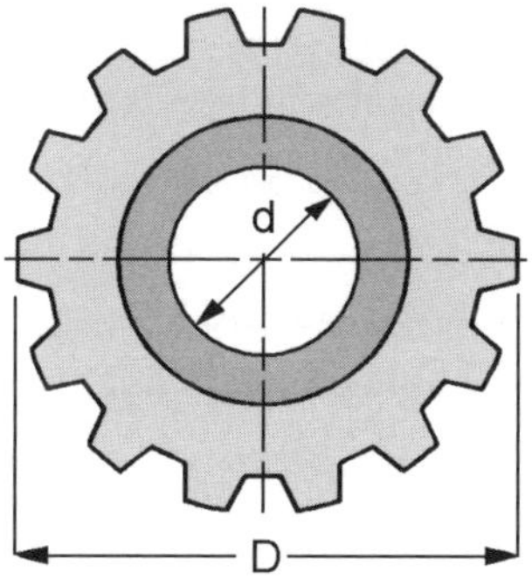

Bild 4.80 Magazinierobjekt „Stirnzahnrad mit Bund“

Häufig werden die Schachtmagazine und Zuführrinnen *(feed chutes)* noch manuell nachgefüllt. Darin besteht eine Gefahr. Es können nämlich versehentlich Falschteile *(incorrectly-oriented workpieces)* oder asymmetrische Teile in falschen Orientierung aufgefüllt werden. Das kann zu empfindlichen Maschinenstörungen *(breakdown of the machine)* führen. In diesen Fällen wird man die Magazinrinnen mit einer Konturschablone ausrüsten. Die Teile können dann nur in der vorgeschriebenen Orientierung eingegeben werden. In Bild 4.81 wird das an einigen Ausführungsbeispielen erläutert. Die **„Prüfkontur"** kann in eine Rolle eingearbeitet sein (weil leicht herstellbar). Auch einstellbare Taststifte halten verkehrt aufgegebene Teile zurück. Ein weiteres Beispiel zeigt, wie ein gefederter Tasthebel beim Einschieben des Teiles in das Magazin abwechselnd mit seinen Haken in die Nut des Werkstückes eintaucht. Teile mit der Nut nach unten lassen sich nicht durchschieben. Sie bleiben an der Eingabestelle stecken. Anstelle dieser rein mechanischen Prüfmittel lassen sich natürlich auch Sensoren einsetzen, die eine Sperre auslösen und zusätzlich ein Alarmsignal ausgeben.

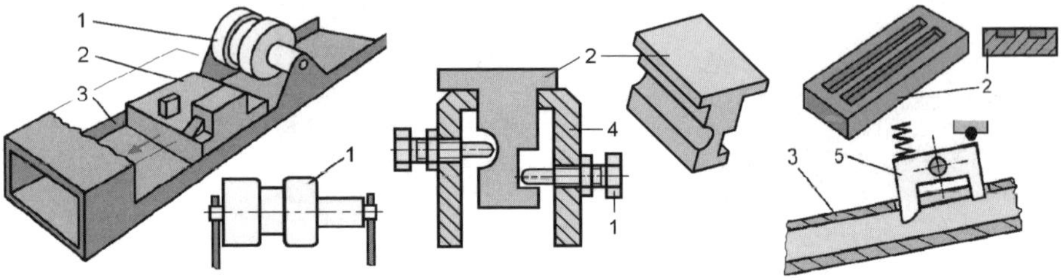

Bild 4.81 Eingabekontrolle an verschiedenen Rinnen- und Schienenmagazinen.
1 Tastrolle mit Negativkontur zur Konturprüfung, 2 Werkstück, 3 Magazin, 4 Gleitschienenzuführung, 5 Tasthebel zur Seitenlagekontrolle

Kontrollfragen

4.1 Wie kann man manuell aufzufüllende Magazine vor falsch eingelegten Teilen schützen?

4.2 Welche Ursachen führen zur Brückenbildung an Bunker- bzw. Stapelmagazinausläufen? Was kann man dagegen tun?

4.3 Welche physikalischen Effekte kann man ausnutzen, um gebunkerte ungeordnete Kleinteile beim Entnehmen zu orientieren?

4.4 Erläutern Sie die Funktionsweise eines Zellenradbunkers!

4.5 Bei konventionellen Bunkerzuführeinrichtungen wird oft das Schöpfprinzip angewendet. Welche technischen Varianten des Schöpfprinzips sind in Anwendung?

4.6 Was versteht man unter einem „Sackspeicher"?

4.7 Gestapelte Eisenbleche können mit Spreizmagneten, die am Rand eines Stapels anzubringen sind, etwas angehoben werden. Welche Physik liegt dieser Erscheinung zugrunde?

4.8 An Pressen mit Rondenzuführung ist das Magazin mitunter als Schrägschacht ausgebildet. Warum macht man das?

4.9 Beim Stapeln von Werkstücken auf Paletten erhöhen Zwischenlagen die Speichermenge. Gibt es Zusammenhänge zwischen der Werkstückart und -form und der Ausführung der Stapelzwischenlagen?

4.10 Welche Anforderungen sind an Werkstückaufnahmen zu stellen, die auf Flachpaletten angebracht werden?

4.11 Beim Auslauf von rollfähigen Werkstücken aus einem Stapelbunker kann es, wie in Bild 4.82 gezeigt, zu einer Brückenbildung kommen. Der Teilenachlauf ist dann unterbrochen. Mit welchen technischen Hilfen kann man einer Brückenbildung begegnen? Ergänze konstruktiv die Stapelbunker!

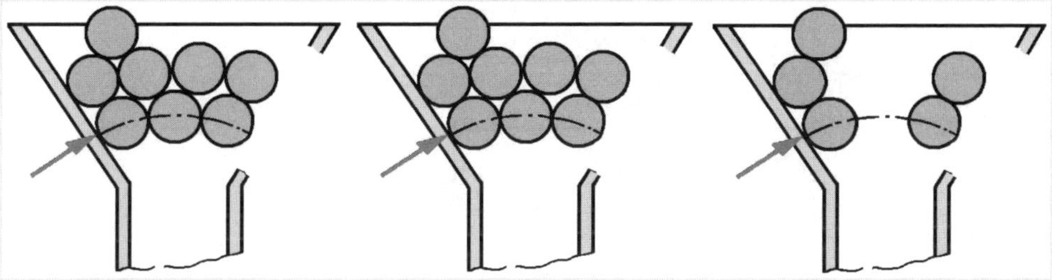

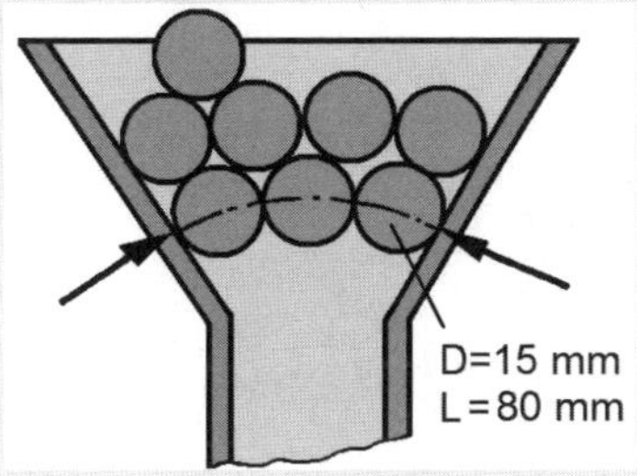

Bild 4.82 Das Phänomen der Brückenbildung

4.3 Einrichtungen zum Mengen verändern

Darunter versteht man Vorrichtungen, die Mengen von Objekten teilen oder vereinigen. Der Material- bzw. Werkstückfluss unterliegt einer Veränderung. Diese nimmt den Charakter einer Handhabungsfunktion an, wenn es sich um geometrisch bestimmte Körper handelt und dabei definierte Orientierungsbedingungen bestehen. Man unterscheidet:

- **Teilen** (Verteilen, Aufteilen); Bildet Teilmengen aus einer Menge
- **Vereinigen**; Führt Teilmengen zu einer Menge zusammen
- **Abteilen**; Teilen mit definierter Größe oder Anzahl. Wird nur ein Teil abgesondert, spricht man vom Vereinzeln. Synonyme: Portionieren und Dosieren (wird hauptsächlich für formlose Stoffe benutzt).

- **Zuteilen**; Das ist Abteilen plus Bewegen der Teilmenge zu einem definierten Zielort, z. B. ein Spannmittel in einer Arbeitsmaschine.
- **Verzweigen** und **Zusammenführen**; Auflösen bzw. Bilden eines Mengenstromes aus Teilmengenströmen
- **Sortieren**; Damit bezeichnet man das Zuordnen und Teilen einer Menge von unterschiedlichen Körpern nach bestimmten Merkmalsklassen, den Sorten

4.3.1 Zuteilen

Zu den häufigsten und wichtigsten Funktionen beim „Mengen verändern" gehört das Zuteilen. Man kann diese Funktion wie in Bild 4.83 dargestellt, definieren.

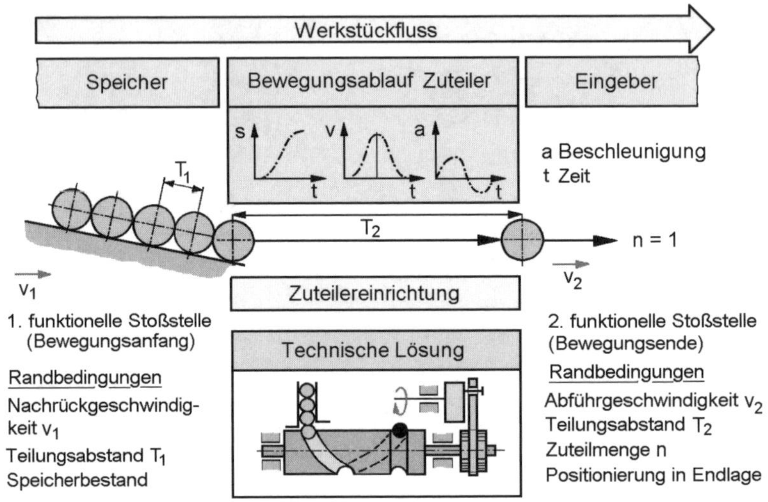

Bild 4.83 Funktionen eines Zuteilers am Beispiel des Vereinzelns von Rundteilen

Eine Realisierung ist durch freie Bewegung der Werkstücke oder durch eine Zwangsführung möglich. Letztere erfordert mehrere gesteuerte Bewegungen und ist konstruktiv aufwendiger. Die Zuteilzeit und damit auch der Grad der Maschinenauslastung ist im Allgemeinen nur bei Zwangsbewegungen exakt beeinflussbar. Dann ist genaues Steuern und Bestimmen von Geschwindigkeit und Richtung der Gutbewegung möglich.

Das Zuteilen von Werkstücken erfordert in der Regel eine lückenlose **Werkstückschlange**. Das lässt sich durch Beeinflussung der Geschwindigkeit erreichen, wie es in Bild 4.84 beispielhaft skizziert wurde.

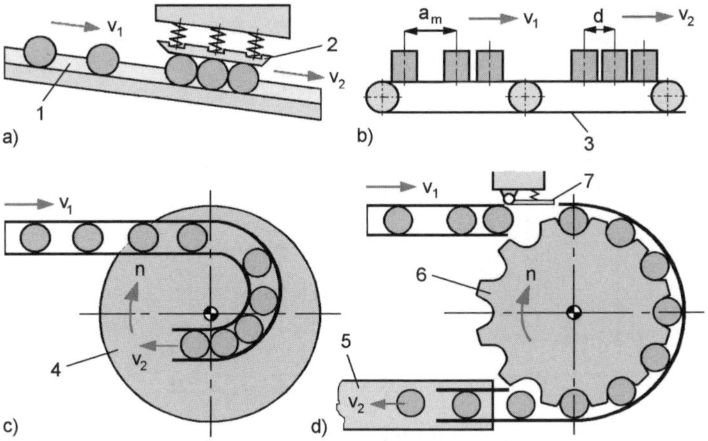

Bild 4.84 Abstandsänderungen von Werkstücken im Strang. a) Abbremsen der Teile mit federbelasteter Platte, b) Änderung der Förderbandgeschwindigkeit, c) Übergang zu kleinerer Umfangsgeschwindigkeit (Draufsicht), d) Rotor mit festen Mitnehmerkammern (Draufsicht).
1 Rollbahn, 2 Bremsschuh, 3 Förderband, 4 Transportscheibe, 5 Ausgabeförderband, 6 Rotor mit Mitnehmerkammern, 7 gefederte Zuhaltung, *n* Drehzahl, *v* Geschwindigkeit

Bei der Anordnung nach Bild 4.84b gilt für die Bandgeschwindigkeit v_2 die Gl. 4.43:

$$v_2 \leq v_1 \cdot \frac{d}{a_m} \tag{4.43}$$

d Werkstückdurchmesser

a_m mittlerer Abstand der zugeführten Teile

Es ergibt sich eine lückenlose Werkstückfolge. Bei der Lösung nach Bild 4.84d werden die Teile auf einen einheitlichen Abstand gebracht. Am Rotoreinlauf schützt eine federbelastete Klappe vor Verklemmungen. Eine taktweise Schaltung des Rotors entspricht bereits der Funktion einer Zuteileinrichtung *(escapement, separating device)*.

Zuteiler werden oft nach dem aktiven Element bezeichnet, wie z. B. Schieber-, Rotor- oder **Schleusenzuteiler**. Letztere sind Sperren mit einem Rückhalteelement. Auch Greifer können als Zuteiler eingesetzt werden. Im Beispiel des Bildes 4.85 wird dazu ein Parallelbackengreifer mit entsprechend gestalteten Sperrelementen anstelle von Greiferbacken verwendet.

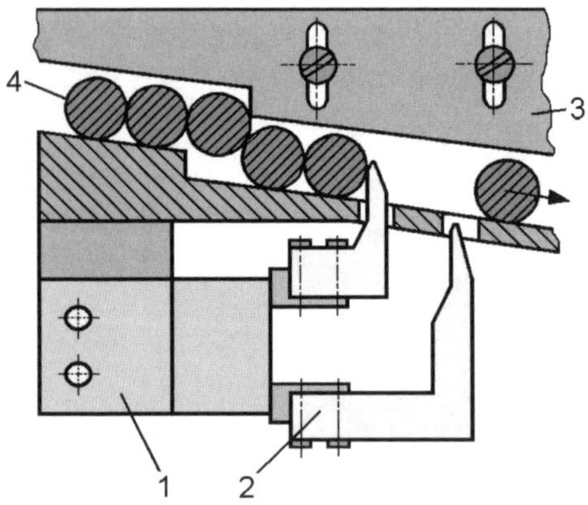

Bild 4.85 Zuteiler auf der Basis eines Standardgreifers.
1 Parallelbackengreifer, 2 Sperrarm,
3 Abdeckschiene, 4 Werkstück

Auch ein einfacher Schwenkantrieb kann zum Zuteiler werden. In Bild 4.86 wird gezeigt, wie ein Schwingarm in einen Pappebehälter eintaucht und das Objekt solange bei laufendem Band zurückhält, bis die nachfolgende Arbeitsstation signalisiert, dass der Behälter freigegeben werden soll. Nachdrängende Behälter werden angehalten, bis das jeweilige Abrufsignal eintrifft.

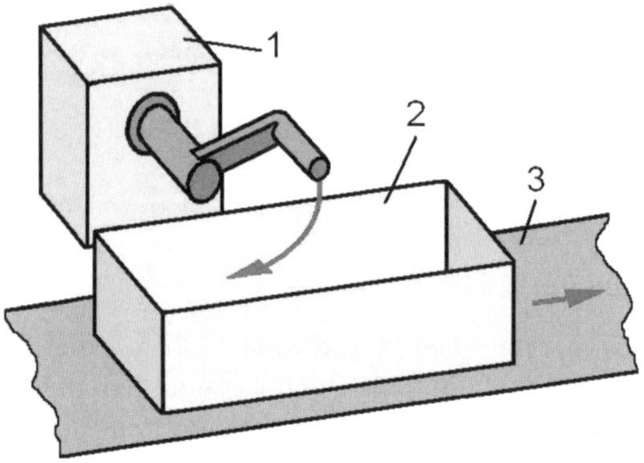

Bild 4.86 Schwingarmzuteiler für Behälter aus Pappe.
1 pneumatischer Schwenkaktor,
2 Pappebehälter, 3 Förderband

Zuteiler, die nach dem Schleusenprinzip arbeiten, werden von verschiedenen Herstellern als Standardkomponente in der Regel mit pneumatischem Antrieb angeboten. Aufbau und Einsatz werden in Bild 4.87 an zwei typischen Beispielen gezeigt. Vereinzler mit fester Spitze setzt man ein, wenn z. B. achsparallel magazinierte Rundteile zu vereinzeln sind. Hat man axial magazinierte Teile, wie zum Beispiel Zylinderstifte, dann kann der Rückhaltefinger nicht in den Arbeitsgut-Zwischenraum eintauchen, um den Nachlauf zu sperren. Dann wird ein gefederter Rückhaltefinger eingesetzt, der das vorletzte Werkstück sperrt, indem er es gegen die Magazinwand spannt. Auf verschiedene Werkstücklängen bzw. -durchmesser reagiert man, indem der Freigabefinger auf den erforderlichen Abstand abgewinkelt wird.

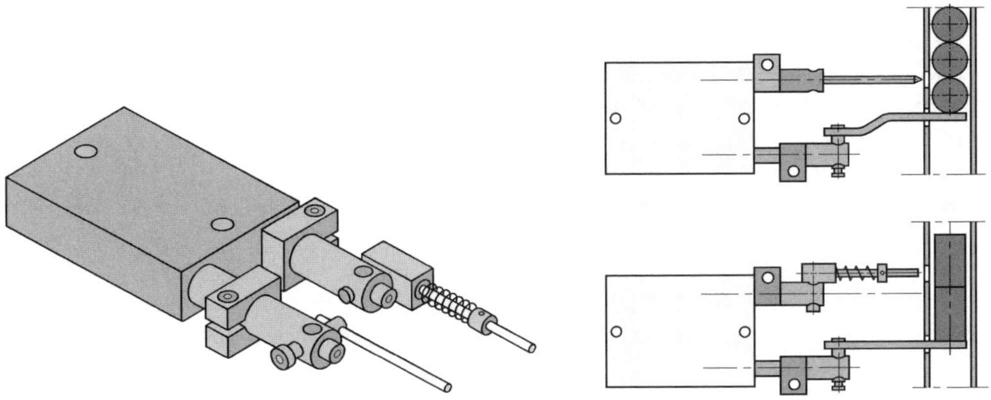

Bild 4.87 Standardausführung eines pneumatisch angetriebenen Vereinzelers für achsparallel und axial magazinierte Werkstücke (Püschel; www.pueschel-group.com)

Beim Entwurf von Zuteilern sind weitere Aspekte für die konstruktive Auslegung zu beachten. Das sind folgende:

- Eigenschaften und Verhalten der Werkstücke
- Achslage und Stapelung der Teile im Magazin
- Anzahl der zuzuteilenden Werkstücke
- Größe und Zugänglichkeit des freien Raumes
- Bewegungsverlauf der aktiven Elemente des Zuteilers

Die konstruktive Ausführung der aktiven Zuteilelemente kann stark vom Werkstück abhängen. Ein Beispiel zeigt das Bild 4.88. Rastklinken tauchen in die Gewindebohrungen des T-Gussstücks ein und vereinzeln auf diese Weise während der Schieberbewegung das Werkstück. Die **Rastklinken** sind gefedert und benötigen keine Steuerung. Beim Rückhub weichen sie von selbst zurück.

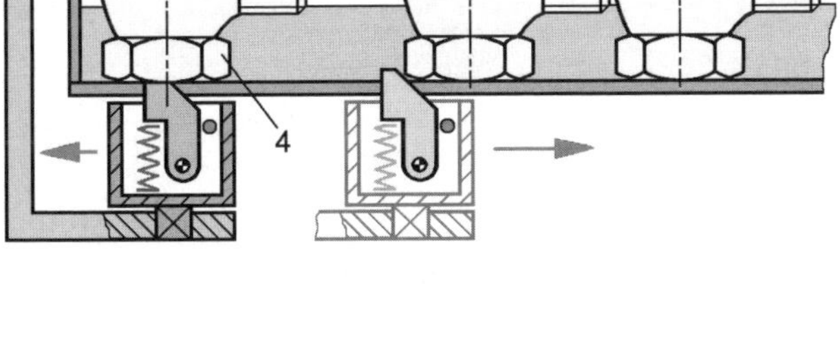

Bild 4.88 Zuteiler für Armaturen (Draufsicht).
1 Zuteilhub, 2 Rückhub, 3 Rastklinke, 4 T-Stück-Armatur, Werkstück, 5 Zuführkanal

Bei der Konstruktion von Zuteilern möchte man, wie bei anderen bewegten Komponenten, aus maschinendynamischen Gründen statt funktionserfüllenden Vollkörpern lieber Minimalkörper einsetzen. Massearme bewegte Körper sind die bessere Lösung. Am Beispiel eines **Rotorzuteilers** (Bild 4.89) wird gezeigt, wie man durch systematische Formgebung vom Vollkörper zum **Minimalkörper** kommt. Es ist zu prüfen, welche Flächen unbedingt erhalten werden müssen. Dabei muss man natürlich sicherstellen, dass trotz Minimierungsbestrebungen die Werkstücke bei Berührung an eventuell scharfen Kanten ohne Beschädigung bleiben.

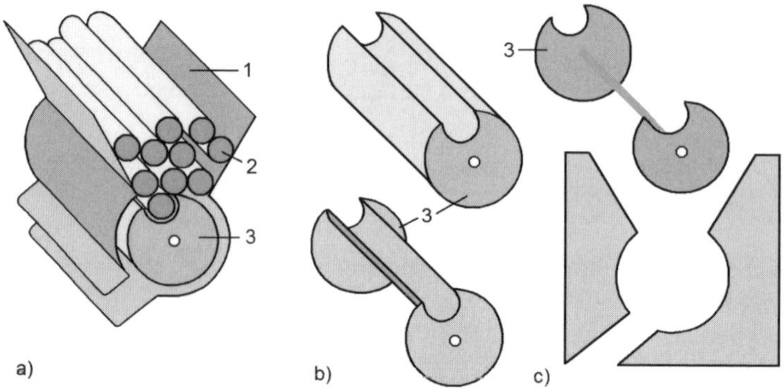

Bild 4.89 Zuteilerentwurf - Vom Vollkörper zum Minimalkörper (nach [4.3]). a) Vorrichtung mit maximalen Auflageflächen, b) Zuteiler mit Maximalflächen, aber minimalem Körper, c) Zuteiler und Stapelmagazin mit Minimalflächen und Minimalkörper.
1 Stapelmagazin, 2 Werkstück, 3 Rotorzuteiler

Ein **Leichtbau-Zuteilrotor** wird ergänzend in Bild 4.90 vorgestellt. Die Konstruktion ist einfach. Der Rotor kann auf die Werkstücklänge eingestellt werden. Schmutzablagerungen werden weitgehend vermieden Die Linienberührung verhindert Kratzspuren am Werkstück.

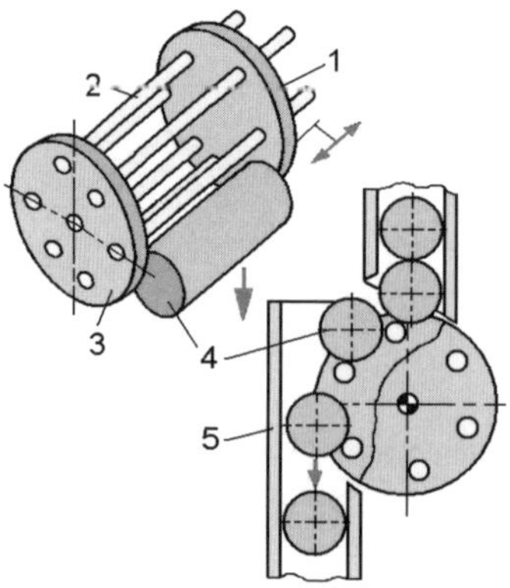

Bild 4.90 Zuteiler in Leichtbauweise.
1 Randscheibe, einstellbar, 2 Trennstab, 3 Basisscheibe, 4 Werkstück, 5 Zuführschacht

Die aktiven Elemente eines Zuteilers können translatorische oder rotatorische Bewegungen ausführen, d.h. Gerad- oder Schwenkschieber sein. Letztere arbeiten demnach kreisförmig-alternierend (zwischen zwei Endpositionen). In der Übernahmestellung schlägt der Haltefinger an und öffnet den „Greifer". Das Werkstück kann einfallen. Für das Öffnen zum Entnehmen bedarf es eines externen Anschlags, der auf die Federseite des Fingers wirkt (Bild 4.91).

Mit **Rückhaltesperre** erreicht man Leistungen bis etwa 40 Teile je Minute. Schieber für Flachteile schaffen bis zu 100 Zuteilzyklen je Minute. Werden Greifer als Zuteiler eingesetzt, erreicht man Leistungen die bei etwa 20 Vereinzelungen liegen. An Spezialmaschinen, z. B. in der Verpackungstechnik *(packaging technology)*, sind diese Grenzen oft zu noch höheren Leistungen verschoben.

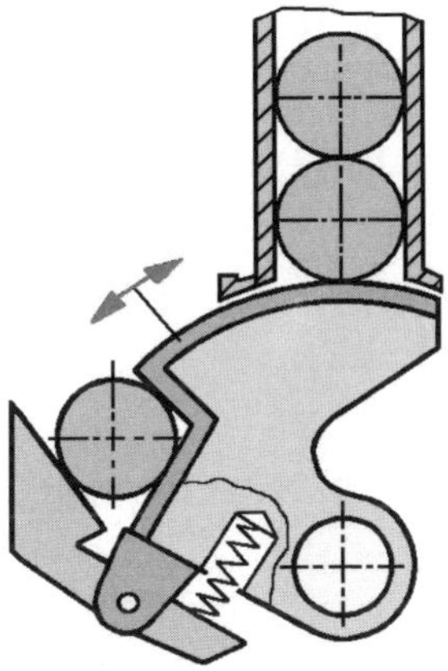

Bild 4.91 Vereinzelung mit Schwenkschieber

Der Vorgang des Vereinzelns kann gleichzeitig mit einer Fügebewegung kombiniert sein. Eine solche Vorrichtung zum Fügen von Stiften wird in Bild 4.92 skizziert. Außerdem ist ein Schwenkvorgang inbegriffen. Das Fügeteil, ein Passstift, wird in der Fügeposition gehalten. Dann wird das Teil aus der Schwenkscheibe geschoben und in das Basisteil eingepresst.

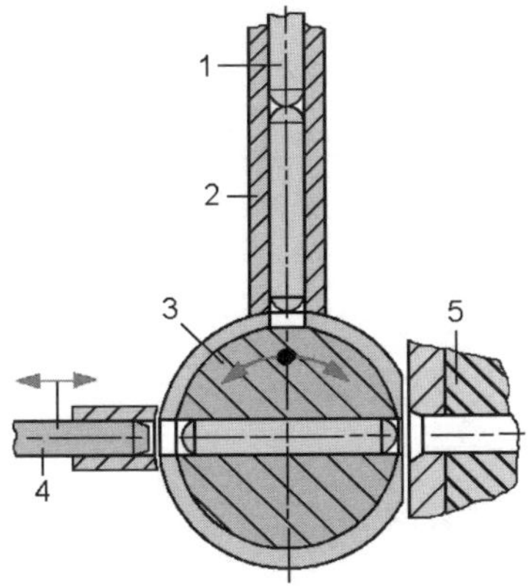

Bild 4.92 Fügeteilzuführung.
1 Fügeteil, 2 Rohrmagazin, 3 Schwenkscheibe,
4 Einpresswerkzeug, 5 Montagebasisteil

Die Bewegungen des Zuteilerelements können kontinuierlich, intermittierend (zeitweilig aussetzend) und alternierend (zwischen den Positionen pendelnd) ablaufen. Das Bild 4.93

zeigt eine dementsprechende Gliederung der Zuteiler mit den dazugehörigen Prinziplösungen für die Zuführung von Rund- und Flachteilen.

Die Zuteilbewegung durch ein aktives Element kann nach verschiedenen Bewegungsgesetzen erfolgen: stoßartig, stoßfrei mit Ruck oder stoß- und ruckfrei. Die Verläufe von Weg *s*, Geschwindigkeit *v* und Beschleunigung *a* werden über die Zeit *t* in Bild 4.94 dargestellt.

Bewegungsverlauf		Ikone	Rundteil	Flachteil
Translation	geradlinige Bewegung in einer Richtung		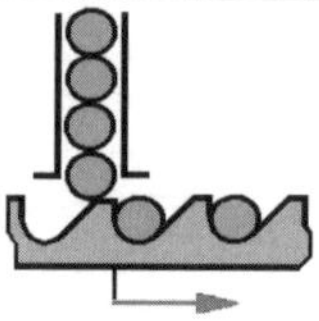	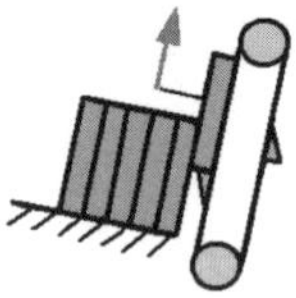
	geradlinige Bewegung in beiden Richtungen		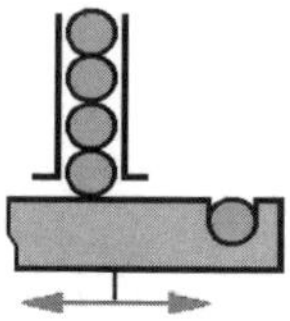	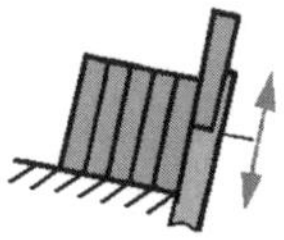
	unterbrochene geradlinige Bewegung		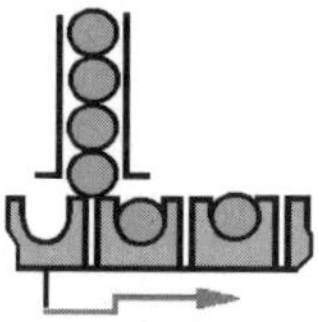	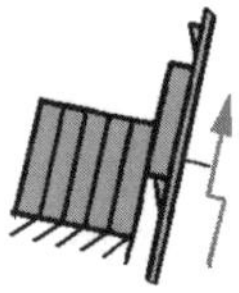
Rotation	Drehbewegung in einer Richtung		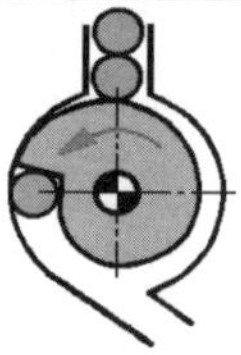	
	Drehbewegung in beiden Richtungen		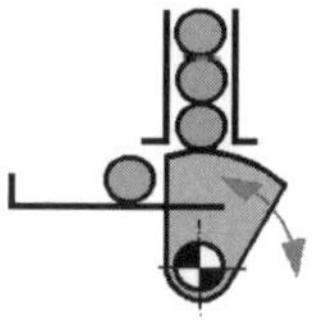	
	unterbrochene Drehbewegung			

Bild 4.93 Gliederung der Zuteiler nach dem Verlauf der Bewegung des aktiven Elementes

Damit gibt es bei vielen Zuteilern eine 1. und 2. funktionelle **Stoßstelle**, an der dem Werkstück eine positive bzw. negative Beschleunigung erteilt werden muss. Die damit verbundenen Kräfte belasten das Zuteilobjekt, aber auch die Bauteile des Zuteilers selbst. Das soll man einschränken. Günstig sind solche Mechanismen, deren Bewegungen als einfache harmonische Sinuslinie oder als ruckminimale Sinuslinie nach BESTEHORN verlaufen.

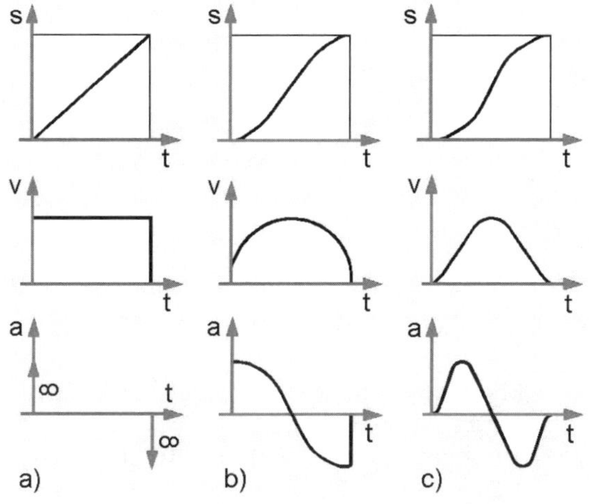

Bild 4.94 Mögliche Bewegungsverläufe beim Zuteilen. a) Stoß am Anfang und Ende einer Bewegung, b) stoßfreier, aber nicht ruckfreier Ablauf, c) stoß- und ruckfreier Ablauf. *a* Beschleunigung, *s* Weg, *t* Zeit, *v* Geschwindigkeit

Aus prozesstechnischen Gründen können auch Sonderkonstruktionen erforderlich werden. Das Bild 4.95 zeigt eine Ausführung, bei der die ankommenden Teile gleichmäßig im Wechsel auf die beiden Abführ-Gleitbahnen abgeworfen werden. Eine leistenförmige **Kippkante** *(tipping line)* dient als bodenseitige Stützanlage. Das schiebende Prisma zentriert das Werkstück auf Gleitbahnmitte.

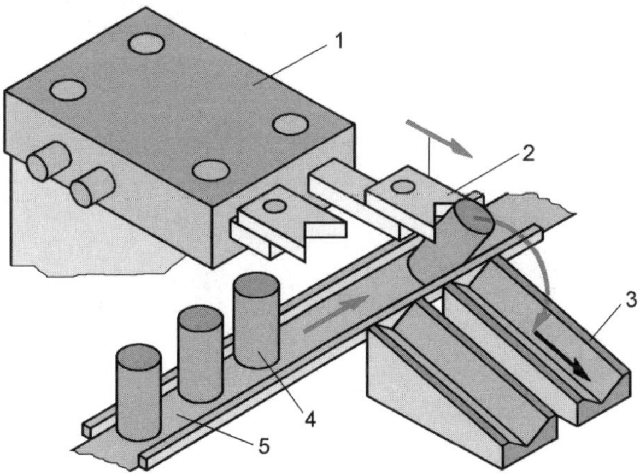

Bild 4.95 Automatisches Vereinzeln mit pneumatischer Schiebereinheit (www.gruhatec.de).
1 pneumatischer Schieberzuteiler, 2 Prisma, 3 Gleitbahn, 4 Werkstück, 5 Förderband

Anwesenheitssensoren *(presence sensors)*, die die Ankunft eines Werkstücks signalisieren, sind nicht mit dargestellt. Der Zuteiler besteht aus parallel angeordneten pneumatischen Kolbensystemen, die in einem Gehäuse untergebracht sind.

In Bild 4.96 wird ein Zuteiler vorgestellt, der die zulaufenden Werkstücke wegen einer Mehrmaschinenbedienung an drei Zielstellen leitet. Pneumatikzylinder bewegen die Teile auf das jeweils notwendige Niveau der Ablaufrinnen, wenn vorher die Sensoren die Anwesenheit von Werkstücken gemeldet haben.

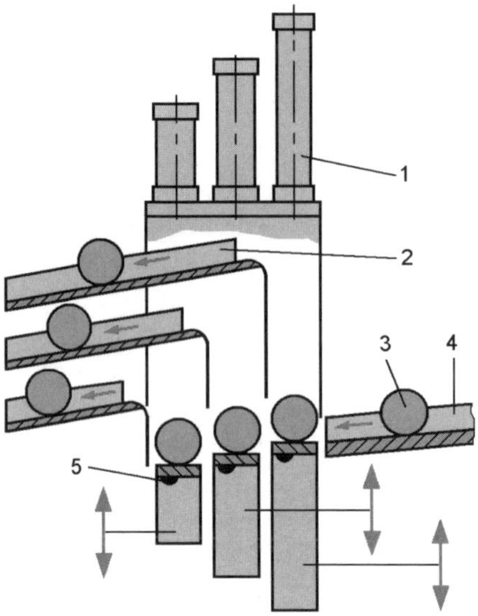

Bild 4.96 Hubzuteileinrichtung mit Verteilung auf drei Ablaufrinnen.
1 Pneumatikzylinder, 2 Ablaufrinne, 3 Werkstück, 4 Zulaufrinne, 5 Schaltkontakt bzw. Näherungssensor

Für schwere lange Stangen werden in Bild 4.97 Vereinzler gezeigt, die die Teile von einer **Abrollstrecke** *(inclined track)* übernehmen und zuteilen. Der Zuteiler nach Bild 4.97a ist für größere Wellendurchmesser gut geeignet. Der Drehschieber *(rotary slide valve)* gibt eine Stange frei, während gleichzeitig das auf der Anschlagwelle befestigte Segment einschwenkt und die übrigen Teile auf dem Rollbahnmagazin zurückhält. Nach dem Zurückschwenken kann der Werkstückvorrat bis zum Anschlaghebel vorrücken. Bei großen Massen könnte man zusätzlich einen hydraulischen Dämpfer anbauen, der einen großen Teil der kinetischen Energie des Aufschlagstoßes aufnimmt.

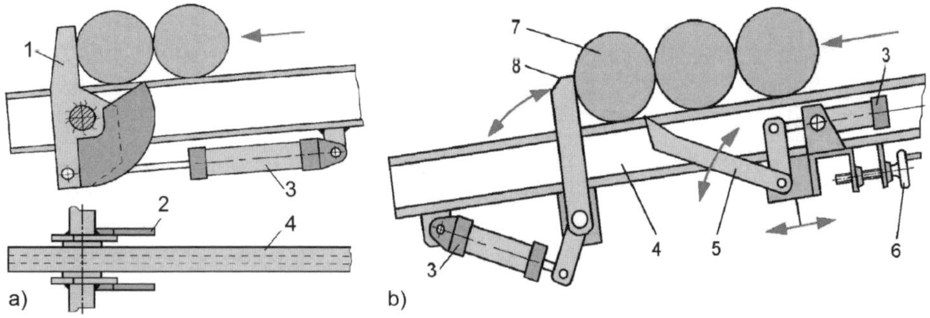

Bild 4.97 Zuteiler für rundes Langgut wie Wellen oder Rohre in der Ausführung als Drehschieberzuteiler a) und in der Ausführung mit einstellbarem Zungenhebel b).
1 Anschlaghebel, 2 Drehsegment, 3 Arbeitszylinder, 4 Rollstrecke, 5 Zungenhebel, 6 Verstellgetriebe, 7 Werkstück, 8 Anschlagarm

Die Vorrichtung nach Bild 4.97b benutzt für das Rückhalten einen Zungenhebel, der in Rollbahnrichtung verstellbar ist. Damit ist eine Einstellung auf verschiedene Stangendurchmesser möglich. Allerdings werden zwei gesteuerte Antriebe benötigt.

Zu den vielfältigen Einsatzmöglichkeiten eines umlaufenden Zahnriemens gehört auch die Funktion „Vereinzeln". Ein Beispiel zeigt das Bild 4.98. Die Übernahme der Teile erfolgt im Bereich der Riemenumlenkung. Die Haltenocken sind geöffnet. Auf der geraden Strecke wird das Werkstück durch die angegossenen Nocken leicht geklemmt. Das Ausgeben kann dann an der nächsten Riemenumlenkung erfolgen.

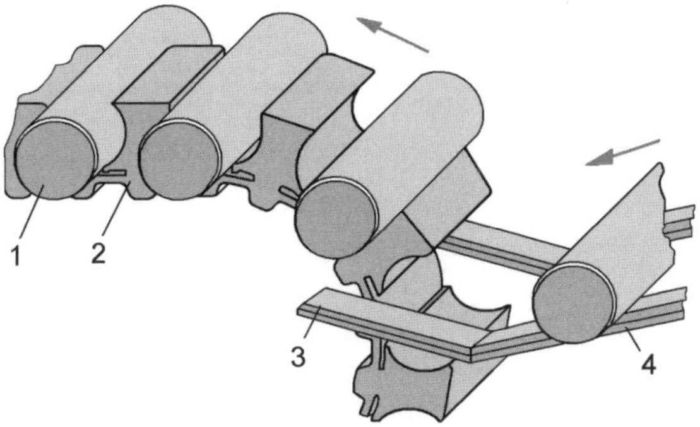

Bild 4.98 Zuteilen runder Werkstücke mit umlaufendem Zahnriemen.
1 Werkstück, 2 Zahnriemen, 3 Auflage, 4 Rollbahnmagazin

Das Vereinzeln von Kugellagern, die sich magaziniert auf Rundstangen befinden, kann vom Roboter ausgeführt werden. Der Ablauf geht aus Bild 4.99 hervor. Das Kugellager wird mit einem Zweibackengreifer angefasst. Es folgt eine kurze **Querbewegung**. Nun kann das Objekt nach oben entnommen werden. Die Kontur der Abschlussscheibe ermöglicht das in dieser Stellung. Das Halbringschieberstück bewegt sich durch Federkraft zurück nach außen. Beim Nachschub der Teile durch den gefederten Hubteller stößt das oberste Teil gegen die Scheibe. Sie verhindert, dass die Teile vom Stangenmagazin hochgeschleudert werden.

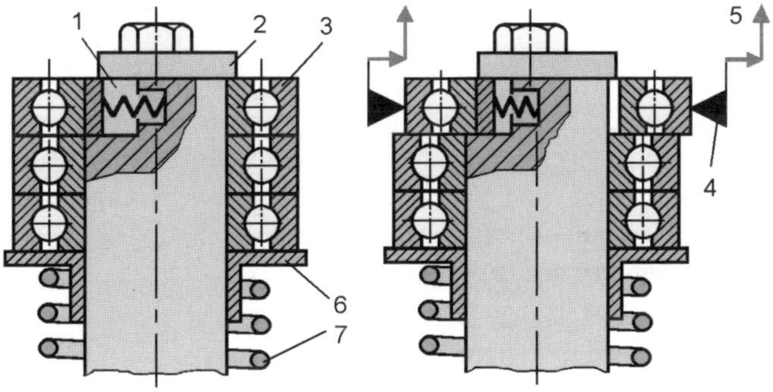

Bild 4.99 Kugellager-Magazinstange mit Rückhaltemechanik.
1 Schieber in Halbringform, 2 in der Kontur angepasste Scheibe, 3 Werkstück, Kugellager, 4 Greifbacke, 5 Entnahmebewegung, 6 Hubteller, 7 Druckfeder

Eine konstruktive Lösung für schwere Werkstücke/Halbzeuge soll folgen. Die in Bild 4.100 dargestellte Zuteileinrichtung besteht aus einem in zwei Standsäulen geführten Hubbalken mit einstellbaren Schwenkhebeln.

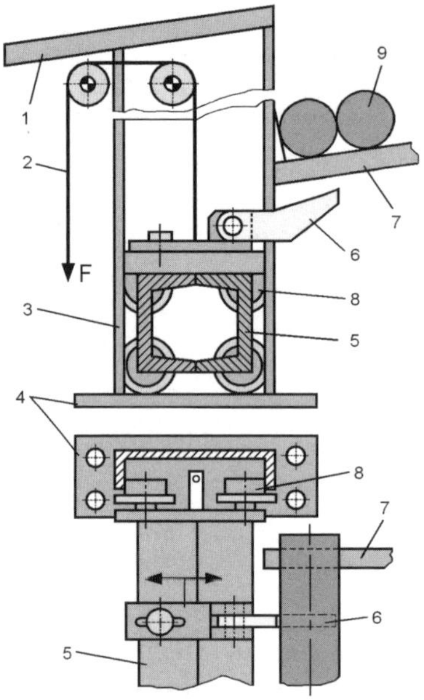

Bild 4.100 Zuteilmechanismus für schwere Rundstangen bis zu 15 m Länge.
1 Abrollbahn, 2 Rollenkette, 3 Ständer mit Führung, 4 Fußplatte, 5 Hubbalken, 6 Schwenkhebel, 7 Magazin-Rollbahn, 8 Laufrolle, 9 Materialstange, Rohr, *F* Zugkraft für die Hubbewegung

Bei der Abwärtsbewegung des Hubbalkens klappen die Hebel zurück und gelangen unter die zuzuteilende Stange. In der Aufwärtsbewegung sind die Hebel starr und befördern eine Stange oder mehrere (je nach Einstellung) nach oben zur Abrollbahn. Es können Stangen bis 15 m Länge funktionssicher zugeteilt werden. Der **Hubbalken** wird in einem U-Profil mit Bordrollen geführt. Die Hubkraft *F* wird hydraulisch oder mit Getriebemotor an den Hubbalken geleitet.

In der Lebensmittelindustrie müssen häufig Kunststoffbecher vereinzelt werden. Das Bild 4.101 zeigt das Prinzip des Vereinzelns. Es wird jeweils im Takt der Maschine ein Becher freigegeben. Man verlässt sich aber nicht darauf, das der Becher von allein abfällt. Er wird von einem Vakuumsauger *(vacuum gripper, suction cup)* angefasst und in der Aufnahme des Schalttellers abgelegt. Antriebs- und Übertragungsglieder wurden im Bild nicht mit dargestellt. Beim Entwurf solcher Maschinen und Vorrichtungen sind die strengen Vorschriften der Lebensmittelhygiene zu beachten und Baugruppen, Oberflächen sowie Werkstoffe auszuwählen, die für solche Anwendungen zugelassen sind.

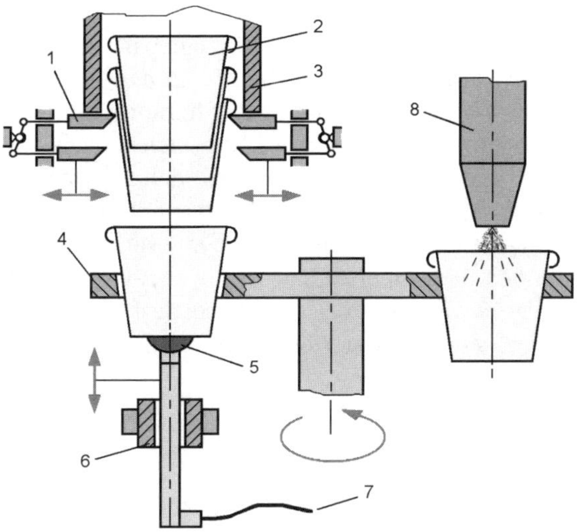

Bild 4.101 Vereinzelung von Bechern an einer Rundschalttisch-Füllmaschine.
1 Zuteilschieber, 2 Becherstapel, 3 Bechermagazin, 4 Rundschalttisch, 5 Sauger, 6 Saugerführung, 7 Vakuumleitung, 8 Füllstation

Magazinierte Teile dürfen sich im Magazin nicht gegenseitig festsaugen, weil das den Abteilvorgang behindert. Davon sind häufig Kappen, Hülsen und becherförmige Werkstücke betroffen. Die Teile müssen Nasen, Buckel, veränderte Durchmesser u. ä. erhalten, damit sich ein Mindestabstand der Teile zueinander im Stapel einstellt. Werden trotzdem z. B. Kappen zugeführt, die sich zu Stangen ineinander setzen können, so muss der **Zuteilschieber** besonders gestaltet werden. Das Bild 4.102 zeigt das an einem Beispiel.

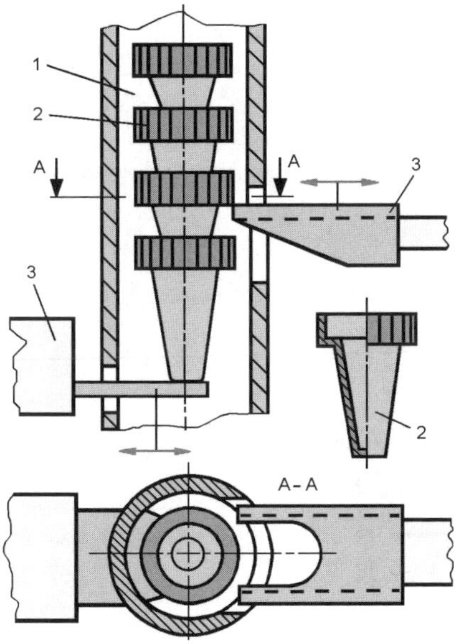

Bild 4.102 Zuteilergestaltung für nicht handhabungsgerecht gestaltete Kappen.
1 Schachtmagazin, 2 Werkstück, 3 Zuteilschieber

Der Rückhalteschieber hat hier zusätzlich eine Abdrückschräge bekommen, womit er eine zwangsweise Trennung vornimmt. Eine Restunsicherheit verbleibt aber trotzdem. Stand der Technik *(state-of-the-art technology)* ist, die Kappen automatisierungsgerecht zu konstruieren, so dass sie nicht ineinander passen.

In Bild 4.103 wird ein weiteres Beispiel für das Vereinzeln gezeigt. Es geht um die Bereitstellung von Flachpaletten *(flat pallets)* aus einem Magazin. Die Transportpaletten befinden sich in einem Schachtmagazin. Zunächst fährt eine Hubplatte bis an den untersten Palettenboden und hebt den Stapel etwas an. Dadurch sind die **Sperrelemente** entlastet. Sie öffnen sich und geben den gesamten Stapel frei. Die Sperren befinden sich an Schwenkarmen, die außerhalb der Förderbandbreite angebracht sind, damit sie den Abtransport der Paletten mit dem Bandförderer nicht behindern. Der Stapel ruht nun auf der Hubplatte und wird abgesenkt. Bevor die Palette auf dem Band abgesetzt wird, müssen die Sperrelemente bereits wieder anschwenken, um den Reststapel zu halten. Die abgelegte Palette wird mit einem Band- oder Kettenförderer *(chain conveyor)* abtransportiert und einem Arbeitsplatz zum Stapeln von Produkten, Packstücken oder Werkstücken zugeführt.

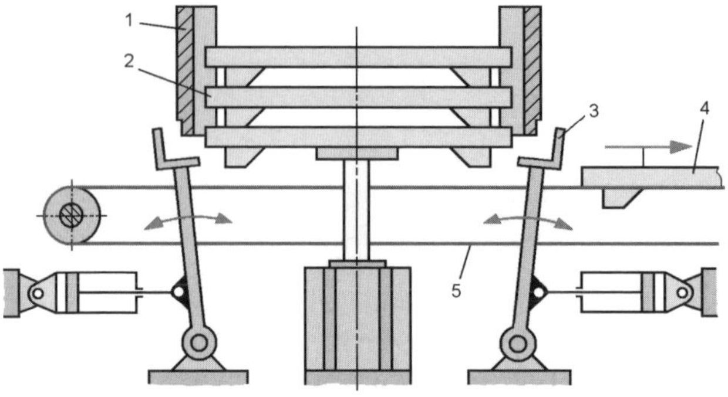

Bild 4.103 Vereinzeln von Transportpaletten.
1 Palettenmagazin, 2 Flachpalette, 3 Sperrelement, 4 vereinzelte Palette, 5 Förderband

Das Zuteilen ebener flacher Werkstücke wie Holzplatten, Blechzuschnitte oder Kunststoffkarten kommt häufig vor. Die Zuführung erfolgt in der Regel aus Schachtmagazinen, die meistens noch manuell nachgefüllt werden. Die Zuteilelemente arbeiten kraft- oder formpaarig, wie man in Bild 4.104 sehen kann. Bei der kraftpaarigen Lösung schiebt ein exzentrisch gelagertes Reibrad je Umdrehung ein Werkstück durch Friktion aus dem Magazin. Werden Flachteile mit einer Nockenkette abgeschoben (vereinzelt), dann folgt meistens ein Reibrollenpaar, welches die Teile sofort erfasst und mit größerer Geschwindigkeit abzieht (siehe auch Bild 4.105).

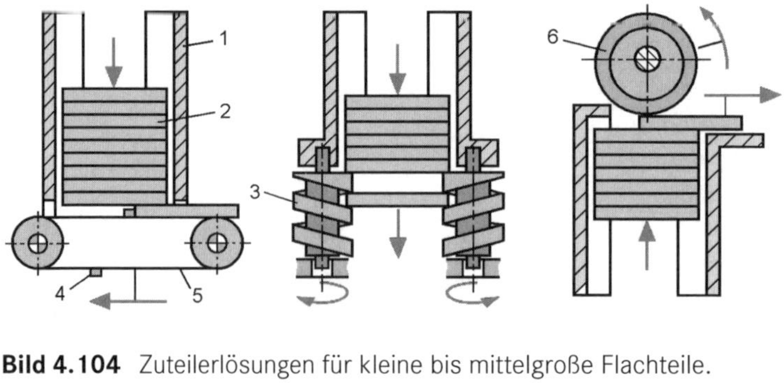

Bild 4.104 Zuteilerlösungen für kleine bis mittelgroße Flachteile.
1 Schachtmagazin, 2 Werkstück, 3 Zuteilschnecke, 4 Mitnehmer, 5 Kette, 6 Reibrad, exzentrisch

Bei dünnen Flachteilen, die oft noch leicht gebogen sein können, sollte zusätzlich auf den Magazininhalt eine Andrückkraft wirken. Deshalb wird oft eine Gewichtsplatte obenauf gesetzt. Das geht mit **Bürstenwalzen** (Bild 4.105) ebenfalls recht gut. Diese können auch exzentrisch oder segmentförmig beborstet sein. Dann wechseln sich bei der Drehung Freigeben von Teilen und Andrücken ständig ab. Ein Versuch wird zeigen, was vorteilhaft ist und was nicht. Das Kartenmesser schiebt das Flachteil nur auf einem kurzen Weg aus dem Magazin (schnell), dann greifen die Abzugswalzen.

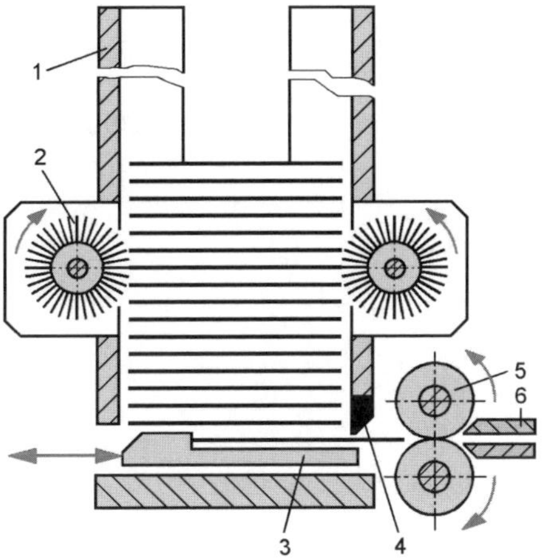

Bild 4.105 Vereinzeln von Plastikkarten.
1 Magazin, 2 Bürstenwalze, 3 Kartenmesser (Zuteilschieber), 4 Rückhalteanschlag, 5 Abzugswalze, 6 Greifbacken

Die maßliche Abstimmung des Zuteilschiebers wird in Bild 4.106 skizziert. Die Dicke des Werkstücks sollte $h \geq 0{,}5$ mm sein und $h_1 = h - (0{,}05$ bis $0{,}1$ mm$)$.

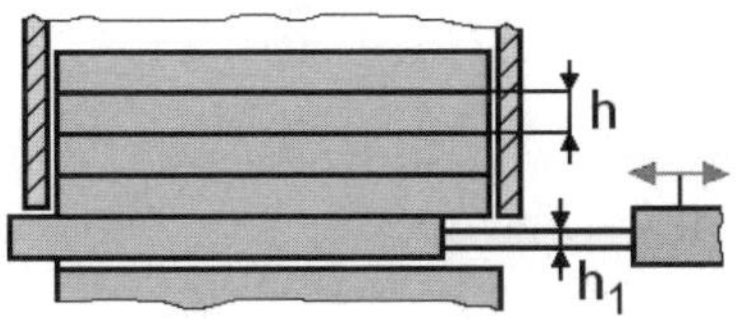

Bild 4.106 Dicke des Zuteilschiebers

Leicht wellige Flachteile lassen sich schlecht aus einem Schachtmagazin zuteilen. Deshalb wurde bei der Lösung nach Bild 4.107 ein Zusatzgewicht vorgesehen. Das ist aber oft noch nicht ausreichend. Deshalb wird das unterste Werkstück mit Vakuum gegen den Zuteilschieber gezogen und dabei gerade gebogen. Jetzt erfolgt das Vereinzeln. Befindet sich der Schieber außerhalb der Vakuumwirkung, dann nimmt das Teil in der Regel seine ursprüngliche Form wieder an und kann leicht entnommen werden.

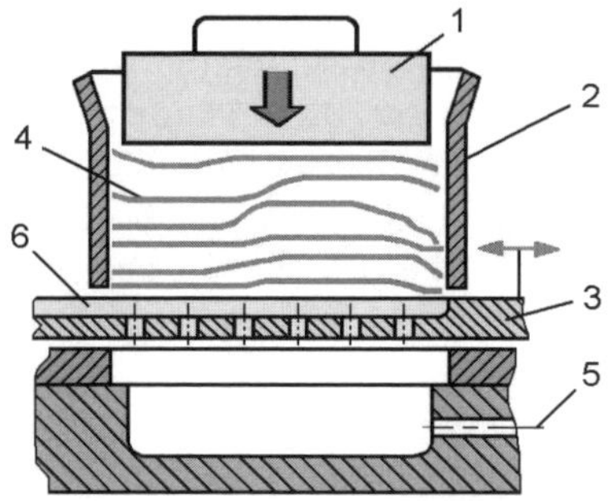

Bild 4.107 Zuteilsystem für leicht wellige, dünne Flachteile.
1 Massestück, 2 Magazin, 3 Zuteilschieber, 4 dünnes Flachteil, 5 Saugluftanschluss, 6 Schieberaussparung

Ein weiteres Beispiel für einen klassischen Schieberzuteiler wird in Bild 4.108 gezeigt. Der Schieber wird hier von einer vertikalen Lineareinheit bewegt. Der Hub ist über induktive Schalter einstellbar. Das Magazin wird nur angedeutet. Das schnelle Nachfüllen ist eine wichtige Forderung, beispielsweise durch Wechselmagazine.

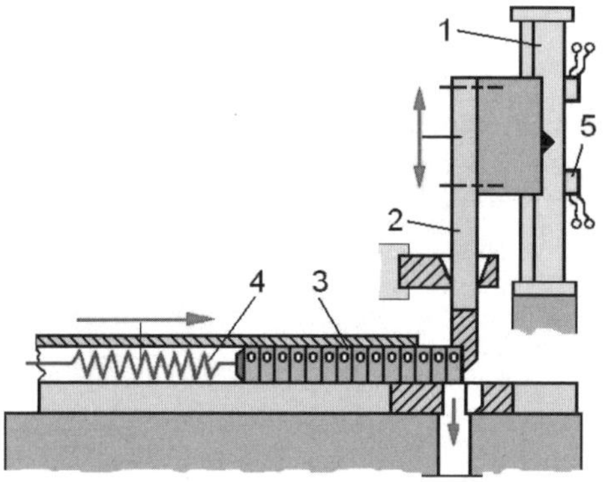

Bild 4.108 Der klassische Schieber als Vereinzler.
1 Lineareinheit, 2 Zuteilschieber, 3 Magazin, 4 Druckfeder, 5 Näherungsschalter

Auch ein Parallelbackengreifer kann als Vereinzler eingesetzt werden (siehe auch Bild 4.85), wie man in Bild 4.109 sehen kann. Der Vorgang läuft bei pneumatischem Antrieb sehr rasch ab und ein Standardgreifer ist eine erprobte, zuverlässige Komponente.

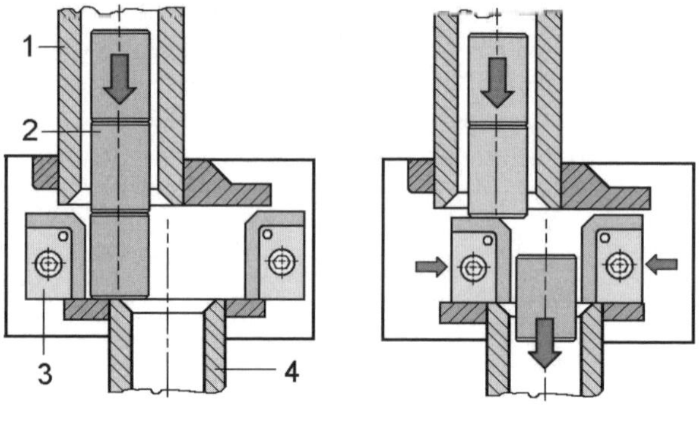

Bild 4.109 Vereinzeln von Bolzen mit einem Standardgreifer.
1 Schachtmagazin, 2 Werkstück, 3 Parallelbackengreifer, 4 Abführkanal

Das Vereinzeln von gefalteten Druckschriften vom Stapel wird in Bild 4.110 als eine mögliche Lösung vorgestellt. Das Arbeitsgut befindet sich magaziniert auf einer Hubplatte und wird mit der Federkraft F_F nach oben bewegt. Aus Versuchen wurde der Haftreibbeiwert von Papier auf Papier mit μ_{Hp} = 0,5 ermittelt und der zwischen Papier auf Gleitblech mit μ_{Hg} = 0,35. Das Ausschieben eines Objekts erfolgt mit Nocken, die am Zahnriemen befestigt sind. Eine stirnseitige Anschlagplatte verhindert das Mitreißen eines zweiten Objekts.

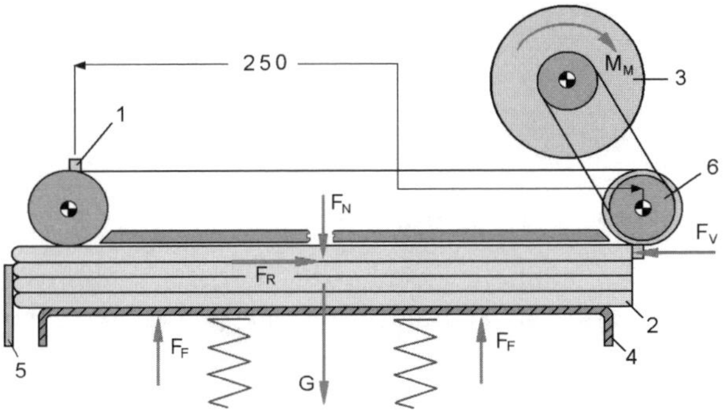

Bild 4.110 Aufbau des Zuteilers und die wirkenden Kräfte.
1 Zahnriemen (Teilung p = 5 mm) mit Nocken, 2 Arbeitsgut, 3 Getriebemotor, 4 Hubplatte, 5 Anschlagplatte, 6 Zahnriemenscheibe mit Zähnezahl z_R = 15 Zähne, G Stapelgewichtskraft, F_F Federkraft, F_R Reibungskraft, F_V Vorschubkraft, F_N Anpresskraft, M_M Motordrehmoment

Es sind zwei Zahnriemen mit Mitnehmernocken parallel über die Objektbreite angeordnet. Die Federn sind so abgestimmt, dass über die gesamte Stapelhöhe stets eine Anpresskraft an die Zahnriemen von F_N = 5 N vorhanden ist. Damit entsteht mit Gl. 4.44 folgende Abschiebe-Reibungskraft F_{Rmax}:

$$F_{R\max} = 2 \cdot F_N \cdot \mu_{Hg} + F_N \cdot \mu_{Hp} \qquad (4.44)$$

Für das Beispiel ergibt sich: F_{Rmax} = 2 · 5 · 0,35 + 5 · 0,5 = 6 N.

Das Vereinzeln soll in einer Zeitdauer von t_V = 2 s abgeschlossen sein. Welche Abtriebsdrehzahl n wird am Antriebsmotor gebraucht?

Der Teilkreisdurchmesser d_Z der Zahnscheibe beträgt mit Gl. 4.45:

$$d_Z = \frac{p \cdot z_R}{\pi} = \frac{5 \cdot 15}{\pi} = 23{,}9\ mm \qquad (4.45)$$

Die Transportgeschwindigkeit v_V ergibt sich mit Gl. 4.46

$$v_V = \frac{l_V}{t_V} = \frac{250}{2} = 125\ mm/s \qquad (4.46)$$

Der Getriebemotor ist mit einer Übersetzung von 1:1 mit der Zahnscheibe für den Zuteilervorschub verbunden. Die Abtriebsdrehzahl berechnet sich mit Gl. 4.47 zu

$$n = \frac{v_V}{d_Z \cdot \pi} = \frac{125}{23{,}9 \cdot \pi} = 1{,}66\ s^{-1} \qquad (4.47)$$

Das entspricht einer Drehzahl von rund 100 min^{-1}. Für die Berechnung der erforderlichen **Vorschubkraft** F_V müssen die Reibkraft F_{Rmax}, die durch die Beschleunigung a_Z des Arbeitsgutes entstehenden Massenträgheitskräfte F_T und die Lagerreibungskräfte F_{RLag} überwunden werden. Sie ergibt sich aus Gl. 4.48.

$$F_V = F_{R\max} + F_{RLag} + a_Z \cdot (m_1 + m_2 + m_3) \qquad (4.48)$$

m_1 zu bewegende Objektmasse

m_2 Masse der rotierenden Teile

m_3 Masse der Zahnriemen und Nocken

Mit diesen Daten wird man nun einen geeigneten Antriebsmotor aussuchen.

Um Druckschriften, Beilagezettel oder andere dünne, biegsame Zuschnitte zu vereinzeln, kann man auch eine Entnahme in der Kombination Saugluft plus Klemmgreifer vorsehen. Dieses Prinzip wird in Bild 4.111 dargestellt.

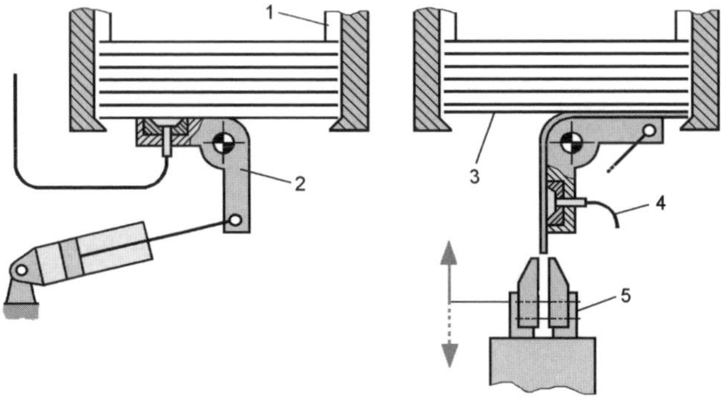

Bild 4.111 Vereinzeln dünner Zuschnitte aus einem Schachtmagazin.
1 Schachtmagazin, 2 Saugergreiferarm, 3 Zuschnittstapel, 4 Saugluftleitung, 5 Klemmgreifer

Der Zuschnitt wird auf einer Seite gegen eine Rückhaltenocke aus dem Magazin bogenförmig vereinzelt. Dann ergreift ein Klemmgreifer das Ende, die Saugluft wird abgeschaltet und der Zuschnitt wird nun ganz aus dem Magazin gezogen.

Nicht alltäglich ist das Stoppen von Schüttgutflüssen oder auch von kleinformatigem Stückgut mithilfe eines pneumatischen **Quetschventils**. (www.warex-valve.com). In Bild 4.112 wird damit die Zufuhr von Bolzen reguliert. Der Luftverbrauch für das Sperren des Durchlaufs ist gering und es gibt Ventile für verschiedene Nenndurchmesser. Der Betriebsdruck beträgt je nach Nennweite 2 bis 6 bar. Der Innendurchmesser kann beispielsweise 20 mm betragen.

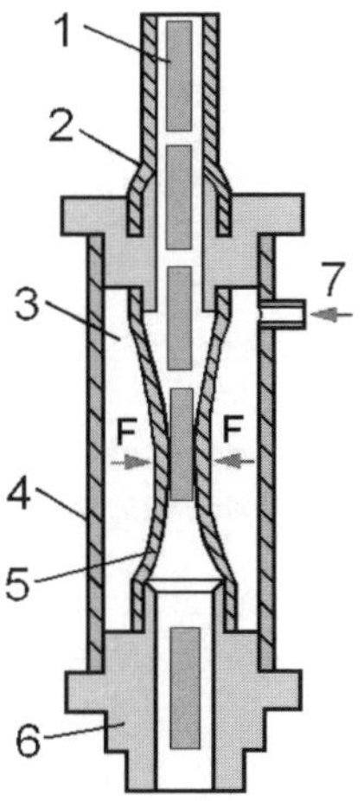

Bild 4.112 Quetschventil als Sperrelement. (www.warex-valve.com).
1 Werkstück, Bolzen, 2 Magazinschlauch, 3 Druckluft, 4 Rohrkammer, 5 Elastomer, 6 Flanschkörper, 7 Druckluftanschluss

Bei sehr in der Form und Größe voneinander abweichenden Objekten, wie z.B. Holzstämme, kann das Zuteilen und Eingeben nur mechanisiert werden. Das Bild 4.113 zeigt eine solche Beschickungseinrichtung. Der Mensch steuert dann nach Sicht die Lademulde am Hubarm. Mit dem schienengeführten Verfahrwagen werden die Stämme bis zur Maschine gebracht und dort auf die Aufnahmehöhe der Maschine angehoben. Da es sich oft um einen langzyklischen Arbeitsprozess handelt, ist eine automatisierte Einrichtung wirtschaftlich meist nicht tragbar.

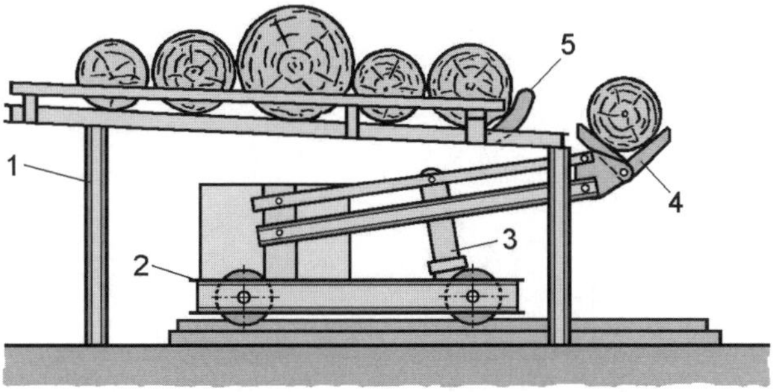

Bild 4.113 Beschickungseinrichtung für eine Furnier-Schälmaschine in der Holzindustrie.
1 feststehendes Ladegestell („Magazin"), 2 Schienen-Verfahrwagen, 3 Hydraulik- oder Pneumatikzylinder, 4 Ladewiege, 5 Sperrstück

Langgut (Rohre, Profilstangen, Kanthölzer) wird häufig im Bund angeliefert und muss dann vereinzelt werden. Auch hier sind die Bedingungen oft so, dass sich nur eine handgesteuerte Zuteilvorrichtung lohnt. Das Bild 4.114 zeigt dazu ein weiteres Beispiel. Es ist eine Reihenanordnung mehrerer schräg angeordneter Hubeinrichtungen *(elevator device, lifting device)*.

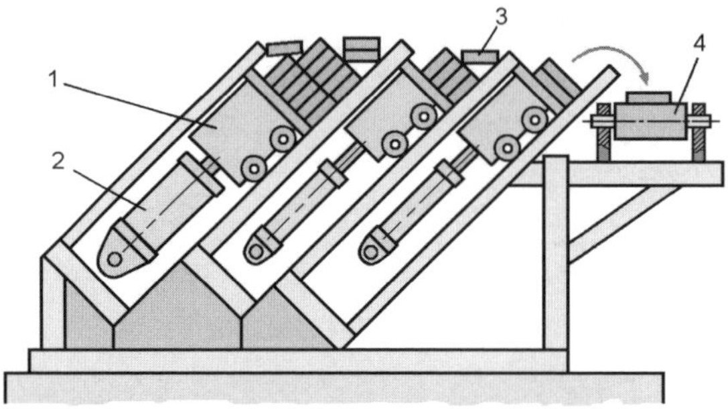

Bild 4.114 Stufenweises Vereinzeln von Flachstahlstangen.
1 Hubwagen, 2 Hydraulikzylinder,
3 Flachstahlstange, 4 Rollengang

Das Vereinzeln geschieht in drei Stufen, indem ein Teilevorrat von Mulde zu Mulde weitergegeben wird. Dabei wird die Weitergabe-Menge je Mulde reduziert. In der letzten Stufe wird durch eine langsame Hubbewegung so genau dosiert, so dass im Beispiel gerade eine Stange Flachstahl ausgegeben wird. Sie ist nun vereinzelt und kann über ein Fördersystem einer Produktionsmaschine zugeführt werden. Alle Bewegungen werden von einem Handsteuergerät *(manual control device)* ausgelöst.

Beim Beschicken von Bearbeitungs-, Montage- und Verpackungsmaschinen mit rotationssymmetrischen Teilen werden häufig Schieberzuteiler eingesetzt. Sie sind einer weiteren Betrachtung wert. Sie können sich geradlinig oder bogenförmig bewegen. Beim achsparallelen Speichern von Werkstücken in einem Schachtmagazin (Bild 4.115) ergibt sich die Speichermenge x als Funktion der Magazinabmessungen: H Magazinhöhe, B Magazinbreite, d Werkstückdurchmesser

$$x = 1 + \frac{H - d}{\sqrt{2 \cdot B \cdot d - B^2}} \tag{4.49}$$

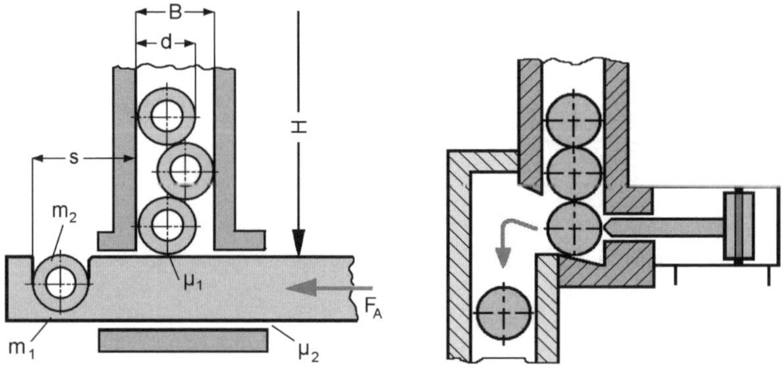

Bild 4.115 Schachtmagazine mit Zuteilschieber. *m* Masse, *μ* Reibungskoeffizient, *F* Kraft

Die Antriebskraft *(driving force)* am Zuteiler erhält man aus Gl. 4.50:

$$F_A = g \cdot x \cdot m_2(\mu_1 + \mu_2) + (m_1 + m_2) \cdot \frac{2 \cdot s}{t^2} \tag{4.50}$$

t Zeit für die Zuteilbewegung über den Weg s

s Zuteilweg

g Erdbeschleunigung

Die Zeit für einen Zuteilzyklus t_G hängt von der Fallzeit des Werkstücks in den Zuteiler, der Zeit t für die Überwindung des Weges s und der Zeit t_H für das Entnehmen des Teils aus dem Zuteilschieber ab. Sie ergibt sich aus Gl. 4.51:

$$t_G = \sqrt{\frac{2 \cdot d}{g}} + 2 \cdot t + t_H \tag{4.51}$$

Für das Vereinzeln magazinierter Spulenkörper wird in Bild 4.116 ein **Muldenzuteiler** vorgeschlagen. Die „Mulde" wird durch eine Nockenstange betätigt. Sie hat Formelemente, die als Rückhaltesperre dienen und einen schwenkbaren Teil, der das vereinzelte Teil freigibt. Der Vereinzler ist wie so oft auf ein definiertes Werkobjekt zugeschnitten. Die Umstellmöglichkeiten sind sehr gering.

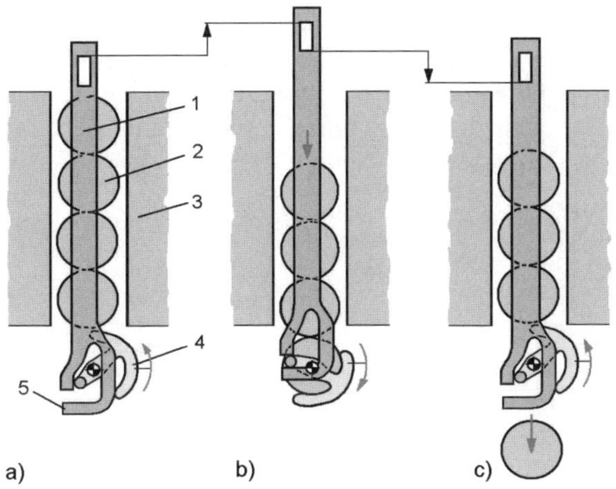

Bild 4.116 Vereinzeln von Garnspulen. a) Sperrstellung, b) Abteilen eines Teils, c) Freigabe des Teils. 1 Nockenstange, 2 Spulenkörper, 3 Magazinkanal, 4 Muldenzuteiler, 5 Rückhaltehaken

Bei der in Bild 4.117 gezeigten Magazineinheit ist diese, wie auch der **Schwenkzuteiler**, auf die Länge der Werkstücke einstellbar. Die Füllung des Magazins erfolgt aus einer Vibrator-Ordnungseinrichtung. Das Magazin ist sozusagen ein kleiner Vorratsspeicher, der ungleichmäßiges Anliefern ausgleicht.

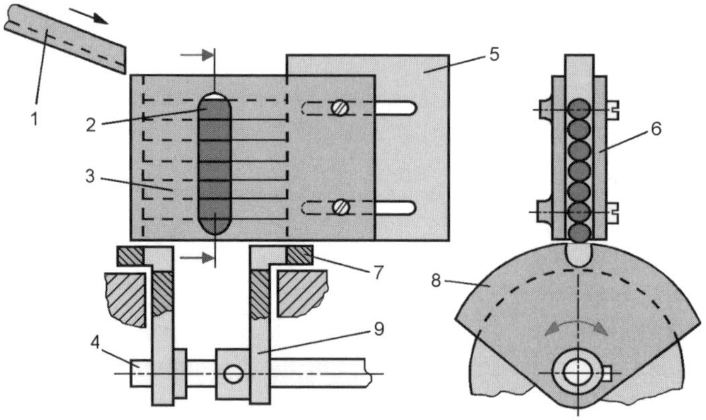

Bild 4.117 Magazineinheit mit einstellbaren Elementen.
1 Zuführung aus einer Ordnungseinrichtung, 2 Sichtschlitz, 3 magazinierte Teile, 4 Zuteilerwelle, 5 einstellbare Anschlagplatte, 6 Magazinwand, 7 Zuteiler, 8 Schwenksegment, 9 Verstellsegment

Die gezeigten Sperrorgane arbeiten schlagartig, was nicht immer erwünscht ist. Man kann dann als Ersatz Zuteiler einsetzen, deren aktiven Elemente durch ständiges Bewegen einen ruckfreien Durchlauf gewährleisten. Es wird trotzdem ein Zuteileffekt erreicht. Im Bild 4.118 werden zwei Ausführungen gezeigt, einmal mit alternierendem Schieber und zum anderen mit einem Rotor, dessen Kontur eine **archimedische** Spirale darstellt.

Die Schieberzuteiler gibt es in vielen Ausführungen und sie sind in der Regel auf eine Werkstückgröße und -art festgelegt. Der in Bild 4.119 dargestellte Zuteiler für Rundteile ist dagegen auf verschiedene Werkstückdurchmesser einstellbar. Der Vertikalschieber bewegt je Zyklus ein Werkstück nach oben, so dass es in oberster Stellung abrollen kann. Wird der Anschlag waagerecht verstellt, dann ist eine Anpassung an andere Werkstückdurchmesser möglich.

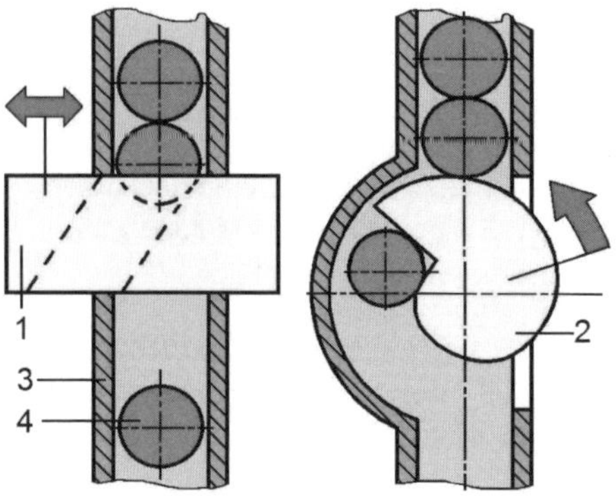

Bild 4.118 Zuteiler mit kontinuierlichem Nachlauf der Werkstücke aus einem Schachtmagazin.
1 Zuteilschieber, 2 Rotorzuteiler, 3 Fallkanal, 4 Werkstück

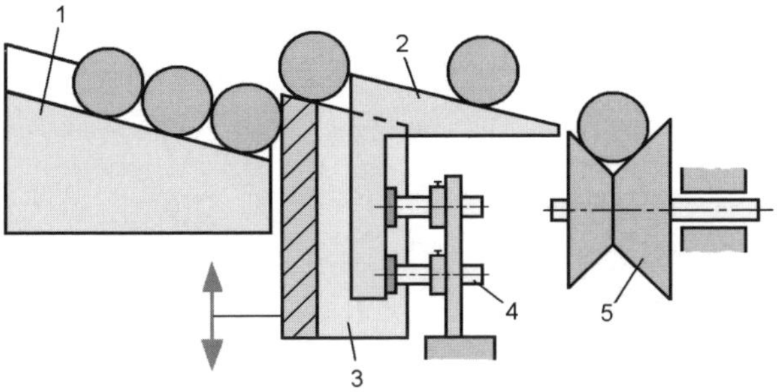

Bild 4.119 Einstellbarer Zuteilschieber.
1 Zuführbahn, 2 verstellbarer feststehender Anschlag, 3 Zuteilschieber, 4 Verstellmöglichkeit, 5 Rollengang

Das Zuführen von Wellen oder Rohren kann mit der in Bild 4.120 gezeigten Stapelmagazin-Einrichtung vorgenommen werden. Das Magazin verfügt über einsetzbare Seitenwände, so dass eine Anpassung an die Werkstücklänge möglich ist. Wegen der Länge der Teile besteht eine gewisse Gefahr, dass sich die Wellen etwas schräg stellen. Das könnte am Magazinauslauf oder bei der Übernahme durch die Hakengreifer verklemmen. Deshalb müssen sowohl an der Antriebswelle für den Rotorzuteiler *(rotary metering device)* als auch am Kettenantrieb Überlastkupplungen vorhanden sein. Man kann von einer Zuführleistung ausgehen, die bei etwa 120 Teilen je Stunde liegt.

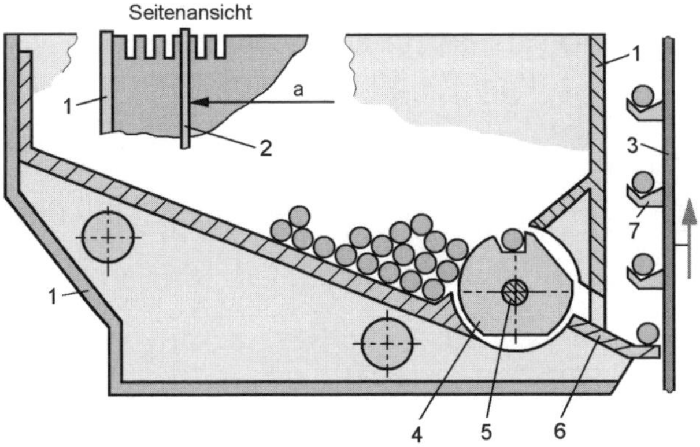

Bild 4.120 Zubringeeinrichtung für Wellen.
1 Stapelmagazin, 2 Magazin-Seitenwand, 3 Transportkette, 4 Rotorzuteiler, 5 Antriebswelle mit Überlastkupplung, 6 Abrollbahn, 7 Hakengreifer, *a* Werkstücklänge plus Spiel

Das Vereinzeln von dünnen Stangen macht sich notwendig, weil das Material oft als Bündel angeliefert wird. Dafür eignet sich das schrittweise Herausheben aus einem **Stapelmagazin**, wie es in Bild 4.121 gezeigt wird. Eine bewegliche Stufenschiene hebt einzelne Stangen bei jedem Hub um eine Zahnung weiter, sofern der nächste Platz frei ist. Eine Seitenwand ist verschiebbar und lässt sich auf verschieden lange Stangen einstellen. Die Stufenschienen sind mehrfach parallel vorhanden, je nachdem, für welche maximale Stangenlänge das Gerät konzipiert ist.

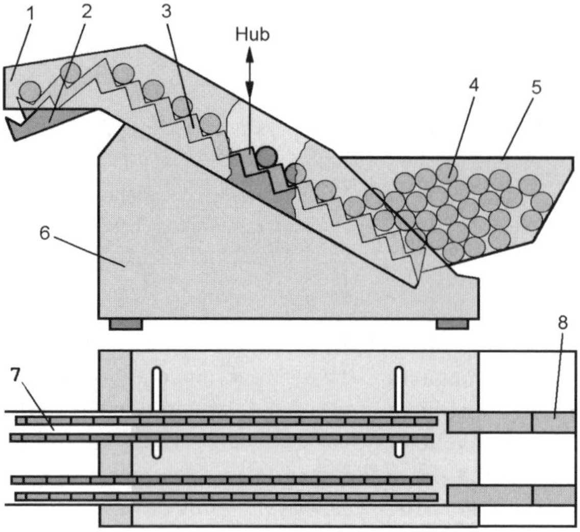

Bild 4.121 Stapelmagazin mit Stangenvereinzlung.
1 Seitenwand, 2 feststehende Stufenschiene, 3 bewegte Stufenschiene, 4 Stange, 5 Stapelmagazin, 6 Gestell, 7 verstellbare Stufenschienen, 8 Aufgabebereich

Das Zuteilen von Rundteilen aus einem anderen Stapelmagazin wird in Bild 4.122 gezeigt. Um zu vermeiden, dass sich am Magazinauslauf eine den Nachlauf der Teile störende Brücke (Stützgewölbe) ausbildet, wird bei jedem Hub eine Stößelbewegung abgeleitet. Der Stößel sorgt für Unruhe im Magazininhalt und löst damit eine Gewölbebildung schon im Entstehen auf.

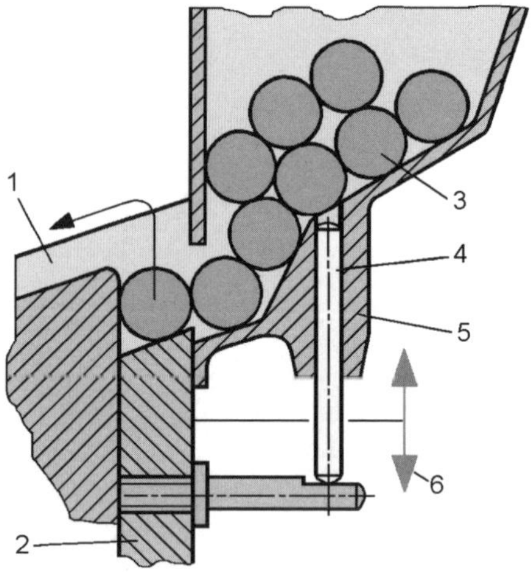

Bild 4.122 Zuteilschieber mit Stößel zur Verhinderung von Brückenbildung kombiniert.
1 Ablauf-Rollstrecke, 2 Zuteilschieber, 3 Werkstück, 4 Stößel, 5 Stapelmagazin, 6 Hubbewegung

Für kleine abgesetzte Bolzen kann man sich auch den Einsatz eines Schneckenzuteilers vorstellen. Die Teile befinden sich gleitend auf einer Doppelschiene. Das Bild 4.123 zeigt im Schema, wie eine maßlich darauf abgestimmte Schnecke mit ungleicher Steigung die Teile separiert.

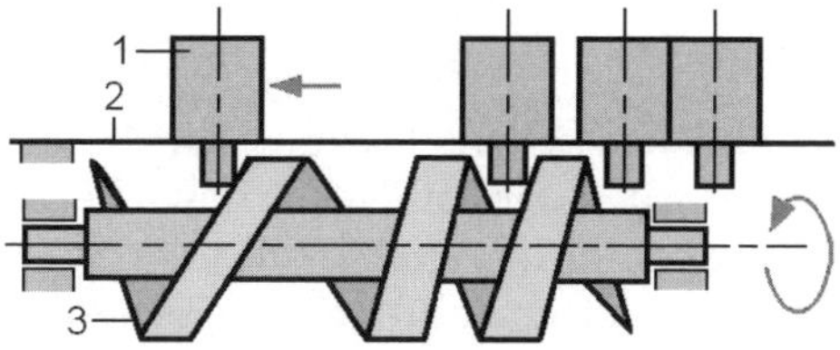

Bild 4.123 Schneckenzuteiler.
1 Werkstück, 2 Doppelschiene,
3 Schneckenwelle

Selbsttätiges Fügen im Durchlauf bzw. im Taktbetrieb wird in Bild 4.124 vorgestellt. Die Blechkappe wird vom Flaschenkopf aus dem Magazin gerissen und ist damit aufgesetzt. Später wird die Kappe an das Gewindeprofil der Flasche angerollt, was einem verschraubten Zustand entspricht.

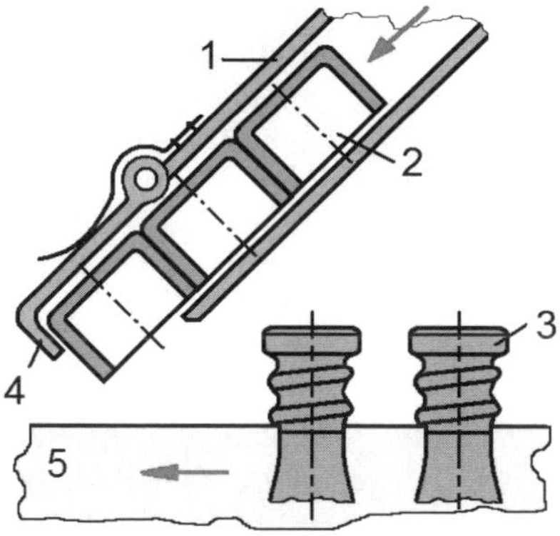

Bild 4.124 Zuteilen im Durchlaufverfahren.
1 Zuführkanal Kappe, 2 Fügeteil, 3 Montagebasisteil Flasche, 4 gefederte Rückhalteklappe, 5 Fördersystem

Eine konstruktive Variante für die Zuführung von Behälterdeckeln wird in Bild 4.125 skizziert. Der Zuteilschieber läuft auf einer Linearführung. Die Magazinstangen lassen sich auf den Deckeldurchmesser einstellen. Der Antrieb geschieht pneumatisch, die Bewegung wird von einer Kurbelschwinge übertragen. Der Startpunkt des Zuteilschiebers lässt sich über die Gewindestange einstellen.

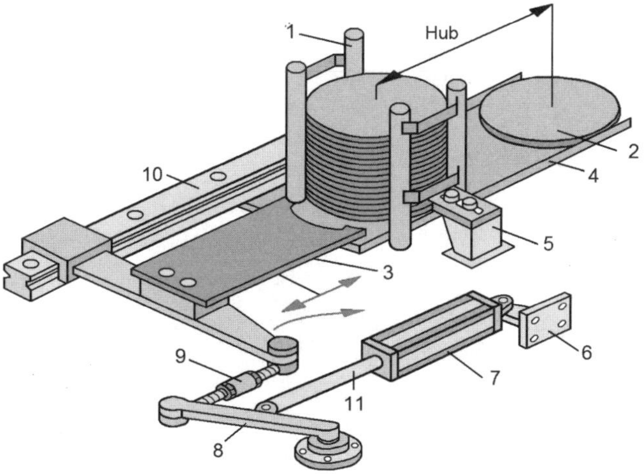

Bild 4.125 Zuteiler für Behälterdeckel.
1 Magazinstange, 2 Blechdeckel, 3 Schieber, 4 Werkstückführung, 5 Magazinhalterung, 6 Anbauplatte, 7 Pneumatikzylinder, 8 Schwingarm, 9 Gewindestange, 10 Linearführung, 11 Kolbenstange

Übungsaufgabe 4.3 Zuteilen mehrerer Werkstücke

Auf einer leicht schrägen Rollstrecke *(roll track)* befinden sich Rohrabschnitte mit 15 mm Außendurchmesser und 62 mm Länge. Sie werden seitlich in der Bahn geführt und liegen ständig achsparallel als Werkstückschlange vor. Es sollen gleichzeitig jeweils vier Stück zugeteilt werden. Mache mehrere Vorschläge für die konstruktive Gestaltung des Zuteilers, der ja ein Mehrfachzuteiler *(multiple separating device)* werden muss! Es empfiehlt sich die Aufstellung einer morphologischen Matrix.

Was ist ein morphologischer Kasten oder eine morphologische Matrix?

Morphologischer Kasten *(morphological box)*

Technik, bei der man versucht das Gesamtfeld eines Problems zu erfassen und durch Kombinatorik zu neuen Anordnungen von Lösungselementen zu kommen. Die Matrixform, bei der Funktionen und denkbare Elemente eingetragen werden, hat sich gut bewährt.

4.3.2 Verzweigen und Zusammenführen

Die Veränderung von Mengenströmen ist in der Produktion aus verschiedenen Gründen unerlässlich: Aufteilen aus technologisch-organisatorischen Gründen (Kapazitätsaufteilung), Ausgliedern fehlerhafter Produkte, Bilden von Einheiten (Ladeeinheiten) für die Verpackung, Herausführen von Prüf und Teststücken, Abzweigen überzähliger Objekte in Werkstückspeicher bzw. Rücklauf (Eingliedern) der Teile und es ist oft eine Begleiterscheinung bei vielen Ordnungsvorgängen.

Viele der dafür eingesetzten Vorrichtungen haben den Charakter von Weichen, Abschiebeelementen und Klappen. Teile können auch mit dem Greifer eines Roboters aus einem **Mengenstrom** entnommen und einem anderen Mengenstrom übergeben werden. Als erstes Beispiel sei die Abzweigung von Teilen in drei Rollkanäle vorgestellt (Bild 4.126).

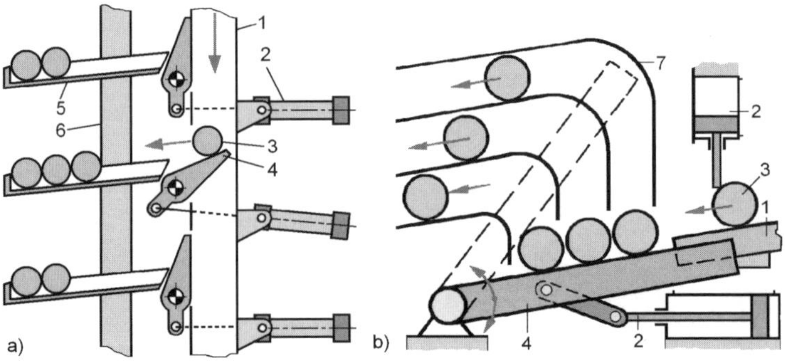

Bild 4.126 Verzweigen von rollfähigen Werkstücken. a) Einzelverzweigung, b) Gruppenverzweigung. 1 Zuführkanal, 2 Pneumatikzylinder, 3 Werkstück, 4 Ausschleusklappe, 5 Sortenmagazin, 6 Gestell, 7 Verteilkanal

Die Verteilung kann z. B. im Nachgang zu einer Messung notwendig werden. Die Klappen werden pneumatisch aktiviert. Der Fallkanal selbst könnte noch als viertes Sortenmagazin verwendet werden. Weitere Vorrichtungen ähnlicher Art werden in den folgenden Beispielen vorgestellt.

Bei der in Bild 4.127 gezeigten Einrichtung handelt es sich um eine schnellschaltende Weiche, mit der ein Werkstückstrom in zwei **Kanalmagazine** verteilt wird, z. B. um zwei Spannstellen einer Bearbeitungsmaschine mit Teilen zu versorgen. Denkbar wäre auch das Abzweigen von fehlerhaften Teilen im Ergebnis einer Bilderkennung. Die Kontrolleinrichtung gibt ein Schaltsignal zum Schalten der Weiche aus. Weil die Teile oft schnell und im geringen Abstand ankommen, wird eine besonders schnelle Weiche gebraucht. Deshalb wurden zwei **Fluidmuskel** als Aktoren eingesetzt, weil sie deutlich schneller als ein Pneumatikzylinder sind (Schaltfrequenz 10 Hz, Geschwindigkeit 3 m/s, Beschleunigung bis 100 m/s²). Da nur Zugkräfte entwickelt werden, müssen diese Aktoren paarweise angebaut werden. Denkbar ist auch nur ein Muskel, der gegen eine Feder arbeitet.

Ist man an einer gleichmäßigen Verteilung interessiert, dann lassen sich selbstschaltende Weichen einsetzen, wie es in Bild 4.128 skizziert wird. Ein durchlaufendes Werkstück schaltet durch seinen Schwung gleichzeitig die Weiche für das nachfolgende Teil um. Mit nachgeordneten weiteren Weichen ist eine weitere Aufteilung des Werkstückstromes erreichbar. Bei Sortiervorgängen, wie sie in der Qualitätskontrolle üblich sind, braucht man allerdings fernsteuerbare Weichen, statt selbstschaltende Weichen.

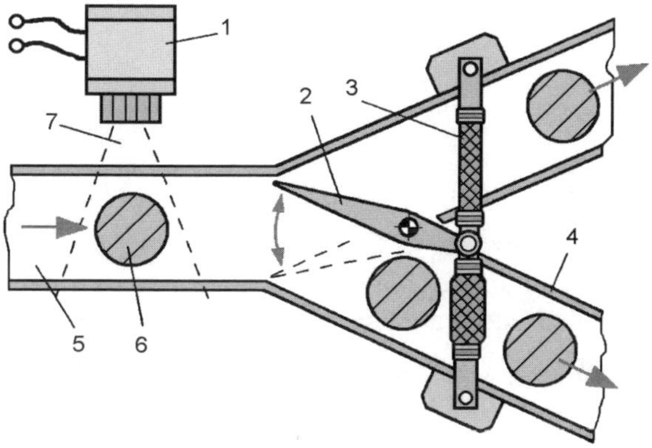

Bild 4.127 Schnellschaltende Sortierweiche in der Draufsicht. 1 Sensor, CCD-Kamera, 2 Schwenkflügel, 3 Fluidmuskel (Festo), 4 Sortierkanal, 5 Zulaufstrecke, 6 Prüfobjekt, 7 Sichtbereich

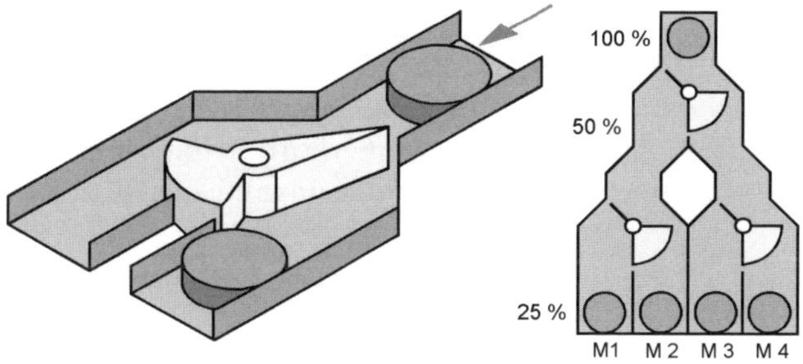

Bild 4.128 Prinzip einer selbstschaltenden Weiche. Mi Maschine oder Ablagebehälter

Beispiel 4.3 Verzweigen von Rundteilen

Aus einer Maschine werden Rundteile (Durchmesser 62 mm, Länge 82 mm) rollend in eine Rinne ausgestoßen. Skizziere eine Weiche, die die Teile rollend in zwei Kanäle verteilt. Die Neigung der Rollkanäle wird nach Bild 2.37 ausgewählt.

Die Konstruktion der Weiche in **Kaskadenbauweise** wird in Bild 4.129a skizziert. Die Weichenzunge lässt sich fernbedient in zwei Endstellungen schalten. Die Kanäle sind oben offen, damit sie gereinigt und bei Bedarf (steckengebliebene Teile) entstört werden können. In einer anderen Lösung wird ein spezieller Zuteilschieber eingesetzt.

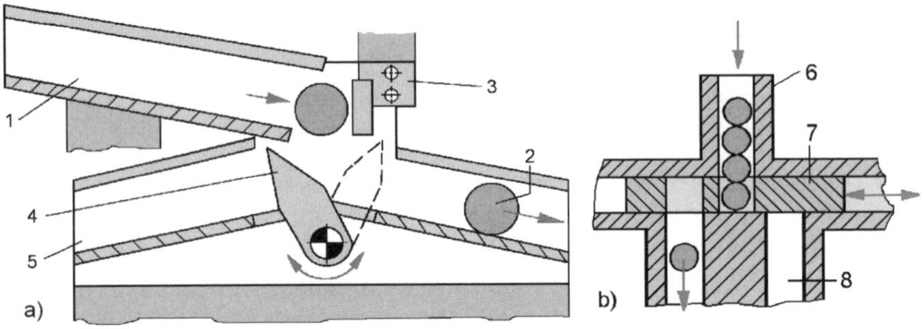

Bild 4.129 Verzweigen von Rundteilen an zwei Zielstellen. a) Weichensystem, b) Schiebersystem. 1 Rollkanal, 2 Teil im Abführkanal, 3 Anzeige, 4 Weichenzunge, 5 Rollkanal, 6 Schachtmagazin, 7 Schieber, 8 Verteilkanal

Kontrollfragen

4.12 Was versteht man unter einer Stückgutzuteilung? Wie kann diese Aufgabe technisch gelöst werden?

4.13 Wie kann man bei einem an sich diskontinuierlich ablaufenden Zuteilvorgang einen stoß- und ruckminimalen oder ruckfreien Durchlauf der Teile erreichen?

4.14 Welche inhaltlichen Unterschiede bestehen zwischen Zuteilen, Vereinzeln, Abteilen und Dosieren?

4.15 Kappen und Becher können sich bei ungünstiger Form im Magazin ineinander setzen. Worauf ist beim Zuteilen solcher Objekte zu achten?

4.16 Wie werden z. B. dünne Plastikkarten, die sich in einem Schachtmagazin befinden, vereinzelt?

4.17 Das Verzweigen von Objekten aus einem Mengenstrom wird oft mit einfachen mechanischen Mitteln ausgeführt. Welche typischen Randbedingungen sind zu beachten?

4.18 Welche technischen Möglichkeiten gibt es, um mit einem Zuteiler jeweils drei Werkstücke von einer Werkstückreihe (Bild 4.130) abzutrennen?

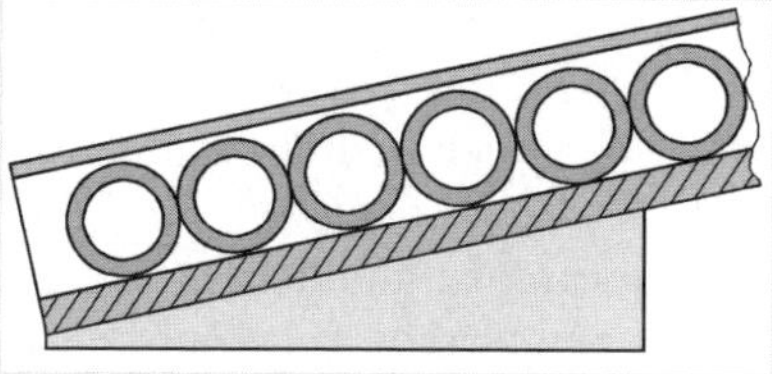

Bild 4.130 Werkstückreihe im gedeckten Rollkanal (Beispiel)

4.3.3 Sortieren

Ein oft benutzter Begriff ist das „Sortieren“, der auch als Synonym für das Ordnen landläufig in Gebrauch ist. Das ist jedoch meistens nicht richtig. Wie unterscheiden sich nun die Vorgänge Sortieren und Ordnen?

Sortieren *(separating)*
Bezeichnung für das Zuordnen und Teilen einer Menge von unterschiedlichen Körpern in bestimmte Merkmalsklassen (Sorten von 1 bis *n*).

Als Sortierparameter kann man z. B. Farbe, Abmessungen und andere produktions- und gebrauchswichtige Eigenschaften verwenden. Wie man aus Bild 4.131 entnehmen kann, liegen im Ergebnis immer zwei oder mehr Sorten vor.

Man kann das Sortieren auch als einen Sonderfall des Verzweigens betrachten, bei dem die Aufteilung aufgrund unterschiedlicher **Objektmerkmale**, wie z. B. fehlerhafte Werkstücke, nach dem Durchlauf einer Prüfstation durch Ausschleusen erfolgt.

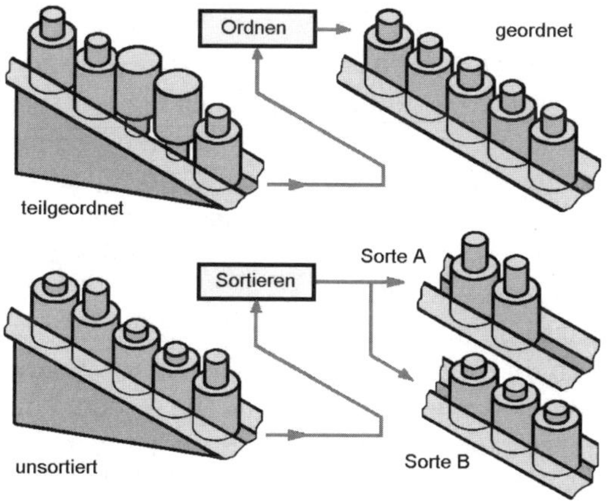

Bild 4.131 Ordnen und Sortieren sind zwar ähnliche, aber doch zu unterscheidende Vorgänge.

Beispiel 4.4 Sortieren von Naturprodukten

Nüsse sind Naturprodukte, die in unterschiedlicher Größe und mit variabler Geometrie vorkommen. Nur die Makroform ist näherungsweise identisch. Es soll eine Sortierung in drei Größenklassen erfolgen. Dazu hat man Druckluft, Optik und Bildverarbeitungstechnik zu einer Sortiereinrichtung *(sorting device)* vereint. Das Prinzip wird in Bild 4.132 gezeigt. Während des Fallens der Nuss passiert sie eine Kamera. Wegen der undefinierten Feinform wird ein Schattenbild aus zwei um 90° versetzten Richtungen gewonnen. Beide Ansichten werden über Spiegel und Prisma auf eine **Zeilenkamera** gebracht. Nach der Auswertung wird der Fallweg durch Druckluftdüsen, die ringförmig den Fallschacht umschließen, beeinflusst. Die Nüsse werden so noch im Fallen in den jeweiligen Sortenkanal K1 bis K3 gelenkt. Die Aufgabe ist durchaus schwierig, weil sich die Nüsse während des freien Falls auch um ihre eigene Achse drehen können, was Bewegungsunschärfen bei der Bildaufnahme zur Folge hat.

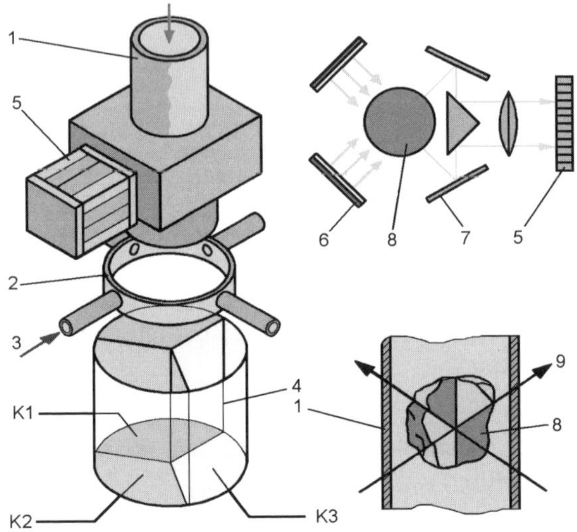

Bild 4.132 Sortieren von Naturprodukten (Nüssen) im freien Fall (Festo). 1 Zuführkanal, 2 Düsenring, 3 Druckluftstoß, 4 Sortierkanal, 5 Zeilenkamera, 6 Leuchtdiode, 7 Spiegel, 8 Sortierobjekt Nuss, 9 Blickrichtung, *K* Sortierkanal

Beispiel 4.5 Sortieren von Walzen nach Toleranzgruppen

Walzen aus Stahl sollen nach Durchmesser sortiert werden. Beim maßlichen Prüfen ist es häufig nicht notwendig, den Zahlenwert der Messgröße zu ermitteln, sondern es genügt die Feststellung, ob das Maß innerhalb bestimmter Grenzen bleibt. Diese Art des Prüfens wird als Lehren bezeichnet. Dazu werden die Werkstücke in eine Grenzlehre gebracht, um festzustellen, ob die Messgröße eingehalten wird. Grenzlehren verkörpern die zulässigen maximalen und minimalen Maße eines Prüfobjekts. Das in Bild 4.133 gezeigte System stellt quasi eine Reihenschaltung von **Grenzrachenlehren** dar. Bei Übereinstimmung von Durchmesser und Grenzmaß fällt das Teil durch und wird nach Toleranzbereichen gesammelt. Im Durchmesser zu große Teile passieren die Grenzlehre nicht und werden um eine Prüfstation weiter bewegt. Das besorgt ein Hubrechen, der nur Auf- und Ab-Bewegungen ausführen muss. Eine sensorische Ausstattung ist in diesem Fall nicht erforderlich.

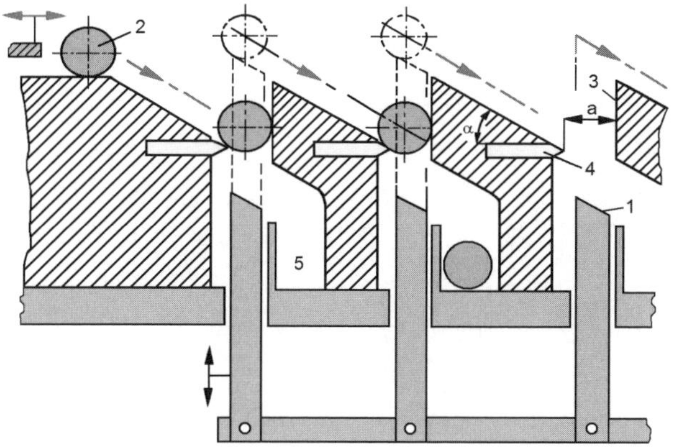

Bild 4.133 Vorrichtung zum maßlichen Prüfen von Walzen.
1 Hubrechen, 2 Werkstück,
3 Anlagefläche, 4 Grenzlehrkante,
5 Sammelraum, *a* Prüfmaß

Das Sortieren nach Messergebnissen ist natürlich auch möglich und wird in Bild 4.134 gezeigt. Hier geht es um eine Längenmessung geschliffener Bolzen. Es könnte aber auch eine Messung des Durchmessers sein. Ein Rotorzuteiler bringt die Teile in die Messposition. Dort werden sie gegen die Messbasis gedrückt. Das Messergebnis wird bis zur entsprechenden Kanalklappe mitgeführt. Da man nicht mehr als 120° des unteren Kreisbogens für die Teileausgabe nutzen kann, ist die Anzahl der Sortiergruppen aus konstruktiven Gründen allerdings gering.

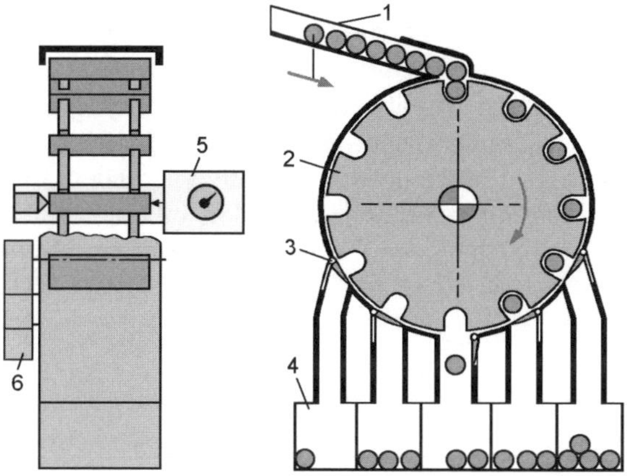

Bild 4.134 Automatisierte Längenmessung mit Zuführtechnik und Sortierung in Toleranzgruppen.
1 Zuführrinne, 2 Rotorzuteiler,
3 Kanalklappe, 4 Sortenbehälter,
5 Messgerät, 6 Kurzhubmagnet für Klappenöffnung

Beispiel 4.6 Sortieren von Packstücken nach Zieladressen

Das Sortieren von Päckchen und Paketen zu Aufträgen kann mit dem in Bild 4.135 gezeigten **Ringsortersystem** erfolgen. Es arbeitet im Sinne einer Kommissionierung. Bei ankommenden Objekten wird zuerst der Barcode gelesen, dann erfolgt das Verteilen an viele Zielstellen. Das sind in diesem Fall Sammelbehälter, die einen Auftrag repräsentieren. Sternförmig angeordnete kleine Förderbänder übernehmen das Sortiergut, gleichzeitig erfolgt durch Drehbewegungen von Außenring und Mitteltisch die Zuordnung zum Sortenbehälter.

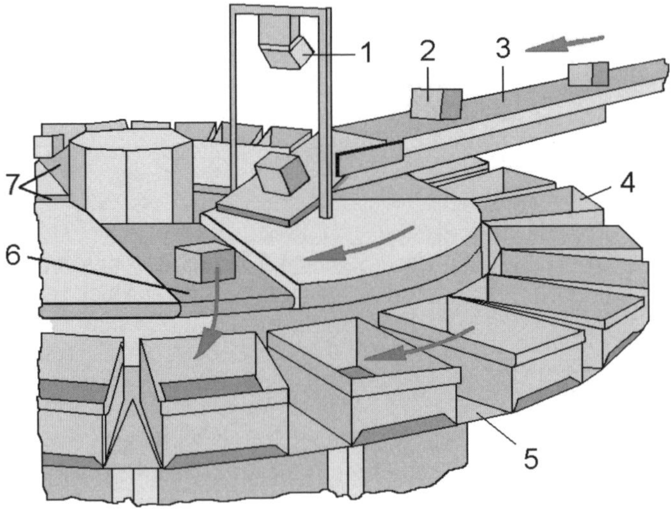

Bild 4.135 Ringsortieranlage *(psb intralogistics)*.
1 Kamera, 2 Sortiergut, 3 Zuführband, 4 Sortenbehälter, 5 Drehkranz, 6 Abwurf in Behälter, 7 Speichenband

Beispiel 4.7 Sortieren von Werkstücken nach Geometriemerkmalen

Im Gegensatz dazu werden in dem in Bild 4.136 vorgestelltem System Objekte nach Bearbeitungsmerkmalen sortiert (geordnet). Richtig orientierte Teile laufen im Kanal A durch. Teile in Falschlage werden durch einen schnell reagierenden Schieber in den Kanal B verschoben. Dafür hat man Fluidmuskeln (Sie können nur Zugkräfte entwickeln.) als Aktoren eingesetzt. Sie arbeiten in Verbindung mit Schnellschaltventilen äußerst schnell. Das Signal zum Ausschleusen wird von einem Sichtsystem nach einer Mustererkennung *(pattern recognition, pattern matching)* generiert.

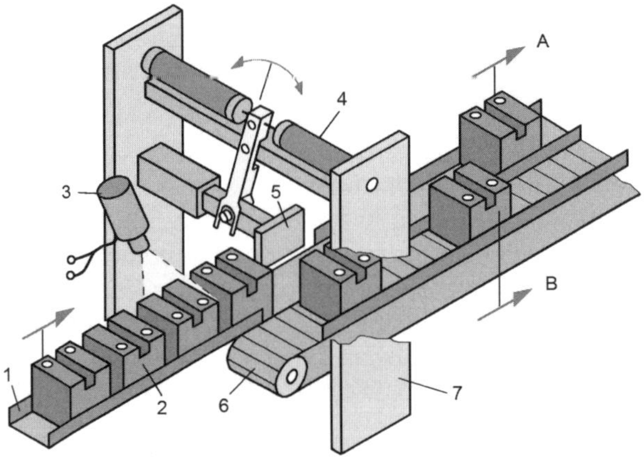

Bild 4.136 Ordnen von Werkstücken nach geometrischen Merkmalen.
1 Zuführkanal, 2 Werkstück, 3 Kamera, 4 Fluidmuskel, 5 Querschieber, 6 Abführband für 180° gedrehte Teile, 7 Gestell

4.4 Einrichtungen zum Bewegen

Arme und Hände eines Werkers werden beim automatischen Beschicken und Montieren durch manipulierende Einrichtungen ersetzt. Das sind in einfachen Fällen Einlegeeinrichtungen, die einen kaum veränderbaren Bewegungsinhalt aufweisen und streng auf die jeweilige Montageaufgabe abgestimmt sind. Zum anderen werden zunehmend auch Industrieroboter verwendet, die im Bewegungsablauf freiprogrammierbar sind und die bei einer Verwendung in Bearbeitungs und Montagezellen auch die Greiforgane automatisch auswechseln können. Grundsätzlich lassen sich alle Bewegungsverläufe durch eine Kombination von linear und zirkular agierenden Komponenten zusammensetzen.

4.4.1 Lineareinheiten

Der Umgang mit körperlichen, also massebehafteten Objekten, ist beim Zuführen, Verpacken, Prüfen und Montieren an das Bewegen gebunden von:

- Bauelementen, Werkstücken, Verbindungs- und Basisteilen
- Montagewerkzeugen und vorrichtungen sowie Mess- und Testgeräten
- fertigen Baugruppen, Produkten und Verpackungshilfsmitteln

Dafür werden verschiedene Bewegungseinheiten benötigt und auch in großer Vielfalt von einschlägigen Herstellern angeboten.

> **Bewegung** *(motion)*
> Zeitabhängige Lageveränderung (Position, Orientierung) eines Körpers in einem Bezugssystem. Wirken auf den Körper keine Kräfte, so befindet er sich in Ruhe oder in einer gleichförmigen Bewegung.

Die verschiedenen Strukturvarianten für Handlinggeräte ergeben sich aus der Kombination von Dreh- und Schubbewegungen. Demnach kann auch jede Bewegungsaufgabe mit Linear- und/oder Dreheinheiten gelöst werden. Sie kommen als Funktionsträger für das vorbereitende Bewegen zum Positionieren bzw. Orientieren in Frage und häufig auch für das Fügen selbst. Die Bewegungseinheiten sind weitgehend modular aufgebaut und lassen sich zu mehrachsigen Handhabungsgeräten zusammensetzen. Man kann folgende Unterscheidungen treffen:

- **Lineareinheiten**
  - pneumatischer Antrieb; hohe Leistungsstärke, wenig geeignet für das Anfahren von Zwischenpositionen; Endlagendämpfung nötig
  - hydraulischer Antrieb; gleichmäßige und präzise Bewegungen; Einsatz bei großen Gewichtskräften
  - pneumohydraulischer Antrieb; Wandlung von pneumatischer Energie; gleichmäßiger Lauf
  - Einheiten auf der Basis kolbenstangenloser Pneumatikzylinder

  - mechanisch-elektrische Antriebe in der Art von Wälzringgetrieben
  - elektrisch angetriebene Einheiten (Schritt-, Getriebe-, Servomotor) mit Übertragung der Bewegung über Kugelumlaufspindel oder Zahnriemen
  - elektrischer Linearmotor; hohe Geschwindigkeit und Genauigkeit
  - piezoelektrischer Antrieb; kleinste Wegschritte, schnell
- **Dreh und Schwenkeinheiten**
  - pneumatisch angetrieben über Drehflügel oder Kolben mit verzahnter Kolbenstange (Zahnstange-Ritzel-Getriebe)
  - pneumatische Rundschalttische
  - Rundschalttische mit Torquemotor-Antrieb
- **Positioniertische**
  - elektrisch angetriebene zweiachsige *xy*-Tische

Als Ausführungsbeispiel wird in Bild 4.137 eine Auslegerachse *(cantilever axis)* gezeigt, deren Zahnriemen-Antriebsscheibe mit einem Elektromotor in Bewegung gesetzt wird. Die Antriebseinheit ist gestellfest angeordnet und die Linearachse fährt aus. Das freie Ende der Auslegerachse ist für den Anbau von Greif oder Arbeitswerkzeugen vorgesehen. Die rotierende Antriebsbewegung wird über einen Zahnriementrieb in eine Linearbewegung gewandelt. Der **Zahnriemen** stellt hier gewissermaßen eine biegsame Zahnstange dar.

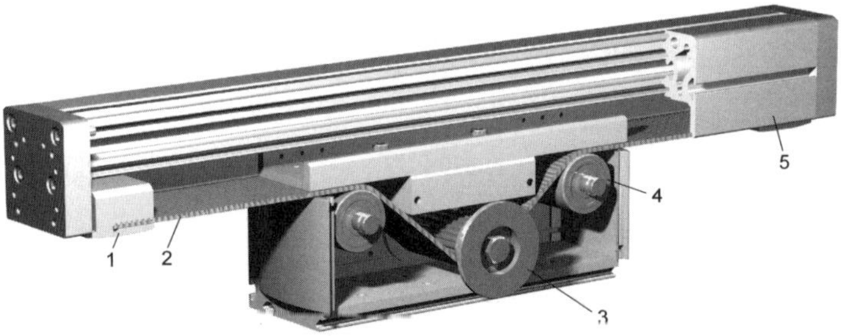

Bild 4.137 Auslegerachse mit elektromechanischem Antrieb (Festo; www.festo.com).
1 Klemmplatte für Zahnriemen, 2 Zahnriemen, 3 Antriebsscheibe, 4 Umlenkscheibe, 5 Linearachse

Linearachsen mit Komponenten aus Kohlefasern (CFK) sind verglichen mit Achsen aus Aluminiumprofilen wesentlich in der Masse reduziert. Die Masseträgheit sinkt und solche Achsen können schneller und energieeffizienter beschleunigt und verfahren werden. Bei geeigneter Struktur ist auch das Schwingungsverhalten günstiger, was zu einer hohen dynamischen Steifigkeit führt.

Die Begriffe Handlingsysteme und -module werden hauptsächlich in der Lineartechnik verwendet, wo man mit Hilfe stranggepresster Aluminiumprofile Linearmodule mit und ohne integrierter Wegmessung aufbaut. Die Antriebsmotoren werden meistens außen angesetzt und sind oft wählbar. Man gliedert die Achskomponente wie folgt:

- Antrieb (Energieart, Getriebe)
- Kraftübertragungssystem (Verformungen, Nachgiebigkeiten)
- Weg-/Winkelmesssystem (Auflösungsvermögen)
- Lagerung (Drehachsen), Führung (Linearachsen)

Die technischen Anforderungen an Linearbewegungen unterscheiden sich deutlich in den Verwendungsbereichen Handhabungsachse, Werkzeugmaschine und Hochgenauigkeitsanlage (Tabelle 4.2). Beim Handhaben stehen Geschwindigkeit, Beschleunigung und Verfahrweg im Vordergrund.

Tabelle 4.2 Anforderungen an Linearmodule

Parameter	Werkzeugmaschinen	Handhabungstechnik
Geschwindigkeit	bis 1,5 m/s	bis 5 m/s oder höher
Wiederholgenauigkeit	0,01 mm oder besser	0,2 bis 0,5 mm
Vorschubkraft	5000 N	2500 N

Durch die sehr unterschiedlichen An- und Einbauten in Handhabungssysteme muss man auf die zulässigen achsenbezogenen Kraft und Momentenbelastungen achten, wie sie in Bild 4.138 angegeben sind. Sie werden vom Hersteller vorgegeben.

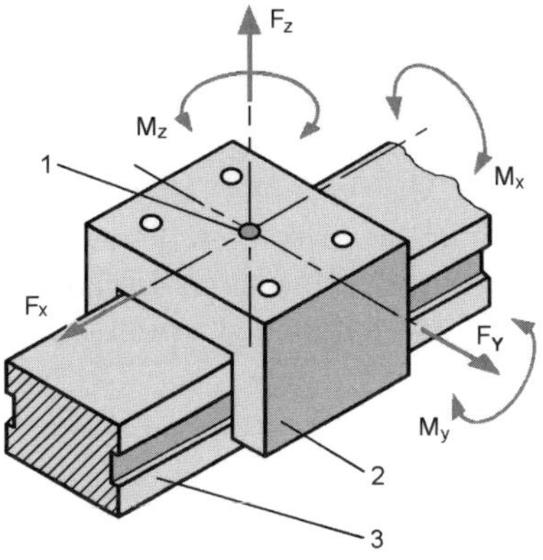

Bild 4.138 Das „Sortiment“ von Kräften *F* und Momenten *M* an einem Laufwagen.
1 Koordinatensystem, Ursprung, 2 Führungswagen, 3 Kugelschienenführung

Im Weiteren wird man die Vor und Nachteile gegenüberstellen, die sich aus den verschiedenen Antriebs und Führungsarten ergeben. Das Antriebspaket ist ebenso wichtig, wie die Art der Führung. Immer häufiger werden auch solche Funktionsträger integriert, wie z. B. Wegmesssysteme *(position-measuring systems)*.

Ein vereinfachter Überblick über Lineareinheiten wird in Bild 4.139 gegeben.

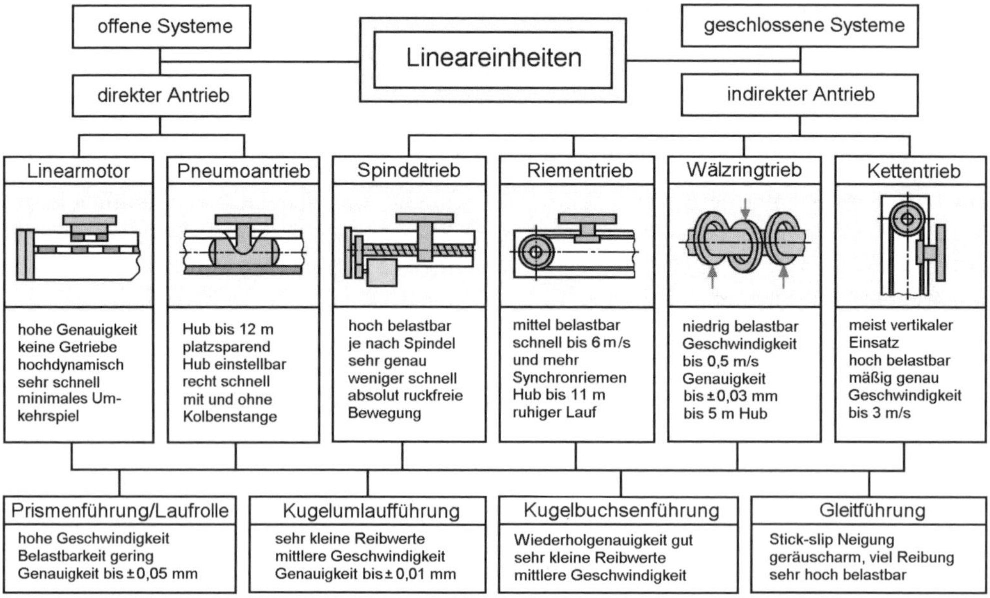

Bild 4.139 Grobgliederung von Lineareinheiten nach antriebstechnischen Aspekten

Nicht mit dargestellt ist eine Unterscheidung in mitfahrende Achsantriebe und gestellfeste Antriebe. Letztere zeichnen sich dadurch aus, dass der Motor aus dynamischen Gründen ortsfest ist (siehe Bild 4.194).

Aufgabe der Linearführungen ist, bewegte Maschinenteile, insbesondere Schlitten geradlinig zu führen und Tragfunktionen zu übernehmen. Es kommt zu einer Relativbewegung zwischen Maschinenteilen. Gefordert werden kleine bewegte Massen, hohe Tragfähigkeit, große zulässige Bewegungsgeschwindigkeiten, gute Dämpfungseigenschaften, Verschleißarmut und Unempfindlichkeit gegen Stoß- und Schockwirkungen. Man kann die Linearführungen nach den Berührungsverhältnissen, wie in Bild 4.140 aufgeführt, einteilen.

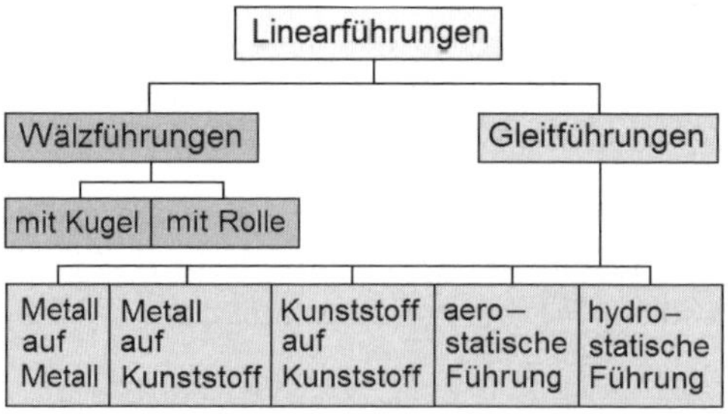

Bild 4.140 Einteilung der Linearführungen nach ihrem Berührungsstatus

Bei offenen Systemen liegen Führungen und Antriebe frei. Bei geschlossenen Führungen ist alles in einem Trägergehäuse integriert und durch Faltenbälge oder Abdeckbänder gegen das Eindringen von Schmutz und das Austreten von Partikeln geschützt.

Bei Handlingmodulen wie bei Industrierobotern wird die **Steifigkeit** als Voraussetzung für eine präzise Funktion angesehen. Schon kleine Verformungen einzelner Glieder können dazu führen, dass die erwarteten Greiferpositionen nicht erreicht werden. Dem Prinzip der Steifigkeit liegt der Gedanke zugrunde, Belastungen möglichst ohne Verformung zu widerstehen. Die Steifigkeit einer Linearführung hängt von der Gestaltung des Tragkörpers, der Tragschiene, den Wälzkörpern (Art, Anzahl, Kontaktierung) und der Vorspannung des Systems ab. Wie sich die Geometrie des Führungsquerschnittes auf die **statische Steife** einer Achse auswirkt, wird in Bild 4.141 gezeigt.

- Steifigkeit Widerstand eines Materials gegen Verformung.
- Festigkeit Maximale Belastung eines Materials bevor es versagt.

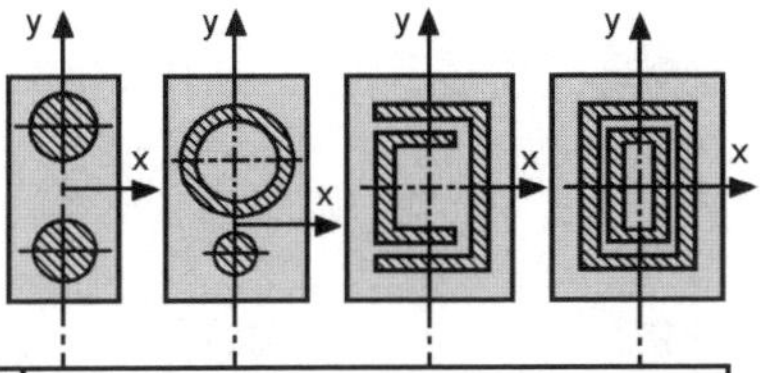

A	1,0	1,0	0,8	1,0
J_x	1,0	2,2	4,4	4,6
W_x	1,0	1,95	6,30	6,50
f	1,0	0,46	0,23	0,19

Bild 4.141 Vergleich einiger Führungsquerschnitte von Linearachsen.
A Querschnittsfläche, J_x Trägheitsmoment, W_x Widerstandsmoment, *f* Durchbiegung

In der Gegenüberstellung wurde jeweils ein gleichgroßer Querschnitt zugrunde gelegt, bis auf die verschachtelten Profile, bei denen die Außenabmessungen konstant gehalten wurden. Die Zahlenangaben sind normiert und beziehen sich auf einen Kragträger mit Einzellast, wobei gleiche Belastung und Ausfahrlänge angenommen wurden. Natürlich kann man daraus noch keine allgemeine Rangfolge ableiten, weil außer der Durchbiegung noch andere Aspekte einzuschließen sind.

Für die Auswahl linearer Führungselemente kann die Tabelle 4.3 hilfreich sein. Es werden wichtige, den Einsatz bestimmende, Parameter gegenübergestellt.

Tabelle 4.3 Parameter von Linearführungen im Vergleich (nach Russ)

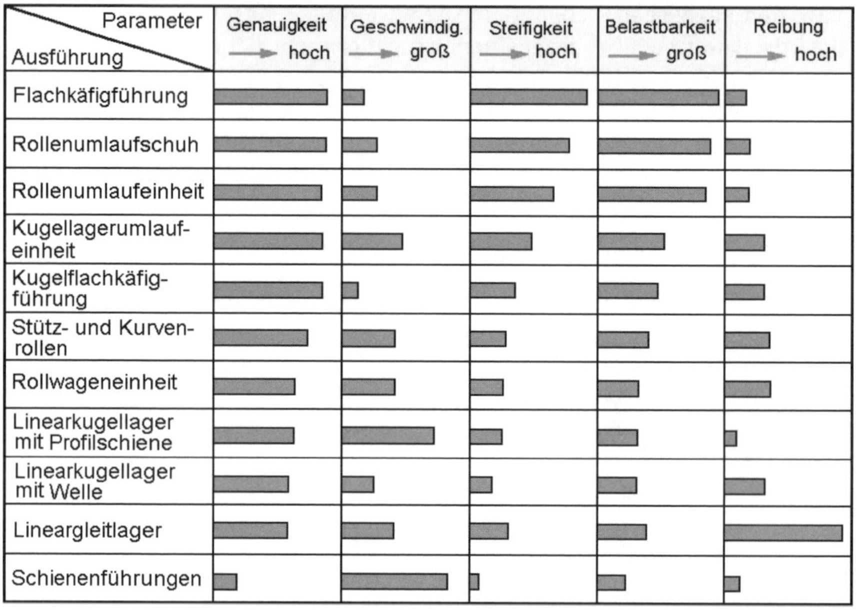

Die Auswahl der Antriebe hängt sehr stark von den spezifischen Anforderungen ab. Einen Grobüberblick gewährt das Bild 4.142.

Kriterium	Standard-pneumatik	Servo-pneumatik	Synchron-riemen	Gleitge-windetrieb	Kugelge-windetrieb	Elektrodi-rektantrieb
Last		X	X		X	
Hub	X		X			X
Geschwindigkeit			X			X
Beschleunigung			X			X
Genauigkeit					X	X
Geräusche					X	X
Steifigkeit					X	X
Betriebskosten	X					
Flexibilität		X	X	X	X	X
Leistungsdichte	X	X				

Bild 4.142 Technische Gebrauchseigenschaften aktueller Achsantriebe (markierte Felder = gut, vorteilhaft, günstig)

Von besonderem Interesse ist das Reibungs- und Verschleißverhalten, das bei Wälzführungen gegenüber Gleitführungen vorteilhafter ist. Auch bei höheren Verfahrgeschwindigkeiten ändert sich der Reibungskoeffizient praktisch nicht. Eine Gegenüberstellung von Gleit- und **Wälzkörperführung**en wird in Bild 4.143 vorgenommen.

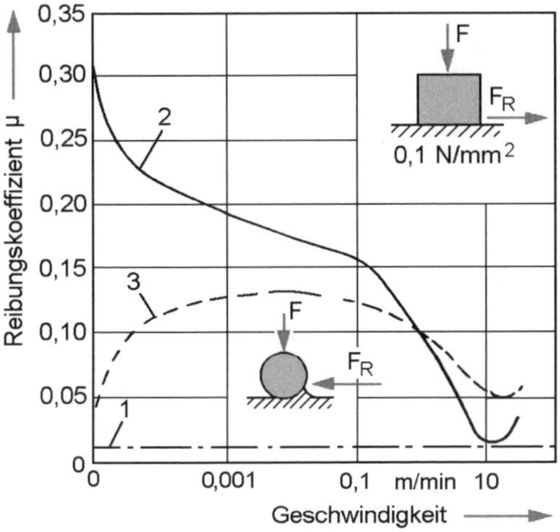

Bild 4.143 Reibungsverhalten verschiedener Führungen.
1 Wälzkörperführung, 2 Gleitführung (GG22/GG22), 3 Gleitführung (Sonderkunststoff)

Moderne Kunststoffführungen werden laufend weiterentwickelt und weisen sehr interessante Betriebseigenschaften auf, z. B. sind hochverschleißfeste Polymere ohne Schmierung bis 15 m/s verwendbar und von -40 °C bis +90 °C einsetzbar.

Die Lagerlebensdauer der Wälzführungen wird analog der DIN 622 mit Hilfe der Tragzahl und einer resultierenden Belastung berechnet. Sie wird dann entsprechend der Bewegungsgeschwindigkeit in Betriebsstunden umgerechnet. Die tatsächliche Lebensdauer hängt aber noch von weiteren Faktoren ab, insbesondere den Umgebungsbedingungen (Staub, Feuchtigkeit, Schwingungen, Temperatur). Auch die Bauart spielt in Verbindung mit den Lastverhältnissen eine Rolle. Das Bild 4.144 zeigt einige wälzgelagerte Führungen. In der Handhabungstechnik werden häufig Wälzführungen mit unbegrenztem Nutzführungshub eingesetzt. Die Wälzkörper können bei dieser Ausführung innerhalb der Kugelbüchse wieder zurücklaufen (Bild 4.144c).

Die richtige Bemessung der Führungen (linear = **Geradführung**) und Lager (rotatorisch = Drehführung) erfordert Kenntnis der wirkenden Kräfte. Das sind einmal die Kräfte in den Auflagern, aber auch die Reibungskräfte in den Lagern selbst, die zusätzlich zur Last und der Eigenmasse überwunden werden müssen. Deshalb sollen einige typische Ausführungen einfacher Pick-and-Place-Geräte diesbezüglich betrachtet werden.

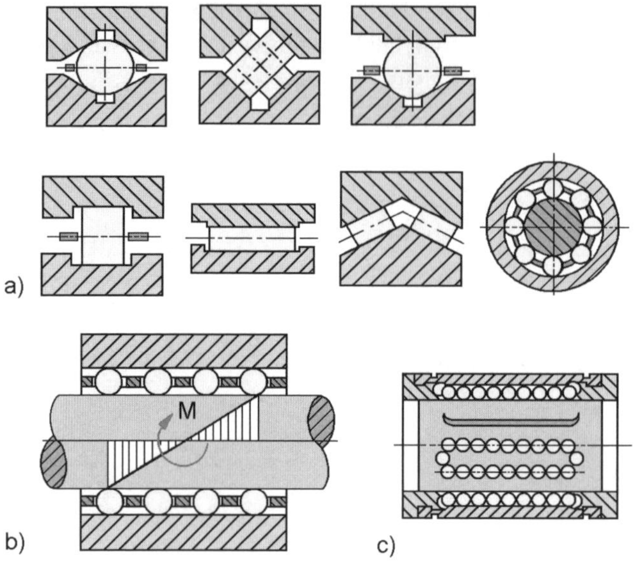

Bild 4.144 Führungsmöglichkeiten mit Wälzkörpern. a) wichtige Wälzführungsarten, b) Kugelbuchse mit begrenztem Hub, c) Kugelumlaufbuchse mit unbegrenztem Hub

Das Bild 4.145 zeigt Möglichkeiten für die Gestaltung einfacher linearer Rollenführungssysteme. Die Laufschienen können rostfrei und gehärtet sein, die Rollenbolzen konzentrisch oder exzentrisch. Letztere gestatten die Einstellung der Achsenlage. Die gezeigten Lösungen sind kostengünstig.

Bild 4.145 Einfache Profilschienenführungen (Techn. Antriebselemente GmbH). 1 Führungsrad, 2 Rollenbolzen, 3 Laufschiene, 4 Buchse, 5 Befestigungsbock

Interessant ist auch die Ausführung einer **Rundschienenführung** nach Bild 4.146. Auf den im Grundkörper eingeklemmten Rundstäben läuft ein Wagen mit Rollen.

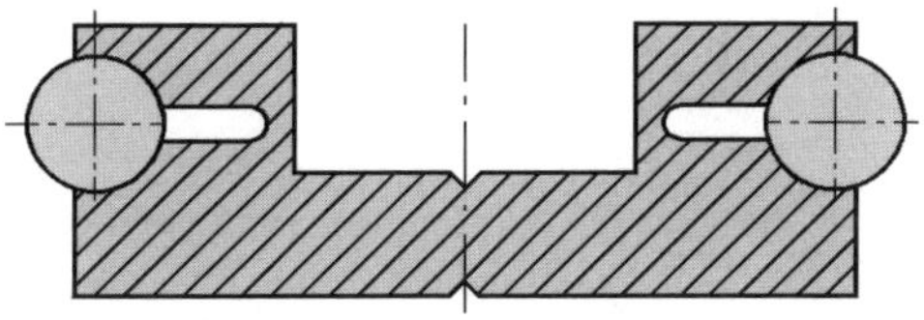

Bild 4.146 Rundschienenbefestigung für Rollenführungen

Der Zusammenbau zu mehrachsigen Geräten ist auf vielfältige Weise möglich, je nach Anforderungsbild. In Bild 4.147 werden einige Aufbaumöglichkeiten schematisch dargestellt. Sie sind alle aus modularen Komponenten zusammensetzbar. Nach der Häufigkeit der Anwendung lassen sich etwa folgende Anteile abschätzen Schieben horizontal + Hub vertikal etwa 50 %, Querhub + Vertikalhub etwa 10 bis 15 %, Vertikalhub + Dreheinheit etwa 3 %, Horizontalhub + Vertikalhub + Dreheinheit etwa 15 bis 20 %, Horizontalhub + Vertikalhub + Kronenrevolverdreheinheit etwa 5 %, Drehen + Vertikalhub etwa 5 % und Drehen + Horizontalhub etwa 2 %. Je nach Baukastensystem lässt sich der Zusammenbau direkt oder mit Hilfe von Adaptern mehr oder weniger komfortabel (Zeit, Anpassarbeiten, Baugrößenstufung, Greiferart) erledigen.

> **Handhabungsmodul** *(handling module)*
> Bewegungseinheit für Handhabungseinrichtungen, die als Serienprodukte hergestellt werden und sich im Sinne des Baukastenprinzips zu anwendungsspezifischen Aufbauten mit mehreren Achsen einsetzen lassen. Es ergeben sich wirtschaftlich interessante Lösungen mit genau passenden Funktionsinhalten.

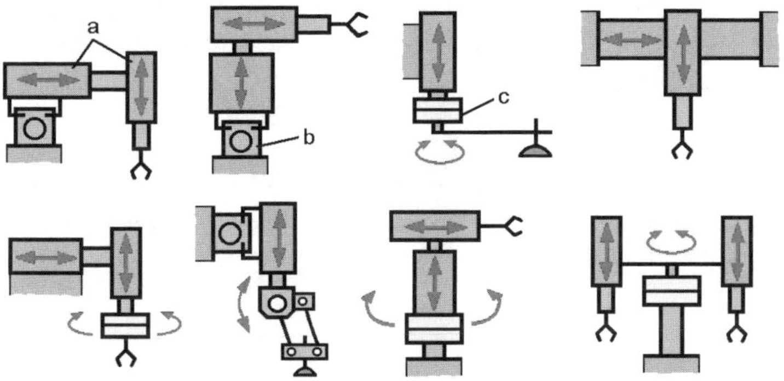

Bild 4.147 Einige Kombinationsmöglichkeiten von Linear- und Dreheinheiten aus dem Baukasten, a Lineareinheit, b Querverfahreinheit, c Dreh- bzw. Schwenkeinheit

Ein Hub-Dreh-Modul mit indirektem elektrischem Antrieb (Bild 4.148) arbeitet mit einer längs- und wendelgenuteten Welle, die die gesamte bewegte Masse darstellt. Die Antriebe sind also gestellfest. Die geringe Masse führt zu sehr kurzen Zykluszeiten, weil wenig Masse zu beschleunigen ist. Beide Antriebsbewegungen sind überlagerbar, sodass auch schraubenförmige Bewegungen mit beliebiger Steigung möglich sind. Beispieldaten: Hub 120 mm, Drehwinkel unendlich, Nutzlast 3 kg.

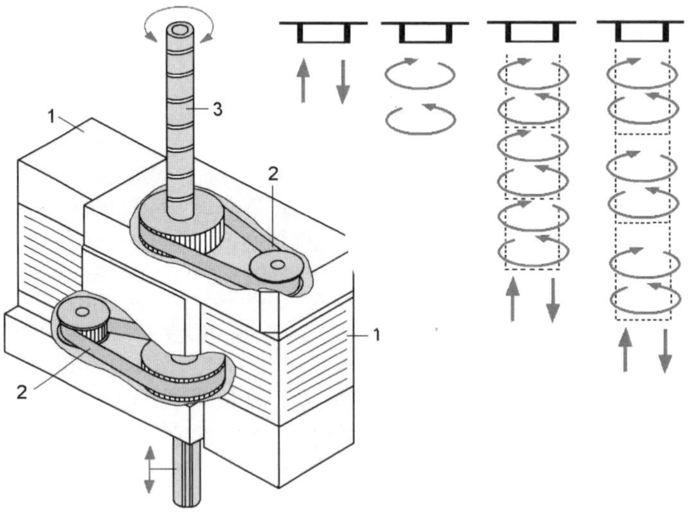

Bild 4.148 Hub-Dreh-Modul und die Bewegungsmöglichkeiten (Schneider electric motion).
1 Elektromotor, 2 Zahnriemen, 3 Hub-Dreh-Spindel

Man wird natürlich zuerst versuchen, ein einbaufertiges handelsübliches Kompaktgerät zu bekommen, welches genau das gesuchte Bewegungsvermögen aufweist. Gelingt das nicht, kommen als nächstes Baukastengeräte in Frage.

Übungsaufgabe 4.4 Entwerfe einen 4-Positionen-Antrieb

Durch geschickte Anordnung von mehreren Standard-Pneumatikzylindern soll ein 4-Positionenantrieb aufgebaut werden. Die Standardzylinder können nur Endpositionen anfahren. Skizziere den Aufbau! Wie kann man einen teleskopartigen Aufbau vornehmen? Erweitere die Anordnung zum zweiachsigen Einleger!

In Bild 4.149 wird eine Lineareinheit stellvertretend für ein sehr großes Sortiment solcher Komponenten gezeigt. Es ist eine elektrische Einheit. Sie kann wahlweise mit verschiedenen Elektromotoren betrieben werden. Über eine Spindel wird der kugelgeführte Schlitten bewegt.

Bild 4.149 Beispiel für eine handelsübliche Bewegungseinheit, hier noch ohne angebauten Elektromotor (Festo; www.festo.com)

Bei den pneumatischen Lineareinheiten wird zur Hubbegrenzung ein Anschlagsystem gebraucht. In Bild 4.150 wird das an einem Beispiel gezeigt. Kern der Lösung ist ein kolbenstangenloser Pneumatikzylinder mit extern aufgebauten **Zwischenanschlägen**. Das könnte eine Portalanlage sein oder die Achse 1 einer kleinen bodennahen mehrachsigen Handhabungseinrichtung. Man kann theoretisch beliebig viele Zwischenanschläge setzen, solange der Bauraum bzw. der Verfahrweg der Achse dafür ausreicht. Der Zwischenanschlag kann rechts oder linksanschlagend benutzt werden, je nach zu planender Bewegungssequenz. Es wäre auch möglich auf der Gegenseite der Schlitteneinheit weitere Zwischenanschläge anzuordnen. Die Positionen lassen sich durch Anschlagschrauben genau einstellen.

Für elektromechanische **Positionierachsen** ist typisch, dass sie mindestens eine zweistufige Wirkungskette erfordern, um eine Linearbewegung bestimmter Beschaffenheit über eine Spindel oder einen umlaufenden Zahnriemen zu erzeugen. Pneumatikantriebe sind dagegen einstufig und werden deshalb auch als Direktantriebe bezeichnet.

Zu einer elektromechanischen Achse gehören:

- Bewegungsachse mit (Getriebe)Motor, Motorflansch und Kupplung
- integriertes oder externes Wegmesssystem
- Leistungselektronik bzw. Servoverstärker je nach Motor ein- oder mehrachsig
- vorkonfektionierte Kabelsätze

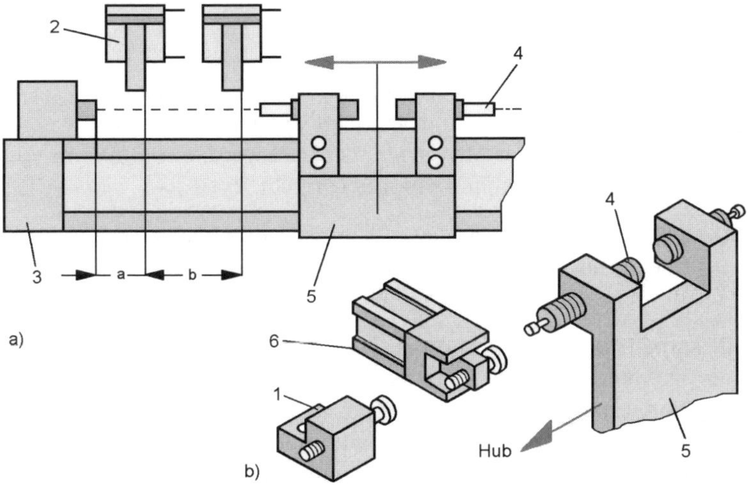

Bild 4.150 Anschlagsystem für eine pneumatische Lineareinheit.
a) Draufsicht auf eine Portalachse, b) Ausführung eines Zwischenanschlags
1 Endanschlag, 2 Zwischenanschlag, 3 kolbenstangenloser Arbeitszylinder mit integrierter Führung, 4 Stoßdämpfer, 5 Schlitten, 6 Kurzhubzylinder

Weit verbreitet sind Spindel und Zahnriemenantriebe. Der Aufbau von elektromechanischen Positionierachsen *(design of electromechanical positioning axes)* wird in Bild 4.151 gezeigt. Als Antrieb kann z.B. ein Schrittmotor angebaut werden und bei Motorleistungen von weniger als 1 kW eine ideale Lösung sein. Ein solcher Motor ist das Verbindungsglied zwischen digitaler Information und inkrementaler Bewegung. Bei einer Auflösung einer Rotorumdrehung von z.B. 500 bzw. 1000 Schritte je Umdrehung ist eine recht genaue Positionierung möglich. Der Beschleunigungsverlauf einer Motorfahrt erfolgt nach bestimmten Rampendiagrammen (Beschleunigungs-, Verzögerungsrampe) möglichst ruckfrei.

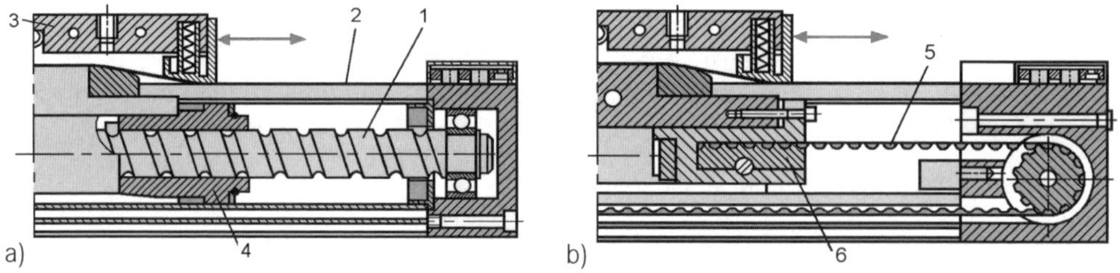

Bild 4.151 Aufbau elektromechanischer Positionierachsen (Beispiel).
a) Achse mit Spindelantrieb, Beispieldaten: Höchstgeschwindigkeit 1,7 m/s, Hub bis 2 m, Positioniergenauigkeit ± 0,02 mm, b) Achse mit Zahnriementrieb,
Beispieldaten: Höchstgeschwindigkeit 5 m/s, Hub bis 5 m, Positioniergenauigkeit ± 0,1 mm,
1 Steilgewindespindel, 2 Abdeckband, 3 Schlitten, 4 Mutter, 5 Synchronriemen, 6 Befestigungsplatte

Alternativ können auch Servomotoren angebaut werden. Das sind Elektromotoren, die in einen geschlossenen Regelkreis eingebunden sind. Dazu müssen die gewünschten Zielgrößen (Drehzahl, Position bzw. Winkel) per Messsystem erfasst werden. Dann wird eine sehr genaue Einhaltung der Sollwerte und hohe Dynamik erreicht.

Positionierachsen mit Spindeltrieb setzt man vorzugsweise ein, wenn höchste Genauigkeit und hohe axiale Schubkräfte gefordert werden. Für das besonders schnelle Anfahren von Positionen über große Verfahrwege sind die Zahnriemenachsen viel günstiger einsetzbar.

Schließlich lässt sich ein kolbenstangenloser Pneumatikzylinder durch den Anbau eines Wegmesssystems oder die Verwendung eines Zylinders mit integrierter **Wegmessung** zu einer sehr schnellen, servopneumatischen Positionierachse gestalten. Das ist bei vergleichbarer Dynamik preiswerter als eine elektrische Positionierachse. Für das Ansteuern dieser Achse wird ein 5/3-Wege-Proportionalventil verwendet, das mit 5 ms Verstellzeit eine hohe Systemdynamik gewährleistet. Pneumatikachsen kommen auf Beschleunigungen bis 10 g. Eine derartige Achse wird in Bild 4.152 im Prinzipaufbau gezeigt. Die Endlagendämpfung *(end-position cushioning)* wird allein durch elektronische Regelung erreicht und optimiert sich selbst. Servopneumatische Lineareinheiten ermöglichen 30 % höhere Taktzahlen gegenüber Lösungen mit einem Stoßdämpferanschlag.

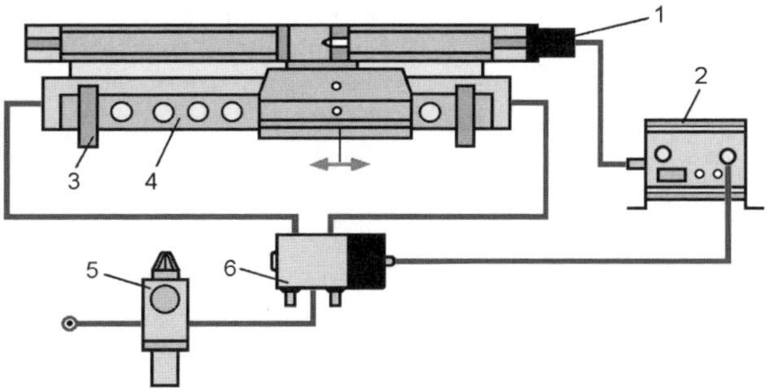

Bild 4.152 Servopneumatische Lineareinheit (Festo; www.festo.com).
1 Linearpotenziometer, 2 Endlagenregler, 3 kolbenstangenloser Pneumatikzylinder, 4 Linearführung, 5 Druckluftwartungseinheit, 6 Proportional-Wegeventil

4.4.2 Schwenkeinheiten

Schwenkbewegungen werden häufig durch eine Umsetzung linearer Kolbenbewegungen erzeugt. Das Prinzip wird in Bild 4.153 gezeigt. Zwischenanschläge sind (auch nachträglich) anbaubar. Sie wirken wie ein verschiebbarer Anschlag. Solche Schwenkeinheiten werden oft auch als Doppelkolbensystem gestaltet. Die Positionen sind in jedem Fall feineinstellbar, z.B. ± 5° in den Endlagen. Bei den **Zahnstange-Ritzel-Systemen** ist wichtig, dass in den Positionen Spielfreiheit gewährleistet ist, weil sich sonst schon ein geringes Zahnspiel zu ziemlichen Fehlern im Bogenmaß eines Schwenkarmes auswachsen kann. Das würde die Positioniergenauigkeit erheblich beeinträchtigen. Wird eine dritte Position gebraucht, ist zusätzlich ein verschiebbarer Anschlagkolben erforderlich. Seine Kolbenfläche muss größer sein, als diejenige der Schubkolben, sodass bei gleichem Speisedruck eine größere Haltekraft entsteht.

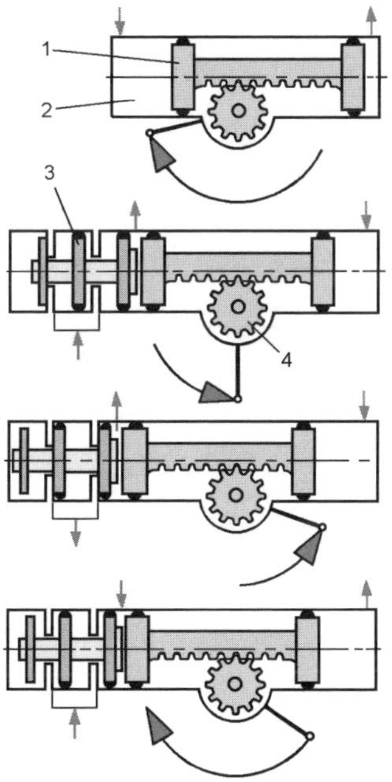

Bild 4.153 Prinzip einer pneumatischen Schwenkeinheit mit ansetzbarem Zwischenanschlagsystem für drei Winkelpositionen (www.montech.com).
1 Kolben mit verzahnter Kolbenstange, 2 Zylinder, 3 Zwischenanschlagkolben, 4 Drehachse (Abtrieb)

Häufig werden pneumatische Einheiten eingesetzt. Das sind zum einen Schwenkflügelmodule (Bild 4.154) und zum anderen Kolbentriebe, deren Hub über Zahnstange-Ritzel-Getriebe in eine Drehung < 360° umgesetzt wird.

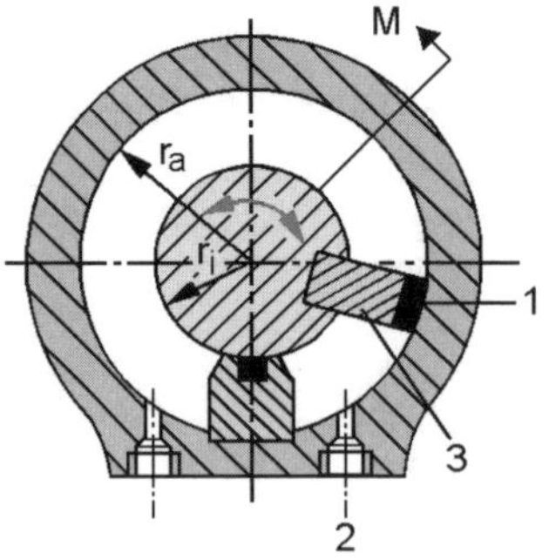

Bild 4.154 Schwenkflügelmotor mit z. B. 320° Schwenkwinkel.
1 Dichtung, 2 Pneumatikanschluss, 3 Schwenkflügel,
M Drehmoment

Der Schwenkflügelmotor kann auf direktem Weg eine Schwenkbewegung erzeugen. Das Abtriebsmoment M_1 ergibt sich aus:

$$M_1 = \frac{b \cdot \left(r_a^2 - r_i^2\right) \cdot \Delta p \cdot \eta_z \cdot i}{200} \quad \text{in Nm} \tag{4.52}$$

b	Flügelbreite in cm
i	Anzahl der Flügel
r_a, r_i	Innen- und Außenradius des Flügels in cm
Δp	wirksamer Differenzdruck in N/cm²
η_z	Zylinderwirkungsgrad, etwa 0,9

Bei der Wandlung einer Linearbewegung in eine Drehbewegung, wie in Bild 4.155 gezeigt, errechnet sich das Abtriebsmoment M_2 nach Gl. 4.53

$$M_2 = \frac{\left(p_1 - p_2\right) \cdot D^2 \cdot \pi \cdot ?}{4} \cdot \frac{D_1}{2} \cdot \eta_{mech} \cdot \eta_{vol} \quad \text{in Ncm} \tag{4.53}$$

D	Kolbendurchmesser in cm
D_1	Ritzeldurchmesser in cm
η_{mech}	mechanischer Wirkungsgrad
η_{vol}	volumetrischer Wirkungsgrad

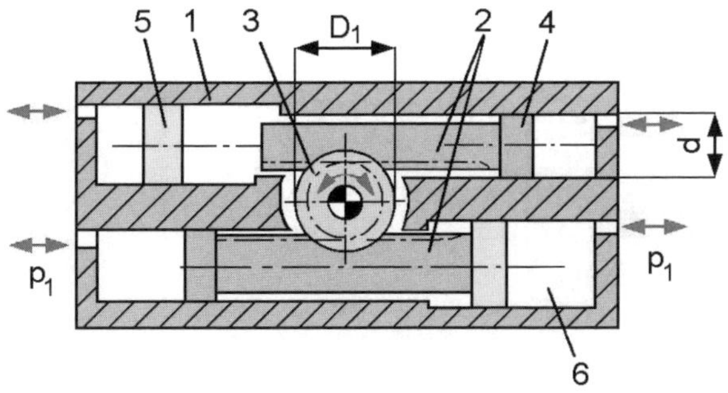

Bild 4.155 Fluidantrieb für rotatorische Bewegung.
1 Zylindergehäuse, 2 Zahnstange, 3 Ritzel und Ritzelwelle, 4 Schubkolben, 5 Anschlagkolben, 6 Zylinderraum (Druckluft oder Drucköl)

Es sind nur zwei Endstellungen anfahrbar, die allerdings genau eingestellt werden können.

Für den Einsatz eines **Schwenkantriebes** muss man auch wissen, wie sehr er überhaupt belastet werden darf Dazu benutzt man Leistungsdiagramme, die der Hersteller je nach Modulbaugröße vorlegt. Dort sind Massenträgheitsmoment, Schwenkwinkel und die Schwenkzeit aufgeführt. Das Massenträgheitsmoment *(moment of inertia)* der an den Drehantrieb angebauten Teile muss dazu extra berechnet werden. Dafür kann man auch die Software der Hersteller verwenden, die die Geometrie der Anbauteile bereits berücksichtigt. Man muss dann nur die Ausgangsdaten in eine Maske eingeben und erhält eine Aussage über die Verwendbarkeit einer bestimmten Baugröße (des jeweiligen Herstellers).

In Bild 4.156 wird der Gang bei einer manuellen Berechnung an einem Beispiel vorgenommen. Zu beachten ist, dass sich nur die Anschlussscheibe direkt auf der Drehachse befindet. Für alle nicht auf dieser Achse befindlichen Massen nimmt man Punktmassen im Abstand des Masseschwerpunktes *(centre of gravity)* an und reduziert das Trägheitsmoment auf die Drehantriebsachse (*z*-Achse; J_z). Nur dann dürfen Trägheitsmomente addiert werden. Dieses Verfahren bezeichnet man als „Satz von Steiner“ *(Steiner's displacement prinziple)*. Damit ergibt sich für das Gesamtträgheitsmoment J_{ges} folgende Gl. 4.54:

$$J_{ges} = J_{Z1}(\text{Scheibe}) + J_{Z2}(\text{Arm}) + J_{Z3}(\text{Greifer}) + J_{Z4}(\text{Werkstück}) \tag{4.54}$$

$$J_{ges} = J_{Z1} + J_{S2} + m_2 \cdot r_2^2 + J_{S3} + m_3 \cdot r_1^2 + J_{S4} + m_4 \cdot r_1^2 \tag{4.54a}$$

Der Steinersche Verschiebesatz wurde vom Schweizer Mathematiker J. Steiner (1796 - 1863) entwickelt und dient zur Addition von Flächenmomenten 2. Grades (Festigkeitslehre, *strength theory*) und Trägheitsmomenten bei Körpern (Dynamik, *dynamics*).

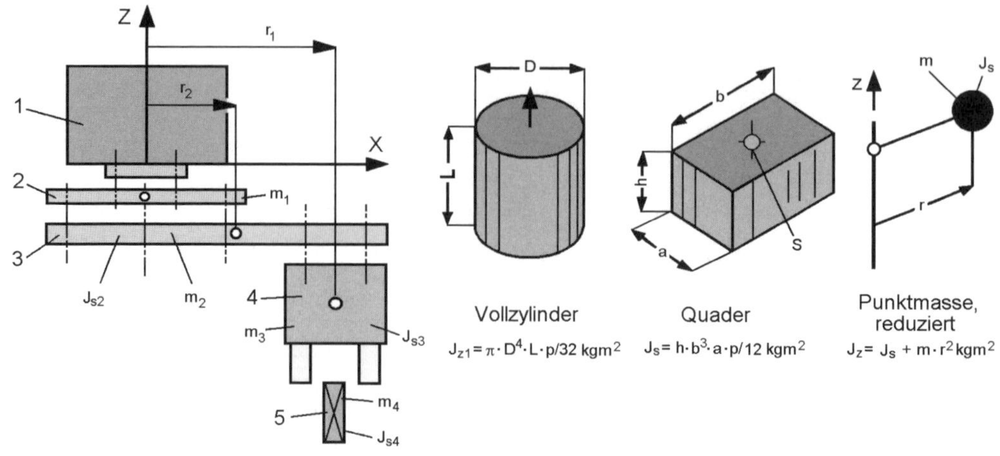

Bild 4.156 Dreheinheit mit Schwenkarm und Greifer als Beispiel für die Berechnung des Massenträgheitsmomentes.
1 Drehantrieb, 2 Anschlussscheibe, 3 Schwenkarm, 4 Greifer, 5 Werkstück,
J_s Massenträgheitsmoment bezogen auf den Schwerpunkt *S* des Körpers

Die Schwenkeinheit *(swivel-arm unit)* kann auch ein pneumatischer Drehflügelantrieb sein. Es gibt solche Module in vielen Baugrößen, gestuft nach Nenndrehmomenten *(nominal torque)*. Im einfachsten Fall genügt bereits ein Auslegerarm, um daraus eine Handhabungseinheit zu entwickeln. Eine klassische Bauform wird in Bild 4.157 dargestellt. Interessant ist bei diesem Beispiel, dass es auch Ausführungen mit hohler Drehachse gibt, so dass man Saugluft bzw. Druckluft (wenn das Vakuum mit einer Venturidüse erzeugt wird) hindurchleiten kann, um den Saugergreifer zu betätigen. Der Schwenkantrieb ist doppeltwirkend und die Bewegung wird in den Endlagen gedämpft. Das verstellbare Anschlagsystem (z.B. im Schwenkwinkel von 0° bis 184° einstellbar) ist vom Schwenkflügel getrennt, sodass auftretende Kräfte von Anschlagklötzen aufgenommen werden. Der Betriebsdruck der Druckluft kann z.B. im Bereich von 1,5 bis 8 bar liegen.

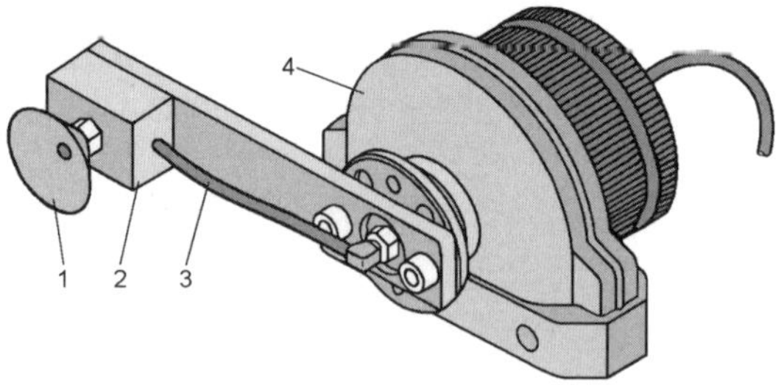

Bild 4.157 Pneumatischer Schwenkarmmodul für Saugergreifer (Festo; www.festo.com).
1 Scheibensauger, 2 Venturidüse, 3 Druckluftleitung, 4 pneumatischer Schwenkmodul

4.4.3 Dreheinheiten

Drehen und Schwenken unterscheiden sich im Drehwinkel. Drehende Bewegungen absolvieren einen Winkel > 360°, und Schwenken geschieht in Winkeln < 360°. Dreheinheiten erfüllen neben dem Drehen noch Tragfunktionen für andere Bewegungseinheiten oder einen Endeffektor. Für die konstruktive Ausführung von Lagerungen gelten allgemein folgende Anforderungen:

- hohe dynamische und statische Steife
- hohe Lagergenauigkeit
- geringe Reibungsverhältnisse
- Vermeidung des Stick-Slip-Effektes
- hohe Verschleißfestigkeit

Das Bild 4.158 zeigt einige **Rotationseinheit**en im Prinzip. Als Motor können Elektro-, Pneumatik- und Hydraulikmotoren eingesetzt werden.

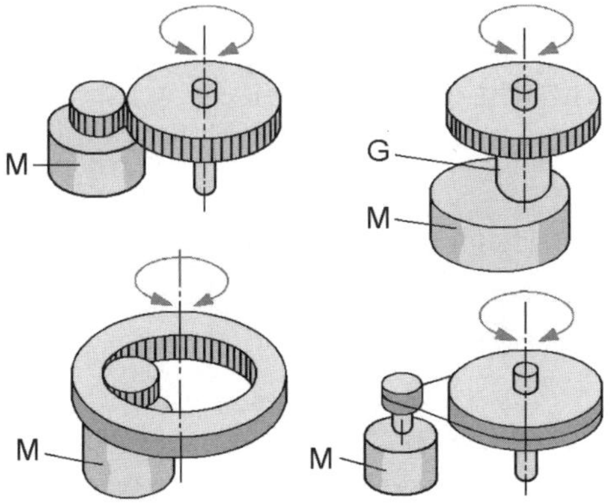

Bild 4.158 Konzepte für Drehantriebe.
G Getriebe, *M* Antriebsmotor

Wird die Dreheinheit als Achse 1 einer Handhabungseinrichtung verwendet, dann sollte zur besseren Abstützung von außermittig wirkenden Kräften die Lagerung möglichst weit nach außen gelegt werden. Dafür sind besonders **Dünnringlager** geeignet. Das sind speziell konstruierte Wälzlager mit bis zu 95% weniger Masse und kleinerem Querschnitt gegenüber normalen Lagern. Vorteilhaft ist auch der große freie Innenraum (Bild 4.159).

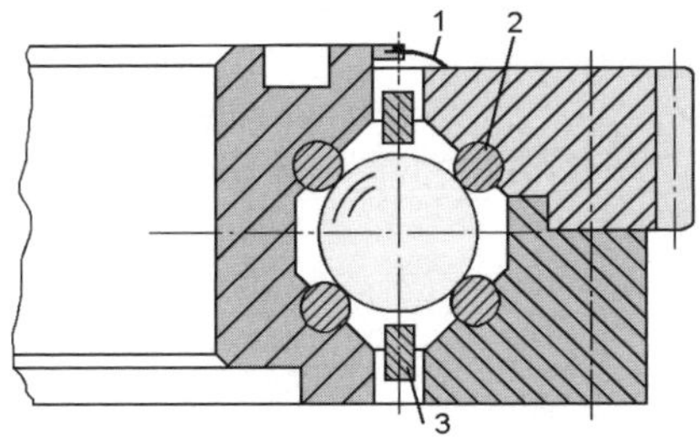

Bild 4.159 Lagerung einer Drehachse mit Dünnringlager.
1 Lagerabdichtung, 2 Drahtring, 3 Käfig

In Bild 4.160 wird die Umsetzung einer Drehbewegung in eine Zahnscheibendrehung gezeigt. Es ist ein spielfreier **Umschlingungstrieb** mit hohem Wirkungsgrad. Charakteristisch ist auch eine wirksame rückschlagfreie Dämpfung. Die Zahnriemendehnung ist nahezu gleich null. Die Geschwindigkeit kann 3 m/s betragen oder noch höher liegen.

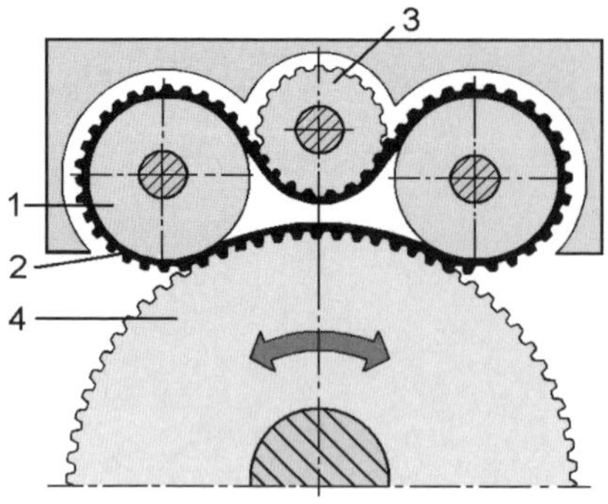

Bild 4.160 Zahnriementrieb für die Bewegung Drehen in Drehen (ZARIAN).
1 Umlenkscheibe, 2 Zahnriemen, 3 Antriebsscheibe, 4 Abtriebs-Zahnscheibe

4.4.4 Auslegung von Positionierachsen

Am Anfang jeder Auswahl von Positionierachsen steht die Frage, welcher Achstyp mit welchen Parametern passt am besten zur anstehenden Aufgabe. In welche Schritte lässt sich die Auswahl gliedern?

Schritt 1: Welcher Nutzhub wird benötigt? Zu unterscheiden sind Baulänge (bestimmt den nötigen Bauraum) und Nutzhub (Bild 4.161).

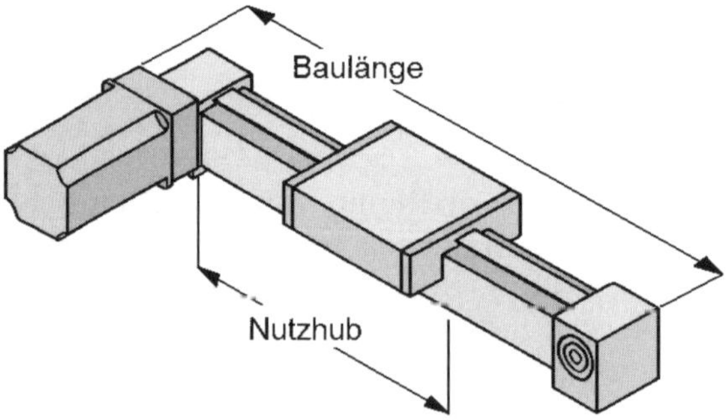

Bild 4.161 Baulänge und Nutzhub bei einer Lineareinheit

Schritt 2: Welche Wiederholgenauigkeit wird erforderlich? Es ist festzustellen, welche Unterschiede zwischen Spindel-, Zahnriemen- und Pneumatikachsen bestehen. Je größer der Hub, desto größer ist auch der Positionierfehler. Welche Durchbiegung stellt sich z. B. bei **Auslegerachsen** (Bild 4.162) ein?

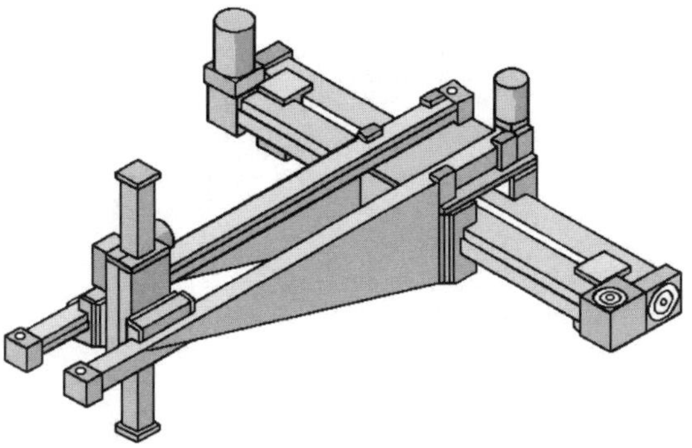

Bild 4.162 Dreiachsiges Handhabungsmodul mit Auslegerachse

Schritt 3: Abstimmung der Verfahrgeschwindigkeit. Sie ergibt sich oder errechnet sich in der Regel aus den Forderungen des Pflichtenheftes. Die typischen Geschwindigkeitsbereiche für verschiedene Übertragungssysteme werden in Bild 4.163 dargestellt.

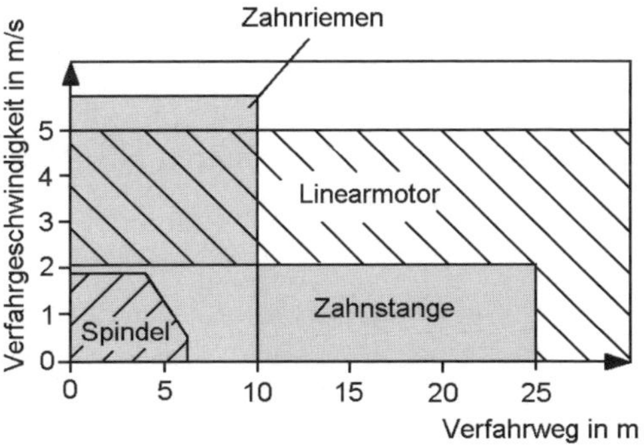

Bild 4.163 Verfahrgeschwindigkeiten verschiedener Bewegungssysteme

Schritt 4: Welche Führung ist zu verwenden? Die Art der Führung hat Auswirkungen auf die Größe der zu bewegenden Last und der zu überwindenden Reibungskräfte. Berollte **Laufwagen**, wie in Bild 4.164 im Schnitt dargestellt, weisen gegenüber Kugelführungen eine höhere Tragfähigkeit auf, bei minimalen Reibungskräften. Kugelführungen kann man dagegen auf Belastungen aus verschiedenen Richtungen momentenfrei einstellen.

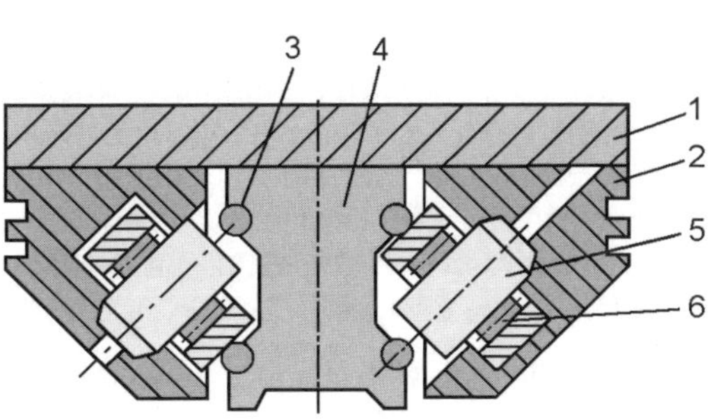

Bild 4.164 Aufbau einer Rollenführung. 1 Tragplatte, 2 Rollenlagerbock, 3 Rollprofil, 4 Tragschiene, 5 Rollenbolzen, 6 Nadellagerung

Schritt 5: Welcher Antrieb ist einzusetzen? Zu beachten ist die Einbaulage, senkrecht oder waagerecht. Mitunter muss neben einer angetriebenen Achse auch eine stützende Achse ohne Antrieb angeordnet werden (Bild 4.165), um der gewünschten Traglast zu genügen.

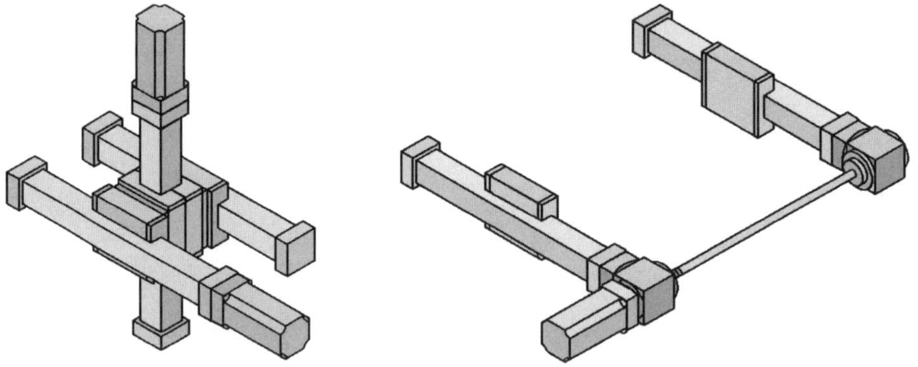

Bild 4.165 Zweiachsige Handhabungseinheiten mit je einer Passivachse

Die Positionierantriebe werden in der Regel für lineare Bewegungen eingerichtet. Positionieren bedeutet allgemein, ein Objekt der Masse *m* in einer gewünschten Zeit *t* einen Weg *s* so zu verschieben, dass eine bestimmte Position mit der Genauigkeit Δs erreicht wird. Der Ablauf der Positionierung wird in Bild 4.166 in den Parametern Weg *s*(*t*), Geschwindigkeit *v*(*t*) und Beschleunigung *a*(*t*) dargestellt. Erkennbar ist die Einteilung in die drei Aktionsphasen Beschleunigung von $v = 0$ auf Maximalgeschwindigkeit, Fahren mit Maximalgeschwindigkeit und Bremsen auf $v = 0$ in der erreichten Zielposition.

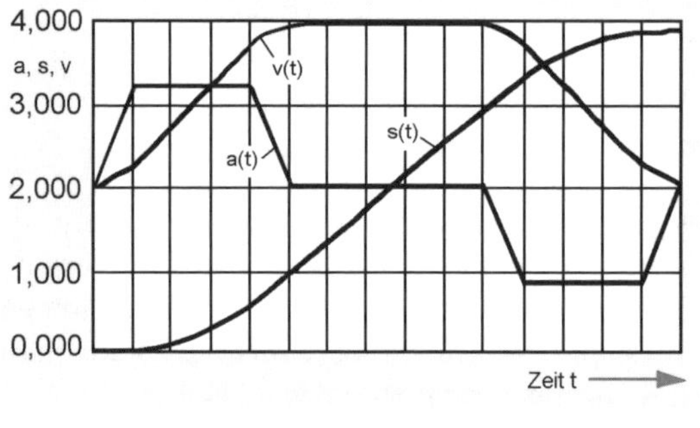

Bild 4.166 Ablauf einer Positionierung

Als Antrieb stehen folgende Möglichkeiten zur Verfügung:

- Direkter Linearantrieb; Die Kraftwirkung erfolgt vom Linearmotor unmittelbar auf das Positionierobjekt (Schlitten, Werkobjekt, Endeffektor) und kann servopneumatisch, hydraulisch oder (meistens) elektrisch sein. In Bild 4.167 wird ein freiprogrammierbarer Zweiachser gezeigt, dessen Achsen direkt angetrieben werden. Die obere Horizontalachse wird allerdings benutzt, um über eine besondere Kinematik die Vertikalbewegung der Anschlussplatte (mit dem Endeffektor) zu erzeugen.
- Indirekter Linearantrieb; Die Kraftwirkung erfolgt über eine Mechanik (Spindel, Zahnriemen, Ritzel und Zahnstange) auf das Positioniergut.

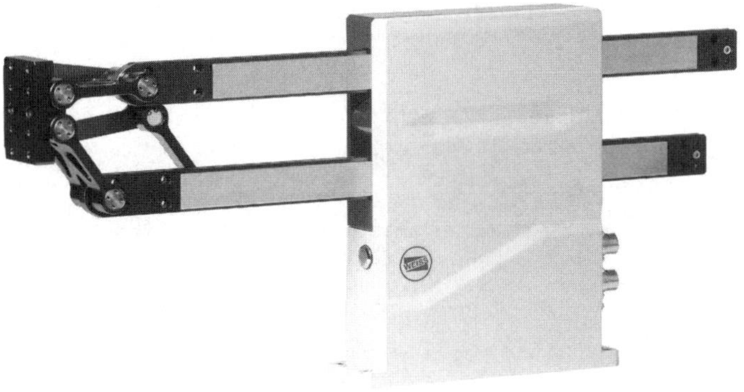

Bild 4.167 Pick-and-place Gerät HP 70 (www.weiss-gmbh.de). Hub vertikal: 55 mm, Hub horizontal: 125, 225, 325 mm, Baubreite: 60 mm

Bei vielen elektrischen Linearachsen lassen sich wahlweise verschiedene Antriebsmotoren einsetzen, also sowohl Servo- wie auch Schrittmotoren. In Bild 4.168 wird eine Achse gezeigt, bei der der Schlitten über zwei Zahnriementriebe in Bewegung gesetzt wird. Der Schlitten läuft auf Rollen in einem Führungsprofil. Die gesamte Achse beruht auf einem eigens dafür entwickelten **Tragprofil** großer Steife. Schwalbenschwanz-Anschlussflächen am Tragprofil und am Schlitten erlauben die schnelle Montage an Gestellaufbauten bzw. die Anbringung eines Greifers oder einer Vertikaleinheit. Der Positionierfehler kann z. B. im Bereich von ± 0,02 mm liegen.

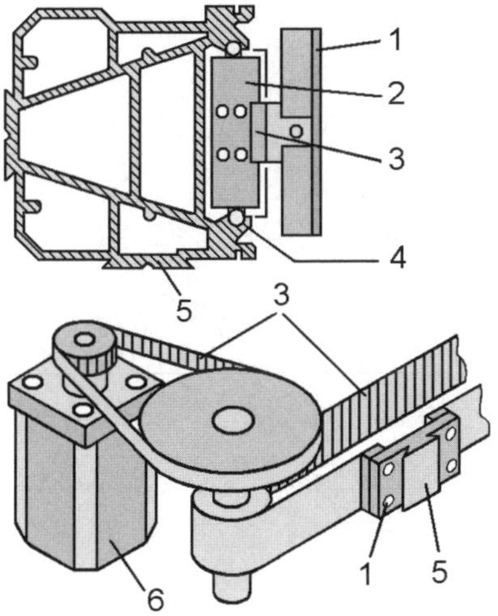

Bild 4.168 Servo-Horizontalachse mit Antrieb und Trägerprofil im Querschnitt.
1 Anschlussplatte, 2 Laufwagen, 3 Zahnriemen, 4 Führungsprofil, 5 Schwalbenschwanzprofil, 6 AC-Motor

Für Vergleiche braucht man einen zusammenfassenden Überblick über die wichtigsten Anforderungen, die ein Achsmodul erfüllen sollte, weil es sehr viele Systeme verschiedener Anbieter mit unterschiedlichen Konstruktionen gibt, zwischen denen eine Entscheidung fallen kann.

Eine Gegenüberstellung der Eigenschaften zwischen elektrischem Direktantrieb und indirektem Linearantrieb enthält die Tabelle 4.4.

Tabelle 4.4 Eigenschaften von direkten und indirekten Antrieben

Parameter	direkter Linearantrieb	indirekter Linearantrieb	
		Zahnriementrieb	Spindeltrieb
Geschwindigkeit	2 bis 15 m/s	< 10 m/s	< 2 m/s
Beschleunigung	> 100 m/s^2	> 50 m/s^2	< 2 m/s^2
Genauigkeit	< 0,001 mm	< 0,1 mm	< 0,01 mm

Die Auswahl von Achsmodulen wird in der Tabelle 4.5 thematisiert.

Tabelle 4.5 Prüfliste für die Auswahl von Achsmodulen

Nr.	Auswahl von Achsmodulen	ja	nein
1	Erfüllt das Modul alle weg-, beschleunigungs- und kräftemäßigen Forderungen		
2	Sind die Module ohne Spezialtechnik (-werkzeuge) aufbaubar?		
3	Ist die Nutzungsdauer ausreichend hoch bzw. lassen sich die Führungen nachstellen und Verschleißteile leicht auswechseln?		
4	Sind die Positionen gedämpft anfahrbar und lassen sich Zwischenpositionen einrichten und einfach justieren?		
5	Entspricht das Masse-Leistungs-Verhältnis dem modernen Stand der Technik?		
6	Erlaubt das Schwingungsverhalten unter Last und bei verschiedenen Ausfahrlängen bzw. Hubstellungen die uneingeschränkte Anwendung?		
7	Können die auftretenden Positionier- und Wiederholfehler im Anwendungsfall verkraftet werden?		
8	Lassen sich die Bewegungsparameter, z. B. Geschwindigkeit und Bremsverzögerung, einfach einstellen?		
9	Wurden die Kopplungen zum Gestell, zum Signalfluss und zu den Energiemedien (Schnittstellen) auf einfache und wenig störende Art gelöst?		
10	Unterstützt die Bauform den Aufbau kompakter und übersichtlicher Systeme?		
11	Ist das System gegenüber Schwankungen von Umweltparametern (Temperatur, Staub u. a.) ausreichend stabil?		
12	Ist der Nachlauf bei einem NOT-AUS und das sonstige Not-Aus-Verhalten unproblematisch?		
13	Sind alle Scher- und Quetschstellen mit Schutzelementen versehen und wird die Sicherheit gewährleistet?		
14	Sind die angegebenen maximalen Bewegungszyklen auch im Dauerbetrieb ohne Schaden realisierbar?		
15	Lässt sich der Achsmodul aus einer sinnvoll gestuften Baureihe anforderungsgerecht auswählen?		

Die Positioniergenauigkeit hängt wesentlich vom Positionsmesssystem, der Präzision der Mechanik und der Güte der Positionsregelung ab. Das Messsystem hat hierbei den größten Einfluss.

Der Positionierantrieb besteht aus den im Bild 4.169 skizzierten Funktionsblöcken Bewegungsführung *(motion)*, Antriebsregelung *(drive)*, Wechselrichter, Motor mit Messsystem und den Mechanikbaugruppen. Zur optimalen Drehzahlanpassung können noch Getriebe zwischen Motor und Verfahrbaugruppe beigeordnet sein.

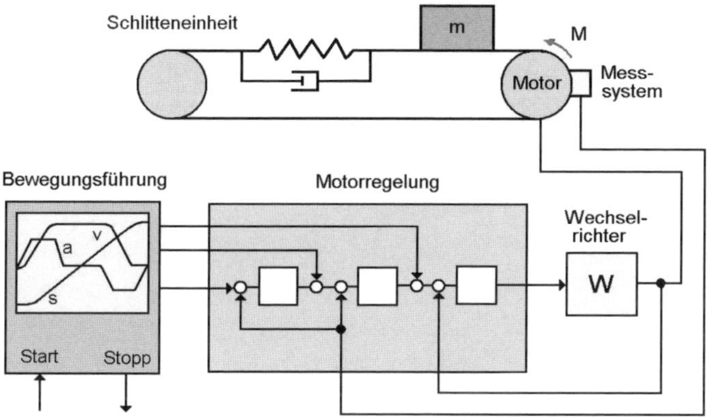

Bild 4.169 Allgemeiner Aufbau eines Positionierantriebs. *a* Beschleunigung, *m* Transportmasse, *M* Drehmoment, *s* Weg, *v* Geschwindigkeit

Für die Integration des Positionierantriebs in ein Gesamtprojekt kann es zwei grundlegenden Architekturen geben:

- **Drive-based-Architektur:** Die Bewegungsführung erfolgt im Antrieb. Die Steuerung ist eine SPS und führt die Ablaufsteuerung aus. Der Antrieb erhält seine Logikbefehle von der Steuerung.
- **PC/Controller-based-Architektur:** Die Bewegungsführung erfolgt in der Steuerung. Der Antrieb erhält zyklische Informationen für Lage, Drehzahl und Drehmoment.

4.4.5 Einlegeeinrichtungen

Darunter versteht man Bewegungsautomaten zur Werkstückhandhabung in nichtflexiblen Arbeitssystemen der Großserienfertigung. Die Bewegungen laufen zwischen zwei, meist einstellbaren, Endpositionen ab. Mitunter werden auch noch ein oder mehrere einstellbare Zwischenanschläge vorgesehen. Synonyme Bezeichnungen sind: Pick-and-Place-Gerät, Festtaktroboter, Transferautomat und zum Beispiel auch *Fixed Sequence Manipulator* im englischen Sprachraum. Der Antrieb erfolgt elektromechanisch, pneumatisch und zunehmend auch mit elektrischen Linear- bzw. Torquemotoren (Hoch-Drehmomentmotoren).

Nachfolgend werden einige Achsenanordnungen bei Lineareinheiten im Prinzip vorgestellt [4.4, 4.5]. Das Bild 4.170 zeigt eine einfache, pneumatisch angetriebene Handhabungseinheit mit horizontal ausfahrender Achse. Die Eigenmasse wird im Beispiel als Streckenlast q angenommen.

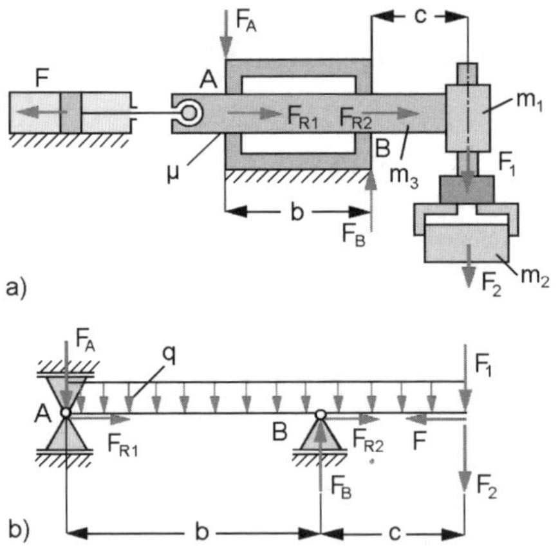

Bild 4.170 Horizontale Linearachse. a) Technisches Prinzip, b) Kräfteplan, *F* Kraft, *μ* Reibungskoeffizient

Die Streckenlast q in N/cm ergibt sich mit Gl. 4.55 zu

$$q = \frac{m_3 \cdot g}{b + c} \tag{4.55}$$

g Erdbeschleunigung in ms^{-2}

m Masse in kg

Die Auflagerkräfte $F_{A/B}$ erhält man aus einer Betrachtung der Momente um die Lagerpunkte A und B (Gln. 4.56 und 4.57)

$$F_A = \frac{(m_1 + m_2) \cdot c \cdot g}{b} - \frac{q(c^2 - b^2)}{2 \cdot b} \text{ in N} \tag{4.56}$$

$$F_B = \frac{(m_1 + m_2) \cdot (b + c)}{b} + \frac{q \cdot (c + b)^2}{2 \cdot b} \text{ in N} \tag{4.57}$$

Die Reibungskräfte F_R ermittelt man mit der Gl. 4.58 (μ Reibungskoeffizient):

$$F_R = (F_A + F_B) \cdot \mu \text{ in N} \tag{4.58}$$

Damit eine Bewegung zustande kommt, muss die Antriebskraft F größer als die Reibungskraft F_R sein (ohne Beachtung von Massenträgheitsmomenten).

Bei translatorisch bewegten Greiferarmen, wie in Bild 4.171 dargestellt, besteht allgemein die Gefahr des Verkantens, wenn Kräfte schräg oder versetzt angreifen. Das kann zur **Selbstsperrung** führen und den gesamten Arm blockieren. Die Schiebeverhältnisse sind jedoch unterschiedlich und hängen von der Masse des Greifobjekts, der Streckenlast, dem Reibungskoeffizienten und der Kraglänge c ab. Um das Verkeilen zu verhindern, muss das Verhältnis c/b folgende Bedingung erfüllen (Gl. 4.59):

$$\frac{c}{b} < \frac{F - \mu \cdot (m_1 + m_2) \cdot g}{(2 \cdot m_1 + 2 \cdot m_2 + \cdot m_3) \cdot \mu \cdot g} \tag{4.59}$$

Durchbiegungen am Ende des Armes führen zu Positionierfehlern. Das kann überprüft werden. Zur Bestimmung der Durchbiegung y im Abstand x wird von der Differentialgleichung der elastischen Linie ausgegangen, Gl. 4.60.

$$\frac{d^2y}{d^2x} = -\frac{M_b}{E \cdot J} \text{ in cm}^{-1} \tag{4.60}$$

M_b Biegemoment in Ncm

E Elastizitätsmodul in Ncm^{-2}

J Trägheitsmoment in cm^4

Weil die **Durchbiegungen** y nach unten stets positiv gerechnet werden, schreibt man $-M_b/(E \cdot J)$, um positive Biegepfeile zu erhalten. Die erste Integration liefert den Neigungswinkel der elastischen Linie:

$$\frac{dy}{dx} = \int \frac{M_b \cdot dx}{E \cdot J} + C \tag{4.61}$$

Bei der zweiten Integration erhält man die Durchbiegung y im Abstand x vom Ende des „Trägers" infolge des Biegemoments M_b an dieser Stelle:

$$y = \int \frac{M_b \cdot x}{E \cdot J} dx + C_1 \cdot x + C_2 \text{ in cm} \tag{4.62}$$

Für den Fall nach Bild 4.170 kann man zwei Arten von Durchbiegungen y ermitteln:

Kragträger auf zwei Stützen mit Einzellast

Es ergibt sich die Durchbiegung y_1 wie folgt:

$$y_1 = \frac{(m_1 + m_2) \cdot g \cdot (b + c) \cdot c^2}{3 \cdot E \cdot J} \text{ in cm} \tag{4.63}$$

Kragträger auf zwei Stützen mit Streckenlast

$$y_2 = \frac{q \cdot c^4}{E \cdot J \cdot 24}\left(3 + 4\frac{b}{c} - \frac{b^3}{c^3}\right) \text{ in cm} \tag{4.64}$$

Weil bei einer Mehrfachbelastung die Gesamtspannung des Querschnitts immer der Summe der Einzelspannungen entspricht, erhält man die Durchbiegung am Greifer aus der Addition der Einzeldurchbiegungen mit Gl. 4.65 zu:

$$y = \frac{(m_1 + m_2) \cdot g}{3 \cdot E \cdot J}(b + c)c^2 + \frac{q \cdot c^4}{E \cdot J \cdot 24}\left(3 + 4\frac{b}{c} - \frac{b^3}{c^3}\right) \text{ in cm} \tag{4.65}$$

Der Neigungswinkel β der elastischen Linie ergibt sich schließlich mit Gl. 4.66 an der Endeffektorstelle zu

$$\tan\beta = \frac{(m_1+m_2)\cdot g\cdot c}{6\cdot E\cdot J}\cdot(2b+3c)+\frac{q\cdot b^3}{24\cdot E\cdot J}\left(4\frac{c^3}{b^3}+4\frac{c^2}{b^2}-1\right) \tag{4.66}$$

Oft kann man aus konstruktiven Gründen die erforderliche Schiebekraft nicht axial einleiten, sondern nur parallel zur ausfahrenden Linearachse. Dieser Fall wird in Bild 4.171 gezeigt. Die Bestimmung der Auflagerkräfte unterscheidet sich prinzipiell nicht vom vorangegangenen Beispiel.

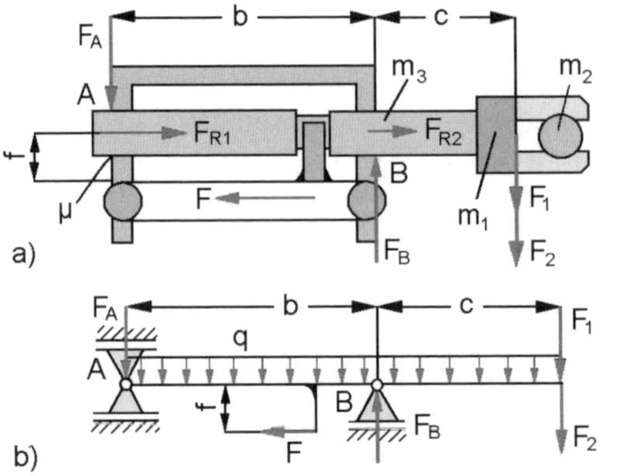

Bild 4.171 Horizontale Linearachse mit außeraxialem Kraftangriff.
a) Technisches Prinzip, b) Kräfteplan

Es ergeben sich mit den Gln. 4.67 und 4.68 für die Stützkräfte F_A und F_B

$$F_A = \frac{(m_1+m_2)\cdot g\cdot c}{b}+\frac{q\left(c^2-b^2\right)}{2\cdot b}+\frac{F\cdot f}{b} \text{ in N} \tag{4.67}$$

$$F_B = \frac{(m_1+m_2)\cdot g\cdot (b+c)}{b}+\frac{q\,(c+b)^2}{2\cdot b}+\frac{F\cdot f}{b} \text{ in N} \tag{4.68}$$

Geht man wiederum davon aus, dass die Verschiebekraft $F > F_R$ sein muss, erhält man folgende Ungleichung Gl. 4.69:

$$F > \frac{\mu}{b}\left[(m_1+m_2)\cdot g\cdot(2c+b)+m_3\cdot g\cdot c-2F\cdot f\right] \tag{4.69}$$

Die **Schiebebedingung** kann mit Gl. 4.70 wie folgt formuliert werden:

$$\frac{c}{b} < \frac{1-\left[\frac{(m_1+m_2)g}{F}+2\frac{f}{b}\right]\mu}{(2m_1+2m_2+m_3)\,\mu\cdot\frac{g}{F}} \tag{4.70}$$

Im nächsten Beispiel wird eine Linearachse (Hubachse) senkrecht eingesetzt. Hierbei wirken die Schwerkräfte meistens in Richtung der Fügeachse, wenn man einen Fügevorgang (Längspressen) annimmt. Dieser Anwendungsfall wird in Bild 4.172 vorgestellt. Prozesskräfte, wie z. B. beim Einpressen von Teilen, sollen nicht mit einbezogen werden.

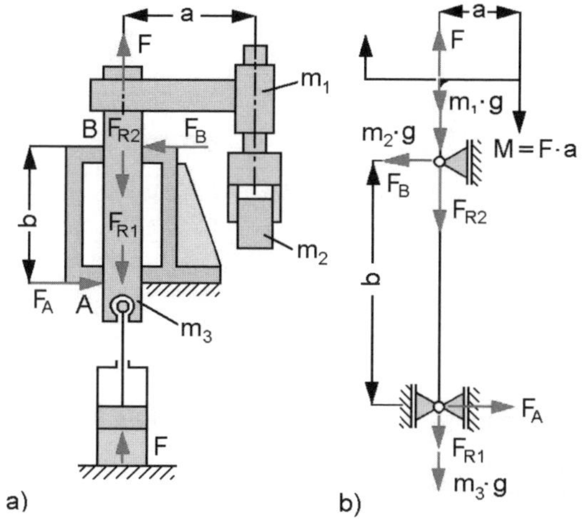

Bild 4.172 Fügeeinheit mit kurzem Vertikalhub.
a) Technisches Prinzip, b) Kräfteplan

Die Auflagerkräfte F in den Punkten A und B sind gleich groß und ergeben sich mit Gl. 4.71 zu

$$F_A = F_B = \frac{g \cdot a \cdot (m_1 + m_2)}{b} \text{ in N} \tag{4.71}$$

Für eine **Hubbewegung** muss nach Gl. 4.72 folgende Bedingung erfüllt sein:

$$F > F_{R1} + F_{R2} + (m_1 + m_2 + m_3)\, g \tag{4.72}$$

Für das Abmessungsverhältnis a/b folgt daraus die folgende Beziehung nach Gl. 4.73:

$$\frac{a}{b} < \frac{F - g\,(m_1 + m_2 + m_3)}{2 \cdot \mu \cdot g\,(m_1 + m_2)} \tag{4.73}$$

Ein ähnlicher Anwendungsfall wird in Bild 4.173 vorgestellt. Die Hubeinheit gleitet auf einer fest eingespannten vertikalen Säule. Sie wirkt als Führungseinheit.

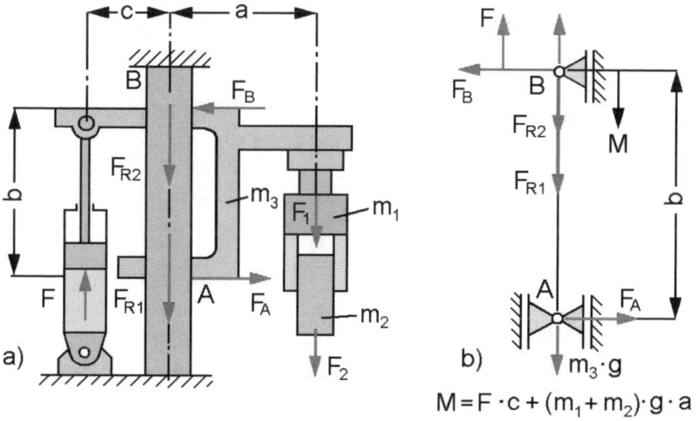

Bild 4.173 Fügeeinheit mit vertikaler Linearachse.
a) Technisches Prinzip,
b) Kräfteplan

Die Auflagerkräfte sind gleich groß und es ergibt sich Gl. 4.74

$$F_A = F_B = \frac{F \cdot c + (m_1 + m_2)\, g \cdot a}{b} \text{ in N} \tag{4.74}$$

Für die Hubbewegung gilt wiederum für F die Gl. 4.72. Daraus leitet sich folgendes Abmessungsverhältnis ab:

$$\frac{a}{b} < \frac{F\left(1 - 2\mu \cdot \frac{c}{b}\right) - (m_1 + m_2 + m_3)\, g}{(m_1 + m_2)\, g \cdot \mu} \tag{4.75}$$

Die konstruktive Ausbildung von Lineareinheiten kann in vielen Varianten erfolgen. Diese hängen stark von der Art des Schlittenantriebs ab. Das Bild 4.174 zeigt einige Beispiele. Rotatorische Antriebe ergeben meistens eine kompakte, wohl auch platzsparendere Bauweise. Lösungen mit **Synchronriemen** eignen sich für große Verfahrlängen.

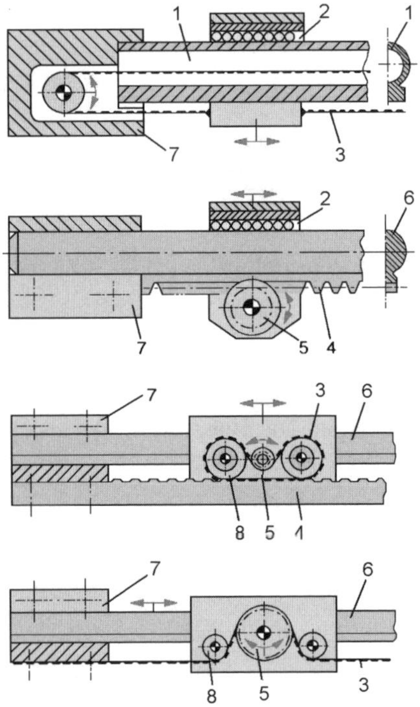

Bild 4.174 Konstruktionsprinzip einiger Lineareinheiten.
1 Profilhohlwelle, 2 offene Kugelbuchse, 3 Synchronriemen, 4 Zahnstange, 5 Antriebsritzel bzw. -scheibe, 6 Profilwelle, 7 Wellenbock, 8 Umlenkscheibe

Vielfach haben sich Lineareinheiten mit Gewindespindel- oder Synchronriemenantrieb gut bewährt. Wie ist der Antrieb auszulegen?

Lineareinheit mit Gewindespindelantrieb

Das Bild 4.175 zeigt die Anordnung von Führung und Antrieb. Es sind zwei Bauvarianten dargestellt: Die Spindelmutter ist am Schiebetisch befestigt und der Motor außen angesetzt. Bei der zweiten Variante steht die Spindel fest und die Spindelmutter rotiert. Der Motor ist in den Schiebetisch eingebaut und verfährt mit. Man rechnet wie folgt:

Ermittlung der durch den Reibbeiwert dominierten Verschiebekraft F_V (Vorschubkraft) mit Gl. 4.76

$$F_V = m \cdot g \cdot \mu \text{ in N} \tag{4.76}$$

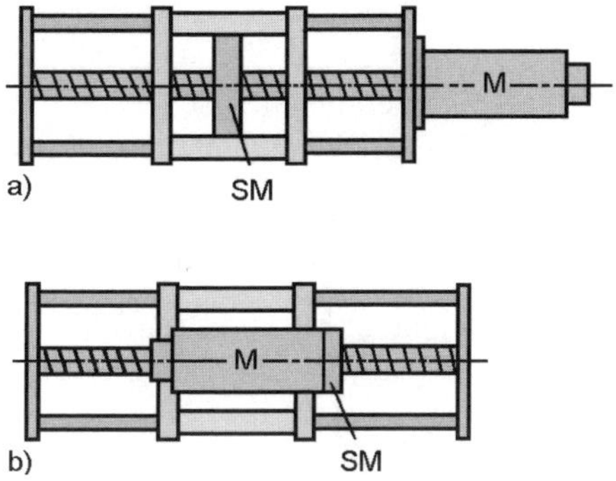

Bild 4.175 Spindelgetriebene Lineareinheiten. a) rotierende Spindel, b) rotierende Spindelmutter *SM*, Antriebsmotor *M*

Je nach Ausführung der Führungselemente und Schmierung ist der Reibungskoeffizient mit μ = 0,05 bis 0,1 (0,3) anzunehmen.

Bei der Berechnung der **Beschleunigungskraft** F_a ist zu berücksichtigen, ob die Lineareinheit horizontal oder vertikal eingesetzt wird. Im ersten Fall gilt

$$F_a = m \cdot a \text{ in N} \tag{4.77}$$

Für den vertikalen Einsatz rechnet man

$$F_{avertikal} = m \cdot (a + g) \text{ in N} \tag{4.78}$$

a Beschleunigung in m/s²

m zu bewegende Masse insgesamt in kg

g Erdbeschleunigung in m/s²

Das Antriebsmoment erhält man aus der Addition von Lastmoment M_{Last} in Nm (Es resultiert aus den verschiedenen Belastungen.), dem translatorischen Beschleunigungsmoment M_{trans} in Nm, dem Beschleunigungsmoment für die rotatorisch bewegten Komponenten M_{rot} und dem Leerlaufdrehmoment M_{leer}. Somit sind mit Gln. 4.79 bis 4.83 zu berechnen:

$$M_{Last} = \frac{F_V \cdot p}{2 \cdot \pi \cdot 1000 \cdot \eta} \text{ in Nm} \tag{4.79}$$

p Spindelsteigung in mm (z. B. p = 5, 10, 20 mm)

η Wirkungsgrad des Spindeltriebs (etwa η = 0,8)

$$M_{trans} = \frac{F_a \cdot p}{2 \cdot \pi \cdot 1000 \cdot \eta} \text{ in Nm} \tag{4.80}$$

$$M_{rot} = \frac{J_{Sp} \cdot L \cdot n_{\max} \cdot a \cdot 2 \cdot \pi}{v_{\max} \cdot 60 \cdot 1000 \cdot \eta} \text{ in Nm} \tag{4.81}$$

J_{Sp} Massenträgheitsmoment der Spindel, bezogen auf 1 m Länge in kgm^2/m

L Spindellänge in mm

n_{max} maximale Drehzahl in min^{-1}

v_{max} maximale Verfahrgeschwindigkeit in m/s

Das Leerlaufdrehmoment M_{leer} findet man bei den entsprechenden mechanischen Lineareinheiten, die im Katalog der Hersteller aufgeführt werden. Das Antriebsmoment M_A ergibt sich somit mit Gl. 4.82 aus

$$M_A = M_{Last} + M_{trans} + M_{rot} + M_{leer} \text{ in Nm} \tag{4.82}$$

Schließlich ist noch mit Gl. 4.83 die Leistung P aus Antriebsmoment M_A und Drehzahl n_{max} zu berechnen:

$$P = \frac{M_A \cdot n_{\max} \cdot 2 \cdot \pi}{60 \cdot 1000} \text{ in kW} \tag{4.83}$$

Lineareinheit mit Synchronriementrieb

Die Gln. 4.55 und 4.56 sowie 4.60 und 4.61 sind auch hier zutreffend. Als Masse m ist die Transportmasse plus Zahnriemen zu verstehen. Weiterhin gilt nach Gl. 4.84:

$$M_{Last} = \frac{F_v \cdot d_0}{1000 \cdot 2 \cdot \eta} \text{ in Nm} \tag{4.84}$$

d_0 Wirkdurchmesser der Synchronscheibe in mm (Katalogwert der jeweiligen Lineareinheit)

$$M_{trans} = \frac{F_a \cdot d_0}{1000 \cdot 2 \cdot \eta} \text{ in Nm} \tag{4.85}$$

Der Wirkungsgrad η kann hier mit η = 0,85 angenommen werden. Für das Drehmoment M_{rot} ergibt sich

$$M_{rot} = J_{syn} \cdot \frac{2 \cdot \pi \cdot n_{\max}}{60} \cdot \frac{a}{v_{\max} \cdot \eta} \text{ in Nm} \tag{4.86}$$

J_{syn} Massenträgheitsmoment der Synchronscheiben in kgm^2

Die Masse des Zahnriemens ergibt sich aus der spezifischen Masse je Zahnriemen mal 2 (Last + Leertrum) oder mal 1, wenn die Lineareinheit vertikal eingesetzt wird.

Das Bild 4.176 zeigt zwei typische Ausführungen für kurvengesteuerte **Einlegeeinrichtungen**. Hub und Verfahrweg sind in getrennten Kurven festgelegt und nicht veränderbar. Die Start- und Abbremsrampen sind bewegungsoptimiert und driftfrei. Die Laufkultur ist gut und die Lebensdauer hoch, besonders wenn die Kurven in einem Ölbad laufen.

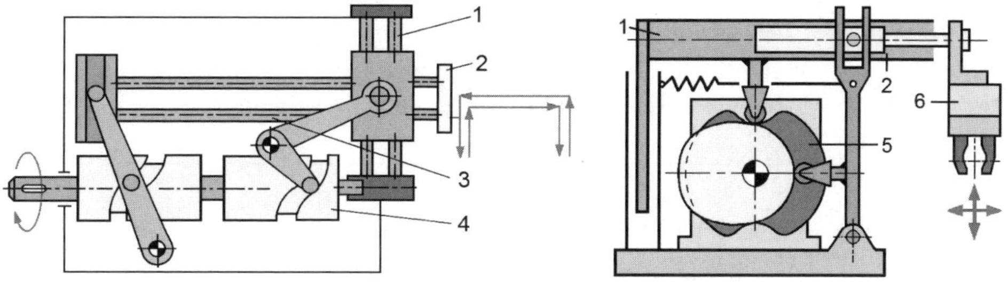

Bild 4.176 Einlegeeinrichtungen, die mit Zylinder- oder Scheibenkurven gesteuert werden, 1 Vertikaleinheit, 2 Horizontal-Lineareinheit, 3 Geradführung, 4 Zylinderkurve, 5 Scheibenkurvenpaar, 6 Endeffektor, Greifer

Einlegegeräte *(insertion tool, loading unit, pick-and-place device)*

Bewegungsautomaten, deren Bewegungen hinsichtlich Bewegungsfolge und/oder Wegen bzw. Winkeln nach einem fest vorgegebenen Programm ablaufen, das ohne mechanischen Eingriff nicht verändert werden kann. Sie sind meistens mit Greifern ausgerüstet und werden für die Werkstückmanipulation eingesetzt.

Mehrere Getriebehersteller setzen **Globoid-Kurvengetriebe** *(globoidal cam gear)* ein. Ihr Hauptmerkmal sind die sich kreuzenden Wellen. Man kann mit diesen Getrieben fast alle Bewegungen, Geschwindigkeiten und Schritte am Abtrieb realisieren. Einmal festgelegt, sind sie allerdings unveränderbar. Die zwangsweise erzeugten Bewegungen sind nicht von Stoß- und Ruckereignissen überlagert.

Was bedeutet das?

Stoß *(impact)*

Theoretisch unendlicher Beschleunigungssprung, der dann auftritt, wenn die Wegkurve einen Knick und die Geschwindigkeitskurve einen Sprung aufweist.

Unter einem Ruck verstehen die Getriebetechniker folgende Erscheinung:

Ruck *(jerk)*

Endlicher Beschleunigungssprung, der dann auftritt, wenn der Geschwindigkeitsverlauf einen Knick aufweist, wenn also zwei unterschiedlich gekrümmte Wegkurven tangential ineinander übergehen. Die 3. Ableitung des Weges bzw. Winkels nach der Zeit heißt 2. Beschleunigung oder Ruckfunktion.

Ruckfreiheit erreicht man durch Auswahl eines optimalen Bewegungsgesetzes. Was sind Bewegungsgesetze?

Bewegungsgesetz *(law of motion)*

Analytische Funktionen, die die Relativbewegung zweier Getriebeglieder beschreiben, im Normalfall die Abtriebsbewegung von Kurvengetrieben in Abhängigkeit von der Antriebsbewegung.

Man kann die Bewegungsgesetze, die mit Kurvengetrieben realisiert werden, in drei Gruppen einteilen (VDI 2143; Bewegungsgesetze für Kurvengetriebe):

- Potenzgesetze: $f(z) = A_0 + A_1 \cdot z + A_2 \cdot z^2 + \ldots + A_i \cdot z^i$ (4.87)
- Trigonometriegesetze: $f(z) = A \cdot \cos(vz) + B \cdot \sin(vz)$ (4.88)
- Kombination von Potenz- und trigonometrischem Gesetz

Der Bewegungsablauf wird unter Beachtung der aktuellen Rahmenbedingungen (Totzeiten, Öffnungszeiten von Greifern u. a.) in einem Bewegungsplan vereinfacht erfasst und als Bewegungsdiagramm *(motion diagram)* dargestellt (Bild 4.177). Es werden die Beziehungen zwischen Antriebs- (Abszissenachse) und Abtriebsbewegung (Ordinatenachse) im Gesamtgetriebe beschrieben. Weil der Antrieb im Beispiel eine Rotationsachse ist, wird auf der Abszisse der Antriebs-Drehwinkel angegeben. Die Ordinate gibt den Schlittenweg *s* an. Zur Anpassung an die gewünschte Taktzeit wird das Bewegungsdiagramm noch in Feinheiten verändert, ohne jedoch das Bewegungsgesetz wieder aufzugeben.

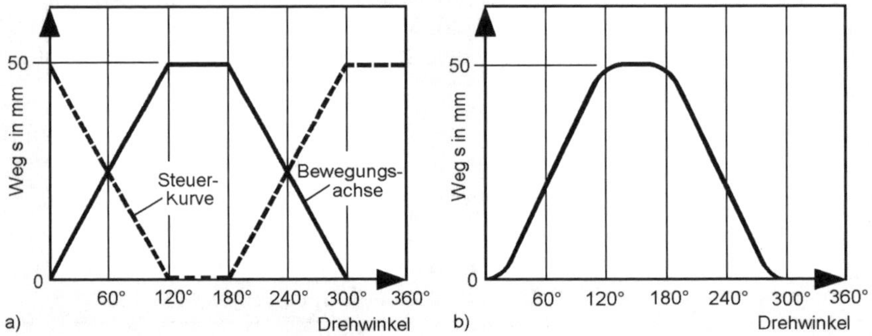

Bild 4.177 Grafische Darstellung des Bewegungsverlaufs (Beispiel).
a) Bewegungsplan, b) Bewegungsdiagramm mit modifizierter Sinuslinie als Bewegungsgesetz

Nun sollen einige typische Ausführungsbeispiele vorgestellt werden. In Bild 4.178 wird die Ansicht eines handelsüblichen Einlegers mit **Scheibenkurvenantrieb** und -steuerung gezeigt. Am Wellenstumpf lassen sich weitere Geräte in Linienanordnung ankoppeln, die dann im Gleichklang parallele Bewegungsabläufe an einer Längstransfer-Montageanlage absolvieren können. Sie sind natürlich auch einzeln einsetzbar.

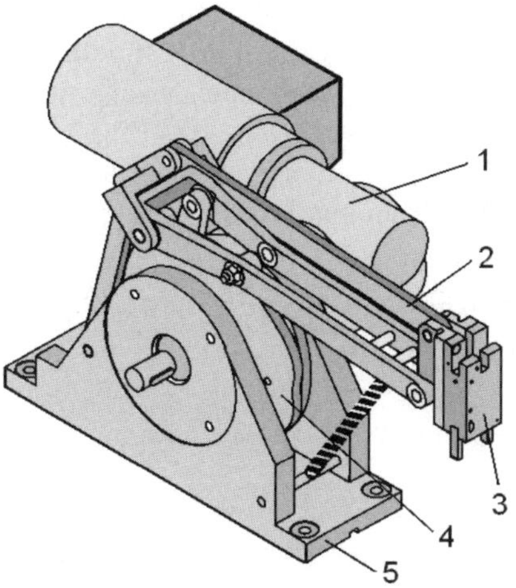

Bild 4.178 Pick-and-Place-Gerät mit Scheibenkurven (Miksch; www.miksch.de).
1 Getriebemotor, 2 Hebelarm mit Rolle, 3 Greifer, 4 Scheibenkurve, 5 Gestell

In Bild 4.179 wird eine Montagestation mit Teilezuführung gezeigt. Mehrere Stationen dieser Art werden mit einem freitragenden Wellenstumpf an ein zentrales Tellerrad der Rundtakt-Montagemaschine angeschlossen. Die eigentliche Montage findet auf einem nicht mit dargestellten Rundtisch statt. Dieser hat je nach Montageumfang 4, 6, 8, 10, 12, 14, 16 Stationen. Dazu ist der Maschinenkörper an seinem Umfang als Polygon ausgeführt und besitzt zwischen 8 und 16 Flanschflächen für den Anbau der Montage- und Zuführeinheiten. Der Nachschub der Montagekleinteile geschieht meistens durch satellitenartig peripher angebrachte Vibrationswendelförderer.

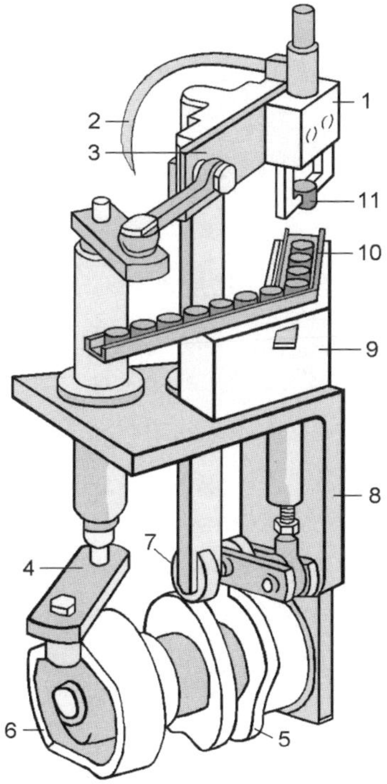

Bild 4.179 Kurvengesteuerte Pick-and-Place Einheit (OKU, www.oku.de).
1 Greifer, 2 Druckluftleitung, 3 Linearführung, 4 Bewegungsübertragung, 5 Scheibenkurve, 6 Stirnkurve, 7 Tastrolle, 8 Winkelgehäuse, 9 Linearschwingsystem, 10 Teilezuführung, 11 Werkstück, Fügeteil

Als Antrieb eignen sich auch formschlüssige Kurvenschaltgetriebe. In der Ausführung als **Hub-Schritt-Getriebe** stehen sie als Baueinheit in vielfältigen Varianten (Pendelbewegung, Pilgerschritt, konstante Übergabegeschwindigkeit im vorgegebenen Bereich usw.) zur Verfügung. Damit lassen sich im Eigenbau Einlegegeräte aufbauen. Das Bild 4.180 zeigt dazu ein Beispiel. Bei diesem Gerät ist nur der Arm anzufertigen. Alle anderen Bestandteile (Druckluftanschluss, Greifer, Wegeventil, Elektromotor, Kupplung, Kleinteile) sind Handelsware.

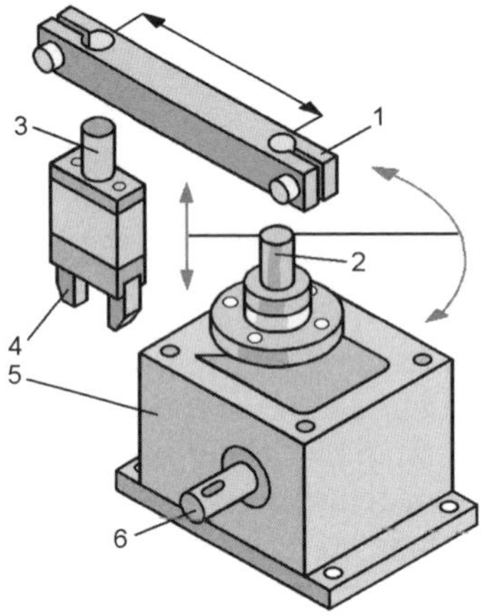

Bild 4.180 Einfaches Pick-and-Place-Gerät mit 3 kg Nutzlast als Beispiel, ohne Motor dargestellt (Heinz; www.heinz-automation.de).
1 Schwingarm, 2 Abtriebswelle, 3 Greiferanschlussadapter, 4 Greifer, 5 Hub-Schritt-Sondergetriebe, 6 Antriebswelle für den Motor bzw. einen Bremsmotor, wenn große Rastzeiten geplant sind

Solche mechanischen Module können auch als Doppelarmgerät *(twin-arm device)* ausgebildet sein und in der Montage abwechselnd auf einen Zielpunkt arbeiten. Das ist bei der Montagestation in Bild 4.181 zu sehen. Die beiden Ladearme sind rein mechanisch miteinander verkoppelt. In einer Station können damit nacheinander zwei Teile zugeführt bzw. montiert werden. Das reduziert die Anzahl der zu planenden Arbeitsstationen.

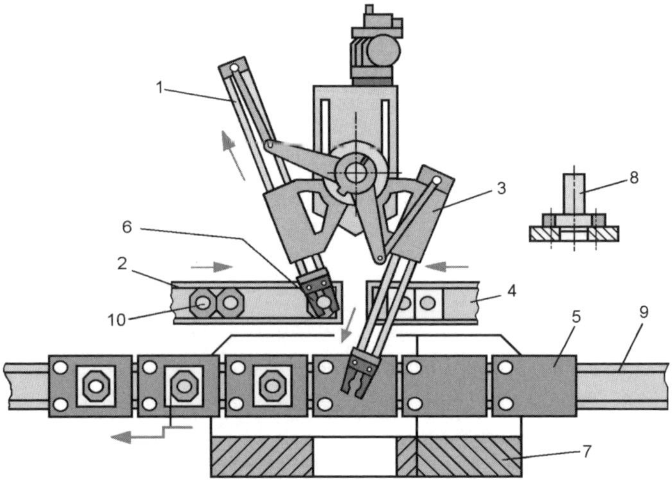

Bild 4.181 Doppelarmeinleger in der Draufsicht (Camco-Ferguson).
1 Ladearm, 2 Zuführung Fügeteil, 3 Armführung, 4 Zuführung Basisteil, 5 Werkstückträger, 6 Greifer, 7 Montagepresse, 8 Montageeinheit, 9 Linientaktsystem, 10 Fügeteil

Doppelarmige Einleger sind auch für die Verkettung von Maschinen bzw. Arbeitsstellen verwendbar. Sie können einen kompletten Beschickungszyklus vom Eingeben bis zum Ausgeben und magaziniertem Ablegen ausführen. Das wird in Bild 4.182 an einem Beispiel veranschaulicht. Die Handlingeinheit wurde aus pneumatischen Standard-Aktoren (Hubzylinder, Saugergreifer und Schwenkmodul) zusammengesetzt.

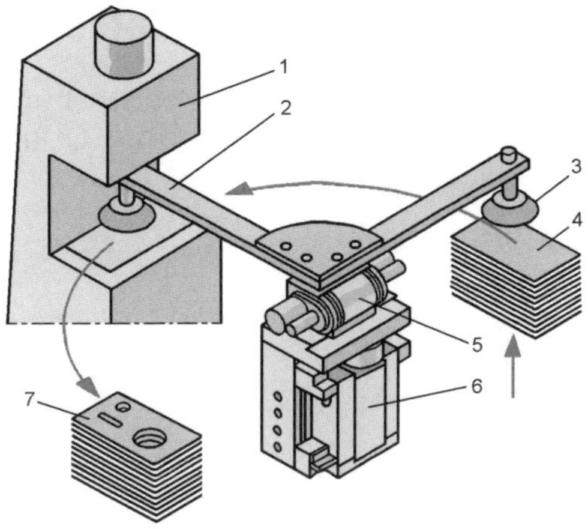

Bild 4.182 Doppelarmzuführgerät auf der Basis von pneumatischen Aktoren.
1 Presse, 2 Schwenkarm, 3 Saugergreifer, 4 Rohteilmagazin, 5 Dreheinheit, 6 Hubeinheit, 7 Fertigteilmagazin

Es ging im vorherigen Beispiel um das Einlegen von Blechzuschnitten in ein Lochwerkzeug. Da nur jeweils Endpositionen angefahren werden können, müssen die Teilestapel laufend in der Höhe nachgestellt werden. Diese Hubeinheiten wurden nicht mit gezeigt.

Auch bei der Beschickung von Drehmaschinen können **Doppelarm-Ladeeinrichtungen** Vorteile bringen. In Bild 4.183 wird eine Gegenüberstellung mit einer Einarm-Lösung vorgenommen. Bei einem Ladearm laufen Ein- und Ausgeben nacheinander ab. Die dafür erforderlichen Hilfszeiten addieren sich. Bei einem Doppelarmsystem überlagern sich Ein- und Ausgeben zeitlich. Es ergibt sich eine Zeiteinsparung. Weil die Entnahme-, Arbeits- und Ausgabepositionen unveränderlich festliegen, ist ein doppelarmiges Greifersystem vor allem für die Massenfertigung zu empfehlen.

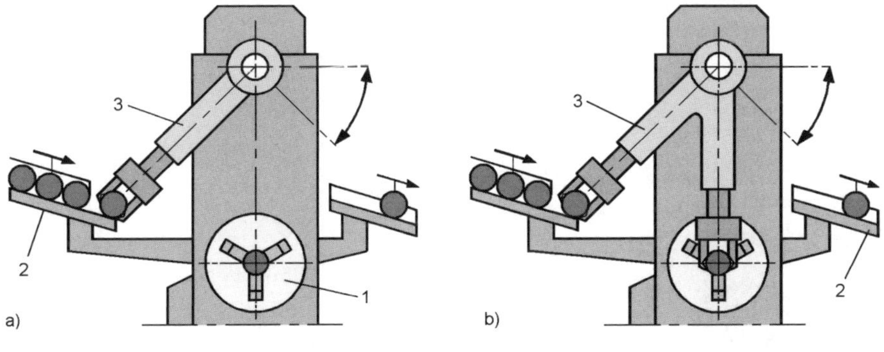

Bild 4.183 Beschicken eines Drehautomaten mit maschinenintegrierter Handhabungseinrichtung. a) Einarm-Handling, b) Doppelarmgerät, 1 Drehfutter, 2 Gleit- oder Rollbahnmagazin, 3 Teleskop-Ladearm

Einlegeeinrichtungen lassen sich, wie bereits gezeigt, sehr gut aus pneumatischen Standardkomponenten zusammensetzen. Das soll an weiteren Beispielen deutlich gemacht werden. Das Bild 4.184 zeigt eine Handhabungseinheit, die aus einer Kurzhubeinheit und einem pneumatischen Schwenkmodul besteht. Die Schwenkeinheit lässt die Einstellung einer Zwischenposition zu. Damit ist z. B. das Anfahren einer Warteposition möglich. Die Endpositionen werden gedämpft angefahren und sind nach Prozesserfordernissen feineinstellbar. Der Auslegerarm kann den Bedingungen angepasst werden und gerade oder abgewinkelt sein. Der Greifer ist ebenfalls ein Kaufteil.

Einige Hersteller bieten Schwenk-Linear-Module als kompakte Standardeinheit an, mit denen ebenfalls Einlegeeinrichtungen gestaltet werden können. Ein Beispiel ist in Bild 4.185 zu sehen.

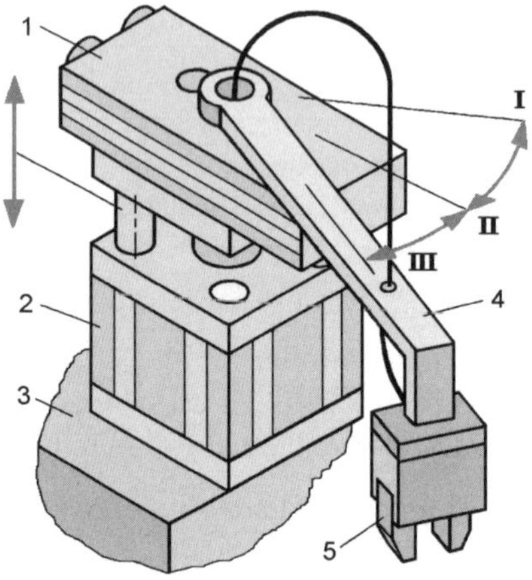

Bild 4.184 Pneumatische Einlegeeinrichtung aus Standardkomponenten.
1 Schwenkeinheit mit Zahnstange-Ritzel-Trieb, 2 Kurzhubzylinder mit Rundsäulenführung, 3 Anbaufläche der Arbeitsmaschine, 4 Schwenkarm, 5 Endeffektor (Greifer oder Sauger), I bis III Haltepositionen

Es wird der klassische C-Bewegungszyklus ausgeführt. Beide **Pneumatikaktoren** sind doppeltwirkend. Die Standardhublänge reicht z. B. bis 100 mm und der maximale Schwenkwinkel beträgt 272°. Die Nutzlast darf beim größten Modul (Kolbendurchmesser 32 mm) zwei Kilogramm betragen. Die Schwenk- und Linearbewegungen sind einzeln oder gleichzeitig ansteuerbar. Bei einer Ausführung mit hohler Kolbenstange lässt sich über diese Vakuum oder Druckluft bis zum Endeffektor hindurchleiten.

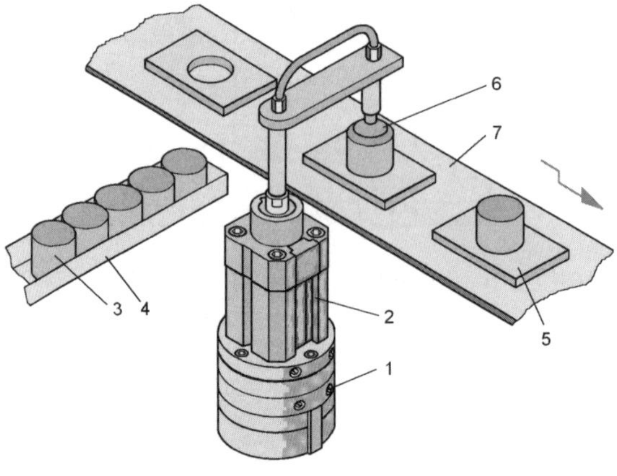

Bild 4.185 Pick-and-Place-Gerät mit pneumatischem Schwenk-Linear-Modul (Festo; www.festo.com).
1 Dreheinheit, 2 Kolbenhubeinheit, 3 Fügeteil, 4 Zuführkanal, 5 Montagebasisteil, 6 Vakuumsauger, 7 Taktförderband

Handlingeinheiten kann man hervorragend aus elektromechanischen oder pneumatischen Baukastenmodulen zusammensetzen, wie es in Bild 4.186 zu sehen ist. Damit sind wesentlich größere Verfahrwege erreichbar, als beim vorangegangenen Beispiel. Die Lineareinheit muss in diesem Fall das Setzen von mehreren Zwischenanschlägen zulassen, damit eine mehrreihige Magazinfläche abgearbeitet werden kann. Baukastenmodule sind meistens auch in nach Größen gestuften Baureihen verfügbar. Damit sind belastungsgerechte Aufbauten möglich. Die mechanischen Schnittstellen sind derart ausgebildet, dass man ohne zusätzliche Adapterplatten den Zusammenbau vollziehen kann. Werden als Verbindungsmittel schwalbenschwanzartige Klemmstücke verwendet, dann lassen sich später sogar noch Feineinstellungen ohne spanende Bearbeitung vornehmen. Es hat sich gezeigt, dass solche Klemmverbindungen sehr schwingungssicher sind.

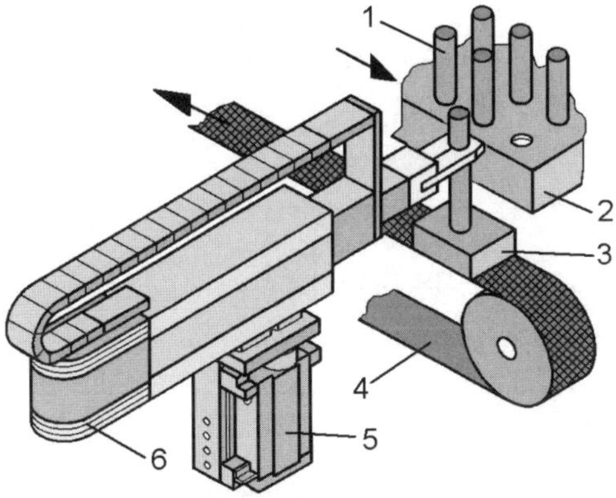

Bild 4.186 Handlingeinheit aus Baukastenkomponenten (Montech; www.montech.com).
1 Montageteil, 2 Werkstück-Trägermagazin, 3 Basisteil oder Werkstückaufnahme, 4 Transfer- oder Zuführsystem, 5 Hubeinheit, 6 Lineareinheit

Zuführen und Montage einer Kappe können in einer Vorrichtung vereint sein. Das wird in Bild 4.187 beispielhaft gezeigt. Die Bereitstellung der Kappen erfolgt über ein Schachtmagazin. Nach dem Freigeben der Kappe durch den Zuteiler fällt diese in das hülsenartige Fügewerkzeug (in der Funktion eines Effektors) und wird dort mit Vakuum gehalten. Beim Bewegen des Fügewerkzeuges schwenkt es um 90° in Richtung Montagebasisteil. Die Kappe wird dann aufgesteckt. Beim Rückhub wird mit Unterstützung einer Feder die Ausgangslage wieder erreicht.

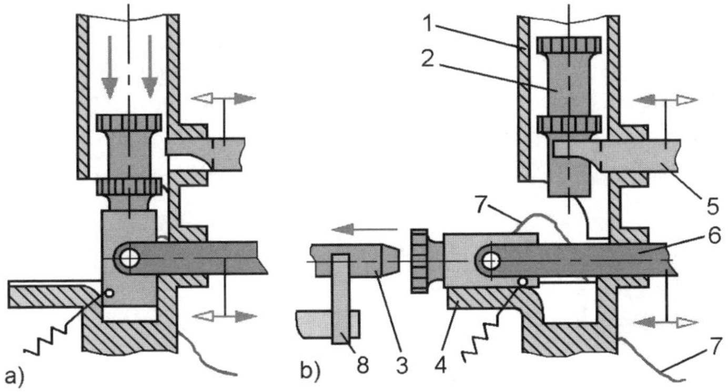

Bild 4.187 Handlingeinheit für die Kappenmontage. a) Fügeteilübernahme, b) Fügevorgang, 1 Zuführkanal, 2 Montageteil, Schreibgerätekappe, 3 Montagebasisteil, 4 Führung, 5 Zuteilschieber, 6 Schubstange, 7 Vakuumleitung, 8 Transferkette

Eine interessante und leistungsfähige Modifikation einer Kurvensteuerung in Kombination mit Pneumatikkomponenten ist in Bild 4.188 zu sehen. Die Bewegungen werden je Kurve von einem Zug-Druck-Element zur Schlitteneinheit *(slidung unit)* übertragen. Die muss sich nicht in unmittelbarer Nähe der Steuerkurve befinden, weil Zug-Druck-Elemente (wirkend wie ein Bowdenzug, aber auch drückend) flexibel sind. Das ist ein großer Vorteil.

Eine translatorische Bewegung wird durch einen Drahtzug (Zug-Druck-Element) erzeugt, angetrieben von der Steuerkurve. Ein **Gegendruckzylinder** sorgt als Feder für das Rückgleiten des Drahtzuges. Diese mechanische Antriebsweise ermöglicht die Umsetzung sehr hoher Geschwindigkeiten in der Montageautomatisierung. Man erreicht bis zu 100 Takte je Minute. Werden nach einer Produktionsumstellung andere Bewegungsabläufe benötigt, dann müssen meistens auch die Scheibenkurven ausgewechselt werden. Das bedeutet Umbau des Getriebes. Es gibt allerdings auch geteilte Kurvenscheiben (mittig in zwei Hälften), die sich schneller austauschen lassen, weil die „Königswelle“ (eine zentrale Steuerwelle) dann eben nicht ausgebaut werden muss. Das Prinzip ist für den Einsatz in der Massenfertigung *(mass production)* zu empfehlen.

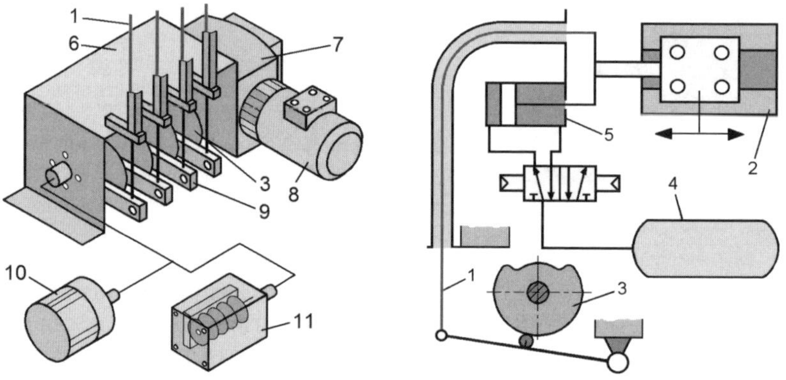

Bild 4.188 Schlitteneinheit mit Bewegungsübertragung durch Zug-Druck-Elemente (sim-automation).
1 Zug-Druck-Element, 2 Schlitteneinheit, 3 Steuerkurve, 4 Druckluftspeicher, 5 Pneumatikzylinder, 6 Gehäuse, 7 Getriebe, 8 Motor, 9 Schwinghebel, 10 Drehwinkelmesssystem (wahlweise), 11 Nockenschaltwerk (wahlweise)

Der Aufbau eines Zug-Druck-Elements wird in Bild 4.189 gezeigt. Die flexible Hülle ermöglicht eine bogenförmige Verlegung des Bewegungselements. Wird die mechanische Bewegung gegen einen Festanschlag ausgeführt, dann ist ein Längenausgleichsglied (Federglied) zusätzlich einzufügen, um eine Überdehnung des Zug-Druck-Elements zu vermeiden.

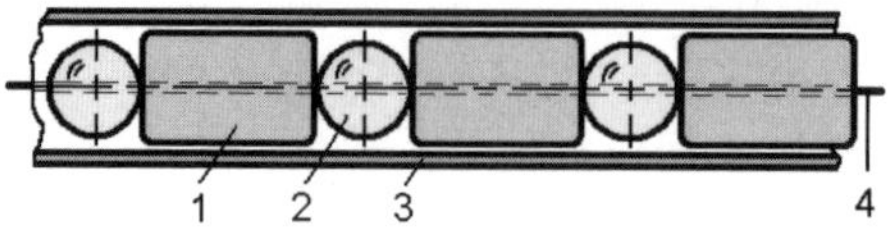

Bild 4.189 Aufbau eines Zug-Druck-Elements.
1 Zylinderstück, 2 Kugel, 3 flexible Hülle, 4 Seele

Das Bild 4.190 zeigt eine Ringtisch-Montagemaschine, die mit der vorgenannten Kurvensteuerung ausgerüstet ist und bei der die Bewegungen über Zug-Druck-Elemente von einem Satz Scheiben-Steuerkurven (siehe Bild 4.188) auf die Handlingeinheiten übertragen werden. Je Bewegung werden eine Steuerkurve und ein Übertragungsstrang benötigt. Man erkennt deutlich die mittig austretenden, bogenförmig angeschlossenen „Bewegungsübertrager", die über die hohle Mittelachse des **Ringtisches** von der Steuerkurven-Einheit unterhalb des Maschinentisches nach oben geführt werden. Vorteil gegenüber Bewegungsübertragung mit Gestängen: Die Anschlusspunkte für die Zug-Druck-Elemente müssen nicht positionsgenau festgelegt werden.

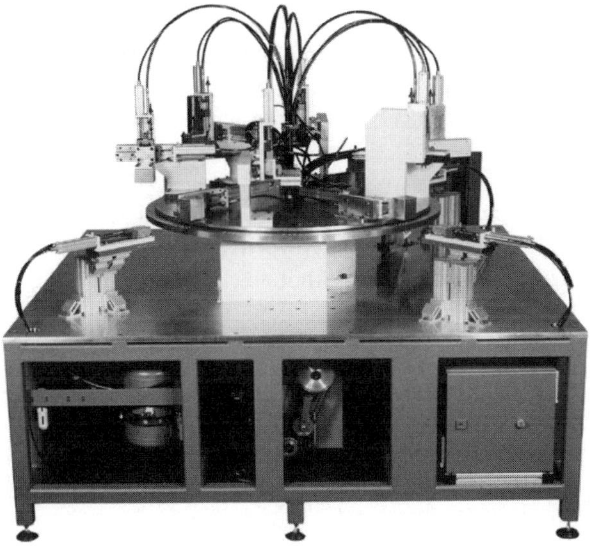

Bild 4.190 Ringtisch-Montagemaschine mit Kurvensteuerung und Bewegungsübertragung durch Zug-Druck-Elemente (sim-automation)

Die Rundschalteinheit wird in Bild 4.191 im Schnitt gezeigt. Es handelt sich um einen elektrischen Direktantrieb, d. h. zwischen Motor und Drehteller befindet sich kein Getriebe. Direktantriebe sparen Masse, verkleinern die Reibungsverluste und vermeiden das sonst auftretende Getriebespiel. Damit sind sie für hochdynamische Aufgaben sehr gut geeignet. Der Drehwinkel des Ring-Tellers (D = 1000 mm oder 1400 mm) ist frei programmierbar. Bei 16 Basisteilaufnahmen zu je 1,5 kg schafft der Antrieb z. B. 80 Takte je Minute. Ein induktives oder optisch quasi-absolutes Messsystem ist im Lager integriert. Die Positionierzeit kann bei einem Winkel von 30° beispielsweise 0,6 *s* betragen. Die Positioniergenauigkeit liegt bei 0,6 µm auf einen Durchmesser von einem Meter (bei etwa 0,8 *t* bewegter Masse).

Das Prinzip einer kompakten Einlegeeinrichtung, die wahlweise mit pneumatischem Aktor oder Elektromotor geliefert werden kann, ist in Bild 4.192 zu sehen. Man erreicht mit pneumatischem Antrieb Taktfrequenzen zwischen 0,6 und 1 Sekunde (je nach Baugröße). In dieser Zeit wird ein C-Zyklus zweimal durchlaufen: Teil in Startposition aufheben und zur Zielposition bringen, ablegen und Rückhub bis zur Startposition.

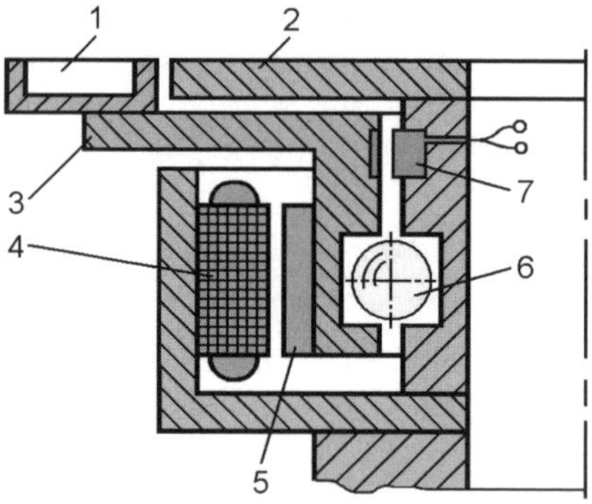

Bild 4.191 Ringschalttisch mit Drehmomentmotor als Antrieb (www.eaat.de).
1 Werkstückaufnahme, 2 feststehende Rundtischplatte, 3 Drehteller (Läufer), 4 Primärteil, Drehstromwicklung (Stator), 5 Magnete, 6 Präzisionskugellager, 7 Winkelmesssystem

Eine Warteposition *(definierte home position)* lässt sich optional einrichten, zum Beispiel für den Abwurf von Schlechtteilen. Die Nutkurve, in der die Hubachse geführt wird, ist eine dreiteilige Kulisse, von der die Seitenstücke individuell eingerichtet werden können. An den Trennstellen überlappen sich die Kurvenstücke. Es ist also eine **Kurvensteuerung** mit begrenzt einstellbarem Bewegungsverlauf. Der aktive Arm des Einlegers läuft in einer Kreuzführung. Außerdem gibt es eine zusätzliche und unabhängige Stellmöglichkeit in der z-Achse. Das erlaubt bei der Installation den Ausgleich von Niveauunterschieden N zwischen Start- und Zielposition (Magazinrinne zu Rundtischhöhe).

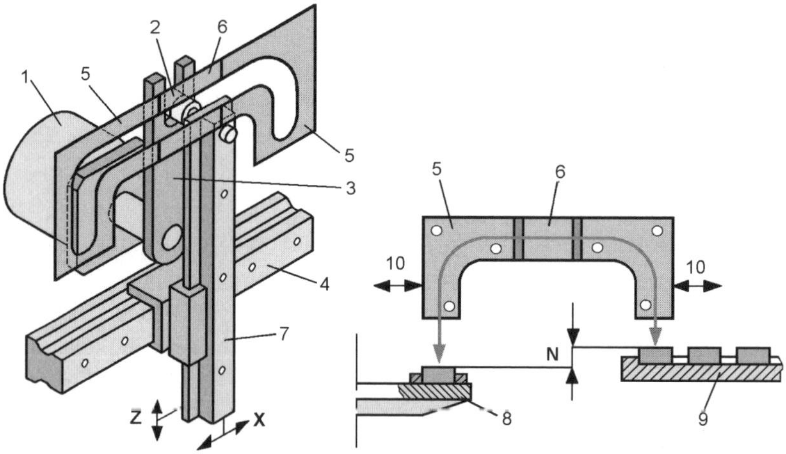

Bild 4.192 Kurvensteuerung mit Einstellmöglichkeit - Aufbauschema und Bewegungsablauf mit Angabe der Verstellmöglichkeiten (Festo).
1 pneumatischer oder elektromotorischer Schwenkantrieb, 2 Doppelrolle, 3 Schwenkarm, 4 Linearführung, 5 einstellbares Kurvenstück, 6 festes Kurvenmittelstück, 7 Hubachse, 8 Rundtaktmaschine, 9 Fügeteilzuführung, 10 Kurvenstück-Verschiebemöglichkeit, N ausgleichbarer Höhenunterschied

Eine Version dieses kurvengesteuerten Handhabemoduls wird in Bild 4.193 vorgestellt. Es wird das raumsparende Umpositionieren von Kleinteilen ausgeführt. In der Regel ist es die Übernahme eines Teils aus einem Magazin oder vom Förderband und das Einstecken in ein Montagebasisteil bzw. in eine Werkstückaufnahme. An eine zwangsgeführte Viertelkreisbewegung schließt sich jeweils ein kurzer Linearhub an. Die Drehbewegung des Antriebs wird über einen gabelförmigen Arm auf eine Rolle an der Schwenkschiene übertragen, während eine zweite parallele Rolle in der Kulisse läuft. Das Prinzip ist mit der Darstellung in Bild 4.192 vergleichbar. Die einsatzgehärteten Kurvenstücke (Kulissen) kann man im Winkelbereich von 80° bis 100° einstellen, den Linearhub je nach Baugröße des Moduls von 9 bis 15 mm, 15 bis 25 mm und 20 bis 35 mm. Durch die Winkeleinstellbarkeit lassen sich die Werkstücke auch aus einem Schrägschachtmagazin entnehmen, in welchem die Teile durch Schwerkraft nachrücken können. Das Anfahren der Endlagen erfolgt gedämpft. In den Endlagen *(end positions, end-of-travel-stop)* wird eine Wiederholgenauigkeit von ± 0,02 mm erreicht, in einer Warteposition (maximal zwei Wartepositionen sind je nach Antriebsart möglich) ist die Wiederholgenauigkeit kleiner als 1 mm.

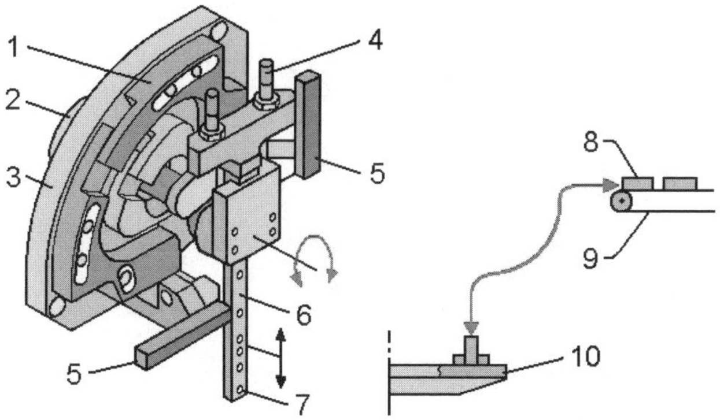

Bild 4.193 Handlingmodul zum Umpositionieren von Kleinteilen in etwas vereinfachter Darstellung; Endeffektor nicht mit dargestellt (Festo; www.festo.com).
1 Kulissenstück, 2 Schwenkantrieb, 3 Grundplatte, 4 Anschlagschraube, 5 Anschlagschiene, 6 Schwenkschiene, 7 Schnittstelle für Endeffektor, 8 Werkstück, 9 Förderband, 10 Rundtaktmaschine

An der spielfrei laufenden Schwenkschiene, deren Führungseinheit in einer Drehlagerung beweglich angebracht ist, lassen sich Klemmgreifer, Schwenkeinheiten oder Sauger anbringen. Man erreicht enorme Taktfrequenzen von bis zu 120 Teilen je Minute. Die Nutzlast (Greifer, Greiferfinger, Adapterplatte, Werkstück) darf maximal 1,6 kg betragen.

Anstelle eines pneumatischen Schwenkantriebes *(pivot drive)* sind auch elektrische Antriebe (bei der Bauform in Schaftversion, also ohne Antrieb) einsetzbar. Es lässt sich so auch eine Warteposition, sozusagen „auf halbem Weg“ einrichten. Das Modul kann man auch gut als letzte Achse (als einbaufertiges Subsystem) an eine Flächenportaleinheit anbauen, z. B. für das Füllen von Verpackungen, Trays oder Flachpaletten, das Bestücken von Leiterplatten oder das magazinierte Ablegen von Teilen nach dem Entladen aus einer Spritzgießmaschine.

Bei der in Bild 4.194b dargestellten Einlegeeinrichtung werden Elektromotoren eingesetzt, die sich jedoch aus dynamischen Gründen nicht mit bewegen, sondern gestellfest angebaut sind. Die Bewegung für den Vertikalhub wird über eine genutete Welle zum Schlitten übertragen und dort über ein Ritzel-Zahnstange-Getriebe in eine vertikale Linearbewegung umgesetzt. Die horizontale Bewegung entsteht durch eine rotierende Mutter auf einer feststehenden Gewindespindel (Hohlwellenmotor, *hollow-shaft motor*), die sich horizontal verschiebt. Systeme mit geringer bewegter Masse reagieren sehr dynamisch, was besonders beim schnellen Handhaben ein großer Vorteil ist. Beim dreiachsigen Linearpositionierer (Bild 4.194a) werden die Antriebsmotoren für die *y*- und *z*-Achse dagegen ständig mit verfahren. Das Bild 194c zeigt ein zweiachsiges Gerät mit einem parallelkinematischen Riemenantrieb. Die Antriebe sind stationär und das erlaubt auch hier hochdynamische Bewegungssequenzen.

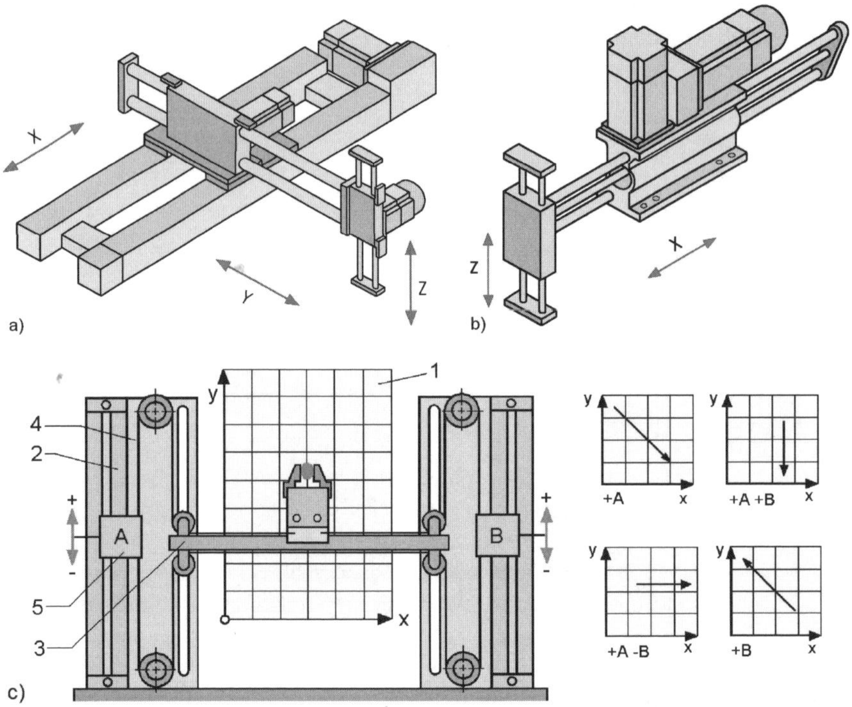

Bild 4.194 Linearpositionierer in Ausleger- und Portalbauweise (Schneider electric). a) dreiachsiger kartesischer Montageroboter, b) Zweiachsenpositionierer, c) Wandportal *(wall gantry)*, 1 Arbeitsfläche, 2 Lineareinheit, freiprogrammierbar, 3 Schlittenführung, 4 Zahnriemen, 5 Schlitten A und B mit Klemmstücken für den Zahnriemenanschluss

Moderne Pick-and-Place-Geräte nutzen immer öfter einen elektrischen **Direktantrieb** (Linearmotor). Das Bild 4.195 zeigt eine Ausführungsvariante. Beide Achsen lassen sich frei programmieren. Eine Inbetriebnahme-Software erleichtert die Installation. Es werden sehr gute Positioniergenauigkeiten erreicht. Wird das zweiachsige Gerät auf eine Dreh- oder Schiebeachse gesetzt, dann entsteht sogar ein Roboter gemäß Roboterdefinition. Der Hersteller bietet solche Achsen, ebenfalls mit elektrischem Direktantrieb ausgerüstet, zur kinematischen Aufrüstung an.

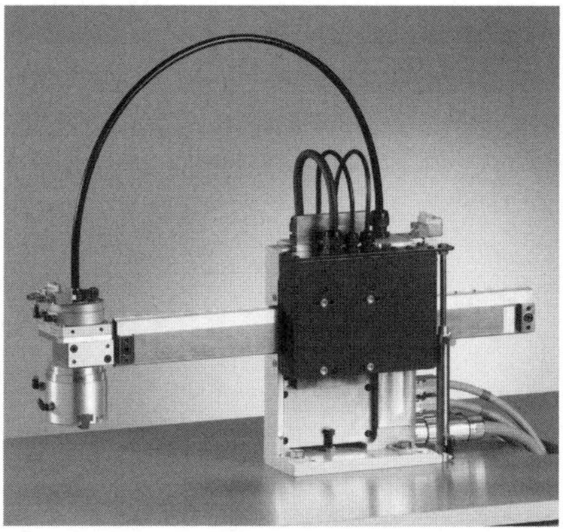

Technische Daten:

Hub vertikal	0...65 mm
Hub horizontal	0...265 mm
Positioniergenauigkeit	0,02 mm
Wiederholgenauigkeit	< 0,01 mm
max. Handhabungsmasse	3 kg
Eigenmasse	9,2 kg
Beschleunigung bis	40 m/s2

Bild 4.195 Linear-Handlingmodul mit elektrischem Direktantrieb (www.weiss-gmbh.de).

Beispiel 4.8 Zeitberechnung für einen Handhabungszyklus

Es soll die Zeit für einen C-Zyklus, also Bewegung von der Position A, Vertikalhub, horizontale Bewegung, Abwärtshub nach Position B und zurück zu A berechnet werden, wenn der in Bild 4.195 dargestellte Zweiachser mit elektrischem Direktantrieb eingesetzt wird. Welche Ausgangsdaten liegen dafür vor?

Ausgangsdaten:

Handhabungsmasse	3 kg
Hub vertikal	40 mm
Hub horizontal	120 mm
Verweilzeit Greifer	50 ms
Verschleifen der Bewegung	10 mm
Handshake-Steuerung	20 ms

Daraus ergibt sich nach Gl. 4.89 für einen Vollzyklus von der Position A nach B und wieder zurück:

$$t_{\mathrm{ABA}} = 4 \cdot t_{\mathrm{vertikal}} + 2 \cdot t_{\mathrm{vor/zurück}} + 2 \cdot t_{\mathrm{Verweilzeit}} + t_{\mathrm{Handshake}} \tag{4.89}$$

$$t_{\mathrm{ABA}} = 4 \cdot 0{,}08\,\mathrm{s} + 2 \cdot 0{,}10\,\mathrm{s} + 2 \cdot 50\,\mathrm{ms} + 1 \cdot 20\,\mathrm{ms} = 0{,}64\,\mathrm{s}$$

Einlegeeinrichtungen lassen sich auch aus handelsüblichen elektrischen Linearmotoren zusammenstellen. In Bild 4.196 wird das an einem Beispiel gezeigt. Der Motor besteht aus einem Läufer in Rundstangen-Bauform. Er enthält Neodym-Magnete. Im zylindrischen Stator befinden sich die Motorwicklungen, die Lager für den Läufer, die Positionserfassung sowie die Mikroprozessorschaltung für die Überwachung des Motors. Dieser ist schmutz- und wasserunempfindlich und für den Einsatz in **Reinräumen** tauglich. Die Ansteuerung erfolgt mit Servoverstärker und Controller sowie entsprechender Bediensoftware. Bei dem dargestellten Handhabungsgerät besteht die x-Achse aus bewegtem Stator und feststehendem Läufer. Zur Kraftaufnahme und als Verdrehsicherung wurde zusätzlich eine Linearführung angebaut. Beide Achsen sind frei programmierbar. Der Anschluss an eine übergeordnete Steuerung kann über einen Feldbus *(fieldbus)* erfolgen. Je nach Baugröße des Motors sind Hübe bis 1,46 m und Kräfte bis 800 N, bezogen auf das dargestellte Beispiel, möglich (Beschleunigung bis 200 m/s²).

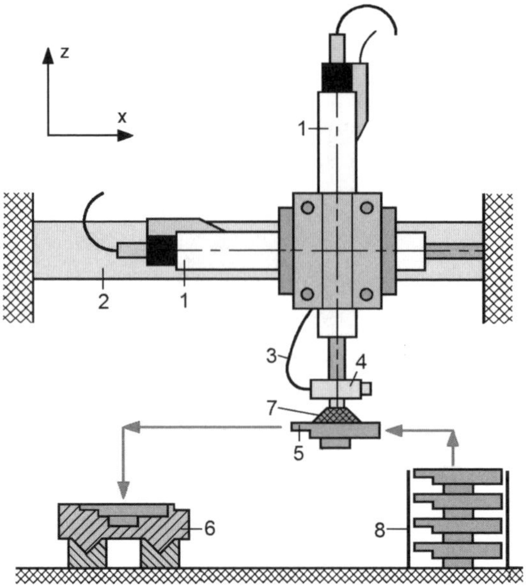

Bild 4.196 Zweiachsiges Handhabungsgerät für Kleinteile mit elektrischen Direktantrieben (Röhrenmotor, www.linmot.com).
1 Linearmotor (Linmot), 2 Linearführung, 3 Druckluftleitung, 4 Ejektor (Vakuumerzeuger), 5 Montageteil, 6 Montagebasisteil, 7 Saugergreifer, 8 Bereitstellmagazin

Um die Gewichtskräfte bei der vertikal eingesetzten Einheit zu kompensieren, kann man eine „magnetische Feder" anbringen. Sie arbeitet ohne Strom und nutzt den Magnetismus integrierter Magnete aus. Weil die Gewichtskräfte konstant sind, sollte auch die entgegenwirkende Federkraft konstant sein. Das gelingt mit Drahtfedern nicht, weil da die Federkraft über den Weg ansteigt. Das wird in Bild 4.197 herausgestellt. Bei einem Stromausfall fährt die z-Achse übrigens dank des Magnetfeldes automatisch nach oben.

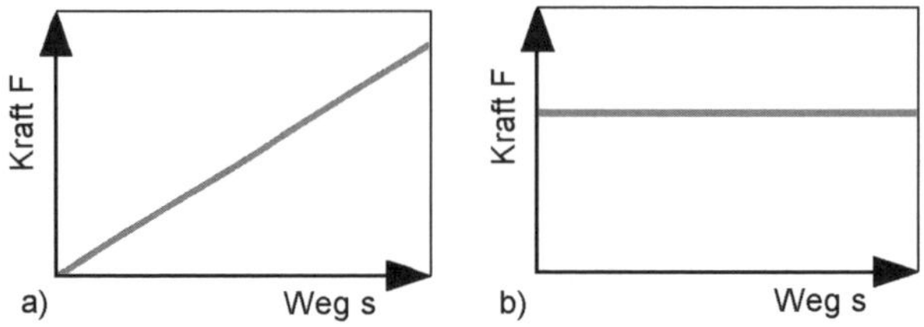

Bild 4.197 Kraftverlauf beim Gewichtskraftausgleich an einer *z*-Achse.
a) Drahtfeder,
b) magnetische Feder

Übungsaufgabe 4.5 Bewegungsdiagramm für einen C-Zyklus

Stelle den Bewegungsablauf für einen **C-Zyklus** als Diagramm für die in Bild 4.198 dargestellte zweiachsige Handhabungseinrichtung dar. Ein C-Zyklus vereint die Bewegungen Heben der Last → Schwenken zur Zielposition → Absenken der Last → Rückkehr zur Startposition. Alle Bewegungen werden durch mechanische formschlüssige Kurvenschaltgetriebe erzeugt. Jede Bewegung hat ihren eigenen Antrieb. Rückwärtsbewegungen erreicht man durch eine Umkehrung der Drehrichtung des Motors. Stillstandsphasen erzielt man durch einen Motorstopp. Von Vorteil ist, dass alle Bewegungen durch je eine Drehstrommotor-Kurvenkombination erzeugt werden, wodurch Anfahren und Bremsen der Motoren praktisch im Leerlauf erfolgen kann, weil die Kurven vor und nach der Bewegung steigungsfreie Verriegelungszonen aufweisen.

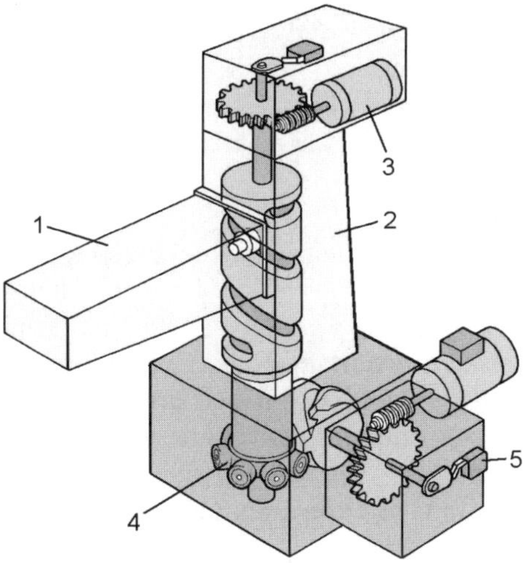

Bild 4.198 Elektromechanisches Zweiachsen-Handhabungsgerät (Sopap; www.sopap.com). 1 Schwenkarm, Ausleger, 2 Vertikal-Hubeinheit, 3 Drehstrommotor, 4 Dreheinheit, 5 Nockenschalter

Für spezielle Handhabungsabläufe werden immer wieder auch Sonderbauformen hervorgebracht. Ihr Bewegungsumfang ist auf ein Mindestmaß reduziert, um kostengünstige Lösungen zu erreichen. Ein solcher Sonderfall wäre das Umsetzen von Glasscheiben vom Förderband zu einem Stapel-Transportwagen. Das Bild 4.199 zeigt ein Konstruktionsbeispiel. Die Handhabungsaufgabe besteht im Umsetzen von Glasplatten aus einer waagerechten Orientierung in eine senkrechte Stapelordnung.

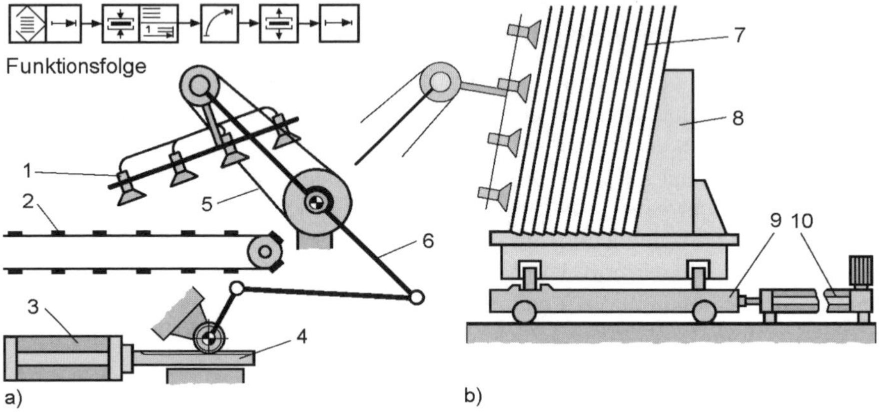

Bild 4.199 Umsetzer für Glasscheiben auf der Basis eines Zugmittel-Kurbelgetriebes.
a) stationäre Handhabungseinheit, b) mobiler Stapel-Transportwagen,
1 Saugerrahmen, 2 Transportband, 3 Arbeitszylinder, 4 Ritzel-Zahnstangen-Getriebe, 5 Kette,
6 Kurbelgetriebe mit feststehendem Kettenrad, 7 Glasplattenstapel, 8 Ablage-Stapelgestell,
9 Verschiebewagen, 10 Lineareinheit

Die Lösung der Aufgabe besteht in einem angetriebenen viergliedrigen **Kurbelgetriebe** in Verbindung mit einem Zugmittelgetriebe (Kette). Der Bewegungsverlauf ist zwangsläufig in der Getriebestruktur festgelegt und kann nicht verändert werden. Die genauen kinematischen Abmessungen sind bei der Maßsynthese zu ermitteln, was meist rechnergestützt mit Synthese- und Optimierungsverfahren erfolgt. Dem schließt sich das belastungsgerechte, fertigungs- und montagegerechte Bemessen und Gestalten der erforderlichen Bauelemente des Getriebes an. Der Glasscheibenstapel wird von einem eigens dafür angepassten Transportwagen aufgenommen. Der Abtransport kann manuell, mechanisiert oder automatisiert erfolgen.

Eine ähnliche Konstruktion zeigt das Bild 4.200. Hier werden Spanplatten aufgenommen und an einen Rollengang *(roller positioner)* übergeben. Das Kettenrad *(chain wheel)* an der Standsäule ist feststehend. Angetrieben wird der Schwenkarm, nicht aber die Kette. Beim Schwenken des Armes übersetzt die Kette im Verhältnis 1 : 4. Die **Vakuumtraverse** bleibt deshalb zusammen mit der Last während des gesamten Umsetzvorganges horizontal. Obwohl der Schwenkarm einen Kreisbogen beschreibt, wird der Endeffektor auf einer Rechteckbahn (mit abgerundeten Ecken) von der Aufnahme- zur Ablageposition am Rollengang bewegt.

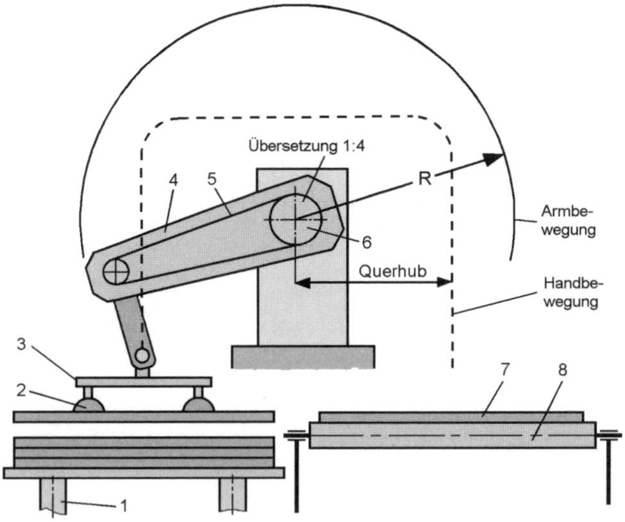

Bild 4.200 Umsetzer für Holz- oder Spanplatten.
1 Hubtisch, 2 Vakuumsauger, 3 Traverse, 4 Schwenkarm, 5 Kette oder Zahnriemen, 6 feststehendes Kettenrad, 7 Arbeitsgut Platte, 8 Rollengang, *R* Armschwenkradius

Ein Entnahmegerät für die Kleinteilehandhabung mit zwangssynchronisiertem Ablauf und exakter Positionierung in den Endlagen wird in Bild 4.201 skizziert. Der Arm ist als Knickarm-Mechanismus ausgebildet. Die Bewegung erzeugt ein Schrittschaltgetriebe, welches gestellfest angeordnet wurde. Der Schwenkwinkel lässt sich einstellen. Die Peripherie muss angepasst werden, d.h. das Gerät ist eine Sonderlösung für maschinenintegrierte Handhabungstechnik.

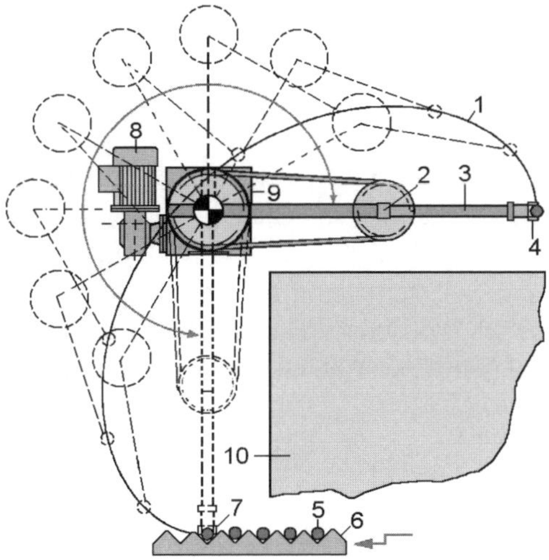

Bild 4.201 Entnahmegerät (Mico Gesellschaft für Automation).
1 Greiferbahn, 2 Dreh-/Knickgelenk, 3 Knickarm, 4 Greifer, 5 Werkstück, 6 Schrittmagazin, 7 Ablage-/Entnahmeposition, 8 Getriebe-Bremsmotor, 9 Schrittschaltgetriebe, 10 Störkontur

Zum Bereich der Mikrosystemtechnik gehört auch die automatische Handhabung von Wafern, z. B. der Transport der empfindlichen Scheiben von einer Kassette in eine andere. Der Greifer ist als minimal-taktiler Effektor zu gestalten, weil der Wafer nur am Rand vorsichtig und stressfrei (ohne im Innern mechanische Spannungen zu erzeugen) angefasst werden darf. Für die Handhabung genügen oft zweiachsige Handhabungseinrichtungen. Das Bild 4.202 zeigt ein Ausführungsbeispiel. Es werden elektrische Drehantriebe eingesetzt. Ein **Parallelogrammgetriebe** setzt Drehen in Schieben um. Der Antrieb in der Basiseinheit dreht die Plattform mit dem Manipulatorarm.

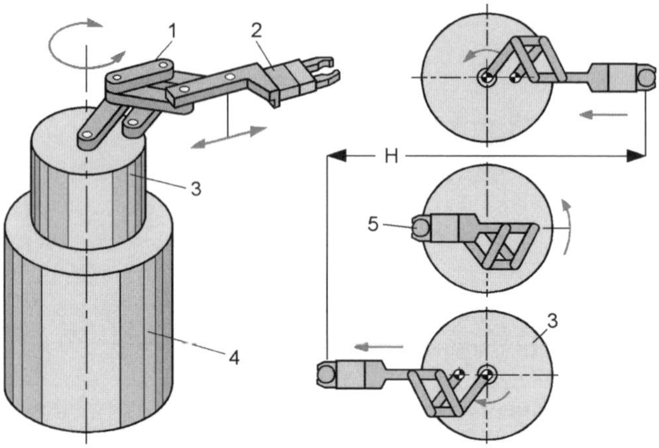

Bild 4.202 Handhabungsgerät für das Wafer-Handling.
1 Parallelogramm-Arm, 2 Greifer, 3 Drehplattform, 4 Motorgehäuse und Basiseinheit, 5 Wafer, *H* Größthub

Es gibt auch zweiarmige Wafer-Handlinggeräte. Auf der Drehplattform sind dann zwei Gelenkarme mit jeweils einem Greifer untergebracht. Solche Handhabungsgeräte und dafür eingesetzte Kleinroboter müssen reinraumtauglich sein.

Um die **Wafer** (Siliziumscheibe) berührungslos bereitstellen zu können, hat man übrigens ein Schwebeverfahren entwickelt, welches auf der Erzeugung von Ultraschall beruht. Man nutzt den hohen Schallstrahlungsdruck direkt oberhalb des Ultraschallgebers aus, um den Wafer in Höhen von 0,05 und 0,5 mm schweben zu lassen. Für den Transport der Teile müssen diese angehoben, gefördert und zentriert werden. Das Anheben geschieht mit einem Balkenschwinger. Beschleunigung, Abbremsen, Zentrieren und das Positionieren übernehmen kleine schräg angestellte Schallquellen. Das Bild 4.203 zeigt einen Ausschnitt aus einer Versuchsanlage. Die Balkenschiene, auf denen die Waferscheibe gleitet, ruht auf vier Ultraschallgebern.

Bild 4.203 Berührungslose Wafer-Transferstrecke auf der Basis von Hochleistungs-Schallquellen (iwb TU München; www.iwb.tum.de)

4.4.6 Portaleinheiten

In der Großserienfertigung haben sich am Portal laufende Beschickungsarme gut bewährt. Der Aktionsbereich ist groß. Das Bild 4.204 zeigt das Modell einer Montageanlage, bei der die Handhabung von **Flächenportalrobotern** *(multi axis gantry robots, cross-sliding portal)* erledigt wird. Von Vorteil ist die gute Zugänglichkeit und Sicht auf die Montagebaugruppe.

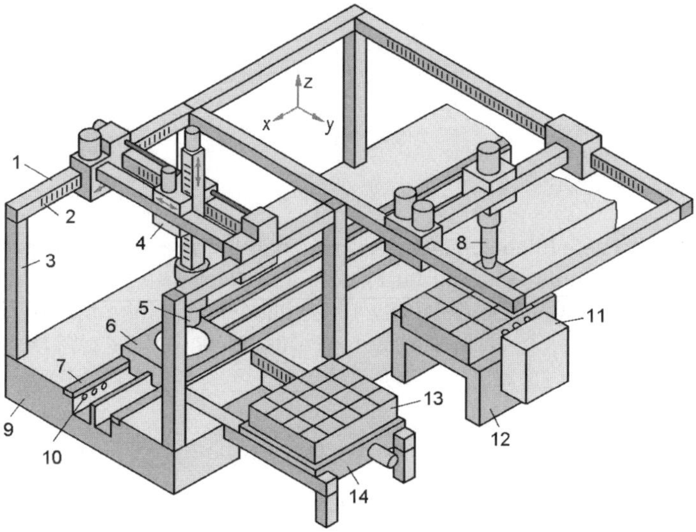

Bild 4.204 Modelldarstellung einer Montageanlage mit Portalrobotern.
1 Portalbalken, 2 Wegmesssystem, 3 Portalstütze, 4 Lineareinheit, 5 Montagegreifer, 6 Werkstückträger für Basisteile, 7 Längsführung, 8 Montagewerkzeug, 9 Gestell, Basiselement, 10 Sensor, 11 Energie- und Datenflussanschluss, 12 Magazineinheit für Montagewerkzeuge, 13 Palette, 14 Palettenpositioniereinheit

Es gibt auch Einheiten mit Doppelarmen, bei denen jeder Arm auf den Greifpunkt eingestellt ist. Praktische Lösungen sind auch die Verwendung von **Doppelgreifern**, bei denen beim Abholen eines Fertigteils bereits das neue Rohteil vom Roboter mitgebracht wird. Damit werden Leerfahrten eingespart und die Span-zu-Span-Zeiten gesenkt. Für den Überkopftransfer z. B. an Drehautomaten und Maschinenstraßen eignen sich Portal-Handhabungsgeräte besonders gut. In Bild 4.205 werden typische Anordnungen der Greiforgane gezeigt. Oft sind dafür allerdings Sondergreifer nötig. Die Portalgeräte lassen sich wie folgt beschreiben:

- **Linienportal:** Alle erreichbaren Positionen liegen in einer Achse
- **Auslegerportal:** Linienportal mit Verschiebeachse quer zum Portalbalken
- **Flächenportal:** Lineare Beweglichkeiten für große Räume in zwei sich kreuzenden Achsen
- **H-Lader:** Handhabungseinrichtung mit zwei parallelen Greifarmen
- **V-Lader:** Zweiarmige Handhabungseinrichtung in V-Anordnung der Achsen
- **S-Lader:** Handhabungseinrichtung mit zweiseitigem Drehgreifarm

Als Lader bezeichnet man funktionelle Baueinheiten für die Maschinenbeschickung.

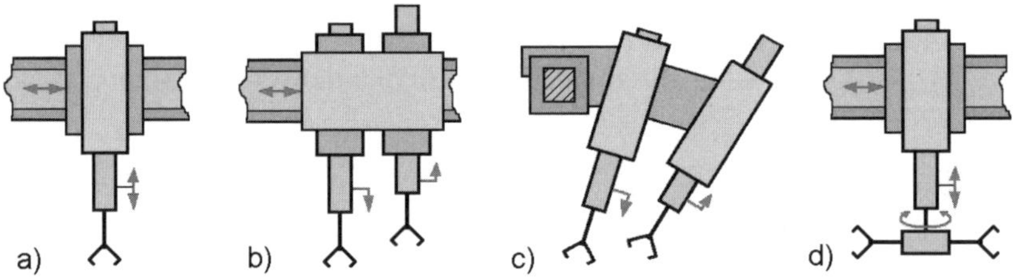

Bild 4.205 Portalhandling für Beschickungsaufgaben.
a) Linienportal, b) H-Lader, c) V-Lader, d) S-Lader

Für die Portalwagen kommen hauptsächlich solche mit berollten Führungen zum Einsatz. Das Bild 4.206 zeigt einige Ausführungsvarianten im Prinzip. Der **Portalwagen** trägt die Manipulationseinheit sowie Antrieb und Getriebe für die eigene Fortbewegung, Wegmesssystem, Anschluss für die Energieführungskette und eventuell noch Brems- und Positionierhilfen.

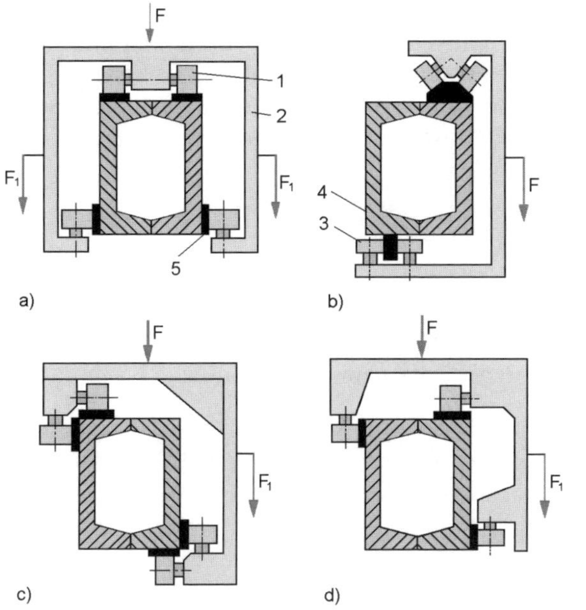

Bild 4.206 Führung von Portalwagen (Linienportalroboter).
a) Breitführung, b) Rollen-Dachführung, c) Diagonalanordnung, d) reduzierte Breitführung.
1 Tragrolle, 2 Wagengehäuse, 3 Stützrolle, 4 Fahrbalken, 5 Laufprofil

Es wird zwischen Trag- und Stützrollen unterschieden. Ihre Anordnung hängt von der maximalen Größe und Richtung der resultierenden Belastung ab. Der Portalwagen kann den **Fahrbalken** umschließen oder offen sein. Für Verfahrwege größer als sechs Meter eignen sich nur offene Bauformen, weil keine Zwischenstützen am Portalbalken angebracht werden können.

Genügt der mit dem Linienportal entstehende Arbeitsraum nicht, dann muss ein Flächenportal ausgewählt werden. Damit wird der Fahrbalken in einer Achse beweglich. Das Bild 4.207 zeigt einen solchen Aufbau.

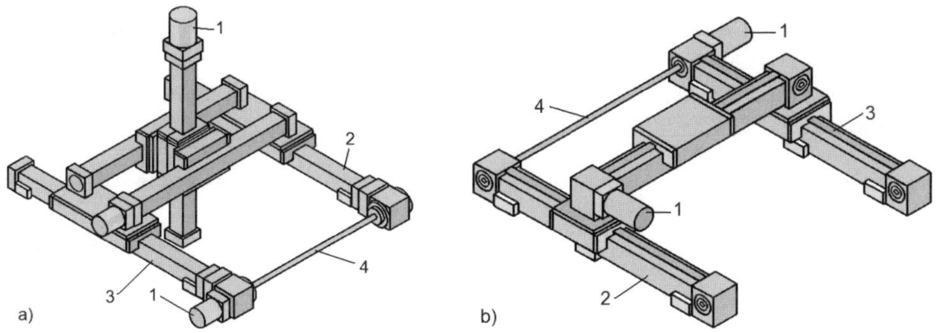

Bild 4.207 Modulare Portaleinheiten.
a) 3-achsige Handhabungseinheit, b) *x*-*y*-Koordinatentisch,
1 Antriebsmotor, 2 passive Lineareinheit, 3 Antriebseinheit, 4 „verlängerte" Motorwelle

Für die Steuerung besteht die Aufgabe, die zwei Fahrantriebe des Fahrbalkens so zu steuern, dass ein gleichmäßiges Fahren ohne Verkanten erreicht wird. Dafür nimmt man elektronische Gleichlaufregelungen, die auch bei unterschiedlichen Reibungsverhältnissen gleiche Wege absolvieren. Bei kleinen Flächenportalen genügt ein Antriebsmotor und eine mechanische Übertragung der Drehbewegung zu den Antriebsscheiben der gegenüberliegenden Seite, gleichsam als verlängerte Motorwelle.

Kontrollfragen

4.19 Was charakterisiert funktionell die Einlegeeinrichtungen im Vergleich mit einem Industrieroboter?

4.20 Ist die Bezeichnung „*Pick-and-Place Robot*“, die man in der Literatur lesen kann, gemessen an der europäischen Definition korrekt?

4.21 Wo liegen die Gründe für die exzellente Laufkultur kurvengesteuerter Pick-and-Place-Geräte?

4.22 Legen Sie die Vor- und Nachteile doppelarmiger Einlegeeinrichtungen dar!

4.23 Elektrische Direktantriebe sind in der Anschaffung teurer als pneumatische Aktoren. Wo liegen ihre technischen Vorteile?

4.24 Was bedeutet die Angabe „stoß- und ruckfrei“ im Zusammenhang mit dem Bewegungsverhalten kurvengesteuerter Einlegeeinrichtungen?

4.25 Gibt es in den technischen Gebrauchseigenschaften Unterschiede zwischen einem Kompaktgerät und einer Einlegeeinrichtung, die aus Baukastenkomponenten zusammengesetzt wurde?

4.4.7 Ordnen

Werden Werkstücke im Haufwerk (Schüttgut) angeliefert, dann muss man sie vor der Einspeisung in ein Fertigungssystem ordnen. Das lässt sich nur mit Körpern machen, für die ein körpereigenes Koordinatensystem angegeben werden kann. Sonst fehlt eine Basis für die Bezugnahme.

Ordnen *(arrange)*

Handhabungsfunktion, bei der ein geometrisch bestimmter Körper aus einer unbestimmten „Lage“ (Orientierung und Position) in eine gewünschte Orientierung und Position gebracht wird.

Unter dem Aspekt der Wertschöpfung sollte man eine einmal erreichte Ordnung nicht ohne zwingenden Grund vor Beendigung aller durchzuführenden Arbeitsgänge aufgeben. Oft ist allerdings das „Neuordnen“ von Teilen billiger, weil beispielsweise Leertransporte von Transportmitteln und Werkstück-Trägermagazinen nicht anfallen. Die Verwendung von Einwegmagazinen ist wohl nur bei empfindlichen Kleinteilen wirtschaftlich tragbar.

Unter dem Aspekt von Größe und Masse eines Objekts lassen sich zum Ordnen folgende allgemeine Aussagen treffen:

- Das selbsttätige Ordnen von Arbeitsgut mit sehr großer Masse und sehr großen Abmessungen ist meist nicht sinnvoll. In solchen Fällen werden zweckmäßigerweise die Fügewerkzeuge in die entsprechende Position gebracht.
- Das Ordnen von Werkstücken mit mittlerer bis großer Masse erfolgt im Allgemeinen mit gesteuerten kraftbetriebenen Vorrichtungen (z. B. mit Hebezeugen) durch Bewegen der Werkstücke um eine oder um mehrere Achsen.
- Das Ordnen von Kleinteilen (Massenteile), die in Bunkern bereitgehalten werden, erfolgt meist selbsttätig durch die Ausnutzung der Verhaltenseigenschaften von Werkstücken.
- Das Ordnen erfolgt häufig in mehreren Stufen vom **Haufwerk** über Mehrschicht, Einzelschicht zum Einzelstück in Vorzugsorientierung (siehe Bild 2.13).

Aktives Ordnen: Alle Teile werden in eine Wunschorientierung gebracht.

Passives Ordnen: Alle Falschlagenteile werden ausgegliedert.

Form, Größe und Masse eines Handhabungsobjektes prägen den Vorgang „Ordnen". Oft sind es aber weniger die absoluten Kennwerte, sondern vor allem die Relationen, die das Werkstückverhalten kennzeichnen, z. B. der Quotient aus Masseschwerpunkt zu Körpermittelpunkt (S/K). Das Bild 4.208 zeigt die wichtigsten Aspekte in einer Übersicht.

Bevor man nach einer konstruktiven Lösung für eine Ordnungseinrichtung sucht, muss geprüft werden, ob man das Ordnen umgehen oder wenigstens vereinfachen kann. Folgende Wege können beschritten werden:

- Die Fügeteile werden bereits magaziniert (gegurtet) angeliefert. Damit würde man dem Grundsatz genügen, eine einmal erreichte Werkstückordnung zu erhalten.
- Bei schwierig zu ordnenden Teilen, wie z. B. Federn und Sicherungsringe, kann man diese Teile unmittelbar an der Montagestation herstellen und damit die Handhabung vereinfachen. Das geschieht im Takt der Montagemaschine, so dass ein Vorrat als Schüttgut vermieden wird.
- Um das Ordnen zu vereinfachen, kann die Schwierigkeitsstufe verringert werden, indem man erst nach dem Ordnen weitere Gestaltmerkmale einbringt.
- Schließlich können auch zusätzliche oder andere geometrische Merkmale am Werkstück das Ordnen begünstigen (eindeutige Symmetrie oder deutliche Asymmetrie).

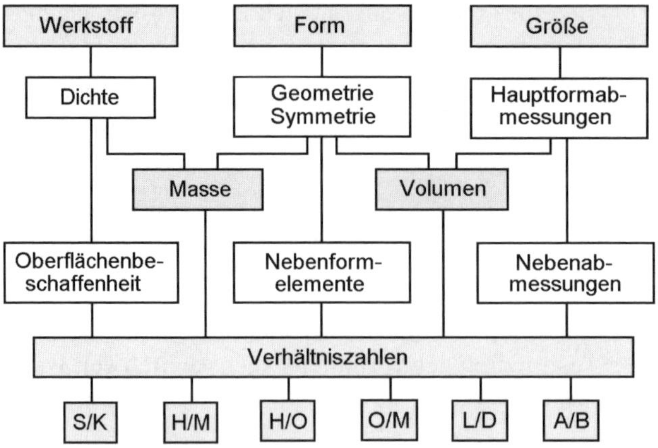

Bild 4.208 Einflüsse auf das Ordnen von Werkstücken.
A kleinste Abmessung, *B* größte Abmessung, *D* Durchmesser, *H* Hüllvolumen, *K* Körpermittelpunkt, *L* Länge, *M* Masse, *O* Oberfläche, *S* Masseschwerpunkt

Die Verfahren zum Ordnen lassen sich in zwei Gruppen einteilen (siehe Bild 1.12):

- **Ordnen durch Gleichrichten** (Drehen und Wenden der Falschlagenteile): Teile in falscher Orientierung werden mit mechanischen, fluidischen oder elektromagnetischen Mitteln in die gewünschte Orientierung gebracht.
- **Ordnen durch Auslesen** (Aussondern der Falschlagenteile): Teile, die zufällig richtig orientiert sind, werden aus dem Haufwerk entnommen. Es bleibt eine Menge von Falschlagenteilen übrig. Das kann auch ein gezielter Griff mit einem Greifer sein, nach Informationen vom Bildverarbeitungssystem.

Das Ausrichten von Teilen in eine günstige Orientierung geschieht, indem man mit **Richtkanten** Bewegung in das Haufwerk (ungeordnetes chaotisch vorliegendes Arbeitsgut) einbringt. Die Richtkantenanordnung und -form wird in Bild 4.209a in abstrakter Form dargestellt. Um Unruhe zu erzeugen sind verschiedene Bewegungsmöglichkeiten verfügbar (Bild 4.209b). In der konkretisierten Form erkennt man dann (Bild 4.209c) Lösungen, die in den bekannten Handhabungsgeräten umgesetzt wurden. Ohne „Unruhe" im Haufwerk verändern die Teile ihre momentane Orientierung nicht.

Die Effektivität von Ordnungseinrichtungen wird deutlich von der Vorzugsorientierung beeinflusst, die ein Objekt im Haufwerk einnimmt. Darunter versteht man einen stabilen Zustand, den ein Werkstück durch seine Geometrie und Schwerpunktlage vorzugsweise und ohne weiteres Zutun auf einer ebenen Fläche einnimmt. Unter **Ordnungswahrscheinlichkeit** *(orientation probability)* wird das Verhältnis aus der für den Ordnungsprozess günstigen, zur Anzahl der überhaupt möglichen Werkstückorientierungen verstanden. Das kann man durch einfache Fall- oder Förderversuche ermitteln oder durch Berechnung der Ordnungswahrscheinlichkeit. Lässt man beispielsweise ein zylindrisches Werkstück mit dem Verhältnis $L/D = 1$ auf eine waagerechte Unterlage fallen, dann nehmen mit einer Wahrscheinlichkeit von 70 % die Teile eine Orientierung auf der Mantelfläche ein.

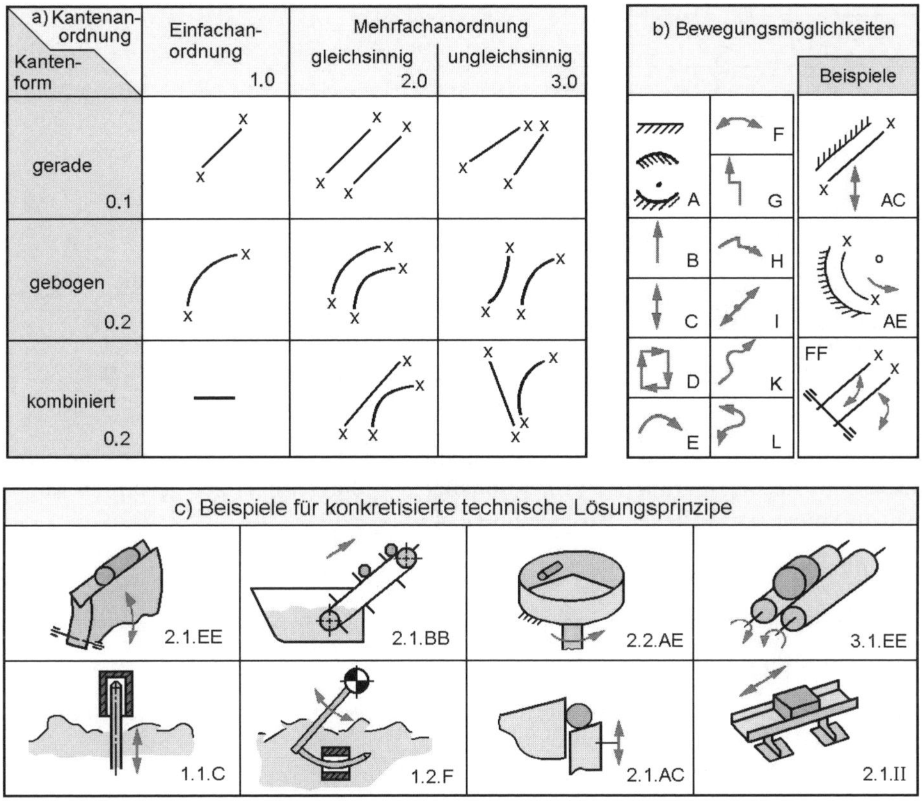

Bild 4.209 Richtkanten bewirken das Umorientieren von Werkstücken in einem Bunker in eine Vorzugsorientierung.
a) Kantenformen, b) Bewegungen, c) Konkretisierungen

Für die Berechnung der Ordnungswahrscheinlichkeit wird in [4.6] ein Verfahren vorgeschlagen, das an einem zylindrischen Werkstück erläutert werden soll. Liegen die Werkstücke vor dem Abwurf in einer beliebigen Anordnung im Behälter, dann verteilen sich die Spitzen der die Orientierung der Teile bestimmenden Vektoren der Gewichtskraft, die im Schwerpunkt des Werkstücks angreift, auf einer Kugelfläche, die die Werkstücke umhüllt. Für das Ordnen haben aber nur die Teile eine günstige Orientierung, deren die Orientierung bestimmenden Vektoren innerhalb eines Kegels mit dem Öffnungswinkel $2{\cdot}\chi$ liegen (Bild 4.210), d. h., nur die Werkstücke nehmen eine Stirnflächenlage ein, deren Vektoren auf der Projektion der Kegelfläche auf die Kugeloberfläche liegen.

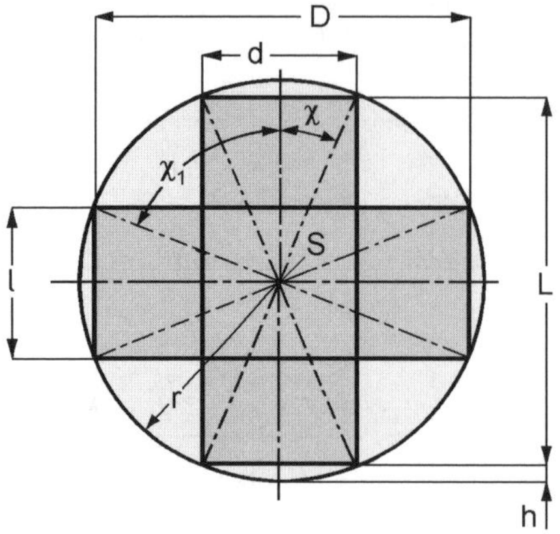

Bild 4.210 Umschreibung zylindrischer Werkstücke mit einer Hüllkugel.
d, *D* Werkstückdurchmesser, *h* Kugelabschnittshöhe, *l*, *L* Werkstücklänge, *r* Hüllkugelradius, *S* Masseschwerpunkt, χ, χ_1 Kippwinkel

Die Wahrscheinlichkeit, mit der ein Werkstück eine gewünschte Orientierung einnimmt, wird deshalb als das Verhältnis der Projektionsfläche auf der Kugel zur gesamten Kugeloberfläche definiert. Im vorliegenden Fall gilt Gl. 4.90:

Kugeloberfläche $$A_K = 4 \cdot \pi \cdot r^2 \quad (4.90)$$

Oberfläche Kugelabschnitt $$A_{KA} = 2 \cdot \pi \cdot r \cdot h \quad (4.91)$$

Kugelabschnittshöhe $$h = r(1 - \cos\chi) \quad (4.92)$$

Die Wahrscheinlichkeit W_s für eine Orientierung der Teile auf die Stirnfläche ergibt sich aus der nachfolgenden Gl. 4.93:

$$W_S = \frac{2 \cdot 2 \cdot \pi \cdot h}{4 \cdot \pi \cdot r^2} = \frac{h}{r} = \frac{r(1-\cos\chi)}{r} = 1 - \cos\chi \quad (4.93)$$

Nach dem Bild 4.210 ist $L = 2 \cdot r \cdot \cos\chi$ sowie $D = 2 \cdot r \cdot \sin\chi$ und damit ergibt sich Gl. 4.94

$$\frac{L}{D} = \frac{2 \cdot r \cdot \cos\chi}{2 \cdot r \cdot \sin\chi} = \cot\chi \quad (4.94)$$

Außerdem gilt Gl. 4.95

$$\cos\chi = \frac{\cot\chi}{\sqrt{1 + \cot^2\chi}} \quad (4.95)$$

Durch Einsetzen der Gl. 4.94 in Gl. 4.95 und Gl. 4.95 in Gl. 4.93 erhält man

$$W_S = 1 - \frac{\frac{L}{D}}{\sqrt{1 + \left(\frac{L}{D}\right)^2}} \quad (4.96)$$

Beispiel 4.9 Berechnung der Ordnungswahrscheinlichkeit W_s für ein Napfteil

Es ist die Wahrscheinlichkeit dafür zu berechnen, dass ein napfförmiger Zylinder gemäß Bild 4.211 als Ruhezustand die Bohrungsfläche O_B, die Mantelfläche O_M und die Stirnfläche O_S einnimmt [2.1]. Das *L*/*D*-Verhältnis wird im Beispiel variabel angenommen und der Abstand für den Masseschwerpunkt mit $y_S = 0{,}28 \cdot L$ wird konstant gehalten. Wie verändert sich im Beispiel die Ordnungswahrscheinlichkeit?

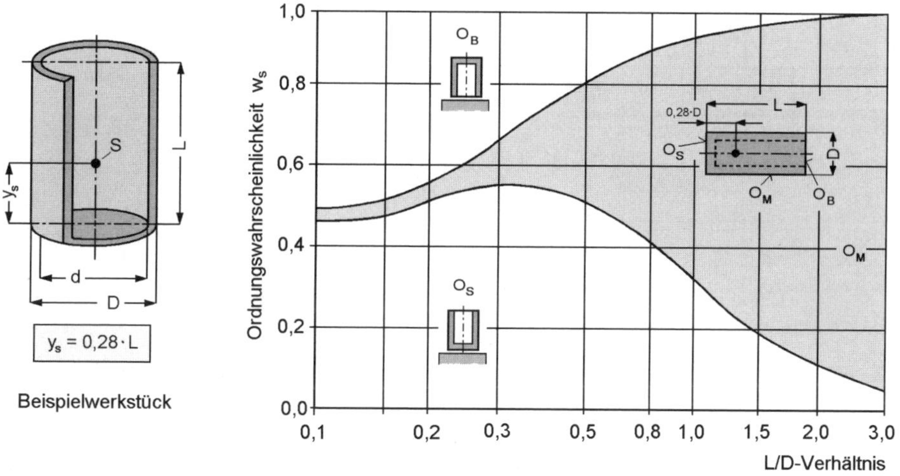

Bild 4.211 Ordnungswahrscheinlichkeit W_S von einseitig geschlossenen Hohlzylindern als Funktion vom *L*/*D*-Verhältnis der Teile

Beispiel 4.10 Berechnung der Ordnungswahrscheinlichkeit W_s für ein abgesetztes Drehteil

Das Werkstück, es ist ein Drehteil, setzt sich aus unterschiedlichen geometrischen Elementen zusammen. Es wird in Bild 4.212 gezeigt und ist bereits in eine **Hüllkugel** eingezeichnet.

Die Werkstückabmessungen sind im Beispiel 4.10:

L = 75 mm	l_1 = 50 mm	l_2 = 10 mm	l_3 = 15 mm
d_1 = 20 mm	d_2 = 40 mm	d_3 = 30 mm	
y_{s1} = 25 mm	y_{s2} = 55 mm	y_{s3} = 67,5 mm	

Zur Ermittlung des Schwerpunktabstandes y_s wird die Seileckkonstruktion zu Hilfe genommen und über die Teilgewichte der gemeinsame Schwerpunkt ermittelt.

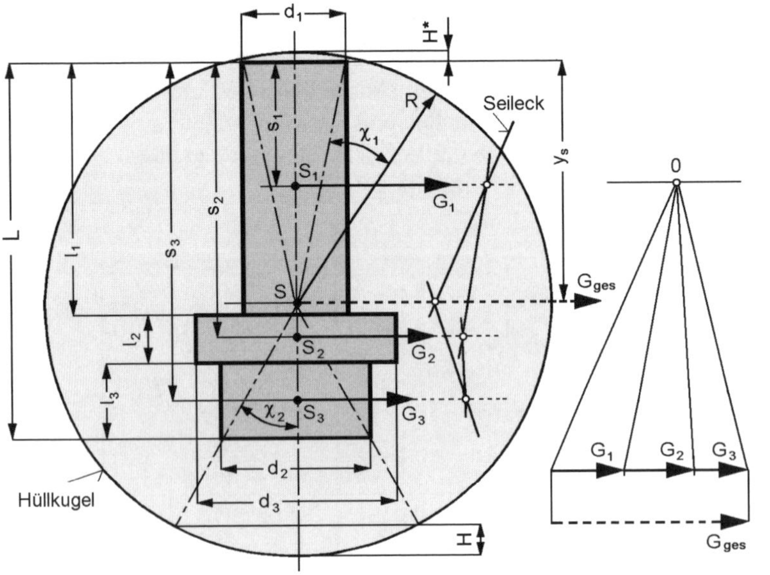

Bild 4.212 Abmessungen, Hüllkugel und Seileckmethode bei einem mehrfach abgesetzten Zylinder

Im vorliegenden Fall wird y_s = 48 mm. Aus der Lage des Schwerpunktes lässt sich erkennen, dass das Werkstück drei verschiedene stabile Ruhelagen einnehmen kann. Das sind:

- kleine Stirnflächenlage d_1
- große Stirnflächenlage d_2
- schräge Mantelflächenlage

Die Ordnungswahrscheinlichkeit für die kleine Stirnflächenlage lässt sich mit Gl. 4.97 nun wie folgt bestimmen:

$$W_S(d_1) = \frac{2 \cdot \pi \cdot R \cdot H^*}{4 \cdot \pi \cdot R^2} = \frac{H^*}{2 \cdot R} = \frac{1}{2}(1 - \cos\chi_1) \tag{4.97}$$

$$\cos\chi_1 = \frac{y_s}{\sqrt{y_s^2 + \frac{d_1^2}{4}}} \tag{4.98}$$

Damit kann man nun Gl. 4.99 schreiben

$$W_S(d_1) = \frac{1}{2}\left(1 - \frac{y_s}{\sqrt{y_s^2 + \frac{d_1^2}{4}}}\right) \tag{4.99}$$

Die Ordnungswahrscheinlichkeit für die große Stirnfläche berechnet sich mit Gl. 4.100 nun wie folgt:

$$W_s(d_2) = \frac{H}{2 \cdot R} = \frac{1}{2}(1 - \cos\chi_2) \tag{4.100}$$

$$\cos\chi_2 = \frac{(l_1 + l_2 + l_3) - y_s}{\sqrt{[(l_1 + l_2 + l_3) - y_s]^2 + \frac{d_2^2}{4}}} \tag{4.101}$$

Somit kann nun Gl. 4.102 geschrieben werden:

$$W_s(d_2) = \frac{1}{2}\left[1 - \frac{(l_1 + l_2 + l_3) - y_s}{\sqrt{[(l_1 + l_2 + l_3) - y_s]^2 + \frac{d_2^2}{4}}}\right] \tag{4.102}$$

Im vorliegenden Fall sind $W_s(d_1)$ = 0,0106 und $W_s(d_2)$ = 0,09825. Für die Ordnungswahrscheinlichkeit „Mantelflächenlage“ gilt dann:

$W_s(M) = 1 - (W_s d_1 + W_s d_2) = 0{,}891$

Versuche haben ergeben, dass die errechneten Werte sehr gut mit den Versuchsergebnissen übereinstimmen. Das ist für die Funktion von Ordnungseinrichtungen wichtig. Ordnen aus dem Haufwerk ist immer ein ständiger Wechsel von Bewegung und Ruhe der Teile, bis die **Vorzugsorientierung** erreicht ist. Das Teil ist dann geordnet. Wird die Leistungsfähigkeit Q einer Ordnungseinrichtung, z. B. eines Vibrationswendelbunkers abgeschätzt, dann kann die Ordnungswahrscheinlichkeit W dazu herangezogen werden. Es gilt Gl. 4.103:

$$Q = \frac{v_{\text{eff}} \cdot W}{L} \tag{4.103}$$

Q Fördermenge geordneter Teile in Stück je Zeiteinheit

v_{eff} effektive Fördergeschwindigkeit der Bunkerordnungseinrichtung in m/min

L größte Werkstückabmessung in Förderrichtung in m

Ordnungshilfen (Schikanen) tragen unterstützend dazu bei, die gewünschte Orientierung der Teile zu erreichen. Die Ausbringung kann in erster Näherung mit dem Diagramm in Bild 4.213 bestimmt werden.

Beispiel 4.11 Ermittlung der Liefermenge

Ein Werkstück mit 10 mm Länge und 4 mm Durchmesser soll im Vibrationswendelförderer zugeführt werden. Dessen mittlere Fördergeschwindigkeit v beträgt 4 m/min. Die Ordnungswahrscheinlichkeit W wurde mit 0,5 ermittelt. Wie groß ist die Liefermenge Q je Minute? Aus dem Diagramm nach Bild 4.213 ergibt sich eine Menge von 200 Stück/min.

Die Leistung lässt sich verbessern, wenn man aktive Schikanen einsetzt, die also Falschlagenteile nicht auswerfen, sondern gleichrichten. Aktive und passive Schikanen können auch miteinander kombiniert sein. Oft ist es besser, wenn man den letzten Freiheitsgrad der Orientierung außerhalb des Schwingförderers entzieht. Das wird im nächsten Beispiel gezeigt.

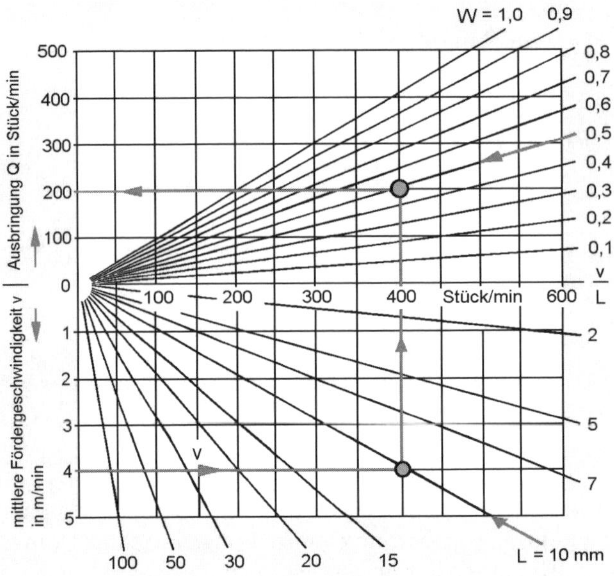

Bild 4.213 Ausbringung *Q* eines Vibrationswendelförderers als Funktion der mittleren Fördergeschwindigkeit *v*, der Werkstücklänge *L* und der Ordnungswahrscheinlichkeit *W*

Das Ordnen von Muttern, die auf einer Seite gewölbt sind, kann mit der in Bild 4.214 gezeigten Vorrichtung erfolgen. Falsch liegende Teile gleiten in einen gedrillten Schacht und werden dabei gewendet.

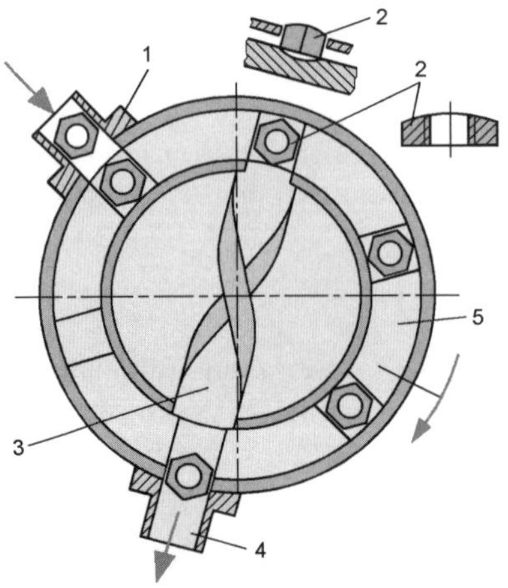

Bild 4.214 Vorrichtung zum Ordnen einseitig gewölbter Sechskantmuttern.
1 Zuführrinne, 2 Werkstück, 3 gedrillter Schacht, 4 Abführschacht, 5 Ringscheibe

Richtiglagen werden in den Nuten der Rotorscheibe bis zum Auslauf transportiert. Die Leistung ist allerdings begrenzt, weil Schaltvorgänge und das Fallen von Teilen eine gewisse Zeit verbrauchen. Diese Zeiten sind physikalisch begründet und somit nicht zu verkürzen. Notfalls muss ein anderes Prinzip eingesetzt werden.

Einige weitere Beispiele sollen nachfolgend die technischen Möglichkeiten zum Ordnen aufzeigen. In Bild 4.215 werden Dosendeckel unter Ausnutzung ihrer **Anströmeigenschaften** ausgesondert. Einfache Luftdüsen genügen, um die Teile in zwei Orientierungen zu trennen. Falschlagenteile lassen sich übrigens in einer um 180° verdrehten Rinne wenden und ebenfalls als Richtiglagenteile mit einspeisen.

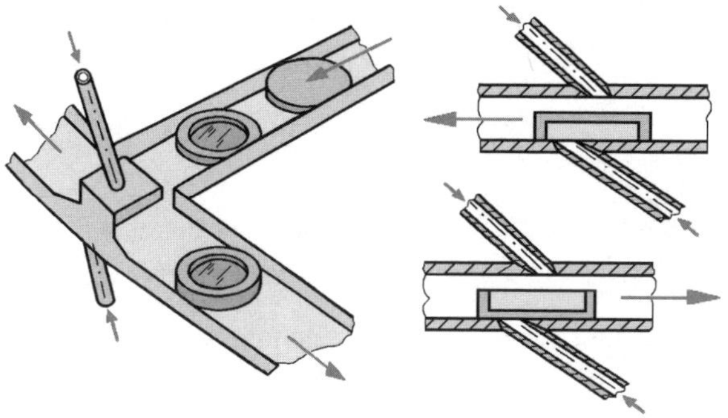

Bild 4.215 Ordnen von Dosendeckeln durch Luftstrahl

Im nächsten Beispiel (Bild 4.216) geht es um kleine abgesetzte Bolzen, die nach der Längsachse ausgerichtet ankommen. Das kann z. B. mit einem Vibrationswendelförderer erfolgen. Teile in Falschlage werden vom Rotor an einen **Wenderotor** übergeben, der im Rhythmus der Montagemaschine die Teile geordnet weitergibt. Teile in Richtiglage berühren die Anschlagkante nicht und werden deshalb direkt zum Ausgabekanal transportiert. Bei kleinen Teilen (Durchmesser 1 bis 6 mm; Länge bis 30 mm) sollte das Mindestmaß des Ordnungsmerkmals bei 0,2 mm liegen. Die Umschaltung des Rotors auf Linkslauf geschieht kraftabhängig rein mechanisch über ein kleines Rädergetriebe. Man erreicht Leistungen bis etwa 70 Teile je Minute. Das Prinzip ist für Teile wie Bolzen mit und ohne Ansatz oder Bohrung, Gewindestifte und kleine prismatische Teile verwendbar bzw. anpassbar.

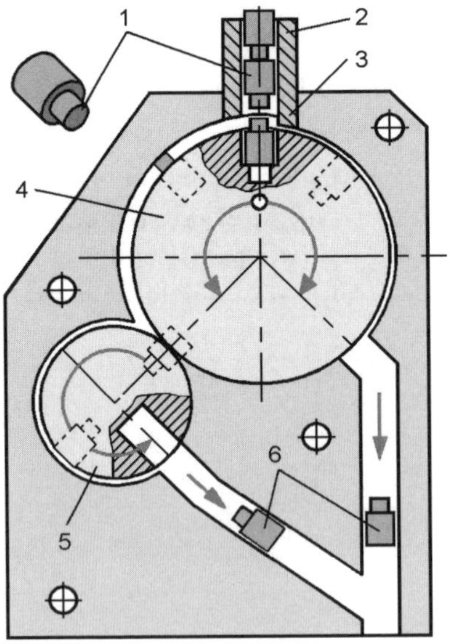

Bild 4.216 Ordnen kleiner abgesetzter Bolzen oder Bundschrauben.
1 Werkstück, 2 Zuführkanal, 3 Anschlagkante, 4 Rotor, 5 Wenderotor, 6 geordnete Teile

Sehr einfach sind Walzenordnungseinrichtungen aufgebaut. Die Teile fallen auf ein gegenläufiges Walzenpaar, hängen sich aus und können dann in einem Fallrohr geordnet zur Montagestation gebracht werden. Das Bild 4.217 zeigt das Prinzip. Es ist ein sehr sanftes und werkstückschonendes Orientierungsverfahren. Der Walzenabstand und die Drehzahl sind stufenlos stellbar. Man erreicht Zuführleistungen bis etwa 400 Teile je Minute. Einschränkung: Es können nur schaftlastige Teile mit Kopf (Schrauben, Niete, Bundhülsen) geordnet werden.

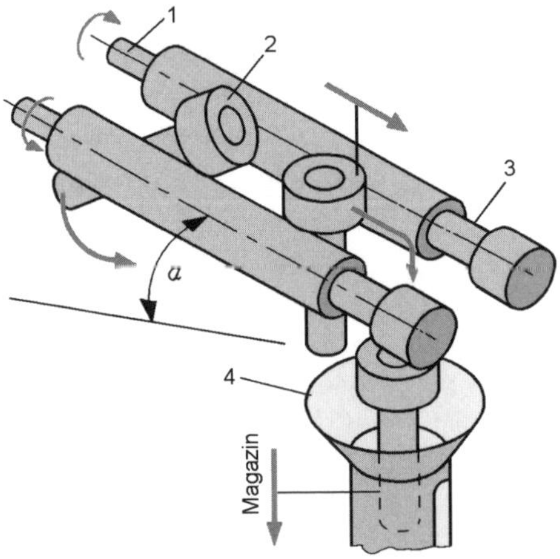

Bild 4.217 Walzenordnungseinrichtung (Ermo; www.ermo.de).
1 Walze, 2 Werkstück, 3 Durchfall-Freistich, 4 Magazinrohr mit Fangtrichter, α Walzenneigungswinkel

Bei der in Bild 4.218 gezeigten Vorrichtung werden die Teile auf einen Schleppteller befördert. Die Mitnahme geschieht durch Friktion. Die Orientierung des Teiles wird auf elektromagnetischem Weg festgestellt. Ein Druckluftstoß sorgt bei Notwendigkeit dafür, dass Falschlagenteile auf die Innenspur wandern und dann in einer Magazinrinne gesammelt werden.

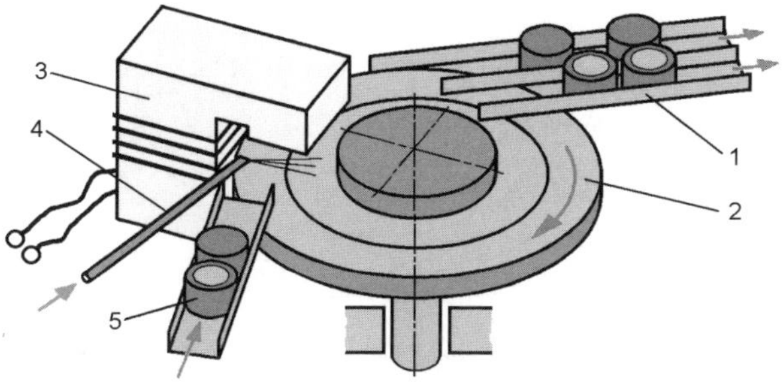

Bild 4.218 Ordnen von kleinen Bechern aus Eisenblech.
1 Abführbahn, 2 Schleppteller, 3 elektromagnetisch arbeitendes Prüfsystem, 4 Blasluft, 5 Werkstück

Das Bild 4.219 zeigt das Ordnen nach geometrischen Merkmalen. Es wird zunächst mit optoelektronischen **Sensoren** die jeweils vorliegende Orientierung festgestellt. Die Teile gelangen in eine Schlitztrommel, die den Auswurf der Werkstücke in gewünschter Orientierung erledigt.

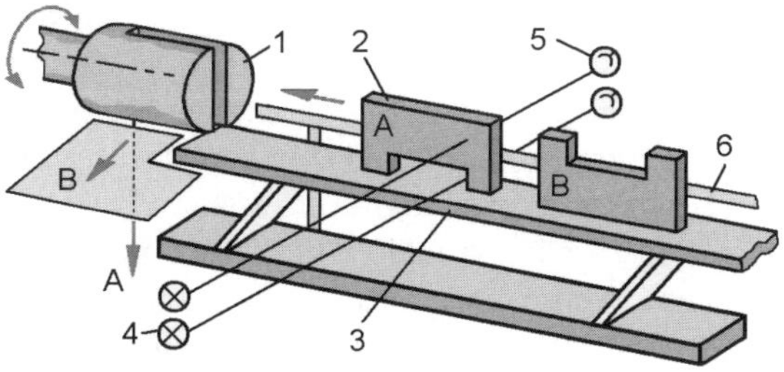

Bild 4.219 Ordnen von Flachteilen nach geometrischen Konturmerkmalen.
1 Trommel, 2 Werkstück, 3 Linearschwingrinne (Antrieb nicht mit dargestellt), 4 Lichtschranke Anwesenheit, 5 Lichtschranke Konturmerkmal, 6 Werkstückführung

Das vollständige Orientieren von Kleinteilen kann auch in einer Luftströmung erfolgen. Das wird in Bild 4.220 im Schema gezeigt. Beim aerodynamischen Zuführen werden verschiedene physikalische Effekte ausgenutzt, insbesondere sind das Grenzschichtströmungen, das aerodynamische **Anström-Paradoxon**, der Coanda-Effekt, Strömungsablösungen und der turbulente Freistrahl. Im Beispiel ist das Objekt ein stark strukturiertes Kunststoffteil. Ein Orientieren um die zwei Achsen wäre allein mit mechanischen Ordnungshilfen schwierig und wohl auch ziemlich störanfällig. Die Teile werden aus einem Hochleistungsförderer, z. B. ein Zentrifugalförderer, zugeführt [4.7].

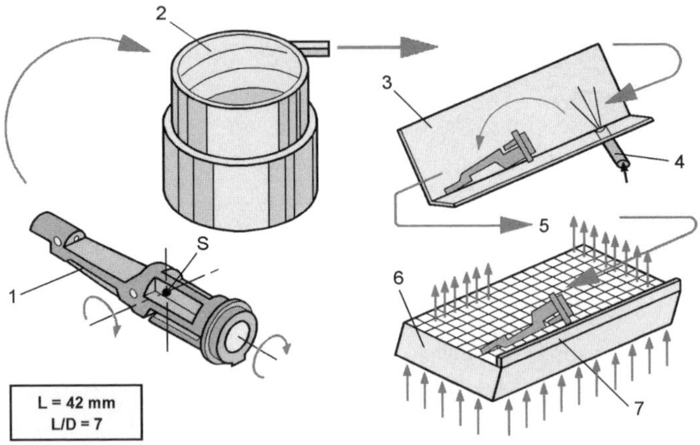

Bild 4.220 Aerodynamisches Ordnen (nach LORENZ).
1 Werkstück, 2 Fördereinrichtung, 3 Gleitbahn, 4 Punktdüse, 5 Durchlaufrichtung, 6 Düsenfeld, 7 Führungsschiene, *S* Masseschwerpunkt

In einer ersten Orientierungsstufe wird die Schwerpunktlage ausgenutzt. Teile in Falschlage werden um eine Achse senkrecht zur Förderrichtung um 180° geschwenkt. Für den eventuell notwendigen Überschlag ist eine Luftdüse in die Rinne eingebaut. In der folgenden Stufe erfolgt das Ausrichten um die Längsachse. Die Teile schweben dabei auf einer Düsenplatte, wobei die Luft über wabenartige Kanäle (zur Homogenisierung der Strahlung) zugeführt wird. Beim dargestellten Teil erreichte man Zuführleistungen von mehr als 500 Teile/Minute (in der Praxis wurde das System mit 250 Stück/min eingesetzt). Die Ausnutzung des Luftwiderstandes beim aerodynamischen Ordnen wird auch in Bild 4.221 anschaulich illustriert. Ein konturiertes Werkstück wird durch umströmende Luft so ausgerichtet, dass sich die Längsnut im Teil nach oben dreht. Von Vorteil ist, dass bei diesem Vorgang keine bewegten mechanischen Bauteile benötigt werden.

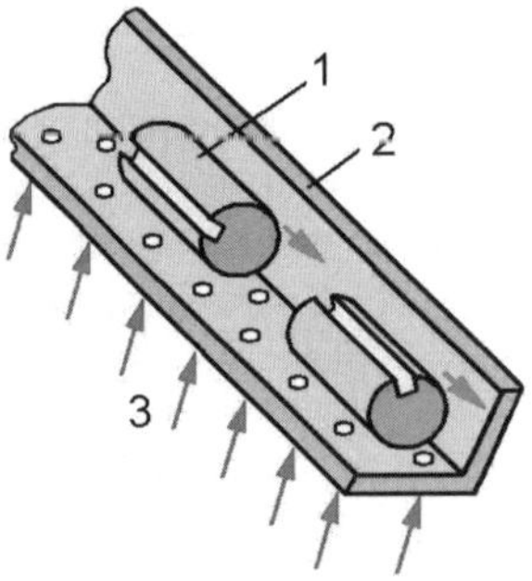

Bild 4.221 Aerodynamisches Ordnen im Luftdüsenfeld.
1 Werkstück, 2 Gleitrinne, 3 homogenes Luftdüsenfeld

Auch bei der in Bild 4.222 dargestellten Ordnungseinrichtung *(aerodynamical feeding system)* wird mit Luftströmungen gearbeitet. In einer Röhre wird eine zirkulierende Luftströmung erzeugt, die den von oben eingebrachten Spulenkörper aus Kunststoff in Drehung versetzt. Eine nach oben gerichtete Luftströmung aus dem Aufnahmedorn am Boden der Röhre hält den rotierenden Spulenkörper in einem Schwebezustand. Richtet sich der rotierende Körper zufällig mit seinem Durchbruch nach unten aus, verringert sich der Luftwiderstand, so dass der Körper nach unten auf den Dorn sackt. Die zirkulierende Luftströmung dreht ihn dort so lange weiter, bis er mit der Kontur genau zum Dorn passt. Dann gleitet er auf Grund der Schwerkraft bis zum Anschlag nach unten.

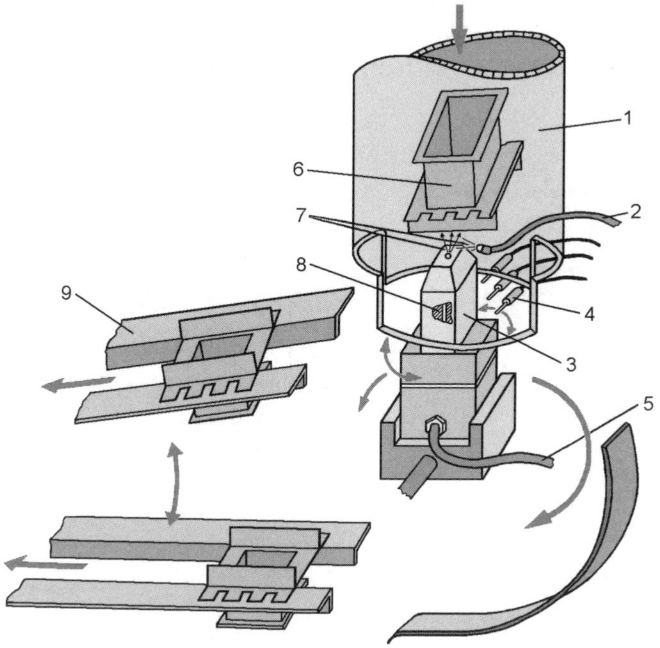

Bild 4.222 Ordnen eines Spulenkörpers im Luftstrom (nach MÜLLER-KRAMP).
1 Wirbelrohr, 2 Druckluftzufuhr für Drehimpuls, 3 Zentrier und Aufnahmedorn, 4 Sensoren für Anwesenheit und Orientierungskontrolle, 5 Druckluftanschluss für Luftpolster, 6 Werkstückbeispiel Spulenkörper, 7 Druckluftdüse, 8 Luftkanal, 9 schwenkbare Abführschiene

Da das Werkstück nun immer noch in zwei Orientierungen vorliegen kann, wird eine Sensorik zur Lageerkennung eingesetzt. Die gewünschte Orientierung wird erreicht, indem die Zuführschiene auf den jeweiligen Übernahmepunkt selbstständig schwenkt [4.8].

Dieses aktive Zuführsystem ist eine spezielle Lösung für Spulenkörper. Die Grundidee lässt sich aber auf andere Werkstücke übertragen. Kleine Änderungen der Geometrie oder der Größe des Werkstücks haben zum Beispiel fast keinen Einfluss auf die Funktion. Das **Blasdüsensystem** kann man relativ leicht den Erfordernissen anpassen. Was ist nachteilig?

Man kann die Bewegung im Luftstrom nicht im Voraus berechnen. Die Leistung des Systems kann mit durchschnittlich 20 Teilen je Minute angenommen werden, was für viele Einsatzfälle genügt. Höheren Leistungen steht das diskontinuierliche Ausgeben der Teile im Wege.

Beim elektromagnetischen Ordnen wird ein Kraftfeld ausgenutzt, um kleinere Metallteile zu ordnen. Die dazu erforderliche Technik wird in Bild 4.223 gezeigt. Elektromagnetische Felder durchdringen den Körper und rufen in Metallen (nicht nur im Eisen) Kräfte hervor, die für das Ordnen von Kleinteilen ausreichend sind. Bei Werkstückabmessungen von 10 mm × 10 mm × 2,5 mm beträgt die Leistung beim Ordnen bis zu 400 Stück je Minute. Die Wirkleistung ist hier nicht höher als 100 Watt, sonst 0,1 bis 1,5 kW, Frequenz 50 bis 50 000 Hz. Die Zeit für das Ordnen liegt je nach Größe und Masse im Bereich von 0,1 bis 1,2 s. Teile mit Innenmerkmalen, wie im Bild dargestellt, lassen sich besonders gut elektromagnetisch ordnen [4.9].

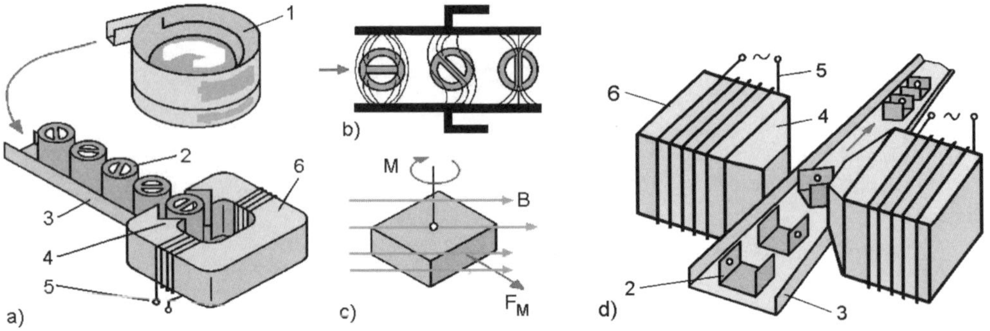

Bild 4.223 Einrichtung zum elektromagnetischen Ordnen.
a) Prinzipanordnung, b) Ausprägung des Magnetfeldes, c) Entstehung des Drehimpulses, d) Polschuhgestaltung, Patente UdSSR von R. K. Kalnin; B. Joffe 1972,
1 Vibratorzuführung, 2 Werkstück, 3 Zuführrinne, 4 Polschuh, Magnetfeldformung, 5 Anschlussleitung, 6 Magnetspule, *B* magnetischer Fluss, *M* Drehmoment

Welche Metallteile können mit dem **EMAGO-Verfahren** behandelt werden?

Das sieht man an einigen Werkstückbeispielen, die in Bild 4.224 skizziert sind.

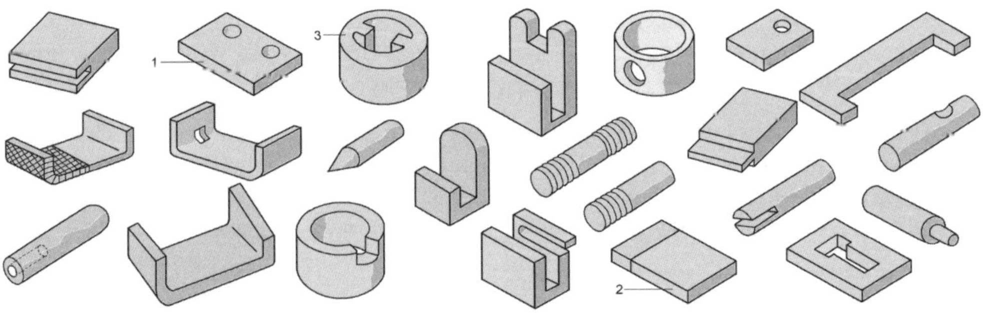

Bild 4.224 Beispiele für Werkstücke, die sich elektromagnetisch orientieren lassen.
1 asymmetrische Teile, 2 unterschiedliche Werkstoffe, 3 Teile mit Innenmerkmalen

Wie kann man kegelige Garnspulen aus Kunststoff oder Hartpappe ordnen? Das Bild 4.225 zeigt eine Lösung. Die Hülsen werden zunächst mit einem großen Zentrifugalförderer aus dem Haufwerk entnommen und auf einem Förderer mit Mitnehmerstiften abgelegt. Damit sind die Werkstücke vereinzelt, aber noch nicht geordnet. Der große Durchmesser der Garnspule kann auf dem Kettenförderer sowohl rechts als auch links liegen. Um die Hülsen endgültig zu ordnen, also einen Freiheitsgrad zu entziehen, werden sie am Ende des Bandes auf einen schnell laufenden Gurtförderer abgeworfen. Dabei kippt das dünne Ende der Hülse immer eher vom Mitnehmerstift ab, als das dicke Ende. Damit erreicht die Hülse mit dem dünnen Ende zuerst das Förderband und sie wird sofort weggezogen. Damit laufen die Garnspulen stets mit dem dünnen Ende voran weiter. Die Orientierung ist jetzt einheitlich. Der Abkippeffekt lässt auch an völlig anderen Gegenständen in modifizierter Form ausnutzen (siehe auch Bild 4.306).

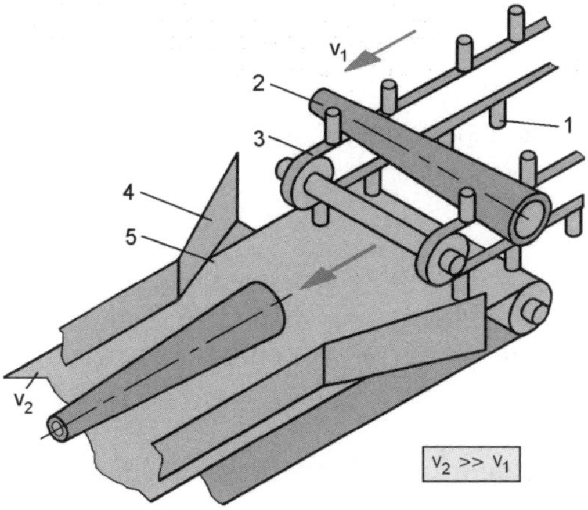

Bild 4.225 Orientieren von Ringspinnhülsen nach dem Durchmesser am Spulenende (Brouwer Holland).
1 Mitnehmernocken, 2 Ringspinnhülse, 3 Kette oder Zahnriemen, 4 Leitblech, 5 Abförderband, v_i Fördergeschwindigkeit

Eine Kippstufe kann auch auf andere Art mit einem Förderband zusammenwirken. So lassen sich Teile gut ordnen, deren Masseschwerpunkt außerhalb der geometrischen Mitte liegt. Das „Werkstück“ kann auch ein landwirtschaftliches Produkt sein. Das wurde in Bild 4.226 dargestellt. Bei der Herstellung von Gemüsekonserven muss der Strunk abgeschnitten werden, ehe die Möhre in Scheiben geschnitten wird. Deshalb müssen alle Möhren nach dem Strunk orientiert und zum Abschneidmesser geführt werden. Kommt die Möhre anders an als dargestellt, dann wandert sie über die Fallöffnung hinweg und erst in der letzten Phase liegt der Strunk nicht mehr auf und kippt ab. Somit werden die Objekte in eine einheitliche Orientierung gebracht.

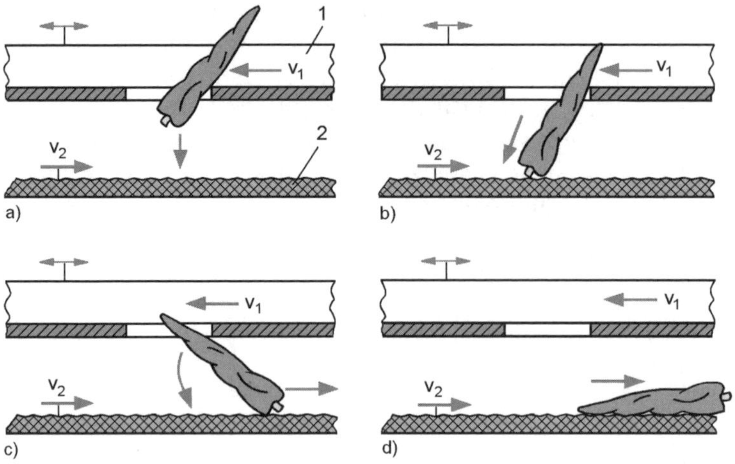

Bild 4.226 Orientieren von Gemüse (Gartenmöhre).
a) Beginn des Abkippens, b) Auftreffen auf Förderband, c) Beginn des Förderns, d) alle Teile laufen mit dem Strunk voran zur Verarbeitungsmaschine. 1 Geradschwingrinne, 2 Förderband, *v* Geschwindigkeit

Das Ordnen läuft anders ab, wenn man das Werkstück mit Sensoren abtastet und daraus dann eine Entscheidung gewinnt, ob die richtige Orientierung vorliegt oder ob das Teil auszusondern oder um eine oder mehrere Achsen zu drehen ist. Am besten erklärt sich das an einem Beispiel.

Beispiel 4.12 Ausarbeitung einer Schaltungslogik zur Orientierungserkennung
Es ist das in Bild 4.227 gezeigte Werkstück zu ordnen. Beim Zuführen aus einem Vibrationswendelförderer liegen die Teile in Längsausrichtung vor, was leicht zu erreichen ist. Die Teile können dann vier unterschiedliche Orientierungen aufweisen.

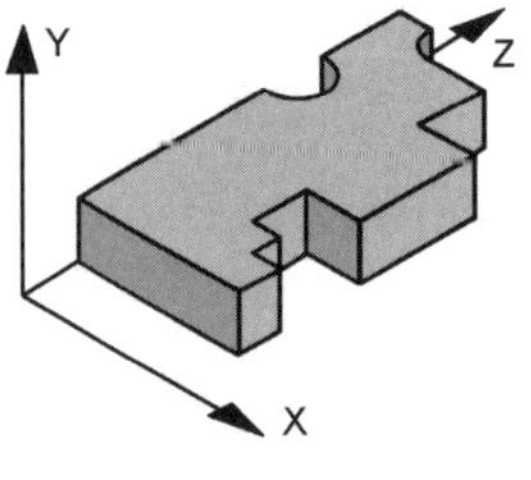

Bild 4.227 Das Beispielwerkstück ist in der Soll-Orientierung dargestellt.

Zur Erkennung der Orientierung werden an die Zuführrinne drei Punktsensoren *(point sensors)* angebaut. In Bild 4.228 werden die vier möglichen Orientierungen gezeigt. Zum Abtasten wird das Werkstück angehalten. Es geht auch im Durchlaufverfahren, dann muss ein weiterer Sensor angebaut werden, der ein Triggersignal liefert und damit die Anwesenheit eines Teils signalisiert.

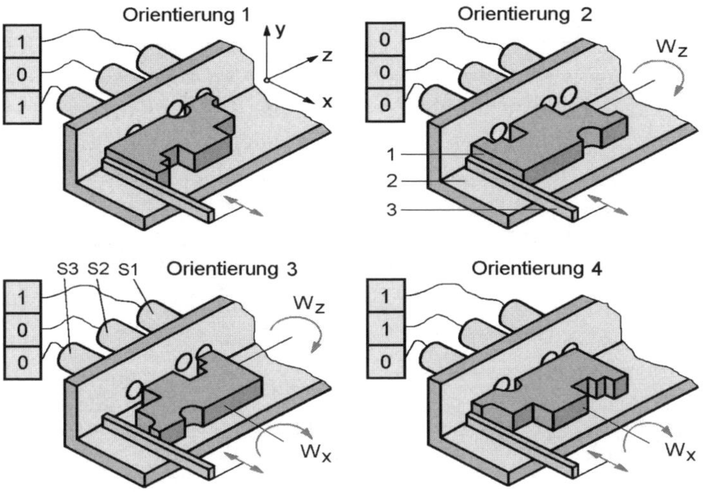

Bild 4.228 Abtasten eines Werkstücks mit mehreren Punktsensoren.
1 Werkstück, 2 Förderbahn, 3 Anschlag, *S* Sensor, *W* Wendeoperation, **0** Nein-Signal, **1** Ja-Signal

Zunächst wird die Funktionstabelle mit den Ja/Nein-Signalen aufgestellt. Teile die keinem der vier Signalmuster entsprechen, werden als Falschteil deklariert und sind auszusondern. Die Tabelle 4.6 enthält Aussagen, wie die einzuleitenden Wendeoperationen das Teil in die Sollorientierung bringen. Die Schaltfunktionen für das Wenden um x (W_x), Wenden um z (W_z) und Ausgliedern (F) sollen dann mit Hilfe von **Karnaugh-Diagrammen** vereinfacht werden. Abschließend soll das Signalschaltbild erarbeitet werden [4.10].

Tabelle 4.6 Funktionstabelle (Wahrheitstabelle)

Eingangsvariable			Ausgangsvariable			Kommentar
S3	S2	S1	W_x	W_z	F	Orientierung
0	0	0	0	1	0	2
0	0	1	1	1	0	3
0	1	0	0	0	1	Falsch
0	1	1	1	0	0	4
1	0	0	0	0	1	Falsch
1	0	1	0	0	0	1
1	1	0	0	0	1	Falsch
1	1	1	0	0	1	Falsch

Die Schaltfunktionen W_x, W_z und F können mit Hilfe von Karnaugh-Diagrammen (KV) vereinfacht werden. Das ist eine grafische Methode, die 1952 von E. W. Veitch entworfen und 1953 von M. Karnaugh weiterentwickelt wurde. Das KV-Diagramm stellt die grafische Darstellung der Wahrheitstabelle von einer Schaltfunktion dar und besitzt demnach für eine Schaltfunktion mit n Schaltvariablen eine Anzahl von 2^n Feldern. Jedem Feld des Diagramms ist einer der 2^n Min- bzw. der 2^n Maxterme der Schaltfunktion zugeordnet (Bild 4.229). Diese Zuordnung erfolgt dadurch, dass jeder Schaltvariablen sowie auch deren Negation jeweils ein Feldbereich, der aus der Hälfte der Anzahl der Gesamtfelder besteht, zugeordnet wird. Dazu kennzeichnet man an den Rändern des Diagramms die Zeilen und Spalten mit den Schaltvariablen bzw. deren Negation. Diese Kennzeichnung hat zur Folge, dass sich benachbarte Felder des KV-Diagramms in ihrer Beschreibung nur in der Negation einer Schaltvariablen voneinander unterscheiden. Als benachbart gelten dabei auch die Felder an den gegenüberliegenden Enden jeder Zeile und Spalte der KV-Diagramme [4.11].

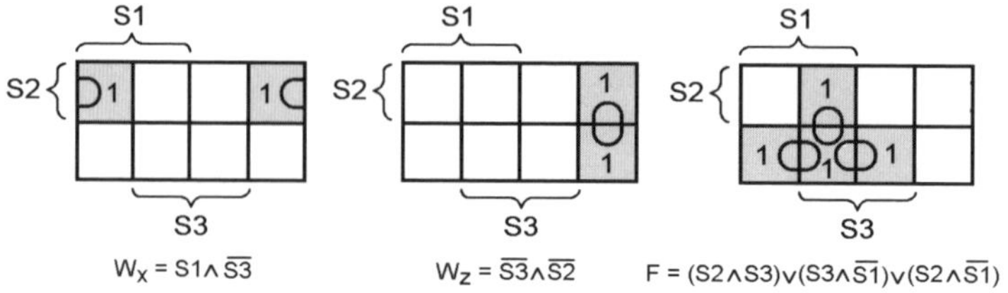

Bild 4.229 Karnaugh-Diagramme für das erläuterte Beispiel

Aus dem Dargelegten leitet sich nun der **Signalschaltplan** ab, um eine Wendeeinrichtung entsprechend steuern zu können. Dieser Plan wird in Bild 4.230 dargestellt.

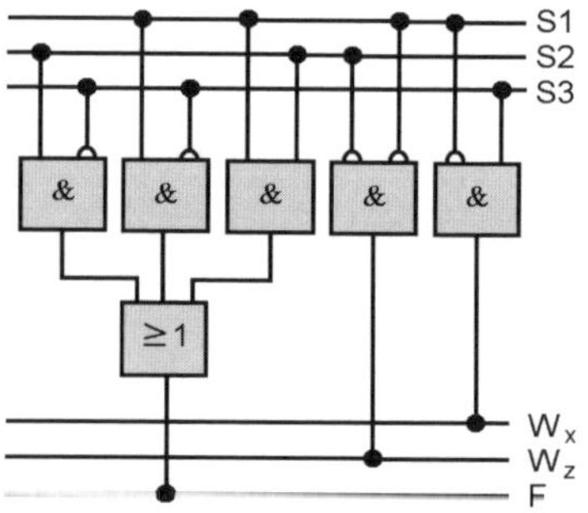

Bild 4.230 Signalschaltplan für eine Wendevorrichtung, bezogen auf das Werkstück nach Bild 4.227

Die Orientierung asymmetrisch bearbeiteter Werkstücke lässt sich im Durchlauf mit Lichtwellenleiter-Reflexionstastern erkennen. Das wird in Bild 4.231 an einem Beispiel gezeigt. Der in Transportrichtung zuletzt angebrachte Reflexionstaster triggert die beiden anderen Taster. „Sieht" einer der beiden Taster das Objekt, so gibt er ein Signal. Aus der Kombination der Ausgangssignale der Taster lässt sich dann die vorliegende Orientierung des Werkstückes angeben.

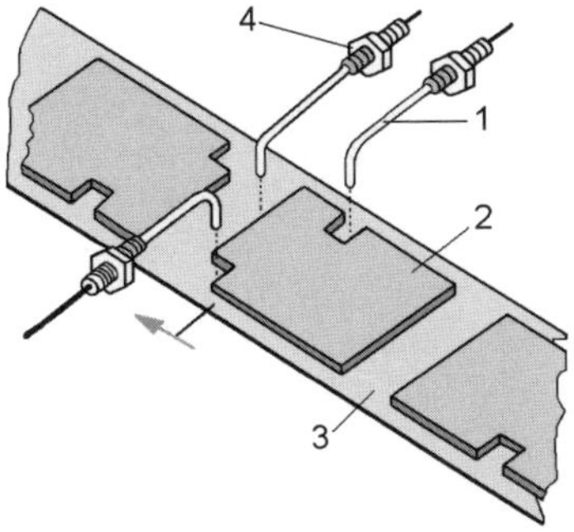

Bild 4.231 Orientierungserkennung mit Lichtwellenleiter-Reflexionstaster.
1 Reflexionstaster, 2 Werkstück, 3 Förderband, 4 Triggertaster

Inzwischen existieren auch Ordnungseinrichtungen, bei denen bildgebende Verfahren verstärkt eingesetzt werden. Dafür gibt es folgende Gründe:

- Ausgereifte, in sich autarke Industrielösungen sind verfügbar
- Einfach und schnell programmierbar durch Anlernen mit Musterteilen
- Hohe Mengenleistung auch beim „Ordnen durch Auslesen“ erreichbar
- Kombinierbar mit unterschiedlichen Bunkerzuführungssystemen
- Tauglich für die Typengruppierung (Sortierung) bei Werkstückmix
- Auswertung von verschiedenen Qualitätsmerkmalen ist möglich
- Geringer Anteil von Hardware, die an die Werkstückform gebunden ist. Das erhöht die Flexibilität.
- Hoher Restwert bei Auflösung des automatisierten Arbeitsplatzes
- Zählvorgänge sind für Gutteile bzw. Richtiglagen ableitbar
- Einbindbar in übergeordnete Informationsstrukturen und Steuerungen

Das Ordnen von Teilen mit Hilfe eines Bilderkennungssystems wird abschließend und stellvertretend in Bild 4.232 gezeigt. Vertikale Schwingungen kombiniert mit definierter Drehung nach Beobachtung mit einer Kamera bringt das Werkstück in einen orientierten (greifbaren) Zustand. Der Vorgang wird durch Schwingungen, Schwerkraftwirkung und Drehung erreicht. Der Durchsatz ist prinzipbedingt gering.

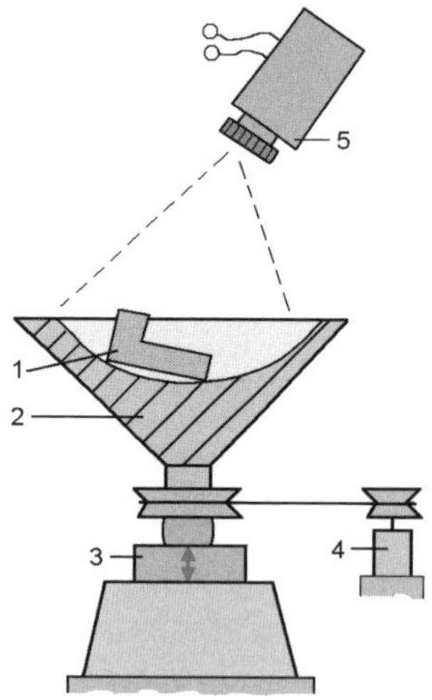

Bild 4.232 Orientierungseinrichtung (US-Patent, nach KANE).
1 Werkstück, 2 Halbkugelkörper, 3 Schwingsystem, 4 Antrieb, 5 Kamera

Kontrollfragen

4.26 Welche technischen Methoden sind einsetzbar, um Kleinteile in eine einheitliche Orientierung zu bringen?

4.27 Was bedeutet die Aussage, dass ein Werkstück mit definierter Orientierung eine Ordnungswahrscheinlichkeit von $W_S = 0{,}8$ aufweist?

4.28 Bei welchen Werkstücken lässt sich eine Walzenordnungseinrichtung einsetzen?

4.29 Welche physikalischen Effekte werden beim aerodynamischen Ordnen von Kleinteilen angewendet?

4.30 Wie funktioniert das elektromagnetische Ordnen? Für welche Werkstoffe und Werkstückformen kann man es einsetzen?

4.4.8 Positionieren

Unter „Positionierung“ *(positioning)* versteht man das Bewegen und Festlegen eines Objekts in eine definierte Position im Raum. Beispiel: Zuführen und Ausrichten eines Werkstückes in einem automatisierten Fertigungsprozess. Die Orientierung des Körpers bleibt dabei außer Betracht.

Im Idealfall wären der Winkel $\beta = 0$ und die Abweichung $\Delta M = 0$. Dies ist praktisch aber nicht erreichbar. In Bild 4.233 werden die mehr oder weniger großen Abweichungen sichtbar gemacht.

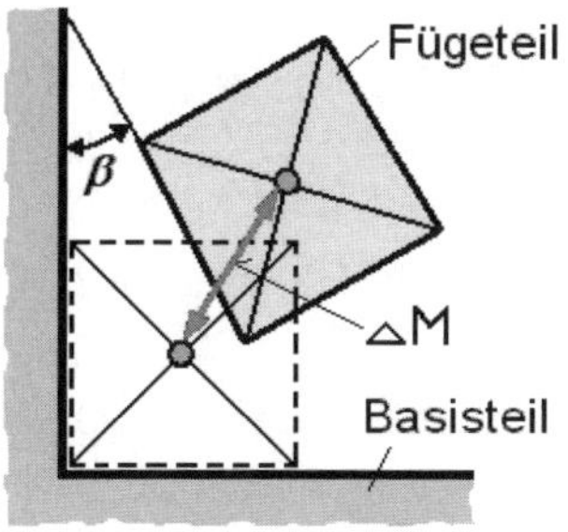

Bild 4.233 Normalfall bei der Montageteilbereitstellung.
$\Delta\beta \neq$ Null, $\Delta M \neq$ Null

Die dazu eingesetzten Bewegungseinheiten sind in Kapitel 4.4.1 beschrieben. Auch Stetigförderer *(continuous-flow conveyor)* lassen sich einsetzen. Im Beispiel des Bildes 4.234a genügt eine Zentrierschablone, um das Werkstück stets in eine genaue Abnahmeposition p_x zu bringen. Bei der Magazinierung nach Bild 4.234b handelt es sich um eine Werkzeugmaschinen integrierte Lösung. Sie ist in Werkstückdurchmesser und -höhe etwas flexibel. Eine im Tisch eingelassene und taktweise umlaufende Kette zieht die Teile auf einer Gleitplatte in die Greifposition p_x. Beladen und Entladen des Magazins geschehen bei kleinen Teilen manuell. Die Lösung ist für langzyklische Bearbeitungen gut einsetzbar. Bei einem NC-gesteuerten Antrieb sind Positionierfehler von 0,3 mm erreichbar. Es gibt leichte und schwere Ausführungen (Werkstückmasse bis 35 kg) für das **Schlepprahmensystem**.

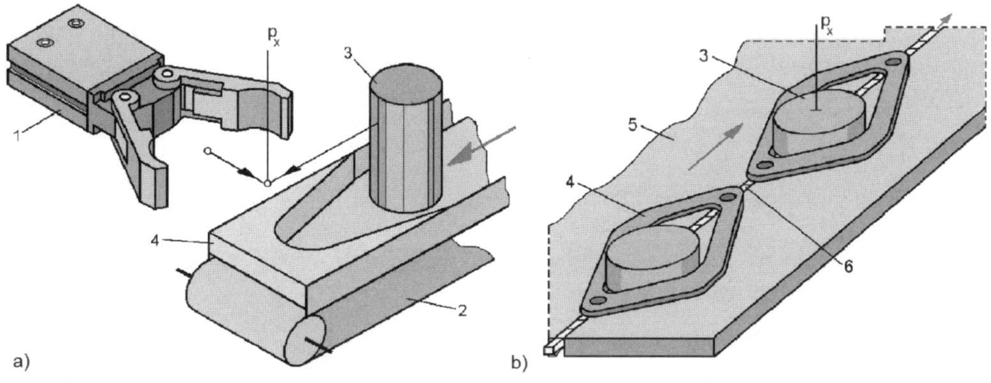

Bild 4.234 Werkstückbereitstellung an einer vorgegebenen festen Position.
a) Förderbandlösung, b) Schlepprahmensystem *(dmg/mori seiki; KBH Maschinenbau)*.
1 Greifer, 2 Förderband, 3 Werkstück, 4 Zentrierschablone oder Zentrierprisma, Kulisse, 5 Gleitplatte, 6 Zugkette, p_x Abnahmeposition, Greifposition

Der Greifer packt stets in derselben Position zu. Die erreichbaren Wiederholgenauigkeiten *(repeating accuracy)* sind je nach eingesetztem Verschiebefaktor (Linearachse mit Greifer) unterschiedlich, wie die Tabelle 4.7 ausweist.

Tabelle 4.7 Typische Eigenschaften von Positionierachsen

Antrieb	Lineargeschwindigkeit	Wiederholgenauigkeit	Vorschubkraft
Zahnriementrieb	hoch; mehr als 6 m/s	± 0,1 ... ± 0,05 mm	mittel; 3000 N
Kugelgewindetrieb	niedrig; max. 1,5 m/s	± 0,01 ... ± 0,005 mm	hoch; 10 000 N
Gleitgewindetrieb	sehr niedrig; 0,05 m/s	± 0,5 ... ± 0,1 mm	hoch
Kettentrieb	mittel; max. 3 m/s	± 1 ... ± 0,5 mm	hoch; 10 000 N

Die Tabellenwerte hängen stark von der Zahnriemenbreite, der Spindelausführung, der Geschwindigkeit und Kettenart ab. Die Angaben zur Wiederholgenauigkeit beziehen sich meistens auf 1000 mm Verfahrweg.

Wiederholgenauigkeit

Genauigkeit eines Aktors, die bei mehrmaligem Positionieren auf die gleiche Position unter gleichen Bedingungen erreicht wird. Die Abweichungen werden durch zufällige Fehler und nicht durch systematische Fehler bestimmt.

Besonders bei automatischer Montage müssen z. B. die in Montagerichtung liegenden Achsen der Montageteile sehr genau übereinstimmen, wenn das Fügen gelingen soll. Es wird zum dringenden Erfordernis, dass der Summenfehler ΔM eines Systems Maschine – Werkstückhalteeinrichtung – Fügeteil den zulässigen Fehler F_{zul} nicht überschreitet, also gilt Gl. 4.104:

$$\Delta M \leq F_{zul} \qquad (4.104)$$

Im allgemeinen Fall gilt Gl. 4.105:

$$\Delta M = f(F_B; F_M) \qquad (4.105)$$

F_B Fehler des Montagebasisteils

F_M Fehler der Montageeinrichtung

Der Fehler F_M enthält Herstell- und Justierfehler der Montageeinrichtung, der Arbeitsorgane, der Takteinrichtung, Fehler der Fügeteile und der Werkstückaufnahmen sowie kinematische Fehler. Man braucht also technische Hilfen, um eine Übereinstimmung der Fügeachsen zu erreichen. Diese Positioniervorrichtungen tangieren einerseits mit dem Vorrichtungsbau, andererseits mit programmierbaren Bewegungseinheiten. Es können gesteuerte und ungesteuerte Feinpositioniereinheiten verwendet werden. Letztere werden bei einem Aufbau nach Bild 4.235 als **RCC-Einheit** bezeichnet *(RCC = remote center (of) compliance)*. Beim Fügen von „Bolzen in Bohrung“ werden völlig selbsttätig kleine Positions- und Winkelabweichungen ausgeglichen.

Die Positioniergenauigkeit *(positional accuracy)* beschreibt, wie genau ein Zielpunkt angefahren werden kann. Dies betrifft die Abweichung eines Arbeitsorgans (Istposition) von seiner Sollposition beim Anfahren eines programmierten Punktes. Ursachen für Abweichungen können folgende sein: Endeffektorverlagerungen durch statische Kräfte, Spiel in Führungen und Gelenken, Durchbiegungen und zufällige Einflüsse auf Messsysteme.

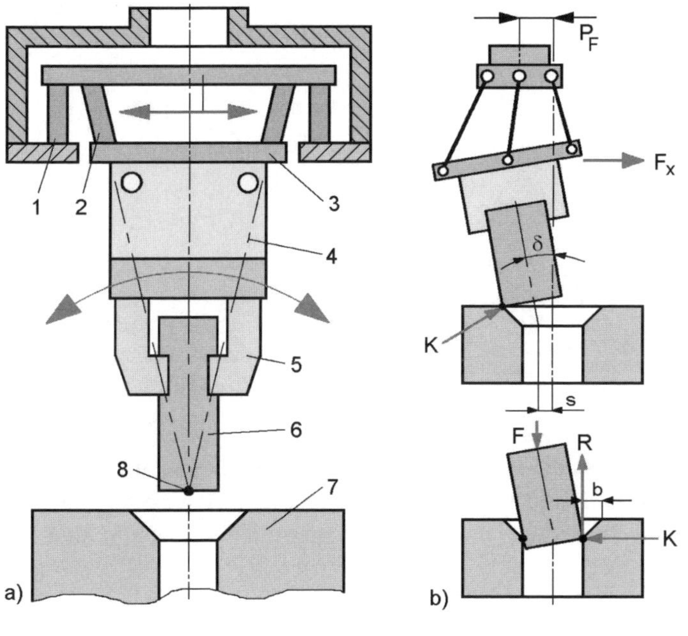

Bild 4.235 Allgemeiner Aufbau ungesteuerter Fügemechanismen *(jointing mechanism)*.
a) Anordnung bei idealer Achsenausrichtung, b) Prinzip der passiven Fehlerkorrektur.
1 Elastomerfeder für Positionsfehlerausgleich, 2 Feder für Winkelfehlerausgleich, 3 Flanschplatte, 4 Greifer, 5 Greiferfinger, 6 Fügeteil, 7 Montagebasisteil, 8 virtuelle (ideelle) Drehachse, *F* Fügekraft, F_x ungelenkte Reaktionskräfte zur Lagekorrektur, *K* Kontaktkraft, *R* Reibung, P_F Positionierfehler, *b* Fasenbreite der Einführschräge, *s* Positionsverschiebung, δ Neigungsfehler

Funktionswichtig ist eine Einführschräge am Montagebasisteil, damit Querkräfte F_x entstehen können, und ein virtueller Drehpunkt an der unteren Stirnfläche des Fügeteils [4.12].

RCC-Glied

Passives (ungesteuertes) Ausgleichselement mit definiert ausgelegter Nachgiebigkeit für den angebauten Greifer, um schnelle Fügevorgänge überall dort zu ermöglichen, wo eine Anfasung der zu fügenden Teile machbar ist, die über den auftretenden Toleranzen liegt. Es werden Lateral- und Winkelfehler kompensiert. IRCC *(instrumented remote center compliance)* bezeichnet gesteuerte (aktive) Fügemechanismen.

Der Fügevorgang beginnt mit einer Einpunktberührung der Fügepartner. Dabei werden grobe Positionsabweichungen ausgeglichen. Dann folgt eine Zweipunktberührung, womit Winkelfehler δ weitgehend kompensiert werden. Zum Schluss treten die geringsten Fügekräfte auf und mit einer Linienberührung der Fügepartner ist schließlich der Fügevorgang beendet.

An dieser Stelle sollen noch zwei Beispiele folgen, wie man Positionsabweichungen kompensieren kann. Für das Fügen **„Bolzen in Loch"** lässt sich eventuell auch eine Luftstrom unterstützte Methode anwenden. In Bild 4.236 geht es um das Einbringen von Ventilen in Vierzylinder-Motorblöcke mit Hilfe von Luftdruckdifferenzen, bei geringem Spiel. Es werden Seitenabweichungen e bis maximal 3 mm und Winkelabweichungen bis 1° verkraftet.

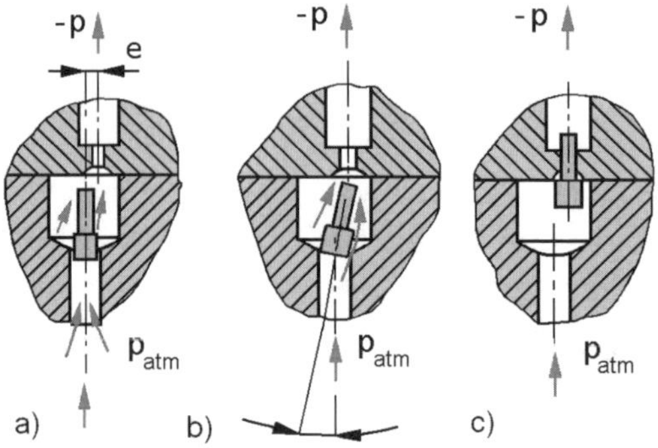

Bild 4.236 Luftstrom unterstütztes Fügen. a) Zuführen des Fügeteils, b) Einpendeln in Richtung Bohrung, c) Fügeteil ist „eingesaugt"

Eine rein mechanisch arbeitende Fügeeinrichtung wird in Bild 4.237 dargestellt. Das Fügeteil wird geführt, in Drehung versetzt und mit Federkraft von einem Druckstößel an das Basisteil angedrückt. Durch die Berührung der ebenen Kontaktflächen richtet sich das Fügeteil zur Mittelachse aus.

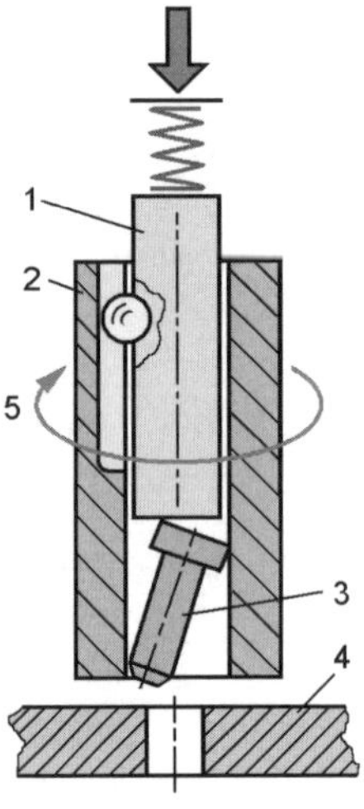

Bild 4.237 Prinzip einer rotierenden Bolzenfügevorrichtung. 1 gefederter Druckstößel, 2 Führungshülse, 3 Fügeteil, 4 Montagebasisteil, 5 Drehbewegung

In Bild 4.238 wird das Prinzip des zweistufigen, gesteuerten Positionierens eines Montagegreifers *(assembly endeffector)* im Schema gezeigt. Dem schnellen Bewegen in die Grobposition mit Hilfe des Führungsgetriebes eines Roboters folgt ein Feinpositionieren nach Sicht auf das Objekt. Das erfordert natürlich eine zusätzliche gesteuerte Einheit und ein geeignetes Sicht bzw. Sensorsystem. Es gibt auch Positionieroptiken, die sich vor dem Fügen zwischen die Fügepartner bewegen und beide nach oben und unten vermessen. Nach dem **Feinausrichten** stimmen die Fügeachsen überein und es erfolgt das Fügen.

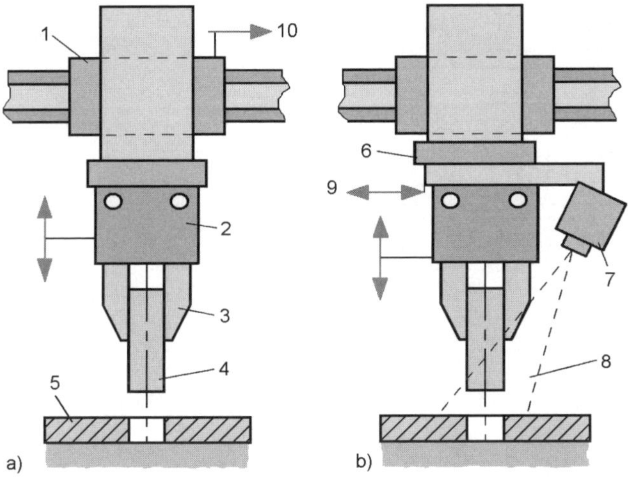

Bild 4.238 Positionieren eines Fügeteils in zwei Ablaufschritten. a) Positionieren nach programmierten Weginformationen, b) Variante zweistufiges Positionieren.
1 Schlitten, 2 Greifer, 3 Greifbacke, 4 Montageteil, 5 Montagebasisteil, 6 Feinpositionierschlitten, 7 optischer Sensor, 8 Sichtbereich, 9 Feinpositionierbewegung, 10 Grobpositionierbewegung

So werden Genauigkeiten von weniger als 5 µm erreicht. Diese große Genauigkeit ist mit dem Roboterarm und einer vorprogrammierten Zielposition schon allein aus Gründen der erreichbaren Wiederholgenauigkeit (Streuung beim wiederholten unidirektionalen Anfahren einer Position) nicht realisierbar.

Übungsaufgabe 4.6 Steuerdiagramm für eine Bohrvorrichtung

Das Bild 4.239 zeigt eine Bohrvorrichtung mit automatischer Zufuhr der Werkstücke. Die quaderförmigen Teile werden aus einem Schachtmagazin in die Spannposition gebracht. Ein weiterer Pneumatikzylinder stellt die genaue Position unter der Bohrvorrichtung her und bringt auch die Spannkraft auf. Nach dem Bohren wird das Werkstück entspannt und ein anderer Pneumatikzylinder schiebt das Teil zur nächsten Station weiter. Von dort bringt ein Fördersystem die Teile zu den weiteren Arbeitsstationen bzw. Maschinen.

Entwerfe für die dargestellte Bohrvorrichtung *(boring rig)* das Steuerdiagramm (Hub der pneumatischen Aktoren als Weg *s* über die Zeit *t*) für ein Arbeitsspiel *(cycle time)*. Dieses besteht aus vier Einzelkurven zu den Funktionen Zuteilen = Eingeben in die Spannvorrichtung, Spannen = Positionieren, Vorschub des Bohrkopfes = Bohren und Auswerfen = Weitergeben.

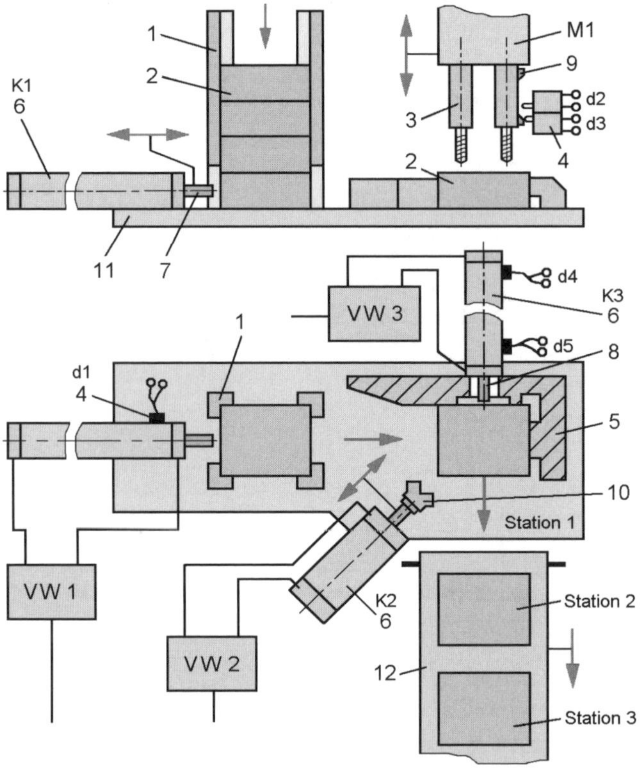

Bild 4.239 Werkstückhandling an einer automatisierten Bohrvorrichtung.
1 Magazin, 2 Werkstück, 3 Bohrkopf M1, 4 Endschalter, 5 Anschlag, 6 Pneumatikzylinder, 7 Zuteilerstößel K1, 8 Auswerferstößel K3, 9 Schaltnocken, 10 Spannelement K2, 11 Grundplatte, 12 Fördersystem, *d* Endschaltersignal, *K* Aktor, *VW* Wegeventil

4.4.9 Weitergeben

Unter Weitergeben versteht man das Bewegen von Arbeitsgut (Körpern) aus einer gegebenen Position in eine andere vorgesehene Position durch geeignete Vorrichtungen oder durch Fördertechnik, die einen Antrieb besitzen oder die die Schwerkraft ausnutzen. Die Bewegungsbahn ist nicht definiert. Der Orientierungsgrad des Arbeitsgutes bleibt meistens erhalten. Während der Bewegung kann die Orientierung aber auch variabel sein.

Weitergabeeinrichtungen werden oft als **Zwischenspeicher** *(buffer)* genutzt, wenn sie in der Lage sind, eine größere Anzahl von Werkstücken aufzunehmen. Sie sichern den Fluss des Arbeitsgutes in einer Fertigungskette, vom Speicher zu Bearbeitungseinrichtungen und weiteren Arbeitsmitteln. Üblicherweise werden beim Weitergeben keine Bearbeitungen am Teil vorgenommen. In Bild 4.240 wird die Funktion des Weitergebens schematisch dargestellt.

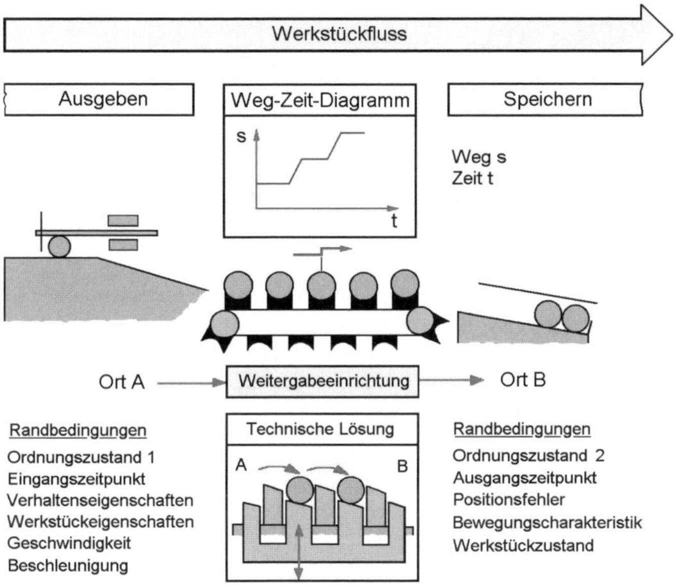

Bild 4.240 Allgemeiner Funktionsinhalt beim Weitergeben

Eine Einteilung der Weitergabeeinrichtungen kann wie folgt vorgenommen werden:

- **Bewegungsart:** freie Werkstückbewegung, Zwangsbewegung, Kombination beider Bewegungsarten
- **Einwirkende Kraft:** Schwerkraft (Gleit, Rollbahnstrecken); äußere Kraft (Förderband, Kettenförderer, magnetische Förderbänder u. a.); Kraftimpuls (impulsives Weitergeben = Schwingfördertechnik)
- **Bewegungsform:** kontinuierlich, diskontinuierlich, alternierend

Nachfolgend sollen einige Systeme im Prinzip vorgestellt werden.

Eine besondere Form des Weitergebens, wozu auch das Ein- und Ausgeben zählt, ist das Entladen von Maschinen, Vorrichtungen oder **Umformwerkzeugen**. Dazu wird in Bild 4.241 gezeigt, wie ein Blechformteil nach dem Beschneiden des Randes aus dem Werkzeug herausgehoben wird und auf einer Schiene (30° Schräge) abgleiten kann.

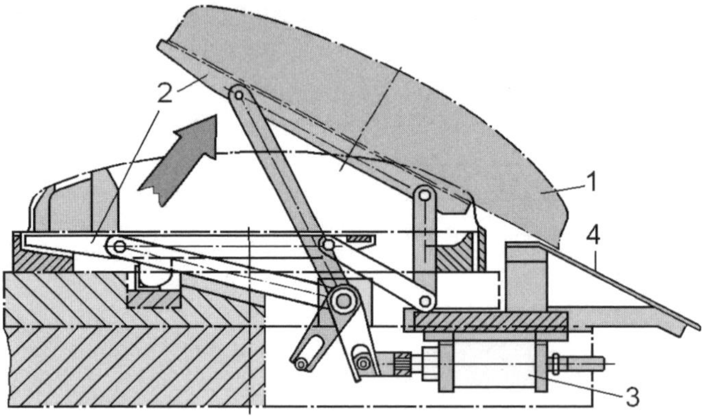

Bild 4.241 Hebelentlader an einem Beschneidewerkzeug.
1 auszuwerfendes Blechteil, 2 schwenkbare Gleitschienen, 3 Pneumatikzylinder, 4 Abgleitblech

Bei dem **Schwingentlader** nach Bild 4.242 wird ebenfalls mit einer Schwenkmechanik gearbeitet. Die Antriebsbewegung wird vom Pressenstößel abgenommen. Im Takt der Presse wird ein Gleitblech zwangsweise unter das Werkzeugoberteil geschwenkt. Ist diese Position erreicht, bewirken die Auswerferstifte im Werkzeug den Abwurf des Schneidteiles auf das Fang- und Gleitblech. Beim Stößelniedergang entfernt sich das Gleitblech wieder aus dem Werkzeugraum. Das nächste Pressenspiel kann beginnen.

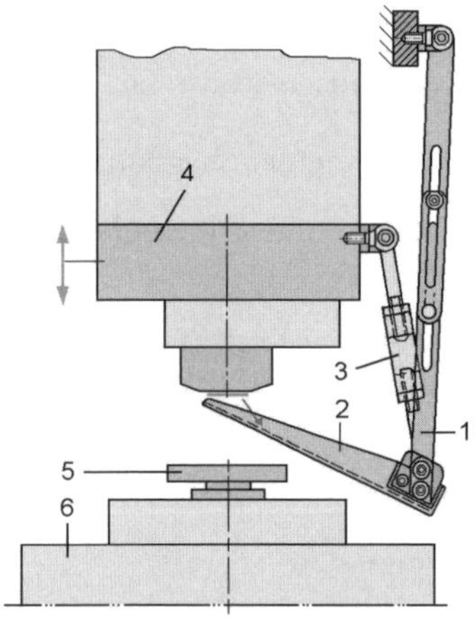

Bild 4.242 Schwingentlader.
1 Schwenkmechanik, 2 Fang- und Gleitblech, 3 Anschlussmechanik, 4 Pressenstößel, 5 Unterwerkzeug, 6 Pressentisch

Die Entladevorrichtung nach Bild 4.243 besteht ebenfalls aus einer Schwingarmmechanik. Der Antrieb erfolgt über pneumatische Standardkomponenten. Auch der Greifer wird mit Druckluft betrieben. Die Einrichtung ist nicht flexibel, sondern auf einen speziellen Bewegungszyklus zugeschnitten. Genügt das nicht, dann muss man auf einen wegprogrammierbaren **Entnahmeroboter** orientieren.

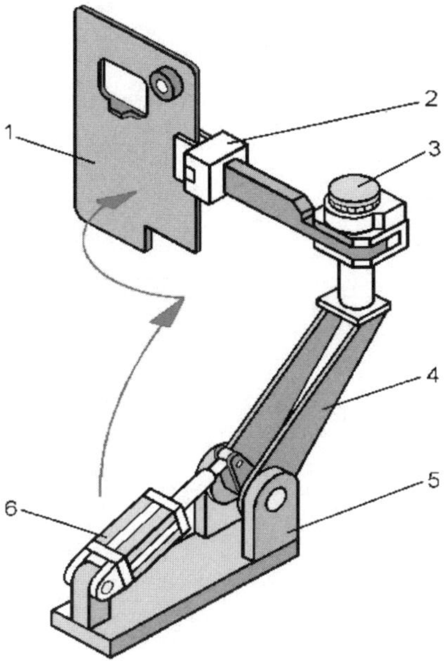

Bild 4.243 Einfacher Entlader für Spritzgießmaschinen.
1 Werkstück, 2 Greifer, 3 Schwenkmodul, 4 Arm, 5 Grundplatte, 6 Pneumatikzylinder

Kontinuierliches Weitergeben

Dafür werden Zugmittelsysteme eingesetzt, wie Förderbänder, Plattenband und Mehrrichtungsketten sowie dünne Stahlbänder. Förderbänder für den Baugruppen- und Teiletransport existieren in vielen Bauausführungen (ein- oder mehrsträngig, mit oder ohne Antirutschoberfläche u. a.). Sie werden auch zu Verkettung von Arbeitsmitteln zu Linien eingesetzt. Für den Bereich der Montageautomatisierung ist heute ein modularer Aufbau typisch. Damit kann man bezüglich Bandbreite, Bandlänge und Anordnung des Antriebs in kürzester Zeit angepasste Förderer liefern. In Bild 4.244 werden die wichtigsten Komponenten für einen Bandförderer dargestellt. Die Antriebseinheit ist meistens längs des Tragprofils an beliebige Stellen verschiebbar.

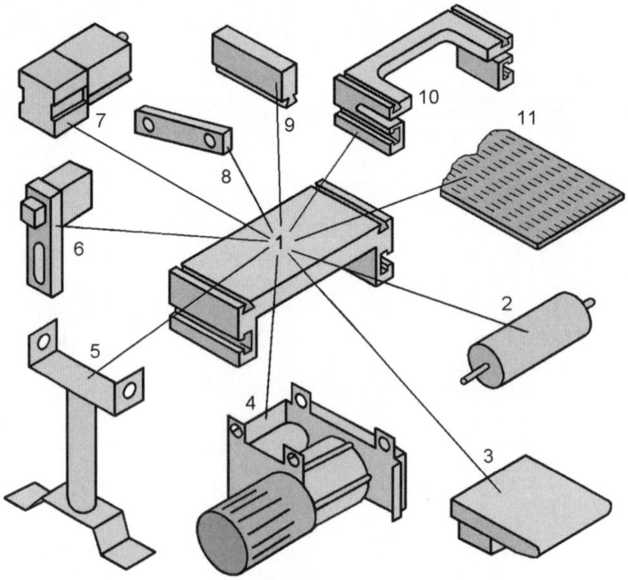

Bild 4.244 Förderbandkomponenten bei einem modularen Geräteaufbau.
1 Tragprofil (Alu), 2 Umlenkrolle, 3 Messerkante, 4 Antriebseinheit, 5 Ständer, 6 Haltesäule für Sensoren und andere Anbauten, 7 Stopper, 8 Verbindungselement, 9 Seitenführungsschiene, 10 Kopfstück, 11 Transportgurt

Eine ungewöhnliche Fördereinrichtung mit **Magnetleisten** wird in Bild 4.245 gezeigt. Es ist ein universell einsetzbares Gerät, sowohl zum Fördern ferromagnetischer als auch Teile aus anderen Materialien. Ermöglicht wird dies durch außen umlaufende mit Magneten besetzte Leisten. Hat man z. B. Kunststoffteile, dann werden auf dem Transportblech außen Magnetleisten aufgelegt, die durch die innen laufenden Magnete magnetisch mitgenommen werden. Durch eine geschlossene Bauweise ist der Förderer auch in Bereichen wie z. B. Pharmaindustrie einsetzbar.

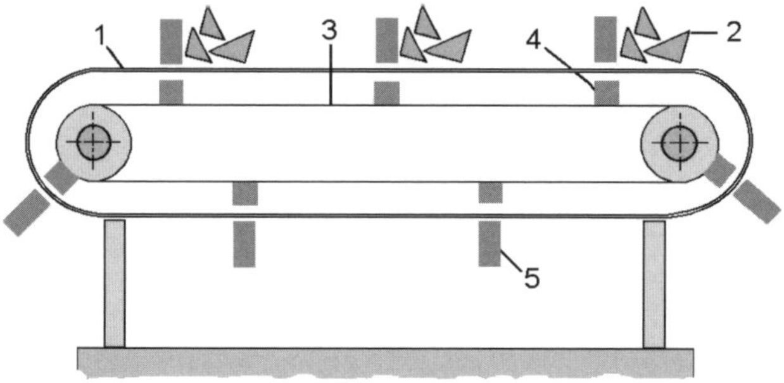

Bild 4.245 Magnetförderer (Berger Feinmechanik).
1 Transportblech, nicht magnetisierbar, feststehend, 2 Fördergut, nicht ferromagnetisch, 3 Zahnriemen, 4 Magnetleiste, 5 Leisten mit Magneteinsatz, auf 1 gleitend

Ein anderes interessantes Zugmittel sind kurvengängige Ketten *(side flexing chains)*, auch als **Mehrrichtungsketten** bezeichnet. Sie bestehen aus einzeln in zwei Richtungen beweglichen Gliedern. Damit lassen sich Förderstrecken aufbauen, die in zwei Ebenen geführt werden können. Das Bild 4.246 zeigt eine Anwendung für den Transport von Werkstückträgern in einer Transferanlage. Diese können über Weichen auf andere Streckenabschnitte überwechseln. Solche Ketten können auch gewendelt im Kreis geführt werden und transportieren dann das Handhabegut in der Vertikalen. Die Kette läuft in Gleitschienen aus Stahl oder Kunststoff. Bei der Auslegung des Antriebes ist besonders die Gleitreibung *(sliding friction)* nach den Richtlinien des Herstellers zu berücksichtigen. Daraus kann sich auch eine Aufteilung einer Transportstrecke in mehrere kürzere Abschnitte mit jeweils eigenen Antrieben ergeben.

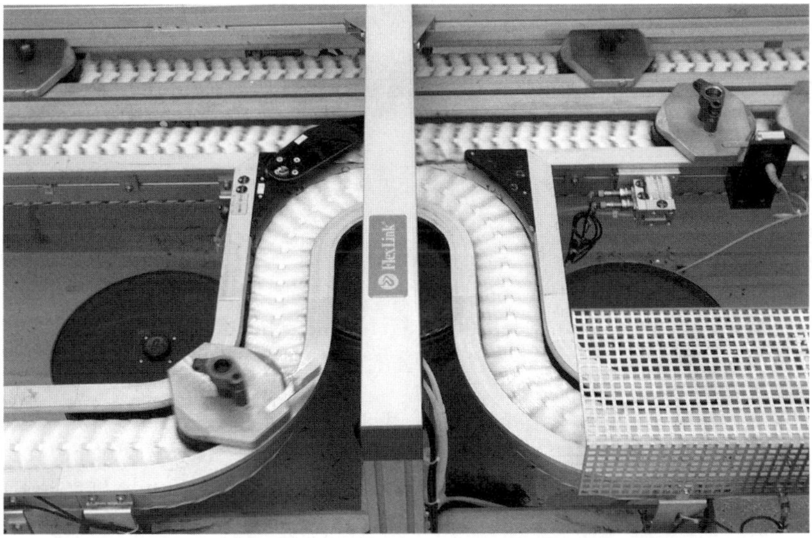

Bild 4.246 Palettenfördersystem auf der Basis einer dichtschließenden Kunststoffkette mit Kardangelenkgliedern (Flex-Link; www.flexlink.com)

Die Antriebsleistung *(power input)* für eine Förderstrecke richtet sich allgemein nach der Auflast und Geschwindigkeit des Bandes. Wird das Transportgut schräg aufwärts befördert, dann kommt noch die Hubarbeit hinzu. In Bild 4.247 werden zwei typische Situationen dargestellt.

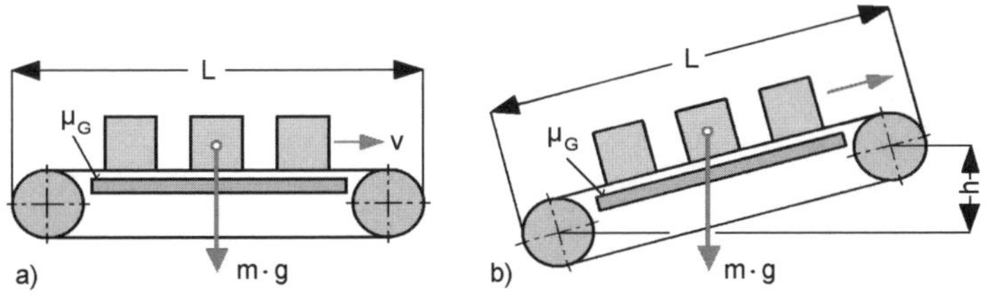

Bild 4.247 Förderbandinstallationen. a) Horizontallauf, b) Schräglauf

Die Antriebsleistung P errechnet sich mit den Gln. 4.106 und 4.107 wie folgt:

Horizontalbewegung

$$P = \frac{(G_1 + G_2) \cdot L \cdot \mu_G \cdot v}{C} \text{ in W} \tag{4.106}$$

Aufwärtsbewegung

$$P = L \cdot v \cdot \left[\frac{(G_1 + G_2) \cdot \mu_G}{C} + \frac{G_2 \cdot h}{L} \right] \text{ in W} \tag{4.107}$$

Bei einer Abwärtsbewegung ist die positiv angegebene Hubleistung negativ einzusetzen.

In den Gln. 4.106 und 4.107 bedeuten:

G_1 Gurtgewichtskraft je Meter Länge in N

G_2 Werkstückgewichtskraft je Meter Länge in N

L Förderbandlänge in m

v Bandgeschwindigkeit in m/s

C Faktor für sonstige Widerstände (etwa 0,5)

μ_G Reibungsfaktor zwischen Gurt und Gleitauflage (etwa 0,15 bis 0,3)

h Hubhöhe in m

Mit zunehmender Benutzung werden Fördergurtoberflächen glatter und halten Staubpartikel fest, so dass der Reibfaktor erheblich reduziert sein kann. Auch elektrostatische Aufladungen kann es geben. Werkstücke auf Bandförderern können nicht beliebig beschleunigt werden, weil sie sonst infolge von Trägheitskräften zu gleiten beginnen, insbesondere können sie bei schräger **Aufwärtsförderung** unerwünscht zurückgleiten. Nach der Darstellung in Bild 4.248 sind folgende Kräfte mit den Gln. 4.108 und 4.109 wirksam:

Kräftegleichgewicht

$$m \cdot g \cdot \cos\alpha - m \cdot g \cdot \sin\alpha - m \cdot a - 0 \tag{4.108}$$

Zulässiger Neigungswinkel

$$a < \arctan \mu_0 - \arcsin \frac{a_{max}}{g \cdot \sqrt{1 + \mu_0^2}} \tag{4.109}$$

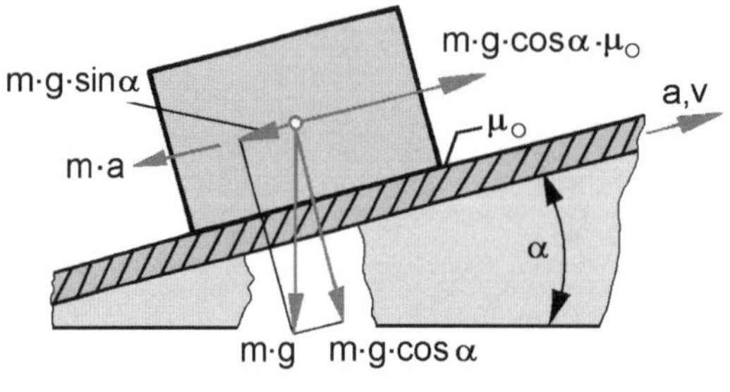

Bild 4.248 Kräfte am Teileförderer bei schräger Aufwärtsbewegung.
a Bandbeschleunigung, g Erdbeschleunigung, m Masse, v Bandgeschwindigkeit, α Neigungswinkel, μ_0 Reibungskoeffizient der Ruhe

Dieser Zusammenhang lässt sich auch in einem Diagramm darstellen. Damit kann die zulässige Bandbeschleunigung grafisch ermittelt werden (Bild 4.249).

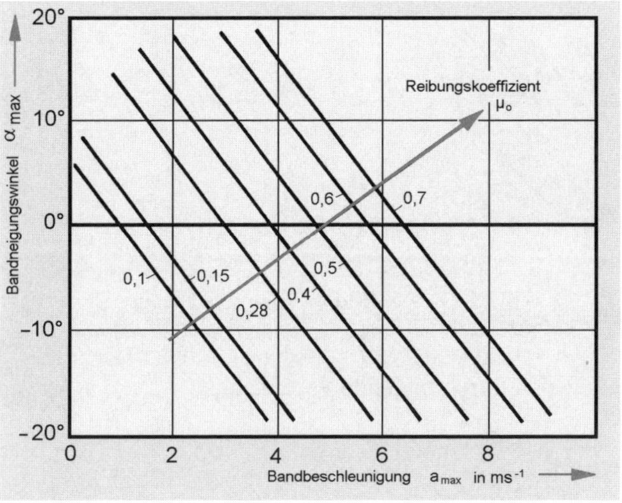

Bild 4.249 Diagramm zur Bestimmung der zulässigen Bandbeschleunigung a_{max} bei unterschiedlichen Neigungswinkeln

Unterschiedliche Gurtmaterialien und Oberflächenmerkmale haben wesentlichen Einfluss auf den Steigungswinkel beim Transport von Stückgut. Aus praktischen Erfahrungen kann man die in der Tabelle 4.8 angegebenen Werte als obere Grenze annehmen. Bei Bändern mit Querleisten (Querstollen) bzw. -rippen gilt das natürlich nicht, weil die Mitnahme des Fördergutes dann formschlüssig geschieht. Bei Bändern die mit Saugnäpfen besetzt sind, erfolgt die Mitnahme der Objekte kraftschlüssig. Gurte mit Greifnoppen eignen sich für eine Steilförderung. Zu berücksichtigen ist, dass durch die Verlagerung des Stückgutschwerpunktes eventuell ein Umkippen des Stückgutes erfolgen kann, besonders bei hohem Abstand des Masseschwerpunktes von der Kippkante.

Tabelle 4.8 Zulässige Steigungswinkel bei Transportbändern

Fördergut	glatter PVC-Gurt	Gurt mit Antirutschbelag
Karton	12° ... 15°	22°
Kunststoffbehälter	10° ... 12°	20°
Stahlblechbehälter	10° ... 12°	20°
Holzkiste	15°	22° ... 25°

Die Verwendung von Zahnriemen als Transportmittel bietet viele Möglichkeiten zur Ausrüstung mit Nocken, Mitnehmern und Befestigungsaufbauten. In Bild 4.250 wird eine Auswahl solcher Elemente gezeigt. So kann es Nocken mit eingegossenen Metallteilen geben und auch solche mit eingelegten flachen Dauermagneten. Dann hat man ein magnetisches Förderband für ferromagnetische Werkstücke.

Bild 4.250 Verschiedene Nockenformen auf Zahnriemen

Zahnriemen aus Polyurethan zeichnen sich durch folgende Vorteile aus:

- schlupfloser Betrieb
- synchronlaufend
- keine Nachlängung
- abriebfest
- hoher Wirkungsgrad bis 98 %
- temperaturbeständig –30 °C bis +80 °C

Anwendungsbeispiele für das Fördern (Weitergeben) von Rundteilen werden in Bild 4.251 vorgestellt. Zur Anpassung an verschiedene Werkstückdurchmesser kann man den Anschlag versetzen. Bei angeschraubten Bauteilen können die Befestigungselemente auf der Zahnseite allerdings hervortreten. Dann ist an den Zahnscheiben des Systems eine entsprechende Freifräsung vorzunehmen, damit diese Teile Umlenkung und Antrieb passieren können. Der Nockenangriffspunkt zur Übertragung von Schiebekräften beim Transport von Objekten sollte möglichst dicht am Zahnriemenrücken liegen, um die Biegespannungen im Riemen klein zu halten.

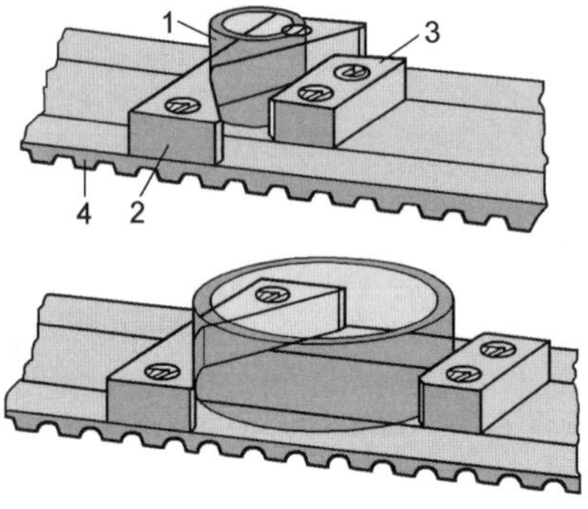

Bild 4.251 Verstellnocken auf Zahnriemen als Werkstückaufnahme.
1 Werkstück, 2 Prismanocken, 3 Anschlag, 4 Zahnriemen

Ein Vakuumförderband hält aufgelegte Werkstücke zusätzlich mit Saugluft. Dazu kann z. B. ein Zahnriemen gelocht und über einen Saugluftkanal geführt werden (Bild 4.252). Im Prinzip lassen sich natürlich auch flache Transportgurte lochen.

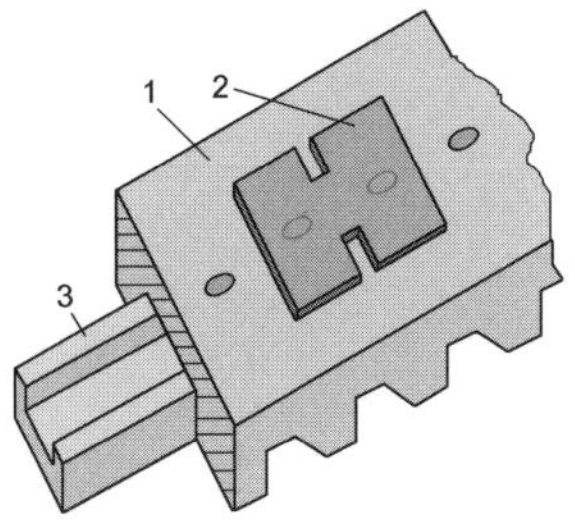

Bild 4.252 Vakuumförderer.
1 Zahnriemen mit Lochung im Zahngrund, 2 Werkstück, 3 Nutschiene mit Vakuumkanal

Förderbänder werden unterschiedlich an die produktionsspezifischen Erfordernisse angepasst. Beispiele zeigen die Darstellungen in Bild 4.253.

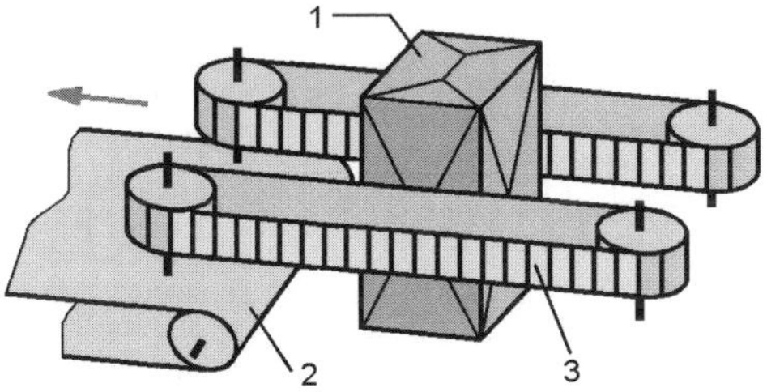

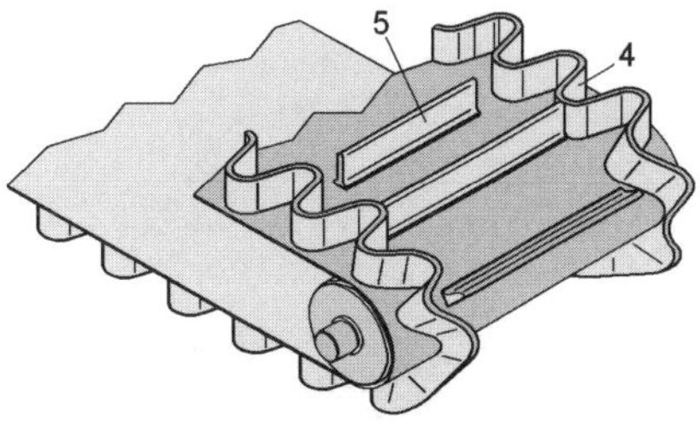

Bild 4.253 Spezielle Förderbandausführungen (Klemmgurtförderer, Wellkantenförderer).
1 Förderobjekt, 2 Förderband, 3 Klemmband, 4 Wellkante, 5 Mitnehmerleiste

Der **Klemmgurtförderer** gewährt einen frei liegenden Boden. Damit sind z. B. Beschriftungen von unten, z. B. mit Laserstrahl, möglich. Förderbänder mit Wellkante bieten einen Seitenschutz für das Fördergut und können trotzdem die Umlenkwalzen passieren.

In der Tabelle 4.9 wird der Zahnriementrieb den Spindel- und Zahnstangengetrieben in wichtigen technischen Daten gegenübergestellt.

Tabelle 4.9 Zahnriementrieb im Vergleich mit anderen Getrieben

	Positionierantrieb mit		
Parameter	Zahnriemen	Zahnstange	Spindel
max. Hublänge	10 m	6 m	2,5 m
max. Verfahrgeschwindigkeit	17 m/s	2 m/s	1,5 m/s
Wiederholgenauigkeit	± (0,04 bis 0,1) mm je m Verfahrweg	± (0,05 bis 0,1) mm	± (0,005 bis 0,2) mm je 300 mm Verfahrweg

Beim Verteilen von Werkstücken nach Sorten müssen diese in verschiedene Spuren gelenkt werden. Das Prinzip der dafür verwendbaren Weiche wird in Bild 4.254 schematisch gezeigt. Das Werkstück beginnt sich am Ende der Leitschiene zu drehen. Es stellt sich bezüglich Längsachse mit einem **Restwinkel** Φ ein. Wie groß kann dieser Winkel werden? Er ist abhängig von:

- Förderbandgeschwindigkeit
- Anstellwinkel α der Leitschiene
- Gleitreibungskoeffizienten Band-Werkstück, Werkstück-Schiene
- sich ergebende Werkstückgeschwindigkeit
- Lage des Werkstückschwerpunktes

Die theoretische Berechnung des Winkels Φ für Prismateile aus dem kinematischen Zusammenhang der Kräfte, Geschwindigkeiten und dem Zeitpunkt des Drehbeginns kann man in [4.14] nachlesen.

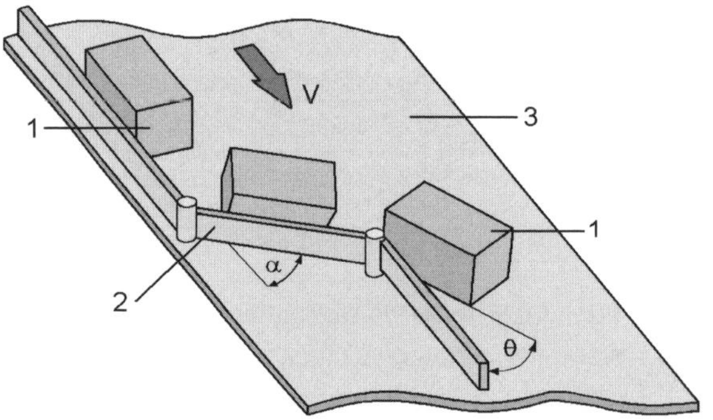

Bild 4.254 Werkstückverschiebung auf einem Förderband. 1 Werkstück, 2 einstellbare Leitschiene, 3 Förderband, Θ verbleibender Restwinkel

Besonders in der Getränkeindustrie wird der Flaschendurchlauf über Plattenbandförderer geführt. Dabei lässt man sie an einer Seitenführung anlaufen. Damit eine mehrreihige Werkstückschlange als einreihiger Strom weitergeführt werden kann. Die Ableitung der Flaschen an einer feststehenden Leitkante bringt aber einige Nachteile mit:

- Aufpralleffekt und Rückprall beim Anstoßen an die Leitkante
- Abbremsung der Laufgeschwindigkeit der Objekte
- Kippmomente bei hohem Masseschwerpunkt und niedriger Leitkante

Diese Effekte entstehen durch eine schräg zur Laufrichtung angeordnete Leitkante. Die Abbremsung ist für das Überleiten der Flaschen besonders problematisch, weil man eine höhere Bandgeschwindigkeit einstellen muss, um die geforderte Durchsatzleistung überhaupt zu erreichen. Bei einer geforderten **Arbeitsgutgeschwindigkeit** von 1 m/s muss wegen der Abbremsung eine Geschwindigkeit von 1,4 m/s eingestellt werden. Das führt auch zur Unruhe beim Flaschenlauf weil es am Flaschenboden zu Rutscheffekten kommt. Eine wirkungsvolle Lösung ist eine mitlaufende Leitkante (Bild 4.255). Das bremst die Flaschen nicht mehr, sondern beschleunigt sie sogar leicht. Die Reibung an der Flaschenwand wird vermieden. Der Reibungskoeffizient zwischen Glasflasche mit Reibrand und feststehender trockener Leitkante schwankt zwischen 0,14 und mehr als 0,50.

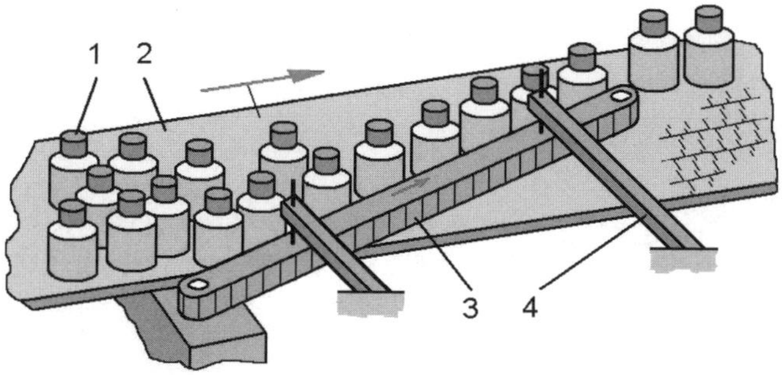

Bild 4.255 Flaschenleitung mit laufender Leitkante (Sortec).
1 Objekt, PET-Flasche, 2 Plattenbandförderer, 3 laufende Leitkante, 4 Winkel, einstellbar

Ergänzend wird dazu in Bild 4.256 noch eine andere Förderband-Leiteinrichtung gezeigt. Auch hier wird das Prinzip einer bewegten Auflaufkante praktiziert um einen einreihigen Werkstückstrang zu erreichen. Die Objekte werden in eine linienförmige Ordnung gedrängt und ohne zu verklemmen weitergeleitet.

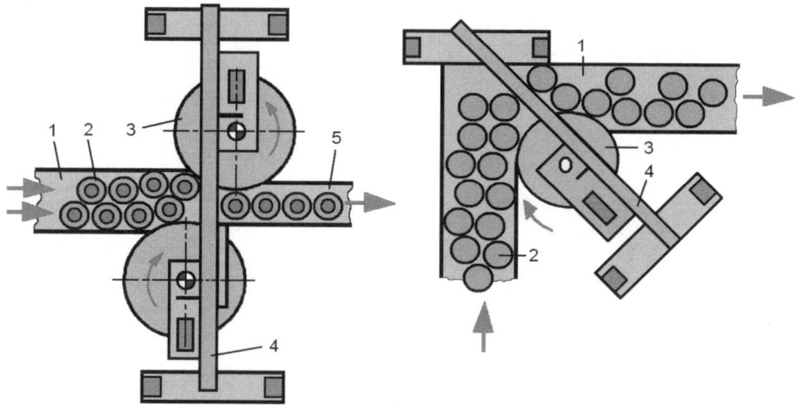

Bild 4.256 Draufsicht auf Förderband-Leiteinrichtungen.
1 Bandförderer, 2 Objekt, 3 Leitrad, 4 Portal, 5 Abförderung

Mitunter gelingt es, während des Weitergebens Prüfvorgänge auszuführen. Das können visuelle Begutachtungen mit einem Bilderkennungssystem sein, aber auch einfache Kontrollen z.B. einer Packstück-Füllung an Hand einer Wägung. Hat das Paket einen Inhalt? Das ist von außen meist nicht sichtbar. Ein solches Beispiel zeigt das Bild 4.257 auf einfachste Art. Versehentlich ungefüllte und deshalb sehr leichte Kartons werden zum Querband hin ausgesondert, weil sie von der schrägstehenden Gummischürze abgedrängt werden. Gefüllte Kartons sind dagegen schwer und überwinden die Schürze mühelos, ohne dabei Position oder Orientierung auf dem Bandförderer *(belt conveyor)* zu verändern.

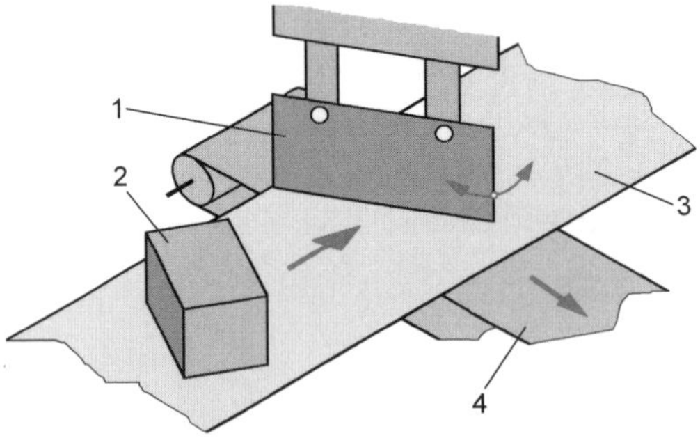

Bild 4.257 Ausgliedern nicht gefüllter, also zu leichter Kartons.
1 Gummi-Pendelschürze, 2 Transportgut (Packstück), 3 Förderband, 4 Querband für leere Kartonagen

Bei Gurtförderern kann ein unangenehmer Effekt auftreten, wenn das Förderband belastet wird (Bild 4.258b). Das Band dehnt sich unter der Last und das hat unangenehme Folgen. Trotz einer gewissen Vorspannung des Bandes (etwa 0,5 %) beginnt das Leertrum etwas durchzuhängen. Die feste Umschlingung der Antriebsrolle ist dann nicht mehr gewährleistet und sie kann durchdrehen.

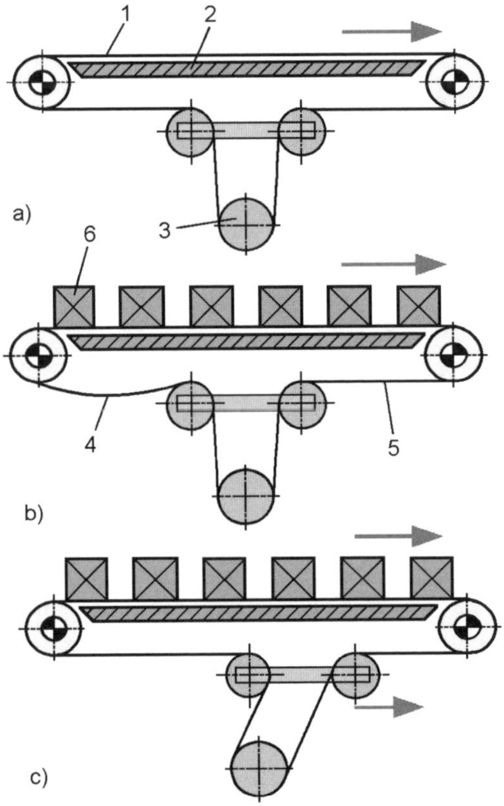

Bild 4.258 Automatische Transportgurtspannung (Montech).
1 Gurt, 2 Gurtauflage, 3 Antriebsrolle, 4 Leertrum, 5 Zugtrum, 6 Transportgut.
a) Förderband ohne Last, b) herkömmliche Gurtspannung, c) lastabhängiges Spannen

Bei der Darstellung in Bild 4.258c wirkt ein rein mechanischer Gurtspanner derart, dass der Gurt nur so stark gespannt wird, wie es die momentane Belastung des Bandes erfordert. Die Spannung im Leertrum entspricht der Spannung im Zugtrum. Gegenüber anderen Spannverfahren hat man folgende Vorteile:

- geringerer Gurtverschleiß
- Schonung von Rollen, Lagern und anderen Bauteilen im Antrieb
- kleinerer Energieverbrauch

Eine andere Problemstelle ist das Übergeben von Stückgut von einem Bandförderer zum nächsten. Je nach Größe des Fördergutes kann die Lücke an den Umlenkrollen unüberwindbar sein. In Bild 4.259 wird gezeigt, wie man Abhilfe schaffen kann, z. B. mit einer rollenden Messerkante oder mit kleinen Pendelrollen.

Eine gute Lösung ist die kontinuierliche Querübergabe von Arbeitsgut, wie es in Bild 4.259b gezeigt wird. Die Gleitleisten sind einstellbar und sichern einen geräuscharmen Lauf. Der Übergang zum anderen Förderer kann allmählich erfolgen, wenn man die Länge der Übergabestrecke ausreichend groß wählt.

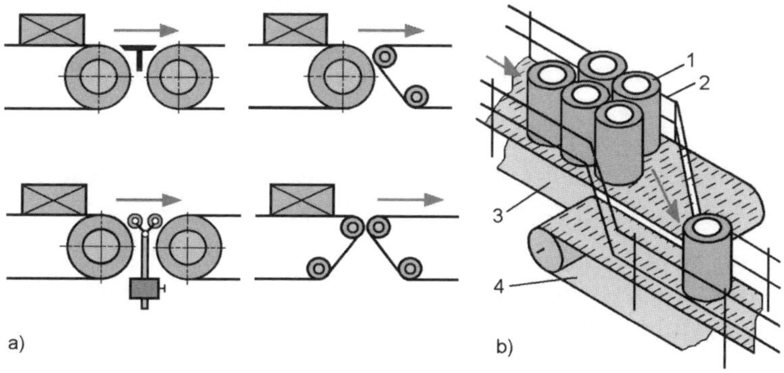

Bild 4.259 Gestaltung von Bandübergabestellen.
a) In-Line-Übergabe, b) Querverschiebung (Schüco; www.schueco.com),
1 Werkstück, 2 Gleitleiste, 3 Breitbandförderer, 4 Abführband

Das zuführende Band kann auch kurvengängig sein, so dass man den Streckenverbund den räumlichen und technologischen Gegebenheiten gut anpassen kann.

Werden Teile in Auflageprismen transportiert, die sich auf Förderbändern oder auf Verschiebewagen befinden, so ist die zulässige Beschleunigung a zu beachten, damit die Objekte nicht aus dem Prisma rollen. Die Verhältnisse zwischen Aufwärts und Abwärtsbewegung unterscheiden sich natürlich. In Bild 4.260 sind einige Fälle dargestellt.

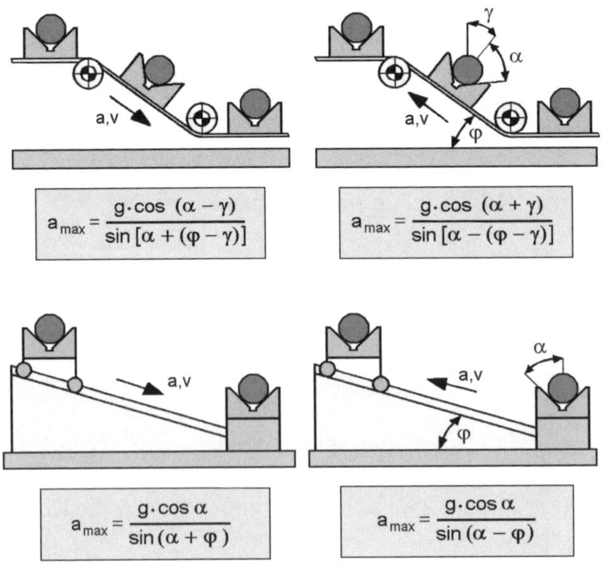

Bild 4.260 Weitergeben von Objekten in Aufnahmeprismen, die sich auf einem Bandförderer oder in einem Schrägaufzug-Wagen befinden.
a Beschleunigung, *g* Erdbeschleunigung, *v* Geschwindigkeit, *α* halber Prismenwinkel, *φ* Neigungswinkel der Strecke

Der Reibungskoeffizient zwischen Werkstück und Prisma hat nur geringen Einfluss und wurde deshalb vernachlässigt.

Besonders beim Aufbau von Montageanlagen werden viele Zuführsysteme für die Fügeteile benötigt. Daraus ergibt sich, dass eine Vielzahl von Kleintransportsystemen angeboten werden. In Bild 4.261 wird ein **Doppelspur-Transportband** im Leichtbau gezeigt. Damit lässt sich plattenförmiges, leichtes Arbeitsgut bewegen.

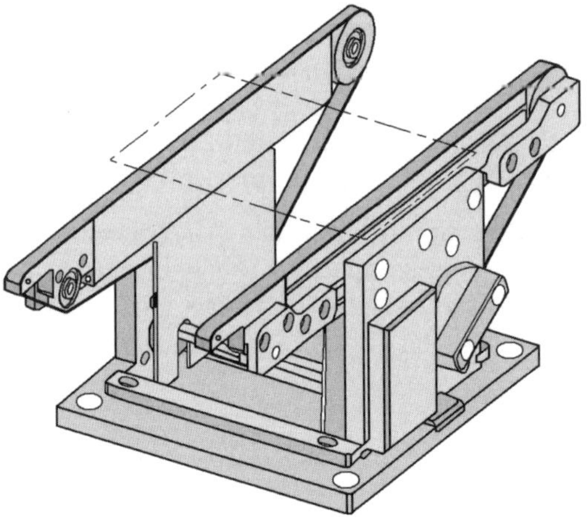

Bild 4.261 Doppelspur-Transportband (sim-automation)

Eher ungewöhnlich ist der Einsatz eines Gurtbandes als Bewegungsübertrager für rollfähige Teile, die sich auf einer Rollstrecke befinden. Das Bild 4.262 zeigt die Ausnutzung von Rolleigenschaften zur Weitergabe abgesetzter Rundteile. Der Antrieb der Teile erfolgt durch Friktion eines Förderbandes, wobei das Teil mit dem großen Durchmesser auf einer Laufschiene abrollt.

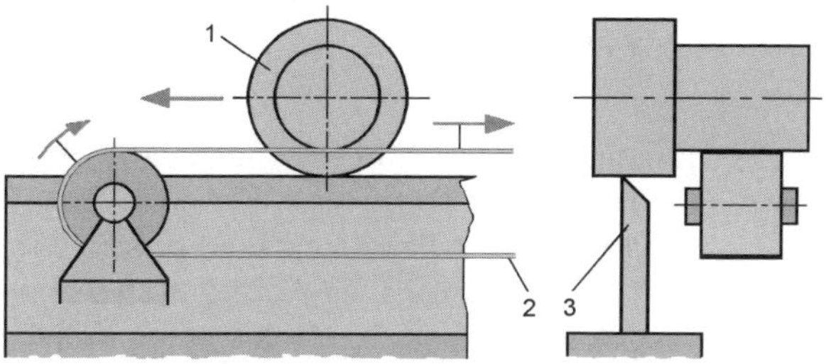

Bild 4.262 Weitergeben durch Abrollen.
1 Werkstück, 2 Flachriemen, 3 Laufschiene

Eine Lösung, die ebenfalls auf ein Förderband zurückgreift wird in Bild 4.263 ergänzend gezeigt. Das Rundteil rollt hier nicht ab und kann deshalb auch nicht schräg laufen. Das Teil klemmt zwischen oberen und unteren Förderband. Der Bandabstand ist auf Werkstückdurchmesser einstellbar.

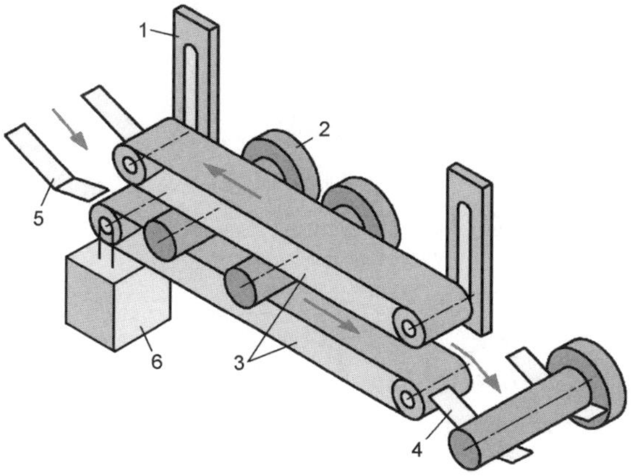

Bild 4.263 Weitergeben von Teilen mit einem Doppelbandförderer.
1 Abstandseinstellung, 2 Werkstück, 3 Förderband, 4 Ausgabe, 5 Eingabeseite, 6 Bandantrieb

Beim Weitergeben steht oft die Forderung, dass nur ein geringer Staudruck entstehen möge, wenn die Teile auflaufen. Das bedeutet, dass die Vorwärtsbewegung mit nur geringer Reibkraft auf die Objekte übertragen werden. In Bild 4.264 wird ein Beispiel gezeigt, wie man das realisieren kann. Die Teile erhalten ihren Antrieb von einer kontinuierlich laufenden Dreh-(Reib-)Scheibe durch Friktion. Die Lösung ist einfach, erfordert aber Teile mit einer stabilen Auflage.

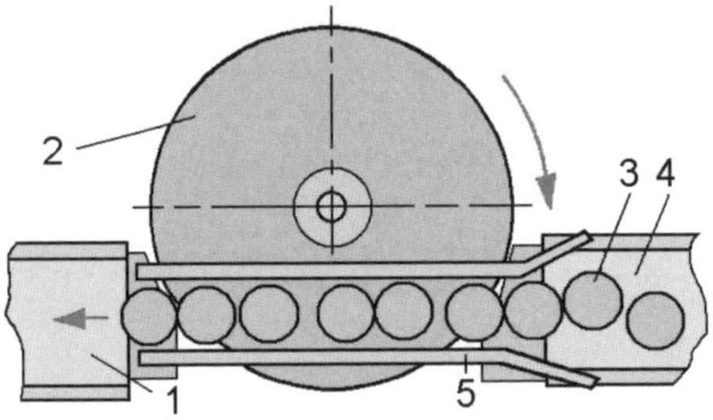

Bild 4.264 Weitergeben von Teilen mit Friktionsscheibe (Draufsicht).
1 Abtransport, 2 Friktions-, Synchronscheibe, 3 Fördergut, 4 Bandförderer, 5 Führungskante

Kontinuierliches Weitergeben ist aber nicht nur mit dem Gurtförderer möglich. Energetisch günstig ist das Weitergeben von gleit- oder rollfähigen Werkstücken infolge Schwerkraftwirkung. Rollkanäle lassen sich auf einfache Art aus Federbandstahl zusammensetzen. Die Rollkanalbreite wird durch Abstandshülsen festgelegt. Die Federbandschienen erhalten an den Verbindungsstellen Langlöcher statt Bohrungen. Dadurch können sich die Schienen im Bogen durch ihre natürliche Spannung von selbst einstellen. Dann erst wird der Kanal durch Verschraubungen fixiert. Das Bild 4.265 zeigt eine kleine Auswahl möglicher Kanalgestaltungen.

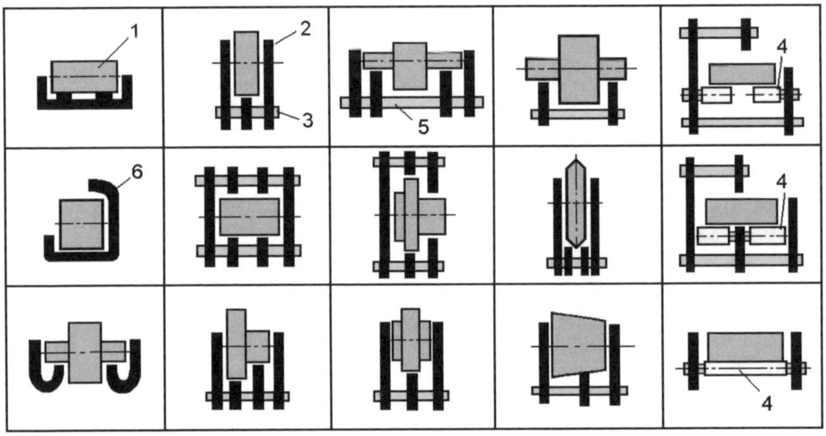

Bild 4.265 Weitergeben von Teilen in Rinnen und Rollstrecken durch Schwerkraftwirkung *(Spicher)*.
1 Werkstück, 2 Federbandschiene, 3 Verbindungsschraube, 4 Rolle, 5 Abstandshülse, 6 gedeckte Blechschiene

Will man vermeiden, dass Werkstücke in der Rollen- oder Gleitbahn gegeneinander fahren, dann werden sie in kleine Flachpaletten (Werkstückträger) eingesetzt. Diese **Paletten** durchlaufen, wie sonst einzelne Werkstücke, die Materialflusskanäle. Beispiele werden in Bild 4.266 vorgestellt. Am Ende müssen die leeren Paletten wieder zurückgeführt werden, was ebenfalls auf Rollenstrecken oder Gurtförderern geschehen kann. Die **Rinnenneigung** kann mit etwa 20 % Gefälle vorgesehen werden.

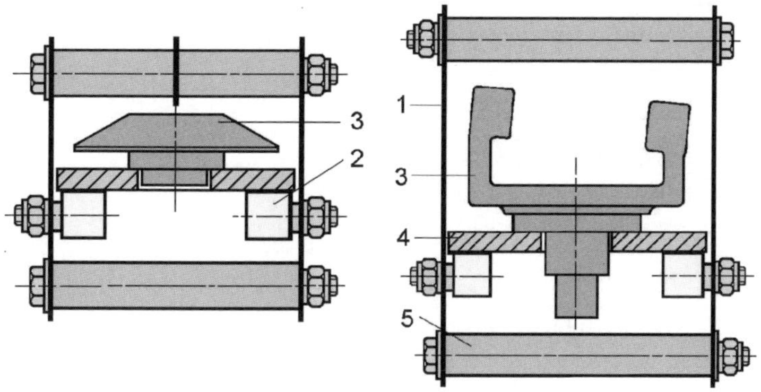

Bild 4.266 Schwerkraftverkettung mit Federbandrinne und Werkstückträger *(Spicher)*.
1 Federbandrinne, 2 Rolle, 3 Werkstück, 4 Flachpalette, 5 Abstandshalter

Grundsätzlich muss man bei Rinnen, Kanälen und Gleitbahnen Platz für Schmutzablagerungen einplanen. Zu beachten ist auch, dass geradverzahnte Räder in einer Rollstrecke nicht abrollen, sondern sich verhaken, wenn sie aneinander stoßen. In diesem Fall kann man eine **Klinkenrollbahn** einsetzen, wie sie in Bild 4.267 zu sehen ist. Die Klinken halten die Teile auf Abstand und steuern sich selbst. Wird das vorderste Werkstück abgenommen, so kippt die Klinke durch Schwerkraft ab und das nächste Teil kann nachrücken.

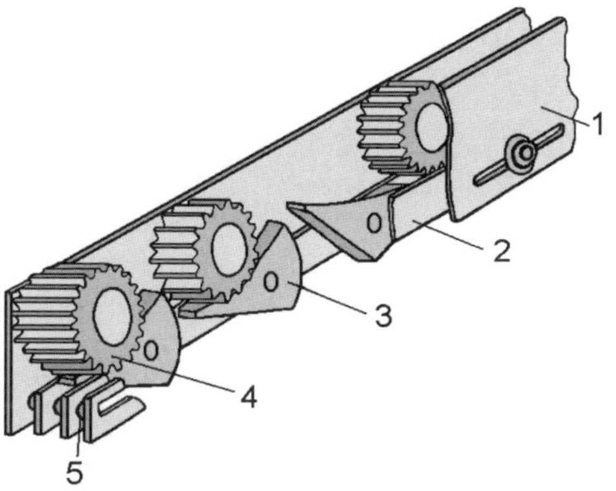

Bild 4.267 Klinkenrollbahn für rollfähige Rundteile mit Auflaufverhakung durch Geradverzahnung.
1 Federstahlband, 2 Rollschiene, 3 Klinke, 4 Werkstück, 5 Abstandshülse

Das Bild 4.268 zeigt einige technische Lösungsansätze für das Weitergeben von Rundteilen. Das kann durch Friktion in Verbindung mit einer Friktionsscheibe erfolgen, durch Greifer auf einem im Rechtecktakt bewegten Schienenpaar, durch gegenläufig bewegte Gewindespindeln und einem Kettenförderer, bei dem sich die Teile an einer feststehenden Leitkante abstützen können.

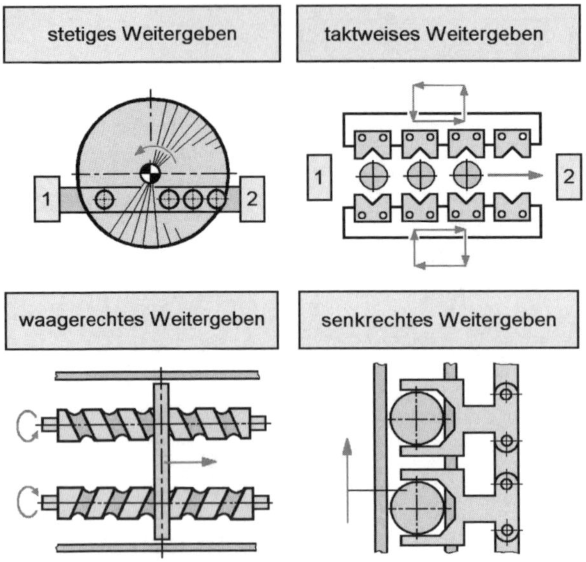

Bild 4.268 Weitergeben von Rundteilen mit verschiedenen Bewegungseinrichtungen.
1 Eingeben der Teile, 2 Ausgeben der Teile

Das Bild 4.269 zeigt eine andere Möglichkeit für das Weitergeben von Werkstücken auf einer **Rollenbahn**. Um das Abrollen zu gewährleisten, müssen mindestens zwei Rollen tragen, damit das Abkippen zwischen die Rollen ausgeschlossen werden kann.

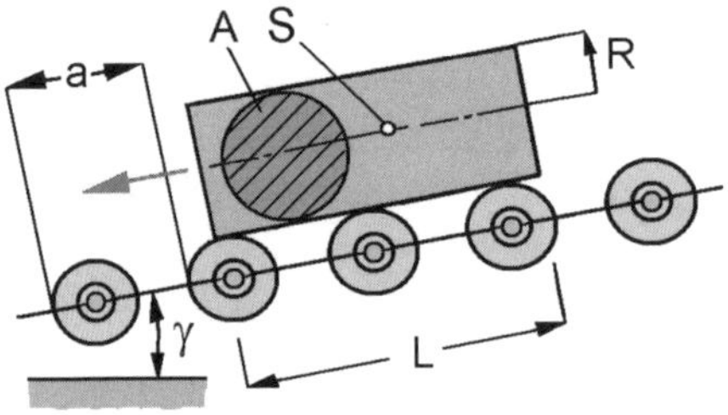

Bild 4.269 Rundteil bewegt sich auf einer geneigten Rollenbahnstrecke.
a Rollenabstand, *A* Werkstückquerschnitt, *L* Werkstücklänge, *R* Werkstückradius, *S* Masseschwerpunkt, γ Neigungswinkel

Der kleinstmögliche Neigungswinkel ($\gamma = 3° \ldots 5°$) hängt von den bewegten Massen und der Zapfenreibung der Rollen ab. Der zu wählende Rollenabstand a ergibt sich bei einer Werkstückmasse m und einer Werkstoffdichte ρ für den Fall, dass $L/2R$ etwa 3 ist, nach [4.13] mit Gl. 4.110 wie folgt:

$$a = 0{,}45 \cdot L - \sqrt{\frac{2 \cdot m \cdot \sin\gamma \cdot R}{A \cdot \rho}} - R \cdot \tan\gamma \qquad (4.110)$$

Befindet sich der Masseschwerpunkt S nicht in der geometrischen Mitte des Werkstückes, weil das Werkstück teilweise hohl ist (Bild 4.270), dann ergibt sich bei einem Verhältnis von $L/2R < 3$ und wenn b der kleinste Schwerpunktabstand in Förderrichtung ist, mit Gl. 4.111 folgender Rollenabstand a

$$a = 0{,}9 \cdot b - \sqrt{\frac{2 \cdot m \cdot \sin\gamma \cdot R}{A \cdot \rho}} - R \cdot \tan\gamma \qquad (4.111)$$

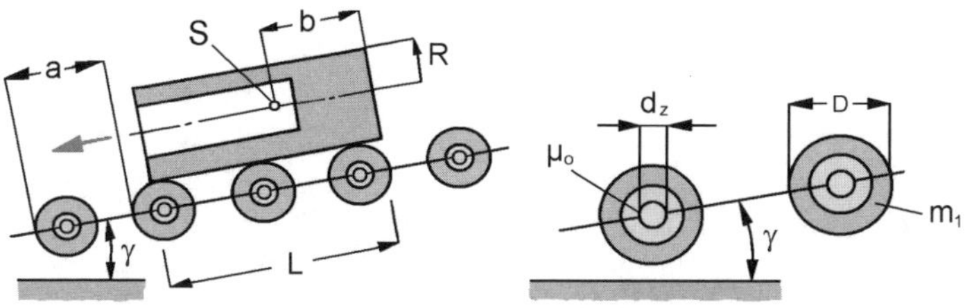

Bild 4.270 Rollenabstand *a* bei Teilen mit außermittigem Schwerpunkt

Der Mindestneigungswinkel γ errechnet sich bei Beachtung der Zapfenreibung μ_0 mit Gl. 4.112 wie folgt:

$$\tan\gamma \geq \left(\frac{n \cdot m_1}{m} + \frac{1}{\cos\rho}\right)\frac{\mu_0 \cdot d_Z}{D} + \frac{2 \cdot \mu_1}{D} \tag{4.112}$$

Es bedeuten:

m Werkstückmasse

m_1 Masse einer Rolle

n Anzahl der Rollen, auf die sich das Werkstück abstützt

d_Z Zapfendurchmesser der Rolle

D Rollendurchmesser an der Kontaktstelle mit dem Teil einer Länge L

ρ Reibungswinkel zwischen Rolle und Werkstück ($\mu = \tan\rho$)

μ_0 Reibungskoeffizient am Rollenzapfen (etwa 0,15)

μ_1 Reibungskoeffizient Werkstück/Rolle

Ein weiteres **Beispiel:** Für nahtlose und geschweißte Rohre ist eine mehrere Operationen umfassende Bearbeitung notwendig. Die Rohrenden werden gewöhnlich angefast und mit Gewinde versehen. Dem folgt das Aufschrauben von Muffen sowie ein Prüfvorgang. Dazu werden mehrere Maschinen miteinander verkettet. Die Werkstücke (Rohre) müssen also ständig weitergereicht werden. Das geschieht mit Hilfe von Quer-Rollgängen, die in einfacher Weise die Rohre fördern und diese gleichzeitig bis zu einem Anschlag quer verschieben. Der Durchlauf wird in Bild 4.271 gezeigt. Quer-Rollgang, Zuteiler und Scheibenrotor sind, je nach Länge der Rohre, mehrfach parallel angeordnet, z. B. sechsfach. Die seitliche Bearbeitung der Rohrenden erfolgt im Durchlauf mit seitlich angreifenden Arbeitsköpfen, wobei die Rohre im Spannkopf festgehalten werden. Der Zuteiler für die Übergabe der Rohre sorgt dafür, dass sich die Rohre nicht schräg stellen.

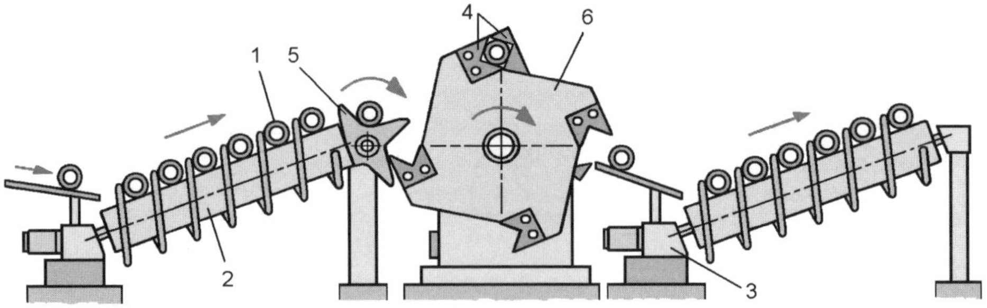

Bild 4.271 Station einer Rohr-Adjustageanlage.
1 Werkstück, Rohr, 2 Walzenförderer, 3 Antriebsmotor, 4 Spannkopf, 5 Zuteiler in der Art einer Zahnscheibe, 6 Scheibenrotor

An Produktionsmaschinen wird das Weitergeben von Teilen mitunter so eingerichtet, dass die Objekte zusätzlich gewendet werden, also ihre Oberseite zur Unterseite gemacht wird. Die Bilder 4.272 und 4.273 zeigen dazu zwei mögliche Lösungen. Bei beiden besteht das Arbeitsprinzip in einer besonderen Führung eines Förderbandes. Förderbänder sind flexibel und können sich kleinen Objektunterschieden gut anpassen und sind deshalb gut geeignet. Der Wendevorgang nach Bild 4.272 kann zum Beispiel dazu dienen, die flache Dose für einen Reinigungsvorgang *(cleaning process)* oder das Füllen an einer Arbeitsstation zugänglich zu machen. Ein mitlaufendes Andrückband verhindert unkontrollierte Eigenbewegungen des Objekts während des Wendevorganges. Das Band wird dabei mit Federkraft auf Spannung *(spring tension)* gehalten.

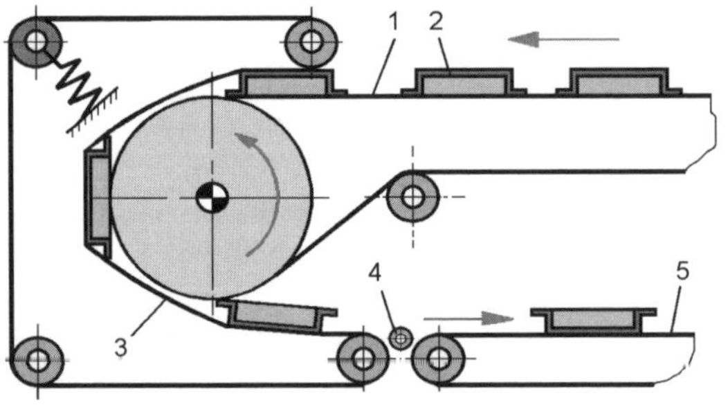

Bild 4.272 Wenden flacher Blechdosen.
1 Transportband, 2 Werkstück, z. B. Blech-Ovaldose, 3 Andrückband, 4 Stützwalze, 5 Abförderband

Die in Bild 4.273 gezeigte Lösung basiert auf einem **Doppelbandpaar**, welches gemeinsam um 180° verdreht wurde. Das Band läuft auf den Kanten ab und muss dort sehr glatt und reibungsunempfindlich sein. Eingeschobene Flachteile (Schuhsohlen, Briefumschläge, Karten u. a.) werden beim Durchlauf um ihre Längsachse gedreht (gewendet).

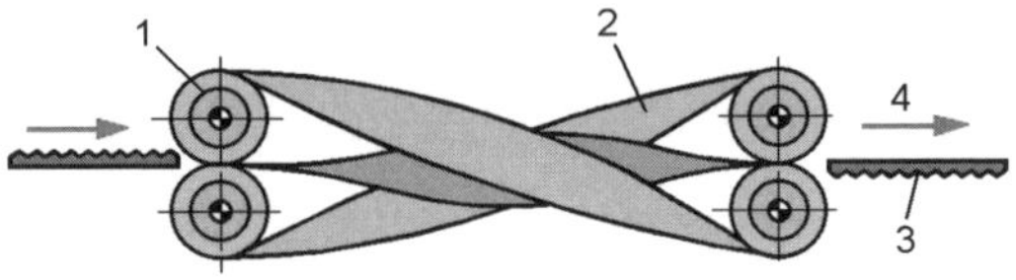

Bild 4.273 Wenden nachgiebiger Flachteile, beispielsweise auch Briefumschläge.
1 Umlenkwalze, 2 Fördergurt, 3 Werkstück, 4 Transportrichtung

Oft müssen aber auch voluminöse Gegenstände oder Platten gewendet werden. Dazu zeigt das Bild 4.274 einen Mechanismus, bei dem die um 100 Grad hochgeschwenkte Platte von einem zweiten Arm in Gabelausführung übernommen und auf einem Rollengang abgelegt wird.

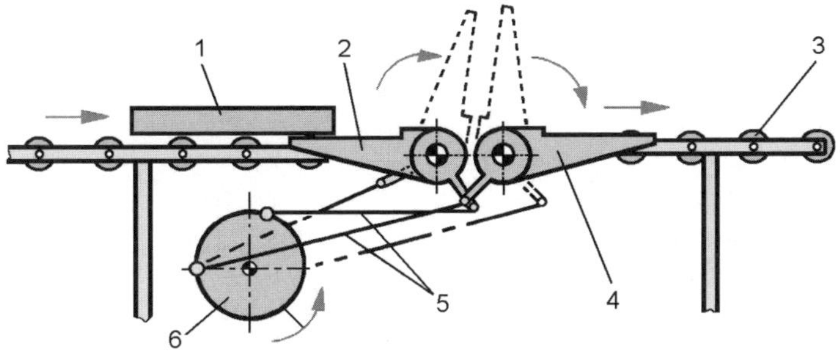

Bild 4.274 Prinzip eines Wendeübergebers für Platten.
1 Werkstück, 2 Schwenkplatte, 3 Rollengang, 4 Übernahme-Gabelarm, 5 Kurbeltriebgestänge, 6 Kurbelscheibe

Alle Bewegungen werden rein mechanisch durch einen Kurbeltrieb erzeugt. Nach einer Umdrehung der Kurbelscheibe ist die Startposition wieder erreicht. Ein Nockenschalter genügt für die Kontrolle der Kurbelscheibe.

Während des Weitergebens lassen sich oft prozessbedingte Aktionen, wie z. B. Wiegen, Registrieren, Etikettieren und auch Schwenken rationell durchführen. Dazu zeigt das Bild 4.275 eine einfache Lösung. Um die Objekte in eine **verpackungsgerechte** Ordnung zu bringen, laufen sie auf ein Drehkreuz und werden um 90° geschwenkt.

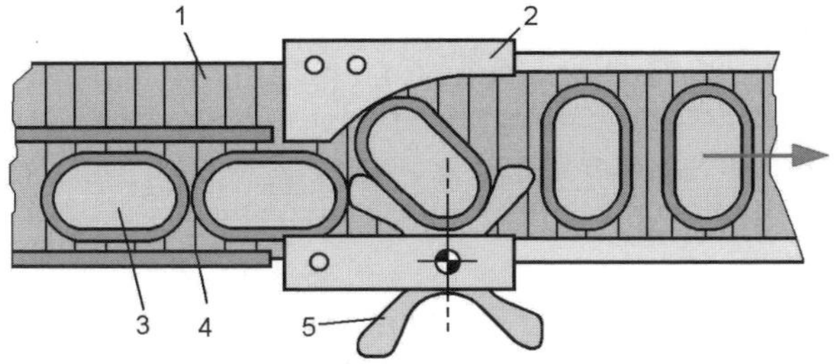

Bild 4.275 Umorientieren von Ovaldosen während des Weitergebens (Draufsicht).
1 Plattenbandförderer, 2 Führungsschablone, 3 Werkstück, Produkt, 4 Seitenführung, 5 Drehkreuz

Große voluminöse Behälter (Großküchengeräte, Korpusmöbel u. a.) müssen oft seitlich angefasst werden, wenn man ihre Orientierung ändern will. Auch dafür soll ein Beispiel zur Veranschaulichung gezeigt werden (Bild 4.276). Die Handhabeeinrichtung kann innerhalb einer Montagelinie oder vor einem Verpackungsplatz das Objekt anfassen, etwas anheben, wenden und wieder absetzen. Sie ist Bestandteil einer Strecke zum Weitergeben von Objekten. Dieser Ablauf ist allerdings nicht mehr kontinuierlich. Stellt der Sensor die

Ankunft eines Objektes fest, dann hält das Förderband kurzzeitig an und die Umsetzeinrichtung beginnt zu arbeiten.

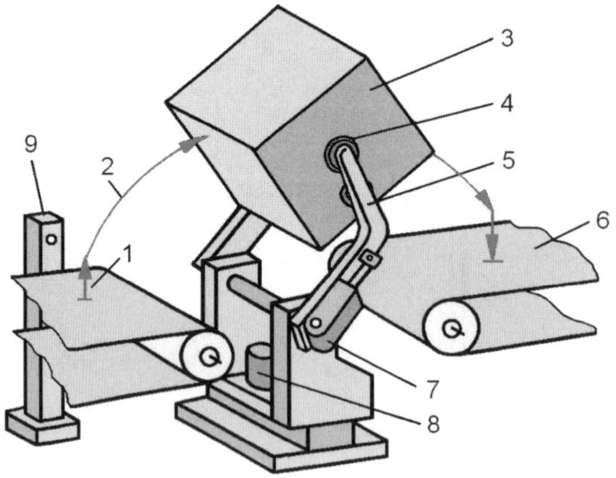

Bild 4.276 Schwenkübergeber mit Saugergreifer-Schwenkarm.
1 Kurzhubbewegung, 2 Schwenkbewegung, 3 Werkstück, Produkt, 4 Saugergreifer, 5 Schwenkarm, 6 Abführband, 7 Antrieb für Saugerarm-Schwenken, 8 Hubantrieb, 9 Näherungssensor

Diskontinuierliches Weitergeben

Die Weitergabe von Arbeitsgut (Rundstangen, Glasröhren u. a.) geschieht durch im Takt arbeitende Einrichtungen. Rollfähige Werkstücke kann man fördern, indem man sie aus einem feststehenden Rechen aushebt und an oberster Stellung um einen Weitergabeschritt abrollen lässt (Bild 4.277a). Als Antrieb genügt eine einfache Hubbewegung, die durch sich drehende Exzenterscheiben, oder wie dargestellt, durch einen pneumatischen Hubzylinder *(lifting cylinder)*, erzeugt wird.

Ebenfalls sehr einfach ist das Prinzip eines **Wanderbalkens** (Bild 4.277b). Er führt eine Bewegung im Rechteckzyklus (Pilgerschritt) aus und legt dabei eine Gruppe von Werkstücken in einem feststehenden Rechen ab. Dazu sind zwei gesteuerte Bewegungen erforderlich, die allerdings nur von Endlage zu Endlage führen. Vielfach genügen pneumatische Standardzylinder als Antrieb.

Schließlich kann man auch Klemmgreifer *(clamping gripper)* einsetzen, die jeweils eine Gruppe von Teilen gleichzeitig greifen und umsetzen. Die Bewegung verläuft hier in einem C-Zyklus.

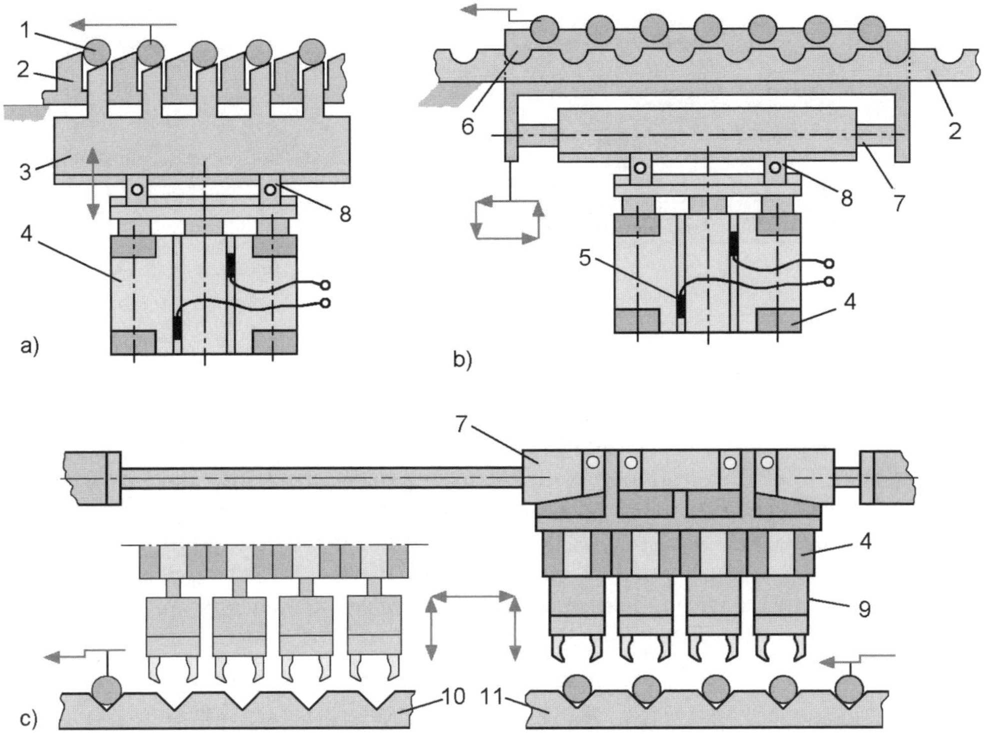

Bild 4.277 Technische Lösungen für das taktweise Weitergeben einer Gruppe von Werkstücken. a) Hubrechentransport, b) Wanderbalkensystem, c) Multigreifer-Umsetzer,
1 Werkstück, 2 feststehender Rechen, 3 Hubrechen, 4 Pneumatikzylinder mit Führung, 5 Näherungsschalter, 6 Wanderbalken, 7 doppelt geführte pneumatische Schiebeeinheit, 8 Klemmelement, 9 Greifer, 10 Förderer zur Arbeitsmaschine, 11 Zuführförderer

Für die Hubbewegung wird ein Pneumatikzylinder gebraucht oder mehrere einzelne Zylinder, die jeweils dem Greifer zugeordnet sind. Das könnten Zylinder mit Ovalkolben sein, die eine Verdrehung der Kolbenstange *(piston rod)* nicht zulassen (Bild 4.277c).

In Bild 4.278 wird ein Weitergabemechanismus *(transfer equipment unit)* gezeigt, bei dem eine Kombination von Rollenkette und Pneumatik als Basis dient. Der kolbenstangenlose Zylinder hat den Vorteil einer kurzen Bauweise im Vergleich zum ausführbaren Hub.

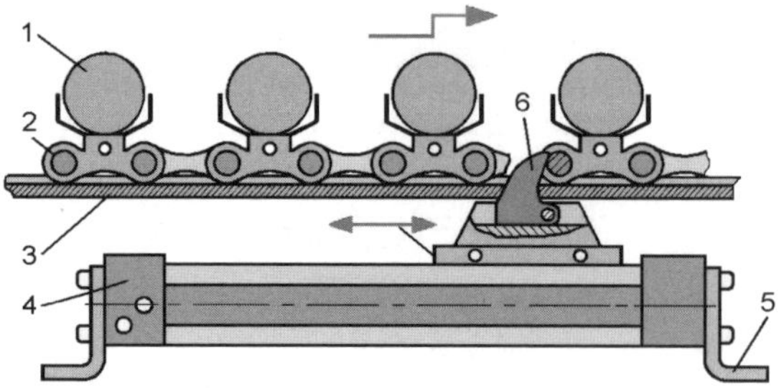

Bild 4.278 Förderkettentaktung mit Pneumatikzylinder.
1 Werkstück, 2 Rollenkette, 3 Auflageschiene, 4 kolbenstangenloser Pneumatikzylinder, 5 Befestigungswinkel, 6 Schubklinke

Da man Zwischenstellungen des Kolbens mit Hilfe eines eingebauten Permanentmagneten mit magnetisch betätigten (induktiven) Näherungsschaltern berührungslos abfragen kann, lässt sich sogar ein Taktprogramm organisieren, z. B. ein großer Schritt für das eigentliche Weitergeben einer Werkstückgruppe und anschließend mehrere kurze Schritte, z. B. für das Positionieren Werkstück für Werkstück in einer Arbeitsstation. Die Positioniergenauigkeit wird in vielen Fällen ausreichen. Genau genommen muss nur das Hubende (die Endlage) exakt stimmen.

Um kostengünstig zu sein, hat man bei dem in Bild 4.279 dargestellten Walzenförderer einen Riemenantrieb vorgesehen. Die Bewegung wird von einer seitlich angebrachten, durchgehenden Welle übernommen.

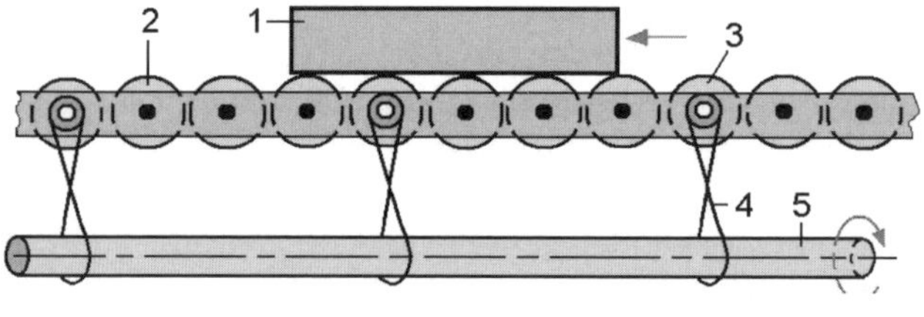

Bild 4.279 Walzenförderer mit seitlichem Rundriemenantrieb.
1 Fördergut, 2 Walze, nicht angetrieben, 3 Walze, angetrieben, 4 Riementrieb, 5 Antriebswelle

Für das taktweise Weitergeben eignen sich auch bei größeren bewegten Massen Kettensysteme mit elektromechanischem Antrieb sehr gut. Das Bild 4.280 zeigt eine Montagemaschine auf der Basis eines Plattenbandförderers. Er wird über ein Kurvenschrittgetriebe in Bewegung gesetzt.

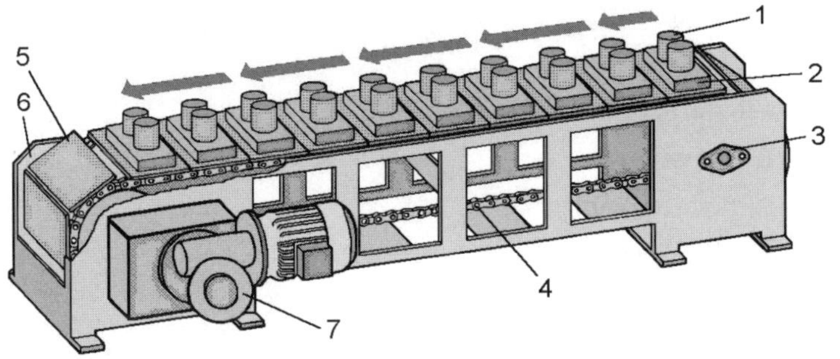

Bild 4.280 Weitergeben von Werkstückträgern in einer Montagemaschine (www.sopap.com).
1 Werkstück, 2 Werkstückträger, 3 Lagerschild mit Kettenspanneinrichtung, 4 Rollenkette, 5 Transportplattform, 6 Gestell, 7 Getriebemotoreinheit

Beispiel 4.14 Antriebsleistung eines taktenden Transportbandes

Das in Bild 4.281 gezeigte Transportband ist Bestandteil einer Montagemaschine und wird mit einem Elektromotor über ein Globoid-Kurvengetriebe in Bewegung versetzt. Welche Antriebsleistung wird dazu benötigt, wenn die Beschleunigung einer modifizierten Sinuslinie folgt?

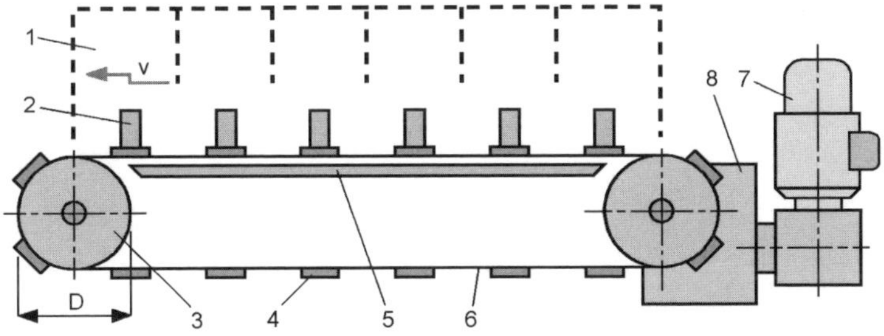

Bild 4.281 Transportband mit Globoid-Kurvengetriebe (Heinz, www.heinz-automation.de).
1 Montagestation, 2 Montagebasisteil, 3 Umlenkrolle (Aluminium), 4 Werkstückaufnahme, 5 Stützplatte, 6 Transportband oder Transportkette, 7 Motor, 8 Schrittgetriebe

Gegeben sind:

Vorschubgeschwindigkeit *(forward feed)*	v = 127 mm/s
Schaltzeit *(index time)*	t_1 = 0,5 s
Rastzeit *(stop time)*	t_2 = 0,7 s
Gesamtmasse (Werkstücke plus Band)	m = 240 kg
Umlenk/Antriebsscheibendurchmesser	D = 323 mm
Band/Rollenbreite	h = 15 mm
Werkstoffdichte von Aluminium	ρ = 2700 kg/m^3

Reibungskoeffizient Förderband/Stützplatte	$\mu = 0{,}2$
Wirkungsgrad Getriebemotor	$\eta = 0{,}8$
Beschleunigungsbeiwert (modifizierte Sinuslinie)	$C_a = 5{,}53$
Leistungsbeiwert (modifizierte Sinuslinie)	$C_m = 0{,}99$
Geschwindigkeitsbeiwert (modifizierte Sinuslinie)	$C_v = 1{,}76$

Weitere Formelgrößen:

Gewichtskraft *(weightforce)*	F; $F = m \cdot g$
Erdbeschleunigung *(acceleration of gravity)*	$g = 9{,}81\ \text{m/s}^2$
Schrittwinkel der Abtriebswelle *(step angle)*	ψ
Anzahl Stationen der Abtriebswelle/Umdrehung, Stoppzahl	Z *(number of stops)*
Schaltwinkel *(indexing angle)*	Φ_S
Drehzahl Antriebswelle *(input shaft speed)*	n
Reibmoment *(moment of friction)*	M_R

Berechnungen Gln. 4.113 bis 4.124:

1 Berechnung der Winkelbeschleunigung *(angular acceleration)*

$$\varepsilon = C_a \cdot \frac{2 \cdot \pi \cdot \psi}{360°} \cdot \left(\frac{360°}{\Phi_S} \cdot \frac{n}{60} \right)^2 \text{ in rad/s}^2 \tag{4.113}$$

$$Z = \frac{D \cdot \pi}{v} = \frac{323 \cdot 3{,}14}{127} = 8 \tag{4.114}$$

$$\psi = \frac{360°}{Z} = \frac{360°}{8} = 45° \tag{4.115}$$

$$\Phi_S = \frac{t_1}{t_1 + t_2} \cdot 360° = \frac{0{,}5}{0{,}5 + 0{,}7} \cdot 360° = 150° \tag{4.116}$$

$$n = \frac{60}{t_1} \cdot \frac{\Phi_S}{360°} = \frac{60 \cdot 150°}{0{,}5 \cdot 360°} = 50 \text{ in min}^{-1} \tag{4.117}$$

$$\varepsilon = 5{,}53 \cdot \frac{2 \cdot 3{,}14 \cdot 45°}{360°} \cdot \left(\frac{360°}{150°} \cdot \frac{50}{60} \right)^2 \text{ rad/s}^2 = 17{,}4 \text{ rad/s}^2$$

2 Berechnung des Massenträgheitsmomentes *J* *(mass moment of inertia)*

Antriebs- plus Umlenkrolle J_R

$$J_R = \frac{2 \cdot \pi \cdot D^4 \cdot h \cdot \rho}{32} = \frac{2 \cdot 3{,}14 \cdot 0{,}323^4 \cdot 0{,}015 \cdot 2700}{32} \text{ kg m}^2 = 0{,}087 \text{ kg m}^2 \tag{4.118}$$

Transportband und Werkstücke J_W

$$J_W = m \cdot r^2 = 240 \cdot 0{,}1615^2 \text{ kg m}^2 = 6{,}28 \text{ kg m}^2 \tag{4.119}$$

Gesamtmassenträgheitsmoment J_G

$$J_G = J_R + J_W = (0{,}087 + 6{,}28) \text{ kg m}^2 = 6{,}37 \text{ kg m}^2 \tag{4.120}$$

3 Maximales Abtriebsmoment M_{Ab} *(max. output torque)*

$$M_{Ab} = \varepsilon \cdot J_G + M_R \text{ in Nm} \tag{4.121}$$

$$M_R = F \cdot \mu \cdot r = 240 \cdot 9{,}81 \cdot 0{,}2 \cdot 0{,}1615 \text{ Nm} = 76 \text{ Nm} \tag{4.122}$$

$$M_{Ab} = 17{,}4 \cdot 6{,}37 + 76 = 187 \text{ Nm}$$

4 Maximales Antriebsmoment M_{An} *(max. drive torque)*

$$M_{An} = \frac{\psi}{\Phi_S} \cdot (C_m \cdot \varepsilon \cdot J_G + C_v \cdot M_R) \text{ in Nm} \tag{4.123}$$

$$M_{An} = \frac{45}{150} \cdot (0{,}99 \cdot 17{,}4 \cdot 6{,}37 + 1{,}76 \cdot 76) \text{ Nm} = 73 \text{ Nm}$$

5 Antriebsleistung *P (drive power)*

$$P = \frac{M_{An} \cdot n}{9549 \cdot \eta} = \frac{73 \cdot 50}{9549 \cdot 0{,}8} \text{ kW} = 0{,}48 \text{ kW} \tag{4.124}$$

Das Bild 4.282 zeigt eine Zuführung von Werkstücken in einer getakteten **Prismakette**. Die Teile können zwei verschiedene Orientierungen aufweisen. Stellt ein Sensor (nicht dargestellt) eine Falschorientierung fest, dann wird dieses Teil ausgehoben, um 180° gedreht und dann wieder ins Prisma der Kette abgesetzt. Diese Funktion lässt sich erübrigen, wenn der nachfolgend tätige Roboter in der Lage ist, das Werkstück mit einer ansteuerbaren Handdrehachse in die Richtigorientierung zu drehen.

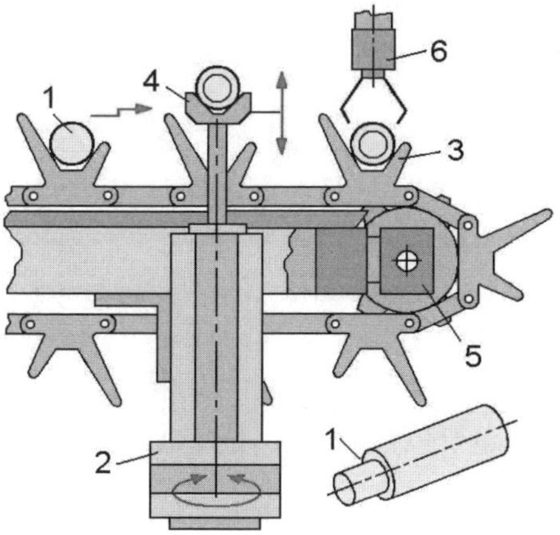

Bild 4.282 Werkstückpräsentation an einem Werkstück-Kettenmagazin.
1 Werkstück, 2 pneumatischer Hub-Dreh-Modul, 3 Magazinkette, 4 Hubprisma, 5 Kettenumlenkung, 6 Robotergreifer

Eine besondere Förderkette wird in Bild 4.283 gezeigt. Sie verfügt über eine integrierte Energie-, Daten- und Medienversorgung. Jedes Kettenglied ist ansteuer- und ausrüstbar mit Werkzeugen, Greiforganen, Sensoren u.a. Das Verschieben der Aktoren im Kettenumlauf kann fortlaufend oder intermittierend erfolgen. Das System kann man als *Pick-and-Place-Chain* auffassen. Die Leerrückfahrt wird eingespart. Verfahrwege sind bis 30 m möglich, kontinuierliche Geschwindigkeit 2 bis 3 m/s, maximale Belastung je Kettenglied etwa 5 kg.

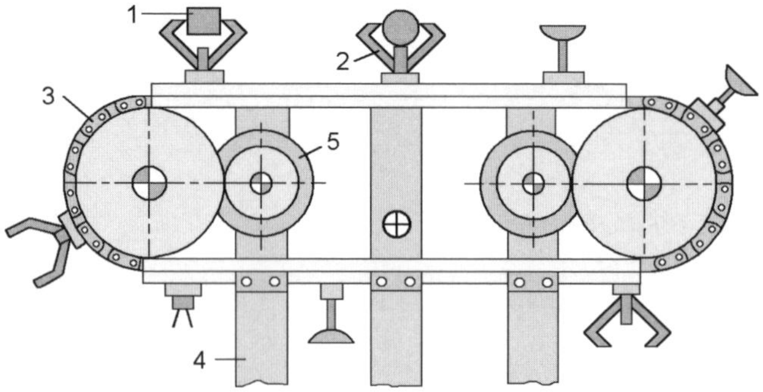

Bild 4.283 „Intelligente" Förderkette *pikchain* (igus) mit Ausrüstungsbeispiel. 1 Werkstück, 2 Greifer, 3 Förderkette, 4 Gestell, 5 Antrieb

Impulsives Weitergeben

Darunter wird hauptsächlich das Weitergeben in Schwingrinnen *(vibrating chute)* verstanden. Die Teile bewegen sich durch kleine Wurfbewegungen vorwärts. Der Antrieb kann elektromagnetisch, pneumatisch oder mit **Unwuchtsystem**en (Bild 4.284) erfolgen. Die Zwei-Massen-Schwinger übertragen praktisch keine auf das Fundament wirkenden Kräfte. Die gewünschte Resonanzschwingung tritt ein, wenn die Verlagerungsfedern mit der Masse derart abgestimmt sind, dass die Eigenfrequenz dieses Schwingsystems etwa gleich der Frequenz des Schwingerregers ist. Die Unwuchtmassen werden elektromotorisch angetrieben. Sie können oberhalb der Rinne, darunter oder beidseitig zur Rinne als Außenvibratoren befestigt sein. Der Wurfwinkel α liegt im Bereich von 20° bis 35° zur Förderrichtung, wobei die Wirkungslinie der Erregerkraft durch den Masseschwerpunkt gehen sollte. Die Drehzahl der Unwuchtmassen liegt zwischen 1000 bis 3000 min^{-1}.

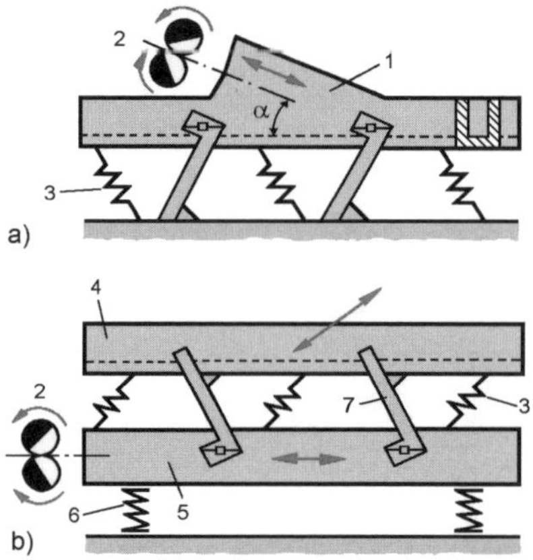

Bild 4.284 Schwingförderrinnen mit Außenvibrator. a) Ein-Massen-Schwinger, b) Zwei-Massen-Resonanzschwingförderer.
1 Masse, 2 Unwucht-Schwingerreger, 3 Verlagerungsfeder, 4 Rinnenmasse, 5 Basismasse, 6 Stützfeder, 7 Lenker

4.4.10 Schwingfördertechnik

Im Jahre 1802 erfand der Werkzimmermeister URSZ aus Nagyag in Siebenbürgen eine Vibrationstrommel. Kleine Metallgegenstände wie Bolzen, Schrauben und Muttern bewegten sich durch Schwingungen erst gegen die Trommelwand und dann aufwärts. Das wurde mit einem Ordnungsvorgang verbunden. Erste Patente zu Vibrationsmaschinen wurden bereits 1850 erteilt. In einem Buch von N. JACQUES erwähnt er den Einsatz von „Schüttelkästen" (1942) für die automatische Zuführung von Uhrenteilen. Das hatte er bei einer Reise in den Schwarzwald gesehen [4.15]. Elektromagnetische Schwingförderer nehmen heute in der Zuführtechnik aus vier Gründen eine besondere Stellung ein:

- Der Antrieb arbeitet ohne gleitende und reibende Bauteile und zählt deshalb zu den anspruchslosen und wartungsfreien Fördergeräten mit sehr geringen Verschleißerscheinungen.
- Sie lassen sich durch einfache Bauelemente der Elektrotechnik in ihrer Förderleistung steuern und regeln.
- Sie sind im Energieverbrauch sparsam, weil sie im resonanznahen Bereich arbeiten.
- Sie sind robust, einfach im Aufbau und zeichnen sich durch vergleichsweise niedrige Anschaffungskosten aus.

Elektromechanische Schwingförderer sind **Feder-Masse-Systeme** und gehorchen den Gesetzen der Schwingungsmechanik. Ihr Aufbau ist in vielen Varianten möglich [4.16].

Nach der Art der Bewegung der Werkstücke auf der Förderwendel unterscheidet man in **Mikrowurfförderung** und Gleitförderung. Bei der Förderung mit Mikrowurf *(micro-projection)* heben die Werkstücke während des Fördervorganges zeitweise von der Rinne ab, gehen in den freien Flug über und prallen anschließend wieder auf die Förderbahn. Diese Prallphase ist unangenehm und bringt eine ganze Reihe von Problemen mit sich.

Zum einen ist die Werkstückorientierung in dieser Zeit nicht genau definiert, weiterhin treten bei Werkstücken aus sehr spröden Werkstoffen Kantenbeschädigungen und Abrieb auf. Es entsteht besonders bei Glas- und Blechteilen auch klirrender Lärm, der oft eine Schalldämmung erforderlich macht. Die erreichbaren Fördergeschwindigkeiten sind aber bei diesem Arbeitsregime recht hoch. Das Bild 4.285 zeigt das Prinzip. Die Fortbewegung des Arbeitsgutes setzt sich gewissermaßen aus einer Summe kleiner ballistischer Hüpfer zusammen. Da die „Sprünge" klein sind (etwa 0,1 bis 0,3 mm), hat der Betrachter den Eindruck eines scheinbar stetigen Förderstromes, ähnlich dem Fließen einer zähen Masse. Unter den Bedingungen einer **Gleitförderung** heben die Werkstücke nicht von der Rinne ab, sondern gleiten auf ihr entlang. Das schließt praktisch unkontrollierte Bewegungen der Teile aus, vermindert entscheidend den Lärmpegel, ist aber auch mit einem Geschwindigkeitsverlust verbunden [4.17]. Es handelt sich um Ein oder Zweimassenschwinger *(single-mass oszillator or dualmass oszillator)* mit Blatt- oder Gummifederkopplung, die resonanznah von besonderen Elektromagneten angeregt werden. Während des Förderns wirken bei der Gleitförderung *(friction conveyance)* Beschleunigungen von weniger als 1 g (1 g = 9,81 m/s^2). Es können sensorgeführte Feder-Masse-Antriebe eingesetzt werden. Ein elektronisches Regelsystem beeinflusst die beiden Parameter Frequenz und Amplitude. Als Führungsgröße dient das Weg-Zeit-Signal, das rechnerintern auf Beschleunigungswerte umgerechnet wird. Der Regler hält die jeweils voreingestellten Beschleunigungen zu jedem Zeitpunkt konstant, unabhängig vom jeweiligen Beladezustand des Vibrationswendelförderers. Es werden Frequenzen von 5 bis 20 Hz verwendet. Beim **Mikrowurf** treten dagegen periodisch Beschleunigungen von 9 bis 16 g auf. Trotz allem ist beim Mikrowurf der Verschleiß der Rinnenfläche klein, weil die Teile „springen“. Die Gleitförderung ist wegen der viel geringeren Leistung und der vergleichsweise aufwendigen Konstruktion wenig verbreitet.

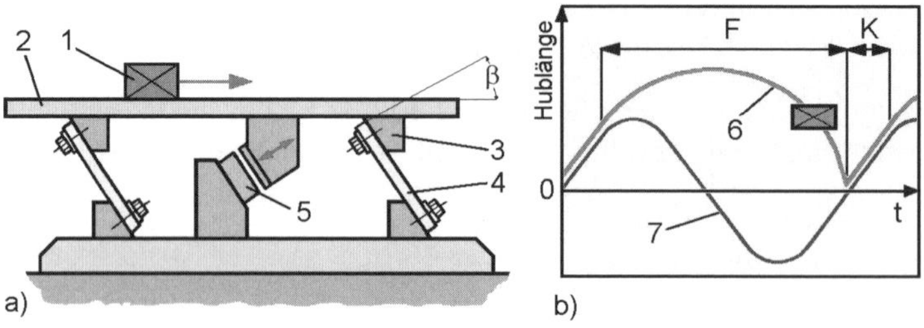

Bild 4.285 Prinzip des Mikrowurfs.
a) Schwingsystem bei einer Linearschwingrinne, b) Bewegungsverlauf von Rinne und Werkstück, 1 Werkstück, 2 Förderrinne, 3 Federbefestigung, 4 Flachfeder, 5 Elektromagnet, 6 Arbeitsgutbewegung, 7 Rinnenbewegung, *F* Flugzeit, *K* Kontaktzeit, *t* Zeit, *β* Anregungswinkel

In Bild 4.286 wird ein Ausführungsbeispiel für einen Magnet-Schwingantrieb für eine Linearschwingrinne gezeigt. Man hat auch schon den Fluidmuskel als pneumatischen Aktor eingesetzt. Es können Geradschwingrinnen nicht nur als einlinige Rinne ausgebildet werden, sondern auch mehrreihig. Das Bild 4.286 zeigt rechts eine Ausführung, bei der eine Rinnenplatte auf den elektromagnetischen Schwingantrieb gesetzt wurde. Teile mit einer ausgeprägten Längsachse richten sich von selbst nach der Förderrinne aus (Blick stirnseitig).

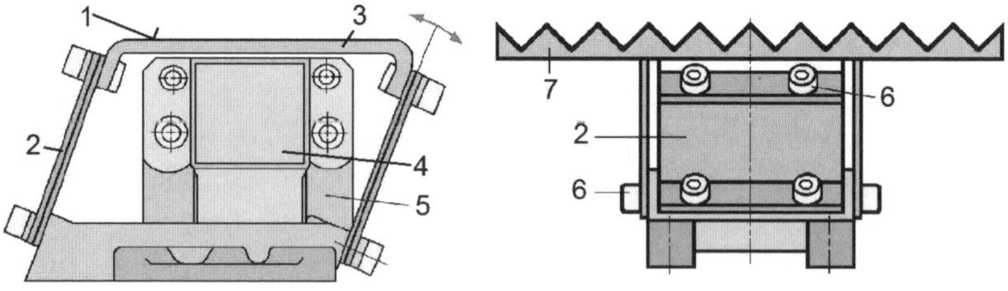

Bild 4.286 Magnet-Schwingantrieb (links) und aufgesetzte Rinnenplatte (rechts).
1 Nutzfläche, 2 Blattfeder, 3 Ankerplatte, 4 Elektromagnet, 5 Grundkörper, 6 Verbindungsschraube, 7 Rinnenplatte

Eine schwingende Masse erzeugt als Begleiterscheinung stets auch Reaktionskräfte *(reactive forces)*, die sich bis in das Fundament einer Anlage fortpflanzen können. Das lässt sich verhindern, wenn man eine Gegenmasse *(counter-mass)* im System unterbringt und außerdem den Vibrator auf Gummifüße stellt. Dann stellt sich ein Schwingkräfteausgleich ein, weil Nutz- und Gegenmasse im Gegentakt zueinander schwingen und gemeinsam auf dem Geräteboden aufgebaut sind (Bild 4.287b). Der Schwingförderer wird in Resonanznähe betrieben. Die Betriebspunkte liegen im unterkritischen Bereich, denn dort kompensieren sich die Einflüsse der Massenankopplung der Werkstücke und der Dämpfung zwischen einem leerem und einem gefülltem Förderaufsatz. Dadurch werden im Bereich der maximalen Einfüllmassen bzw. des maximalen Einfüllvolumens stabile Betriebspunkte gewährleistet.

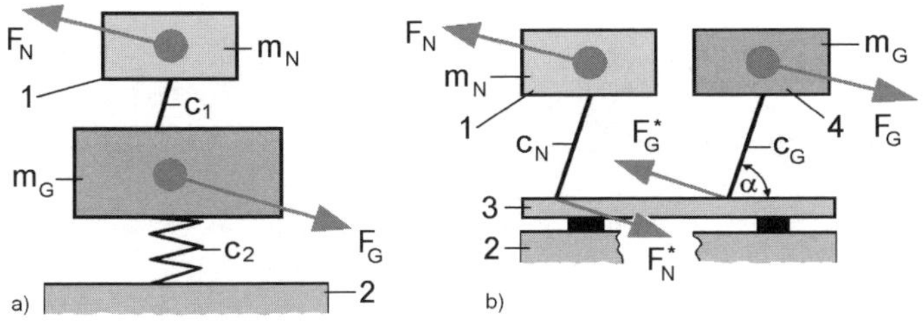

Bild 4.287 Wirkprinzipe von Schwingantrieben.
a) Zweimassen-Schwingsystem, b) Schwingsystem mit Schwingkräfteausgleich,
1 Wendelaufsatz (Nutzmasse mit Zuführschiene), 2 Fundament, Fußplatte, 3 Gerätegrundplatte,
4 Gegenmasse plus Trimmgewichte, *c* Federkonstante, *m* Masse, *F* Kraft, Index N Nutzseite,
Index G Gegenseite

Das Förderverhalten hängt vom Schwingverhalten ab und dieses wird hauptsächlich von folgenden Parametern geprägt:

- Verhältnis von Nutz zu Gegenmasse
- Verhältnis von Werkstück zu Nutzmasse *(effective mass)*
- Verhältnis von Betriebs zu Eigenfrequenz
- Amplitude der Erregerkraft
- zeitlicher Verlauf der Erregerkraft
- Massenträgheitsmomente
- Krafteinleitungswinkel zur Nutzmassen-Bewegungsbahn
- Parallelität der Nutzmassenebenen
- zentrische Lage von Nutz und Gegenmasse zur Blattfederaufhängung
- Gleichheit der Blattfederanstellwinkel
- Fedemsteifigkeit

Ideale Teile für das Zuführen sind z. B. Lagernadeln 6 × 30 mm (v = 18 m/min) oder Geschwindigkeiten von 2 bis 10 m/min bei schweren, komplizierten Teilen.

Durch Spannungsveränderung wird die Größe der Amplitude geregelt, dadurch auch die Antriebskraft und somit die Laufgeschwindigkeit der zuzubringenden Teile.

Vibrationsförderer werden in verschiedenen Bauarten hergestellt. Das Bild 4.288 zeigt einige Ausführungen. Allgemein bekannt sind die **Wendelförderer** mit Zylinder oder Stufenaufsatz. Förderer mit Außenwendel dienen dem Vertikaltransport. Sie bestehen aus einem Tragrohr, um das sich die Förderbahn windet. Die Förderhöhe ist theoretisch (nicht aber mechanisch) unbegrenzt. Der Bahnquerschnitt kann rechteckig oder rund sein. Bei Rohrförderern sitzt das Schwingsystem auf dem Rohr. Man kann Schüttgut ebenso fördern, wie Stückgut. Angetriebene und nichtangetriebene Rohrabschnitte lassen sich im Wechsel zu einer langen Pipeline verbinden.

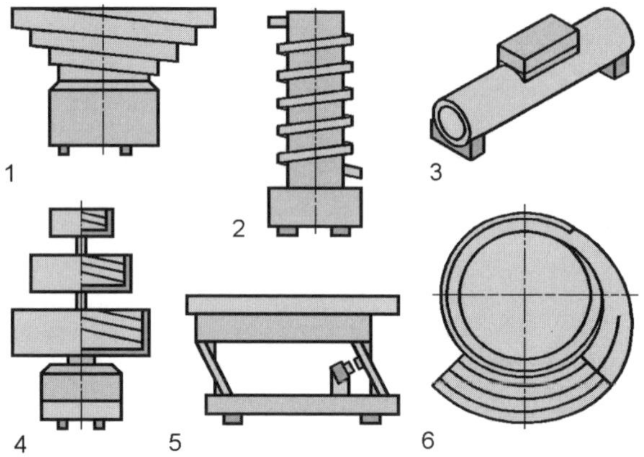

Bild 4.288 Typische Bauarten von Vibratoren zur Arbeitsgutförderung.
1 Wendelförderer mit Stufenaufsatz, 2 Hochförderer mit Außenwendel, max. 8 bis 10 m Höhe (Säulenwendelförderer), 3 Rohrvibrator, 4 Turm, Mehrebenenvibrator, 5 Linearschwingrinne, 6 Wendelförderer mit vielbahnigem Auslauf (Draufsicht)

Turmvibratoren, bei denen mit einem Schwingsystem mehrere „Fördertöpfe" gleichzeitig angetrieben werden, braucht man in der Montage, um mehrere Kleinteile gleichzeitig zuführen zu können. Man kann darauf verzichten, wenn Zubringesysteme eingesetzt werden, die verschiedene Teile aus einem Werkstückmix-Haufwerk aussondern und bereitstellen können (siehe Bild 5.59). Geradschwingrinnen und Wendelförderer mit vielen Auslaufbahnen sind Modifikationen des Grundprinzips.

Das Prinzip „Mehrebenen-Vibrationswendelförderer" ist in der Kleinteilmontage eine platzsparende Art der Werkstückbereitstellung. In Bild 4.289 werden zwei Varianten gezeigt. Entweder werden die Teile sequentiell über Zuführrinnen in den Wirkraum der Montagestation gebracht und dort vom Montageroboter übernommen (Bild 4.289a) oder die Teile werden direkt am Vibratorauslauf von einem Zuführroboter übernommen.

Von Vorteil wäre, wenn dieser auch zugleich die Montage ausführen kann. Trotz räumlicher Vorteile hat sich die Bauform „Turmvibrator" *(tower vibrator)* nicht durchsetzen können. Der Mehrebenen-Vibrator besitzt nur einen gemeinsamen Schwingantrieb.

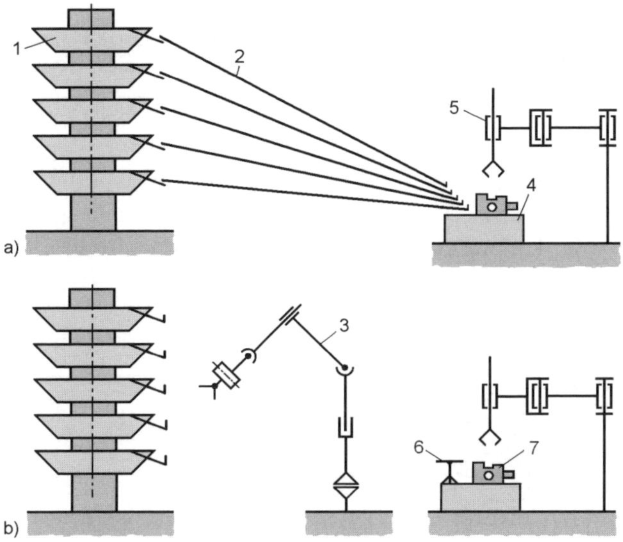

Bild 4.289 Anbindung eines Mehrebenen Vibrators an den Montageplatz. a) Zuführrinnen-Kopplung, b) Zuführroboter-Kopplung.
1 Mehrebenenvibrator, 2 Zuführrinne, 3 Zuführroboter, 4 Montageplatz, 5 Scara-Montageroboter, 6 Ablageplattform, 7 Montagebaugruppe

Der Aufbau eines Hochförderers wird in Bild 4.290 skizziert. Sie können auch Verwendung finden, um Heiz-, Abkühlungs-, Trocknungs- und Gefriertrocknungsprozesse platzsparend auf geringer Produktionsgrundfläche durchzuführen. Zur Orientierung werden in der Tabelle 4.10 einige Daten aufgeführt.

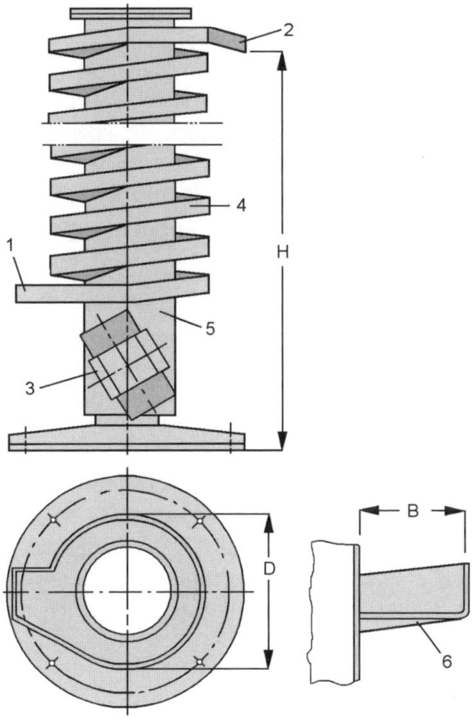

Bild 4.290 Wendelförderer mit Außenwendel. unten Draufsicht.
1 Gutaufgabe, 2 Gutauslauf, 3 Unwuchtantrieb, 4 Außenwendel, 5 Kernrohr, 6 Auslaufquerschnitt

Tabelle 4.10 Einige technische Daten (Beispiel)

H_{max}	B	Leistung	D
5 bis 7 m	80 bis 170 mm	4 bis 25 m^3/h	380 bis 1180 mm

Der prinzipielle Aufbau eines Wendelförderers wird in Bild 4.291 gezeigt. Der **Wendelaufsatz** wird in eine Hub-Drehschwingung versetzt. Der Luftspalt von 0,1 bis 0,3 mm begrenzt die Amplitude der Vibrationsbewegung. Aluminiumaufsätze werden nach dem Einbau der Ordnungselemente harteloxiert oder teflonbeschichtet.

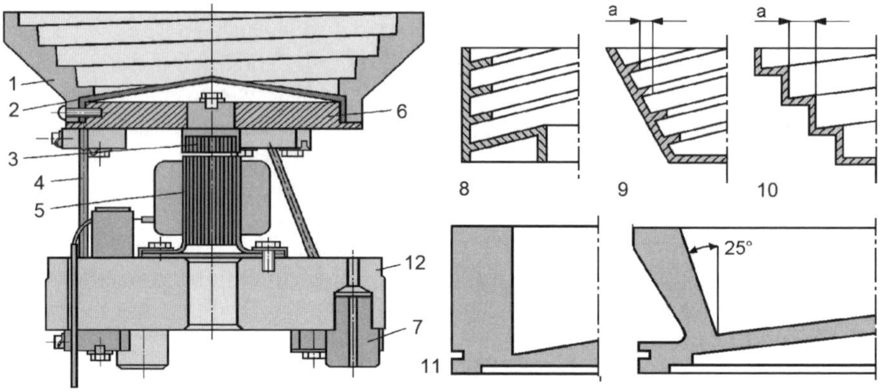

Bild 4.291 Aufbau eines Vibrationswendelförderers mit Zweimassen-Schwingsystem. 1 Wendelaufsatz, 2 Boden, 3 Anker, 4 Blattfeder oder Rundstab, 5 Kern (Spule), 6 Oberschwingteil, Nutzmasse, 7 Gummipuffer, 8 Stahlblech-Zylinderaufsatz, 9 Konusaufsatz, 10 Stufenaufsatz in Blech, 11 Aufsatzrohling aus Kunststoff, Wendel noch nicht eingearbeitet, 12 Basisteil, Gegenmasse, *a* Wendelbreite (Achtung: Elektrostatische Aufladungen bei Polyamid-Aufsätzen!)

Das Oberschwingteil ist über drei schrägstehende Blatt- oder Stabfedern mit dem Unterteil verbunden. Als Antrieb dient der zentral angeordnete Elektromagnet, der den Anker mit einer Schwingfrequenz von 100 Hz oder 50 Hz anzieht.

Die Fördergeschwindigkeit liegt bei 28 m/min. Im dargestellten Beispiel schwingt der gesamte Aufsatzboden mit. Es ist aber auch möglich, den Boden über ein Kugellager anzuschließen. Dann ist der Boden von der Drehschwingung entkoppelt. Das ist bei verschiedenen Werkstückformen, die sich leicht ineinander verhaken, von Vorteil.

Für das Masse-Feder-System sind verschiedene Konstruktionen möglich. In Bild 4.292 wird gezeigt, dass sowohl Rundstäbe als auch Flachfedern eingesetzt werden können. Die Anregung zum Schwingen wird meist elektromagnetisch aufgebracht. Es sind aber auch Unwuchtantriebe oder z. B. Fluidmuskeln einsetzbar. Die Federn verbinden den Förderaufsatz (die Nutzseite) mit der Gerätegrundplatte (Gegenmasse) durch entsprechende Einspannelemente.

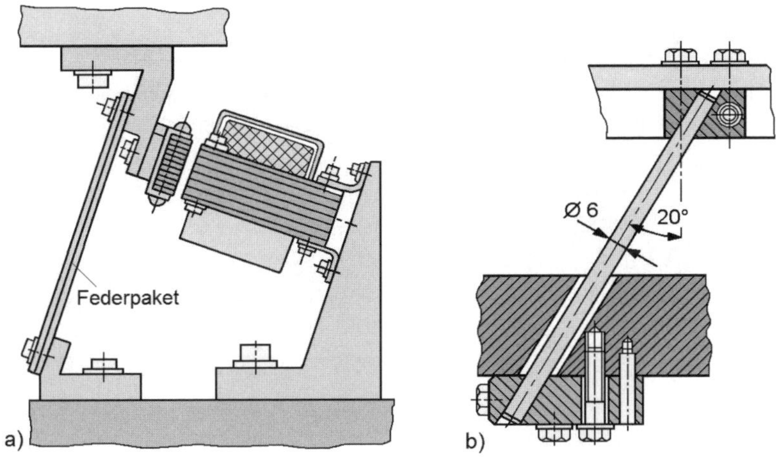

Bild 4.292 Einspannung von Federn an Schwingfördersystemen für Kleinteile.
a) Blattfederpaket, elektromagnetisch angeregt, b) Rundstabfeder mit Klemmelementen

Vibrationswendelförderer werden mit Rechts- oder Linksauslauf hergestellt, was bei einer Bestellung zu beachten ist. Die Laufrichtung wird bei verschiedenen Herstellern unterschiedlich gesehen (von unten betrachtet). Das Bild 4.293 zeigt die meistens benutzte Interpretation.

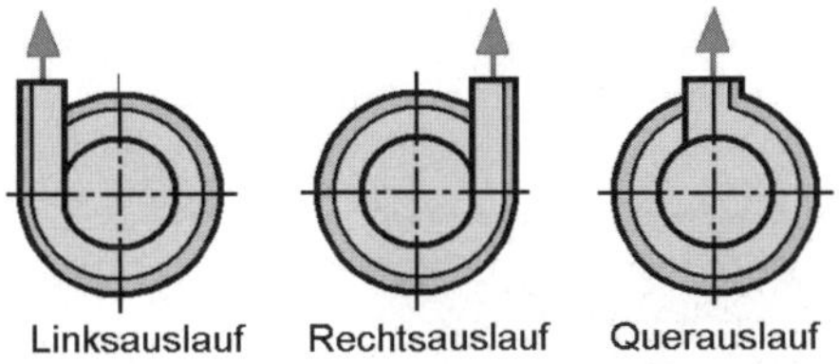

Bild 4.293 Definition der Auslaufrichtung bei Vibrationswendelförderern in der Draufsicht (Beispiel)

Befinden sich Handarbeitsplätze in der Nähe von Vibrationszuführungen, dann wird man noch Schallschutzelemente einsetzen. Es können **Lärmbelastungen** bis 95 dB(A) entstehen. Verschiedene Hersteller bieten als Zubehör Lärmschutzhauben oder Einhausungen (siehe Bild 8.18), Deckel für Vibratoraufsätze oder eine Beschichtung der Förderwendel mit Gummi bis 6 mm, mit Polyurethanfolie (Schichtdicke bis 2 mm, z. B. für schwere, scharfkantige Metall, Glas und Abrasivteile, Schrauben, Schmiede- und Stanzteile) oder Flockbeschichtung für leichte Teile mit empfindlicher Oberfläche an (Tab. 4.11). Ein Kunststoff-Förderaufsatz aus Polyamid kann mit CAD-CAM Technik und auf einem Fünfachsen-CNC-Bearbeitungszentrum gefräst werden.

Tabelle 4.11 Beschichtungswerkstoffe für Vibrationswendelförderer

Material	Eigenschaften	Einsatzbeispiele
Polyurethanfolie, glatt, 1 mm	hohe Beanspruchung gute Schalldämmung	für trockene, saubere Metallteile, schwere Kunststoffteile
Polyurethanfolie, glatt, 2 mm	höchste Verschleißfestigkeit, abriebfest, schlagfest, sehr gute Lärmdämmung	schwere, scharfkantige Metall- und Glasteile
Polyurethanfolie gerieft	Öl kann durch die Rillen ablaufen	verölte, nasse, klebrige Teile, Stanzteile, Schraubenrohlinge
Spritzbeschichtung	geringe Reibung	Gummiteile oder Teile mit gummiartiger Kunststoffoberfläche

Bei Beschichtung von Förderaufsätzen mit Spezialborsten (z. B. aus Polypropylen) kann eine Lärmreduzierung bis zu 30% erreicht werden, gegenüber unbeschichteten Wendelstrecken. Bei derart präparierten Fördertöpfen sind Wendelsteigungen bis zu 10° möglich. Bei unbeschichteten Fördertöpfen können diese bei scharfkantigen, gratigen Teilen bereits nach 3000 Stunden verschlissen sein und müssen ersetzt werden.

Ein ausgeführtes Zuführsystem auf der Basis von Vibratoren wird in Bild 4.294 gezeigt. Der Schwingförderer hat einen Linksauslauf (Die Teile bewegen sich in der Draufsicht gegen den Uhrzeigersinn.), tangential angebaut und als doppelbahniger Auslauf gestaltet. Die Teile werden an eine Geradschwingrinne („Schüttelrutsche“ *shaking chute*) übergeben und bis zur Wirkzone geführt. Der Füllstand an der Geradschwingrinne wird optisch überwacht. Ein weiterer Sensor detektiert permanent die Füllmenge im Wendelaufsatz.

Bild 4.294 Ausführungsbeispiel für die Zuführung kleiner Bundschrauben mit dem Vibrationswendelförderer (Gössling Maschinenbau)

Das Ordnen der Bundschrauben geschieht vor dem Übergang zur Linearschwingrinne an einem freien schrägen Schienenstück als Ordnungselement. Teile die sich am Bord halten können, „überleben" das Hindernis. Falschlagenteile stürzen ab und gelangen über ein Gleitblech zurück in den Vibratoraufsatz (siehe Bild 4.312).

Der allgemeine Zuführablauf für ein Werkstück aus einem Vibrationswendelförderer wird in Bild 4.295 als Symbolfolge dargestellt. Nur die Funktionen 1 bis 4 sind von der Geometrie des Fördergutes abhängig. Dafür gibt es typische und erprobte Schikanen, die in die Förderwendel einzubauen sind und die im Anhang IV bildhaft gezeigt werden.

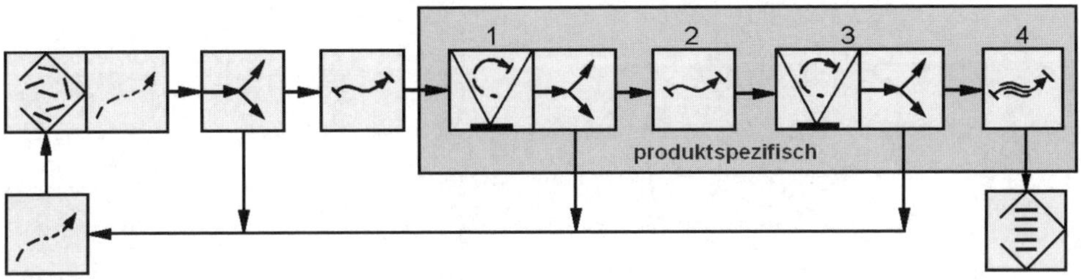

Bild 4.295 Produktspezifische Funktionsbeschreibung eines Vibrationswendelförderers

Für den dargestellten Ablauf sind die Orientierungshilfen zu einer Handhabungstechnologie aufzureihen:

1 Orientierung prüfen und Falschlagen abweisen. Element: Abstreifer in definierter Höhe. Eine Querneigung der Wendel unterstützt den Abwurf

2 Weitergeben des Teils. Die Orientierung wird nicht verändert. Element V-Nut, gerades Wendelstück

3 Wiederholung der Funktionen wie 1 und Übergang in ein geführtes Weitergeben

4 Geführtes Weitergeben. Element: Geneigte Wendel mit Längs-Führungsnut oder Wendel mit Bord. Die Ordnungselemente sind passiv.

Die produktspezifische Anpassung führt dazu, dass die Vibrationswendelförderer meistens nur Einzelanfertigungen sind.

Hat man mehrere verschiedene Teile an eine Bereitstellposition zu bringen, dann verwendet man eine Kombination von Vibratoren mit Rechts und Linksauslauf, wie es in Bild 4.296 gezeigt wird (bei Bestellungen Rechts- oder Linkslauf beachten). Auch hier erfolgt der Weitertransport der Teile mit einer angeschlossenen **Geradschwingrinne**. Die Wendelaufsätze müssen gut zugänglich bleiben, um kleine Störungen in der Förderung beheben zu können, sie zu reinigen und genügend Freiraum für das Nachfüllen bzw. den Anbau von Vorbunkern *(preliminary bins, prefeeders)* zu haben.

Bild 4.296 Doppelanordnung von Vibrationswendelförderern für die Zuführung von Spezialschrauben und Kunststoffhaltern (Gössling Maschinenbau)

In der Montage werden Vibrationswendelförderer oft noch mit Vorbunkern zum Bevorraten weiteren Arbeitsgutes kombiniert und mit der schon erwähnten Linearschwingrinne zum Weitergeben des geordneten Fügeteils bis zur Wirkzone der Montagestation ergänzt. Diese Funktionsbereiche werden in Bild 4.297 dargestellt. Manchmal sind alle Einheiten bereits zu einem kompakten Gerät auf einer gemeinsamen Grundplatte montiert. In dieser Form lassen sich auch erprobte Einheiten bestellen.

Zu den Funktionsbereichen können gehören:

- **Bevorraten:** Bunker, Bandbunker, Elevator, Niveaufühler (Sensor), Ständer, Antrieb, Steuergerät
- **Fördern und Ordnen:** Wendelaufsatz, Vibratorantrieb, Auskleidung, Ordnungselemente (Schikanen), Schalldämmung, Ständer, Steuergerät
- **Weitergeben:** Magazinschiene, Förderband, Betriebsanzeigen, Zuteiler, Ständer, Antriebe, Steuergerät

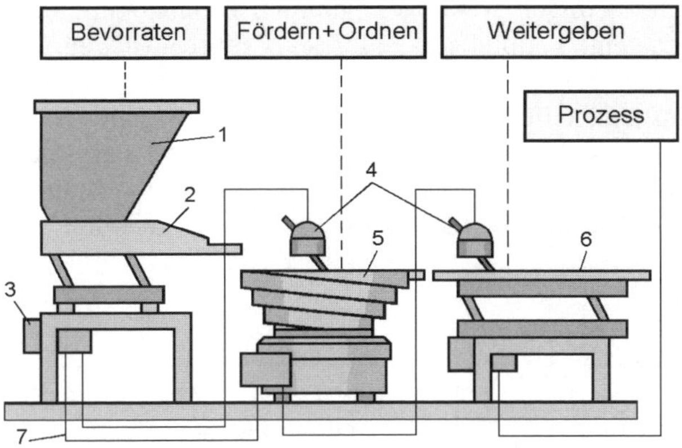

Bild 4.297 Funktionsbereiche einer Fügeteilzuführung mit dem Vibrationswendelförderer.
1 Vorbunker, 2 Schwingrinne, 3 Steuergerät, 4 Füllstandsgeber, 5 Vibrationswendelförderer, 6 Linearschwing-Magazinrinne, 7 Steuerleitung

Eine praktische Anwendung der Selbstorientierung wird in Bild 4.298 vorgestellt. Einzelteile lässt man, zugeführt aus einem Vibrationswendelförderer, über **Magazinplatten** „springen". Diese werden auf einen Geradschwingförderer aufgesetzt. Beim Wandern der Teile über die Formnester füllen sich diese nach und nach. Die Magazinplatten kommen dann zur Montagemaschine und werden dort taktweise geleert. Das Ordnen auf dem Geradschwingförderer funktioniert auch bei figurellen Flachteilen.

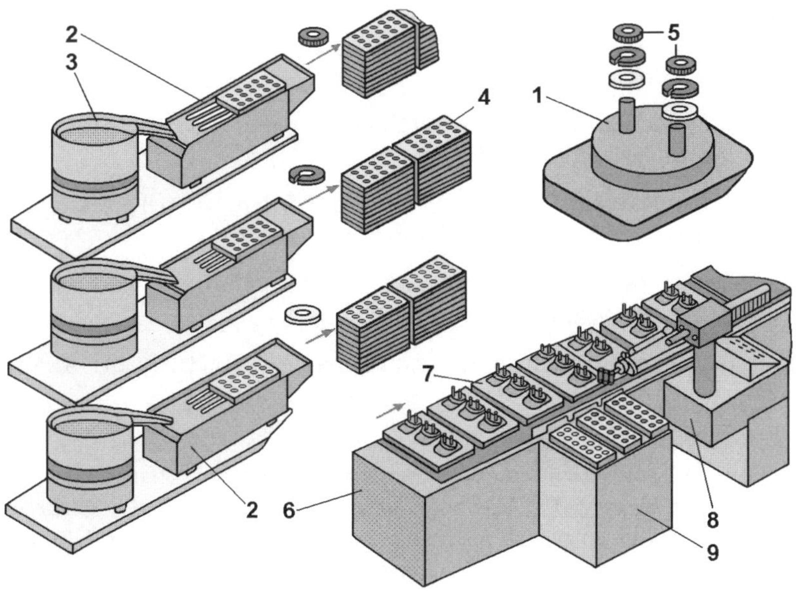

Bild 4.298 Montageanlage mit Magazinpaletten-Bereitstellung.
1 Montagebaugruppe, 2 Linearschwingsystem, 3 Vibrationswendelförderer, 4 Magazinplatte, 5 Montageteil, 6 Transferstrecke, 7 Werkstückträger, 8 Montageroboter, 9 Bauteilbereitstellung

Manchmal ergeben sich auch einfache Lösungen, wenn man Funktionselemente unmittelbar am Vibrator ansetzen kann. Dazu zeigt das Bild 4.299 eine konstruktive Lösung. Der Zuteiler wird von einem pneumatischen Schwenkantrieb bewegt. Im Rhythmus der Montagestation wird jeweils ein Werkstück zugeteilt. Der Rückstau von nachdrängenden Fügeteilen bereitet keine Probleme, weil es nicht zu einer Überlastung des Schwingsystems kommen kann. Wichtig ist, dass es keine feste Verbindung des Zuteilers zum Wendelauslauf des Förderers gibt, weil das sein Schwingverhalten negativ beeinflussen würde.

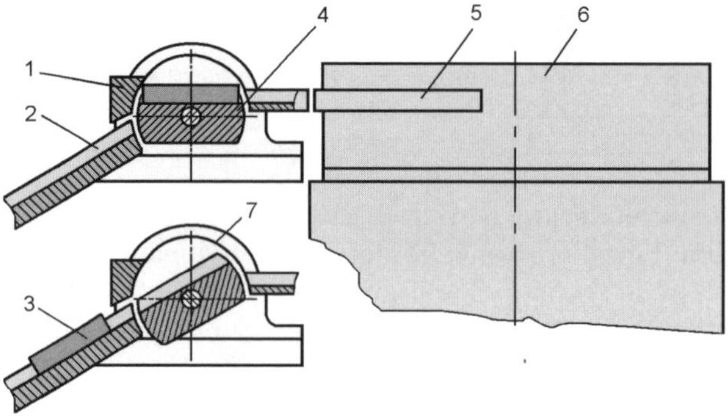

Bild 4.299 Zuteiler unmittelbar am Wendelauslauf eines Vibrationswendelförderers.
1 Anschlag für Werkstücke,
2 Ausgaberinne, 3 Werkstück,
4 pneumatischer Schwenkantrieb, 5 Wendelauslauf,
6 Vibrationswendelförderer,
7 Abdeckung

Wann ist eine **Zuführbarkeit** von Werkstücken im Schwingförderer überhaupt gegeben?

- Werkstückgröße ≤ 150 mm × 50 mm × 50 mm und Masse < 0,5 kg ist ein günstiger Bereich für das Fördern
- Teile müssen einzeln laufen; Sie dürfen sich nicht miteinander verhaken, verkleben oder aneinander haften. Materialdicke ≥ 0,5 mm
- Teile müssen sich ordnen lassen; Formunterschiede ≥ 0,5 mm; Schwerpunktunterschied ≥ 0,5 bis 5 mm können als allgemeiner Grenzwert gelten
- Ist die Leistung erreichbar? Fördergeschwindigkeit: ≤ 12 bis 18 m/min; Förderfaktor ≥ 0,5 (Wahrscheinlichkeit der gewünschten Orientierung)
- Bei Gleitförderung statt Mikrowurfprinzip, z. B. mit Piezoantrieb 400 Hz (Fa. Fehlings) können die Grenzen für Formunterschiede der Teile unterschritten werden.

Um die in einem lückenlosen Werkstückstrang ankommenden Teile in einen Orientierungsvorgang zu bringen, müssen sie zueinander einen kleinen Abstand α haben, also als Einzelstück laufen. Nur dann können die Ordnungshilfen planmäßig ihre volle Wirkung entfalten. Das Auseinanderziehen wird u. a. durch das so genannte **Differenzialvereinzeln** erreicht (Bild 4.300). Die Steigung der Förderwendel im Winkel α_1 bekommt dazu einen Knick, d. h. sie geht in eine Steigung mit dem kleineren Winkel α_2 über. Die Teile laufen dann mit anderer Geschwindigkeit v, was zum Auseinanderziehen von Werkstücken führt. Jede Erhöhung der Wendelsteigung um 1° verringert die Laufgeschwindigkeit der Teile um 3 %.

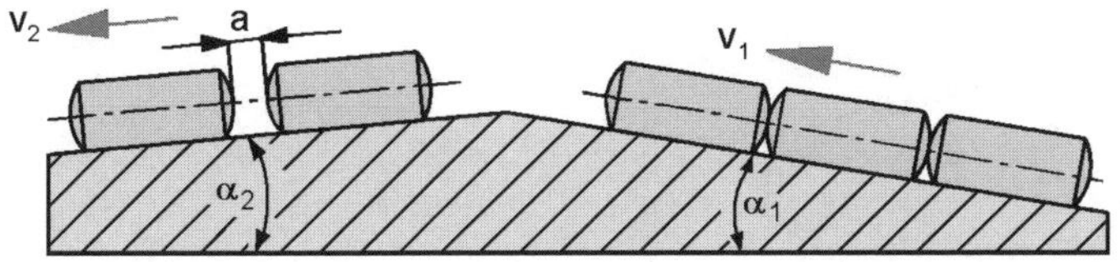

Bild 4.300 Differenzialvereinzeln bei einem Wendelhochlauf der Teile

Der **Aufsatzbunker** wird normalerweise von oben nachgefüllt. Es gibt aber auch die Möglichkeit, einen Vorratsbunker zu integrieren und das Arbeitsgut mit einem Hubkegel allmählich nach oben zu bewegen (Bild 4.301).

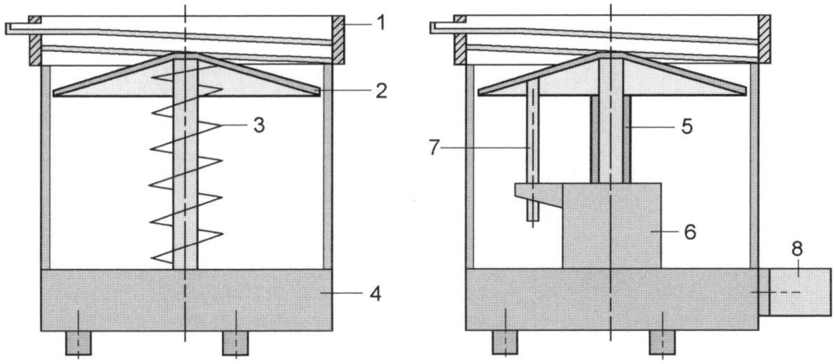

Bild 4.301 Vibrationswendelförderer mit integrierter Nachschubmechanik.
1 Kurzwendelaufsatz, 2 Hubkegel, 3 Druckfeder, 4 Schwingsystem, 5 Hubspindel, 6 Getriebe und Spindelmutter, 7 Verdrehsicherung, 8 Elektromotor

Das kann mit einer Feder geschehen, deren Kraft auf die jeweilige Gewichtskraft des Arbeitsgutes abgestimmt ist. Das Niveau des Gutes wird etwa auf gleicher Höhe von selbst gehalten. Alternativ lässt sich eine Hubbewegung auch mit einem Spindeltrieb realisieren.

Ein beinahe eigenständiges Thema ist das Orientieren von Teilen während des Hochlaufs auf der Wendel eines Vibrationswendelbunkers. In den Lauf werden verschiedene Ordnungshilfen (Schikanen) eingebaut. Das sind mechanische Elemente wie Höhenabweiser, Formabweiser, Ausklinkung der Bahn, Fallöffnungen, Profilschienen, Schrägwendel mit Bord, Wendel mit Längsnut, Überlauf, Kippstufen und auch Blasluftdüsen [4.18]. Das Ordnen von Schrauben wird im Bild 4.302 als Beispiel gezeigt. Die **Handhabungstechnologie** ist gut erkennbar und typisch. Das Überlaufelement erzeugt eine einreihige Werkstückschlange. Der Höhenabweiser sondert stehende Teile aus. Ein längs genutetes Bahnstück bewirkt das Aushängen von hängefähigen Teilen, wie z. B. Zylinderkopfschrauben.

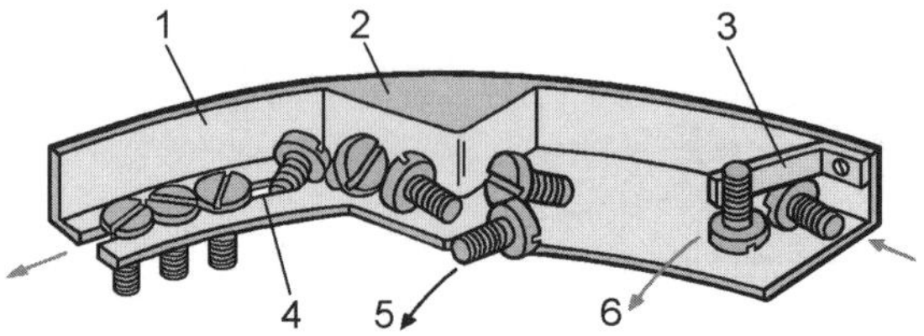

Bild 4.302 Handhabungstechnologie für das Ordnen von Schrauben.
1 Vibratorwendel, 2 Überlaufelement, 3 Höhenabweiser, 4 Wendelstück mit Längsnut, 5 Aussondern paralleler Teile, 6 Aussondern stehender Teile

Auch Teile mit etwas schwierigeren Gestaltmerkmalen lassen sich oft mit rein mechanischen Elementen relativ einfach ordnen. In Bild 4.303 wird gezeigt, wie man eine Scheibe mit Nut ordnen kann.

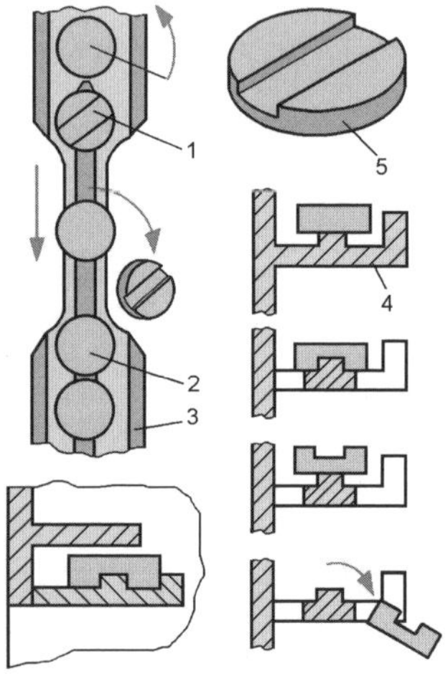

Bild 4.303 Ordnen einer profilierten Scheibe im Vibrationswendelförderer.
1 Teil in Falschlage, labile Auflage, 2 Richtiglage, Teil reitet auf der Schiene, 3 Vibratorwendel (Draufsicht), 4 Wendel mit aufgesetzter Schiene, 5 Werkstück, Scheibe mit Quernut

Alle Teile, die mit der Nut nach oben laufen, finden keinen Halt auf der erhöhten Mittelschiene und fallen in den Aufsatzbehälter zurück. Teile die an der Mittelschiene Führung finden nehmen eine stabile Lage ein, laufen durch und sind damit geordnet.

Der Einbau und die Sicherung der Funktion von Schikanen erfordert viel Erfahrung. Deshalb wurde bei der Vibratorzuführung nach Bild 4.304 ein etwas anderer Weg beschritten. Es geht um die Zuführung von Mikrokomponenten. Die Schikanen befinden sich außerhalb des Schwingtopfes auf einer Linearschwingrinne *(shaking chute, linear vibratory conveyor)*. Die Rinne ist leicht auswechselbar und kann vollständig auf einer CNC-Werkzeugmaschine gefräst und gebohrt werden. Damit gibt es ein universelles Grundgerät und werkstückspezifische Ordnungsschienen. Falschlagenteile werden auf die etwas tiefer liegende Rücklaufschiene abgeworfen. Diese Teile erreichen einen Vibrator mit Außenwendel, der sie zur **Ordnungsstrecke** zurückbringt. Beide Vibratoren besitzen einen Piezo-Antrieb. Der Linearschwingförderer ist für die Vorwärts und Rücklaufstrecke als eine Einheit mit einem einzigen Antrieb ausgeführt. Die entgegengerichtete Anlenkung der Flachfedern bringt beide Transportrichtungen hervor.

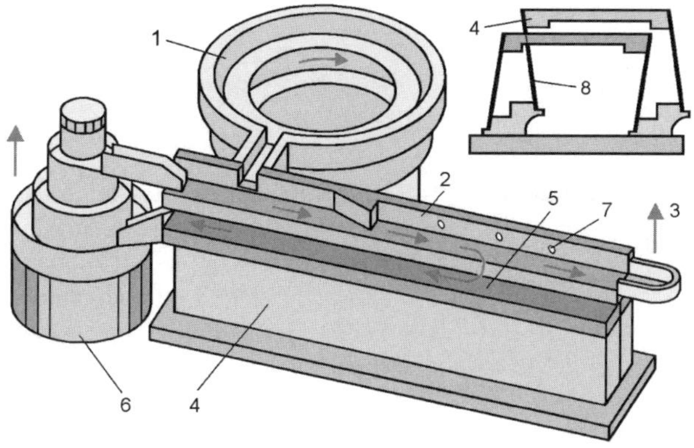

Bild 4.304 Zuführsystem für Mikrokomponenten (Cosberg; www.cosberg.com).
1 Vibrationswendelförderer, 2 Ordnungsstrecke, 3 Abnahmeposition, 4 Linearschwingrinne, 5 Rücklaufstrecke, 6 Hochförderer, 7 Blasluftdüse, 8 Flachfeder

Eine Kombination von Sensor und Luftstrahldüse kann man in Bild 4.305 sehen. Die Teile müssen allerdings mit Werkstückabstand laufen. Die Blasluft wird nur dann eingeschaltet, wenn ein optischer oder induktiver Sensor unter der Wendel die Vorderkante eines Werkstücks festgestellt hat. Teile, die mit dem Schlitz voran ankommen, können passieren, weil der kurze Druckluftstoß im Schlitz keine Abwurfkraft erzeugen kann.

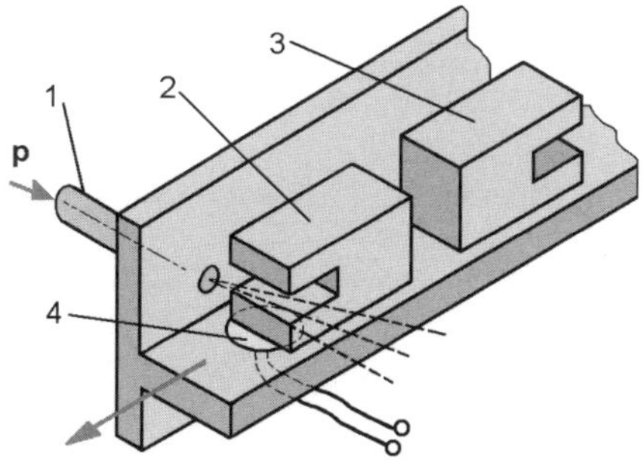

Bild 4.305 Aussondern von Falschlagen auf der Vibrationswendel.
1 Druckluftdüse, 2 Teil in Richtiglage, 3 Teil in Falschlage, 4 induktiver Näherungsschalter, *p* Druckluft

Soll das Orientieren von Teilen nach dem Masseschwerpunkt erfolgen, dann muss dieser außerhalb der geometrischen Mitte liegen. Das Abkippen erfolgt in einen Spalt, dessen Breite b größer sein muss als der Werkstückdurchmesser D. Die Breite darf aber auch nicht zu groß sein, weil dann der Orientierungseffekt nicht eintritt. Aus Experimenten hat man für zylindrische Teile aus Stahl gemäß Bild 4.306 folgende Gln. 4.125 und 4.126 für die Berechnung der Breite b gefunden:

$$b_{min} = \sqrt{[(0{,}175 \cdot D + x)^2 + d^2]} + 5{,}7 \cdot a \tag{4.125}$$

$$b_{max} = L - x - 0{,}32 \cdot D \tag{4.126}$$

a Amplitude der schwingenden Zuführbahn

b_{min} kleinstzulässige Breite

b_{max} größtzulässige Breite

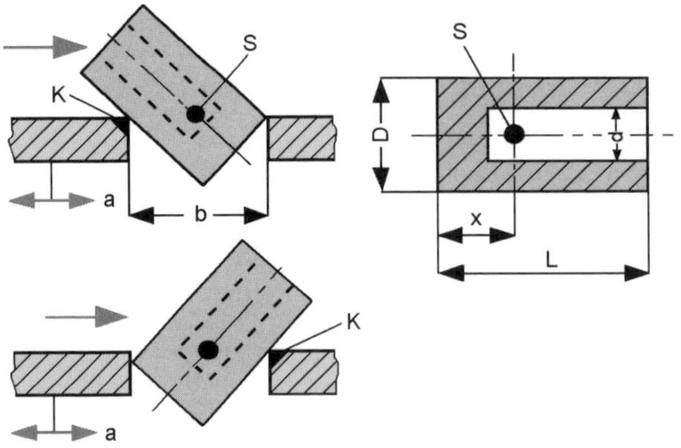

Bild 4.306 Orientieren durch Abkippen in einen Spalt definierter Breite.
a Schwingamplitude, *D* Werkstückdurchmesser, *d* Innendurchmesser, *K* Kippkante, *L* Werkstücklänge, *S* Masseschwerpunkt, *x* Schwerpunktabstand

Außer Kippkanten *(tilting edges)* gibt es natürlich viele weitere Ordnungselemente, die für das Orientieren im Wendelbunker *(helical conveyor)* eingesetzt werden können [2.8], wie z. B. Druckluftdüsen. Werden sie als Ordnungshilfe verwendet, dann gibt es keine Schikanenberührung und keinen Bremseffekt. In Bild 4.307 wird gezeigt, wie man mit einem feinen Luftstrahl Hohlteile, wie z. B. Sockel von Allgebrauchsglühlampen, von der Wendel blasen kann, wenn sie in Falschlage mit der Öffnung auf der Wendel oder auf einer Linearstrecke aufliegen.

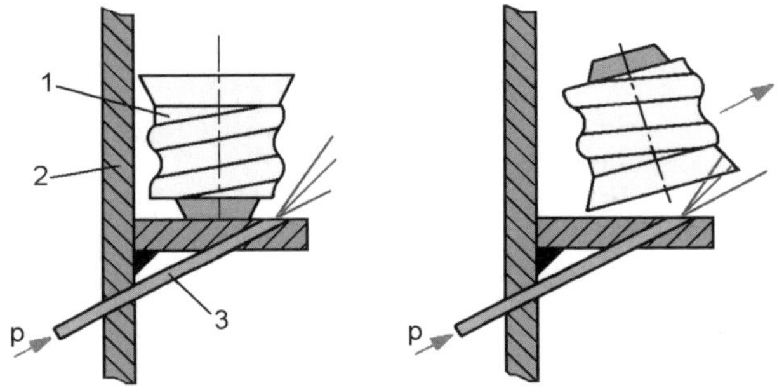

Bild 4.307 Ordnen eines Glühlampensockels E24 mit Druckluftdüse.
1 Werkstück, 2 Vibratorwendel, 3 Düsenrohr, *p* Druckluftimpuls

Das Anströmverhalten der Teile hängt in bestimmtem Maße von der Teilegeometrie ab. Der richtige Strahlwinkel und die passende Strahlstärke müssen meistens experimentell ermittelt werden. Lösungen mit Blasluftdüsen haben natürlich nichts bei einer Produktion in **Reinräumen** zu suchen.

Einige weitere, rein mechanisch wirkende **Ordnungshilfen** *(sorting element)* werden in Bild 4.308 dargestellt. Es werden Werkstückform (Eigenheiten der Außenkontur) und asymmetrische Schwerpunktlagen ausgenutzt.

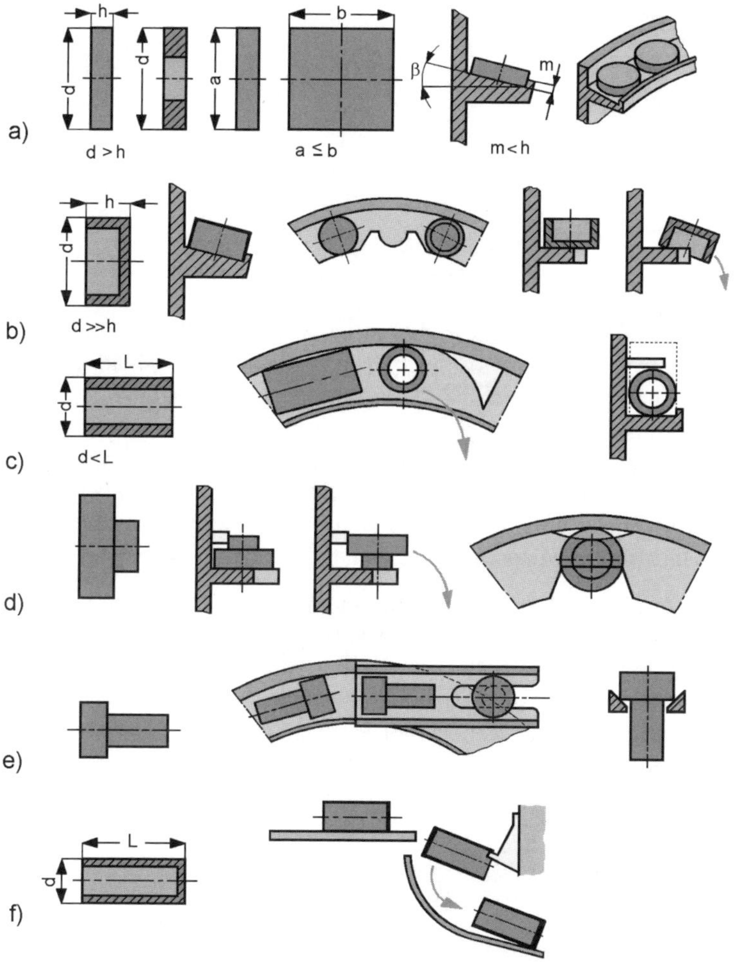

Bild 4.308 Ordnen von Teilen auf der Wendel von Vibrationswendelförderern.
a) Erzeugung einschichtiger Werkstücklagen, b) Ausnutzung von Objektöffnungen; Falschlagenteile kippen ab, c) stehende Teile werden abgewiesen, d) Durchmesserunterschiede dienen als Ordnungsmerkmal, e) Ordnen durch Aushängen, f) Ordnen durch Aufspießen einseitig offener Teile. $\beta = 3° \ldots 5°$

Um einen Körper in eine einheitliche Wunschorientierung zu bringen, reichen oft schon einfache Anschläge auf der schwingenden Wendel aus, wie es in Bild 4.309 zu sehen ist.

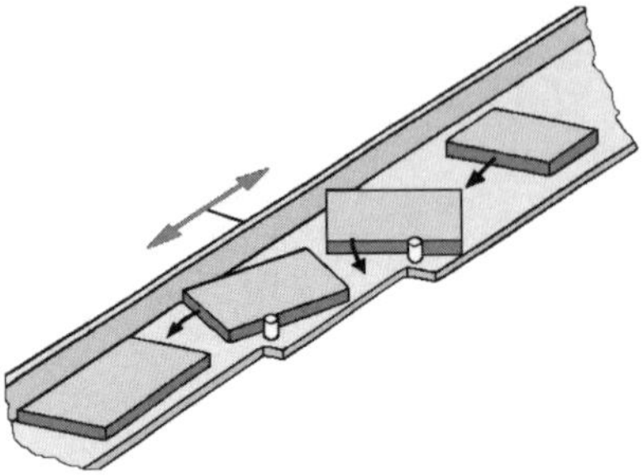

Bild 4.309 Umorientieren durch Anlaufstifte auf der Förderwendel

Wie sich die Werkstücke beim Bewegen gegen Richtkanten wie Wendelrand, Führungsschienen (siehe auch Bild 4.209), Kippkanten, Aufprallflächen, Abweiser, Profil-Fallöffnung u. a. verhalten, ist von Werkstücktyp zu Werkstücktyp verschieden. Die meisten Schikanen arbeiten berührend und ordnen die Teile durch Dreh- oder Geradrichten sowie durch Wenden. In der Regel werden mehrere Schikanen angeordnet, die in ihrer Aufeinanderfolge eine „Handhabungstechnologie" *(handling technology)* ergeben. Alle mechanisch wirkenden Schikanen führen allerdings zu einer mehr oder weniger großen Abbremsung der Werkstücke, was die Förderleistung *(delivery capacity)* meistens negativ beeinflusst.

Ein Weg besteht auch darin, profilierte Werkstücke mit einem Druckluftstrahl durch eine Profilöffnung zu treiben, wenn diese Orientierung die Falschlage ist (Bild 2.310a). Um sicher zu gehen, wird die Schablone wiederholt. Teile mit der Nut nach oben werden ausgesondert. In Bild 2.310b) wird der Abwurf solcher Werkstücke realisiert, die auf den angenieteten Säulen einer kleinen Platine stehen. Bei Richtiglage bietet das Werkstück dem Druckluftstrahl eine zu kleine Fläche, um abgeworfen zu werden. Die Lösung ist einfach zu realisieren.

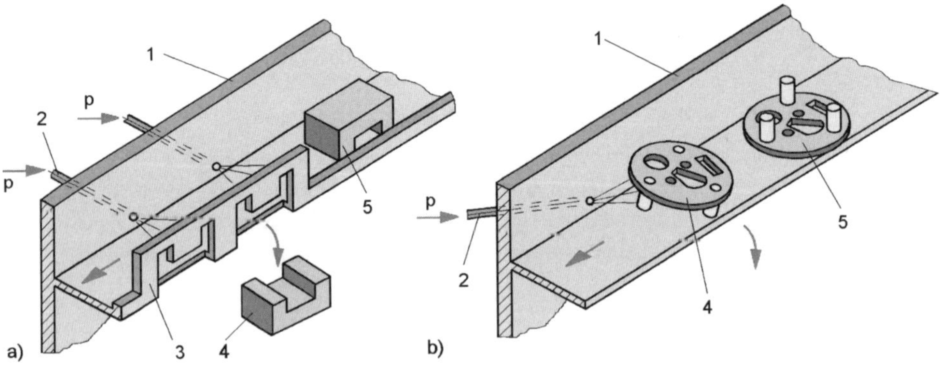

Bild 4.310 Ordnen mit Hilfe von Druckluftdüsen.
a) Ordnen von Prismateilen, b) Ordnen von Platinen,
1 Wendel, 2 Luftdüse, 3 Profilöffnung, 4 Werkstück in Falschlage, 5 Werkstück in Richtiglage

Das Orientieren der Teile kann auch außerhalb des Vibrationswendelförderers vollendet werden. Dazu zeigt das Bild 4.311 ein Beispiel. Die in Längsachse vorgeordneten Teile hängen sich in der Auslaufrinne aus, werden von der Gleitbahn gehoben und fallen dann in ein Schachtmagazin. Jetzt haben sie die im Montageprozess erforderliche Orientierung.

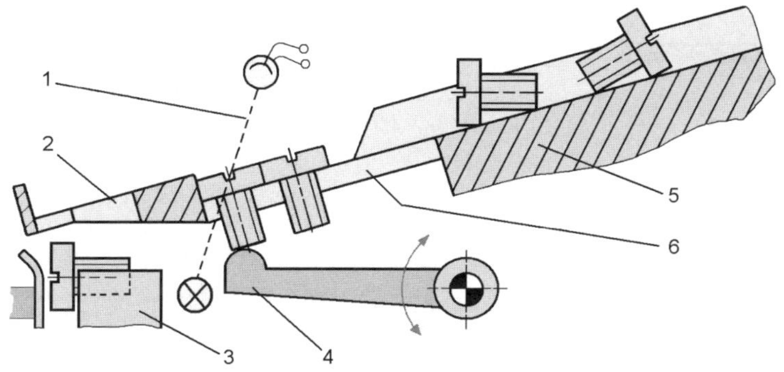

Bild 4.311 Zuteilen kurzer Schrauben.
1 Lichtschranke, 2 Bahnstück mit Profilaussparung, 3 Schachtmagazin an Montagemaschine, 4 Ausheber, 5 Vibratorauslaufschiene, 6 geschlitztes Bahnstück

Bei hängefähigen Werkstücken (winklige Teile, Pilzkopfteile, Schrauben mit einer angestauchten Scheibe, Maschinenteile u. ä.) lassen sich Falschlagenteile *(incorrectly-oriented workpieces)* leicht aussondern, indem man eine kurze Strecke der Wendel des Förderers, wie in Bild 4.312 gezeigt, ausführt. Die Teile richten sich allmählich aus. Die Profilschiene geht dann in ein rechteckiges Profil über, sodass die Werkstücke die erreichte Orientierung sicher behalten. Ein realisierter Vibrator für das Ordnen von Bundschrauben ist rechts im Bild ausschnittweise zu sehen.

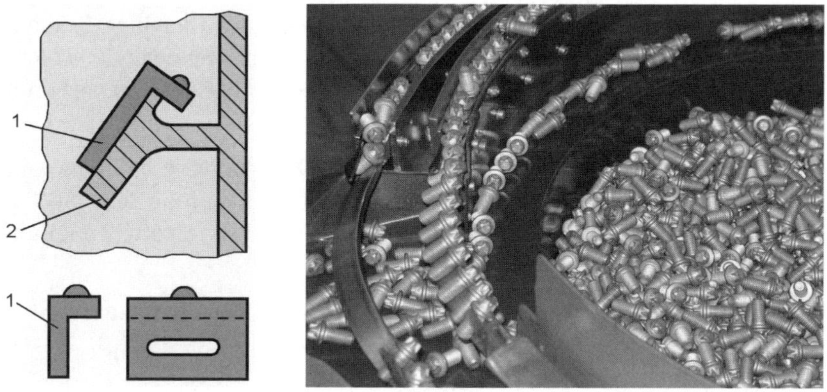

Bild 4.312 Gestaltung einer Profilschiene zum Aushängen von Kopf- oder Winkelteilen am Auslauf eines Vibrationswendelförderers (Foto: Gössling Maschinenbau).
1 Werkstück, Winkelformteil, 2 Vibratorwendel

Bei der maßlichen Gestaltung der Förderwendel ist zu beachten, das der Mindestabstand der Wendel mit dem Ordnungsvorgang harmonieren muss. Dazu müssen die möglichen Orientierungen der Teile, z. B. hängende und stehende Werkstücke Berücksichtigung finden. Wird nur eine Orientierung (Lage) eingenommen, dann vereinfachen sich die Berechnungen. Stehende und übereinander liegende Teile werden durch Abweiser ausgesondert. Die beiden vorkommenden Fälle werden in Bild 4.313 dargestellt.

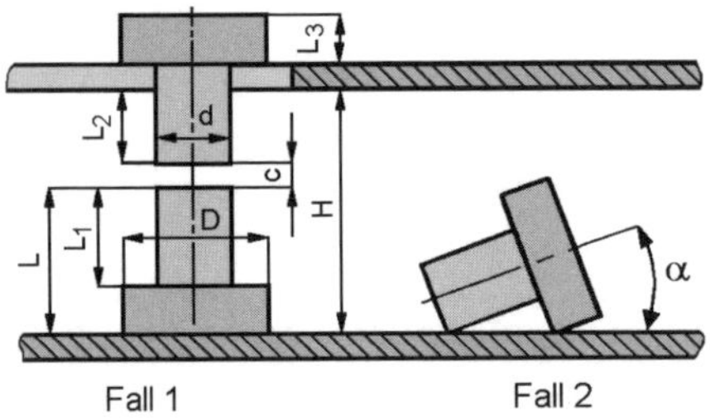

Bild 4.313 Maßverhältnisse bei einem Wendelabstand *H*.
c Spiel, Richtwert 10 ... 20 % von *H*, *d*, *D* Werkstückdurchmesser, *H* Wendelmindestabstand, L_i Werkstücklängen, *α* Werkstückachsenneigung

Der Wendelzwischenraum ergibt sich mit den Gln. 4.127, 4.128 wie folgt:

Fall 1:

$$H = L + L_2 + c \tag{4.127}$$

Fall 2:

$$H = L_3 \cdot \sin\alpha + D \cdot \cos\alpha + L_2 + c \tag{4.128}$$

Die komplette Ausgestaltung eines Vibrationswendelförderers für die Zuführung eines Steckverbindergehäuses aus Kunststoff kann man in Bild 4.314 sehen. Die Handhabungstechnologie lässt sich wie folgt angeben:

Abweiser (Abstreifen übereinander liegender Teile) → **Überlauf** (Herstellen einer einreihigen Werkstückschlange) → angetriebenes **Formrad und Schrägwendel** (Tastkontrolle, Richtiglagen können passieren, Falschlagen gleiten ab) → Magazinauslauf (Erhalten der Orientierung).

Von den möglichen vier unterschiedlichen Orientierungen wird nur eine benötigt. Deshalb werden 75 % der Teile abgewiesen. Ein angetriebenes Förderrad am Wendelende schickt nur die Teile weiter, in die die Zähne des Rades eintauchen können. Falschlagen verlieren den Halt und gleiten in den Förderaufsatz zurück.

Zur Vertiefung der Problematik wird in Bild 4.315 ein weiteres Beispiel vorgestellt. Es geht um das Zuführen und Ordnen von Kontaktfahnen aus Messing. Es werden rein mechanisch wirkende Elemente eingesetzt. Die Handhabungstechnologie lässt sich wie folgt angeben:

Abweiser → **Ausklinkung** (örtliche Verengung der Wendel, um nebeneinander laufende Teile abzuweisen) → **Quernut** → **Rampe** → **Aushängestrecke**

Ist die Rückenlage erreicht, folgt das Längsausrichten der Teile. Dann existieren noch zwei Orientierungen: Buchse voran oder Buchse nacheilend. Die vollständige Orientierung wird dann beim Aushängen der Teile im Schlitz (Schnitt CC) erreicht. Laufen die Teile weiter und verlassen den Schlitzbereich, dann befindet sich die Buchse stets vorn. Diese Orientierung muss dann durch eine passende Magazinschiene dauerhaft gesichert werden.

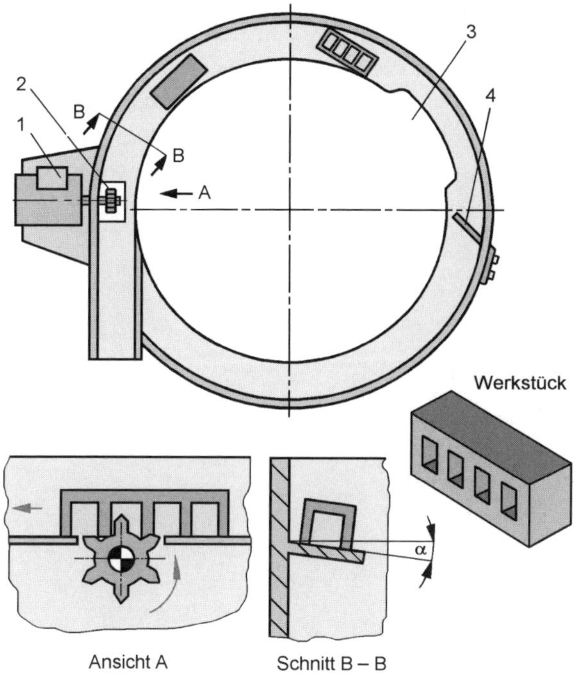

Bild 4.314 Ordnen eines Steckverbindergehäuses mit Kontaktkammern.
1 Getriebemotor, 2 Zahnrad mit abgestimmter Teilung, 3 Überlaufstrecke, 4 Abweiser

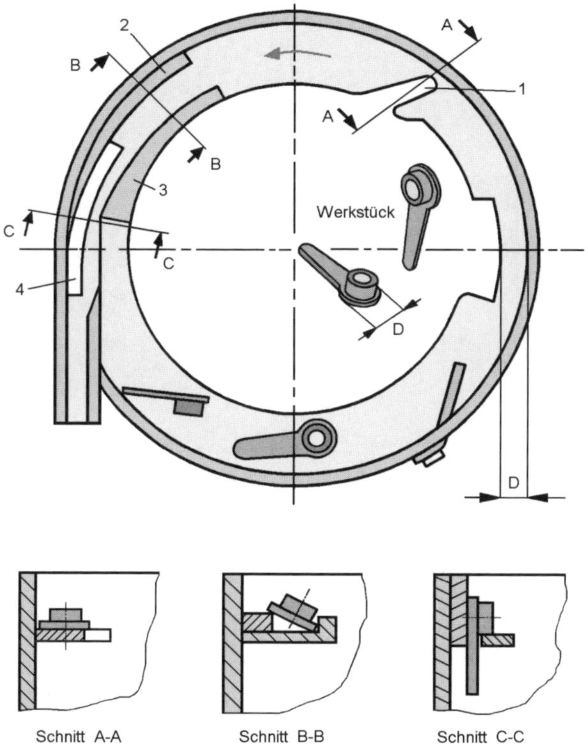

Bild 4.315 Ordnen von Kontaktfahnen.
1 Quernut zum Herausführen von Buchsenfalschlagen, 2 Rampe zum Aufstellen, 3 Bord, 4 Schlitz zum Aushängen

Besonders für Kleinteile, die in der Montage in großen Stückzahlen gebraucht werden, hat der Vibrationswendelförderer auch heute und in absehbarer Zeit herausragende Bedeutung. Deshalb wird in den nächsten beiden Bildern die jeweils realisierte Handhabungstechnologie erklärt. In Bild 4.316 wurde die Technologie: **Abweiser - Ausklinkung - Formabweiser - Ausklinkung - Magazinauslauf** realisiert. Das Ordnen wird durch Gegenformelemente erreicht.

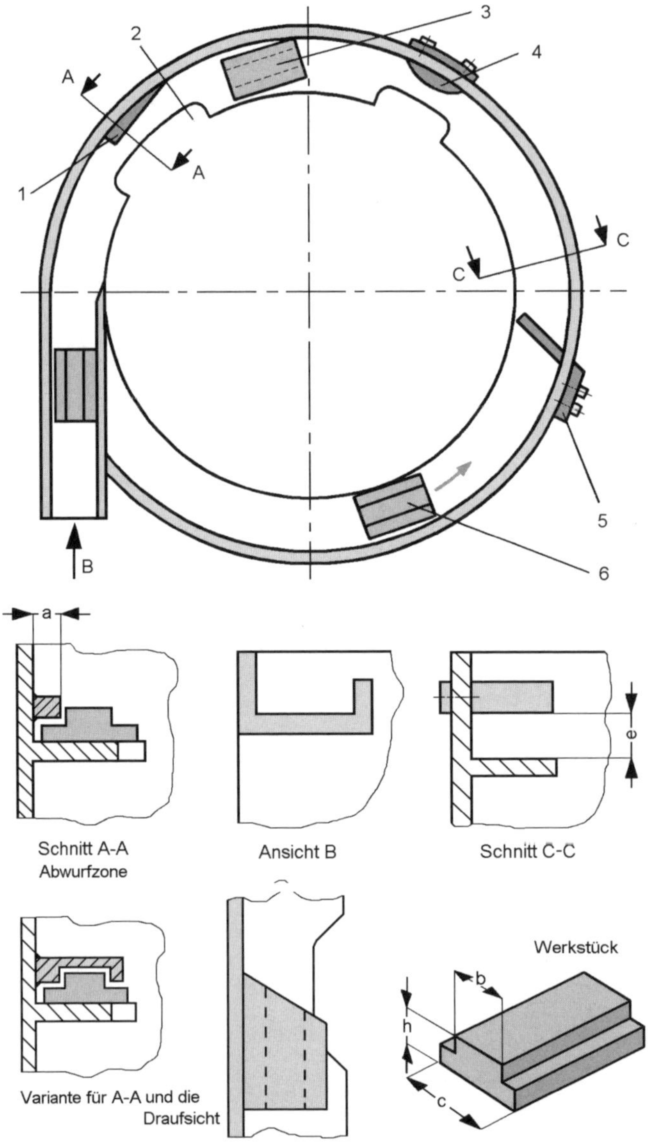

Bild 4.316 Handhabungstechnologie für abgesetzte Prismateile.
1 Profilschiene, 2 Abwurfzone, 3 Teil in Falschlage, 4 Überlauf für parallel laufende Teile, 5 Höhenabstreifer, 6 Teil in Richtiglage, $a = 0{,}5\ (c - b)$, $e = h - 0{,}5$ mm

Ein weiterer Einsatzfall behandelt eine **Handhabungstechnologie** für offene Sicherungsringe. Es wurde folgende Abfolge von Ordnungselementen vorgesehen (Bild 4.317):

Abweiser → Profilwendel V → Profilwendel U → Heber → gedeckte U-Schiene

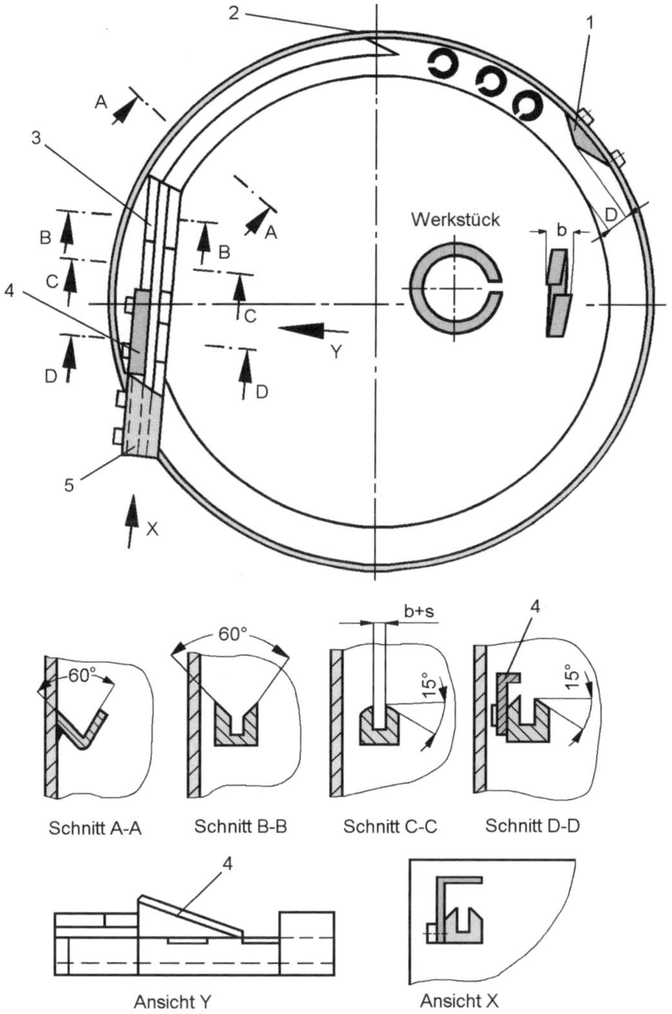

Bild 4.317 Handhabungstechnologie für das Ordnen von Sicherungsringen [2.8].
1 Abweiser, 2 Beginn einer V-förmigen Wendel mit 60° Öffnung, 3 Brücke, 4 Heber für waagerecht liegende Scheiben, 5 Rinnenauslauf, *b* Werkstückdicke, *s* Spiel, *D* Werkstückdurchmesser

Die **Auslaufrinnen** an Wendelförderern sollten möglichst kurz ausgeführt werden. Man kann Rinnen gestellfest ausführen (Bild 4.318), die nicht mitschwingen und auch das Schwingverhalten des Förderaufsatzes nicht beeinträchtigen. Wird das nicht beachtet, dann wird das Werkstück im Auslaufstück hin- und hergeworfen, ohne weiter geradeaus zu laufen.

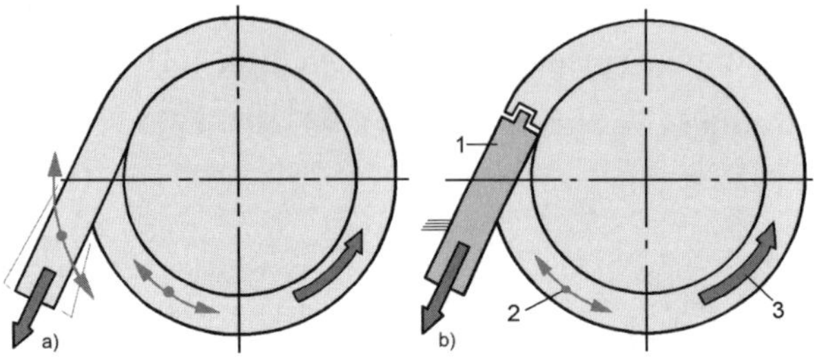

Bild 4.318 Vibrationswendelauslauf. a) mitschwingender Auslauf, b) entkoppelter Auslauf. 1 gestellfeste geneigte Rinne, 2 Schwingrichtung, 3 Förderrichtung

In Bild 4.319 wird das Ordnen kleiner Kegelteile gezeigt. Die Teile werden im Durchlauf auf der Wendel eines Vibrationswendelförderers geführt. Falsch orientierte Teile stürzen an einer einfachen Kippkante ab, wenn sie auf der kleinen Stirnfläche liegen. Teile in Richtiglage passieren dagegen die Schikane ohne Absturz. Damit das funktioniert, muss der Abstand *b*, abhängig von den Teiledurchmessern und dem Winkel φ der Kippkante, ermittelt werden [4.18].

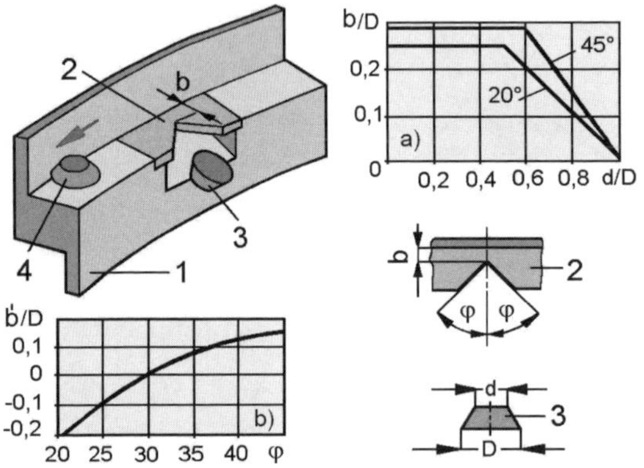

Bild 4.319 Ordnen von Kegelteilen (nach Boothroyd).
1 Vibratorwendel, 2 Kippkanteneinsatz, 3 Werkstück, *b* maximal akzeptabler Abstand, beeinflusst von den Parametern des Schwingsystems

Beispiel

Ein Kegelteil hat die Durchmesser d = 32 mm und D = 40 mm. Der Winkel φ für die Ausklinkung wird mit φ = 35° gewählt. Wie groß ist der Abstand b zu wählen?

$$\frac{d}{D} = \frac{32}{40} = 0{,}8$$

Aus dem Diagramm in Bild 4.319a) liest man ab:

$$\frac{b}{D} = 0{,}12 \quad (\text{bei } \varphi = 35°)$$

$b = D \cdot 0{,}12 = 40 \cdot 0{,}12 = 4{,}8$ mm

Übungsaufgabe 4.7: Entwurf einer Handhabungstechnologie

Das in Bild 4.320 gezeigte Teil soll mit dem Vibrationswendelförderer zugeführt werden. Dazu sind **Orientierungshilfen** (Schikane) zu entwerfen, die die Teile während des Hochlaufens in eine Wunschorientierung bringen.

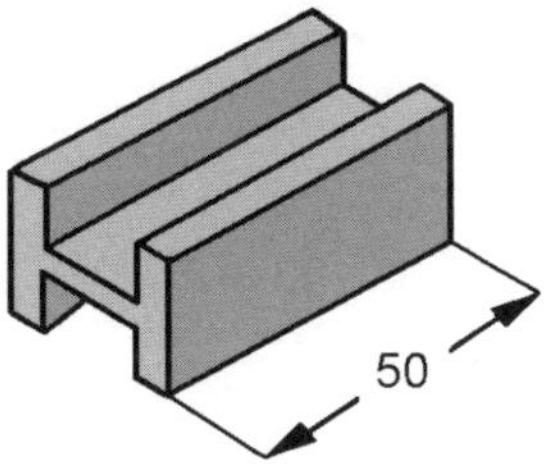

Bild 4.320 Beispielwerkstück

Erkläre die Vorgehensweise und skizziere die Wendelgestaltung mit den erforderlichen Schikanen.

Grundsätzlich lassen sich die meisten Ordnungsaufgaben auch auf einer linearen Schwingrinne erledigen, wenn man die geeigneten Schikanen entsprechend einer **Handhabungstechnologie** anordnet. Oft werden aber die Linearschwingrinnen nur für den horizontalen Transport von Teilen eingesetzt. Eine interessante Modifikation ist eine schwingende und mit Borsten besetzten Bahn (Bild 4.321). Bei der Vorwärtsbewegung der Schwingrinne biegen sich die Borsten gegen ihre ursprüngliche Neigung nach hinten, wobei das Werkstück auf dem Borstenfeld verbleibt. Es gleitet nicht zurück. Bei der folgenden Vorwärtsbewegung wird die schwingende Rinne durch schrägstehende Federpakete im Schwingantrieb angehoben und das Teil im „Mikrowurf" vorwärts bewegt. Während des Wurfes bewegt sich die Förderrinne wieder zurück und das Teil trifft auf die inzwischen in Ruhestellung stehenden Borsten auf. Dabei wird die Aufprallenergie des Teiles durch die Borsten aufgefangen. Weil die Borsten im Winkel von 70° zur Senkrechten stehen, funktioniert das Fördern der Teile grundsätzlich auch bei Vertikalschwingungen der Borstenstrecke. Durch die Richtungsabhängigkeit von Borstenfeldern lassen sich diese auch zu einem „Parcours" zusammenstellen (Bild 4.321b). Aufgesetzte Werkstücke wandern nach und nach zum Ausgang des Speichers (ultravibrierender Bürstenteppich mit $v = 10$ m/min; Lärm < 78 dB(A)).

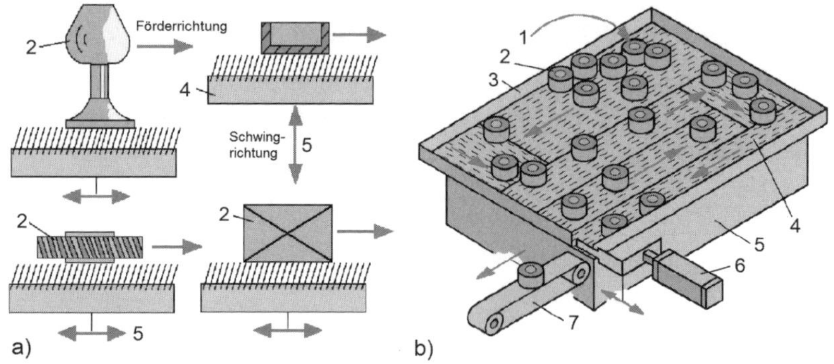

Bild 4.321 Funktionsweise und Anwendung von schwingenden Borstenfeldern.
a) Die Förderrichtung ergibt sich aus schrägstehenden Borsten. b) Anwendungsbeispiel Flächenspeicher mit Abführ-Förderband,
1 Aufgeben eines Werkstücks, 2 Werkstück, 3 Seitenbord, 4 Borstenfeld, 5 Schwingsystem, 6 Zuteiler, 7 Förderband

Allgemein weisen Schwingsysteme mit Borstenfeld folgende charakteristische Vorteile auf:

- starke Geräuschdämpfung
- Empfindliche und polierte Teile werden schonend gefördert.
- Ölige Teile kleben nicht an der Förderrinne. Sie liegen auf den Borstenspitzen.
- Das Borstenfeld ist tendenziell selbstreinigend.
- größere Förderleistung gegenüber Schwingrinnen ohne Borstenbesatz
- größere Standzeit der Förderrinne gegenüber Schwingrinnen ohne Borstenbelag beim Fördern von scharfkantigen Teilen
- leichte Reinigung des Borstenfeldes mit handelsüblichen fettlösenden Spülmitteln

Abschließend wird in Bild 4.322 ein Gerät gezeigt, dessen Wirkung der Hersteller als **„Flächenschwingsortierung“** *(flat area vibratory sorting)* bezeichnet. In das Aufgabefeld geschüttete Rundteile werden in mehreren Ablaufschritten bis zu einem Förderband gebracht, wo sie dann als Einzelstück und orientiert dem Prozess bereitgestellt werden. Die Speicherfunktion ist gut beobachtbar. Das Auflegen der Teile bereitet keine Schwierigkeit. Der gesamte Handhabungsablauf schont die Werkstücke recht gut.

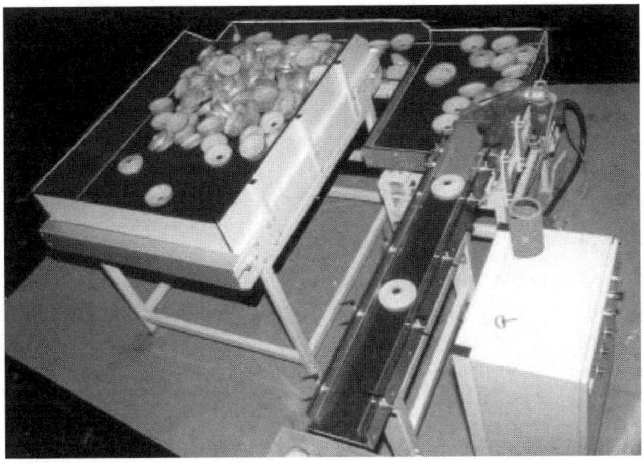

Bild 4.322 Schonende Teilezuführung mit einem Flächenschwing-Gerät (Gössling Maschinenbau)

In Bild 4.323 wird die Laufrichtung der Werkstücke bei vertikalen Schwingungen dargestellt. In Längsrichtung der Linien stehen die Borsten mit einer Neigung von etwa 70°.

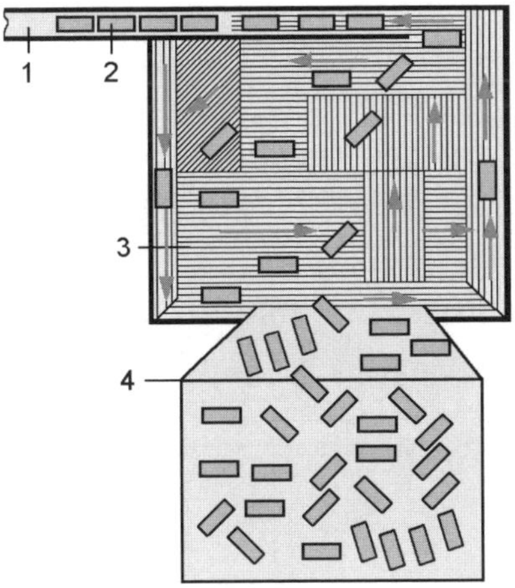

Bild 4.323 Flächen-Schwingspeicher (Draufsicht). 1 Abführrinne, 2 Werkstück, 3 Bürstenfeld, 4 Nachschüttbunker

Kontrollfragen

4.31 Was sagt die Kenngröße „Wiederholgenauigkeit" aus? Welche Art von Fehlern (zufällige oder systematische) dominieren die Abweichungen?

4.32 Ungesteuerte Fügemechanismen erzwingen eine Übereinstimmung der Fügeachsen von Bauteil und Basisteil. Welche Voraussetzungen müssen dazu gegeben sein?

4.33 Bei der Übergabe von Objekten von einem Förderband zum nächsten kann es zu unkontrollierten Lageveränderungen kommen. Was lässt sich dagegen tun?

4.34 Skizzieren Sie den Prinzipaufbau eines Vibrationswendelbunkers! Wie kommen die Hub-Drehschwingungen zustande?

4.35 In welchen typischen Bauarten werden Schwingfördersysteme hergestellt? Wozu setzt man sie ein?

4.36 Nennen Sie einige wichtige Schikanen (Ordnungshilfen), mit denen im Vibrator Werkstücke geordnet werden können!

4.37 Bei welchen Randbedingungen ist die Zuführbarkeit von Werkstücken aus einem Schwingförderer gegeben?

4.38 Flächenschwinggeräte werden meistens mit einem Borstenbelag ausgestattet. Welche Vorteile ergeben sich daraus?

4.39 Wodurch unterscheiden sich aktives und passives Ordnen im Vibrationswendelbunker? Welche Auswirkungen hat das auf die Leistungsfähigkeit?

4.40 Vibrationswendelbunker sind in der Anwendung sehr verbreitet. Gibt es andere Verfahren, die etwas schonender mit den Werkstücken umgehen?

4.41 Wodurch unterscheiden sich beim Schwingzuführen das Prinzip „Mikrowurf" mit dem der „Gleitförderung"?

4.42 Das „Schrägaufwärtsfördern" von Objekten auf glatten Förderbändern hat Grenzen. Welche sind es und auf welche Aspekte ist besonders zu achten?

4.43 Bei einem Vibrationswendelförderer sind die in Bild 4.324 skizzierten Ordnungselemente (Schikanen) eingebaut, um die Teile zu ordnen. Ergänze die Tabelle, indem die jeweils dazugehörigen Werkstücke als kleine Skizze hinzugefügt werden.

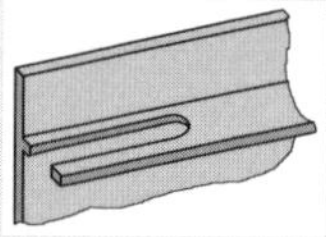	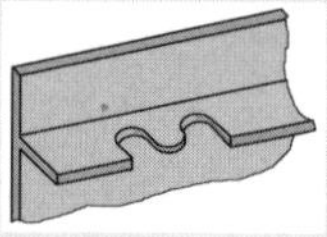	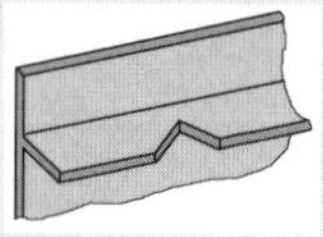	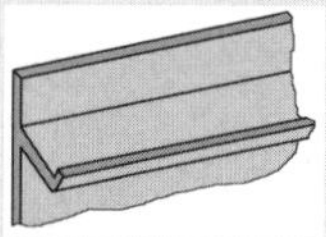	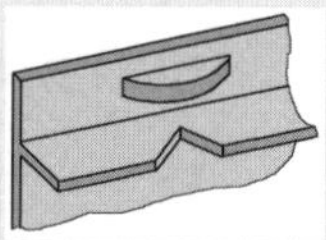

Bild 4.324 Ordnungselemente für Vibrationswendelförderer. Für welche Werkstücke wurden sie in die Wendel eingebaut?

4.5 Einrichtungen zum Sichern

Unter dem Begriff „Sichern" versteht man in der Handhabungstechnik das Erhalten definierter Zustände von Objekten. Das Sichern einer räumlichen Anordnung kann durch Kraft, Stoff und Formpaarung erfolgen. Oft treten auch Kombinationen von Kraft und Formpaarung bei verschiedenen mechanischen Greifern auf. Für die Funktion „Greifen" zeigt das Bild 4.325 ein Gliederungsschema nach der Art der Wirkpaarung und der Anzahl von

Kontaktebenen zwischen Objekt und Greiforgan. Die Beispiele im unteren Teil des Bildes harmonieren jeweils mit der Gliederungsstruktur in der oberen Bildhälfte.

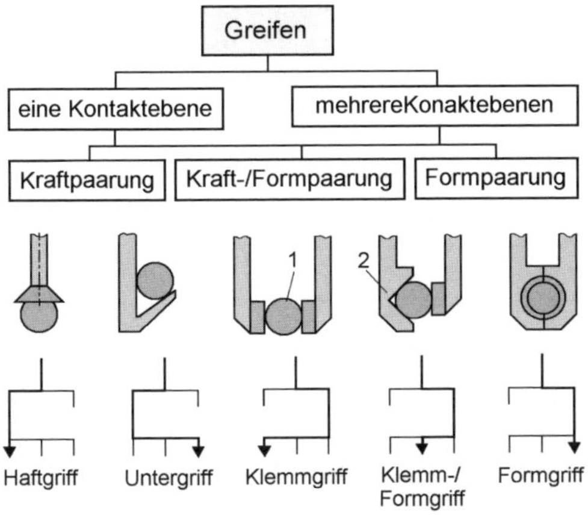

Bild 4.325 Wirkpaarungen beim Greifen von Handhabungsobjekten.
1 Werkstück, 2 Greifbacke

Elementarfunktionen des Sicherns sind Halten und Lösen, wobei das Lösen die Umkehrung des Haltens ist. Beide Funktionen tangieren übrigens stark zum Vorrichtungsbau (Spannmittel). Als Definition kann gelten:

> **Halten** *(holding)*
>
> Vorübergehendes Sichern eines Körpers in einer bestimmten Orientierung und Position. Spannen und Entspannen sind Varianten des Haltens und Lösens unter Beteiligung von Kraftschluss.

Im Weiteren sollen Werkstückaufnahmen *(workholding fixtures)* und Greifer *(gripper)* behandelt werden. Die Werkstückaufnahmen braucht man in Montageanlagen zur Fixierung von Basisteilen *(assembly basepart, base part)* auf Werkstückträgern und zur geordneten Bauteilbereitstellung auf Speicherflächen, wie beispielsweise Flachpaletten oder Scheibenmagazine. Greifer sind im automatisierten Handhabungsprozess die „Erfolgsorgane", die so genannten Effektoren. Sie werden z. B. beim Beschicken von Maschinen, beim Fügen, beim Umsetzen, Stapeln und Verpacken von Objekten benötigt. Die Vielfalt der Aufgaben und Greifobjekte hat zu einer großen Zahl unterschiedlicher Greiferbauarten geführt [4.19; 4.22].

4.5.1 Werkstückaufnahmen

Werkstückaufnahmen, auch als Lagesicherungselemente *(workholder)* bezeichnet, sind Mittel, um Werkstücke in definierten Positionen und/oder Orientierungen zu fixieren, auf Flachpaletten, Maschinentischen, Werkstückträger u. a. Grundsätzlich sind folgende Möglichkeiten gegeben:

- Formpaarung nach Innen- oder Außenkontur (häufig)

- Kraftpaarung (Klemmen, Spannen)
- Stoffpaarung z. B. mit Haftschichten (selten)

Es ist aber nicht nur der physikalische Effekt, der Werkstückaufnahmen unterscheidet. Die Funktionsweise kann sich auch unterschiedlich auf Bereitstellfehler auswirken. In Bild 4.326 wird nach der Bewahrung der Soll-Pose unterschieden.

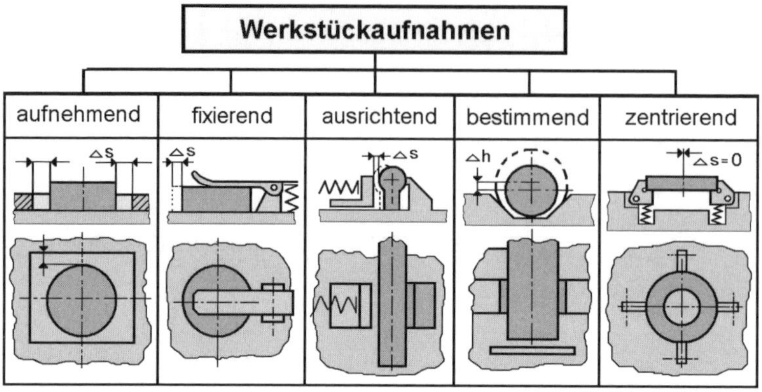

Bild 4.326 Eigenschaften von Werkstückaufnahmen bezüglich ihrer Positionierung. *s, h* Spiel

In statischen und dynamischen Werkstückspeichern und Werkstückträgern müssen die Werkstücke durch formangepasste Aufnahmen in ihrer Position und oft auch in ihrer Orientierung sicher gehalten werden. Dafür eignen sich Elemente, die der Werkstückaußen- oder -innenkontur angepasst sind. Das Bild 4.327 zeigt dazu eine kleine Auswahl.

Bei einer Beurteilung der Brauchbarkeit hat man folgende Gesichtspunkte zu beachten:

- Wie viel Spiel hat das Teil auf dem Speicherplatz (Bereitstellgenauigkeit)?
- Wird das Teil auf Speicherplatzmitte ausgerichtet?
- Ist die Zugänglichkeit beim automatischen oder manuellen Magazinieren und Entnehmen (greiftechnische Eignung) gegeben?
- Ist die Werkstückaufnahme flexibel verwendbar (Umrüstbarkeit)?
- Lassen sich die Werkstückaufnahmen gut und einfach reinigen?
- Ergibt sich eine gute Auslastung der Speicherfläche?
- Ist eine Verwendbarkeit für Roh- und Fertigteile gegeben?
- Stimmt die Orientierung der Teile im Magazin mit der Bearbeitungslage in der zu beschickenden Maschine überein?

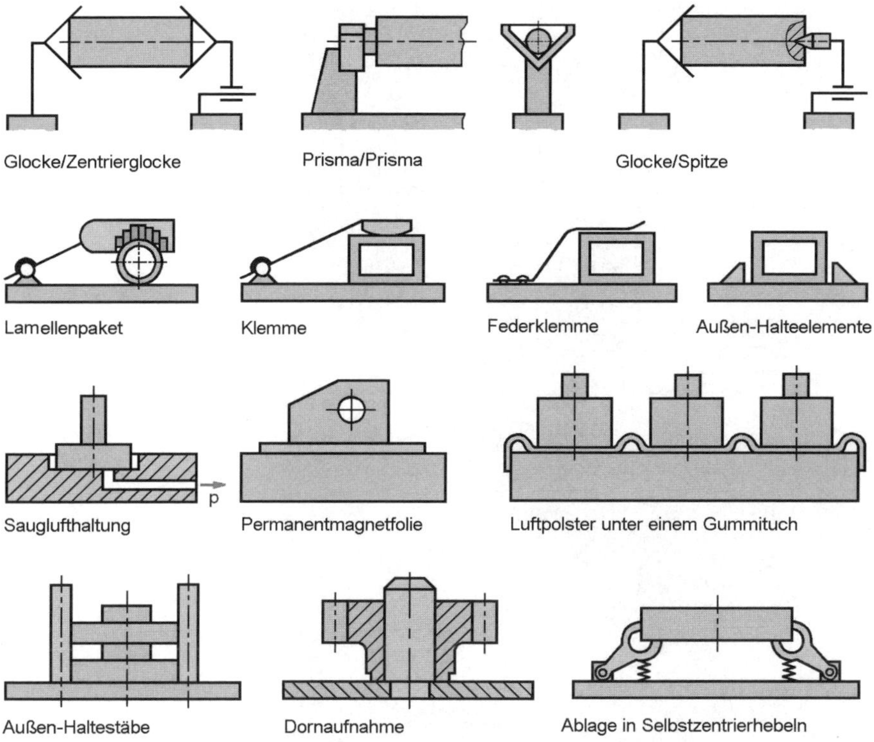

Bild 4.327 Beispiele für Werkstückhaltevorrichtungen

Werkstückträgermagazine, wie in Bild 4.328 gezeigt, enthalten viele **Werkstückaufnahmen** (Formnester), die ausreichend genau zueinander und zu den Stapelbolzen hergestellt werden müssen. Diese Magazine sind in der Regel preiswert, wenn die Werkstücknester umformtechnisch oder durch Schneiden mit dem Laser in den Blechboden eingebracht werden können. Dieser Vorzug mindert sich aber, wenn aufwendige, mehrteilige Haltevorrichtungen vorgesehen werden, die man ausrichten und exakt montieren muss.

Bild 4.328 Stapelbare Werkstück-Trägermagazine (LK Mechanik; www.lk-mechanik.de)

Prismaleisten lassen sich sehr gut zur Magazinierung von glatten oder abgesetzten Wellen einsetzen. Der Aufbau wird in Bild 4.329 angegeben. Werden die Außenbleche in Langlöchern verstellbar gestaltet, dann ist eine Einstellung auf verschieden lange Teile möglich.

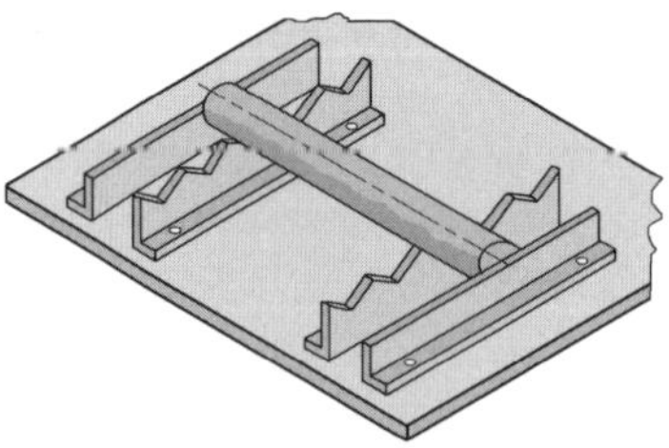

Bild 4.329 Werkstückaufnahme für Wellen mit Hilfe von Prismaleisten

Bei bereits feinbearbeiteten Teilen lassen sich Prismaleisten einsetzen, deren Auflageflächen aus Leisten mit Borstenbesatz bestehen. Ein Zerkratzen von Werkstückoberflächen wird damit vermieden. Man hat solche Leisten auch schon als Gummiformstück ausgebildet und eingesetzt.

Eine interessante Lösung könnte die Verwendung von Werkstückaufnahmen sein, die sich durch integrierte **Dauermagnete** auf dem Palettenboden halten. Dieser hat bei den Gestaltungsbeispielen in Bild 4.330 eine sechseckige Standardlochung erhalten. Das Oberteil der Elemente ist aus Kunststoff. Aus diesen werden dann die Werkstückformen ausgefräst, so dass man praktisch Teile mit beliebigen Konturen unterbringen kann, wie z. B. Zahnräder mit der Gegenform der Zähne, Wellen, Scheiben usw. Die Sechseck-Aufnahmen lassen sich jederzeit umsetzen. Der magnetische Streufluss ist unbedeutend, weil das Magnetfeld der Permanentmagnete über den Palettenboden geschlossen ist und sich das Werkstück zum Magneten im Abstand von einigen Millimetern (= „Luftspalt") befindet.

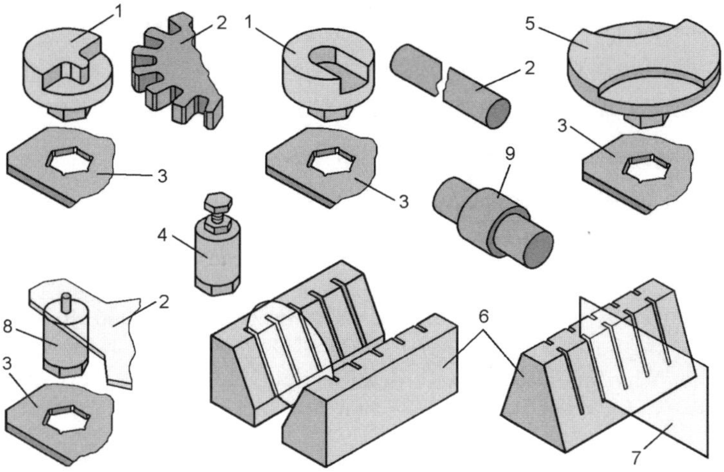

Bild 4.330 System von Werkstückaufnahmen auf der Basis von Magnetfußelementen.
1 Werkstückaufnahme, 2 Werkstück, 3 Palettenboden, 4 Stütze mit Schraubjustage auf Höhe, 5 Zweifach-Flanschteilaufnahme, 6 Nut-Leiste, 7 Werkstück in Scheibenform, 8 Fixierstiftaufnahme, 9 abgesetztes Werkstück

Was ist bei der Konzeption von Werkstück-Trägermagazinen zu beachten? Eine **Planungshilfe** kann die Tab. 4.12 sein. Als Ziel wird eine möglichst allseitige Darstellung des jeweiligen Anwendungsfalles gesehen.

Tabelle 4.12 Checkliste für Werkstück-Trägermagazine

Welche Tragfähigkeit ist erforderlich?
Welche Genauigkeitsansprüche werden gestellt?
Welche Gesamtmasse (Palette mit allen Ausrüstungsteilen) ist zulässig?
Welche Abmessungen (Standard-, Automobilbau-, Sonderabmessungen) sind vorzusehen?
Soll der Werkstückträger stapelbar sein?
Welche Umrüst-/Umbauzeit ist akzeptabel?
Sind Tragegriffe, Anschlagnocken nd andere Ergänzungsteile erforderlich?
Welche Speicherlage (abhängig von Handhabungs- und Spannsystem) ist vorzusehen?
Sollten die Teile im Trägermagazin Spiel haben oder gleicht der Greifer Positionsfehler aus?

Tabelle 4.12 Checkliste für Werkstück-Trägermagazine *(Fortsetzung)*

Soll das Trägermagazin auch in Reinigungsstationen (Oberflächenschutz) verwendet werden?
Wird das Trägermagazin in automatischen Transport-, Umsetz- und Magaziniersystemen verwendet?
Besteht Freizügigkeit bezüglich des Magaziniermusters oder sind Vorgaben zu beachten?
Welche Nutzungsdauer (zulässiger Verschleißgrad) wird für Magazin und Aufbauten erwartet?
Sind die Werkstücke empfindlich und deshalb geschützt auf Einzelspeicherplätzen unterzubringen? Welche Umrüst-/Umbauzeit ist akzeptabel?
Müssen die Speicherplätze automatisch und/oder manuell erreichbar sein?
Sind maschinell/manuell lesbare Informationen mitzuführen?
Müssen die Werkstückaufnahmen rasch wechselbar sein?
Sind unterschiedliche Teile (Vielfaltspeicherung) auf einem Magazin unterzubringen?
Sind Hilfsmittel (Einrichtestation) für die Montage und das eventuelle Vermessen von Werkstückaufnahmen erforderlich?

Die **Haltevorrichtung** in Bild 4.331 besteht aus Ringen, die unter der Gewichtskraft eines Werkstücks einsinken. Die Ringe, die stehen bleiben, dienen als formpaariger Anschlag gegen Verschieben der Teile. Allerdings ist die Technik aufwendig und für raue Werkstattbedingungen nicht sehr geeignet Die Flexibilität bleibt überdies in engen Grenzen.

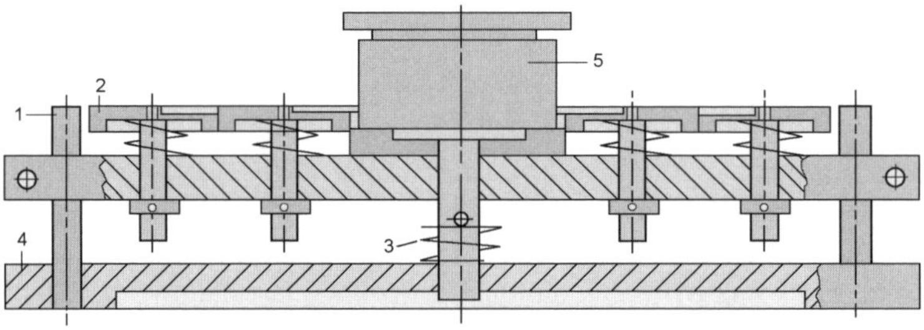

Bild 4.331 Halten von Teilen auf Magazinplätzen mit Hilfe gefederter Ringe.
1 Haltesäule, 2 Auflagering, 3 Druckfeder, 4 Grundplatte, Palette, 5 Werkstück

4.5.2 Greifer

Der Greifer ist gewöhnlich das letzte Glied in der kinematischen Kette einer Handhabungseinrichtung. Er ist für den eigentlichen Effekt zuständig und wird deshalb auch als Erfolgsorgan oder Effektor *(endeffector, end-of-arm tooling, hand)* bezeichnet. Durch die serielle Struktur im Bewegungssystem bedeutet ein Ausfall des Greifers auch den Stillstand des gesamten Handhabungssystems. Deshalb sind die Anforderungen an die Zuverlässigkeit und Sicherheit des Griffes hoch. Meistens sind die Greifvorgänge auch zeitkritisch. Schnelles Öffnen und Schließen der Backen im Zehntelsekunden-Bereich ist Stand der Technik. Wenngleich für einige einfache Werkstückformen universelle Greifer mit weitem Spannbereich geeignet sind, müssen die Greiforgane in vielen Fällen der speziellen Werkstückform besonders angepasst werden. Sicheres Greifen hängt auch wesentlich von der Greifkraft *(grasping force, prehensile power)* und der Greifkraftkennlinie *(characteristic line of grip power)* ab. Greifkraft und Haltekraft unterscheiden sich. Die Greifkraft ist die während des Greifvorganges aufzubringende Kraft. Die Haltekraft dient zum Aufrechterhalten eines Griffes, wenn das Objekt bereits erfasst wurde. Die Haltekraft ist meistens kleiner als die Greifkraft. Das erklärt sich aus der Energie für die mechanische Bewegung und den Aufbau einer statischen Haltekraft.

Die Funktionskette **Antrieb → Mechanik → Haltesystem** gibt es jedoch nur bei den mechanischen Greifern. Saugergreifer kommen ohne Kinematik aus und halten Werkstücke mit einem Kraftfeld fest.

Greifer lassen sich nach verschiedenen Aspekten einteilen. Verwendet man das **Wirkprinzip** als Merkmal, so ergibt sich in erster Näherung die in Bild 4.332 dargestellte Übersicht. Sie orientiert sich vor allem am industriellen Bedarf. Weil es immer besser gelingt, auch technisch schwierige Anwendungsbereiche einer Automatisierung zugänglich zu machen, entstehen immer wieder auch Sondergreifer, z. B. für die Handhabung von Kernen in der Gießerei, für Produkte der Lebensmittelindustrie, atraumatische (nicht gewebeverletzende) Greifer für die Medizin oder prozessspezifische Endeffektoren für die Laborautomatisierung.

Wirkprinzip	mechanisch		pneumatisch		elektromagnetisch	formschlüssig
Ausführung	Winkelgreifer	Parallelbackengreifer	Saugpipette	Flächensauggreifer	Magnetgreifer	Nadelgreifer
Arbeitsprinzip	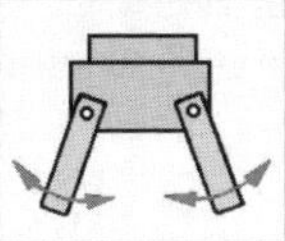	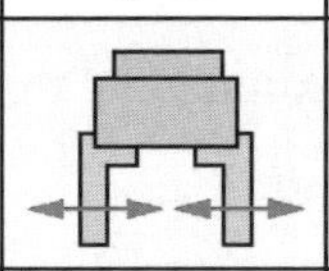	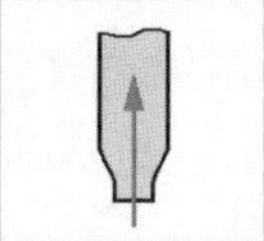	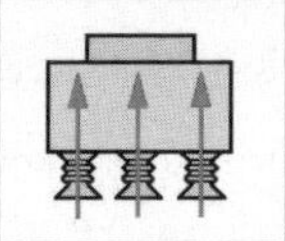	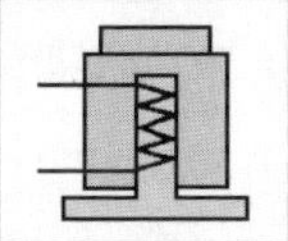	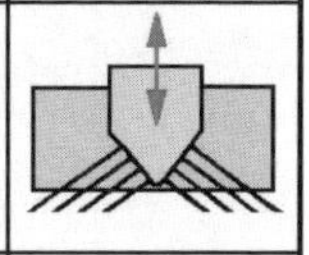
Haltekraft	hoch	(sehr)hoch	gering	mittel	mittel	gering

Bild 4.332 Die wichtigsten Greifertypen für Industrieroboter und Automaten

Pneumatisch angetriebene **Winkelgreifer** *(angle gripper)* sind sehr schnell (Schließzeit 0,15 bis 0,3 s) und besitzen ein großes Greifmoment bei niedriger Eigenmasse. Zudem sind sie preiswert. Die Greiferfinger schwenken beim Öffnen um etwa je 20°. Die Finger sind zwangsgesteuert, arbeiten zeitgleich (synchron) und auf Mitte zentriert. Eine ähnliche konstruktive Ausprägung besitzen die **Radialgreifer**. Der Unterschied besteht darin, dass die Greiferfinger um je 90° nach außen schwenken. Dadurch kann ein Werkstück ohne Anheben des gesamten Greifermoduls an die Greifposition heranfahren. Das kann eine Antriebsachse einsparen.

Die Bauformen der **Saugergreifer** reichen von der Saugpipette (Greifen kleinster Teile in der Elektronik) bis zu großen Saugplatten für schwere Teile. Flächensauger besitzen viele Einzelsauger in Flächenanordnung, wobei jeder Einzelsauger mit einem Ventil ausgestattet ist, welches das Vakuum sperrt, wenn das Greifobjekt nicht an allen Saugern anliegt. Damit kann man ohne Umrüstung Werkstücke unterschiedlicher Kontur und Größe anfassen, ohne dass das Vakuum zusammenbricht.

Der Einsatz von **Elektromagnetgreifern** *(electromagnetic gripper)* beschränkt sich auf ferromagnetische Werkstücke. Beim Einschalten des Stromes entstehen intermolekulare Kräfte, die das Werkstück halten. Der Aufbau ist einfach und der Greifer gut von Ferne steuerbar, aber die Teile können nach dem Abschalten durch Restmagnetismus haften bleiben. Bei Stromausfall wird das Objekt freigegeben. Deshalb muss dann „Sicherheits-Energie“ bereitgehalten werden. Die Methoden (Wirkpaarung = *principle of function*), um ein Werkstück aufzunehmen, lassen sich in vier prinzipielle Verfahren einteilen, die in der Tabelle 4.13 aufgeführt sind.

Tabelle 4.13 Wirkpaarungen zwischen Greifobjekt und Greifbacke

Greifmethode	nicht durchdringend	durch- bzw. eindringend
aneinanderpressend *(impactive)*	Klemmbacken, Spannelemente, Spannfutter	Klemmzangen, Kneifmechanismen
eindringend *(ingressive)*	Bürstenelemente, Haken, Schleifen mit Kletteffekt	Nadeln, Kratzen, Spitzbolzen, Hechel
Grenzflächenhaftend *(contigutive)*	chemische Adhäsion, Klebstoffe	thermische Adhäsion
anhaftend *(astrictive)*	elektrostatische Adhäsion	Magnetgreifer, Vakuumsauger

Beim Greifen und an gegriffenen Objekten können folgende Kraftwirkungen entstehen:

- Greifkraft F_G bzw. Haltekraft bei Kraftfeldern (Vakuum, Elektrostatik, Magnetkraft)
- Reibungskraft F_R zwischen Greifbacke und Werkstück
- Werkstückgewichtskraft G_W
- Trägheitskräfte beim Bewegen in der x-Richtung (Rotation, Translation)
- Trägheitskräfte beim Bewegen in der z-Richtung (Heben, Senken), Coriolis-Kräfte bei Schwenkbewegungen

Entwurfs- und Eignungskriterien können zu verschiedenen Sachbereichen Verbindung haben. Eine grobe Übersicht wird in Bild 4.333 gegeben.

Die mechanischen Greifer bestehen meistens aus mehreren Baugruppen und ergänzenden Funktionseinheiten, wie Wechselsystem, Sensoren, Kollisionsschutz oder Kraft-Momenten-Sensorik. Der Aufbau wird in Bild 4.334 an einem allgemeinen Beispiel erklärt.

Bild 4.333 Übersicht der Einflussfaktoren für das Greifer-Design

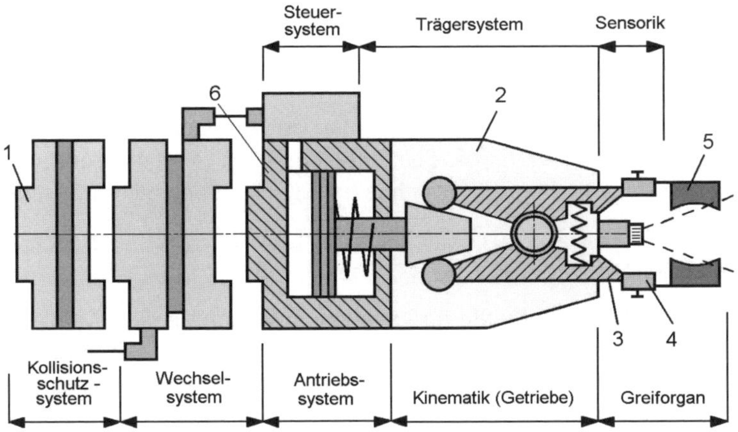

Bild 4.334 Teilsysteme eines mechanischen Greifers (Winkelgreifer).
1 Zentrierung zum Roboterflansch, 2 Greifergrundkörper, 3 Greiferfinger, 4 Grundbacke,
5 austauschbare Greifbacke, 6 Greiferflansch

Einige Teilsysteme von vorzugsweise mechanischen Klemmgreifern *(clamping gripper)* sollen nun kurz charakterisiert werden.

Antriebssystem *(drive system)*

Baugruppe, die zugeführte Energie (elektrische oder fluidische) in eine rotatorische oder translatorische Bewegungsenergie für die Greiforgane wandelt, damit ein kinematisches System arbeiten kann. In Bild 4.335 wird als Beispiel ein elektrischer Greiferantrieb für einen kleinen Winkelgreifer gezeigt.

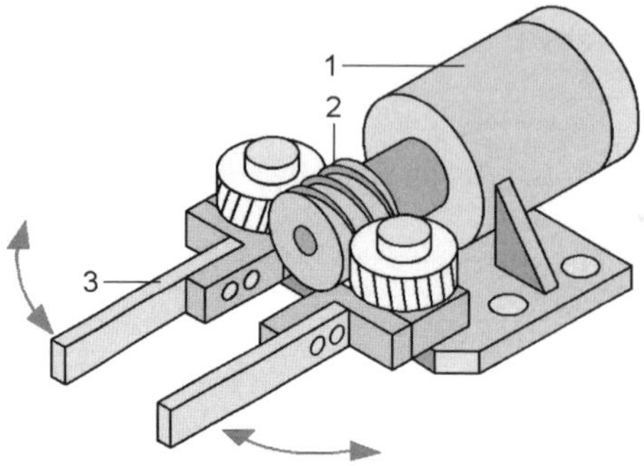

Bild 4.335 Prinzipaufbau eines elektrisch angetriebenen Winkelgreifers für Kleinteile. 1 Elektromotor, 2 Schneckengetriebe, 3 Greiferfinger

Wechselsystem *(gripper changing system)*

Baugruppe zum schnellen manuellen, meist aber automatischem Wechsel eines Greifers oder auch Werkzeugs über eine standardisierte mechanische Schnittstelle. Dabei sind auch Versorgungs und Informationsleitungen in kürzester Zeit automatisch zu trennen bzw. zu koppeln.

Kinematisches System *(kinematic system)*

Mechanische Einheit (Getriebe), die eine Antriebsbewegung in Aktionen des Haltesystems (Backenbewegung) umsetzt, wobei sich Geschwindigkeiten und Kräfte in einem typischen Übersetzungsverhältnis wandeln. Wohl am häufigsten werden Hebel, Schrauben und Kniehebelgetriebe eingesetzt. Vom Getriebe hängt die Schnelligkeit der Backenbewegung, die Greifkraft und der Greifkraftverlauf ab. Bei Greifern ohne bewegliche Elemente wird keine Kinematik erforderlich.

Schutzsystem *(protection system)*

In oder an den Greifer angebaute Elemente, die im Falle von Überlastung oder Kollision aktiviert werden und den Greifer vor einer Beschädigung schützen (Warnsignal, Not-Stopp-Auslösung, passive oder aktive Ausweichbewegung). Je enger der Kontakt des Personals mit selbsttätigen Handhabungseinrichtungen wird, desto mehr Maßnahmen müssen auch für den Schutz des Personals vorgesehen werden (siehe dazu Bild 8.20).

Sensorsystem *(sensor system)*

In den Greifer eingebaute Sensoren zur Positionserkennung, Erfassung der Annäherung an ein Objekt, Greifkraftbestimmung, Weg und Winkelmessung, Rutschbewegung gegriffener Teile u. a. mit eventuell integrierter Sensordaten-Vorverarbeitung.

Trägersystem *(basic unit)*

Basisbaugruppe, die alle Bestandteile des Greifers aufnimmt und für eine Verbindung (Flansch, Bohrbild) zwischen Greifer und Handhabungseinrichtung eingerichtet ist. Die Verbindungsfähigkeit setzt eine mechanische, energetische und informationelle Schnittstelle voraus. Das Bild 4.336 zeigt eine Flanschausführung nach DIN ISO 9409. Diese Norm bzw. die jeweils nachfolgende aktuelle Ausgabe enthält konstruktive Vorgaben für die verschiedenen Baugrößen, Teilkreisdurchmesser, Zentrierbundabmessungen, Anzahl der Gewindebohrungen und Gewindedurchmesser sowie einige Lagetoleranzen. Der Flansch kann zum Hindurchführen von Versorgungs- und Steuerleitungen auch durchbohrt sein.

Greiferfinger *(gripper finger)*

Starres, elastisches oder mehrgliedriges Greiforgan zum Anfassen bzw. Umfassen eines Handhabeobjektes. Oft sind die Finger mit starren oder beweglichen Greifbacken ausgestattet. Der Greiferfinger ist der aktive Teil der Wirkpaarung Greifer-Objekt.

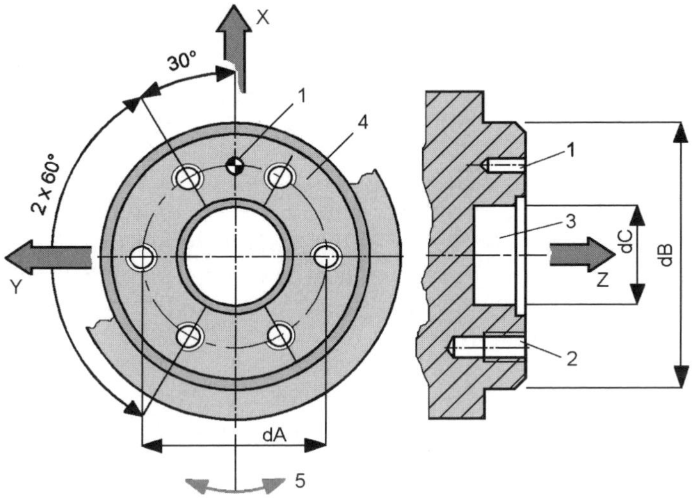

Bild 4.336 Beispiel für die Flanschausführung und das Anschraubbild nach DIN ISO 9409.
1 Aufnahmebohrung für Zentrierstift, 2 Befestigungsgewindebohrung, 3 Zentrierbund, 4 Flanschkörper, 5 Flanschdrehung, *d*A Teilkreisdurchmesser, *d*B Zentrierbunddurchmesser, *d*C Innenbunddurchmesser

Steuerungssystem *(control system)*

Meistens eine relativ einfache Steuerungskomponente, die Sensorinformationen auswertet oder nur vorverarbeitet, Greifkräfte reguliert oder die Greifweite automatisch verstellt. In seltenen Fällen wird auch die Vermessung von Greifobjekten direkt im Greifer vorgenommen, zum Beispiel eine Durchmesserbestimmung am Objekt.

Greifbacke *(gripper yaw)*

Einzelteil, das in der Regel Bestandteil des Greiforgans ist und ausgewechselt werden kann, z. B. aus Verschleißgründen oder zur Formanpassung an ein konkretes Werkstück. Zur Vergrößerung der Haftreibung zwischen Greiffläche und Objekt können Reibbeläge oder Hartmetallspitzen aufgebracht sein.

Grundbacke *(basic yaw, universal yaw)*

Vom Greiferantrieb bewegter Schieber bzw. Backe, an die ein aufgabengerechter Greiferfinger angebaut wird. Die Grundbacke ist grundsätzlich integraler Bestandteil des Greifers, die Greifbacken jedoch nicht.

Grundsätzlich lassen sich in der Greifertechnik drei Entwicklungslinien erkennen:

- **Universalgreifer**, besser vielleicht als Standardgreifer bezeichnet, sind in vielen Anwendungen verwendbar und genügen den Kriterien der Anwender eher durchschnittlich.
- **Spezialgreifer**, die meist überhaupt nicht flexibel sind, aber auf eine bestimmte Anwendung vorzüglich angepasst wurden und deshalb leistungsstark sind.
- **Technische Hände**, die sich durch Gelenkfinger auszeichnen und die besonders für einen formpaarigen Griff geeignet sind. Sie sind nur für leichte Anwendungen geeignet.

Bisher finden die Gelenkfingergreifer in der Fertigungstechnik kaum Verwendung. Die erzeugbaren Greifkräfte sind meistens noch nicht ausreichend, auch wenn vorzugsweise auf das Greifen durch Formschluss orientiert wird. In Bild 4.337 wird ein Beispiel für einen einzelnen Finger gezeigt. Ein Formschluss zwischen Greiforgan und Greifobjekt macht große Greifkräfte entbehrlich. Damit sinkt die Gefahr einer Werkstückbeschädigung durch Greiforgane, was als Vorteil zu werten ist.

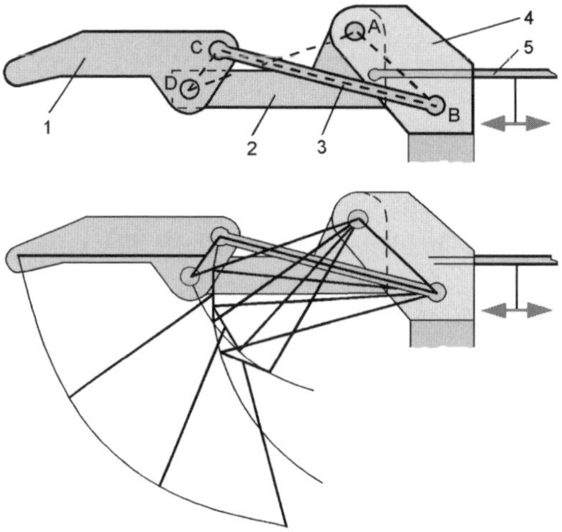

Bild 4.337 Prinzip eines Gelenkfingers mit einer sich kreuzenden Viergelenkkette A-B-C-D.
1 vorderes Fingerglied, 2 mittleres Fingerglied, 3 Koppelstange, 4 Basis, 5 Antriebsstange

Neben dem weniger häufigen Festhalten von Objekten durch Haften, Verhaken und Umströmen, sind es vor allem die mechanischen Standardgreifer, die einen großen Teil der Anwendung abdecken. Es gibt viele Getriebeausführungen, mit denen eine drehende oder schiebende Antriebskraft in eine Backenbewegung umgewandelt wird, je nachdem, wie sich die Greifbacken schließen sollen. In Bild 4.338 werden wichtige kinematische Varianten für Klemmgreifer gezeigt. Die flexible Umfassung mit einem **„Softgreifer“** ist allerdings in der Anwendungshäufigkeit als unbedeutend einzustufen.

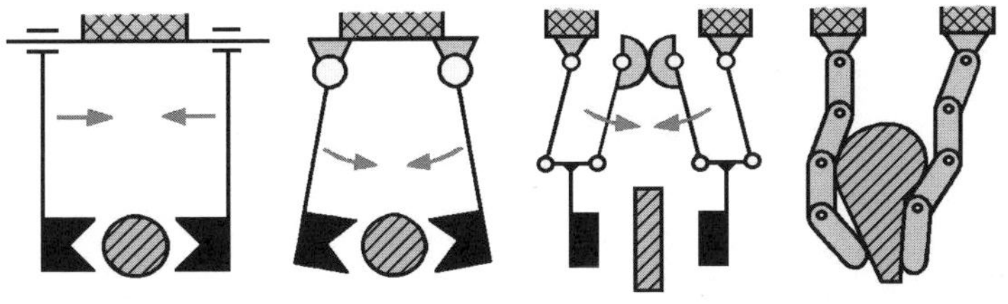

Bild 4.338 Typische Schließbewegungen mechanischer Klemmgreifer

Für leichte Werkstücke können die Greiferfinger auch als Flachfeder ausgeführt werden *(gripper with the spring fingers)*. Das Bild 4.339 skizziert einen solchen Greifer. Das Lösen des Greifobjekts geschieht durch Aufbiegen der beiden Finger mit einem integrierten Aktor. Der mechanische Aufbau ist sehr einfach, die Greifkraft ist konstruktiv festgelegt.

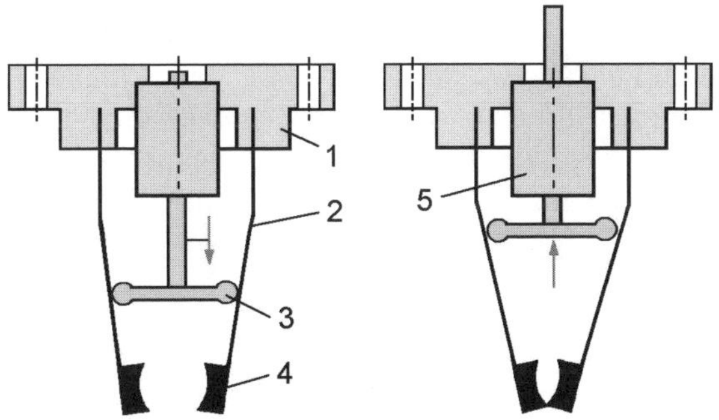

Bild 4.339 Federfingergreifer.
1 Basisplatte, 2 Blattfeder, 3 Drucksteg, 4 Greifbacke, 5 Linearaktor

Ein Greifer für leichte Scheiben, die durch den Strahldruck aus einer Düse gehalten werden, wird in Bild 4.340 vorgestellt. Es ist ein schonendes Greifverfahren. Der Greifer besitzt keine beweglichen Mechanikteile. Die Peripherie muss auf das Greifen mit einem Dorn abgestimmt sein. Das Freigeben des Werkstücks geschieht durch Abschalten der Druckluft. Die nach oben gerichtete Kraft hängt von folgenden Faktoren ab:

- sekündliche Durchflussmenge der Luft
- Strömungsgeschwindigkeit
- Strahlwinkel α zum Haltedorn
- Luftdichte (etwa 1,99 kg/m^3)

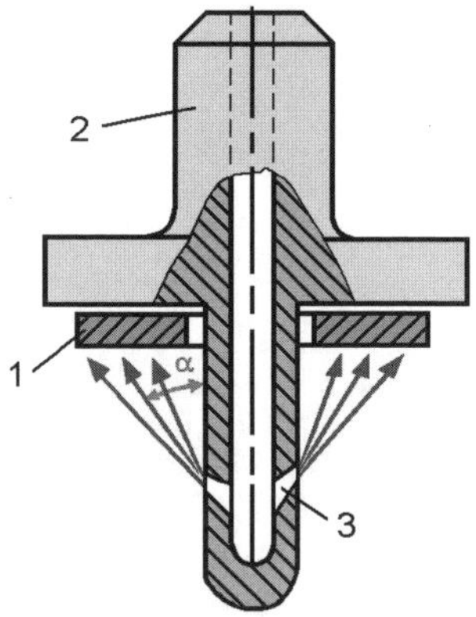

Bild 4.340 Luftstrahlgreifer für leichte Scheiben.
1 Werkstück, 2 Grundkörper, 3 Strahldüse

Bei den parallel geführten Greifbacken kann das Problem der **Selbstsperrung** auftreten, wenn die Greiferfinger zu lang gewählt werden. Ist die Führungslänge groß und der Reibungskoeffizient in der Führung klein, dann können auch die Finger lang sein, ohne in der Führung zu verkanten. Der allgemeine mechanische Zusammenhang wird in Bild 4.341 an einer einfachen Zylinderführung demonstriert. An dieser Führung ergeben sich unter Last Stützpunkte, an denen man den Reibungswinkel ρ antragen kann. Der Schieber 1 verklemmt sich, wenn die Wirkungslinie der Greifkraft F_G durch die Überdeckungsfläche 4 der beiden Reibungskegel 3 führt. Die zulässige Fingerlänge L_F hängt somit in erster Näherung vom Reibungskoeffizienten μ ($\mu = \tan \rho$) und der Führungslänge L des Schiebers (entspricht der Grundbacke) ab.

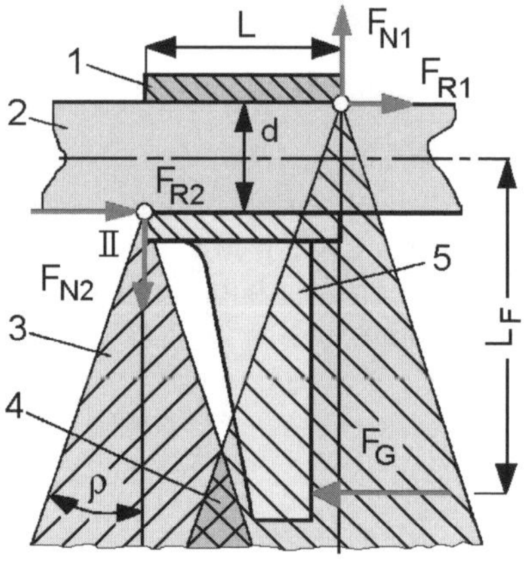

Bild 4.341 Kräfte an einer Zylinderführung.
1 Schieber, 2 Rundführung (Durchmesser d),
3 Reibungskegel, 4 Überdeckungsfläche, 5 Finger,
F_G Greifkraft, F_R Reibungskraft, F_N Stützkraft, ρ Reibungswinkel, L Führungslänge, L_F Fingerlänge

Aus den folgenden drei Gleichgewichtsbedingungen ergibt sich mit Gl. 4.129:

$$\sum F_x = 0 = +F_{R1} + F_{R2} - F_G \tag{4.129}$$

$$\sum F_y = 0 = +F_{N1} - F_{N2}; \quad \text{also ist} \quad F_{N1} = F_{N2} \tag{4.130}$$

und damit mit Gl. 4.130a wird

$$F_{R1} = F_{R2} \tag{4.130a}$$

$$\sum M_{(II)} = 0 = -F_{R1} \cdot d + F_{N1} \cdot L - F_G \cdot (L_F - d/2) \tag{4.131}$$

Mit $F_R = F_N \cdot \mu$ und $F_G = 2 \cdot F_R$ aus Gl. 4.131 wird nun die Gl. 4.97 weiterentwickelt zu Gl. 4.132

$$F_N \cdot \mu \cdot d - F_N \cdot L + 2 \cdot F_N \cdot \mu [L_F - (d/2)] = 0 \tag{4.132}$$

$$\mu \cdot d - L + 2 \cdot \mu \cdot L_F - 2 \cdot \mu \cdot d/2 = 0$$

Daraus ergibt sich die Führungslänge mit Gl. 4.133:

$$L = 2 \cdot \mu \cdot L_F \tag{4.133}$$

Bei $L < 2 \cdot \mu \cdot L_F$ klemmt sich die Buchse fest, bei $L > 2 \cdot \mu \cdot L_F$ gleitet sie. Festklemmen oder Gleiten ist damit unabhängig von der verschiebenden Kraft F_G.

In Bild 4.342 werden einige **Greifaktionen** für runde und prismatische Werkstücke dargestellt und zwar unter Verwendung von Parallelbackengreifern. Bei den dargestellten Greifern gilt für die Greifkraft F_{sp} bei vertikaler Hubbewegung die Gl. 4.134:

$$F_{sp} = m \cdot (g + a) \cdot k \cdot S_i \tag{4.134}$$

k Klemmfaktor

S_i Sicherheitsfaktor

Für den Reibungskoeffizienten μ kann man folgende Werte für die Paarung Greifbacke/Objekt verwenden:

Stahl/Stahl	0,25
Stahl/Aluminium	0,35
Stahl/Kunststoff	0,50
Aluminium/Aluminium	0,49
Aluminium/Kunststoff	0,70
Kunststoff/Kunststoff	1,00

Allerdings können bedingt durch Staub, Feuchtigkeit und Ölrückstände die Reibbeiwerte starken Schwankungen unterliegen. Ja sogar Schwingungen können die Reibkraft verändern.

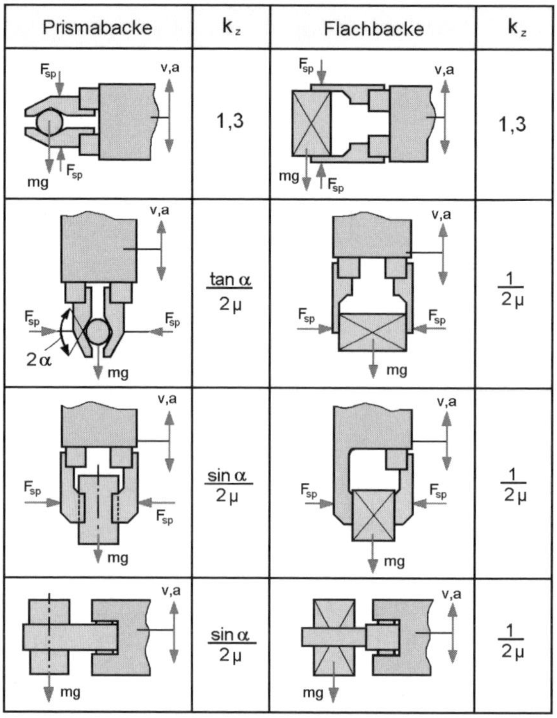

Bild 4.342 Greifkraftbestimmung bei Parallelbackengreifern in typischen Greifsituationen.
a maximale Beschleunigung des Werkstückschwerpunktes der Schwerkraftachse, *g* Erdbeschleunigung, *m* Werkstückmasse, k_z Klemmfaktor in *z*-Richtung, S_i Sicherheitsfaktor (1,3 bis 2), *v* Hubgeschwindigkeit, *α* halber Backenprisma-Winkel, *μ* Reibungskoeffizient, Greifbacke/Werkstück

Weil bei rein vertikaler Bewegung die Beschleunigung auf die untere Greiferbacke wirkt (Greifer waagerecht orientiert), wäre die Klemmkraft gleich Null. Um das Festhalten mit kleiner Kraft sicherzustellen, wurde statt Faktor $k_z = 1$ ein Faktor $k_z = 1{,}3$ gewählt.

k-Faktor

Der Klemmfaktor berücksichtigt Form- und Kraftpaarung einer temporären Verbindung zwischen Greifobjekt und Greifbacke.

Zwischen Heben und Senken wird nicht unterschieden, weil die Startbeschleunigung und die Bremsbeschleunigung gleiche physikalische Effekte bewirken [4.21].

Beim Halten von Objekten durch Reibschluss, wie es bei Parallelbackengreifer üblich ist, spielt der Reibbeiwert zwischen Greifbacke und Werkstück eine wichtige Rolle. Die in der Literatur angegebenen Reibbeiwerte μ_0 beziehen sich meistens auf Lagerungen und können in der Handhabungstechnik nicht ohne Weiteres verwendet werden. Sie hängen von vielen Faktoren ab, die oft nicht reproduzierbar sind. Nach Untersuchung in [4.20] ergibt sich für einen Reibungskoeffizienten ähnliche Verhältnisse in der Häufigkeitsverteilung, wie in Bild 4.343 als Beispiel (Versuchswerte) gezeigt wird. Die Abweichungen sind oft viel größer als man gemeinhin denkt.

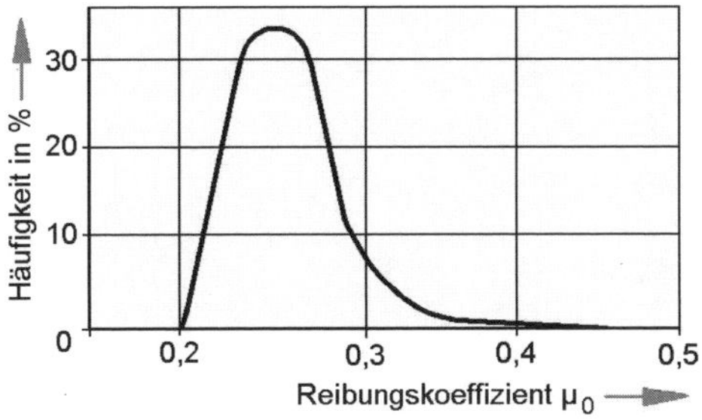

Bild 4.343 Mögliche Häufigkeitsverteilung des Reibbeiwertes auf einer schiefen Ebene, experimentell ermittelt.
Gleitbahn: Stahlblech blank, trocken, Werkstück: Stahl homogen, trocken, 0,3 kg

Manchmal müssen zwei Teile gleichzeitig gegriffen werden. Für diesen Fall zeigt das Bild 4.344 einen Winkelgreifer, bei dem die zwei Werkstücke gegen eine feststehende Mittelbacke gespannt werden. Als Antrieb dient ein einfachwirkender Pneumatikzylinder. Man muss beachten, dass im Kraftfluss ein mechanischer Ausgleich der Spannkräfte notwendig ist, weil man nicht garantieren kann, dass die toleranzbehafteten Greifobjekte absolut gleiche Durchmesser haben. Bei der dargestellten Lösung werden beide Teile mit gleichgroßer Kraft gehalten. Ein solcher Sondergreifer lässt sich vermeiden, wenn man zwei Einzelgreifer gleicher Bauart zu einem **Mehrfachgreifer** *(multiple prehension hand)* zusammensetzt. Der Abstand der Werkstücke muss allerdings den Zugriff der Greiferfinger ermöglichen.

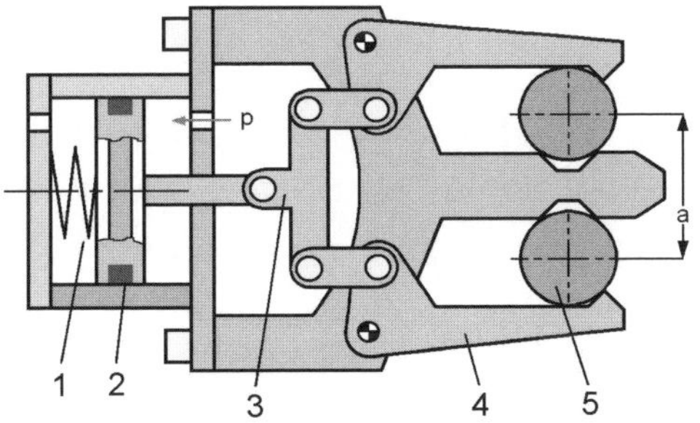

Bild 4.344 Pneumatisch angetriebener Zweifachgreifer mit feststehendem Mittelfinger.
1 Druckfeder, 2 Kolben, 3 Pendelstück,
4 Finger, 5 Werkstück

Um die Tragfähigkeit *(loadbearing capacity)* einer Handhabungseinrichtung möglichst wenig zu belasten, wurden auch Greifer aus glasfaserverstärktem Kunststoff entwickelt. Das Bild 4.345 zeigt ein Ausführungsbeispiel. Es ist ein kleiner pneumatisch angetriebener Winkelgreifer. In der Mitte wurde ein gefederter Andrückbügel zum Fixieren der Greifobjekte beim Ablegen eingebaut. Das Spannen der Feder geschieht beim Greifen des Werkstücks als Begleiterscheinung. Die Andrückkraft beträgt je nach Baugröße 1,5 N bis 6 N und die Greifkraft 45 N bis 160 N. Die geringe Masse des Greifers von 36 bis 60 Gramm ergibt auch ein kleines Massenträgheitsmoment.

Bild 4.345 Massearmer Winkelgreifer aus hochfestem Kunststoff (Schunk)

Bereits kleine Parallelitätsfehler an Werkstückflächen führen beim Greifen mit dem Parallelbackengreifern zu einem unsicheren Griff. Um das auszugleichen, kann es notwendig werden, nachgiebige Greifbacken zu installieren, die sich den Werkstückflächen selbsttätig anpassen. Damit wird sicheres Festhalten im Greifer erreicht und eine hohe Flächenpressung bei der ansonsten entstehenden Kantenberührung vermieden. Das Bild 4.346 zeigt ein Ausführungsbeispiel. Der Ausgleich wird durch ein elastomeres Zwischenglied zwischen Greifbacke und Greiferfinger erreicht.

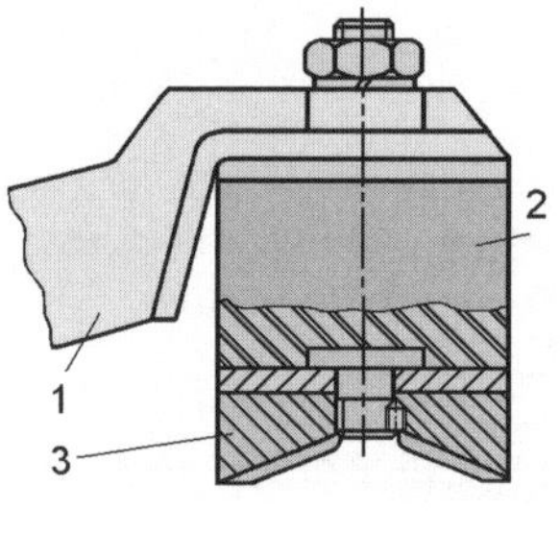

Bild 4.346 Aufbau einer nachgiebigen Greifbacke.
1 Greiferfinger, 2 Gummielement, 3 Prismabacke (Metall)

Spezialgreifer werden oft auch aus erprobten Standardgreifern zusammengesetzt. Das kann man am **Transfergreifer** sehen, der in Bild 4.347 dargestellt wird. Solche Greifer braucht man an Stufenumformautomaten bzw. Pressen mit Stufenwerkzeugen, um nach jedem Pressenhub die Teile zu greifen und am nächsten Werkzeug wieder abzusetzen. Da während des Stößelniedergangs der Presse die Greifer aus der Wirkzone zurückfahren müssen, benötigt man für die Bewegung der Greifeinheit einen Rechteckzyklus. Das wird mit einer Kombination handelsüblicher pneumatischer Lineareinheiten bewältigt. Die eigentlichen Teilegreifer sind aber Standardgreifer mit Greifbacken *(gripper jaws)*, die den Werkstückabmessungen jeder Bearbeitungsstufe angepasst sind.

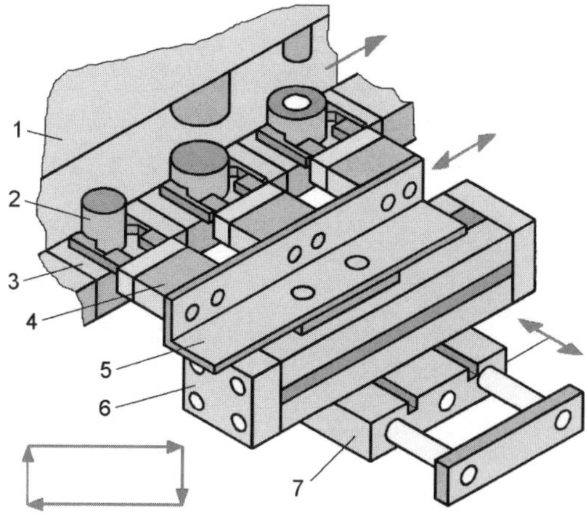

Bild 4.347 Zweiachsige pneumatische Transfergreifereinrichtung (Festo).
1 Presse, 2 Werkstück, Rohteil, 3 Werkzeugunterteil, 4 Klemmgreifer, 5 Transferschiene, 6 Lineareinheit, 7 pneumatische Schlitteneinheit

Als Radialgreifer werden Winkelgreifer bezeichnet, die einen Gesamtöffnungswinkel von 180° aufweisen. Das kann anwendungstechnisch vorteilhaft sein. Das Bild 4.348 zeigt als Beispiel die Kinematik eines Radialgreifers [4.23].

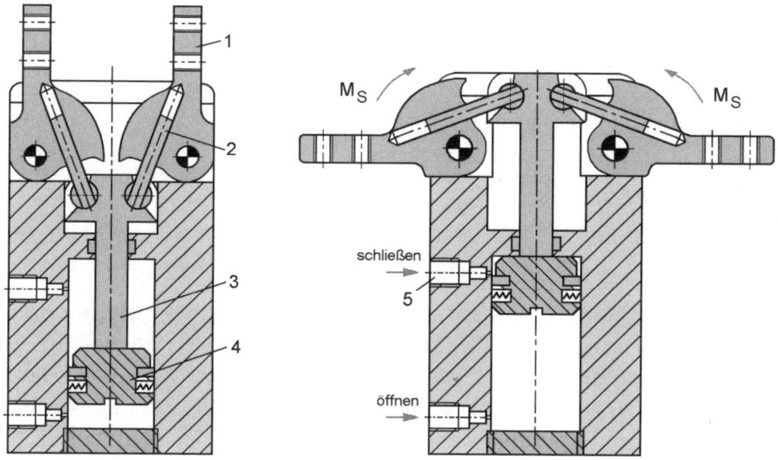

Bild 4.348 Radialgreifer in den Stellungen „offen" und „geschlossen" (Gimatic).
1 Grundbacke, 2 Koppelstange, 3 Kolbenstange, 4 Kolben, 5 Druckluftanschluss, M_S Schließmoment

Eine andere Greifer-Speziallösung wird in Bild 4.349 vorgestellt. Beim Stapeln holt normalerweise der Roboter ein einzelnes Produkt von der Zuführstrecke ab und baut es an vorgegebener Stelle, z. B. auf einer Transportpalette, zum Stapel auf. Es geht aber auch zeitsparender, wenn nämlich eine Stapelbildung bereits im Greifer stattfinden kann. Eine solche Lösung ist besonders bei kurzzyklischer Anlieferung der Objekte oft der einzige Weg.

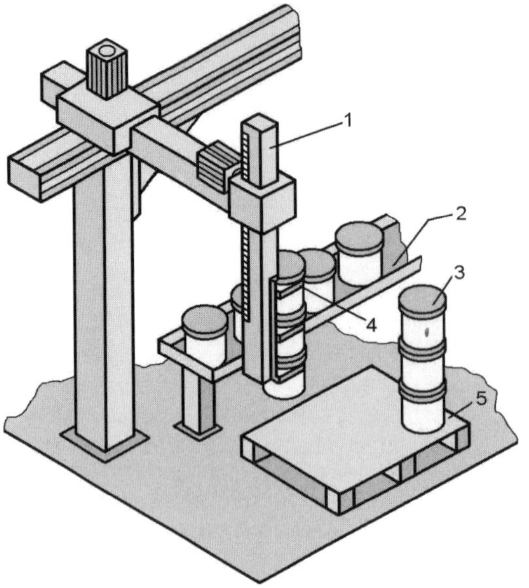

Bild 4.349 Dreifach-Gabelgreiforgan.
1 Portalroboter, 2 Zuführförderer, 3 Dreierstapel, 4 Greifobjekt, Produkt, 5 Transportpalette

Die Handhabungstechnik besteht aus einem Auslegerarm an einem Linienportal.

Als Greiforgan *(gripping effector)* genügt eine Aufnahmegabel, die am Behälter unterhakt, ohne allerdings Spannkräfte auszuüben. Zuerst nimmt die obere Gabel ein Objekt auf, dann der Reihe nach die anderen Objekte. Das Abstellen des Stapels auf der Transportpalette geschieht in einem Zug. Je Stapel reduziert sich auf diese Weise die Handhabungszeit um etwa 40 %.

Stapelgreifer *(pile gripper)* eignen sich übrigens auch in der Umformtechnik für das gleichzeitige Übernehmen mehrere Blechformteile, die in kurzen Zykluszeiten anfallen.

Für die Verkettung von Pressen zu Arbeitslinien werden häufig Handhabungseinrichtungen gebraucht, die die Blechformteile bzw. Blechzuschnitte von Presse und Befettungseinheit zu Presse bewegen. Manchmal werden zur Entfernungsüberbrückung auch noch Zwischenablagen vorgesehen. Die Ziehstücke werden am Rand mit **Zangengreifern** gepackt. Die Spannkraft wird fluidisch aufgebracht und über eine Keilschräge verstärkt. Sie muss relativ groß sein, weil sich oft der Masseschwerpunkt der Teile weitab von der Griffstelle befindet. Günstig sind Greifer mit Selbsthemmung, dessen Greifbacken sich unter der Wirkung von Kräften nicht aufdrücken lassen. Eine solche Greifeinheit wird in Bild 4.350 dargestellt. Als Bewegungseinheit wird hier kein mehrachsiger Industrieroboter eingesetzt, sondern eine Linearachse auf der Basis eines kolbenstangenlosen Pneumatikzylinders (spart Baulänge). Damit lassen sich auch große Wege schnell überbrücken. Die Greifer sind im Beispiel doppelt angeordnet. Sie lassen sich je nach Werkstückgröße auf der Haltestange so verschieben, dass die Greifpunkte am Ziehrand günstig liegen.

Die Spannklauen werden am Ende oft mit Hartmetall-Druckstücken (einzelne Spitzen oder eine pyramidenförmig geriffelte Fläche = Diamantschliff) ausgestattet, damit große Teile auch wirklich sicher gehalten werden. Dabei entstehen oft deutlich sichtbare **Spannmarken.** Greifer mit Blechklemmspitzen bzw. Doppelspitze kann man deshalb nur dann verwenden, wenn der Ziehrand später ohnehin vom Ziehteil abgeschnitten wird. Bei empfindlichen (gebürsteten, polierten) Blechteilen werden auch Greifbacken eingesetzt, die mit Kunststoff (Urethanbacken) gepolstert sind.

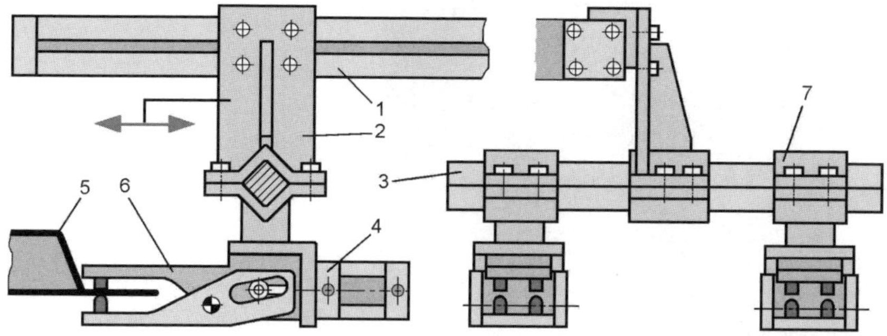

Bild 4.350 Greifeinheit mit Selbsthemmung der Greifbacken für die Entnahme von Blechteilen aus Ziehpressen.
1 kolbenstangenloser Linearantrieb, 2 Tragarm, 3 Halteprofil, 4 Pneumatikzylinder, 5 Blechformteil, 6 Greifbacke, 7 Klemmstück

Ein typischer **Blechklemmgreifer** wird auch in Bild 4.351 vorgestellt. Er ist noch nicht mit Greifbacken ausgerüstet. Diese sind wahlweise Flachbacken, Backen mit Spitze bzw. Doppelspitze, Backen mit Diamantschliff aber auch Urethan-Backen für schonendes Zupacken. Beim Greifen von Blechteilen aus Umformwerkzeugen kann man beispielsweise den unteren Finger unbeweglich lassen (0°-Winkel) und den oberen Finger um beispielsweise 75° schwenken. Die Greifbacken sind dem Objekt und der Aufgabe anzupassen.

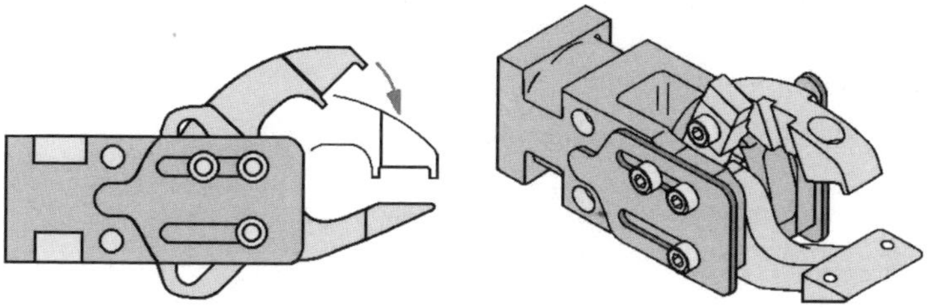

Bild 4.351 Blechklemmgreifer mit großem Öffnungswinkel, noch ohne Ausstattung mit Greifbacken (PHD; www.phdgmbh.de)

Eine Kombination zweier physikalischer Wirkprinzipe in einem Blechgreifer wird in Bild 4.352 vorgestellt. Der Greifer besteht aus einem Vakuumsauger und einem integrierten permanentmagnetischem System. Man kann starke Stahlplatten ebenso aufnehmen, wie perforierte Bleche. Aber auch Aluminium und Edelstahlbleche können gegriffen werden. Bei ferromagnetischen Produkten wirken Saugluft plus Magnetfeld gemeinsam. Damit kann man ohne Umrüstung des Greifers Stahlprodukte mit etwa doppelter Kraft handhaben. Der Permanentmagnet im Innern des Greifers wird mit Druckluft vorgeschoben (eingeschaltet) oder vom Blech zurückgezogen (ausgeschaltet). Aluminium oder Edelstahlbleche werden allein mit Vakuum gehalten. Die Saugluft wird mit einer vorgeschalteten Venturidüse *(Venturi type ejector)* aus Druckluft erzeugt.

Bild 4.352 Kombigreifer für alle Arten von Blechen (Goudsmit, Niederlande, www.magnetconveyor.nl)

Der Greifer repräsentiert letztlich die technische Version einer menschlichen Hand in der Produktion materieller Güter. So vielgestaltig wie die Greifaufgaben und die Greifobjekte anfallen sind dann auch passende Greifer notwendig. Neben Standardgreifern entstehen immer wieder auch spezialisierte Greifer. In der Tabelle 4.14 werden einige Ausführungen aus einem großen Sortiment herausgegriffen [4.19; 4.23].

So löst der **Trennsauger** das Problem, dass beim Vakuumgriff von etwas porösen Werkstücken die Saugluft durchtritt und ein darunter liegendes Teil vom Stapel mit ansaugt und festhält. Zusätzliche Dichtlippen im Zentrum grenzen einen Bereich ab, durch den ein Druckluftimpuls geschickt wird. Dadurch entsteht zwischen den beiden Werkstücken ein Luftfilm und das zweite Teil kann sich nicht mehr halten und bleibt zurück.

Tabelle 4.14 Sortiment verschiedener Spezialgreifer

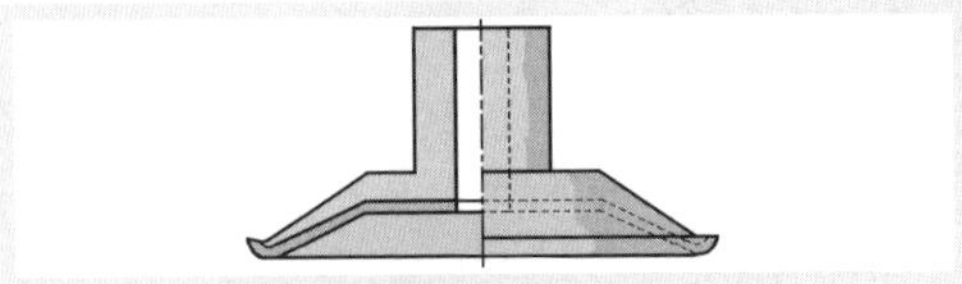	**Vakuum-Spezialgreifer** (Fipa) Spezialsilikon mit Silikonsperre auf Filzschicht, abdruckfrei, bis 550 °C einsetzbar
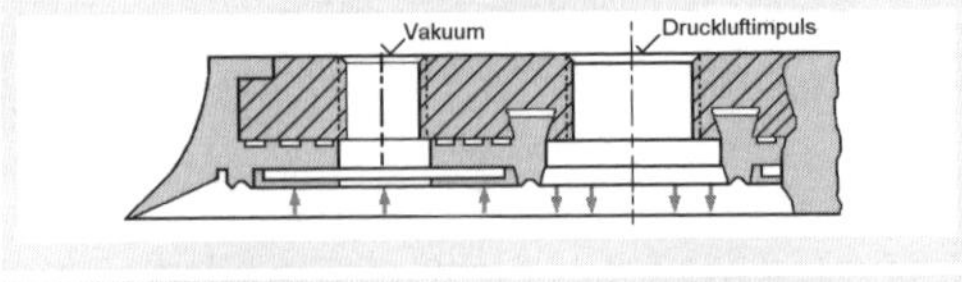	**Trennsauger** (Fipa) Saugen mit Kreisringfläche, Abblasen eines anhängenden porösen Werkstücks mit Druckluftimpuls durch die mittig abgedichtete Kreisfläche
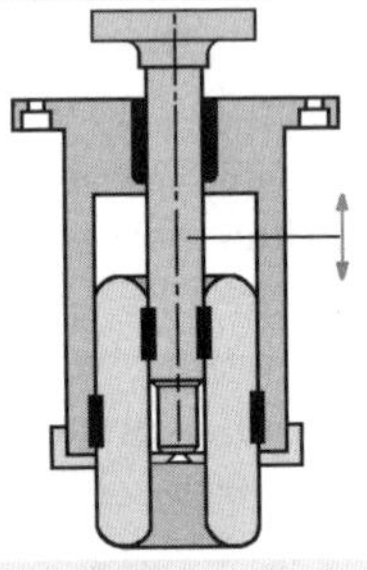 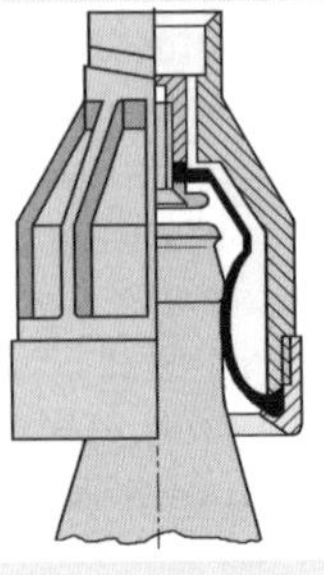	**Flaschengreifer** (Grip-Tec, rechts) Halten am Flaschenkopf mit aufblasbarer Manschette, Abstützung gegen kegelförmigen festen Außenkörper
	Toroidgreifer (links, kein Hersteller) Doppelwandiges Schlauchstück wirkt als Greiforgan. Es entsteht ein Ein- bzw. Ausstülpeffekt. Damit wird ein Objekt kraft-formpaarig gehalten.

Tabelle 4.14 Sortiment verschiedener Spezialgreifer *(Fortsetzung)*

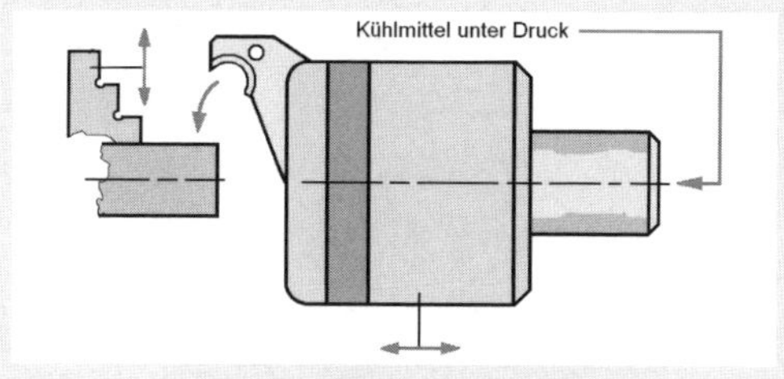	**Stangengreifer** (mpc automation) Klemmgreifer im Werkzeugrevolver eines Drehautomaten zum Nachschieben einer Stange. Antrieb mit Druck des Kühlmittesystems
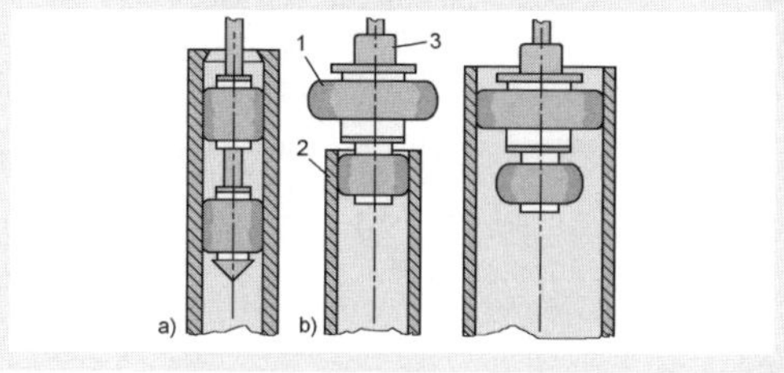	**Expansionsgreifer** (tecnomors) Aufblasbare Membrankörper mit undehnbarer Fadenstruktur für den Innengriff. Auch in Reihenschaltung zur Greifkrafterhöhung

Das Festhalten von Objekten mit Membrankörpern hat den Vorteil, dass kleine Unregelmäßigkeiten in der Greifobjektform kompensiert werden und dadurch auch ein guter Flächenkontakt mit geringer Flächenpressung entsteht. Sie arbeiten ruckfrei, stufenlos, schnell und lautlos. Allerdings vertragen Membranflächen keine spitzen Elemente oder gar metallischen Grat, was ihren Einsatz letztlich etwas einschränkt.

Beispiel 4.13 Berechnung der Antriebskraft für einen Winkelgreifer

Wie groß muss die Antriebskraft F_A bei dem in Bild 4.353 skizzierten Greifer sein?

Technische Angaben: Reibungskoeffizient μ = 0,25, Gewichtskraft G = 50 N, Faktor k = 3. Der Faktor k berücksichtigt den Einfluss von Schwerkraft und Beschleunigung (Bewegungsrichtung).

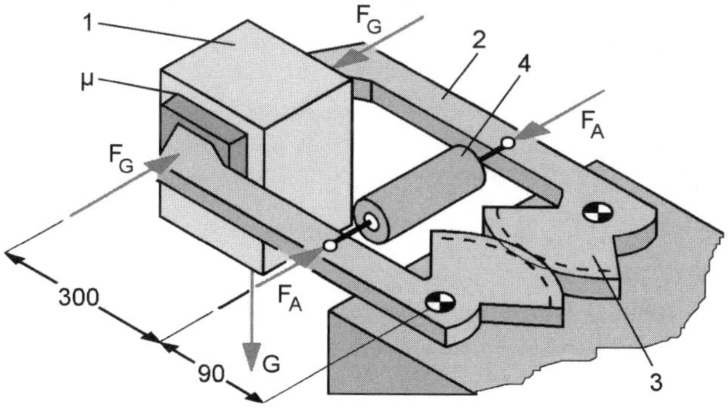

Bild 4.353 Aufbau und Abmessungen eines Winkelgreifers.
1 Werkstück, 2 Greiferfinger, 3 Zahnsegment, 4 Pneumatikzylinder

Rechengang: Aus der Summe der Momente erhält man mit Gl. 4.135

$$F_G \cdot L_G - F_{A} \cdot L_A = 0 \qquad (4.135)$$

L_G Fingerlänge (300 mm + 90 mm)

L_A Hebellänge bis zum Antrieb (90 mm)

Die Greifkraft F_G ergibt sich aus Gl. 4.136

$$F_G = \frac{G \cdot k}{2 \cdot \mu} = \frac{50 \cdot 3}{2 \cdot 0{,}25}\,\mathrm{N} = 300\,\mathrm{N} \qquad (4.136)$$

Damit wird gemäß Gl. 4.135

$$F_A = \frac{F_G \cdot L_G}{L_A} = \frac{300 \cdot 390}{90}\,\mathrm{N} = 1300\,\mathrm{N}$$

Übungsaufgabe 4.8 Antriebskraft eines Klemmgreifers

Wie groß muss bei der in Bild 4.354 dargestellten Greiferkinematik die Antriebskraft F_A sein, wenn die Greifkraft F_G = 125 N betragen soll? Die Greifkraft wurde vorher aus der Gewichtskraft des Objekts, dem Reibungskoeffizienten μ zwischen Objekt und Greifbacke sowie einem Sicherheitsfaktor *(safety factor)* errechnet.

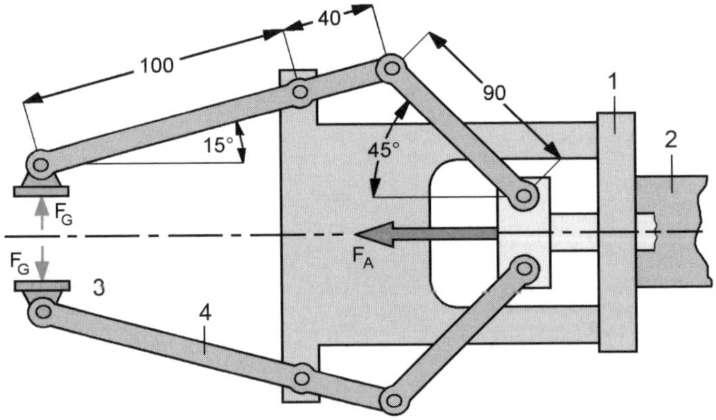

Bild 4.354 Greiferkinematik für eine Beispielrechnung (Abmessungen in mm).
1 Anschlussflansch, 2 Pneumatikzylinder, 3 Greifbacke, 4 Greiferfinger

---

Sehr verbreitet sind in der Handhabungstechnik Vakuumsauger *(suction cup gripper, vacuum pickup)* verschiedenster Ausführung als Greifmittel. Ihre Vorteile sind:

- Erzeugung großer Haftkräfte und die Oberfläche schonendes Halten der Greifobjekte

- über den Druck gut steuerbare und regelbare Haltekraft
- technisch einfacher Aufbau, keine beweglichen mechanischen Bauteile
- keine Beschränkung auf bestimmte Objektmaterialien, ausgenommen stark poröse und sehr heiße Werkstoffe
- großes Sortiment an zweckangepassten Saugerbauformen, Saugergrößen und Saugerwerkstoffen
- preiswerte Komponenten, die in der Regel auch relativ einfach austauschbar sind
- **Flächensauger** (arbeiten nicht punktuell, sondern mit flächig verteilten „Saugporen", die sich bei Notwendigkeit selbsttätig einzeln abschalten können)
- Erzeugung des Vakuums in Greifernähe aus Druckluft mit Hilfe von Venturidüsen
- Abblaseffekte sind nutzbar, um Ablegezeiten zu reduzieren

Typische Einsatzfälle für Vakuumsauger werden in Bild 4.355 aufgelistet. Man erkennt, dass die Orientierung der Haftfläche im Raum (vertikal, horizontal) deutliche Auswirkungen auf die Festhaltekraft hat. Ursache ist die Haftreibungskraft, die nur bei vertikaler oder schräger Saugerhaltung zur Wirkung kommt. Die Ergebnisse eines Rechenbeispiels sind in das Bild zum Vergleich eingetragen.

Saugerfläche horizontal und Bewegungsrichtung vertikal (günstig)	Saugerfläche horizontal und Bewegungsrichtung horizontal (reibungsbeeinflusst)	Saugerfläche vertikal und Bewegungsrichtung vertikal (ungünstig, reibungsabhängig)	**Einsatzfall**
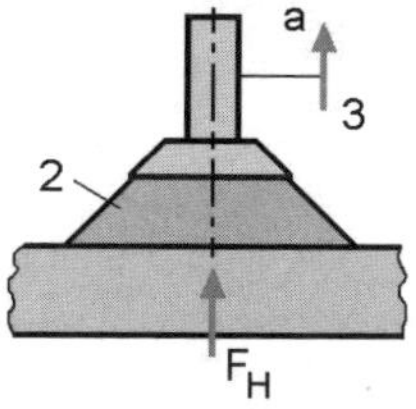	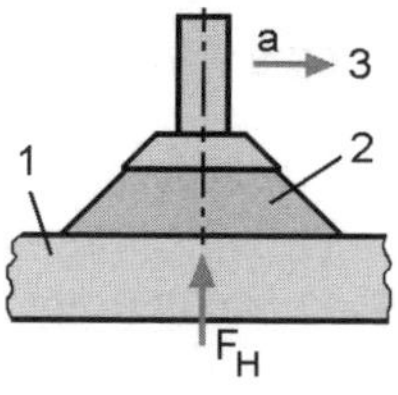	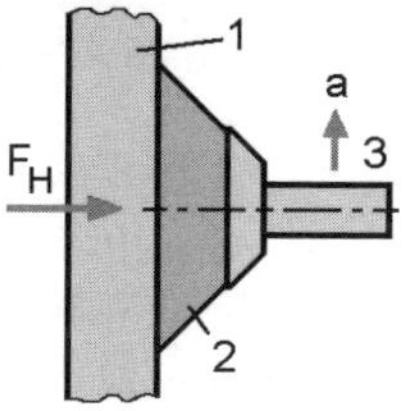	**Einsatzskizze** 1 Werkstück 2 Sauger 3 Bewegungsrichtung *m* Masse *ρ* Dichte
$F_H = m\cdot(g+a)\cdot S$	$F_H = m\cdot\left(S_1\cdot g+\frac{S_2\cdot a}{\mu}\right)$	$F_H = \frac{m}{\mu}\cdot(g+a)\cdot S$	**Gleichung** Haltekraft F_H
$F_H = 3\cdot(9{,}8+3)\cdot 1{,}5$	$F_H = 3\cdot\left(1{,}5\cdot 9{,}8+\frac{1{,}5\cdot 3}{0{,}5}\right)$	$F_H = \frac{3}{0{,}5}\cdot(9{,}8+3)\cdot 1{,}5$	**Berechnung**
F_H = 58 N	F_H = 71 N	F_H = 115 N	**Ergebnis**

Bild 4.355 Typische Einsatzfälle für Vakuumsauger und Ergebnisse zum Berechnungsbeispiel 4.14. *a* Beschleunigung der Anlage in m/s^2, *g* Erdbeschleunigung 9,81 m/s^2, *m* Masse in kg, F_H theoretische Haltekraft des Saugers in N, *S* Sicherheitsfaktor, *μ* Reibungskoeffizient

Beispiel 4.14 Haltekraftberechnung beim Vakuumsauger

Ein Werkstück aus Stahl (ρ = 7,85 g/cm³) mit den Abmessungen 200 mm × 382 mm × 5 mm soll mit dem Sauger gegriffen und mit einer Spindeleinheit in verschiedenen Richtungen (Bild 4.355) bewegt werden. Welche theoretischen Haltekräfte F_H sind dafür nötig?

Fehlende Angaben sind den nachfolgenden Richtwerten zu entnehmen. Beim waagerechten Bewegen bedarf es einer Sicherheit gegen vertikales Ablösen und gegen horizontales Verschieben am Sauger. Die Rechenergebnisse sind in das Bild 4.355 eingetragen.

Einige Richtwerte:

Reibung:	ölig	μ = 0,1
	nass	μ = 0,2 bis 0,3
	rau	μ = 0,6
	Holz, Metall, Stein	μ = 0,5
Beschleunigung: (Erfahrungswerte)	elektrischer Spindeltrieb	6 m/s²
	elektrischer Zahnriementrieb	20 m/s²
	servopneumatischer Antrieb	25 m/s²
	pneumatischer Antrieb	30 m/s²
	pneumatischer Dreh oder Schwenkantrieb (vergleichbare lineare Beschleunigung)	40 m/s²
Sicherheitsfaktor:	bei vertikaler und horizontaler Bewegung	1,5
bei Rotation		2

Für die Masse m des Werkstücks ergibt sich im Beispiel mit Gl. 4.137

$$m = \rho \cdot V = 7850 \text{ kg/m}^3 \cdot 0{,}2 \text{ m} \cdot 0{,}38 \text{ m} \cdot 0{,}005 \text{ m} = 3 \text{ kg} \tag{4.137}$$

Es ist stets zu beachten, dass die negative Beschleunigung bei einem Not-Aus der Handhabungseinrichtung größer sein kann als die Beschleunigung bei Normalbetrieb einer Bewegungseinheit. Außerdem kann der Reibbeiwert sehr großen Schwankungen unterliegen. Für genauere Rechnungen muss man z. B. noch die Weichheit des Saugers und mögliche Leckverluste einbeziehen [4.19].

Um die Gewichtskraft G zu ermitteln, die ein Sauger mit der kreisrunden Saugerfläche A bei einer vertikalen Bewegung bewältigen kann gilt Gl. 4.137a:

$$G = (p_0 - p_u) \cdot A \cdot n \cdot z \cdot \eta \cdot \frac{1}{Si} \tag{4.137a}$$

n	Verformungsbeiwert (Weiche Lippen, steife Lippen) n = 0,9 bis 0,6
z	Anzahl der Sauger
p_0	atmosphärischer Druck in bar
p_u	Druck im abgedichteten Raum in bar

Si Sicherheitsfaktor gegen Abfallen

η Wirkungsgrad, berücksichtig Leckverluste

Für die vereinfachte Berechnung des erforderlichen Saugerdurchmessers d ergibt sich Gl. 4.137b:

$$d = 11{,}3\sqrt{\frac{m \cdot Si \cdot g}{p_u \cdot z}} \text{ in mm} \qquad (4.137b)$$

g Erdbeschleunigung

Um Saugluft zu sparen, kann man Vakuumsauger mit **Selbstzuschaltung** einsetzen. Das Bild 4.356 zeigt die Anwendung eines Vakuumsaugers mit integriertem Ventil. Wenn kein Kontakt zwischen dem Saugnapf und dem Werkstück besteht, bleibt das Ventil geschlossen. Somit wird die Saugleitung unter Vakuum gehalten. Beim Aufsetzen wird das Vakuum von selbst zugeschaltet. Das Vakuum ist sofort verfügbar. Das verkürzt die Ansaugzeit und macht den Handhabungsvorgang schneller.

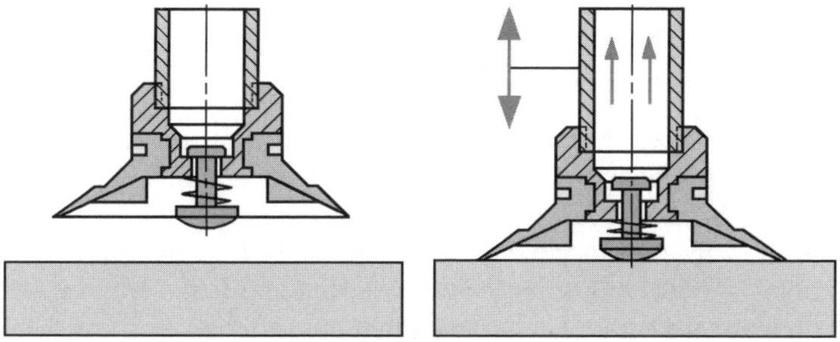

Bild 4.356 Vakuumsauger mit Tastventil (Fiba; www.fibaonline.com)

Für die Auswahl von Greifern jedweder Art kann man folgende Kriterien ansetzen:

- hoher Leistungsfaktor (Verhältnis von Greifkraft zu Greifmasse)
- praktikable mechanische, fluidische und elektrische Schnittstellen für den Armanschluss und die Befestigung von Greifbacken bzw. -fingern
- dem Größenspektrum der Greifobjekte angepasster und einstellbarer Greifhub mit akzeptablen Schließ- und Öffnungszeiten
- Greifkraftsicherung bei Energieausfall, wenn Teile von mittlerer und großer Masse gegriffen werden sollen oder wenn die Objekte wertvoll sind
- geringe Reibungsverluste in Getriebe und Führungen bedeuten hoher Wirkungsgrad
- Möglichkeiten zur kinematischen Ergänzung um Greiferdreh und Schiebeachsen (Kurzhub), wenn der Greifer für ein Pick-and-Place-Gerät vorgesehen ist.
- feinfühlige Einstellmöglichkeiten für Backenbewegungen und Kräfte

- möglichst berührungslose Abfrage der Endstellungen von Greiferbacken
- integrierte Führung von Versorgungsleitungen für Energie und Information
- Unempfindlichkeit gegenüber Stößen, Schlägen und Schwingungen sowie Dämpfung von Bewegungen in den Endstellungen der Greifbacken
- hohe Grenznutzungsdauer (hohe Lebensdauer) und großer Garantiezeitraum
- großes Zeitintervall, in dem Wartungs- und Fehlerfreiheit besteht; zusätzlich Abdeckung von Gelenken und Führungen, wenn der Einsatz in schadstoffbelasteter Umgebung erfolgen soll

4.5.3 Greiferwechseleinrichtungen

Flexibles Greifen ist besonders beim Einsatz von Industrierobotern eine wünschenswerte Eigenschaft und oft auch ein unverzichtbarer Beitrag zur Wirtschaftlichkeit. Folgende Wege sind beschreitbar:

- Einsatz eines „Universalgreifers“ (teuer, keine großen Greifkräfte)
- Einsatz eines Revolvergreifers (sperrig, nur für Kleinteile sinnvoll)
- Einsatz eines Wechselsystems (manuell, automatisch möglich)

Ein Greiferwechselsystem ist eine Vorrichtung zum Austausch von Werkzeugen und Greifern am Flansch eines Industrieroboters. Das Wechselsystem besteht aus einem am Roboterflansch montierten Oberteil und mindestens zwei Unterteilen zur Aufnahme von Werkzeugen oder Greifern. Unterteil und Oberteil verriegeln beim Werkzeugwechsel miteinander. Die Bewegungen beim Verriegeln und Entriegeln werden manuell, vom Roboter selbst oder von einer zusätzlich angebrachten Leistungseinheit ausgeführt.

Zu einem Greiferwechselsystem *(gripper change system)* gehören:

- ein Sortiment von Effektoren (Greifer, Werkzeuge, Vorrichtungen, Messzeuge)
- ein Festteil mit Flanschbefestigung am Roboter und mehrere Flanschplatten (Losteil) für die Effektoren
- ein Greifermagazin (Rundmagazin, Linienmagazin)
- Der Nachteil besteht fertigungsorganisatorisch im Verbrauch von Zeitanteilen für den Wechselvorgang (2 bis 7 Sekunden) und damit in erhöhten Nebenzeiten.

Die Verriegelung des Greifers mit dem Roboterflansch kann nach verschiedenen Funktionsprinzipen erfolgen. Eine Möglichkeit wird in Bild 4.357 gezeigt. Die mechanische **Selbsthemmung** *(self-locking)* wird durch Formschluss mit Rastkugeln erreicht. Beim Andocken taucht das Kolbenstück in das Losteil (untere Baugruppe) ein, bis es auf die Anschlagschrauben trifft. Wird nun der Kolben mit Druckluft beaufschlagt, wird der Kugelring über den mittig feststehenden Dorn geschoben, nimmt dabei das Losteil über die Innenschräge mit und verriegelt es gegen das Festteil. Die Kugeln versperren nun den Rückweg des Losteils. Auch bei einem Druckabfall bleibt dieser Zustand erhalten. Wie zu sehen ist, wird neben der mechanischen Verbindung auch eine Kopplung von Druckluft,

Elektrik und Signalleitungen vorgenommen. Es gibt neben dem Kugeladaptersystem noch weitere Konstruktionen für Wechselsysteme und Arretiermechanismen [4.19]. Das sind beispielsweise Hakenklauen-Haltesystem, Querbolzen- und Keilverriegelung, Zugspindeltechnik, Magnethaltung und Bajonettmechanik-Systeme. Es stehen auch manuelle Schnellwechselsysteme zur Verfügung.

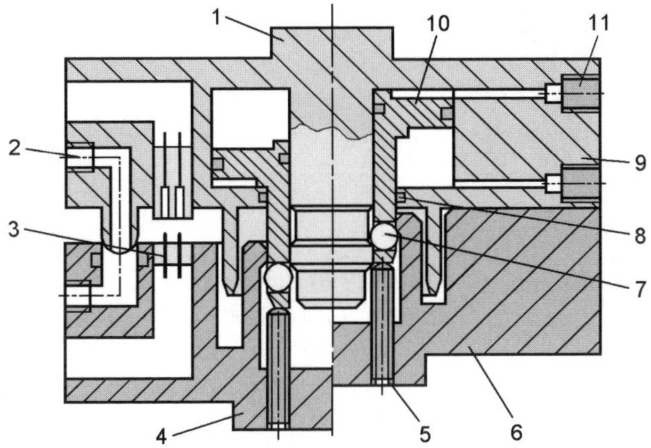

Bild 4.357 Aufbau einer Wechselvorrichtung im Schnitt.
1 Anschlussflansch, 2 Druckluftdurchleitung, 3 Stecker für Signalleitungen, 4 greiferseitiger Flansch, 5 Anschlagschraube, 6 Grundkörper, Losteil, 7 Kugel , 8 Dichtung, 9 Grundkörper, Festteil, 10 Verriegelungskolben, 11 Druckluftanschluss

In Bild 4.358 wird ein Ausführungsbeispiel gezeigt. Die Koppelelemente für die elektrische Energie und Signalübertragung sind außen am Aluminiumgehäuse angesetzt, z. B. 18-polige Steckverbindungen. Bei einem Energieausfall ist die Selbsthaltung des greiferseitigen Teils durch eine eingebaute Feder gewährleistet. Die Verriegelung erfolgt durch Bolzen, die über ein Keilhakengetriebe *(wedge hook gear)* bewegt werden und in die Verriegelungsnut des Losteils eingreifen. Als Suchdorn und Verdrehsicherung greifen Kegelzapfen in die Bohrungen des Losteils ein.

Bild 4.358 Greiferwechselsystem mit pneumatisch angetriebener Verriegelungsmechanik im roboterseitigen Teil (Schunk)

Ein manuelles Schnellwechselsystem, welches auf eine einheitliche Grundplatte abgestimmt ist, wird in Bild 4.359 vorgestellt. Es ist Bestandteil eines umfassenden Baukastensystems. Der Greifer wird auf einer Greifergrundplatte mit den Mitteln des Vorrichtungsbaues und unter Nutzung von Komponenten aus einem Greiferbaukasten aufgebaut. Dann wird die Greifergrundplatte mit der Roboter-Adapterplatte mechanisch verbunden und mit den Luftanschlüssen gekoppelt. Weil die pneumatischen Anschlüsse immer gleich belegt sind, ist bei einem Greiferwechsel die korrekte Zuordnung der Druckluft- und Saugluftversorgung gesichert.

Das Wechselsystem ist in mehreren Baugrößen verfügbar, mit maximaler Gewichtskraftbelastung bis 100 N, 200 N, und 400 N (je nach Baugröße). Anwendungsbeispiele aus dem Bereich der Kunststoffteilehandhabung sind in [4.23] enthalten.

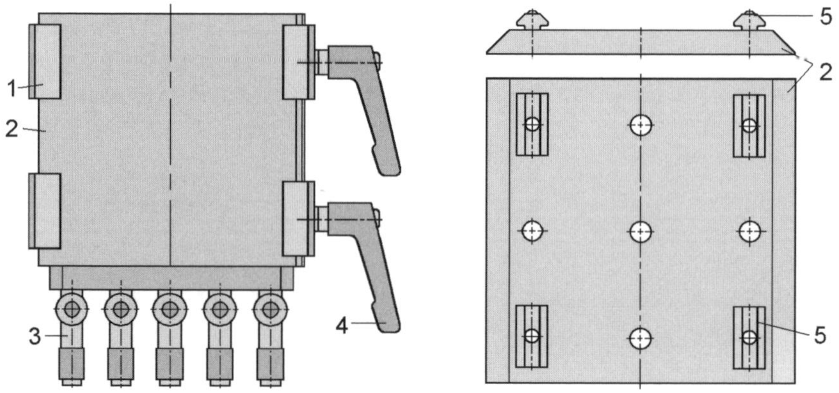

Bild 4.359 Schnellwechselsystem mit der Schnittstelle „Greifergrundplatte" (FIPA).
1 fester Spannanschlag, 2 Grundplatte, 3 Druckluftanschluss-Kupplung, 4 Handspanngriff, 5 Profilverbindungselement

4.5.4 Greifen von Kleinstteilen

Bei sehr kleinen Greifobjekten stellt sich das Verhältnis der Kräfte völlig anders dar als in der gewohnten makroskopischen Umgebung. Je kleiner die Bauteile werden, umso geringer wird die Bedeutung der Schwerkraft im Vergleich zum Einfluss von Störkräften, wie elektrostatische Anziehungskräfte, Adhäsionskräfte sowie ferromagnetische, intermolekulare und atomare Anziehungskräfte. Da die Griffflächen am Objekt oft winzig sind, können auch schnell unzulässig hohe Flächenpressungen bei Klemmgreifern auftreten. In Bild 4.360 wird der Ablauf beim hydroadhäsiven Greifen gezeigt [4.24].

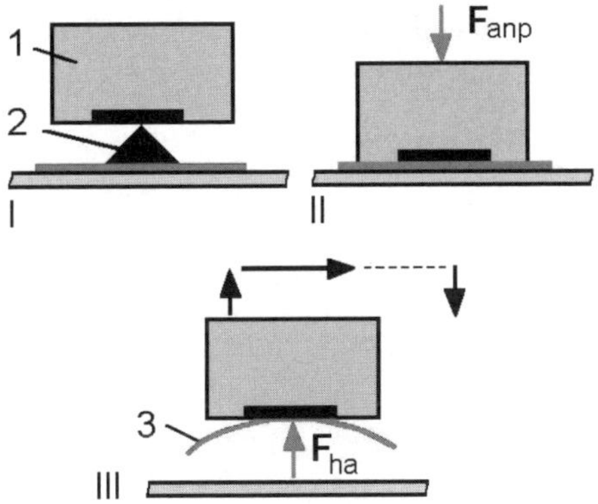

Bild 4.360 Hydroadhäsives Greifen.
1 Greifer, 2 Wirkmedium, 3 textiles Objekt, F_{anp} Anpresskraft, F_{ha} Haft-, Haltekraft, I Wirkmedium aufbringen, II Kontakt herstellen, III Halten, Fortbewegen, Ablegen

Das Wirkmedium, z. B. Wasser, wird als hauchdünner Film auf das Objekt aufgebracht und gefriert. Für Anfrieren und Lösen wird jeweils 1 Sekunde gebraucht. Für das Lösen reicht das Anblasen mit Druckluft bei Raumtemperatur.

Für die **Mikrorobotik** [Schnittstellen siehe [4.25]] lassen sich elektrostatische Greifer entwerfen. Der Elektrodenaufbau und die Haftmechanismen für kleinste Greifobjekte beruhen auf unipolaren, bipolaren Elektrodenaufbau und dem Oberflächenladungshaftmechanismus [4.26]. Das Bild 4.361 zeigt das Greifprinzip.

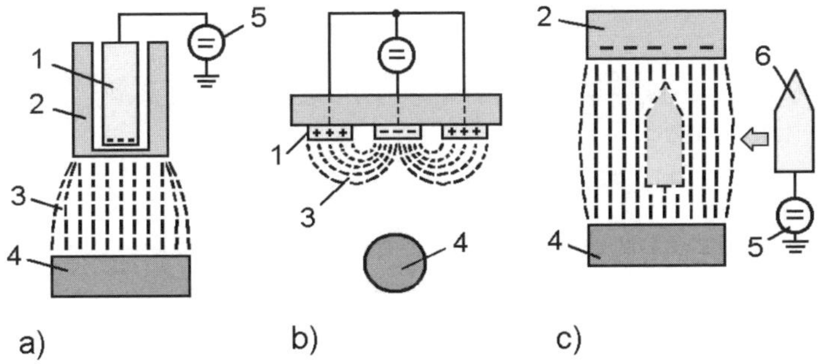

Bild 4.361 Prinzipaufbau elektrostatischer Greifer.
a) unipolarer Elektrodengreifer, b) bipolarer Elektrodengreifer, c) Oberflächenladungsgreifer,
1 Elektrode, 2 Isolator, 3 elektrisches Feld, 4 Greifobjekt (elektrisch leitfähig), 5 Hochspannungsquelle, 6 Ladesystem (Stabelektrode)

Bei den Bauformen a) und b) wird eine Elektrodenanordnung mit einer Spannung versorgt, worauf sich das elektrische Feld ausbildet. Dadurch entsteht eine elektrostatische Kraft, die das Greifobjekt hält. Das Objekt stellt die Gegenelektrode dar. Das Lösen vom Greifer erfordert das Abschalten der Greiferspannung und ausreichend große Gewichtskräfte des Objekts. Bei c) braucht man ein aktives Ladesystem.

Übungsaufgabe 4.9 Festhaltemöglichkeiten am Beispiel einer Kugel

Es gibt viele Möglichkeiten, ein Werkstück mit einem Greif- bzw. Halteorgan anzufassen und zu halten. Unabhängig von der spezifischen Objektform lassen sich einige Basisvarianten angeben. In Bild 4.362 sind einige Greifprinzipe dargestellt. Ordne die Erklärungen A bis L den Prinzipskizzen 1 bis 6 zu (Mehrfachzuordnungen sind möglich).

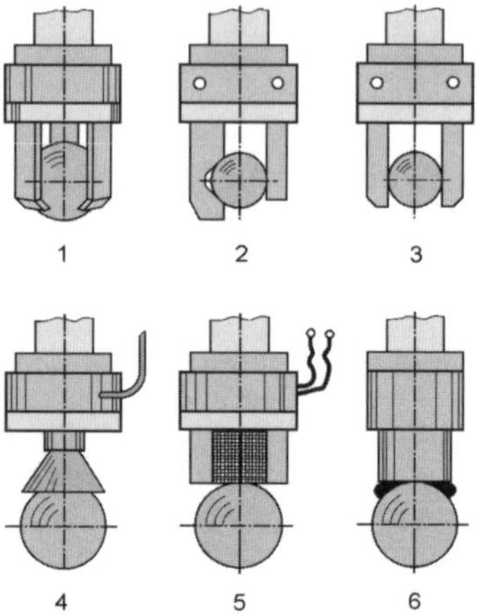

- A teilweiser Formschluss mit Klemmkraft kombiniert
- B Halten mit Saugluft
- C Halten mit Magnetfeld
- D reines Umschließen ohne zu Klemmen
- E reiner Kraftschluss
- F Halten mit Haftmitteln
- G Kraftfeld
- H Stoffschluss
- I Reibpaarung
- K Formpaarung
- L pneumatischer Kraftschluss

Bild 4.362 Festhaltemöglichkeiten eines Objekts am Beispiel einer Kugel.

Kontrollfragen

4.44 Welche Greifmethoden werden eingesetzt, um eine Wirkpaarung zwischen Greifobjekt und Greiforgan herzustellen?

4.45 Was versteht man unter dem Begriff „Effektor“ bzw. „Endeffektor“?

4.46 Parallelbackengreifer können sich selbst blockieren, d. h., die Grundbacken lassen sich nicht mehr schieben. Welche Ursache steckt dahinter?

4.47 Ein Kombigreifer kann Objekte sowohl magnetisch als auch mit Vakuum halten. In welchen Anwendungen braucht man solche Greifer?

4.48 Welche Teilsysteme lassen sich bei einem mechanischen Greifer voneinander abgrenzen?

4.49 Von welchen technisch-physikalischen Gegebenheiten hängt die entstehende Haltekraft bei einem Scheibensauger mit waagerecht genutzter Saugerfläche ab?

4.50 Welcher Anwendernutzen tritt ein, wenn man Vakuumsauger mit integriertem Tastventil für die Zuschaltung des Vakuums einsetzt?

4.51 Dünnbleche bzw. Blechformteile müssen oft am Rand, also weit außerhalb des Masseschwerpunktes gegriffen werden. Welche Probleme sind damit verbunden und was kann man dagegen tun?

4.5.5 Spanneinrichtungen

In der Fertigungstechnik werden für viele Verfahren Spanneinrichtungen benötigt. Werkstücke müssen sicher gehalten werden und dürfen ihre Position unter allen Bearbeitungsbedingungen nicht verändern. Man kann die **Spannprinzipe** wie in Bild 4.363 gezeigt einteilen. In der Häufigkeit der eingesetzten Spannmittel nimmt das mechanische Spannen (Antrieb elektro-mechanisch, hydro-mechanisch, manuell-mechanisch und pneumohydraulisch) eine Spitzenposition ein. In der Mikromechanik werden auch adhäsive und elektrostatische Prinzipe für das Halten von Kleinteilen verwendet.

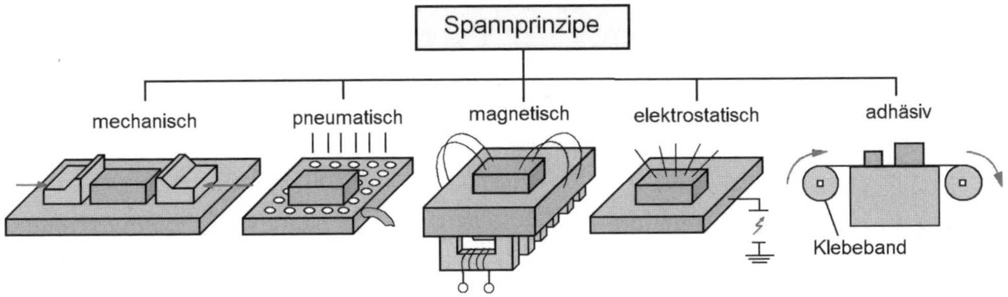

Bild 4.363 Physikalische Möglichkeiten für Spannvorrichtungen [4.23]

Werkstückspannvorrichtungen müssen vielfältigen Anforderungen genügen und werden oft unterschätzt. Sie können aber für sich allein nicht wirksam werden und sind immer nur ein Glied im Prozess von Teilefertigung, Prüfung oder Montage.

Was versteht man unter „Spannen“?

Spannen

Vorübergehendes Sichern eines Körpers in einer definierten Orientierung und Position unter Beteiligung von Kraftschluss. Setzt man allein auf Formschluss, dann spricht man vom „Halten“ (VDI-Richtlinie 2860).

Das Halten kommt in der Montageautomatisierung übrigens häufig vor. Basisteile werden oft in die Aufnahmen eines umlaufenden Werkstückträgers nur eingelegt.

Als Beispiel für viele mechanische Spanner wird in Bild 4.364 stellvertretend ein pneumatischer **Schwenkspanner** gezeigt. Er vereinigt zwei Bewegungssequenzen in einer Einheit. Das Wegschwenken des Spannarmes gibt das Werkstück bzw. die Spannstelle frei, so dass es ohne Komplikationen entnommen bzw. eingelegt werden kann. Das Schwenken wird durch eine Nutkurve im Pneumatikkolben erzeugt. Die Kreisringfläche auf der Kolbenstangenseite ist für die Spannkraft zuständig.

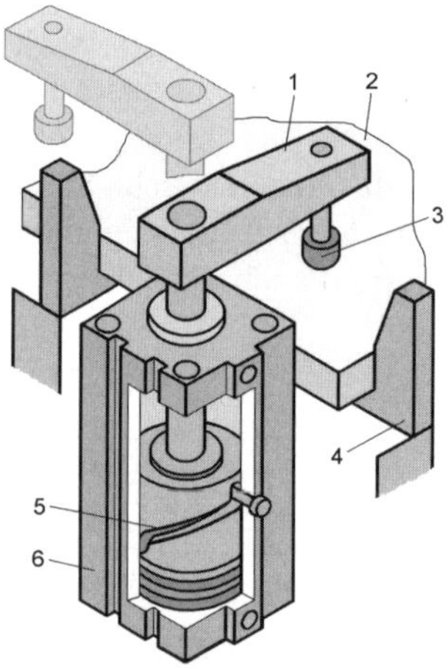

Bild 4.364 Pneumatischer Schwenkspanner.
1 Spannfinger, 2 Werkstück, 3 Druckschraube, 4 Bestimmelement, 5 Nutkurve, 6 Arbeitszylinder

Einige technischen Daten werden in der Tab. 4.15 für den in Bild 4.364 gezeigten Spanner aufgeführt. Man sieht, dass es sich um eine Baureihe mit abgestuften Parametern handelt.

Tabelle 4.15 Technische Daten eines Schwenkspanners (Beispiel)

Kolbendurchmesser	Spannhub	Spannkraft
12, 16, 20 mm	10 oder 20 mm	51 bis 121 N
25 mm	10 oder 20 mm	227 N
32 mm	10 oder 20 mm	362 N
40 mm	10 oder 20 mm	633 N
40, 63 mm	20 oder 50 mm	990 bis 1682 N

Übungsaufgabe 4.10 Einlegen eines Bauteils in eine Fräsvorrichtung

Bei der Gestaltung von Spannmitteln muss natürlich beachtet werden, dass man asymmetrische Werkstücke nicht falsch orientiert einlegen kann. Das Problem soll an einem Beispiel in Bild 4.365 behandelt werden. Wie könnte eine Einlegesicherung aussehen, die ein Falscheinlegen verhindert? Das Einlegen soll senkrecht von oben erfolgen.

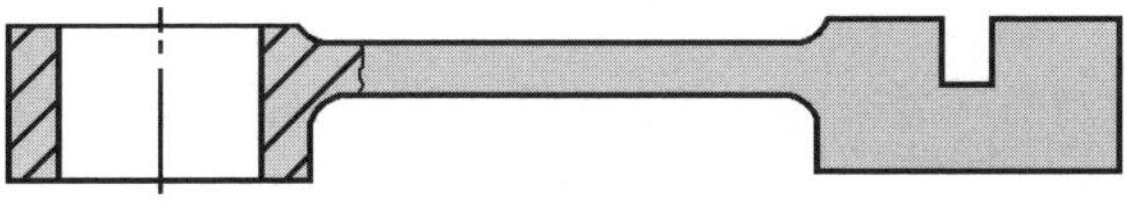

Bild 4.365 Beispielwerkstück aus Gusseisen

In Montageanlagen soll das Spannen möglichst genau erfolgen, damit beim Fügen keine Toleranzsituationen auftreten, die z. B. das Zusammenstecken von Teilen verhindern. Das Bild 4.366 zeigt eine Transferkette, die die Montagebasisteile von Station zu Station taktweise fördert. Seitlich sollen in diese Fügeteile eingepresst werden. Dafür genügt die Positioniergenauigkeit der Kettenglieder jedoch nicht. Die Teile haben Achsmittenfehler in Δx und Δy. Deshalb wird das Basisteil von der Kette abgehoben und gegen ein fixes Prisma gespannt. Die Fügeposition P ist nun stets gleich und die seitlich angebauten und wirkenden Fügevorrichtungen können auf diese Mitte eingerichtet werden. Nach dem Fügen wird das Basisteil wieder zurück in die **Transferkette** abgesenkt.

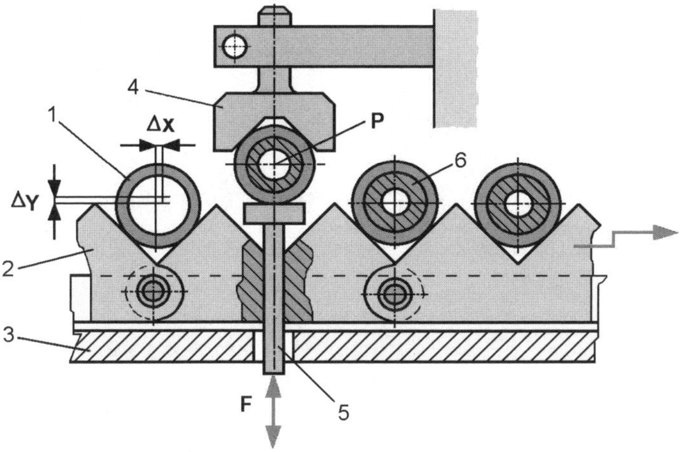

Bild 4.366 Spannen an einer Montagemaschine.
1 Basisteil, 2 Transportkette, 3 Kettenführung, 4 Spannprisma, 5 Spannstößel, 6 Fügeteil, *P* Fügeposition

Es soll noch ein Beispiel aus der Umformtechnik folgen. Es geht um eine in ein Lochwerkzeug eingebaute Spannfunktion. Das wird in Bild 4.367 skizziert. Zugeführte Blechwinkel werden vereinzelt und dabei während des Lochens gespannt. Die Spannkraft ergibt sich aus der Kraft der Druckfeder und der Hebelübersetzung. Nach dem Rückhub des Werkzeugoberteils bringt eine Zugfeder das Spannsegment wieder in die Ausgangslage.

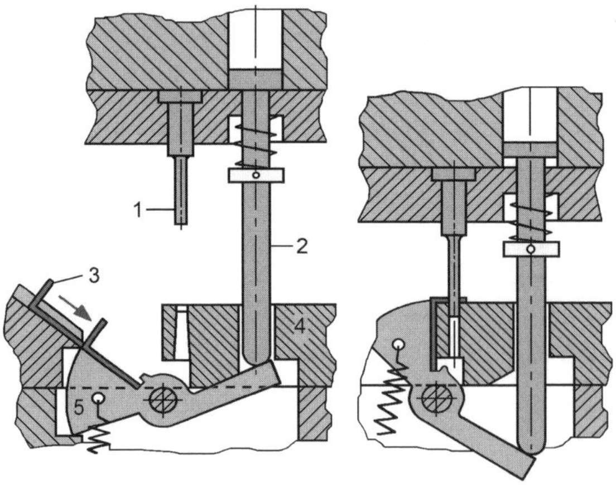

Bild 4.367 Zuführen und Spannen kleiner Blechwinkel.
1 Lochstempel, 2 Spannstößel,
3 Werkstück, 4 Lochwerkzeug,
5 Spannsegment

4.6 Kontrolleinrichtungen

Kontrollieren ist eine Teilfunktion, die in allen Fertigungsschritten vielfach vorkommt. Typische Kontrollen sind beim Handhaben z. B. Anwesenheit von Teilen, Anzahl, Identität (Kriterien z. B. Farbe, Größe, Form), Orientierung und Position. Allgemein dient das Kontrollieren dem Feststellen, ob bestimmte Eigenschaften und Zustände erfüllt sind. Man unterscheidet zwei Funktionsgruppen:

Messen *(measure):* Eigenschaften und Zustände werden durch einen Wert als Vielfaches einer vorgegebenen Bezugsgröße beschrieben und durch Vergleich mit Referenzwerten beurteilt.

Prüfen *(check, test)*: Eigenschaften und Zustände werden untersucht, ob sie erfüllt sind oder nicht. Bestandteile des Prüfens sind beispielsweise Informationsaufnahme und Vergleich mit Gut/Schlecht- oder Ja/Nein-Grenzwerten.

Die dafür eingesetzten Geräte und Sensoren reichen vom einfachen elektromechanischen Taster bis zur Kamera mit automatischer Bildauswertung. Besonders zur Anwesenheitskontrolle von Objekten werden vielfach **optoelektronische Sensoren** eingesetzt. Sie sind klein, auf hohe Ansprechempfindlichkeit ausgelegt und in Verbindung mit Lichtwellenleitern kann das Licht sogar „um die Ecke" transportiert werden. In Tabelle 4.16 wird das Prinzip solcher Sensoren gezeigt [4.28].

Tabelle 4.16 Arbeitsprinzip einiger wichtiger optoelektronischer Sensoren

Bezeichnung	Anordnung	Erläuterung
Einweglicht-schranke	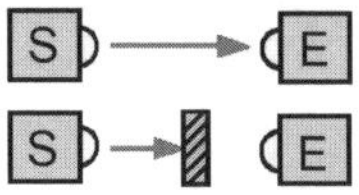	Sender (S) und Empfänger (E) sind voneinander getrennt und liegen sich gegenüber. Es wird die Unterbrechung des Lichtstrahls ausgenutzt. Reichweite: bis 30 Meter

Tabelle 4.16 Arbeitsprinzip einiger wichtiger optoelektronischer Sensoren *(Fortsetzung)*

Reflexlichtschranke	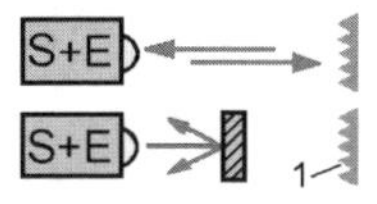	Sender und Empfänger sind in einem Gehäuse untergebracht. Zusätzlich wird ein Reflektor (1) nötig. Man wertet die Unterbrechung des Strahls aus. Einsatz: bis 4 Meter
Reflexlichttaster	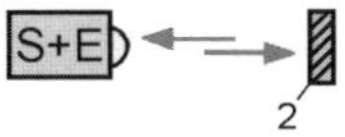	Sender und Empfänger haben ein gemeinsames Gehäuse. Reflektiertes Licht strahlt zum Empfänger zurück. Das Objekt (2) selbst wirkt als Reflektor. Einsatz: von 0,1 bis 0,4 Meter
Mehrstrahllichtschrankensysteme	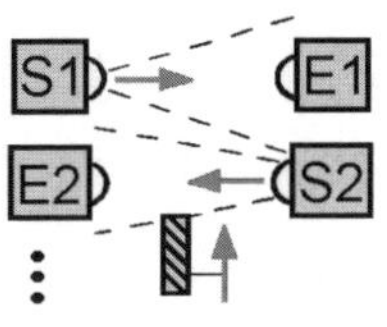	Bei geringem Abstand von Lichtschranken kann ein Mehrstrahlsender mehrere Empfänger anstrahlen (ansteuern), was zu Fehlauswertungen führt. Deshalb sind Sender und Empfänger wechselseitig anzuordnen (wie dargestellt) oder nacheinander zu aktivieren und auszuwerten.

Begleitend zu den Prüfungen ob ein Schlecht- oder Gutteil vorliegt, muss man auch die Handhabung der Schlechtteile organisieren. An Montageautomaten können Schlechtteile entstehen, wenn an einer Station eine Fehlmontage erfolgte. Auch muss nach einem manuellen Eingriff der Montageautomat leergetaktet werden. Diese Teile müssen ebenfalls unverwechselbar zu einem Nacharbeitsplatz geleitet werden [4.29]. Für das Ausschleusen von Baugruppen werden nachfolgend einige Beispiele aufgeführt.

Das Bild 4.368 zeigt einen Montageautomaten im Ausschnitt. In Rollen aus Hartgummi wird eine Eisenhülse eingepresst. Es muss nun kontrolliert werden, ob die Buchse tatsächlich eingepresst wurde.

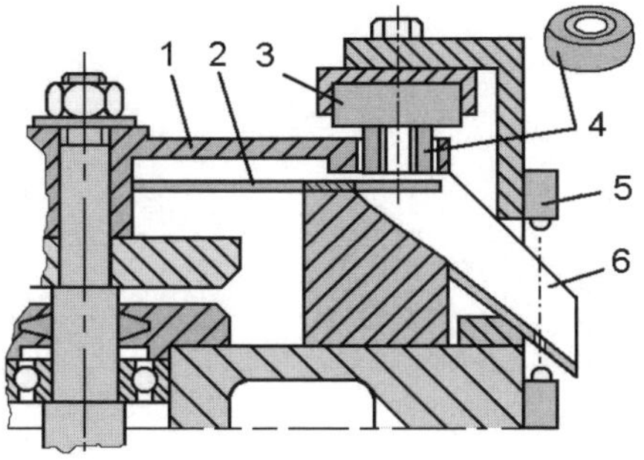

Bild 4.368 Ausschleusen von Schlechtteilen.
1 Rundtaktmaschine, 2 Gleitring für Teileauflage, 3 Permanentmagnet, 4 Baugruppe, 5 Sensor (Schlechtteileerfassung), 6 Gleitrinne

In der im Schnitt dargestellten Station fallen alle Teile durch, die keine Eisenhülse haben. Ist sie vorhanden, hält ein Permanentmagnet die Baugruppe solange fest, bis der Drehteller zur nächsten Station weitergetaktet ist.

Im zweiten Beispiel (Bild 4.369) wird das Ausschleusen nach einer vorangegangenen Prüfung über ein Hebelsystem realisiert. Ein Magnet lüftet den Sperrhebel, so dass das Objekt durch Schwerkraftwirkung die Maschine verlässt. Der Sperrhebel dient dabei gleichzeitig als Gleitbahnanschluss.

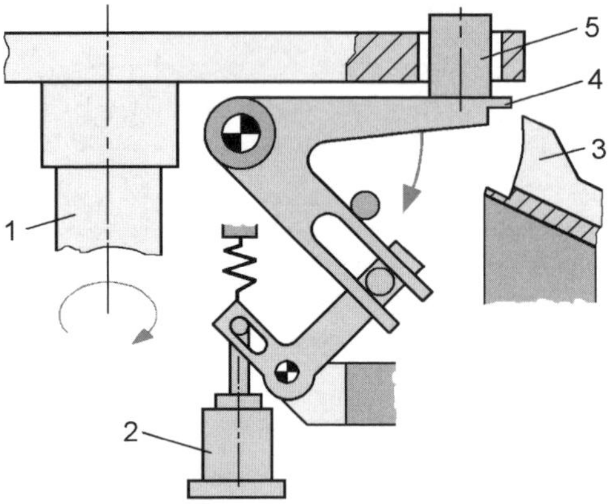

Bild 4.369 Ausschleusen mit Sperrhebel.
1 Rundtaktautomat, 2 Elektromagnet,
3 Gleitrinne für Schlechtteile, 4 Sperrhebel,
5 Werkstück, Baugruppe

In der Station oder einem vorhergehenden Takt muss eine Prüfung mit entsprechenden Sensoren durchgeführt werden.

Werden Kameras und Bilderkennungssysteme eingesetzt, hat man den Vorteil, dass mit einem „Blick“ (einer bildgebenden Darstellung) mehrere Parameter zugleich kontrolliert werden können. Als Beispiel wird in Bild 4.370 das Schema eines **Schraubenprüfsystems** skizziert. Es kommt hier besonders auf die Qualität der Lichtquelle an. Um die Konturen scharf und reflexfrei abbilden zu können, ist eine gleichmäßige parallele Ausleuchtung erforderlich. Es wurde eine telezentrische Lichtquelle, die aus einer LED-Matrix, Streuscheibe und einer darüber angeordneten FRESNEL-Linse besteht, eingesetzt. Der Vorteil besteht darin, dass die Messobjekte unabhängig von ihrem Abstand zur Kamera mit großer Tiefenschärfe und hohem Kontrast erfasst werden.

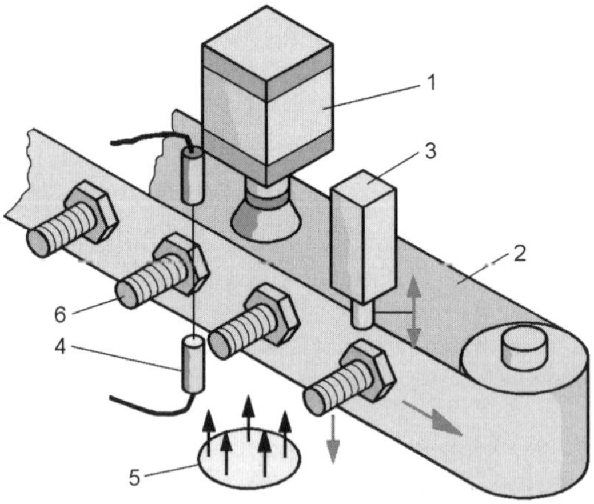

Bild 4.370 Prinzip eines optisch-visuellen Schraubenprüfsystems (vdh-systemtechnik).
1 Vollbildkamera, 2 magnetisches Förderband, 3 Auswerfer, 4 Triggerlichtschranke, 5 telezentrische LED-Lichtquelle, 6 Prüfobjekt Maschinenschraube, Prüfleistung: 360 Stück/min

Als Bildaufnehmer wird eine Vollbild-Shutterkamera eingesetzt, die sich asynchron triggern lässt und die Vollbilder bei Belichtungszeiten von 1/10 000 s liefert. Das Prüfsystem erreicht eine hohe Messgenauigkeit von etwa 40 µm, bei einer Taktrate von bis zu sechs Schrauben je Sekunde. Für die Auswertung eines Bildes stehen 120 ms zur Verfügung. Geprüft werden in der Beispiellösung der Gewindeaußen- und -kerndurchmesser, die Kopfhöhe, die Nennlänge und je nach Schraubentyp noch bis zu 13 weitere Merkmale.

Um die Schraubenprüfung mit Bilderkennung geht es auch im folgenden Beispiel. Die Zylinderkopfschrauben gelangen über eine Zuführrinne auf einen Walzenförderer und hängen sich aus (Bild 4.371). Dann werden sie im freien Flug von zwei Kameras abgetastet. Die Seitenkamera vermisst die Konstruktionsdaten der Schraube, kontrolliert auf Fremdteile und Späne. Es können mehr als 20 Parameter sein. Simultan untersucht die Drauflichtkamera Kopfform, Risse, Kratzer, Grat und Verquetschungen am Kopfaußendurchmesser und den Antrieb. Damit das alles funktioniert, müssen die Schrauben auf eine optimale Geschwindigkeit gebracht werden.

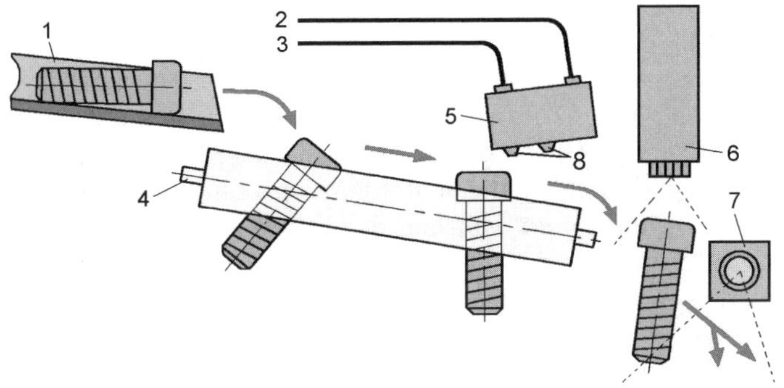

Bild 4.371 Prinzip einer Hochleistungsmess- und Sortieranlage für Schrauben (visicontrol), 1 Zuführrinne am Teileförderer, 2 Signalleitung, 3 Druckluftleitung, 4 Doppelwalzenförderer, 5 Geschwindigkeitsanpasser, 6 Draufsichtkamera (Auflichtkontrolle), 7 Seitenkamera (Durchlichtkamera), 8 Luftdüse

Für die Auswertung wurde eine spezielle Software entwickelt, mit der die Schraube je nach Bedarf mit Hilfe gesteuerter Luftdüsen gebremst oder beschleunigt wird. Sortierleistung: 400 bis 1200 Schrauben je Minute (M2 bis M8; Länge 8 bis 60 mm).

In vielen Fällen will man im Durchlaufverfahren kontrollieren, ob Behältnisse wie Flaschen, Kanister, Saftblöcke aus beschichteter Pappe oder Kunststoffbehälter auch wirklich befüllt wurden. Steht die Dose oder Flasche unter Druck bzw. negativem Überdruck, dann kann beispielsweise die Wölbung des Deckels bzw. der Verschlusskappe optisch erfasst werden. Geplatzte Plastikflaschen oder solche ohne Inhalt lassen sich detektieren. Das geht auch mit kapazitiven Sensoren einfach und technisch elegant. Ein Beispiel wird in Bild 4.372 gezeigt. Fehlerhafte Produkte müssen an einer nachfolgenden Station ausgeschleust oder markiert werden. Bei durchsichtigen Behältern können optische Sensoren verwendet werden, mit denen auch der Füllstand erfasst und ausgewertet werden kann.

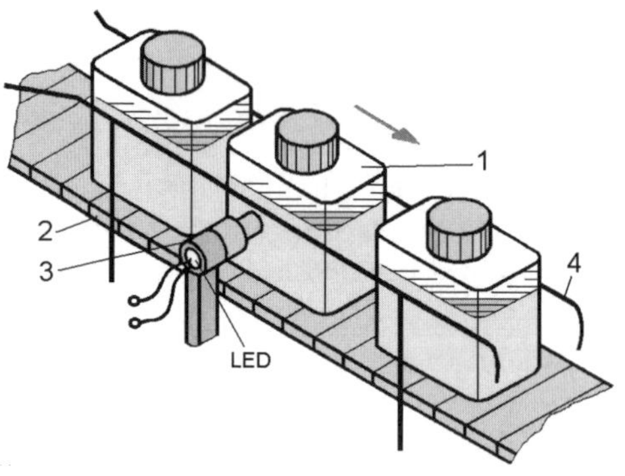

Bild 4.372 Füllungskontrolle undurchsichtiger Behälter mit einem kapazitiven Sensor. 1 Füllgutbehälter, 2 Förderband, 3 kapazitiver Sensor, 4 Seitenführung

Um das Anhaften von Doppelblechen bei der Zuführung von Eisenblechronden mit einem **Magnetgreifer** zu vermeiden, hat man bei der Lösung nach Bild 4.373 einen Abzugsmagneten vorgesehen. Haftet zufällig ein zweites Blech an (dann meist mit etwas verminderter Haftkraft), so wird es vom Gegenmagnet während der Schwenkbewegung „abgesaugt". Dort muss es dann manuell abgenommen werden, weil sonst die Schutzwirkung nicht mehr gegeben ist. Wenn dieser Fall eintritt, muss zusätzlich ein Signal generiert werden, damit der Vorgang vom Bediener auch wahrgenommen wird.

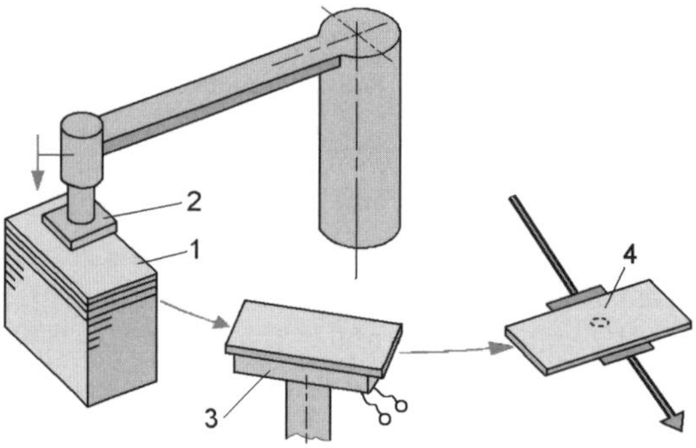

Bild 4.373 Kontrolle auf Doppelbleche. 1 Eisenblechstapel, 2 Magnetgreifer, 3 Gegenabzugsmagnet, 4 Zielposition

In der Montageautomatisierung müssen ständig die Prozessfunktionen, die Magazinfüllstände und die Vollständigkeit der Montagebaugruppen überwacht werden. Wie kann man Systemzustände an der Wirkstelle und in der Peripherie effektiv überprüfen? Das soll an einigen Beispielen gezeigt werden. Besonders schwierig ist das bei flexibler Montage. Es gibt viele Sensorarten, die dafür tauglich sind. Programmierbare **Lasersensoren** sind z. B. in der Lage, durchaus als Nebenaufgabe auch kleine unbeabsichtigte Veränderungen in der Peripherie aufzuspüren.

In einem Sensorlauf wird für jeden programmierten Punkt die Lichtintensität (Lichtstärke; Lichtstrom in einer bestimmten Richtung) gemessen und mit einem abgespeicherten Lichtwert verglichen (Bild 4.374). Die Auflösung kann z. B. 0,4 mm in 3 Meter Entfernung betragen. Als interessante Punkte kommen an einer Montagestation Magazine (Magazinfüllstände) ebenso in Frage, wie montierte Baugruppen (Vollständigkeit der Baugruppe). Hat man eine Montagebaugruppe mit beweglichen Bauteilen, z. B. Tasten, dann kann deren Funktion in einer Prüfvorrichtung getestet werden (Beobachtung verschiedener Prüfzustände). Auch diese Aktion kann vom Lasersensor kontrolliert werden. Entsprechen die erreichten Tasterstellungen der Vorschrift, wird ein Gut-Signal ausgegeben.

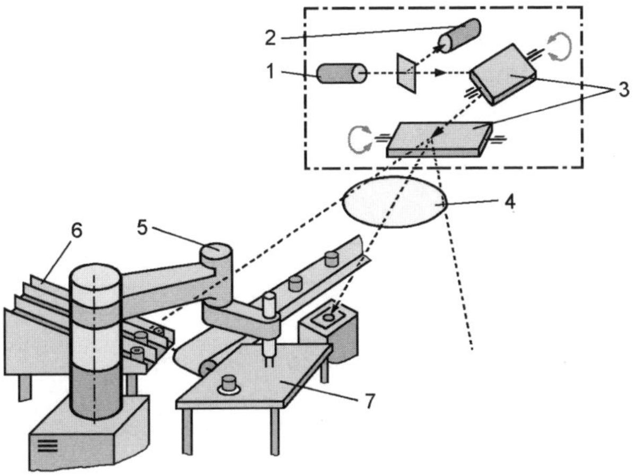

Bild 4.374 Beobachtung von Aktionen und Zuständen in einer flexiblen Montagezelle mit programmierbarem Lasersensor.
1 Laserdiode, 2 Fotosensor, 3 programmierbarer Ablenkspiegel, 4 Detektionsbereich, 5 Montageroboter, 6 Werkstückspeicher, 7 Montageplatz

Bei vielen Prozessen ist die Zählung der an einer Position vorbeigeführten Stückzahlen erforderlich. Dafür kommen viele unterschiedliche physikalische Effekte zur Anwendung. Induktive Anwesenheitssensoren erzeugen ein hochfrequentes elektromagnetisches Feld. Dringt ein metallisches Objekt in das Feld ein, wird durch die entstehenden Wirbelströme das Feld geschwächt. Das wird mit einem Empfänger detektiert [4.28].

Zählen und das erfolgreiche Entladen von Wirkzonen sind wichtige Überwachungsfunktionen in der Produktion. In Bild 4.375 wird die Zählung produzierter Metallteile, die z. B. gerade einen Produktionsautomaten frei fallend verlassen, gezeigt.

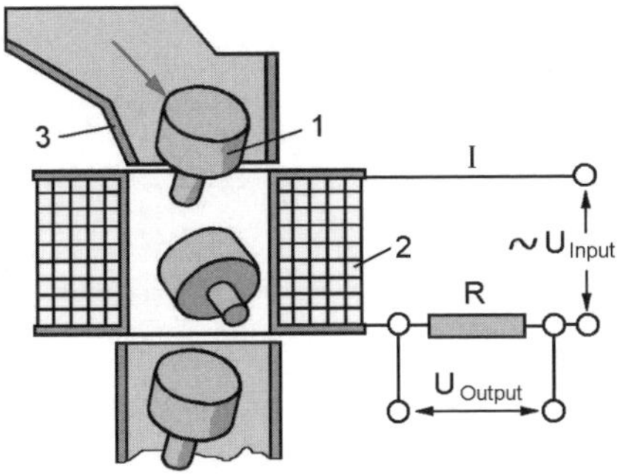

Bild 4.375 Zählen freifallender Metallteile.
1 Metallwerkstück, 2 Spule, 3 Zuführkanal

Eine flexible Kontrolle auf Vollständigkeit einer Baugruppe kann auch erfolgen, wenn ein Roboter das Objekt aufnimmt und einem fest aufgebauten Laserscanner zeigt. Auch hier ist der Laserscanner frei programmierbar. Das Bild 4.376 zeigt das als Übersicht. Der Laserstrahl tastet nacheinander die prüfwichtigen Stellen an. Der diffus reflektierte Lichtstrahl wird dann ausgewertet und mit gespeicherten Referenzwerten *(reference values)* verglichen. Das erlaubt dann Rückschlüsse auf den Erfolg der Montage. Der Roboter muss seinen Greifer stets in eine genau festgelegte Position bringen. Das ist weniger genau erforderlich, wenn man mit einer CCD-Kamera ein Gesamtbild aufnimmt und dieses dann einer detaillierten Auswertung zuführt. Der Unterschied besteht also darin, ob man viele Punkte (Positionen) nacheinander abtastet oder bei einem Bild alle Punkte gleichzeitig aufnimmt.

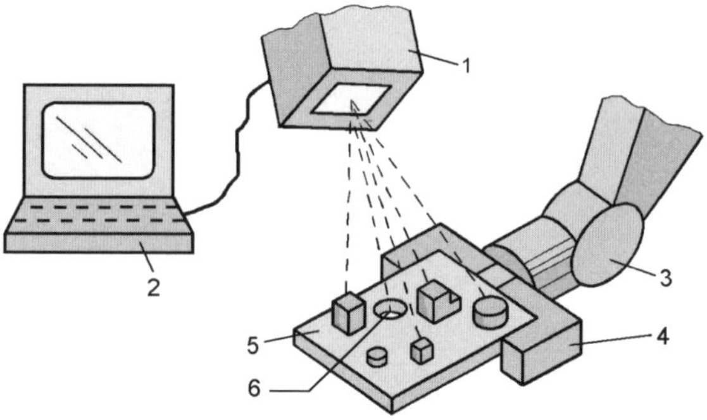

Bild 4.376 Prüfen einer Montagebaugruppe mit dem Laserscanner. 1 Laserscanner, 2 Auswerteeinheit, 3 Industrieroboter, 4 Greifer, 5 Montagebaugruppe, 6 Bauteilaufnahme leer = Montagefehler

Übungsaufgabe 4.11 Funktionstabelle für einen Ordnungsvorgang

Flanschteile sollen in einer Zuführrinne während des Durchlaufs auf richtige Seitenlage kontrolliert werden. Die Teile laufen einzeln und mit Abstand. Man hat sich für pneumatische Prüfdüsen entschieden (Selbstreinigungseffekt), die in den Boden der Gleitrinne eingelassen sind (Bild 4.377). Man erhält die Messdruckwerte p_1 und p_2, wenn der Speisedruck p_s, anliegt. Sie sind mit UND zu verknüpfen. Stelle dazu die Funktionstabelle (Wahrheitstabelle) auf. Die Art eventueller Falschteile ist nicht bekannt (muss es auch nicht sein).

Funktionstabelle *(function table)*

Eine Tabelle, auch Wahrheits- oder Wertetabelle genannt, die die Ergebnisse einer booleschen Verknüpfung für die Kombinationen der Eingangsvariablen aufführt. Links stehen alle möglichen Kombinationen der Eingangsvariablen und auf der rechten Seite die zugehörigen Werte der Ausgangsvariablen.

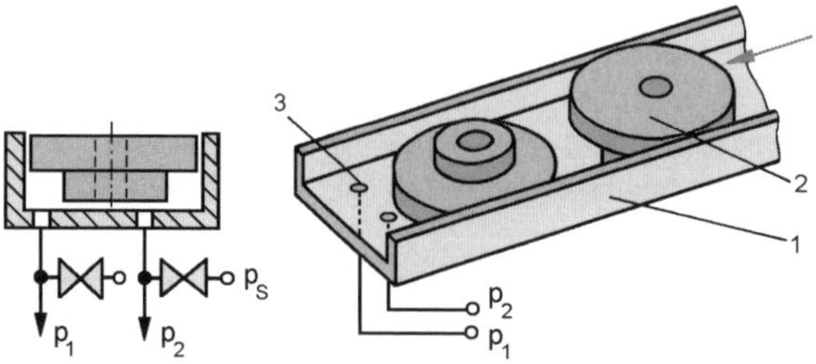

Bild 4.377 Kontrolle der Orientierung eines Flanschteiles. 1 Zuführgleitrinne, 2 Werkstück in Falschlage, 3 Pneumatikdüse

4.7 Bandzuführung

Die Erhöhung der Hubzahlen bei Pressen sowie die zentriergenaue Verarbeitung von Blechband erfordert genau und schnell arbeitende Zu- und Abführeinrichtungen. Der Ausgangsstoff liegt als **Bund** *(Coil)* vor und wird von Speichereinrichtungen wie Abrollkörbe und Haspeln bereitgehalten. Das Blechband muss im Rhythmus des Arbeitstaktes schrittweise zugeführt werden. Das übernehmen Vorschubeinrichtungen *(feed mechanism)*, wie sie in Bild 4.378 als Arbeitsprinzip skizziert sind.

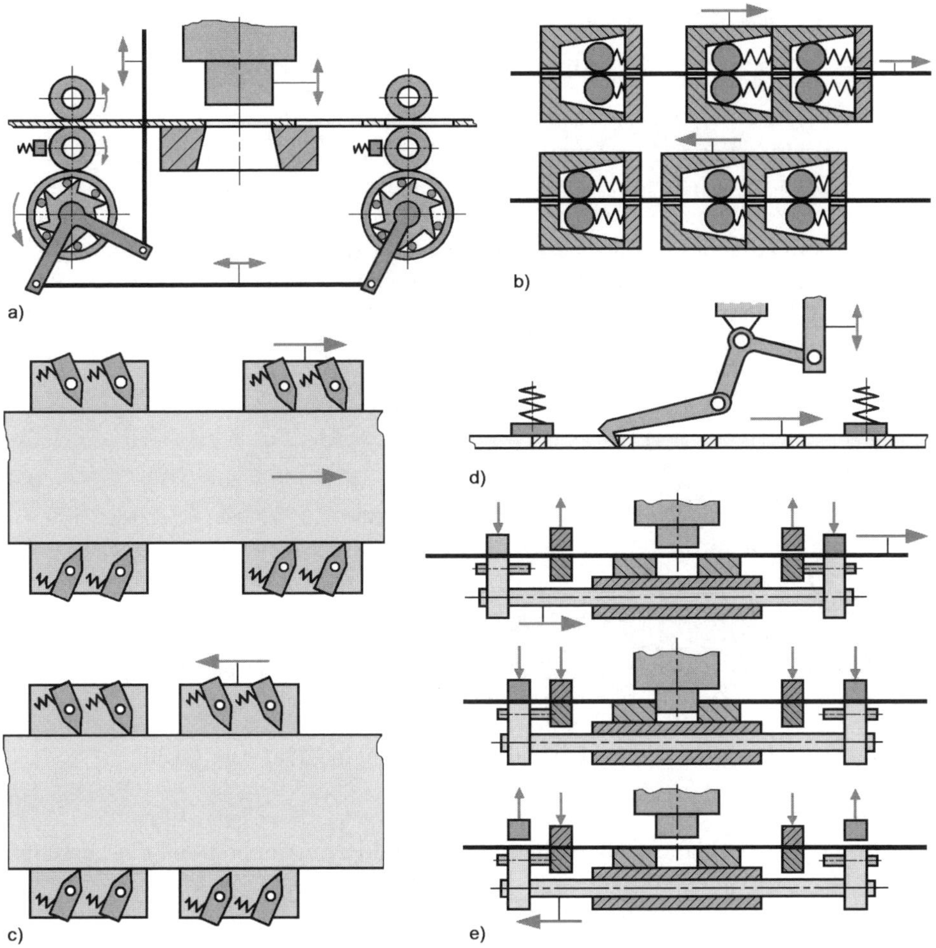

Bild 4.378 Prinzipdarstellung von Bandzuführeinrichtungen mit Kraft und Formpaarung.
a) Walzenvorschub, b) Klemmrollenvorschub, c) Klemmmesservorschub, d) Hakenvorschub, e) Klemmzangenvorschub

Die wichtigsten technischen Gebrauchseigenschaften je Vorschubprinzip werden in der folgenden Tabelle 4.17 aufgeführt.

Tabelle 4.17 Technische Charakteristik von Bandvorschubeinrichtungen

Vorschub mit	Werkstoffband		Vorschub-länge (mm)	Vorschub-genauigkeit (mm)	zulässige Hub-zahl der Presse
	Breite (mm)	Dicke (mm)			
Walze	≤ 1250	0,08 ... 5,0	≤ 6500	± 0,1 ... ± 0,2	≤ 600
Klemmzange	≤ 1250	0,08 ... 8,0	≤ 800	± 0,02 ... ± 0,08	≤ 150
Klemmrolle	≤ 400	0,2 ... 6,0	≤ 600	± 0,05 ... ± 0,3	≤ 120
Klemmmesser	≤ 300	0,2 ... 8,0	≤ 600	± 0,02 ... ± 0,3	≤ 100
Greifhaken	≤ 150	0,5 ... 5,0	≤ 100	± 0,15 ... ± 0,4	≤ 150
Klemmnocke	≤ 600	0,2 ... 6,0	≤ 500	± 0,05 ... ± 0,3	≤ 100

Der **Walzenvorschub** kann für schnelllaufende Pressen eingesetzt werden. Die Walzen nehmen das Band kraftpaarig mit. Der Einsatz ist bei dünnen Bändern bzw. bei Werkstoffen mit geringer Festigkeit nur begrenzt möglich. Die Antriebsbewegung wird meistens von der Stößelbewegung der Presse abgeleitet. Es gibt auch Walzenvorschübe mit eigenem Antrieb über bürstenlosen Gleichstrommotor mit Tachogenerator (geschlossenes Regelsystem) oder mit Schrittmotor, ausgestattet mit einer CNC-Steuerung (Bild 4.379). Bezüglich der Betriebsart ist zu unterscheiden, ob der Vorschub die Produktionsanlage steuert oder die Produktionsanlage führend ist und das Vorschubgerät steuert.

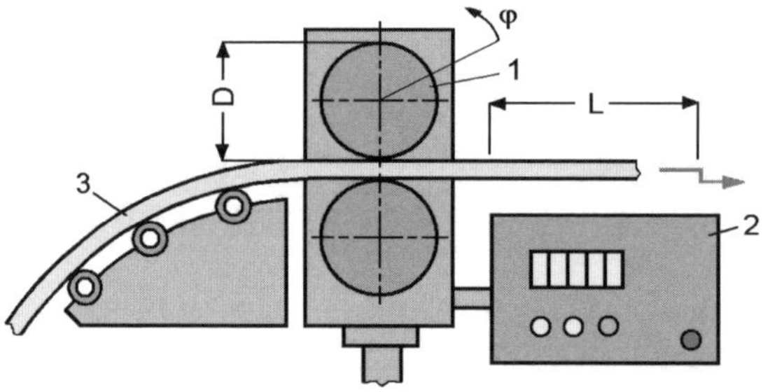

Bild 4.379 Elektronisches Walzenvorschubgerät und Beispieldaten. 1 Transportwalzen, beide angetrieben, 2 Steuerung, 3 Bandmaterial, Vorschublänge 0,1 ... 6500 mm, Vorschubgenauigkeit max. 0,05 mm, Geschwindigkeit max. 700 Hübe/min

Die Vorschublänge L ergibt sich aus folgender Beziehung in Gleichung 4.138:

$$L = 3{,}14 \cdot D \cdot \phi \qquad (4.138)$$

Man kann viele Vorschublängen, Beschleunigungs und Bremsrampen und die Vorschubgeschwindigkeit programmieren und die Datensätze speichern. Walzenvorschübe mit elektrischem Servo-Direktantrieb erreichen Beschleunigungen bis 30 m/s^2.

Von besonderer Bedeutung ist das Prinzip des **Klemmzangenvorschubs** mit eigenem Antrieb. Sowohl die Vorschubbewegung als auch das Spannen des Bandes in der Vorschub- und der Haltezange erfolgen durch pneumatische Komponenten. Für das Spannen können Arbeitszylinder, aber auch Membran-Druckelemente (sehr flach bauend) eingesetzt werden. Das Bild 4.380 zeigt den Aufbau einer solchen Vorschubeinheit. Das Einstellen der Vorschublänge wird durch die Begrenzung des Hubs der Lineareinheit erreicht. Die Bandbreiten werden meistens durch einstellbare Seitenrollen bestimmt. Die Steuerung der

Pneumatikaktoren erfolgt meist über Wegeventile, die wiederum von Endschaltern an Exzenter, Kurbelwelle oder Werkzeug der Umformmaschine betätigt werden.

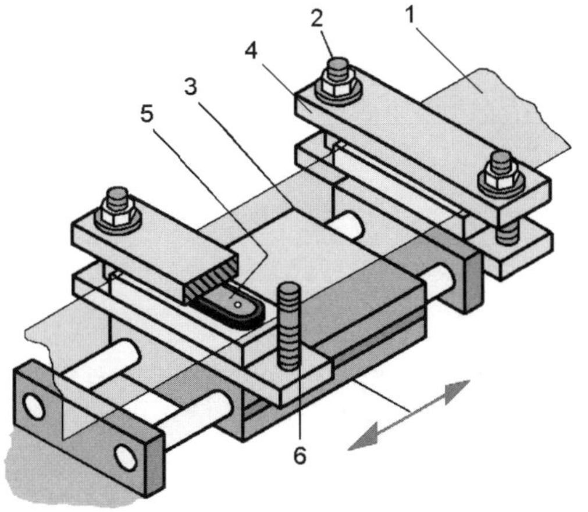

Bild 4.380 Pneumatische Zangenvorschubeinheit.
1 Materialstreifen, 2 Banddickeneinstellung, 3 Lineareinheit, 4 Klemmplatte, 5 Druckelement (Festo), 6 Gewindebolzen

Die zeitliche Übereinstimmung der Bewegungsabläufe an Presse und Vorschubeinrichtung muss exakt festgelegt werden. Das Bild 4.381 zeigt als Beispiel das **Ablaufdiagramm** dafür, wenn mit einem Dauerhub von 24 Hüben je Minute gearbeitet werden soll.

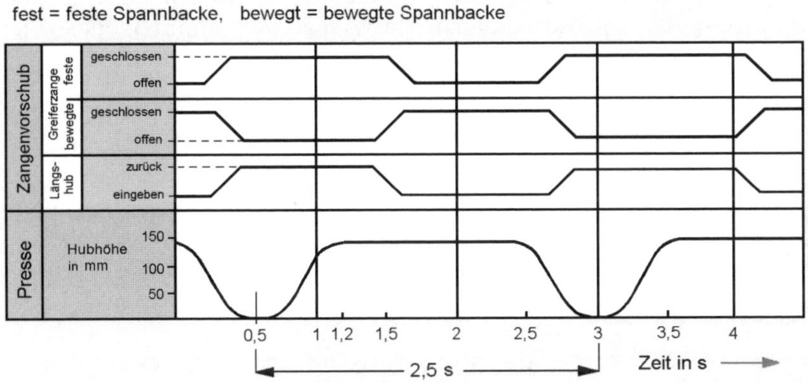

Bild 4.381 Vorschub-Ablaufdiagramm über einen Pressenhub

Mit dem Diagramm lassen sich die Zeiten ermitteln, die für den Vorschubschritt unmittelbar zur Verfügung stehen. Daraus können dann u.a. Rückschlüsse auf Vorschub und Haltekräfte abgeleitet werden.

In Bild 4.382 ist eine Vorschubeinrichtung zu sehen, die vollständig aus Baukastenkomponenten zusammengesetzt ist. Ein üblicher Klemmgreifer erfasst das Band und eine Lineareinheit bewegt es. Man könnte noch eine Klemmeinheit vorsehen, die das Blechband beim Rückhub des Greifers kurzzeitig spannt, um die Bandposition zu sichern.

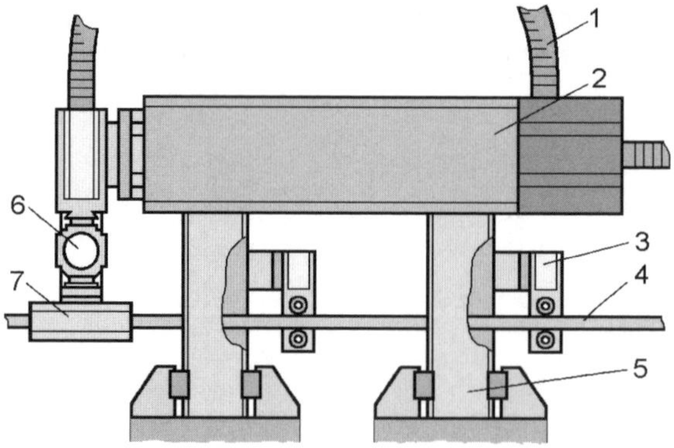

Bild 4.382 Bandzuführeinheit aus Standardkomponenten.
1 Energiekabel, 2 pneumatische Lineareinheit, 3 Befestigung für Führungsrollen, 4 Metallband, 5 Standsäule, 6 Querprofilausleger, 7 Klemmgreifer

Ein weiteres Beispiel wird in Bild 4.383 dargestellt. Lineares Material wie Draht, Band oder auch Stangen wird durch Friktion schrittweise gefördert. Dazu wird die obere Walze (Rolle) mit der Anpresskraft F belastet. Nun wird das zuzuführende Material aber in einer bestimmten Länge benötigt, ehe es abgeschnitten wird. Deshalb wurde seitlich an die untere Walze ein Kurvensegment angesetzt. Dieses Segment hebt die obere Walze vom Material ab, so dass keine Reibkraft mehr auf das Material übertragen werden kann. Die Vorschublänge wird durch den Walzenumfang im Winkel 360° minus Winkel φ bestimmt.

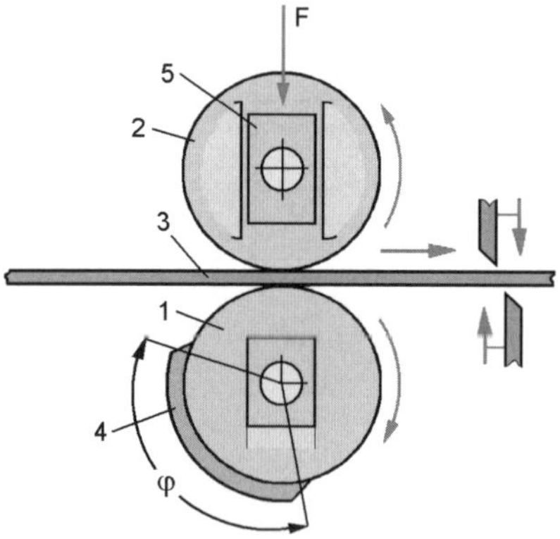

Bild 4.383 Diskontinuierliches Zuführen von z. B. Draht, Streifen oder Band durch Reibschluss.
1 Antriebswalze, 2 obere Walze, gewichtsbelastet, 3 Bandmaterial, Rohre, Stange, Draht, 4 Hubkurvenstück, 5 Führung der Oberwalze, *F* Anpresskraft

Das Bild 4.384 zeigt einen Mechanismus für die intermittierende Zuführung von Bandmaterial oder Draht. Das Material wird beim Vorschub zwischen Auflage und gefederter Druckplatte geklemmt. Dabei entsteht die Reibungskraft F_R. Bezogen auf den Hebelarm lässt sich folgendes Gleichungssystem der Kräfte und Momente aufstellen (Gl. 4.139 und folgende):

$$F_R - F_0 = 0 \tag{4.139}$$

$$N - F_F - N_0 = 0 \tag{4.140}$$

$$F_R \cdot a - N \cdot b - F_F \cdot c = 0 \qquad (4.141)$$

$$F_R = \mu \cdot N \qquad (4.142)$$

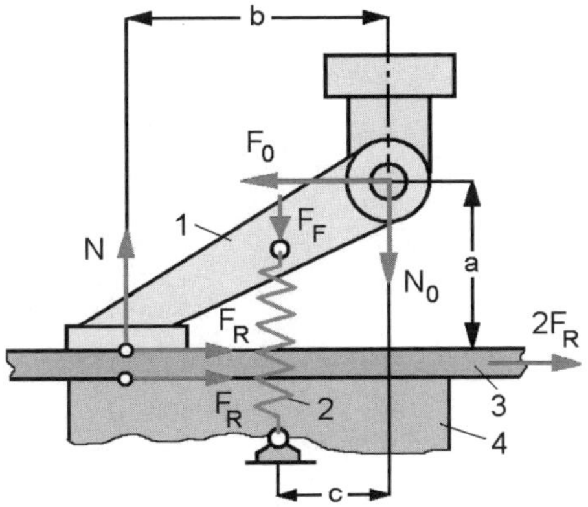

Bild 4.384 Zuführen von Material mit Klemmplattenmechanik.
1 Hebelarm, 2 Zugfeder, 3 Bandmaterial, 4 Auflagefläche, F_F Federkraft, F_R Reibungskraft

Hierbei ist μ der Reibungskoeffizient zwischen Materialband und Klemmplatte. Gleichwohl entsteht auch eine Reibungskraft zwischen Materialband und Auflagefläche. Für die unbekannten Kräfte N, N_0, F_R und F_0 lässt sich schreiben, wenn Gl. 4.142 in 4.141 eingesetzt wird:

$$N = \frac{F_F \cdot c}{\mu \cdot a - b} \qquad (4.143)$$

und Gl. 4.144

$$F_R = \frac{\mu \cdot F_F \cdot c}{\mu \cdot a - b} \qquad (4.144)$$

Weiterhin gilt durch Einsetzen in Gl. 4.139 und 4.140:

$$F_0 = \frac{\mu \cdot F_F \cdot c}{\mu \cdot a - b} \qquad (4.145)$$

$$N_0 = \frac{F_F \cdot c}{\mu \cdot a - b} - F_F \qquad (4.146)$$

Hieraus lässt sich ein wichtiger Fakt ableiten, nämlich bei welchem Reibungskoeffizient μ eine Selbstblockierung des Systems entsteht, wenn die Federkraft F_F = Null wird. Es ergibt sich Gl. 4.147:

$$\mu = \frac{b}{a} \qquad (4.147)$$

Diesen Zustand muss man vermeiden, weil dann ein Richtungswechsel der Bewegung wegen Blockierung überhaupt nicht mehr erfolgen kann. Deshalb ist anzustreben:

$$\frac{b}{a} > \mu$$

Das Bild 4.385 zeigt ergänzend eine Walzen-Klemmmechanik. Die Reibungskraft F_R entsteht hier durch die Keilwirkung im Schieber. F_F steht für die Federkraft einer andrückenden (nicht mit dargestellten) Druckfeder. Betrachtet wird der Schieber. Das Gleichungssystem ergibt sich zu:

$$N_A \cdot \sin\alpha - F_A \cdot \cos\alpha - F_R - F_F = 0 \quad (4.148)$$

$$N_B - F_A \cdot \sin\alpha - N_A \cdot \cos\alpha = 0 \quad (4.149)$$

$$F_A \le \mu \cdot N_A \quad (4.150)$$

$$F_R \le \mu \cdot N_B \quad (4.151)$$

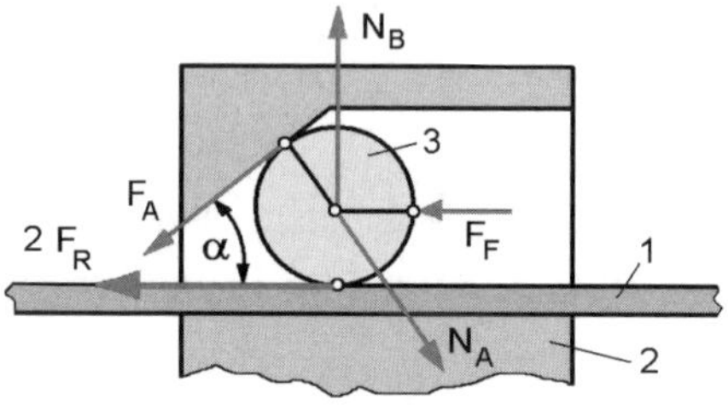

Bild 4.385 Zuführen von Bandmaterial mit Klemmwalzenmechanik.
1 Band- oder Drahtmaterial, 2 Auflagefläche, 3 Klemmwalze

Die unbekannten Kräfte sind F_A, N_A, F_R und N_B. Setzt man die Gln. 4.150 und 4.151 in die Gln. 4.148 und 4.149 ein, so erhält man Gln. 4.152 und 4.153:

$$N_A \cdot \sin\alpha - \mu \cdot N_A \cdot \cos\alpha - \mu \cdot N_B = F_F \quad (4.152)$$

$$N_A \cdot \cos\alpha + \mu \cdot N_A \cdot \sin\alpha - N_B = 0 \quad (4.153)$$

Daraus folgen Gln. 4.154 und 4.155:

$$N_B = N_A(\cos\alpha + \mu \cdot \sin\alpha) \quad (4.154)$$

$$N_A = \frac{F_F}{(1-\mu^2) \cdot \sin\alpha - 2 \cdot \mu \cdot \cos\alpha} \quad (4.155)$$

Damit wird mit Gl. 4.156:

$$N_B = \frac{F_F \cdot (\cos\alpha + \mu \cdot \sin\alpha)}{(1-\mu^2) \cdot \sin\alpha - 2 \cdot \mu \cdot \cos\alpha} \quad (4.156)$$

Eine Selbstblockierung des Systems stellt sich mit Gl. 4.157 ein, bei Federkraft F_F = Null:

$$\tan\alpha = \frac{2 \cdot \mu}{1-\mu^2} \quad (4.157)$$

Um diesen Zustand aus dem Weg zu gehen, muss angestrebt werden:

$$\tan\alpha > \frac{2 \cdot \mu}{1-\mu^2}$$

Bandmaterial wird gewöhnlich taktweise verarbeitet. Es soll aber wegen der großen Masse des Coils kontinuierlich abgewickelt werden.

Durch stetige Vorförderung des Bandes werden die Beschleunigungskräfte auf die Bandrolle (Coil) verringert und die Gefahr eines Bandrisses vermieden.

Für diesen **„Taktausgleich“** gibt es viele technische Lösungsvarianten, von denen einige in Bild 4.386 skizziert werden. Die Lösung nach Bild 4.386d lässt sich allerdings nur bei schmalen Bändern mit glatten Kanten einsetzen. Vor 60 Jahren hat man dieses Prinzip zum Beispiel wegen seiner Einfachheit bei Filmvorführgeräten für Amateur-Schmalfilme eingesetzt.

Die Bremsung nach Bild 4.386g berücksichtigt, dass sich das erforderliche Bremsmoment mit abnehmendem Rollendurchmesser linear verringert, die Abzugskraft konstant bleibt und die zulässige Dehnung des Bandes nicht überschritten wird. Das Bremsmoment ist somit eine Variable.

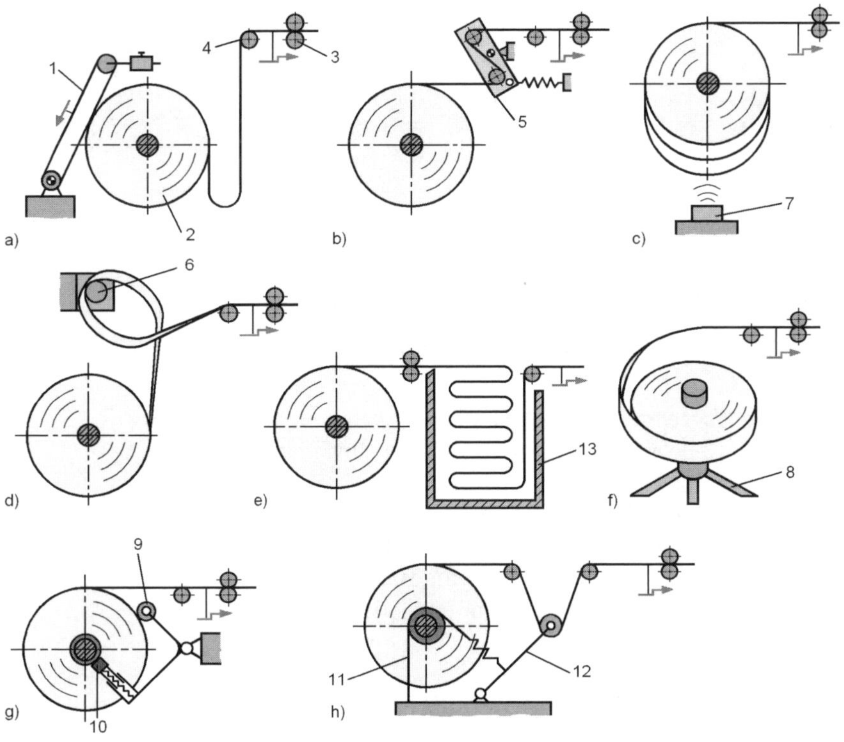

Bild 4.386 Stetiger Bandabzug bei taktweisem Bandeinlauf.
a) Antrieb mit Friktionsband (Umfangsantrieb), b) Taktausgleich mit Schwinge, c) Abtastung der Bandauffederung mit Sensor (mechanisch-taktil, optisch, akustisch, Zentralantrieb), d) Ausnutzung der natürlichen Bandspannung, e) stetige Vorförderung in einen Zwischenspeicher, f) Abzug von einer Waagerecht- oder Schräghaspel, g) Bremsen des Abzugs mit Bremsschuh (Backenbremse), h) Abzugsbremsung mit Spannband (Bandbremse),
1 Friktionsband, 2 Coil, 3 Abzugswalze, 4 Umlenkwalze, 5 Schwinge, 6 Führungsstab, 7 Sensor, 8 Haspel, 9 Tastrolle, 10 Bremsschuh, 11 Spannband, 12 Kurbelschwinge, 13 Zwischenablage

In Bild 4.387 wird gezeigt, wie man die Bahnkraft F_2 steuern kann. Steuern heißt vorher messen. Als Messfühler werden massearme und wegen des schnellen Reagierens ungedämpfte Pendel oder Tänzerwalzen eingesetzt. Die lageunabhängige aber einstellbare Belastung erfolgt oft durch Druckluft. Die lageabhängigen analogen oder digitalen Messwerte werden als Stellgrößen für die Bahnspannungsregelung verwendet. Für eine ungedämpfte Pendelbewegung kann man die Bahnzugkraft F_2 für eine konstante Ausgangsgeschwindigkeit v_2 nach [4.35] wie folgt (siehe Prinzipdarstellung) mit Gl. 4.158 berechnen:

$$F_2 = \frac{1}{2}\left[m \cdot \left(g + \frac{\mathrm{d}v}{\mathrm{d}t}\right) + \frac{M_\mathrm{T}}{r} + \frac{J}{r^2} \cdot \frac{\mathrm{d}(v_1 + v_\mathrm{T})}{\mathrm{d}t}\right] \qquad (4.158)$$

J Trägheitsmoment des Tänzers

M_T Lagerreibmoment der Tänzerwalze

m Masse der Tänzerwalze

r Radius des Tänzers

v vertikale Tänzergeschwindigkeit

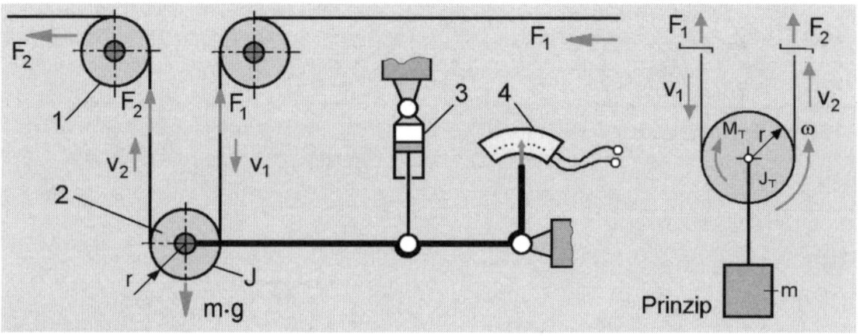

Bild 4.387 Pendelwalze *(dancer roll)* mit Messfühler.
1 Leitwalze, 2 Tänzerwalze, 3 Belastung mit Druckluftzylinder, 4 Winkelmesssystem

Berührungsloses und verschleißfreies Bremsen gewährleistet eine Hysteresebremse (Bild 4.388). Auf elektromagnetischem Weg wird die Achse des Bandwickels abhängig vom Coildurchmesser geregelt. Dazu wird der Coildurchmesser ständig von einer Tastrolle abgenommen. Die Bremskraft lässt sich am Regler einstellen.

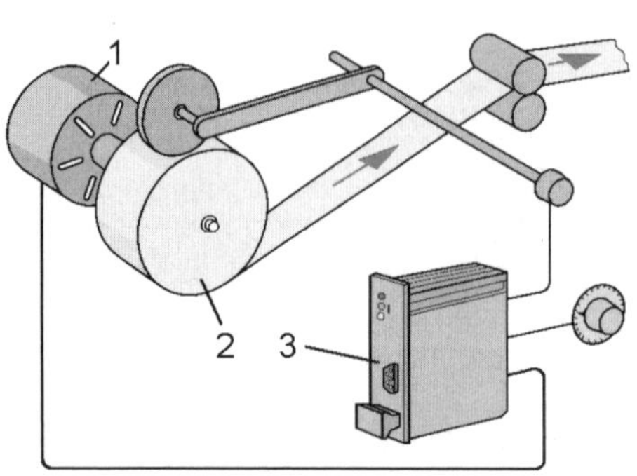

Bild 4.388 Prinzip der Hysteresebremse für gleichmäßige Bandabzugsspannung.
1 Hysteresebremse, 2 Materialbund, Coil,
3 Regler

Über den Strom von 0 bis Maximalwert stellen sich Nenndrehmomente von 0,05 bis 40 Nm ein, bei einer Dauerleistung bis 2000 Watt (Beispielwerte).

Eine alternative Lösung für das Abziehen von Folie von einer Rolle wird in Bild 4.389 gezeigt. Anstelle eines Schwingenabzuges durch eine auf und abgehende Bewegung wird hier ein stetiger Endlosabzug realisiert. Ein **Abzugsrotor** bewegt ständig die im Dreieck angeordneten Abzugsrollen. Es sind verschiedene Taktlängen einstellbar. Die Lösung eignet sich besonders gut für dünne Folien, die einen schlagartigen Zug nicht aushalten würden.

Besonders in der Verpackungstechnik *(packaging technology)* und in Druckereien müssen Materialien wie Kunststoff-Foliebänder oder Papierbahnen in verschiedene Richtungen gelenkt werden.

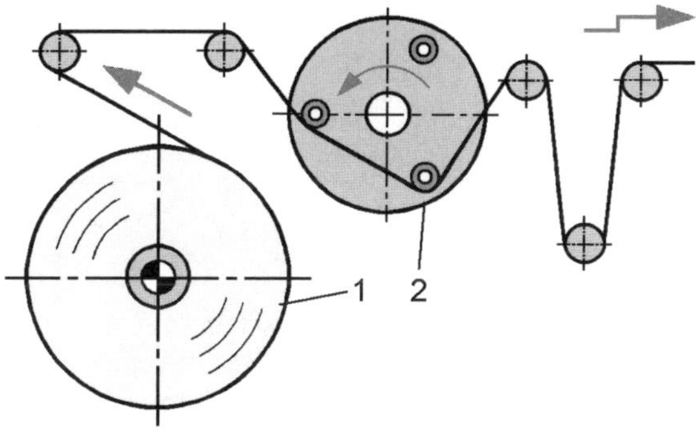

Bild 4.389 Bandabzug für dünne Bänder und Folien (patentiert).
1 Bandvorrat, Coil, 2 Abzugsrotor

Das wird meistens mit Wendestangen gemacht, wie es in Bild 4.390 zu sehen ist. Das sind Rundstangen (Rohre) mit einer Hochglanzverchromung, die auch schwenkbar gelagert sein können, damit man sie von Hand oder per Motor im Winkel verstellen kann. Auch seitliches Versetzen von Bahnen ist mit mehreren Wendestangen möglich. Zur Verminderung des Reibungswiderstandes *(frictional resistance)* und zur Verbesserung der Führungssicherheit kann man über radiale Bohrungen in den Wendestangen noch ein hauchdünnes Luftpolster aufbringen.

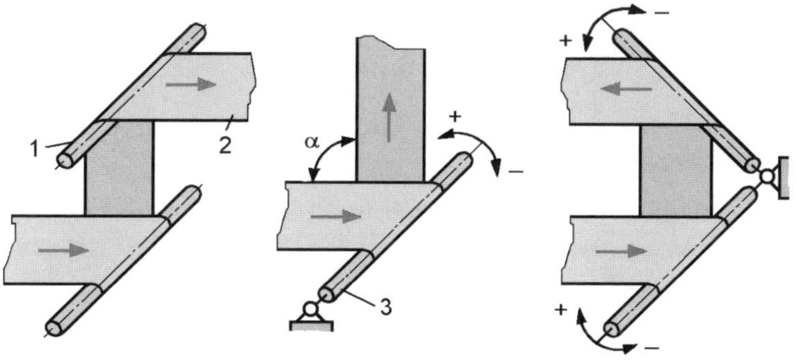

Bild 4.390 Lenkeinrichtungen für Materialbahnen.
1 Wendestange, 2 Materialbahn, 3 schwenkbare Rundstange

Übungsaufgabe 4.12 Funktionsdiagramm für eine Bandzuführeinrichtung

In Bild 4.391 wird eine Bandzuführeinrichtung gezeigt. Sie besteht aus kolbenstangenlosen Pneumatikzylindern, Führungsrollen und Parallelbackengreifern. Der Aufbau erfolgte auf einer Grundplatte. Die Zuführeinrichtung besteht vollständig aus Standardkomponenten.

Zur Funktion: Zwei Greifer arbeiten intermittierend. Während des Rücklaufs des geöffneten Greifers auf der einen Seite, klemmt der Greifer das Band auf der anderen Seite und verschiebt es.

Stelle den Bewegungsablauf für ein vollständiges Arbeitsspiel über die Zeit in einem Diagramm dar. Beginne den Ablauf mit G1 zu (= geschlossen), L1 hinten, G2 auf (= geöffnet) und L2 vorn.

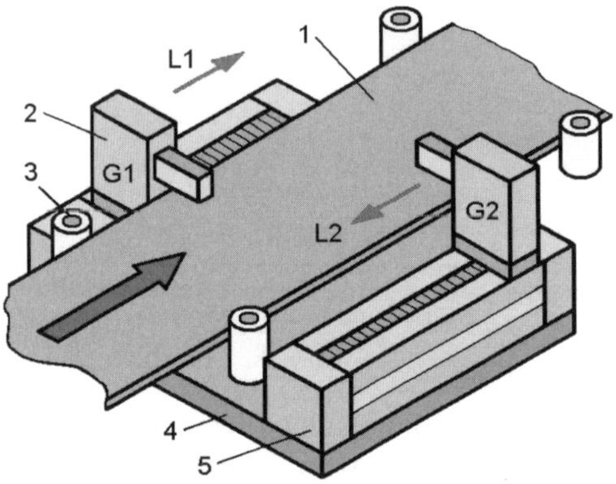

Bild 4.391 Bandvorschubgerät aus pneumatischen Standardbaugruppen. 1 Blechband, 2 Parallelbackengreifer (G), 3 Seitenführungsrolle, 4 Grundplatte, 5 Lineareinheit (L) mit kolbenstangenlosem Zylinder

Kontrollfragen

4.52 Erläutern Sie die Begriffe Einweglichtschranke, Reflexlichtschranke, Reflexlichttaster und Winkellichtschranke. Skizziere den Strahlengang!

4.53 Wie kann man mit einem Lasersensor Funktionseinheiten einer Montagezelle kontrollieren?

4.54 Welche prinzipiellen Möglichkeiten gibt es, um Band oder Streifenmaterial im Takt einer Arbeitsmaschine zuzuführen?

4.55 Beim Bandabzug von Coil gibt es den Widerspruch, dass das Band im Prozess taktweise benötigt wird, der Abzug aber gleichmäßig erfolgen sollte. Wie bewältigt man das technisch?

4.8 Drahtzuführung

Band und Draht haben die besondere Eigenschaft des Fließgutcharakters. Das Material lässt sich im automatischen Fertigungsprozess einfacher und besser führen als Stückgut. Es gibt keine günstigere Handhabung als **Quasifließgut**, wozu auch Draht gehört. So sind Führungssysteme für Draht wesentliche Komponenten an z. B. Wickelmaschinen. Diese kann man gliedern in Drahtabläufe oder Abwickelhaspel, einstellbare Bremseinrichtungen, Umlenk- und Leitbauteile sowie den eigentlichen Drahtverleger. Das kann ein Drahtführer *(Flyer)* sein, der die Vorschubbewegung ausführt. Das Prinzip wird in Bild 4.392 als Beispiel gezeigt.

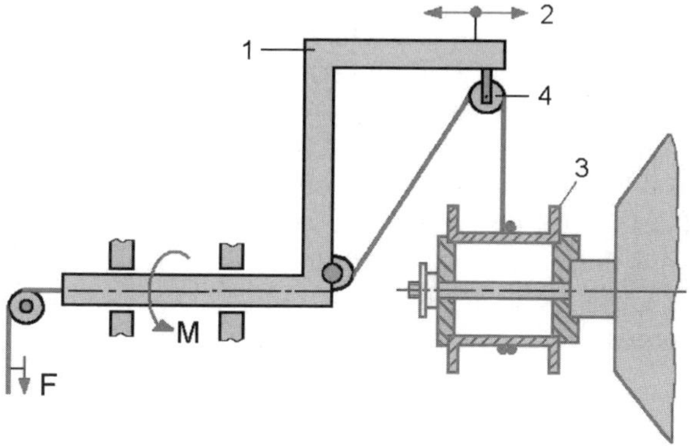

Bild 4.392 Prinzip der Drahtführung beim Rotationswickelverfahren.
1 Zuführer, 2 Verlegevorschub, 3 Formkörper (Drahtspeicher, stillstehend, festgespannt), 4 Umlenkrolle, *F* Bremskraft, *M* Drehmoment

Beim rotierenden **Flyer** muss das in der Rotationsachse eingeleitete Wickelmaterial erst zur umlaufenden Austrittsstelle hin umgelenkt werden. Dieses und die bei der Rotation möglichen Verdrallungen des Wickelmaterials beschränken den Flyereinsatz auf Runddrähte; bei Kupferlackdrähten bis etwa 2 mm Durchmesser. Je nach Anwendung kann Sensorik integriert vorhanden sein, z. B. für automatische Drahtendeerkennung und Drahtrisskontrolle.

Der **Drahtabzug** wird in Bild 4.393 an einem Beispiel dargestellt. Die Zugkraft F kann bei Rollenbremsen über den Umschlingungswinkel α in gewissen Grenzen eingestellt werden. Richtwerte für die statische Zugkraft (Kupferlackdraht) sind beispielsweise:

- Durchmesser 0,3 mm → 5 N
- Durchmesser 0,5 mm → 15 N
- Durchmesser 0,7 mm → 25 N

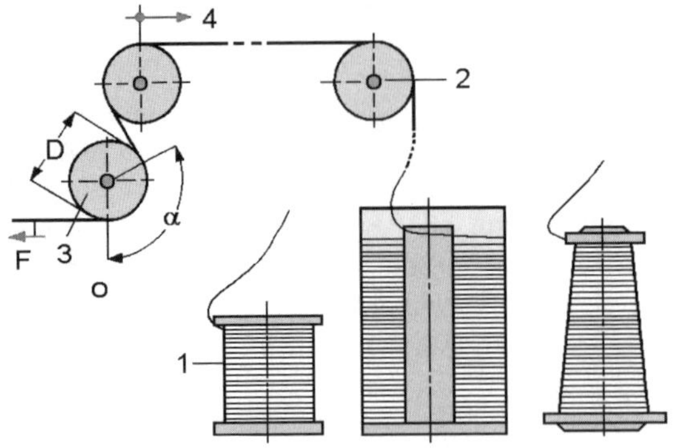

Bild 4.393 Drahtabzugssystem.
1 Drahtvorratsbehältnis, 2 Umlenkrolle, 3 Rollenbremse, 4 Rollenbremskraft, *F* Abzugskraft

Um einen interessanten Drahtverleger geht es in Bild 4.394. Für die alternierende Bewegung, die beim Wickeln von Spulen nötig ist, wird ein **Rollringgetriebe** (Uhing-Getriebe) eingesetzt. Die skizzierte Wickelvorrichtung muss abhängig von der Spulenlänge die Bewegungsrichtung des Verlegearms umgeschaltet werden. Es ist ein semikontinuierlicher Prozess. Der Spulenflansch wird mit einer Lichtschranke oder einem Reflex-Lichttaster angetastet. Ein gewisser Vorlauf des Sensors ist justierbar. Nimmt die Drehzahl der Verlegewelle mit zunehmenden Füllgrad der Spule ab, verkürzt sich der Hub, da die Umschaltzeit konstant bleibt. Um diese Verkürzung des Hubes auszugleichen, kann eine SPS in die Umsteuerung einbezogen werden.

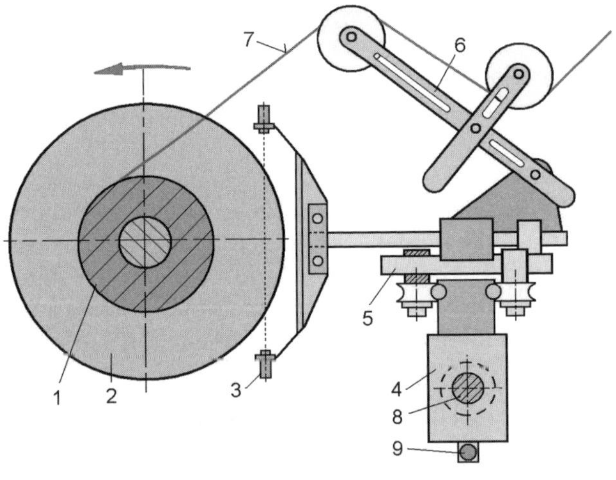

Bild 4.394 Aufbau einer Drahtwickeleinrichtung mit Rollringgetriebe (Uhinggetriebe).
1 Wickelspule, 2 Spulenflansch, 3 Lichtschranke, 4 Uhing-Getriebe, 5 Verlegewagen, 6 Drahtführungsarm, 7 Wickelgut, 8 Antriebswelle, 9 Pneumatikzylinder

Für Drahtzuführungen in der Löt- und Schweißtechnik werden hochwertige Vierrollenantriebe in Verbindung mit einer digitalen Motorregelung eingesetzt. Berührungslose digitale Drehgeber liefern die Geschwindigkeitsinformationen. Aktuelle und geforderte Geschwindigkeit wird vom Regelprozessor hochgenau berechnet und die Vorschubgeschwindigkeit entsprechend eingestellt. Beispiel: Vorschubgeschwindigkeit von 10 bis 1300 cm/min einstellbar. Diese Art von Drahtzuführungen kann hier nur angedeutet werden.

Ein wichtiges „Drahterzeugnis" sind Schraubenfedern. Besonders die Zuführung kleiner Federn ist nicht einfach. Dafür gibt es folgende Bereitstellvarianten:

- Anlieferung im Haufwerk. Es sind Geräte zur Wirrteilezuführung erforderlich.
- Anlieferung im Blistergurt. Es ist eine Entpackvorrichtung nötig, die die Abdeckfolie entfernt und die Feder freigibt.
- Herstellung an der Montagemaschine. Man braucht eine automatische Wickelvorrichtung vor Ort.

Werden Schraubenfedern als Einzelteil angeliefert, braucht man einen Zuteiler, der beispielsweise in eine Röhrenzuführung eingreift. Das Bild 4.395 zeigt eine Lösung. Vorversuche vor einem Einsatz sind unerlässlich.

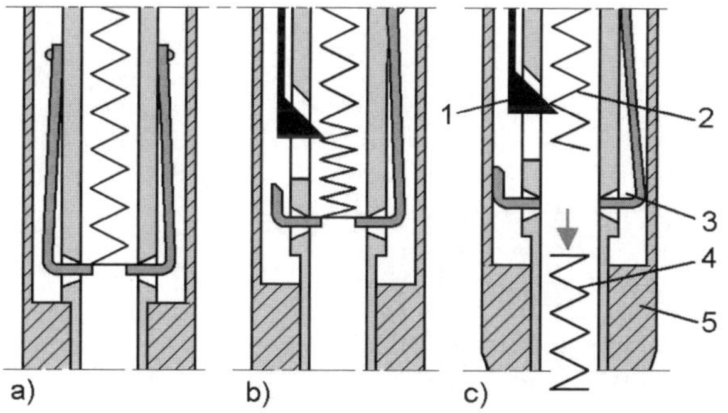

Bild 4.395 Vereinzeln kleiner Drahtfedern (Patent Fa. Staer).
a) Federn im Zuführrohr oder -schlauch gesperrt, b) beweglicher Vertikal-Schiebehaken, drückt Feder zusammen, c) Sperrhaken geöffnet, Einzelfeder springt heraus, restliche Federn werden im Zuführkanal zurückgehalten, 1 Sperrhaken, 2 Federnstrang, 3 Rückhaltesperrhaken, 4 vereinzelte Feder, 5 Grundkörper

Ein anderer Weg wird in Bild 4.396 vorgestellt. Es wird eine **„Endlosfeder"** erzeugt, die unmittelbar an der Montagestelle in Stücke geschnitten wird. Die Feder erfüllt ihre Funktion natürlich nur, wenn sie ihre Federkraft durch eine thermische Behandlung bekommen hat.

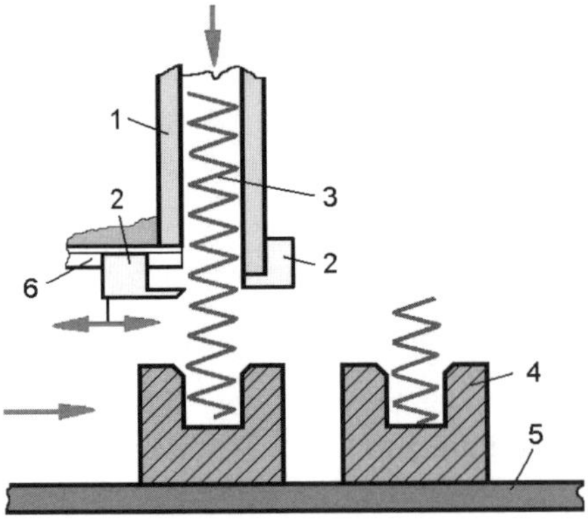

Bild 4.396 Federn-Zuführsystem.
1 Zuführrohr, 2 Schneidmesser, 3 Endlosfeder von der Wickelstation, 4 Montagebasisteil, 5 Transferförderer, 6 Lineareinheit

Wie in Bild 4.397 gezeigt, werden bei einem anderen Zuführsystem die abgeschnittenen Einzelfedern in einen kleinen Rundtisch gebracht. An einer Station wird ein elektrischer Kontakt zu den Federenden hergestellt. Damit kann die Feder erhitzt werden. Nach einem Stationswechsel wird die Feder mit Druckluft abgeschreckt und zur Montagestation geblasen.

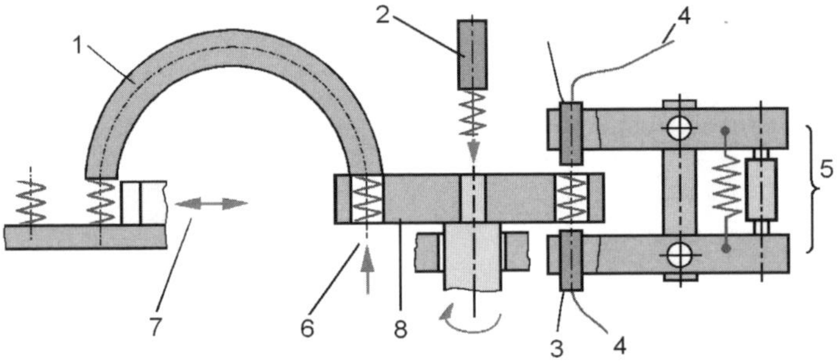

Bild 4.397 Zuführung kleiner Drahtfedern und thermische Behandlung.
1 Zuführschlauch, 2 Zulauf von Wickeleinheit, 3 Elektrokontakt, 4 Elektrokabel, 5 Elektrodenschließer, 6 Druckluftimpuls, 7 Eingeber zur Montagemaschine, 8 Mini-Rundschaltteller

■ 4.9 Schraubenzuführung

Die Schraubtechnik besitzt eine Schlüsselstellung in der Montage und das wird auch so bleiben, weil sie als lösbare Verbindung sowohl im Hinblick auf Instandhaltungsaufgaben als auch mit Blick auf Forderungen nach Demontagemöglichkeit und Wiederverwertung der Bauteile große Vorteile gegenüber anderen Fügetechniken besitzt [4.30].

Automatisches **Verschrauben** erfordert nicht nur eine Steuerung des Schraubprozesses und die Auswertung der aktuellen Schraubdaten, sondern auch die automatisierte Zuführung der Schraubteile (Muttern, Scheiben, Schrauben). Bei einer Schraubenzuführung an die Schraubstelle wird die Schraube zwischen Schraubwerkzeug und Werkstück gebracht und dort solange gehalten, bis die Schrauberklinge in den Schraubenkopf eindringt. Um Störungen im Ablauf und bei der Zuführung zu vermeiden, sind nur zu 100 Prozent geprüfte Schrauben zu verwenden oder ungeprüfte Schrauben in der Schraubstation zu prüfen, was allerdings nicht effektiv ist. Wichtige Prüfmerkmale sind Gewindesteigung und Gewindedurchmesser, Gewindelänge, Antriebsart (Sechskant, Torx, Phillips, Pozidriv u. a.) und Kopfform, Kopfabmessungen, Geometrie und Abmessung der Schraubenspitze.

Folgende Handhabungsfunktionen sind somit erforderlich:

- Ordnen der Schrauben
- Prüfen wichtiger Parameter
- Vereinzeln oder Zuteilen an mehrere Schraubstellen
- Weitergeben zur Schraubstelle und Fixieren im Mundstück
- Positionieren mit möglichst kleinem Achsversatz und kleinem Winkelfehler

Man kann drei Verfahren zur Schraubenzuführung unterscheiden:

- Zuschießen der Schraube mit Hilfe eines Druckluftimpulses über normale oder bei kurzen Schrauben über innen geformte Schläuche
- Aufpicken der Schraube von einer Bereitstellposition (mechanisch, mit Magnetklinge, mit Vakuumsauger oder kombiniert) und Bewegen zur Zielposition
- Zuführen einer Schraubenstange (siehe dazu Bild 2.78), die in ihrer Art Quasifließgut darstellt. Am Ende des Eindrehvorganges wird die Schraube am Kopf von der Stange abgewürgt. In diesem Moment wird sie zu Stückgut.

Werden kleine Schrauben als Schüttgut bereitgestellt, dann ist die Schraubenzuführung in den gesamten Kontrollablauf einzubeziehen. Das Gesamtschema geht aus Bild 4.398 hervor. Die Schrauben müssen zunächst gespeichert, geordnet und weitergegeben werden. Das geschieht oft im Vibrationswendelförderer oder im Hubsegmentförderer als die schonendere Zuführvariante. Übliche Füllmengen liegen im Bereich von 0,1 bis 5 Liter. Die Zuführleistung erreicht je nach Ausführung 45 bis 200 Teile je Minute. Nach dem Auslauf aus dem Fördertopf müssen die Schrauben vereinzelt werden. Dafür gibt es verschiedene Vorrichtungen, z. B. eine Doppelvereinzelung mit Schiebertrennung, wie es in Bild 4.399 zu sehen ist. Damit lassen sich aus einer einbahnigen Fördertopfwendel zwei Schrauben in Zwangsfolge entnehmen, was allerdings nur bei stationären Schraubanlagen Sinn macht.

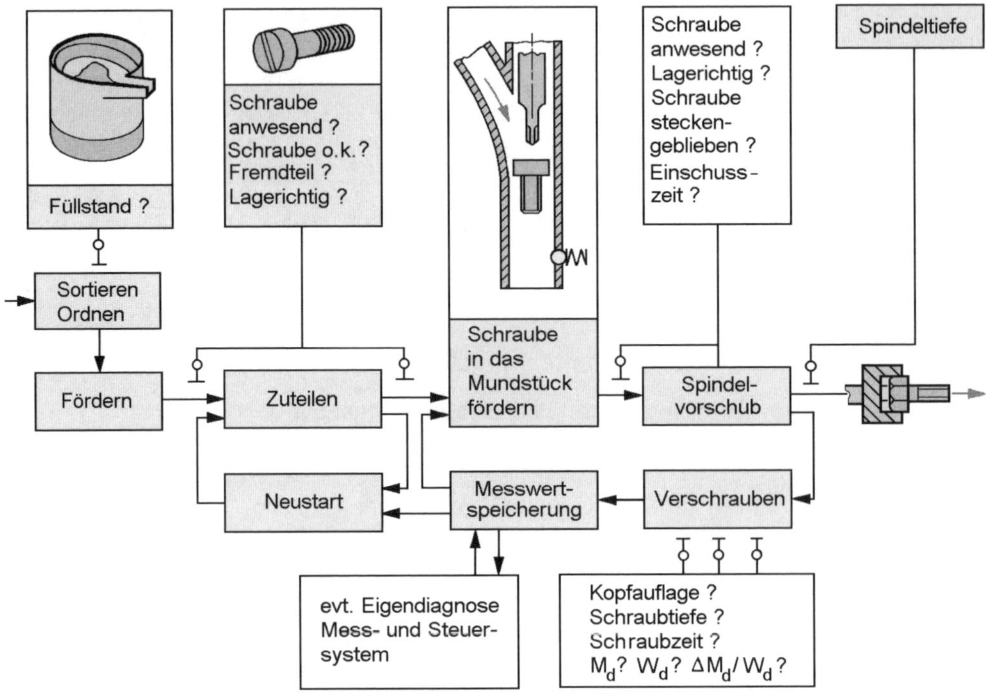

Bild 4.398 Ablauf und Kontrollen in einer automatisierten Schraubanlage

Wird ein Vibrationswendelförderer mit einer Doppelwendel oder einem zweibahnigen Auslauf eingesetzt, dann lassen sich bis zu vier Schraubwerkzeuge versorgen. Dann ergibt sich auch eine platzsparende Lösung.

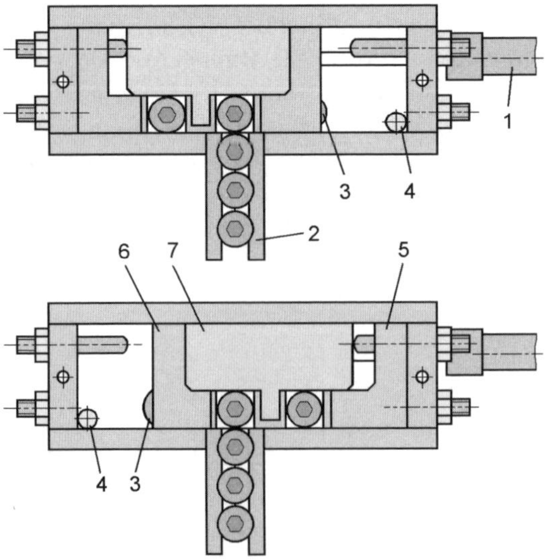

Bild 4.399 Schraubenzuteiler mit einer Doppelvereinzelung (Draufsicht).
1 Pneumatikzylinder, 2 Zuführrinne, vom Vibrator kommend, 3 Zublasschlauch Tülle, 4 Sperrzylinder, 5 V-Schieber rechts, 6 V-Schieber links, 7 Verbindungsstück

Beim **Schraubenzuteiler** nach Bild 4.400 werden keine Schieber, sondern Kugeln als Sperrorgane eingesetzt. Der runde Zuteilschieber gibt abwechselnd Kugeln frei oder drückt sie nach innen, damit sie als Sperre wirken. Die Hubbewegung kann mit einem Pneumatikzylinder erzeugt werden.

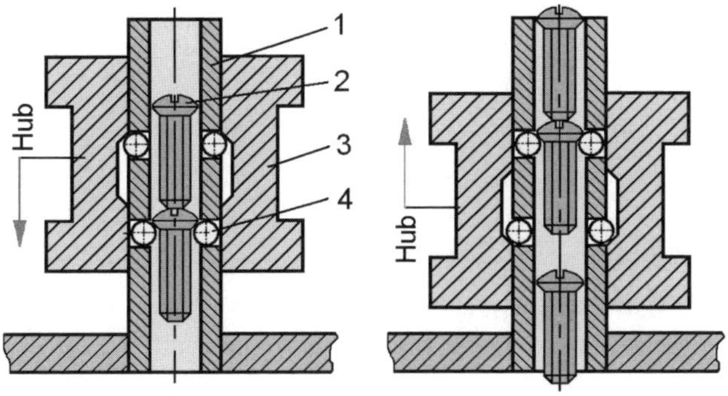

Bild 4.400 Zuteiler für Linsenkopfschrauben.
1 feststehendes Zuführrohr, 2 Schraube, 3 Zuteil Rundschieber, 4 Anschlagkugel

Bei der Gestaltung von Zuführkanälen ist die Schwerpunktlage der Schrauben zu beachten. Nur zwei Förderorientierungen sind praktisch anwendbar, wie es das Bild 4.401 zeigt. Schaftlastige Schrauben lassen sich gut am Kopf hängend weitergeben. Schrauben mit aufliegenden Kopfformen gleiten in Parallelschienen besser als solche mit Senkköpfen, die nicht nur schlecht gleiten (Punktberührung), sondern auch zum Pendeln neigen. Kopflastige Schrauben werden auf der Kopfstirnfläche gefördert und erfordern deshalb meistens eine höhere Anlagenkomplexität. Sie müssen meistens noch um 180° gewendet werden, ehe sie in das Schraubermundstück eingeführt werden können.

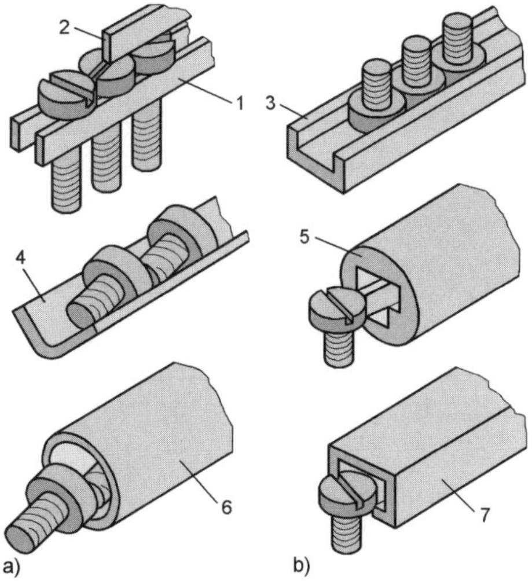

Bild 4.401 Schraubenzuführungen. a) schaftlastige Schrauben, b) kopflastige Schrauben, 1 Parallelschiene, 2 Deckschiene (optional), 3 U Profil Schiene, 4 Winkelschiene, 5 Profil Plastikschlauch, 6 Rund-Plastikschlauch, 7 T-Nut-Schiene

Das Wenden kann in einer „Saltoschiene" erfolgen (siehe Bild 2.58) oder mit Hilfe einer besonderen **Schwenkvorrichtung** (Bild 4.402).

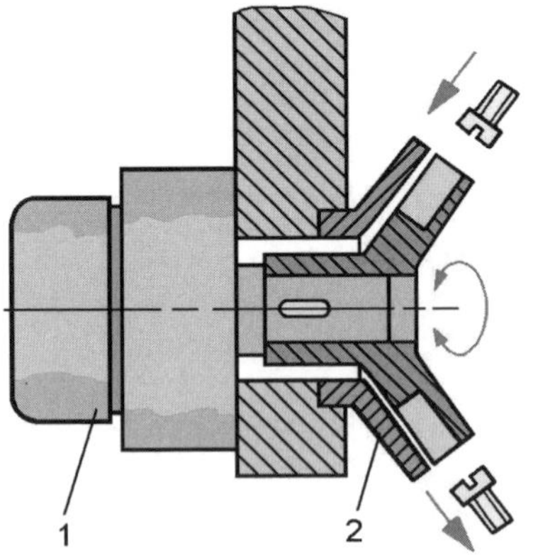

Bild 4.402 Wendeeinrichtung für kleine Zylinderkopfschrauben (Weber; www.weber-online.com).
1 pneumatischer Drehantrieb, 2 Schwenkrotor

Wann bezeichnet man eine Schraube als kopflastig? Statt umständlicher Rechnerei nimmt man folgende Faustregel:

- Rechne Gesamtlänge der Schraube (einschließlich Kopf) plus 2 Millimeter minus ihrem größten Durchmesser, Negativer Betrag = Kopflastigkeit und positiver Betrag = Schaftlastigkeit

Nach der Vereinzelung wird die Schraube mit Druckluft durch den Zuführschlauch an das Schraubwerkzeug gebracht. Dabei darf die Schraube im Schlauch ihre Orientierung nicht verlieren, d. h. sie darf sich nicht überschlagen. Das soll in einer Grafik (Bild 4.403) deutlich gemacht werden.

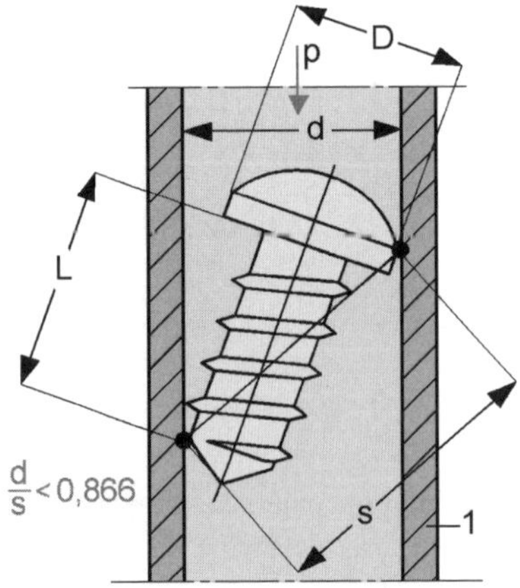

Bild 4.403 Zuführbarkeitskriterium bei Schrauben. *D* Schraubenkopfdurchmesser, *d* Innendurchmesser Zuführschlauch, *L* Schaftlänge, *s* Schraubendiagonale, *p* Druckluft, 1 Zuführschlauch

Als Zuführbarkeitskriterium gilt $d/s < 0{,}866$ und $d \approx D + 0{,}5$ mm. Als Näherungsformel kann mit Gl. 4.159 gelten:

$$L > D + 2 \text{ in mm} \tag{4.159}$$

Ist die Schraube am Werkzeug angekommen, wird sie durch das Mundstück in die entsprechende Hülse geführt. Hier wird die Schraube positioniert und bis zum Eingriff der ersten Gewindegänge gehalten. Einige **Mundstückausführungen** kann man in Bild 4.404 sehen.

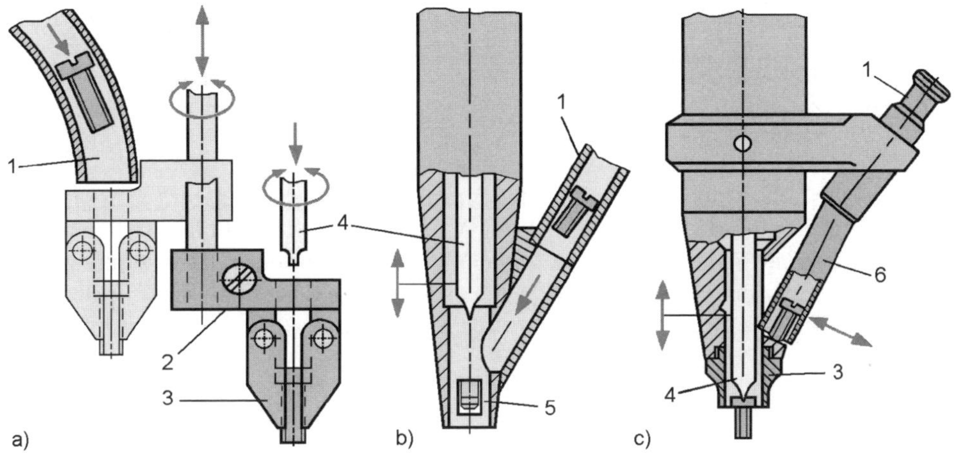

Bild 4.404 Schraubermundstücke.
a) Schwenkmundstück (Sortimat), b) Fallrohrmundstück, c) ausschwenkbares Fallrohr (Weber),
1 Fallrohr, 2 Schwenkarm, 3 Mundstück, 4 Schraubendreherklinge, 5 seitliche Halte-Blattfeder,
6 flexibles Fallrohr

Bei der Lösung nach Bild 4.404a ist das Mundstück an einer Hub-Dreh-Stange angebracht. Beim Rückhub aus der rechten Position in die linke Position schwenkt das Mundstück mit einer schraubenförmigen Bewegung unter das Fallrohr und übernimmt dort die nächste Schraube. Die Schraubenbereitstellung befindet sich somit nicht in unmittelbarer Nähe der Schraubstelle.

Das Mundstück nach Bild 4.404b hat ein seitlich angesetztes Fallrohr. Die Schraube fällt ein, was oft noch mit Druckluftimpulsen unterstützt wird, und wird am Kopf durch seitlich angebrachte krallenartige Flachfedern gehalten. Beim Einschraubvorgang werden die Federn überdrückt.

Bei der Schraubteilzuführung nach Bild 4.404c ist das Endstück des Fallrohrs flexibel und wird beim Vorschub der Schraubendreherklinge beiseite gedrückt. Die Funktion ist auch bei kleinen Schrauben bis herunter zu M1 noch gesichert. Noch während des Eindrehens der Schraube kann bereits die nächste Schraube zugeteilt werden. Sie ist deshalb beim nächsten Schraubzyklus sofort verfügbar.

Ein weiteres Beispiel für den Aufbau eines Schraubermundstücks ist in Bild 4.405 zu sehen. Die fest vorstehende Schraube bewirkt ein schnelles und sicheres Finden der Schraubposition und Eindrehen. Das Schrauberbit befindet sich bereits von Beginn an im Kraftschluss mit der Schraube. Die Haltebacken des Mundstücks haben voll geöffnet eine Raststellung. Das ermöglicht einen schnellen Zugriff zum Schrauberkanal und eine einfache Bitkontrolle.

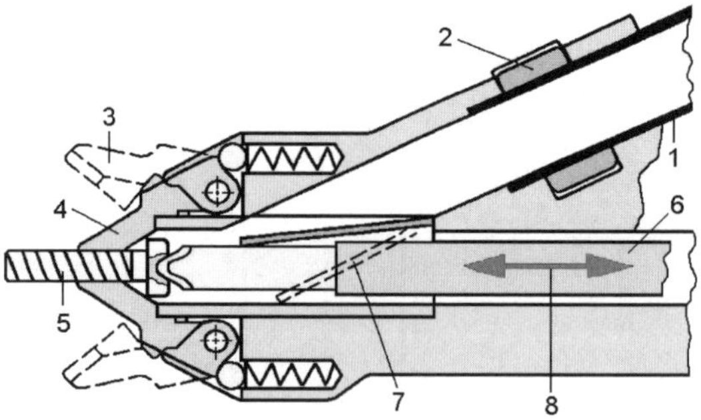

Bild 4.405 Schraubermundstück (Böllhoff).
1 Zuführschlauch, 2 Schlauchklemme, 3 Haltebacken voll geöffnet, 4 Backen in Halteposition, 5 Schraube, 6 Schrauberklinge, 7 Weichenklappe, 8 Klingenvorschub

Da beim Verschrauben stets mehrere Bauteile involviert sind, spielt natürlich deren Positioniergenauigkeit eine wichtige Rolle. Ist der Achsversatz zu groß, finden sich Schraube und Mutterngewinde nicht. Gibt es zu große Winkelabweichungen, dann schnäbelt die Schraube nicht mehr oder falsch an. Die geometrischen Verhältnisse für diese beiden Fälle werden in Bild 4.406 gezeigt. Eine gute Führung der Teile und Einführschrägen (Fasen) an den Fügepartnern sind meistens unerlässlich.

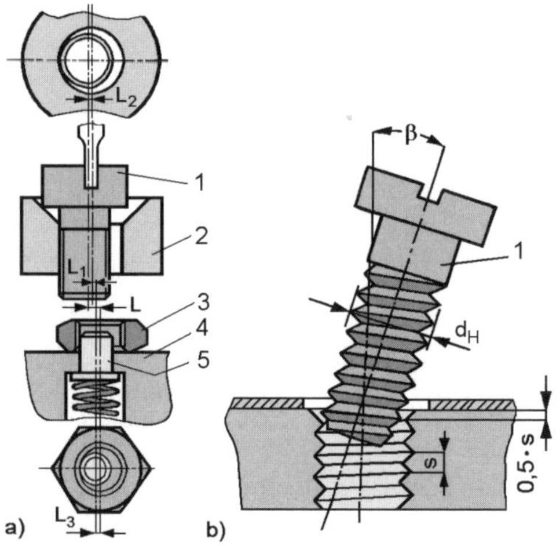

Bild 4.406 Lateral- und Winkelversatz beim Setzen von Schrauben.
a) Achsenversatz, b) Winkelversatz.
1 Schraube, 2 Schraubenhalterung, 3 Mutter, 4 Rundschalttischmaschine, 5 Positionierbolzen für Mutter

Im Bild bedeuten:

Δd_s Durchmessertoleranz Schraube

Δd_F Durchmessertoleranz Führung

Δd_B Durchmessertoleranz der Bohrung der Mutter

Δd_z Durchmessertoleranz des Zentrierbolzens

d_H Gewindeaußendurchmesser

L Achsversatz der Fügepartner

L_1 Achsversatz Positionierbolzen (5) und Schraubenhalterung (2)

L_2 maximaler Versatz zwischen Schraubenachse (1) u. Orientierungskegel (2)

L_3 maximaler Versatz der Achsen des Basisteils (3) zum Zentrierbolzen (5)

ΔS_1 Spiel der Schraube

ΔS_2 garantiertes Spiel Zentrierung und Bohrung der Mutter

s Gewindesteigung

Den Achsversatz errechnet man mit den Gln. 4.160 bis 4.162 wie folgt:

$$L = L_1 + L_2 + L_3 \tag{4.160}$$

$$L_2 = \frac{\Delta S_1}{2} + \frac{\Delta d_S}{2} + \frac{\Delta d_F}{2} \tag{4.161}$$

$$L_3 = \frac{\Delta S_2}{2} + \frac{\Delta d_B}{2} + \frac{\Delta d_Z}{2} \tag{4.162}$$

Der maximale Versatz L, bei dem bei paralleler Verschiebung und ohne zusätzliche Fase noch eine Verbindung zustande kommt, muss $L < 0{,}325 \cdot s$ sein. Bei einer schräg stehenden Schraube im Winkel b kommt eine Verbindung zustande, wenn mit Gl. 4.163 gilt:

$$\beta_{max} = \arctan \frac{0{,}5 \cdot s}{d_H} \tag{4.163}$$

Neben Schrauben müssen oft auch Muttern automatisch zugeführt werden. Das können auch Schweißmuttern sein. Sie werden z. B. auf Dünnblechteile geschweißt, wenn man in das Blech kein Gewinde einbringen kann, es sei denn es wurden Blechdurchzüge dafür vorgesehen. Schweißmuttern gibt es in verschiedenen Ausführungen, wie z. B. Vierkant-, Sechskant- und **Flanschanschweißmuttern**. Um sie für das Anschweißen genau positioniert unter die Schweißmaschine zu bringen, gibt es spezialisierte Zuführeinrichtungen. Das Bild 4.407 zeigt ein Ausführungsbeispiel.

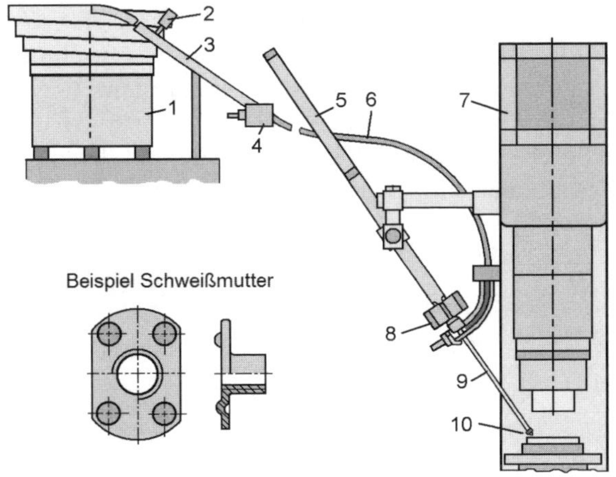

Bild 4.407 Schweißmuttern-Zuführeinrichtung (www.pueschel.group.com; www.feldpausch.de).
1 Schwingförderer, 2 Füllstandskontrolle, 3 Magazinschiene, 4 Blasluftzuführung, 5 Pneumatikzylinder, 6 Rechteck-Profilschlauch, 7 Schweißmaschine, 8 Zuteiler, 9 Setzstange, 10 Setzkopf mit Mutter

In einem Vibrationswendelförderer werden die Muttern geordnet und gelangen in einen Rinnenauslauf. Dann folgt das Zublasen der Teile über einen Profilschlauch, der die Orientierung der Muttern aufrechterhält und der bis zu drei Meter lang sein darf. Es folgt ein kleines Zwischenmagazin, welches Lieferunregelmäßigkeiten des Vibrationswendelförderers, die beim zufallsabhängigen Ordnen vorkommen können, auszugleichen hat. Die Muttern werden nun vereinzelt und vom Setzkopf übernommen. Die Setzstange ist hierbei eingefahren. Diese bringt dann die Anschweißmutter in die Wirkzone. Bei diesem Vorgang wird die Mutter magnetisch an der Setzstange gehalten. Die nunmehr platzierte Mutter wird in einem Arbeitsschritt angeschweißt, im Beispiel ist es das Buckelschweißen. Man kann eine solche Vorrichtung auch mehrfach rund um die Schweißmaschine für eine Mehrfachbestückung anordnen. Sie ist sowohl für eine 1-Station-Schweißmaschine einsetzbar als auch an Rundtaktautomaten mit Schweißstation.

Kontrollfragen

4.56 Welche Funktionen müssen bei einer Schraubanlage mit Teilezuführung fortwährend kontrolliert werden?

4.57 Spielt es bei der Schraubenzuführung eine Rolle, ob die Schraube kopflastig oder schaftlastig ist?

4.58 Wie lassen sich Schrauben mit Zylinder- oder Linsenkopf vereinzeln?

4.59 Wie lassen sich Anschweißmuttern handhaben?

4.10 Kontinuierliche Werkstückzuführung

Für das Flaschenfüllen, die Montage kleiner Massenprodukte und für einfache Bearbeitungen (Tiefziehen, Schlitzfräsen, chemische Behandlungen, Spritzgießen von Thermoplasten) wurden Automaten entwickelt, bei denen die Arbeitsgegenstände nicht taktweise weitergegeben werden, sondern kontinuierlich *(continuous motion)*. Solche Maschinen sind unflexibel und nur für sehr große Stückzahlen tauglich (Ausstoß: mindestens 10 Millionen Stück pro Jahr). Alle Werkstücke müssen ebenfalls kontinuierlich zugeführt werden. Typisch ist hier beispielsweise die Bereitstellung von Flaschen, Dosen und Behältern über eine Zuführschnecke, die mit der Hauptmaschine synchron läuft und einzelne Teile auf genauen Förderabstand bringt (Bild 4.408).

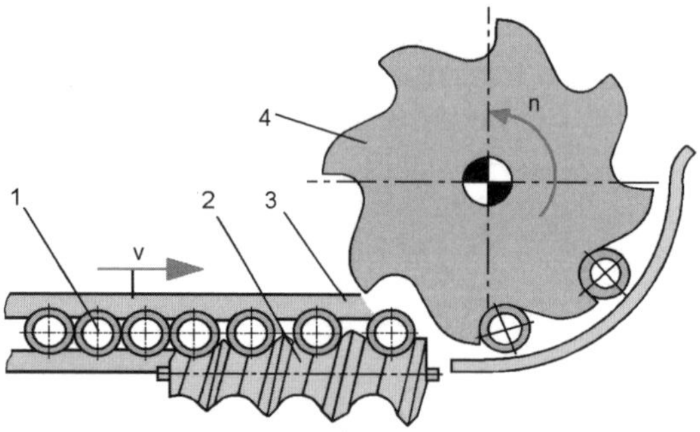

Bild 4.408 Schneckenzuteiler für kontinuierliche Zuführung.
1 Arbeitsgegenstand, 2 Zuführschnecke, 3 Förderband, 4 Zuführrotor, *n* Drehzahl, *v* Geschwindigkeit

Bei **Rotorautomaten** besteht das Problem, Werkstücke, die sich in einem Schachtmagazin in Ruhe befinden, sozusagen schlagartig auf die Umfangsgeschwindigkeit eines Arbeits- oder Zuführrotors zu bringen. Dafür hat man Übergaberotoren entwickelt (Bild 4.409).

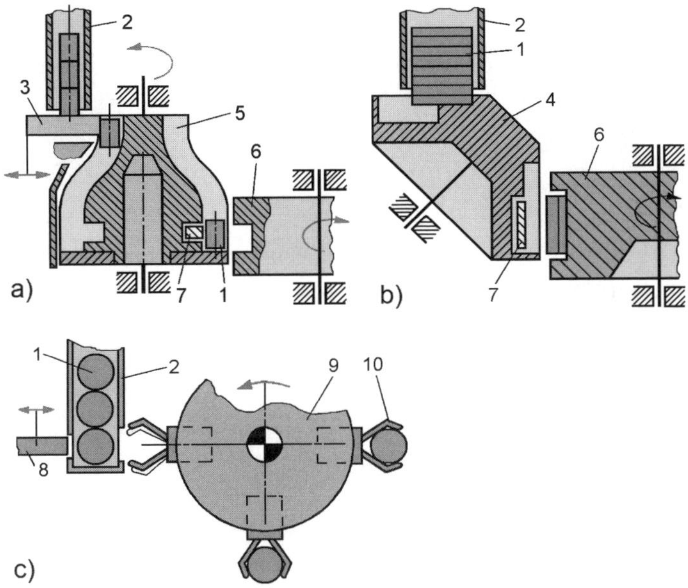

Bild 4.409 Übergabe von Werkstücken an kontinuierlich laufenden Rotormaschinen.
a) Übergabetrommel, b) Kronenrevolver-Übergeber, c) Einstoßerprinzip.
1 Werkstück, 2 Magazinschacht bzw. Gleitbahn, 3 Zuteiler, 4 Übergabekrone, 5 Fallkanal, 6 Arbeitsrotor, 7 Übergabeschwenkarm, 8 Einstoßer, 9 Zuführrotor (Draufsicht), 10 gefederter Greifer

Für die Übergabe der Füge- und Basisteile steht nur ein kleiner Winkelbereich zur Verfügung, in dem die Übergabe beendet sein muss, was absoluten Synchronlauf erfordert.

Bei der Variante nach Bild 4.409a gelangen die zugeteilten Werkstücke in einen Rotor, der sie auf eine Umfangsgeschwindigkeit bringt, die der des Arbeitsrotors entspricht. Die Übergabe geschieht schlagartig mit einem Schwenkarm. Im Arbeitsrotor werden die Teile durch Halteeinrichtungen bzw. Greifer fixiert.

Bei der in Bild 4.409b gezeigten Lösung stehen die Werkstücke achsparallel im Schachtmagazin bereit. Zur Übergabe wird ein Rotor in der Art eines Kronenrevolvers eingesetzt.

In Bild 4.409c wird die Übergabe eines Werkstückes an einen umlaufenden **Zuführrotor** gezeigt. Die übernehmenden Greiforgane sind gefedert. Das ist nötig, weil während der Übergabe mit dem Weg s_1 der Rotor den Weg s_2 zurücklegt. Das Werkstück wird schlagartig übergeben und sofort auf die volle Umfangsgeschwindigkeit des Zuführrotors gebracht.

Der in Bild 4.410 gezeigte Zuführrotor entnimmt die Teile aus einem Bunker. Die Teile sind geometrisch einfach und finden sich selbst in Längsorientierung in den rotierenden Ordnungselementen (siehe auch Bild 4.25).

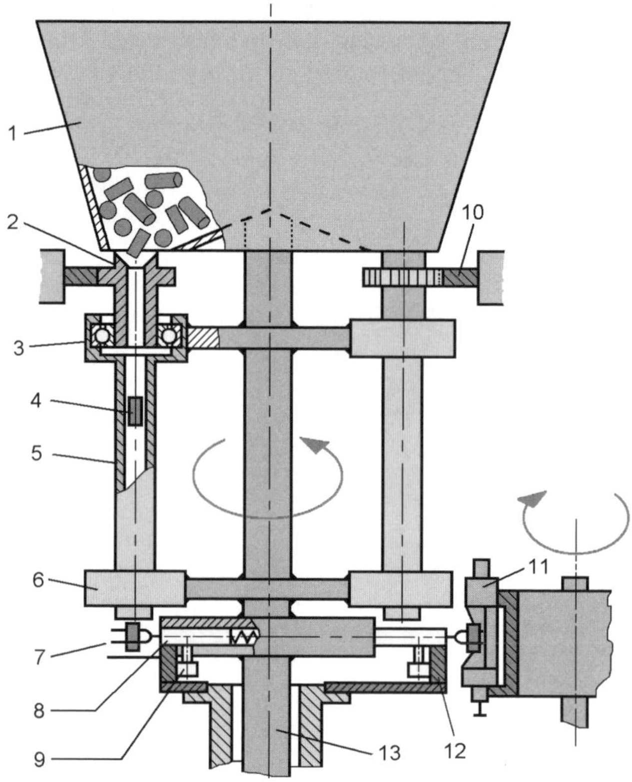

Bild 4.410 Bunkerzuführrotor.
1 Bunker, 2 rotierendes Ordnungselement, 3 Wälzlager, 4 Werkstück, 5 Magazinrohr, 6 Zuteiler, 7 Greifer, 8 Rollenschieber, 9 Rolle, 10 innenverzahnter Ring, 11 Arbeitsrotor, 12 Innenkurve, 13 Antriebsachse Zuführrotor

Sie sammeln sich im Magazin, werden vereinzelt und an einer Stelle an den Arbeitsrotor übergeben. Die Rolle des Schiebers läuft auf einer Innenringkurve. Dadurch ist eine gute Anpassung der Bewegung an den bogenförmigen Lauf der übernehmenden Halteelemente des Arbeitsrotors möglich.

4.11 Auswahl von Funktionsträgern

Das Maß aller Entscheidungen ist die Bewertung von Lösungsvarianten, Konstruktionen und Komponenten [4.32]. Nicht alles, was sich zum Handhabungsgerät kombinieren lässt, ist am Ende auch wirklich gut. Andererseits gilt bekanntlich aus Synergiegründen, dass das Ganze mehr ist, als die bloße Summe der Komponenten. Was die Angelegenheit erschwert, ist die Tatsache, dass es für die meisten Aufgaben mehrere Lösungen gibt [4.31]. Somit steht die Frage, wie kommt man zu Varianten und wie werden sie bewertet?

Die Vorteile einer Kombinationsmethode hat bereits **Archimedes** erkannt. Um wichtige technische Merkmale für neue Kampfmaschinen leichter zu finden, stellte er Holzscheiben her, die mit gruppierten Konstruktionsmerkmalen beschriftet waren (Bild 4.411).

Bei Baukastensystemen für die Handhabungstechnik werden heute vom Hersteller in der Regel auch Hilfen angeboten, mit denen man die Kompatibilität der einzelnen Bausteine feststellen kann. Es werden auch Empfehlungen gegeben, welche Adapter zur Anpassung von Schnittstellen verfügbar sind. Über Adapter lassen sich grundsätzlich auch Komponenten aus verschiedenen Baukästen miteinander verbinden, was aber eher selten praktiziert wird.

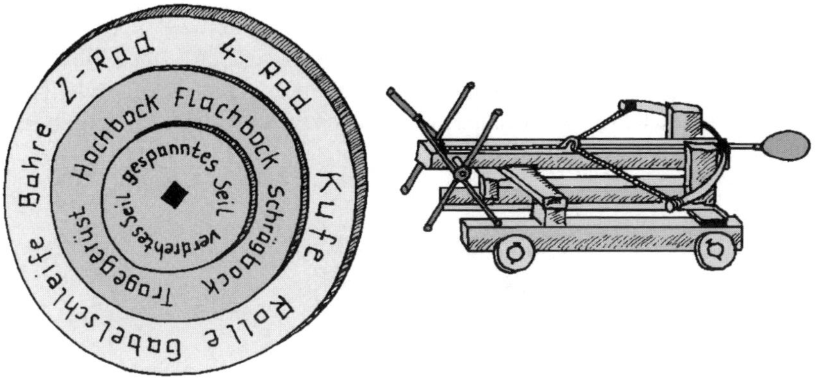

Bild 4.411 Die Kombinationsscheiben des Archimedes von Syracus (287 - 212 v. u. Z.)

Als Funktionsträger kommt natürlich auch der Mensch infrage. Das sind dann meistens hybride Systeme, bei denen Mensch und Maschine (Automatik) aufeinander abgestimmt an einer komplexen Aufgabe arbeiten, z. B. in der Montage. Das Bild 4.412 zeigt im Blick von oben ein hybrides Montagesystem [4.33].

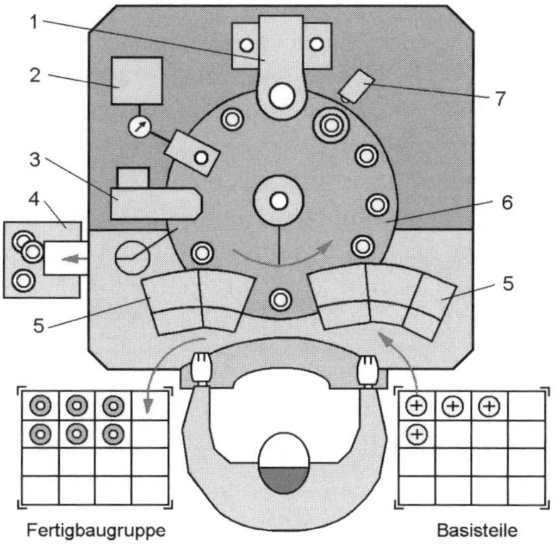

Bild 4.412 Hybrides Montagesystem. 1 pneumatische Montagepresse, 2 Fettdosierung, 3 Kontrolle und Schlechtteilauswurf, 4 Sammlung der Schlechtteile, 5 Greifbehälter für Montageteile, 6 Rundschalttisch, 7 Prüfstation

Die Basisteile und Fügeteile aus den Greifbehältern bewältigt der Mensch. Während des Umlaufs erfolgen Prüfen, Einpressen, Befetten und Kontrolle dann automatisch. Die Fertigbaugruppe wird zuletzt nach einer Sichtkontrolle entnommen und in einem Magazin abgelegt.

Am Beginn steht die Analyse der Aufgabenstellung mit symbolhafter Darstellung des erforderlichen Ablaufs. In welchen Schritten kommt man nun vom Handhabungssymbol zu einem realen Gerät?

Für jede Funktion sind anforderungsgerechte Funktionsträger zu suchen. Für eine Einzelfunktion kann es allerdings viele technische Ausführungsvarianten geben. Das zeigt das Bild 4.413 für die Elementarfunktion „Verschieben“ eines Objekts. Man muss nun die technischen Detailanforderungen und Randbedingungen für die Auswahl heranziehen, wie z.B. Zykluszeit, Energieart, Beschleunigungsverhalten, Tragkraft, Umstellbarkeit, Preis und Nutzungsdauer. Auch innerbetriebliche Gegebenheiten spielen eine Rolle. Man kann das systematische Entwickeln handhabungstechnischer Lösungen in Vorgehensschritte fassen, wie es das Bild 4.414 zeigt.

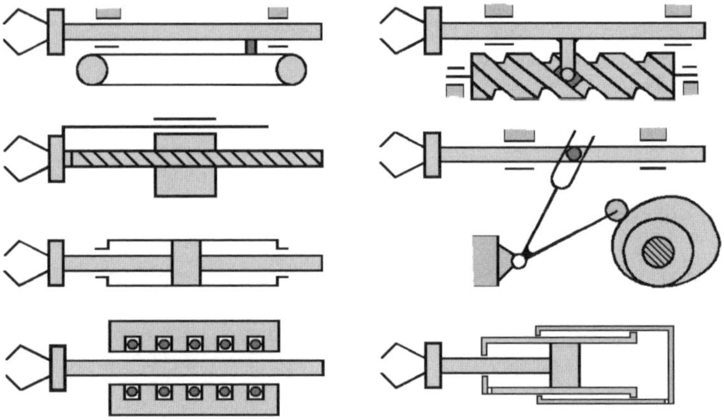

Bild 4.413 Verschiedene Antriebe für Lineareinheiten und zwar Synchronriemen, Spindel und rotierende Mutter, Pneumatikzylinder, elektrischer Linearmotor, Steilnut- und Scheibenkurventrieb, doppeltwirkender Teleskopzylinder

Es ist wichtig, mehrere alternative Teillösungen aufzufinden und in einem Vergleich gegenüber zu stellen. Man soll sich dabei nicht scheuen, auch momentan unwahrscheinliche Varianten mit aufzuführen. Gerade dadurch kommt man oft aus einem eingeschliffenen Denkrahmen heraus und findet neue, bisher noch nicht in Erscheinung getretene Lösungen. Die Entscheidung fällt letztlich durch Bewertung des Erfüllungsgrades von Forderungen, Randbedingungen und Wünschen.

Vieles hängt natürlich ganz entscheidend von der Beschaffenheit der Handhabungsobjekte (Arbeitsgut) ab. Ein Glasröhrchen in der Glühlampenindustrie ist anders zu behandeln als eine Drahtfeder, die zum Verhaken neigt.

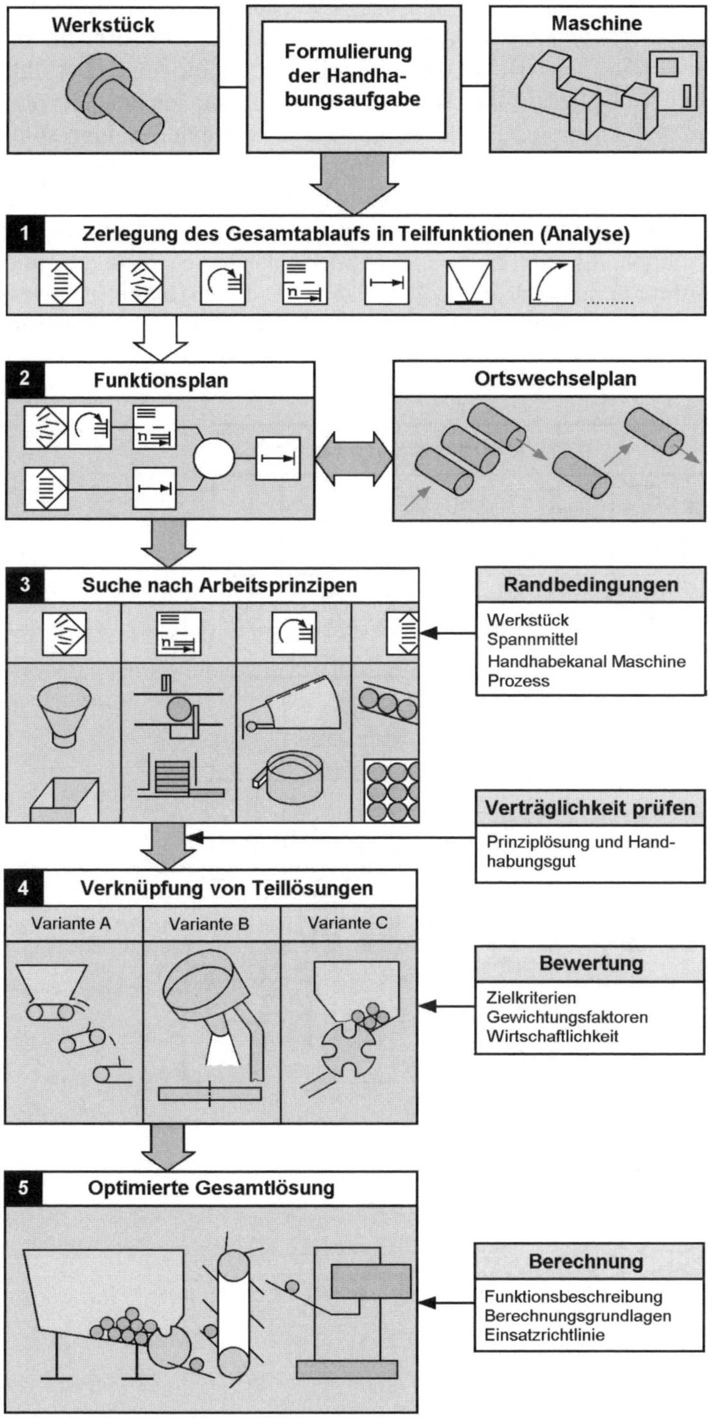

Bild 4.414 Vorgehensschritte beim systematischen Lösen von Handhabungsaufgaben

Damit beim Kombinieren keine gedanklichen Fehler passieren, sollte man ein grafisches Kombinationsschema oder etwas Ähnliches anlegen. Eine weit verbreitete Form für die Lösung technischer Aufgabenstellungen ist die **morphologische Denkweise**. Das Bild 4.415 zeigt ein vereinfachtes Beispiel auf der Basis eines zweidimensionalen Morphologischen Schemas für eine Pick-and-Place-Einrichtung. Zu den Problemelementen sollte man möglichst viele Lösungselemente aufsuchen und eintragen. Unter Berücksichtigung von Kompatibilitätseigenschaften kann man dann Lösungen definieren, indem man die Lösungselemente von oben nach unten verknüpft. Das Beispiel soll nur zur Anregung für systematisches Vorgehen dienen. Es gibt noch andere Methoden, wie Lösungsbäume, Lösungskataloge oder Kombinationsmatrizen. In der Regel entstehen immer mehrere unterschiedliche Lösungen. Deshalb muss man im nächsten Schritt eine Variantenbewertung vornehmen.

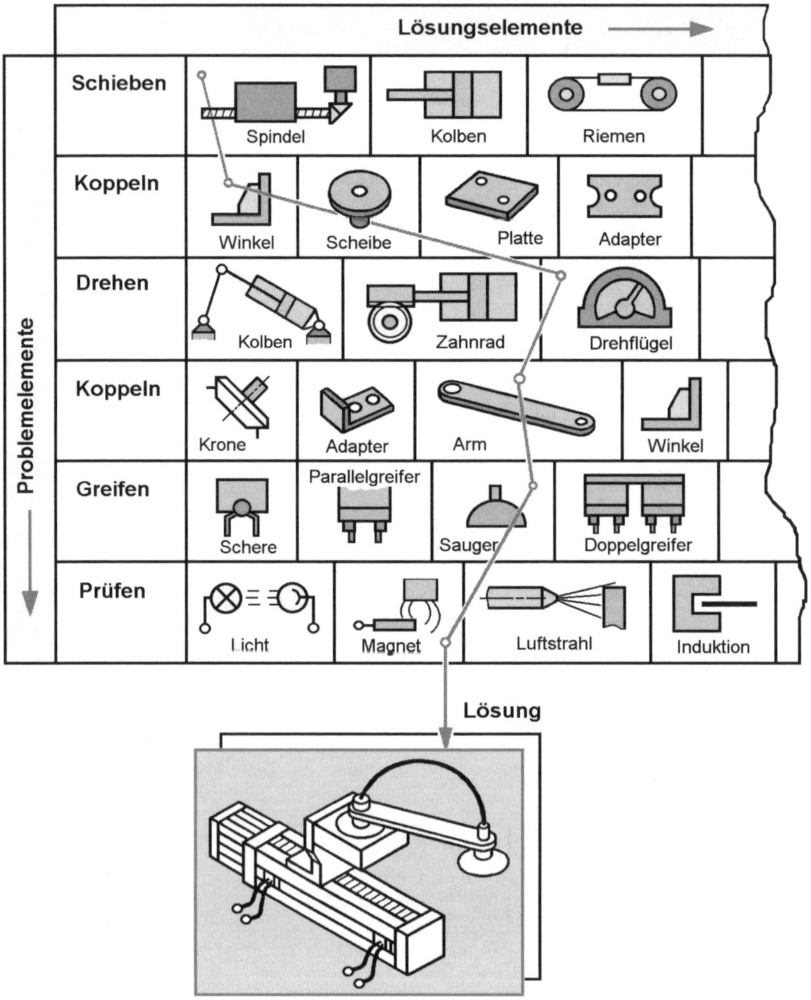

Bild 4.415 Demonstrationsbeispiel für ein zweidimensionales „Morphologisches Schema"

Die Auswahl von Komponenten wird wesentlich erleichtert, wenn man auf einen weitgehend kompletten Baukasten zurückgreifen kann. Die Hersteller bieten heute dazu auch Software an, mit der jede denkbare Konfiguration von Achsen im Vorfeld vereinfacht durchgerechnet werden kann. Auch ist dann die Kompatibilität der Module, insbesondere bei den mechanischen Schnittstellen, sichergestellt. Als Anschauungsbeispiel wird in Bild 4.416 die Automatisierung einer kleinen Montagepresse gezeigt. Die **Presseinheit** ist sensorisiert. Dazu gehört ein Auswertesystem für die Blockkraft und die Kraft-Weg-Kurve sowie die statistische Aufbereitung der Daten auf dem Bildschirm. Es sind bis zu 16 Überwachungsfenster für den Pressvorgang programmierbar. Dieses Prozessmodul mit sehr guten Gebrauchseigenschaften hat man mit Handhabungstechnik aus dem Baukasten ergänzt und zur automatisierten Montagezelle komplettiert. Unter der Presse befindet sich ein kleiner Rundtisch. Die Werkstücke werden jeweils von dreiachsigen Handhabungsgeräten zu- bzw. abgeführt. Die Handhabungsgeräte bestehen aus pneumatischen Dreh- und Schiebeaktoren, kombiniert mit pneumatischen Klemmgreifern. Der Aufbau wurde in projektierender Arbeitsweise geschaffen; eine umfassende Konstruktion erübrigt sich in vielen Fällen. Das erspart viel Entwicklungszeit und -kosten.

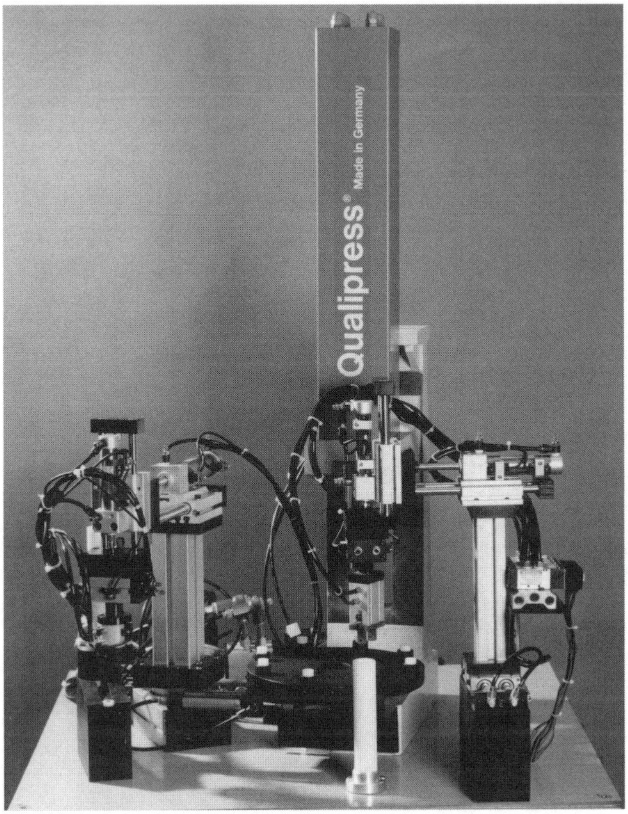

Bild 4.416 Handlingeinheiten automatisieren eine kleine Montagepresse (HILDE FRITZ Montagebetrieb; www.qualipress.de)

Die Zielvariante findet man durch systematische Betrachtung der gerätespezifischen Eigenschaften, insbesondere auch des kinematischen und dynamischen Verhaltens. Am Ende des Auswahlprozesses steht der Vergleich von Anforderungsbild und dem sich einstellenden Leistungsprofil. Dazu braucht man Kriterien zur Bewertung von Lösungsalternativen. Sie müssen voneinander unabhängig, vollständig, möglichst quantitativ und stets positiv formuliert sein, also zum Beispiel nicht „Geräuschentwicklung“, sondern „Geräuschlosigkeit“, wenn das gemeint ist.

Auf welche Kriteriengruppen sollte man die Bewertung aufbauen?

Kriteriengruppen sind:

- Physikalischtechnische Funktion
- Herstellbarkeit
- Wirtschaftlichkeit
- Mensch-Maschine-Beziehungen

In der Tabelle 4.18 werden einige für die Bewertung wichtige Gesichtspunkte, Eigenschaften und Kriterien angegeben. Je nach Anwendungsfall wird man die zutreffenden Kriterien aussuchen bzw. zusätzliche Aspekte formulieren.

Tabelle 4.18 Gesichtspunkte und Kriterien für die Bewertung von Lösungen und Komponenten

Abdichtung Austauschbarkeit Baugrößenstufung Bedienungsfreundlichkeit Dokumentation Drehmomentbelastbarkeit Driftfreiheit Einbaulagenfehler, zulässiger Einstell-, Programmierbarkeit Elektromagnetische Verträglichkeit Fehlersuchprogramm Führungsgenauigkeitsverhalten	Geräuschlosigkeit Innovationspotential Integrierbarkeit Justagefreundlichkeit Korrosionsschutz Montagefreundlichkeit Nutzungs, Lebensdauer Oberflächenschutz Prüfbarkeit Qualitätsstandard Reinraumtauglichkeit Schwingungsunempfindlichkeit Sensoranbau-Möglichkeit Sicherheitsstandard und Havarieschutz	Softwarebereitstellung für Auswahlabläufe und Berechnungen Spielselbsteinstellung Steifigkeit Steuerungsanbindung Systemreserven Temperaturbeständigkeit Überlastungsbeständigkeit Umrüstbarkeit Ventilanbaumöglichkeit Wartungsfreiheit bzw. Wartungszyklen Wirtschaftlichkeit Zertifizierung (Hersteller bzw. Lieferant) Zubehör
Leistungsparameter		
Arbeitsraum, -fläche Hub, Winkel Ausfallrate Beschleunigung Dämpfung Durchbiegung Eigenmasse Geschwindigkeit	Geschwindigkeitsprofil Kräfte und Momente Positionsabweichung Preis-Leistungs-Parameter Reibung Tragzahl Umkehrspanne, Start-Stopp-Verhalten	Schnittstellen ▪ mechanisch, ▪ elektrisch ▪ pneumatisch ▪ steuerungstechnisch Vorschubkraft Wartungszyklus Wirkungsgrad

> **Bewertungsprozess:** Gesamtheit aller Schritte, um mit Hilfe von Bewertungskriterien und Gewichtungen aus einer Menge von Lösungsvarianten die am besten geeigneten auszuwählen.

Betrachtet man Positionierachsen und Führungen, so kann man sich an den Leistungsbildern in Bild 4.417 grob orientieren. Die technischen Angaben in der Tabelle harmonieren jeweils mit der 3 × 3-Matrix in der Grafik. Markierte Felder entsprechen jeweils den technischen Daten im zugehörigen Tabellenfeld.

Niveau	Geschwindigkeit	Traglast	Wiederholgenauigkeit
hoch	0,5...5 m/s	100...500 N	±0,05...±0,0005 mm
mittel	0,02...0,5 m/s	20...100 N	±0,1...±0,05mm
niedrig	kleiner 0,02 m/s	kleiner 20 N	±0,5...±0,1 mm

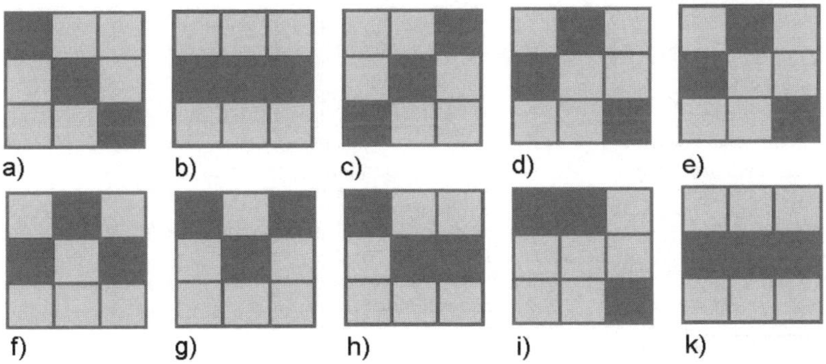

Bild 4.417 Typische Leistungsbilder ausgewählter Positionierachsen und Führungen.
a) Zahnriementrieb mit Prismenführung, b) Zahnriementrieb mit Kugelumlaufführung, c) Kugelgewindetrieb mit Prismenführung, d) servopneumatische Achse mit Gleitlagerführung, e) vertikaler Kettentrieb mit Prismenführung, f) elektromechanischer Zahnriementrieb mit Schwerlastführung, g) elektromechanische Achse mit Spindeltrieb, h) elektromechanische Achse mit Zahnriementrieb, i) servopneumatische Achse mit Schwerlastführung, k) Wälzringgewindetrieb mit Prismenführung

Eine Sonderlösung für **Werkstückzubringeeinrichtungen** wird man erst dann anstreben, wenn keine passenden handelsüblichen Einrichtungen verfügbar sind. Bereits mehrfach verkaufte Geräte sind immer zu bevorzugen, weil eventuelle Kinderkrankheiten schon beseitigt sind. Meist werden auch Referenzlösungen zur Information bereitgestellt. Der Kontrollablauf wird in Bild 4.418 grob angegeben. Der Aufbau eines Expertensystems für die Auswahl von Zuführeinrichtungen für die Montageautomatisierung hat bisher noch nicht zu durchschlagenden Erfolgen geführt [4.34].

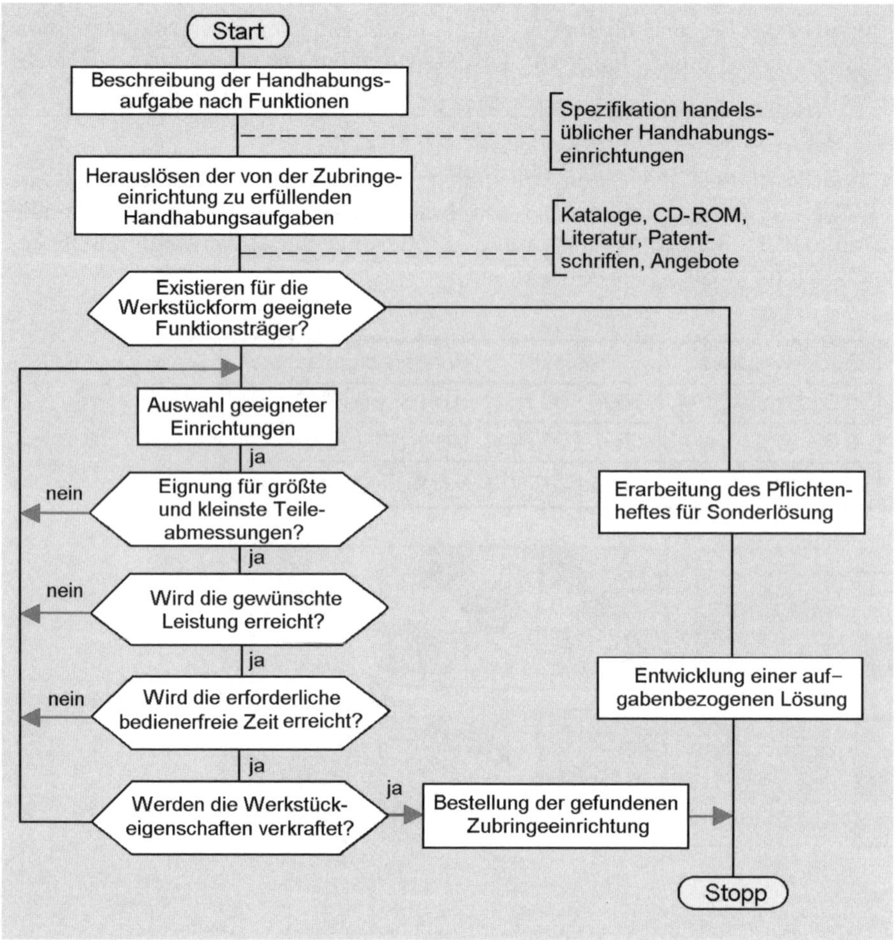

Bild 4.418 Programmablaufplan zur Auswahl von Zubringeeinrichtungen

Im Rahmen von Rationalisierungsbemühungen lässt sich mit eigens dafür entwickelten Prüflisten feststellen, ob in einem Prozessabschnitt günstige Bedingungen für die Einführung automatischer Handhabungseinrichtungen vorliegen. Die Liste ist für jeden Arbeitsplatz anzulegen, der zu untersuchen ist. Im Prinzip kann man mit den technischen Mitteln von heute fast jede Handarbeit auf die Maschine übertragen, also auch die per Liste als unzweckmäßig bestimmten. Dann steigen aber die Kosten für eine Pilotlösung beträchtlich an und die technische Verfügbarkeit wird anfänglich nicht erreicht. Das bedeutet, dass man die Arbeitskräfte dann nicht vollständig freisetzen kann. Oft sind das Kontrollaufgaben, z. B. Sichtkontrollen oder gar ein einfacher Funktionstest, die von der Arbeitskraft quasi nebenbei mit wahrgenommen wurden. In jedem Fall wird mit der **Prüfliste** (Tab. 4.19) aber das tiefere Durchdenken von Handhabungs und Prozessabläufen angeregt. Die zutreffenden Kriterien sind anzuhaken. Die Summe der Haken je Spalte liefert eine erste grobe Aussage über die Eignung des Arbeitsplatzes für eine (handhabungstechnische) Automatisierung.

Tabelle 4.19 Prüfliste für eine Grobanalyse von Arbeitsplätzen. In den schmalen Spalten werden die jeweils zutreffenden Kriterien angehakt und unten summiert.

Kriterien		Kriterienausprägung		
Werkstück, Objekt	Hauptabmessung	10 ... 500 mm	0,5 ... 10 mm	> 1000 mm
	Konsistenz	starr, fest	elastisch	plastisch
	Vereinzelung	vorhanden bzw. einfach	kompliziert	mechanisch nicht realisierbar
	Ordnungsmerkmale	weitgehend symmetrisch	Außenmerkmale	Innenmerkmale
	Anzahl verschiedener Objekte	nur 1 Typ	wenige, hohe Losgrößen regelmäßig	viele, kleine Losgrößen regelmäßig
Fertigungsvorgang	Anzahl von Handhabungen	1 ... 4	5 ... 8	> 9
	integrierte Bearbeitung	keine bzw. trennbar	durch Bearbeitungsmaschine ersetzbar	komplizierte Fügevorgänge
	integrierte Messung/Kontrolle	keine bzw. trennbar	durch Messmaschine ersetzbar	Sichtkontrolle erforderlich
	Verunreinigung	wenig	beherrschbar, leichtes Reinigen	umfangreich, schlechtes Reinigen
Einsatzumgebung	Automatisierungsgrad	vollautomatisch	mechanisiert	umfassend manuell
	Arbeitsmittelzugänglichkeit	frei zugänglich	eingeschränkt, viele Änderungen	schwierig, kaum veränderbar
	Arbeitsplatzumbau	nicht bzw. unbedeutend	schwierig machbar	technologiebedingt unmöglich
Personal	betreuendes Fachpersonal	vorhanden	zeitlich begrenzt	nicht vorhanden
	Belastung	hoch	mittel	gering
	Umweltbelastung	starke Belästigung	gelegentliche Belästigung	keine Besonderheiten
Bei vorhandenem Merkmal ist der Arbeitsplatz für eine Automatisierung:		gut geeignet Σ →	bedingt geeignet Σ →	kaum geeignet Σ →

Das technisch Beste ist dabei selten das Optimale. Optimal heißt, weder zu wenig noch zu viel an Leistungsfähigkeit.

Die Eignung von Bunkerzuführeinrichtungen richtet sich oft auch danach, ob beim Durchlauf Schäden am Arbeitsgut auftreten können. Ein großer Teil der Werkstückbeschädigungen hat energetische Ursachen. Wegen $E = ½\,(m \cdot v^2)$ haben Verringerungen von Geschwindigkeiten der Werkstücke oder aktiver Organe, z. B. beim Ordnen, immer positive Auswirkungen auf die Belastung von Werkstücken. Dazu gehört das Einschränken von

Fallhöhen, Magazinhöhen, das Bremsen von Bewegungen (siehe Kap. 8) und das sanfte Schließen von Greifbacken. Ein zweiter Aspekt ist der ausreichend große Härteunterschied der sich berührenden Partner.

Einige Möglichkeiten werden bisher schon genutzt, oft aber sporadisch und keineswegs auf der Basis einer systematischen Analyse. Grundsätzlich gibt es folgende Wege der Einflussnahme:

Vermeiden

- durch Wechsel des Verfahrens oder der Einrichtung, d.h. weitgehend handhabungsarm zu produzieren. Hier sei daran erinnert, dass ein Werkstück durch häufiges Handhaben nicht wertvoller wird. Werkstückhandhabung ist ein Verlustposten und deshalb so weit wie möglich einzusparen.
- durch Änderung des Objekts, auch durch partielle Veränderungen. Handhabungsgerechte Konstruktion muss künftig noch mehr die Schonung der Werkstücke beachten.

Verringern

- durch Änderung der Parameter des Verfahrens, das heißt in der Regel der Bewegungs- und Kraftparameter
- durch Veränderungen am Objekt
- durch technische Zusatzmaßnahmen, beispielsweise Auskleidung mit elastomeren Schichten

---

Übungsaufgabe 4.13 Zuführung von kleinen Gussstücken

Das in Bild 4.419 dargestellte Teil soll aus einer Boxpalette aus dem Schüttgut heraus zugeführt werden, in einem Magazin bei senkrechter Orientierung geordnet bereitstehen, sodass eine Abnahme durch einen Roboter mit einem Zweibacken-Klemmgreifer erfolgen kann. Die gewünschte Zuführleistung ist sechs Teile in der Minute.

Aufgabenstellung

1. Charakterisiere das Werkstück in Kurzform!
2. Stelle einen Funktionsplan für den Handhabungsablauf auf!
3. Skizziere Art und Arbeitsweise der einzusetzenden Funktionsträger!
4. Kurzbeschreibung des Ablaufs
5. Formuliere Hinweise für Konstrukteur und Projektant zu möglicherweise kritischen Dingen, die man noch experimentell nachprüfen sollte!

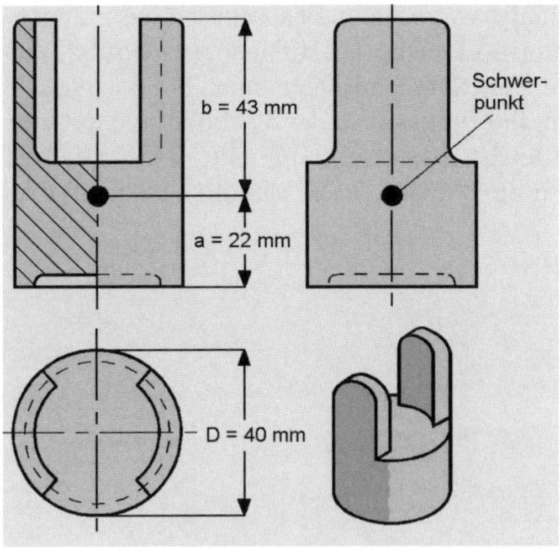

Bild 4.419 Beispielwerkstück „Gabelkopf“ aus Grauguss

4.12 Langguthandhabung

Als Langgut werden üblicherweise stabähnliche Objekte, wie Rohre, Profilleisten, Bretter oder Rundmaterialstangen bezeichnet, die eine Länge von mehr als drei Meter aufweisen. Stangen gelten als **Quasifließgut**, was handhabungstechnisch etwas günstiger ist als der Umgang mit Stückgut, weil der Vorgang „Ordnen“ entfällt. Das Langgut ist jedoch unhandlich, sperrig, schwer und biegt sich oft auch noch unter der Eigenlast durch. Trotzdem muss das Arbeitsgut gelagert und an Werkzeugmaschinen auch automatisiert zugeführt werden. Wie lässt sich das machen?

4.12.1 Stangenlademagazine

Magazinzuführungen sind unverzichtbar, wenn man das Leistungsvermögen moderner Drehautomaten ausschöpfen will. Ihre Anschaffung impliziert aus Kostengründen meistens auch eine Mehrschichtauslastung. Das Hauptproblem von Zuführsystemen und Speicherkonzepten liegt allgemein in der Integration oder einem nachträglichen Anbau. Der Beschickungsart wird heute im Zwang der Kostengesetze auch viel mehr Aufmerksamkeit beigemessen als noch vor Jahren. Die Materialstangen sind überdies beschädigungsfrei zuzuführen. Oft genügt bei Stangen und Rohren bereits ein **Schrägtisch-Magazin**, besonders wenn sich die Materialdurchmesser häufig verändern.

Werkstücklader sind maschinenspezifische Zuführgeräte, die in der Regel nur für ein oder zwei Maschinentypen eingesetzt werden können. Ihre Flexibilität ist meist eng begrenzt. In Bild 4.420 wird ein marktgängiger **Bündellader** gezeigt. Sein Vorteil ist die relativ einfache Beladung mit Kran oder Gabelstapler.

Es werden im Allgemeinen Rund-, Vier- und Sechskantstangen zugeführt, wie auch Rohre. Sie werden im Bündel in die Gurtschlaufen der Mulde eingelegt. Gegen Überspannung der

Aufzugsgurte ist meistens eine Abschaltautomatik vorgesehen. Das Auflösen des Stangenstapels geschieht durch allmähliches Anheben (verkleinern des Muldenquerschnitts), Vereinzeln und eine schrittweise Übergabe an den Stangendrehautomat. Die zugeführte Stange befindet sich in der Maschine in einem Führungskanal, der ölgeflutet und mit auswechselbaren Polyurethaneinlagen ausgestattet ist. Das ergibt eine gute Geräusch- und Vibrationsdämpfung. Das Führungsprinzip für die Stangen in der Maschine ist als **hydrodynamisch** zu bezeichnen.

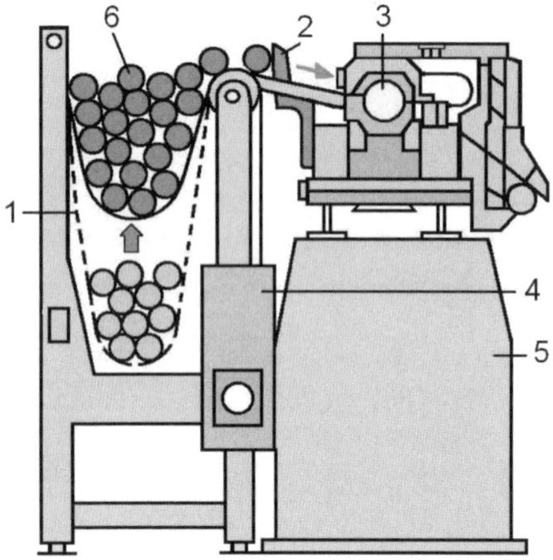

Bild 4.420 Bündelförderer (FMB).
1 Gurtmulde, 2 Zuteiler, 3 Zuführkanal, 4 Aufrollantrieb, 5 Stangendrehautomat, 6 Materialstange

Nun sollte die Speicherkapazität möglichst hoch sein. Dazu zeigt das Bild 4.421 auch eine Variante für die Kapazitätserweiterung durch Kombination von Stangenauflage und Bündelförderer. Ein **Liftsystem** hebt in jedem Fall die Stangen bis zur Übergabestelle und dann gelangen sie in das Zuführrohr. Je nach Ladekapazität bzw. Stangendurchmesser ergibt sich eine bestimmte bedienerfreie Zeit.

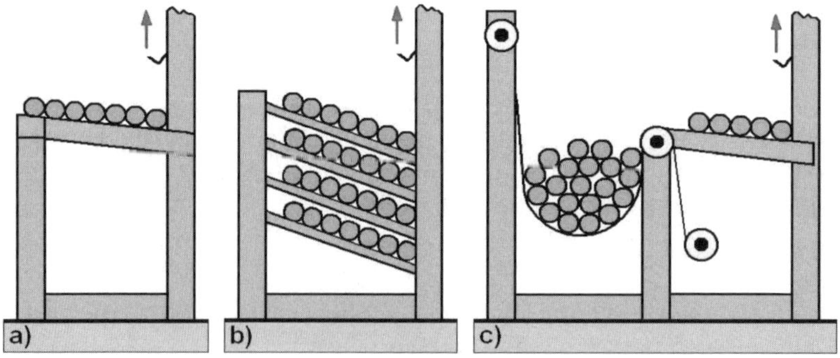

Bild 4.421 Stangenmagazinierung (FMB).
a) Einzelstangenauflage, b) Mehrfachstangenauflage bis 42 mm Stangendurchmesser,
c) Kombination von Bündelförderer und Stangenauflage bis 65 mm Stangendurchmesser

4.12.2 Rohr- und Stangenzuführung

Unter „Adjustage" versteht man zurichtende Bearbeitungsvorgänge an den Enden von Walzgut allgemein und eben auch an Rohren. In Bild 4.422 sieht man, wie Rohre in die Adjustageanlage gebracht werden. Je nach Länge des Arbeitsgutes ruhen die Rohre auf mehreren parallelen Walzen, die mit einem Wendelbord ausgestattet sind. Am Ende des Zuführweges bringt ein synchron zum Arbeitsrotor laufender Übergeber die Teile in die Arbeitsmaschine. Dort werden sie von Greifbacken gespannt. Die Endenbearbeitung oder auch die Montage von Armaturen, beispielsweise Ergänzung mit Schraubmuffen, erfolgen während des Umlaufs. Die bearbeiteten Rohre werden schließlich auf einen gleichartigen Walzenförderer wieder aus- und weitergegeben.

Auflösen gebündelter Stangen

In Bild 4.422 wird noch eine andere technische Lösung für das Vereinzeln von Stangen vorgestellt.

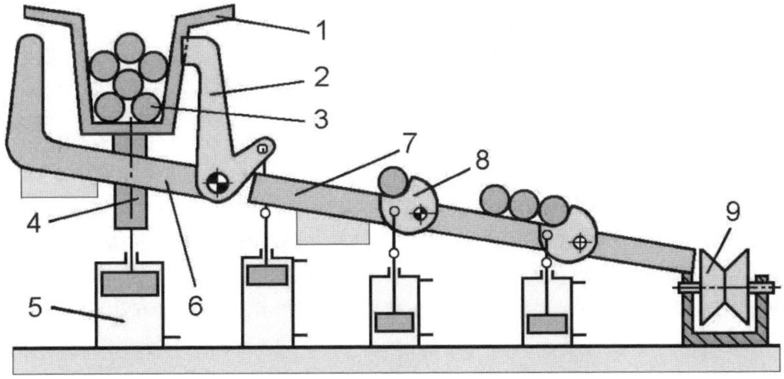

Bild 4.422 Ablaufphasen beim Auflösen eines Bündels.
1 Stapelmulde, 2 Winkelarm, 3 Stange, Rohr, 4 Senkeinheit, 5 Linearaktor, 6 Auflageschiene,
7 Abrollstrecke, 8 Zuteiler, 9 Kegelrollengang

Das in einer festen **Stapelmulde** abgelegte Stangenbündel wird zunächst abgesenkt, so dass das Arbeitsgut auf Auflageschienen übergeben wird. Wird nun der Winkelarm abgeschwenkt, wie es in Bild 4.423 zu sehen ist, entsteht eine linienförmige Anordnung der Stangen oder Rohre.

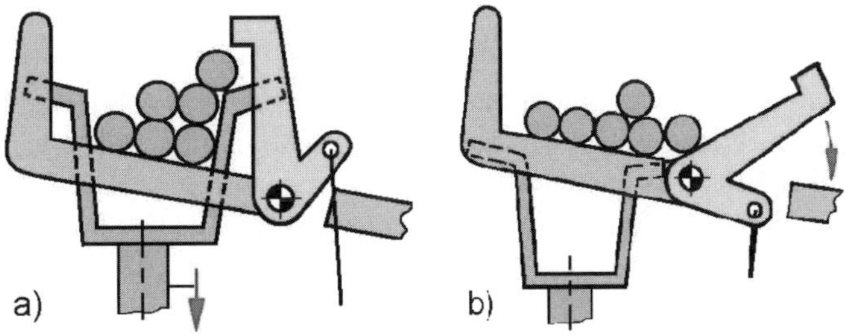

Bild 4.423 Auflösung gebündelter Stangen.
a) Ladezustand, b) Auflösen in eine Linienanordnung

Im Weiteren folgen mehrere Zuteiler, die nach und nach einzelne Objekte an den Kegelrollengang freigegeben. Der Rollengang führt in die Tiefe des Bildes. Erst wenn die Stange weitergefördert wurde, kann der letzte Zuteiler wieder zum Vereinzeln aktiviert werden.

Bei der Bereitstelleinrichtung nach Bild 4.424 befinden sich Rohre in einer Mulde. Diese ist in Längsrichtung (in die Bildtiefe) einstellbar. Über die Länge sind mehrere Prismen verteilt angeordnet. Sie fahren von unten in das gestapelte Gut. Bei jedem Hub wird jeweils ein Rohr erfasst und emporgehoben. In der obersten Stellung kann das vereinzelte Rohr oder eine Stange vom Roboter oder einer anderen Handhabungseinrichtung in Portalbauart übernommen werden.

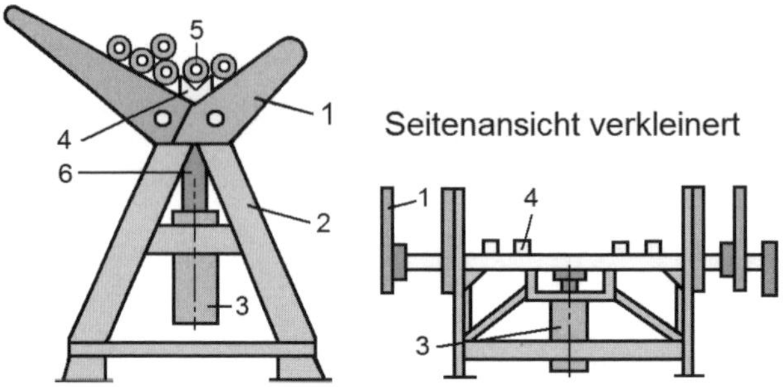

Bild 4.424 Bereitstellung von Langgut.
1 Aufnahmewange, 2 Gestell, 3 Hubzylinder, 4 Hubprisma, 5 Stange, Rohr, 6 Kolbenstange

Bei dünnen Rohren, zum Beispiel aus Kunststoff, können diese im Bündel auch ineinander verschlungen in einer Mulde liegen. Das ist unangenehm. Dann helfen nur Lösungen, bei denen ein einzelnes Rohr im Bereich der Rohrenden am Ende erfasst, aus dem Bündel herausgehoben und dann über die ganze Länge herausgezogen wird. Damit ist das Rohr, zum Beispiel ein Isolierrohr für Elektrokabel, vereinzelt. Das erledigen spezielle Zuführsysteme.

4.13 Hochgeschwindigkeitshandhabung

Für hochdynamische Bewegungsabläufe in Produktionsprozessen bedarf es auch schnell positionierender und punktgenau arbeitender Handhabungseinrichtungen, wie z. B. Maschinen mit hohen Ausbringraten je Minute für Massenprodukte:

- 15 000 Zigaretten
- 4500 Taschentücher
- 1500 Briefumschläge

Es sind meist ein- oder mehrspurige, kontinuierlich laufende Rundläufer *(continuous motion)*. Für diskontinuierlich laufende Bewegungen setzen sich zunehmend elektrische Linearmotoren durch. In Bild 4.425 wird gezeigt, wie mit einem hochdynamischen linearen Positioniervorgang fehlerhafte Teile ausgestoßen werden und zwar nach der Inspektionsstation. Die Betriebsart für den Ausstoßer ist der klassische Aussetzbetrieb.

Der Einsatz von schnellen Robotern, die im *High-Speed-Picking* Teile aufnehmen und in Verpackungen ablegen, ist aktueller Stand der Technik. Beispiele sind:

- 120 Pralinen je Minute mit dem Roboter greifen und verpacken
- 650 Schokoriegel je Minute mit 2 Robotern von 2 parallelen Förderbändern abnehmen und in der Verpackung ablegen; Greifer nimmt jeweils 12 Stück
- Roboterleistung z. B. 240 *picks* je Minute mit einem **Deltaroboter**. Bei der Bewertung müsste man natürlich noch angeben, auf welchen C-Zyklus (Wegstrecken), welches Handhabungsgewicht und welches Greiforgan (oft ein Mehrfachgreifer) sich die Zykluszeiten beziehen.

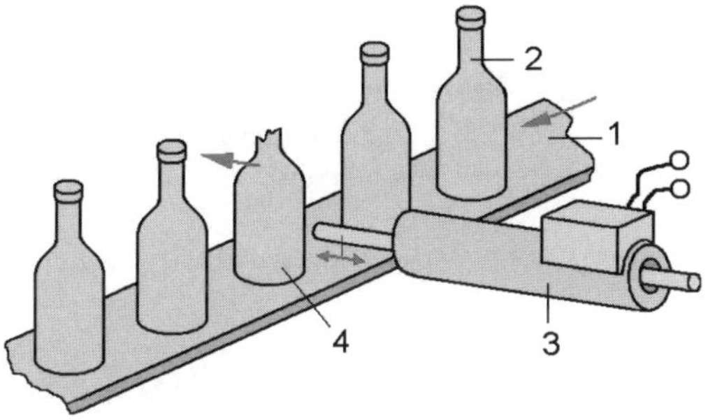

Bild 4.425 Hochdynamischer Produktausstoßer mit elektrischem Linearmotor (Polysolenoidmotor).
1 Förderband, 2 Arbeitsgut, 3 Röhren-Linearmotor, 4 defektes Produkt

Roboter mit so genannter Delta-Kinematik (Parallelkinematik) ermöglichen mit Beschleunigungen von bis zu 150 m/s^2 das *High-Speed-Handling* mit Geschwindigkeiten von z. B. 10 m/s. Seilroboter kommen ebenfalls auf Beschleunigungen bis 10 g und Geschwindigkeiten bis 10 m/s (Transportgeschwindigkeit mit 40 kg Last 2,5 m/s). Als „Hochgeschwindigkeitsmontage" bezeichnet man Leistungen ab etwa 150 Montagen/Minute. Das ist aber nirgends verbindlich festgelegt.

Einige Beispiel für **Zykluszeiten** (C-Zyklus):

0,27 *s* Handhabungszyklus für ein Objekt von 1 kg Handhabungsmasse

0,33 *s* für einen Pick-and-Place-Zyklus in der Mikromontage

0,45 *s* für ein Objekt von 3 kg Masse im Pick-and-Place-Zyklus

Problematisch kann bei solchen Montageanlagen der wirtschaftliche Nutzen eines *High-speed robot* werden, insbesondere wenn

- Seriengrößen sinken oder die Serie nach relativ kurzer Zeit ausläuft
- die Flexibilität für die Montage neuer Produkte nicht ausreicht
- aufwendige Systeme wegen ihrer Komplexität nur schwer beherrschbar sind

Literatur und Quellen

[4.1] *Hesse, S.; Mittag, S.:* Handhabetechnik, Verlag Technik Berlin 1989

[4.2] *Trauzettel, U.:* Handhabungseinheiten für die Magazinierung von Mikrobauteilen. VDM Verlag Dr. Müller, Saarbrücken 2010

[4.3] *Tjalve, E.:* Systematische Formgebung für Industrieprodukte. VDI Verlag, Goldach 1975

[4.4] *Hesse, S.; Malisa, V. (Hrsg.):* Taschenbuch Robotik-Montage-Handhabung. Fachbuchverlag Leipzig (im Carl Hanser Verlag), Carl Hanser Verlag, München, Wien 2010

[4.5] *Hesse, S.:* Handhabungsmaschinen. Vogel Buchverlag, Würzburg 1993

[4.6] *Groh, W.:* Das Ordnen von Massenteilen und ihre selbsttätige Zuführung in die Werkzeugmaschine, Werkstattstechnik 47(1957)8, S. 402 – 410

[4.7] *Lorenz, B.-M.:* Aerodynamische Zuführtechnik. Fortschritt-Berichte VDI, Reihe 2, Fertigungstechnik; VDI-Verlag Düsseldorf 1999

[4.8] *Ludwig, R.; Rybarczyk, A.; Wiendahl, H.-P.:* Luft bringt Ordnung ins Haufwerk. wt Werkstattstechnik online 92(2002)9, S. 419 – 423

[4.9] *Blume, F.:* Elektromagnetische Orientierung – Eine neue Methode zur Handhabung von Bauteilen. Fertigungstechnik und Betrieb, Berlin 27(1977)10, S. 612 – 613

[4.10] *Nist, G. u. a.:* Steuern und Regeln für Maschinenbau und Mechatronik. 10. Aufl., Verlag Europa-Lehrmittel Haan-Gruiten 2005

[4.11] *Borgmeyer, J.:* Grundlagen der Digitaltechnik. 2. Aufl., Carl Hanser Verlag München Wien 2001

[4.12] *Hesse, S.:* Montagemaschinen. Vogel Buchverlag Würzburg 1993

[4.13] *Bobrow, V. P.:* Entwurf von Zubringeeinrichtungen für Werkzeugmaschinen und automatische Linien (russ.) Verlag Maschinenbau Moskau 1964

[4.14] *Schmid, S.:* Automatisierte Ordnungs- und Kommissionierzelle zur hochflexiblen Bereitstellung von Werkstücken in der Montage. Diss. Universität Stuttgart 2006

[4.15] *Jacques, N.:* Wirbel der Welt. L. E. Wittich Verlag, Darmstadt 1942

[4.16] *Wolfsteiner, P.:* Dynamik von Vibrationsförderern. Fortschritt-Berichte, VDI Reihe 2, Fertigungstechnik Nr. 511, VDI-Verlag Düsseldorf 1999

[4.17] *Habenicht, D.:* Die Gleitförderung von Werkstücken in Schwingzuführsystemen. fördern und heben 35(1985)2, S. 90 – 93

[4.18] *Boothroyd, G.:* Handbook of Feeding and Orienting techniques for small parts. Automation project/Department of mechanical, Engin. Univ. of Massachusetts/Amherst, 01003

[4.19] *Hesse, S.; Monkman, G. J.; Steinmann, R.; Schunk, H.:* Robotergreifer. Carl Hanser Verlag München Wien 2004

[4.20] *Kosemund, M.:* Einige Probleme der automatischen Handhabung von Werkstücken. Der Maschinenbau 14(1965)4, S. 161 – 163

[4.21] *Regele, S.:* Auslegung von Maschinenelementen. Carl Hanser Verlag München, Wien 2011

[4.22] *Hesse, S.:* Greifer-Praxis. Vogel Buchverlag Würzburg 1991

[4.23] *Hesse, S.:* Greifertechnik – Effektoren für Roboter und Automaten. Carl Hanser Verlag, München/Wien 2011

[4.24] *Stephan, J.:* Beitrag zum Greifen von Textilien. Diss.; Produktionstechnisches Zentrum Berlin 2001

[4.25] DIN 32565 Fertigungsmittel für Mikrosysteme – Anforderungen an die Schnittstellen zwischen Endeffektor und Handhabungsgerät

[4.26] *Wrege, J.:* Elektrostatisch unterstützte Handhabungstechniken in der Mikromontage. Vulkan Verlag, Essen 2007

[4.27] *Hesse, S.; Krahn, H.; Eh, D.:* Betriebsmittel Vorrichtung. 2. Aufl. Carl Hanser Verlag München/Wien 2012

[4.28] *Hesse, S.; Schnell, G.:* Sensoren für die Prozess- und Fabrikautomation. 6. Aufl. Springer Vieweg Verlag Wiesbaden 2014

[4.29] *Sommer, S.:* Taschenbuch automatisierte Montage- und Prüfsysteme. Carl Hanser Verlag München Wien 2008

[4.30] *Scharf, P.; Großberndt, H.:* Die automatisierte Montage mit Schrauben. expert verlag Renningen-Malmsheim 1994

[4.31] *Steinsiek, E.:* Zuführungssysteme zur Fertigungsautomatisierung – Handlungsanleitung. RKW-Verlag, Verlag TÜV Rheinland, Köln 1989

[4.32] *Conrad, K.-J.:* Grundlagen der Konstruktionslehre. 2. Aufl., Carl Hanser Verlag, München Wien 2003

[4.33] *Lotter, B.; Wiendahl, H.-P. (Hrsg.):* Montage in der industriellen Produktion. 2. Aufl. Springer Verlag, Berlin/Heidelberg u. a. 2012

[4.34] *Strohmayer, R.:* Rechnergestützte Auswahl und Konfiguration von Zubringeeinrichtungen. Springer Verlag Berlin/Heidelberg 1993, Diss. Technische Universität München 1992

[4.35] *Zitt, H.:* Entwicklung einer Modell-Bibliothek zur Simulation von Bahnspannung und Tänzerbewegung beim Transport von Materialbahnen. Diss. Uni des Saarlandes, Kaiserslatern 2001

5 Flexible Handhabungstechnik

Flexibilität ist die Eigenschaft eines Systems, insbesondere eines Fertigungssystems, gegenüber wechselnden Anforderungen bzw. Aufgaben in allen seinen Teilsystemen selbstanpassungsfähig zu sein. Die Flexibilität der direkt mit den Werkstücken in Kontakt tretenden Komponenten wie Greifer, Spannvorrichtungen, Werkstückaufnahmen und Magazine lässt sich nicht beliebig steigern, insbesondere nicht zu vertretbaren Kosten. Ein Greifer ist z. B. flexibel, wenn er nacheinander ohne Umbau geometrisch unterschiedliche Werkstücke mit angepasster Greifkraft anfassen kann. Oft ist man deshalb auch schon dann zufrieden, wenn die Anpassung noch geringer manueller Nachhilfe bedarf. Technisch gesehen hat die manuell zu bedienende Universalmaschine aus der Sicht der Handhabung eine sehr große Flexibilität. Das ist technisch nur schwer nachvollziehbar.

Man kann verschiedene Arten von Flexibilität unterscheiden:

- **Funktionsflexibilität:** Durch einfaches Umrüsten können unterschiedliche Handhabungsfunktionen ausgeführt werden.
- **Objektflexibilität:** Ein möglichst großes Teilespektrum kann ohne große Umrüstzeiten mit dem gleichen Gerät zugeführt werden.
- **Störungsflexibilität:** Sie ist gegeben, wenn eine Störung bzw. eine Werkstückfehlorientierung automatisch behoben wird und der Werkstückfluss keine Unterbrechung erleidet.

Die technischen Mittel um flexibel zu sein, sind freiprogrammierbare Handhabungseinrichtungen, Revolvergreifer oder Mehrfinger-Gelenkgreifer, Effektorwechseleinrichtungen, maschinelle Sichtsysteme *(machine vision)*, freiprogrammierbare Werkstückbereitstellsysteme sowie werkstückneutrale Förder-, Lager- und Umsetzeinrichtungen. Auf einige Komponenten soll eingegangen werden.

5.1 Handgeführte Manipulatoren

Handhabungseinrichtungen zur Mechanisierung von Hebe- und Umsetzvorgängen, die auch als Balancer, Lastarmmanipulator und Ausgleichsheber bezeichnet werden, setzt man seit etwa 40 Jahren vermehrt in Industrie, Handwerk und Bauwesen ein und entwickelt sie auch ständig weiter. Sie schließen die Technisierungslücke zwischen Roboter und Handarbeit.

Balancer: Direkt handgesteuerter bzw. bewegter Manipulatorarm *(manually controlled manipulator)*, bei dem eine anhängende Last im Moment der Lastaufnahme automatisch oder nach manueller Voreinstellung gegen die Schwerkraft in einen Schwebezustand versetzt wird. Der Balancer ist in seiner Bewegung nicht vorprogrammierbar. Er ist niemals schneller als der Mensch.

5.1.1 Aufgaben und Verordnung

Industriegesellschaften unterliegen heute einem schnellen Wechsel in der Arbeitswelt. Viele körperlich schwere Arbeiten wurden inzwischen auf die Maschine (den Roboter) übertragen. Kleine Stückzahlen und komplizierte Bewegungsabläufe haben zur Entwicklung und zum Einsatz handgeführter Manipulatoren beigetragen. Ein wesentlicher Ansatzpunkt sind jedoch auch ergonomisch optimale Arbeitsbedingungen. Körperliche Überlastungen führen z. B. zu Wirbelsäulenschäden und manuelles Handhaben und Transportieren ist oft auch die Ursache für viele Verletzungen an Fingern und Extremitäten. Aus nicht bewältigten Anforderungen ergeben sich die in Tab. 5.1 aufgezeigten Zusammenhänge [5.1].

Tabelle 5.1 Verschiedene Einflüsse haben negative Folgen auf die Einsatzfähigkeit von Arbeitskräften

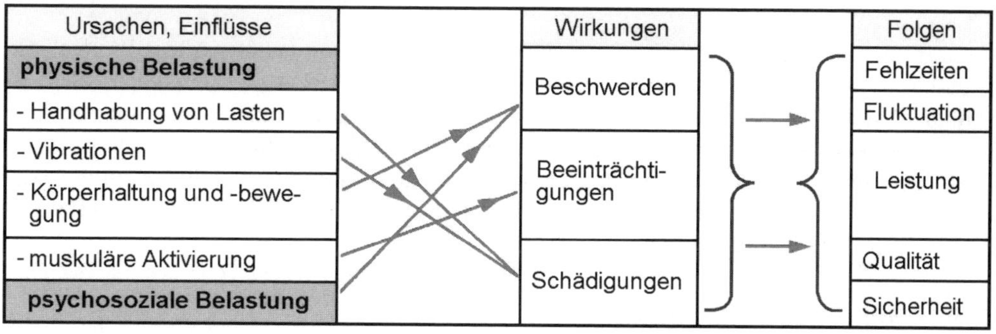

Die zumutbare Last für manuelles Heben und Tragen ist für Männer und Frauen unterschiedlich und sie hängt auch von der Häufigkeit des Handhabens je Zeiteinheit ab. Um gesundheitliche Schäden abzuwenden, wurde 1996 eine Verordnung zur manuellen Handhabung von Lasten erlassen [5.2]. Danach muss der Arbeitgeber Sorge tragen, dass die Mitarbeiter möglichst keine schweren Lasten von Hand bewegen müssen, sondern ihnen dafür technische Hilfen, wie z. B. der Manipulator, zur Verfügung stellen. Ein ergonomisch gestalteter Arbeitsplatz ist somit in den Ländern der EU einklagbar.

5.1.2 Funktionen und Baugruppen

Es gibt viele Ausführungen von Manipulatoren, die mehr oder weniger bestimmten Anwendungsfällen angepasst sind. Die Verwendung betrifft das Heben, Umsetzen von Lasten, Verlegen von Platten, Palettieren, Verpacken großformatiger Gegenstände und Montieren, wie z. B. die Cockpitmontage in der Automobilindustrie.

Die Hauptbestandteile eines Manipulators sind Kinematik (Arm, Gelenke, Führungen), Endeffektor (Lastaufnahmemittel, Greifer), Gleichgewichtssteuerung, Hand- und Fahrachsenantriebe sowie Sensoren (Wägezellen). Eine einfache ursprüngliche Manipulatorbauform ist der Standsäulenmanipulator mit kreisförmigem Arbeitsraum, wie er in Bild 5.1 als Beispiel gezeigt wird. Mit Bauteilen aus Carbon, z. B. für Auslegerarme, kann man die mitbewegten „Totmassen" noch erheblich reduzieren und so das dynamische Verhalten des Systems verbessern.

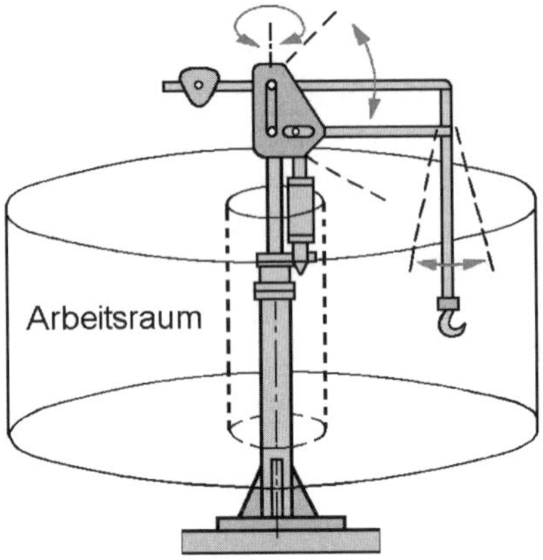

Bild 5.1 Stufenlose Bewegungsmöglichkeiten im Arbeitsraum beim manuell geführten Standsäulenmanipulator

Weitere Bauformen sind maschinenintegrierte Manipulatoren (selten), die z. B. an Werkzeugmaschinen für das Handhaben schwerer Maschinenwerkzeuge (Fräsköpfe, Schleifscheiben) und Werkstücke bzw. Produkte eingesetzt werden können oder auch mobile Geräte auf einer unterfahrbaren Transportplattform. Wegen des sich ergebenden großen Arbeitsraumes sind Fahrständermanipulatoren oder Manipulatoren, die an einem *x-y*-Deckenlaufwerk fahren, besonders vorteilhaft einsetzbar. Das Bild 5.2 zeigt ausschnittweise ein solches Handhabungsgerät.

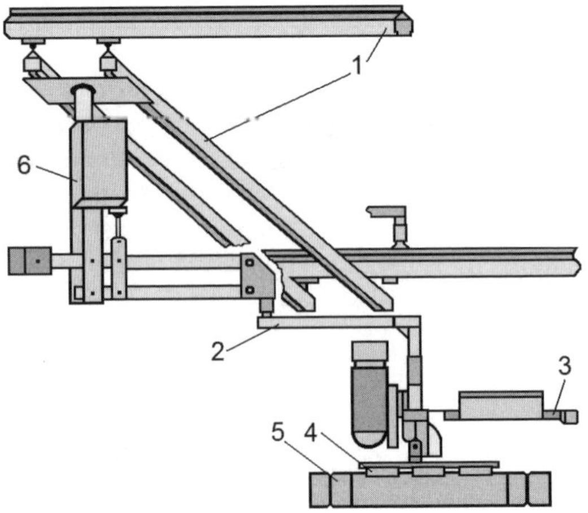

Bild 5.2 Deckenverfahrbarer Manipulator (Teilansicht).
1 Leichtlaufschiene, 2 Auslegergelenkarm, 3 Führungs- und Steuergriff, 4 Saugergreifer, 5 Greifobjekt, 6 Gewichtskraftausgleich

Für diese Ausführung soll an einem Beispiel die Auswahl der Deckenlaufschienen gezeigt werden. Der Hubauslegerarm soll an einer Zweiträgerbrücke befestigt und in der Fläche verfahrbar sein. Die Schwerkraft wird pneumatisch kompensiert. Das Bild 5.3 zeigt den Aufbau des Schienensystems. Der Bediener fasst am Handgriff an und verschiebt die Last mit geringer Handkraft zu einer Zielposition. Die Last kann je nach Ausstattung mit mechanischen oder fluidischen Greifern aufgenommen werden. Manchmal sind auch spezielle Lastaufnahmemittel einzusetzen.

Ausgangsdaten für das Beispiel

Hubmasse (Last)	F_1 = 250 kg
Eigenmasse des Hubarmes	F_2 = 42 kg
Eigenmasse Fahrwerkträger mit Fahrwerk	F_3 = 38 kg

Damit wird mit Gl. 5.1 die Belastung F des Systems auf einer Laufschienenseite

$$F = \frac{F_1 + F_2 + F_3}{2} = \frac{250 + 42 + 38}{2} = 165\ kg \qquad (5.1)$$

Weitere Vorgaben betreffen den Arbeitsraum

Querfahrweg	S_y = 3000 mm
Überstand an der Querschiene	U_1 = 210 mm
Zusatzlänge für Kabelwagen (Schleppkabel)	K_1 = 170 mm
Spurmittenabstand ($e = S_y + 550$)	e = 3550 mm

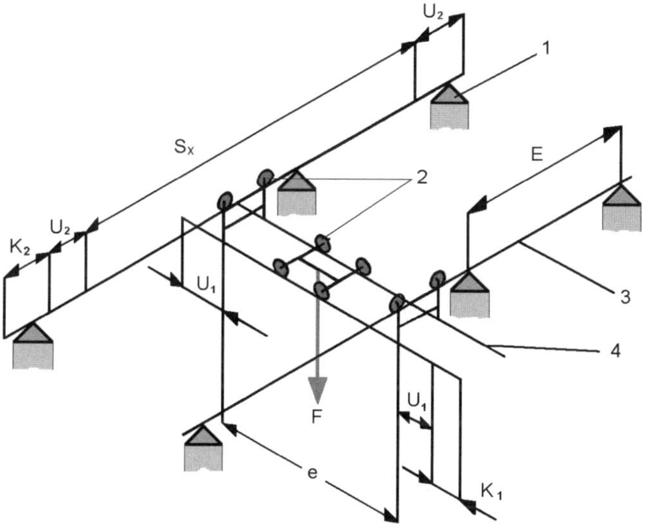

Bild 5.3 Portalfahrwerk mit Zweiträgerbrücke.
1 Stütze, Auflager, 2 Fahrwerk, 3 Längsweg-Schiene, 4 Zweiträgerbrücke, Lastangriff mittig

Damit wird, wie die Gl. 5.2 zeigt, die benötigte Querschienenlänge L_1:

$$L_1 = e + 2 \cdot U_1 + K_1 = 3550 + 2 \cdot 210 + 170 = 4140\,mm \qquad (5.2)$$

Welches Querschienenprofil muss man nun auswählen?

Die für das Beispiel verfügbaren Profile werden in Bild 5.4 vorgestellt. Es gibt Aluminium- und Stahlprofilschienen mit unterschiedlichen Abmessungen und verschiedenen geometrischen Querschnitten. Die Laufwagen rollen im Innenraum der Schiene mit möglichst kleinem Rollwiderstand. Die obere Nut wird für die Befestigung an Tragkonstruktionen verwendet.

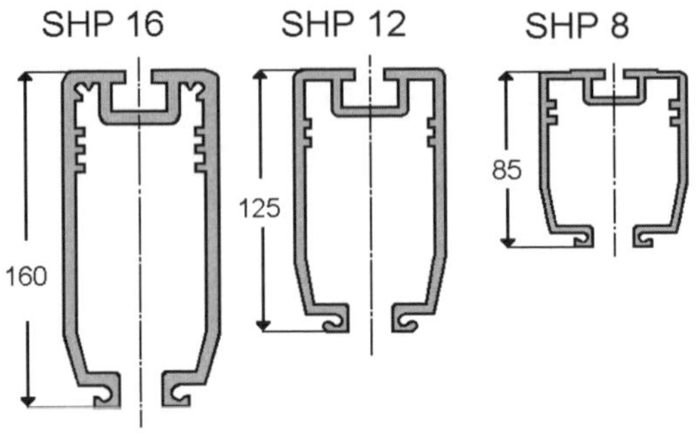

Bild 5.4 Laufschienenprofile aus stranggepresstem Aluminium

Die Auswahl geschieht nach der zulässigen Durchbiegung der Schiene unter Volllast. Wird diese überschritten, dann ist kein Leichtlauf der Laufwagenrollen mehr gewährleistet. Bei einem Abstand der Aufhängepunkte von 3 550 mm ergibt sich bei einer Belastung von 165 kg gemäß Diagramm Bild 5.5 (Angaben des Schienenherstellers) das Profil SHP 12.

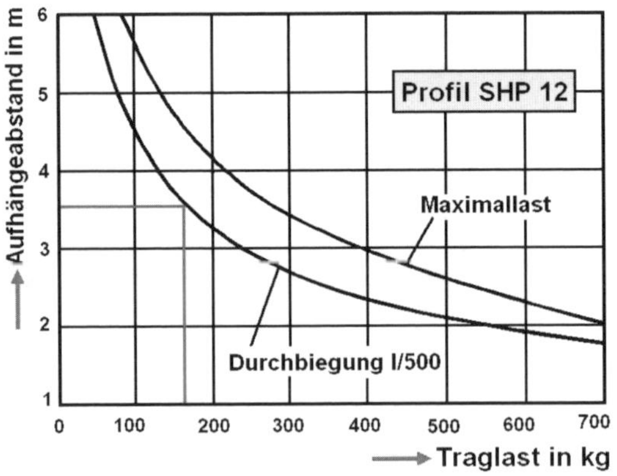

Bild 5.5 Fahrschienenbelastbarkeit des Profils SHP 12 (Aluminium-Strangpressprofil)

In das Diagramm wurde die Eigenmasse der Schiene bereits eingearbeitet. Die im Bild genannte Durchbiegung von 1/500 mm bedeutet, dass sich der Durchhang der Schiene im Verhältnis zur Länge L (Abstand der Aufhängepunkte) wie 1 : 500 verhält. Das heißt nach Gl. 5.3:

$$f_{max} = L \cdot 1/500 \qquad (5.3)$$

Welche Masse F_4 ergibt sich für eine Querschiene? Die Masse je Meter Fahrschiene beträgt M = 5,1 kg/m und die Eigenmasse für ein Fahrwerk beläuft sich auf F_5 = 1,7 kg.

Damit erhält man mit Gl. 5.4:

$$F_4 = L_1 \cdot M + F_5 \cdot 2 = 4{,}14 \cdot 5{,}1 + 1{,}7 \cdot 2 = 25\,kg \tag{5.4}$$

Im nächsten Schritt ist der Aufhängeabstand der Längswegschienen zu bestimmen. Die Belastung F_6 einer Längsschiene ergibt sich bei einer Zweiträgerbrücke (Berechnung als Punktlast, ungünstigste Stellung des Laufwagens) gemäß Gl. 5.5:

$$F_6 = 2 \cdot F + F_4 = 2 \cdot 165 + 25 = 355\,kg \tag{5.5}$$

Die Berechnung der Länge L_2 der Längswegschienen hat zu berücksichtigen:

Überstand der Längswegschiene	U_2 = 595 mm
Zusatzlänge der Kabelwagen auf der Längsschiene	K_2 = 425 mm
Längsfahrweg	S_x = 8 000 mm

Die Angaben sind Erfahrungswerte bzw. Werte aus den Datenblättern der Schleppkabelhersteller. Damit wird nun mit Gl. 5.6:

$$L_2 = S_x + 2 \cdot U_2 + K_2 = 8\,000 + 2 \cdot 595 + 425 = 9\,615\,mm \tag{5.6}$$

Bei einer Traglast von 355 kg erhält man einen Abstand der Aufhängepunkte von etwa 3800 mm. Man bestimmt nun die Profilgröße wiederum an Hand vorgegebener Diagramme und erhält als Profil die Baugröße SHP 16.

Die nächste Fragestellung wäre, wie viele Aufhänge- bzw. Schienenstützpunkte n sind für die Längswegschienen zu planen? Bei einem zulässigen Abstand von E_1 = 3800 mm ergibt sich mit Gl. 5.7

$$n = \frac{S_x + 2 \cdot U_2}{E_1} + 1 = \frac{8\,000 + 2 \cdot 595}{3\,800} + 1 = 3{,}4 \tag{5.7}$$

Gewählt werden vier Stützpunkte.

Zuletzt wäre zu prüfen, ob die Deckenanbindung die maximale Traglast auch aushält. Im Beispiel soll eine V-Aufhängung der Schiene mit drei Zugstäben ausgewählt werden (Bild 5.6). Für die Bemessung der Stabanbindung ist zu klären, wie groß die Stabkräfte F_1, F_2 und F_3 sind?

Gegeben sind die Stabquerschnitte $A_1 = A_3$ und A_2; der Elastizitätsmodul E und der Abstand a sowie der Anlenkwinkel 45°. Geht man davon aus, dass die Belastung durch ein Deckenfahrwerk mit F_G gegeben ist, so lassen sich folgende Beziehungen angeben, wenn sich die Summe aller vertikalen Kräfte im Gleichgewicht befindet. Es gilt Gl. 5.8:

$$\uparrow F_1 \cdot \frac{\sqrt{2}}{2} + F_2 + F_3 \cdot \frac{\sqrt{2}}{2} - F_G = 0 \tag{5.8}$$

Für die Bestimmung der unbekannten Stabkräfte F_S reicht diese Gleichgewichtsbedingung aber nicht aus. Man muss noch die bekannten Formänderungen der Zugstäbe einbeziehen, um aus den elastischen Formänderungen auf die ursächlichen Kräfte schließen zu können.

Es handelt sich übrigens um ein statisch unbestimmtes Problem. Für die Berechnung gibt es in der technischen Mechanik verschiedene Ansätze. Die folgende Berechnung ist somit nur eine Möglichkeit (nach GÖLDNER).

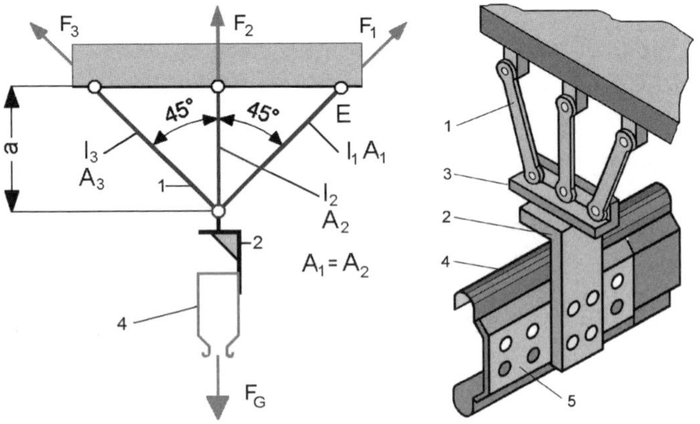

Bild 5.6 Anbindung einer Laufschiene an das Bauwerk mit einer V-Aufhängung über drei Zugstäbe. 1 Zugstab, 2 Anschlusswinkel, 3 Aufhängeschiene, 4 Deckenlaufschiene, 5 Anschlussplatte

Es kommt in den Stäben zu folgenden Formänderungen (Dehnungen ε, Zugfestigkeit des Werkstoffes σ). Es gilt Gl. 5.9

$$\varepsilon = \frac{\Delta l}{l} = \frac{\sigma}{E} = \frac{F_S}{E \cdot A} \tag{5.9}$$

Weil alle Stäbe am Lastaufhängepunkt verbunden sind, ergibt sich für die Längenänderung unter Last die Gl. 5.10

$$\Delta l_2 = \Delta l_3 \cdot \sqrt{2} = \Delta l_1 \cdot \sqrt{2} \tag{5.10}$$

Jetzt werden die folgenden Stabdehnungen ε_1, ε_2 und ε_3 nach Δl umgestellt und in Gl. 5.10 eingesetzt:

$$\varepsilon_1 = \frac{F_1}{E \cdot A_1} = \frac{\Delta l_1}{a \cdot \sqrt{2}}; \ \varepsilon_2 = \frac{F_2}{E \cdot A_2} = \frac{\Delta l_2}{a}; \ \varepsilon_3 = \frac{F_3}{E \cdot A_3} = \frac{\Delta l_3}{a \cdot \sqrt{2}} \tag{5.11}$$

Gleichgesetzt und in die Gl. 5.8 für die Senkrechtkräfte eingebaut erhält man jetzt

$$F_1 = F_3 = \frac{F_G}{\sqrt{2} + 2 \cdot \frac{A_2}{A_{1,3}}}; \quad F_2 = \frac{2 \cdot A_2 \cdot F_G}{\left(\sqrt{2} + 2 \cdot \frac{A_2}{A_{1,3}}\right) \cdot A_{1,3}} \tag{5.12}$$

Die Einhaltung der Durchbiegungsgrenzen bei den Laufschienen sichert eine recht kleine Verschiebekraft F in x-y-Richtung. Sie beträgt etwa 1 % der anhängenden Last. Mittiger Kraftangriff ist beim Schieben besser als eine seitliche Schiebekraft, wie in Bild 5.7 dargestellt.

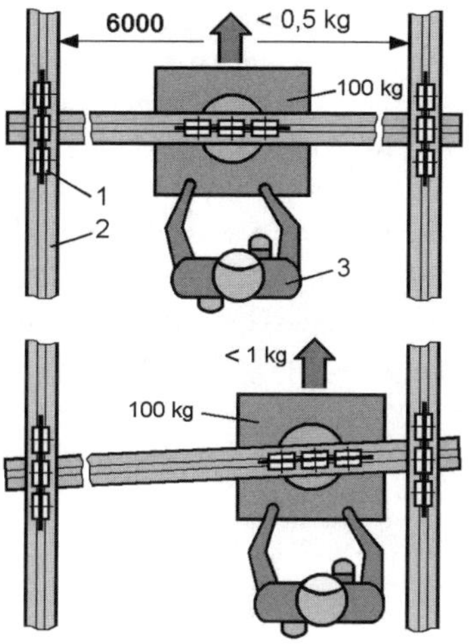

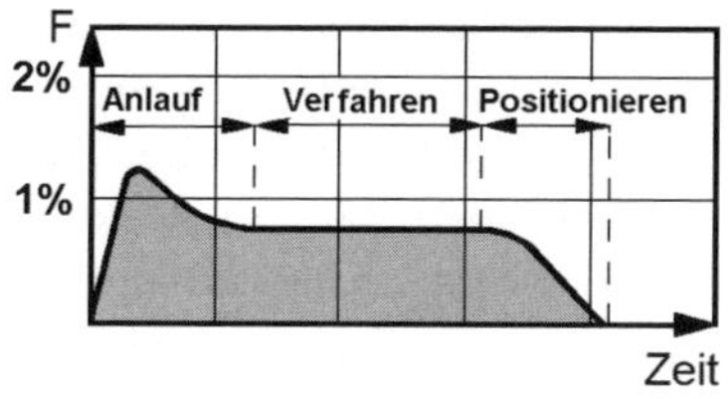

Bild 5.7 Manuell aufzubringende Verschiebekraft *F* an einem Deckenlaufwerk (Draufsicht).
1 Laufwagen, 2 Laufschiene, 3 Werker

Das Verschieben in der *x*-*y*-Ebene wird mit Handkraft vorgenommen, während die Hebelast automatisch gegen die Schwerkraft ausbalanciert wird.

Das Bild 5.8 zeigt das Blockschaltbild einer Laststeuerung.

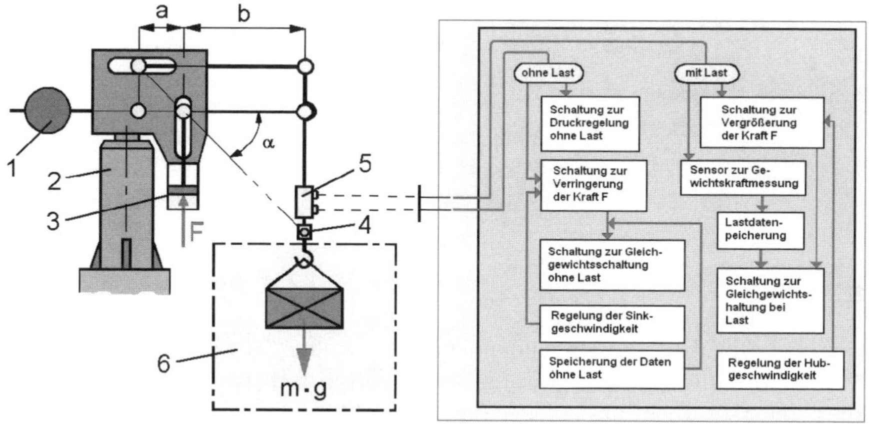

Bild 5.8 Lastbalancesteuerung bei einem manuell geführten Manipulator.
1 Masseausgleich, 2 Standsäule, 3 Druckluftzylinder, 4 Lastführung, 5 Kraftsensor, 6 Arbeitsraumquerschnitt

Dazu ist im Kraftfluss ein Sensor (Wägezelle) erforderlich, um die Gewichtskraft zu ermitteln. Im Beispiel wird die die Schwerkraft kompensierende Kraft von einem Pneumatikzylinder aufgebracht. Nach dem Wiegeergebnis wird der Gewichtskraftausgleich berechnet. Ein Ausführungsbeispiel für den Sensor wird in Bild 5.9 vorgestellt. Üblicherweise werden Dehnungen und Stauchungen gemessen, die an einem Verformungskörper unter Zugbelastung entstehen. Die beanspruchten Stellen werden dazu mit Dehnungsmessstreifen ausgerüstet. Unter Last wird der obere Dehnungsmessstreifen gedehnt, der untere dagegen gestaucht. Die DMS-Wägezelle besitzt eine hohe Auflösung und eichfähige Genauigkeit mit ausgeprägten Anschraubflächen für den Einbau, z.B. zwischen einer Manipulator-Hubachse und dem Lastaufnahmemittel. Die Zelle ist gegen seitliche Kräfte sehr widerstandsfähig. Sie enthält einen Miniaturverstärker zur driftarmen Verstärkung des Brückenausgangssignals des DMS-Sensors in Vollbrückenschaltung. Diese Art der elektrischen Schaltung gewährleistet eine gute Temperaturkompensation. Ändert sich nämlich der elektrische Widerstand der Dehnungsmessstreifen nicht auf Grund der Dehnung, sondern durch eine Temperaturveränderung, dann wird der Messwert verfälscht. Der Anschluss kann z.B. in 3- oder 4-Leitertechnik erfolgen. Es gibt übrigens noch viele andere geometrische Ausführungen für die Gestaltung von Verformungskörpern.

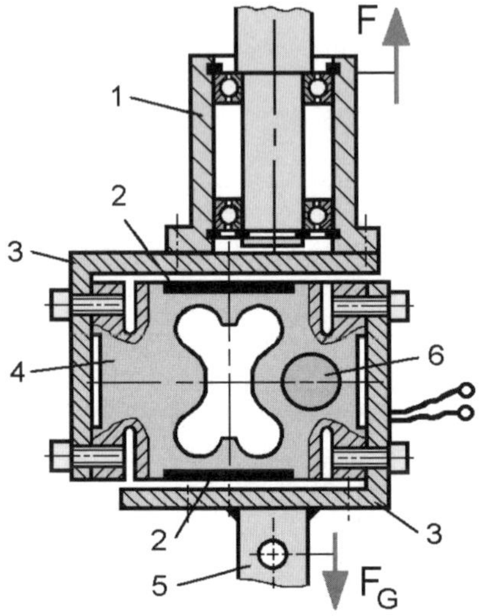

Bild 5.9 Wägezelle im Kraftfluss eines manuell geführten Manipulators.
1 Drehlager, 2 Dehnungsmessstreifen (DMS), 3 Anschlusswinkel, 4 Verformungskörper, 5 Anschluss für Lastaufnahmemittel, z. B. Greifer, 6 Messverstärker, *F* Hubkraft, F_G Gewichtskraft

5.1.3 Antrieb

Der Antrieb hat die Aufgabe, eine aufgenommene Last in den Schwebezustand zu versetzen. Die Last kann eine stets gleichgroße Gewichtskraft haben (benötigt wird eine Einlaststeuerung) oder sie wechselt bei jeder Benutzung (Zwei- oder Mehrlaststeuerung). In der Tabelle 5.2 werden die technischen Möglichkeiten benannt. Außerdem werden die einsetzbaren Kraftübertragungsmittel aufgeführt.

5.1.3.1 Fluidantrieb

In Bild 5.10 werden einige Lösungen dargestellt. Pneumatikzylinder werden häufig eingesetzt und eine Regelung des Lastverhaltens ist über den Druck gut möglich. Ein Hubschlauch verkürzt sich, wenn Vakuum anliegt und hebt dabei eine Last von z.B. 35 kg an. Es ist praktisch, wenn dazu ein Greiforgan in der Art eines Scheibensaugers eingesetzt wird. Ist das Greifobjekt „angesaugt", beginnt der Hubschlauch sich zusammenzuziehen. Das Vakuum wird häufig mit einem Gebläse erzeugt.

Tabelle 5.2 Antriebsarten und Kraftübertragungsmittel für Manipulatoren

Antriebsarten				
Fluidantrieb			Elektroantrieb	
Vakuum	Druckluft	Hydraulik	Spindel	Trommel
Hubschlauch	Zylinder, Rotationsmotor, Membranzylinder	Zylinder, (Rotationsmotor)	Elektrozylinder, Getriebemotor	Getriebemotor
Kraftübertragungsmittel				
Zugmittelgetriebe			Schraubengetriebe	Koppelgetriebe
Seil	Kette	Riemen	Gleitschraubengetriebe, Wälzschraubengetriebe	Offene Drehgelenkkette, Viergelenkkette Scherengelenk
Ein-, Mehrfachseilgeräte	Rundstahlkette, Rollenkette	Einfachgurt, Doppelgurt		

Die Erzeugung der Hubkraft mit einem umsteuerbaren Druckluftmotor ist eine Lösung für den Einsatz des Manipulator in explosionsgefährdeten Umgebungen wie z. B. Farbenlager, pharmazeutischen Produktionsstätten oder im Bergbau. Die Ansteuerung eines solchen Motors ist sehr einfach und wird in Bild 5.11 gezeigt.

Die Drehrichtung des Motors ist umkehrbar. Ohne Signaleingabe befinden sich die Arbeitsventile durch ihre Federfixierung in Nullstellung. Der Motor steht. Durch Signaleingabe setzt sich der Motor in Bewegung. Er läuft solange, bis ein neues Signal *S* anliegt. Die hohen Drehzahlen (bis etwa 10 000 min^{-1}) müssen allerdings über ein Getriebe gewandelt werden. Deshalb gibt es fertige kompakte Antriebe, die den pneumatischen Motor samt Getriebe (Stirnrad-, Planeten-, Schneckengetriebe) enthalten. Die mechanischen Laufgeräusche eines Druckluftmotors sind minimal. Die expandierende Abluft kann über einen Schalldämpfer geführt werden. Für sensorische Aufgaben verwendet man in explosionsgefährdeten Bereichen so genannte NAMUR-Sensoren (NAMUR ist ein internationaler Verband der Anwender von Automatisierungstechnik der Prozessindustrie, der sich auch mit Sensoren befasst.).

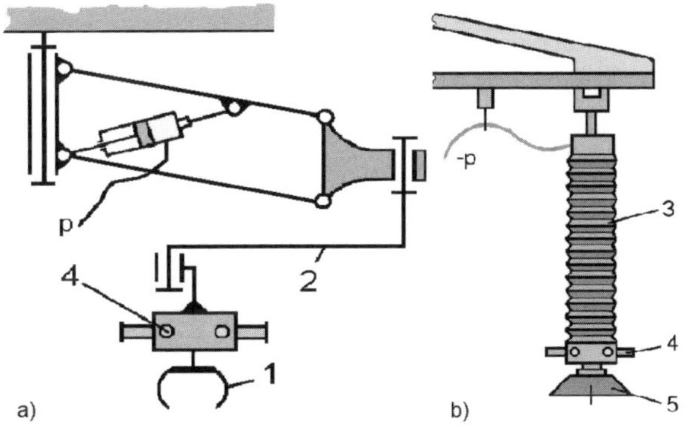

Bild 5.10 Pneumatische Antriebe für Manipulatoren.
a) Hubantrieb mit Pneumatikzylinder,
b) Hubschlauch als lineare Hubachse.
1 Greifer, 2 Auslegerarm,
3 Gewebefaltenbalg,
4 Manipulatorbedieneinheit,
5 Vakuumsauger, *p* Druck

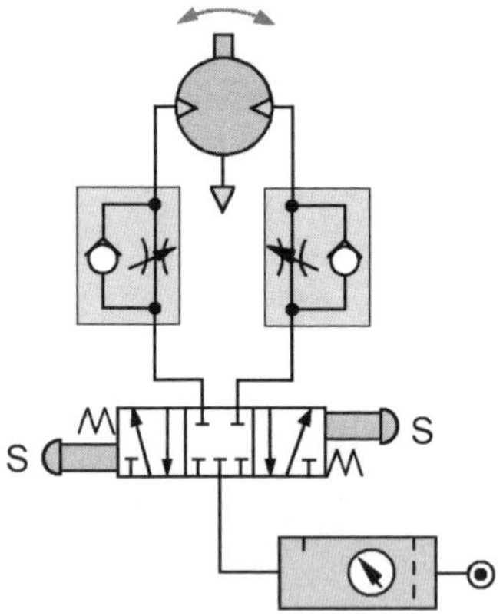

Bild 5.11 Schaltbeispiel für einen umsteuerbaren Druckluftmotor für die Funktionen Heben und Senken per Knopfdruck. *S* Signaleingang

Das Prinzip eines hydraulischen Kolbenantriebs wird in Bild 5.12 vorgestellt und unterscheidet sich nicht vom Grundprinzip. Bei dieser Ausführung wurde die Bedieneinheit zusammen mit Elektromotor und Pumpe (6 l/min) zu einer Funktionseinheit vereint. Die Gewichtskraft dieser Einheit dient gleichzeitig zur Unterstützung der Abwärtsbewegung. Der Zylinder ist gestellfest, der Kolben bewegt die Last. Eine normierte Kupplung erlaubt die Befestigung verschiedener Endeffektoren.

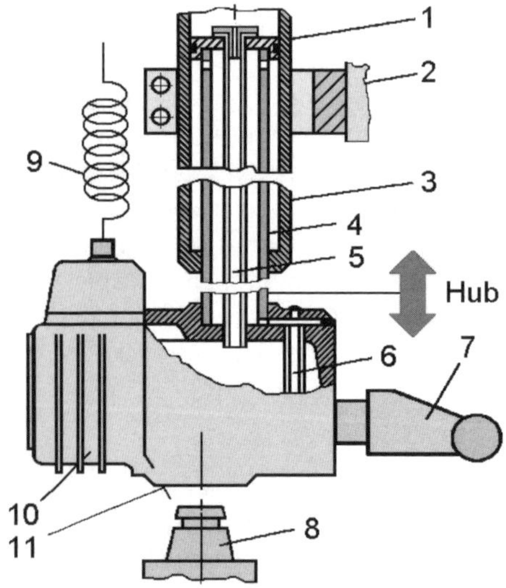

Bild 5.12 Elektrohydraulischer Antrieb (Vitax-Levomat, Landert).
1 Hubkolben, 2 Gestellbefestigung, 3 Zylinder, 4 Kolbenstange, 5 Rücklaufrohr, 6 Druckleitung, 7 Handgriff zur Lastführung, 8 Kupplung für Greiferanbau, 9 Elektrokabel, 10 Motor mit Flügelzellenpumpe, 11 Greiferanschlussfläche

5.1.3.2 Elektroantrieb

Elektromotorisch angetriebene Hubachsen werden oft als Spindelhubsystem ausgebildet. Wie man aus Bild 5.13 ersehen kann, wird die Hubspindel über ein vorgesetztes Getriebe, das kann z. B. ein einfacher oder mehrfacher Zahnriementrieb sein, in Drehung versetzt. Als Antrieb kann auch ein so genannter „Elektrozylinder" Anwendung finden. Die gegen Verdrehung gesicherte Mutter bewegt dann das ein- oder ausfahrende Unterteil, an dem sich auch der Bediengriff (der Greifer, die Last) befindet.

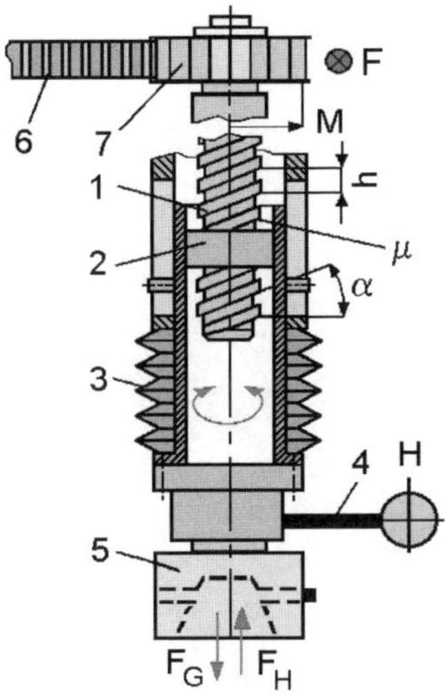

Bild 5.13 Elektromotorische Spindelhubachse (vereinfacht dargestellt).
1 Steilgewindespindel, 2 Kugelrollmutter, 3 Schutzabdeckung, 4 Handhebel, 5 Greiferanschluss, 6 Zahnriemen, 7 Zahnriemenscheibe

Bei einer Umfangskraft F ergibt sich die Hubkraft F_H in Abhängigkeit vom Radius des Kraftangriffs der Umfangskraft, der Gewindesteigung h und der Reibung μ im Bewegungssystem.

5.1.4 Gelenkbremsung

Eine sicherheitsrelevante und anwendungsfreundliche Sache ist die Sicherung von Schwenkarmen in einer Parkposition. Dazu baut man in die Drehgelenke Scheibenbremsen ein. Das Schnittbild 5.14 zeigt eine Ausführung für den koaxialen Einbau am Drehgelenk.

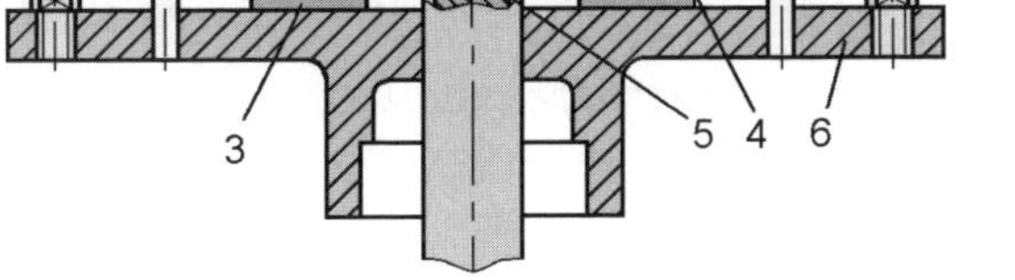

Bild 5.14 Pneumatisch lösende Scheibenbremse.
1 Pneumatikkolben, 2 Andruckscheibe, 3 Bremsbelag, 4 Bremsscheibe mit Zahnnabe, 5 Gelenkzapfen mit Verzahnung, 6 Grundplatte mit Gegenreibbelag

Lässt der Bediener den Handgriff zum Führen der Last los, dann werden automatisch die Gelenke mit vertikaler Drehachse gebremst. Das kann mit pneumatischem Antrieb erfolgen oder auch elektromagnetisch. Die Bremswirkung kann ständig durch Federkraft abgerufen werden. Das Lüften der Bremse erfolgt pneumatisch. Nimmt der Werker die Hände vom Führungsgriff des Balancers, wird die Druckluftzufuhr unterbrochen und die Drehachse geklemmt.

5.1.5 Standsicherheit von Säulengeräten

Bei den meist weit ausladenden Manipulatorarmen samt Last ergibt sich, dass dann bei den Standsäulengeräten auch die Standsicherheit des Manipulators gesichert sein muss, wenn das Gerät unangeschraubt am Boden oder auf Schienen steht.

> **Standsicherheit** *S*: Sie ist gegeben, wenn die Summe der aufrichtenden Drehmomente um mindestens 1,4-mal größer ist als die Summe der Kippmomente.

Bei der Standfußkonstruktion nach Bild 5.15 ergibt sich folgende Situation, wobei der Fuß nicht mit dem Boden verschraubt ist. Der Manipulator kann mit Hubwagen oder Gabelstapler umgesetzt werden und ist damit im Werkbereich flexibel einsetzbar.

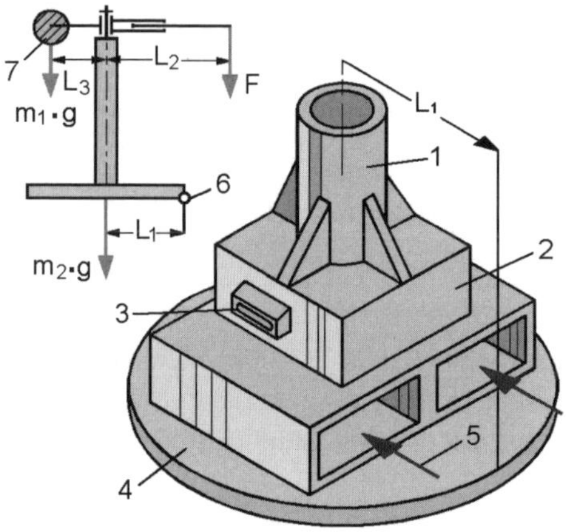

Bild 5.15 Berechnungsbeispiel „Standsicherheit" bei umsetzbarem Manipulator.
1 Standsäule, 2 Säulen-Fußblock, 3 Steckerfeld, 4 Bodenscheibe, 5 Gabelöffnung für Stapler, 6 Kipppunkt, 7 Gegengewicht

Für das Beispiel errechnet sich die Sicherheit *S* nach der Gl. 5.13 wie folgt:

$$S = \frac{(L_1 + L_3) \cdot m_1 \cdot g + L_1 \cdot m_2 \cdot g}{(L_2 - L_1) \cdot F} \geq 1{,}4 \tag{5.13}$$

Anstelle des üblichen Kräfteansatzes mit den drei Gleichgewichtsbedingungen (Gl. 5.14)

$$\sum F_x = 0; \quad \text{und} \sum F_y = 0; \quad \text{und} \sum M = 0 \tag{5.14}$$

lassen sich, bezogen auf das Bild 5.16, auch die Stützkräfte F_A und F_B gleich mit einbeziehen. Somit gilt mit den Gln. 5.15 bis 5.17:

$$I \sum M_I = 0 = -F_A \cdot l_1 - F \cdot l_2 \tag{5.15}$$

$$II \sum M_{II} = 0 = F_{Bx} \cdot l_1 - F \cdot l_2 \tag{5.16}$$

$$III \sum M_{III} = 0 = F_{By} \cdot l_1 - F_{By} \cdot l_2 \tag{5.17}$$

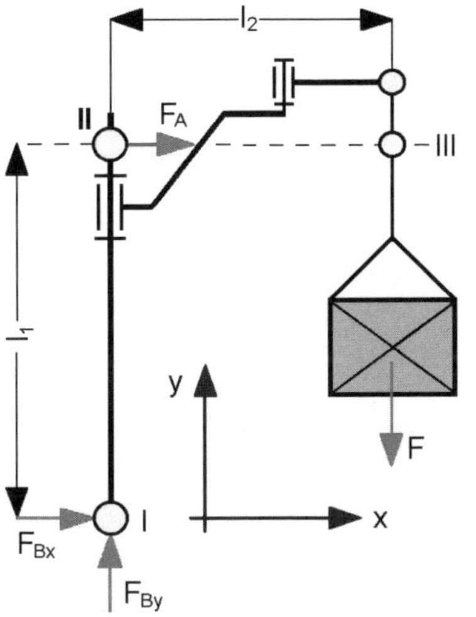

Bild 5.16 Gleichgewichtsbedingungen am Manipulator mit Auslegerarm.
F Gewichtskraft; F_A, F_B Stützkräfte

Damit hat man drei Gleichungen und drei Unbekannte. Nach Einsetzen der realen Werte können die Unbekannten bestimmt werden. Die statische Berechnung solcher Manipulatoren hat nach den deutschen Kranvorschriften DIN 15018 zu erfolgen.

5.1.6 Greifer und Lastaufnahmemittel

Greifer haben den Kontakt zwischen Greifobjekt und Handhabungseinrichtung zeitweilig herzustellen (siehe dazu auch Kapitel 4.5.2). Sie sichern Position und Orientierung eines Objekts gegenüber der Handhabungseinrichtung. Greifer lassen sich aus der Sicht der Hebetechnik wie folgt einteilen:

- **Formpaarige Lastaufnahme;** Dazu gehören einfache Haken, Gabeln, Lastösen, Klauen, Gehänge u. a.
- **Kraftpaarige Lastaufnahme;** Das sind Klemmgreifer, Klemmdorne für den Innengriff, Zangen, Verhak-Greifer (Nadelgreifer) u. a.
- **Lasthaftgeräte;** Sie arbeiten mit Kraftfeldern, die durch Magnete oder Vakuum erzeugt werden.
- **Anschlagmittel;** Dazu gehören Schäkel, Hakenketten, Kettengehänge u. a.

Greifer werden oft an die Greifbedingungen des Objekts angepasst, z. B. Saugergreifer für das Halten von Blechformteilen, Glas- oder Spanplatten. In Bild 5.17 wird ein Beispiel gezeigt. Die Platte wird in horizontaler Ausrichtung z. B. an einer Maschine aufgenommen und dann um 90° oder 180° geschwenkt. Die Platte wird also vor dem Ablegen in eine andere Orientierung gebracht. Dieser Vorgang kann pneumatisch, oder wie im Beispiel gezeigt, elektromechanisch erfolgen. Bewegen in der Ebene und Heben geschehen manuell, aber mit automatischer Kompensation der Gewichtskraft. Der Vorgang wird vom Bediener per Knopfdruck ausgelöst.

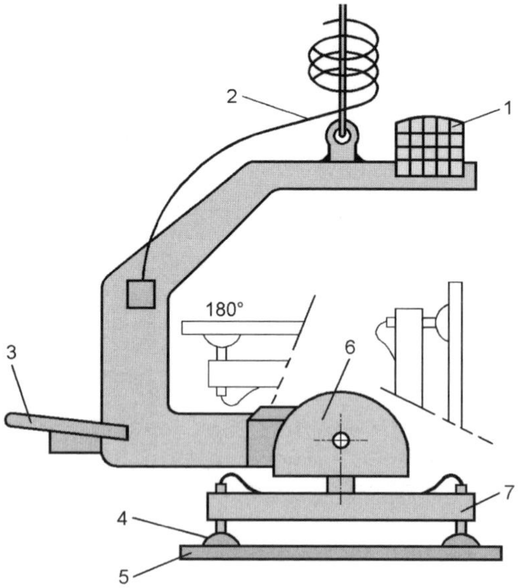

Bild 5.17 Saugergreifer mit einer 180°-Handdrehachse.
1 Vakuumpumpe, 2 Elektrokabel, 3 Führungshandgriff, 4 Sauger, 5 Werkstück, z. B. Glasplatte, 6 Elektrogetriebemotor, 7 Traverse

Der Anwendungsbereich spezieller Lastaufnahmemittel ist sehr breit gestreut. Ein großer Teil ist allerdings für Anwendungen in der Automobilindustrie ausgelegt. Die typischen Bereiche sind:

- Heben, Umsetzen, Palettieren und Depalettieren von Objekten
- Montage von Baugruppen, insbesondere in der Automobilindustrie am laufenden Band, z. B. Cockpit-Montage
- Be- und Entladen von Boxpaletten und Handhabung schwerer Teile
- Verpacken, Be- und Entladen von großformatigen und schweren Objekten

Handgeführte Manipulatoren müssen bei einer **Maschinenbeschickung** oftmals außermittig Lasten aufnehmen, wie man in Bild 5.18 sehen kann. Das bedeutet, dass die Last in einem großen Abstand x vom Effektoranschluss sicher und positionstreu gehalten werden muss. Das entstehende Moment $M = x \cdot G$ muss somit abgefangen werden (G Gewichtskraft der Last). Das geschieht, indem das Armgestänge konstruktiv und in Verbindung mit dem Ausgleichssystem entsprechend ausgelegt wird.

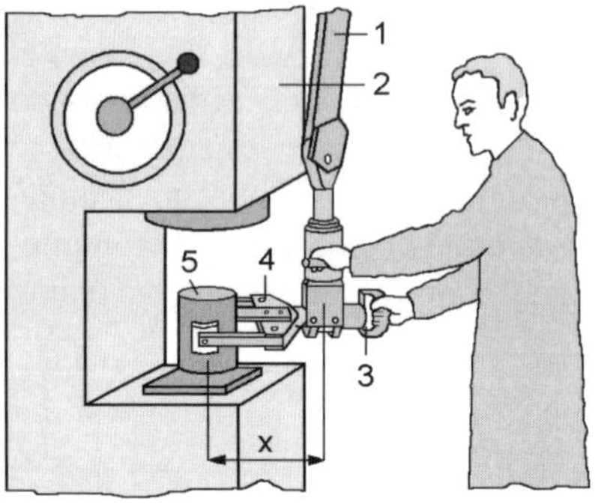

Bild 5.18 Handhabung bei außermittiger Last (ergolift).
1 Manipulatorarm, 2 Presse, 3 Bediengriff, 4 Greifer, 5 Werkstück

5.2 Roboterassistent

Roboterassistenten sind technische Helfer des Menschen, die eine Fähigkeit zur direkten Interaktion und Kooperation mit den Menschen besitzen. Bei ihnen verbleibt weitgehend auch die Entscheidungsfreiheit. Es bestehen einige Anforderungen an Flexibilität (besonders bezüglich Einsatzort), Funktionalität (einfache Wartung, hohe Verfügbarkeit) und Sicherheit (Einsatz intelligenter Sensorik, einfache Fehlerdiagnose).

5.2.1 Definition und Einordnung

Man kann bei den Roboterassistenten zwei Wirkungsbereiche unterscheiden:

- Roboterassistenten für den Homebereich (Serviceroboter)
- Roboterassistenten für Fertigungsaufgaben in der Produktion

Für die letztgenannten Assistenten wurde in der amerikanischen Fachliteratur [5.3] auch der Begriff *Cobot* benutzt. Dieser steht für kollaborierender bzw. kooperierender Roboter (oder Manipulatoren), der nicht allein agiert, sondern eng mit einem Menschen zusammenwirkt. Unabhängig von der Bezeichnung geht es um das Ziel, die Ergonomie von Handhabungsprozessen zu verbessern, indem man Leistung, Genauigkeit und Flexibilität von konventionellen Robotern bzw. handgeführten Manipulatoren mit der Geschicklichkeit, Intelligenz und Erfahrung des Menschen kombiniert. Einseitige Muskel- und Gelenkbelastungen von Bedienern werden auf diese Weise vermieden. Die Hebeleistungen der Roboterassistenten können groß sein und werden im Einzelfall angepasst. Die menschliche Mitwirkung ist vor allem für die Ausführung sicherheitskritischer Aufgaben gut geeignet. Die maschinelle Kraftunterstützung hilft außerdem bei der Überwindung der Trägheits- und Reibungskräfte beim Bewegen. Der Schulungsaufwand ist für die Bedienkräfte gering.

Roboterassistent

Bewegungseinrichtung in der Produktion, bei der der Mensch das Motiv in steuernden Kraftmomenten direkt physikalisch interaktiv vorgibt, während der Assistent das Vorhaben erkennt und in eine kraftvolle Bewegung umsetzt, um einen Endeffektor mit seiner Last in eine gewollte Position und/oder Orientierung zu bringen.

Der Roboterassistent befindet sich als Gerät des Menschen in der Technisierungslücke zwischen Roboter und Manipulator (Bild 5.19). Prinzipiell kann es ein am Fußboden auf lenkbaren Rädern laufendes Gerät sein, sich an einem x-y-Deckenfahrwerk bewegen oder eine Armstruktur wie bei einem Gelenkarmroboter sein. Beim Anfassen am Endeffektor wird dann der Arm den Absichten des Bedieners mit kraftunterstützten Bewegungen folgen. Die grundlegende Idee eines solchen Zusammenwirkens, aktive Steuerung und passive Bewegung, kann prinzipiell auch auf andere Fertigungsmittel, z. B. Kräne, übertragen werden.

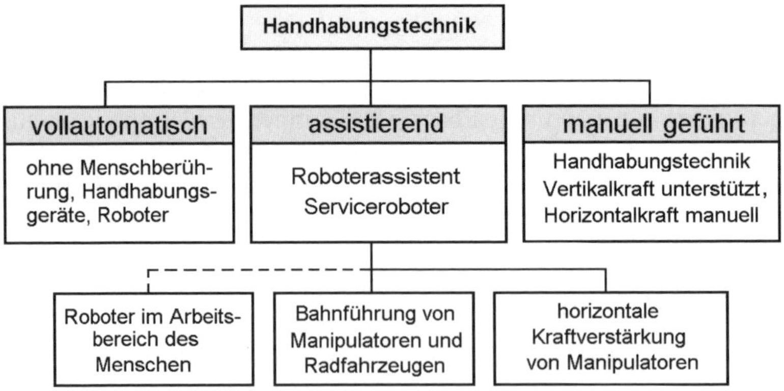

Bild 5.19 Einordnung der Roboterassistenten in eine Gliederung der Handhabungseinrichtungen

5.2.2 Funktionsprinzip

Ein Manipulator mit Assistenzfunktionen ist ein Mechanismus, der Heben, Bewegen bzw. Verfahren kräftemäßig unterstützt und über Sensoren die Absichten des Werkers erahnt. Für den Bewegungsablauf gibt es keine Vorprogrammierungen. Es ist aber möglich, virtuelle Wände, aktive Schranken usw. im Arbeitsbereich festzulegen (Bild 5.20), ebenso personenfreie automatische Rückfahrten *(homing)*.

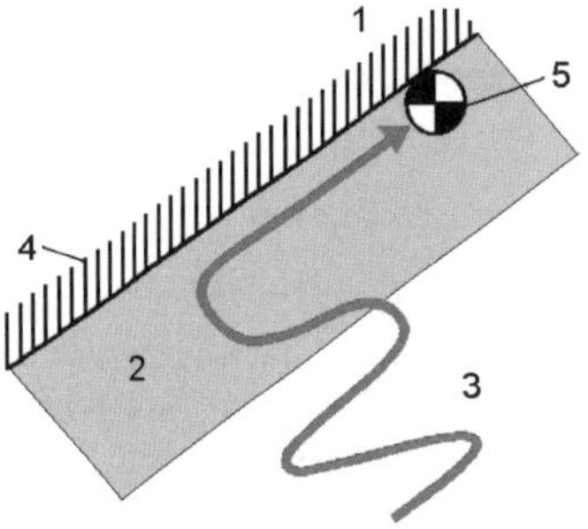

Bild 5.20 Festlegung virtueller Grenzbereiche.
1 High-Admittanz, Interaktion, 2 Medium-Admittanz, Einschränkungen, 3 Low-Admittanz, freie Bewegung, 4 virtuelle Wand, 5 Zielposition

Admittanzregelung: Methode zur Robotersteuerung durch Kontakt mit der Umgebung. Die Referenzinputs für die Steuerung sind die Sollpositionen.

Damit werden komplexe Montage- und Fertigungsabläufe unterstützt, indem stationäre Hindernisse kollisionsfrei umfahren und Zielpositionen genau erreicht werden. Bei einem Manipulatorassistent mit Deckenfahrwerk können z. B. je Achse Reibradantriebe vorgesehen werden, wie es in Bild 5.21 zu sehen ist. Die Zuschaltung geschieht automatisch, entsprechend des mit Sensoren erfühlten Vorhabens des Werkers. Anhängende Lasten werden automatisch in einen Schwebezustand versetzt.

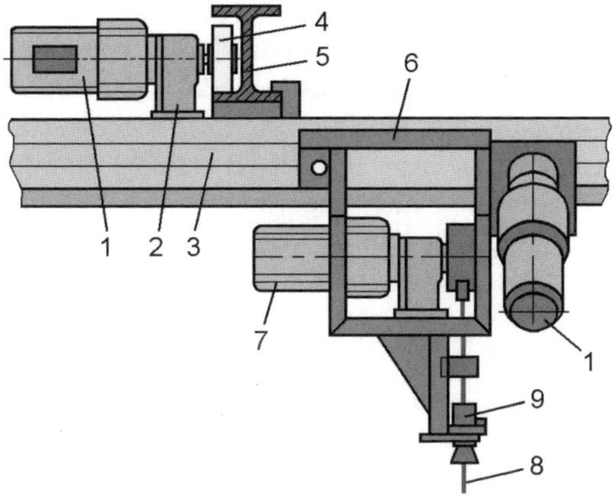

Bild 5.21 Deckenlaufwerk mit Reibradantrieb und Hubseilsystem.
1 Elektromotor, 2 Getriebe, 3 Fahrschiene, 4 Reibrad, 5 Tragwerk, 6 Laufwagen, 7 Hubseilantrieb, 8 Hubseil, 9 Seilführung

Betrachtet man eine Dreirad-Plattform, dann muss diese aus der minimalen Schiebekraft (Handkraft eines Werkers), Richtung und Geschwindigkeit erkennen und die Antriebsparameter automatisch anpassen. Das bedeutet auch, dass sich die Lenkwinkel der Räder von selbst und immer wieder neu einstellen, wie es aus Bild 5.22 bei einem Planar-Gerät erkennbar ist. Eine dafür wichtige maschinenbauliche Komponente sind Getriebe, die kontinuierlich veränderlich Antriebskräfte übertragen. Diese Getriebe nennt man CVT *(Continuously Variable Transmissions)*. Das können z. B. neuartige Planetengetriebe in den Gelenken eines Mechanismus sein. Die Antriebsmotivation wird aber in jedem Fall vom Bediener direkt eingebracht.

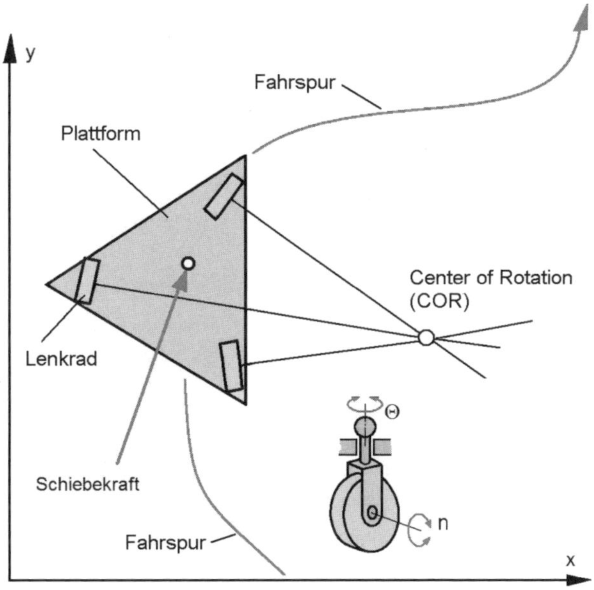

Bild 5.22 Bewegung einer flurgebundenen Plattform in der *x*-*y*-Ebene in Anlehnung an Colgate/Peshkin [5.3].

Man kann die Bewegungsabsichten auch Nachlauf gesteuert erfassen. Ein Nachlauf entsteht, wenn man eine Last, die an einem Deckenlaufwerk hängt, verschiebt. Der Fahrwerkträger „hinkt" der Lastbewegung etwas nach. Am unteren Ende des Pendelarmes befinden sich also die Last und auch die Führungseinheit für den Werker. Wie in Bild 5.23 schematisch gezeigt, werden kleine Reaktionen am Pendelarm sensorisch erfasst. Aus der Größe der Abweichungen von der Mittelstellung und der Richtung schalten sich dann die entsprechenden Antriebe zu. Sie bewegen den Laufwagen in die gewollte Richtung und auch die Bewegungsgeschwindigkeit passt sich automatisch an.

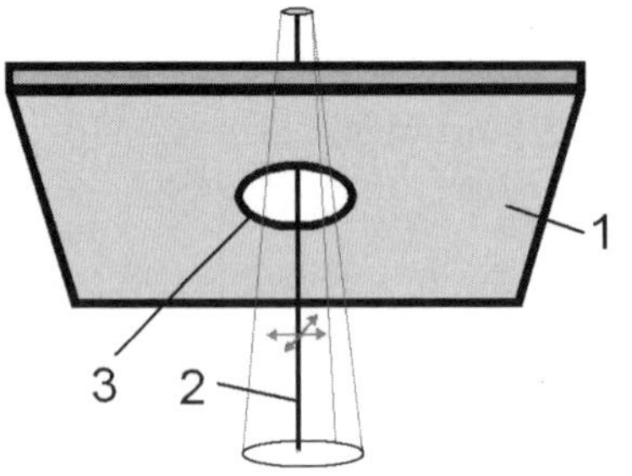

Bild 5.23 Nachlaufgesteuerte Erfassung eines Winkels. 1 am Deckenlaufwerk befindlicher Wagen, 2 Pendelarm oder Seil, 3 Ringsensor

Das Prinzip einer linearen Nachlaufregelung wird in Bild 5.24 gezeigt. Zu sehen ist ein Deckenlaufwerk in der Draufsicht. Das manuell geführte Verschieben endet in einer Istposition. Es ergibt sich eine Differenz zur Zielposition. Die Abweichungen des Pendelarmes werden in Δx und Δy erfasst und dienen zur Ansteuerung der Reibradantriebe, um den Fahrwerkträger letztlich automatisch in die Zielposition zu bringen. Das erleichtert die Handhabung. Der Bediener muss sich nicht darauf konzentrieren, unter Beachtung von Trägheitskräften das Ziel zu treffen.

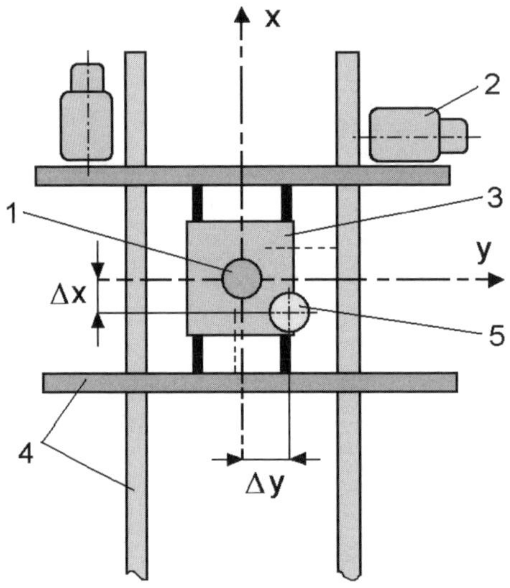

Bild 5.24 System mit linearer Nachlaufregelung (Draufsicht).
1 Zielposition, 2 Reibradantrieb mit Frequenzregelung, 3 Fahrwerkträger, 4 Laufschienensystem, 5 Istposition

5.2.3 Anwendung

Beim Roboterassistent arbeiten Mensch und Roboter Hand in Hand zusammen *(assisted)*. Er wird vom Werker direkt für eine Teilaufgabe angelernt oder folgt unmittelbar seinem Wollen. Er nimmt die Motivation des Werkers wahr. In Bild 5.25 wird stellvertretend für einige ähnliche Geräte ein typischer Anwendungsfall als Beispiel gezeigt, der auf einen deckengeführten Manipulator beruht. Über einen in den Bediengriff integrierten Mehrachsensensor wird die Bewegungsabsicht des Bedieners aufgenommen und in angetriebene Verfahrbewegungen (Richtung, Geschwindigkeit, Beschleunigung) umgesetzt. Der Werker muss nur eine minimale Kraft aufbringen. Damit ist das Gerät auch für „leistungsgeminderte Mitarbeiter" gut einsetzbar.

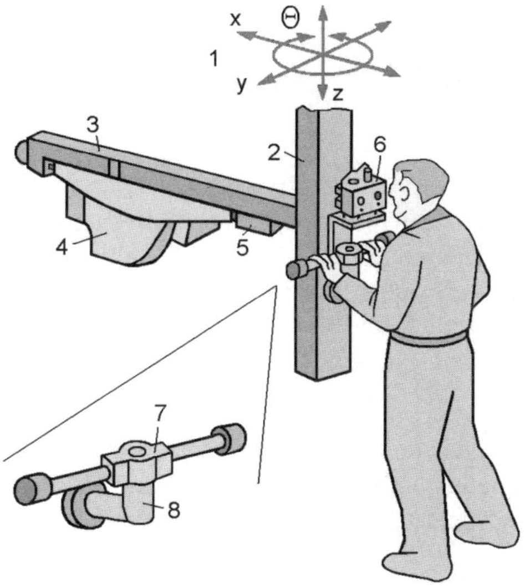

Bild 5.25 Sensorische Abfrage beabsichtigter Bewegungen (nach Stanley Cobotics).
1 Bewegungsmöglichkeiten am Deckenlaufwerk, 2 Hubmast, 3 Ausleger, 4 Werkstück, 5 Greifer, 6 Bedieneinheit, 7 Mehrachsensensor, 8 Befestigungsarm

5.3 Industrieroboter

Der Industrieroboter ist ein Aktorsystem, mit dem komplexe Operationen in einem dreidimensionalen Arbeitsraum *(work envelope, working zone, working volume)* ausgeführt werden können. Man kann ihn als multifunktionalen Handhabungsautomat betrachten. Dafür braucht er extern aufgegebene Informationen (Programmierung) und solche von Sensoren (interne, z. B. Wegmesssysteme und externe z. B. Kamerasysteme mit Bildauswertung). In einem dynamischen Industrieprozess ist der Roboter nur ein Baustein für einen hochflexiblen Betrieb. Roboter soll man möglichst nur in Verbindung mit einer ganzheitlich betrachteten betrieblichen Automation einsetzen. Nur wenn die Peripherie des Roboters *(robot peripherals)* auf den optimalen Einsatz ausgelegt ist, kann der Roboter erfolgversprechend arbeiten [5.4, 5.5, 5.6]. Der erforderliche Freiheitsgrad steht im Zusammenhang mit den in der Peripherie installierten Funktionen bzw. Bewegungsachsen. Die Peripherie kann ein beachtlicher Kostenfaktor sein. Das Bild 5.26 zeigt, dass man Freiheitsgrade verlagern kann. Eine gewisse **Universalität** wird dem Roboter wohl erst mitgegeben, wenn er über sechs freiprogrammierbare Achsen und ein Mindestmaß an sensorischer Ausstattung verfügt. Die Leistungen liegen im Dauertakt bis etwa 70 Takte je Minute (klassischer kartesischer Roboter) und bis 200 Takte je Minute (Parallel- bzw. Deltaroboter).

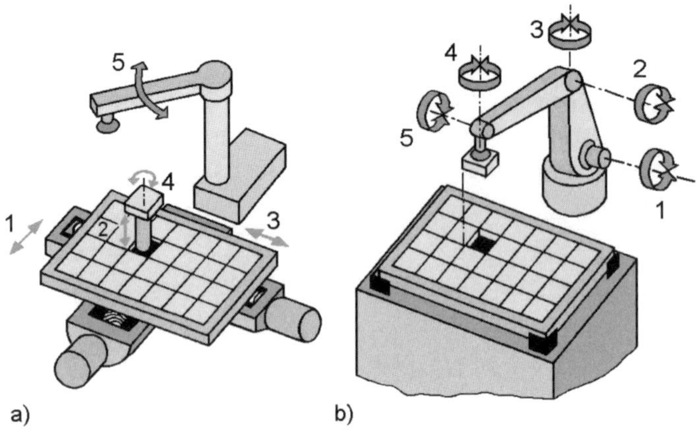

Bild 5.26 Variabilität von Bewegungsachsen.
a) einfacher Einleger mit Freiheitsgrad $F = 1$,
b) Zuführen mit fünfachsigem Roboter $F = 5$

Seit 1961, als erstmals Industrieroboter eingesetzt wurden, haben sich die Einsatzzahlen ständig erhöht und bis 2012 wurden etwa 2,3 Millionen Industrieroboter weltweit verkauft. Die Automobil- und Metallindustrie können als Schrittmacher verstanden werden. Da schwierige Anwendungen nicht zuerst, sondern nach und nach einer wirtschaftlichen Lösung zugeführt werden, finden inzwischen Industrieroboter auch in außergewöhnlichen Bereichen ihren Platz.

Zu allen Zeiten wurden aber auch Ängste geschürt, der Roboter könnte den Werker aus der Fabrik verdrängen (Bild 5.27). Das mag der Leser selbst bewerten. Es finden sich viele Sichtweisen und neue Fabrikkonzepte mit robotisierter Basis gibt es inzwischen tatsächlich.

Bild 5.27 Illustration von Julian S. Krupa zu A. R. Toftes Erzählung „Revolte der Roboter“ (1939)

Der Industrieroboter wird inzwischen in vielen Branchen zur Werkzeug- oder Werkstückhandhabung erfolgreich eingesetzt. Das Bild 5.28 zeigt die Handhabung von elektrotechnischen Komponenten, stellvertretend für viele andere Anwendungen.

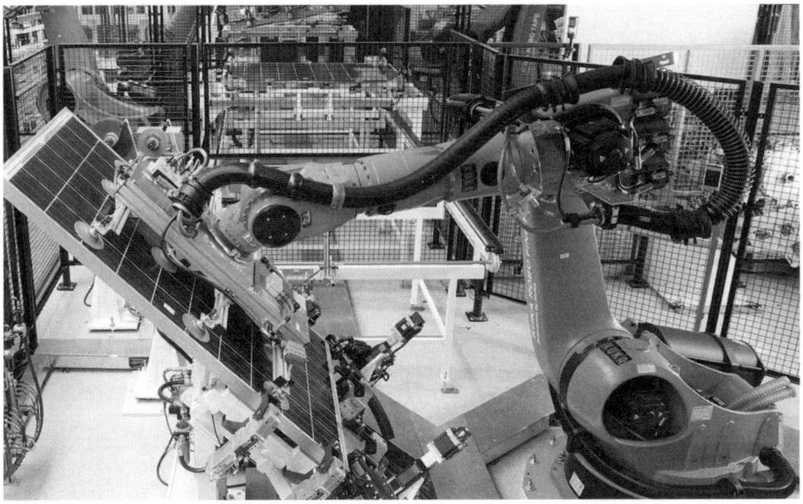

Bild 5.28 Handhabung von Solarmodulen mit einem Kuka-Drehgelenkroboter (www.kuka.com)

Typische Auslegungskriterien für Industrieroboter sind:

- Arbeitsraum (Art, Größe)
- Tragfähigkeit (Nutzlast plus Effektor, siehe Bild 5.29)
- Geschwindigkeit

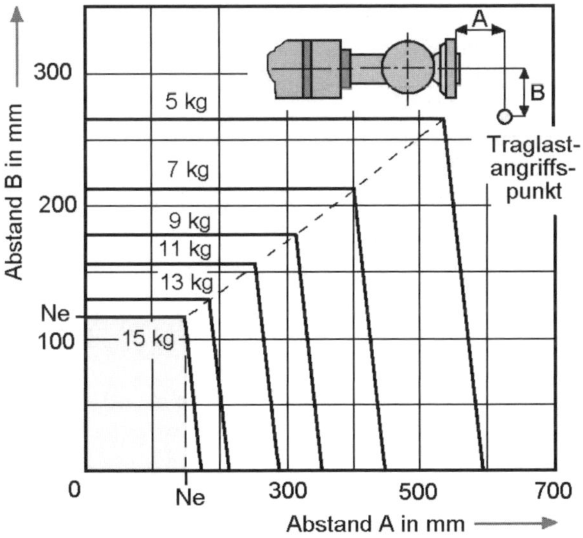

Bild 5.29 Beispiel für die Traglastkennlinie eines Industrieroboters mit 15 kg Nennlast (Ne)

- Positioniergenauigkeit
- Kosten (Anschaffungs- und Betriebskosten)
- kinematischer Aufbau (Anzahl und Orientierung von Achsen)
- Nutzflächenbedarf

Das Lastdiagramm eines Roboters gibt die mögliche Nennlast in Bezug auf den Schwerpunktabstand der Last an. Eine Unterdimensionierung kann durch erhöhte mechanische Belastungen zu Ungenauigkeiten und zur Beschädigung der Antriebe führen. Man muss also die **Lastdiagramme** der verschiedenen Robotertypen anschauen, um zu entscheiden, ob der Roboter für eine definierte Aufgabe eine ausreichende Traglast besitzt.

Als weitere Begrenzungen für die Realisierung zeigen sich vor allem:

- endliche Steifigkeit der Komponenten
- Festigkeit der eingesetzten Materialien
- Massenträgheitsmomente und -kräfte hochtourig laufender Komponenten
- begrenzte Antriebsleistungen
- Leistungsgrenzen von Sensoren und Steuerungen
- Nichtlinearitäten (Reibung, Spiel bzw. Lose in Gelenken und Getrieben)

Das Bild 5.30 gibt einen schematischen Überblick zum Informationsfluss in einer Robotersteuerung und über wichtige Bestandteile.

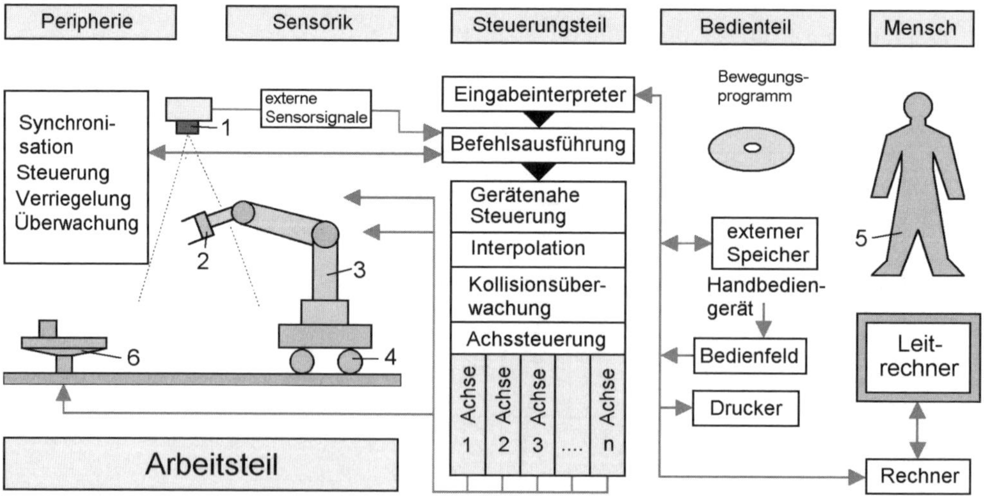

Bild 5.30 Grundkonzept und Hauptfunktionen des Informationsflusses bei einem Industrieroboter. 1 Kamerasystem, 2 Endeffektor, 3 Kinematische Kette, Führungsgetriebe, 4 Verfahrplattform, 5 Bediener, 6 Drehtisch

Hauptbestandteile sind:

- Führungsgetriebe (Arm, Manipulator). Der Begriff Manipulator wird auch als Synonym für einen Roboterarm benutzt.
- Gestell (Basisbaugruppe)
- Energieversorgung
- Steuerung, Sensoren, Programmiersysteme
- Effektor (Greifer, Werkzeuge, Vorrichtungen)
- Schutzsysteme (Kollision, Überlast)
- Datenschnittstellen (Interface)

Das Führungsgetriebe zum Bewegen eines Effektors und das Gestell bilden zusammen die mechanische Struktur eines Roboters. Eingeschlossen sind die erforderlichen pneumatischen, elektrischen oder hydraulischen Antriebe samt Übertragungsgetrieben und Messeinrichtungen. Die Grund- bzw. Hauptachsen (Makrobewegungen) bilden den Hauptarbeitsraum, die Nebenachsen bzw. Greiferachsen (Mikrobewegungen) den Nebenarbeitsraum, der hauptsächlich zur Orientierung des Effektors an der Wirkstelle dient.

Neben den Kompaktrobotern, die einen unveränderlichen Aufbau haben, gibt es aber auch Roboter, die aus Baukastenmodulen zusammengesetzt werden können. Das Bild 5.31 zeigt ein Beispiel. Jede Achse ist freiprogrammierbar. Von Vorteil ist, dass die Beweglichkeit genau auf den Anwendungsfall abgestimmt werden kann. Daraus ergeben sich kostengünstige Lösungen. Eine Überqualifizierung wird vermieden.

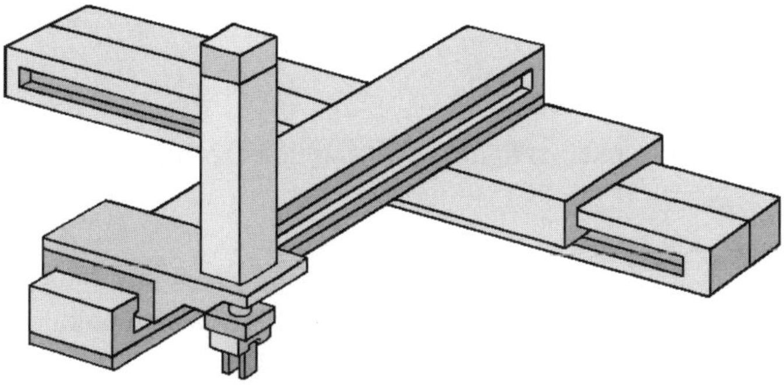

Bild 5.31 Baukasten-Industrieroboter mit kartesischem Arbeitsraum

5.3.1 Koordinatensysteme

Alle Aktivitäten eines Roboters spielen sich in definierten Räumen ab, die mit Koordinaten beschrieben werden. In Bild 5.32 werden wichtige Koordinatensysteme vorgestellt. Man braucht sie, um Bewegungsbahnen, Orientierungen und Positionen im Raum eindeutig mit Hilfe von Zahlen beschreiben zu können. Die Daten werden im Programm niedergelegt und von der Steuerung schrittweise abgearbeitet.

Folgende Systeme sind wichtig:

- **Weltkoordinaten** *(world coordinate system)*
  Dieses Koordinatensystem hat seinen Ursprung im rotatorischen Zentrum der ersten Achse eines Drehgelenkroboters. Es ist das Hauptkoordinatensystem, welches unveränderlich im Raum liegt und fest an den Roboter gebunden ist. Von diesem Koordinatensystem, welches im Normalfall mit dem Basiskoordinatensystem deckungsgleich ist, sind alle anderen abhängig.

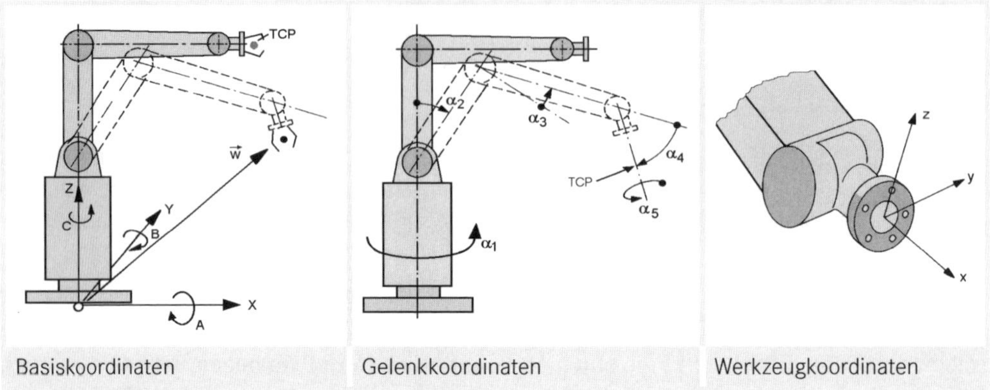

Bild 5.32 Wichtige Roboterkoordinatensysteme

- **Basis-(Raum-)Koordinaten** *(base coordinate system)*
  Der Ursprung dieses Koordinatensystems liegt in der Aufstellfläche (*x*-*y*-Ebene) des Roboters (Fußpunkt). Die *z*-Achse weist von der Basisaufstellfläche weg. Der Werkzeugpunkt ergibt sich mit Gl. 5.18 zu

$$TCP = f(x, y, z, A, B, C) \tag{5.18}$$

  A, B, C sind die Hauptorientierungswinkel im Raum. $\vec{W}$ ist in Bild 5.32 (links) der Ortsvektor der Position.

- **Gelenk-(Achs-)Koordinaten** *(joint frame)*
  Die Bewegungen werden zu jedem Robotergelenk einzeln angegeben und zwar die Stellung eines Armsegments zum vorangehenden Armsegment. Der Werkzeugpunkt TCP *(tool center point)* ergibt sich dann gemäß Bild 5.32 (mitte) mit Gl. 5.19 zu

$$TCP = f(\alpha_1, \alpha_2, \alpha_3, \alpha_4, \alpha_5) \tag{5.19}$$

- **Werkzeug-(Greifer-)Koordinatensystem** *(tool frame)*
  Das Koordinatensystem wird in den Effektor (TCP) bzw. in den Handgelenkflansch gelegt. Das ist günstig, weil man durch relativ einfache Matrixoperationen eine beliebige geometrische Transformation (Verschieben, Verdrehen, Schieben in Effektorachsrichtung *x*) erreichen kann.

- **Anwender-Koordinatensystem** *(user frame)*
  Dieses Koordinatensystem betrifft periphere Anlagen und kann vom Programmierer frei im Raum positioniert werden, z. B. für eine schräg im Raum stehende Spannvor-

richtung. Position und Orientierung sind von anderen Koordinatensystemen unabhängig, beziehen sich aber rechnerisch auf das Weltkoordinatensystem.

TCP *(tool center point)*

Arbeitspunkt am Ende einer kinematischen Kette. Er dient als zu programmierender Wirkpunkt für einen Endeffektor (Greifer, Werkzeug, Prüfmittel u. a.). Ein auf den TCP bezogenes Koordinaten-„Dreibein" nennt man TCPF *(tool center point frame)*. GCP *(grap center point)* bezeichnet dagegen den Greifermittelpunkt. Ein Mehrfachgreifer hat mehrere TCP.

Nach der Installation eines Roboters steht das Roboterkoordinatensystem (= Basiskoordinaten) in einem festen Verhältnis zum Weltkoordinatensystem. In diesem werden die Daten des zu manipulierenden Teiles programmiert. Für die Steuerung des Roboters werden die Werkzeugkoordinaten in Weltkoordinaten vorgegeben. Diese müssen zur Steuerung der Motoren des Roboters in die Gelenkkoordinaten umgerechnet werden. Das wird als „Rücktransformation" (inverses kinematisches Problem; *inverse kinematics*) bezeichnet.

5.3.2 Bewegungssteuerung und -beschreibung

Hauptkomponenten einer Robotersteuerung sind die Bewegungssteuerung (berechnet aus der programmierten Bewegung die Sollverläufe für die Gelenkbewegungen) und die Gelenkregelung (regelt die Gelenkbewegungen hinreichend genau). Man unterscheidet prinzipiell zwischen Punkt- und Bahnsteuerungen. Bahnsteuerungen erlauben die Bewegung eines Effektors durch den Roboter entlang einer vorgegebenen Bahn mit konstanter Bahngeschwindigkeit. Bei Punktsteuerungen hingegen kann der Bewegungsverlauf zwischen den programmierten Start- und Endpunkten willkürlich sein.

Bahnabweichung *(trajectory deviation)* ist die Genauigkeit für das Nachfahren einer programmierten Bahn bei Nutzlast (Endeffektor + Handhabelast). Angegeben werden: Mittlere Bahnstreubreite, mittlerer Bahnabstand, mittlere Abrundungsfehler und mittlere Überschwingfehler.

Wenn nun die Programmierung eines Roboters in einem kartesischen Koordinatensystem vorgenommen wird, dann müssen Position und Orientierung des Greifers bzw. Endeffektors durch geeignete Koordinatenwerte dargestellt werden. Weil der Programmierer gewöhnlich in kartesischen Koordinaten „denkt", muss eine Umrechnung in roboterspezifische Daten durch die Programmierumgebung erfolgen. Dazu bedarf es entsprechender Beschreibungsmittel, auf die noch eingegangen wird.

Die Bewegungssteuerung liefert die Sollwerte an die Gelenkregelung, die auf der Basis der Sollbewegungen und der Messwerte der Gelenkgrößen die Servomotoren über die Antriebskarten so ansteuert, dass sich trotz Störgrößen wie wechselnde Lasten und Kopplungen zwischen den Gelenkbewegungen eine hinreichend genaue Bewegung einstellt (Bild 5.33).

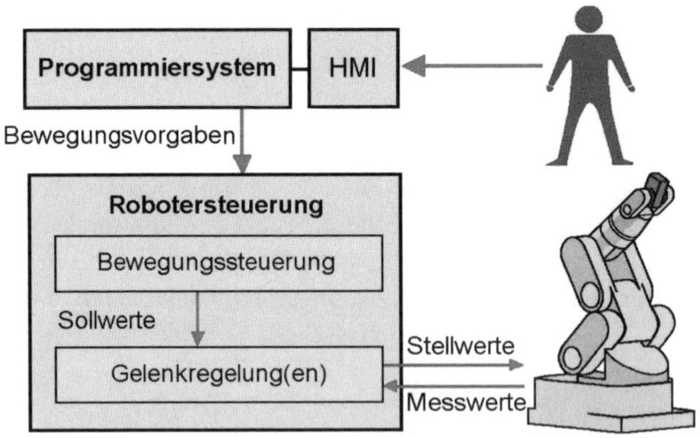

Bild 5.33 Hauptkomponenten von Programmiersystem und Steuerung.
HMI Human Machine Interface, Schnittstelle Bediener – Roboter

Während des Arbeitsablaufes muss der Roboter mit dem TCP verschiedene Punkte in seinem Arbeitsraum anfahren. Durch Interpolation wird die Bewegung berechnet, mit der sich der TCP vom Start- zum Zielpunkt bewegt. Da auch an einer einfachen, geradlinigen Bewegung mehrere Roboterachsen beteiligt sind, hat man hierbei aufwendige Berechnungen durchzuführen.

Bei der **Punktsteuerung** (PTP = *point to point*) versucht die Robotersteuerung auf dem schnellsten, nicht auf dem kürzesten, Weg von Position P_1 zur Position P_2 zu gelangen. Wie das erreicht wird, ist von der Software des Herstellers abhängig und vom Anwender nicht zu beeinflussen. Es ergibt sich ein willkürlicher, in der Regel nicht geradliniger Weg (Achtung: Kollisionsgefahr!).

Bei der **Bahnsteuerung** werden durch die Interpolation die auf der vorgegebenen Wegstrecke liegenden Zwischenpunkte berechnet. Der TCP fährt dann an dieser Bahn entlang von Position P_1 zur Position P_2 und zwar bei der

- **Linearinterpolation** auf einer geraden Linie (Geradeninterpolation)
- **Zirkularinterpolation** auf einer Kreisbahn (Kreisinterpolation)
- **Spline-Interpolation** auf einer Kurve, vergleichbar mit einem Kurvenlineal

Interpolation *(interpolation)*

Steuerungsinterne Berechnung von Zwischenpunkten einer Bahnkurve in einem Zeitraster von z. B. 10 bis 100 ms. Die Bahn wird vorher mit Bahnstützpunkten festgelegt. Die Recheneinheit, die das erledigt, heißt Interpolator. Die Interpolation ist umso komplizierter, je mehr Achsen einbezogen werden.

In die Interpolation ist außer der Bewegung des TCP auch die Orientierung des Endeffektors eingeschlossen. Der Greifer kann seine räumliche Orientierung beibehalten oder gleichmäßig von einer Anfangsorientierung in eine Endorientierung gebracht werden.

Bei der Betrachtung der **Achssteuerung** erkennt man, dass die Bewegungen des Roboters durch einen Lage- und Geschwindigkeitsregelkreis geführt werden. Aus dem Vergleich von anzufahrender Position (Achsgelenkwinkel) als Sollwert und der momentanen Position als

Istwert resultiert ein Stellsignal an die Achsantriebe. Dabei entstehen Regeldifferenzen die z. B. zum Abrunden oder Überfahren einer Bahnecke (Überschwingen, *overshoot*) führen können. Diese Ungenauigkeiten im Bahnverlauf sind umso größer, je größer die Bahngeschwindigkeit und die Richtungsänderung ist. Das muss bei der Programmerstellung beachtet werden.

Zur Beschreibung von Roboterarmstellungen und Endeffektorpositionen und -orientierungen werden außer der Festlegung von Koordinatensystemen noch weitere Beschreibungshilfen gebraucht.

5.3.2.1 Vektordarstellung

Vektoren sind gerichtete Strecken, die im Raum beliebig zu sich selbst verschoben werden dürfen. Man benutzt sie häufig neben Matrizen für die Positionsbeschreibung eines Endeffektors. Mit Vektoren lassen sich Raumpunkte, Achsen und Verschiebungen im Raum beschreiben. Es sollen einige Grundlagen dargestellt werden:

- Beschreibung (Gl. 5.20) eines Raumpunktes, z. B. des Arbeitspunktes *TCP* mit dem Vektor $\underline{v}$

$$\underline{v} = (v_x, v_y, v_z) = \underline{v}_x + \underline{v}_y + \underline{v}_z = \begin{vmatrix} v_x \\ v_y \\ v_z \end{vmatrix} \quad (5.20)$$

Ein Beispiel zeigt das Bild 5.34. Der Greiferarbeitspunkt *(TCP)* wird in seiner räumlichen Position mit dem Vektor $\underline{v}$ beschrieben, wobei v_x, v_y und v_z die Komponenten des Vektors sind.

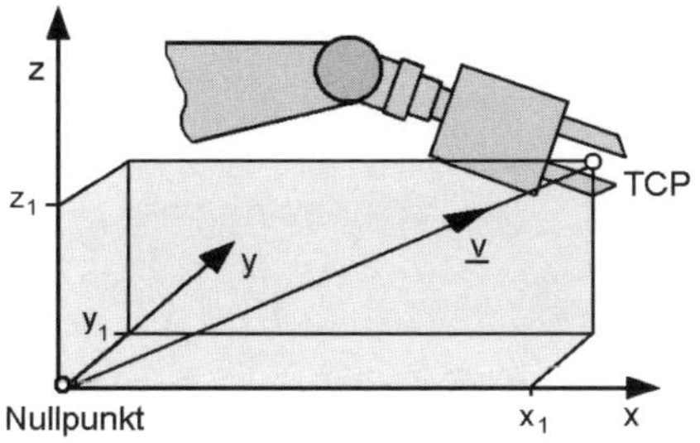

Bild 5.34 Ortsvektor $\underline{v}$ im Basiskoordinatensystem.
Beispiel: $x_1 = 16$; $y_1 = 11$; $z_1 = 5$; $\underline{v} = (16, 11, 5)$

- Definition der Länge eines Vektors, z. B. zur Abstandsberechnung zwischen Raumpunkten. Der Betrag des Vektors $\underline{a} = (a_x, a_y, a_z)$ wird dann mit Gl. 5.21:

$$|\underline{a}| = \sqrt{a_x^2 + a_y^2 + a_z^2} \quad (5.21)$$

Für dreidimensionale Vektoren ist der Betrag von $\underline{a}$ gerade die Länge von $\underline{a}$.

- Die Addition bzw. Subtraktion eines Vektors $\underline{u} + \underline{v}$ oder $\underline{u} - \underline{v}$ entspricht geometrisch einer Parallelverschiebung (Gl. 5.22).

$$\underline{u} + \underline{v} = \begin{vmatrix} u_x + v_x \\ u_y + v_y \\ u_z + v_z \end{vmatrix} \quad (5.22)$$

Diese Operation wird zur Verkettung von Verschiebungen eines Punktes im Raum gebraucht.

- Die Längenänderung eines Vektors $\underline{v}$ repräsentiert die Verschiebung eines Punktes im Raum entlang des Vektors. Der längere (oder kürzere) Vektor $\underline{v}$ ergibt sich aus einer komponentenweisen Multiplikation (bzw. Division) mit einer reellen Zahl S gemäß Gl. 5.23

$$\underline{v} = S \cdot \underline{w} = \begin{vmatrix} S \cdot w_x \\ S \cdot w_y \\ S \cdot w_z \end{vmatrix} \tag{5.23}$$

Für eine zweidimensionale Darstellung zeigt das Bild 5.35 ein Beispiel.

Für die Verschiebung des TCP gilt mit Gl. 5.24:

$$\underline{v} = \underline{u} + S \cdot \underline{w} \tag{5.24}$$

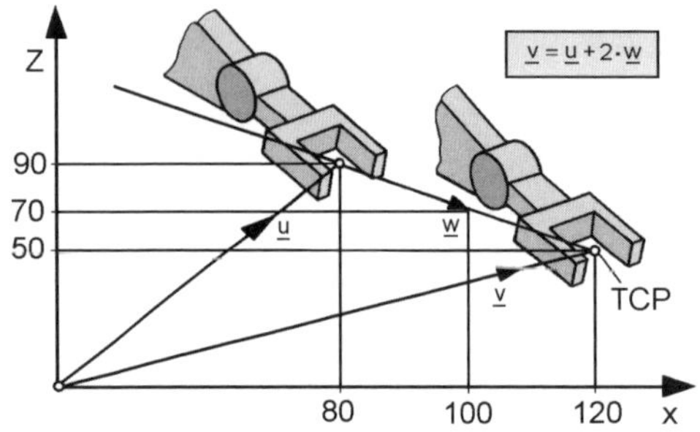

Bild 5.35 Parameterdarstellung einer Geraden

Somit werden, wenn $S = 2$ ist

$\underline{u} = (80, 0, 90)$

$\underline{w} = (20, 0, -20)$

$$\underline{v} = \begin{vmatrix} 80 \\ 0 \\ 90 \end{vmatrix} + \begin{vmatrix} 2 \cdot 20 \\ 2 \cdot 0 \\ 2 \cdot -20 \end{vmatrix} = \begin{vmatrix} 120 \\ 0 \\ 50 \end{vmatrix}$$

S gibt hier den Faktor der Streckung oder Schrumpfung des Vektors $\underline{w}$ an.

- Das Skalarprodukt bildet die Vektoren $\underline{u}, \underline{v}$ auf einen Skalar $S = \underline{u} \cdot \underline{v}$ ab. Damit sind Längenberechnungen eines Vektors möglich und die Ermittlung des Winkels zwischen zwei Vektoren. Es gilt mit Gl. 5.25:

$$S = u_x \cdot v_x + u_y \cdot v_y + u_z \cdot v_z \tag{5.25}$$

Das Vektorprodukt (Kreuzprodukt) $\underline{u} \times \underline{v}$ zweier Vektoren $\underline{u}, \underline{v}$ ist definiert als Vektor, der sowohl auf $\underline{u}$ als auch auf $\underline{v}$ senkrecht steht. Damit lässt sich z. B. die Normalenberechnung einer Ebene ausführen. Es gilt nach Gl. 5.26:

$$\underline{u} \times \underline{v} = \begin{vmatrix} u_y \cdot v_z - u_z \cdot v_y \\ u_z \cdot v_x - u_x \cdot v_z \\ u_x \cdot v_y - u_y \cdot v_x \end{vmatrix} \tag{5.26}$$

5.3.2.2 Frame-Konzept

Ein *Frame* (Rahmen) lässt sich als kartesisches Koordinatensystem interpretieren, und dieses beschreibt z. B. die Position und Orientierung eines relevanten Bezugspunktes am Effektor (TCP). Er kann z. B. zwischen den Backen eines Greifers liegen. Bezogen auf ein Weltkoordinatensystem kann man so die Position des Greifers mit einem Ortsvektor beschreiben (Bild 5.36). Er ist durch seinen Betrag (Länge) und seine Richtung definiert.

Man kann ihn als Spalten- oder Zeilenvektor mit Gl. 5.27 schreiben.

$$\text{Zeilenvektor } \underline{v} = (v_x, v_y, v_z) \tag{5.27}$$

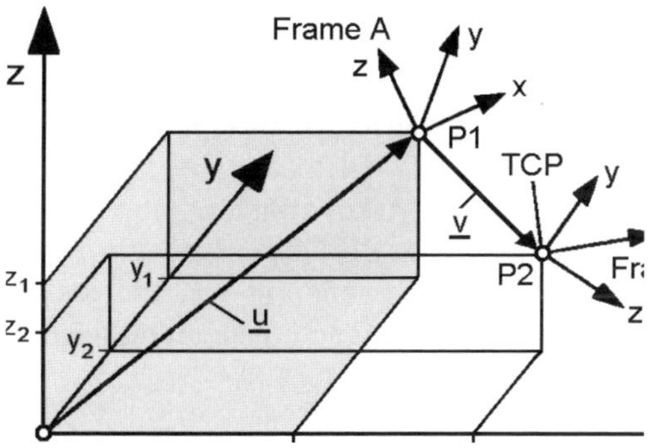

Bild 5.36 Framedarstellung im dreidimensionalen kartesischen Koordinatensystem

Spaltenvektor mit Gl. 5.28

$$\text{Spaltenvektor } \underline{v} = \begin{vmatrix} v_x \\ v_y \\ v_z \end{vmatrix} \tag{5.28}$$

Diese Beschreibung reicht aber nicht aus, weil die Orientierung des Greifers nicht mit eingeht. In Bild 5.36 ist $\underline{u}$ der Verschiebefaktor, bezogen auf das Basiskoordinatensystem, und $\underline{v}$ der Verschiebefaktor, bezogen auf das Frame A. Beim Übergang von der Position P_1 zur Position P_2 erfolgt eine Translation, anschließend sind Rotationen um eine oder mehrere Achsen vorzunehmen, so dass die für das Frame B gewünschte Orientierung erreicht wird. Frames sind somit lokale kartesische Koordinatensysteme. Sie werden aber nicht nur für die Beschreibung der Effektorlage gebraucht, sondern auch für andere Komponenten eines Roboterarbeitsplatzes, wie z. B. Werkstückmagazine, Bearbeitungsobjekte, Bahnen (Bahnframe, Klebedüsenorientierung) oder z. B. Kraft-Sensorsysteme. Dazu zeigt das Bild 5.37 ein Beispiel.

Ein Frame-System hat folgenden Bedingungen zu genügen:

- Das Welt- oder Basiskoordinatensystem hat kein Bezugsframe.
- Jedes sonstige Frame hat ein Bezugsframe.
- Jedes Frame kann Bezugsframe von beliebig vielen Frames sein.
- Das Frame-System muss als Graph zyklenfrei sein, weil sonst die im Zyklus enthaltenen Frames nicht mehr in Weltkoordinaten umgerechnet werden könnten.

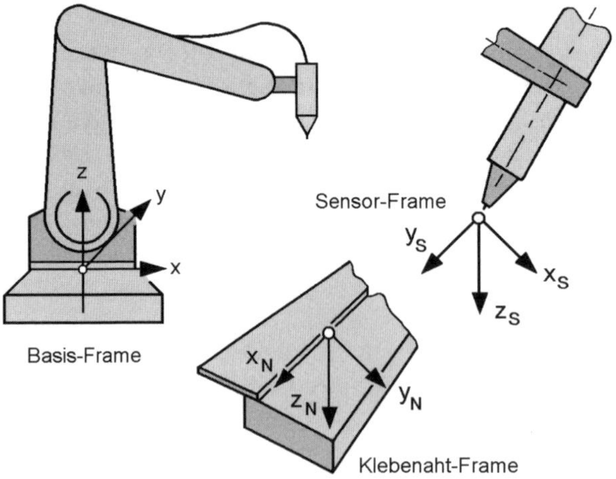

Bild 5.37 Beispiel für ein lokales Koordinatensystem.
Index *S* Sensor, Index *N* Naht

Gegenüber einem ruhend angenommenen Bezugskörper (Basiskoordinatensystem) führt ein betrachteter Körper eine Absolutbewegung aus. Ist der Bezugskörper selbst in Bewegung, so handelt es sich um eine Relativbewegung. Die Verwendung von Frames erleichtert die Programmierung eines Roboters erheblich, da ein Frame bedeutend leichter angegeben werden kann als ein Achskoordinatenvektor des Roboters.

5.3.2.3 Beschreiben von Drehungen

Es gibt verschiedene Möglichkeiten, Rotationen zu notieren, insbesondere für die Effektororientierung. Zur Herstellung der Deckungsgleichheit zweier kartesischer Koordinatensysteme mit gleichem Ursprung sind in der Regel drei sequenzielle Rotationen um drei unterschiedliche Achsen erforderlich. Die Reihenfolge und die Kombination der Matrizenmultiplikationen entsprechen dabei der Reihenfolge der Einzeldrehungen und deren Bezug auf ein Koordinatensystem. In der Praxis werden dazu verschiedene Notationen verwendet, von denen einige kurz beschrieben werden.

RPY-Notation

RPY ist eine Abkürzung für *Roll* (Drehachse), *Pitch* (Nickachse, Neigen) und *Yaw* (Gierachse). Die Bezeichnungen sind der Luftfahrt entlehnt (Bild 5.38). Mit RPY werden gegenüber einem ortsfesten Koordinatensystem drei Drehoperationen definiert.

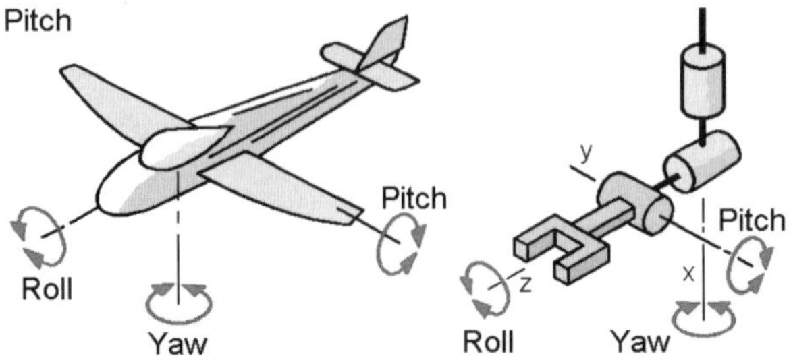

Bild 5.38 Körperfestes Koordinatensystem.
Drehung um $x \rightarrow$ Winkel α,
Drehung um $y \rightarrow$ Winkel β,
Drehung um $z \rightarrow$ Winkel γ

Die Drehwinkel α, β und γ stehen für drei nacheinander auszuführende Drehungen um die Achsen x, y und z. Die Reihenfolge dieser Drehungen muss eingehalten werden. In Matrixschreibweise ergibt sich mit Gl. 5.29:

$$R_{\text{RPY}}(\alpha,\beta,\gamma) = \text{Rot}(z,\gamma)\cdot\text{Rot}(y,\beta)\cdot\text{Rot}(x,\alpha) \tag{5.29}$$

SEQ-Notation

Das bedeutet Sequenzielle Notation. Es ist eine Beschreibungsmöglichkeit der Effektororientierung an einem Industrieroboter, die von den relativen Drehoperationen in Bezug auf das vorausgehende Koordinatensystem ausgeht. Die dazugehörige Rotationsmatrix ergibt sich gemäß Gl. 5.30 zu

$$R_{\text{SEQ}}(\alpha,\beta,\gamma) = \text{Rot}(x,\alpha)\cdot\text{Rot}(y,\beta)\cdot\text{Rot}(z,\gamma) \tag{5.30}$$

Euler-Notation

Das ist die Beschreibung einer Drehlage durch die sequenzielle Ausführung von Einzeloperationen (Bild 5.39). Es ergibt sich folgende Rotationsmatrix:

Die Winkel α, β und γ definieren drei nacheinander auszuführende Drehungen. Die erste erfolgt um die z-Achse des Greiferkoordinatensystems, die zweite erfolgt um die nunmehr gedrehte y'-Achse und die dritte erfolgt wieder um die mitgedrehte z'''-Achse des Greiferkoordinatensystems. Wichtig ist also die Reihenfolge der Drehungen. Für die EULER-Notation ergibt sich mit Gl. 5.31:

$$R_{\text{EULER}}(\alpha,\beta,\gamma) = \text{Rot}(z,\alpha)\cdot\text{Rot}(y,\beta)\cdot\text{Rot}(z,\gamma) \tag{5.31}$$

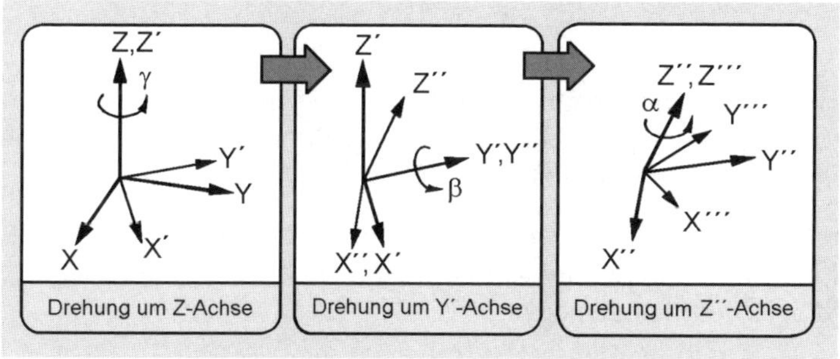

Bild 5.39 EULER-Form einer Drehung

5.3.2.4 Koordinatentransformation

Sie wird benötigt, um Steuerinformationen, die für kartesische Koordinaten berechnet wurden, in geräteeigene Koordinaten umzurechnen. Es ist anschaulicher, im kartesischen Raum „zu denken", als in Roboter-(Achsen-)Koordinaten. Sind die Positionswerte der Dreh- und Schubgelenke vorgegeben, kann die Lage des zu handhabenden Werkzeugs durch Koordinatentransformation „kartesisch" angegeben werden. Es sind folgende Arten von Koordinatentransformationen von Bedeutung (Bild 5.40):

- **Direkte Koordinatentransformation** (Vorwärts-, Hintransformation)

Sie transformiert Gelenkkoordinaten in das kartesische Basissystem.

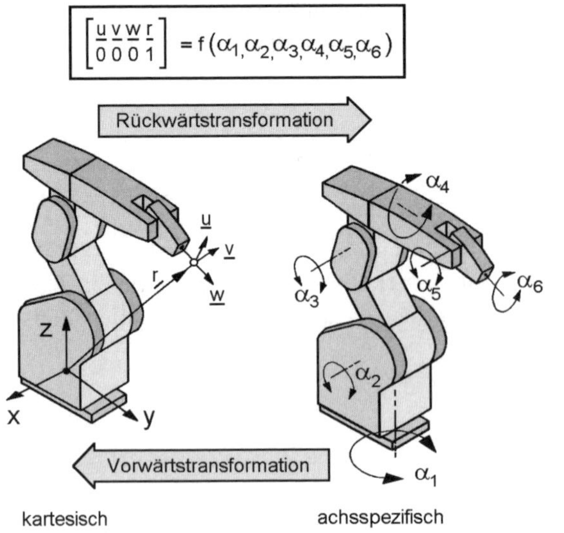

Bild 5.40 Koordinatentransformation. Links Basiskoordinaten, rechts Achskoordinaten; $\underline{r}$ Abstandsvektor, $\underline{u}, \underline{v}, \underline{w}$ Orientierungsvektoren

Das wird z.B. für Anzeigen gebraucht und kommt bei der Teach-in-Programmierung vor, wenn der Anlerner die Armgelenke bewegt und die Werte als Frame sehen möchte. Sie ist auch beim Einrichten und Überprüfen eines Roboters von Bedeutung. Auch Interpolationsvorgänge laufen gewöhnlich in kartesischen Koordinaten ab.

Inverse Koordinatentransformation (Rückwärtstransformation)

Sie formt die geometrischen Daten, die im kartesischen System vorgegeben wurden, in Gelenkkoordinaten um. Die Rückwärtstransformation *(inverse kinematics)* ist rechenintensiv und kann zum zeitlichen Engpass werden.

Frame-Transformation

Auch Frames müssen gegebenenfalls umgerechnet werden, z.B. wenn mit Kraftsensoren im Handgelenk gearbeitet wird. Dann spannt der Sensor ein Frame auf. Es wird eine inverse Koordinatentransformation vorausgesetzt.

Eine allgemeine Koordinatentransformation *(coordinate transformation)* besteht aus Rotation und Translation. Ein Koordinatensystem muss in ein anderes überführt werden. Die Transformation wird in Bild 5.41 deutlich gemacht.

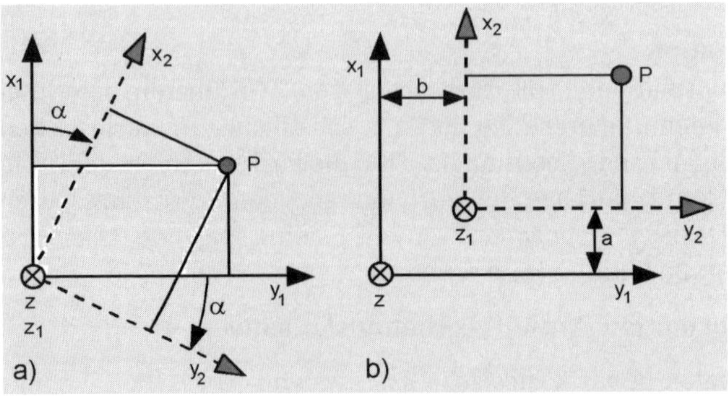

Bild 5.41 Transformation (*z* senkrecht zur Papierebene).
a) Rotation des Bezugssystems, b) Translation des Bezugssystems

Die Drehung kann mit einer Rotationsmatrix beschrieben werden, die Verschiebung als Vektoraddition. Betrachtet man die Rotation um die z-Achse nach Bild 5.41a, dann sind die Koordinaten von Punkt P in beiden Systemen wie folgt funktional verknüpft, Gl. 5.32:

$$\left.\begin{aligned} x_1 &= x_2 \cdot \cos\alpha - y_2 \cdot \sin\alpha \\ y_1 &= x_2 \cdot \sin\alpha + y_2 \cdot \cos\alpha \\ z_1 &= z_2 \end{aligned}\right\} \tag{5.32}$$

Das lässt sich auch als 3 × 3-Matrix darstellen, Gl. 5.33.

$$R_z = \begin{vmatrix} \cos\alpha & -\sin\alpha & 0 \\ \sin\alpha & \cos\alpha & 0 \\ 0 & 0 & 1 \end{vmatrix} \tag{5.33}$$

Die Translation wird nach Bild 5.41b durch die Gl. 3.34 beschrieben (z = 0):

$$\left.\begin{aligned} x_1 &= x_2 + a \\ y_1 &= y_2 + b \\ z_1 &= z_2 + 0 \end{aligned}\right\} \tag{5.34}$$

Als 1 × 3-Vektor erhält man mit Gl. 3.35:

$$T = \begin{vmatrix} a \\ b \\ 0 \end{vmatrix} \tag{5.35}$$

Damit sind für die Transformation zwei völlig verschiedene Operationen erforderlich: Matrizenmultiplikation und Vektoraddition. Das lässt sich durch den Übergang von Gleichungssystemen zu homogenen 4×4-Matrizen vereinfachen. Man erweitert eine 3×3-Rotationsmatrix um den Translationsvektor zur Transformationsmatrix TM (Bild 5.42).

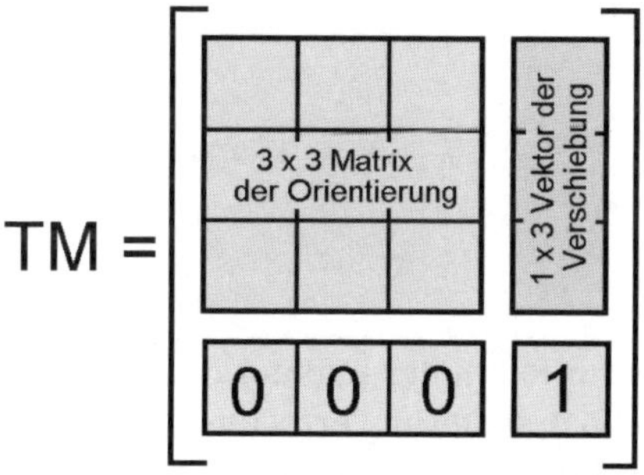

Bild 5.42 Die 4×4-Transformationsmatrix ist eine homogene Matrix zur Lagebeschreibung

Die Ergänzung der Matrix um die letzte Zeile (0, 0, 0, 1) verändert ihren Wert nicht, vereinfacht aber die Verrechnung mit anderen Matrizen. Wird ein Koordinatensystem lediglich vektoriell um S verschoben, so würde man allgemein gemäß Bild 5.42 folgende Matrix (Gl. 5.36) bekommen:

$$TM = T = \begin{vmatrix} 1 & 0 & 0 & S_x \\ 0 & 1 & 0 & S_y \\ 0 & 0 & 1 & S_z \\ 0 & 0 & 0 & 1 \end{vmatrix} \tag{5.36}$$

Die Beschreibung der Drehung führt zur Besetzung der Rotationsmatrix. Drehungen um die Achsen x, y, z mit den Winkeln α, β und γ ergeben folgende Drehmatrizen (Gln. 5.37 bis 5.39):

$$TM = Rx = \mathrm{Rot}(ex,\alpha) = \begin{vmatrix} 1 & 0 & 0 & 0 \\ 0 & \cos\alpha & -\sin\alpha & 0 \\ 0 & \sin\alpha & \cos\alpha & 0 \\ 0 & 0 & 0 & 1 \end{vmatrix} \tag{5.37}$$

$$TM = Ry = \mathrm{Rot}(ey,\beta) = \begin{vmatrix} \cos\gamma & 0 & \sin\beta & 0 \\ 0 & 1 & 0 & 0 \\ -\sin\beta & 0 & \cos\beta & 0 \\ 0 & 0 & 0 & 1 \end{vmatrix} \tag{5.38}$$

$$TM = Rz = \mathrm{Rot}(ez,\gamma) = \begin{vmatrix} \cos\gamma & -\sin\gamma & 0 & 0 \\ \sin\gamma & \cos\gamma & 0 & 0 \\ 0 & 0 & 1 & 0 \\ 0 & 0 & 0 & 1 \end{vmatrix} \tag{5.39}$$

Jetzt resultiert die allgemeine Form der Transformationsmatrix TM aus der Zusammenfassung von Translation und Rotation, wobei kombinierte Drehungen um die kartesischen Achsen x, y und z des Bezugskoordinatensystems möglich sind. Es gilt mit Gl. 5.40:

$$TM = [T] \cdot [Rx] \cdot [Ry] \cdot [Rz] = [T] \cdot [R] \tag{5.40}$$

Die Zusammenfassung von Rotation und Translation zu einer 4×4-Matrix wird auch für das DENAVIT-HARTENBERG-Verfahren verwendet.

5.3.2.5 DENAVIT-HARTENBERG-Konvention

Vom Programmierer wird festgelegt, an welche Stelle im Raum der Effektor des Roboters bewegt werden soll und wie er auszurichten ist. Die Robotersteuerung errechnet dann über die DENAVIT-HARTENBERG-Transformation, welche Stellung die einzelnen Roboterachsen dazu einnehmen müssen.

Die DENAVIT-HARTENBERG-Konvention legt fest, wie die notwendigen Koordinatensysteme für Roboter mit offener kinematischer Kette zu legen sind, um eine vollständige und effektive kinematische Beschreibung des Roboterarms zu erhalten. Jedes Armteil des Roboterarmes einschließlich der ruhenden Basis wird mit einem Koordinatensystem ausgestattet, das nach bestimmten Vorschriften festgelegt wird. Die relative Stellung zweier benachbarter Koordinatensysteme zueinander lässt sich dann durch nur vier Parameter, den DH-Parametern, beschreiben. Drei Parameter sind bei der offenen kinematischen Kette konstant und ein Parameter stellt die Gelenkkoordinate dar. Jeder Stellung des gesamten Roboterarmes kann dann eindeutig ein Satz von Gelenkkoordinaten zugeordnet werden. Ausführliche Darstellungen finden sich in [5.7, 5.8, 5.9, 5.10].

5.3.3 Roboterkinematik

Der erste Industrieroboter wurde 1961 in den USA zur Handhabung von Druckgussteilen in einem Konzept mit Mehrmaschinenbedienung eingesetzt (siehe Bild 1.2). In den 1970er Jahren begann die Entwicklung verschiedener Robotertypen. Seit Beginn der 1980er Jahre wird der Roboter auch in der Montage eingesetzt, besonders in der Elektro- und Feinwerktechnik sowie im Automobilbau. In der Elektroindustrie ist es der Zusammenbau von kleineren Baugruppen, Tastaturen, Motoren und die Bestückung von Leiterplatten. Bei letzterem ergänzen Roboter die traditionellen Bestückungsautomaten, die wegen mangelnder Flexibilität nur für die Großserie aktuell sind. Inzwischen ist es auch die präzise Manipulation von Mikrobauteilen, für die man automatisierte Fertigungseinrichtungen aufbaut. Dazu braucht man Komponenten für die Aufnahme und Ablage der Mikrobauteile, also Magazine [4.2] und Greifer.

In der Automobilindustrie sind größere Handhabungsmassen zu bewältigen und es werden auch große Arbeitsräume benötigt. Man setzt vorzugsweise Vertikal-Gelenkarmroboter mit 5 oder 6 Achsen ein. Realisiert sind solche Aufgaben wie Getriebemontage, Rad-, Keilriemen und Scheibenmontage, der Einbau von Schwungrädern und die Zylinderkopfmontage. Ständig erweitert sich der Anwendungsbereich. Die Tragfähigkeit von Schwerlastrobotern reicht aus, um ganze Autokarosserien im Arbeitsraum per Programm zu manipulieren.

In der aufstrebenden Montage von Mikrokomponenten besteht die Notwendigkeit zur Automatisierung darin, dass die Genauigkeitsanforderungen durch manuelle Montage kaum einzuhalten sind. Roboter für die Mikromontage können z.B. auf der Struktur geschlossener kinematischer Ketten basieren. Parallele Strukturen lassen sich einfacher miniaturisieren, verfügen über eine hohe Struktursteifigkeit und erreichen eine hohe Genauigkeit. Die Antriebe lassen sich gut kapseln, um den Reinraumanforderungen zu genügen. Für den Einsatz wird außerdem eine geeignete Peripherie gebraucht und eine angepasste Greiftechnik.

Die Kinematik von Industrierobotern kann nach der Art der Hauptachsen (*D* Drehen, *S* Schieben) unterschieden werden. Daraus und aus der Aufeinanderfolge und der Orientierung der Bewegungsachsen im Raum (vertikal, horizontal) ergibt sich dann auch der Hauptarbeitsraum. Als Nebenarbeitsraum bezeichnet man den von Handachsen erzeugten Operationsraum. Die gebräuchlichsten Robotertypen und ihre Arbeitsräume werden in Bild 5.43 im Prinzip aufgeführt.

Für eine Eignungsbewertung kann man im Vergleich mit der Arbeitsaufgabe im jeweiligen Einsatzfall von folgenden Parametern ausgehen:

1. Geschwindigkeit (Arbeitszyklen je Zeiteinheit)
2. Handhabungsmasse (Werkstück plus Greifer)

Bild 5.43 Typische Arm- und Handkonfigurationen von marktgängigen Industrierobotern. Von oben nach unten: Flächenportalroboter *(cartesian robot)*, Standsäulenroboter *(cylindrical robot)*, Polarroboter *(spherical robot)*, SCARA-Roboter *(scara robot)*, Gelenkarmroboter *(articulated robot)*, Parallelroboter *(parallel robot)*

3. Wiederholgenauigkeit der Position
4. Anzahl unterschiedlicher Handhabungsobjekte und folglich auch Programme
5. Programmlänge bzw. erforderlicher Speicherbedarf
6. Art der Programmierung (Bahn-, Punkt-zu-Punkt-Steuerung)
7. Anzahl benötigter Bewegungsachsen
8. Reichweite des Armes, Arbeitsraumgröße und -art
9. Art des Effektors und eventuell Wechselsystems
10. Umweltfaktoren vor Ort (Strahlung, Lärm, Wärme, Schmutz, Feuchtigkeit)
11. Anschaffungs- und Installations-, Betriebs- und Wartungskosten

In den letzten Jahren wurden die Bauformen der Roboter mit Parallelantrieb erweitert. In Bild 5.44 sind ein Handlinggerät und ein Seilroboter mit dieser Bauform dargestellt. Der Effektor kann sich beim Handlinggerät nur in einer Ebene bewegen, beim Seilroboter im Raum. Das Gerät in Bild 5.44a ist ein ebener kinematischer Mechanismus, der aus vier parallelogrammförmigen Gelenkeinheiten aufgebaut ist. Die Effektorplattform befindet sich zentral zum Aufbau der Mechanik. Wird eine dritte Achse gebraucht, dann müsste man drei Gelenkarme vorsehen (*Tripod*; bei sechs Gelenkarmen spricht man vom *Hexapod*) oder man setzt die Handlingeinheit auf eine horizontal verfahrbare Positionierachse. Beim Seilroboter wird eine Lastplattform von 7 computergesteuerten Seilwinden geführt. Durch die Seile ergibt sich eine geringe Eigenmasse der Roboterstruktur.

Die Idee für solche Strukturen reicht bis ins Jahr 1938 zurück. William L.V. Pollard reichte ein Patent für einen Tripodroboter ein, der aus drei Kinematikketten besteht. Erst 1965 präsentierte David Stewart den ersten richtigen parallelen Roboter, unter dem Begriff „Stewartplattform" bekannt.

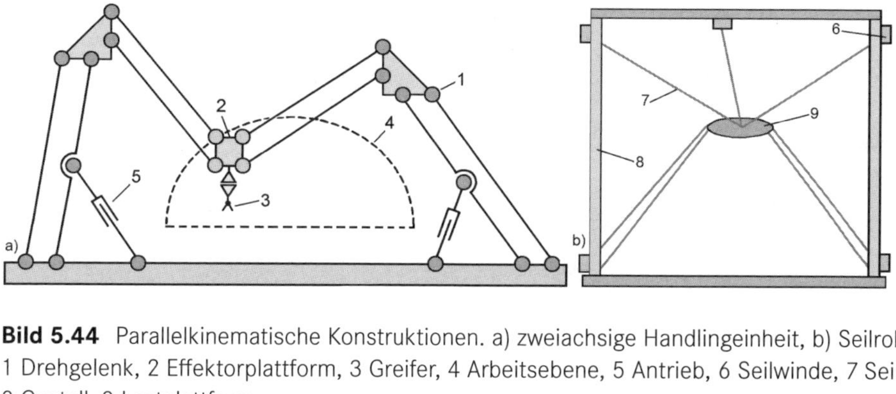

Bild 5.44 Parallelkinematische Konstruktionen. a) zweiachsige Handlingeinheit, b) Seilroboter, 1 Drehgelenk, 2 Effektorplattform, 3 Greifer, 4 Arbeitsebene, 5 Antrieb, 6 Seilwinde, 7 Seil, 8 Gestell, 9 Lastplattform

Man schätzt bei der Parallelkinematik zum einen die große Starrheit gegenüber seriellen Strukturen und zum anderen die minimalen Drehmomente, die beim Halten einer stationären Last wirken. Ein Vergleich der Eigenschaften wird in Bild 5.45 vorgenommen. Die kleinere bewegte Masse prädestiniert solche Mechanismen für schnelle Einlegearbeiten am Fließband oder für das Verpacken von Produkten.

Kriterium	serielle Struktur	parallele Struktur
	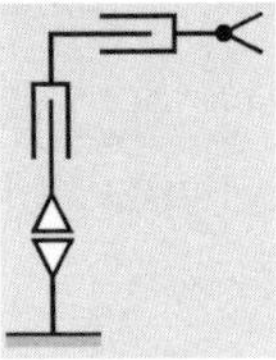	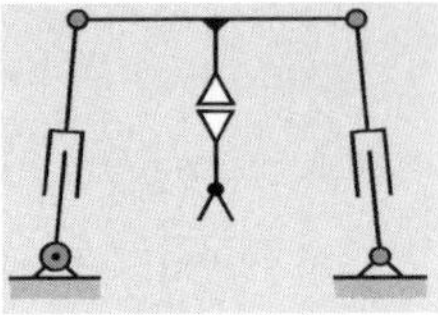
Struktursteifigkeit	klein	groß
Messfehler in der Struktur	addierend	kompensierend
Objekt- zu Maschinenmasse	klein	groß
Trägheitskräfte	groß	klein
Arbeits- zu Bauraum	groß	klein
Beweglichkeit im Arbeitsraum	groß	eingeschränkt

Bild 5.45 Eigenschaften serieller und paralleler Führungsgetriebe für Industrieroboter

Das Bild 5.46 zeigt eine Tripod-Konstruktion im Einsatz. Die Arme sind ausgesprochen massearm, so dass man auf beachtliche Beschleunigungen bis 100 m/s² kommt.

Beim Verpacken in Blisterfolien oder bei der Befüllung von Trays werden Leistungen von bis zu 150 Stück je Minute erreicht. Der Roboter kann optimal über einer Produktionslinie hängend installiert werden. Das spart Produktionsgrundfläche. Auch die Handhabung empfindlicher Objekte wie Mikrochips, Kekse, Glaseinsätze, Pralinen und Schokolade sowie kleiner Beschlagteile ist trotz hoher Bewegungsgeschwindigkeiten gut möglich.

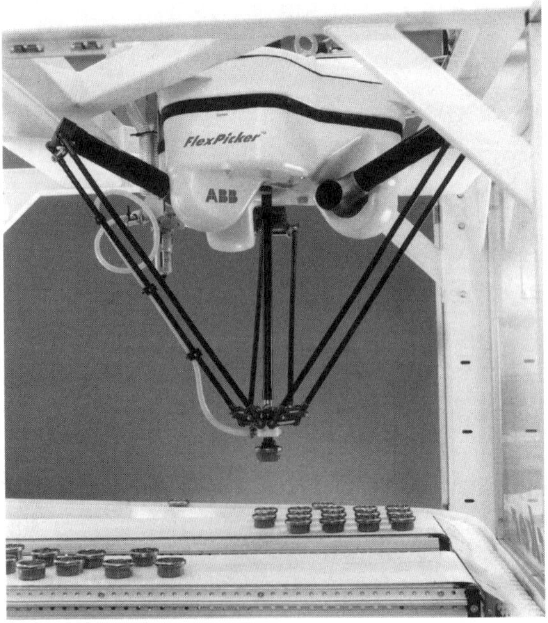

Technische Daten (IRB 340):
Arbeitsraumdurchmesser 1130 mm
Arbeitsraumhöhe 250 mm
Tragfähigkeit 1 kg
Wiederholgenauigkeit ± 0,05 mm
Taktzeit 0,2 s
Geschwindigkeit 10 m/s

Beispiel: Abpackung von 380 Muffins pro Minute in Zweier- oder Verierertrays

Bild 5.46 Parallelroboter mit drei oder vier Achsen (ABB; www.abb.com/robotics).

Das Abgreifen von Produkten von schnell laufenden Förderbändern ist ohne Verlust der hohen Wiederholgenauigkeit möglich. Wird der Roboter mit einem Kamerasystem ergänzt, dann kann er selbstständig nur die fehlerfreien Objekte vom Band aufnehmen. Defekte Objekte mit z. B. ausgebrochenen Kanten laufen durch und werden extra gesammelt.

Die in Bild 4.47 gezeigte und patentierte Struktur für ein Handlinggerät ist in starkem Maße auf den Anwendungsfall zugeschnitten. In der Reinraumumgebung sind schnelle oder unharmonische Zuführbewegungen unerwünscht, weil dadurch Luftwirbel entstehen können. **Manipulatorarme** sollen sich deshalb unterhalb der empfindlichen Substrate im Sekundärluftstrom befinden und eine schlanke Bauweise haben. Die Hohlwelle des oberen Servoantriebs dient als Durchführung für die Welle des unteren Antriebs, der für das Ellenbogengelenk zuständig ist. Genauigkeit und Laufruhe sind wichtige Eigenschaften. Die Antriebe enthalten **Wellgetriebe** (Harmonic Drive Getriebe), um eine hohe Untersetzung der Antriebsdrehbewegungen zu bekommen.

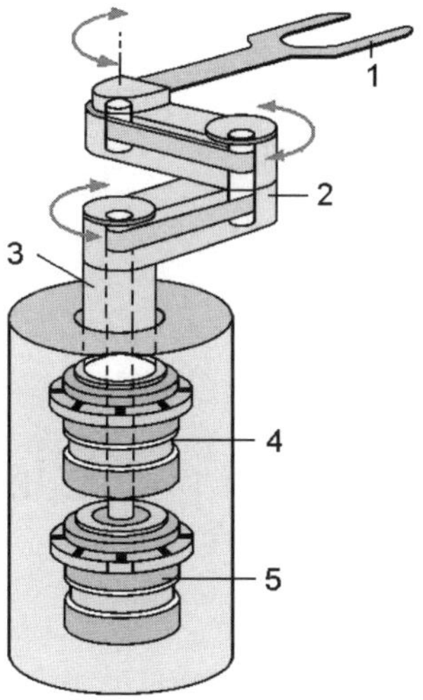

Bild 4.47 Wafer-Handling Roboter (Asys, Harmonic Drive).
1 Wafergreifer, 2 Faltarmausleger, 3 Hohlwellenantrieb,
4 Antrieb Oberarm, 5 Servoantrieb Ellenbogengelenk

Wie kann man kinematische Strukturen sinnbildlich darstellen? Das ist mit Symbolen möglich, die es erlauben, die Achsenanordnung von Industrierobotern zu berücksichtigen. Sie werden in Bild 5.48 dargestellt und orientieren sich an den Festlegungen für NC-Maschinen bzw. der Mechanismentechnik.

Der kinematische Aufbau wird auch als Skizze gebraucht, um die Achsenbezeichnungen eindeutig zuordnen zu können. Diese Bezeichnungen beziehen sich auf ein ortsfestes kartesisches Koordinatensystem (Bezugskoordinatensystem). Zur Bestimmung der Achsenbezeichnungen wird die Grundstellung des Industrieroboters angenommen. Es kann vorkommen, dass dazu ein kinematisches Abbild erst in eine Grundstellung überführt werden muss. Das zeigt Bild 5.49.

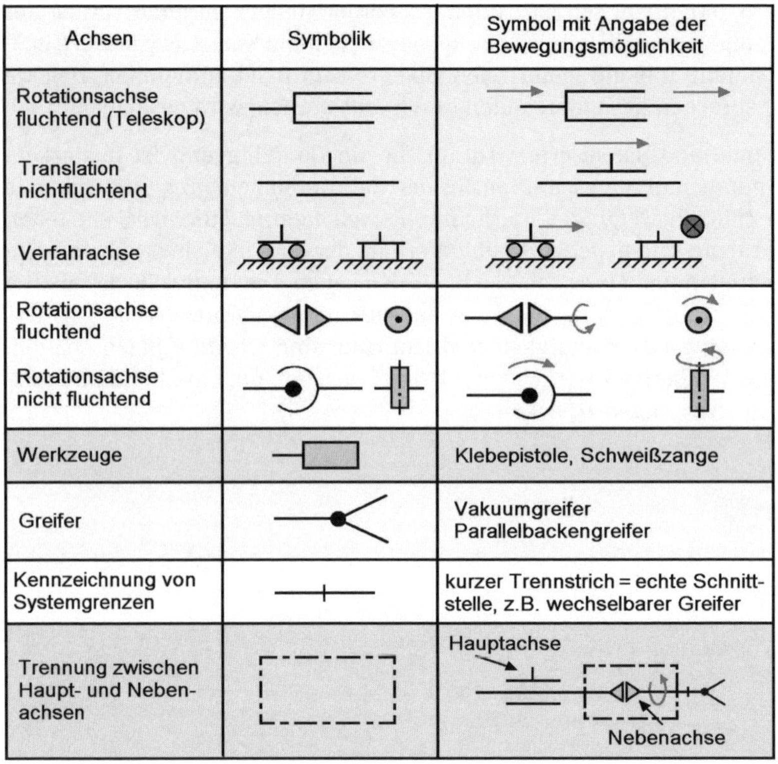

Achsen	Symbolik	Symbol mit Angabe der Bewegungsmöglichkeit
Rotationsachse fluchtend (Teleskop)		
Translation nichtfluchtend		
Verfahrachse		
Rotationsachse fluchtend		
Rotationsachse nicht fluchtend		
Werkzeuge		Klebepistole, Schweißzange
Greifer		Vakuumgreifer Parallelbackengreifer
Kennzeichnung von Systemgrenzen		kurzer Trennstrich = echte Schnittstelle, z. B. wechselbarer Greifer
Trennung zwischen Haupt- und Nebenachsen		Hauptachse Nebenachse

Bild 5.48 Symbolik zur Darstellung des kinematischen Aufbaus von Industrierobotern (VDI 2861)

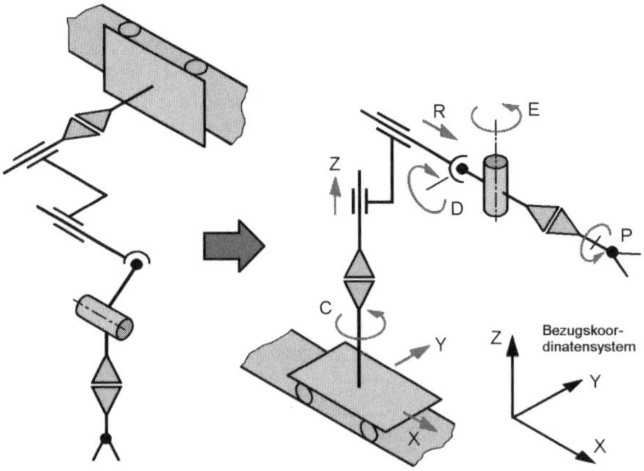

Bild 5.49 Überführung eines siebenachsigen Industrieroboters aus einer beliebigen Arbeitsstellung in die Grundstellung im Bezugskoordinatensystem zur Festlegung der Achsenbezeichnungen. *X, Y, Z* Hauptlinearachsen, *U, V, W* weitere Linearachsen, vorzugsweise Nebenachsen, *A, B, C* Hauptdrehachsen, *D, E, P* weitere Drehachsen, vorzugsweise Nebendrehachsen, *Q, R, S, T* sonstige Achsen

5.3.4 Programmiertechniken

Alle zur Ausführung einer gestellten Aufgabe notwendigen Informationen werden in einem Roboterprogramm mit Hilfe verschiedener Programmierverfahren festgelegt. Als Programmiersprachen werden zumeist schnelle Interpreter-Hochsprachen benutzt. Trotz gewisser Ähnlichkeiten verschiedener Sprachen, hat sich noch keine Normung durchgesetzt. Man unterscheidet die Programmierverfahren in Online- und Offline-Programmierung, wie in der Tabelle 5.3 aufgeführt.

Tabelle 5.3 Programmierverfahren für Industrieroboter

Online-Verfahren Programmerstellung direkt am Roboter	Offline-Verfahren Programmerstellung abseits eines Roboters
Playback-Verfahren: Der Effektor, z. B. ein Farbspritzwerkzeug, wird mit der Hand entlang der gewünschten Bahn geführt. Die Steuerung speichert dabei die Positionen der Achsen. **Teach-in-Verfahren:** Der Roboter wird mit dem Programmierhandgerät/Bedienfeld an die gewünschten Positionen gefahren. Position und Orientierung werden unter einer Nummer (Adresse) gespeichert. **Zusatzinformationen:** Geschwindigkeiten oder Greiferfunktionen werden bei beiden Verfahren über die Tastatur eingegeben.	**Textuelle Verfahren:** Die Programmerstellung erfolgt mit Hilfe einer Programmiersprache, ähnlich wie bei BASIC- oder PASCAL-Programmen. Es gibt unterschiedliche Programmiersysteme, die auf einem normalen PC lauffähig sind. **Grafisch-interaktive Verfahren:** Die Programmerstellung geschieht mit Hilfe einer Computersimulation des Roboters und seiner Bewegungen auf dem Monitor eines leistungsfähigen PC. Aus der CAD-Konstruktionszeichnung werden die Daten in ein Simulationssystem eingespielt.

Grundsätzlich sind Roboterprogramme zweigeteilt Sie umfassen zum einen eine Definitionstabelle von Positionen und zum anderen das eigentliche Roboterprogramm. Die Trennung der Positionen vom Programmcode hat im Umgang mit Robotern einen hohen praktischen Nutzen. Das Programm kann ohne Kenntnis der exakten Position des Werkstückes programmiert werden. Die genauen Positionen können entweder im Programm definiert oder später mit dem Roboter angefahren und gespeichert werden.

Die Aufgabe des Programmierers ist es, Programme so zu schreiben, dass diese sicher ablaufen. Der Quelltext sollte so codiert werden, dass auch andere Personen die Programme nachvollziehen können. Um diese beiden Forderungen erfüllen zu können, sollte man von vornherein die Methoden der strukturierten Programmierung anwenden.

Struktogramm *(structured flow chart)*

Abstrakte grafische Beschreibungsform für die Darstellung von Ablaufstrukturen mit relativ geringem Entscheidungsinhalt. Die Grafik besteht aus einem geschlossenen Block, der je nach logischen Beziehungen in verschiedene untergeordnete Blöcke aufgeteilt ist (Symbolik siehe DIN 66261).

Dabei wird das Problem zunächst grob umrissen und in sinnvolle Teilprobleme aufgeteilt. Diese können dann immer weiter unterteilt werden, bis alle Einzelprobleme offensichtlich werden. Die entstandenen Lösungsebenen kann man nun in einzelnen Funktionsblöcken abbilden. In ihnen wird der Programmablauf dargestellt.

Es gehört heute zum Stand der Technik, dass man Produktionsbereiche für Montage, Handling und Beschichtung zuerst mit virtuellen Darstellungen simuliert und plant bzw. optimiert. Eingegebene Prozess- und Bewegungsdaten werden sofort in 3D-Szenarien visualisiert. Zur Demonstration zeigt das Bild 5.50 ein sehr einfaches Beispiel. In der Planungs- und Konstruktionsphase können mit Robotersimulation die zeitliche Verkürzung der Inbetriebnahme und die anlagentechnische Optimierung erreicht werden, besonders wenn der Roboterarbeitsplatz in einen Fertigungsprozess zu integrieren ist. Die Arbeitsschritte sind möglichst realistisch abzubilden und der passende Roboterstandort ist zu bestimmen. Zur Simulation gehören weiterhin u. a. die Erreichbarkeitskontrolle der Bedienstellen, kollisionsfreie Roboterbahnen, Verfahrwege, Zykluszeiten, Überwachung von Singularitäten und Achsgeschwindigkeiten. Letztlich wird eine Roboterarbeitszelle in Echtzeit simuliert. Der zeitliche Ablauf kann beschleunigt und verlangsamt werden. Es sind verschiedene Simulationssysteme für Robotereinsatzfälle (bis hin zur digitalen Fabrik) in Anwendung (siehe auch [5.12]).

Dem Benutzer stehen Bibliotheken zur Einbindung aller bedeutenden Robotertypen zur Verfügung. Nicht vorhandene Handlingsysteme und periphere Geräte lassen sich einfach und schnell virtuell „nachbauen". Damit sind dann auch „virtuelle Arbeitswelten" darstellbar und ihre Funktion in Echtzeit simulierbar.

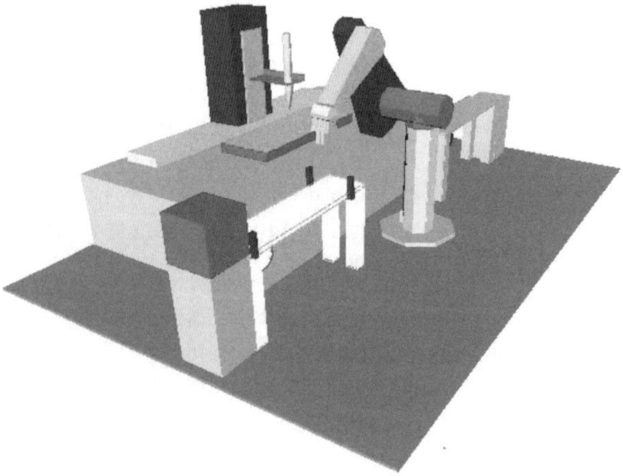

Bild 5.50 Planung von Einsatzfällen mit Robotersimulations-Software [5.9]

Übungsaufgabe 5.1 Programm zur Entnahme gestapelter Walzen

Das Bild 5.51 zeigt die Bereitstellung von Werkstücken, die auf einer Palette jeweils auf Lücke gestapelt sind.

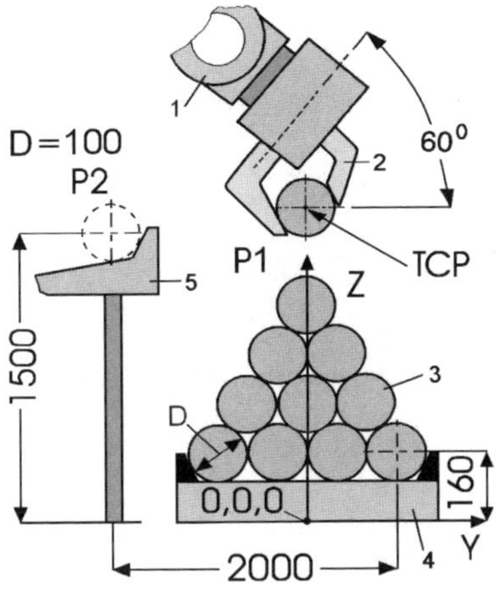

Bild 5.51 Abnehmen gestapelter Sägezuschnitte mit dem Industrieroboter und Ablegen im Punkt *P2*.
1 Industrieroboter, 2 Greifer, 3 Werkstück,
4 Transportpalette, 5 Abrollbahn

Beim Zuführen der Walzen soll der Roboter an der Position P1 beginnend die einzelnen Sägezuschnitte aufnehmen und an der Ablagestelle P2 der Rollbahn ablegen. Schreibe ein Programm, mit dem der Roboter die Palette abräumen kann, wobei das Programm die Positionen der Sägezuschnitte selbst ermittelt.

Übungsaufgabe 5.2 Beschickungsablauf als Petri-Netz

In Bild 5.52 wird die Beschickung einer Spannvorrichtung mit Werkstücken im Layout gezeigt. Die Handhabungseinrichtung kann nur wenige Positionen anfahren. Die Palette wird deshalb in *x*- und *y*-Richtung getaktet. Die *Home-Position* des Handlinggerätes ist mit „B" angegeben. Beschreibe diese Aktionsfolge mit ihren Alternativen im Petri-Netz.

> **Petrinetz:** Mittel zur Darstellung informativer Prozesse in Form eines speziellen, gerichteten Graphen, insbesondere wenn mehrere Systemkomponenten gleichzeitig aktiv sein können, sogenannte Nebenläufigkeiten.

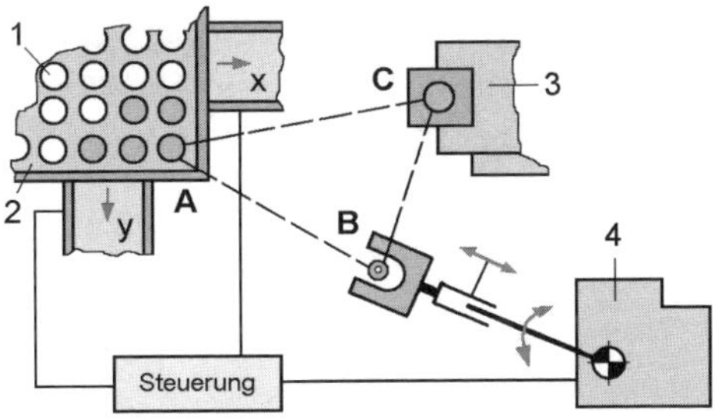

Bild 5.52 Beschickung einer Arbeitsmaschine mit Werkstücken – ein Übungsbeispiel.
1 Werkstückaufnahme, 2 Palette mit Vertaktsystem, 3 Arbeitsmaschine mit Spannmittel,
4 Handhabungsgerät

Kontrollfragen

5.1 Im Zusammenhang mit einem Roboterarbeitsplatz gibt es verschiedene Koordinatensysteme. Welche sind es und wozu braucht man sie?

5.2 Was verbirgt sich hinter der Abkürzung TCP?

5.3 Erläutern Sie die Begriffe Vorwärts- und Rückwärtstransformation sowie Interpolation!

5.4 Welche Erwägungen haben zur Entwicklung der SCARA-Kinematik *(Selective Compliance Assembly Robot Arm)* geführt?

5.5 Aus welchen beiden Gebieten haben sich die Industrieroboter entwickelt?

5.6 Wie groß ist der Getriebefreiheitsgrad des Roboters, der in der Skizze des Bildes 5.53 dargestellt ist?

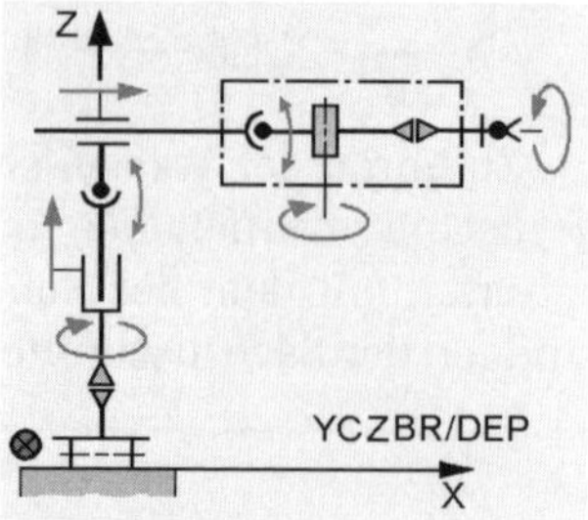

Bild 5.53 Kinematisches Schema – ein Beispiel

5.7 Welche vier Einzelaufgaben ergeben sich für die Programmierung eines Industrieroboters?

5.8 Welche Gründe gibt es für den Einsatz von Industrierobotern?

5.4 Flexible Werkstückbereitstellung

Das Zuführen von Teilen [5.11] aus dem Vibrator und Ordnen derselben wird heute auch mit Bilderkennungssystemen kombiniert. Dann wird der Vibrator meistens nur zum Fördern, höchstens aber zum Ausrichten eines Werkstücks in eine Vorzugslage ausgenutzt. Beim Durchlauf eines einzelnen Werkstücks wird ein Schwarz-Weiß-Konturbild gewonnen (Bild 5.54). Dazu führt man das Werkstück an einer Zeilenkamera vorbei und es wird schrittweise erfasst. Dann folgt die Binarisierung in ein zweiwertiges Konturbild, an dem dann alle Operationen zur Merkmalsanalyse ausgeführt werden. Die Auflösung in Förderrichtung ist dabei mit der „Scheibenbreite“ identisch und so ergibt sich:

$$v \cdot t_c = b = 1\,\mathrm{BE} \qquad (5.41)$$

v Fördergeschwindigkeit

t_c Belichtungszeit der Kamera

b „Scheibchenbreite“

BE Bildelement, Pixel

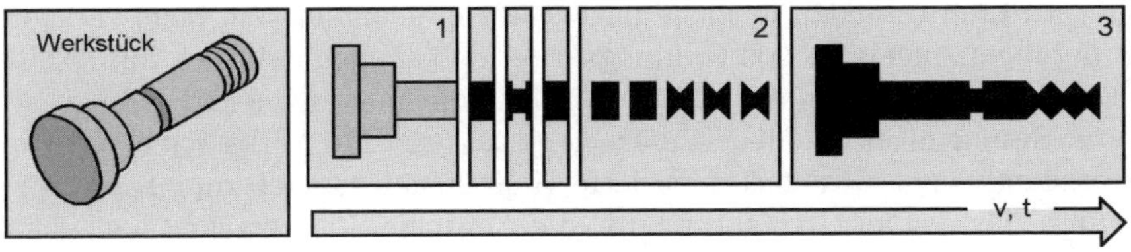

Bild 5.54 Entstehung eines Schwarz-Weiß-Konturbildes beim Abtasten mit einer Zeilenkamera. 1 Aufnahme eines in Scheiben eingeteilten Grauwertbildes, 2 Wandlung der Teilbilder in Schwarz-Weiß-Konturen, 3 Erzeugen eines vollständigen Bildes und Untersuchung auf Merkmale, *t* Zeit, *v* Fördergeschwindigkeit

Beispiel 5.1

Gegeben sei eine Fördergeschwindigkeit von $v = 300$ mm/s und eine Belichtungszeit von $t_c = 256$ Mikrosekunden. Dann ist 1 Pixel = $300 \times 256 \times 10^{-6}$ mm = 0,0768 Millimeter am Werkstück in horizontaler Richtung. Die vertikale Auflösung ist mit der ausgewählten Zeilenkamera festgelegt, zum Beispiel 512 Pixel.

Das Prinzip eines Werkstückerkennungssystems wird in Bild 5.55 am Beispiel der „Sortbox“ von der Firma Festo gezeigt. Für verschiedene Klassen von Werkstückgrößen gibt es mehrere Baugrößen mit einem maximalen Durchlassfenster von 80 × 80 mm. Die Abtastung geschieht im Durchlichtbetrieb.

Der Durchlichtbetrieb hat folgende Vorteile:

- robust und unabhängig von Fremdlicht und Lichtschwankungen
- großer Kontrast zwischen Werkstück und Hintergrund
- Farben und Oberflächenmuster werden unsichtbar und stören die Auswertung nicht

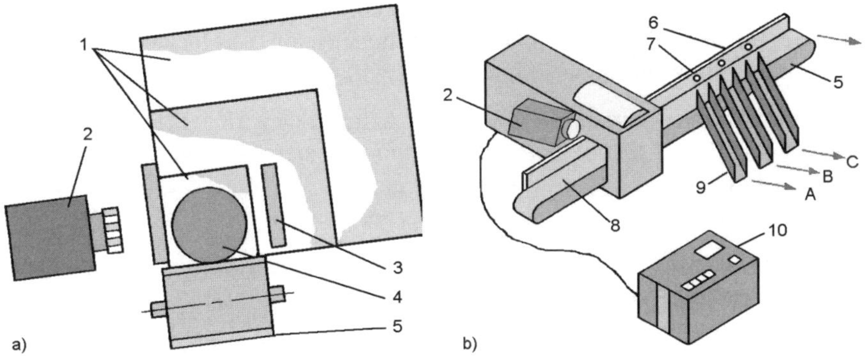

Bild 5.55 Prinzip eines Werkstückerkennungssystems (Festo).
a) Abtastprinzip, b) Gesamtansicht des Modells „Sortbox“,
1 Sichtbereich und Durchlassfenster der verschiedenen Baugrößen, 2 Zeilenkamera, 3 LED-Hochintensitätsbeleuchtung, 4 Werkstück, 5 Förderband, 6 Seitenführung, 7 Abblasdüse, 8 Aufgabebereich, 9 Sortierkanal, 10 Steuereinheit, A bis D Werkstück-Sortenkanäle

Die Einrichtung wird mit Gutteilen in Richtiglage sowie in allen auf dem Band vorkommenden Orientierungen angelernt. Als Ordnungskriterien kommen natürlich nur solche Merkmale in Frage, die im Schattenbild sichtbar werden. Innenmerkmale und Farbflächen können in diesem System nicht visuell detektiert werden. Wurde ein Werkstück bzw. seine Orientierung erkannt, dann wird das generierte Aktorsignal parallel zum Förderweg solange mitgeführt, bis das jeweils geprüfte Teil die Abwurfposition erreicht hat. Dann wird die Blasdüse aktiviert und befördert das Teil in den entsprechenden Sortierkanal. Wird die Transportgeschwindigkeit verändert, dann verändern sich auch die Signalmitlaufzeiten für das Abblasen, ohne dass sich der Anwender darum kümmern muss. Das Erkennen und Abblasen von „normalen" Teilen, z. B. solchen, wie man sie in Bild 5.56a sehen kann, ist unproblematisch. Es gibt aber auch windschlüpfrige Werkstücke mit überdies sehr glatter Oberfläche. In diesen Fällen kann die Blasluft möglicherweise nicht genügend Abwurfkraft hervorbringen. Dann muss die Düsengeometrie und eventuell auch der Blaszeitpunkt verändert werden. Auch bei sehr leichten Teilen sind Versuche angeraten, um freie Werkstückbewegungen beim Fallen beobachten zu können.

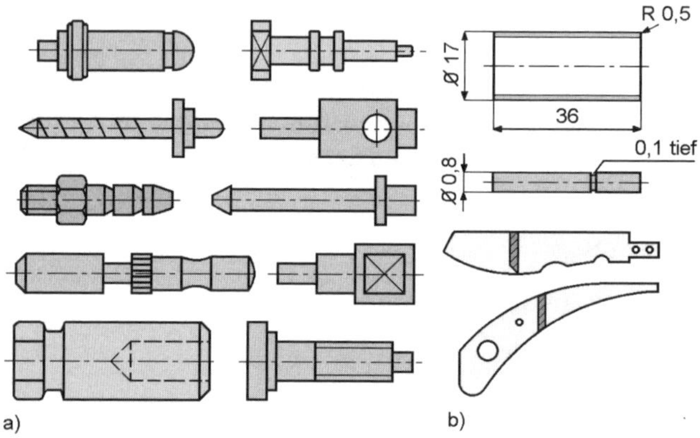

Bild 5.56 Werkstücke, die automatisch visuell erkannt werden.
a) typische, sehr gut erkennbare Drehteile, b) schwierige Teile, die man trotzdem sicher erkennen konnte

Aber auch die in Bild 5.56b gezeigten Teile konnten sicher erkannt werden. Sie weisen oft nur feine Merkmale in einem Bereich von Zehntelmillimetern auf. Das leisten die meisten mechanischen Ordnungseinrichtungen technisch und zeitlich im Allgemeinen nicht mehr.

Ein interessantes und flexibles System zur Bauteil-Magazinierung wird in Bild 5.57 gezeigt. Das skizzierte System APOS *(Advanced Parts Orientation System)* stammt aus Japan. Es dient zum Ordnen von Kleinteilen und erreicht eine gewisse Universalität. Man kann für das Ordnen eines Werkstücks etwa drei Sekunden veranschlagen.

Eine Anpassung der Hardware an die Werkstückgeometrie ist nur bei den Paletten notwendig. Diese muss man mit werkstückspezifischen Formnestern ausstatten.

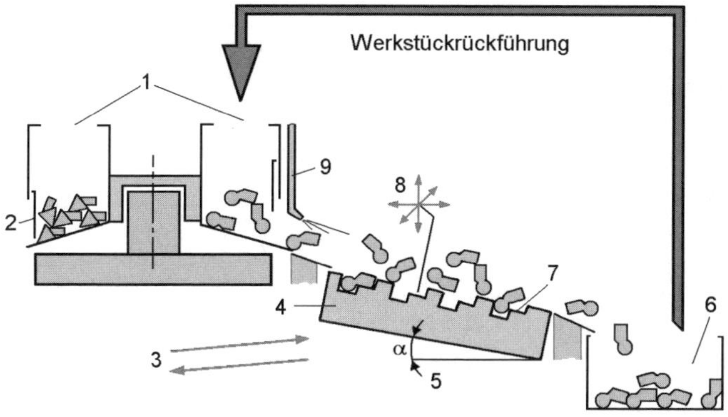

Bild 5.57 Magazinfüllsystem APOS (nach Sony).
1 werkstückspezifischer Bunker, 2 Auslassschieber, 3 Zu- und Abführen der Paletten, 4 Palette mit werkstückangepassten Formnestern, 5 Palettenwinkel, werkstückabhängig variabel, 6 Sammelbehälter für Durchläuferteile, 7 Formnest, 8 Palettenvibration, werkstückspezifisch, 9 Druckluft

Zur Funktion: Die Werkstücke werden aus einem Bunker über eine schräg angestellte Palette gerüttelt. Ein großer Teil der Werkstücke findet in den Formnestern Platz. Alle übrigen Teile werden durch Druckluft in einen Durchläuferbunker abgeblasen und dann in den Ausgangsbunker zurückgeführt. Die so bestückte Palette wird durch automatische Transporteinrichtungen zum jeweiligen Montageprozess oder Speicherplatz geführt. Die dortige Handhabungseinrichtung ist mit einer Sensorik ausgerüstet und greift nur die richtig in den Formnestern liegenden Teile. Teile in Fehllage, die Störungen im Prozess verursachen könnten, kommen in den Bunker des Magazinfüllsystems zurück. Durch die parallele Zuführung ist eine hohe technische Verfügbarkeit gewährleistet. Infolge der Vibration der Palette kann es allerdings passieren, dass die schon richtig orientierten Teile wieder aus dem Nest geworfen werden. Zudem sind die einzelnen Paletten Sonderanfertigungen für ein spezielles Werkstück, so dass eine flexible Produktion nur über den Austausch der Paletten praktizierbar ist.

Höhere Flexibilität erreichen Bereitstellsysteme, die Teile in Richtiglage „aus der Kiste" oder wenigstens „vom Förderband" greifen. Das ähnelt menschlichem Verhalten. Die Greifvorgänge stützen sich auf eine laufende Rückkopplung von visuellen Systemen. Der „Griff aufs Band" ist etwas leichter realisierbar, weil sich überlappende Teile gut verhindern lassen und Tiefeninformationen nicht erforderlich sind. Das Bild 5.58 zeigt ein solches System im Schnitt. Wie funktioniert es?

Ordnen ist bekanntlich ein Vorgang, bei dem sich stabile und labile Werkstücklagen abwechseln müssen, bis die Wunschlage erreicht ist. Das wird bei der gezeigten Lösung beinahe lehrbuchgerecht realisiert. Rüttelbewegungen sollen das Haufwerk auflösen, so dass auf dem zweiten kontinuierlich laufenden Förderband vereinzelte Werkstücke ankommen, wenn auch noch in beliebigen Orientierungen. Dazu kann das Bunkerförderband Hin- und Herschritte ausführen. In einer zweiten Aktion werden die Falschlagenteile mit einem kamerageführten Impulskopf behandelt. Einem ausgewählten Werkstück wird ein gezielter Stoß vermittelt, so dass ein Drehmoment entsteht. Dabei wird das Teil umgedreht.

Der Stoß wird gegen das von unten beleuchtete Förderband geführt. Der Impulskopf wird in der *x-y*-Ebene an passender Stelle im Ergebnis einer Bildauswertung positioniert. Anschließend lokalisiert eine weitere Kamera die Greifposition *(gripper location)* und gibt die Koordinaten für den Abgriff an die Robotersteuerung. Verbleibende Falschlagen und überzählige Teile werden in den Bunker zurückgebracht. Das System ist in weiten Grenzen von der Werkstückform *(workpiece shape)* unabhängig.

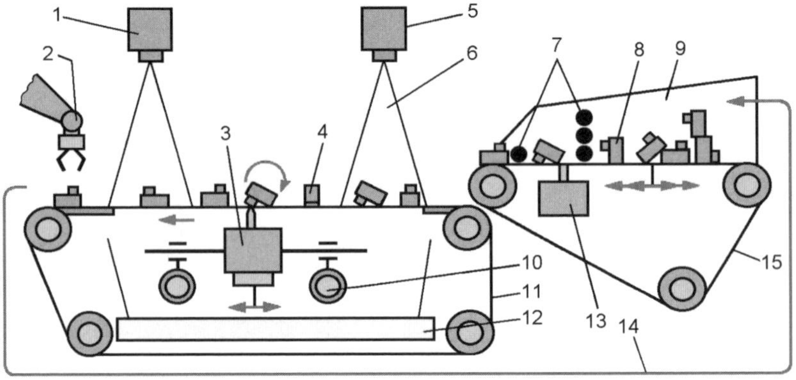

Bild 5.58 Werkstückzuführ- und Orientierungssystem (Adept).
1 Kamera zur Erfassung der Greifposition, 2 Industrieroboter, 3 in *x-y*-Richtung gesteuerter Impulsstößel, 4 Werkstück, 5 Kamera zur Positionssteuerung des Impulsstößels, 6 Sichtfeld, 7 Sensoren zur Beobachtung der Haufwerkauflösung, 8 Werkstückhaufwerk, 9 Aufgabebunker, 10 *x-y*-Schlitten, 11 kontinuierlich laufendes Förderband, 12 Beleuchtung, 13 Stoßrüttler, 14 Rücklauf falsch orientierter und überzähliger Teile, 15 parametrierbarer Förderer mit Rütteleffekt

Man kann auch eine Sortiertechnologie *(sorting method)* verwenden, um verschiedene Teile aus einem Bereitstellbunker zuzuführen. Eine Beispiellösung wird in Bild 5.59 (Draufsicht) gezeigt. Die Werkstücke werden aus einem Vibrationswendelförderer zugeführt. Sie sind geometrisch unterschiedlich (im Beispiel drei Sorten) und erreichen in chaotischer Folge die Austragbänder bzw. -schienen. Jedes Teil wird von der CCD-Kamera erfasst. Bei brauchbarer Orientierung können sie die Blasdüse passieren. Inzwischen ist die Weiche auf den dazugehörigen Magazinkanal eingestellt, so dass die Teile zum Abgreifpunkt gelangen können. Falschlagenteile werden von der Blasdüse wieder zurück in den Wendelbunker befördert. Die Ansteuerung der Weiche ist statisch, das heißt, sie ist vor Ankunft des Werkstücks bereits gestellt. Dazu ist nötig, dass die Teile einzeln und nicht im lückenlosen Verband laufen.

Im Beispiel ist zu sehen, dass man auch die Kanalbreiten den Werkstückbreiten anpassen kann, so dass diese ihre Orientierung nicht mehr verlieren können. Stellmotoren *(servo motors, positioning motors)* erlauben eine programmierbare Umstellung bei Werkstückwechsel. Die Sortiertechnologie kann versagen, wenn die Sorten aus Teilen mit sehr unterschiedlichen Dichten bestehen. Die leichten Teile (z. B. aus Aluminium) „schwimmen“ im Bunker oben und werden ohne Unterbrechung gefördert. Die zweite Sorte von Teilen, (z. B. aus Kupfer), werden anschließend als „Bodensatz“ gefördert.

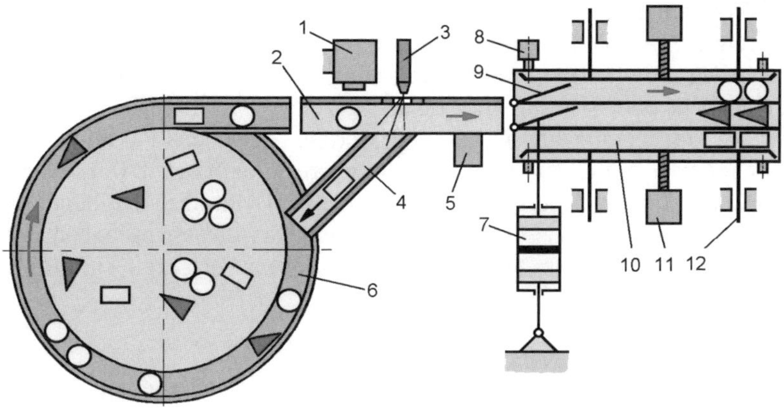

Bild 5.59 Vibrationswendelförderer mit parallelen Austragsschienen für unterschiedliche Werkstücke (nach SCHMID).
1 CCD-Kamera, 2 Förderband, 3 Rückblasdüse, 4 Gleitbahn, 5 Bandantrieb, 6 Vibrationswendelförderer, 7 pneumatischer Dreistellungsantrieb, 8 Magazinbandantrieb, 9 Weiche, 10 Magazinkanal, 11 Motor für die automatische Bandbreitenverstellung, 12 Seitenbordführung

Zur Hardware für die flexible Teilebereitstellung gehört auch die folgende Einrichtung. Das Prinzip wird in Bild 5.60 gezeigt.

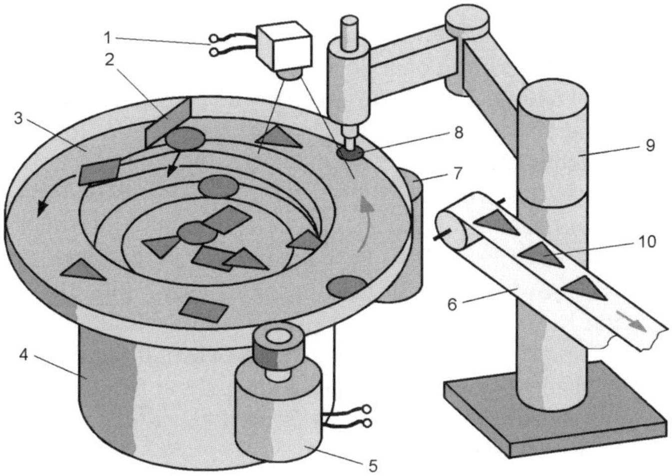

Bild 5.60 Robotergestützte Werkstückbereitstellung (nach AFAG).
1 CCD-Kamera, 2 Rückweisblech, 3 Drehring, 4 Vibrationswendelförderer, 5 Schrittmotor, 6 Abführförderband, 7 Beleuchtungseinheit für Durchlicht, 8 Saugergreifer, 9 SCARA-Roboter, 10 Werkstück

Es wurden Zuführ-, Erkennungseinheit und Handhabungsroboter zu einer flexibel einsetzbaren Einheit vereinigt. Ein Vibrationswendelförderer bringt auf einfache Art vororientierte Teile nach oben auf eine Ringscheibe. Der Ring wird mit einem Schrittmotor angetrieben. Die im Auflicht oder (wie im Bildbeispiel gezeigt) von unten beleuchteten Werkstücke (dann ist die Ringscheibe durchscheinend) werden in Art, Position und Orientierung von einer Kamera erfasst und vom Bildverarbeitungsrechner erkannt. Der Roboter greift ein ihm zugewiesenes Teil und übergibt es der Montageeinrichtung. Nicht benötigte oder nicht erkannte Teile werden von der getakteten Scheibe wieder abgeschoben und gelangen zurück in den Vibratoraufsatz. Man erreicht mit diesem Verfahren Zuführleistungen bis 40 Teile je Minute.

Vorteile dieser Lösung sind:

- Der Wendelförderer benötigt keine ausgeklügelten Schikanen, die beim Umrüsten verändert oder ersetzt werden müssten.
- Werkstückmerkmale wie Stanzgrat, Angüsse und Verformungen beeinflussen oder stören den Zuführprozess nicht.
- Die Flexibilität des Systems liegt in der Software und nicht in der Hardware. Das System wird im Teach-in-Verfahren auf neue Werkstücke angelernt.
- Die Hauptkomponenten stellen erprobte Standardkomponenten dar.
- Die Umrüstung auf ein anderes Werkstück kann schnell und einfach vorgenommen werden.

Ein sehr innovatives Verfahren und eine der ältesten Aufgabenstellungen wäre das Handhaben von Teilen direkt aus einem **Haufwerk** mit dem Roboter. Das wird mit „Griff in die Kiste“ bezeichnet oder als **Bin-Pick-Lösung**. Das Schüttgut kann in Transportbehältern angeliefert werden. Mit einer 3D-Bilderkennung wird die ungeordnete Menge an Objekten mit einer Kamera beobachtet. Die Bilddaten von der Schüttgutoberfläche werden von Auswertealgorithmen übernommen und analysiert. Es wird nach zufällig freiliegenden Teilen gesucht, die sich gut greifen lassen. Durch die Entnahme von Teilen entsteht immer wieder ein neues Oberflächenbild, welches ständig andere Beobachtungsdaten hervorbringt. Danach werden die Daten für einen Greifvorgang für das am günstigsten liegende Teil aufbereitet. Es folgt der Griff in die Kiste. Bemerkenswert ist, das ein gewisser Teil der Mechanik durch Datenverarbeitung ersetzt wurde. Das gewährleistet Flexibilität und eine rasche Umstellung auf ein anderes Objekt. Eventuell muss noch ein anderer Greifer eingewechselt werden. Als Handhabungsobjekte kommen leichte Schachteln, Kunststoffteile, Verpackungen ebenso wie schwere Schmiedeteile in Frage.

Griff in die Kiste *(reach into a container)*

Eine Handhabungseinrichung lokalisiert im Ergebnis eines Erkennungsvorgangs ein Teil, greift gezielt in einen Vorrat chaotisch angelieferter Teile, entnimmt das Teil und legt es definiert ab.

Versuche wurden bereits 1983 in den USA unter Verwendung eines Objekterkennungssystems und taktiler Sensoren vorgenommen (Greifen von Schrauben 14 mm × 160 mm). Für Werkstücke mit beliebiger Form und unterschiedlicher Größe war diese Lösung nicht allgemein nutzbar. Der „Griff in die Kiste“ stellt hohe Anforderungen an die Auswertung von Sensordaten. Bestandteile eines Systems muss ein Modul zur Erkennung (Erkennungszeit z. B. 1,8 bis 2,5 s), die Greifpunktberechnung und ein Lokalisationsmodul sein. Erst die Generierung eines geeigneten Greifpunktes mit der dazugehörigen Anfahrstrategie für den Roboterarm aus den Daten der Lokalisation ermöglicht eine Entnahme und Handhabung der Objekte. Die Zahl praxistauglicher Lösungen für den Griff auf ungeordnet vorliegendes Arbeitsgut nimmt ständig zu [5.13].

Was versteht man bei Erkennungsvorgängen industrieller Szenen unter den häufig benutzten Begriffen „Auflicht“ und „Durchlicht“?

Auflicht *(reflected light)*: Beleuchtung, bei der diffuses oder gerichtetes Licht auf die Oberfläche des Objekts strahlt. Probleme können hochglänzende Oberflächen hervorrufen. Das Licht kommt aus Richtung der Kamera.

Durchlicht *(transmitted light)*: Beleuchtung, bei der das Objekt die Lichtquelle abschattet. Der Hintergrund erscheint hell, das Objekt dunkel. Damit lassen sich Schattenbilder von Prüfobjekten erzeugen, die sich genau vermessen lassen. Das Licht kommt auf die Kamera zu.

Bei bildgebenden Sensoren spielt die Beleuchtungstechnik in Verbindung mit dem Empfindlichkeitsverlauf des eingesetzten Sensors eine große Rolle und beeinflusst die Zuverlässigkeit der Bilderkennung erheblich.

Kontrollfragen

5.9 Welche technischen Mittel sind verfügbar, um Werkstücke nach ihrem Schwarz-Weiß-Konturbild zu sortieren und zu ordnen?

5.10 Skizzieren Sie den Strahlengang bei Auflicht- und Durchlichtbeleuchtung eines zu prüfenden Objekts

Literatur und Quellen

[5.1] *Hesse, S.: Schmidt, H.: Schmidt, U.:* Manipulatorpraxis. Vieweg Verlag Braunschweig Wiesbaden 2001

[5.2] Richtlinie 90/269/EWG; Verordnung über Sicherheit und Gesundheitsschutz bei der manuellen Handhabung von Lasten bei der Arbeit

[5.3] *Peskin, M. A.; Colgate, J. E.; u. a.:* Cobot Architecture. IEEE Transactions on Robotics and Automation, Vol. 17, No. 4 2001

[5.4] *Hesse, S.:* Industrieroboterpraxis. Vieweg Verlag Wiesbaden 1998

[5.5] *Bartenschlager, J.; Hebel, H.; Schmidt, G.:* Handhabungstechnik mit Robotertechnik. Vieweg Verlag Wiesbaden 1998

[5.6] *Kreuzer, E.J.; Lugtenburg, J.B.; Meißner, H.G.; Truckenbrodt, A.:* Industrieroboter. Springer-Verlag Berlin/Heidelberg. 1994

[5.7] *Weber, W.:* Industrieroboter. Fachbuchverlag Leipzig 2002

[5.8] *Siegert, H.J.; Bocionek, S.:* Robotik: Programmierung intelligenter Roboter. Springer-Verlag Berlin/Heidelberg u. a. 1996

[5.9] *Mehner, F.; Stürmann, H.:* Robotertechnik. Verlag Christiani, Konstanz 1997

[5.10] *Stark, G.:* Robotik mit MATLAB. Fachbuchverlag Leipzig im Carl Hanser Verlag, München/Wien 2009

[5.11] *Müller-Kramp, T.:* Flexibles Ordnen von Teilen. VDI Fortschritt-Berichte, Reihe 2, Nr. 239, Düsseldorf 1992

[5.12] *Hesse, S.; Malisa, V.:* Taschenbuch Robotik – Montage – Handhabung. 2. Aufl., Fachbuchverlag Leipzig im Carl Hanser Verlag München 2016

[5.13] *Buchholz, D.:* Bin-Picking. Springer-Verlag, Berlin/Heidelberg 2016

6 Transfersysteme

Erste Schritte für eine gegenstandsspezialisierte Fertigung gehen auf die Ford Motor Company zurück, die 1913 durch Spezialisierung von Arbeitsplätzen, zunächst bei der Montage der PKW-Chassis (Bild 6.1), viel Montagezeit einsparen konnte.

Bild 6.1 Der letzte Arbeitsgang bei der Kraftfahrzeugmontage in den Ford-Werken (1914)

Damit war der Gedanke einer fließenden Fertigung geboren und hat sich bis heute in teil- und vollautomatisierten Anlagen unter Verwendung von Transfersystemen fortgesetzt.

Transfersystem *(transfer unit, transfer line)*

Transportanlage für Arbeitsgegenstände bzw. Werkstückträger, die mehrere Arbeitsstationen verbindet. Die Weitergabe kann zeitsynchron (Taktstraße) oder zeitasynchron erfolgen. Bei linienartiger Anordnung von vollautomatisierten Fertigungseinrichtungen (Werkzeugmaschinen) spricht man auch von einer Transferstraße.

Neben der automatischen Werkstückhandhabung *(workpiece manipulation)* an einer Maschine wird also auch die automatisierte Werkstückträger-Handhabung zwischen den Arbeitsstationen bzw. Maschinen erforderlich. Die Taktzeiten für die Bearbeitung liegen in vielen Fällen zwischen 20 und 60 s. Montageoperationen laufen wesentlich schneller ab. Die für das Weitergeben der Teile eingesetzten Geräte werden auch als **Verkettungseinrichtun-**

gen bezeichnet. Roboter können ebenfalls dafür eingesetzt werden. Eine Verkettung *(linking)* schließt stets die Anbindung an den Informationsfluss einer Produktionsanlage mit ein.

Das Bild 6.2 erklärt den Verkettungsprozess (Draufsicht) recht anschaulich. Die Werkstücke oder halbfertigen Produkte werden in einen Ovalumlauf umgesetzt, laufen zum nächsten Prozess und kommen anschließend zum Übergabepunkt zurück. Das Entladen vom Taktförderer und das Neubeladen laufen gleichzeitig ab, weil das Pick-and-Place-Gerät doppelarmig ist. Diese Art der Werkstückhandhabung ist effektiv, denn die Aktionen laufen zeitlich parallel ab.

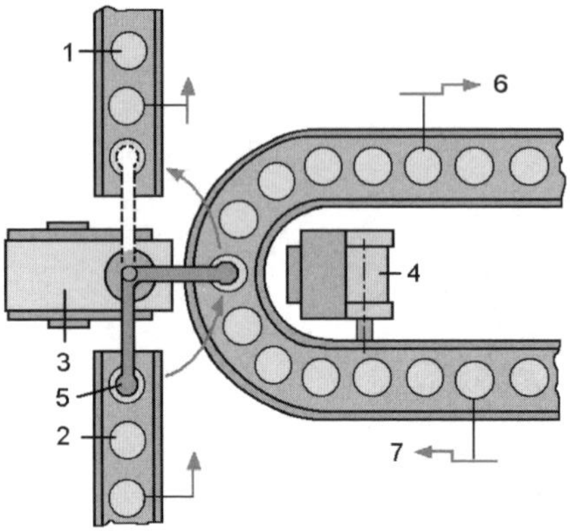

Bild 6.2 Beispiel für eine Verkettungsanlage mit kurvengesteuertem Doppelarmhandling (Miksch). 1 Werkstück, Produkt, 2 zulaufendes Teil, 3 Pick-and-Place-Gerät, 4 Taktantrieb, 5 Greifer am Schwenkarm, 6 Fördern zum Prozess, 7 Rückkehr vom Prozess

Eine Unterscheidung der Verkettungsarten kann nach der Organisationsform der Verkettung erfolgen, insbesondere nach dem Verlauf der Hauptförderrichtung (Bild 6.3). Die geschlossene Grundform ist z. B. für Montagesysteme mit Werkstückträgern typisch. Diese gelangen stets wieder an den Startpunkt zurück. Bei einem offenen System lassen sich zusätzliche Stationen auch nachträglich noch einbauen. Der Rücklauf von Werkstückträgern muss aber mit zusätzlicher **Rückführtechnik** gesichert werden.

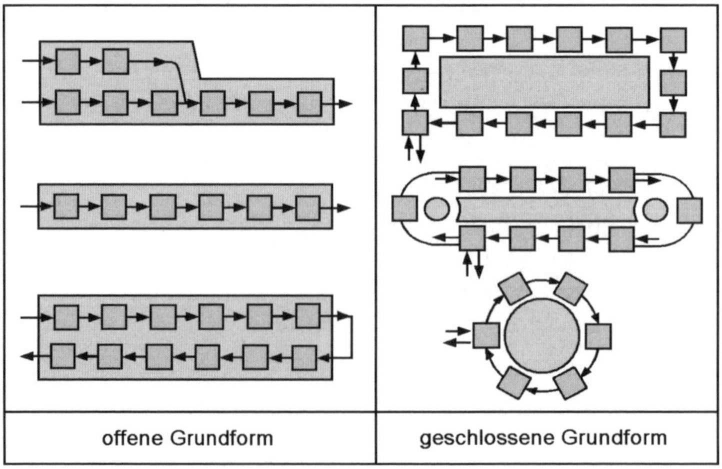

Bild 6.3 Grundformen räumlicher Anordnung von Arbeitsstationen

6.1 Verkettung von Arbeitsmitteln

Nach der Art der Steuerung oder Regelung der zeitlichen Abhängigkeit (intermittierender oder kontinuierlicher Werkstückfluss *(part flow)*, zeitlich synchron oder asynchron, dem Verlauf der Hauptförderrichtung sowie der Einsatzfähigkeit für stets gleiche oder verschiedenartige Werkstücke lassen sich die in Tabelle 6.1 aufgeführten Verkettungsarten anführen.

Von gravierender Bedeutung ist die Unterscheidung in lose Verkettung *(loose interlink)* und feste Verkettung *(rigid interlinkage)*, weil das den Ausstoß einer Arbeitslinie nachhaltig beeinflusst. Bei der festen (starren) Verkettung muss bei einer Störung die gesamte Linie angehalten werden, auch die noch intakten Maschinen bzw. Stationen. Bei der losen Verkettung ist das anders. Bei Ausfall einer Maschine bzw. Station können alle übrigen Stationen solange weiterarbeiten, wie der jeweils vorgelagerte Werkstückspeicher noch Teile abgeben kann bzw. der nachfolgende Speicher noch für bearbeitete Teile aufnahmefähig ist. Weil gerade in der Montage viele **Störungen** von kurzzeitiger Natur sind, lassen sich solche Situationen überbrücken, ohne dass die gesamte Linie zum Stillstand kommt. Natürlich ist auch ein Störungsspeicher selbst störanfällig, benötigt Anschaffungs- und Betriebskosten und kann deshalb nicht generell verordnet werden. Welche Speicherkapazität günstig ist, kann man letztlich nur durch Simulation der gesamten Arbeitslinie herausfinden.

Verkettung *(machine chaining)*
Anlagenarchitektur von Maschinen, bei der ein Zusammenschluss der Maschinen (oder Stationen) mit Hilfe von Einrichtungen für den Werkstück-, Informations- und Energiefluss erfolgt. Die Verkettung kann starr (zeitsynchron), lose (zeitasynchron), zielcodiert und wegflexibel sein.

Tabelle 6.1 Charakteristik der Verkettungsarten von Maschinen bzw. Stationen und Teilespeichern. 1 Werkstückspeicher, Zwischenspeicher, 2 Arbeitsstation, Arbeitsmaschine

Verkettungsart	Prinzip	Charakteristik, Beispiel
1.1 Feste Verkettung	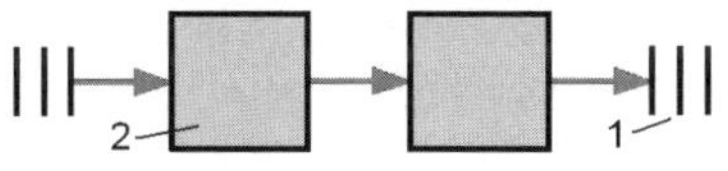	zeitsynchrone Weitergabe (taktweise), kein Zwischenspeicher, Taktautomaten, Taktstraßen
1.2 Lose Verkettung	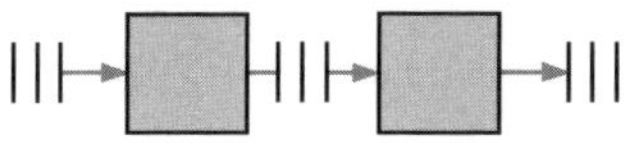	zeitasynchrone Weitergabe, Speicher vor jeder Station, Handmontagelinien, hybride Montagelinien
1.3 Kombinierte Verkettung	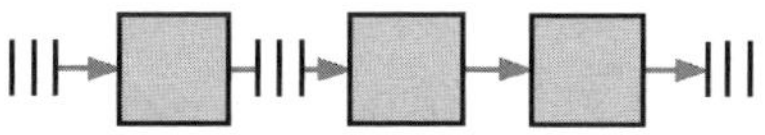	gleichzeitige Nutzung von loser und fester Verkettung in einem System, Verkettung von Taktautomaten und Fertigungsabschnitten
2.1 Reihenverkettung		verzweigte oder unverzweigte Anordnung von Stationen, systemtechnisch linear, Montagelinien, Taktautomaten

Tabelle 6.1 Charakteristik der Verkettungsarten von Maschinen bzw. Stationen und Teilespeichern. 1 Werkstückspeicher, Zwischenspeicher, 2 Arbeitsstation, Arbeitsmaschine *(Fortsetzung)*

Verkettungsart	Prinzip	Charakteristik, Beispiel
2.2 Parallelverkettung	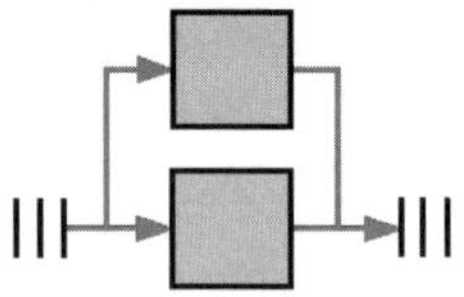	parallele Kopplung von Montagestationen bzw. Maschinen, flexible Montagelinien (Erzeugnisvarianten) oder kapazitätsbedingte Parallelschaltung von Maschinen oder Stationen
2.3 Reihen-Parallel-Verkettung	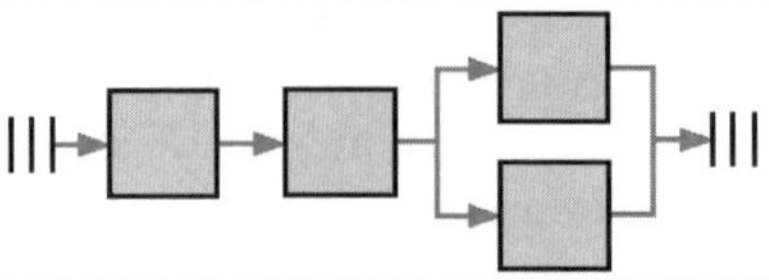	abschnittsweise Kombination von Reihen- und Parallelschaltung; komplexe, meist flexible Montagesysteme
3.1 Innenverkettung	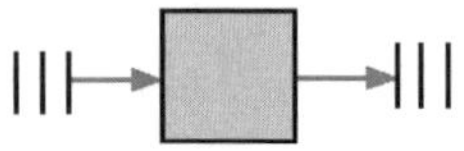	Verkettungsmittel durchdringt den Arbeitsraum der Station, Maschinenstraßen z. B. aus Drehautomaten
3.2 Außenverkettung	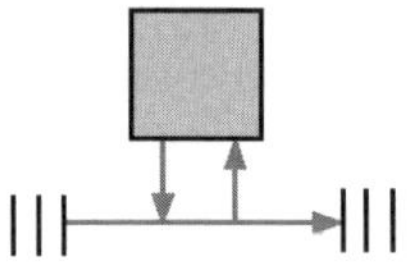	Verkettungsmittel verläuft neben dem Arbeitsraum der Station, Verkettung mehrerer Montagezellen, Maschinenstraßen, Anbindung von Handarbeitsplätzen

In Bild 6.4 wird das Leistungsverhalten einer Arbeitslinie dargestellt und zwar abhängig von der Länge (Anzahl der verketteten Stationen) und vom Zwischenspeicher (Speicherkapazität). Die Zuverlässigkeit *(reliability)* der Stationen wurde bei allen drei Varianten gleich angesetzt.

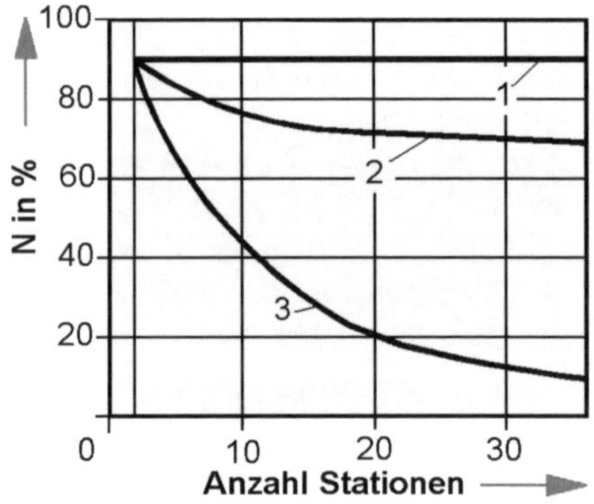

Bild 6.4 Leistungsverhalten verketteter Stationen (normiertes Beispiel).
1 Lose Verkettung mit sehr großen Störungsspeichern zwischen allen Stationen (unrealistisch, zu teuer), 2 Lose Verkettung mit vertretbar großem Speicher (oft praktiziert), 3 Taktweise Weitergabe an allen Stationen (feste Verkettung), keine Störungsspeicher vorhanden, *N* Ausstoß der Linie in Prozent

Aufgabe zur Maschinenverkettung

Wie viele gleichartige Maschinen bzw. Arbeitsstationen darf man fest miteinander verketten?

Problem: Eine Rundtakt- oder Linientaktmaschine bestehe aus z-Stationen. Soll die Ausstoßleistung erhöht werden, dann kann man die Arbeitslinie um einige Stationen erweitern, bei gleichzeitiger Neuaufteilung der erforderlichen Arbeitsoperationen (z. B. bei einer Kleinteilmontage) auf die nun erhöhte Stationenzahl. Die Taktzeit t_T wird dadurch kleiner, weil die operative Zeit t_0 je Station nun kleiner ist (t_0/z = operative Zeit je Station). Die Taktzeit t_T setzt sich nach Gl. 6.1 wie folgt zusammen:

$$t_T = t_0 + t_x \tag{6.1}$$

t_x Schaltzeit, Weiterschalten von Station zu Station

t_0 nutzbare operative Zeit für die Wertschöpfung

In der Schaltzeit steckt bei einer Rundschalttischmaschine die Zeit für das Weiterrücken des Schalttisches, das Indexieren des Schalttellers in der Position und auch das Lösen der Indexierung. Sie ist ein konstanter, maschinentechnisch bedingter Wert, der nicht beliebig gesenkt werden kann, meistens gar nicht. Damit wird bei einer Erhöhung der Stationenzahl z und Verkürzung der Taktzeit t_T das Verhältnis von nutzbarer Zeit und nichtnutzbarer Schaltzeit immer ungünstiger.

Lösung: Da jede Maschine auch ein **Störverhalten** aufweist, sollen die Reparaturrate μ und die Ausfallrate λ mit in die Betrachtung einbezogen werden.

> **Reparaturrate** *(repair rate)*: Kehrwert der Reparaturdauer je Störung bzw. je Ausfall.
> **Ausfallrate** *(failure rate)*: Anzahl der je Zeiteinheit ausfallenden Einheiten bezogen auf die Anzahl der zu diesem Zeitpunkt noch funktionierenden Einheiten.

Damit ergibt sich für **eine** Maschine ein Produktionsausstoß Q nach Gl. 6.2:

$$Q = \frac{1}{t_T} \cdot \frac{1}{(1 + \lambda/\mu)} \tag{6.2}$$

Wenn Gl. 6.1 in Gl. 6.2 eingesetzt wird, so erhält man die Gl. 6.3.

$$Q = \frac{1}{(t_0 + t_x)} \cdot \frac{1}{(1 + \lambda/\mu)} \tag{6.3}$$

Bei einer Arbeitslinie mit z-Stationen (λ- und μ-Werte werden als gleichgroß angenommen) ergibt sich die Gl. 6.4:

$$Q = \frac{1}{\frac{t_0}{z} + t_x} \cdot \frac{1}{1 + z \cdot \frac{\lambda}{\mu}} = \frac{z}{t_0 + z \cdot t_x + t_0 \cdot z \cdot \frac{\lambda}{\mu} + z^2 \cdot t_x \cdot \frac{\lambda}{\mu}} \tag{6.4}$$

Man kann nun den Extremwert bestimmen, indem man $dQ/dz = 0$ setzt und erhält für die optimale Länge fest verketteter gattungsgleicher Arbeitsstationen die Gl. 6.5

$$z_{\text{opt}} = \sqrt{\frac{t_0}{t_x \cdot \lambda/\mu}} \tag{6.5}$$

Andere Entscheidungen müssen bei loser Verkettung getroffen werden (Gl. 6.6) und zwar die Bemessung der **Speicherkapazität** Q. Dabei spielen folgende Einflussfaktoren eine Rolle:

- Erfahrungswerte über die Häufigkeit von Störungen
- Taktzeit bzw. Zykluszeit der Arbeitslinie
- Handhabungseigenschaften und Größe der Werkstücke
- Wert des Produkts oder Werkstücks im jeweiligen Anarbeitungszustand

$$Q = \frac{2 \cdot t_A}{t_T} \text{ in Stück} \tag{6.6}$$

t_A maximal zu überbrückende Ausfallzeit in Minuten

t_T Taktzeit der nachfolgenden Maschine bzw. des Folgeabschnittes in min/Stück

Störungsspeicher sollen im Einsatz idealerweise nur halb gefüllt sein, damit sie bei einem Maschinenausfall stromabwärts noch Teile aufnehmen können und bei einem Maschinenausfall stromaufwärts ebensolche abgeben können. Ist die Speicherwirkung erschöpft, dann muss die Arbeitslinie komplett abgeschaltet werden, auch wenn einzelne Maschinen noch intakt sind. Viele Störungen sind aber nur von kurzer Dauer.

Der jeweils aktuelle Speicherinhalt ΔQ ist eine variable Größe und er kann nur durch Simulation der Arbeitslinie bestimmt werden, z.B. mit Hilfe der **Monte-Carlo-Methode** (Methode der statistischen Versuche). Das liegt am stochastischen (zufälligen) Charakter der nicht vorhersehbaren Maschinenstörungen.

Monte-Carlo-Methode *(Monte-Carlo method, random walk method)*

Relativ universelle numerische Methode zur Lösung mathematischer Probleme mit Hilfe der Modellierung von Zufallsgrößen. Sie wurde 1949 von J. v. NEUMANN und S. ULAM begründet.

Das Bild 6.5 zeigt die zeitweise entstehenden Situationen beim Bilden von Vorratsmengen. Man erkennt deutlich die Stochastik der Speicherzustände über die Zeit.

Die Werkstückspeicher lassen sich in Durchlauf- und Rücklaufspeicher unterscheiden. Beim Durchlauf- oder Hauptschlussspeicher sind alle Werkstücke ständig in Bewegung. Die entstörende Wirkung kommt aber nur zustande, wenn die Werkstücke im Speicher aufschließen können. Eine taktende Magazinkette bringt diesen Effekt nicht, weil sich die leeren Magazinplätze bis zur nächsten Maschine bewegen. Dort tritt dann zeitversetzt ein Werkstückmangel ein.

Rücklauf- oder **Nebenschlussspeicher** werden nur aktiv, wenn ein Werkstückbedarf von der nachfolgenden Maschine/Station signalisiert wird. Bis dahin befindet sich das eingespeicherte Arbeitsgut in Ruhe. Die ursprüngliche Reihenfolge der Werkstücke wird damit aufgehoben.

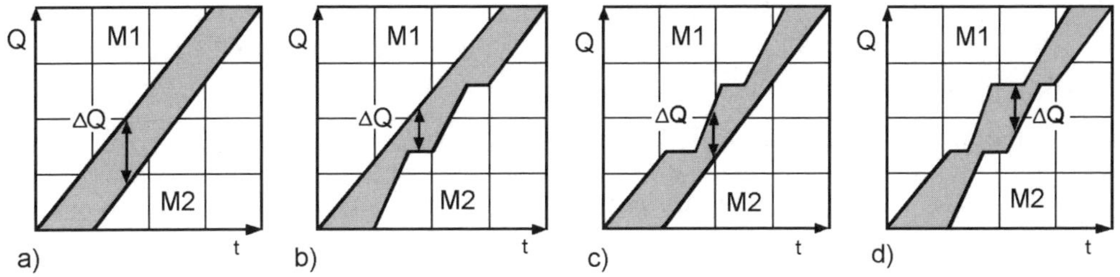

Bild 6.5 Speicherzustandsdiagramme.
a) gleichmäßige Be- und Endladung des Speichers, b) gleichmäßige Zufuhr, aber ungleichmäßiger Abruf, c) ungleichmäßige Zufuhr von Maschine *M1* und gleichmäßiger Abruf durch Maschine *M2*, d) ungleichmäßige Be- und Entladung des Speichers, *M* Maschine, *Q* Speichermenge, *t* Zeit

Die kleinste mögliche Arbeitslinie besteht aus zwei Maschinen. Die Zusammenschaltung zu einer Linie unter Einbeziehung von Speichern zeigt das Bild 6.6. Beim Durchlaufspeicher wird das Prinzip *First-in/First-out* realisiert, d.h., die Werkstückreihenfolge ändert sich nicht (Bild 6.6a). Das ist beim Prinzip *First-in/Last-out* anders (Bild 6.6b). Das zuletzt eingespeicherte Werkstück wird zuerst entnommen. Dieser Unterschied kann aus technologischen Gründen (Trocknen, Aushärten, Abkühlen ...) durchaus von Bedeutung sein.

Beim Umlaufspeicher (Bild 6.6c) liegt der Werkstückdurchlauf fest, jedoch erfolgt die Werkstückausgabe bedarfsabhängig. Völlig beliebig und direkt erfolgt schließlich die Verkettung mit einer freiprogrammierbaren Handhabungseinrichtung nach Bild 6.6d. Jeder Speicherplatz ist hier wahlfrei nutzbar. Die aktuelle Belegung wird im Computer ausgewiesen.

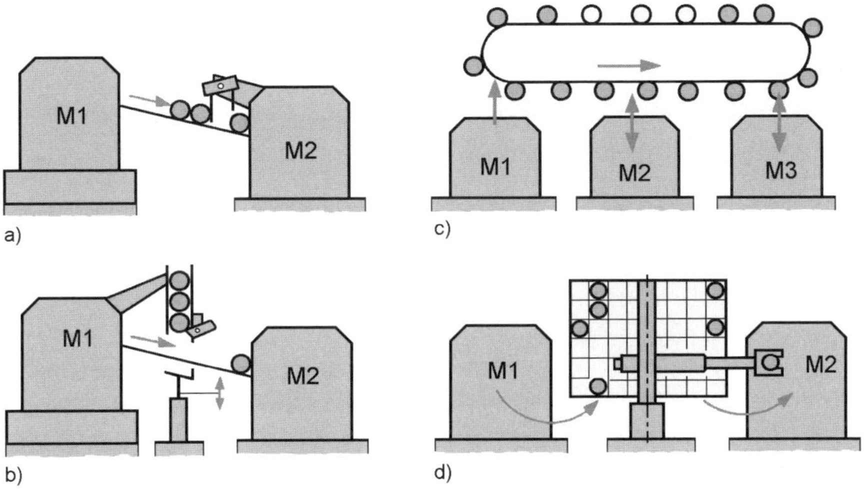

Bild 6.6 Werkstückspeicher zwischen verketteten Maschinen *M* bzw. Arbeitsstationen.
a) Durchlaufspeicher, b) Rücklaufspeicher, c) zyklischer Abgriff, d) wahlfreier Zugriff (Direktzugriff)

Die konstruktiven Ausführungen für Werkstückspeicher sind sehr vielfältig. Dabei spielen Art und Form der Werkstücke auch eine wichtige Rolle. Das Bild 6.7 zeigt stellvertretend einige Prinziplösungen für Störungsspeicher.

Der Kettenumlaufspeicher nach Bild 6.7a kann im Leertrum eine begrenzte Menge an Werkstücken aufnehmen. Teile die durchlaufen sollen, werden durch einen Ausgeberarm abgezweigt. Bei der Lösung nach Bild 6.7b gelangen die zulaufenden Teile auf eine Speicherscheibe und werden dort zum Auslauf an den Rand der Scheibe gelenkt. Ist der Ablaufkanal überfüllt, können die Teile weiter bis zum Abruf auf der Scheibe verbleiben. Das Bild 6.7c zeigt einen **Rücklaufspeicher** in der Seitenansicht. Bei überfülltem Ablaufkanal fährt der obere Schieber nach unten. Der Rücken des Schiebers wird dann zur Rollstrecke bis zum Scheibenspeicher. Dieser stellt nun taktweise Speicherplätze zur Verfügung. Sollen die gespeicherten Teile wieder in den Werkstückfluss zurücklaufen, dann öffnet sich der untere Schieber. Die Konstruktion in Bild 6.7d (Draufsicht) besteht aus einem verschiebbaren Kanalmagazin. Sollen Werkstücke zeitweise zwischengespeichert werden, dann wird ein quer verlaufender Kettentrieb aktiv und schiebt die Teile in das Kanalmagazin. Ist ein Kanal gefüllt, dann rückt das Magazin um einen Teilungsabstand weiter. Beim Rücklauf kehrt sich die Kettenlaufrichtung um.

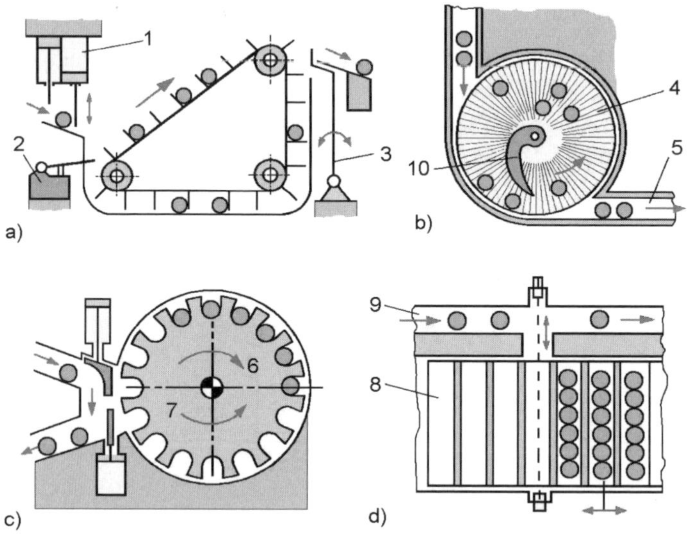

Bild 6.7 Prinziplösungen für Störungsspeicher.
a) Durchlaufspeicher mit Vorräten im Leertrum, b) Durchlauf-Scheibenspeicher in der Draufsicht, c) Rücklaufspeicher mit Vorratsbildung im Nebenschluss, d) Rücklaufspeicher in der Draufsicht, 1 Zuteiler, 2 Kontrolltaster, 3 steuerbarer Ausgeber, 4 Speicherscheibe, 5 Abführstrecke, 6 Takten beim Füllen, 7 Takten beim Entleeren, 8 verschiebbares Magazin, 9 Hauptförderrichtung, 10 Einweiser

Sonderfall: Dynamische Zwischenpufferung

Fürs Magazinieren, Lagern oder Verpacken muss Arbeitsgut häufig in Gruppen zusammengefasst werden. Dafür gibt es verschiedene Möglichkeiten, wie z. B. Mehrfachzuteiler oder Schieber, die Reihen und Lagen von Objekten so verschieben, dass nach und nach ein Stapel entsteht. Solche Schiebersysteme sind in der Regel als Bestandteil von Automaten auf nicht veränderbare **Fixmaße** eingestellt. Anders ist das bei dem in Bild 6.8 dargestelltem dynamischen Puffersystem. Es ist programmierbar. Bei allen Speichern dieser Art besteht das eigentliche Problem darin, dass Zuführen und Ausgeben unabhängig voneinander ablaufen müssen, also entkoppelt sind. Im Beispiel wird diese Aufgabe so gelöst, dass sich neben der Taktung der Magazinkette auch das gesamte Kettensystem waagerecht verschieben kann. Dazu befindet es sich auf einer beweglichen Zwischenplatte. Hieraus folgt, dass auch zwei Antriebe vorhanden sein müssen. Zur Demonstration wird im Bild der Ablauf an einer verkürzt dargestellten **Magazinkette** erklärt. Die Objekte können auch nach unten ausgegeben oder waagerecht ausgestoßen werden, wenn die Ausgabetechnik entsprechend angepasst ist. Der gesamte Ablauf kann programmiert und die Magazinkette ausgetauscht werden. Die Magazinfächer sind nach der Grobform des Produkts gestaltet.

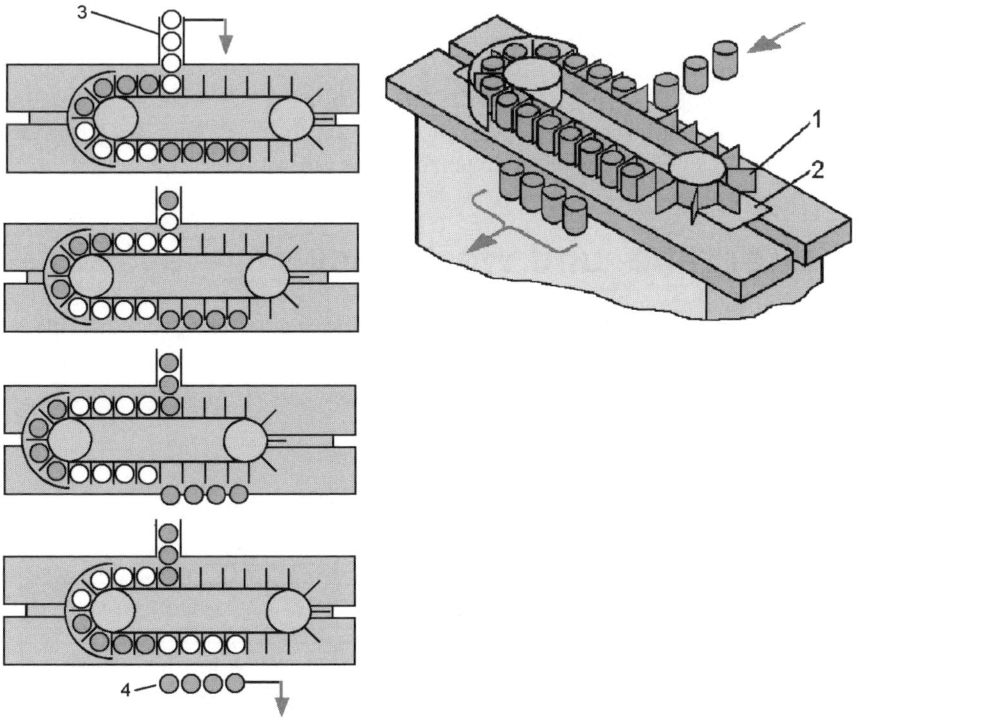

Bild 6.8 Systemmodul für die dynamische Zwischenpufferung von Objekten (EBM).
1 Fächerkette, 2 Verschiebesystem, 3 serieller Zuführkanal, 4 gruppenweise, parallele Ausgabe

Bei der Verkettung von Maschinen kann es vorteilhaft sein, wenn das Ausgeben der Teile aus einer Maschine *M1* unabhängig von der Zuführung der Teile in die Maschine *M2* ablaufen kann. Eine technische Variante einer solchen Verkettung ohne taktweise Bindung wird in Bild 6.9 dargestellt.

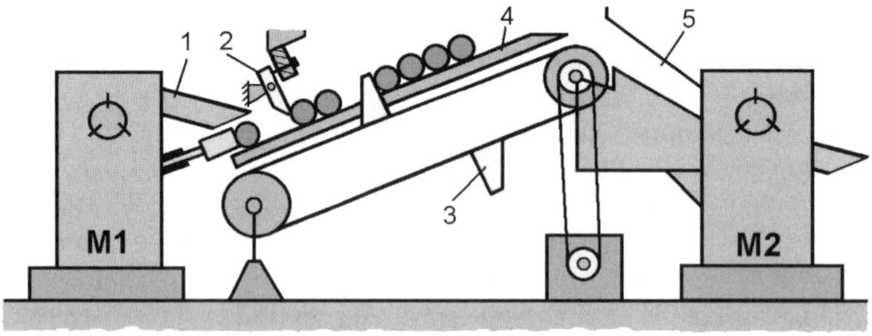

Bild 6.9 Entkoppelte Werkstückweitergabe.
1 Ausgaberinne, 2 Rückhaltesperre, 3 Schiebenocken, 4 feststehende Rollbahn, 5 Einlaufkanal zur Maschine *M2*

Die Werkstücke werden auf eine Rollbahn ausgegeben und von einem Schieber hinter die Rückhaltesperre *(retainer, barrier)* geschoben. Die Zuführung der Teile zur Maschine *M2* erfolgt mit einem Nockenförderband. Die Einschaltung dieses Bandes wird von der Maschine *M2* gesteuert. Der Förderer dient gleichzeitig als Störungsspeicher.

■ 6.2 Weitergabe- und Werkstückträgersysteme

Für den Transfer von Arbeitsgegenständen oder Werkstückträgern (Plattform mit Spann- bzw. Aufnahmemitteln) von Station zu Station bzw. von Maschine zu Maschine braucht man bestimmte Fördertechnik für einen kontinuierlichen oder taktweisen Transport. Das Bild 6.10 gibt einen ersten Überblick [6.1].

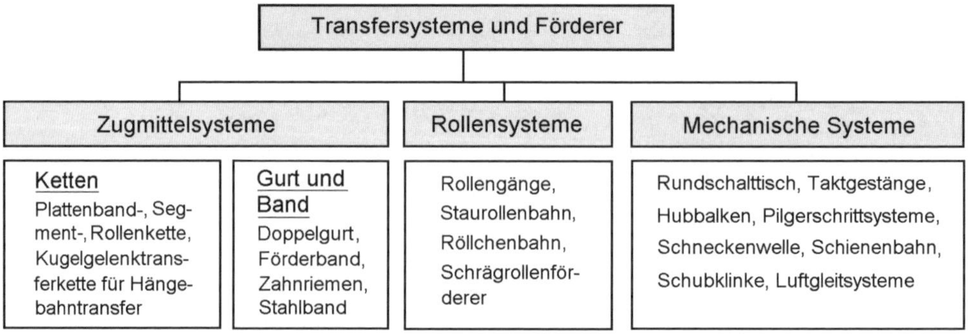

Bild 6.10 Gliederung der Systeme zur Weitergabe von Montagebaugruppen

Vieles ist für einen Einsatz in der Montage konzipiert. Deshalb soll nachfolgend die Montage bevorzugt besprochen werden.

Bei einer kontinuierlichen **Fließmontage** wird das Objekt während der Montage ständig bewegt, bei einer intermittierenden Montage bleibt das Objekt beim Montieren stationär. Bei den Transfersystemen für zeitweilig aussetzenden Betrieb wird zwischen getakteten und ungetakteten Systemen unterschieden. Bei ersteren ist der Werkstückträger fest mit dem Transfersystem verbunden. Die Zykluszeit gliedert sich in die Transport- und die Verweilzeit. Bei *ungetakteten* Systemen haben die Werkstückträger keine feste Verbindung mit der Transfereinrichtung. Die Verweilzeit in der Station ist wählbar.

Ungetaktete Systeme haben den Vorteil, dass sich zwischen den Arbeitsstationen eine limitierte Menge von Werkstückträgern ansammeln kann, was einer Speicherwirkung und Entkopplung von Stationen entspricht. Ein grundsätzliches Problem aller Formen von arbeitsteiliger Montage besteht in der Austaktung der Arbeit je Montageplatz bzw. Montagestation.

Doppelgurtförderer sind als Verkettungsmittel weit verbreitet und werden in der Montage seit langem als Linearförderer eingesetzt. Die parallel angeordneten und stetig umlaufenden Gurte übernehmen die Werkstückträger lose aufliegend auf. Vereinzler und Stopper geben den Lauf der Werkstückträger frei oder stoppen ihn. Die Gurte gleiten darunter durch. Beim Positionieren werden die Werkstückträger abgehoben und fixiert. Als Fördergurt stehen verschiedene Gurttypen zur Auswahl, z. B. Polyamidgurt oder Antistatikgurt mit spezieller Beschichtung. Die Gurte laufen in profilierten Schienen. In Bild 6.11 wird der Schnitt durch eine Transferstrecke gezeigt.

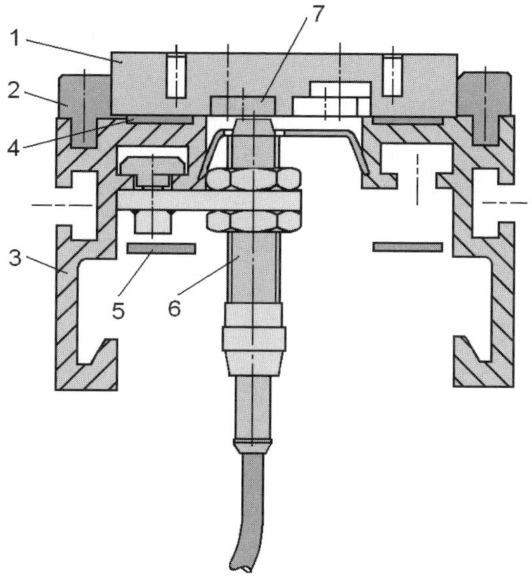

Bild 6.11 Schnitt durch eine Doppelgurt-Transferstrecke (domino-modul.com). 1 Werkstückträger, 2 Seitenführung, 3 eloxiertes Aluminiumprofil, 4 Gurt, 5 rücklaufender Gurt, 6 Datenträgerabfrage, 7 Datenträger

Zum Gesamtsystem gehören neben den Transportstrecken die Werkstückträger, Stopp-, Positionier- und Umlenkeinheiten, Hublifte für übereinander liegende Transportstrecken, Ausschleus- und Codiereinheiten, Eckeinheiten für einen **Karrè-Umlauf**, Wendeeinheiten (Drehen eines Werkstückträgers um 180°), Quertransporteinheiten, Handarbeitsplätze mit und ohne Bypass-Strecke, Bandstützen, Antriebe und Steuerungen. Mit diesen Komponenten sind Doppelgurtanlagen mit vielen unterschiedlichen Streckenführungen möglich. Die Ausrüstung zur spezialisierten Montageanlage geschieht durch An- und Aufbau von Automatikstationen mit und ohne Montageroboter und gegebenenfalls noch mit Handmontageplätzen. Das Bild 6.12 zeigt einen Ausschnitt aus einer Doppelgurtstrecke. Sie ist modular aufgebaut. Die Umlenkung der Werkstückträger zur Gegenstrecke erfolgt mit einem Kurven-Förderband.

Bild 6.12 Typischer Aufbau eines Doppelgurt-Transfersystems

Es gibt allerdings nur eingeschränkte Möglichkeiten für den Einbau von Pufferspeichern. Deshalb muss die Austaktung, also möglichst gleicher Zeitverbrauch an allen Montagestationen, sehr sorgfältig vorgenommen werden.

Am **Doppelgurtförderer** lassen sich auch Handarbeitsplätze (stehend, setzend) einordnen. Das unterstützt auch den Aufbau von hybriden Montagelinien (Bandgeschwindigkeit 4 bis 12 m/min). Die Gesamtansicht einer solchen Arbeitslinie wird in Bild 6.13 gezeigt.

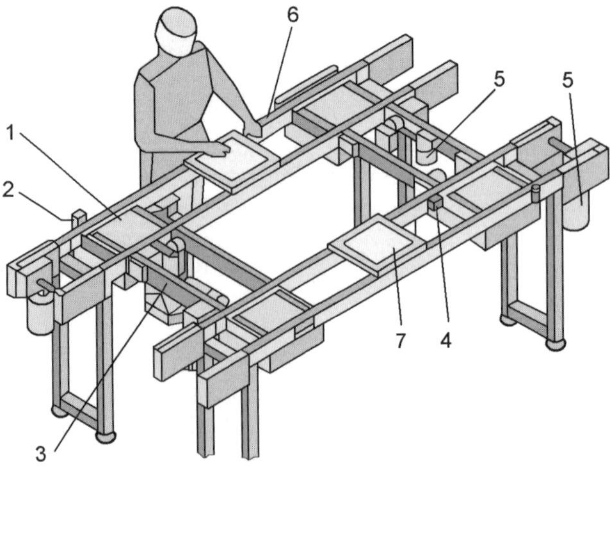

Bild 6.13 Steharbeitsplatz am Doppelgurtförderer (Bosch-Rexroth).
1 Umlenkstation, 2 Sensor,
3 Querförderstrecke,
4 Vereinzler, 5 Bandantrieb,
6 Längsförderstrecke,
7 Werkstückträger

Kettentransferanlagen können als Ein- oder Doppelspur-Fördersystem ausgelegt sein. Von der Masse und Größe des Fördergutes hängt es ab, welche Art von Kette einzusetzen ist. Rollenketten gibt es z. B. mit vielen Ausführungsvarianten für Anbaukettenglieder, mit denen sich Werkstückaufnahmen auf der Kette gestalten lassen. Damit können viele individuelle Ansprüche erfüllt werden. Oft werden **Mehrrichtungsketten** (Seitenbogenketten) aus Kunststoff eingesetzt, die in zwei Raumachsen kurvengängig sind. In Bild 6.14 wird die Draufsicht auf einige Streckenführungen gezeigt. Alles ist natürlich auch als Einspur-Förderer ausführbar. Außerdem kann in die dritte Dimension gefördert werden. Dadurch gelangt das Transportgut in den arbeitsfreien Raum über den Maschinen. Belastungen durch Öl- und Späneverschleppung werden verkraftet. Die Kettenzugkraft muss abgeschätzt oder berechnet werden, damit eine passende Antriebseinheit ausgewählt werden kann. Die in der Förderkette vorhandene Zugkraft ergibt sich aus der Reibung zwischen unbeladener Kette und Gleitschiene, beladener Kette und Gleitschiene, der Reibung zwischen stauendem Fördergut und Kettenoberfläche, der Schwerkraft des Fördergutes in Steigungen und Vertikalen sowie einer zusätzlichen Reibung in den Gleitbögen des Systems.

Man verwendet für einen Vertikaltransport Ketten mit Mitnehmern oder realisiert eine Klemmförderung. Bemerkenswert ist auch, dass man beim Richtungswechsel meistens keinen weiteren Antrieb benötigt, wie es normalerweise bei der Kombination von reinen Lineareinheiten nötig ist. Es gibt Ketten mit verschiedenen Aufbauten, wie z. B. solche mit Haftoberflächen oder mit stählerner Oberseite. Kettenführungen, Gestellbauteile und Antriebe sind variantenreich per Katalog verfügbar, auch Palettenstopper und pneumatische Fixierstationen. Die Fördergeschwindigkeit kann z. B. bis 30 m/min betragen und die Masse einer Palette bis zu 30 kg (Schwerlastausführung).

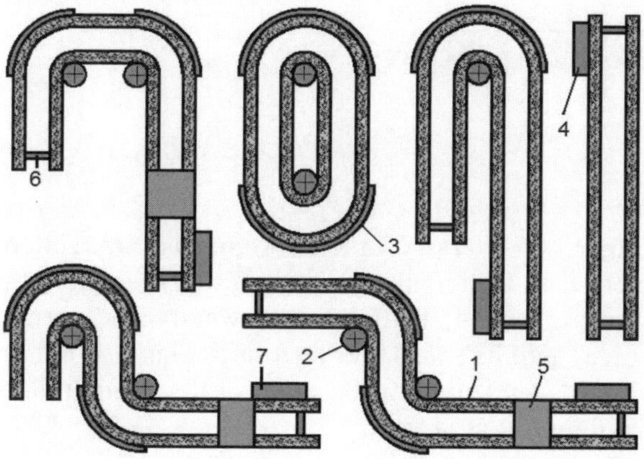

Bild 6.14 Doppelspur-Förderanlagen mit kurvengängiger Kunststoffkette in der Draufsicht (FlexLink; www.flexlink.com).
1 Mehrrichtungskette,
2 Bogenrad, 3 Gleitbogen,
4 Antriebseinheit, 5 Palette,
6 Kettenumlenkung,
7 Antrieb und Steuerung

Für das Überwechseln von Werkstückträgern, Montageeinheiten oder Produkten in ein anderes Teilsystem kann auf Weichen zurückgegriffen werden. Das Bild 6.15 zeigt ein Ausführungsbeispiel. Damit lassen sich **Bypass-Strecken,** die z. B. zu Handmontage-, Nacharbeits- oder Prüfplätzen verzweigen, an das Hauptfördersystem anbinden.

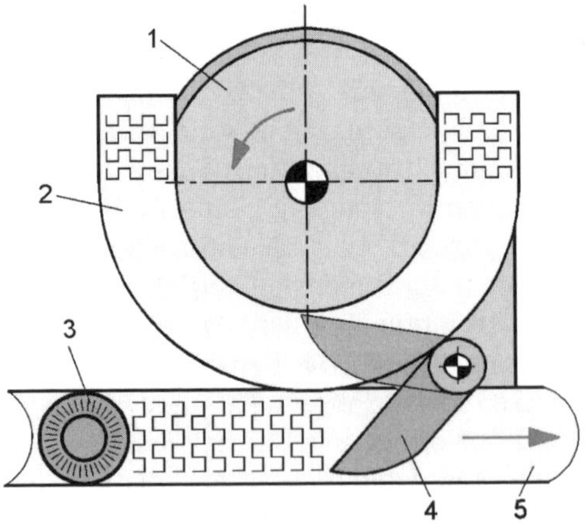

Bild 6.15 Weiche für Kettenlaufsysteme in der Draufsicht (FlexLink; www.flexlink.com). 1 Bogenrad, 2 Mehrrichtungskette, 3 Werkstückträger oder Werkstück, 4 steuerbarer Einweiser zum Bogenrad, 5 Hauptförderstrecke

Der Erfolg dieses und auch ähnlicher Systeme begründet sich letztlich im breitgefächerten Anwendungsgebiet, das mit passenden Funktionsträgern samt Zubehör in den technischen Eigenschaften sowie mit minimalem Steuerungsaufwand abgedeckt werden kann.

Das Weitergeben von Objekten kann Stausituationen hervorrufen. Je nach System führt das zu Kraftwirkungen, die man beachten muss. Der **Staudruck** steigt mit der Anzahl der stillgesetzten Stückgüter (Bild 6.16), wie auch die Antriebsleistung und die Beanspruchung von Mechanik und Fördergut.

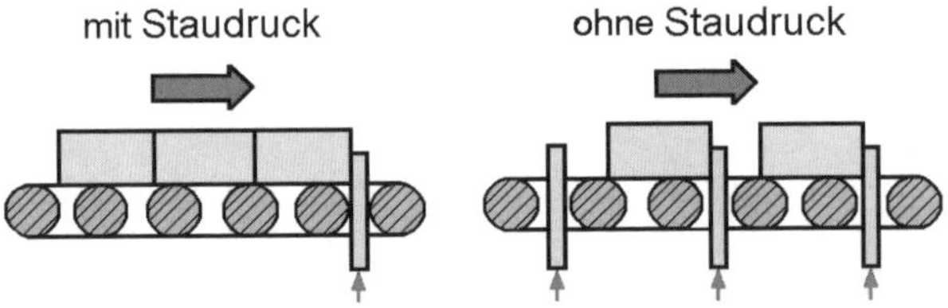

Bild 6.16 Stauvorgang bei Rollenförderern

Staurollenförderer basieren z. B. auf einer besonders gestalteten Kette. Die **Staurollenkette** ist ein Verkettungsmittel in asynchronen Weitergabesystemen. Es gibt sie für Tragfähigkeiten bis etwa 240 kg. Sie laufen stetig mit Geschwindigkeiten von 6 bis 12 m/min und werden mit Laufrollen in Profilrinnen geführt. Die Tragrollen beginnen sich nur zu drehen, wenn sich das Fördergut an Anschlägen staut. In Bild 6.17 wird eine Staurollenkette für drei Geschwindigkeiten des Fördergutes gezeigt.

Der Sinn besteht darin, einen **Staudruck** von aufgelaufenen Werkstückträgern ohne Bandabschaltung zu verkraften. Ohne Rollreibung würde sonst eine große Antriebsleistung nötig, bei gleichzeitig hohem Verschleiß. Das wird rein mechanisch durch drei Rollendurchmesser erreicht. Eine alternative Lösung wäre, eine Stausituation zu detektieren, um dann tatsächlich einen Teil der Förderstrecke zeitweilig abzuschalten.

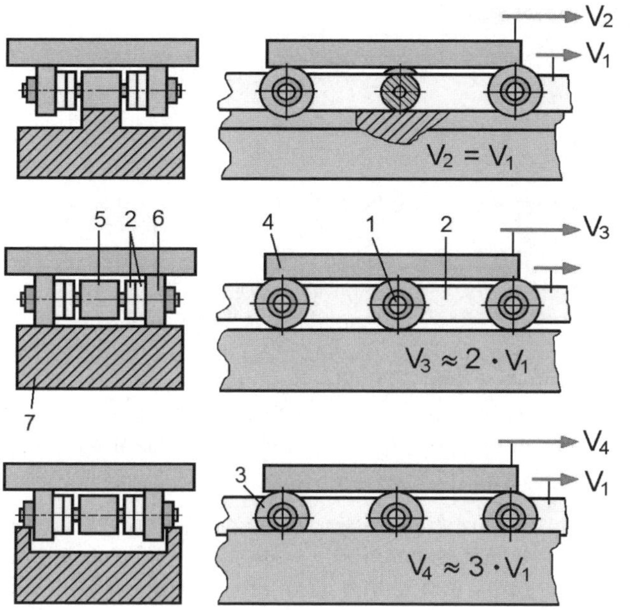

Bild 6.17 Prinzip eines Staurollenförderers mit drei Fördergeschwindigkeiten.
1 Kettenbolzen, 2 Kettenlasche, 3 Laufrolle, 4 Werkstückträger, 5 Kettenrolle, 6 Rollenkörper, 7 Laufprofil, *v* Geschwindigkeit

Kette oder Zahnriemen werden bei einem Transfersystem oft nur als Zugmittel für schienengeführte Laufwagen eingesetzt. Die Wagen müssen dann kurvengängig sein. Das erreicht man, indem gegenüberliegende Laufrollen an einem Drehschemel befestigt werden, so dass sie eine Pendelbewegung ausführen können. Profilschienen und Laufwagen sind handelsüblich. Eine Anwendung kann man in Bild 6.18 als Beispiel sehen.

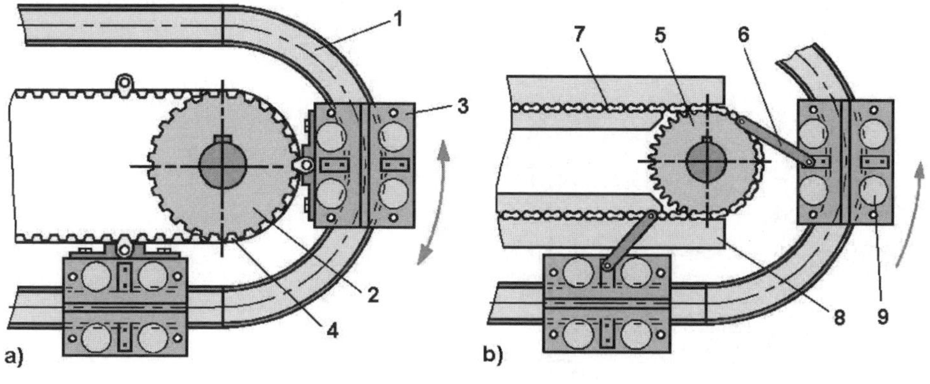

Bild 6.18 Transfersystem mit Laufwagen in der Draufsicht (Hepco; www.hepcomotion.com).
a) Bewegen vorwärts und rückwärts möglich, b) Bewegen nur in ziehender Laufrichtung zulässig,
1 Laufschiene, 2 Zahnscheibe, 3 Laufwagen, 4 Synchronriemen mit Anschlusszapfen, 5 Kettenrad, 6 Zughebel, 7 Rollenkette, 8 Kettenführung, 9 an der Unterseite laufende Spurrolle

Die Anbindung der **Mitnehmermechanik** kann auch mit einem Doppelgelenk geschehen. Damit ist der Schiebebetrieb in beiden Laufrichtungen besser möglich. Das Bild 6.19 zeigt die Lösung.

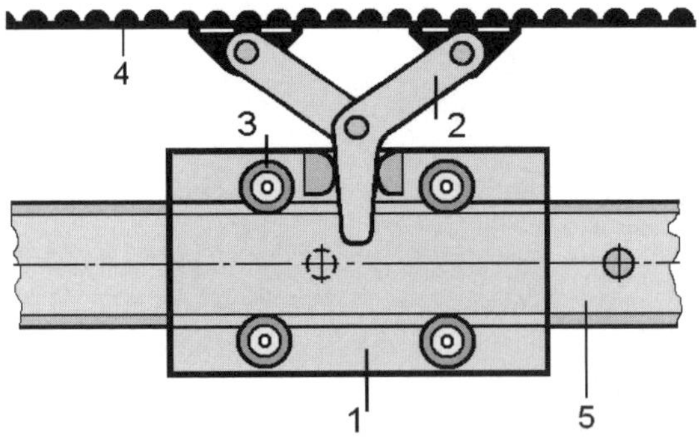

Bild 6.19 Doppelanbindung an einem Synchronriemen als Zugmittel.
1 Werkstückträger, 2 Schubgelenk,
3 Spurrolle, darunterliegend,
4 Zahnriemen, 5 Profilschiene

Man kann ein Transportsystem gestalten, bei dem individuell steuerbare Mover (Bewegungseinheit) von modularen elektrischen Linearmotoren in Gang gesetzt werden. So hat man eine flexible Transporteinheit. Die **Mover** ziehen oder schieben ein Handhabungsobjekt längs einer Profilschiene (Hepco-Beckhoff).

Linearmotoren können auch spurgeführte Werkstückträger antreiben. Das Bild 6.20 gewährt einen Blick in ein solches Montagetransfersystem. Die Werkstückträger verfahren mit einer Geschwindigkeit von maximal 2 m/s und halten dann ohne die sonst üblichen mechanische Hilfen, wie z.B. Stopper oder Indexbolzen, mit einer Wiederholgenauigkeit von ± 0,025 mm an. Linearmotor und Steuerung sind im Innern des Maschinenkörpers angeordnet. Das Umlenken der Werkstückträger auf die rücklaufende Gegenspur geschieht über eine sich ständig drehende Walze mit Reibbelag. Die Werkstückträger gelangen mit Schwung auf die Umlenkeinheit und werden durch Friktion mitgenommen. Beschleunigen und Bremsen der Werkstückträger folgen einer Sinuskurve. Eine Kollision von Werkstückträgern ist ausgeschlossen. Man kann in diesem System Richtung, Beschleunigung, Geschwindigkeit und Position für jeden einzelnen Werkstückträger per Programm vorgeben.

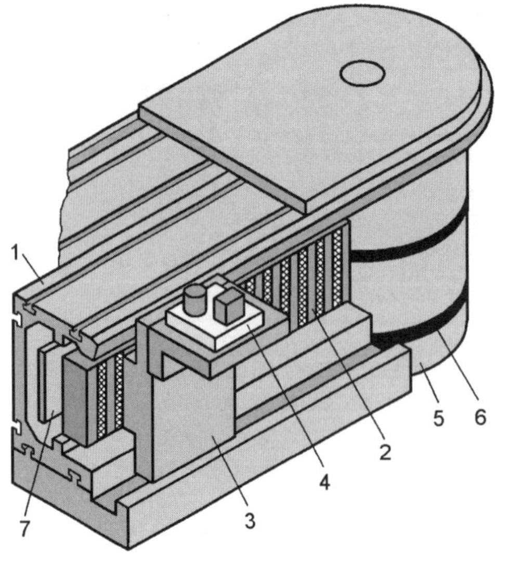

Bild 6.20 Montagetransfersystem mit elektrischem Direktantrieb (ATS; www.atsautomation.com).
1 Gestellprofil, 2 Linearmotor,
3 Werkstückträger, 4 Montagebaugruppe,
5 Umlenkwalze, 6 Reibbelag, 7 Steuerung

Eine andere interessante Transportlösung, bei der Magnetismus und Pneumatik eine wichtige Rolle spielen, wird in Bild 6.21 vorgestellt. Als Antrieb dient ein kolbenstangenloser Pneumatikzylinder *(rodless cylinder)*, der aus geraden und gebogenen Stücken zu einer „Pipeline" zusammengesetzt wird. In einem hermetisch geschlossenen System laufen Kolben, die einen Rundmagneten hoher Leistung vor sich her treiben. Seine Bewegung wird durch **magnetische Kopplung** auf einen Laufwagen übertragen, der außen auf Leichtlaufrollen geführt wird (Bild 6.22). Dieser kleine Transportwagen ist mit einer Halteeinrichtung für die zu transportierenden Teile ausgerüstet. In den Endpositionen der Fahrstrecke erfolgt eine selbsttätige Kopplung an die Druckluftversorgung, mit der die Halteeinrichtung, z.B. ein pneumatisch angetriebener Greifer, geöffnet wird. Während der Bewegung wird das Werkstück durch Federkraft gehalten. Der maximale Betriebsdruck für die Fahrbewegung liegt bei 0,7 MPa und der minimale Druck bei 0,18 MPa. Die Einfahrt in die Endposition kann durch Stoßdämpfer *(shock absorber)* gebremst werden.

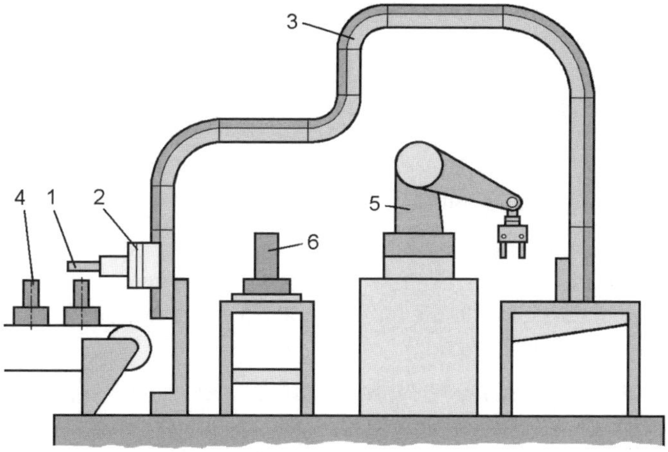

Bild 6.21 Pneumatische Fügeteilzuführung (SMC; www.smc-pneumatik.de).
1 Greifer, 2 Laufwagen, 3 kolbenstangenloser Zylinder, 4 Montagebauteil, 5 Montageroboter, 6 Montagebasisteil

Das System kann man wie folgt charakterisieren:

- Leicht montierbar, einfach zu überwachen und problemlos zu steuern
- Der Fahrwegverlauf kann zwei- und auch dreidimensional angelegt werden.
- Mit einem Kolbendurchmesser 15 oder 32 mm stehen Magnethaltekräfte von 70 oder 316 N zur Verfügung.

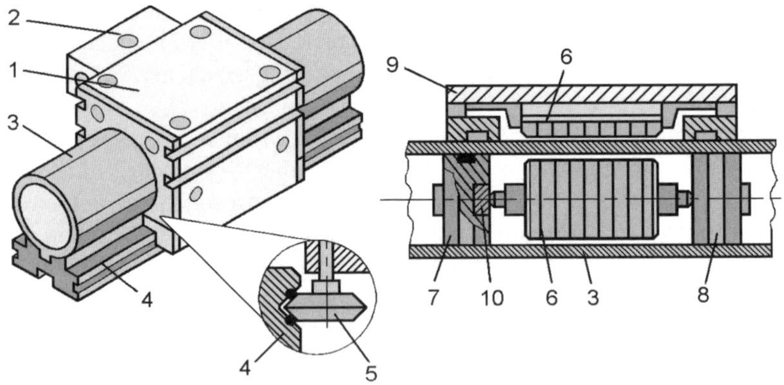

Bild 6.22 Kolbenstangenloser Pneumatikzylinder mit Laufwagen (SMC; www.smc-pneumatik.de). 1 Laufwagen, 2 Koppelstück, 3 Zylinderrohr, 4 Laufschiene, 5 Laufrolle, 6 Dauermagnet, 7 Kolben, 8 Dichtring, 9 Greiferaufbaufläche, 10 gehärtetes Druckstück

Um möglichst vielen Anforderungen gerecht zu werden, hat man ein Sortiment von Zylinderrohrstücken mit einheitlichem Anschluss entwickelt. Die Führung des Laufwagens ist unterschiedlich. Es gibt Rohrstücke, bei denen der Laufwagen auf der Innenseite des Bogenstücks läuft, seitlich oder auf der Außenseite.

Für die Versorgung von Montagestationen ergeben sich mit diesem System neuartige Möglichkeiten. Man benötigt an der Wirkstelle weniger Platz. Die Teile werden gewissermaßen über Kopf „eingeflogen". Gleichzeitig lassen sich die oft kritischen Vorgänge beim Ordnen an eine Stelle außerhalb der Montagelinie verlegen.

Metallbänder kann man ebenfalls als **Transfer-Förderer** einsetzen. Sie laufen über Stachelräder schlupffrei und sind sehr widerstandsfähig, z. B. auch gegen erhöhte Temperaturen. Das Band kann auch aus rostfreiem Stahl bestehen (Dicke 0,025 bis 1 mm) und ist perforiert, um die Transportbewegungen einzuleiten. Die Zähne der Stachelräder sind bei hohen Genauigkeitsanforderungen angearbeitet, ansonsten einzeln in das Rad eingesetzt. Sphärisch runde Zähne zentrieren das Band besser als rechteckige Zähne. Das Band ist kaum dehnbar und eignet sich besonders für Präzisions-Indexierungssysteme. Die Bänder werden endlos geschweißt. Auf dem Band können geschweißte, genietete oder geschraubte Werkstückaufnahmen befestigt werden (Bild 6.23). Es sind auch Beschichtungen mit Polyurethan oder Silikongummi bis 6 mm Dicke möglich. Mittig angebrachte Perforationslöcher lassen sich beim Weitergeben nutzen, um Saugluft wirken zu lassen. Damit können dann aufliegende Werkstücke zusätzlich festgehalten werden.

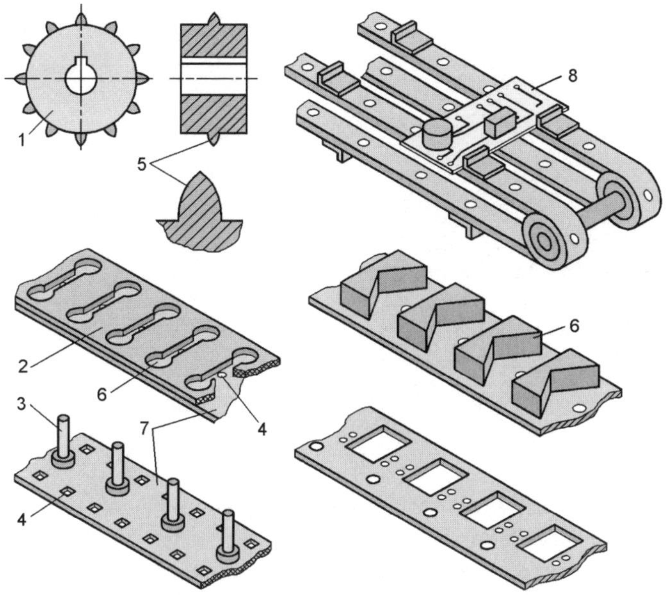

Bild 6.23 Stahlband dient als Transferförderer (Belt Technologies; www.belttechnologies.co.uk).
1 Stachelrad, 2 Polymerschichtauftrag, 3 Werkstückaufnahmebolzen, 4 Transportperforation,
5 sphärische Zahnform, 6 Werkstückaufnahme, 7 Metallband, 8 Werkstück bzw. Baugruppe

Der Transport von Werkstückträgern kann in geeigneten Systemen auch durch magnetisches Schweben unterstützt werden. Eine solche Transferstrecke hat folgende Vorteile:

- Kein mechanischer Kontakt und somit keine Schmierung und kein Verschleiß
- Reinraumtauglich
- Mit verschiedenen Antrieben ausrüstbar vom Weitergeben mit Handkraft bis zum elektrischen Linearmotor

Innerbetriebliche Transportsysteme unterliegen oft Forderungen nach geringem Verschleiß der bewegten Teile. Das ist mit einem magnetisch schwebenden Carrier möglich. Das Bild 6.24 zeigt ein Ausführungsbeispiel. Die Lagerung des **Carriers** erfolgt mit Permanentmagneten. Es sind auch Elektromagnete einsetzbar. Der Schwebeeffekt beruht auf der abstoßenden Wirkung zwischen Magneten gleicher Polarität. Der Antrieb geschieht berührungslos mit einem elektrischen Linearmotor. Bei der gezeigten Anordnung befindet sich der Carrier in einem labilen Gleichgewicht. Um es aufrecht zu erhalten, muss man seitlich Führungsrollen anordnen, die allerdings theoretisch nur mit der Kraft „null" belastet sind. Deshalb können reinraumtaugliche *Clean-Room*-Rollen eingesetzt werden.

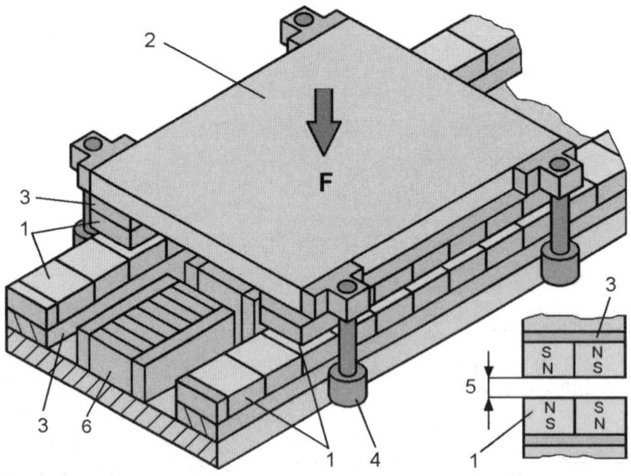

Bild 6.24 Permanentmagnetisches Schwebesystem für Werkstückträger (EAAT; www.eaat.de).
1 Permanentmagnet, 2 Werkstückträgerplatte, Carrier, 3 magnetischer Rückschluss,
4 Seitenführungsrolle, 5 Luftspalt, 6 Linearmotor, *F* Nutzlast, N Nordpol, S Südpol

Die Bewegung des Carriers erzeugt das magnetische Wanderfeld eines flachen Linearmotors. Am Carrier sind Aluminiumpartien vorhanden, die mit einem magnetischen Rückschluss versehen sind. Das Wanderfeld induziert im Aluminium Spannungen, die dort Ströme antreiben. Deren Richtung ist senkrecht zur Richtung des Wanderfeldes, so dass Strom und Magnetfeld senkrecht aufeinander stehen. Diese beiden Größen erzeugen eine Kraft, die den Carrier vorwärts bewegt. Der Motor kann als Langstator-Motor ausgeführt werden oder es werden auf dem Weg verteilt einzelne Linearmotoren angeordnet, die einen Kraftimpuls liefern (*Push*-Antrieb). Der Carrier läuft genau bis zur nächsten Station.

Technische Werte eines ausgeführten Systems können beispielsweise sein:

- Mittlere Geschwindigkeit 0,1 bis 1 m/s
- Tragkraft < 15 kg; Tragkräfte bis zu einigen hundert Kilogramm sind möglich
- Schubkraft < 15 Nm
- Positioniergenauigkeit < 0,5 mm (im *Push*-Betrieb)

Für die Schubkraft F_S gilt Gl. 6.7:

$$F_S = \frac{m \cdot v}{t} \tag{6.7}$$

m Masse

v Geschwindigkeit

t Dauer des Kraftimpulses

Das Bild 6.25 zeigt nun ein anderes Transfersystem für Werkstückträger auf der Basis eines speziell ausgeführten **Riemenförderers.** Es werden Kurbelwellen zur nächsten Arbeitsstation weitergegeben. Die Werkstückträger können auf der Förderstrecke aufschließen und sie werden am Ende der Strecke, nachdem das Werkstück entnommen wurde, kopfstehend unterhalb der Förderstrecke zurückgebracht. Das System arbeitet taktunabhängig.

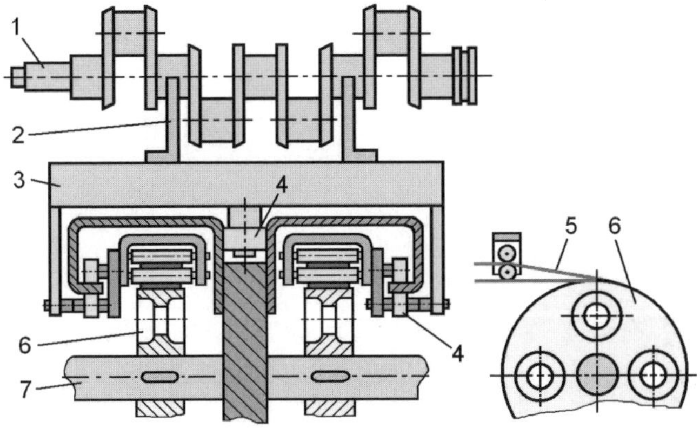

Bild 6.25 Transfersystem für Werkstückträger mit Zugmittelantrieb im Querschnitt.
1 Werkstück, 2 Aufnahmeprisma, 3 Palette, 4 Spurrolle, 5 Transportriemen zur kraftpaarigen Mitnahme, 6 Laufrad für Riemen, 7 Antriebswelle

Auch mit speziell geführten Kettenläufen lassen sich interessante fördertechnische Lösungen realisieren, wie man in Bild 6.26 sieht. Trageplattformen (Förderbrücken) hat man derart an zwei Kettensträngen befestigt, dass sie sich beim Abwärtslauf entfalten und eine Last aufnehmen können. Man setzt solche Einrichtungen für Leistungen von 300 bis 2000 Takte je Stunde ein.

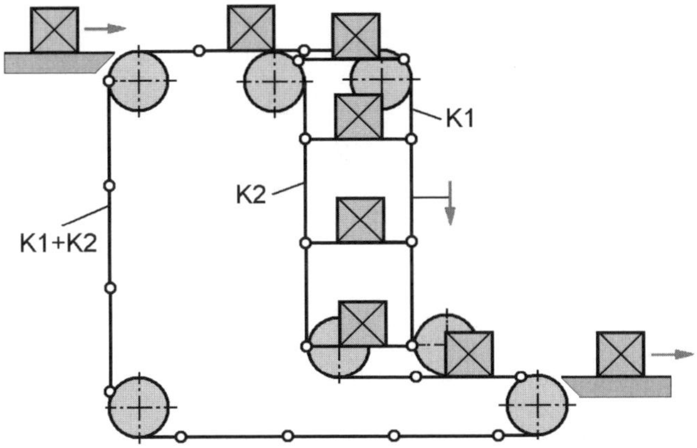

Bild 6.26 Vertikalförderung von Arbeitsgegenständen (ERMO Automation).
K Kettenstrang

Die Ausnutzung der Schwerkraft ergibt immer relativ einfache Handhabungseinrichtungen. Das ist aber mit einer Verringerung der Arbeitshöhe im System verbunden. Die Teile müssen dann wieder nach oben bewegt werden. Wie das Bild 6.27 zeigt, werden die rollfähigen Werkstücke im Hubschacht taktweise gehoben. Eine **Rückhalteklinke** sperrt selbsttätig die Werkstückreihe. Der Zulauf wird von einem gesteuerten Zuteiler organisiert. Am Ende der Hochstrecke gibt ein einfacher Überlauf die Werkstücke im neuen Höhenniveau wieder frei. Die Teile rollen dann seitwärts ab. Der Ablauf ist einfach, aber an ein geradliniges freies Abrollen der Werkstücke gebunden.

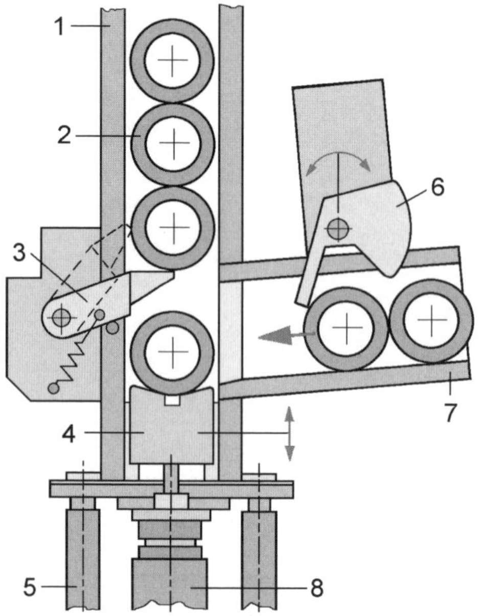

Bild 6.27 Vertikalförderung von Rundteilen.
1 Hubschacht, 2 Werkstück, 3 Rückhalteklinke, 4 Hubprisma, 5 Gestell, 6 Zuteiler, 7 Zulaufrinne, 8 Pneumatikzylinder

Der in Bild 6.28 dargestellte **Vertikalförderer** hat die Funktion, Werkstücke zu magazinieren. Die Werkstückaufnahmen sind der Werkstückkontur angepasst und an Synchronriemen befestigt. Eine vertikale Magazinierung ist sehr platzsparend, weil das Magazin in den arbeitsfreien Raum über den Maschinen ragt und wenig Produktionsgrundfläche benötigt.

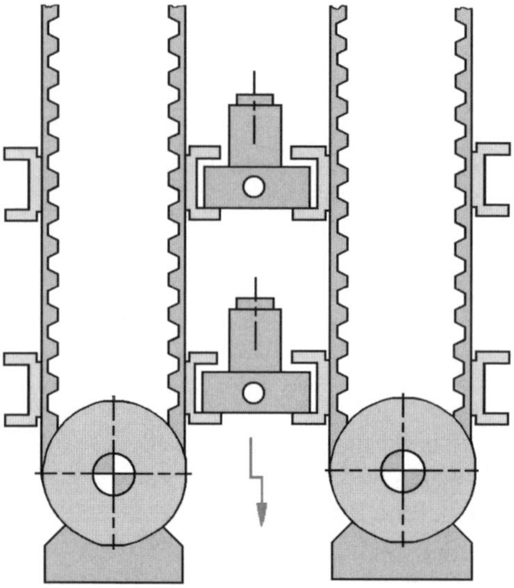

Bild 6.28 Prinzip eines Vertikalmagazins

6.3 Werkstückträger

Werkstückträger sind Platten oder Vorrichtungen in Transfersystemen, auf denen ein Werkstück oder ein Montagebasisteil durch eine Arbeitslinie läuft. Bei großer Masse der Werkstücke sind es auch Vorrichtungswagen mit eigenen Rollen. Werkstückträger sind auf das Systemmaß des Förderers abgestimmt. Bei unterschiedlichen Werkstücken kann man die Werkstückaufnahmen auf dem Werkstückträger der Objektgeometrie anpassen. Bei Arbeitslinien zur spanenden Bearbeitung genügen Aufnahmen nicht. Dann setzt man mechanische, pneumatische oder hydraulische Spannvorrichtungen ein. Außerdem wird eine sehr genaue Fixierung des Werkstückträgers in der Bearbeitungsstation gebraucht.

Ein Werkstückträger (in der Montageautomatisierung auch als Bauteilträger bezeichnet) kann aus folgenden Komponenten bestehen:

- Werkstückaufnahmen (einzeln, mehrfach, Hilfsaufnahmen)
- Lauf- und Führungselemente (Rollen, Gleitauflagen, Anschlagplatten)
- Stütz-, Spann- und Indexierelemente
- Codierelemente (mechanisch, optisch, elektronisch) für den begleitenden Informationsfluss

Man kann die Werkstückträger *(carrier platform, work-holding fixture, workpiece carrier)* nach Baugröße, Belastungsklasse und Genauigkeitsklasse unterscheiden. In der Bauform kommen Platten, Rahmenkonstruktionen und mobile Vorrichtungen zur Anwendung. Besonders in der Endmontage von Erzeugnissen wird auch der Begriff „Produktträger" anstelle Werkstückträger benutzt.

Mitunter genügen schon einfache Produktaufnahmen auf der Basis eines Zahnriemensystems als Zugmittel, wie man in Bild 6.29 sehen kann. Zahnriemen haben eine vernachlässigbare Dehnung und U-Schienen eignen sich gut für die Aufnahme wellenartiger Objekte. Es sind aber auch andere Werkstückaufnahmen einsetzbar, wenn es die Gestalt der aufzunehmenden Teile verlangt.

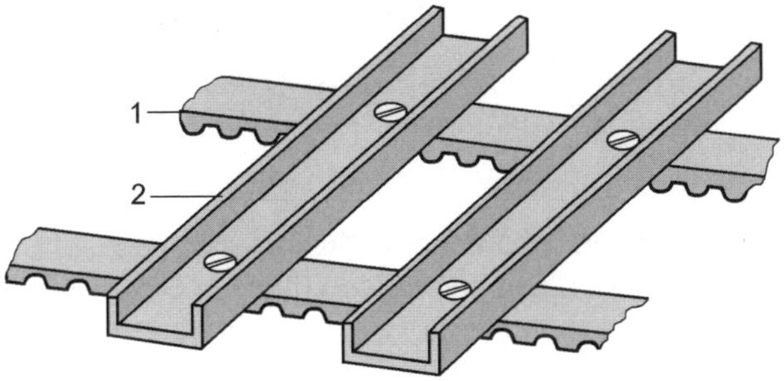

Bild 6.29 Prinzip einer einfachen Werkstückaufnahme für wellenartige Teile.
1 Zahnriemen, 2 U-Schiene als Werkstückaufnahme

Werkstückträger haben auch einige Nachteile:

- Bindung an ein bestimmtes Transfersystem
- zusätzlicher Platzbedarf und zusätzliche Anschaffungskosten
- Produkttypengebundenheit
- Mindestvorrat an verfügbaren Werkstückträgern erforderlich
- Rücklaufstrecke für leere Werkstückträger (bei einigen Systemen) nötig

Im einfachsten Fall sind Werkstückträger Platten mit spezifisch ausgeprägten Merkmalen. In Bild 6.30 werden zwei Ausführungen gezeigt.

Eckenrollen übernehmen im rechten Beispiel die seitliche Führung beim Durchlauf und an Umlenkbögen. Werkstückträger sind Präzisionsteile, die oft nach längerem Gebrauch noch Positioniergenauigkeiten von z. B. ± 0,02 mm in allen Achsen aufweisen müssen. Zur Erkennung der Werkstückträger lassen sich Datenspeicher einbauen. Das können Nur-Lese-Datenträger sein oder Schreib-Lese-Datenträger. In Laufrichtung sind mitunter elastomere Auffahrdämpfer stirnseitig angebaut. Die Arbeitsplatte ist mit Aufnahmen für das Basisteil auszurüsten. Außerdem können Spannelemente, Hilfsaufnahmen für eine Vormontage und Plätze für mitgeführte Montageteile angeordnet werden.

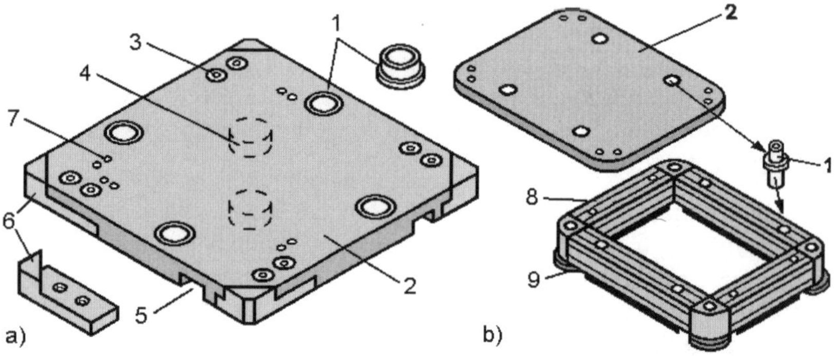

Bild 6.30 Ausführung von Werkstückträgern (www.stein-automation.de; www.altratec.de).
a) Plattenaufbau, b) Rahmenaufbau,
1 Zentrierbuchse, 2 Arbeitsplatte, Aluminium hartcoatiert, 3 Befestigungsschraube, 4 eingeklebter Codeträger, 5 Mitte Zentrierleiste, 6 Anschlagplatte, gehärtet, 7 Zentrierstift, 8 Rahmen aus Aluminiumprofil, 9 Eckenanlaufrolle

Mitunter besteht die Notwendigkeit, Schüttgut an bestimmte Stationen eines Transfersystems zu liefern. Dann ist im Ausnahmefall auch ein Behälteraufbau (Bild 6.31) realisierbar. Der Kasten wird nur in die Haltewinkel eingesetzt. Das lässt sich noch mit Rastelementen verbessern.

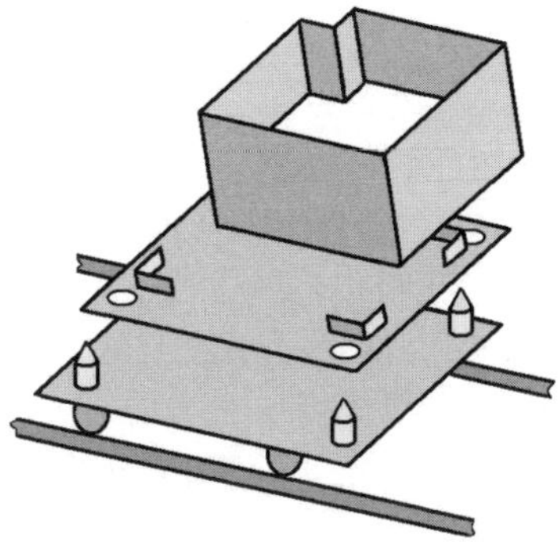

Bild 6.31 Werkstückträger mit Kastenaufbau

Besonders bei Werkstückpaletten für die Zerspanung von Teilen, werden Aufbauten aus Baukastenelementen zusammengestellt. Das sind Halte-, Auflage-, Bestimm- und eventuell Sensorkomponenten. Das Bild 6.32 zeigt eine solche Spannpalette. Für die Projektierung steht oft Software zur Verfügung, sodass ein schneller Aufbau möglich ist. Die Reproduzierbarkeit der Werkstücklage in der Aufspannung, z. B. für Messzwecke, ist eventuell problematisch, weil viele Schraubverbindungen den Aufbau „weich" machen. Das Werkstück wird im Beispiel von oben eingelegt, dann wird das Positioniermodul aktiv und bewirkt eine exakte Anlage an den Bestimmelementen. Die **Spannmodule** sorgen anschließend für das sichere Festhalten [4.22].

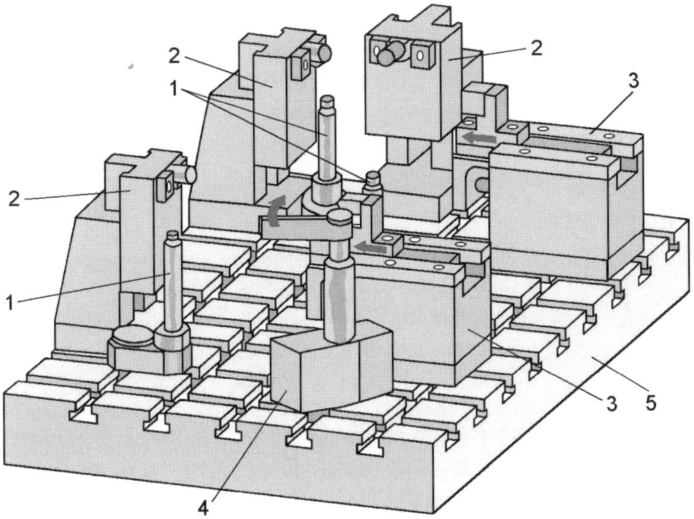

Bild 6.32 Beispiel für eine Werkstückspanneinrichtung auf der Basis einer Kreuznut-Spannpalette mit modularen Komponenten.
1 Bestimmmodul, Werkstückauflage, 2 Werkstückanlage, 3 Spannmodul, 4 Positioniermodul, 5 Aufbauplatte

Um nicht ständig umrüsten zu müssen, kann man Spannlagenfamilien bilden. Dafür werden dann mit entsprechender Software einheitliche bzw. passende Bestimmebenen, Bestimmkontaktpunkte, Stützen und Spannkontaktpunkte herausgefunden. Damit sind dann auch Gruppenspannvorrichtungen möglich, die in gewissem Umfang flexibel einsetzbar sind. Alle modularen Komponenten müssen stets so beschaffen und montiert sein, dass automatisches Beschicken und Entnehmen nicht behindert werden.

Spannlagenfamilie

Gruppe von Werkstücken mit einer ähnlichen Geometrie und Größe und mit solchen Spannlagen, die in einer Vorrichtung durch Variation der Spannkraft und der Bestimmelemente gespannt werden können.

In Maschinenstraßen nehmen die Werkstückträger sehr kompakte Vorrichtungsformen an. Die Teile werden fest eingespannt und taktweise von Station zu Station zur zerspanenden Bearbeitung gebracht. In Bild 6.33 wird ein solcher Werkstückträger im Querschnitt gezeigt. Besondere Anforderungen an den Werkstückträger sind:

- Genauigkeit (Bestimmbolzen)
- Starrheit (keine Veränderung bei Gewichts- und Bearbeitungskräften)
- Immunität gegen Späne und Kühlflüssigkeiten

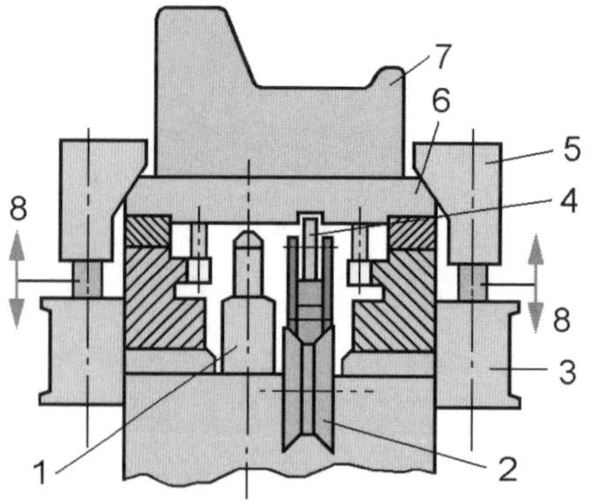

Bild 6.33 Werkstückträger in einer Taktstraßenspannstation.
1 Indexbolzen, 2 Auflagerolle für Schubstange,
3 Spannzylinder, 4 Führungsrolle, 5 Spannbacke,
6 Werkstückträger, 7 Werkstück, 8 Spannbewegung

Werkstückträger für Montagebasisteile *(assembly baseparts)* laufen oft auf Doppelgurtmontagetransfersystemen *(twin-belt workpiece carrier-assembly lines)*. Ihr Lauf muss in der Montagestation abgebremst, d. h. gestoppt und dann die Position genau hergestellt werden. Das geschieht durch vertikal oder seitlich angreifende Fixiermittel. Damit auch bei dicht laufenden Werkstückträgern das Stoppen gelingt, sind neben den üblichen einfachen Hubstößeln auch **Stopper** mit Anlaufrolle verfügbar. Das erfordert jedoch eine geeignete geometrische Ausbildung des Werkstückträgers an der Unterseite (Bodennut und stirnseitige Freisparungen). Das Prinzip ist in Bild 6.34 zu sehen.

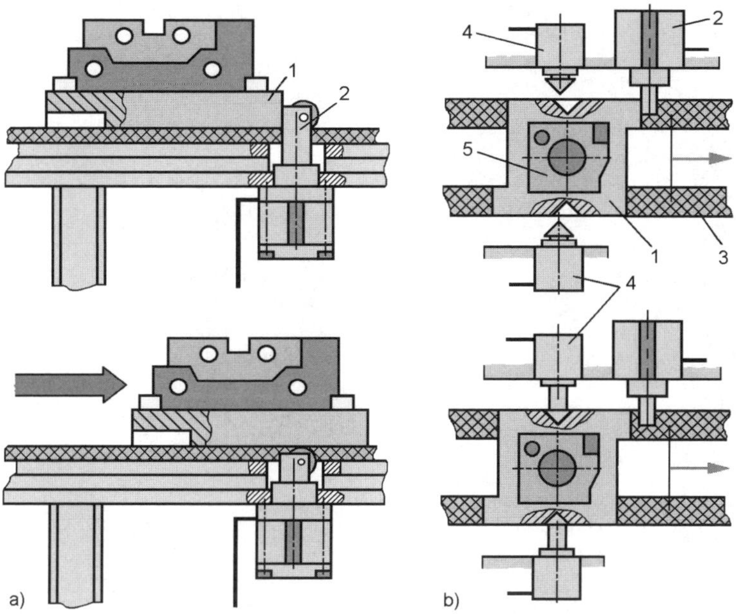

Bild 6.34 Stoppen und Positionen von Werkstückträgern.
a) Stopper mit Anlaufrolle, b) Stoppen und Positionieren mit einem Zapfenstopper (Draufsicht).
1 Werkstückträger, 2 Stopper, 3 Doppelgurtförderer, 4 Positionier- und Klemmzylinder,
5 Montagebasisteil

Hat man Werkstückträger mit großer Masse, dann wird man Stopper (z. B. Vereinzler mit Kippanschlag) mit Dämpfungseigenschaften einsetzen. Die dämpfende Wirkung passt sich automatisch an und gewährleistet sanftes Bremsen und stoßfreies Anhalten. Lose auf dem Werkstückträger befindliche Gegenstände (medizinische Geräte, elektronische Baugruppen u. a.) müssen für den Transport nicht zusätzlich gesichert werden. In Bild 6.34b ist zu sehen, dass beim Zentriervorgang der Werkstückträger etwas vom Stopperzapfen zurückgenommen wird. Das verhindert eine schädliche Überbestimmung.

Die typische Ausführung eines pneumatisch angetriebenen Stoppers, wie er in Doppelgurtsystemen eingesetzt wird, zeigt auch das Bild 6.35. In drucklosem Zustand ist der **Vereinzler** in Sperrstellung, was die eingebaute Druckfeder bewirkt. Auf ein Signal wird die Kolbenstange (das Sperrelement) eingezogen. Damit wird der Werkstückträger (80 … 120 mm) × (80 … 120 mm) freigegeben und läuft zur nächsten Station.

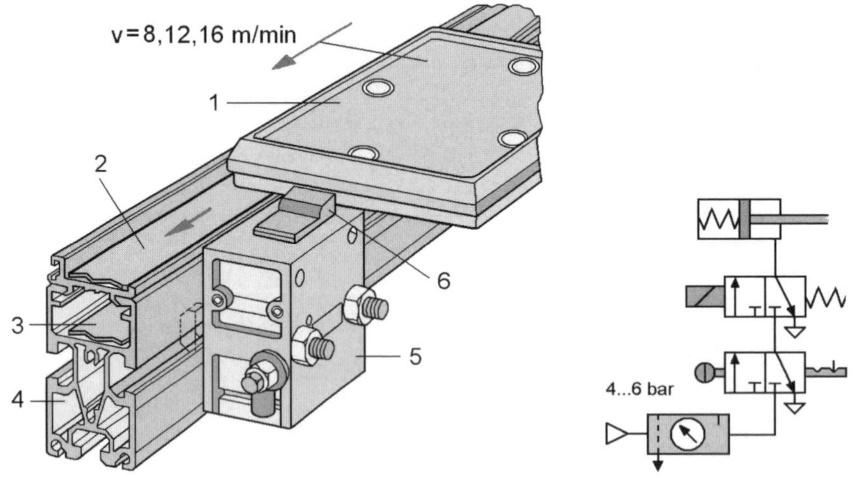

Bild 6.35 Vereinzler (Stopper) in einer Doppelgurtstrecke und pneumatische Ansteuerung (Bosch).
1 Werkstückträger, 2 Fördergurt, 3 Gurtrücklauf, 4 Aluminiumprofil, 5 Vereinzler, 6 Sperrklinke

In Bild 6.36 wird ein Stopper für Werkstückträger gezeigt, bei dem die Mechanik so ausgebildet ist, dass die Anschlagplatte beim Freigeben in Förderrichtung abtaucht. Man bezeichnet den Stopper mit Parallelkurbeltrieb auch als „Schwanenhalsstopper“.

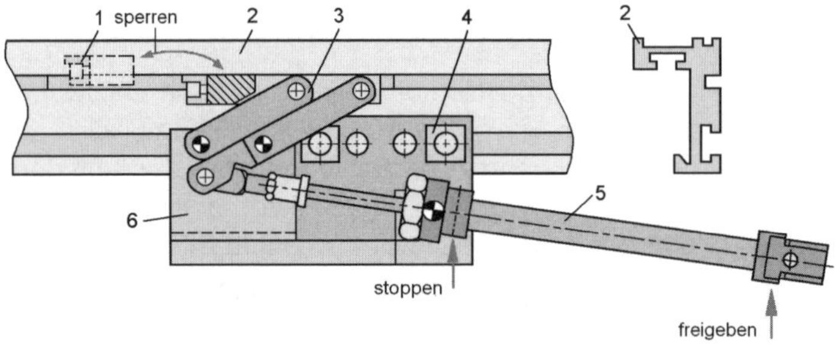

Bild 6.36 Werkstückträger-Stopper mit Parallelkurbeltrieb.
1 Werkstückträgeranschlag, 2 Aluminiumprofil, 3 Hebelmechanik, 4 Befestigungsschraube,
5 Pneumatikzylinder, 6 Basisplatte

Bei einer anderen Art der Positionierung dient das Positionieren zugleich dazu, den Werkstückträger etwas vom Förderband (Doppelgurtförderer) abzuheben und in zwei Achsrichtungen zu fixieren. Außerdem ist er innen freigespart (Rahmenausführung), damit auch von unten montiert oder bei Pressvorgängen gegengehalten werden kann (Bild 6.37b). Das Gegenhalten hat alle Kräfte vom Förderer fernzuhalten.

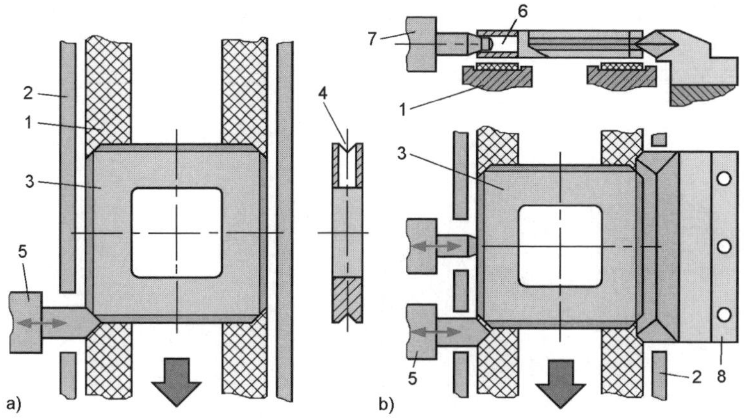

Bild 6.37 Werkstückträgerführung in einem Doppelgurt-Transfersystem (Draufsicht).
a) Stoppanschlag, b) Positioniereinrichtung,
1 Doppelgurtsystem, 2 Seitenführung, 3 Werkstückträger, 4 Positioniernut, 5 Stopperzylinder,
6 Positionierbohrung, 7 Klemmzylinder, 8 Positionierschiene

Werkstückträger können auch als runde Scheibe ausgebildet sein und bieten dann Platz für viele Werkstückaufnahmen. Solche **Mehrfach-Werkstückträger** (Bild 6.38) haben den Vorteil, dass sie in einer Station schnell getaktet werden können. Das spart Nebenzeit. Sie werden gern in manuellen und hybriden Montagesystemen eingesetzt. Die Taktung kann von einem Rundschalttisch übernommen werden.

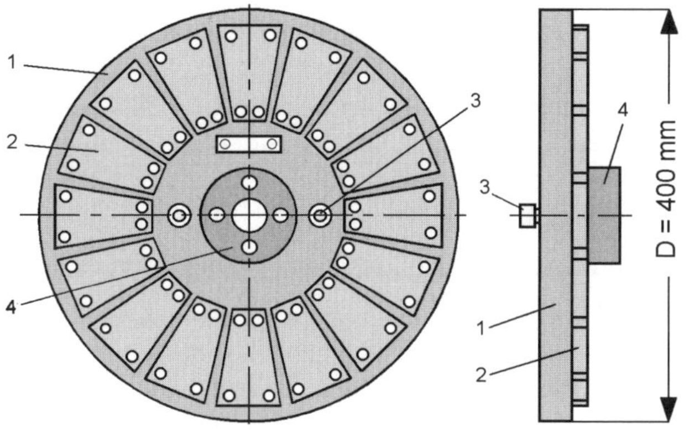

Bild 6.38 Mehrfach-Werkstückträger in Scheibenform (Afag; www.afag.com).
1 Trägerscheibe aus Aluminium, 2 Werkstückaufnahme in 12er-, 16er- oder 24er-Teilung,
3 Führungsrolle, 4 zentrale Rundführung für die Positionierung in der Station

Der Werkstückträger kann mit einem linearen Transportsystem von Station zu Station geführt werden. In der Station befindet sich ein Rundschaltantrieb, wie er in Bild 6.39 gezeigt wird. Nach dem Einlaufen der Mehrfach-Werkstückträger werden sie zentriert, indexiert und über Mitnahmestifte bewegt. Sind alle Baugruppen bearbeitet, wird der

Werkstückträger entkoppelt und auf das Transportsystem zurückgesetzt. Innerhalb von manuellen Montagelinien stellen diese Werkstückträger auch einen Zwischenspeicher dar, der zur Entkopplung von Montageplätzen beiträgt.

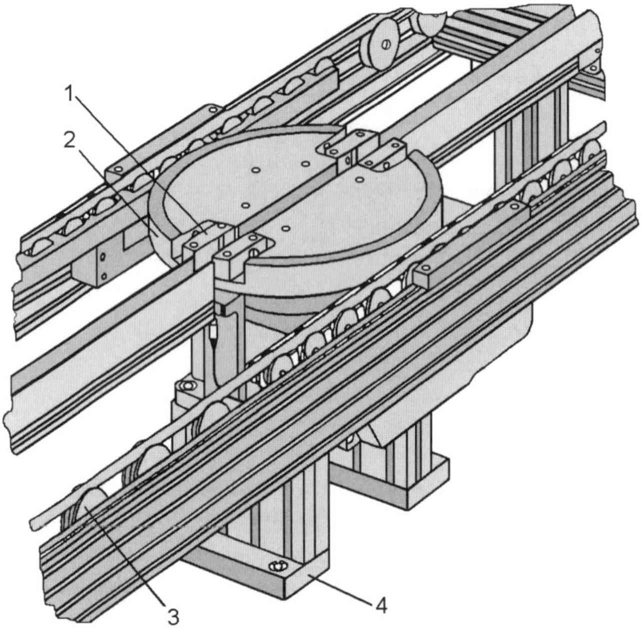

Bild 6.39 Rundschaltstation für einen Mehrfach-Werkstückträger; (Afag; www.afag.com).
1 Einlauf für Führungsrollen, 2 Drehteller, 3 Transportsystem, Gurtförderer, 4 Gestell

Eine sehr technisierte Bauform von Werkstückträgern sind solche mit einem Eigenantrieb. Sie werden in asynchronen Montagesystemen eingesetzt. Das Transfersystem besteht insgesamt aus folgenden Komponenten:

- **Fahrweg**
  Geradschiene, Kurve, Weiche, Kreuzung, Aufbau- und Verbindungskomponenten, Fahrschienen mit Stromleitern DC 24 V ausgerüstet
- **Fahreinheit**
  „Shuttle" mit abnehmbarer Arbeitsplatte, Stromzufuhr, Arbeitsplatten von 200 mm × 300 mm bis 400 mm × 700 mm, elektrotechnische Ausrüstung (Antrieb), Sensorik
- **Betriebsmittel**
  Kipp- und Ausschiebevorrichtung für Fahreinheit bzw. Arbeitsplatte, Positioniertechnik, Mehrfach-Positioniereinheiten (schrittweises Positionieren in einer Station)
- **Steuerung**
  Klein-SPS, Codiertechnik, Identifizierung (Lesetechnik), Datenaustausch, Interface zur Kopplung mit übergeordneten Steuerungen

Der Shuttle verfügt über eine abnehmbare Arbeitsplatte und er kann auch von der einspurigen Fahrschiene nach oben abgehoben werden. Er bewegt sich auf Stütz- und Treibrollen selbstständig vorwärts. Die Schienen (Bild 6.40) bestehen aus einem eloxierten Aluminiumprofil und werden über Dilatationselemente (Vermeidung von Kräften durch Wärmedehnung) miteinander zu einem Fahrweg verbunden. Der Fahrweg wird je nach Aufgabenstellung aus Geradstücken, Bögen, Weichen und Kreuzungen zusammengesetzt. Er kann jederzeit umgebaut und erweitert werden. Die Stromschienen müssen nicht abgedeckt werden, weil sie nur ungefährliche Niederspannung führen. Der Shuttle verfügt über die erforderliche Eigenintelligenz, um selbstständig, kultiviert (Brems- und Anfahrrampe), zielorientiert und vorausschauend fahren zu können.

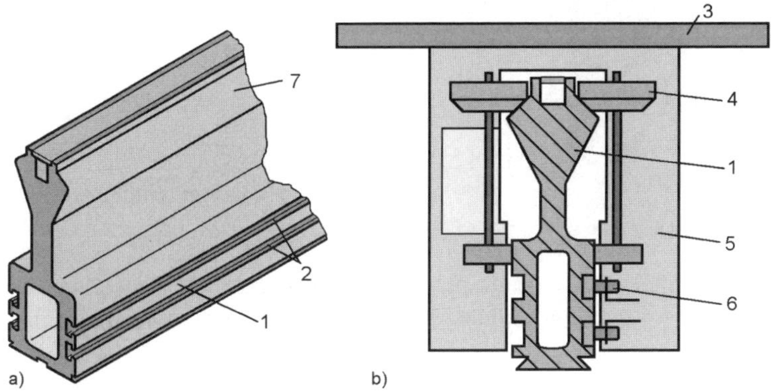

Bild 6.40 Hauptkomponenten des Einschienen-Transfersystems (Montratec; www.montratec.com). a) Fahrschiene, b) Shuttle auf der Fahrschiene,
1 Aluminiumprofil, 2 T-Nut zur Aufnahme einclipsbarer Stromschienen, 3 Arbeitsplatte (bis 24 kg Zuladung bei Doppelachsshuttle, Tragfähigkeit bei Einachsshuttle 12 kg), 4 Treibrolle, 5 Gehäuse mit Antriebsmotor und Elektronik, 6 Stromabnehmerrolle, 7 Lauffläche für Treibrolle

Der eingebaute wartungsfreie Niederspannungsmotor sorgt für Fahrgeschwindigkeiten bis zu 30 m/min. Das Leistungsgewicht von etwa 0,7 W/kg ist gegenüber anderen Transfersystemen günstig, auch weil die Shuttles nur Energie verbrauchen, wenn sie fahren. Das Bild 6.41 gewährt einen Blick auf einen Streckenabschnitt mit einer **Positionierstation** im Vordergrund.

Eine neue Methode, um die Shuttles auf unterschiedlichen Wegen zu den Arbeitsstationen zu steuern, ist die *Chaos Technology*. Die Fahrstrecke stellt die logische Verbindung zwischen einzelnen Prozessstationen her. Die Shuttles kommunizieren per Infrarot mit der Fahrstrecke auf Basis eines Adresssystems. Durch Vergabe einer produktbezogenen ID-Nummer weiß der Shuttle, welche Stationen in welcher Reihenfolge anzufahren sind und wie er dorthin kommt. Das Produkt steuert somit die Fahrstrecke. Der Durchlauf wird kundenspezifisch absolviert, im Extremfall sogar bis herunter auf Losgröße 1. Außerdem können Prozessergebnisse im Shuttle gespeichert und mitgegeben werden. Damit wird auch ein Teil des Informationsflusses integriert.

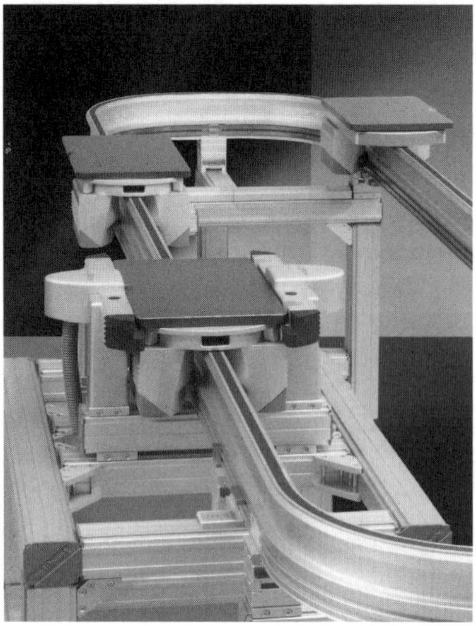

Bild 6.41 Reinraumtaugliches Transportsystem mit selbstfahrenden Werkstückträgern, den Shuttles (Montratec; www.montratec.com).

Der Shuttle-Aufbau wird in Bild 6.42 nochmals im Schema gezeigt. Viele Anwender fordern nicht nur einen sanften Lauf der Werkstückträger, sondern auch eine geringe Emission elektrischer Störfelder.

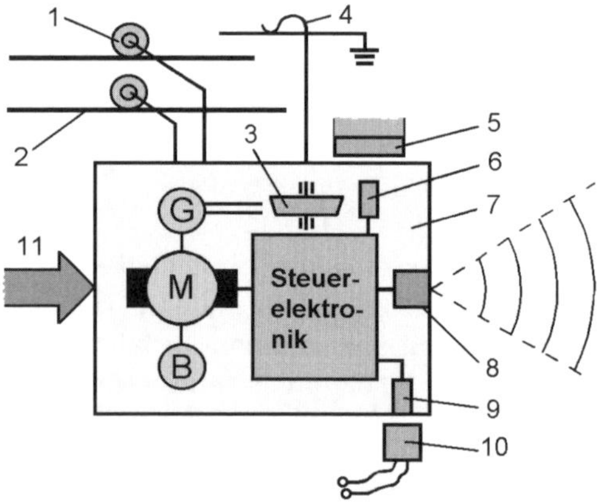

Bild 6.42 Grundaufbau des Shuttles (Montratec; www.montratec.com).
1 Kohlekontaktrolle, 2 Stromschiene, 3 Treibrolle, 4 Ableitung elektrostatischer Aufladung, 5 Steuernocken, 6 Näherungssensor, 7 Fahrwerkgehäuse, 8 Abstandssensor, 9 Datenträger, 10 Datenleser bzw. Schreib-Lesegerät, 11 Fahrrichtung

Während normale Förderbänder auf **Emissionswerte** von z. B. 4 kV/m kommen, erreicht der Shuttle Werte, die unter 200 V/m liegen. Dabei ist die Ausbreitungsrichtung des Feldes etwa 45° nach unten gerichtet. Alle Teile des Shuttles sind geerdet und die Gehäuseteile bestehen aus halbleitenden Kunststoff (EMV erfüllt nach EN 50081-2 und EN 50082-2). Damit ist das System auch im Bereich der Elektronik-Montage gut einsetzbar, selbst unter Reinraumbedingungen. Dem Motor (M) mit Bremse (B) folgt ein dreistufiges Hochleistungs-Zahnriemengetriebe (G). Der Shuttle erhält seine Steuerbefehle berührungslos, so dass im System ziemlich freizügig gefahren werden kann. Damit sich die Shuttles ohne zentrale Steuerung orientieren können, wird eine klare Adressenstruktur (wie die von Manhattan) genutzt. Jeder

Arbeitsstation ist eine eindeutige Adresse zugeordnet. Vor einer Station senkt der Shuttle seine Fahrgeschwindigkeit ab und hält schließlich mit einer Genauigkeit von ± 0,4 mm an. Beim Genauhalt wird eine pneumatische Positioniereinrichtung aktiviert, mit der eine Genauigkeit von ± 0,02 mm in der x- und y-Achse erreicht wird. Beim Positionieren wird die Arbeitsplatte etwas angehoben, um die Fahreinheit kräftemäßig freizustellen.

Für die Einschienenstrecke sind Varianten möglich, bei denen sowohl Fügeteile als auch Basisteile auf jeweils eigenen Paletten in die Montagestation gebracht werden können (Bild 6.43).

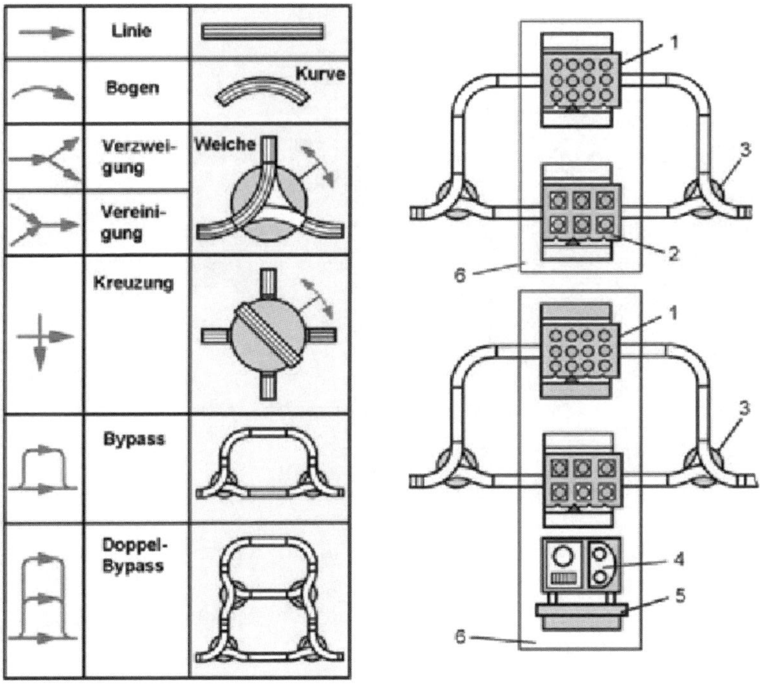

Bild 6.43 Systemtechnische Möglichkeiten zur Fahrweggestaltung bei einer Einschienenbahn (Montratec; www.montratec. com).
1 Palette mit Fügeteilen, 2 Palette mit Basisteilen, 3 Weiche, 4 Montagevorrichtungen, 5 Ausschiebevorrichtung, 6 Montage-, Arbeits- oder Prüfstation

Bei flexiblen Montagestationen kann auch eine Anlieferung von Peripheriebestandteilen, z. B. Montage-, Prüfvorrichtungen oder Wechselgreifer erfolgen. Die Arbeitsplatte mit der Vorrichtung wird dann automatisch abgenommen und an einem stationären Platz in der Nähe der Wirkzone platziert.

In einem anderen Transfersystem laufen autonome Shuttles (der Hersteller bezeichnet sie als **Transportroboter**) auf einem Doppelschienensystem. Antrieb, Intelligenz, Datenkommunikation mittels Infrarot und Energiespeicher befinden sich an Bord der Transportroboter. Die Energie wird in mitgeführten Superkondensatoren gespeichert und einem Gleichstrommotor zugeführt. Wenn nötig, wird an einer Positioniereinheit Energie nachgeladen.

Die Fahrgeschwindigkeit beträgt 1,5 m/s und die Nutzlast maximal 25 kg. Die Positioniergenauigkeit erreicht in allen Raumachsen einen Wert von ± 0,02 mm. Jeder Transportroboter *(transfer robot, automated guided vehicle)* steuert sich entsprechend übermittelter Informationen selbst (Methode *Chaos Technology*). Für die Kommunikation werden W-LAN, digitale Ein- und Ausgänge, Taster *Touch-Screens* u. a. genutzt. Die Trägerplatte kann in der Mitte eine Öffnung haben. Damit ist z. B. die Versorgung von Bunkerzuführeinrichtungen mit Teilen möglich, die an der Station nach unten abgelassen werden (Bild 6.44). Für das System sind alle Komponenten verfügbar, die für den Aufbau eines Streckennetzes gebraucht werden, wie Linearstrecken, Weichen, Spurwechsler, Lifteinheiten u. a.

Um Handhabungsaufgaben während des Transports erledigen zu können, gibt es auch einen Shuttle, der einen kleinen Knickarmroboter mitführt.

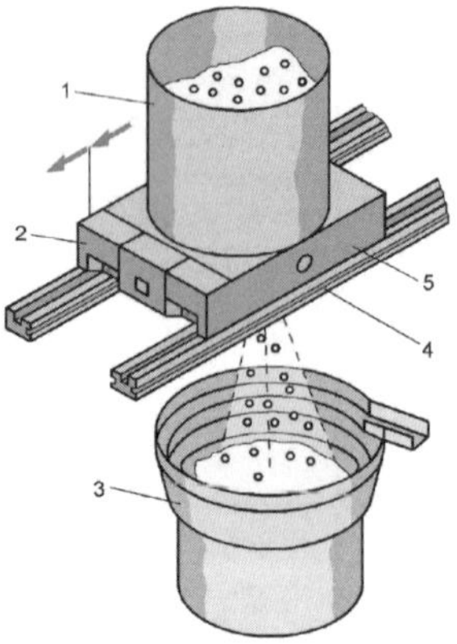

Bild 6.44 Innerbetriebliche Verteillogistik mit selbstfahrenden Transportrobotern, die untereinander kommunizieren und selbst Entscheidungen treffen (Servus Robotics; www.servus.info).
1 Transportbehälter, 2 Kommunikation, Sensorik, 3 Vibrationswendelförderer am Montageplatz, 4 Doppelfahrschiene, 5 Transportroboter *(shuttle)*

Es soll noch ein weiteres Werkstückträgerystem vorgestellt werden Der Aufbau eines robusten Einschienen-Transportsystems wird in Bild 6.45 gezeigt. Kern des Systems sind berollte Werkstückträger, die von einem außen laufenden Zugmittel (Kette) ihre Fahrbewegung erhalten.

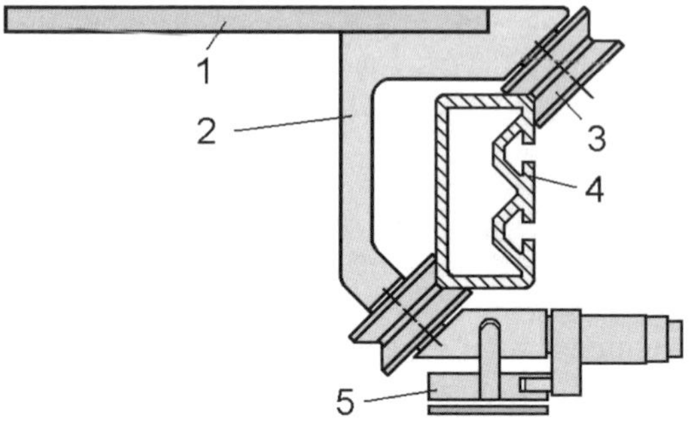

Bild 6.45 Wagen mit Werkstückträger = Arbeitsplatte (HeMaTech).
1 Arbeitsplatte, 2 Laufwagen, 3 Laufrolle, 4 Laufschiene, 5 Mitnehmer

Die Mitnehmer stützen sich auf dem Zugmittel ab und gewährleisten den Vortrieb mit einer Geschwindigkeit bis 40 cm/s, abhängig auch von der zu transportierenden Masse, die bis 20 kg betragen darf. Es gibt auch Werkstückträger mit einer schwenkbaren Arbeitsplatte, so dass man an Handarbeitsplätzen eine ergonomisch vorteilhafte Sitzposition einnehmen kann. Das System verfügt über Grund- (Antrieb, Schienensystem, Weiche, Umlenkung, Gestell) und Kombimodule (Positionierung, Signalgeber, Stopper, Laufwagen), mit denen ein komplettes System anforderungsgerecht aufgebaut werden kann. Die **Positioniergenauigkeit** beträgt ± 0,05 mm. Wie lassen sich die Eigenschaften des Systems nutzen? Das zeigt an wenigen Beispielen das Bild 6.46.

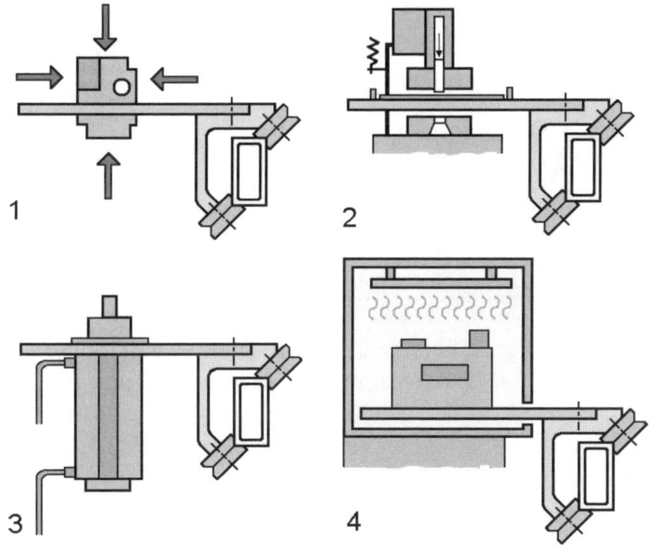

Bild 6.46 Nutzungsvarianten eines Einschienentranssystems (HeMaTech).
1 Vierseitenzugang,
2 Station mit Stanzoperation,
3 Bauteil mit herabhängenden Komponenten,
4 Mini-Klimakammer

Die auskragende Arbeitsplatte lässt Operationen an vier Seiten zu, sogar Stanzoperationen sind möglich, wenn sich der Kraftfluss innerhalb der Presse schließt. Presskräfte auf das Fahrsystem müssen ebenfalls vermieden werden. Zugelassen sind 200 N vertikal auf das Positioniermodul, mit Abstützung gegen den Fußboden sind es 10 kN. Man kann Gegenstände auch in eine stationäre Mini-Klimazelle bringen, z. B. für das thermische Aushärten von Klebstoffen, Besprühen, Bestrahlen und Kühlung von Objekten. Das System ist robust aufgebaut, und einige mechanisch basierte Funktionen erfordern keine Spezialisten für die Betreuung der Anlage.

■ 6.4 Werkstückträger-Schnelleinzug

Um unproduktive Nebenzeiten zu senken, strebt man danach, Werkstückträger möglichst schnell in die Montagestation zu bringen, jedenfalls schneller als es ein Gurtförderer kann. Es sind verschiedene Lösungen bekannt. Beim **Schneckeneinzug** (Bild 6.47) greift eine am Werkstückträger angebrachte Rolle in den Schneckengang einer längs zur Förderrichtung aufgebauten Schnecke ein. Der Werkstückträger läuft mit Rollen auf einer Profilschiene, die sich in einem Schienenoval schließt. Dadurch ergibt sich eine exakte Führung.

Der Werkstückträger wird in 0,5 s in die Montageposition gezogen und dort in einem Schneckenabschnitt mit **Nullhub** auch sogleich arretiert. Die Einzugsbewegung ist trotz der Geschwindigkeit stoß- und ruckfrei, weil ein entsprechendes Bewegungsgesetz driftfrei in der Kurve verewigt werden kann.

Bild 6.47 Schneckeneinzug eines schienengeführten Werkstückträgers (Weiss; www.weiss-gmbh.de)

Das Bild 6.48 zeigt die konstruktive Lösung nochmals im Schnitt. Die Gewichtskräfte der Montagebaugruppe wirken sich nicht auf den Transportgurt aus. Dieser wirkt nur als Zugmittel, was den Verschleiß mindert. Die herauskragende Trägerplatte erlaubt auch das Montieren von unten. Außerdem kann sie bei größeren vertikalen Prozesskräften zusätzlich in einer Pressstation abgestützt werden.

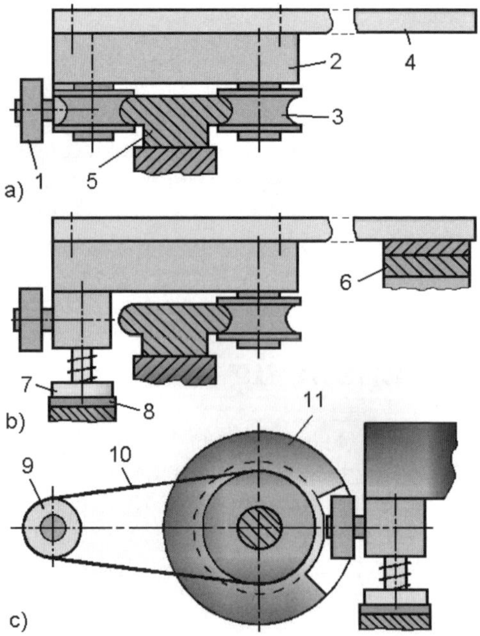

Bild 6.48 Linientransfer von Werkstückträgern mit Schnelleinzug (Weiss; www.weiss-gmbh.de).
a) Werkstückträger, b) Friktionsantrieb, c) Schneckenschnelleinzug.
1 Rolle für Schnelleinzug, 2 Laufwagengrundkörper, 3 Laufrolle, 4 auskragende Trägerplatte, 5 Führungsprofil, 6 Stützauflage oder Stützrolle bei hohen Presskräften, 7 gefederter Gleitschuh, 8 Transportgurt, 9 Schneckenantrieb, 10 Zahnriemen, 11 Einzugsschnecke

Eine andere technische Lösung, um Werkstückträger in eine Station einzuziehen, wird in Bild 6.49 vorgestellt. Ein doppelt verzahnter Synchronriemen *(toothbelt)* sorgt für den **Schnelleinzug** *(rapid change)*. Die Unterseite des Werkstückträgers ist mit dem Gegenprofil zum Zahnprofil des Antriebsriemens ausgestattet. Das Montieren von unten ist möglich, ebenso das Quereinziehen, denn die Verzahnung ist zweiachsig ausgelegt.

Weil der Antrieb von einem Servomotor erfolgt, kann der Werkstückträger auch in der Station in programmierbaren Schritten getaktet werden, wenn zum Beispiel an verschiedenen Stellen des Basisteils Schrauben gesetzt werden müssen. Die Positioniergenauigkeit liegt dann im Zehntel-Millimeterbereich, was häufig ausreichend ist. Der Einzug des Werkstückträgers erfolgt in weniger als 0,5 s.

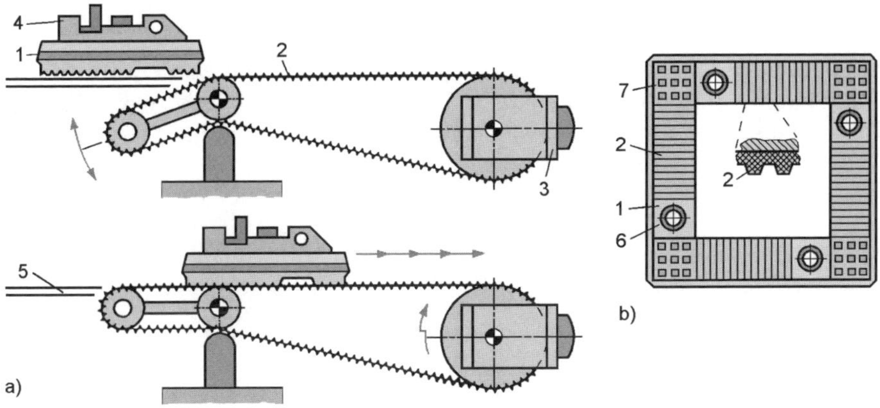

Bild 6.49 Schnelleinzug in eine Arbeitsstation mit einem Servomotor (Sim-Automation).
a) Antriebsschema, b) Ausgestaltung der Werkstückträgerunterseite,
1 Werkstückträger in Rahmenkonstruktion, 2 Synchronriemen, 3 Servomotor, 4 Montagebaugruppe, 5 Doppelgurtförderer, 6 Positionierbohrung, 7 Zweirichtungsverzahnung

Die Konstruktion baut auf vorhandenen Doppelgurt-Transfersystemen auf, was auch eine Nachrüstung bereits im Einsatz befindlicher Systeme möglich macht. Die Verzahnung auf der Unterseite des Werkstückträgers besteht dann aus aufgeklebten Verzahnungsstücken.

6.5 Werkstückträgerführung

Werkstückträger müssen auf ihrem Weg von Station zu Station seitlich geführt und bei karreeartigen Umlaufsystemen in den Ecken auch um 90° umgelenkt werden. Bei Verzweigungen im Werkstückträgerfluss auf Nebenstrecken (*Bypass*-Abschnitte) sind Weichen oder Querhubeinrichtungen erforderlich. Umlaufsysteme haben den Vorteil, dass die Werkstückträger stets wieder zur Startposition zurückkehren. Die **Rücklaufstrecken** können über oder unter der eigentlichen Montagestrecke verlaufen (Bild 6.50).

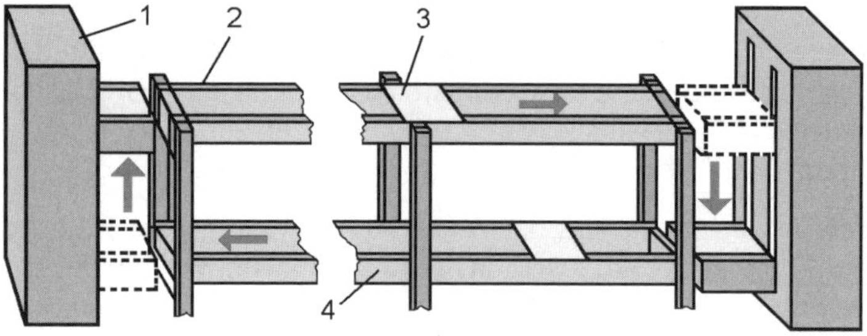

Bild 6.50 Montagelinie mit untenliegender Rücklaufstrecke für den Werkstückträgerumlauf.
1 Werkstückträger-Lift, 2 Doppelgurt-Förderer, 3 Werkstückträger, 4 Rücklaufstrecke für leere Werkstückträger

Mitunter muss auch der komplette Werkstückträger um 180° gedreht werden. Das macht eine Hub-Dreh-Einheit erforderlich, wie sie in Bild 6.51 abgebildet ist. Es wird eine Kombination von pneumatischen Standardkomponenten verwendet, die jeweils Endpositionen anfahren.

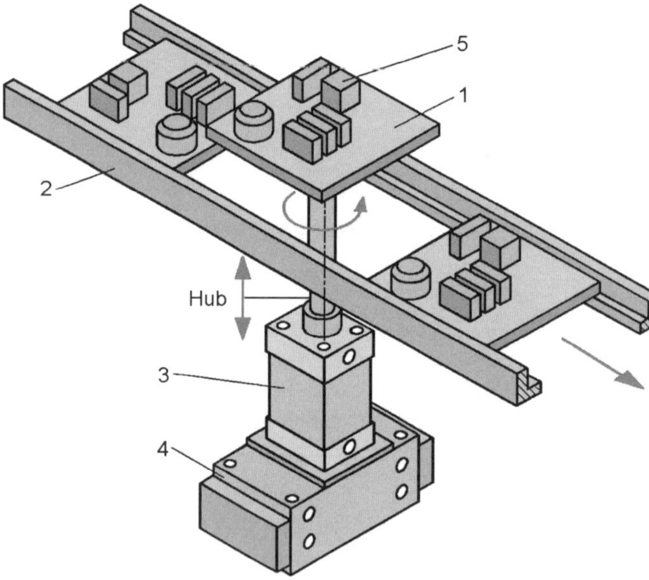

Bild 6.51 Hub-Dreh-Einheit für Werkstückträger (phd; www.phdinc.com).
1 Werkstückträger, 2 Doppelgurt-Transfersystem, 3 Kurzhubzylinder, 4 Drehmodul,
5 Montageeinheit, z. B. Leiterplatte

Für das Hochfördern von Arbeitsplatten, Werkstücken oder Werkstückträgern wird in Bild 6.52 eine technische Lösung gezeigt. Rückhalteklinken sichern den Magazininhalt. Als Aktoren können Pneumatikzylinder eingesetzt werden.

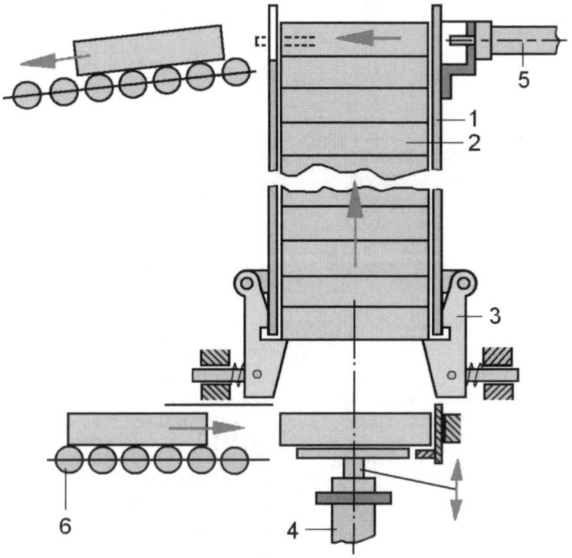

Bild 6.52 Hochfördern von Werkstücken oder Werkstückträgern.
1 Schachtmagazin, 2 Handhabungsobjekt, 3 Rückhalteklinke, 4 Hubaktor,
5 Abschieber, 6 Rollengang

Für die Umlenkung von Werkstückträgern auf eine Quer- oder Gegenspur sind unterschiedliche Systeme von der Kegelrollenbahn bis zur eigenständigen Fördereinheit in Gebrauch. In Bild 6.53 werden einige ausgewählte Einrichtungen im Prinzip gezeigt. Von Bedeutung ist bei einem Rechteckumlauf wegen der Zugänglichkeit der Außenseiten der Montagebaugruppe, ob der Werkstückträger während eines Umlaufs seine **Kompassrichtung** beibehält (Bild 6.53e, f, i). In diesem Fall ist jede Objektseite einmal außen. Das kann aus technologischen Gründen ein Vorteil sein. Systeme mit Querverschiebung benötigen eine Greifeinheit, Bordrollenwagen oder kleine Hub-Quer-Förderbänder, die auf ein Startsignal hin in Aktion treten. Schleppteller-Konstruktionen (Bild 6.53b, c) für eine 180°-Drehung erledigen das dagegen im kontinuierlichen Lauf. Kegelrollenbahnen (Bild 6.53d) ohne eigenen Antrieb müssen eine geringe Neigung aufweisen, damit die Schwerkraft zur Wirkung kommt.

Die Entwicklung geht zu staudrucklosen Systemen, die auch beim Anstauen mehrerer Werkstückträger keinen Staudruck aufbauen.

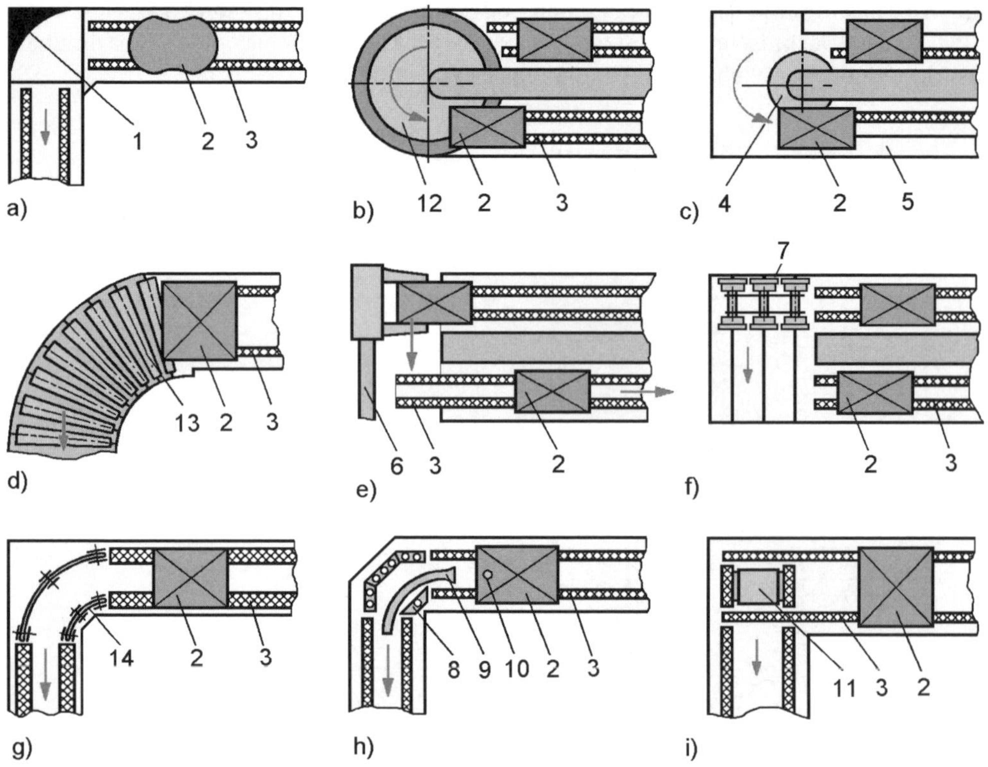

Bild 6.53 Beispiele für das Handling von Werkstückträgern.
a) Kulissenführung, b) Vollschleppteller, c) Halbauflage-Schleppteller, d) Kegelrollenkurve, e) Querhubgreifer, f) Bordrollensatz mit Motorrolle, g) Rundriemensystem, h) Führungsrolle und Nutkurve, i) Hub-Querförderer,
1 Anlaufkulisse, 2 Werkstückträger, 3 Doppelgurtförderer, 4 Auflagescheibe, 5 Linien-Transfermodul, 6 Querhubeinheit mit Greifer, 7 Bordrollentransporteur, 8 Kugelschienenstück, 9 Nutkurve, 10 Führungszapfen, 11 Hub-Förder-Einheit, 12 Schleppteller, 13 Kegelrolle, 14 Rundriemen

Erfordert der Werkstückträgerumlauf das zyklische Einschalten einer Querförderstrecke, dann muss die Ankunft eines Werkstückträgers erfasst werden. In Bild 6.54 wird gezeigt, wie man mit einer **Winkellichtschranke** das Erreichen einer Endposition feststellen kann. Diese Bauform ermöglicht einen mechanisch einfachen Anbau. Das Prinzip dieses Sensors unterscheidet sich nicht von einer Gabellichtschranke. Natürlich lassen sich auch andere Sensoren einsetzen, um eine Selbstzuschaltung des Querförderbandes zu erreichen.

Der technische Aufwand für die verschiedenen Werkstückträgerführungen kann sich erheblich unterscheiden und damit auch die Höhe der Anschaffungskosten beeinflussen.

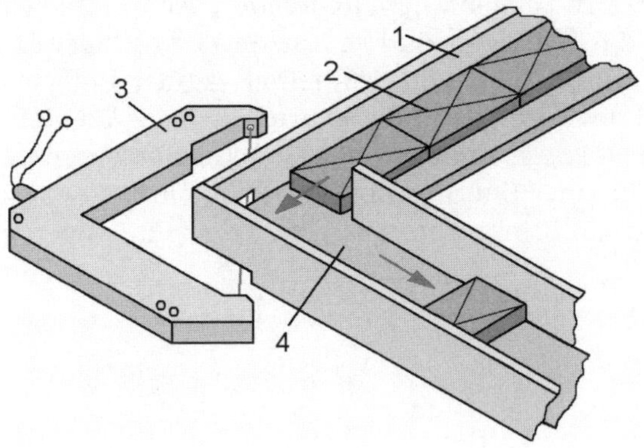

Bild 6.54 Anwesenheitsdetektion mit einer Winkellichtschranke. (di-soric).
1 Seitenführung, 2 Werkstückträger, 3 Winkellichtschranke, 4 Querförderstrecke

Für die Bewegung von Objekten in beliebigen Richtungen in der Ebene lassen sich Kugelrollen einsetzen. Wie diese aufgebaut sind, wird aus Bild 6.55 ersichtlich. Sie können auch in einem **Kugelrolltisch** eingesetzt werden.

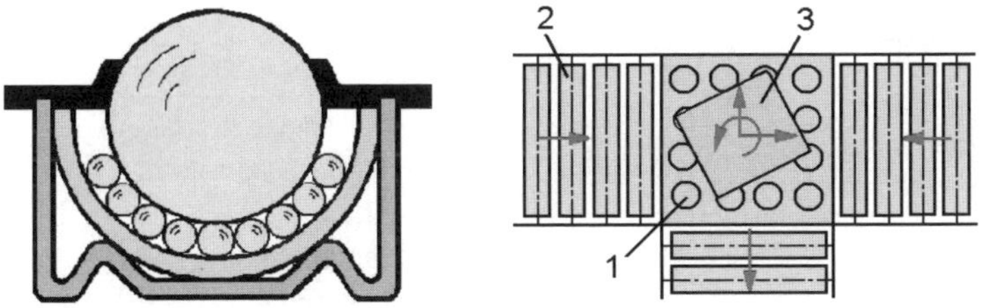

Bild 6.55 Kugelrolle und Verwendung im Kugelrolltisch (Draufsicht).
1 Kugelrolle, 2 Rollengang, 3 Förderobjekt

Eine andere Verwendung für Kugelrollen wird in Bild 6.56 gezeigt. Am Ende eines Gurtförderers kippt das Werkstück auf eine geneigte Fläche und erreicht eine prismatische Anschlagfläche. Damit haben alle Werkstücke eine genaue Abnahmeposition aus der sie von einem Roboter abgenommen werden. Die **Selbstpositionierung** der Teile ist sehr einfach. Es bedarf aber wegen der Reibung einer Kugelrollenauflage.

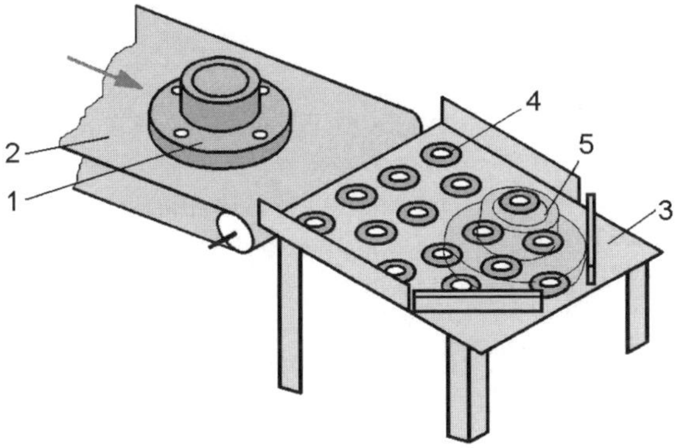

Bild 6.56 Kugelrollplatte für die Selbstpositionierung von Werkstücken.
1 Werkstück, 2 Förderband, 3 Gestell, 4 Kugelrolle, 5 positioniertes Werkstück

Für das Ausschleusen von Werkstückträgern können Querhubförderer oder Weichen eingesetzt werden. Ein Beispiel wird in Bild 6.57 dargestellt. Das Abzweigen geschieht über eine bogenförmig einschwenkbare Führungsschiene. Eine Mittelrolle an der Unterseite des Werkstückträgers gelangt während des Förderns in die Führungsschiene und lenkt diesen zwangsweise auf die abzweigende Nebenspur. Dort wird er vom Gurtförderer durch Friktion erfasst und setzt seinen Lauf in einer Querrichtung fort. Die Führungsschiene *(guid rail)* wird durch einen pneumatischen Schwenkantrieb *(rotary drive)* in Bewegung gesetzt.

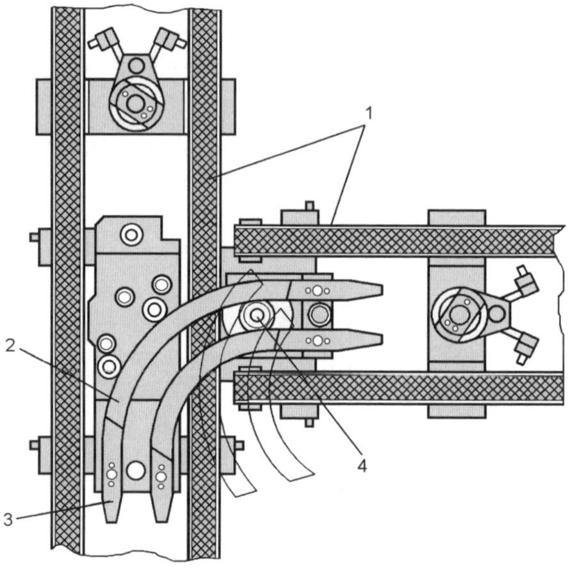

Bild 6.57 Weiche für das Abzweigen von Werkstückträgern, Draufsicht.
1 Doppelgurtförderer,
2 schwenkbare Führungsschiene,
3 Einlaufschiene für Mittelrolle,
4 Schwenkantrieb

Bei verketteten Transfersystemen kann es, wie bereits erwähnt, vorkommen, dass ein Werkstückträger auf eine parallele Doppelgurtstrecke überwechseln muss. Das wird bei dem in Bild 6.58 gezeigtem Transfersystem durch gefederte Führungsstifte, die sich an allen vier Ecken eines jeden Werkstückträgers befinden, erreicht.

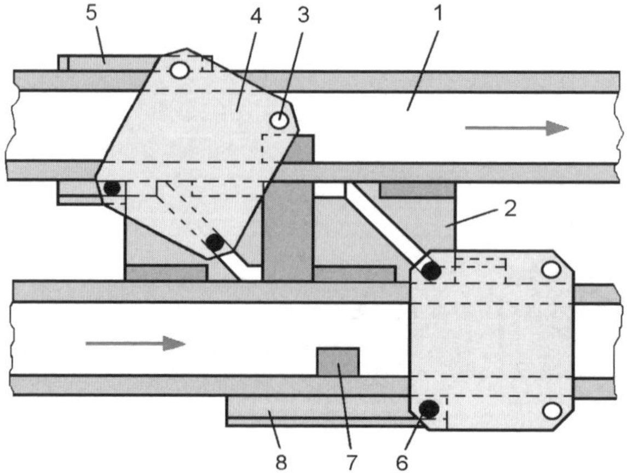

Bild 6.58 Überwechseln von Werkstückträgern (elcom; www.elcom-transfer.com).
1 Doppelgurtförderer, 2 Weiche,
3 nicht führender Stift,
4 Werkstückträger,
5 Auflauframpe, 6 führender Stift,
7 Gleitflächenstück,
8 Führungsschiene

Die Stifte laufen an den Stellen, wo ein Richtungswechsel vorgesehen ist, in Nutkurven (Bild 6.59). Stifte denen gerade keine Führungsfunktion zugedacht ist, werden zeitweilig eingedrückt. Dazu dient ein Betätigungselement, das in Bild 6.59a dargestellt wird. Ist die Hubrampe hochgefahren, wird der Führungsstift am Werkstückträger eingedrückt.

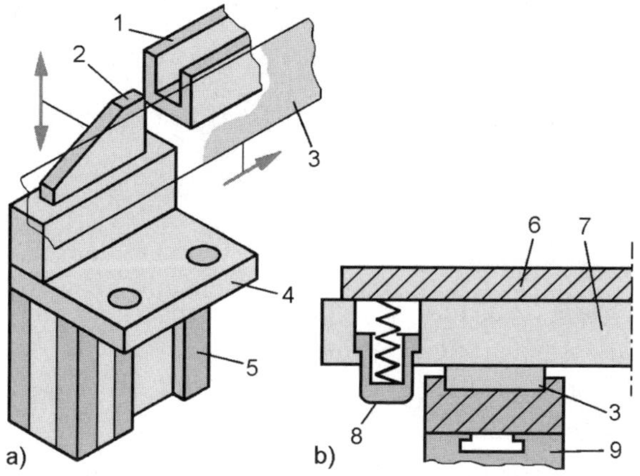

Bild 6.59 Transfersystem-Komponenten (elcom; www.elcom-transfer.com).
a) Betätigungselement, b) Werkstückträgeraufbau in Halbschnittdarstellung.
1 Führungsschiene, 2 Hubrampe, 3 Doppelgurtförderer, 4 Befestigungsplatte, 5 Pneumatikzylinder, 6 Arbeitsplatte, 7 Werkstückträger-Grundkörper, 8 Führungsstift, 9 Gestellprofil

Anderenfalls bleibt der Stift ausgefahren und läuft in der Nutkurve. Er ist damit ein führender Stift. Um die Führungseigenschaft bei schräger Querfahrt zu erhalten, sind an den entsprechenden Stellen noch Gleitflächenstücke angebracht. Mit diesem rein mechanisch wirkenden Leitsystem sind dann auch weitere Module des Baukastensystems ausgeführt, wie das Umlenken an einem Streckenende, das Ausschleusen von Werkstückträgern im 90°-Winkel, das Kreuzen zwischen zwei parallelen Strecken und das Drehen um 90° oder 180° auf einer Linearstrecke. Die Drehbewegungen entstehen, wenn der Werkstückträger an einem Führungsstift festgehalten wird und die Transportgurte weiterlaufen.

Bei der Entscheidung für ein Transfersystem sind die folgenden technischen Aspekte näher zu beleuchten:

- Wie vollständig ist das Baukastensystem?
- Genügen Genauigkeit und Tragfähigkeit der Werkstückträger den Anforderungen?
- Ist die Anzahl notwendiger Werkstückträger und ihr Aufwand gering oder ein großer Kostenfaktor?
- Wird die gewünschte Ausstoßleistung erreicht?
- Sind spätere Umbauten und Erweiterungen problemlos möglich?
- Welche Systeme hat man bereits im Einsatz?
- Lassen sich Arbeitsstationen und periphere Geräte günstig anbauen?
- Ist Wartungsfreiheit über eine lange Nutzungsdauer gegeben?

Einige Grundregeln für den Einsatz von Werkstückträgern

1. Das Montagebasisteil soll uneingeschränkt zugänglich bleiben. Halte- und Codierelemente dürfen beim automatischen Greifen nicht stören.
2. Funktionselemente für das Stoppen, Indexieren, Führen und Ausheben haben Auswirkungen auf das Gesamtkonzept eines Transfersystems und die Ausführung der Werkstückträger.
3. Beachte, dass es Transfersysteme gibt, bei denen der Werkstückträger seine räumliche Orientierung immer beibehält, und andere, bei denen sich die Ausrichtung längs zur Förderrichtung erhält.
4. Indexierelemente (Positionierelemente) müssen verschleißfest (gehärtet) sein. Bei größeren Massen kann die Grob- und Feinpositionierung auf getrennte Elemente gelegt werden.
5. Sehr schnelles Umsetzen oder Einziehen in die Position erfordert formpaarige Kraftübertragung (Greifer, Schieber) statt Reibpaarung (Gurtfördersysteme).
6. Für Systeme mit Kurvenführung und Umlenkbögen sind aus Verschleißgründen Werkstückträger mit seitlichen Eck-Führungsrollen günstig.
7. Die eigentliche Werkstückaufnahme mit einer dem Basisteil angepassten Form sollte schnell austauschbar sein. Eventuelles Spannen in der Station darf dabei nicht beeinträchtigt werden.
8. Der Werkstückträger soll möglichst massearm sein, aber trotzdem hohe Vertikalkräfte aufnehmen können. Es können Flächen vorbereitet sein, an denen in der Station externe Abstützelemente kontaktieren können.
9. Um den Aufwand zu senken, sollen Genauigkeit, Tragfähigkeit und Baugröße möglichst nahe am Anforderungsbild liegen. Man braucht etwa dreimal so viel Werkstückträger wie Stationen.

Kontrollfragen

6.1 Gibt es technische Möglichkeiten, durch Verkettungseinrichtungen miteinander verbundene Maschinen in der Ein- und Ausgabe von Werkstücken voneinander zu entkoppeln?

6.2 Was muss man bei der Gestaltung von Werkstückaufnahmen für Flachpaletten, Werkstückträger oder Werkstück-Trägermagazinen beachten?

6.3 Wie funktioniert ein Staurollenförderer, welche technischen Möglichkeiten gibt es und wann wird er eingesetzt?

6.4 Skizzieren Sie den Querschnitt durch ein permanentmagnetisches Längsfördersystem! Welche Vorteile ergeben sich für den Anwender?

6.5 Welche Vor- und Nachteile lassen sich bei einem Ein- oder Doppelschienen-Transportsystem mit selbstfahrenden Werkstückträgern (Shuttles, mitunter auch als „Transportroboter“ bezeichnet) aufzählen?

6.6 Was versteht man unter einer „losen Verkettung“? Wie lässt sich das Leistungsverhalten charakterisieren?

6.7 Störungsspeicher sollen im Idealfall nur zur Hälfte gefüllt sein. Warum?

6.8 Dünne Stahlbänder eignen sich als Transferförderer. Unter welchen Einsatzbedingungen ist ihre Anwendung von Vorteil?

6.9 Was versteht man unter einem Bypass in einer Transferanlage?

6.10 Nennen Sie einige technische Möglichkeiten, um Werkstückträger in Transfersystemen um 90° umzulenken.

Literatur und Quellen

[6.1] *Lotter, B.; Wiendahl, H.P. (Hrsg.):* Montage in der industriellen Produktion. Springer-Verlag Berlin/Heidelberg u.a. 2. Aufl. 2012

7 Zuführen von Fluiden und Schüttgut

Die Zuführung von Stückgut ist für die Handhabungstechnik typisch. In der Fertigungstechnik kommt aber auch das Stellen von Stoffströmen, das Zuführen von Schüttgut *(bulk material)* sowie die Verteilung und Dosierung von Fluiden vor. Das sind typische Operationen der Prozesstechnik *(process technique)*. Sie unterscheiden sich deutlich von den Abläufen in der üblichen Fabrikautomatisierung: In der Massenproduktion wird **Schüttgut** bedingt durch Fertigungsprozesse wie Härten, Reinigen oder Oberflächenbehandeln nicht zu vermeiden sein.

Besondere Ansprüche werden an diese Technik bezüglich Druck, Korrosion und Explosionsschutz gestellt.

- Der Produktionsablauf erfolgt kontinuierlich oder chargenweise.
- Die Bewegungsabläufe bei Stellorganen laufen relativ langsam ab, bei nur wenigen Aktionen je Zeiteinheit.
- Die Anwendung geschieht oft auch im Outdoor-Bereich bei belasteter Umgebung.
- Es sind besondere Normen und Richtlinien zu beachten.

Einige technische Mittel sollen in Kurzform zur Abrundung dargestellt werden, auch wenn sie gemäß Definition nicht zur Handhabungstechnik gehören [7.1].

7.1 Stellen von Stoffströmen

Der Stofffluss *(flow of material)* in einer Anlage kann in der Struktur sehr unterschiedlich sein. In Bild 7.1 werden einige wichtige Varianten dargestellt.

Stellglieder und Leitungsverbindungen erlauben sehr vielfältige Kopplungen bzw. Verzweigungen im **Stofffluss.** Für das Hindurchleiten und Sperren von Stoffströmen werden Armaturen eingesetzt, die sich in Ventile, Klappen, Schieber und Hähne einteilen lassen (Bild 7.2).

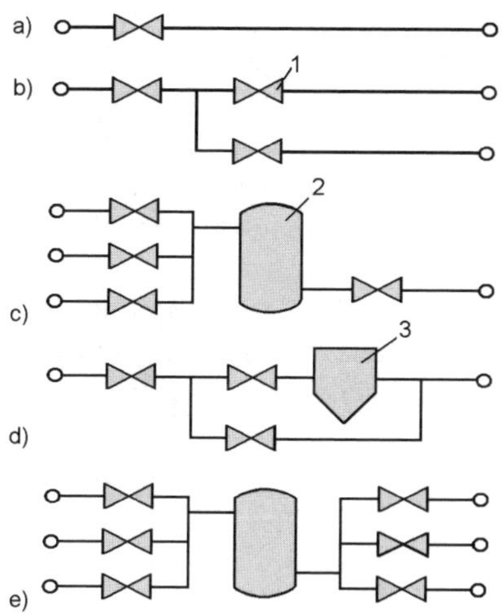

Bild 7.1 Die wichtigsten Stoffflussvarianten in der Prozesstechnik.
a) einfache Strecke, b) divergierend (auseinandergehend), c) konvergierend (zusammenlaufend), d) Bypass-Variante (Nebenleitung), e) universelle Kopplung.
1 Ventilstellglied, 2 Druckbehälter, 3 Behälter

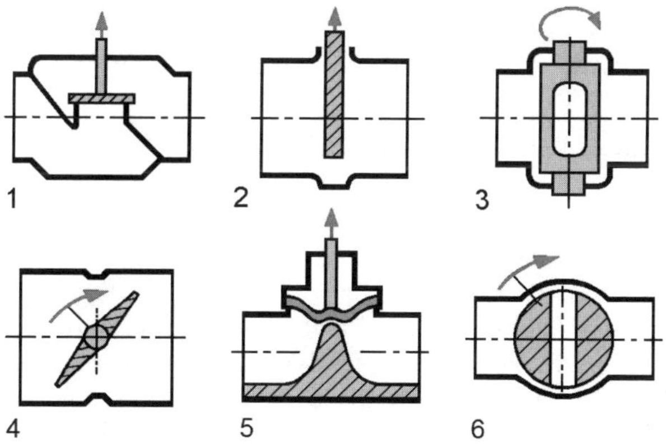

Bild 7.2 Armaturen für das Stellen von Stoffströmen.
1 Absperrventil, 2 Schieber, 3 Kükenhahn, 4 Absperrklappe, 5 Membranventil, 6 Absperr-Kugelhahn

Von diesen Grundtypen gibt es etliche konstruktive Abwandlungen und auch Spezialisierungen z. B. für die Schüttgutförderung oder den Einsatz in der Lebensmittelbranche.

Der Antrieb der Stellorgane *(positioner)* erfolgt mit pneumatischen oder elektrischen Aktoren. Zum Vergleich beider Energiearten lässt sich die Tabelle 7.1 verwenden.

Tabelle 7.1 Gegenüberstellung von pneumatischen und elektromechanischen Aktoren

Pneumatikantrieb	Elektroantrieb
In der Praxis am meisten verbreitet; überall dort, wo Druckluft zur Verfügung steht; kompakte Konstruktion; geringes Gewicht; viel Zubehör verfügbar; kostengünstig installierbar; wartungsfrei	Geeignet für weit entfernte Einsatzorte; für Anlagen ohne Druckluftversorgung; wenig kompaktes Design; schwer; Fail-Safe-Vorkehrungen sind teuer (Notstrom-Batterien); teuer für klein dimensionierte Armaturen

Kugelhähne *(ball valves)* haben als Stellorgan eine durchbohrte Kugel bzw. ein durchbohrtes Kugelsegment. Sie werden für Medien wie Gase oder auch aggressive Medien eingesetzt, bei Drücken bis 800 bar und im Temperaturbereich von –253 °C bis +280 °C. Es ist der volle Querschnitt nutzbar, die Armatur ist wartungsfrei und molchbar. Die Schaltfrequenzen können hoch sein, womit auch Positionier- bzw. Dosieraufgaben gelöst werden können. Bezüglich der Wege, die das Medium nehmen kann, gibt es verschiedene Kombinationen, wie 2/2-, 3/2-, 4/2- und 4/3-Wege-Ausführungen. Die Schaltstellungen für ein 3/2-Kugelventil (3 Leitungen, 2 Schaltstellungen) werden in Bild 7.3 als Beispiel aufgeführt. In der Bauform können Kugelhähne ein- oder mehrteilig ausgeführt sein und verschiedene Anschlüsse wie Flanschverbindung, Klemm-Keilringverbindung, Gewindeanschluss und Anschweißstutzen aufweisen.

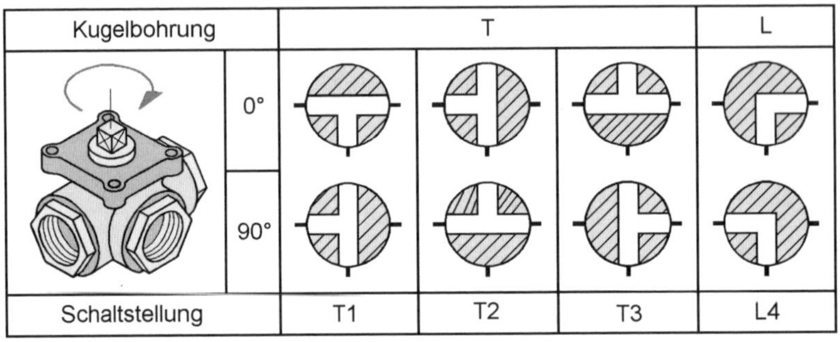

Bild 7.3 3/2-Wege-Kugelventil mit seinen möglichen Schaltstellungen (T- oder L-förmiger Kanal)

Schaltventile *(selector valves)* erlauben meist nur ganz wenige Schaltzustände, oft nur Ein/Aus, Sperren oder Umleiten. Regelventile ermöglichen dagegen kontinuierliches Stellen von Stoffströmen in geregelten Kreisläufen. Für die Auswahl der Ventilart sind folgende Aspekte wichtig:

- Ausreichend großer Ventilquerschnitt. Nach dem Kriterium „Durchfluss“ bewertet, ergibt sich folgende abnehmende Leistungsreihenfolge:
  Klappe → Schieber → Hahn → Ventil.
- Die Schaltfähigkeit muss gegen die maximale Druckdifferenz gegeben sein.
- Eignung für den zu fördernden Stoff (Fließverhalten, Zähigkeit u. a.)
- Möglichkeit einer problemlosen Reinigung (Toträume in der Armatur)

Für Regelungen und Mehrpunktsteuerungen *(multi-point control)* muss die Position der **Stellorgane**, zum Beispiel bei Schieberventilen, sensorisch erfasst werden. In Bild 7.4 werden mögliche Wege aufgezeigt. Regelung heißt, dass die Ist-Größen in einem geschlossenen Wirkungskreis eingebunden sind und laufend mit den Soll-Größen verglichen werden.

Besondere Genauigkeit *(accuracy)* beim Stellen von Stoffströmen (Stofftransport) wird beim Dosieren verlangt. Der Vorgang läuft meistens periodisch ab und spielt beispielsweise beim Montieren durch Kleben eine wichtige Rolle, z. B. Kleben elektronischer Bauteile.

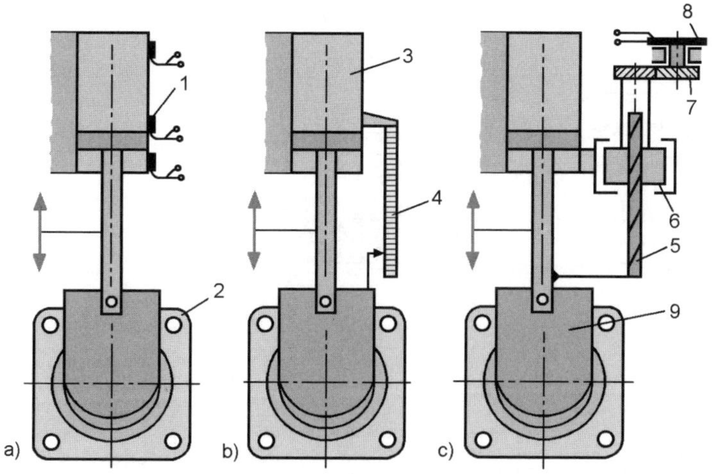

Bild 7.4 Positionserfassung bei Schieberventilen.
a) Detektion End- plus Zwischenposition, b) Messung mit Linear- und c) mit Drehpotenziometer.
1 induktiver Näherungssensor, 2 Armatur mit Schieber, 3 Arbeitszylinder, 4 Linearpotenziometer, 5 Nutspindel, 6 drehbare Mutter, 7 Zahnradübersetzung, 8 Drehpotenziometer, 9 Schieberplatte

Dosieren *(dosing, metering)*
Abteilen oder Abmessen einer vorbestimmten Gutmenge, insbesondere von formlosen Stoffen wie Dünnfett, Schmieröl, Kleber oder anderen Stoffen.

Man kann die Dosierverfahren wie folgt unterscheiden:

- **Massedosierung** (gewichtsmäßige, also gravimetrische Verfahren), direkter Massevergleich auf Wägeeinrichtungen
- **Volumendosierung** (volumetrische Verfahren), Abteilen eines bestimmten Volumens nach Masse = Volumen × Dichte (bei konstanter Dichte)
- **Stückdosierung** (Abzählverfahren), Abteilen einer vorgegebenen Stückzahl nach Masse = Stückzahl × Stückmasse (bei konstanter Stückmasse)

Es gibt noch andere Dosierverfahren, die mehr oder weniger spezialisiert sind. Der Leser wird auf die Fachliteratur [7.2, 7.5] verwiesen.

In Bild 7.5 werden zwei Einrichtungen für das gravimetrische Dosieren dargestellt, also die Bemessung der Füllmenge nach der Gewichtskraft (gravimetrisch = die Erdschwere betreffend).

Beim Zumessen von Kleinstmengen bezeichnet der Begriff **Mikrodosierung** ein Volumen von weniger als 1 Mikroliter.

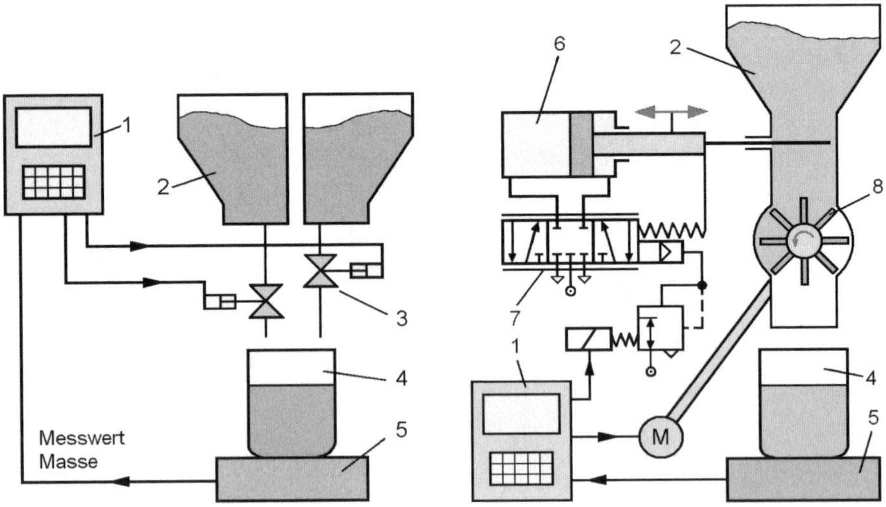

Bild 7.5 Gravimetrisches Dosieren von fließfähigen Stoffen, links: Flüssigkeitsdosierung mit Grob- und Feindosierventil, rechts: Schüttgutdosierung mit Zellenradschleuse.
1 elektronische Steuerung, 2 Vorratsbehälter, 3 Ventil, 4 Abfüllbehälter, 5 elektronische Waage, 6 pneumatischer Stellzylinder, 7 Regelventil, 8 Zellenradschleuse, *M* Servomotor

Zellenräder sind für fließfähiges Schüttgut gut geeignet, wie auch alternativ stellungsgeregelte Flachschieber. In beiden dargestellten Lösungen wird die Gewichtskraft zur Steuerung der Stellorgane für die Funktion „grob und schnell" sowie „fein und langsam" verwendet. Beim Fördern von **abrasiven** Stoffen müssen die Zellenräder geschützt und mit Verschleißschutzmaterialien beschichtet werden, wie Wolframcarbid, Keramik, Oxidkeramik.

Zur volumetrischen Dosierung *(volumetric metering)*:

Beim Abfüllen von (nichtschäumenden) Flüssigkeiten kann eine genaue und reproduzierbare Füllhöhe nur erreicht werden, wenn gegen Ende der Abfüllung auf eine Feinmengenzufuhr umgeschaltet werden kann. Das wird bei der in Bild 7.6 schematisch aufgezeigten Lösung durch einen Zwischenanschlag erreicht, der auf ein Sensorsignal hin pneumatisch ausgefahren wird. Ist der endgültige Füllstand erreicht, spricht der zweite Sensor an und der Zwischenanschlag wird eingezogen. Der Hahn ist nun geschlossen. Auf diese Weise kann man beispielsweise 1000 Flaschen Öl pro Stunde zu je einem Liter abfüllen.

Bei undurchsichtigen Behältern können keine optischen Sensoren zur **Füllstandskontrolle** eingesetzt werden. Geeignet sind z. B. kapazitive Sensoren, wie in Bild 4.373 an einem Beispiel gezeigt.

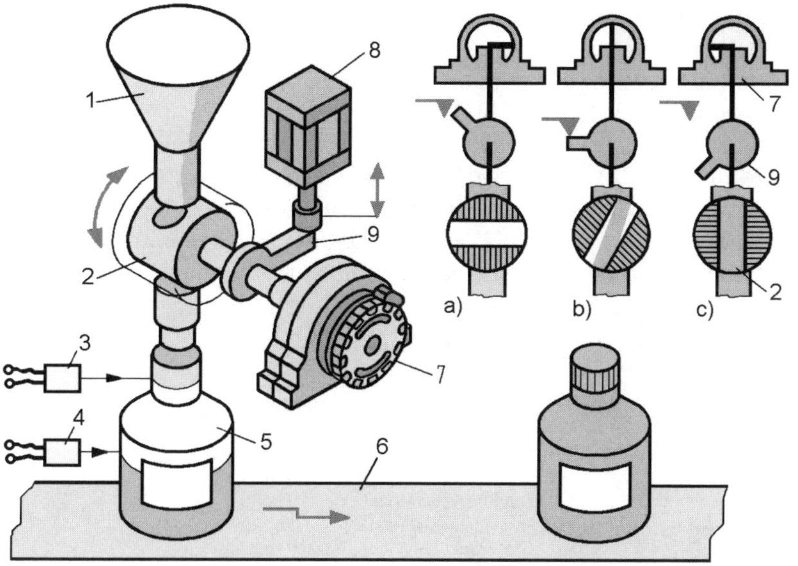

Bild 7.6 Abfüllen von Flüssigkeiten bei hohen Stundenleistungen.
a) Kugelventil geschlossen, b) Ventil auf Feindosierung eingestellt, c) Ventil voll geöffnet für die Grobdosierung,
1 Fülltrichter, 2 Kugelventil, 3 Sensor zur Füllstandskontrolle, 4 Sensor zur Umschaltung von Grob- auf Feindosierung, 5 Behältnis, Dose, 6 taktendes Förderband, 7 Schwenkantrieb, 8 Pneumatikzylinder, 9 Anschlag für Feinabfüllung

Anstelle der dargestellten Ventiltechnik kann auch ein Ventil mit einem Dreistellungsantrieb aus der Prozesstechnik verwendet werden. Ebenso kann man die Füllhöhensensorik durch einen Durchflusssensor *(flow sensor)* ersetzen. Weitere technische Varianten sind möglich.

In Bild 7.7 wird das Prinzip der **Kolbendosierung** für pastöse Güter bei Zuführung unter Druck dargestellt. Man erreicht damit Leistungen von mindestens 60 Dosierungen je Minute. Es ist die klassische Dosiermethode. Der Kolben des Dosierzylinders saugt einen Hohlraum voll *(suction phase: piston dosing device)*. Dann schwenkt der Zylinder um 90° oder 180° und der Kolben stößt das Gut aus der Kammer aus *(ejection phase)*. In gewissen Zeitabständen muss die Einrichtung zerlegt werden, um die Anlagenteile einer gründlichen Reinigung zu unterziehen. Es gibt viele weitere Dosiereinrichtungen für das volumetrische Dosieren.

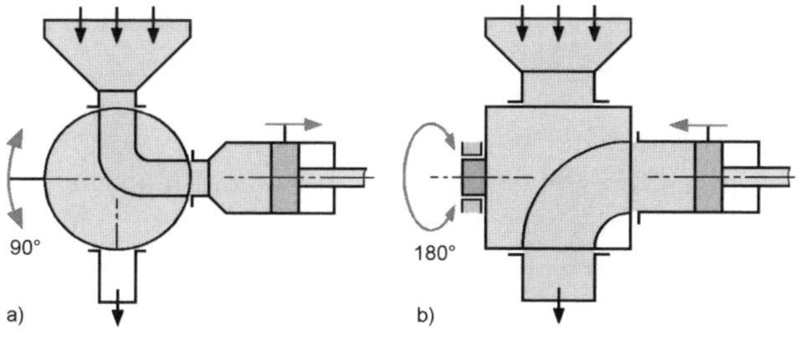

Bild 7.7 Prinzip der Kolbendosierung.
a) Dosierung normaler Güter (Ansaugphase),
b) Dosierung empfindlicher Güter (Ausstoßphase)

Beispiel 7.1 Auftragen von Lotpasten auf Leiterplatten

Die Aufgabe besteht darin, je Leiterplatte an mehreren Positionen Lotpaste aufzutragen. Es sind verschiedene Leiterplatten in jeweils kleinen Stückzahlen zu bearbeiten. Die Lösung besteht in einem **Tischroboter** mit kartesischem Arbeitsraum (Bild 7.8). Der Roboter ist mit einem Schneckendosierventil ausgerüstet. Dem Materialbehälter (im Beispiel eine Kartusche) wird Druckluft zugeführt, wodurch die Weichlotpaste in die Schneckenführung des Ventils gedrückt wird. Dreht sich die Schnecke, wird die Paste durch die Dosiernadel gepresst. Das Steuergerät reguliert den Druck auf den Materialbehälter und steuert die Dosierzeit. Die austretende Materialmenge ist eine Funktion der Dosierdauer.

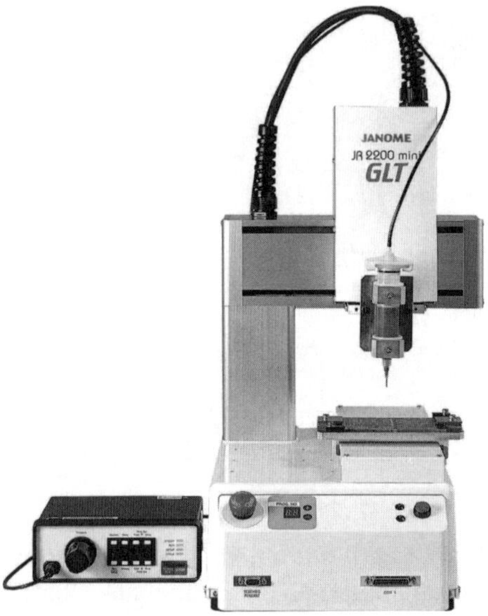

Technische Daten:

Arbeitsbereich x-Achse	200 mm
Arbeitsbereich y-Achse	200 mm
Arbeitsbereich z-Achse	50 mm
Geschwindigkeit	50 bis 500 mm/s
Wiederholgenauigkeit	± 0,01 mm
Tragfähigkeit Werkstück	7 kg
Tragfähigkeit Werkzeug	3,5 kg

Steuerung: Bahn- oder Punktsteuerung

Bild 7.8 Tischroboter mit Kartusche als Materialbehälter und mit Ventilsteuergerät (GLT Gesellschaft für Löttechnik; www.glt-pforzheim.de).

Mit anderen Dosierventilen *(dosing valves, dispensing valves)* und anderen Materialbehältern ist mit dem gezeigten Roboter oder einem SCARA-Roboter auch der Auftrag von Flüssigdichtungen, Klebstoffen und Trennmitteln entlang einer Bahn möglich.

In der Massenproduktion hat man es oft auch mit Schüttgut zu tun. Es ist bei solchen Fertigungsprozessen wie Härten, Trommeln oder Brünieren nach wie vor unvermeidbar. Deshalb soll noch einiges über das Zuführen von Schüttgut gesagt werden.

■ 7.2 Zuführen von Schüttgut

Für das Verteilen und Zusammenführen von Schüttgut gibt es verschiedene Arten von Stellorganen. Schüttgut sind Späne, körniges Gut, Pellets, Abfälle, aber auch Kleinteile wie Muttern, Schrauben und Scheiben. Die dafür eingesetzten Geräte sind auf die Anforderungen abgestimmt, wie z.B. die **Zweiwege-Rohrweiche**, die man in Bild 7.9 im Schnitt sehen kann. Ein Druckluftzylinder kann als Stellantrieb dienen und die Kulisse um 35° gegen Festanschläge verdrehen.

Eine Verteilung von Schüttgut an z. B. 12 abgehende Rohrstränge kann man mit einem abgekröpften Rohr erreichen, das mit Hilfe eines Getriebemotors zu den einzelnen Abgängen gedreht wird. Damit erhält man eine Mehrfachrohrweiche für eine Druckförderung zum Beispiel für die Beschickung einer Siloanlage mit mehreren Zellen.

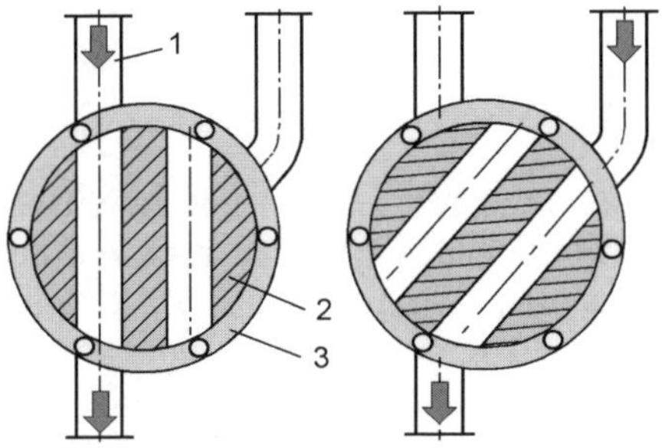

Bild 7.9 Zweiwege-Rohrweiche für fließfähiges Schüttgut.
1 Rohrleitung, 2 schwenkbare Kulisse, 3 Weichengehäuse

Die Förderung geschieht mit Saug- oder Druckluft, gewissermaßen als Antriebsenergie für das Gut. Dazu werden Absperrorgane zur Steuerung des Mediums eingesetzt, die in der Regel pneumatisch in Gang gesetzt werden. Das Bild 7.10 zeigt zwei typische Ausführungen. Das Gut wird jeweils pneumatisch gefördert. Das Absperrorgan muss oft in ständiger Folge nach einem Druckgefäß absperren und gegen Überdruck *(gauge pressure)* abdichten. Das wird in Bild 7.10a mit zwei Funktionsträgern realisiert. Der Flachschieber sperrt zunächst den Gutstrom ab. Danach dichtet die Schwenkklappe die Leitung gegen den Überdruck ab. Im Beispiel nach Bild 7.10b wird das zu fördernde Gut über **Zellenräder** in den Luftstrom eingeschleust und auch über ein Zellenrad *(bucket wheel)* wieder ausgegeben.

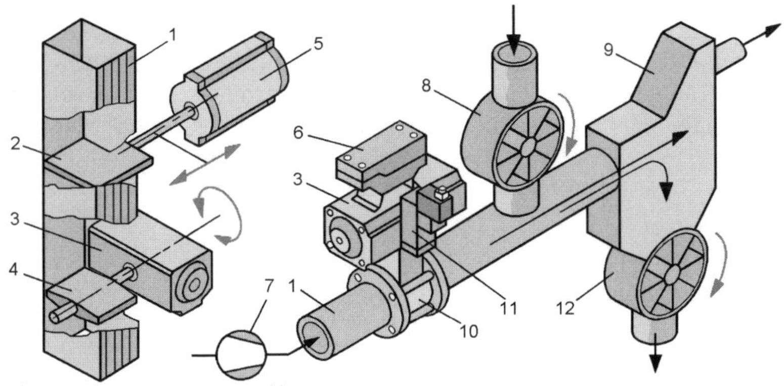

Bild 7.10 Fördern von Schüttgut.
a) Druckgefäßschleuse mit einer Schieber-Klappe-Kombination, b) Pneumo-Druckförderanlage, 1 Rohrleitung, 2 Flachschieber, 3 Schwenkantrieb COPAR (Festo), 4 Schwenkklappe, 5 Linearantrieb COPAC (Festo), 6 Endschalterbox, 7 Druckluftgebläse, 8 Zellenrad-Einschleusung, 9 Bunker, 10 Schwenkschiebereinheit, 11 NAMUR-Ventil, 12 Zellenrad-Austragsschleuse

In Bild 7.11 wird eine pneumatische Förderung im Prinzip dargestellt. Als Fördergut kommen infrage: Pulver, Späne, Staub, kleine Stanzteile, Hobelspäne, Mahlgut, Fäden, Waschpulver, Tabletten u. a.

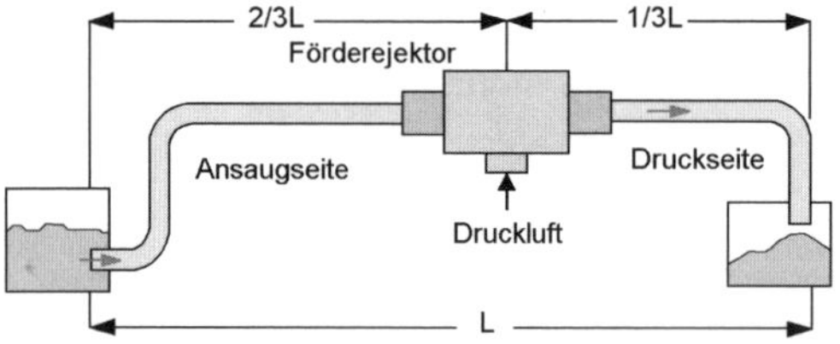

Bild 7.11 Prinzipaufbau eines pneumatischen Fördersystems

In Bild 7.12 werden Beispiele für den pneumatischen Stückguttransport mit geführtem Fördergut gezeigt [7.3]. Die sich einstellende Geschwindigkeit hängt u. a. auch von der Spaltweite (Rohrdurchmesser zu Fördergutabmessungen) ab. Je größer der Spalt, desto größer wird die Differenzgeschwindigkeit ($v - c$). Das Gut (c Gutgeschwindigkeit) wird durch die **Umströmung** mit der Differenzgeschwindigkeit beschleunigt. Eine besondere Aufgabe dieser Handhabungstechnik ist dabei die sichere Einschleusung der Stückgüter.

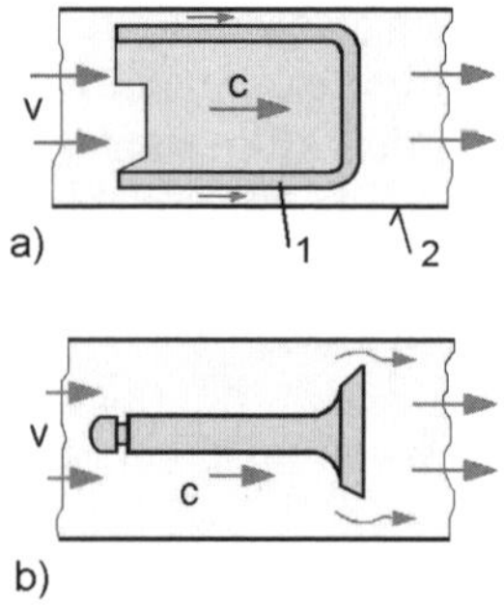

Bild 7.12 Pneumatischer Stückguttransport mit gerichtetem Fördergut.
1 Werkstück, 2 Förder- (Rohr-)leitung, v Luftgeschwindigkeit, c Fördergutgeschwindigkeit, a) Werkstück Zündverteilergehäuse, b) Werkstück Kolbenmotorventil

In der beschriebenen Weise lassen sich auch solche Teile ganz gut fördern, die zum Verhaken neigen (Bild 7.13). Das liegt daran, dass die Teile nicht gegeneinander geworfen, sondern im Luftstrom parallel zueinander mit gleicher Geschwindigkeit (Flugförderung) getragen werden.

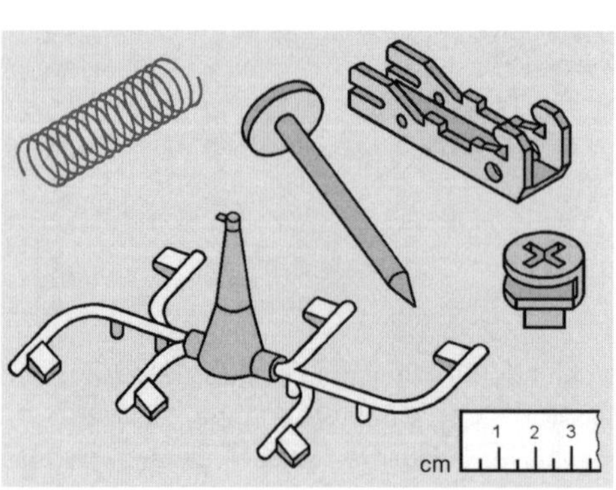

Bild 7.13 Beispielwerkstücke, die für eine pneumatische Förderung geeignet sind

Zum besonderen Problem kann das selbsttätige Auslaufen von Schüttgut aus Trichterbunkern werden, weil es je nach Schüttguteigenschaften (Fließeigenschaften) und der technisch-konstruktiven Ausführung des Trichterbunkers zu Auslaufunterbrechungen kommen kann. Wie man in Bild 7.14 sehen kann, ist der Fluss unterbrochen, wenn es zu einer Schachtbildung kommt oder wenn sich eine Brücke am Bunkerauslauf einstellt. Bei der Schachtbildung kommt es zu einem Kernfluss und die Restmenge haftet fest im Bunker und bleibt zurück. Das ist auch wegen der Reinigung ein Problem bei der Umstellung auf anderes Schüttgut. Bei der Brückenbildung *(bridge formation)* verdichtet sich das Gut auf unangenehme Weise gewölbeförmig über dem Auslauf zu einer festen Schicht, die den Nachfluss unterbindet. Das tritt nicht nur bei pulverigen Gütern auf, sondern auch bei Rundteilen in einem Stapelmagazin *(stack magazine)*. Faserige Schüttgüter neigen besonders zur Ausbildung mechanischer Brücken.

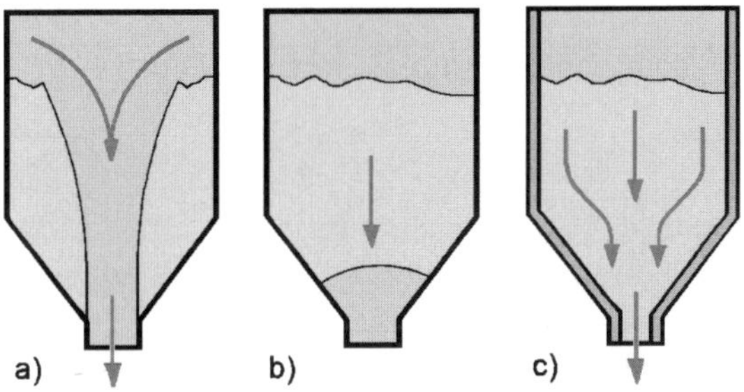

Bild 7.14 Schüttgutzuführung aus dem Trichterbunker.
a) Kernfluss (core-flow), b) Brückenbildung, c) Bunker mit Gleitkunststoffbelag (Kalenborn)

Untersucht man die Ursachen für die Ausbildung von **Stützgewölben**, so kann man in erster Näherung folgende Einflussfaktoren dafür verantwortlich machen:

- Neigung der Bunkerwände und der Behälterform im Auslaufbereich
- Querschnitt und Größe der Auslauföffnung
- Form und Verhakungsneigung des Gutes
- innere Reibung des Schüttgutes sowie dessen Feuchtigkeit
- Korn- bzw. Stückgröße
- Größenverhältnis zwischen Auslauföffnung und Gutgröße
- Gleitwiderstand zwischen Speichergut und Bunkerwand
- Gewichtskräfte von über dem Stützgewölbe ruhendem Arbeitsgut

Sehr glatt und steil ausgeführte Bunkerwände bewirken bei Auslaufproblemen oft wahre Wunder. Der gleichmäßige Auslauf wird in Bild 7.14c durch Auskleidung des Bunkers mit einem speziellen Gleitkunststoff erreicht. Das Anbacken und Anhaften wird so bei vielen Schüttgutarten weitgehend verhindert. Das erleichtert übrigens auch die Reinigung von Bunkern und Trögen bei der Wartung und einer Materialumstellung.

Bei Rundtrichtern sollen gegenüberliegende Streifen oder 90°-Sektoren verschiedene Reibungswiderstände aufweisen. Bei Rechteckbunkern sollen zwei gegenüberliegende Wände einen anderen Reibungskoeffizienten als die zwei anderen aufweisen.

Ein anderer Weg zur Vermeidung von Stausituationen ist das Einbringen von Schwingungen in das Gut und der Anbau von Rüttelelementen. Vibrationen reduzieren die innere Reibung des Stoffes und diejenige zur Bunkerwand. Das Bild 7.15 zeigt den Querschnitt durch einen Walkwand-Schneckendosierer, bei dem die Bunkerwand nicht starr, sondern beweglich ist. Grundsätzlich: Nur durch Energieeintrag in Form von mechanischen Komponenten oder durch Einblasen von Luft oder Stickstoff lässt sich das Schüttgut wieder in ein fließendes Verhalten überführen.

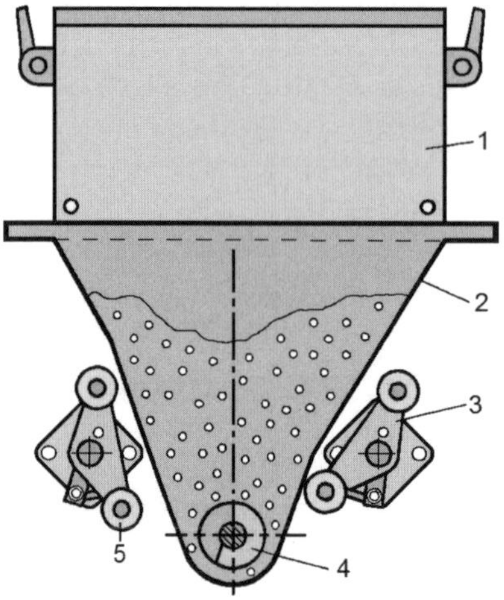

Bild 7.15 Funktionsprinzip eines Walkwand-Schneckendosierers (Colortronic; www.colortronic.ch). 1 Erweiterungsaufsatz, 2 flexibler Behälter aus Polyurethan, 3 Paddel mit Massagerollen, 4 Dosierschnecke, 5 Massagerolle mit eigenem Antrieb

Solche flexiblen **Dosierer** werden in den Bereichen Extrusion, Compounding und Chargenverarbeitung eingesetzt. Auch Industriezweige wie Chemie und Lebensmitteltechnik setzen diese Dosiersysteme ein. Die in die Bildebene hineinragende Dosierschnecke muss gleichmäßig mit Schüttgut befüllt sein. Weil das durch einfaches Nachlaufen per Schwerkraftwirkung nicht unbedingt erreicht werden kann, ist der Dosierbehälter mit elastischen Wänden ausgeführt und er wird durch seitlich angebaute Paddel in eine walkende Bewegung gebracht. Die erforderliche Schwingbewegung wird elektromotorisch erzeugt. Auch pneumatische Antriebe sind hier gut geeignet. Als Dosiergut kommen beispielsweise Granulate, Pulver, Pellets, Chips, Flocken und Glasfasern in Frage. Bei allen Rüttelsystemen ist zu überlegen, ob sie ständig und gleichmäßig arbeiten sollten oder ob eine Intervallsteuerung mit variierenden Bewegungsmustern nicht etwas vorteilhafter wäre.

Um an den Bunkerwänden anhaftendes Gut loszuschlagen, sind verschiedene Aktoren entwickelt worden. Das sind pneumatische Klopfer und Schwinger. So werden Restmaterialien an den Wänden von Behältern, Silos, Trocknern und Rohrleitungssystemen vollständig abgeklopft. Eine Auswahl technischer Mittel zeigt die Tabelle 7.2. Man kennt auch magnetisch angetriebene **Klopfsysteme** sowie „Auflockerungsventile“, die in die Behälterwand eingebaut werden. Sie leiten einen gerichteten Luftstrom an der Wand entlang, damit das Gut relativ locker zum Auslauf gelangt und keine Brückenbildung aufkommt. Einige der Lösungen setzen vor allem darauf, dass Schwingungen die innere Reibung des Materials reduzieren. Es gibt aber auch Stoffe, die sich durch Vibration eher verfestigen. Es sind also vor dem Einsatz Versuche durchzuführen.

Tabelle 7.2 Technische Lösungen zur Vermeidung von Brückenbildung in Auslaufbunkern

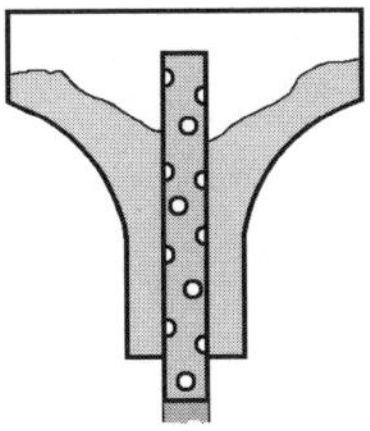	Zentralrohr mit Luftdüsen beeinflusst die Fließeigenschaften.	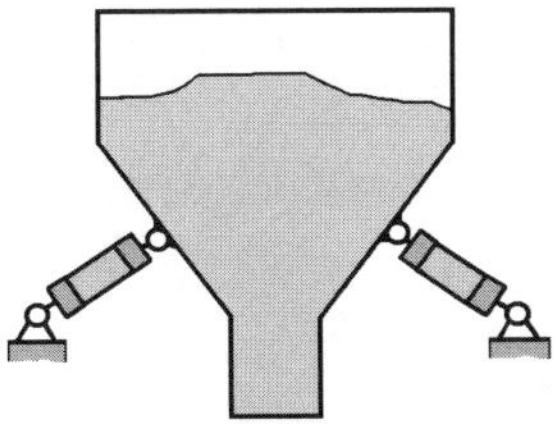	Eine Anordnung von FluidicMuscles setzt die Behälterwände in Schwingungen.
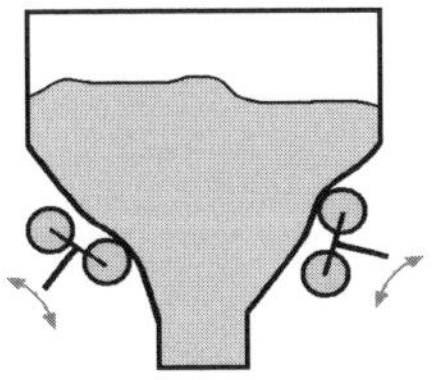	Flexible Walkwand verändert die Kräfteverhältnisse im Behälter.	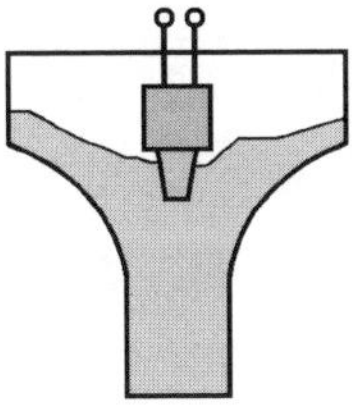	Ein elektromechanischer Schwinger ragt in das Schüttgut.
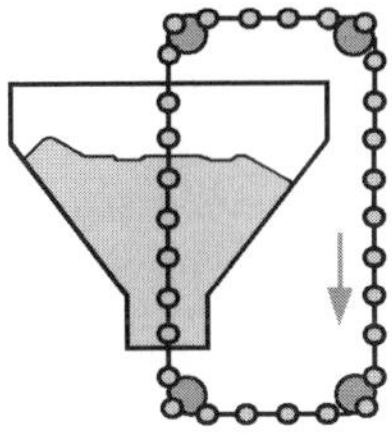	Es werden ständig Störkörper durch das Schüttgut gezogen.	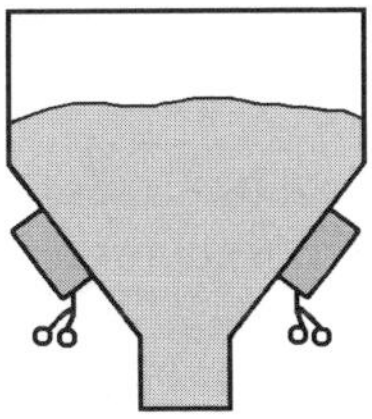	Elektromechanische Schwinger lassen die Bunkerwände vibrieren.
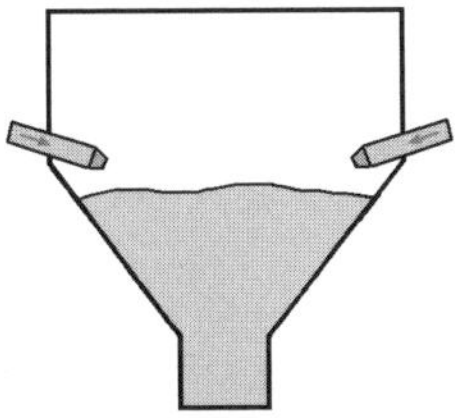	Luftkanone zum Lösen von blockiertem körnigen oder pulverförmigen Schüttgut	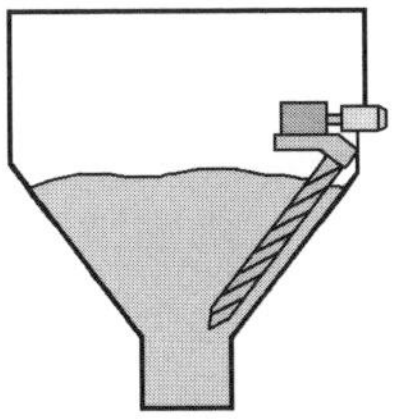	Steil geneigte Rührschnecke entlastet den Auslaufbereich vom Schüttgutdruck

Bei Schüttgut haben Schüttdichte und -winkel vorrangige Bedeutung, Korngröße und -form sowie die Neigung zu innerem Zusammenhalt (Kohäsion) oder zum Anhaften (Adhäsion). Für den Transport in Rohrleitungen muss Schüttgut fließfähig sein.

Um z. B. Objekte mit Pulver oder Granulaten zu bestreuen, zeigt das Bild 7.16 eine Lösung. Unterschiedlich lange Borstenbündel schieben das Gut in einer Innenwendel voran. Die langen Borsten biegen sich beim Fördern durch die Steigung des Schneckenganges und können dann beim Drehen in einer vertikalen **Ausgleichsnut** einen „Gang" zurückspringen. Diese Nuten sind zueinander versetzt, so dass der Bunker auch unter Vibration in jeder Stellung auslaufsicher ist. Die Förderleistungen reichen von 40 ml bis etwa 500 l je Stunde, bei einer reproduzierbaren Dosiergenauigkeit von etwa 0,5 %. Der Dosierer arbeitet **volumetrisch** und zwangsfördernd. Auch zum Verkleben neigendes Gut lässt sich dosieren. Die Gefahr einer Pelletierung oder Entmischung des Schüttgutmaterials wird umgangen.

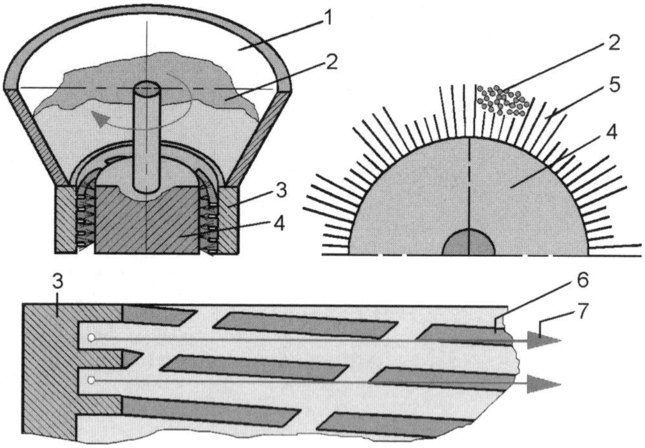

Bild 7.16 Bürstendosierer.
1 Bunker, 2 pulveriges Schüttgut, 3 feststehende Schnecke, 4 Rotor mit Borstenbündeln, 5 Borstenbesatz, 6 Schneckensteg, 7 Borstenweg

Bei einer Zuführung von Schüttgut werden Bunker oft mit **Zellenradschleusen** ausgestattet. Sie leisten eine volumetrische Ausgabe des Gutes (Volumetrie = Messung von Rauminhalten). Die Wirkungsweise erkennt man aus der Schnittdarstellung Bild 7.17. Während der Räumfinger sich bewegt, muss das Zellenrad natürlich stillstehen.

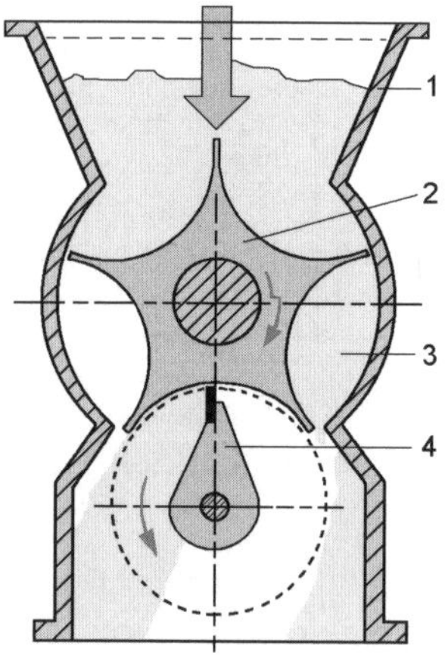

Bild 7.17 Schüttgutbunker mit Räumfinger.
1 Bunker, 2 Zellenrad, 3 Schüttgut, 4 Räumfinger

Die Zellenräder können verschiedene Ausführungsformen haben, wie in Tabelle 7.3 gezeigt [7.4]. Die Förderleistung wird durch den Inhalt einer Zelle und der Drehzahl des Rotors bestimmt. Um den Auslauf des Schüttgutes aus dem Zellenrad zu unterstützen, wurde bei der Konstruktion nach Bild 7.17 ein Räumfinger eingebaut. Gut, welches im Zellenrad anbackt, wird nach jedem Taktschritt gelöst.

Übungsaufgabe 7.1 Kommentar zu einem Fluidkreislauf

Das Bild 7.18 zeigt eine einfache Abfüllanlage für Flüssigkeiten. Erkläre an Hand der eingesetzten Armaturen und Geräte die Funktion der Einzelkomponenten und entwickle daraus eine Beschreibung des Gesamtablaufs in der Anlage und des funktionellen Typs in Bezug zur Informationsverarbeitung.

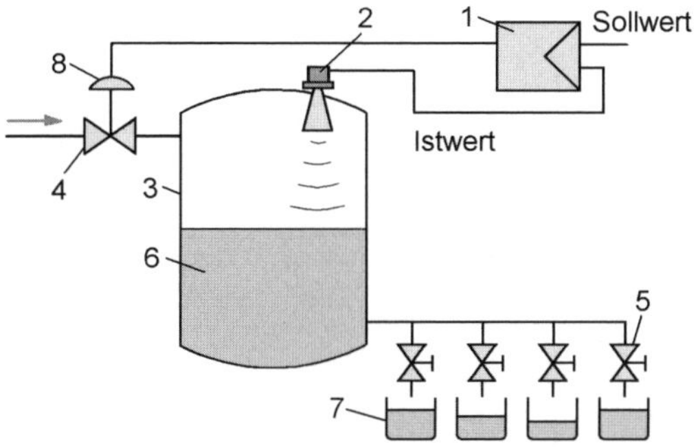

Bild 7.18 Sinnbildliche Darstellung einer Abfüllanlage als Diskussionsbeispiel.
1 Regler, allgemeines Symbol, 2 Füllstandsmessung mit Mikrowellenradar, 3 Behälter, Druckbehälter, 4 Zulaufventil, stetig arbeitend, 5 Absperrarmatur, manuell angetrieben, Auf-/Zu-Funktion, 6 Regelstrecke, die zu regelnde Anlage, 7 Abfüllbehälter, 8 Membranstellantrieb, kontinuierlich stellbar

Tabelle 7.3 Zellenradausführungen für Schüttgut [7.4]

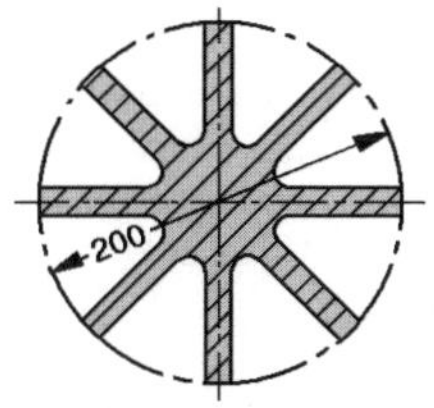	**Zellenrad mit radialen Stegen** Herstellung durch Gießen oder an eine Nabe angeschweißte Stege
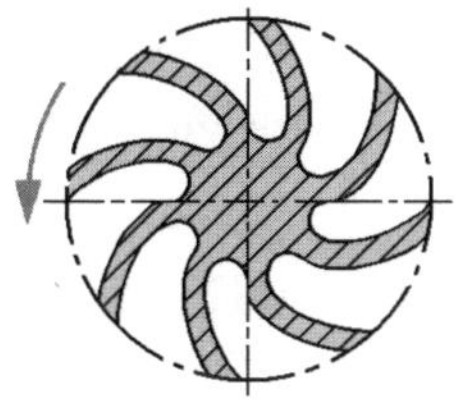	**Vorwärts gekrümmte Stege** Herstellung ist aufwendig, deshalb wenig genutzt, vorteilhaft bezüglich Förderstrom und Füllungsgrad

Tabelle 7.3 Zellenradausführungen für Schüttgut [7.4] *(Fortsetzung)*

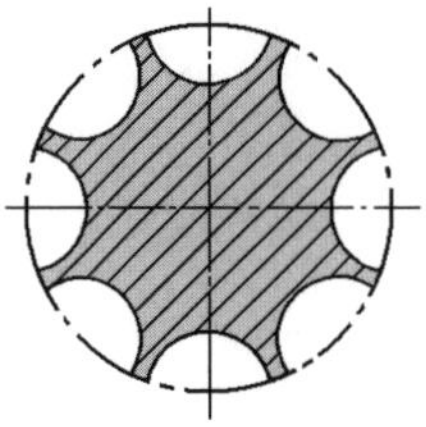	**Halbrundtaschen** Drehung in beiden Richtungen möglich, Schleusendrehzahl z. B. 50 min^{-1}, bester Füllungsgrad
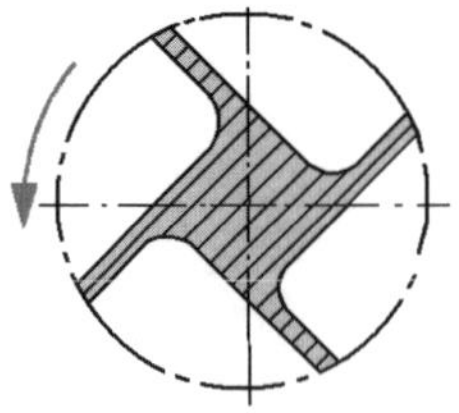	**Tangentialstege** größter Förderstrom mit vier tangentialen nach vorne weisenden Stegen
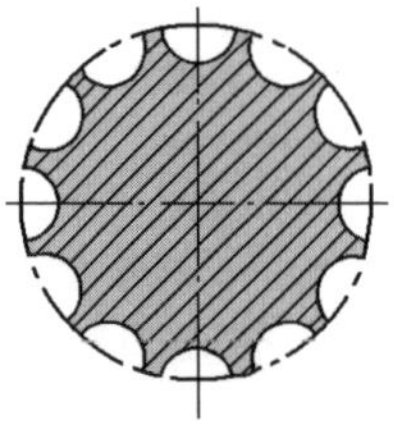	**Halbkreistaschen** bester Füllungsgrad, besonders bei kleinen Halbkreistaschen, geringer Förderstrom, gut einsetzbar für kohäsives Gut

Kontrollfragen

7.1 Armaturen zum Stellen von Stoffströmen lassen sich in Ventile, Klappen, Schieber und Hähne unterteilen. Skizzieren Sie den Prinzipaufbau und erläutern Sie die Funktion!

7.2 Für das Dosieren von Stoffen verwendet man gravimetrische, volumetrische und höhenbezogene Fülltechnik. Erklären Sie die Unterschiede!

7.3 Mit welchen technischen Mitteln lässt sich das Auslaufen von Schüttgut aus Auslaufbunkern begünstigen und eine Auslaufhemmung verhindern?

7.4 Welche Eigenschaften sind bei Schüttgut im Vergleich zum Stückgut bei der Auswahl von Fördereinrichtungen besonders wichtig?

7.5 Eine Kolbendosierung mit Ansaug- und Ausstoßphase ist technisch sehr einfach. Wie kann man die Dosiermenge verändern?

7.6 Welche Möglichkeiten gibt es, um bei Schieberventilen zum Zweck der Veränderung des Durchlassquerschnittes die Position des Schiebers zu erfassen?

7.7 Worin besteht der Unterschied zwischen einem divergierenden und einem konvergierenden Stofffluss?

Literatur und Quellen

[7.1] *Früh, K. F. (Hrsg.):* Handbuch der Prozessautomatisierung. Oldenbourg Industrieverlag München 2000

[7.2] *Vetter, G.:* Handbuch Dosieren. Vulkan Verlag Essen 2002

[7.3] *Siegel, W.:* Pneumatische Förderung. Vogel Buchverlag, Würzburg 1991

[7.4] *Finkbeiner, Th.:* Der Mechanismus der Zellenradschleuse für Schüttgut. Forschungsheft 563. VDI Verlag Düsseldorf 1974

[7.5] *Drechsel, D.; Vetter, F.:* Wäge- und Verpackungsprozesse. 2. Aufl., Oldenbourg Industrieverlag München 2007

8 Sicherheitstechnische Anforderungen

Jeder Anwender und Konstrukteur von Handhabungstechnik ist verpflichtet, eine mögliche Gefährdung von Menschen und Arbeitsmitteln völlig auszuschalten bzw. in Ausnahmefällen auf solche erkannten und nicht umgehbaren Stellen durch eindeutige Anweisungen aufmerksam zu machen. Der Anwender hat für erworbene Einrichtungen die Betriebsanweisungen, die Unfallverhütungsvorschriften der Berufsgenossenschaften und die jeweils aktuellen nationalen wie internationalen Normen zu beachten.

Am Startpunkt einer Maschinenkonstruktion sind folgende Überlegungen (unter Nutzung der zum jeweiligen Zeitpunkt gültigen Normen) notwendig:

- Wie grenzt sich die Einrichtung ab? Wofür wird sie eingesetzt?
- Aufdeckung potenzieller Gefahren durch eine Gefährdungsanalyse
- Mit der möglichen Gefährdung verbundenes Risiko = Schwere des möglichen Schadens × Wahrscheinlichkeit des Auftretens
- Werden Maßnahmen (konstruktive, schutztechnische, benutzerinformative) zur Risikominderung erforderlich?

8.1 Gefährdungspotenzial

Welche Gefährdungen können von Handhabungseinrichtungen (oder allgemeiner von Maschinen) ausgehen? Eine grobe Übersicht gewährt die Tabelle 8.1.

Tabelle 8.1 Allgemeine Gefährdungen an Maschinen

Mechanische Gefährdung	Elektrische Gefährdung	Sonstige Gefährdung
Quetschen, Scheren, Schneiden, Erfassen, Aufwickeln, Einziehen, Stoßen, scharfe Kanten, Bersten durch unzulängliche Festigkeit, Überlastungsbruch	Berührung spannungsführender Komponenten, fehlende Begrenzungen bei angetriebenen Achsen, Nachlauf nach einem Not-Aus, Schaltschrankzugangsberechtigung, falsche IP-Schutzklasse	Lärm, Strahlung (Laser), Vibration, Wärme, Absonderung von Partikeln und Substanzen, Verwechselung von Bauteilen und Bedienelementen, unklare Fehlerbehebungsvorschriften

Bei der Erfüllung von Sicherheitsanforderungen spielen die Risiken eine große Rolle, die beim Versagen von Sicherheitseinrichtungen verbleiben. Nach der Norm EN 954-1 kann man das Risiko mit Hilfe des Schemas in Bild 8.1 abschätzen. Die Risikobewertung gibt Aufschluss, wie wahrscheinlich und wie gefährlich ein Fehler sein kann, wenn man Häufigkeit und Dauer einer Gefährdungsexposition einschließt. Die Kennbuchstaben (Risikoparameter) im Bild bedeuten:

S Schwere der Verletzung

S1 leichte, üblicherweise reversible Verletzung

S2 ernste, üblicherweise irreversible Verletzung einschließlich Tod

F Häufigkeit und/oder Dauer der Gefährdungsexposition

F1 selten bis weniger häufig und/oder die Zeit der Gefährdungsexposition ist kurz

F2 häufig bis dauernd und/oder die Zeit der Gefährdungsexposition ist lang

P Möglichkeit zur Vermeidung der Gefährdung oder Begrenzung des Schadens

P1 möglich unter bestimmten Bedingungen

P2 kaum möglich

Ziele des sicherheitsgerichteten Performance Level a, b, c, d, e

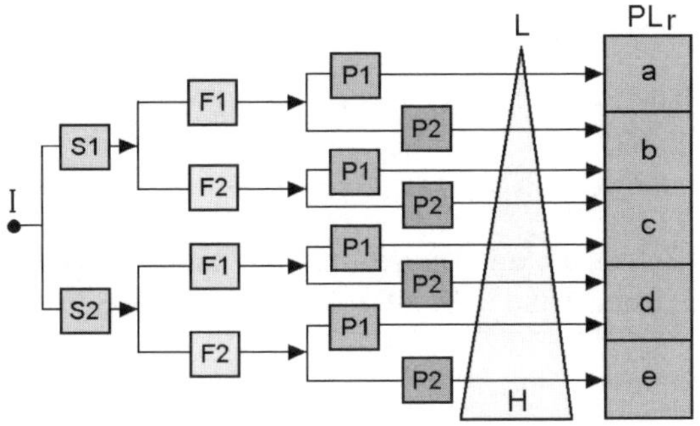

Bild 8.1 Abschätzung eines Risikos mit dem Risikograf.
I Startpunkt zur Bewertung des Beitrags der Risikominderung, *L* niedriger Beitrag zur Risikoreduzierung, *H* hoher Beitrag zur Risikominderung, PL_r erforderlicher *Performance Level*

Eine Einschätzung der Wahrscheinlichkeit wird mit dem Bewertungsmaß *Performance Level* (PL_r, *required performance level*) ausgedrückt (a, b, c, d, e). Es beschreibt die Wahrscheinlichkeit eines Gefahr bringenden Ausfalls je Stunde. **Ziel** ist immer:

$$PL \geq PL_r \tag{8.1}$$

Die Risikobeurteilung ist ein iterativer Vorgang und wird für jede Gefährdung einzeln durchgeführt. Daraus leitet sich dann im Weiteren die Gestaltung der Sicherheitsfunktion ab.

Im nächsten Schritt wird man die Kategorie für sicherheitsbezogene Teile von Steuerungen bestimmen. Sie sind nach der Norm EN 954-1 (sicherheitsbezogene Teile von Steuerungen), wie in Tabelle 8.2 aufgeführt, gestuft.

Tabelle 8.2 Kategorien sicherheitsbezogener Teile von Steuerungen

Kategorie	Kurzfassung der Anforderungen	Systemverhalten (Kurzfassung)
B	Basisanforderungen	Der Fehler kann zum Verlust der Sicherheitsfunktion führen
1	sicherheitstechnisch bewährte Bauteile und Prinzipien	Höhere Zuverlässigkeit, aber bei Fehler wie unter „B"
2	Testung der Sicherheitsfunktion in angemessenen Abständen	Der Fehler kann zum Verlust der Sicherheitsfunktion zwischen den Prüfungen führen
3	Eigenfehlersicherheit mit partieller Fehlererkennung	Mehrere Fehler können zu einem Verlust der Sicherheitsfunktion führen
4	Selbstüberwachung	Bei Fehlern bleibt die Sicherheitsfunktion immer erhalten.

Die Begriffe „Risiko" *(risk, security risk)* und „Grenzrisiko" sind unscharfe Begriffe, weil sie sich meistens nicht exakt quantifizieren lassen. Trotzdem muss man sich in der Planungsphase damit auseinandersetzen. Der **Risikobegriff** muss gegebenenfalls weiter spezifiziert werden, z. B. in Versagens-, Betriebs- und Missbrauchsrisiko (der nicht bestimmungsgemäße Gebrauch).

Gefahr *(danger, emergency)*

Sachlage, bei der das Risiko größer ist als das Grenzrisiko (das für einen speziellen Fall noch vertretbare Risiko).

Sicherheit *(safety)*

Eigenschaft, keine hinnehmbare Gefahr für Mensch und Umgebung darzustellen. Sachlage, bei der das Risiko kleiner ist als das Grenzrisiko (DIN VDE 31 000).

8.2 Schutzeinrichtungen und Maßnahmen

Wie kann man Schutzeinrichtungen *(guards, safeguards, protective devices)* gliedern? Eine Möglichkeit wird in Bild 8.2 vorgestellt.

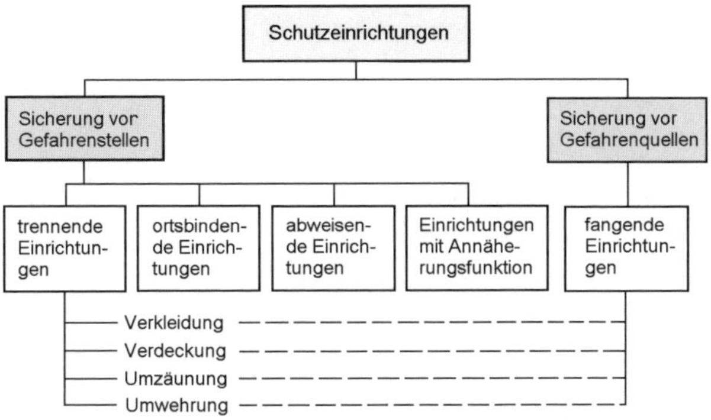

Bild 8.2 Gliederung von Schutzeinrichtungen

Trennende Schutzeinrichtungen *(protective device)* sollen den Zugang zu dem Raum absolut verhindern, der durch sie abgegrenzt bzw. abgeschlossen wird. Aber auch von diesen Einrichtungen darf natürlich keine Gefährdung ausgehen.

Besondere Probleme zeigen sich an Roboterarbeitsplätzen. Durch den Einsatz von Robotern ist es einerseits möglich den Arbeitnehmer aus dem unmittelbaren Gefahrenbereich emittierender, energiereicher Arbeits- und Bearbeitungsprozesse zu entfernen. Damit wird die **Unfallgefährdung** *(accident hazard)* gesenkt. Gleichzeitig entsteht andererseits durch den Industrieroboter ein neues Gefahrenpotenzial, insbesondere bei Wartungs-, Instandhaltungs- und Programmierarbeiten. Im Vergleich zu herkömmlichen Maschinen nennt die Tabelle 8.3 die wichtigsten Unterschiede.

Trotz des Gefahrenpotenzials stellen meldepflichtige Roboterunfälle keinen Schwerpunkt im Unfallgeschehen dar. Ständige Kontrolle der Sicherheitsmaßnahmen ist jedoch unerlässlich. Welche Schutzmaßnahmen können ergriffen werden?

Herstellerbezogene Maßnahmen (Auswahl)

- Vermeidung von Quetsch- und Scherstellen
- rechnerunabhängige Not-Aus-Kreise
- Möglichkeit der Integration von peripheren Sicherheitseinrichtungen des Anwenders in den Not-Aus-Kreis
- sichere Achsenbegrenzung für die Hauptachsen (Nocken, Software-Endschalter)
- Vermeidung schnellen Absinkens von Roboterarmen im Reparaturfall und bei Energieausfall
- zwangsweises Senken der Geschwindigkeit auf weniger als 25 cm/s am Greiferflansch bei Einrichtearbeiten an Roboterarbeitsplätzen
- Der Nachlauf energiereicher Bewegungen beim Stillsetzen kann gefährlich sein. In diesen Fällen ist die Bewegung durch Bremsen zu verkürzen.

Tabelle 8.3 Bewegungstechnische Unterschiede zwischen Industrieroboter und herkömmlicher Arbeitsmaschine

Industrieroboter	herkömmliche Arbeitsmaschine
gleichzeitige Bewegung in mehreren Haupt- und Nebenachsen	meistens nur gleichzeitiges Bewegen in einer oder höchstens in zwei Achsen
freie Programmierbarkeit der Geschwindigkeit jeder einzelnen Bewegungsachse	fest vorgegebene Geschwindigkeit, gemäß technologischer Bedingungen
freie Programmierbarkeit der Bewegungsrichtung im Raum jeder einzelnen Achse	fest vorgegebener Bewegungsablauf entlang zwangsgeführter Bahnen
im Verhältnis zum Gerätevolumen des Roboters sehr großer Bewegungsraum	Bewegungsraum meist kleiner als das umhüllende Volumen der Maschine
Bewegungsraum überschneidet sich mit dem Standraum anderer Maschinen	kaum Überschneidungen mit peripherer Technik, die sich im Umfeld befindet
unvorhersehbare Bewegungen bei Störungen in Antrieb oder Steuerung	Bewegungen sind vorhersehbar und finden meist innerhalb der Maschine statt

Anwenderbezogene Maßnahmen (Auswahl)

- trennende Schutzeinrichtungen, wie Umzäunungen, Kabinen mit Sichtöffnung
- Schutzeinrichtungen mit einer **Annäherungsfunktion**, wie z. B. Lichtschranken, Schaltmatten oder Schaltleisten. In Bild 8.3 wird das Prinzip eines Lasersensors gezeigt, der ständig ein Schutzfeld abtastet.
- ortsbindende Schutzeinrichtungen, wie Zweihandschaltung, Schaltplatten mit zusätzlich zu betätigenden Drucktasten
- ergänzende Schutzeinrichtungen, z. B. gegen wegfliegende Werkstücke oder Emissionen aller Art, getrennt ein- und ausschaltbare Sicherheitszonen
- Vermeidung von gefahrbringenden Wirkungen auf Nachbarbereiche
- Eine Besetzung von Notarbeitsplätzen mit Personen bei Ausfällen einer Handhabungseinrichtung ist nur zulässig, wenn solche Arbeitsplätze von vornherein dafür konzipiert wurden.
- **Zustimmungsschalter** zum sicheren Unterbrechen gefahrbringender Bewegungen in einem Programmierhandgerät dürfen nicht auf einfache Weise umgangen werden können.

Verhaltensregeln bei der Bedienung (Auswahl)

- Automatikbetrieb nur bei Wirksamkeit der Schutzeinrichtungen und vollständiger Abwesenheit von Personen im Sicherheitsbereich (Ausnahmen nur für schriftlich beauftragte Personen)
- Einrichtbetrieb nach Möglichkeit auch von außerhalb des Sicherheitsbereiches (Roboterseitige Schutzeinrichtungen sind beim Einrichtbetrieb einzusetzen)

- Eingriffe zur Behebung von Störungen sind im Lauf nicht zulässig.
- Not-Befehlseinrichtungen dürfen sich nicht zum Ingangsetzen von kraftbetriebenen Arbeitsmitteln benutzen lassen.
- **Blockierung** des Betriebsartenwahlschalters gegen unbefugte Benutzung während der Einrichte- und Programmierarbeiten, z. B. durch Sicherheitsschlüssel
- Zwangsweise reduzierte Geschwindigkeiten dürfen nur mit einem Schlüsselschalter am Steuerschrank aufgehoben werden.

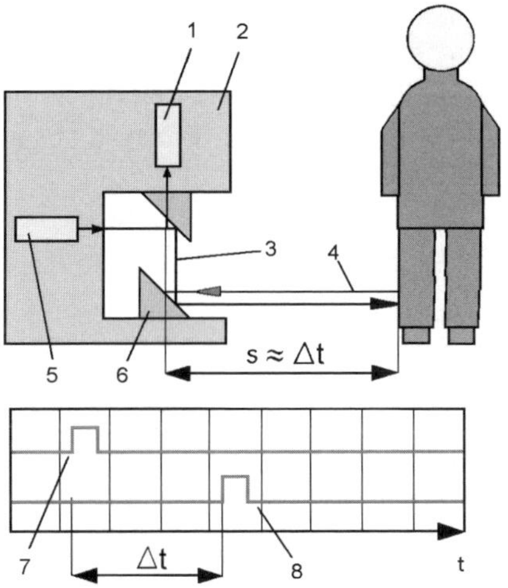

Bild 8.3 Prinzip eines flächendeckenden Lasersensors (Sick; www.sick.de).
1 Empfänger, 2 Gehäuse, 3 Messstrahl, 4 diffus reflektiertes Licht, 5 Sender, 6 rotierender Spiegel, 7 Sendeimpuls, 8 Refleximpuls, *s* Distanz, Δ*t* Zeitdauer

- Alle automatischen Sicherheitseinrichtungen sowie Not-Aus- und Gefahrenschalter sind im festen Turnus auf Wirksamkeit zu überprüfen.
- Jede Bewegung eines Industrieroboters ist beim Einrichten visuell zu verfolgen.

Lasersensoren bieten gute Ansätze für eine „intelligente“ Überwachung. Der in Bild 8.3 skizzierte Halbkreis-Distanzsensor *(semicircular distance sensor)* lässt per rotierenden Spiegel den Laserstrahl 10-mal je Sekunde über die zu beobachtende Fläche wandern. Aus dem Abstrahlwinkel und der Laufzeit eines reflektierten Lichtimpulses werden die Koordinaten des erfassten Objekts ermittelt und mit der programmierten Kontur des Schutzfeldes verglichen. Hat sich eine Person der Gefahrenstelle zu weit angenähert, dann erfolgt eine Abschaltung der gefahrbringenden Einrichtungen und ein Alarmsignal wird ausgegeben. Die Reichweite des Strahles liegt bei einem Radius von 15 m. Für die **Personenschutzfunktion** ist eine Distanz von 6 m zugelassen. Mit der Zulassung solcher Geräte ist verbunden, dass sie in ihrer Prozessorstruktur zweikanalig (Redundanz) sein müssen und über Routinen zur Eigenüberwachung verfügen.

Aber auch an relativ einfachen konventionellen Handhabungs- und Fördereinrichtungen können gefährliche Situationen entstehen. Das betrifft oft periphere Einrichtungen für die Bereitstellung von Arbeitsgut. In Bild 8.4 wird gezeigt, wie man schwere, rollende Werkstücke am Ende einer Rollstrecke abbremsen kann. Je größer die Masse, desto stärker die Beanspruchung der mechanischen Komponenten.

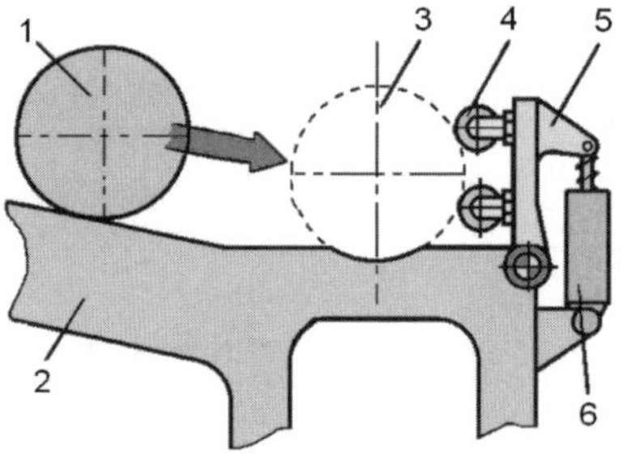

Bild 8.4 Abrollstrecke für schwere Wellen mit einer Anschlagdämpfung.
1 Werkstück, 2 Rollbahn, 3 Bereitstellposition, 4 Anschlagrolle, 5 Schwenkarm, 6 Stoßdämpfer

Massereiches Rollgut lässt sich mit erprobten Stoßdämpfern wirkungsvoll abbremsen. Ein Zuteiler bringt bei der in Bild 8.5 gezeigten Konstruktion das Rundteil oder eine Stange in die Ablagemulde als Bereitstellplatz. Kurz vor dem Aufschlagen auf das bereits in Ruhe befindliche Halbzeug wird die Fangklinke wirksam. Es wird **kinetische Energie** absorbiert. Dieser Ablauf schont natürlich auch die Mechanik des Systems.

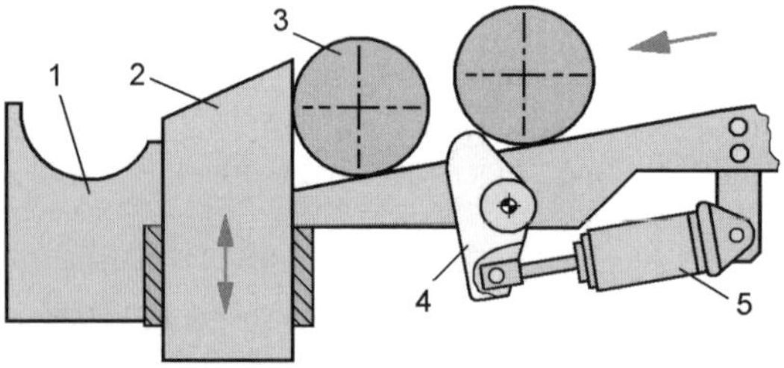

Bild 8.5 Aufschlagdämpfer.
1 Ablagemulde, 2 Zuteiler, 3 Arbeitsgut, 4 Anlaufschwinge, 5 Stoßdämpfer

Es gibt viele weitere technische Möglichkeiten, um abrollendes Langgut oder zum Beispiel Kästen auf Rollenbahnen zu bremsen. Das Bild 8.6 zeigt eine kleine Auswahl. Hohe Rollgeschwindigkeiten können für Mensch und Maschine zur Gefahr werden. Als Bremselemente kommen z. B. Nocken, Klappen, Federelemente, Bürstenfelder und Rollbahnstufen in Betracht. Bei längeren Rundteilen kommt es an den Bremsstellen auch zu einem Ausrichten, was einem Schräglauf vorbeugt, z. B. durch federgebremste Richtkreuze. Bremsrollen erzeugen beim Durchlauf auf Rollengängen eine drehzahlabhängige Bremswirkung.

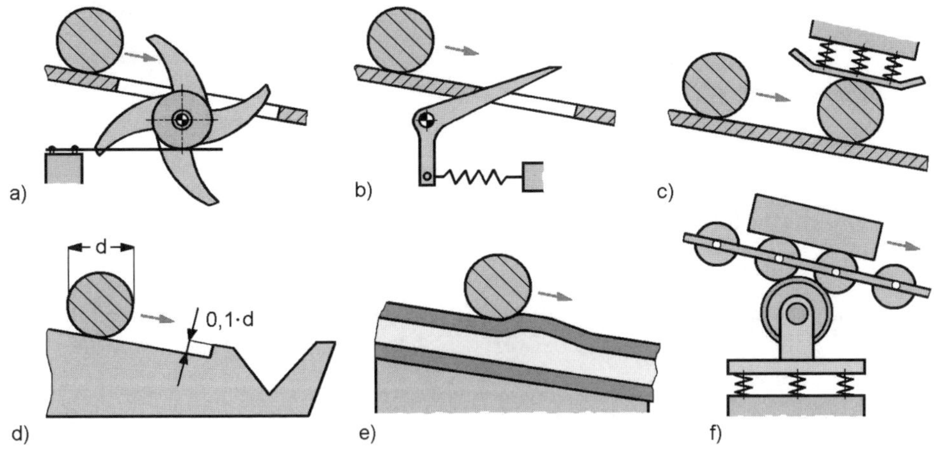

Bild 8.6 Bremselemente zur Absenkung von Rollgeschwindigkeiten.
a) Richtkreuz mit Blattfederbremse, b) Rollbahn mit Bremsklappe, c) gefederter Bremsschuh,
d) Ausricht- und Bremsstufe, e) flüssigkeitsgefüllter Schlauch bremst durch Walkwirkung,
f) Bremswalze mit weichem Reibbelag

Stoppen und Bremsen wird bei der in Bild 8.7 vorgestellten Lösung mit einem Keil erzeugt. der von einem Fluidmuskel angetrieben wird. Der Keil presst das Fördergut gegen die Leitkante des Förderers. Das Lösen wird mit Federkraft ausgeführt. Die Einrichtung ist einfach aufgebaut und arbeitet schnell.

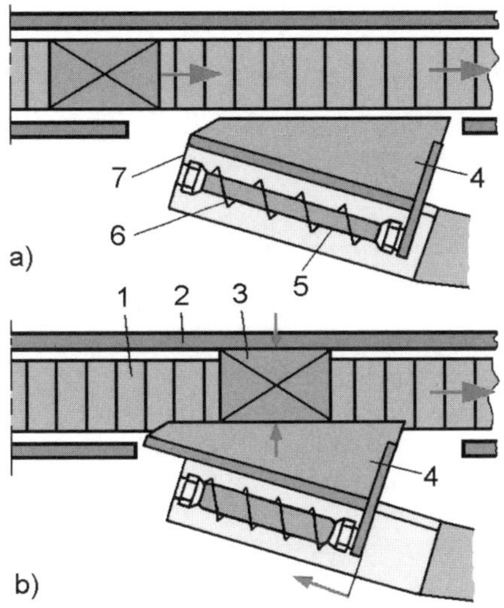

Bild 8.7 Stoppen und Bremsen von rechteckigem Fördergut (Draufsicht).
1 Plattenbandkette, 2 Leitkante, 3 Packstück,
4 Bremskeil, 5 Fluidmuskel (Festo), 6 Druckfeder,
7 Geradführung, a) freier Durchlauf, b) Bremsstellung

Öffnungen und Abschirmhöhen müssen der Norm EN ISO 13855:2010 entsprechen. Die Norm befasst sich grob gesagt mit der Einhaltung von Sicherheitsabständen. Vor dem Erreichen einer Gefahrstelle durch eine sich annähernde Person oder eines Körperteils, muss eine Maschine in einen ungefährlichen Zustand gebracht werden oder der Stopp einer gefahrbringenden Bewegung erfolgen. Man geht von folgenden Annäherungsgeschwindigkeiten aus:

- Schrittgeschwindigkeit $K = 1600\ mms^{-1}$
- Armgeschwindigkeit $K = 2000\ mms^{-1}$

In Bild 8.8 wird die Situation einer möglichen Umgehung einer berührungslos wirkenden Schutzeinrichtung durch Hinüberreichen über das **Schutzfeld** gezeigt.

In diesem Bild bedeuten:

S Mindestabstand in Millimeter von der nächstgelegenen Gefahrstelle zum Schutzfeld der Schutzeinrichtung. Ein Mindestwert von 100 mm ist unabhängig vom Rechenwert einzuhalten.

K Annäherungsgeschwindigkeit in mm s^{-1}

T Nachlaufzeit des gesamten Systems (Ansprechzeit der Schutzeinrichtung plus Ansprechzeit Interface plus Nachlaufzeit der Maschine) in s

C_{RO} Zusätzlicher Abstand in mm, der berücksichtigt, dass sich ein Körperteil je nach Auflösung der Schutzeinrichtung schon eine bestimmte Strecke in Richtung zur Gefahrstelle annähern kann, ehe die Schutzeinrichtung auslöst.

a Höhe des Gefährdungsbereiches

b Höhe der Oberkante des Schutzfeldes der berührungslos wirkenden Schutzeinrichtung

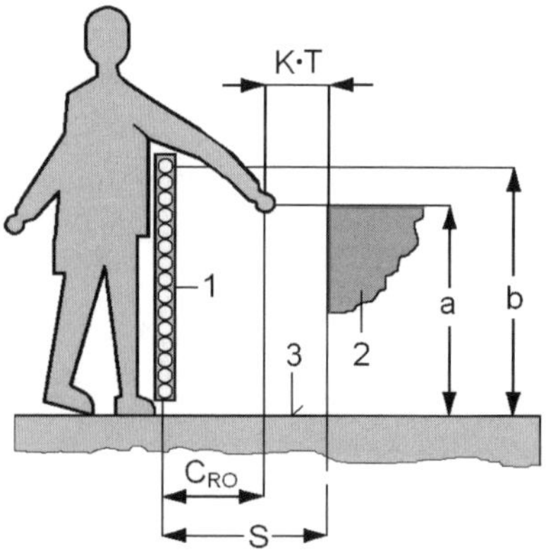

Bild 8.8 Hinüberreichen über ein Schutzfeld.
1 berührungslos wirkende Schutzeinrichtung,
2 Gefährdungsbereich, 3 Bezugsebene, Fußboden

In Abhängigkeit von *a* und *b* können in der Tabelle 8.4 die Werte für CRO abgelesen werden.

Tabelle 8.4 Bestimmung des CRO-Wertes (Auszug aus EN ISO 13855:2010)

Höhe des Gefährdungsbereiches a in mm	Höhe der Oberkante des Schutzfekdes der berührungslos wirkenden Schutzeinrichtung b in mm											
	900	1000	1100	1200	1300	1400	1600	1800	2000	2200	2400	2600
	zusätzlicher Abstand zum Gefährdungsbereich C_{RO} in mm											
2600	0	0	0	0	0	0	0	0	0	0	0	0
2500	400	400	350	300	300	300	300	300	250	150	100	0
2400	550	550	550	500	450	450	400	400	300	250	100	0
2200	800	750	750	700	650	650	600	550	400	250	0	0
2000	950	950	850	850	800	750	700	550	400	0	0	0
1800	1100	1100	950	950	850	800	750	550	0	0	0	0
1600	1150	1150	1100	1000	900	850	750	450	0	0	0	0
1400	1200	1200	1100	1000	900	850	650	0	0	0	0	0

Der Mindestabstand ergibt sich nach Gl. 8.1 wie folgt:

$$S = (K \cdot T) + C_{RO} \tag{8.1}$$

Ein nachträglicher operativer Anbau von Schutzeinrichtungen ist immer recht kostenaufwändig und zu vermeiden. Oft gelingt dann nur eine unbefriedigende Kompromissvariante. Zu unterscheiden sind funktionelle Schutzanbauten, Einfachstschutz und Schallisolierung.

An Bandauflaufstellen und Rollbahnanschlüssen bestehen Quetschgefahrenstellen, die abgesichert werden müssen. Kettenläufe erfordern seitliche Abdeckungen. Einige Beispiele werden in Bild 8.9 vorgestellt. Die Spaltweite an Walzenübergängen ist richtig zu wählen oder man setzt eine Springrolle ein, die im Falle einer Belastung von selbst ausweichen kann und damit die Quetschgefahr aufhebt.

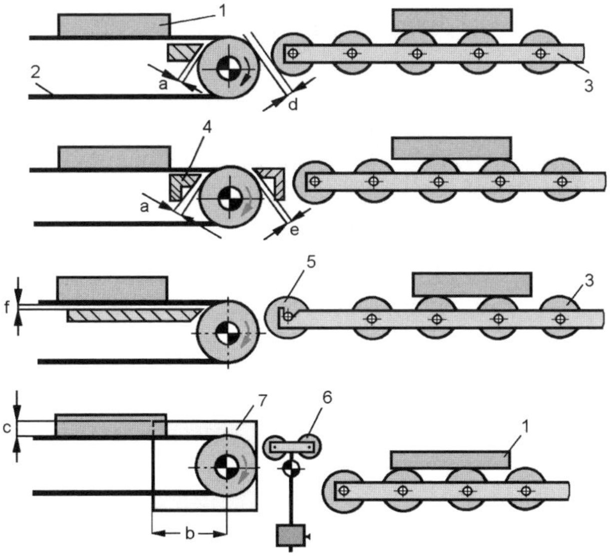

Bild 8.9 Gestaltung von Übergängen vom Bandförderer zu einem Rollengang.
1 Werkstück, 2 Bandförderer, 3 Rollengang, 4 Winkelabdeckschiene, 5 Springrolle, 6 Pendelrollenpaar, 7 Seitenschutzwand, $a \leq 5$ mm, $b \geq 950$ mm, $c \geq 300$ mm, $d \geq 80$ mm, $e \leq 5$ mm, $f \leq 4$ mm

Ähnlich wirkt die **Notschaltstange** an einem Walzeneinzug, wie man in Bild 8.10 sehen kann. Bei Druck gegen die Stange durch Einziehen von Fingern oder der Hand beim Eingeben eines Flachteils hebt sich die Stange und es wird ein Not-Aus-Signal ausgelöst. Statt Endschalter setzt man heute vorzugsweise berührungslose Näherungsschalter ein, die z. B. induktiv arbeiten.

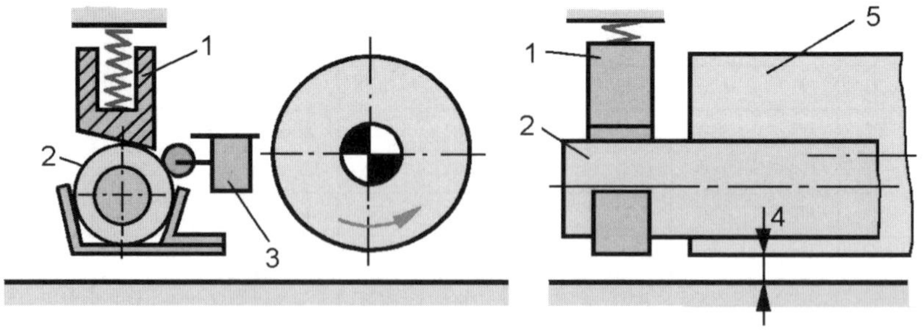

Bild 8.10 Notschaltstange an einem Walzeneinzug.
1 Klemmstück, 2 Schaltstange, 3 Endschalter, 4 Walzeneinlauf, 5 Einzugswalze

Walzeneinläufe sind gefährlich, weshalb der Einzugsbereich abgedeckt werden muss. In Bild 8.11 wird dazu ein Beispiel gezeigt. Es gibt noch viele andere Schutzmaßnahmen.

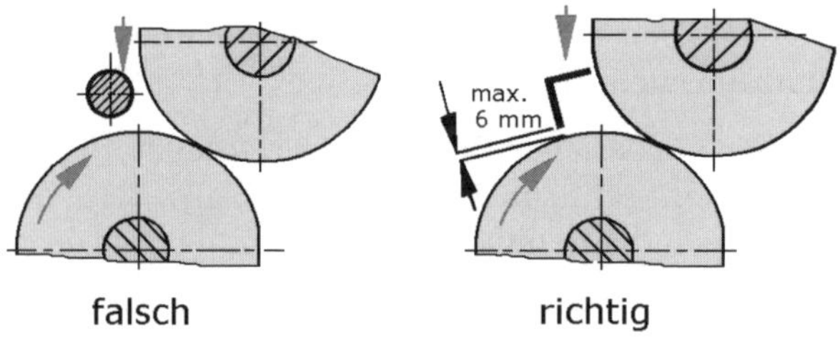

Bild 8.11 Schutzelemente an Einzugswalzen

Zuteilschieber und Eingeber für Werkstücke kann man gegen Überlastung schützen, indem man ein Federelement einfügt, wie das in Bild 8.12 dargestellt wird.

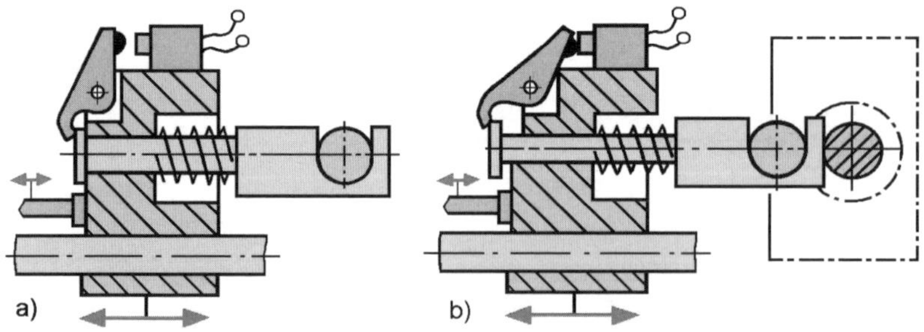

Bild 8.12 Sicherheitsschalter an einem Zuteilschieber.
a) Zuführvorgang bis zur Spannstelle in einem Drehautomaten, b) Crash-Situation bei nicht ausgeworfenem Werkstück; die Zuführbewegung wird gestoppt

Ist die Spannstelle noch nicht entladen, schlägt der Teilezubringer auf das noch gespannte Teil auf. Die Feder gibt nach und der Sensorschalter gibt ein Not-Aus-Signal ab.

Ähnlich wirkt die in Bild 8.13 dargestellte Einrichtung, die an einer Verpackungsmaschine ankommende Packungen vereinzelt. Basis ist ein kraftschlüssiger Schraubentrieb, bei dem die Gewindespindel durch eine glatte Welle und die Mutter durch schwenkbare Rollringe ersetzt wurden. Der Getriebewagen enthält das **Rollringgetriebe**. Der Zuteilschieber der Vorrichtung ist gefedert. Bei einem Crash wird die Bewegungsrichtung des Getriebewagens rein mechanisch (kraftabhängig) über ein Federsprungwerk schlagartig in die Gegenrichtung umgeschaltet. Durch diesen Ablauf wird die Handhabungseinrichtung auf einfache Weise vor Schäden bewahrt und zur Entnahme des Havaristen freigefahren.

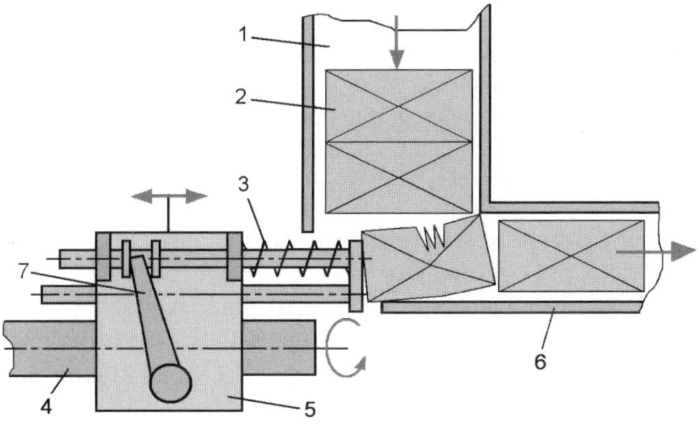

Bild 8.13 Schieber mit Rollringgetriebe an einer Schachtelzuführung (Uhing; www.uhing.com). 1 Zuführstrecke, 2 Klein-Packstück, 3 Überlastfeder, 4 Antriebswelle, 5 Getriebewagen, 6 Einlauf zur Verpackungsmaschine, 7 Umschalthebel

Die Antriebswelle eines Rollringgetriebes dreht sich übrigens ohne Unterbrechung stets in einer Drehrichtung. Es gibt die Getriebe mit Wellendurchmesser von 12 bis 80 mm, Hublängen bis 4 m, Hubgeschwindigkeiten bis 4,2 m/s und Schubkräften bis 3600 N.

8.3 Lärmminderung an Handhabungseinrichtungen

Bereits bei einem Lärmpegel ab 75 dB(A) ist in Abhängigkeit von der Einwirkdauer mit ernsthaften Hörschäden bei Anlagenbedienern und Werkern zu rechnen. In der EG-Maschinenrichtlinie 98/37/EG wird die Minimierung von Lärmemissionen verlangt. Vornehmlich an der Quelle soll der **Lärmpegel** reduziert werden [8.1]. Das gilt natürlich auch für die Handhabungstechnik.

8.3.1 Stoß- und Schleifgeräusche

Impulsartige Geräusche entstehen beim Aufeinanderschlagen von z. B. unkontrolliert abrollenden Eisenstangen. In Bild 8.14a wird eine Rollbahn gezeigt, bei der beim freien Auflaufen von Halbzeugstangen Stoßgeräusche entstehen. Das lässt sich ändern.

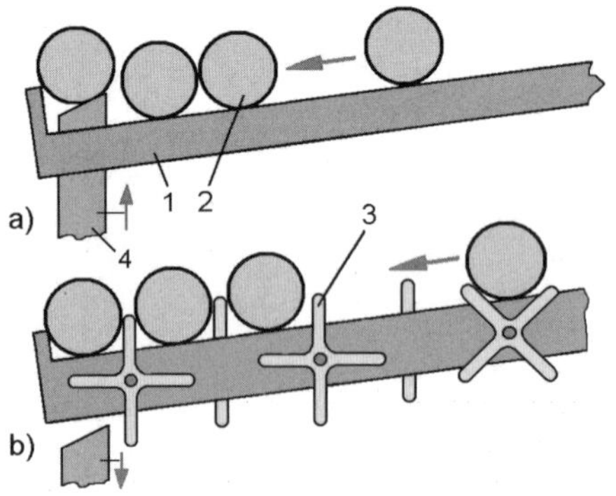

Bild 8.14 Abstandshalter in Drehkreuzausführung.
1 Rollbahn, 2 Materialstange, 3 Drehkreuz, Kunststoff, 4 Zuteilschieber, a) stoßbelastetes Abrollen, b) Abrollen mit Abstandshalter

Man kann die Abrollgeschwindigkeit durch Bremselemente reduzieren (siehe Bild 8.5 und 8.6). Zusätzlich lässt sich durch antriebslose **Drehkreuze** das Aufschlagen auf die ruhende Stange verhindern. Zwischen den Stangen befinden sich also immer Kunststoffarme, womit eine Pegelminderung von 20 dB(A) erreicht wird. Das ist sehr viel. Man könnte auch noch zusätzlich durchlaufende Rotationsbremsen anbauen. Das sind kreisförmig arbeitende Stoßdämpfer, die mit einer trägen Flüssigkeit gefüllt sind.

Das Bild 8.15 zeigt, wie man beim Vereinzeln durch eine veränderte Gestaltung eines umlaufenden Zuteilers (Drehteller) den Geräuschpegel senken kann. Allmähliches Nachrücken des Magazinhalters verringert die Stoßgeschwindigkeit beim Fallen und ist deshalb die bessere Lösung (nach VDI 3720, „Lärmarm konstruieren").

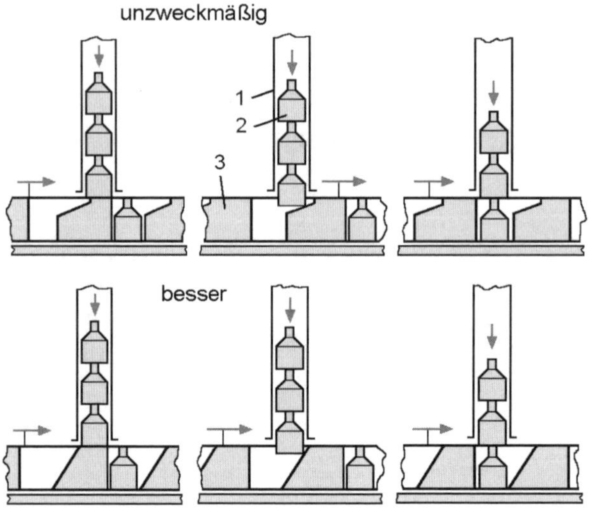

Bild 8.15 Impulsschallsenkung beim Vereinzeln von Glasflaschen.
1 Zuführkanal, 2 Werkstück, Glaskörper, 3 Zuteiler

Ziemlich unangenehm können Geräusche sein, die beim Aufschlagen und Gleiten von Werkstücken in Blechrinnen entstehen. Das Bild 8.16 zeigt Rinnenausführungen, die bereits Dämpfungselemente aufweisen. Im oberen Beispiel hat die Rinne eine Sandwichstruktur (aus mehreren verbundenen Materialschichten bestehend) bekommen.

Bei stoßartiger Belastung sind gegenüber einer ungedämpften **Stahlblechrinne** Lärmminderungen von etwa 10 dB(A) erreichbar. Anstelle einer vollflächigen Zwischen-Dämpfungsschicht sind auch bedämpfte Gleitleisten eine gute Lösung.

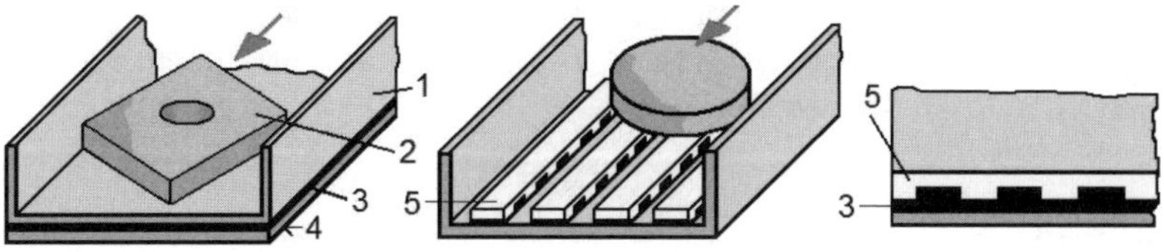

Bild 8.16 Gleitrinnen mit Geräuschdämpfung.
1 Stahlblechrinne, 2 Werkstück, 3 visko-elastische Dämpfungsschicht, 4 Knotenblech, 5 Gleitleiste

8.3.2 Fallgeräusche

Werden Teile von einer Maschine ausgeworfen und landen sie dann in einem Blechcontainer oder auf einer Zuführrinne, dann werden diese Maschinenkomponenten zu mechanischen Schwingungen im akustischen Frequenzbereich (Körperschall) angeregt. Daraus resultieren dann Luftschallabstrahlungen.

Was kann man dagegen tun?

- Fallhöhe reduzieren (geringere Stoßgeschwindigkeit)
- Aufprallfläche mit elastischem Belag ausstatten (Vergrößerung der Stoßzeit) oder Kunststoffplatten vorsehen
- Eingangsimpedanz der Anschlagstelle erhöhen (Masseerhöhung des gestoßenen Körpers)

Zur letztgenannten Maßnahme zeigt das Bild 8.17 ein Beispiel. Es wurde eine Prallplatte als Zusatzmasse eingebaut. Außerdem wird die **Prallplatte** über elastische Elemente von der Werkstückrinne entkoppelt. In einem solchen Fall erreichte man eine Reduzierung des Impulsschalldruckpegels um 10 dB(A). Das ist eine deutliche Senkung des Lärmpegels.

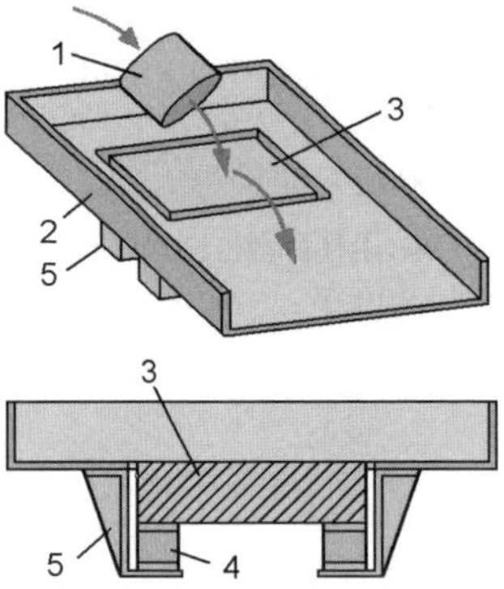

Bild 8.17 Stahlblechrinne mit Zusatzmasse.
1 Werkstück, 2 Blechrinne, 3 Prallplatte, 4 Elastomerkörper, 5 Anbauwinkel

8.3.3 Schwingungen

Unangenehmer Lärm durch Schwingungen wird seit jeher beim „Zitterpott" beklagt. Vibrationswendelförderer werden häufig wegen der einfachen Technik für die die Zuführung und das Ordnen von Kleinteilen eingesetzt. Doch es wurden schon Lärmpegel bis 95 dB(A) gemessen. Weil sich die Teile in Mikrosprüngen wendelaufwärts bewegen, gibt es stets Aufschlaggeräusche. Auch gegenseitig schlagen die Werkstücke aneinander. Zur Lärmminderung gibt es verschiedene Möglichkeiten. Das sind:

- lärmschluckende Beschichtung der Vibratorwendel
- lärmabsorbierende Haube mit Deckel
- kunststoffbelegte Nachfüllrutsche
- Gummifüße zur Entkopplung gegen das Maschinengestell

Es sind Schallpegelreduzierungen bis 20 db(A) erreichbar.

Eine vollständige **Kapselung** der Vibratorzuführeinheit (Bild 8.18) ist ratsam, aber nur dann voll wirksam, wenn man Dichtigkeit erreicht (Fugen mit Moosgummi auslegen). Als Beschichtungsmaterial kommen Polyurethan in Stärken von 2 bis 10 mm infrage, Förderbürstenteppich mit einer Dicke von 1 bis 12 mm und auch Habasit und Vulkollan.

Solche Beschichtungen erfüllen neben der Lärmminderung auch noch andere Aufgaben. Das sind Verschleißschutz des Förderaufsatzes samt Wendel, Schutz des Fördergutes, Erhöhung der Fördergeschwindigkeit und Beeinflussung des Laufverhaltens des Vibrationswendelförderers.

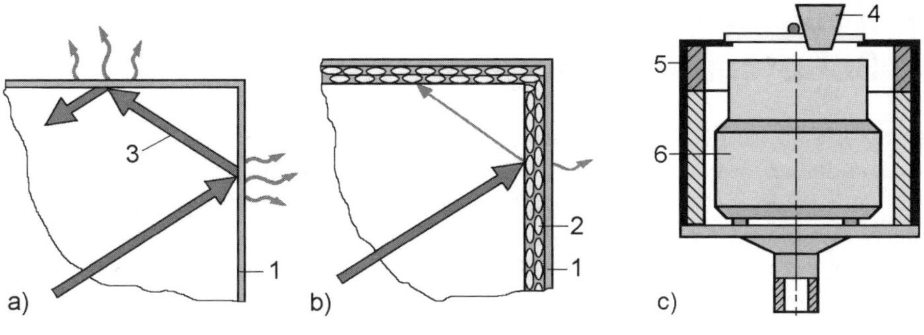

Bild 8.18 Kapselwand für die Luftschalldämmung.
a) Reflexion, b) Absorption, c) Ausführungsbeispiel Schalldämmhaube (sound absorbing hood), 1 Kapselwand, 2 Absorptionsschicht, 3 Luftschallübertragung über die Kapselwand, 4 Nachfülltrichter, 5 abnehmbare Haube, 6 Vibrationswendelförderer

Grundsätzlich kann jedes schwingungsfähige System auch eine Schallquelle sein, selbst eine einfache Hebelanordnung (Bild 8.19).

Betrachtet man z. B. den Kraftfluss eines Schwingarmes, so zeigt sich, dass lange Kraftleitungswege zu einer „weichen" Baustruktur führen. Dazu gibt es auch Parallelen zur Geräuschbildung. Der in Bild 8.19b dargestellte Anordnungswechsel für die Federkraft und die Wandlung von der Zug- in eine Druckfeder entlastet das Lager und stellt außerdem auch die lärmtechnisch bessere Lösung dar. Betriebskräfte lassen sich also akustisch günstig führen.

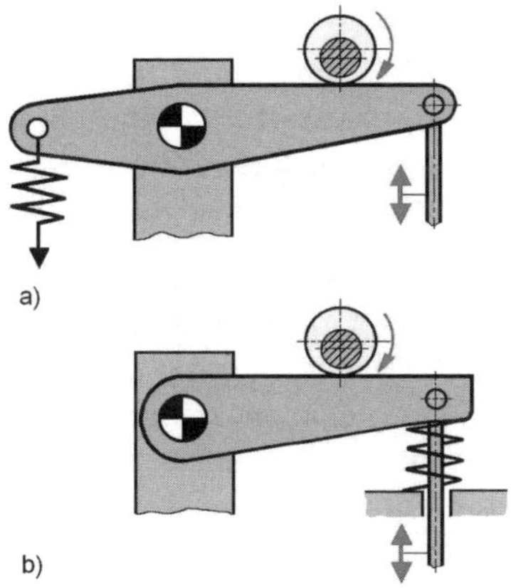

Bild 8.19 Veränderung des Kraftleitungskonzepts wirkt Schwingungen entgegen!
a) konstruktive Ausgangslösung, b) kraft- und schalltechnisch verbessertes Design

8.4 Robotereinsatz ohne trennende Schutzeinrichtungen (OTS)

Industrieroboter sind in der Regel nur mit jenen Sensoren ausgestattet, die für die Erledigung der Handhabungsaufgabe nötig sind. Sie können damit nicht auf Hindernisse wie z. B. Menschen reagieren, die sich im Aktionsraum des Roboters befinden. Eine Kollision kann je nach Masse und Geschwindigkeit des Roboterarms verheerende Folgen haben. Deshalb verlangen Vorschriften wie die ISO 10218 eine Abgrenzung zwischen Roboterarbeitsraum und Umgebung.

Eine strikte Abschottung des Roboters ist aber bei vielen Aufgaben nicht wünschenswert, hinderlich oder überhaupt nicht möglich. Das sind:

- Roboter erfüllen Dienstleistungen in der Nähe von oder mit Menschen (Assistenzrobotik; Der Roboter geht dem Menschen „zur Hand").
- Interaktive Aufgabenerledigung von Mensch und Maschine (schnelle Teach-in-Programmierung, Verschmelzung von manuellen und automatisierten Arbeitsplätzen; Mensch-Roboter-Kooperation)
- Autonome mobile Roboter (Transportroboter) bewegen sich in nicht geschützten Arealen, in denen sich Menschen aufhalten.

Die Situation ist bei der Gestaltung von Arbeitsstätten mit **Mensch-Roboter-Zusammenwirken** durch den Abstand zwischen Mensch und Roboter, dem Grad der Mobilität von Robotern und der zeitlichen und räumlichen Aufgabenteilung geprägt (Bild 8.20).

Als Bewegungsraum *(motion space)* wird der sich aus den Abmessungen des Roboters und seiner kinematischen Struktur ergebende Arbeits- und Kollisionsraum verstanden. Üblicherweise wird der Bewegungsraum durch mechanisch verstellbare Anschläge und/oder steuerungstechnische Maßnahmen anwendungsspezifisch begrenzt. Der eigentliche Arbeitsraum besteht aus denjenigen Punkten im dreidimensionalen Raum, die von der Roboterhand angefahren werden können. Bei mobilen Robotern wandern diese Räume mit.

Ziel der Entwickler ist, geeignete Interaktionsformen und Arbeitsweisen zu finden sowie sichere Sensor-, Steuerungs- und Hardwarekonzepte für prinzipiell ungefährliche Roboter zu schaffen. Dazu begleitend sind die Grundlagen für die Zulassung und Normung solcher Handhabungssysteme auszuarbeiten. Sicherheitstechnische Kernelemente sind je nach Lösungskonzept Lichtgitter, Laserscanner, *Safety*-Controller, sechsachsige Kraftsensoren am Roboterflansch, Arbeitsraumbegrenzung durch virtuelle Wände, Greifer für den OTS-Einsatz, Bildverarbeitung, Kollisionserkennung und z. B. Kameras. Ein *Safety*-Controller erlaubt kartesische Nocken, Bewegungskorridore und Maximalgeschwindigkeiten in der Robotersteuerung sicher zu definieren und zu überwachen. Die eingesetzten Komponenten müssen nach der Norm DIN EN 954-1 sicher sein. Verschiedene Roboter-, Steuerungstechnik- und Sensorhersteller bieten eine Reihe von „sicheren" Komponenten an. Der Praktiker hat sich beim Einsatz von OTS-Systemen jeweils an den neuesten Normen und Rechtsvorschriften für sichere OTS-System zu orientieren, z. B. der Neufassung der DIN EN ISO 102181 Teil 1 und Teil 2 [8.2].

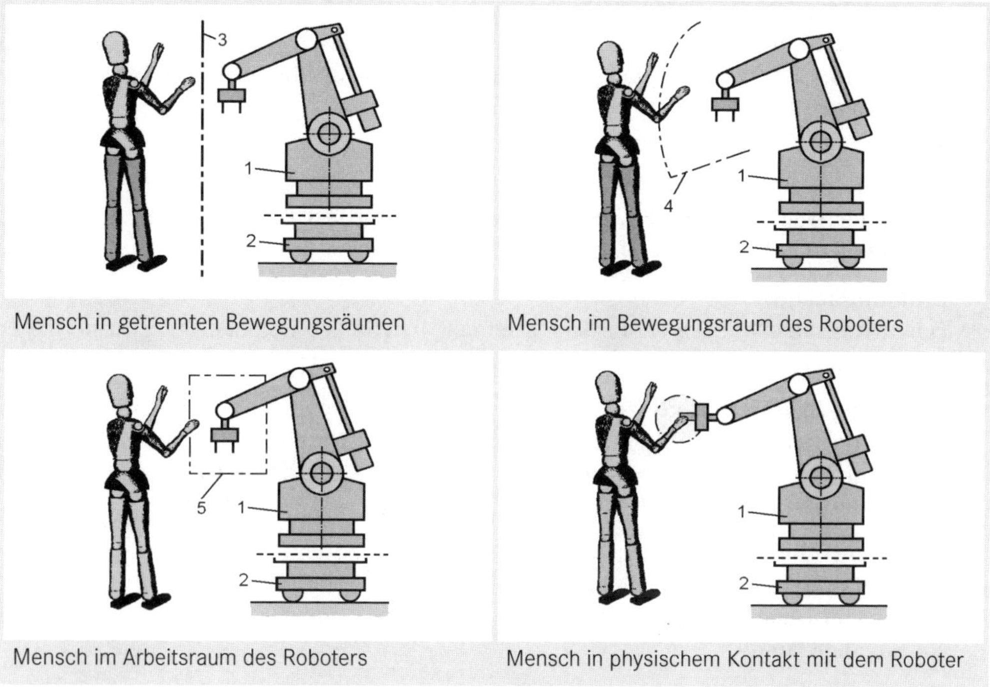

Bild 8.20 Der räumliche Abstand zwischen Mensch und Roboter reduziert sich bis auf null.
1 stationärer Roboter, 2 mobiler Untersatz als Variante, 3 trennender Schutzzaun, 4 Bewegungsraum Roboter (Arbeits- + Kollisionsraum), 5 Arbeitsraum des Roboters

Der in Bild 8.21 dargestellte **Kleinroboter** wurde so konzipiert, dass er mit dem Menschen direkt, also Hand in Hand, zusammenarbeiten kann. Weitere Hinweise siehe in [8.3 bis 8.5]. Unter dem Begriff „**kollaborativer Roboter**" findet man weitere Hersteller solcher Roboter.

Technische Daten:

Nutzlast	0,5 kg
Wiederholgenauigkeit	± 0,1 mm
Geschwindigkeit	90°/s
Eigenmasse	4,3 kg
Arbeitsradius des Roboters (je nach Greifertyp)	500 bis 700 mm
Taktzyklus	≥ 2 s
Umgebungstemperatur	–10 °C...+40 °C

Bild 8.21 Kleinroboter Katana 6M S (www.neuronics.ch).

Der Roboter kann auch von Hand geführt werden, was einfaches Einprogrammieren von Positionen und manuelles Bewegen im gesamten Wirkungsbereich erlaubt. Um nun den Sicherheitsanforderungen zu genügen, wurden im Ergebnis einer ausführlichen Gefahren- und Risikoanalyse folgende Maßnahmen realisiert:

- **Polsterungen**
  An allen exponierten Stellen (Gelenke, Greiferflansch) sind Kunststoffpolster mit passender Weichheit angebracht. Der Weichheitsgrad berücksichtigt das vorhandene Drehmoment bei maximaler Geschwindigkeit und ausgestrecktem Arm.
- **Einklemmschutz**
  Faltenbälge umschließen gefährliche Klemmstellen an den Gelenken. Die Greiferfinger haben weiche Innenseiten.
- **Geschwindigkeitsreduktion**
  Bei gestrecktem Arm wird eine Geschwindigkeit von 1 m/s erreicht, was mit der vorhandenen Polsterung keine substanzielle Gefahr darstellt. Die Drehgeschwindigkeit ist auf 90° je Sekunde begrenzt.
- **Kraftreduktion**
  Die Kraft des Armes endet bei einer Hubleistung von 0,5 kg. Analoge Kräfte wirken seitlich. Im Gefahrenfall werden die Kräfte durch die Polsterung auf ein gefahrloses Niveau abgedämpft.
- **Hinweise in der Bedienungsanleitung**
  Hier werden u.a. Empfehlungen zum bestimmungsgemäßen Einsatz gegeben und vor Missbrauch gewarnt.

Als Beispiel für die Anwendung eines OTS-Roboters wird in Bild 8.22 ein diffiziler Montage- und Abgleichvorgang gezeigt.

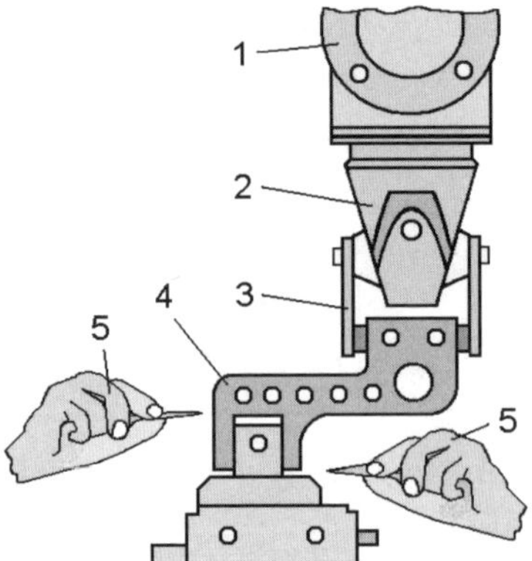

Bild 8.22 Roboter als dritte Hand in der manuellen Kleinteilmontage.
1 Handdrehachse, 2 Greifer, 3 Greifbacke,
4 Montagebaugruppe, 5 manuelle Montageaktion

Der Roboter hält die Baugruppe in verschiedenen, ergonomisch vorteilhaften Orientierungen, während die Arbeitskraft beidhändig an einer feinmechanischen Baugruppe arbeitet. Der Roboter übernimmt also einen Teil der sogenannten **Sekundärmontage**, die zwar nötig ist, aber keinen Wertzuwachs am Objekt bringt. Im Beispielfall konnte die Effektivität durch die Dreihandarbeit um 25 % gesteigert werden.

Bei dem in Bild 8.23 gezeigten Anwendungsfall übernimmt der Roboter das Teil aus der Hand des Werkers und bringt es in ein Kassettenmagazin.

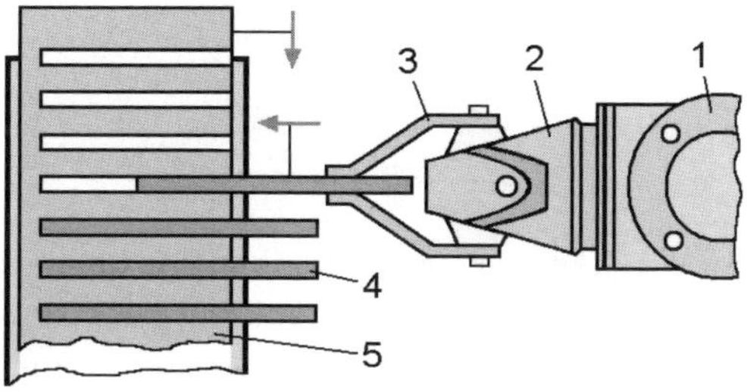

Bild 8.23 Roboter als automatischer Beschicker.
1 Handdrehachse, 2 Greifer, 3 Greifbacke, 4 Werkobjekt, 5 Kassettenmagazin

Während dieser Vorgang noch abläuft, hat der Werker bereits das nächste Teil in Arbeit. Dreihändiges Arbeiten impliziert neues Durchdenken gewohnter Montageoperationen, um Reserven auszuschöpfen.

Kontrollfragen

8.1 Was macht Industrieroboter mit Freiarm gefährlich und welche Personengruppen betrifft es besonders?

8.2 Wie lassen sich frei abrollende oder abgleitende Werkstücke, Transportkästen und Produkte bremsen?

8.3 Welche Bedingungen müssen erfüllt sein, um mit einem Industrieroboter „Hand-in-Hand" arbeiten zu können? Was bedeutet die Abkürzung OTS?

8.4 Lasersensoren lassen sich verwenden, um Arbeitszonen vor unbefugtem Betreten durch Personen zu überwachen. Wie funktioniert ein solcher Sensor?

8.5 Welche Gefährdungen können von Maschinen und damit auch von Handhabungseinrichtungen ausgehen?

8.6 Schwerpunkt der Norm EN 954-1 ist ein Verfahren zur Risikobeurteilung. Welches Hilfsmittel steht dafür zur Verfügung?

8.7 Welche technischen Mittel sind anwendbar, um die Betriebsgeräusche von Vibrationswendelförderern zu dämpfen?

Literatur und Quellen

[8.1] *Dietz, G.; Gummersbach, F.:* Lärmarm konstruieren XVIII. Wirtschaftsverlag NW. Bremerhaven 2000

[8.2] *Link, W. u. a.:* OTS-Systeme in der Robotik. H. Utz Verlag München 2002

[8.3] *Sarodnick, F.:* Sicherheit in der Mensch-Roboter-Kooperation. GRIN Verlag 2010

[8.4] *Dhillon, B. S.:* Robot Reliability and Safety. Springer Verlag, Berlin 2011

[8.5] *Freund, E. u. a.:* Untersuchungen zum Arbeitsschutz bei mobilen Robotern und Mehrrobotersystemen. Wirtschaftsverlag NW, Bremerhaven 1993

9 Störungen im Werkstückfluss

Bei der Zuführung von Kleinteilen an Bearbeitungs-, Montage- und Prüfautomaten kann es zu Störungen kommen. Dem Bediener (Einrichter) verbleibt immer nur wenig Zeit, um ab Alarmsignal eine Blockade im Teilefluss zu beheben. Weil Zuführsysteme zur „Hauptschlagader" eines produzierenden Systems gehören, bewirken Ausfälle einen verminderten Produktionsausstoß. Ursachen für Störungen können sein:

- Die Zuführkanäle sind nicht immer gegenüber kleinen Veränderungen wie Gratkanten, Abmessungs- und Formtoleranzen, leichte Verölung und Staubablagerung immun.
- Das Timing von Funktionselementen stimmt nicht und da können schon Zehntelsekunden ausschlaggebend sein, z. B. bei Vereinzlern.
- In der geometrischen und maßlichen Abstimmung hat der Konstrukteur noch nicht die optimalen Parameter für die Hardware gefunden.
- Die zuzuführenden Teile haben sich unbemerkt verändert (lange Lagerung, Luftfeuchte und Temperatur), z. B. der Glanzgrad (Reibbeiwert) von Kunststoffteilen oder auch elektrostatische Aufladungen.
- Allmähliche Alterungserscheinungen in der Hardware fordern ihren Tribut, wie z. B. ermüdete Blattfedern am Vibrationswendelbunker (Förderleistung sinkt) oder veränderte Reibung bei abgenutzten Gleitbahnen.
- Bedienfehler durch ungenügend geschultes Personal. So schadet ein ständig überfüllter Vibrationswendelbunker dem Schwingsystem.
- Ungenügend gereinigte Werkstückflusskanäle verlangsamen den selbsttätigen Werkstückdurchlauf.

Einige Beispiele sollen die Situation deutlich machen. Eine typische Erscheinung an offenen Zuführrinnen ist beispielsweise das Aufsteigen einzelner Teile aus einer lückenlosen Werkstückschlange, wie man es in Bild 9.1 sehen kann. Das Phänomen wird durch einen steilen Neigungswinkel begünstigt, in Kombination mit dem Staudruck der aus dem Vibrator nachdrängenden Teile.

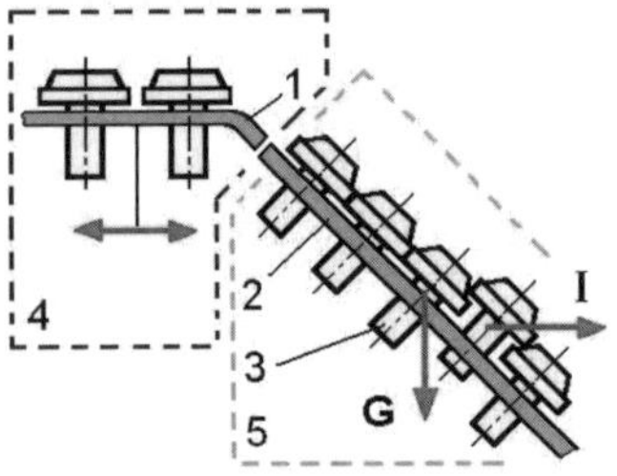

Bild 9.1 Achtung: Teile können im ungünstigen Fall aufsteigen!
1 Vibrator-Wendelauslauf, 2 Gleitbahnmagazin, 3 Werkstück, 4 Vibratorauslauf, 5 starre Gleitbahn, *G* Gewichtskraft, *I* Impuls

Der Impuls I vom Vibrator auf die Teile ändert seine Richtung nicht, aber die Teile selbst befinden sich jetzt auf der „schiefen Bahn" und werden im Bewegungsverhalten beeinflusst.

Abhilfe: Weniger starke Rinnenneigung und richtige Anordnung eines Füllstandssensors für die Abschaltung des Vibrators. Ein Umbau in eine gedeckte Zuführrinne bringt meistens nicht den erhofften Erfolg.

Die Ermittlung von Fehlerursachen ist in der Handhabungstechnik oft schwierig, besonders bei schnell ablaufenden Vorgängen. Für manche Störung im Handhabungsgeschehen ist der Ausfallmechanismus nicht genügend bekannt. Als Ausfallmechanismus bezeichnet man den physikalischen Vorgang, der einen Ausfall herbeiführt. Er kann durch eine plötzliche oder ständige Einwirkung von außen ausgelöst werden oder in der Konstruktion selbst begründet sein. Vor allem muss das Interesse auch darin bestehen, Spontanausfälle infolge von Drifterscheinungen zu erkennen, um sie durch vorbeugende Wartungsarbeiten wesentlich zu vermindern. Ein Hilfsmittel könnte die Fehlerbaumanalyse sein. Der Zweck besteht im Auffinden von möglichen Ursachen für ein unerwünschtes Ereignis und im Ermitteln der logischen Verknüpfungen von Komponenten- oder Teilsystemausfällen, die dazu beitragen. Man möchte eine klare und nachvollziehbare Dokumentation zum Ausfallmechanismus. In Bild 9.2 ist ein vereinfachter Fehlerbaum für einen Zuteiler zu sehen.

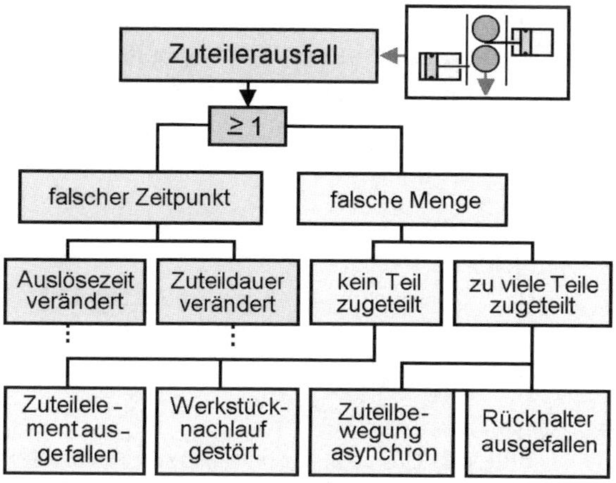

Bild 9.2 Fehlerbaum für einen Zuteiler [3.1]

Als Beispiel wird in Bild 9.3 die funktionelle Störstelle bei einem Rotorzuteiler gezeigt. Man sieht, dass der Zuteiler Werkstücke einzeln aus einem Magazin übernimmt und an ein Transportmittel übergibt. In der Konstruktion Bild 9.3a ist die Funktion stark von der Fallzeit abhängig. Ist das Fallen zeitlich an einem Ende geringfügig verzögert, dann kann es Komplikationen geben.

Abhilfe: Man lässt die Teile nicht frei fallen, sondern schiebt sie seitlich aus dem Rotor in das übernehmende Funktionselement, wie es in Bild 9.3b zu sehen ist. Die Teile sollten keinen Moment im Handhabungsablauf sich selbst überlassen werden, wie das beim freien Fall vorkommt. Es kann zu unkontrollierbarem Teileverhalten kommen.

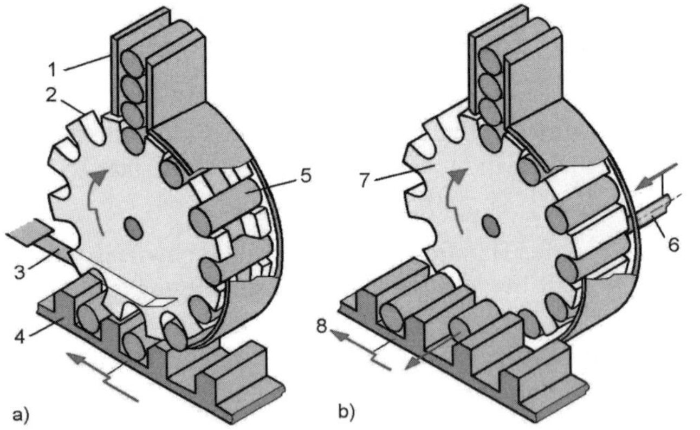

Bild 9.3 Werkstückübergabebereiche können zeit- und störempfindlich sein.
a) Teile fallen aus dem Zuteiler in die kontinuierlich laufende Transportkette, b) Teile werden seitlich in die getaktete Transportkette gestoßen,
1 Schachtmagazin, 2 Rotorzuteiler mit Mittelnut, 3 Zwangsabstreifer, 4 Transportkette, 5 Werkstück, 6 Ausstoßer, 7 Rotorzuteiler, 8 Transportrichtung

Die Zuführung von **Doppelteilen** ist meistens absolut zu unterbinden, weil damit Störungen und Beschädigungen verbunden sein können. In Bild 9.4 wird gezeigt, wie die Werkstückhöhe über dem Förderer abgetastet werden kann. Das aufliegende Doppelteil, z. B. ein Planobogen (ungefalzter Druckbogen) löst einen Kontakt aus, der die Zuführung stoppt.

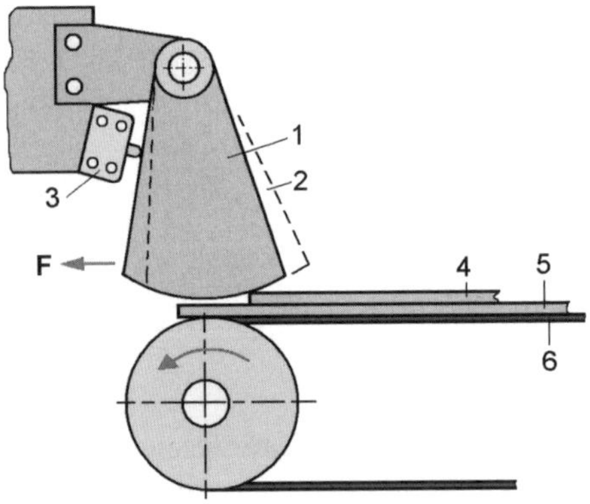

Bild 9.4 Doppelteile-Kontrolle mit Höhentaster.
1 Tastsegment, 2 Tastarm in Ausgangsstellung, 3 Taster, 4 Werkstückdoppelteil, 5 Werkstück, 6 Förderband

Nachlaufstörungen in einem Zuführkanal sind ebenso zu unterbinden. Sie lassen sich sensorisch erfassen und als Reaktion kann man eine **Entstörmechanik** in Gang setzen, wie es in Bild 9.5 skizziert ist. Ein Pneumatikzylinder schiebt verkeilte Werkstücke zurück. Vorher prüft man natürlich, ob die Engstelle nicht einfacher beseitigt werden kann.

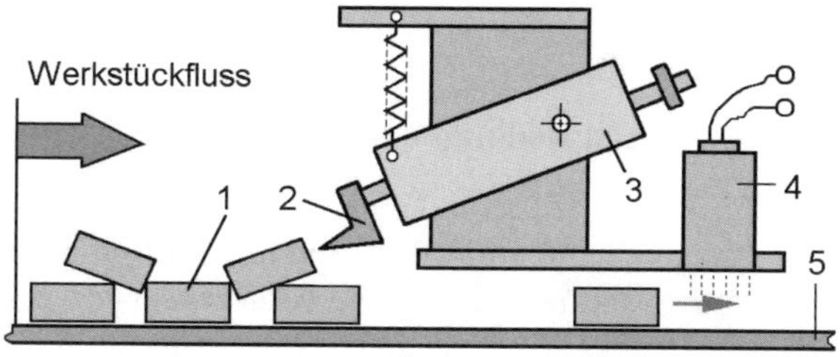

Bild 9.5 Störungsbeseitigung in einem Zuführkanal.
1 Werkstück, 2 Entstörschieber, 3 Pneumatikzylinder, 4 Sensor, z. B. induktiv, 5 Vibrationsförderer

Störungen kann es auch bei der Schraubenzuführung geben. Ein Fall wird in Bild 9.6 vorgestellt. Die Schrauben gleiten in einer Nutrinne mit Abdeckblech. Kleine geometrische Details können dazu führen, dass sie aneinander aufsteigen und sich gegen das Abdeckblech verklemmen. Wird die angepresste Scheibe etwas verändert, bleibt das Aufsteigen aus. Das Gleiten kann nun im Verband störungsfrei erfolgen.

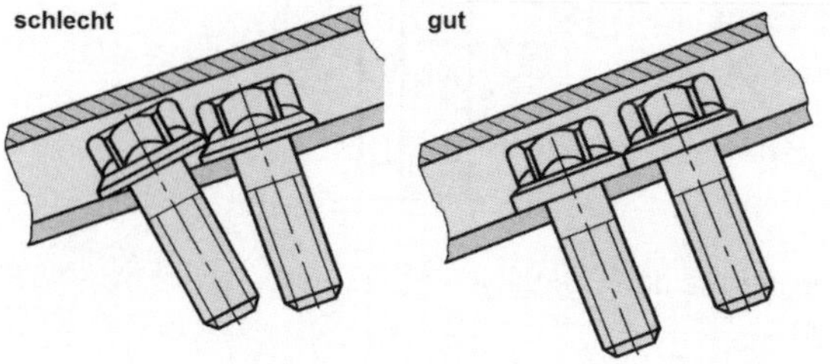

Bild 9.6 Störungsfreies Gleiten sichern!

Das **Störungsmanagement** muss systematisches Vorgehen möglich machen. Dafür können folgende Fragestellungen hilfreich sein:

1. Hat die Anlage vor dem Ausfall überhaupt zufriedenstellend gearbeitet? Gibt es dafür Vergleichswerte?
2. Hat sich das Fördergut vielleicht durch Umstieg auf einen neuen Zulieferer verändert?
3. Wurden an der Anlage Veränderungen vorgenommen oder hat sich etwas von selbst dejustiert?
4. Liegt ein elektrisches Problem vor oder eine Veränderung in der Steuerungsabfolge?
5. Sind „Eingreifgrenzen" festgelegt, bei deren Erreichen der Bediener ein Problem melden muss oder darf er mit der nicht mehr optimal arbeitenden Anlage bis zum Stillstand durch Selbstabschaltung fahren?
6. Gibt es ähnliche Probleme an benachbarten gleichartigen Maschinen?
7. Wie hat der Problembereich vor der Funktionsverweigerung ausgesehen? Gibt es Sollwerte, die als Vergleichsnormal dienen können?
8. Hat man die vorbeugenden Wartungsarbeiten (beispielsweise Wechsel von Vakuumsaugern, Reinigung von Lichtschranken u. a.) termin- und qualitätsgerecht ausgeführt?

9. Besteht die Aussicht, dass einfache Einstell- und Justierarbeiten helfen oder muss man eine in die Tiefe führende Analyse starten?
10. Was ist die schnellste und einfachste Lösung und wodurch unterscheidet sie sich von der bestmöglichen (dauerhaftesten) Lösung?

An Handmontageplätzen muss man natürlich auch für fehlerfreie Ausführung entsprechende Vorkehrungen treffen. **Poka Yoke** ist eine Methode, um solche Fehlerursachen wie Verwechseln, Vertauschen und Vergessen u. ä. zu begegnen. Das betrifft in erster Linie die manuelle Beschickung von Zuführeinrichtungen oder Montagevorrichtungen. Als Beispiel wird in Bild 9.7 ausschnittweise eine Fügevorrichtung gezeigt.

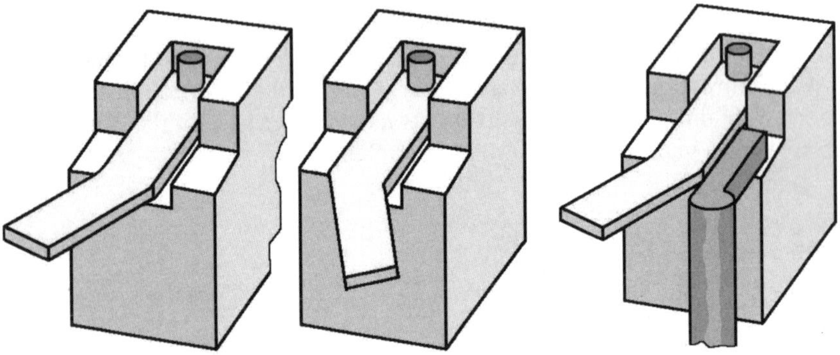

Bild 9.7 Eingeschränkter Montagefreiraum zur Vermeidung seitenverkehrten Anbaus mit Hilfe eines fixen Armes (rechts)

In der ursprünglichen Vorrichtung kann der Werker den Hebel rechts oder links auskragend montieren. Es können somit auch fehlerhafte Baugruppen entstehen. Wird die **Einlegefreiheit** durch den Anbau eines Kontaktarmes eingeschränkt, so ist eine Fehlmontage ausgeschlossen.

Kontrollfragen

9.1 Welche Probleme können auftreten, wenn Schrauben in Rinnen im Strang zugeführt werden?

9.2 Was versteht man unter der japanischen Methode „Poka Yoke"?

10 Vermeidung von Handhabungsschäden

Beschädigungsfreies Handhaben enthält die Forderung, insbesondere die Funktionen Greifen, Speichern, Weitergeben, Ordnen und Zuteilen automatisch so auszuführen, dass am Werkstück keine Verletzungen auftreten. Während früher häufig nur Rohteile und unproblematische Werkstücke automatisch gehandhabt wurden, sind es heute besonders in der automatischen Montage auch Komponenten im Endzustand der Bearbeitung oder solche mit z. B. dekorativen Oberflächen. Welche ablaufbedingten Situationen können zu Beschädigungen führen? Wovon sind diese abhängig?

- **Intensität** der Werkstückbewegung (Geschwindigkeit, Beschleunigung, Fallhöhen, Gewichtskräfte)
- **Widerstandsfähigkeit** des Werkstücks (Wanddicken, Versteifungsdicken, Oberflächenbeschaffenheit, Härte, Abriebfestigkeit)
- **Eigenschaften** der Handhabungseinrichtung (Härte von Führungen, Weichstoffauskleidungen, Stoßdämpfung, Bewegungscharakteristik aktiver Elemente)

Beim Gleiten von Werkstücken auf der geneigten Fläche können die Werkstückoberflächen Schaden nehmen, wie Kratzer oder Abrieb mit z. B. Glanzverlust bei Kunststoffteilen. Der Zusammenhang von Neigungswinkel der Gleitfläche, Werkstoff und Oberflächenbelastung der Teile wird in der Tabelle 10.1 aufgezeigt.

Tabelle 10.1 Neigungswinkel bei Gleitbeginn und mögliche Oberflächenschäden an Werkstücken

Werkstoff der Gleitfläche	Neigungswinkel bei Gleitbeginn	Beschädigung der Werkstückoberfläche
Teflon, PTFE	13,5°	keine
Acetalharz, POM	13°	sehr schwach
Polyamid	15,5°	schwach
PVC hart	17°	stark
Stahl	16°	stark

Beim Greifen durch Spannen sind z. B. Druckkräfte dominierend, beim mechanischen Ordnen ist es das freie oder geführte Fallen der Werkstücke. Das Bild 10.1 gibt einige typische Belastungen qualitativ und quantitativ an.

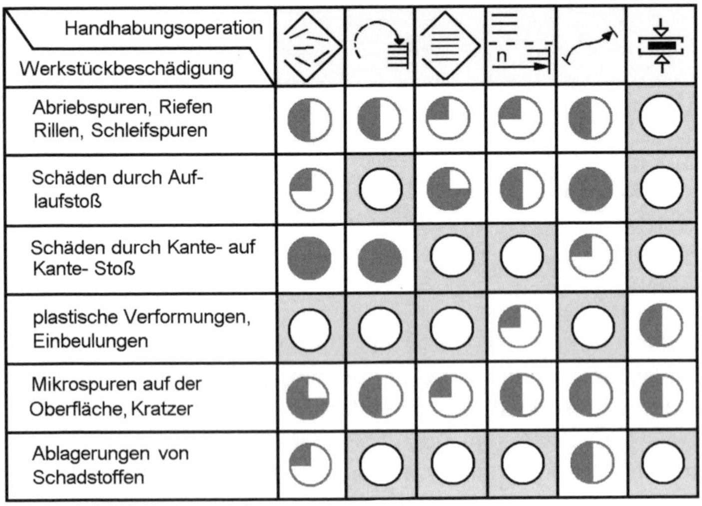

Bild 10.1 Typische Werkstückbeschädigungen (Vollkreis = starker Einfluss)

Am häufigsten geht es um Verletzungen der Oberfläche, wie z. B. Riefen, Schlagstellen, Spannmarken. Mitunter sind allerdings die Grenzen zwischen gut und fehlerhaft noch nicht eindeutig festgelegt. Was sollte man vereinbaren?

- Glanzgradminderung nach definierter Verweilzeit von Teilen in einem Handhabungssystem; besonders bei Kunststoffteilen
- Rillentiefe und Anzahl je Flächenelement
- Punkteindrücke nach Anzahl und Häufung je Fläche
- Fremdstoffablagerungen; auch durch elektrostatische Effekte begünstigt
- Mikroverletzungen nach Art, Tiefe und Anzahl (flächenbezogen) und
- plastische Verformungen als Prozentsatz der maßgebenden Größe

Für die zulässigen „Produktionsspuren" an Einzelteilen und Produkten sind also Grenzwertangaben vorzuschlagen. Dabei sind Schäden an Sichtteilen und Funktionsteilen zu unterscheiden. Erstere betreffen hauptsächlich die Beschaugüte, während Mängel an Funktionsteilen auch zu Funktionsfehlern führen können. Ein großer Teil der **Werkstückbeschädigungen** hat energetische Ursachen. Wegen $E=mv^2/2$ haben Verringerungen bei Kraftwirkungen positive Auswirkungen. Grundsätzlich gibt es folgende Wege der Einflussnahme:

- Vermeiden von Belastungen, z. B. durch Wechsel des Verfahrens oder der **Zuführtechnik**. Ziel ist, weitgehend handhabungsarm zu produzieren. Auch kann das Objekt verändert werden; oft genügen schon partielle Werkstückanpassungen.
- Verringern der Beanspruchung (Bild 10.2), z. B. durch Änderung der Parameter des Verfahrens. In der Regel sind das Bewegungsgrößen und Kräfte.

- Hochgenaue **Funktionsflächen** dürfen nicht gleichzeitig als Greif- oder Spannflächen genutzt werden. Auch Schwingungen können sich nachteilig auf gegriffene Teile auswirken. Das kann z. B. zum Einbeulen dünnwandiger Teile führen.

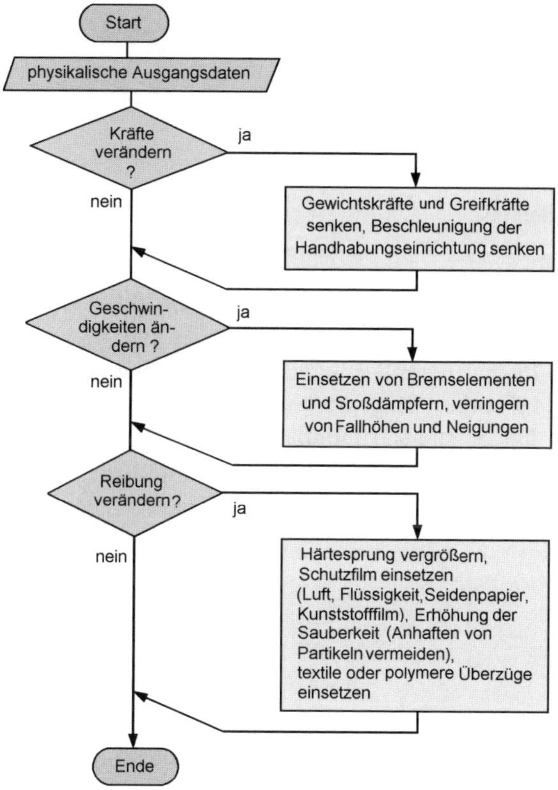

Bild 10.2 Algorithmus zur Schadensvermeidung durch Parameteränderung des Verfahrens

Maßnahmen bei der Gestaltung der Werkstücke können sein:

- Gestaltung von Leitflächen, die beim Handhaben beansprucht werden dürfen
- Einbringen formstabilisierender Details, wie Sicken und Randaussteifungen
- Verwendung beanspruchungsgerechter Werkstoffe oder zeitweiliger Schutzhüllen

Zur Vermeidung von Schleifspuren an geförderten Teilen kann die Seitenführung an Stelle einer festen Leitkante auch mitlaufend sein. Das Prinzip zeigt das Bild 10.3.

Bild 10.3 Schutzmaßnahme durch mitlaufende Seitenführung

Ein besonderes Problem sind Abrieb und Kleinstpartikel im Zuführprozess. Zuführteile wie Schrauben und Muttern verschleppen diesen Abrieb im gesamten Zuführsystem. Werden die Teile dann noch per Druckluftimpuls in die Zielposition „geschossen“, dann wird auch ein Montagebasisteil mit **Abrieb** kontaminiert. Was kann man dagegen tun?

- kurze Wege beim Zuführen; Kurzwendel im Vibrationswendelförderer
- abriebarme Werkstoffe für Werkstücke und Zuführsystem
- wenig Ordnungselemente in Folge beim Ordnen
- Füllvolumen von Bunkern möglichst klein halten
- Saugluft anstelle von Druckluft einsetzen
- Schmutzabstreiföffnungen vorsehen

Schonendes Weitergeben kann auch mit Luftgleitrinnen oder **Bürstenförderer** erfolgen (siehe Bild 2.49, Bild 4.322 und 4.324). Ein Beispiel kann man auch in Bild 10.4 sehen Ankommende Teile werden von der Gleitbahn in ein Vertikalmagazin gestoßen. Dieses ist mit gewölbten Flächen ausgestattet. Das Hochfördern geschieht durch Schwingungen. Die Borsten verhindern die Berührung mit dem Schalenkern und schonen die Werkstückoberfläche.

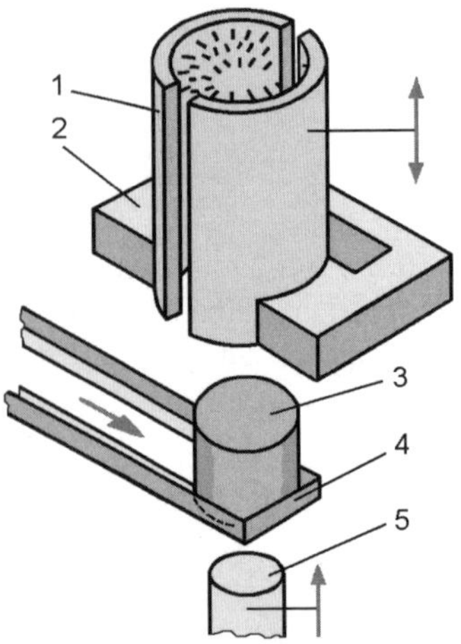

Bild 10.4 Vertikales Fördern mit umschließendem Bürstenfeld.
1 gewölbte Borstenfläche, 2 Schwingsystem, 3 Werkstück, 4 Zuführrinne, 5 Einstoßer

Als weiteres Beispiel sei die Klinkenrollbahn nach Bild 10.5 erwähnt. Viele schwerkraftgesteuerte **Rückhaltenocken** verhindern das Aufschlagen der abrollenden Wellenteile gegeneinander und begrenzen die Rollgeschwindigkeit. Wird das unterste Teil der Rollstrecke entnommen, dann fällt die Rückhalteklinke ab und das nächste Teil rückt einen Platz nach unten, wie dann auch alle weiteren Teile.

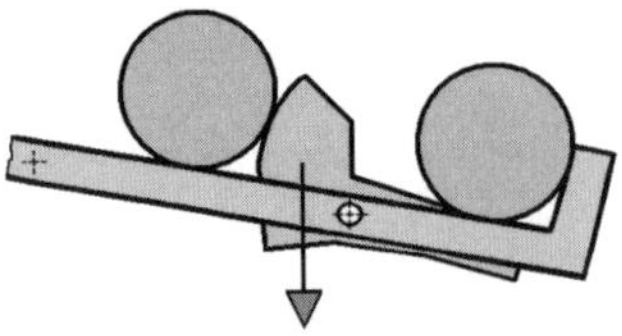

Bild 10.5 Rückhaltenocken begrenzen die Nachrollstrecke bei schweren Teilen

11 Blechteile automatisch handhaben

Automatisches Handling von Blechen, Zuschnitten und Formkörpern haben die Techniker schon immer im Visier, weil scharfe Gratkanten zu Handverletzungen führen und bei großen Teilen mehrere Werker zupacken müssen. Darüber hinaus wirkt die Rationalisierung letztlich kostendämpfend.

11.1 Funktionskette in der Blechbearbeitung

Je nach Arbeitsgut unterscheiden sich die technischen Mittel für die Automation des Werkstückflusses. Zu unterscheiden sind:

- Handhabung von Blechtafeln und Blechzuschnitten
- Handhabung von Blechformstücken und Biegeteilen

Jede Materialgruppe zeichnet sich durch einige markante Eigenschaften aus, die sich auf die **Zuführtechnik** auswirken. Als typische allgemeine Funktionskette für Abläufe in der Blechbearbeitung ergibt sich die in Bild 11.1 gezeigte Abfolge.

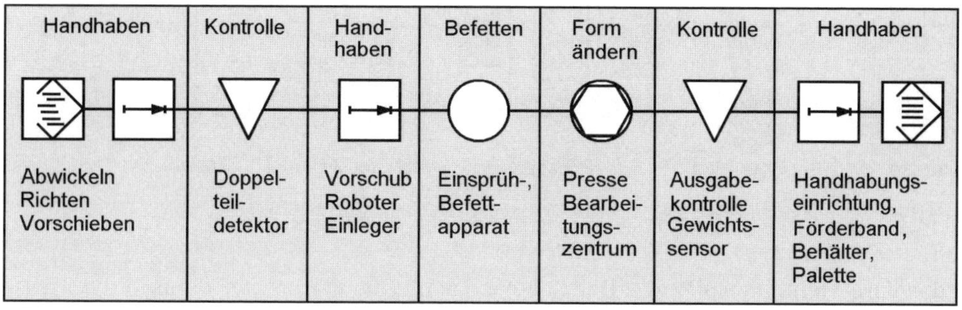

Bild 11.1 Allgemeine Funktionskette in der Blechbearbeitung

Für jede benötigte Funktion müssen Funktionsträger ausgewählt werden, die entweder eine Elementarfunktion oder mehrere Funktionen zusammengefasst ausführen können. So kann z.B. eine Doppelblechkontrolle im Greifer eingebaut sein oder die **Sprühbefettung** von Ziehblechen wird mit dem Weitergeben überlagert, d.h. sie erfordert keine eigenen aktiven Elemente. Mehrfunktionale Komponenten sparen also Aufwand und sind anzustreben.

11.2 Kompakte Pressenverkettung

Viele Ziehstücke werden in mehreren technologischen Schritten hergestellt und dazu braucht man mehrere und meistens unterschiedliche Maschinen (Zuschnittzuführung, Befettungsstation, Pressen zum Ziehen und Beschneiden). Diese werden heute zu Arbeitslinien verkettet. Dafür setzt man spezielle Handhabungseinrichtungen ein und auch Industrieroboter. Ganz grob liegen die realisierbaren **Hubzahlbereiche** beim

- Industrieroboter bei 5 bis 10 min^{-1},
- Feeder bei 8 bis 12 min^{-1} und
- Greiferschienentransfer bei 14 bis 18 min^{-1}.

Randbedingungen für die **Pressenbeschickung** sind:

- Kleine Greiferbauhöhe, sodass man mit einer minimalen Öffnung der Presse bzw. des Werkzeugs auskommt.
- möglichst lineare Bewegungen, damit die Programmierung um Stör-, Werkzeug- und Pressekanten überschaubar bleibt,
- kleine Abmessungen, um möglichst wenig Bauraum auszufüllen und
- Positionierfehler kleiner als ± 1 mm.

Auch der Ablauf des Weitergebens ist an Bedingungen geknüpft (Bild 11.2).

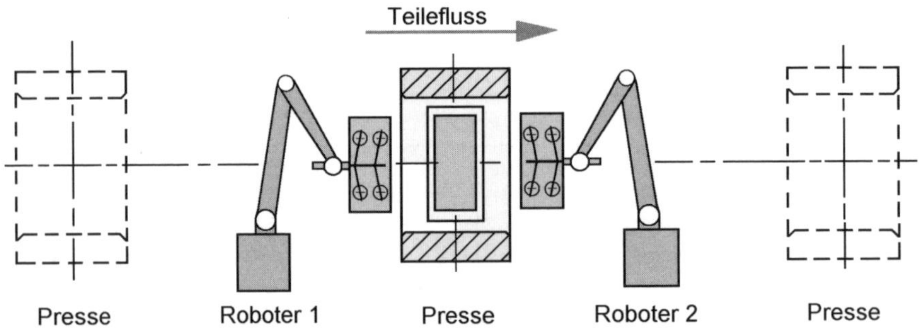

Bild 11.2 Inline Verkettung von Pressen in der Umformtechnik (Draufsicht)

Für das dargestellte Beispiel gilt: Der Roboter 1 kann die Platine nur dann in die Presse einlegen, wenn das Teil, z. B. ein Ziehstück, nach einem registrierten Hub (z. B. OT/UT-Merker) von Roboter 2 entnommen wurde (OT = oberer Totpunkt der Presse), dieser den Lichtvorhang verlassen und der Pressenstößel eine festgelegte Position erreicht hat, z. B. xx Millimeter vor OT im Sinne eines zeitoptimierten Prozessablaufes.

Entscheidend für die Roboterauswahl sind Zykluszeit, Umrüstaufwand, Reichweite je Hub und Masse der zu bewegenden Objekte. Einige Industrieroboter wurden so konfiguriert, dass eine große Reichweite entsteht (Bild 11.3).

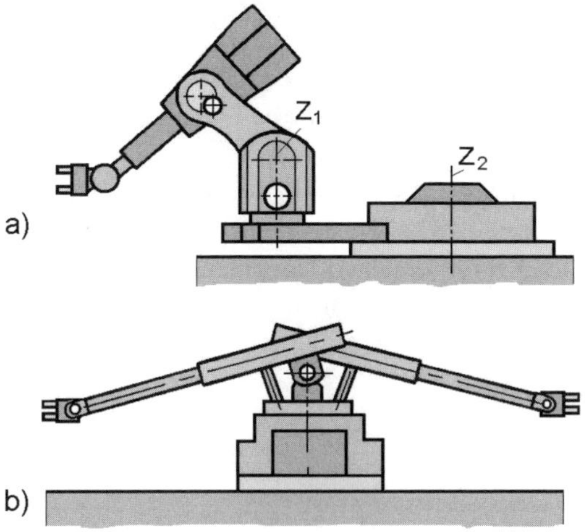

Bild 11.3 Industrieroboter in der Umformtechnik.
a) Drehgelenkroboter mit 7 Achsen (Kuka, Comau), davon 2 vertikale Grunddrehachsen, b) Doppelarmroboter mit insgesamt 9 Bewegungsachsen (Bilsing)

Die Reichweite kann sich erhöhen, wenn ein ausladender Greifer, wie z. B. eine Saugerspinne, verwendet wird.

Bei der Lösung nach Bild 11.3a können Pressenabstände bis zu 8 m überbrückt werden. Bei einem Blechteil von 8 kg Masse und durchschnittlich komplizierten Umformwerkzeugen erreicht man Zykluszeiten von etwa 4 bis 5 Sekunden. Hierbei kommt es zu Handhabungsgeschwindigkeiten am Teil bis zu 13 m/s. Durch Bewegungsüberlagerung der beiden Achsen z_1 und z_2 kommt es übrigens zu einer nahezu geradlinigen Werkstückübergabe von Presse zu Presse, selbst wenn das Ziehstück auf dem Weg noch zusätzlich gewendet wird.

Ein **doppelarmiger** Roboter ist gut geeignet, um z. B. Schmiedestücke von einer Gravur zur nächsten zu bringen. Durch diese Bauweise wird Zeit gespart, weil der Rückkehrhub entfällt. Der Einsatzfall „Pressenbeschickung“ wird in Bild 11.4 als Beispiel gezeigt. Es sind oft mehrere Betriebsweisen der Arbeitszelle möglich. Üblicherweise stellen beide Pressen eine technologische Einheit dar, d. h. es kommt zu einer seriellen Verkettung: **Magazin → 1. Presse → 2. Presse → Auswerfen** des Teils aus der Presse.

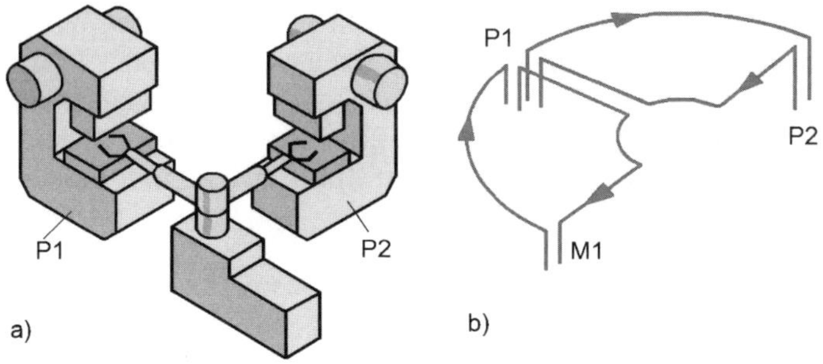

Bild 11.4 Betriebsweise einer zweiarmigen Handhabungseinrichtung.
a) Parallelbeschickung der Pressen P1 und P2, b) Bewegungsverlauf. *M* Bereitstellmagazin für Zuschnitte, *P* Presse, Maschine

Bei geschickter Anordnung von Magazinen in der Peripherie kann aber auch Parallelarbeit eingerichtet werden. Die beiden Pressen werden dann gleichzeitig mit jeweils verschiedenen Teilen beschickt und es wird nur je ein Arbeitsgang ausgeführt. Die Greifer verharren nach dem Einlegen des Zuschnitts ins Werkzeug außerhalb des Werkzeugraums. Dann nehmen sie die Teile heraus und legen sie in getrennten Magazinen ab. Auch die Inline-Verkettung ist mit zweiachsigen **Feedern** zu machen. Hier kommt es auf den schnellen Horizontalhub an. Es werden meist Abstände bis zu 4 m überbrückt, bei Tragkräften (Greifer plus Werkstück) bis etwa 80 kg. Das Bild 11.5 zeigt einige Anbauvarianten im Schema. Anstelle einer einfachen Zwischenablage kann auch eine Station zum Einölen von Blechen installiert werden. Es gibt Sprüheinrichtungen, die auf beiden Seiten der Platine freiprogrammierbare Sprühmuster auftragen können.

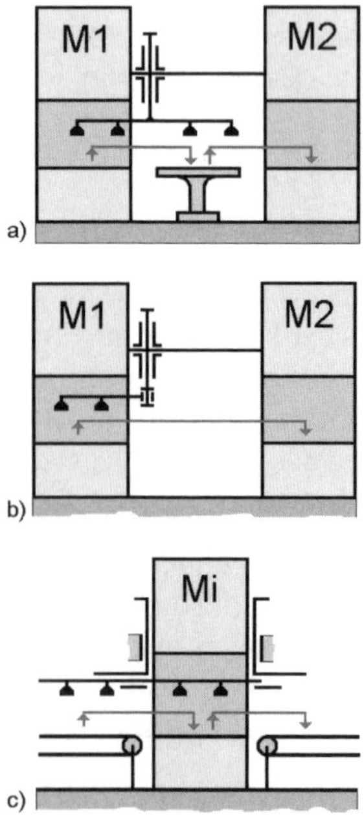

Bild 11.5 Pressenverkettung mit zweiachsigen Handhabungseinrichtungen. *M* Maschine, Presse. a) Doppelarmfeeder mit Zwischenablage, b) Einzelfeeder mit Traversenaufhängung, c) Wanderbalkenprinzip

Ein für die Pressenverkettung gut einsetzbares Gerät wird in Bild 11.6 gezeigt. Die Weitergabe von Blechteilen aus einem Werkzeugraum in das Werkzeug der nächsten Presse geschieht in zwei Schritten. Das entnommene Teil wird zunächst auf eine Zwischenablage gesetzt. Der bewegte Teil ist massearm ausgeführt, um große Beschleunigungen und damit kurze Übergabezeiten zu erreichen. Das Zuführgerät besitzt alle Antriebe und Einstellmöglichkeiten.

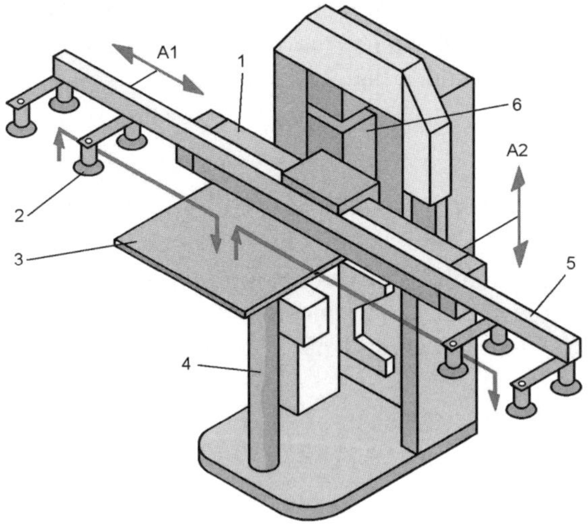

Bild 11.6 Lineararm-Zuführgerät.
1 kolbenstangenloser Pneumatikzylinder, 2 Saugerspinne, 3 Zwischenablagetisch, 4 Standsäule, 5 Lineareinheit, 6 Spindelhubmotor,
A Antriebsbewegung.

Eine etwas andere Konstruktion sind Transfergreifereinrichtungen, bei denen durch hochdynamische Elektroantriebe größere Abstände bewältigt werden können. Innerhalb von **Stufenumformautomaten** werden auf kurzem Hub viele Umformteile gleichzeitig zum nächsten Werkzeug gebracht. Das Bild 11.7 zeigt die Teilansicht eines Transfergreifers für Blechteile (noch ohne Greifer), der Waagerechthübe bis zu 5 m ausführen kann. Zusammen mit einem Vertikalhub entsteht ein Rechteckzyklus. Als Greifer können Vakuum-, Magnet- oder Zangengreifer eingesetzt werden. Der Antrieb des Laufwagens erfolgt mit einem stark dimensionierten NC-Antrieb mittels Zahnriemen.

Mechanische Zangengreifer sind zwar wenig flexibel, können aber die Teile in den Greifbacken zentrieren. Vor der ersten zu beschickenden Presse befindet sich ein Magazin, aus dem die Teile entnommen werden.

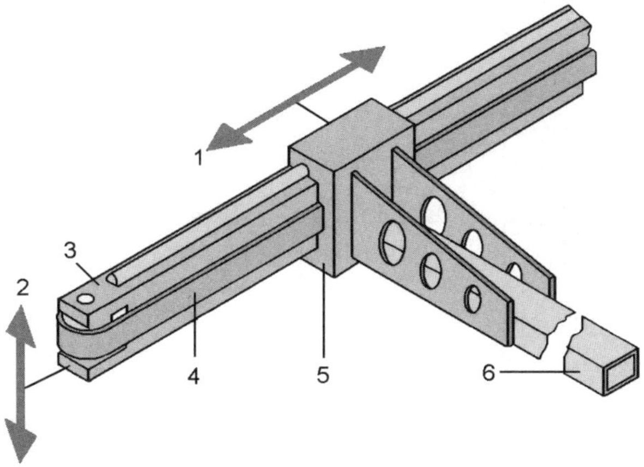

Bild 11.7 Hubbalken-Greifer-Kombination.
1 Waagerechthub, 2 Vertikalhub,
3 Präzisions-Stahlführung,
4 Zahnriemen, 5 Laufwagen,
6 Transfergreifer bzw. Greiferträger

In Bild 11.8 wird ein Feeder mit elektrischem Antrieb gezeigt. Auf der rechten Seite der Presse ist ebenfalls ein Feeder angebaut, der die Ziehteile vom Werkzeug entnimmt und auf einem Förderer ablegt. Die leistungsbestimmenden Baugruppen sind

- Antriebseinheit
- Horizontalachse (Stahlband-Linearantrieb)
- Vertikalachse

Die Vertikalbewegung kann durch eine Lineareinheit ausgeführt werden. Alle Bewegungen müssen synchronisiert werden, um Kollisionen zu vermeiden und zeitoptimal zu verlaufen. Der Pressenstößel kann als priorisierte Bewegungsachse Verwendung finden.

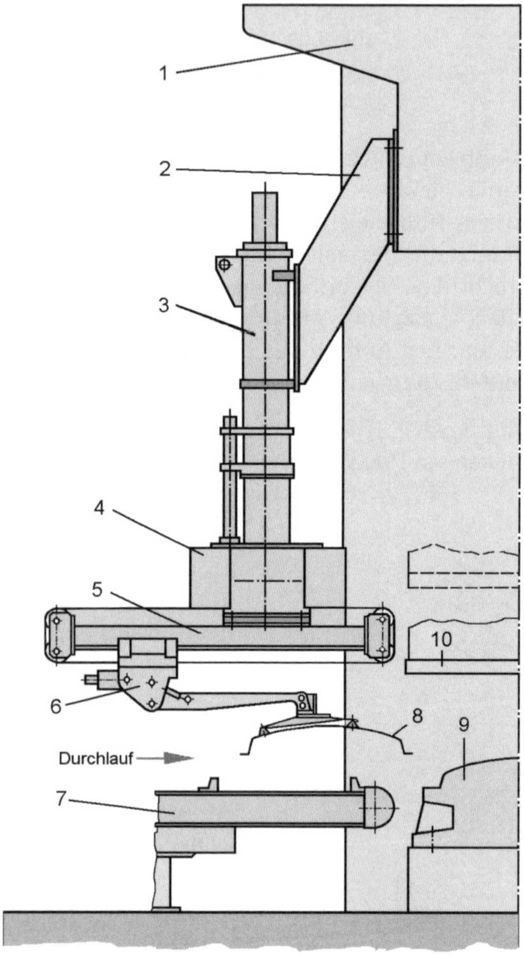

Bild 11.8 NC-Feeder mit elektrischen Antrieben (Halbschnittdarstellung). 1 Ziehpresse, 2 Anbindung, 3 Höheneinstellung, 4 Antriebseinheit, 5 Horizontalachse, 6 Armschwenkachse, 7 Bereitstellförderer, 8 Werkstück, Tiefziehteil, 9 Werkzeug, 10 Werkzeugoberteil

Die Kollisionsfreiheit zwischen Werkstückhandhabungseinrichtung und Pressenstößel kann durch die Analyse fiktiver typischer Kollisionsfälle unter Beachtung empirisch ermittelter Nachlaufwege und Signalverzögerungszeiten in einem **Freigängigkeitsmodell** für die einzelnen Bewegungen im voraus bestimmt werden. Dieses Modell ist dann die Grundlage für den Einsatz speicherprogrammierbarer Steuerungen.

Die Blechkörperzuführung im Bereich einer Presse kann auch mit hängenden Drehgelenkrobotern realisiert werden. Der Werkstückfluss wird bei dem in Bild 11.9 gezeigten Beispiel durch selbstfahrende Transportfahrzeuge gewährleistet. Die hängende Anordnung schränkt den für den Werkzeugwechsel nötigen Raum nicht ein und macht das System auch für kleine Losgrößen interessant. Die Robotersteuerung erlaubt Stapelprogramme und kann diese auch dreidimensional anpassen, wenn die Positionen etwas verschoben sind. Dazu muss die wirkliche Startposition und der Schrägungswinkel beim ersten Teil durch Sensoren erkannt werden.

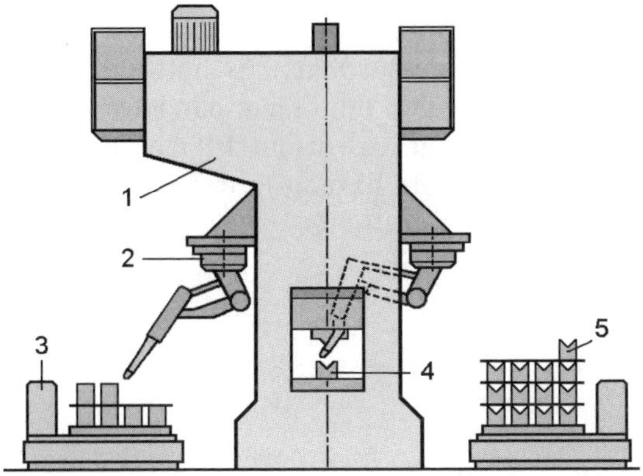

Bild 11.9 Pressenautomation mit Industrierobotern (Englert).
1 Presse, 2 Drehgelenkroboter, 3 fahrerloses Transportfahrzeug, 4 Umformwerkzeug, 5 Blechformteil

■ 11.3 Platinenzuführvorrichtungen

Ihre Aufgabe besteht darin, Feinblechzuschnitte vom Stapel abzunehmen und an eine Handhabungseinrichtung zu übergeben. Sind die Bleche ferromagnetisch, dann lassen sich Geräte mit aktiven magnetischen Elementen einsetzen, z. B. Magnethaftrollen. Kleinere Zuschnitte kann man mit Wechselsystemen bereitstellen, wie es das Bild 11.10 zeigt. Die Magazine sind z. B. mit dem Hallenkran wechselbar und werden nach der Füllung auf einen Schiebetisch aufgesetzt. Im jeweils aktiven Magazin hebt ein im Tisch eingebauter hydraulischer **Teleskopzylinder** (auch pneumo-hydraulisch) den Stapel in 3 Sekunden an. Der obenauf liegende Blechzuschnitt wird durch einen Spreizmagneten zum „Aufschwimmen" gebracht und dort von einer Pick-and-Place Einheit mit Saugergreifer aufgenommen und im Werkzeug der Presse abgelegt. Nun kann das leere Magazin abgenommen und nachgefüllt werden.

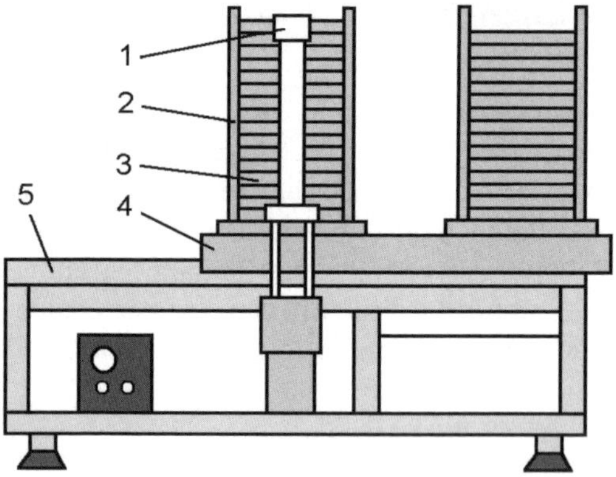

Bild 11.10 Schiebetisch-Magazin für Ronden.
1 Spreizmagnet und Anwesenheitssensor, 2 Schachtmagazin z. B. 600 mm hoch, 3 Rondenstapel, 4 Schiebetisch, 5 Unterbau mit Führung, Hubeinheit, Verschiebeantrieb und Steuerung

Man kann das System für Ronden bis 500 mm Durchmesser oder Zuschnitte bis etwa 400 × 400 mm gut einsetzen.Die Zuführung kleiner Ronden mit einem handelsüblichen Zuführgerät wird in Bild 11.11 illustriert. Die Ausgabe geschieht durch Schwerkraft in einen Sammelbehälter. Der Anbau ergänzt z. B. eine kleinere Exzenterpresse.

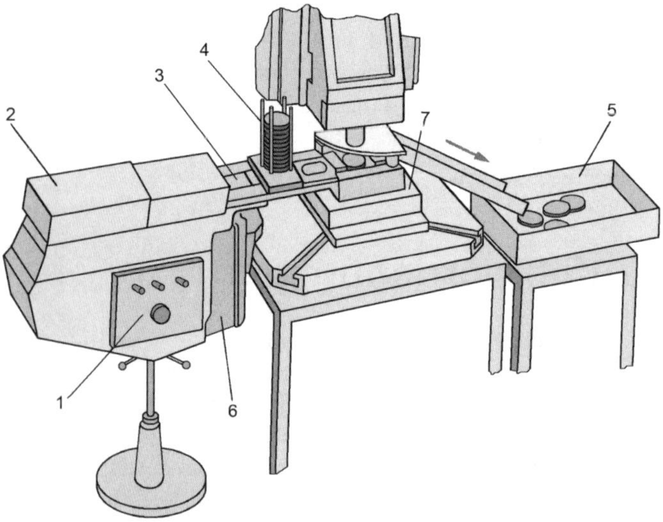

Bild 11.11 Automatische Rondenzuführung an einer Exzenterpresse.
1 Steuerung, 2 Zuführgerät, 3 Zuteilschieber, 4 Rondenmagazin, 5 Sammelbehälter, 6 Kopplung zum Pressentisch, 7 Werkzeug

Auch das in Bild 11.12 gezeigte Gerät wird einer Presse vorgesetzt. Um den Abstand vom Stapel bis zum Ziehwerkzeug in der Presse überwinden zu können, wird hier in zwei Schritten gearbeitet: **Abnehmen** vom Stapel → **Ablage** in Zwischenstation und dann **Wiederaufnahme** → **Ablage** im Werkzeug.

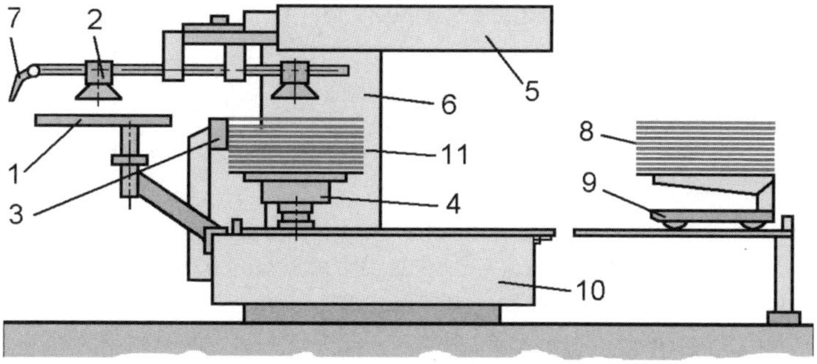

Bild 11.12 Abstapler für Bleche als *Standalone*-Gerät.
1 Zwischenablage, 2 Sauger, 3 Spreizmagnet, 4 Hubeinheit, 5 Armführung und Lineareinheit, 6 Gestell, 7 Ausschiebefinger, 8 Reservestapel, 9 Bereitstellwagen, 10 Unterbau, 11 Blechstapel

Das dort entstandene Ziehteil muss vorher vom Werkzeug entfernt werden. Das besorgt im Beispiel ein **Ausschiebefinger**, der das Ziehstück unmittelbar vor dem Einlegen der Ronden durch die Maschine hindurch schiebt.

Im Interesse hoher Hubzahlen hat man die Leistungen der Handhabungseinrichtungen ständig erhöht. Bei großen Blechen treten auch entsprechend große Verfahrwege vom Bereitstellplatz bis zur Pressenmitte auf. Eine interessante Lösung ist die Superposition von Bewegungen parallel angeordneter Lineareinheiten. Das Prinzip geht aus Bild 11.13 hervor. Im Verlaufe einer Verschiebebewegung wird der Rechtsausleger (Startposition) zum Linksausleger (Zielposition). Das entspricht einer typischen Übergabebewegung z. B. von einem Werkzeug zum Werkzeug der nächsten Presse.

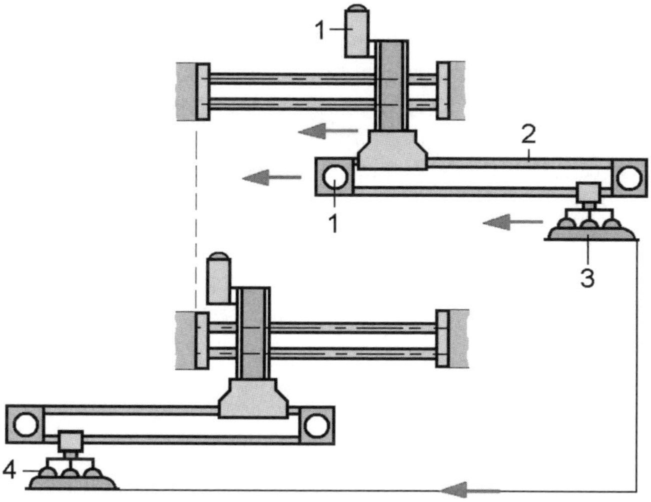

Bild 11.13 Verkettungseinrichtung mit mehrfacher Horizontalüberlagerung der Bewegungen (Fibro).
1 Elektro-Getriebemotor, 2 Lineareinheit, 3 Werkstück am Sauger, 4 Saugergreifer in der Ablageposition

Das in Bild 11.14 gezeigte Handhabungsgerät dient der Pressenautomatisierung. Es erledigt:

- Vereinzelung von Ronden durch Greifen (Sauger, Vakuum, Magnet),
- Kontrolle auf Doppelbleche,
- Rollen- oder Sprühbeschichtung und
- automatischer Stapelwechsel.

Das Gerät gibt es in verschiedenen Baugrößen. Die Höheneinstellung zur Presse läuft motorisiert ab. Die Zykluszeiten liegen bei etwa 1,2 s bis 3,0 s, je nach Baugröße bzw. Linearweglänge. Die transportierbare Last kann bis zu 4 kg betragen.

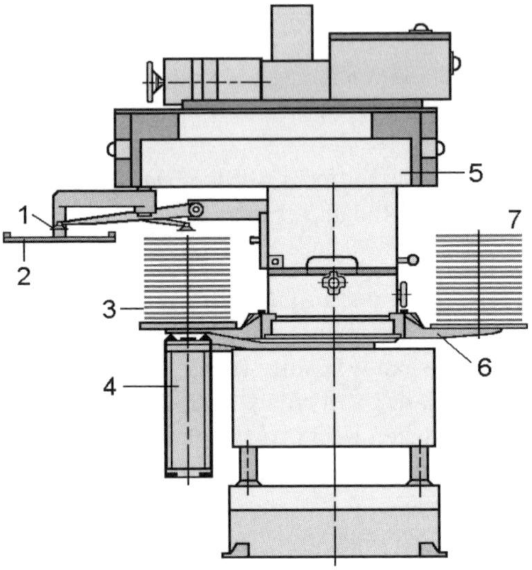

Bild 11.14 Rondenzuführung mit „Autoarm“ (Norda).
1 Sauger, 2 Zwischenablage, 3 Rondenstapel, 4 Hubeinheit für Stapel, 5 Lineareinheit, 6 Drehtischeinheit, 7 Stapelbeladestation

Ein weiteres Beispiel: Die Zuführung von Ronden an einem **Drückautomat** zeigt das Bild 11.15. Kern des Handhabungsgerätes ist eine dreiachsige Bewegungseinheit. Die Ronden müssen nach dem Greifen um 90° geschwenkt werden. In der z-Achse wird die sich ändernde Höhe des Magazinfüllstandes durch eine Hubeinheit ausgeglichen. Das Aufnehmen der Ronden kann mit einem **Magnetgreifer** erfolgen. Die Bereitstellung der Teile erledigt der Drehteller mit Wechselmagazinen.

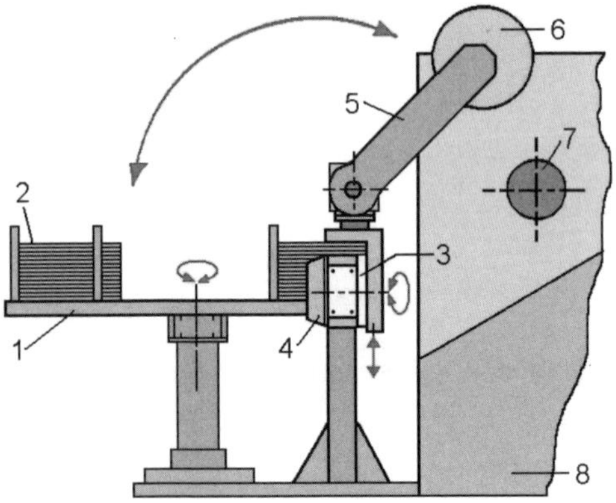

Bild 11.15 Rondenzuführung an einem Drückautomaten.
1 Drehteller, 2 Magazin, 3 Hubeinheit, 4 Schwenkeinheit, 5 Ladearm, 6 Greifer, 7 Futter, 8 Drückautomat

11.4 Zuführen von Dünnblechen

Dünnbleche haften oft unangenehm aneinander, sodass die Gefahr der Zuführung von **Doppelblechen** besteht. Von Vorteil ist, wenn die Bleche beim Abnehmen durchgewölbt werden und sich dabei voneinander lösen. In Bild 11.16 wird eine Vorrichtung gezeigt, bei der das Durchwölben mit zum Zuführablauf gehört. Es wird durch einstellbare Anschlagkanten erzwungen. Das Blech federt dann gegen die Abzugswalzen, wird von diesen erfasst und herausgezogen.

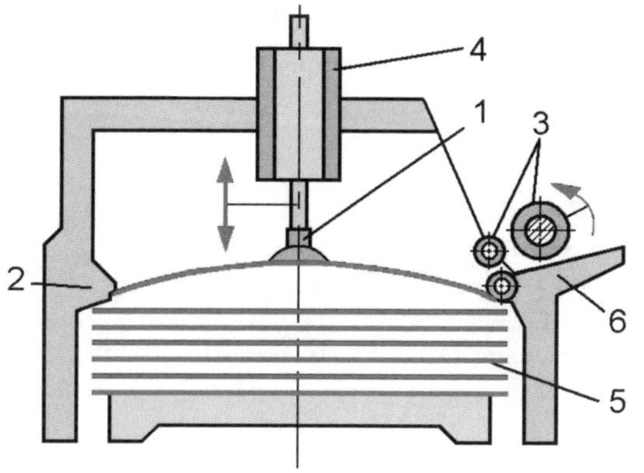

Bild 11.16 Vorrichtung zur Dünnblechzuführung.
1 Sauger, 2 Anschlagkante, 3 Abzugswalze, 4 Hubaktor, 5 Blechstapel, 6 Gestell

Ein Durchbiegen lässt sich auch erreichen, wenn man mehrere Saugerreihen vorsieht, die reihenweise kurze Hübe absolvieren und dadurch wandernde Biegewellen erzeugen. Ein Beispiel zeigt Bild 11.17a. Eine andere Lösung besteht darin, eine Kombination von festen und gefederten Saugern vorzusehen (Bild 11.17b). Man geht hierbei von der Erfahrung aus, dass ein Absprengen eines eventuell anhaftenden Doppelbleches am Rand genügt, um eine vollständige Trennung sicherzustellen. Beim Abgreifen des oberen Bleches halten die gefederten Sauger das Blech kurzzeitig zurück, sodass es einer Biegung unterliegt.

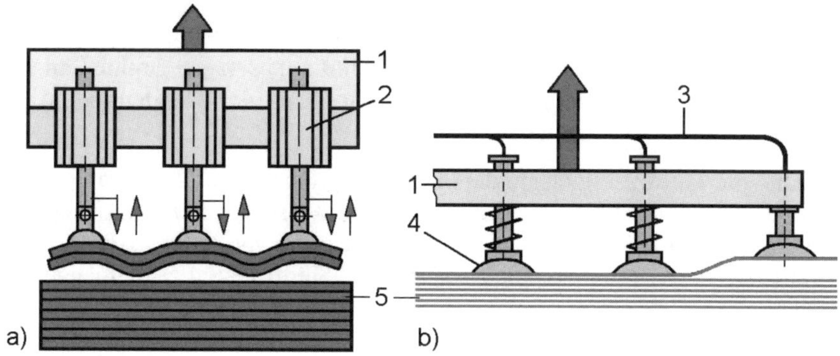

Bild 11.17 Durchwölben von Dünnblechen beim Greifvorgang.
a) wellenartiges Durchwölben, b) Abspreizen durch Randanhebung.
1 Handhabungsgerät, 2 Pneumatikzylinder, 3 Saugluftleitung, 4 Sauger, 5 Blechstapel

Bei schnellen Bewegungen und stark geölten Ziehblechen können sich die Bleche am Sauger verschieben. Das tritt nicht auf, wenn das Blech mit Klemmgreifern, deren Backen mit gehärteten Spitzen belegt sind, angepackt wird. Auch bei Stößen und Schwingungen versagt der Klemmgriff nicht. In Bild 11.18 wird ein Ausführungsbeispiel gezeigt. Der Ablauf ist wie folgt:

- **I** Teil mit dem Greifer anfassen
- **II** Teil in den Wender hineinziehen
- **III** Wender dreht sich um 180°
- **IV** Greifer fährt zurück, um ein neues Teil in der Presse anzufassen
- **V** Eine Klinke am Greifer schiebt beim Entnahmehub das gewendete vorherige Teil aus

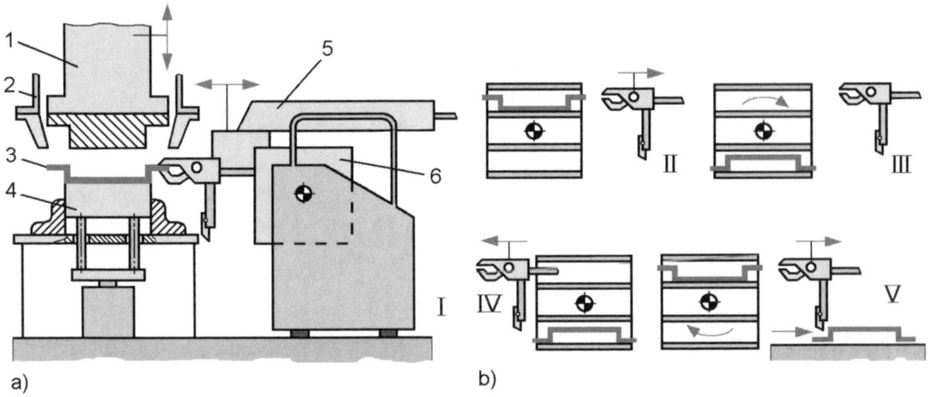

Bild 11.18 Ablaufphasen beim Greifen und Wenden großer Blechformteile mit speziellem Wender. a) Gesamtansicht, b) Wendeablauf. 1 Presse, 2 Blechhalter, 3 Ziehstück, 4 Auswerfer, 5 Linearmodul, 6 Wendeeinrichtung

Der **Wender** besteht aus zwei drehbaren Wänden mit Aufnahmeschienen. Eine durchgehende Achse ist nicht vorhanden, weil sie stören würde. Soll das Teil nur von „oben" nach „unten" gewendet werden, wäre auch eine Lineareinheit mit angesetztem Drehmodul verwendbar. Der Ablauf wird dabei aber langsamer. Für diese Art des Wendens kann bei großvolumigen Stücken auch der Platz fehlen.

Eine ungewöhnliche und gleichzeitig originelle Einrichtung für das Zuführen von einzeln magazinierten Ronden wird in Bild 11.19 vorgestellt. Aktives Greiforgan ist eine angetriebene magnetische **Greifrolle**. Sie besteht aus einer Aufreihung von magnetischen Nord- und Südpolen, erzeugt durch Magnetspulen im Innern. Seitlich sind Schleifringe zur Stromzufuhr angebracht.

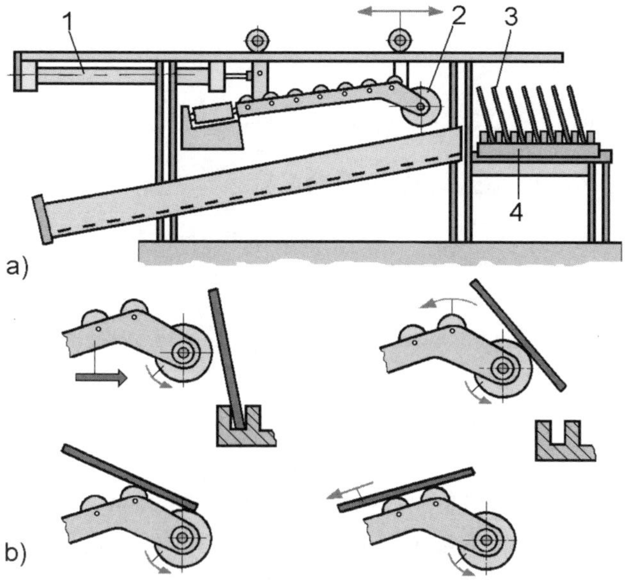

Bild 11.19 Rondenzuführung mit Magnetgreifrolle.
a) Arbeitsprinzip, b) Greifablauf. 1 Arbeitszylinder. 2 Magnetgreifrolle. 3 Ronde, Blechzuschnitt.
4 Palette mit Facheinteilung

Der Ablauf für die **Teilezuführung** ist wie folgt:

- Der Greifrollenapparat wird von einem Pneumatikzylinder bis zum Greifteil vorgeschoben.
- Die Magnetrolle „saugt" das Teil an und übergibt es infolge der Rollendrehung an die anschließende Rollenbahn.
- Das Teil rollt ab und gelangt auf eine Zuführstrecke, die das Blechteil zu einer Bearbeitungsmaschine leitet.
- Die leere Palette wird von einer nicht mit dargestellten Einrichtung in die abwärts führende Sammelstrecke geschoben.

Die Blechteile werden sehr schonend behandelt, weil sie sich im Magazin nicht gegenseitig berühren können. Alle Rollen können außerdem mit einer Schutzschicht überzogen werden. Damit eignet sich die Zuführeinrichtung besonders gut für lackierte, polierte oder bedruckte Ronden sowie für Formzuschnitte aus Eisenblech.

12 Handhabungstechnik beim Gesenkschmieden

Ein Handhabungsgerät hat an einer Gesenkschmiedemaschine folgende Aufgaben zu erfüllen:

- Es ist die Ausgangsform (Objekt) an der Übergangsstelle zwischen Wärmeanlage und Presse aufzunehmen.
- Die Ausgangsform ist zum ersten Werkzeug zu bewegen und positioniert abzusetzen.
- Die Zwischenform ist zu greifen und von der ersten zur zweiten Gravur weiterzugeben, positioniert einzulegen und schließlich das Schmiedestück von der Endgravur an ein Transportband zu übergeben.

Diese Aufgaben können von spezialisierten Vorrichtungen und auch von Robotertechnik übernommen werden. Ein zeitlicher Engpass entsteht bei der Ausführung des letzten Transportschrittes, wenn nur ein einziges Gerät eingesetzt wird. Daher ist es besser, wenn Geräte mit zwei selbstständigen Armen verwendet werden. Eine lineare Variante für **Doppelarme** wird in Bild 12.1 für das taktweise Weitergeben der Teile, z. B. Schmiedestücke, an einer Viersäulenpresse dargestellt. Der Ablauf erfolgt zeitlich parallel. Beim Wechsel von Werkzeug 2 zu Werkzeug 3 kann das Werkstück außerdem um 180° gedreht werden.

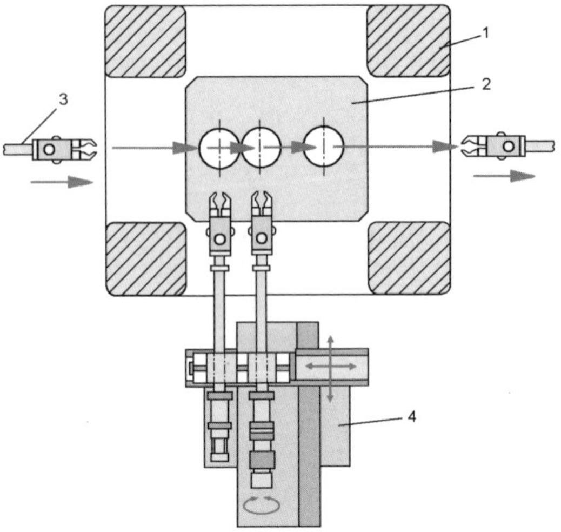

Bild 12.1 Taktweises Weitergeben an einer Viersäulenpresse (Draufsicht). 1 Säule, 2 Werkzeugraum, 3 Zuführgerät, 4 Zweiarm-Handhabungsgerät

In der Regel ist eine Bewegungsmöglichkeit um 5 Achsen ausreichend, nämlich Heben – Vor- und Seitwärtsbewegungen des Armes – Drehen um die eigene Achse sowie eine zusätzliche Drehbewegung des Greifers.

Handhabungsgeräte für Gesenkschmiedezwecke sollten neben den Geschwindigkeitsanforderungen außerdem folgende Eigenschaften aufweisen:

- Nachgiebige und leicht auswechselbare Greifer, die einen Materialabschnitt beim Stauchen halten oder danach sofort greifen können
- Funktionssicherheit gegenüber Umgebungstemperaturen zwischen 10° bis 50°C
- Funktionssicherheit gegenüber Staub, Zunder sowie Schmierstoffnebel z.B. durch abgedeckte Führungsbahnen
- Hydraulikzuführung außerhalb der Arbeitszone. Die Steuerung muss nicht nur die eigentlichen Manipulatorbewegungen steuern, sondern zusätzliche Aufgaben, wie
  - Auslösen des Pressenhubs in Abhängigkeit von der Belegung der Werkzeuge und der Stellung des Hantierautomaten
  - Steuerung der Auswerfer und der Schmiereinrichtungen
  - Stillsetzung der Maschine bei Störungen

Die Handhabungsgeräte sollten möglichst seitlich oder hinter der Maschine aufgestellt werden, damit der Arbeitsraum von vorn beobachtet werden kann und zugänglich bleibt. Bei einer Aufstellung hinter der Presse ist zu beachten, dass Kollisionen mit der Schmiereinrichtung vermieden werden.

Abschließend wird in Bild 12.2 ein hydraulisch angetriebener Schmiederoboter *(forging robot)* in **Parallelarm-Bauweise** gezeigt. Die Arme sind auf einem Verschiebe-Maschinentisch montiert.

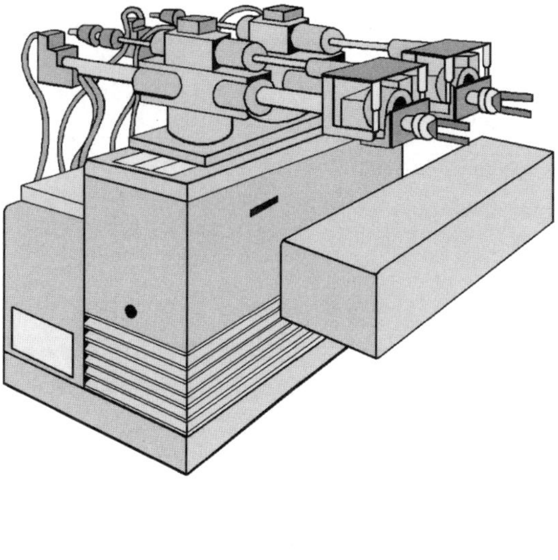

Bild 12.2 Doppelarm-Gesenkschmiederoboter

Sachwortverzeichnis

P

Q

R

S

P

Q

R

S

T

U

V

W

Hinweise zur beigefügten CD-ROM

Die CD-ROM zum Buch „Grundlagen der Handhabungstechnik" dient in erster Linie der Ergänzung des im Buch dargebotenen Stoffes und knüpft durch die umfangreichen Zusatzmaterialien aufbauend und erweiternd daran an.

Die CD kann mit einem Standard-PC mit dem Betriebssystem Microsoft Windows® (ab Windows 2000) verwendet werden. Die Bedienoberfläche der CD wurde im HTML-Format erstellt und kann mit einem Internet-Browser (beispielsweise Firefox, Internet Explorer® usw.) angezeigt werden. Zur optimalen Arbeit mit der CD sollten folgende Voraussetzungen erfüllt sein:

- Monitorauflösung mindestens 1024 × 768 Pixel
- Anzeige-Einstellung „Kleine Schriftarten"
- Soundkarte
- Es müssen die jeweils benötigten Programme installiert sein (siehe Download-Bereich)

Ist die Autostart-Funktion des Laufwerkes aktiviert, öffnet sich die Startseite automatisch, andernfalls öffnen Sie im Browser die Datei „index.htm" auf der CD-ROM.

Auf der CD-ROM befinden sich:

- die Antworten zu den Kontrollfragen
- die Lösungen der Übungsaufgaben
- Videos der Fa. KUKA zur Handhabungs- und Robotertechnik
- ausgewählte Fachartikel (Zeitschriftenartikel) zur Handhabungstechnik
- Sinnbilder zur Darstellung von Handhabungsabläufen
- Sinnbilder für Greifer
- eine Übersicht zu Normen und Richtlinien zur Maschinensicherheit
- Orientierungshilfen bei der Zuführung von Kleinteilen mit dem Vibrationswendelbunker
- ein Wörterbuch der Handhabungstechnik Deutsch – Englisch
- ein illustriertes Wörterbuch der Handhabungstechnik Englisch – Deutsch

Die Antworten, Lösungen, Zusatzmaterialien und Wörterbücher liegen im PDF-Format vor. Zum Anzeigen der PDF-Dateien muss der Adobe Reader installiert sein. Andernfalls finden Sie auf der CD-ROM unter der Rubrik „Download" den Link zum Herunterladen des kostenlosen Adobe Readers. Die Materialien sind so gehalten, dass sie auch ausgedruckt werden können und damit Raum für eigene Notizen, Ergänzungen und sonstige Anmerkungen bieten.

Zur Anzeige der Filme ist eines der Programme QuickTime Player, VLC media player, Windows Media Player erforderlich. Alle Player können in einer kostenlosen Version aus dem Internet heruntergeladen werden (Links unter „Download").